有机化学例题与习题

主 编 林 军
副主编 殷彩霞 古 昆

科学出版社
北 京

内 容 简 介

本书根据有机化学的教学大纲及章节编写而成。全书共 21 章，每章内容包括例题及解析、习题和习题解答三个部分，同时配有 8 套模拟试题及参考答案。例题和习题由浅入深，有巩固知识和扩大视野的，也有加深理解和灵活应用的。例题及解析、习题解答部分不仅给出答案，而且从思考方法入手，注重解题思路和综合分析。本书内容适量，重点突出，是有机化学学习中的复习资料和自我检测工具。

本书可供高等院校化学、化学工程与工艺、制药工程及相关专业的师生使用，也可作为考研辅导书。

图书在版编目（CIP）数据

有机化学例题与习题 / 林军主编. —北京：科学出版社，2019.11
ISBN 978-7-03-062102-3

Ⅰ. ①有… Ⅱ. ①林… Ⅲ. ①有机化学-高等学校-习题集 Ⅳ. ①O62-44

中国版本图书馆 CIP 数据核字（2019）第 175248 号

责任编辑：陈雅娴 侯晓敏 / 责任校对：杨 赛
责任印制：吴兆东 / 封面设计：陈 敬

科学出版社 出版
北京东黄城根北街 16 号
邮政编码：100717
http://www.sciencep.com

北京中科印刷有限公司印刷
科学出版社发行 各地新华书店经销

*

2019 年 11 月第 一 版 开本：787 × 1092 1/16
2025 年 1 月第四次印刷 印张：21
字数：538 000

定价：69.00 元

（如有印装质量问题，我社负责调换）

前　　言

有机化学是一门与人们日常生活密切相关的化学分支学科，它涉及生命科学、材料科学及医药科学，是化学、化学工程与工艺等专业重要的基础理论课。学生学习有机化学，不仅需要一本好的教材，也需要一本好的习题集进行辅助学习。有机化学知识点多且相互联系十分密切，多做练习不仅可以帮助学生深入理解理论知识，而且能开拓思路、扩大视野、提高学生分析和解决问题并进行综合应用的能力。

云南大学有机化学课程 2012 年被遴选为省级精品课程。编者结合多年的有机化学教学经验及云南大学几代有机化学任课教师的教学积累，编撰了本书。为了与有机化学教学体系保持一致，本书按官能团体系编排。本书的例题及解析、习题和习题解答与教材密切联系，使学生能在课堂学习的同时及时通过例题与习题的解析理解巩固课堂知识。同时，在有机化学教学大纲要求基础上进行了一定的延伸和拓展，并编写了八套模拟试题，以满足不同层次的学生学习之需。

本书由林军教授、殷彩霞教授、古昆教授、邵志会教授和金毅副教授编写，由林军教授对全书进行统稿和审阅。在本书编写过程中得到了云南大学历任有机化学任课教师的大力支持和帮助，在此表示衷心的感谢。

感谢中国人民解放军空军军医大学（第四军医大学）何炜教授对本书的审阅并提出了宝贵的修改意见。同时感谢科学出版社的编辑对本书出版工作的大力支持。

由于编者水平有限，书中难免有疏漏和不妥之处，请读者批评指正。

编　者

2019 年 4 月于云南大学东陆校区

目　录

第 1 章　绪　　论

一、例题及解析

【例 1-1】 试写出下列化合物的电子式。

(1) C_2H_6　(2) C_2H_4　(3) C_2H_2　(4) N_2　(5) CH_3OH　(6) HCHO　(7) HCN

解

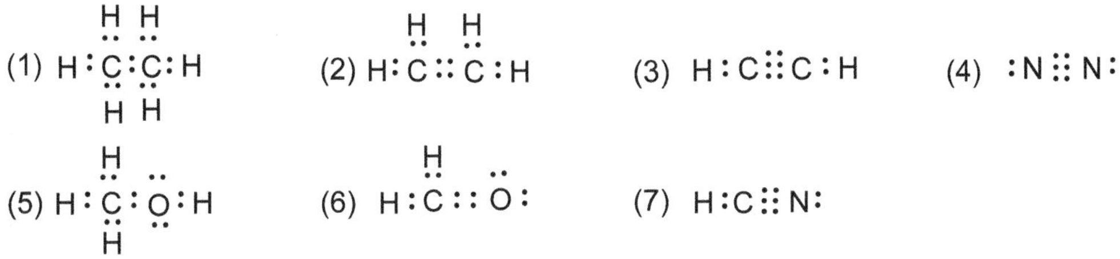

【例 1-2】 下列分子中各类键是由什么轨道重叠而形成的？属于σ 键还是π键？

(1) C_2H_6　(2) CF_4　(3) C_2H_4　(4) CH_3BeH　(5) CH_3OH

解

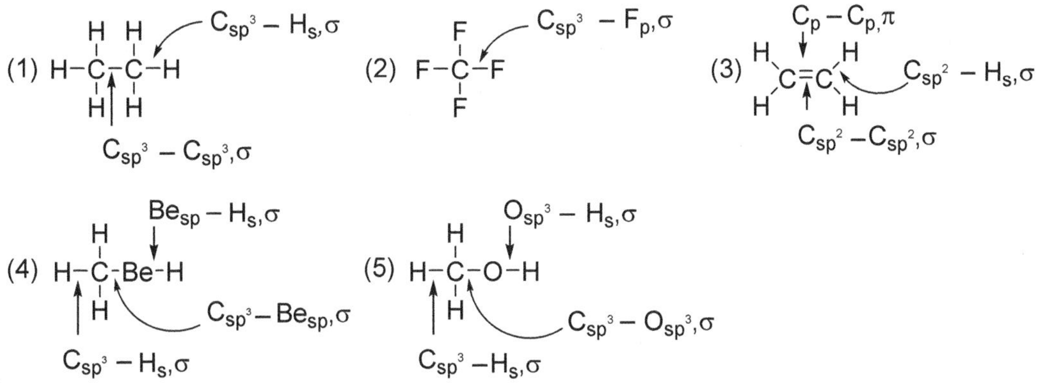

【例 1-3】 指出下面哪些分子为极性分子，并指出分子中键的偶极方向。

(1) H—Cl　(2) BrCl　(3) C_2H_5OH　(4) 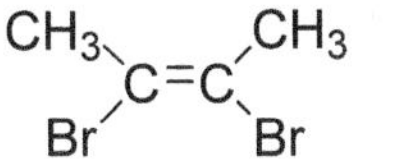　(5) CCl_4　(6) $C_2H_5OC_2H_5$

解 除 CCl_4 外，其余均为极性分子。

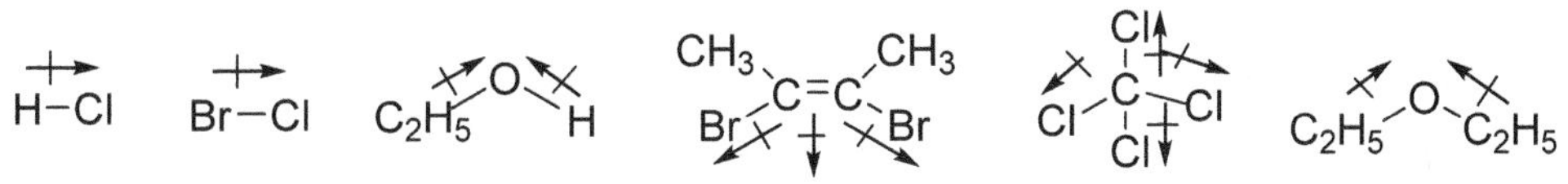

【例 1-4】 CO_2 的偶极矩 $\mu = 0$，H_2O 的偶极矩 $\mu = 1.84$ deb，由这些数据判断 CO_2 和 H_2O 的分子构型。

解 在 CO_2 中，氧原子的电负性较大，因此碳氧键的极性如下：$\overset{\delta-}{O}=\overset{\delta+}{C}=\overset{\delta-}{O}$　$\mu = 0$，说明 CO_2

分子应是直线形，只有这样才能使两个碳氧键的极性抵消，而 H_2O 分子为非直线形，其 H—O—H 键角为 104.5°。

【例 1-5】 某有机化合物经元素分析表明其碳、氢含量为 C：92.1%，H：7.9%，又测得其相对分子质量为 78。试问此化合物的实验式和分子式。

解 该化合物的相对原子数比为

$$C=\frac{92.1}{12}=7.68 \quad H=\frac{7.9}{1.008}=7.84 \quad C:H=7.68/7.84=1:1.02$$

因此其实验式为 CH，因相对分子质量为 78，(12+1)× n = 78, n = 6，即该化合物的分子式为 C_6H_6。

【例 1-6】 按反应历程对有机反应进行分类，并简述反应的断裂方式、中间体及反应条件。

解 按照有机反应历程，有机反应主要分为自由基型反应、离子型反应和协同反应三种类型。自由基型反应是通过共价键的均裂产生自由基中间体进行的，反应需要光、热或自由基引发剂引发；离子型反应是通过共价键的异裂产生正、负离子中间体而进行，常需酸、碱等促进反应的发生；而协同反应则是旧键断裂与新键形成同时发生，反应中没有自由基或正、负离子中间体生成，这类反应一般在加热条件下进行。

二、习　题

1.1 写出下列化合物的电子式。

(1) HF　(2) H_2S　(3) CF_4　(4) NF_3　(5) NH_3　(6) CH_3CH_2OH

1.2 写出下列化合物的结构式(价键式和电子式)。

(1) CH_4　(2) CH_3OCH_3　(3) $CH_3\overset{\overset{\displaystyle O}{\|}}{C}CH_2CH_3$　(4) CH_3NH_2　(5) CH_3O^-

1.3 用箭头表示下列结构中键的极性。

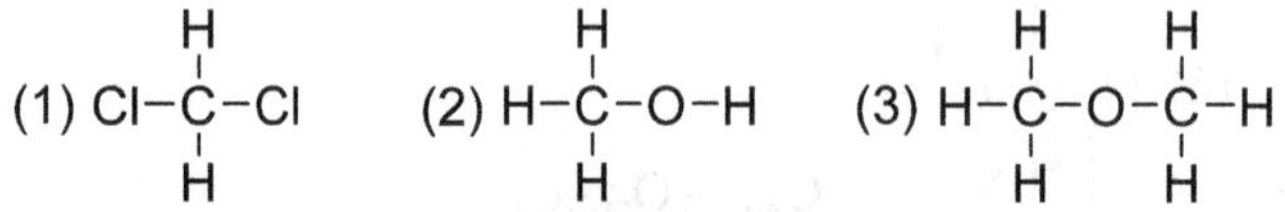

解释为什么以上化合物的偶极矩不为零。

1.4 下列碳卤键的偶极矩大小未随其键长缩短而逐渐增大，请解释原因。

	C—I	C—Br	C—Cl	C—F
键长/nm	0.214	0.194	0.178	0.138
μ/deb	1.19	1.38	1.46	1.41

1.5 比较下列各分子偶极矩的大小。

(1) CH_3NO_2 (　　) CH_3NH_2　(2) CH_2F_2 (　　) CF_2Cl_2

(3) C_2H_5F (　　) C_2H_5Br　(4) Br—Cl (　　) I—Cl

1.6 将下列化合物或离子按碱性强弱次序排列。

(1) F^-, OH^-, NH_2^-　(2) HF, H_2O, NH_3　(3) F^-, Cl^-, Br^-, I^-

(4) Cl^-, HS^-　(5) OH^-, HS^-　(6) NH_3, NF_3

1.7 CH_3F、CH_3OH、CH_3NH_2 中哪个碱性最强？哪个碱性最弱？

1.8　下列化合物哪些为路易斯酸，哪些为路易斯碱？

(1) H_2O　(2) CH_3COOH　(3) CH_3OCH_3　(4) NO_2^+
(5) CH_3CN　(6) CH_3OH　(7) HF　(8) BF_3

1.9　用路易斯酸碱理论的观点分别写出一个 CH_3OH 作为酸和作为碱的反应。

1.10　解释下面的事实：很多含氧的有机化合物如乙醇、乙醚等都能溶于冷的浓硫酸，所得的溶液用水稀释后，又能回收原来的化合物。

1.11　比较下列各物质在水中溶解度的大小。

(1) CH_3CH_2OH (　　) $CH_3CH_2CH_2CH_2OH$　(2) CH_3OCH_3 (　　) $C_2H_5OC_2H_5$
(3) CH_3NH_2 (　　) $(CH_3)_3N$

1.12　正丁醇的沸点(118℃)比它的同分异构体乙醚的沸点(35℃)高得多，但这两个化合物在水中的溶解度却相同(每 100 g 水溶解 8 g)，怎样说明这些事实？

1.13　根据以下数据，计算下列各化合物的实验式。

(1) 己醇 C：70.4%，H：13.9%　(2) 苯 C：92.1%，H：7.9%
(3) 吡咯 C：71.6%，H：7.5%，N：20.9%　(4) 吗啡 C：71.6%，H：6.7%，N：4.9%

1.14　NH_3 μ = 14.6 deb，NF_3 μ = 0.24 deb，已知 N 与 H 的电负性相差 0.9，N 与 F 相差 1，说明两者碱性强弱及偶极矩相差较大的原因。

1.15　试用杂化轨道理论说明乙烷、乙烯及乙炔的分子结构。

1.16　Cl—CH_2CH═CH—CH_2C≡CH 分子中有多少个σ键？它们都是由哪些原子轨道组成？分子中哪些原子为 sp 杂化、哪些为 sp^2 和 sp^3 杂化？

1.17　列表说明σ键与π键之间的差异。

1.18　乙烷、乙烯、乙炔中的 C—C 键、C═C 键、C≡C 键的键长分别是 154 pm、132 pm 及 120 pm，试解释以上键长逐渐缩短的原因。

1.19　下列化合物中哪个熔点最高？

(1) 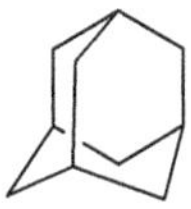 金刚烷
(2) $CH_3-C(CH_3)_2-CH_3$ 新戊烷
(3) $CH_3(CH_2)_8CH_3$ 癸烷
(4) $CH_3(CH_2)_{17}CH_3$ 十九烷
(5) 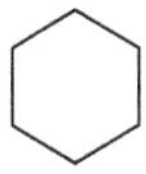 环己烷

1.20　下列化合物为某种口服避孕药的成分，其结构如下：

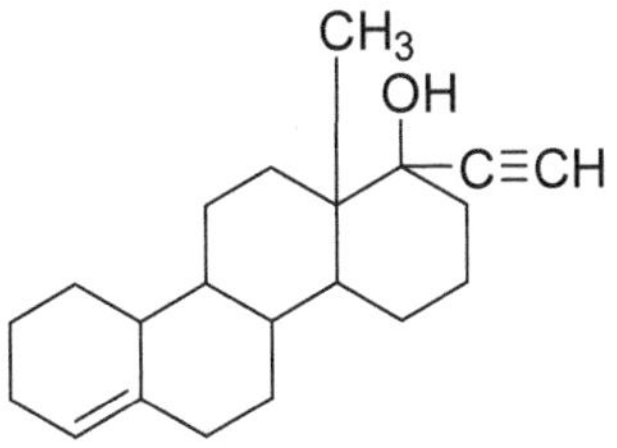

试用 a、b、c、d、e、f 等标号，在此结构式中标出各种键或原子：

a. 高度极化的共价键；　b. 几乎不极化的共价键；　c. sp 杂化的碳原子；
d. sp^2 杂化的碳原子；　e. sp^3 杂化的碳原子；　f. 不同杂化态的碳原子组成的键

三、习题解答

1.1

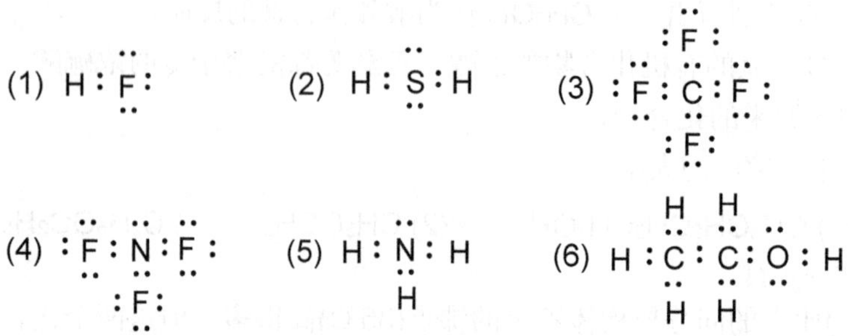

1.2

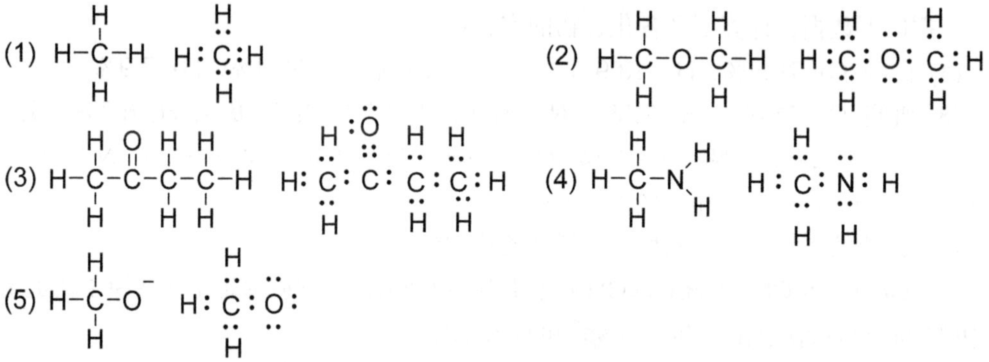

1.3

(1) 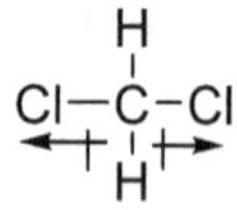 碳为 sp^3 杂化，CH_2Cl_2 为非直线形分子，因此整个分子的 $\mu \neq 0$。

(2) 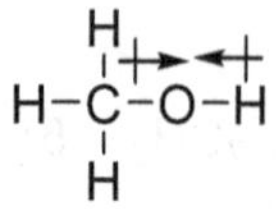 氧为 sp^3 杂化，CH_3OH 为非直线形分子，因此整个分子的 $\mu \neq 0$。

(3) 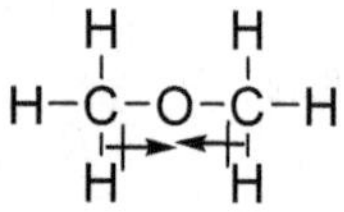 氧为 sp^3 杂化，CH_3OCH_3 为非直线形分子，因此整个分子的 $\mu \neq 0$。

1.4 $\mu = q \times d$，即键的偶极矩是由两个因素决定的，除了考虑两个偶极之间的距离 d 的大小，还要考虑偶极两端所带电荷量的多少，从 F 到 I 因为原子半径不同，C—X 键键长依次增加，但由于不同卤原子的电负性不同，偶极两端所带的电荷量也不同，所以其偶极矩未随键长缩短而逐渐增大。

1.5 (1) $CH_3NO_2 > CH_3NH_2$　(2) $CH_2F_2 > CF_2Cl_2$
(3) $C_2H_5F > C_2H_5Br$　(4) Br—Cl < I—Cl

1.6 (1) $NH_2^- > OH^- > F^-$　(2) $NH_3 > H_2O > HF$　(3) $F^- > Cl^- > Br^- > I^-$
(4) $HS^- > Cl^-$　(5) $OH^- > HS^-$　(6) $NH_3 > NF_3$

1.7 CH_3NH_2 碱性最强，CH_3F 碱性最弱。

1.8 路易斯酸：NO_2^+，BF_3　路易斯碱：H_2O，CH_3COOH，CH_3CN，CH_3OH

1.9 作为酸　$CH_3OH + \overset{+}{Na}\overset{-}{NH_2} \longrightarrow CH_3ONa + H:NH_2$

作为碱　$CH_3\ddot{O}H + HCl \longrightarrow CH_3\overset{+}{O}H(\ddot{}H) + Cl^-$

1.10 浓 H_2SO_4 的质子对这类化合物中的氧上未共用电子产生质子化作用，使其溶解，稀释后，大量 H_2O 分子破坏了𬭩盐的形成而重新游离出来，质子化作用是可逆的。

$$>O: + H_2SO_4 \rightleftharpoons >\overset{+}{O}H + HSO_4^-$$

1.11 (1) $CH_3CH_2OH > CH_3CH_2CH_2CH_2OH$　　(2) $CH_3OCH_3 > C_2H_5OC_2H_5$

(3) $CH_3NH_2 > (CH_3)_3N$

1.12 沸点因化合物(同种)分子间的氢键而升高；溶解度因溶质分子和溶剂分子间的氢键而增大。正丁醇分子可以彼此形成氢键，也可与 H_2O 形成氢键，而乙醚分子只能与 H_2O 形成氢键。故它们的沸点不同，而在水中的溶解度却相同。

1.13 (1) 元素分析中，除 C、H、N 外，所余的百分含量为氧，故己醇 C：70.4%，H：13.9%，O：15.7%。

求出相对原子数比

C：$\dfrac{70.4}{12} = 5.87 \approx 6$　H：$\dfrac{13.9}{1.008} = 13.8 \approx 14$　O：$\dfrac{15.7}{16} = 0.98 \approx 1$

故此化合物的实验式为 $C_6H_{14}O$。

用类似的方法，可以计算出(2)、(3)、(4)的实验式：

(2) CH　　(3) C_4H_5N　　(4) $C_{17}H_{19}NO_3$

1.14 N—F 键中偶极方向为 N ⟶ F，N—H 中则为 N ⟵ H。前者能抵消 N 上未共用电子对的负电性对分子的影响，后者则加强该影响：

从而使 NF_3 分子的极性及碱性均比 NH_3 小。

1.15 乙烷：CH_3CH_3 分子中碳为 sp^3 杂化，碳碳之间由两个 sp^3 杂化轨道交叠组成一个 σ 键，另外六个 C—H 键均是由 C_{sp^3}—H_s 组成的 σ 键，分子为双四面体形。

乙烯：$CH_2{=}CH_2$ 分子中碳为 sp^2 杂化，碳碳之间有一个由 C_{sp^2}—C_{sp^2} 组成的 σ 键及一个由 C_{p_y}—C_{p_y} 组成的π键，另外四个 C—H 键均为 C_{sp^2}—H_s 组成的σ键，整个分子为平面形，∠CCH、∠HCH 都接近 120°。

乙炔：$CH{\equiv}CH$ 分子中碳为 sp 杂化，碳碳之间有一个由 C_{sp}—C_{sp} 组成的σ键及两个由 C_{p_y}—C_{p_y}、C_{p_z}—C_{p_z} 组成的π键，另外两个 C—H 键均为 C_{sp}—H_s 组成的σ键，整个分子为直线形。

1.16 整个分子共有 11 个σ键，3 个π键。

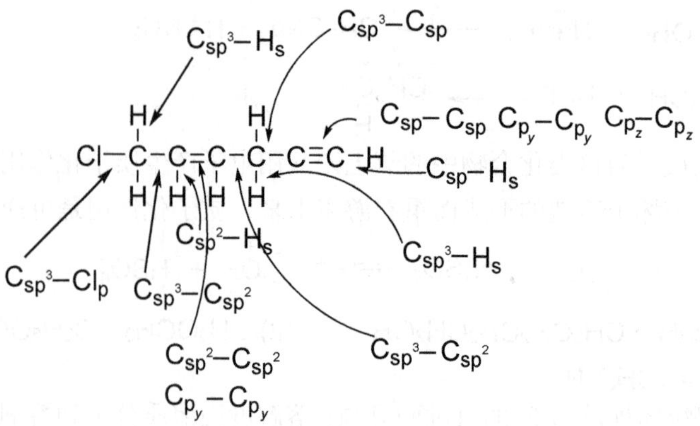

分子中两个叁键碳为 sp 杂化，两个双键碳为 sp^2 杂化，其余两个碳为 sp^3 杂化。

1.17

σ键	π键
(1) 由原子轨道间沿键轴方向交叠而成	(1) 由原子轨道间侧面交叠而成
(2) 电子云对键轴呈圆柱形对称分布	(2) 电子云沿键轴上下对称
(3) 能自由旋转	(3) 不能自由旋转
(4) 键能大	(4) 键能小
(5) 两个原子间只有一个σ键	(5) 两个原子间可有一个或两个π键

1.18 由于在乙烷、乙烯、乙炔分子中碳原子的杂化状态不同，形成碳碳键的杂化轨道也不同，从 sp^3 到 sp 轨道，由于 s 成分的增加，类似鸡蛋形的轨道中的长轴相应变短，由它们所形成的键也相应缩短。

1.19 若只从相对分子质量考虑，化合物(4)的相对分子质量最大，应该熔点最高。但是在熔化这一问题上，一个更为重要的因素为分子对称性，化合物(1)的分子对称性最高，因此熔点最高。

化合物	(1)	(2)	(3)	(4)	(5)
熔点/℃	268	−17	−30	32	6.5

1.20

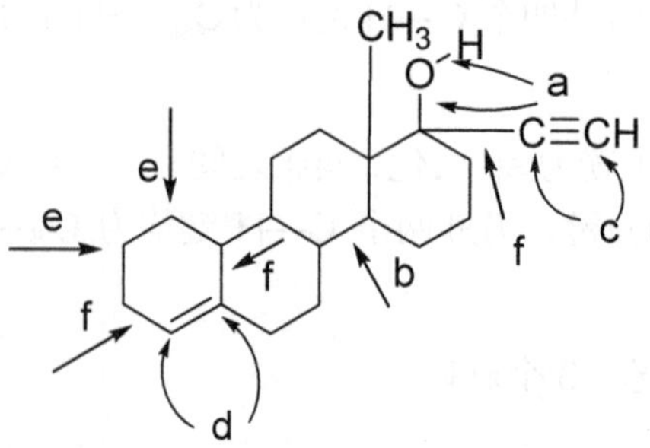

注：除了属于 d、c 类的碳原子外，其他所有碳原子都属于 e 类。

第 2 章　烷　　烃

一、例题及解析

【例 2-1】　命名下列化合物，并指出各有多少个伯、仲、叔、季碳原子。

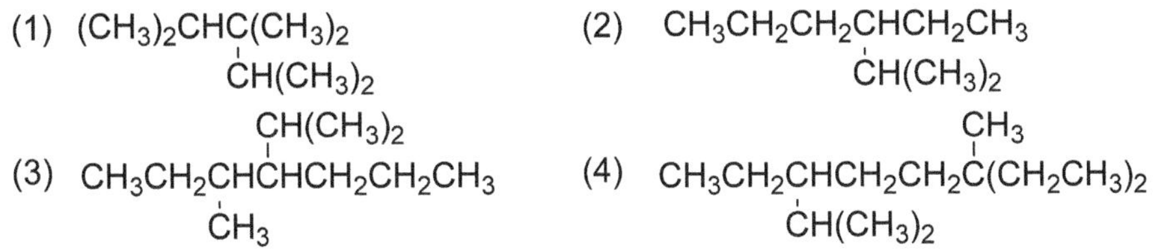

解　(1) 2,3,3,4-四甲基戊烷，其中有 6 个伯碳、2 个叔碳、1 个季碳；

(2) 2-甲基-3-乙基己烷，其中有 4 个伯碳、3 个仲碳、2 个叔碳；

(3) 3-甲基-4-异丙基庚烷，其中有 5 个伯碳、3 个仲碳、3 个叔碳；

(4) 2,6-二甲基-3,6-二乙基辛烷，其中有 6 个伯碳、5 个仲碳、2 个叔碳及 1 个季碳。

【例 2-2】　写出下列化合物的结构式。

(1) 2,3-二甲基-4-正丙基庚烷　　(2) 2,2,6,6-四甲基-4-叔丁基庚烷

(3) 2,4-二甲基-5-异丙基壬烷　　(4) 新戊烷

解

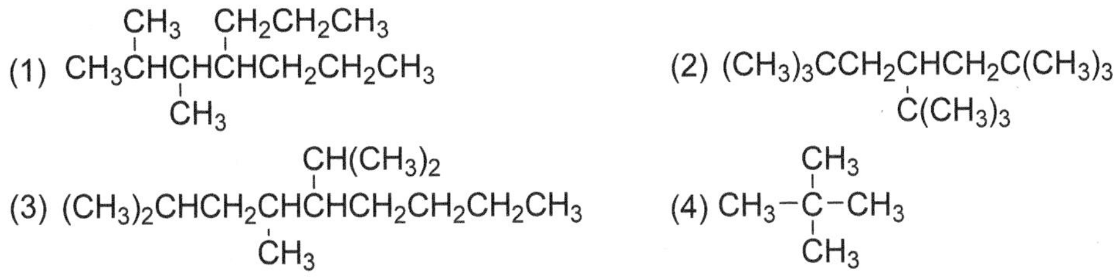

【例 2-3】　下列结构式代表哪几种不同的化合物？

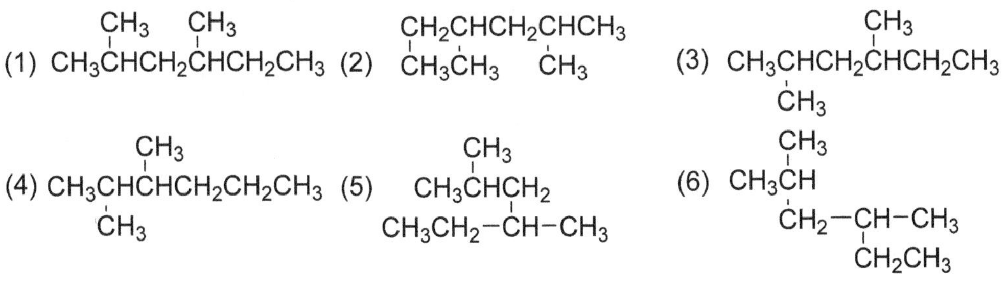

解　(1)、(2)、(3)、(5)、(6)是同一种化合物(若将这些结构式的最长碳链写成线状时，可以看得很清楚)；(4)代表另一种化合物。

【例 2-4】　(1) 写出相对分子质量为 100，含有伯、仲、叔碳原子的烷烃的结构式；

(2) 写出相对分子质量为 114，含有伯、仲、叔、季碳原子的烷烃的结构式。

解　(1) 相对分子质量为 100 的烷烃，按 C_nH_{2n+2} 的通式计算得到的分子式为 C_7H_{16}，符合题

意要求的烷烃有以下五种：

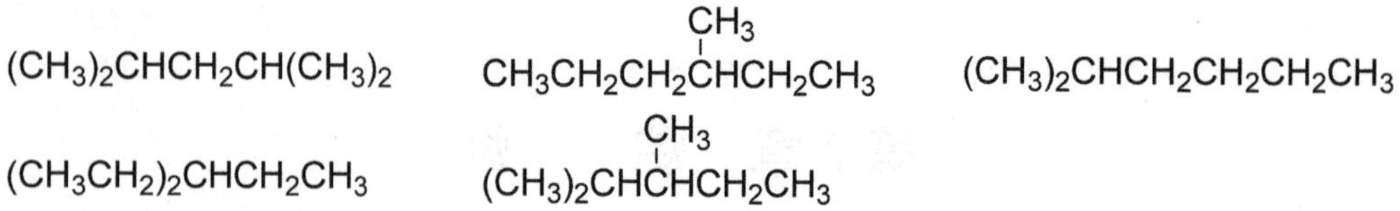

(2) 相对分子质量为 114，分子式为 C_8H_{18}，并含有伯、仲、叔、季碳原子的烷烃有以下三种：

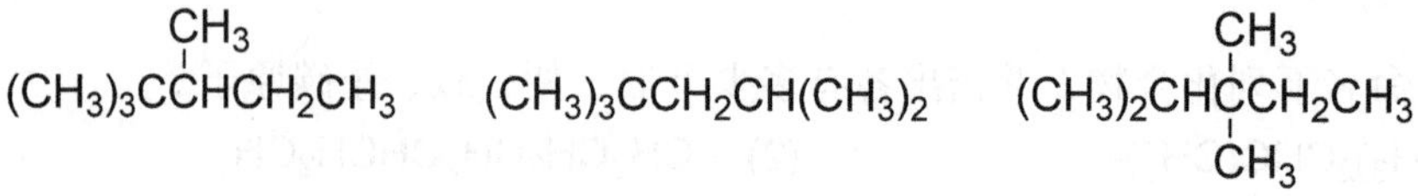

【例 2-5】　写出相对分子质量为 86，并分别符合下列条件的烷烃的结构式。当此烷烃发生一溴代反应时，

(1) 能生成两种一溴代物　(2) 能生成三种一溴代物

(3) 能生成四种一溴代物　(4) 能生成五种一溴代物

解　(1) 经计算得此烷烃的分子式为 C_6H_{14}，反应后能生成两种一溴代物，说明原烷烃分子中只有两种不同类型的氢原子，符合这一条件的烷烃的结构式为 $(CH_3)_2CHCH(CH_3)_2$。

(2) 同理，符合题意的烷烃为 $(CH_3)_3CCH_2CH_3$ 和 $CH_3CH_2CH_2CH_2CH_2CH_3$ 两种。

(3) 符合题意的烷烃为 $(CH_3CH_2)_2CHCH_3$。

(4) 符合题意的烷烃为 $(CH_3)_2CHCH_2CH_2CH_3$。

【例 2-6】　2-甲基丁烷进行一氯代反应时，可以得到哪些产物？写出它们的生成过程。

解　2-甲基丁烷分子中含有四种不同类型的氢，可以得到四种不同的一氯代产物，反应均按自由基取代的历程完成，其过程如下

$$Cl_2 \xrightarrow{\triangle} 2Cl\cdot$$

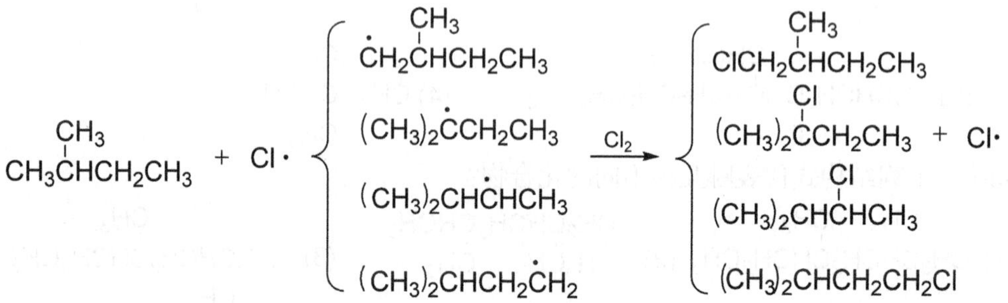

【例 2-7】　写出 1,2-二溴乙烷的几种极限构象式：(1) 全重叠式；(2) 邻位交叉式；(3) 对位交叉式。

解

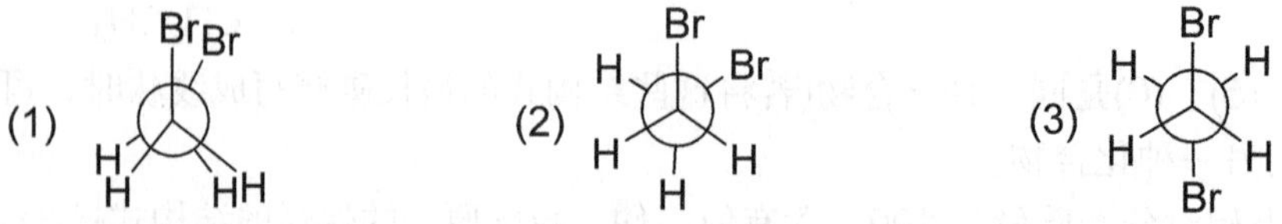

【例 2-8】　下图为 A ⟶ B ⟶ C 的反应势能曲线图，回答以下问题：

(1) A ⟶ C 的热效应；

(2) 下图中“*”表示什么？

(3) 反应中，哪种化合物最稳定，哪种不稳定？

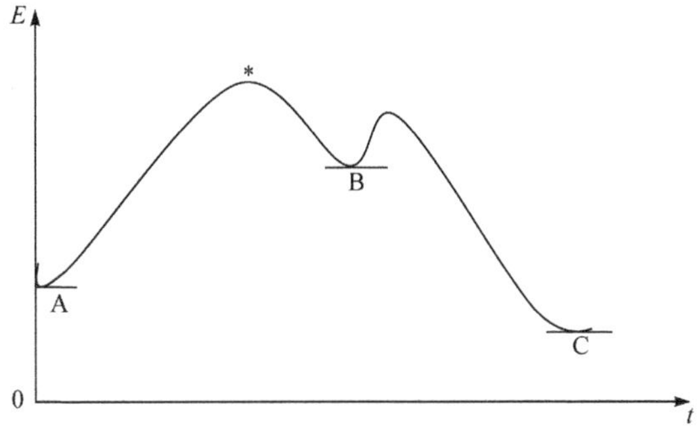

解 (1) 从 A ⟶ C，$\Delta H < 0$，为放热反应；

(2) 上图中“*”表示决定反应速率的过渡态；

(3) 化合物 C 最稳定，其内能最低；化合物 B 最不稳定，为两步反应的中间产物。

二、习　　题

2.1 写出分子式为 C_7H_{16} 的烷烃的各种异构体的结构式，并用系统命名法命名。

2.2 将下列化合物按沸点降低的次序排列：a.辛烷；b.己烷；c. 2,2,3,3-四甲基丁烷；d. 3-甲基庚烷；e. 2,3-二甲基戊烷；f. 2-甲基己烷。

2.3 用系统命名法命名下列化合物。

(1) 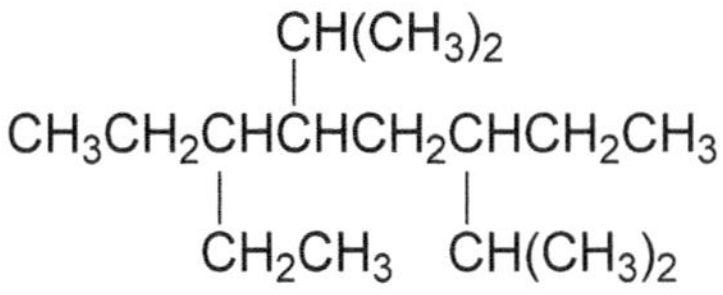

(2) 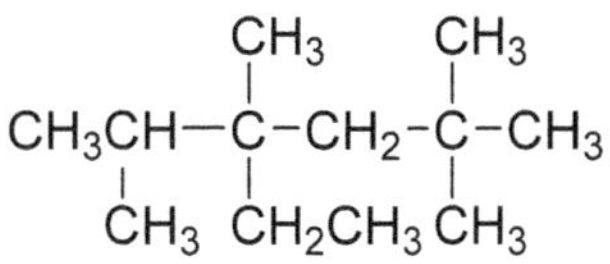

(3) 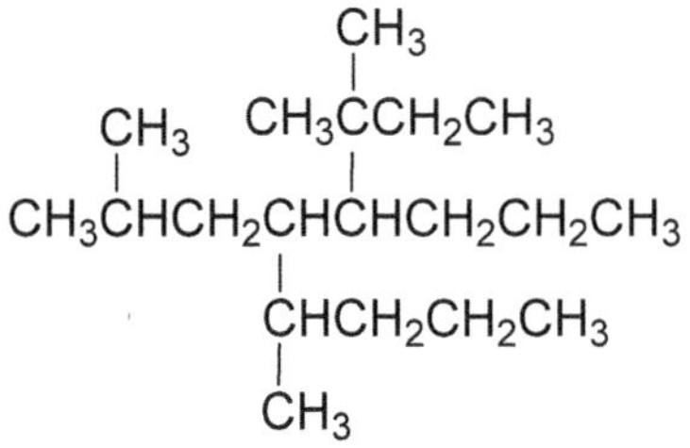

(4) 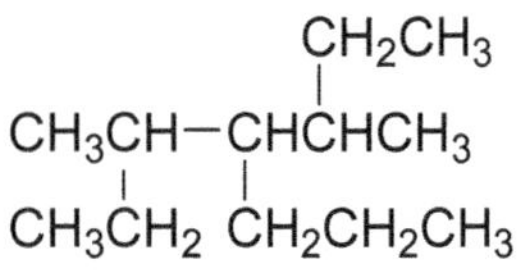

(5) 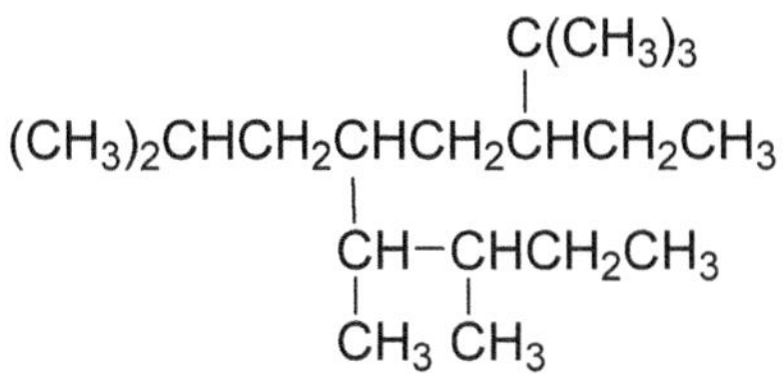

2.4 以下六个结构式代表几种化合物？用系统命名法命名。

(1) $(CH_3)_2CHCH_2CH(CH_3)_2$

(2) 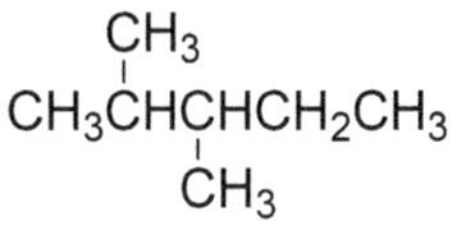

(3) 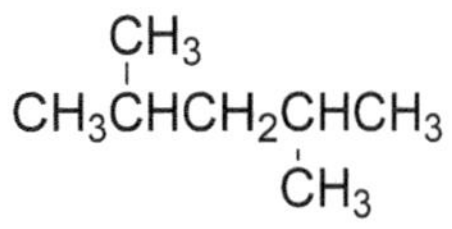

(4) 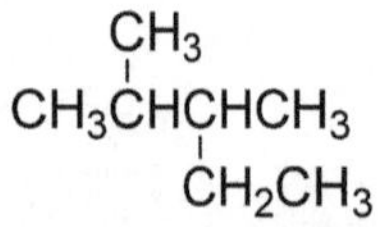　(5) $(CH_3)_2CHCH(CH_3)CH_2CH_3$　(6) 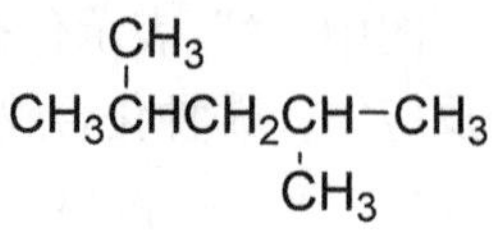

2.5 写出下列化合物的结构简式。

(1) 由一个异丙基及一个仲丁基组成的烷烃；

(2) 由一个叔丁基及一个异丙基组成的烷烃；

(3) 相对分子质量为 100，同时含有伯、叔、季碳原子的烷烃。

2.6 写出下列化合物在进行一氯代反应时形成的最稳定的碳自由基及相应的产物。

(1) 2-甲基戊烷　　(2) 2,2,4-三甲基戊烷　　(3) 3,3-二甲基戊烷

2.7 计算反应 $CH_4 + Cl_2 \longrightarrow CH_3Cl + HCl$ 的 ΔH。键能：C—H 435.1 kJ/mol，Cl—Cl 242.5 kJ/mol，C—Cl 351.4 kJ/mol，H—Cl 431 kJ/mol。

2.8 用键能数据说明甲烷氯代时为什么按(1)而不按(2)进行。

(1) $CH_4 + Cl\cdot \longrightarrow CH_3\cdot + HCl$

(2) $CH_4 + Cl\cdot \longrightarrow CH_3Cl + H\cdot$

2.9 画出下列反应的能量变化曲线图。

$CH_3CH_3 + Cl\cdot \longrightarrow HCl + CH_3CH_2\cdot$

$\Delta H = -16.7$ kJ/mol，用 E_1 表示；$E_{活化}$=4.1 kJ/mol，用 E_2 表示。

2.10 甲烷的碘代反应无法按照 $CH_4 + I_2 \longrightarrow CH_3I + HI$ 进行，因为平衡趋向左边。试用键能加以说明。键能：C—H 435.1 kJ/mol，I—I 150 kJ/mol，C—I 221.5 kJ/mol，H—I 296 kJ/mol。

2.11 考虑如下的一系列反应步骤：

(1) $A \longrightarrow B$　　(2) $B + C \longrightarrow D + E$(慢)　　(3) $E + A \longrightarrow 2F$

a. 哪些物质可认为是(i)反应物、(ii)产物、(iii)中间体？

b. 写出总反应式；

c. 指出每一步反应的分子数；

d. 假定第二步是决定速率的一步，写出速率方程式；

e. 粗略绘出反应能量变化曲线图。

2.12 (1) 将下列三个透视式写成三个 Newman 投影式，它们是不是三种不同的构象？

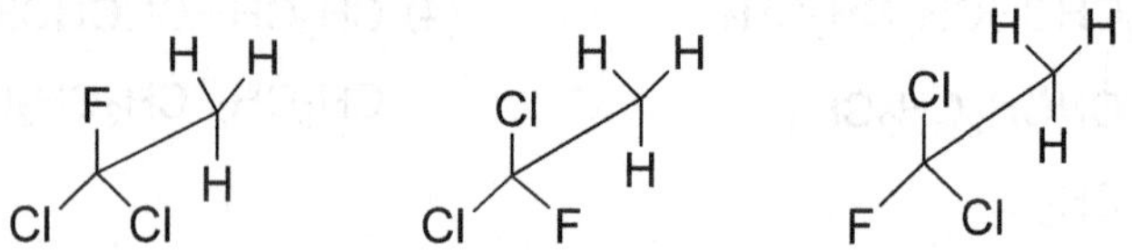

(2) 将下列两个楔形式写成 Newman 投影式，它们是不是同一构象？

2.13 写出戊烷的主要构象式(Newman 投影式)。

2.14 写出下列化合物中能量最高及最低的构象式(Newman 投影式)。

(1) 丙烷　　(2) 丁烷　　(3) 2,3-二甲基丁烷

2.15 某种烷烃的相对分子质量为 72，只有一种一氯代产物，此化合物是什么？

2.16 经元素分析，某烃含碳 84.2%，含氢 15.8%，相对分子质量为 114，该烃所含的氢均

为等性。试推测此烃的(1) 实验式；(2) 分子式；(3) 结构式。

三、习 题 解 答

2.1 共有九种异构体：

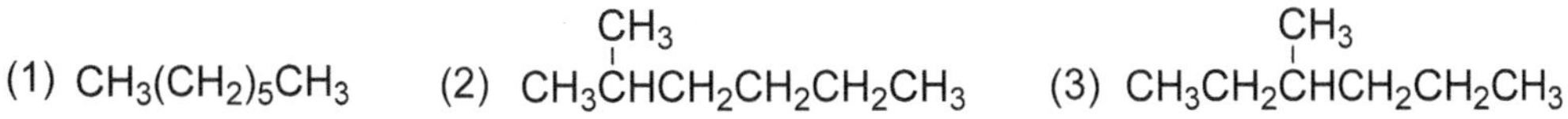

正庚烷　　2-甲基己烷　　3-甲基己烷

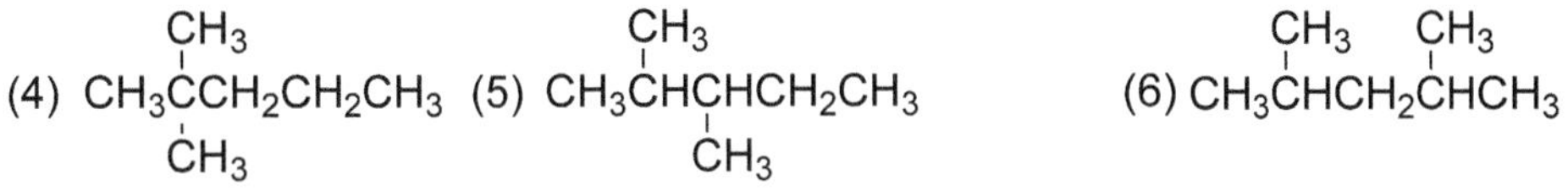

2,2-二甲基戊烷　　2,3-二甲基戊烷　　2,4-二甲基戊烷

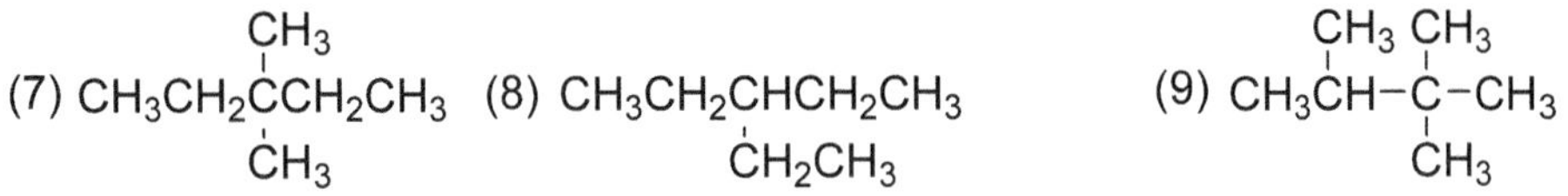

3,3-二甲基戊烷　　3-乙基戊烷　　2,2,3-三甲基丁烷

2.2 沸点由高到低排序：a > d > c > f > e > b。

2.3 (1) 2-甲基-3,6-二乙基-5-异丙基辛烷　　(2) 2,2,4,5-四甲基-4-乙基己烷

(3) 3,3,6-三甲基-4-丙基-5-异丁基壬烷　　(4) 3,5-二甲基-4-丙基庚烷

(5) 2,2,6,7-四甲基-3-乙基-5-异丁基壬烷

2.4 (1)、(3)、(6)代表同一化合物，名称为 2,4-二甲基戊烷；

(2)、(4)、(5)代表同一化合物，名称为 2,3-二甲基戊烷。

2.5

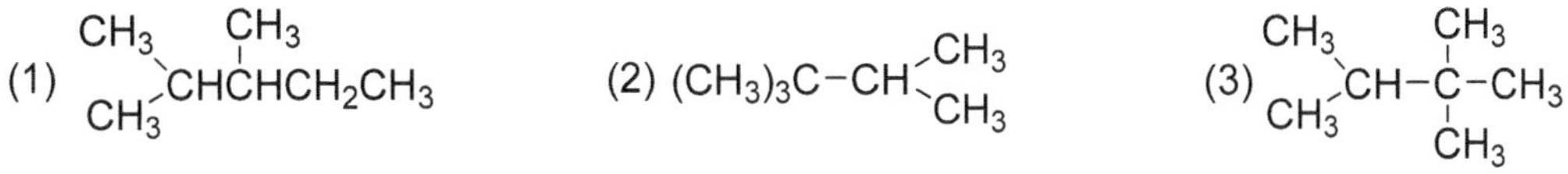

2.6

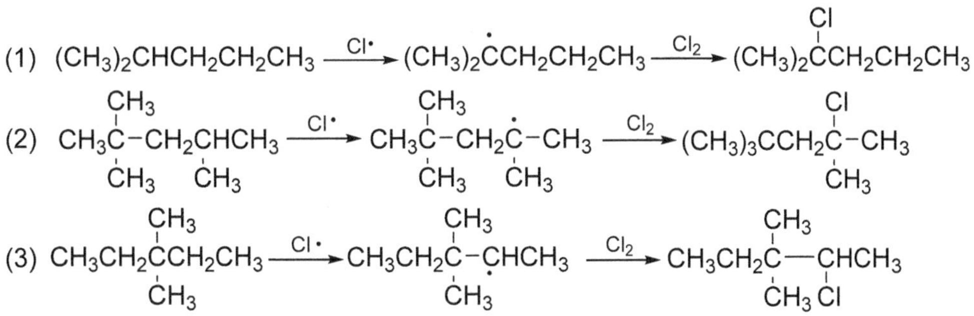

2.7

$$CH_3—H + Cl—Cl \longrightarrow CH_3—Cl + HCl$$

键能/(kJ/mol)　　435.1　　242.5　　351.4　　431

此反应 $\Delta H = -351.4 + (-431) + (435.1 + 242.5) = -104.9$ (kJ/mol)

ΔH 数值为负，表明此反应为放热反应。

2.8 (1)

$$CH_3—H + Cl\cdot \longrightarrow CH_3\cdot + HCl$$

键能/(kJ/mol)　　435.1　　431

ΔH_a = –431 + 435.1 = +4.1 (kJ/mol)

(2)　　$CH_3—H + Cl· \longrightarrow CH_3—Cl + H·$

键能/(kJ/mol)　　435.1　　351.4

ΔH_b = –351.4 + 435.1 = +83.7 (kJ/mol)

从以上计算得知，反应(1)和反应(2)都为吸热反应，但ΔH_a的数值比ΔH_b小，表明反应(1)的 $E_{活化}$比反应(2)的 $E_{活化}$数值小，活化能越小，反应越容易进行，因此反应按(1)进行。

2.9

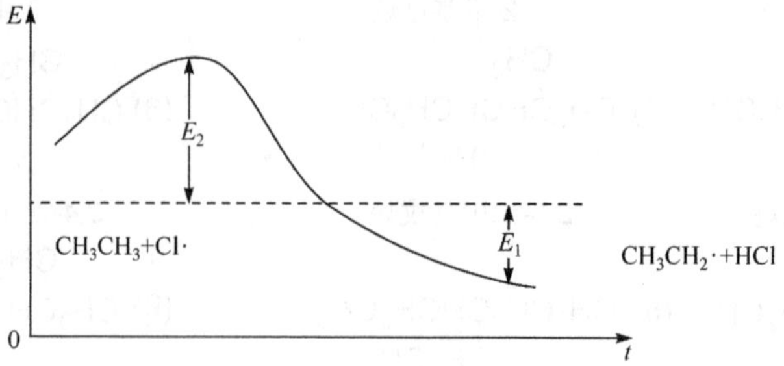

2.10 反应中断键所需的能量为 +435.1 kJ/mol(C—H)及+150 kJ/mol(I—I)，成键放出的能量为–221.5 kJ/mol(C—I)和–296 kJ/mol(H—I)，总反应的热效应为 ΔH = 435.1 + 150 – 221.5 – 296 = 58.52 (kJ/mol)，故此反应是吸热反应，又因反应物的结构与产物的结构很相似，ΔS应非常小，则ΔG为正值，反应不能发生。

2.11 a. (i) A , C　(ii) D , F　(iii) B , E

b. 2A + C ⟶ D + 2F

c. (1) 单分子　　(2) 双分子　　(3) 双分子

d. 速率 = K[C][A]，中间体 B 须由 A 生成。

e.

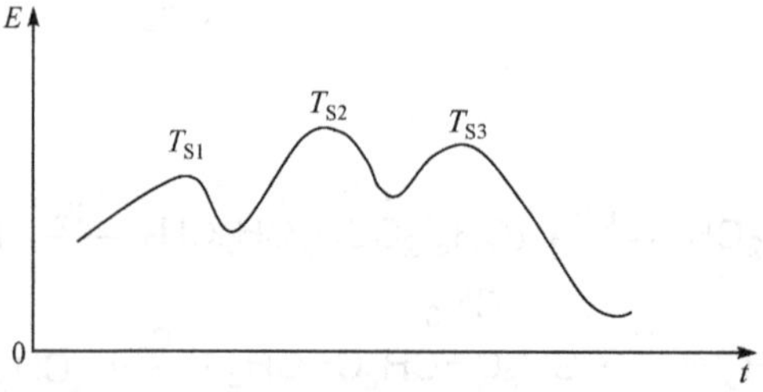

2.12

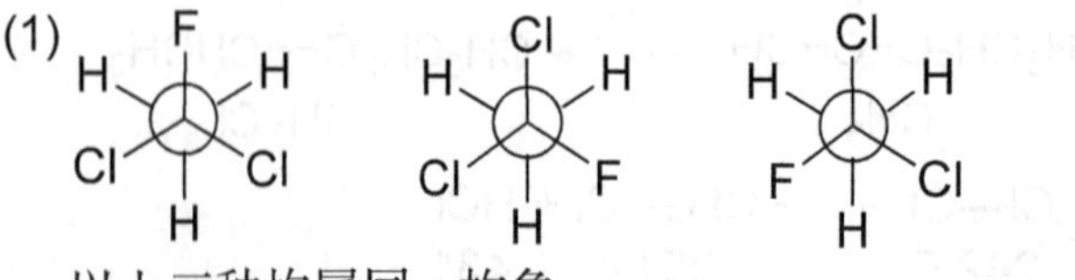

以上三种均属同一构象

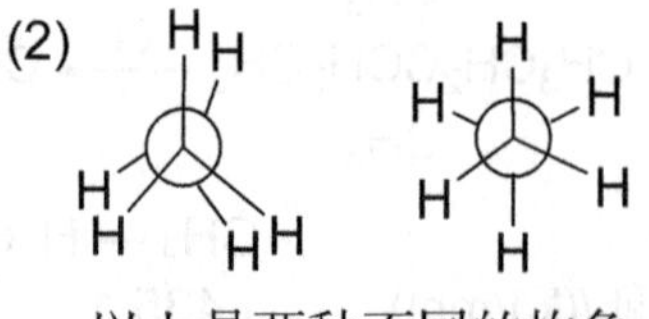

以上是两种不同的构象

2.13 以 C2—C3 轴为投影：

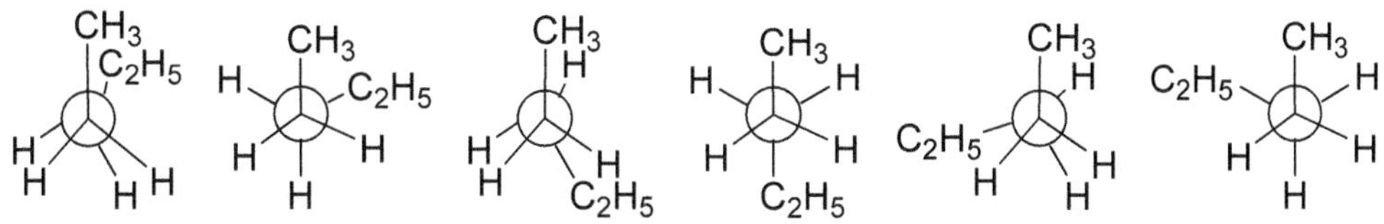

2.14

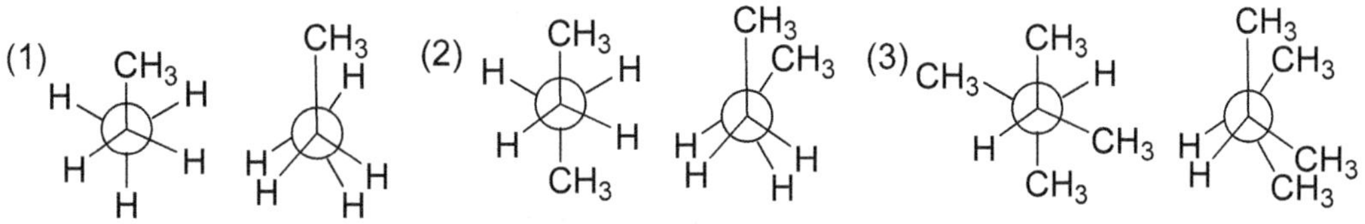

能量最低　能量最高　能量最低　能量最高　能量最低　能量最高

2.15　根据烷烃的通式求出其分子式为 C_5H_{12}，按题意要求，推测该烷烃为新戊烷 $C(CH_3)_4$。

2.16

(1) C_4H_9　　(2) C_8H_{18}　　(3) 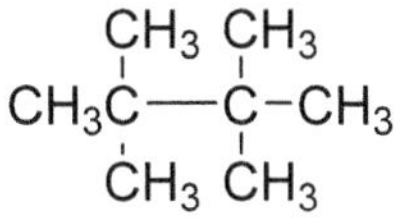

第3章 烯 烃

一、例题及解析

【例 3-1】 用系统命名法命名下列烯烃。

(1) $CH_3CH{=}CHCH_2CH_3$

(2) 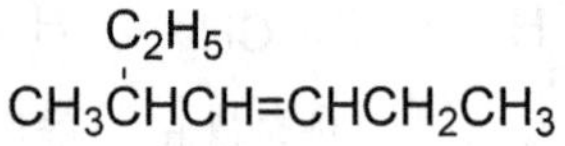

(3) 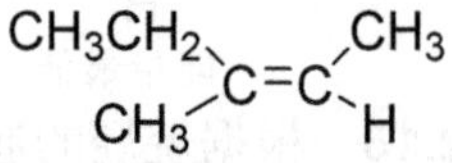

(4) 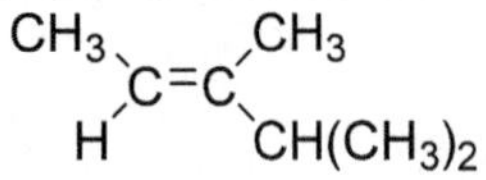

(5) 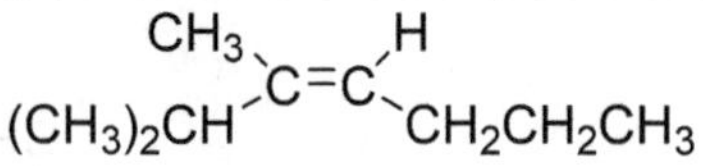

(6) 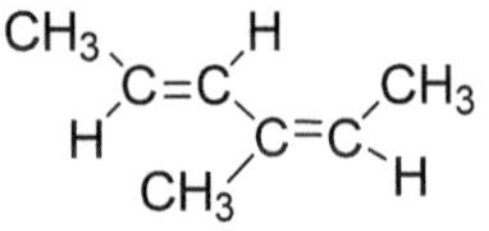

(7) 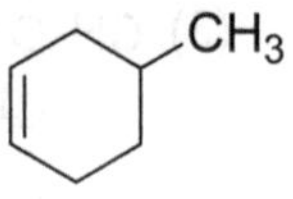

(8) 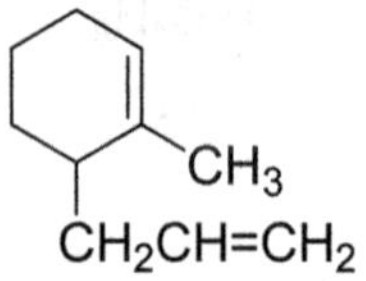

解 (1) 2-戊烯 (2) 5-甲基-3-庚烯 (3) (*Z*)-3-甲基-2-戊烯
(4) (*E*)-3, 4-二甲基-2-戊烯 (5) (*Z*)-2, 3-二甲基-3-庚烯 (6) (2*Z*, 4*E*)-3-甲基-2, 4-己二烯
(7) 4-甲基环己烯 (8) 1-甲基-6-烯丙基环己烯

【例 3-2】 写出下列化合物的结构式与构型式。

(1) (*E*)-1-氘- 2-氯丙烯 (2) (*Z*)-3-甲基-4-氯-3-己烯
(3) (*Z*)-3-甲基-4-异丙基-3-庚烯 (4) (*E*)-4-甲基-3-乙基-2-戊烯

解

(1) 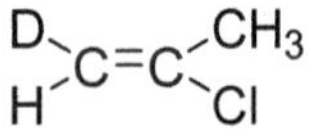

(2) 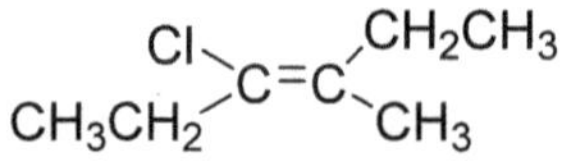

(3) 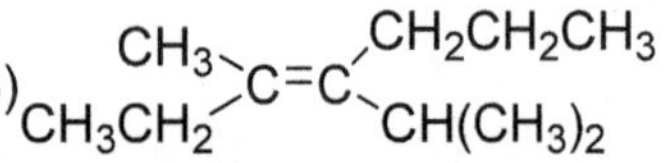

(4) 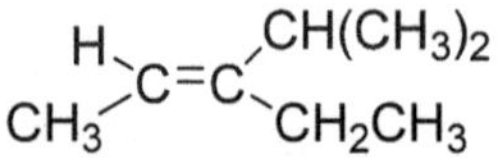

【例 3-3】 下列烯烃中哪些有顺反异构？写出顺反异构体及名称。

(1) 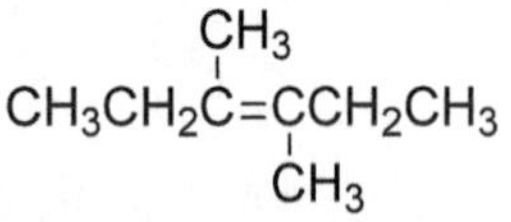

(2) $CH_2{=}C(Cl)CH_3$

(3) $C_2H_5CH{=}CHCH_2I$

(4) $CH_3CH{=}CHCH{=}CHC_2H_5$

解

(1) 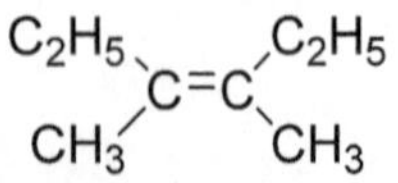

顺或(*Z*)-3,4-二甲基-3-己烯

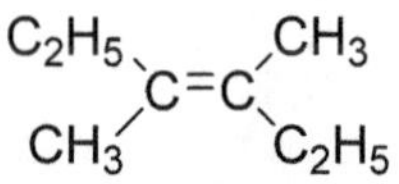

反或(*E*)-3,4-二甲基-3-己烯

(2) 无顺反异构

(3) 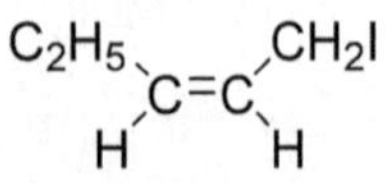

顺或(*Z*)-1-碘-2-戊烯

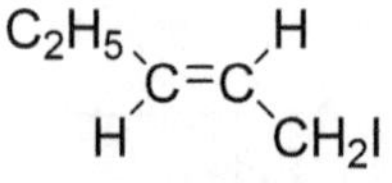

反或(*E*)-1-碘-2-戊烯

(4) 每个双键都能形成顺反异构体，共有四种 2,4-庚二烯：

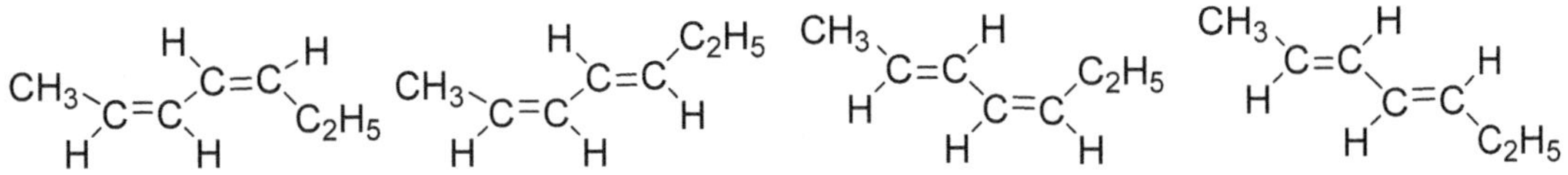

顺,顺或(*Z*, *Z*)　　顺,反或(*Z*, *E*)　　反,顺或(*E*, *Z*)　　反,反或(*E*, *E*)

【例 3-4】 写出丙烯与下列试剂反应的产物。

(1) HBr　(2) HOBr　(3) HBr/H_2O_2　(4) H_2SO_4
(5) Br_2/CCl_4　(6) $Br_2/NaCl/H_2O$　(7) Cl_2/H_2O　(8) 1) B_2H_6；2) H_2O_2,OH^-
(9) 1) $Hg(OAc)_2$；2) $NaBH_4$　(10) 1) O_3；2) Zn/H_2O
(11) $O_2/PdCl_2\text{-}Cu_2Cl_2$　(12) $KMnO_4$(稀，冷)　(13) $KMnO_4/H^+$

解

(1) $CH_3CH{=}CH_2 + HBr \longrightarrow CH_3\overset{Br}{\overset{|}{C}}HCH_3$

(2) $CH_3CH{=}CH_2 + HOBr \longrightarrow CH_3\overset{OH}{\overset{|}{C}}HCH_2Br$

(3) $CH_3CH{=}CH_2 + HBr \xrightarrow{H_2O_2} CH_3CH_2CH_2Br$

(4) $CH_3CH{=}CH_2 + H_2SO_4 \longrightarrow CH_3\overset{OSO_3H}{\overset{|}{C}}HCH_3 \xrightarrow{H_2O} CH_3\overset{OH}{\overset{|}{C}}HCH_3$

(5) $CH_3CH{=}CH_2 + Br_2 \xrightarrow{CCl_4} CH_3\overset{Br}{\overset{|}{C}}HCH_2Br$

(6) $CH_3CH{=}CH_2 + Br_2 \xrightarrow[H_2O]{NaCl} CH_3\overset{Br}{\overset{|}{C}}HCH_2Br + CH_3\overset{Cl}{\overset{|}{C}}HCH_2Br$

(7) $CH_3CH{=}CH_2 + Cl_2 \xrightarrow{H_2O} CH_3\overset{Cl}{\overset{|}{C}}HCH_2Cl + CH_3\overset{OH}{\overset{|}{C}}HCH_2Cl$

(8) $CH_3CH{=}CH_2 + B_2H_6 \longrightarrow 2(CH_3CH_2CH_2)_3B \xrightarrow[OH^-]{H_2O_2} CH_3CH_2CH_2OH$

(9) $CH_3CH{=}CH_2 + Hg(OAc)_2 \xrightarrow{H_2O} CH_3\overset{OH}{\overset{|}{C}}H\underset{HgOAc}{\underset{|}{C}}H_2 \xrightarrow{NaBH_4} CH_3\overset{OH}{\overset{|}{C}}HCH_3$

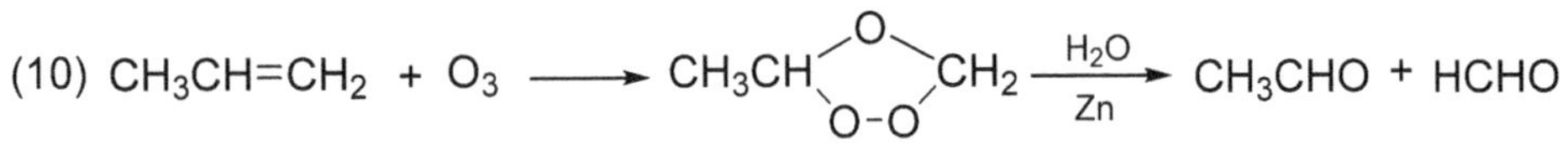

(11) $CH_3CH{=}CH_2 + O_2 \xrightarrow{PdCl_2\text{-}Cu_2Cl_2} CH_3CH_2CHO$

(12) $CH_3CH{=}CH_2 + KMnO_4$(稀，冷) $\longrightarrow CH_3\overset{OH}{\overset{|}{C}}HCH_2OH$

(13) $CH_3CH{=}CH_2 + KMnO_4 \xrightarrow[\Delta]{H_3O^+} CH_3COOH + HCOOH$ (HCOOH $\longrightarrow CO_2 + H_2O$)

【例 3-5】 写出下列反应的条件、试剂或产物(Ⅰ～Ⅷ)。

(1) $CH_3CH{=}CH_2 \xrightarrow{\text{I}} CH_3\overset{OSO_3H}{\overset{|}{C}}HCH_3 \xrightarrow{\text{II}} CH_3\overset{OH}{\overset{|}{C}}HCH_3$

(2) $CH_3CH_2C(CH_3)=CH_2 \xrightarrow{\text{Ⅲ}} CH_3CH_2CH(CH_3)CH_2OH$

(3) $CH_3CH_2C(CH_3)=CH_2 \xrightarrow{\text{Ⅳ}} CH_3CH_2CH(CH_3)CH_2Br$

(4) $CH_3CH_2C(CH_3)=CH_2 \xrightarrow{\text{Ⅴ}} CH_3CH_2CBr(CH_3)CH_3$

(5) $CH_3CH=CH_2 \xrightarrow{\text{Ⅵ}} BrCH_2CH=CH_2$

(6) $CH_2=CHCF_3 + HCl \longrightarrow$ Ⅶ

(7) $CH_2=CHCOOH + HCl \longrightarrow$ Ⅷ

解　Ⅰ. H_2SO_4　Ⅱ. H_2O　Ⅲ. 1) B_2H_6；2) H_2O_2/OH^-　Ⅳ. HBr/H_2O_2

Ⅴ. HBr　Ⅵ. NBS　Ⅶ. $ClCH_2CH_2CF_3$　Ⅷ. $ClCH_2CH_2COOH$

【例 3-6】　完成下列转化。

(1) $CH_3CH=CH_2 \longrightarrow BrCH_2CHBrCH_2Br$

(2) 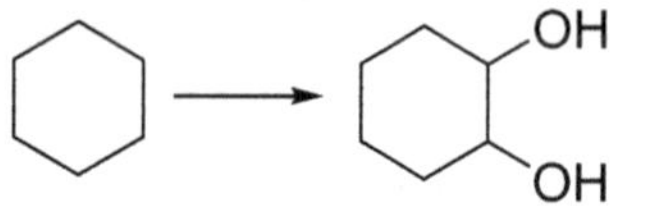

(3) 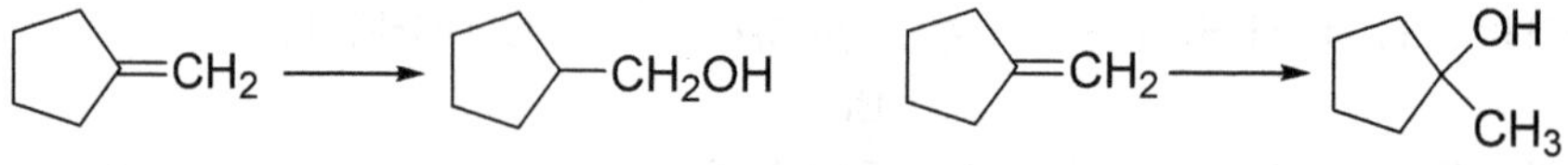

(4) $CH_3CHBrCH_3 \longrightarrow CH_3CH_2CH_2Br$

解

(1) $CH_3CH=CH_2 \xrightarrow{NBS} BrCH_2CH=CH_2 \xrightarrow{Br_2} BrCH_2CHBrCH_2Br$

(2) 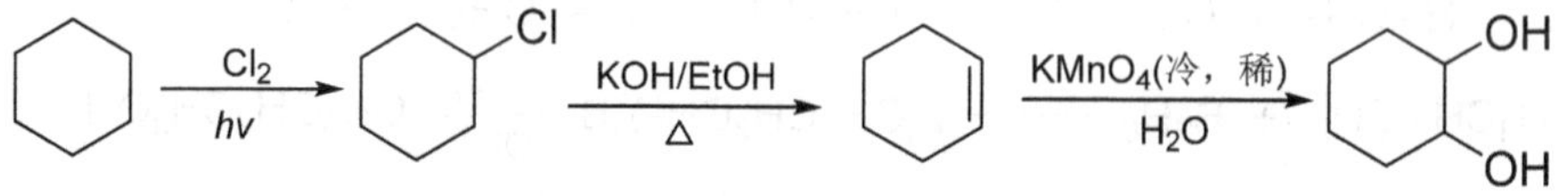

(3) 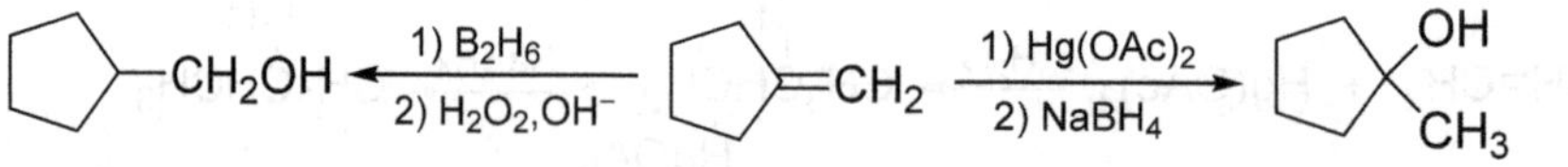

(4) $CH_3CHBrCH_3 \xrightarrow[\triangle]{KOH/EtOH} CH_3CH=CH_2 \xrightarrow[H_2O_2]{HBr} CH_3CH_2CH_2Br$

【例 3-7】　用化学方法鉴别下列化合物。

(1) 1-丁烯，2-丁烯，丁烷　　(2) 丙烷，环丙烷，丙烯

解

(1) 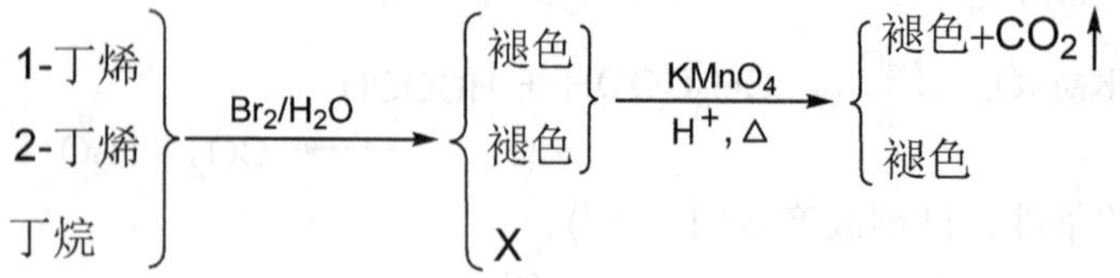

(2) 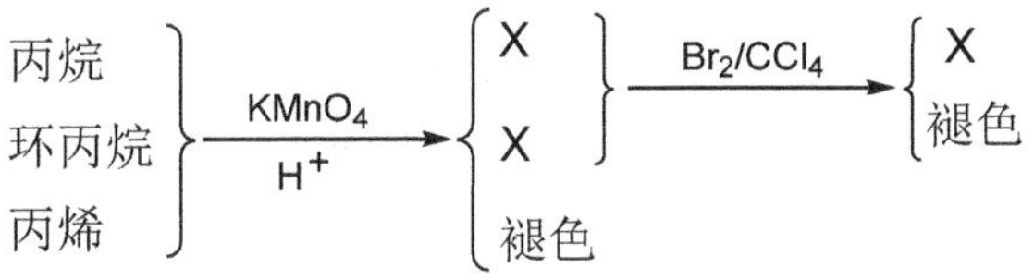

【例 3-8】 写出下列反应产物的立体构型。

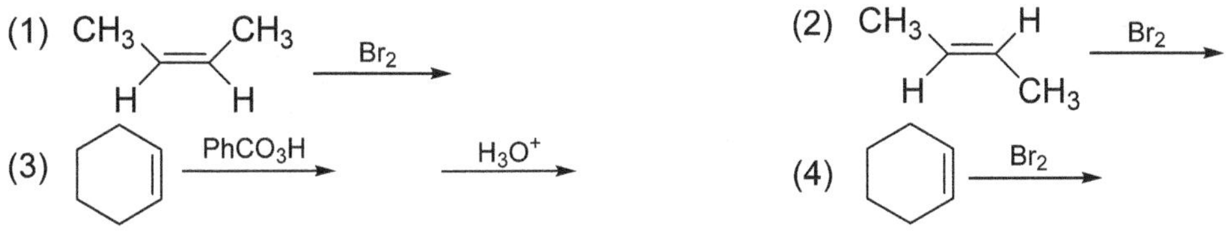

解

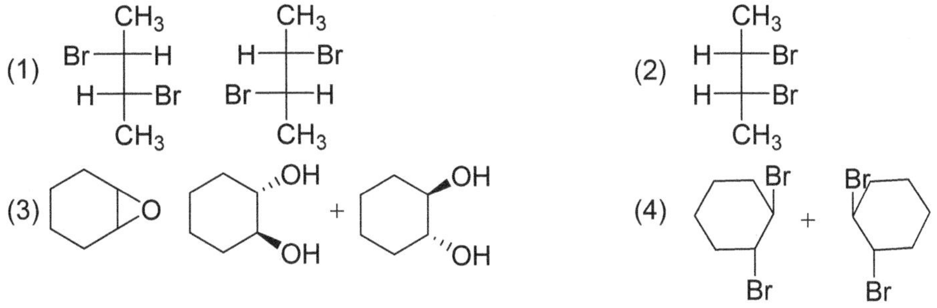

【例 3-9】 按要求合成下列化合物。

(1) 由 2-甲基丙烷合成异丁烯　(2) 由叔丁醇合成 2-甲基丙醇　(3) 由丙烯合成甘油

解

(1) $(CH_3)_2CHCH_3 \xrightarrow[hv]{Br_2} (CH_3)_3C-Br \xrightarrow[\triangle]{KOH/EtOH} \begin{matrix}CH_3\\CH_3\end{matrix}\!\!>C{=}CH_2$

(2) $(CH_3)_3C-OH \xrightarrow[\triangle]{H^+} (CH_3)_2C{=}CH_2 \xrightarrow[2)\ H_2O_2/OH^-]{1)\ B_2H_6} (CH_3)_2CHCH_2OH$

(3) $CH_3CH{=}CH_2 \xrightarrow[500\ ^\circ C]{Cl_2} ClCH_2CH{=}CH_2 \xrightarrow{Cl_2/OH^-} ClCH_2\overset{OH}{\overset{|}{C}}HCH_2Cl \xrightarrow[OH^-]{H_2O}$

$HOCH_2\overset{OH}{\overset{|}{C}}HCH_2OH$

【例 3-10】 烯烃经臭氧化-还原后得到下列产物，试写出原来烯烃的结构。

(1) 只有CH_3CHO　(2) $(CH_3)_2C{=}O$及CH_3CHO　(3) $HCHO$　CH_3CHO　$OHCCH_2CHO$

(4) $HCHO$　$H\overset{O}{\overset{\|}{C}}CH_2CH_2\overset{CH_3}{\overset{|}{C}}HCHO$　$(CH_3)_2C{=}O$　(5) $CH_3\overset{O}{\overset{\|}{C}}(CH_2)_4\overset{O}{\overset{\|}{C}}H$

解　(1) 只生成一种羰基化合物意味着该烯烃双键两侧是对称的。将醛或酮的结构写在两边使其羰基相互面对，然后将两个氧去掉，改为双键，即推得该烯烃的结构：

$$CH_3\overset{H}{\overset{|}{C}}{=}O \;+\; O{=}\overset{H}{\overset{|}{C}}-CH_3 \Longleftarrow CH_3CH{=}CHCH_3$$

(2) 同理：将产物的两个羰基相互面对，将氧改成双键

$$(CH_3)_2C{=}O \;+\; O{=}\overset{H}{\overset{|}{C}}-CH_3 \Longleftarrow (CH_3)_2C{=}CHCH_3$$

(3) $CH_2{=}CHCH_2CH{=}CHCH_3$

(4) 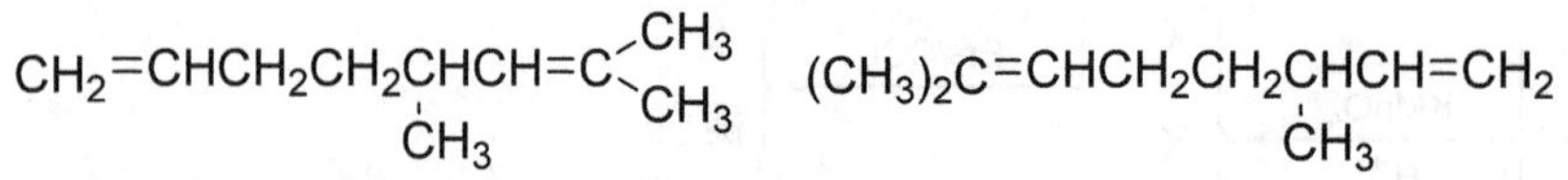

(5) 只得到一种二羰基化合物，说明原烯烃是一种环状烯，用双键将两个羰基碳连起来，即得原来烯的结构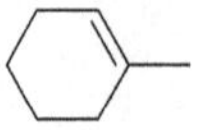。

【例 3-11】 2,7-二甲基-2,6-辛二烯用 H_3PO_3 处理，得到下列产物，试解释可能的历程。

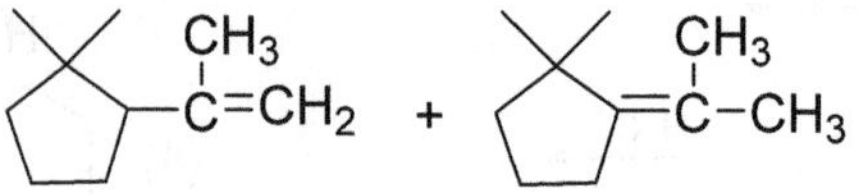

解

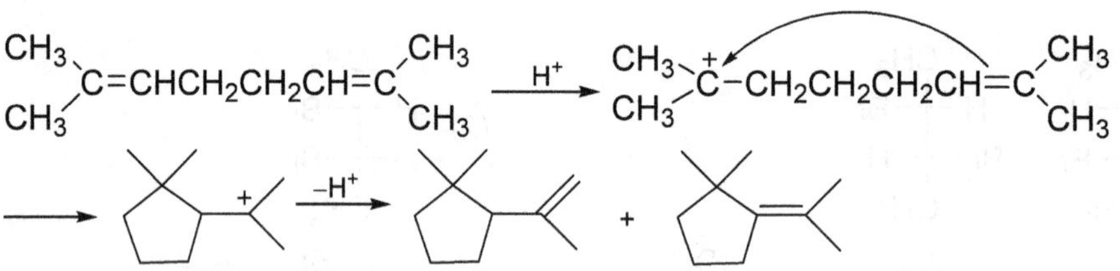

【例 3-12】 推测结构。

(1) 某烯烃 $C_{10}H_{16}$，分子中不含—CH_3、—C_2H_5 等取代基，经臭氧化-还原后分解得到一种产物环状二酮，分子式为 $C_{10}H_{16}O_2$，写出该烯烃的结构。

(2) A 为 C_7H_{12}，它与 $KMnO_4$ 回流得到环己酮，A 经酸处理后得到 B，B 使溴水褪色并生成 C，C 与氢氧化钾醇溶液共热后生成 D，D 经高锰酸钾氧化后得到丁二酸和丙酮酸，B 经臭氧化-还原后得到 6-羰基庚醛，试写出 A、B、C、D 的结构。

解 (1) 经计算知 $C_{10}H_{16}$ 的不饱和度为 3，但臭氧氧化后得到的是一个环状二酮，说明此化合物是一个双环烯，根据环的稳定性推测双键的位置是对称的，据以上分析确定此结构为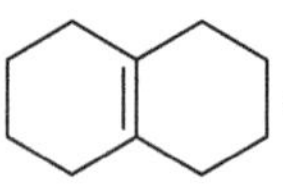。

(2) A. 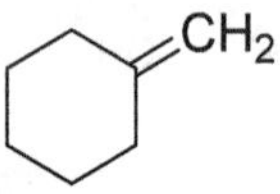 B. 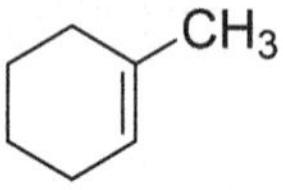 C. 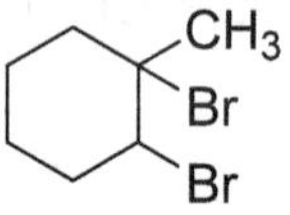 D. 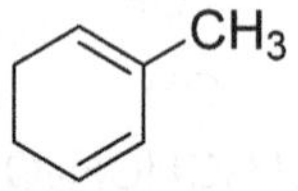

反应过程：

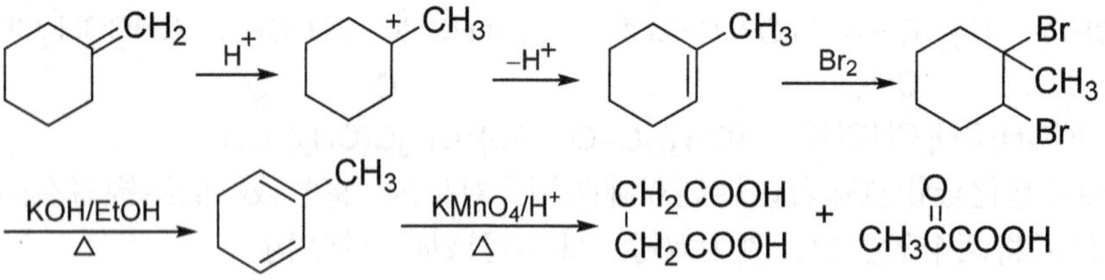

二、习　题

3.1 用系统命名法命名下列化合物。

(1) $CH_3CH_2CH=CHCH_2C(CH_3)_3$　(2) 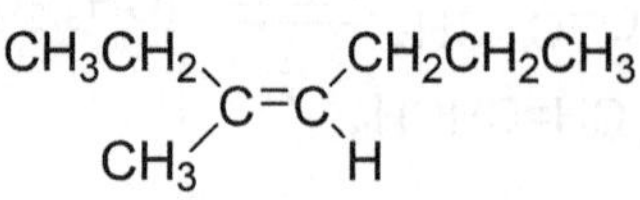　(3) 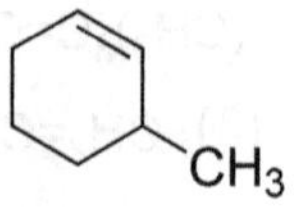

(4) 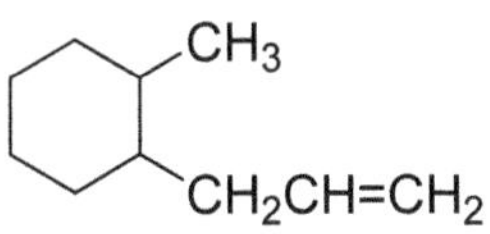　(5) 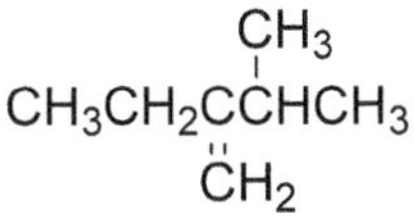　(6) 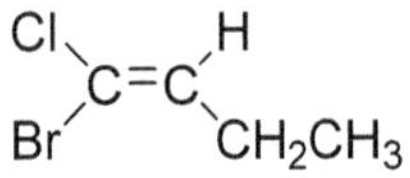

(7) 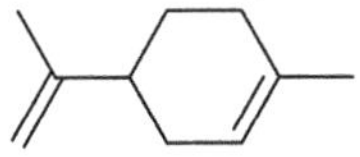

3.2 写出下列化合物可能存在的顺反异构体。

(1) 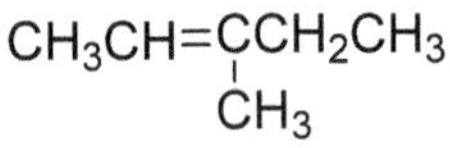　(2) $CH_3CCl{=}CClCH_2CH_3$　(3) $ClCH{=}CHCH_2CH_3$

(4) 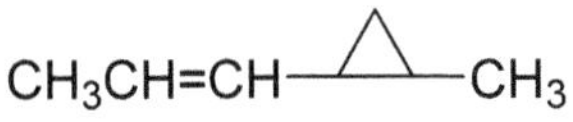　(5) 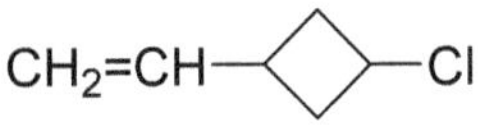

3.3 完成下列反应式。

(1) 　(2) 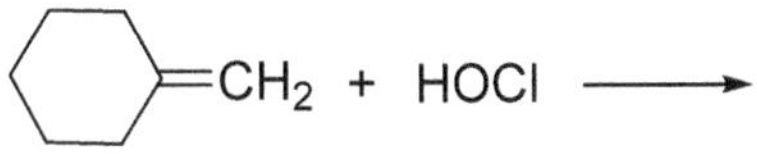

(3) 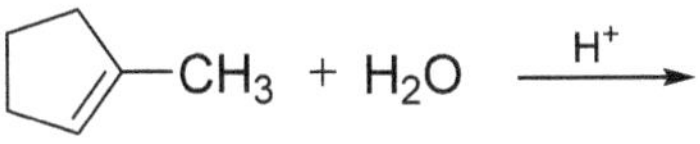　(4) 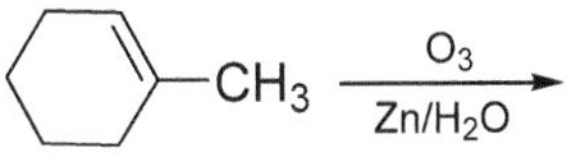

(5) 　(6) 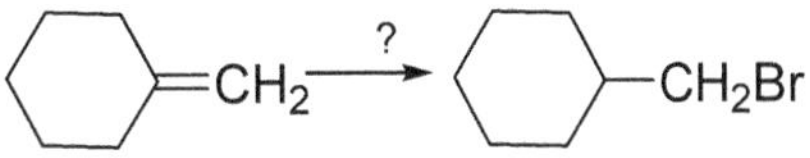

(7) 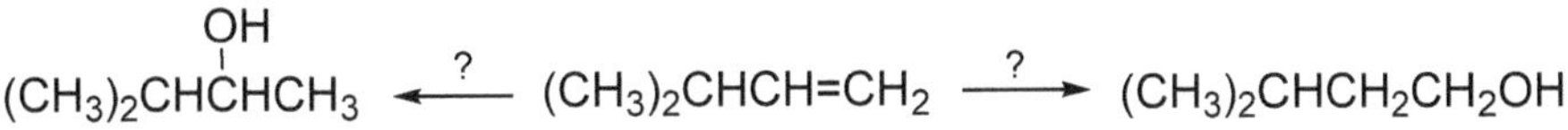

3.4 推测下列化合物的结构。

(1) 分子式为 $C_{10}H_{16}$ 的化合物 A、B、C，经臭氧化-还原后分别生成下列产物，试推测原来化合物的结构。

A 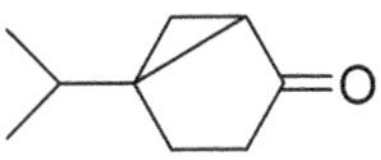　B 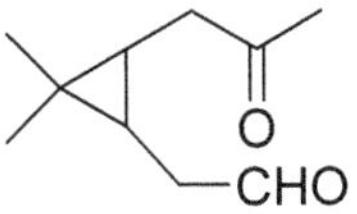　C 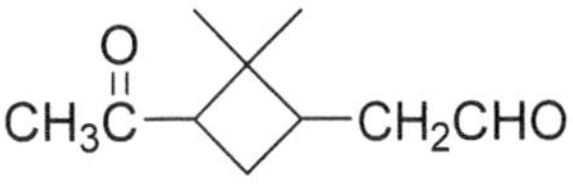

(2) 某化合物分子式为 $C_{19}H_{38}$，催化加氢后生成 2,6,10,14-四甲基十五烷，经臭氧化-还原后得到$(CH_3)_2C{=}O$ 及一个十六碳的醛。

(3) 某含羟基的化合物 $C_{10}H_{18}O$ 与 $KHSO_4$ 一起加热后生成两个新的化合物 A、B，它们催化加氢后生成同一化合物，A 和 B 中的一种化合物经臭氧化-还原后只得到一种产物环戊酮。

(4) 化合物 A 的分子式为 C_6H_{14}，光照下氯化时得到三种一氯代烷 B、C、D。B、C 与叔丁醇钾在叔丁醇溶液中反应生成了同一种烯烃 E，D 不能发生 E2 型反应。试推测 A、B、C、D 和 E 的结构。

(5) 某叔醇 $A(C_7H_{14}O)$，在酸催化下脱水得到 $B(C_7H_{12})$，B 经臭氧化-还原得到 $CH_3CO(CH_2)_4CHO$。试推测 A、B 的结构。

3.5 试用碳正离子的形成难易解释此反应。

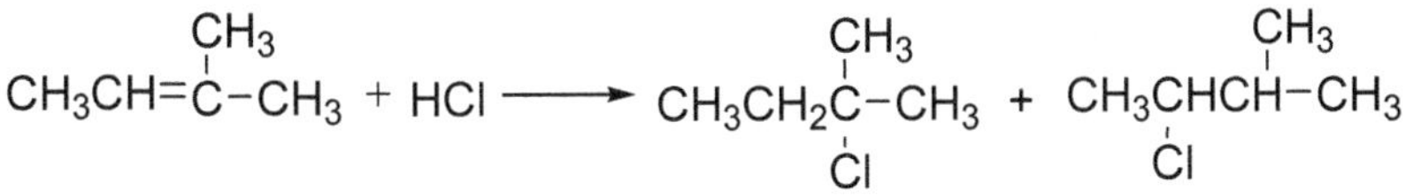

主要产物　　次要产物

3.6 将下列碳正离子按稳定性大小顺序排列。

(1) $CH_3CH{=}CHCH_2CH_2\overset{+}{C}H_2$　(2) $CH_3CH{=}CHCH_2\overset{+}{C}HCH_3$　(3) $CH_3CH{=}CH\overset{+}{C}HCH_2CH_3$

3.7 用化学方法鉴别下列各组化合物。

(1) 1-丁烯，2-丁烯，丁烷　(2) 环己烷，环己烯，1-己烯

(3) 1-丁烯，甲基环丙烷，丁烷

3.8 写出下列反应的机理。

(1) $(CH_3)_2C{=}CH_2 + Cl_2 \xrightarrow{h\nu} CH_2{=}\overset{CH_3}{\overset{|}{C}}-CH_2Cl + HCl$

(2) 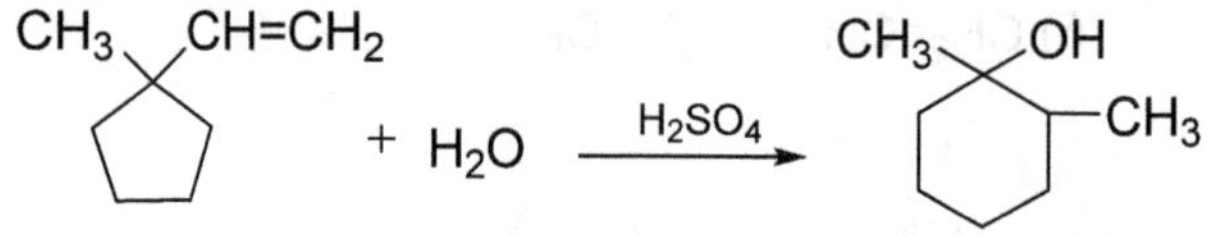

(3) 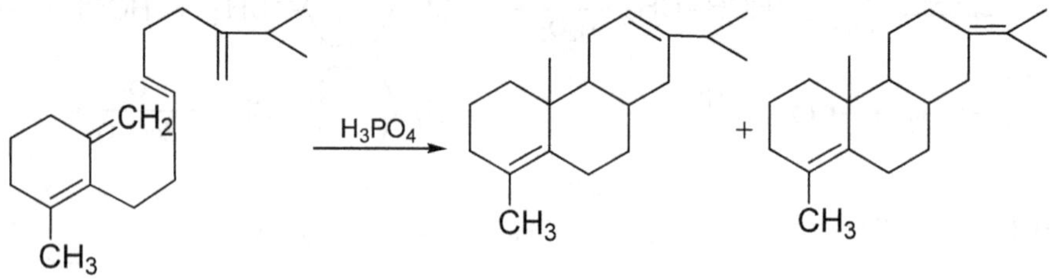

(4) 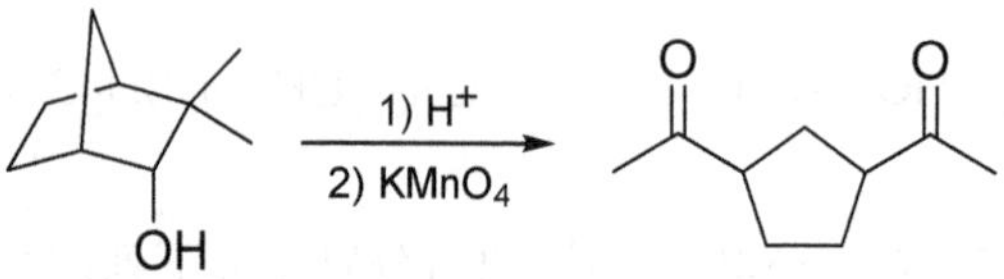

3.9 完成下列转化。

(1) $CH_3CHBrCH_3 \longrightarrow CH_3CH_2CH_2Br$　(2) $CH_3CH_2\overset{CH_3}{\overset{|}{C}}{=}CH_2 \longrightarrow CH_3CH_2\overset{OCH_3}{\overset{|}{C}}(CH_3)_2$

(3) $CH_3CH_2\overset{CH_3}{\overset{|}{C}}{=}CH_2 \longrightarrow CH_3CH_2\overset{CH_3}{\overset{|}{C}}HCH_2OCH_3$　(4) 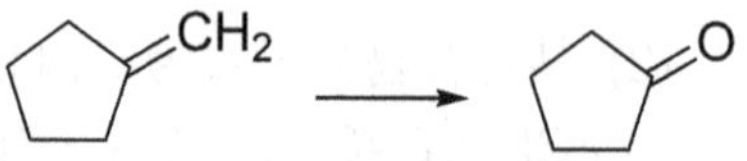

(5) 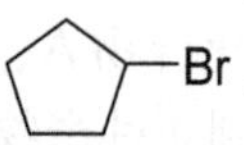 ⟶ 反-2-溴环戊醇　(6) $HO(CH_2)_3CH{=}CH_2 \longrightarrow$ 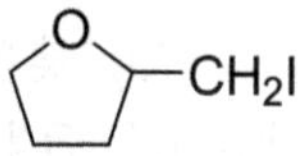

3.10 由指定原料合成指定的化合物。

(1) 由环己烷合成 a. 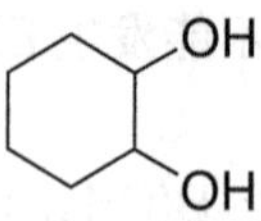　b. 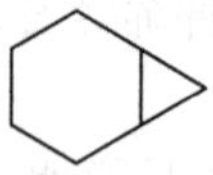　c. 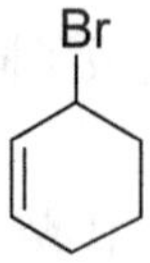

(2) 由 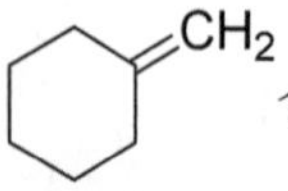 合成 a. 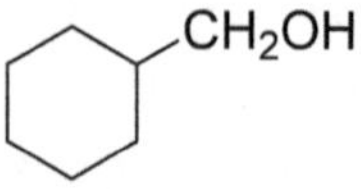　b. 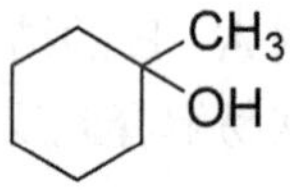　c. 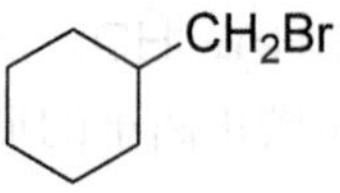

3.11 以丙烯为原料合成下列化合物。

(1) 1, 5-己二烯　(2) 正己烷　(3) 2, 3-二甲基丁烷

(4) 1-氯-3-溴丙烷　(5) 1, 2, 3-三溴丙烷

3.12 2-丁烯与下列试剂反应，试分别写出各种产物的几何构型。

(1) Br_2　　(2) RCO_3H, H_2O,H^+　　(3) $KMnO_4/H_2O$　　(4) HOCl

3.13 3,3-二甲基-1-丁烯与 HCl 加成得到两种产物：2,2-二甲基-3-氯丁烷和 2,3-二甲基-2-氯丁烷，试写出每一种产物的形成过程。

3.14 有三种氯代烷，用其中两种分别与 NaOH/EtOH 溶液反应，都得到 2-甲基-2-戊烯，另一种按上述条件反应只得到 3-甲基-1-戊烯。写出这三种氯代烷的结构式。

3.15 丙烯能以下列两种方式与溴反应。

(1) $CH_3CH{=}CH_2 + Br_2 \longrightarrow CH_3CH(Br)CH_2Br$

(2) $CH_3CH{=}CH_2 + Br_2 \longrightarrow BrCH_2CH{=}CH_2 + HBr$

根据所示的键能数据，计算两个反应的ΔH 。

C—C 348.6 kJ/mol; C═C 613.2 kJ/mol; C—H 415.8 kJ/mol; C—Br 285.6 kJ/mol; H—Br 365.4 kJ/mol; Br—Br 193.2 kJ/mol。

3.16 异丁烯$(CH_3)_2C{=}CH_2$在 H^+催化下可以进行二聚反应生成Ⅰ和Ⅱ两种烯烃，且Ⅰ与Ⅱ的比例为 1∶4。

$(CH_3)_3CCH{=}C(CH_3)_2$　　　$(CH_3)_3CCH_2C(CH_3){=}CH_2$

Ⅰ　　　　　　　　Ⅱ

(1) 试写出反应机理；

(2) 试说明为什么产物Ⅱ比Ⅰ要多得多。

3.17 计算下列反应的ΔH ，并判断它能否进行。

已知键能数据：N═N 418 kJ/mol；C—H 435 kJ/mol；C═C 610 kJ/mol(其中π键为 264.4 kJ/mol)；N≡N 940.5 kJ/mol；N—H 388.7 kJ/mol。

$$CH_2{=}CH_2 + NH{=}NH \longrightarrow CH_3CH_3 + N{\equiv}N$$

三、习 题 解 答

3.1 (1) 6, 6-二甲基-3-庚烯　(2) (*Z*)-3-甲基-3-庚烯　(3) 3-甲基环己烯

(4) 1-甲基-2-烯丙基环己烷　(5) 3-甲基-2-乙基-1-丁烯　(6) (*Z*)-1-氯-1-溴-1-丁烯

(7) 1-甲基-4-异丙烯基环己烯

3.2

(1) 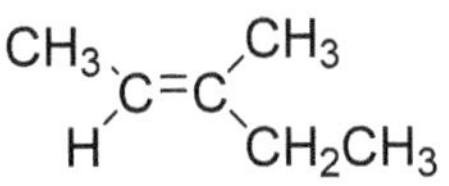

顺式

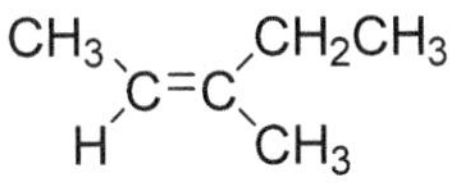

反式

(2) 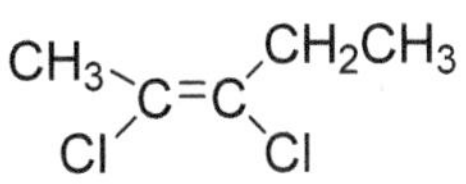

顺式

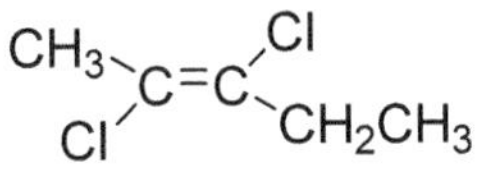

反式

(3) 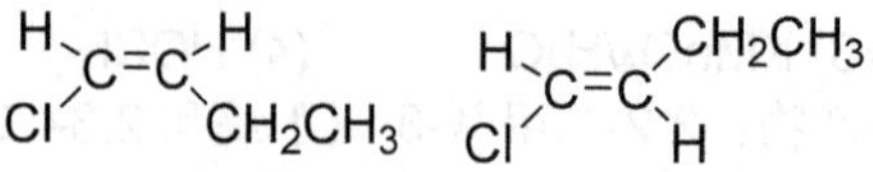

顺式　　反式

(4) 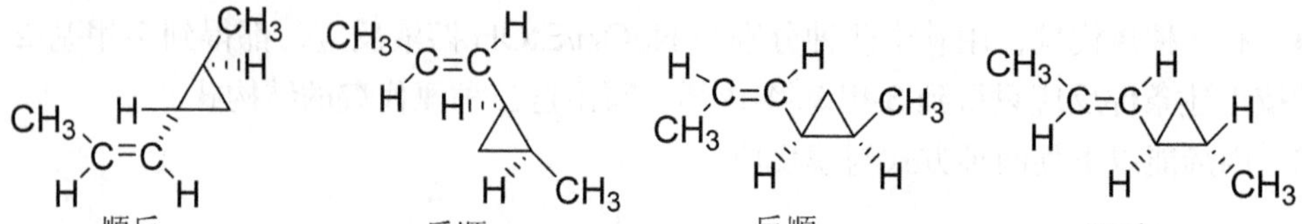

顺反　　反顺　　反顺　　顺反

(5) 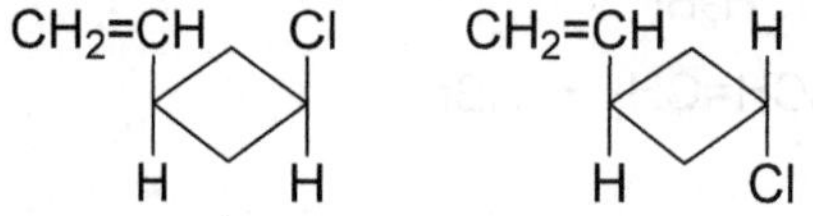

顺式　　反式

3.3

(1) $(CH_3)_2CHCHBrCH_3$ 及 $(CH_3)_2CHCH_2CH_2Br$　(2) 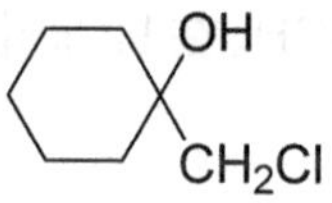　(3) 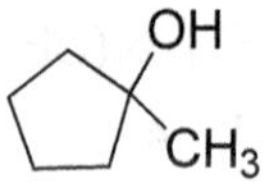

(4) $CH_3\overset{O}{\overset{\|}{C}}(CH_2)_4CHO$　(5) HOBr　(6) HBr/H_2O_2　(7) $\xrightarrow[2)\ NaBH_4]{1)\ Hg(OAc)_2}$ $\xrightarrow[2)\ H_2O_2/OH^-]{1)\ B_2H_6}$

3.4

(1) A. 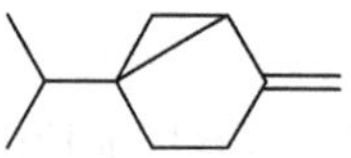　B. 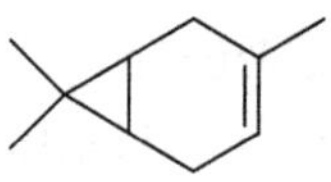　C. 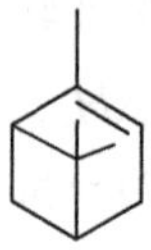

(2) $(CH_3)_2C{=}CHCH_2CH_2\underset{CH_3}{\underset{|}{C}}HCH_2CH_2CH_2\underset{CH_3}{\underset{|}{C}}HCH_2CH_2CH_2CH(CH_3)_2$

(3) 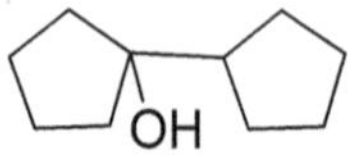

(4) A. $(CH_3)_3CCH_2CH_3$　B. $(CH_3)_3CCH_2CH_2Cl$　C. $(CH_3)_3CCHClCH_3$
D. $ClCH_2C(CH_3)_2CH_2CH_3$　E. $(CH_3)_3CCH{=}CH_2$

(5) A. 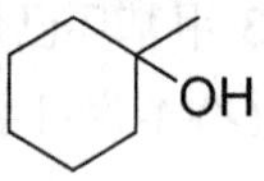　B. 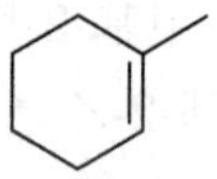

3.5　由反应历程看，反应的第一步有下列两种可能：

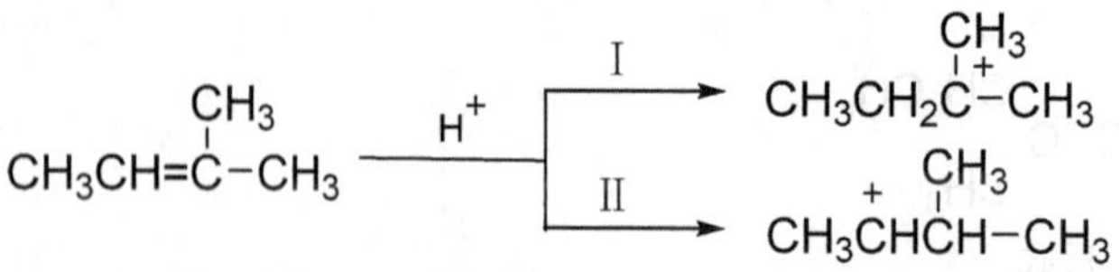

按Ⅰ进行所形成的是叔碳正离子，而按Ⅱ进行所形成的是仲碳正离子，前者较后者稳定，意味着反应Ⅰ所需的活化能小，反应易进行，故相应的产物 $CH_3CH_2CCl(CH_3)_2$ 为整个反应的主产物。

3.6　稳定性顺序为 (3) > (2) > (1)。

3.7

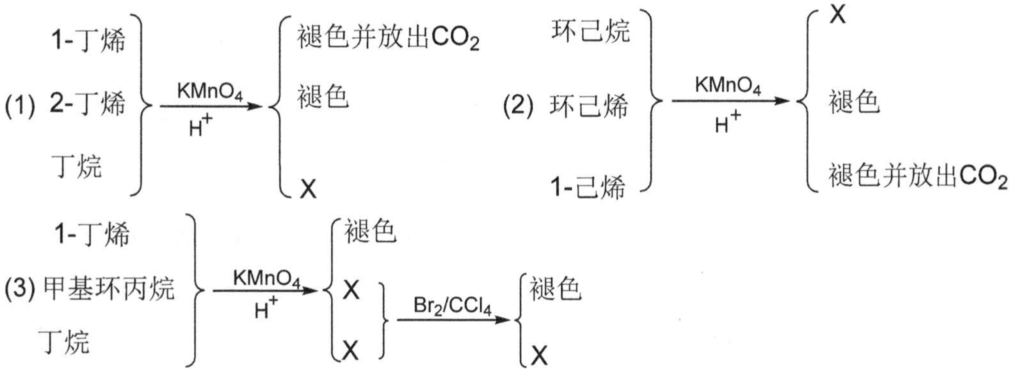

3.8

(1) $Cl_2 \xrightarrow{hv} Cl\cdot + Cl\cdot$

$(CH_3)_2C{=}CH_2 + Cl\cdot \longrightarrow \cdot CH_2\overset{CH_3}{\overset{|}{C}}{=}CH_2 + HCl$

$\cdot CH_2\overset{CH_3}{\overset{|}{C}}{=}CH_2 + Cl_2 \longrightarrow CH_2{=}\overset{CH_3}{\overset{|}{C}}\text{-}CH_2Cl + Cl\cdot$

(2)

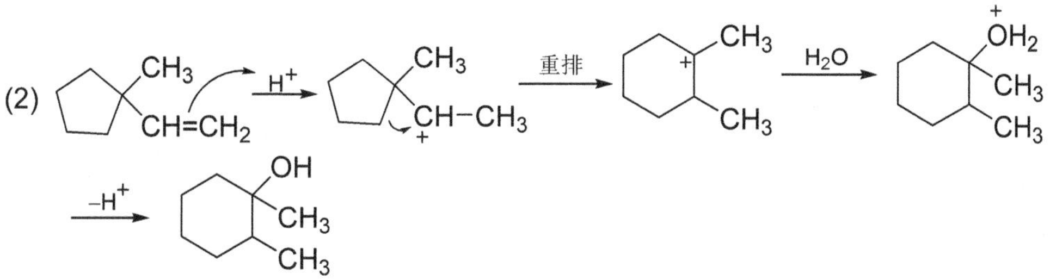

(3)

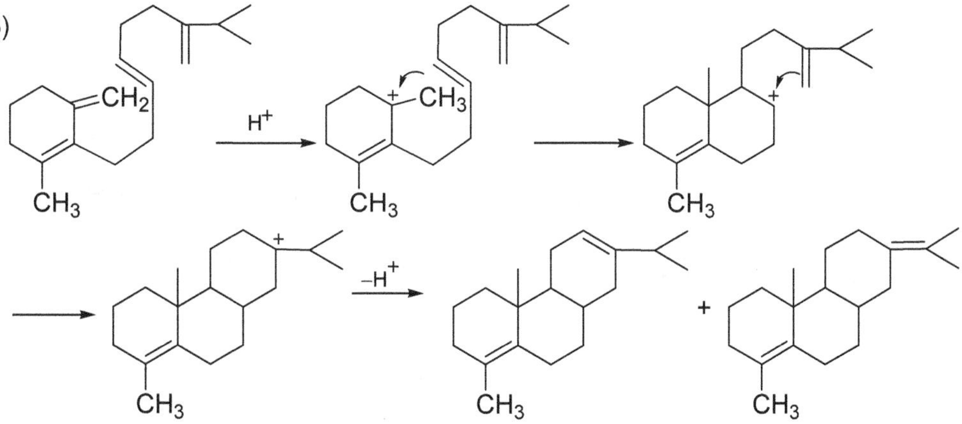

(4)

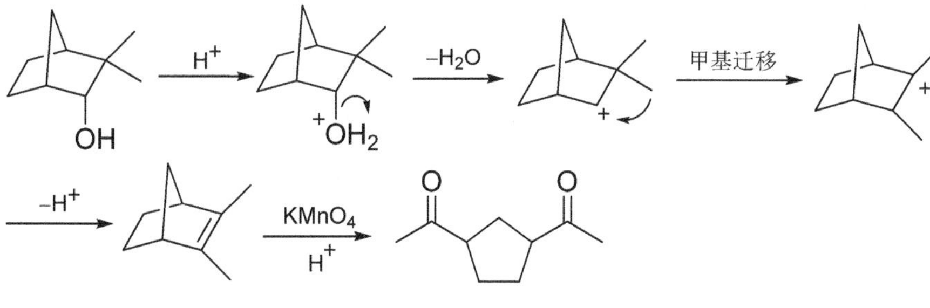

3.9

(1) $CH_3CHBrCH_3 \xrightarrow[\triangle]{KOH/EtOH} CH_3CH{=}CH_2 \xrightarrow[H_2O_2]{HBr} CH_3CH_2CH_2Br$

(2) 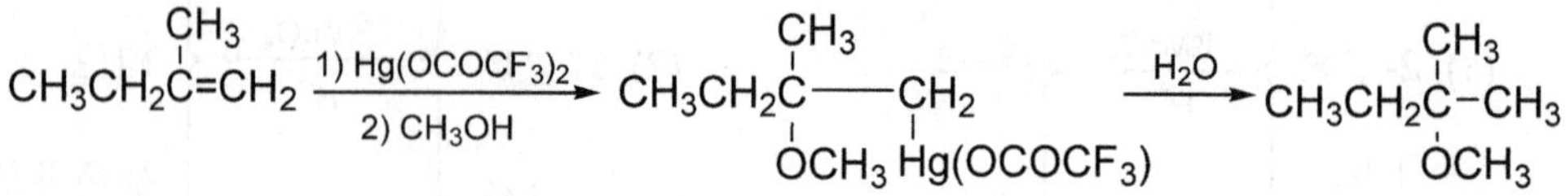

(3) 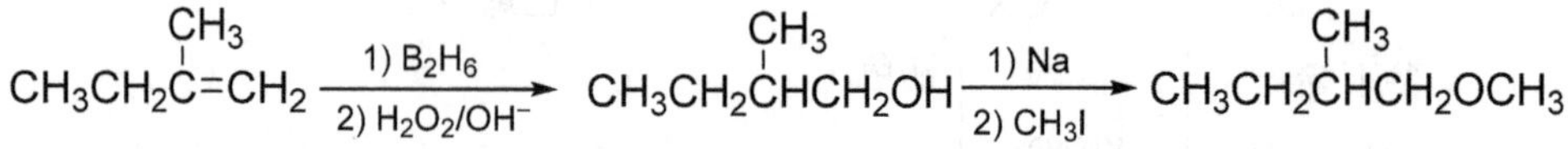

(4) 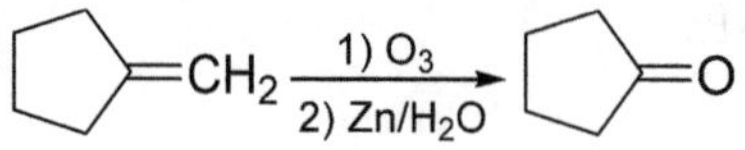

(5) 

(6) 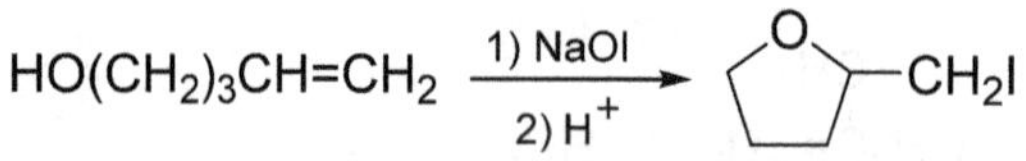

3.10

(1) a. 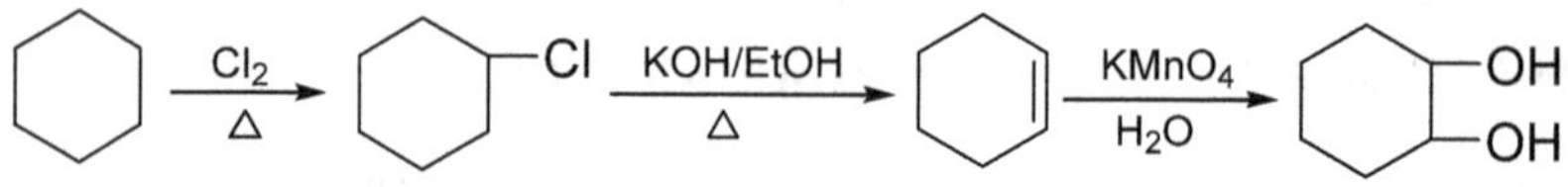

b. 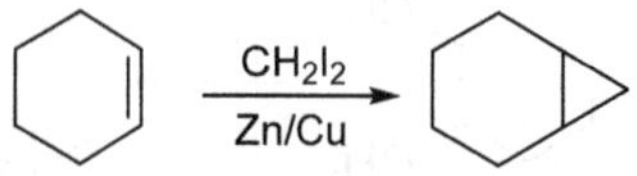

c. 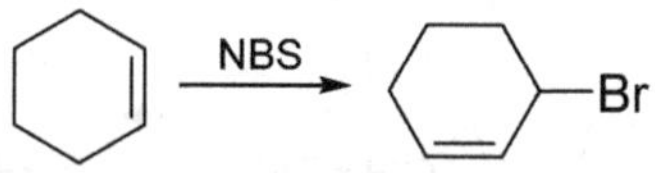

(2) a. 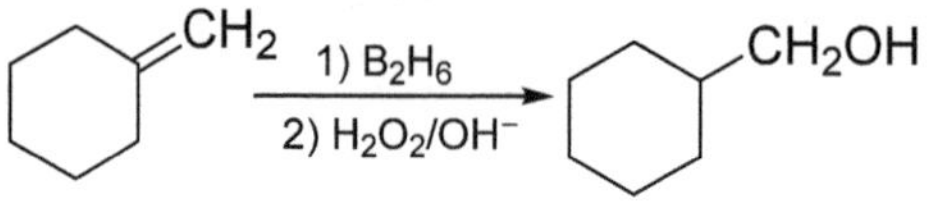

b. 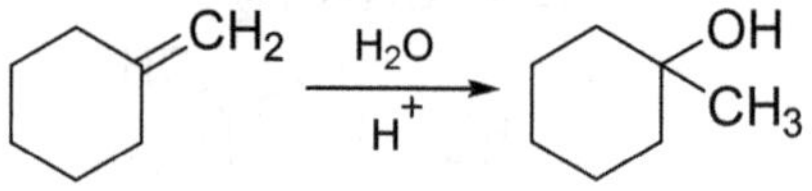

c. 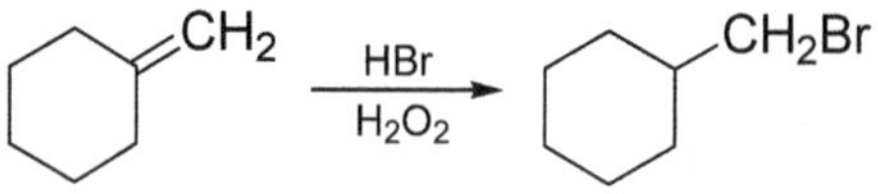

3.11

(1) $CH_3CH{=}CH_2 \xrightarrow{NBS} BrCH_2CH{=}CH_2 \xrightarrow[Et_2O]{Mg} CH_2{=}CHCH_2CH_2CH{=}CH_2$

(2) $CH_3CH{=}CH_2 \xrightarrow[H_2O_2]{HBr} CH_3CH_2CH_2Br \xrightarrow{Na} CH_3CH_2CH_2CH_2CH_2CH_3$

(3) 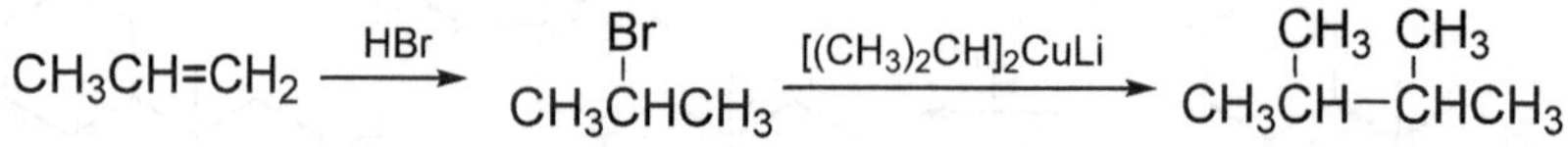

(4) $CH_3CH{=}CH_2 \xrightarrow[hv]{Cl_2} ClCH_2CH{=}CH_2 \xrightarrow[H_2O_2]{HBr} ClCH_2CH_2CH_2Br$

(5) 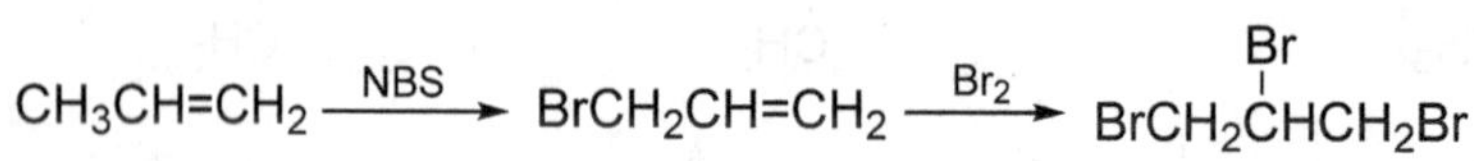

3.12

(1) 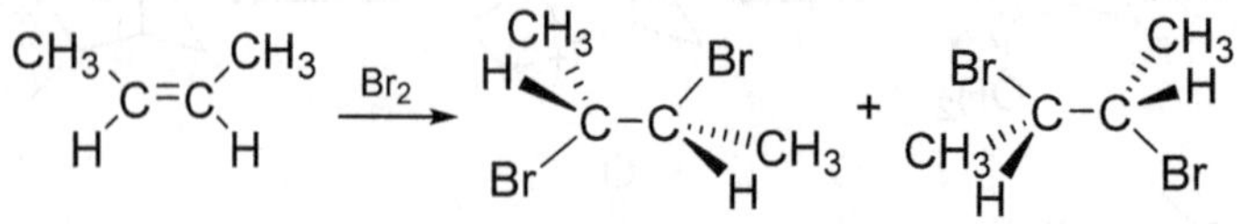

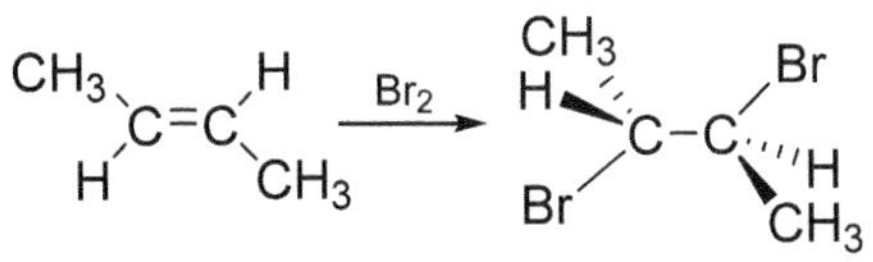

(2) 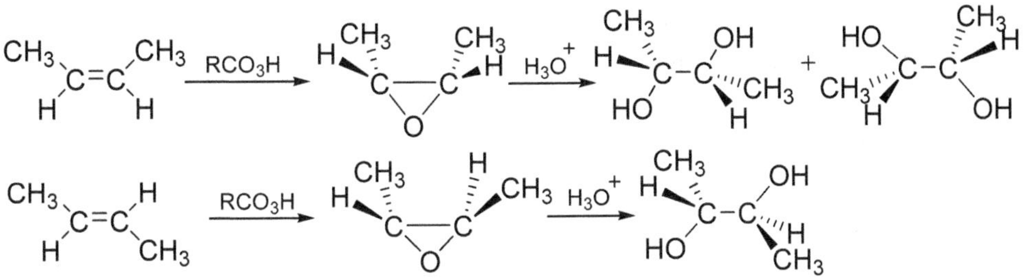

(3) 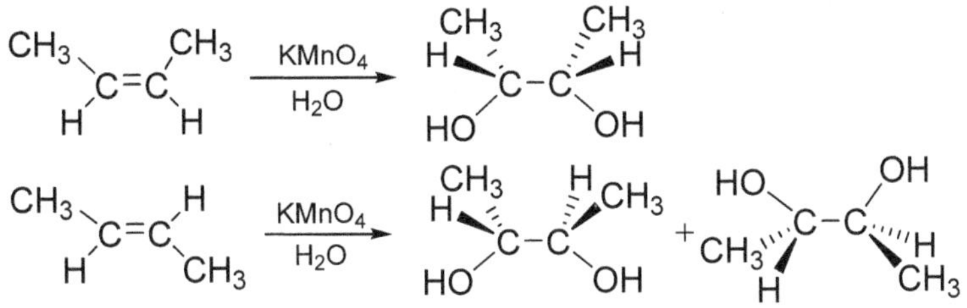

(4) 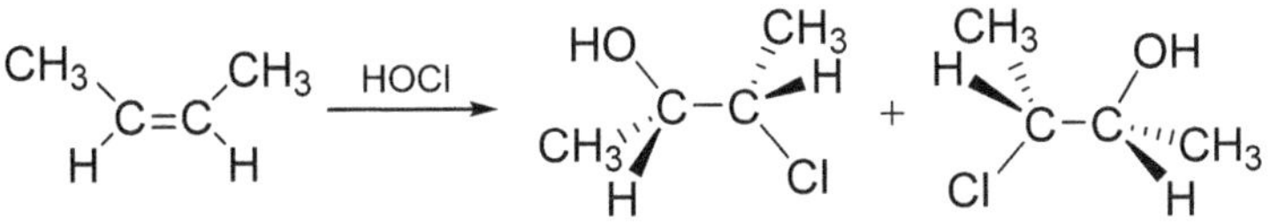

3.13

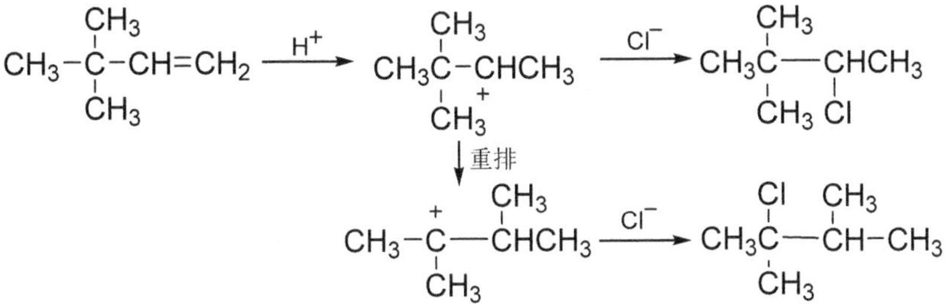

3.14

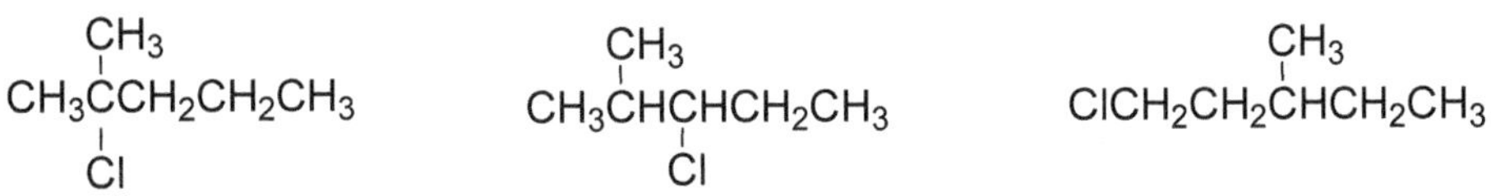

3.15

(1) 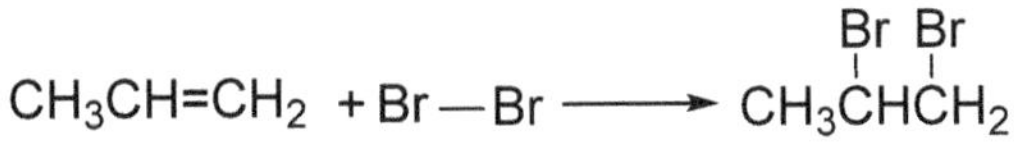

$\Delta H = 613.2 + 193.2 - 285.6 - 285.6 - 348.6 = -113.4$ (kJ/mol)

(2) 

$\Delta H = 415.8 + 193.2 - 285.6 - 365.4 = -42$ (kJ/mol)

3.16

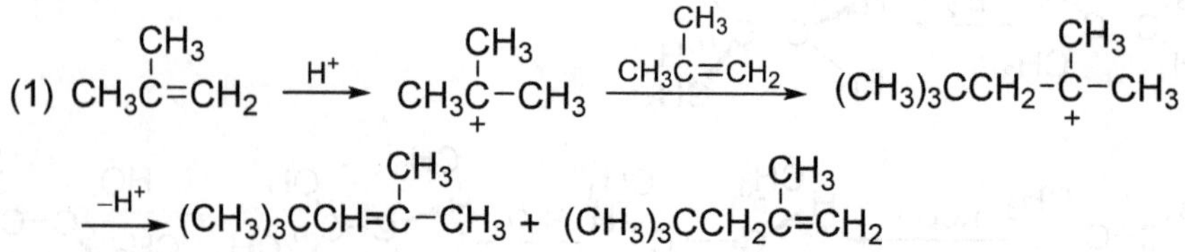

I　　II

(2) 虽然Ⅰ是取代基较多的烯烃，但是其 C=C 键两端分别连接大体积的叔丁基和两个甲基，造成比Ⅱ更大的空间位阻而不稳定，故较少生成。

3.17

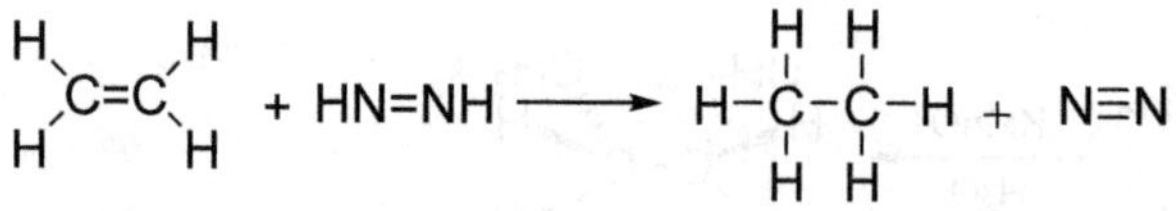

$\Delta H = 264.4 + 2 \times 388.7 - 435 \times 2 - 940.5 = -768.7\ (\text{kJ/mol}) < 0$

反应在热力学上是可行的。

第 4 章　二烯烃和炔烃

一、例题及解析

【例 4-1】 写出 1-丁炔与下列试剂反应的产物。

(1) $KMnO_4/H^+$　　(2) H_2/Pt　　(3) 过量 Br_2/CCl_4　　(4) $AgNO_3$/氨溶液

(5) $HgSO_4/H_2SO_4$　　(6) H_2/Lindlar 催化剂　　(7) 1) B_2H_6；2) H_2O_2,OH^-

(8) HBr/H_2O_2　　(9) 2HBr

解

(1) $CH_3CH_2C\equiv CH \xrightarrow[\triangle]{KMnO_4/H^+} CH_3CH_2COOH + HCOOH$

(2) $CH_3CH_2C\equiv CH \xrightarrow[Pt]{2H_2} CH_3CH_2CH_2CH_3$

(3) $CH_3CH_2C\equiv CH \xrightarrow[CCl_4]{\text{过量 } Br_2} CH_3CH_2CBr_2CHBr_2$

(4) $CH_3CH_2C\equiv CH \xrightarrow{AgNO_3/\text{氨溶液}} CH_3CH_2C\equiv CAg\downarrow$ (白)

(5) $CH_3CH_2C\equiv CH \xrightarrow[H_2SO_4]{HgSO_4} CH_3CH_2\overset{\overset{O}{\|}}{C}CH_3$

(6) $CH_3CH_2C\equiv CH \xrightarrow[\text{Lindlar催化剂}]{H_2} CH_3CH_2CH{=}CH_2$

(7) $CH_3CH_2C\equiv CH \xrightarrow[2)\ H_2O_2,OH^-]{1)\ B_2H_6} CH_3CH_2CH_2CHO$

(8) $CH_3CH_2C\equiv CH \xrightarrow[H_2O_2]{HBr} CH_3CH_2CH{=}CHBr$

(9) $CH_3CH_2C\equiv CH \xrightarrow{2HBr} CH_3CH_2CBr_2CH_3$

【例 4-2】 将下列化合物按其酸性强弱排列。

(1) NH_3　(2) H_2O　(3) CH_3COOH　(4) CH_3CH_3　(5) $CH_2{=}CH_2$

(6) $CH\equiv CH$　(7) CH_3CH_2OH　(8) HCl　(9) HI　(10) H_2SO_4

解 按布朗斯特的定义，酸能放出质子，碱能接受质子，酸碱的强度则根据其放出质子或接受质子的程度大小来衡量。在酸和碱的反应中，酸转变成其共轭碱，碱转变成其共轭酸。强酸的共轭碱是弱碱，弱碱的共轭酸是强酸，并且酸越强，其共轭碱越弱，反之亦然。例如，H_2O 的共轭碱是 OH^-，而 NH_3 的共轭碱是 NH_2^-，故就碱性而言，$NH_2^- > OH^-$，就酸性而言则是 H_2O 比 NH_3 强。根据此理论，上面化合物的酸性顺序为

$$(9)>(10)>(8)>(3)>(2)>(7)>(6)>(1)>(5)>(4)$$

【例 4-3】 用化学法鉴别下列化合物：丁烷、1-丁烯、1,3-丁二烯、1-丁炔、甲基环丙烷。

解

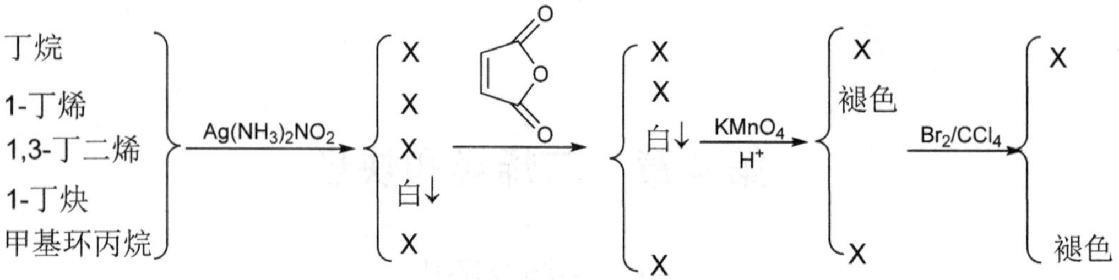

【**例 4-4**】　化合物 A、B、C，其分子式均为 C_5H_8，它们都能使 Br_2/CCl_4 溶液褪色，A 与银氨溶液反应得到沉淀，B、C 则不能，A、B 经催化氢化后都得到正戊烷，当用 $KMnO_4/H^+$ 溶液氧化时，B 得到乙酸及丙酸，C 得到戊二醇，试推测 A、B、C 的结构。

解　A、B、C 都能使 Br_2/CCl_4 溶液褪色，说明分子中有不饱和键。A 能与 $Ag(NH_3)_2NO_3$ 反应，证明 A 含有—C≡CH，又因 A、B 经氢化饱和后得到正戊烷，表明 A 为 1-戊炔。B 经氧化后产物为乙酸及丙酸，说明 B 为 2-戊炔。C 也含有不饱和键，但经氧化后产物为戊二酸，说明 C 为一环烯，环戊烯。因此，A、B、C 的结构为：

A.　$CH_3CH_2CH_2C{\equiv}CH$　　B.　$CH_3CH_2C{\equiv}CCH_3$　　C. 

【**例 4-5**】　简要写出以下列化合物合成丙炔的步骤，可以选用任何所需的无机或有机试剂。

(1) 1,2-二溴丙烷　　(2) 丙烯　　(3) 正丙醇

(4) 1,1-二氯丙烷　　(5) 乙炔　　(6) 1,1,2,2-四溴丙烷

解

(1) $CH_3CH(Br)CH_2Br \xrightarrow[\triangle]{KOH/EtOH} CH_3C{\equiv}CH$

(2) $CH_3CH{=}CH_2 \xrightarrow[CCl_4]{Br_2} CH_3CH(Br)CH_2Br \xrightarrow[\triangle]{KOH/EtOH} CH_3C{\equiv}CH$

(3) $CH_3CH_2CH_2OH \xrightarrow[\triangle]{H^+} CH_3CH{=}CH_2$，以后步骤同(2)

(4) $Cl_2CHCH_2CH_3 \xrightarrow[\triangle]{KOH\ (或\ NaNH_2)} CH_3C{\equiv}CH$

(5) $HC{\equiv}CH \xrightarrow{NaNH_2} NaC{\equiv}CH \xrightarrow{CH_3I} CH_3C{\equiv}CH$

(6) $CH_3CBr_2CBr_2H \xrightarrow[\triangle]{Zn} CH_3C{\equiv}CH$

【**例 4-6**】　乙炔的氢化热(转化为乙烷)为−313.5 kJ/mol，乙烯的氢化热为−137.1 kJ/mol，计算从乙炔氢化到乙烯的Δ*H*，并比较炔烃相对于烯烃的稳定性与烯烃相对于烷烃的稳定性。

解

$$CH{\equiv}CH + 2H_2 \longrightarrow C_2H_6 \qquad \Delta H = -313.5\ \text{kJ/mol}$$

$$-\ CH_2{=}CH_2 + H_2 \longrightarrow C_2H_6 \qquad \Delta H = -137.1\ \text{kJ/mol}$$

$$CH{\equiv}CH + H_2 \longrightarrow C_2H_4 \qquad \Delta H = -176.4\ \text{kJ/mol}$$

由上面计算数据可以看出，炔烃对于烯烃的稳定性比烯烃对于烷烃的稳定性小。

【**例 4-7**】　指出下列 Diels-Alder 反应的产物是由哪些二烯体及亲二烯体构成的。

(1) 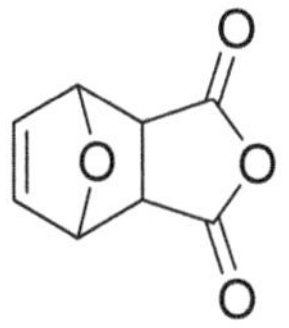　(2) 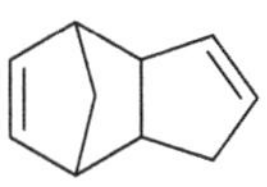　(3) 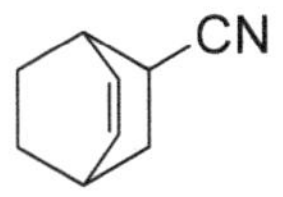　(4) 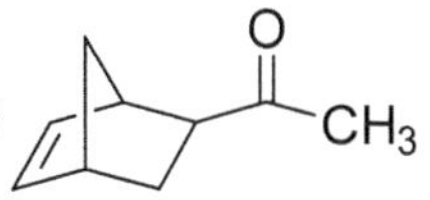

解

(1)　二烯体 　　亲二烯体 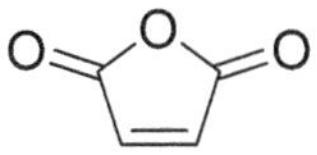

(2)　二烯体 　　亲二烯体 

(3)　二烯体 　　亲二烯体 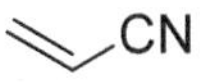

(4)　二烯体 　　亲二烯体 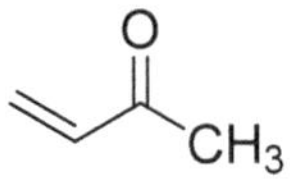

【例 4-8】　写出下列反应中 A～N 所代表的化合物的结构式。

(1) $CH{\equiv}CCH_2CH_3 \xrightarrow{Ag(NH_3)_2NO_3} (A) \xrightarrow{HNO_3} (B)$

(2) $CH_3C{\equiv}CH \xrightarrow{CH_3MgBr} (C) + (D) \xrightarrow{CH_3I} (E)$

(3) $CH_3CH_2C{\equiv}CH \xrightarrow{NaNH_2} (F) \xrightarrow{C_2H_5I} (G) \xrightarrow[H_3O^+]{Hg^{2+}} (H)$

(4) $CH_3C{\equiv}CH + B_2H_6 \longrightarrow (I) \xrightarrow{H_2O_2,\ OH^-} (J) \xrightarrow[H^+]{KMnO_4} (K)$

(5) $ClCH_2\overset{CH_3}{\overset{|}{C}}HCHClCH_3 \xrightarrow[\triangle]{KOH/EtOH} (L) \xrightarrow{BrCCl_3} (M) + (N)$

解

(1) A. $CH_3CH_2C{\equiv}CAg$　B. $CH_3CH_2C{\equiv}CH$

(2) C. CH_4　D. $CH_3C{\equiv}CMgBr$　E. $CH_3C{\equiv}CCH_3$

(3) F. $CH_3CH_2C{\equiv}CNa$　G. $CH_3CH_2C{\equiv}CC_2H_5$　H. $CH_3CH_2\overset{O}{\overset{\|}{C}}CH_2CH_2CH_3$

(4) I. $(CH_3CH{=}CH)_3B$　J. CH_3CH_2CHO　K. CH_3CH_2COOH

(5) L. $CH_2{=}\overset{CH_3}{\overset{|}{C}}{-}CH{=}CH_2$　M. $Cl_3CCH_2\underset{Br}{\underset{|}{\overset{CH_3}{\overset{|}{C}}}}CH{=}CH_2$　N. $Cl_3CCH_2\underset{CH_3}{\underset{|}{C}}{=}CHCH_2Br$

(1,2-加成产物)　(1,4-加成产物)

【例 4-9】　用不多于 3 个碳原子的烯、炔为原料合成下列化合物。

(1) $CH_3\underset{Br}{\underset{|}{\overset{Cl}{\overset{|}{C}}}}CH_3$　(2) $CH_3CH_2\overset{O}{\overset{\|}{C}}CH_3$　(3) $CH_2{=}CH{-}OCH_2CH_3$

(4) $CH_2{=}\overset{CH_3}{\overset{|}{C}}{-}CH{=}CH_2$　(5) $CH_3\overset{O}{\overset{\|}{C}}CH{=}CH_2$　(6) 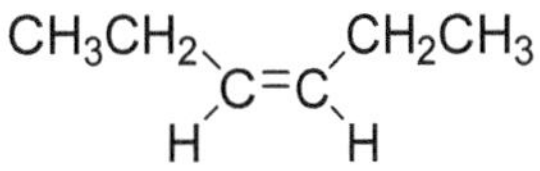

(7) $CH_3CH_2CH_2CH_2CHO$　(8) $\left[CH_2\underset{Cl}{\underset{|}{C}}H\right]_n$

解

(1) $CH_3C\equiv CH + HCl \longrightarrow CH_3\underset{}{\overset{Cl}{C}}=CH_2 \xrightarrow{HBr} CH_3-\underset{Br}{\overset{Cl}{C}}-CH_3$

(2) $CH\equiv CH \xrightarrow{NaNH_2} CH\equiv CNa \xrightarrow{BrCH_2CH_3} CH_3CH_2C\equiv CH \xrightarrow[H_2SO_4]{HgSO_4} CH_3CH_2\overset{O}{\overset{\|}{C}}CH_3$

(3) $CH_2=CH_2 + H_2O \xrightarrow{H^+} CH_3CH_2OH \xrightarrow[\text{加压，150℃}]{CH\equiv CH} CH_2=CH-OCH_2CH_3$

(4) $CH_3C\equiv CH \xrightarrow[H_2SO_4]{HgSO_4} CH_3\overset{O}{\overset{\|}{C}}CH_3 \xrightarrow[KOH]{CH\equiv CH} (CH_3)_2\overset{OH}{C}-C\equiv CH \xrightarrow[H_2]{Pd/BaSO_4}$

$CH_3-\underset{CH_3}{\overset{OH}{C}}-CH=CH_2 \xrightarrow[\Delta]{Al_2O_3} CH_2=\underset{CH_3}{C}-CH=CH_2$

(5) $CH\equiv C-H + CH\equiv CH \xrightarrow{Cu_2Cl_2\text{-}NH_4Cl} CH\equiv C-CH=CH_2 \xrightarrow[H_2SO_4]{HgSO_4} CH_3\overset{O}{\overset{\|}{C}}CH=CH_2$

(6) $CH\equiv CH \xrightarrow{2Na/NH_3} NaC\equiv CNa \xrightarrow{2C_2H_5Br} C_2H_5C\equiv CC_2H_5 \xrightarrow[Pd/BaSO_4]{H_2}$ $\overset{C_2H_5}{\underset{H}{}}C=C\overset{C_2H_5}{\underset{H}{}}$

(7) $CH\equiv CH \xrightarrow{NaNH_2} CH\equiv CNa \xrightarrow{BrCH_2CH_2CH_3} CH_3CH_2CH_2C\equiv CH \xrightarrow[2)\ H_2O_2/OH^-]{1)\ B_2H_6}$

$CH_3CH_2CH_2CH_2CHO$

$(CH_3CH=CH_2 + HBr \xrightarrow{H_2O_2} CH_3CH_2CH_2Br)$

(8) $CH\equiv CH \xrightarrow[AlCl_3]{HCl} CH_2=CHCl \xrightarrow[\text{催化剂}]{\text{高温、高压}} \left[CH_2\underset{Cl}{CH}\right]_n$

【例 4-10】 1,3-丁二烯聚合时，有二聚体生成，此二聚体可以发生以下反应：①还原生成乙基环己烷，②溴化时可加上四个溴原子，③氧化时可以生成β-羧基己二酸，试推测此二聚体的结构。

解 条件①说明此化合物基本骨架为 A，条件②说明此化合物中有两个双键，条件③说明了两个双键的位置，一个在环内，另一个在侧链的 C1 和 C2 之间。据以上分析，说明此化合物的结构为 B，由 1,3-丁二烯按 C 式反应生成二聚体。

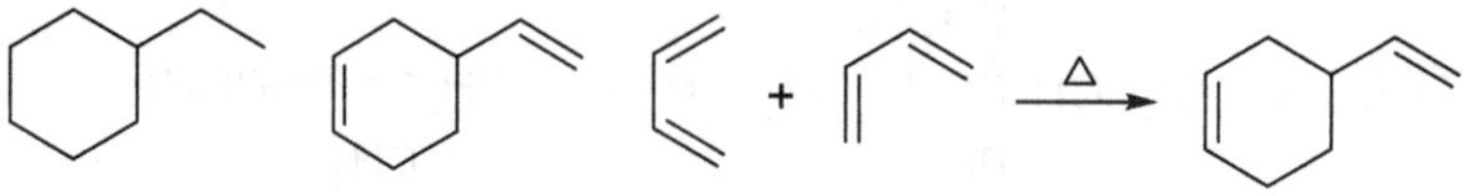

A B C

二、习 题

4.1 用系统命名法命名下列化合物。

(1) $CH_3CH=CH\underset{CH_3}{C}=CHCH_3$ (2) $CH_3\overset{CH_3}{C}H\underset{C_2H_5}{C}HC\equiv C-CH_3$ (3)

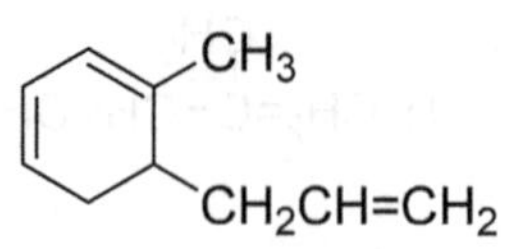

(4) 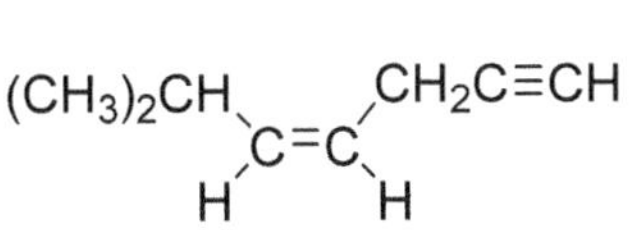　(5) 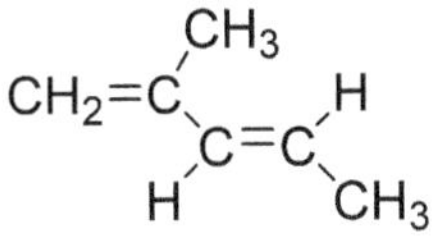　(6) 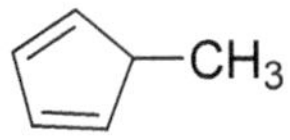

(7) $CH_3CH{=}CHC{\equiv}C{-}C{\equiv}CH$　(8) $CH{\equiv}CCH_2CH{=}CH_2$

4.2 写出 1-己炔与下列试剂反应的产物。

(1) $KMnO_4/H^+$　(2) H_2/Pt　(3) 过量Br_2/CCl_4　(4) $AgNO_3/NH_4OH$

(5) $HgSO_4/H_2SO_4$　(6) H_2/Lindlar催化剂　(7) HBr/H_2O_2　(8) 2HBr

4.3 预测乙烷、乙烯、乙炔的酸性大小，并用杂化轨道理论合理说明。

4.4 用简便的化学方法鉴别下列各组化合物。

(1) 丁烷，1-丁烯，1-丁炔　(2) 1-戊烯，1-戊炔，1,3-戊二烯

(3) 1-己炔，1,3-己二烯，己烷，1,5-己二烯

4.5 写出下列反应的主要产物。

(1) 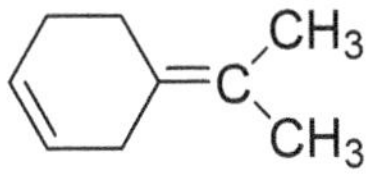 + Br_2 (1 mol) $\longrightarrow$

(2) 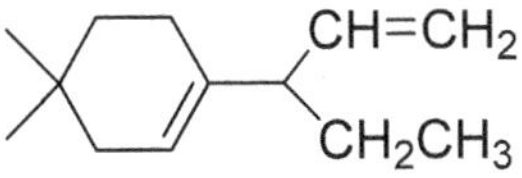 + HCl (1 mol) $\longrightarrow$

(3) 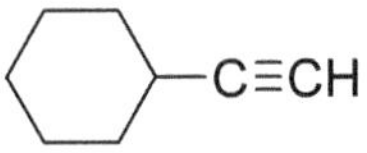 + $CH_3MgI \longrightarrow$　(4) $HC{\equiv}CLi + D_2O \longrightarrow$

(5) $C_2H_5C{\equiv}CH \xrightarrow[NH_3\,(l)]{NaNH_2} \xrightarrow{CH_3CH_2Br} \xrightarrow[H_2SO_4]{HgSO_4}$

(6) $CH_2{=}\underset{}{\overset{CH_3}{\overset{|}{C}}}{-}CH{=}CH_2 + HCl \xrightarrow{-40\ ^\circ C}$　(7) $CH_3CH{=}CHCH{=}CH_2 + HCl \xrightarrow{40\ ^\circ C}$

(8) 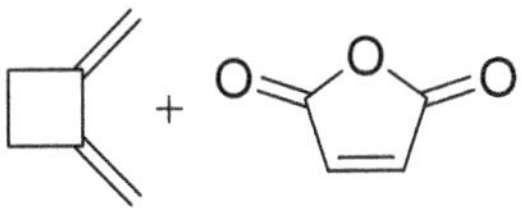 $\xrightarrow{\triangle}$　(9) 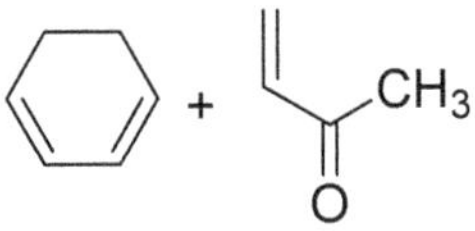 $\xrightarrow{\triangle}$

(10) $C_6H_5C{\equiv}CCH_2CH_3 \xrightarrow[液氨]{Na} \xrightarrow[CCl_4]{Br_2} \xrightarrow[\triangle]{KOH/EtOH} \xrightarrow[Lindlar催化剂]{H_2}$

(11) $C_6H_5C{\equiv}CH + H_2O \xrightarrow[H_2SO_4]{HgSO_4}$　(12) $CH_2{=}CH{-}C{\equiv}CH + H_2O \xrightarrow[H_2SO_4]{HgSO_4}$

(13) $CH_3C{\equiv}CH + HCN \longrightarrow$

4.6 以三碳或三碳以下的烯、炔为原料合成下列化合物。

(1) 3-庚炔 (2) 戊醛 (3) 1,3-丁二烯 (4) 2-戊酮 (5) 4-氯甲基环己烯 (6) 2-氯-1,2-二溴丁烷

4.7 某化合物 A(C_6H_8)在催化剂存在下与过量的 H_2 反应，得到 B(C_6H_{12})。A 经臭氧化-还原得到唯一的产物丙二醛，此化合物的结构是什么?

4.8 在与亲电试剂(如 Cl_2、HBr 等)的加成反应中烯烃比炔烃活泼，但炔烃与这些试剂作用时又容易停留在烯烃的阶段，这是什么原因?

4.9 由环戊烷合成环戊二烯。

4.10 化合物 A 和 B，分子式均为 C_5H_8，两者均能使 Br_2/CCl_4 溶液褪色，A 能与 $Ag(NH_3)_2NO_3$ 溶液作用生成沉淀，A 经 $KMnO_4$ 氧化得到$(CH_3)_2CHCOOH$ 及 CO_2；B 经 $KMnO_4$ 氧化后得

到丙二酸及 CO_2。推断 A、B 的结构。

4.11 完成下列反应，并指出反应历程的类型。

(1) 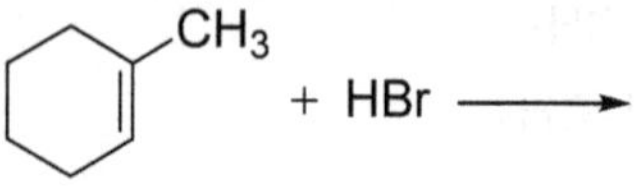

(2) 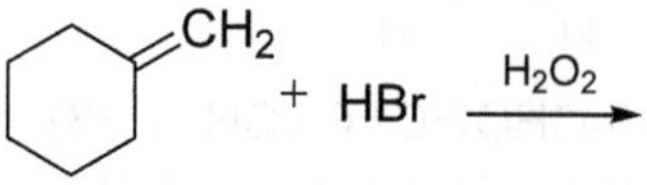

(3) $CH_3CH(CH_3)CH_3 + Br_2 \xrightarrow{h\nu}$

(4) $CH_3CH_2CH{=}CHCH_3 + Cl_2 \xrightarrow{500\,^{\circ}C}$

(5) $CH{\equiv}CH + CH_3COOH \xrightarrow{OH^-}$

(6) 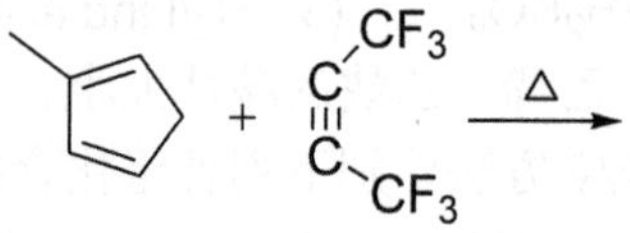

(7) $CH_2{=}C(CH_3){-}CH{=}CH_2 + Br_2 \xrightarrow{40\,^{\circ}C}$

(8) $(CH_3)_2C{=}CH_2 + HBr \xrightarrow{H_2O_2}$

4.12 试推测化合物 A、B、C、D、E 的结构。

$$\underset{A}{C_5H_8} \xrightarrow[H_2O_2]{HBr} \underset{B}{C_5H_9Br} \xrightarrow{NaNH_2} \underset{C}{C_5H_8}$$

$$\underset{C}{C_5H_8} \xrightarrow[H_2SO_4]{HgSO_4} \underset{D}{C_5H_{10}O}$$

$$\underset{C}{C_5H_8} \xrightarrow[2)\,CH_3I]{1)\,NaNH_2} \underset{E}{C_6H_{10}} \xrightarrow[Pd]{H_2} (CH_3)_2CHCH_2CH_2CH_3$$

4.13 如何实现下列转变?

$$(CH_3)_2CHCH_2CH{=}CH_2 \xrightarrow{(1)} (CH_3)_2CHC(O)CH_2CH_3$$

$$(CH_3)_2CHCH_2CH{=}CH_2 \xrightarrow{(2)} (CH_3)_2CHCH_2C(O)CH_3$$

$$(CH_3)_2CHCH_2CH{=}CH_2 \xrightarrow{(3)} (CH_3)_2CHCH_2CH_2C(O)CH_3$$

4.14 由指定原料合成下列化合物。

(1) 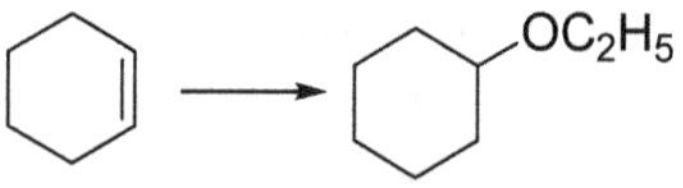

(2) $CH_3C{\equiv}CH \longrightarrow CH_3CH_2CH{=}CH_2$

(3) 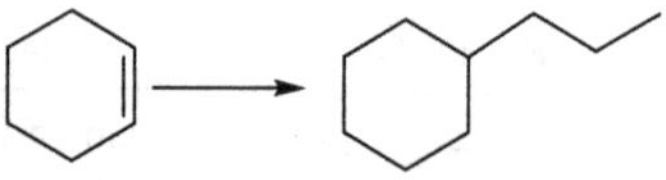

(4) 1-己炔 ⟶ 1,4-壬二烯

4.15 一旋光化合物 C_8H_{12}(A)，用铂催化加氢得到没有手性的化合物 C_8H_{18}(B)，用 Lindlar 催化剂加氢得到手性化合物 C_8H_{14}(C)，但用金属钠液氨还原得到的是另一种没有手性的化合物 C_8H_{14}(D)，试推测 A、B、C、D 的结构。

4.16 推测下列反应中 E、F、G 的结构。

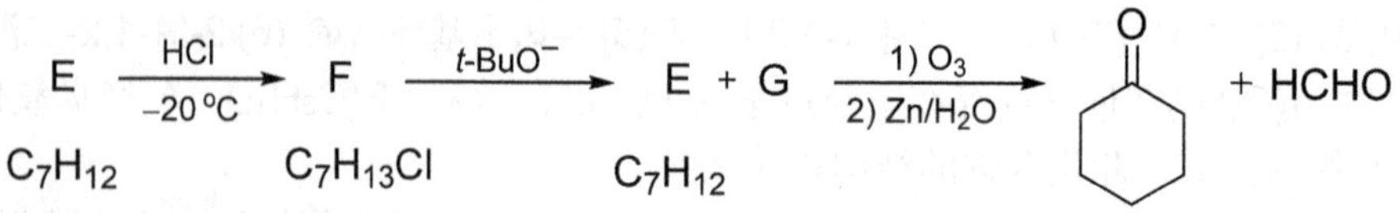

4.17 试写出下列反应的历程。

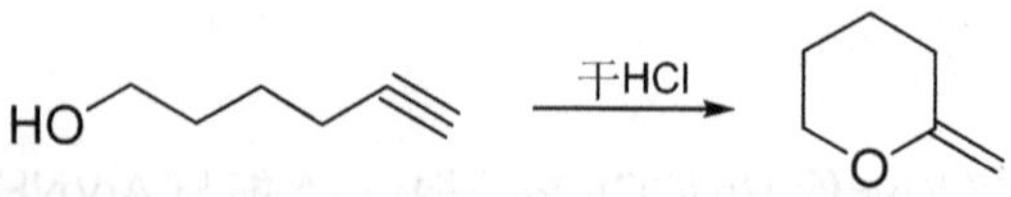

4.18 炔烃在 Hg^{2+}的催化下水合，试写出该反应可能的历程。

$$R-C\equiv C-R + H_2O \xrightarrow[H_2SO_4]{HgSO_4} R-\overset{O}{\overset{\|}{C}}-CH_2R$$

三、习题解答

4.1 (1) 3-甲基-2,4-己二烯　(2) 5-甲基-4-乙基-2-己炔

(3) 1-甲基-6-烯丙基-1,3-环己二烯　(4) (*Z*)-6-甲基-4-庚烯-1-炔

(5) (*E*)-2-甲基-1,3-戊二烯　(6) 5-甲基环戊二烯

(7) 5-庚烯-1,3-二炔　(8) 1-戊烯-4-炔

4.2

(1) $CH_3CH_2CH_2CH_2C\equiv CH \xrightarrow[\triangle]{KMnO_4/H^+} CH_3(CH_2)_3COOH + HCOOH$

(2) $CH_3CH_2CH_2CH_2C\equiv CH \xrightarrow[Pt]{H_2} CH_3(CH_2)_4CH_3$

(3) $CH_3CH_2CH_2CH_2C\equiv CH \xrightarrow{\text{过量}Br_2/CCl_4} CH_3CH_2CH_2CH_2CBr_2CHBr_2$

(4) $CH_3CH_2CH_2CH_2C\equiv CH + Ag(NH_3)_2NO_3 \longrightarrow CH_3(CH_2)_3C\equiv CAg\downarrow$

(5) $CH_3CH_2CH_2CH_2C\equiv CH + H_2O \xrightarrow[H_2SO_4]{HgSO_4} CH_3(CH_2)_3\overset{O}{\overset{\|}{C}}CH_3$

(6) $CH_3(CH_2)_3C\equiv CH + H_2 \xrightarrow{\text{Lindlar 催化剂}} CH_3(CH_2)_3CH{=}CH_2$

(7) $CH_3(CH_2)_3C\equiv CH + HBr \xrightarrow{H_2O_2} CH_3(CH_2)_3CH{=}CBr$

(8) $CH_3(CH_2)_3C\equiv CH + 2\,HBr \longrightarrow CH_3(CH_2)_3CBr_2CH_3$

4.3

$CH\equiv CH > CH_2{=}CH_2 > CH_3CH_3$

乙炔、乙烯、乙烷分子中的碳分别是 sp、sp^2、sp^3 杂化轨道，各杂化轨道的 s 成分分别为 1/2、1/3、1/4，轨道的 s 成分越多，电子云越靠近原子核，所形成的碳氢键的极性越大，酸性越强。

4.4

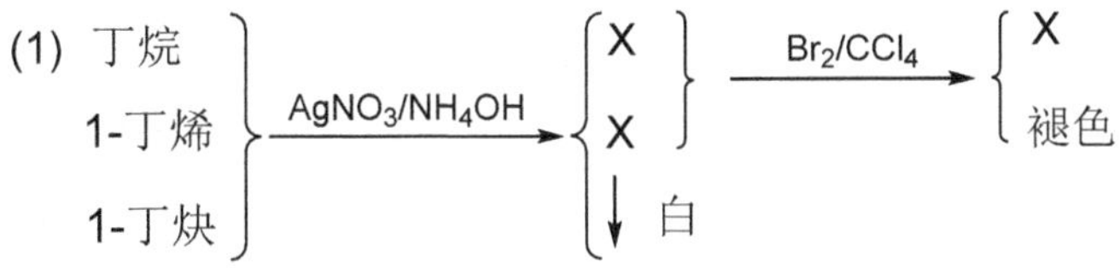

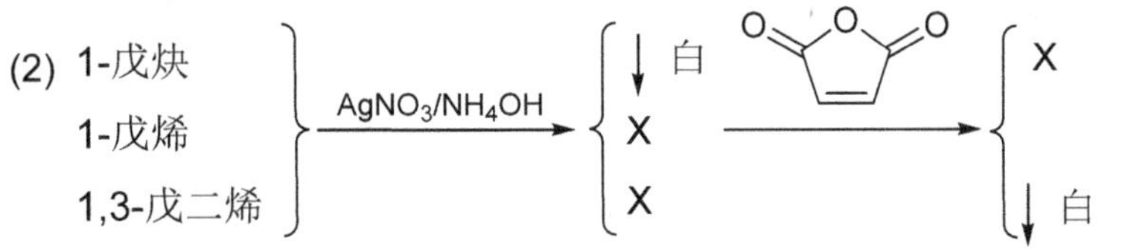

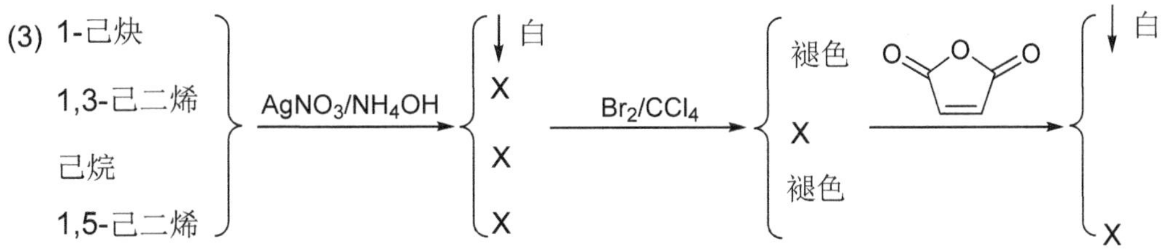

4.5

(1) 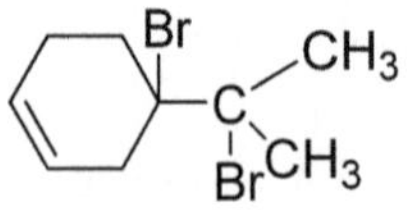　(2) 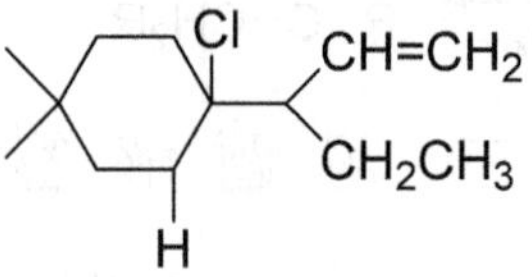　(3) 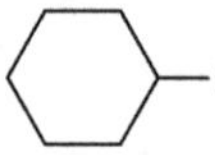—C≡CMgI + CH_4

(4) CH≡CD + LiOD

(5) $CH_3CH_2C{\equiv}CNa$　$CH_3CH_2C{\equiv}CCH_2CH_3$　$C_2H_5\overset{O}{\overset{\|}{C}}CH_2CH_2CH_3$

(6) $CH_3\underset{Cl}{\overset{CH_3}{C}}-CH{=}CH_2$

(7) $CH_3\underset{Cl}{CH}CH{=}CHCH_3$　(8) 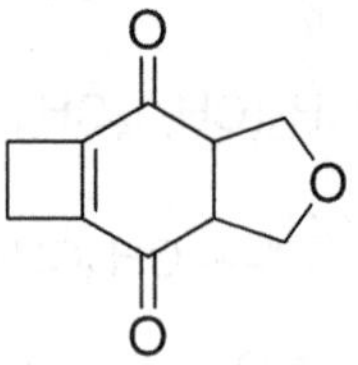　(9) 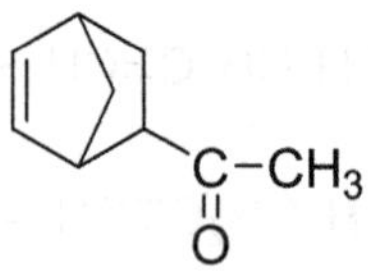

(10) 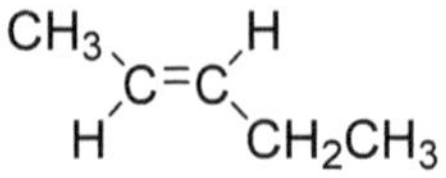　$CH_3\underset{Br}{CH}\overset{Br}{C}HCH_2CH_3$　$CH_3C{\equiv}CCH_2CH_3$　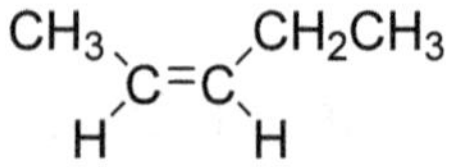

(11) $C_6H_5COCH_3$　(12) $CH_2{=}CH-\overset{O}{\overset{\|}{C}}CH_3$　(13) $CH_2{=}\overset{CN}{C}-CH_3$

4.6

(1) $CH{\equiv}CH + NaNH_2 \longrightarrow CH{\equiv}CNa$

$CH_2{=}CH_2 + HBr \longrightarrow CH_3CH_2Br$

$CH_3CH_2Br + NaC{\equiv}CH \longrightarrow CH_3CH_2C{\equiv}CH$

$CH_3CH_2C{\equiv}CH \xrightarrow{NaNH_2} CH_3CH_2C{\equiv}CNa \xrightarrow{CH_3CH_2CH_2Br} CH_3CH_2C{\equiv}CCH_2CH_2CH_3$

($CH_3CH{=}CH_2 + HBr \xrightarrow{H_2O_2} CH_3CH_2CH_2Br$)

(2) $CH_3CH_2CH_2Br \xrightarrow{NaC{\equiv}CH} CH_3CH_2CH_2C{\equiv}CH \xrightarrow[2)\ H_2O_2,OH^-]{1)\ B_2H_6} CH_3CH_2CH_2CH_2CHO$

(3) $CH{\equiv}CH + CH{\equiv}CH \xrightarrow{Cu_2Cl_2-NH_4Cl} CH_2{=}CH-C{\equiv}CH \xrightarrow[Pd/BaSO_4]{H_2} CH_2{=}CH-CH{=}CH_2$

(4) 利用(2)已制得的1-戊炔，$CH_3CH_2CH_2C{\equiv}CH + H_2O \xrightarrow[H_2SO_4]{HgSO_4} CH_3CH_2CH_2\overset{O}{\overset{\|}{C}}CH_3$

(5) $CH_3CH{=}CH_2 + Cl_2 \xrightarrow{hv} ClCH_2CH{=}CH_2$　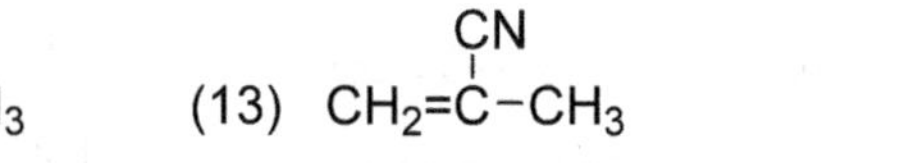

(6) 利用(1)已制得的1-丁炔，$CH_3CH_2C{\equiv}CH \xrightarrow{HCl} CH_3CH_2CCl{=}CH_2 \xrightarrow[CCl_4]{Br_2}$

$CH_3CH_2\underset{Br}{\overset{Cl}{C}}-CH_2Br$

4.7　分子式为 C_6H_8 的烃，不饱和度为 3，经臭氧化-还原只有一种产物丙二醛，说明原化合物是一环状二烯，两个双键在对称位置上，此化合物为 1,4-环己二烯，结构为

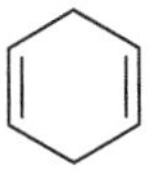

4.8 在通常情况下，烯烃对于亲电试剂是活泼的，但炔烃与亲电试剂 HX、X_2 加成后所得到的烯烃是卤代烯烃，烯烃的双键 C 上至少连有一个电负性较大的卤素原子(Cl、Br)：

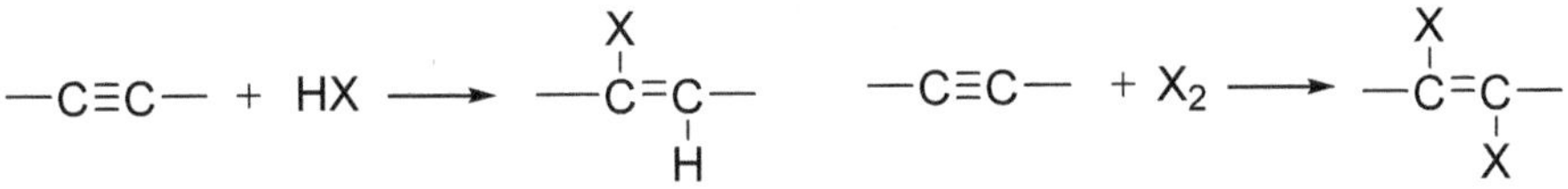

这样，吸电子效应(–I > +C)使双键上“电子贫乏”，使其亲电加成的活性不及炔烃。

4.9

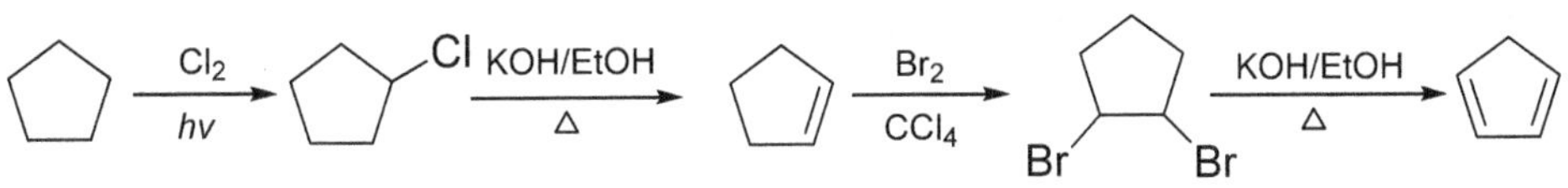

4.10

A. 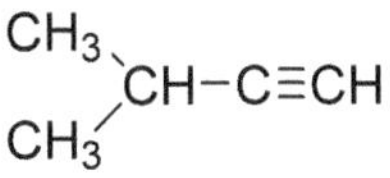　　B. $CH{\equiv}CCH_2C{\equiv}CH$

4.11

(1) 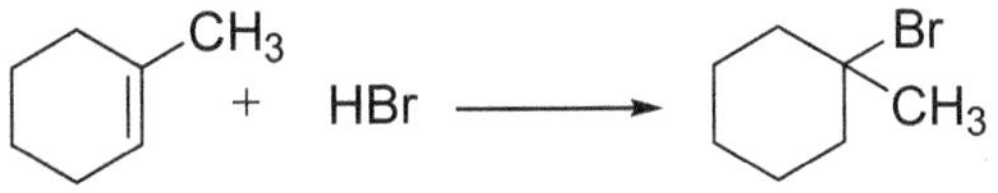　亲电加成

(2) 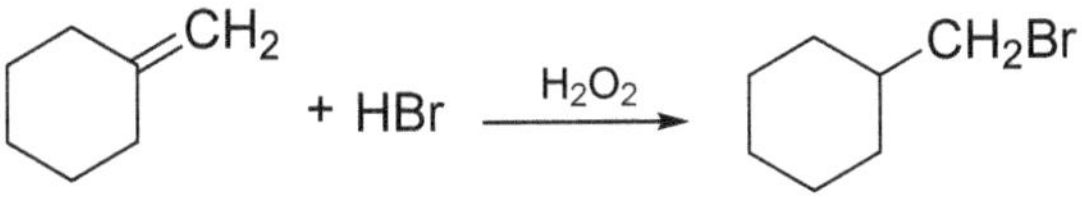　自由基加成

(3) 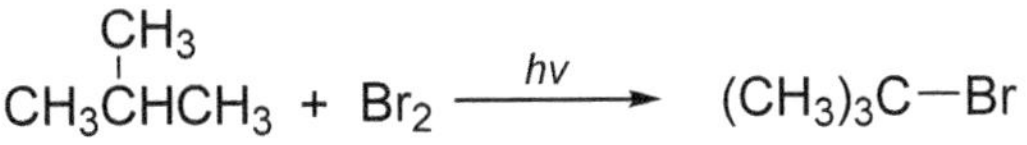　自由基取代

(4) 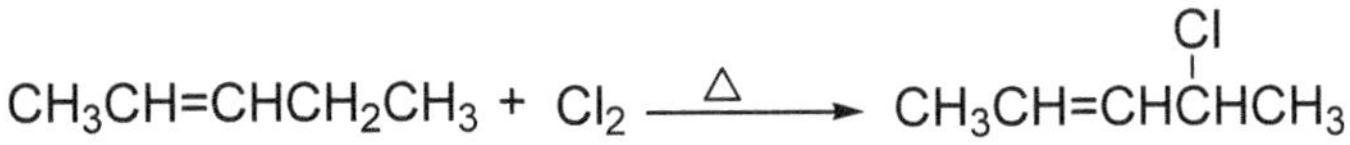　自由基取代

(5) $CH{\equiv}CH + CH_3COOH \xrightarrow{OH^-} CH_3COOCH{=}CH_2$　亲核加成

(6) 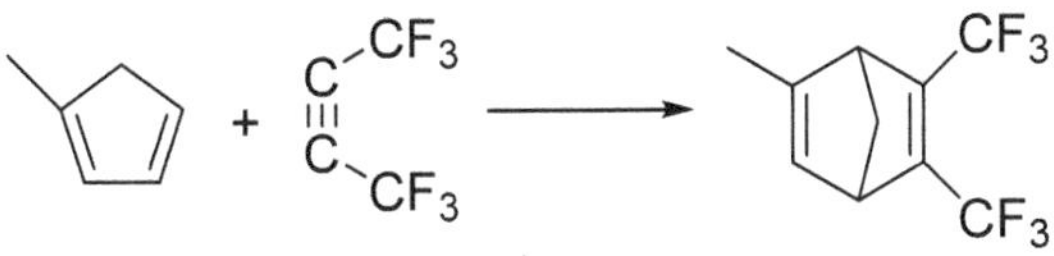　二烯合成

(7) 　共轭加成

(8) 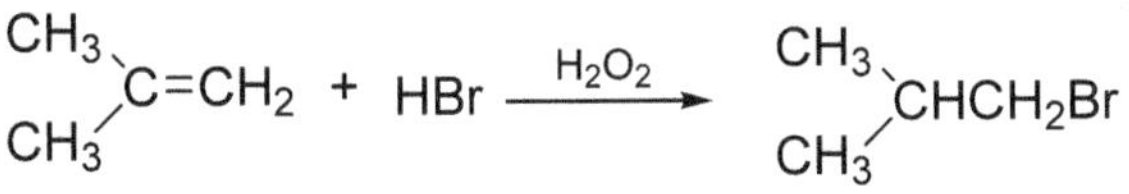　自由基加成

4.12

A. $(CH_3)_2CHC{\equiv}CH$　B. $(CH_3)_2CHCH{=}CHBr$　C. $(CH_3)_2CHC{\equiv}CH$

D. 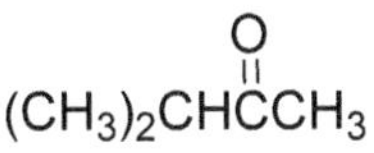　E. $(CH_3)_2CHC{\equiv}CCH_3$

4.13

(1) 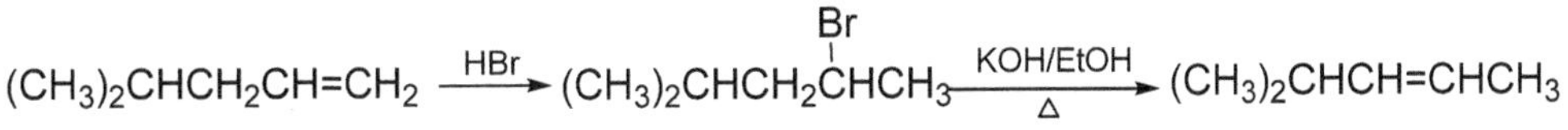

$\xrightarrow{Br_2}$ $(CH_3)_2CH\overset{Br}{C}H\overset{Br}{C}HCH_3$ $\xrightarrow[\triangle]{KOH/EtOH}$ $(CH_3)_2CHC{\equiv}CCH_3$ $\xrightarrow[H_2SO_4]{HgSO_4}$ $(CH_3)_2CH\overset{O}{\overset{\|}{C}}CH_2CH_3$

(2) $(CH_3)_2CHCH_2C{\equiv}CH \xrightarrow{NaNH_2} (CH_3)_2CHCH_2C{\equiv}CNa \xrightarrow{CH_3I} (CH_3)_2CHCH_2C{\equiv}CCH_3$

$\xrightarrow[\triangle]{NaNH_2} (CH_3)_2CHCH_2CH_2C{\equiv}CH \xrightarrow[H_2SO_4]{HgSO_4} (CH_3)_2CHCH_2CH_2\overset{O}{\overset{\|}{C}}CH_3$

[$(CH_3)_2CHCH_2C{\equiv}CH$ 的合成见下面(3)]

(3) $(CH_3)_2CHCH_2CH{=}CH_2 \xrightarrow{Br_2} (CH_3)_2CHCH_2CHBrCH_2Br \xrightarrow[\triangle]{KOH/EtOH}$

$(CH_3)_2CHCH_2C{\equiv}CH \xrightarrow[H_2SO_4]{HgSO_4} (CH_3)_2CHCH_2\overset{O}{\overset{\|}{C}}CH_3$

4.14

(1) 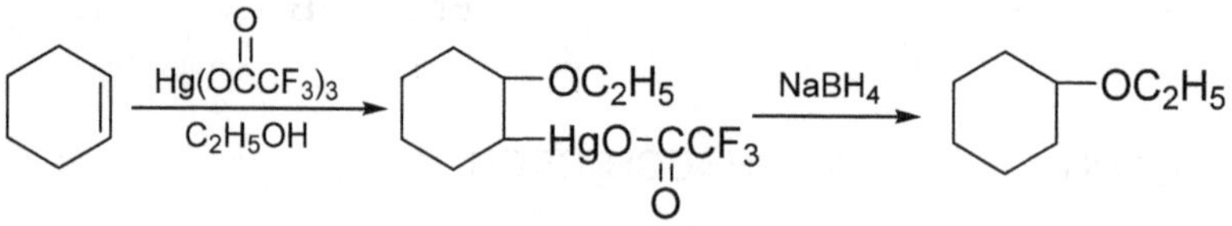

(2) $CH_3C{\equiv}CH \xrightarrow{NaNH_2} CH_3C{\equiv}CNa \xrightarrow{CH_3I} CH_3C{\equiv}C{-}CH_3 \xrightarrow{2HBr}$

$CH_3CH_2CBr_2CH_3 \xrightarrow{NaNH_2} CH_3CH_2C{\equiv}CH \xrightarrow[Pd/H_2SO_4]{H_2} CH_3CH_2CH{=}CH_2$

(3) 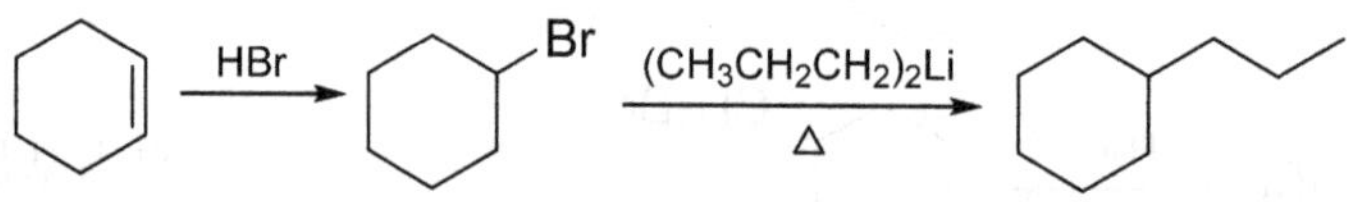

(4) $CH_3CH_2CH_2CH_2C{\equiv}CH \xrightarrow{Na} CH_3(CH_2)_3C{\equiv}CNa \xrightarrow{BrCH_2CH{=}CH_2}$

$CH_3(CH_2)_3C{\equiv}CCH_2CH{=}CH_2 \xrightarrow[Pd/H_2SO_4]{H_2} CH_3(CH_2)_3CH{=}CHCH_2CH{=}CH_2$

4.15

A. 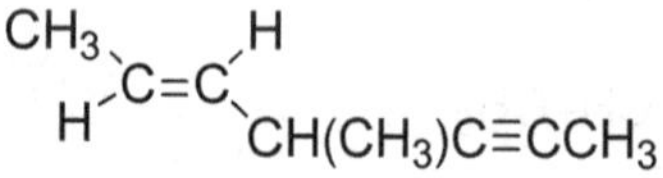 手性　　B. $CH_3CH_2CH_2\underset{CH_3}{\underset{|}{C}}HCH_2CH_2CH_3$ 无手性

C. 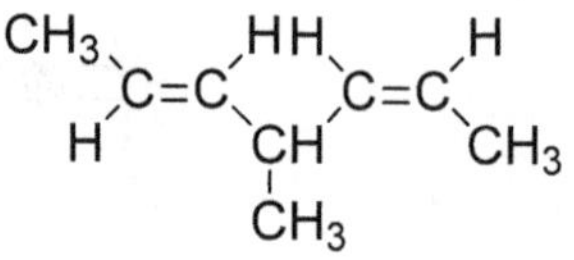 手性　　D. 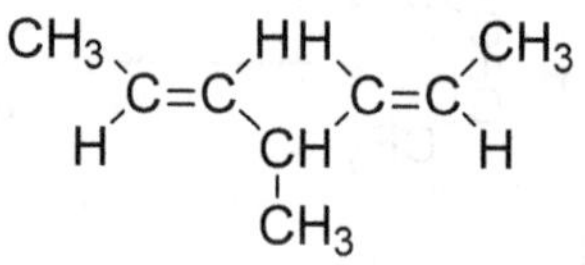 无手性

4.16

E. 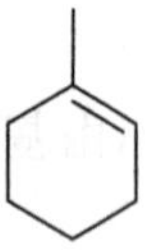　　F. 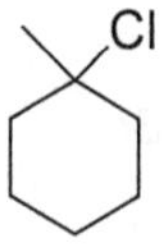　　G. 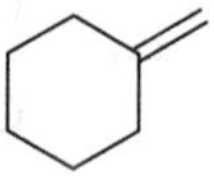

4.17

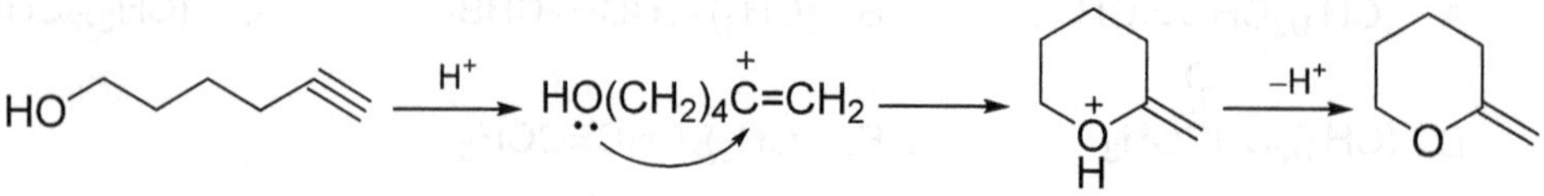

4.18

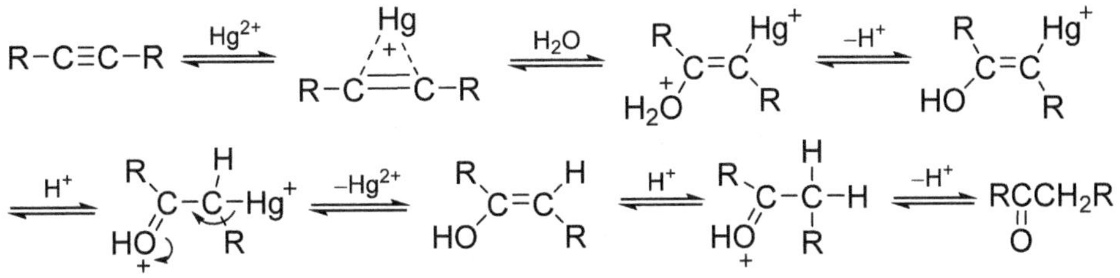

第 5 章　脂　环　烃

一、例题及解析

【例 5-1】　命名下列化合物。

(1) 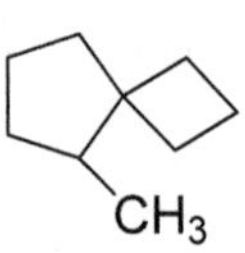
(2) 
(3) 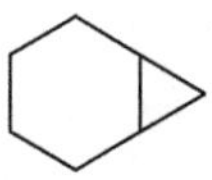
(4) 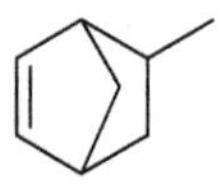
(5) 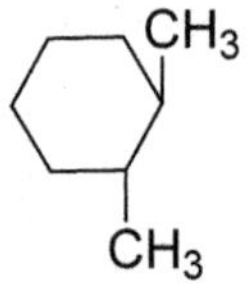

(6) 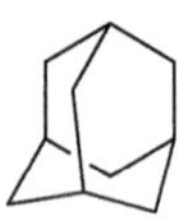
(7) 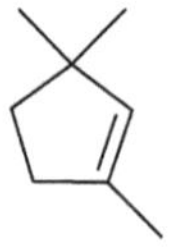
(8) 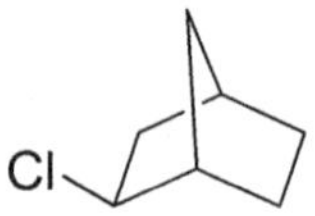

(9) 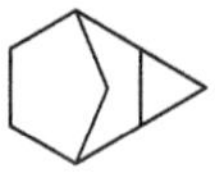

解　(1) 5-甲基螺[3.4]辛烷　　(2) 7-甲基二环[2.2.1]庚烷

(3) 二环[4.1.0]庚烷　　(4) 5-甲基二环[2.2.1]-2-庚烯

(5) 反-1,2-二甲基环己烷　　(6) 三环[3.3.1.1^{3,7}]癸烷

(7) 1,3,3-三甲基环戊烯　　(8) 2-氯二环[2.2.1]庚烷

(9) 三环[3.2.1.0^{2,4}]辛烷

【例 5-2】　写出下列化合物的键线结构式。

(1) 溴代环庚烷　　(2) 乙基环己烯

(3) 反-1-氯-2-溴环戊烷　　(4) 二环[3.1.0]己烷

解

(1) 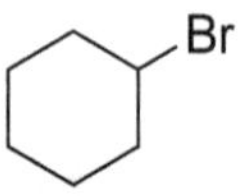

(2) 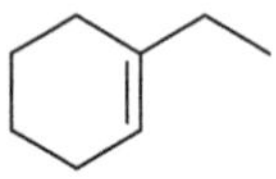
(3) 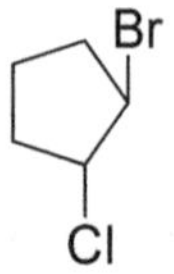

(4) 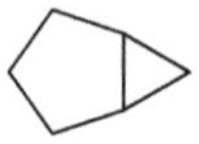

【例 5-3】　完成下列反应。

(1) 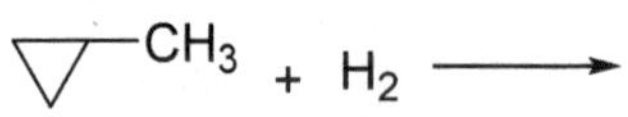

(2) 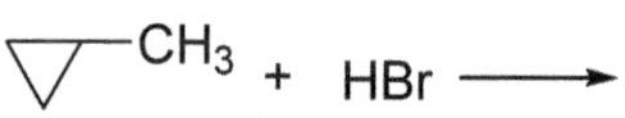

(3) 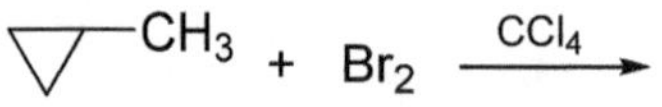

(4) 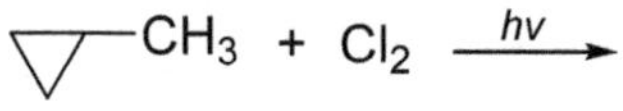

解

(1) $CH_3CH_2CH_2CH_3$　(2) $CH_3\overset{Br}{C}HCH_2CH_3$　(3) $CH_3\overset{Br}{C}HCH_2CH_2Br$　(4) 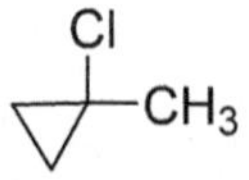

【例 5-4】　试从轨道重叠的角度解释环丙烷的环张力及其不稳定、易开环的原因。

解　原子轨道间有最大程度的重叠时才会生成最强的化学键，烷烃在形成 σ 键时，只有当两个原子轨道沿着键轴相互头对头重叠时才能发生最大程度的重叠(如图 a，丙烷成键示意图)。环丙烷中碳原子的杂化状态是 sp^3，如果环丙烷中 C—C 键按这种方式重叠成键，就不可能闭合成环，因为 sp^3 碳原子成键时 C—C 键倾向于形成四面体 109.5°的键角。因此，为了使分

子的能量达到最合适的程度，环丙烷中的键既大致保持原来轨道间的角度，又达到一定程度的重叠而形成偏离键轴的弯曲键(图 b)，成环碳原子必须用更具有 p 轨道特性的轨道形成环的 C—C 键，而用更具有 s 轨道特性的轨道形成环外的 C—H 键。其 C—C—C 的键角为 105.5°，H—C—H 的键角为 114°，由于键角的偏离而使环丙烷产生一定的角张力，其大小为 (109.5°−105.5°)/2=2°。

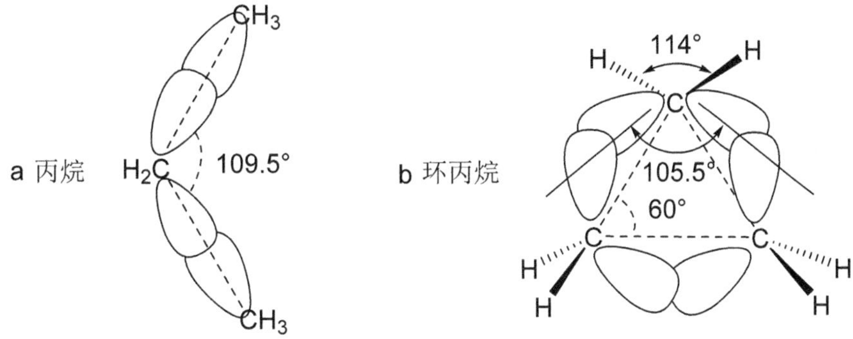

与沿键轴重叠的 σ 键相比，环丙烷弯曲键中 p 轨道的成分很高而导致重叠程度较小，比一般烷烃分子中的 σ 键弱，键的极化度增大，这就是环丙烷稳定性差、易开环的原因之一。此外，环丙烷的三个碳原子在同一平面上，任意两个碳原子上的 C—H 键都处于重叠式构象，相互之间存在斥力，重叠式构象引起的扭转张力是环丙烷张力较大、稳定性差、易开环的另一个原因。

【例 5-5】 画出下列化合物最稳定的构象式。

(1) 反-1,2-二甲基环己烷　(2) 顺-1,3-二甲基环己烷　(3) 反-1-甲基-4-异丙基环己烷

解

(1) 

(2) 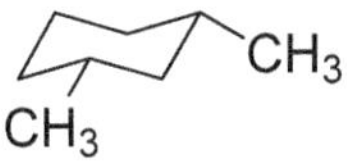

(3) 

【例 5-6】 利用何种二卤代烃制取 1,1,2-三甲基环丙烷？

解 在 1,1,2-三甲基环丙烷中，环的每个 C—C 键都可以用相同方法形成，故可以用三种不同的原料制取。

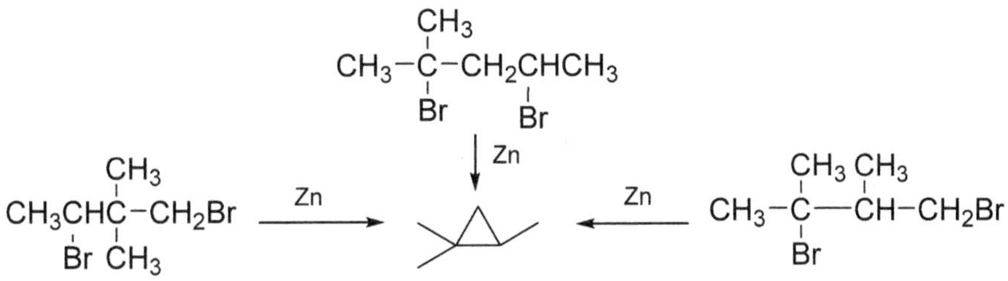

二、习　题

5.1 命名下列化合物。

(1) 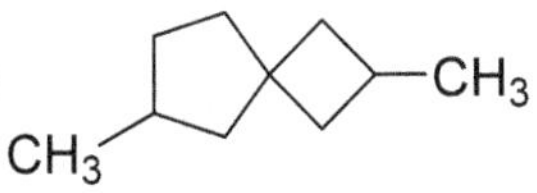

(2) 

(3) 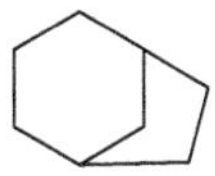

(4) 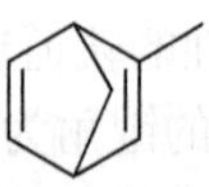 (5)  (6) 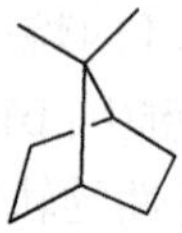

5.2 用楔形线表示下列化合物的各个立体异构体(如果有)中取代基的空间取向。

(1) 1,1,2-甲基环丙烷　　(2) 1,3-二甲基环丁烷　　(3) 1,2,3-三甲基环己烷

5.3 试写出 C_6H_{12} 所代表的脂环烃的结构式。

5.4 有一饱和环烃，分子式为 C_7H_{14}，只含有一个伯碳原子，写出可能的结构式。

5.5 写出苯基环丙烷与(1) HCl、(2) Cl_2(CCl_4 中)、(3) Br_2(H_2O 中)、(4) CF_3COOH、(5) H_2SO_4 反应所得的产物。

5.6 螺戊烷()在光照下与氯作用，是制备一氯螺戊烷的最好方法。

(1) 试说明这种方法的优点；(2) 写出反应历程。

5.7 完成下列反应。

(1) 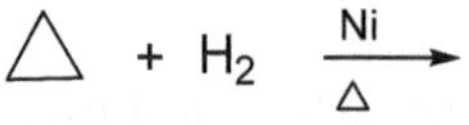 (2) 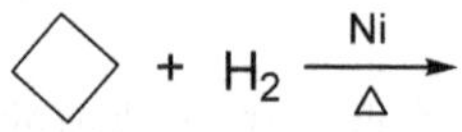 (3) 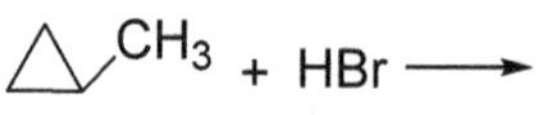

(4) 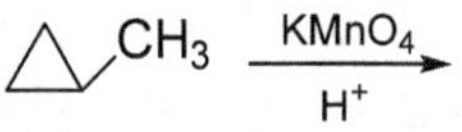 (5) 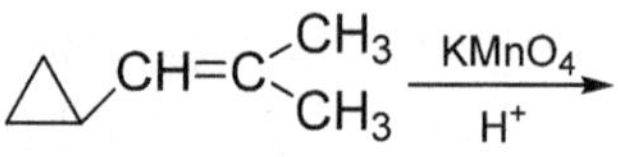

5.8 在烷烃及环戊烷或更大的环烷烃中每个—CH_2—单位的燃烧热约为 660 kJ/mol。对于环丙烷及环丁烷来说，这个数值分别为 697 kJ/mol 及 686 kJ/mol。解释这些值的差别。

5.9 画出(1) 1-甲基-2-叔丁基环己烷；(2) 1-甲基-3-叔丁基环己烷；(3) 1-甲基-4-叔丁基环己烷等化合物的顺反异构体的构象，并指出其中哪一种是最稳定的优势构象。

5.10 十氢萘($C_{10}H_{18}$)是具有共用两个碳原子的稠合环己烷环。它有两种异构体——顺式和反式：

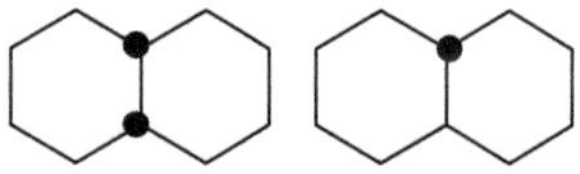

顺式　　反式

(1) 试写出它们的构象式；

(2) 这两种异构体哪一个稳定？为什么？

5.11 用化学方法区分下列各组物质。

(1) 环丙烷与丙烷　　(2) 环丙烷与丙烯

(3) 1,2-二甲基环丙烷与环戊烷　　(4) 环己醇与环己烷

5.12 反-1,2-二甲基环己烷大约以 99%的 ee 型构象存在，而反-1,2-二溴环己烷以等量的 ee 键型和 aa 键型存在，而且 aa 键的构象数目随溶剂极性增加而减少，怎样解释二甲基环己烷与二溴环己烷之间的这种差别？

5.13 化合物 A(C_4H_8)能使溴水褪色，1 mol A 与 1 mol HBr 作用生成 B，B 也可由 A 的同分异构体 C 与 HBr 作用得到，化合物 C 能使溴水及稀的高锰酸钾溶液褪色，试推出 A、B、C 的结构，并写出各步反应。

5.14 根据取代环己烷中取代基由平伏键构象变为直立键构象的 $\Delta G^{\ominus}$ 值：(1) 画出化合物 A

的优势构象；(2) 这种优势构象与另一种椅式构象的能量相差多少？

R	CH_3	CH_2CH_3	$CH(CH_3)_2$
$\Delta G^{\ominus}$/(kJ/mol)	7.14	7.35	9.24

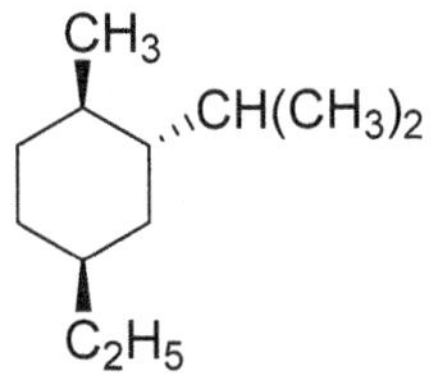

A

三、习 题 解 答

5.1 (1) 2,6-二甲基螺[3.4]辛烷　(2) 二环[2.2.1]庚烷　(3) 二环[3.2.1]辛烷
(4) 2-甲基二环[2.2.1]-2,5-庚二烯　(5) 螺[2.2]戊烷　(6) 7,7-二甲基二环[2.2.1]庚烷

5.2

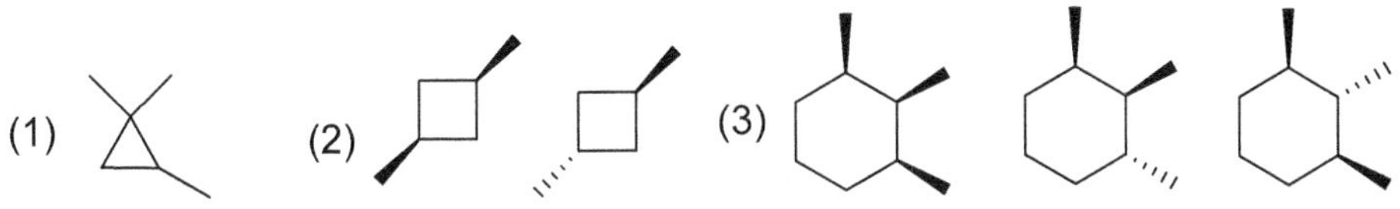

无立体异构体　顺　反　顺，顺　顺，反　反，反

5.3

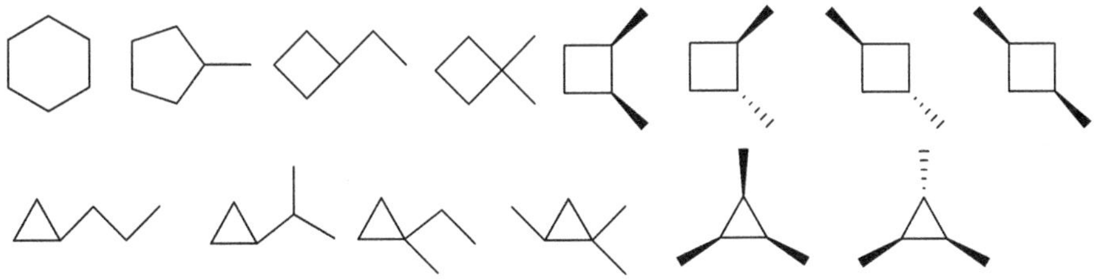

共 14 种异构体。

5.4

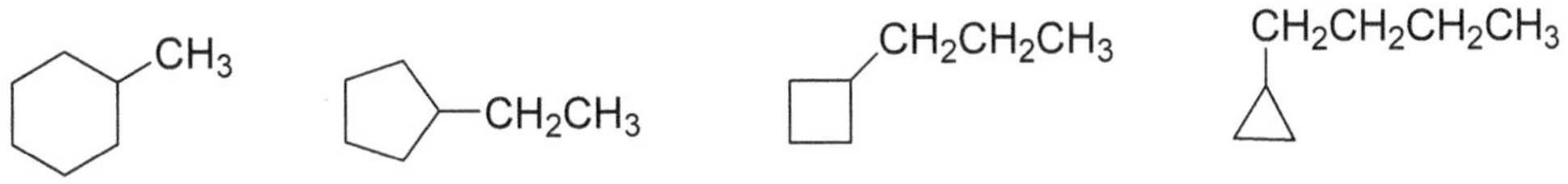

5.5

(1) $C_6H_5CHClCH_2CH_3$　(2) $C_6H_5CHClCH_2CH_2Cl$　(3) $C_6H_5CH(OH)CH_2CH_2Br$ 和 $C_6H_5CHBrCH_2CH_2Br$　(4) $C_6H_5\overset{O-COCF_3}{\overset{|}{C}H}CH_2CH_3$　(5) $C_6H_5CH(OSO_3H)CH_2CH_3$

5.6 (1) 螺戊烷()分子中所有的氢都是等价的，故一氯代螺戊烷只有一种产物。反应产物单一，副产物二氯代物因有较高的沸点，用蒸馏法就可以除去。

(2) 该反应历程属于自由基取代：

$Cl_2 \xrightarrow{hv} 2Cl\cdot$　链引发

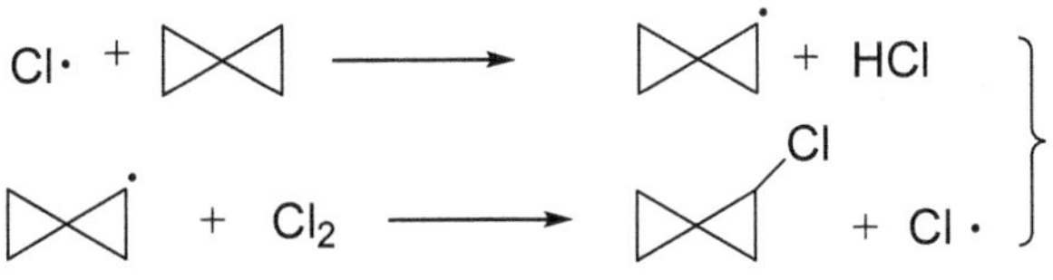

链增长

5.7

(1) $CH_3CH_2CH_3$　(2) $CH_3CH_2CH_2CH_3$　(3) $CH_3\overset{Br}{\overset{|}{C}}HCH_2CH_3$

(4) 不反应　(5) 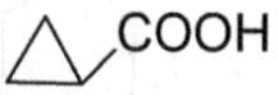 + $(CH_3)_2CO$

5.8 对于烷烃的同分异构体而言，燃烧热值越大其相对稳定性就越低。而各环烷烃之间含碳原子数不等，只能用每个 CH_2 的平均燃烧值来比较，由于环丙烷的环张力最大，每个 CH_2 的平均燃烧热值最高，相对稳定性最小，而环丁烷的环张力比环丙烷小，但比环戊烷大，因此其 CH_2 的平均燃烧热值小于环丙烷，大于环戊烷。其他环烷烃基本上无环张力，所以其 CH_2 的平均燃烧热值与烷烃接近。

5.9

(1) 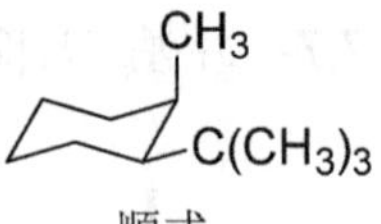

顺式

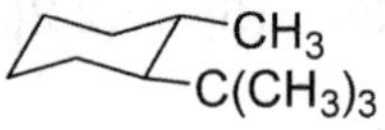

反式

反式较为稳定

(2) 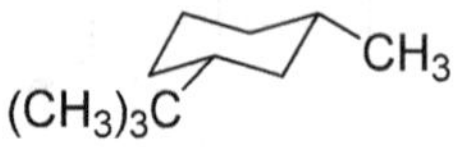

顺式

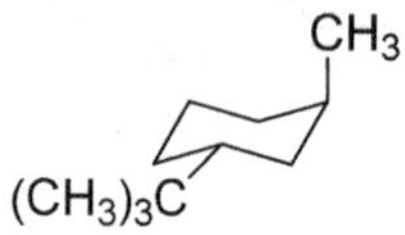

反式

顺式较为稳定

(3) 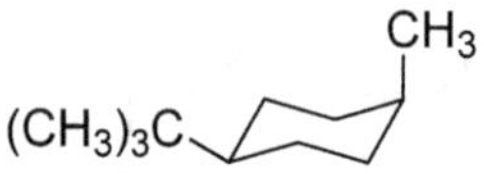

顺式

反式

反式较为稳定

5.10

(1) 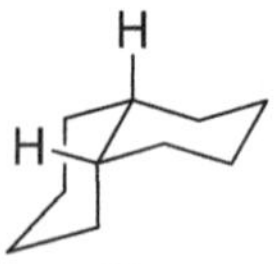

顺式

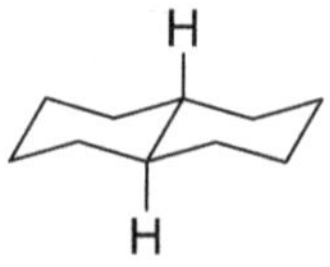

反式

(2) 反式较稳定。对于环己烷来说，另一个环可以被看作 1,2-取代基，就反式异构体而言，两取代基所处的位置属于 ee 构象，而顺式异构体则属于 ea 构象，就稳定性而言 ee 型 > ea 型，因此这两种异构体中反式较为稳定。

5.11 (1) 环丙烷可以使溴水褪色，丙烷不能；

(2) 丙烯能使 $KMnO_4$ 水溶液褪色，环丙烷不能；

(3) 1,2-二甲基环丙烷能使 $Br_2(CCl_4)$溶液褪色，环戊烷不能；

(4) 环己醇能溶于浓 H_2SO_4 中，环己烷不能。

5.12 对于反式 1,2-二甲基环己烷，由于 ee 型构象的稳定性远高于 aa 型构象，ee 型构象占据了绝对优势。而对反式 1,2-二溴环己烷来说，两个处于 e 键上的 Br 原子电负性较大，形成的偶极离子空间距离较近，引起偶极-偶极排斥作用，使 ee 型构象不够稳定。随着溶剂极性的增大，包围在 Br 外的极性溶剂分子使偶极间的相互作用降低，使得 ee 型构象逐步增加而 aa 型构象逐步减少。

δ−　离得近

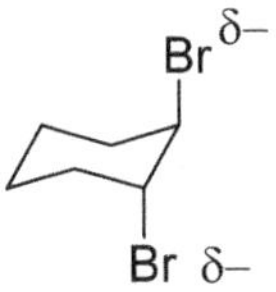

δ−　离得远

5.13

A. 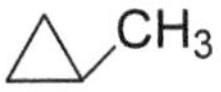

B. $CH_2{=}CHCH_2CH_3$

C. 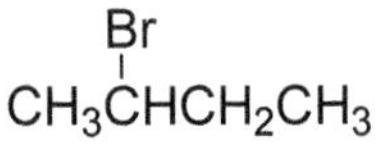

5.14

(1) 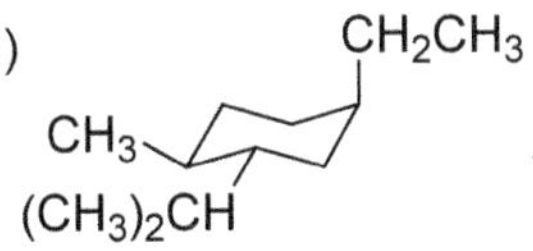

A 的优势构象

(2) 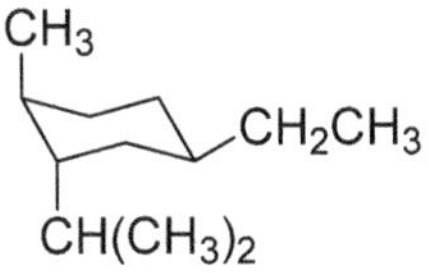

另一种椅式构象

两种构象的能量差　$\Delta E = 9.24 + 7.14 - 7.35 = 9.03$ (kJ/mol)

第 6 章　有机化合物的波谱分析

一、例题及解析

【例 6-1】　下面是 $CH_3(CH_2)_4COOH$、$CH_3(CH_2)_6CHO$、$CH_3(CH_2)_8CH_2OH$ 的红外光谱图，指出 A、B、C 各代表哪一个化合物，并指出各主要吸收峰的归属。

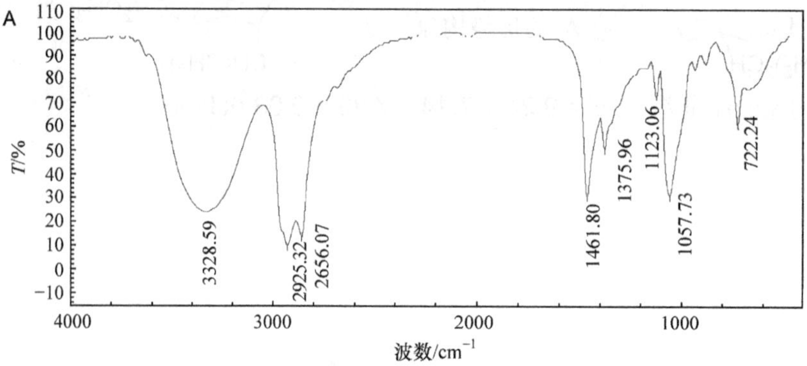

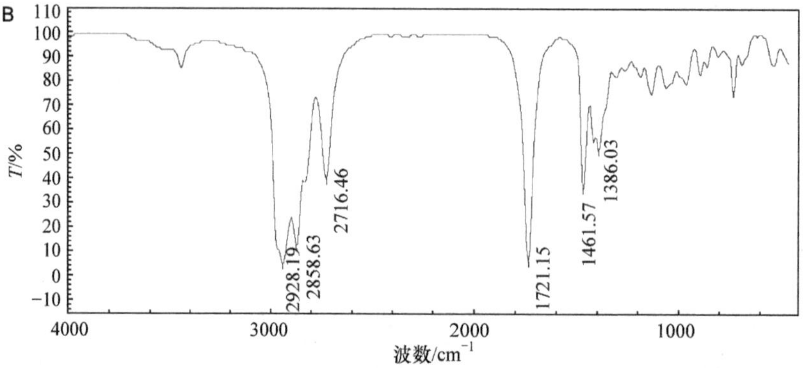

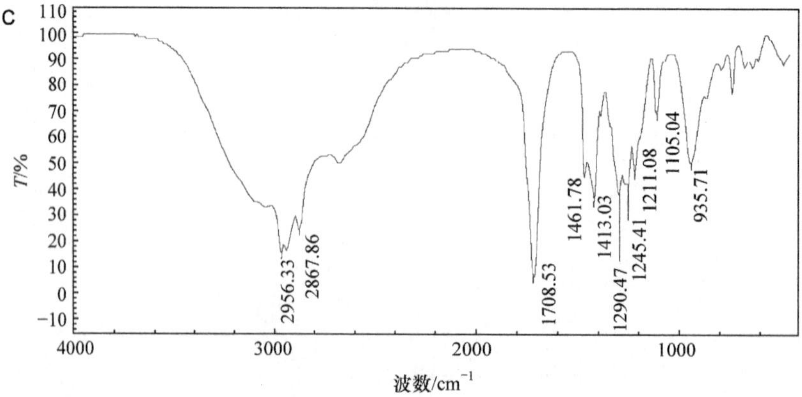

解　醇中缔合的羟基的吸收峰一般在 3400～3200 cm^{-1}，羧酸和醛均有羰基的吸收峰，另外，羧酸在 3000～2500 cm^{-1} 还有—COOH 中—OH 的吸收峰，—CHO 中的 C—H 在 2720 cm^{-1}

有一特征吸收峰。由此可以推断，图 A 代表 $CH_3(CH_2)_8CH_2OH$，其特征吸收峰为：3328 cm^{-1} (羟基 O—H 伸缩振动)，1057 cm^{-1} (C—O 伸缩振动)；图 B 代表 $CH_3(CH_2)_6CHO$，其特征吸收峰为：2716 cm^{-1}(醛基 C—H 伸缩振动)，1721 cm^{-1}(C═O 伸缩振动)；图 C 代表 $CH_3(CH_2)_4COOH$，其特征吸收峰为：3000～2500 cm^{-1}(羧基中 O—H 的伸缩振动)，1708 cm^{-1}(C═O 伸缩振动)。

【例 6-2】 某纯样品的分子式为 $C_5H_3NO_2$，其红外光谱中有 1725 cm^{-1}、2210 cm^{-1}、2280 cm^{-1} 的吸收峰，此化合物最可能的结构式是什么？

解　有两个叁键的吸收峰(2210 cm^{-1}, 2280 cm^{-1})而只有一个 N，因而必为 C≡C、C≡N。羟基(吸收峰在 1725 cm^{-1})可能来自酮和酯(不可能为酰胺，因 N 在 C≡N 中)，化合物不含有小环，因为不饱和度为 5，在 C≡C、C≡N 及 C═O 中已用完。从分子式中减去这三个基团，所余的部分是 CH_3O，因而最可能的结构式为 N≡C—C≡C—COOCH$_3$。

【例 6-3】　已知化合物 $C_{10}H_{10}O_2$，结构式可能是

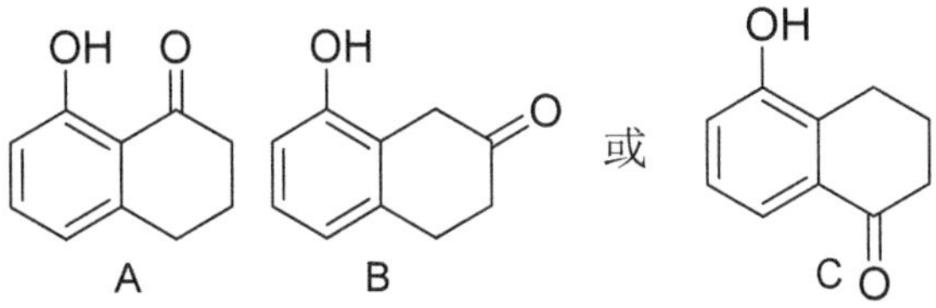

其红外光谱在 1685 cm^{-1}、3336 cm^{-1} 处有吸收，最符合的结构式是哪一个？

解　最符合的结构式是 A，1685 cm^{-1} 处的吸收可能是因羰基与芳环共轭导致吸收移向低波数，3360 cm^{-1} 也因分子内氢键之故使吸收频率较一般—OH 要低。

【例 6-4】　依据下列化合物的核磁共振谱确定化合物 A、B、C、D 的结构，并指出各峰的归属。

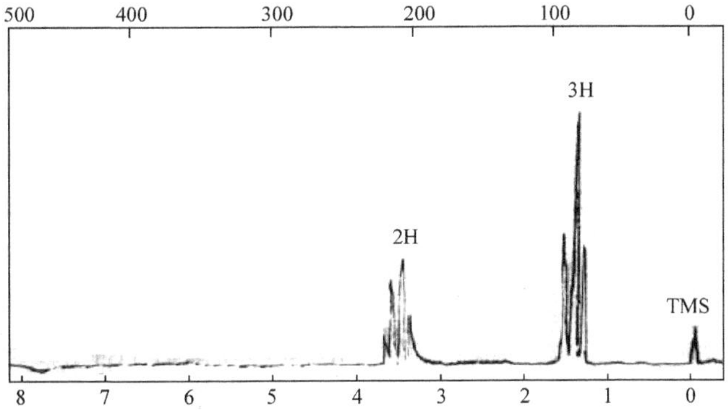

A. 分子式C_2H_5Cl　　δ/ppm

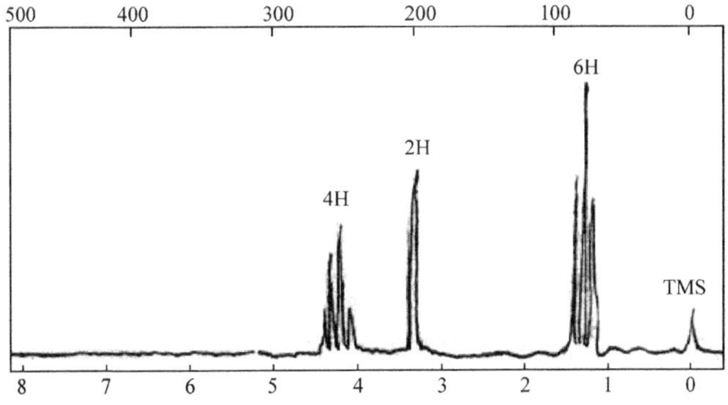

B. 分子式$C_7H_{12}O_4$　　δ/ppm

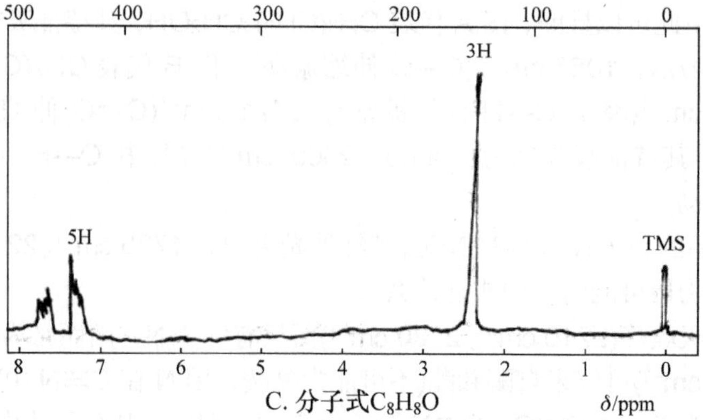

C. 分子式C_8H_8O

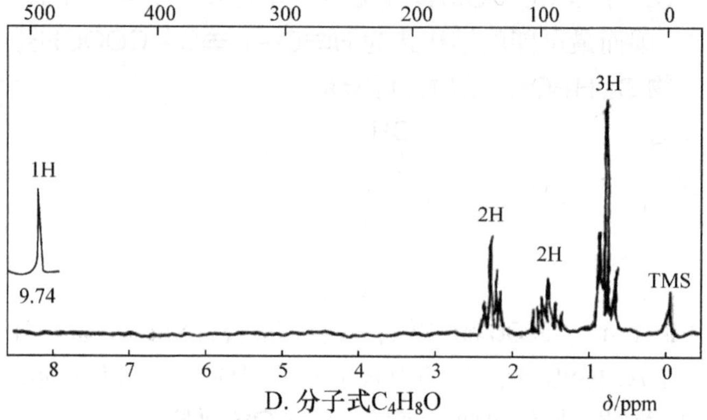

D. 分子式C_4H_8O

A. 分子式 C_2H_5Cl B. 分子式 $C_7H_{12}O_4$ C. 分子式 C_8H_8O D. 分子式 C_4H_8O

解 A. CH_3CH_2Cl δ(ppm)：1.5 (3H, CH_3—, t), 3.5 (2H, —CH_2Cl, q)

B. $CH_2(COOC_2H_5)_2$ δ(ppm)：1.3 (6H, 2CH_3—, t), 3.4 (2H, —$COCH_2CO$—, s), 4.3 (4H, 2—$COOCH_2$—, q)

C. $C_6H_5COCH_3$ δ(ppm)：2.6 (3H, —$COCH_3$, s), 7.5 (5H, PhH, m)

D. $CH_3CH_2CH_2CHO$ δ(ppm)：1.0 (3H, CH_3—, t), 1.7 (2H, —CH_2—, m), 2.3 (2H, —CH_2CHO, t), 9.74 (1H, —CHO, br)

【例 6-5】 写出符合下述 NMR 数据的化合物的结构。

(1) $C_2H_3Br_3$ δ(ppm)：4.15 (2H, d), 5.75 (1H, t) (2) $C_2H_3Br_3$ δ(ppm)：2.75 (3H, s)

(3) C_4H_9Cl δ(ppm)：1.4 (6H, d), 1.9 (1H, m), 3.32 (2H, d)(4) C_5H_{10} δ(ppm)：1.1 (s)

(5) C_9H_{10} δ(ppm)：2.0 (2H, m), 3.0 (4H, t), 7.3 (4H, m)

解 (1) $CH_2BrCHBr_2$ (2) CH_3CBr_3 (3) $(CH_3)_2CHCH_2Cl$

(4) 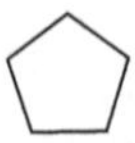 (5) 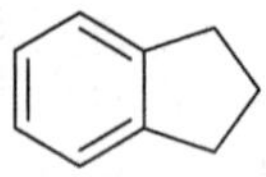

【例 6-6】 丙烷与氯气反应生成四种二氯代物，根据所给的 NMR 数据推测其结构。

A. δ(ppm)：2.4 (6H, s) B. δ(ppm)：1.2 (3H, t), 1.9 (2H, m), 5.8 (1H, t)

C. δ(ppm)：1.4 (3H, d), 3.8 (2H, d), 4.3 (1H, m) D. δ(ppm)：2.2 (2H, m), 3.7 (4H, t)

解

A. 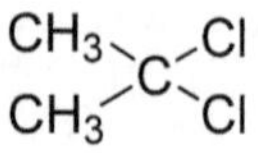

B. $CH_3CH_2CHCl_2$ C. 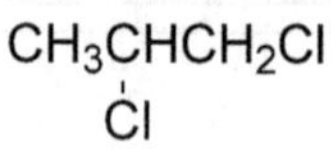

D. $Cl(CH_2)_3Cl$

【例 6-7】 按所给的波谱数据推测结构。

(1) $C_4H_6O_2$　^1H NMR δ(ppm)：2.1 (3H, s), 4.5 (1H, d), 4.85 (1H, d), 7.3 (1H, q)

(2) C_3H_6O　^1H NMR δ(ppm)：2.72 (2H, d), 4.73 (4H, t)

(3) $C_5H_{10}O$　^1H NMR δ(ppm)：1.53 (4H, m), 1.58 (4H, m), 4.09 (1H, m), 4.84 (1H, s); IR(cm^{-1})：3400

(4) $C_8H_{12}O_2$　^1H NMR δ(ppm)：1.0 (s); IR(cm^{-1})：1740

解

(1) 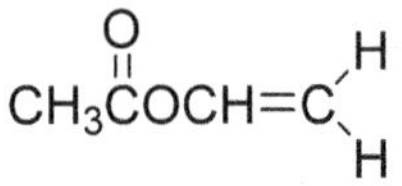　(2) 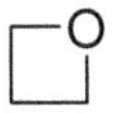　(3) 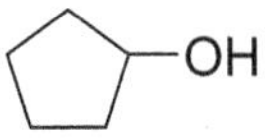　(4) 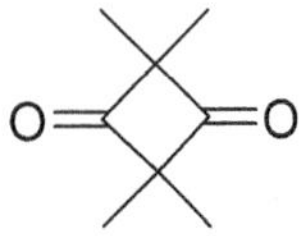

【例 6-8】 某天然香精油 A ($C_{10}H_{16}O$)，其光谱数据及有关反应如下，试推测 A 的结构。

$$A + 2H_2 \longrightarrow C_{10}H_{20}O \qquad A \xrightarrow[2)\ Zn/H_2O]{1)\ O_3} B + C + D$$

IR：1710 cm^{-1}　　　1735 cm^{-1}

2750 cm^{-1}　　　2750 cm^{-1}

B. C_3H_6O　δ(ppm)：2.2 (s)；C. $C_2H_2O_2$　δ(ppm)：9.7(s)；D. $C_5H_8O_2$　δ(ppm)：2.2 (3H, s), 2.8 (2H, t), 3.4 (2H, t), 9.7 (1H, s)。

解

A. 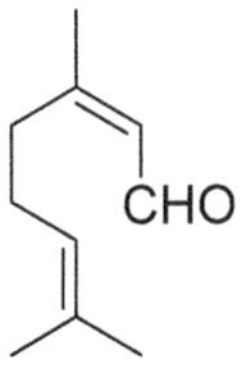　B. CH_3COCH_3　C. $H-\overset{O}{\overset{\|}{C}}-\overset{O}{\overset{\|}{C}}-H$　D. $CH_3\overset{O}{\overset{\|}{C}}-CH_2CH_2CHO$

按照 B、C、D 三种碎片，可以组合成下面三种结构：

Ⅰ. $(CH_3)_2C=\overset{CH_3}{\overset{|}{C}}-CH_2CH_2-CH=CH-CHO$　Ⅱ. $(CH_3)_2C=CH-CH=\overset{CH_3}{\overset{|}{C}}CH_2CH_2CHO$

Ⅲ. $(CH_3)_2C=CHCH_2CH_2\overset{CH_3}{\overset{|}{C}}=CHCHO$

因 A 为天然精油，应符合异戊二烯规律，其结构为Ⅲ，是由两个头尾相连的异戊二烯单元组成。

二、习　　题

6.1 红外光谱的哪些特征振动频率可以用于区别下列各对化合物?

(1) $CH_3CH_2CH_2CH_3$ 与 $CH_3CH_2CH=CH_2$　(2) $C_6H_5C\equiv CH$ 与 $C_6H_5CH=CH_2$

(3) $CH_3C\equiv CCH_3$ 与 $CH_3CH_2C\equiv CH$　(4)  与 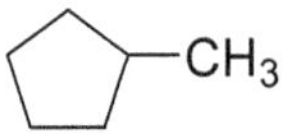

(5) $CH_3CH_2C\equiv CH$ 与 $CH_3CH_2C\equiv N$

(6) $CH_3CH_2CH=CH_2$ 与 $CH_3CH=CHCH_3$（反）

(7)  与 　(8) 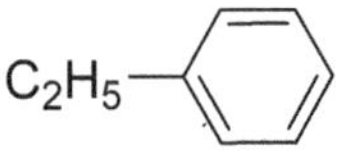 与 

6.2　下列化合物的 ^{1}H NMR 谱各有几组信号？

(1) $CH_3\overset{O}{\overset{\|}{C}}CH_2C\equiv CH$　(2) $CH_3\overset{O}{\overset{\|}{C}}CH_2C_6H_5$　(3) 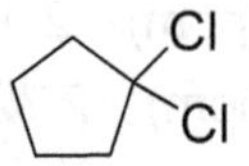　(4) $CH_3CH_2CH_2CH_2CH_2Br$

6.3　下列各组化合物中，指定 H 的化学位移值的大小顺序如何？

(1) $CH_3C\underline{H_2}CH_3$，$CH_3C\underline{H_3}$，$(CH_3)_3C\underline{H}$；(2) $C\underline{H_3}Cl$，$(C\underline{H_3})_3P$，$(C\underline{H_3})_4Si$，$(C\underline{H_3})_2S$，$C\underline{H_3}F$。

6.4　下列化合物中，各有多少组等价质子？

(1) $CH_3CH_2OCH_2CH_3$　(2) $(CH_3)_2CHCH_2OH$　(3) 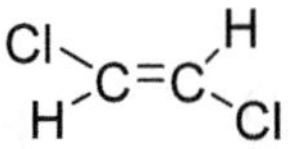

(4) 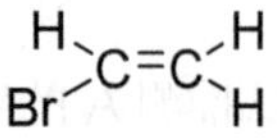　(5) 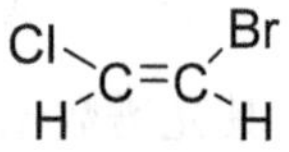　(6) $CH_3\overset{OH}{\overset{|}{C}}HCH_2C_6H_5$

(7) 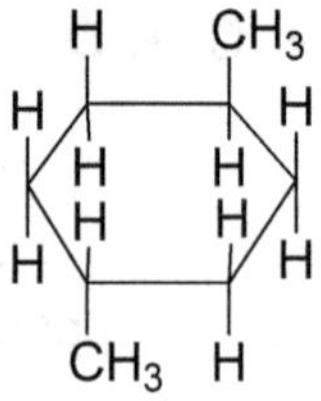　(8) 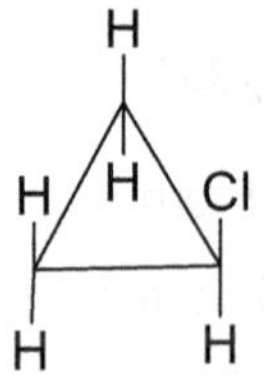　(9) 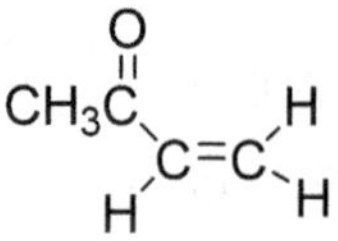

6.5　$C_{10}H_{14}$ 有 3 个异构体，试根据下列核磁共振谱数据，指出它们的结构。

(1) ^{1}H NMR δ(ppm)：0.9 (6H, d), 2.2 (3H, s), 3.1 (1H, m), 7.3 (4H, m)

(2) ^{1}H NMR δ(ppm)：1.0 (9H, s), 7.3 (5H, m)

(3) ^{1}H NMR δ(ppm)：1.0 (6H, d), 1.6 (1H, m), 2.65 (2H, d), 7.3 (5H, m)

6.6　工业丁烷气的氯化产物中有一种含量较少的卤代烷，其碳、氢、氯的含量分别是 51.9%、9.8%和 38.3%，下图为该氯代烃在 CCl_4 中的 NMR 谱图。试计算其经验式，并根据 NMR 数据δ(ppm)：1.0 (6H, d), 1.9 (1H, m), 3.1 (2H, d)推测其结构。

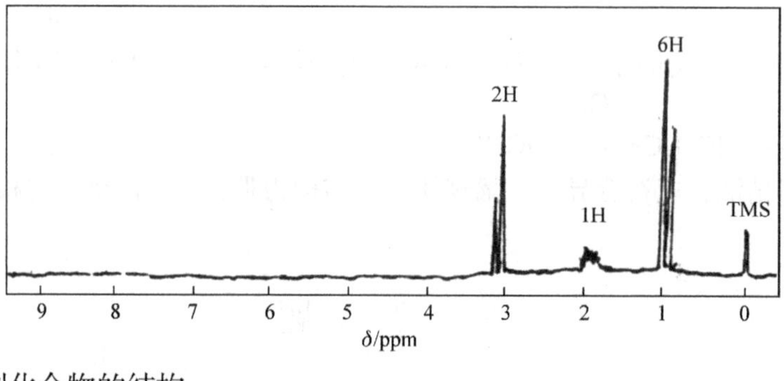

6.7　试推测下列化合物的结构。

(1) 某溴代烃的分子式为 $C_9H_{11}Br$，氧化得苯甲酸；^{1}H NMR δ(ppm)：2.1 (2H, m), 2.65 (2H, t), 3.65 (2H, t), 7.3 (5H, m)；

(2) 某化合物分子式为 C_9H_8O，在 254 nm 有紫外吸收(ε：13000)，在 1690 cm^{-1} 有一红外吸收峰，^{1}H NMR δ(ppm)：2.70 (2H, t), 3.15 (2H, t), 7.3 (5H, m)；

(3) 某烃分子式为 $C_{14}H_{12}$，在 250 nm 有一紫外吸收峰(ε：18000)。^{1}H NMR δ(ppm)：2.95 (4H, s), 7.3～7.6 (8H, m)。

6.8　苯环上质子的化学位移有如下的差别：

苯 δ7.37 ppm；甲苯 δ7.17 ppm；对二甲苯 δ7.05 ppm；1,2,3-三甲苯 δ6.78 ppm，

可能的解释是什么？

6.9　写出一个或几个符合下列核磁共振谱数据的结构。

(1) $C_3H_3Cl_5$　δ(ppm)：4.52 (1H, t), 6.07 (2H, d)

(2) $C_3H_5Cl_3$　δ(ppm)：2.20 (3H, s), 4.02 (2H, s)

(3) C_4H_9Br　δ(ppm)：1.04 (6H, d), 1.93 (1H, m), 3.38(2H, d)

(4) $C_{10}H_{14}$　δ(ppm)：1.30 (9H, s), 7.28 (5H, s)

(5) $C_{10}H_{14}$　δ(ppm)：0.88 (6H, d), 1.86 (1H, m), 2.45 (2H, d), 7.12 (5H)

(6) C_9H_{10}　δ(ppm)：2.04 (2H, m), 2.91 (4H, t), 7.17 (4H, s)

(7) $C_{10}H_{13}Cl$　δ(ppm)：1.57 (6H, s), 3.07 (2H, s), 7.27 (5H, s)

(8) $C_{10}H_{12}$　δ(ppm)：0.65 (2H, m), 0.81 (2H, m), 1.37 (3H, s), 7.17 (5H, s)

6.10　根据 ^1H NMR 谱，推测下列化合物的结构。

(1) C_8H_{10}　δ(ppm)：1.2 (3H, t), 2.6 (2H, q), 7.1 (5H, 宽)

(2) C_6H_{14}　δ(ppm)：0.8 (12H, d), 1.4 (2H, m)

(3) $C_4H_6Cl_2$　δ(ppm)：2.2 (3H, s), 4.1 (2H, d), 5.1 (1H, t)

(4) $C_4H_6Cl_4$　δ(ppm)：3.9 (4H, d), 4.6 (2H, t)

(5) $C_{14}H_{14}$　δ(ppm)：2.9 (4H, s), 7.1 (10H, b)

6.11　推测下列化合物的结构。

(1) m/z 134 (M^+); δ(ppm)：1.1 (6H, t), 2.5 (4H, q), 7.0 (4H, m)。

(2) 2,3-二甲基-2-溴丁烷与 $(CH_3)_3COK$ 反应后，生成两种化合物：
A. δ(ppm)：1.66 (s); B. δ(ppm)：1.1 (6H, d), 1.7 (3H, s), 2.3 (1H, m), 5.7 (2H,d)。

(3) m/z 1.66 (M^+), 168 (M+2), 170 (M+4), 131, 133, 135, 83, 85, 87; δ(ppm)：6.0 (s)。

(4) $C_6H_4BrNO_2$　m/z 201(M^+), 203 (M+2); δ(ppm)：7.6 (2H, d), 8.1 (2H, d)。

6.12　(1) 化合物 A (C_5H_8)，在催化氢化时，产生顺-1,2-二甲基环丙烷，据此认为 A 有三种异构体，它们分别是什么？

(2) A 在 890 cm^{-1} 处没有红外吸收，使其中一种结构不能成立，它是哪一种？

(3) A 的 ^1H NMR 在δ 2.22 ppm 及 1.04 ppm 处有信号，强度比为 3∶1，三种结构中哪一种比较符合？

(4) 化合物 A 是从开链化合物一步合成得到，试写出其转变过程。

6.13　根据 NMR 的数据，推测下列化合物的结构。

(1) $C_4H_9BrO_2$　δ(ppm)：1.97 (3H, t), 2.07 (2H, m), 4.32 (1H, t), 10.97 (1H, s)

(2) C_3H_6O　δ(ppm)：2.72 (2H, m), 4.73 (4H, t)

(3) $C_4H_8O_3$　δ(ppm)：1.27 (3H, t), 3.66 (2H, q), 4.13 (2H, s), 10.95 (1H, s)

6.14　(1) 化合物 A ($C_9H_{10}O$)，它在 1690 cm^{-1} 有一强的红外吸收峰，A 的 ^1H NMR 谱如下：
δ(ppm)：1.2 (3H, t), 3.0 (2H, q), 7.7 (5H, m)。

(2) 化合物 B 是 A 的异构体，它在 1705 cm^{-1} 处有红外吸收峰，它的 ^1H NMR 谱如下：
δ(ppm)：2.0 (3H, s), 3.5 (2H, s), 7.1 (5H, m)。

试推测 A、B 的结构。

6.15　化合物 C_4H_6O，UV 有 λ_{max} = 213 nm 和 320 nm，ε 分别为 1700 及 27，IR 有 3100 cm^{-1}、2900 cm^{-1}、1675 cm^{-1}(强)、1605 cm^{-1} 的吸收；^1H NMR δ2.1 ppm (3H, s)，在 5.0～6.0 ppm 有三个多重峰，强度各为 1H，写出此化合物的结构。

6.16 有一种醚 A，用 HCl 处理后得到一个复杂的混合物，经制备色谱分离，分出了少量具有催泪性的化合物 B，B 的分子式为 C_3H_5Cl，它的 ^{1}H NMR 图如下：

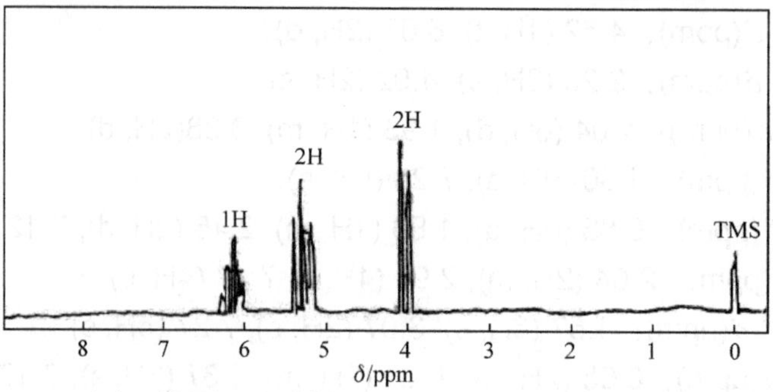

(1) 根据 ^{1}H NMR 图，推测 B 的结构；

(2) 试从积分值 (吸收峰面积)、化学位移值和自旋裂分解释 ^{1}H NMR 图；

(3) 在δ5.1～5.5 ppm 有三个线状峰，它们的部分积分值比为 0.5：1：0.5 (共 2 个氢)，试解释；

(4) 在未扩展的图上，δ = 4.0 ppm 的吸收峰似乎是双峰，但扩展后，发现还存在其他的偶合作用，试解释。

(5) 在 A 与 HCl 反应的产物中，有一个副产物分子式为 C_3H_6O，其 NMR 谱数据如下。

^{1}H NMR δ(ppm)：1.13 (3H，J = 8 Hz，t), 2.46 (两个四重峰，J = 8 Hz, 2 Hz, 2H), 9.81 (1H, J = 2Hz, t)；

^{13}C NMR δ(ppm)：6.0, 37.3, 202.8。

试推测该化合物的结构，并写出其反应历程。

三、习 题 解 答

6.1 (1) $=CH_2$ 伸缩 3100 cm^{-1}，C=C 伸缩 1645 cm^{-1}；

(2) ≡C—H 伸缩 3300 cm^{-1}；

(3) ≡C—H 伸缩 3300 cm^{-1}；

(4) CH_3 弯曲约 1375 cm^{-1}；

(5) ≡C—H 伸缩 3300 cm^{-1}；

(6) —CH=CH$_2$ 的 C—H 弯曲振动在 995 cm^{-1}、915 cm^{-1} 及 1420 cm^{-1}，而反—CH=CH—的弯曲振动在 970 cm^{-1}；

(7) C=C 伸缩在 1650 cm^{-1}, H—C_{sp^2} 伸缩约 3100 cm^{-1}，H—C_{sp^3} 伸缩 < 3000 cm^{-1}；

(8) 苯环单取代 750 cm^{-1} 及 770 cm^{-1}，苯环对二取代 850～880 cm^{-1}。

6.2 (1) 3 组；(2) 3 组(苯环上 H 视为 1 组)；(3) 2 组；(4) 5 组。

6.3 (1) $(CH_3)_3C\underline{H}$ > $(CH_3)_2C\underline{H}_2$ > $CH_3C\underline{H}_3$ (δ值)；

(2) $C\underline{H}_3F$ > $C\underline{H}_3Cl$ > $(C\underline{H}_3)_2S$ > $(C\underline{H}_3)_3P$ > $(C\underline{H}_3)_4Si$ (δ值)。

6.4 (1) 2 组；(2) 4 组；(3) 1 组；(4) 3 组；(5) 2 组；(6) 5 组；(7) 4 组；(8) 3 组；(9) 4 组。

6.5 (1) 共有 4 组吸收峰，根据 ^{1}H NMR 数据得知各类氢的比例为 H_a：H_b：H_c：H_d = 6：3：1：4，即 H_a 为 6H，H_b 为 3H，H_c 为 1H，H_d 为 4H。H_d 的化学位移值δ7.3 ppm 是苯环上的

氢，4 个氢说明为二取代苯，H_b 的δ值为 2.2 ppm，是苄基氢的化学位移值。(单峰，3H)表明是结构片段 I 剩余的 C_3H_7，从 H_a 的 6H 的化学位移值来看δ = 1.2 ppm，又裂分为二重峰，说明具有异丙基结构(Ⅱ)$(CH_3)_2CH$—，据以上分析可判断(1)的结构为对甲异丙苯。

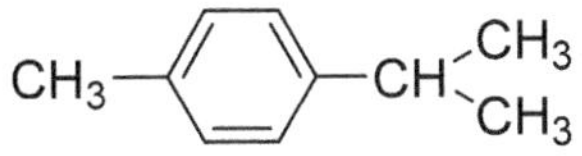
(1)

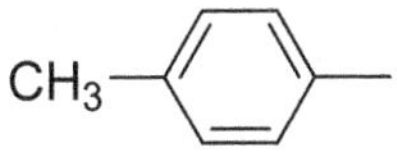
I

$(CH_3)_2CH$—
Ⅱ

(2) 由图谱数据可知只有两组吸收峰，δ7.3 ppm 左右为苯环上 5 个 H 的吸收，δ1.0 ppm 左右的单峰是侧链氢，因只有一种 9 个氢，可能的基团只有叔丁基$(CH_3)_3C$—，由此可以推断(2)的结构是

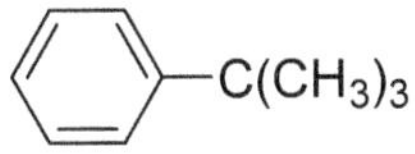

(3) 同理，(3)中有 4 类质子，δ7.3 ppm 处 5 个 H 为 C_6H_5—余下的—C_4H_9 所致，根据化学位移值及峰的裂分数可以看出，δ1.0 ppm 处 6H 为二重峰，应是异丙基$(CH_3)_2CH$ 上的两个甲基所致，δ2.2 ppm 处 2H 为二重峰，应是苄基 H，$PhCH_2$—。δ1.6 ppm 附近的 1H 为多重峰，是处在苄基及两个甲基之间的次甲基—CH—，将以上结构单元连在一起可推测(3)的结构为

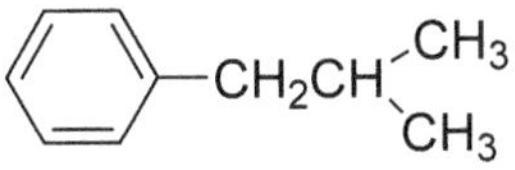

6.6 先求分子式

C：$\dfrac{51.9}{12}=4.325$　　H：$\dfrac{9.8}{1}=9.8$　　Cl：$\dfrac{38.3}{35.5}=1.08$

C : H : Cl = 4.325 : 9.8 : 1.08 ≈ 4 : 9 : 1，此化合物的实验式为 C_4H_9Cl。

NMR 表明有三类氢，其结构式为 $(CH_3)_2CHCH_2Cl$，此化合物为异丁基氯。

6.7 (1) 该卤代烃不饱和度为 4，氧化后生成苯甲酸，有苯环，溴在侧链上，NMR 中有四种氢 $H_a : H_b : H_c : H_d$ = 2 : 2 : 2 : 5，化合物为

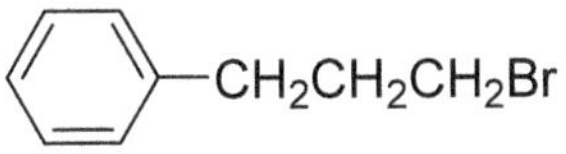

(2) 该化合物不饱和度为 4，λ 254 nm (ε：13000)为苯环的紫外吸收峰，1690 cm^{-1} 为酮羰基的伸缩振动吸收峰，吸收移向低波数位置表明可能与苯环共轭，NMR 中有三组氢 H_a : H_b : H_c = 2 : 2 : 4，结构式为

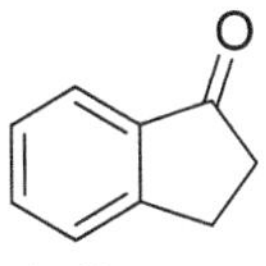

(3) 该烃不饱和度为 9，可能含有两个苯环；λ 250 nm (ε：18000)为苯环的紫外吸收峰，消光系数大，说明与不饱和基团或苯环组成共轭体系。NMR 中只有两组芳环氢和脂肪氢，其结构式为

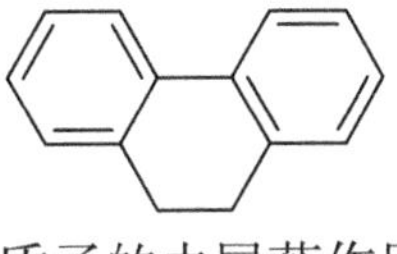

6.8 甲基的推电子作用降低了芳环上质子的去屏蔽作用，甲基越多，作用越强，使环上质子

的化学位移值降低得越多。

6.9 (1) $CH_2ClCCl_2CHCl_2$；

(2) 由分子式得出它是一个开链的饱和结构，没有裂分的 3 个氢，单峰说明—CH_3是与不带氢的碳相连的，故(2)的结构只能是$CH_3CCl_2CH_2Cl$；

(3) 符合分子式的可能有四种异构体：

$CH_3CH_2CH_2CH_2Br$　$(CH_3)_2CHCH_2Br$　$CH_3CH_2CH(CH_3)Br$　$(CH_3)_3C-Br$

其中只有一个异丁基溴可以裂分出一个双重峰的 6H 的信号，因此化合物(3)为$(CH_3)_2CHCH_2Br$；

(4) 叔丁基苯[详见 6.5(2)]；

(5) 异丁基苯[详见 6.5(3)]；

(6) 低场信号 C (4H)表明存在一个二取代苯环(—C_6H_4—)，剩余碳氢数目为C_3H_6。从 2H 被裂分为多重峰和 4H 被裂分为三重峰可以得出组合方式为—CH_2—CH_2—CH_2—，把它接在苯环上，只有一种方式[图示(6)]，作为苄基 H 的信号，H_b向低场位移到δ2.91 ppm 处；

(7) 低场信号 H_c (5H, s)表明有 C_6H_5—存在，除去 C_6H_5—后余下一个饱和的侧链 C_4H_8Cl，信号 H_a 指出它有两个没有裂分的甲基信号，信号 H_b 指出它有一个没有裂分的—CH_2—，这样留下一个碳和一个 Cl，所以碎片有两种可能的组合方式，见图示(7A)、(7B)。由于前者有 R—CH_2Cl 的信号，2H 信号大约在δ3.4 ppm 处，因此能符合 2H 信号在δ3.07 ppm 处的只能是(7B)；

(8) 两个信号 H_a 和 H_b 处在高场，表示有一个环丙烷存在，其中每个 2H 连有两个基团，信号 H_c 表明是一个没有裂分的—CH_3，较远的低场信号 H_d 表明是一个—C_6H_5，这样说明了所有的 10 个 C 及 12 个 H，它们的合理组合见图示(8)。

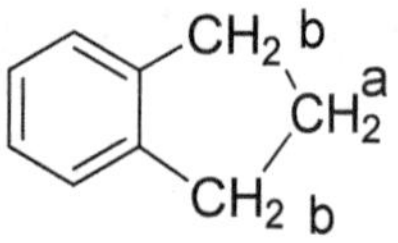
(6)

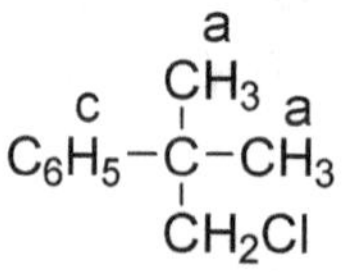
(7A)

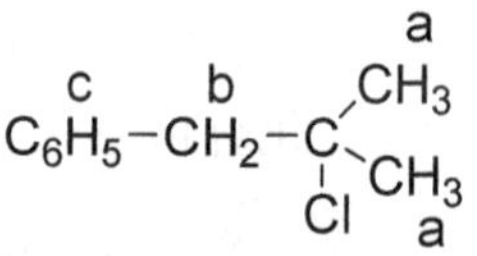
(7B)

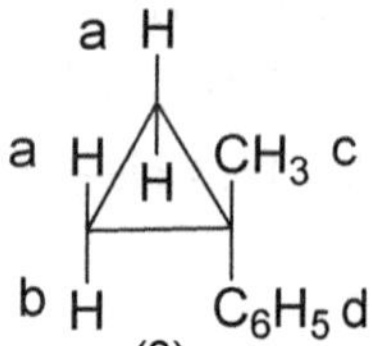
(8)

6.10

(1) 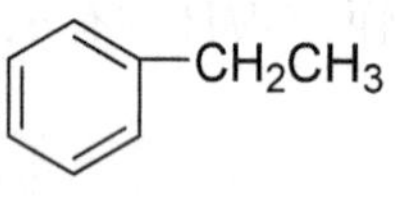

(2) 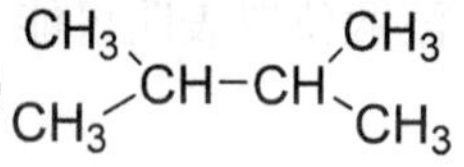

(3) 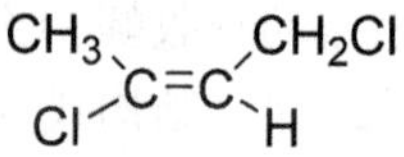

(4) 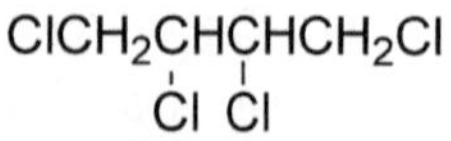

(5) 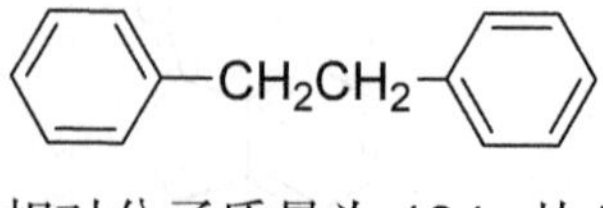

6.11 (1) 从质谱信息得知此化合物相对分子质量为 134，从 NMR 信息得知有 14 个 H，故此化合物分子式为 $C_{10}H_{14}$，从δ7.0 ppm(4H, s)得知，分子中有苯环对二取代的结构单元，从δ 1.1 ppm (6H, t)及δ 2.5 ppm(4H, q)的信息得知此化合物有两个 CH_3CH_2—，把它们连接起来，可以得知此化合物的结构式为

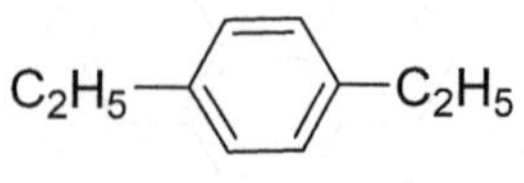

(2) 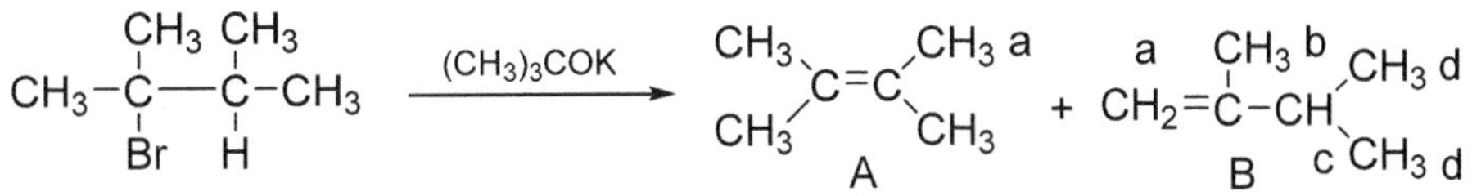

A. δ1.66 ppm(s)，分子中只有一种质子；B. 有 4 种类型的质子，其结构见上。

(3) 由 MS 信息可知分子中含有四个 Cl、两个 C 及两个 H，从 NMR 信息可知，分子中只有一种氢，故化合物结构式为 $CHCl_2$-$CHCl_2$。

(4) 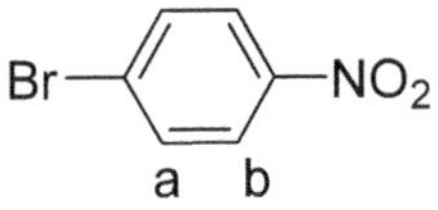

6.12

(1) a. 　b. 　c. 

(2) 它具有$=CH_2$基团，即结构 a；

(3) 1,2-二甲基环丙烯 b 是具有两组质子的唯一结构；

(4) 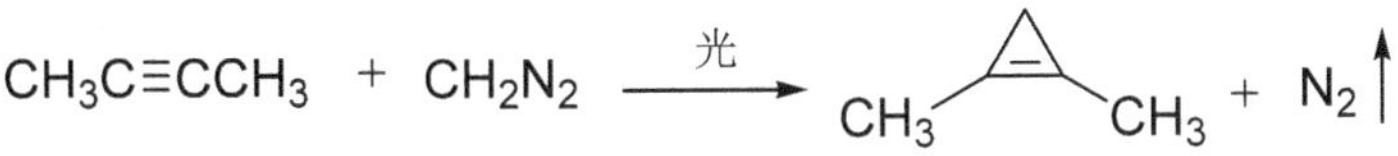

6.13

(1) $CH_3CH_2CH(Br)COOH$　(2) 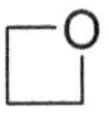　(3) $CH_3CH_2OCH_2COOH$

6.14 A 的 IR 1690 cm^{-1}说明有羰基存在，且与苯环处在共轭位置，NMR δ7.7 ppm(5H, m)说明有 R—C_6H_5结构，1.2 ppm (3H, t)、3.0 ppm (2H, q)表明有 CH_3CH_2—结构，由以上分析可得 A 的结构，1-苯基-1-丙酮。

B 的 IR 1705 cm^{-1}说明有羰基存在，NMR δ7.1 ppm(5H, m)为单取代苯 C_6H_5—结构；2.0 ppm(3H, s)、3.5 ppm(2H, s)说明它们不相连，而是分别处在羰基的两侧，因此 B 的结构是 1-苯基-2-丙酮。

A. 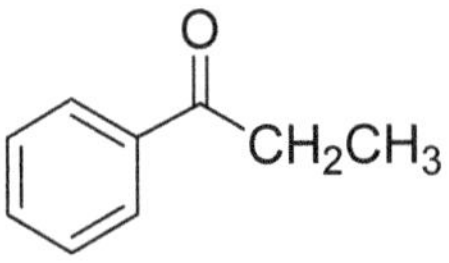　B. 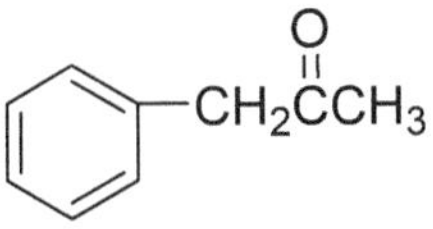

6.15

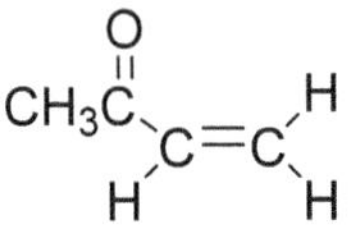

UV λ_{max} 213 nm 及 320 nm，表明有—C=C 及—C=O；IR 1675 cm^{-1}为共轭—C=O 伸缩振动，1605 cm^{-1}为 C=C 伸缩振动，3100 cm^{-1}为=C—H 的伸缩振动，2900 cm^{-1}为—CH(次甲基氢)的伸缩振动；^{1}H NMR δ2.1 ppm(3H, s)为甲基酮结构；5.0～6.0 ppm(3H, m)为双键碳上的三个氢，从而推出分子结构。

6.16 (1) B 为 CH_2=CH—CH_2Cl

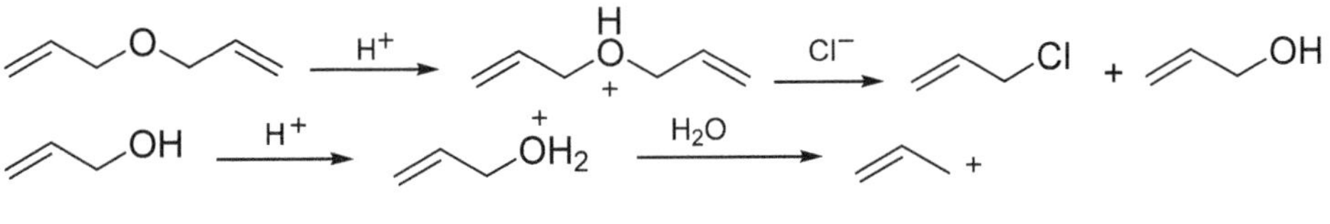

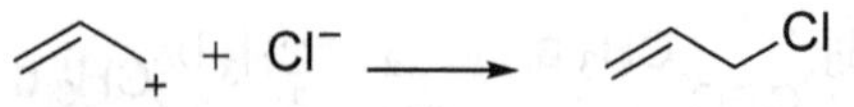

δ(ppm)：5.7～6.3 H_c (1H，多重峰)，5.1～5.5 H_b (2H，三重峰), 4.0 H_a (2H，多重峰)。

(2) 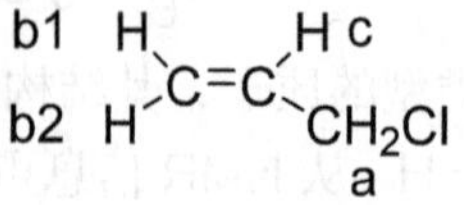

(3) 这是 H_{b1} 和 H_{b2} 两个质子与两个 H_a 发生远程偶合的结果；

(4) H_a (2H)除了与 H_c (1H)偶合以外，还与 H_{b1} 和 H_{b2} 发生远程偶合；

(5) 此化合物为 CH_3CH_2CHO。

$$CH_2{=}CH{-}CH_2OCH_2CH{=}CH_2 \xrightarrow{H^+} CH_3\overset{+}{C}HCH_2OCH_2CH{=}CH_2 \xrightarrow{-H^+}$$

$$CH_3CH{=}CHOCH_2CH{=}CH_2 \xrightarrow{H^+} \left[CH_3CH{=}CH{-}OH\right] + CH_2{=}CHCH_2^+ \xrightarrow{Cl^-}$$

$$CH_3CH_2CHO + CH_2{=}CH{-}CH_2Cl$$

第 7 章 芳 香 烃

一、例题及解析

【例 7-1】 比较下列化合物的反应活性。

(1) 亲电加成的活性：

A. 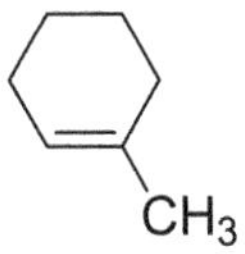

B. 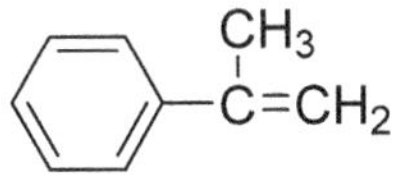

C. $CH_3CH{=}CHCH_3$

(2) 亲电取代的活性：

A. 

B. 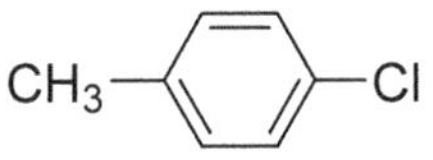

C. 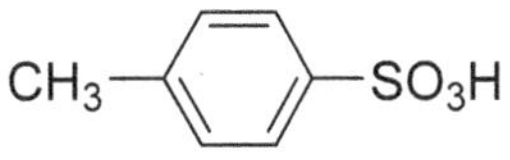

解 (1) B > A > C　　(2) A > B > C

【例 7-2】 用箭头表示下列化合物在进行一硝化时，硝基进入的位置。

(1) 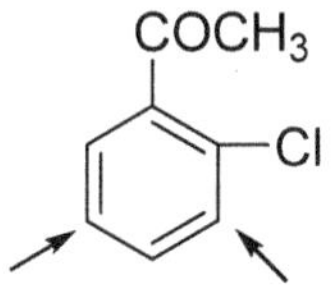

(2) 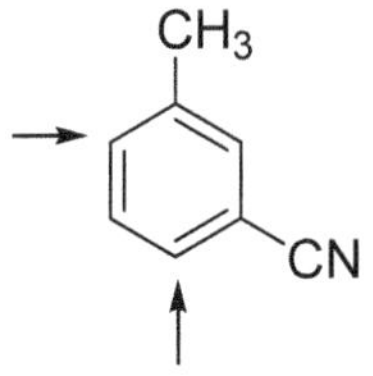

(3) 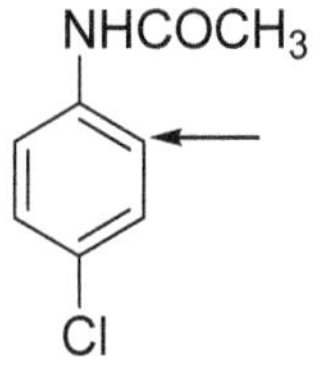

(4) 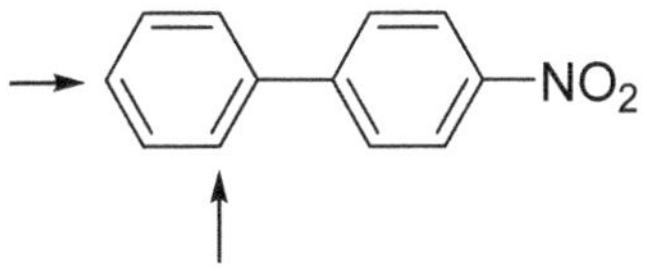

(5) 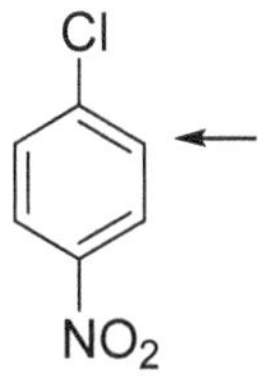

(6) 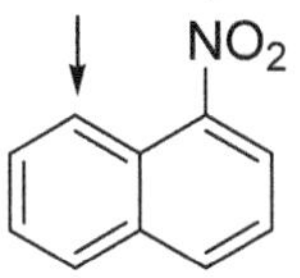

(7) 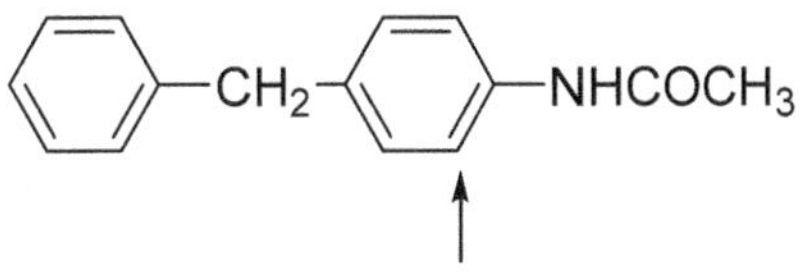

解 分析：当环上仅带一个取代基时，第二个取代基进入的位置由第一个取代基的定位效应决定。当环上有两个取代基时，先看这两个取代基的类别，若属于同一类定位基，则由定位作用强的基团确定第三个取代基进入的位置。例如，对甲基苯胺中 CH_3、NH_2 同属邻、对位定位基，但定位作用强的是—NH_2，因此第三个取代基应进入—NH_2 的邻位。若环上所连的两个取代基属于不同类别，那么第三个取代基的进入位置由第一类定位基(邻、对位定位基)确定。例如，间硝基甲苯中第三个取代基进入的位置则是甲基的邻、对位。上面化合物已用箭头标明了—NO_2 进入的位置。

【例 7-3】 完成下列反应。

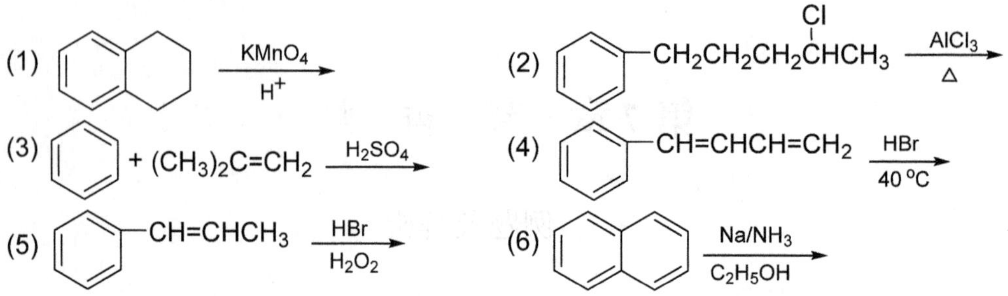

解

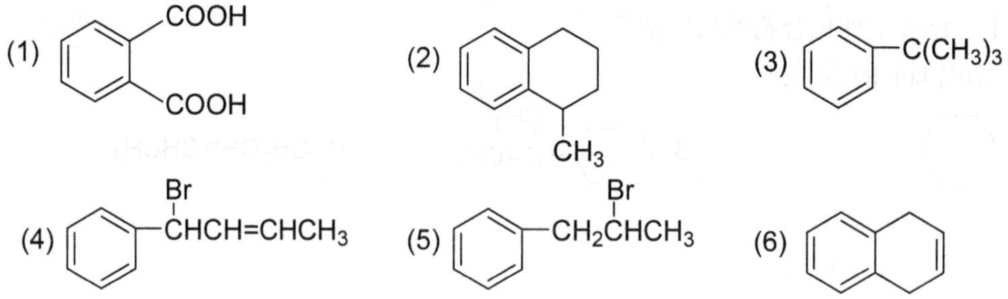

【例 7-4】 以苯或甲苯为原料合成下列化合物。

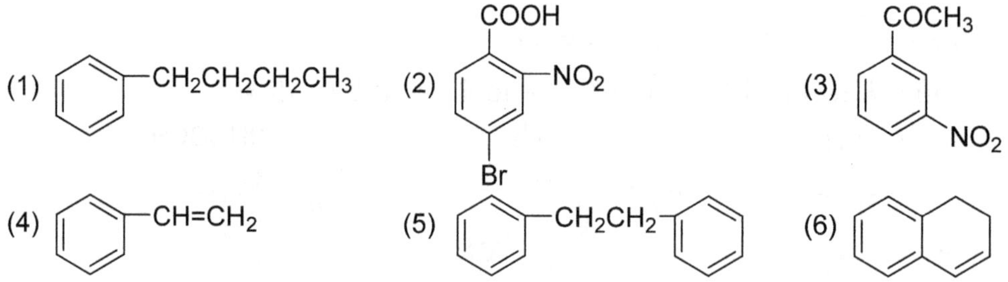

解

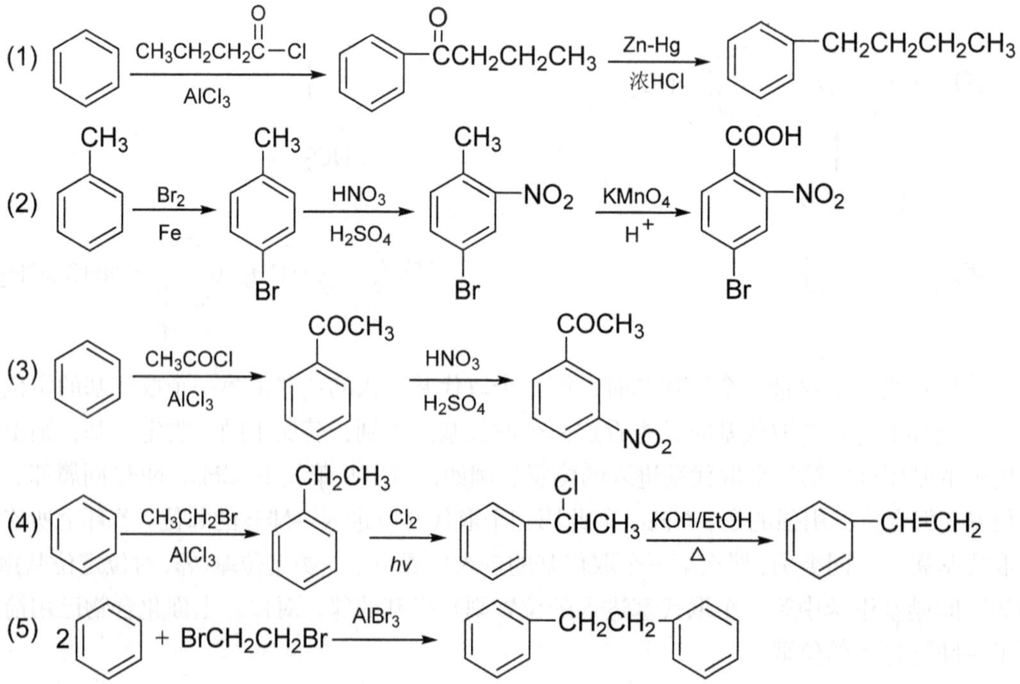

(6)
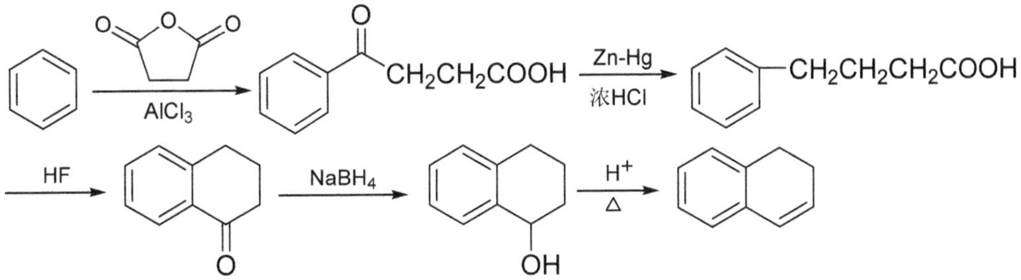

【例 7-5】 为什么说在芳香族亲电取代反应中由于不存在同位素效应，就从实验上证实了该反应的第一步是决定反应速率的步骤？

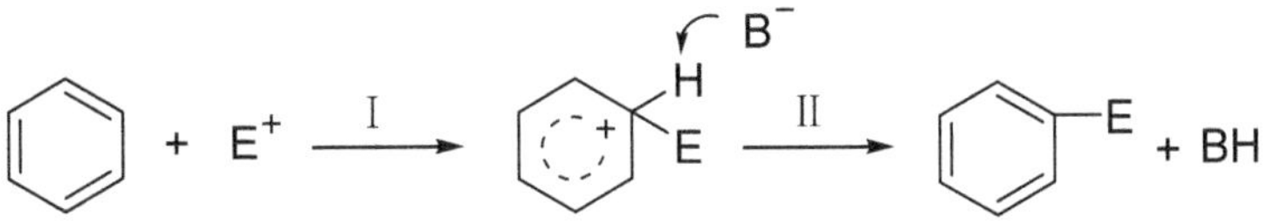

解 由于 C—H 键比 C—D 键断裂得快，当 C—H(或 C—D)键的断裂发生在决定反应速率的步骤中时，能观察到 C—H 键和 C—D 键断裂速率的差别(即同位素效应 K_H/K_D)，如果观察不到差别，就说明 C—H 键的断裂必定是发生在一个快的步骤中。在上面的反应中观察不到同位素效应，即 K_H/K_D=1，说明步骤Ⅱ是快的一步，而反应形成σ络合物的步骤Ⅰ才是决定反应速率的步骤。

【例 7-6】 下列亲电取代反应中的 E^+是什么？碱是什么？

(1) 活泼的芳香族化合物单独用 HNO_3 进行硝化；

(2) 以 HCl 为催化剂，用 HOCl 进行氯代；

(3) 用强酸中的 HNO_2 对活泼芳香族化合物进行亚硝化；

(4) 用 DCl 进行氘代反应。

解

(1) $HNO_3 + HO\text{-}NO_2 \rightleftharpoons NO_3^- + H_2O + NO_2^+$ （NO_2^+ 为E^+, H_2O为碱)

(2) $H^+ + HOCl \longrightarrow H\text{-}\overset{H}{\underset{+}{O}}\text{-}Cl \longrightarrow H_2O + Cl^+$ （Cl^+为E^+, H_2O为碱)

(3) $HO\text{—}NO + H^+ \longrightarrow H\text{-}\overset{H}{\underset{+}{O}}\text{-}NO \longrightarrow H_2O + NO^+$ （NO^+ 为E^+, H_2O为碱)

(4) $DCl \longrightarrow D^+ + Cl^-$ （D^+为E^+, Cl^-为碱)

【例 7-7】 化合物 A，分子式为 $C_{16}H_{16}$，可以使 Br_2/CCl_4 褪色，催化氢化时吸收 1 mol H_2，与 $KMnO_4$ 酸性溶液作用生成苯二甲酸，此酸进行溴化时，仅有一种一溴代产物，试推测 A 的结构。

解 化合物的不饱和度为 9，说明它具有 2 个苯环；催化加氢时只吸收 1 mol H_2，说明分子中有一个碳碳双键；氧化产物苯二甲酸经过溴代只有一种溴代产物，说明 2 个羧基处在对位，为对苯二甲酸。由此推得此化合物结构为

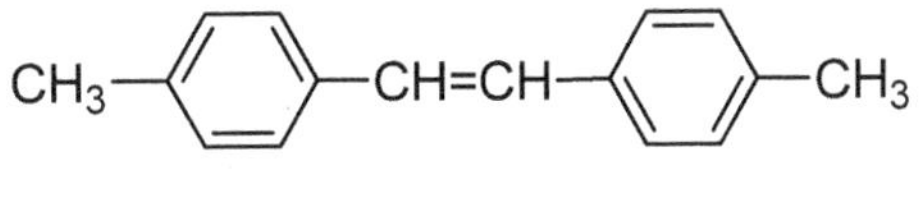

二、习　　题

7.1 命名下列化合物。

(1) 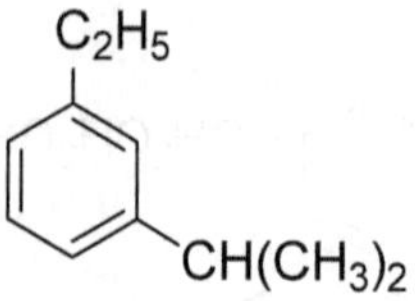
(2) 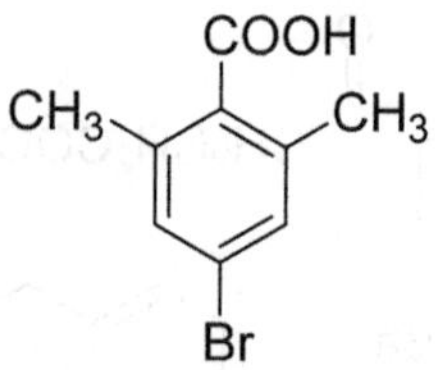
(3) 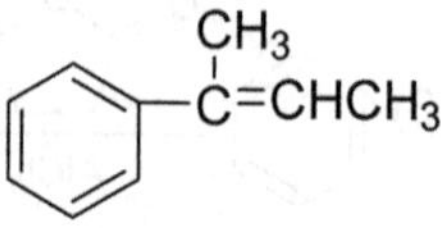

(4) 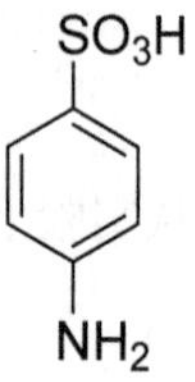
(5) 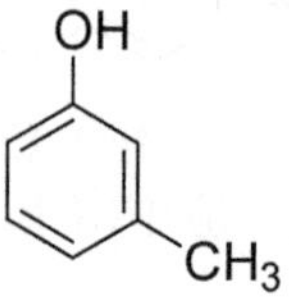
(6) 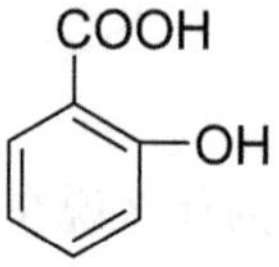

(7) 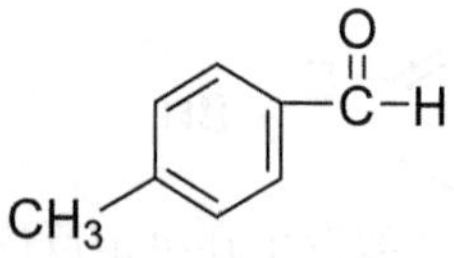
(8) 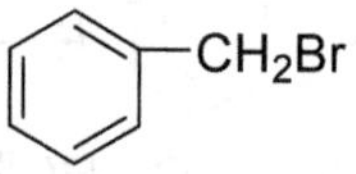
(9) 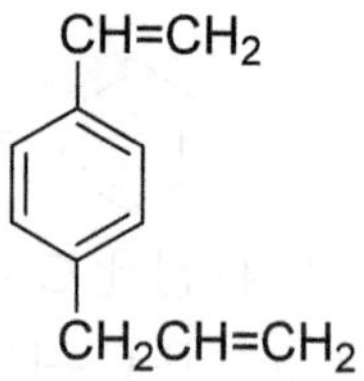

7.2 写出异丙苯与下列试剂反应的主要产物。

(1) 热$KMnO_4$溶液　(2) Br_2 + Fe　(3) Br_2 ,△或光照

(4) $CH_3COCl + AlCl_3$　(5) $PhCH_2Cl/AlCl_3$　(6) 异丁烯 + H_2SO_4

(7) 异丙醇 + BF_3　(8) $HNO_3 + H_2SO_4$

7.3 比较下列各组化合物进行硝化反应的活性。

(1) 硝基苯，苯，氯苯；(2) 对二甲苯，间二甲苯，对甲苯甲酸；(3) 苯酚，苯甲醛，乙酰苯胺；(4)苯磺酸，苯乙酮，苯甲醚。

7.4 用箭头表示出下列化合物发生亲电取代时取代基进入的位置。

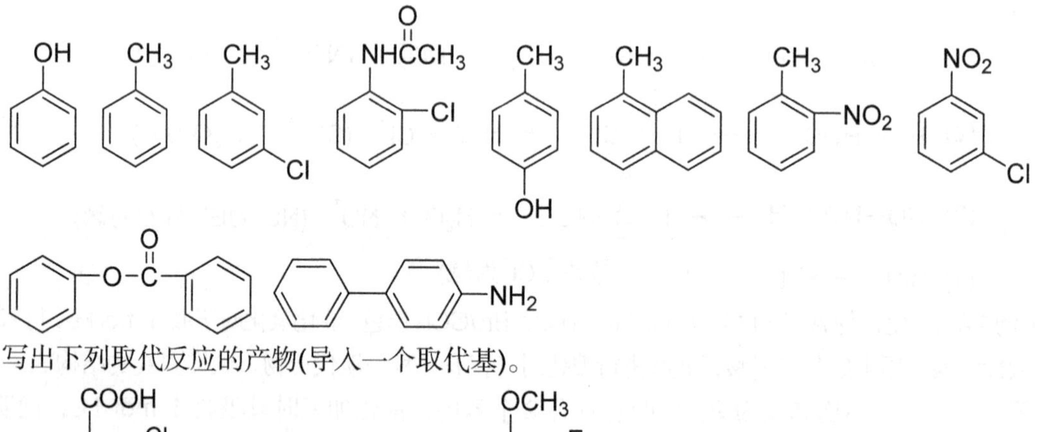

7.5 写出下列取代反应的产物(导入一个取代基)。

(1) 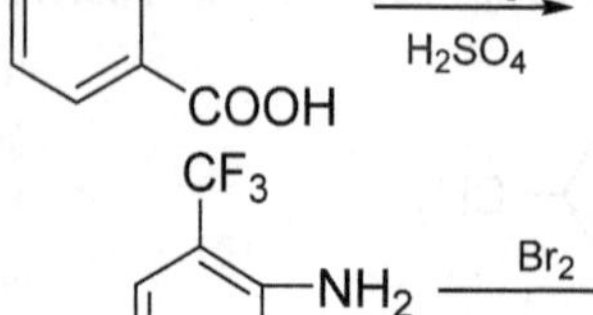
(2) 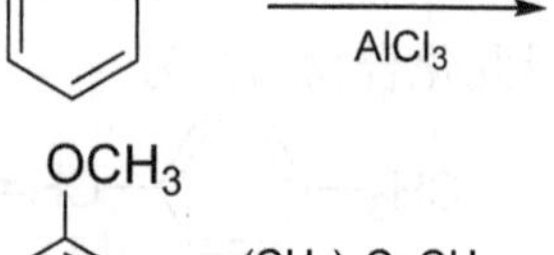

(3) 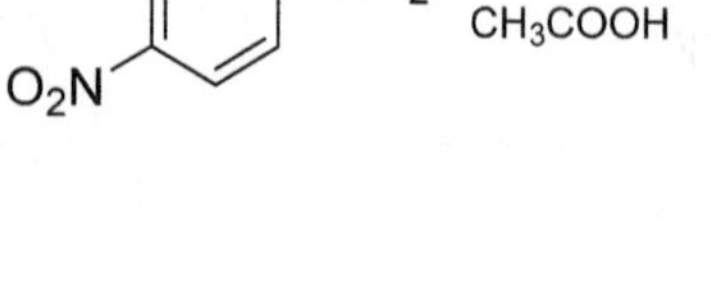
(4) 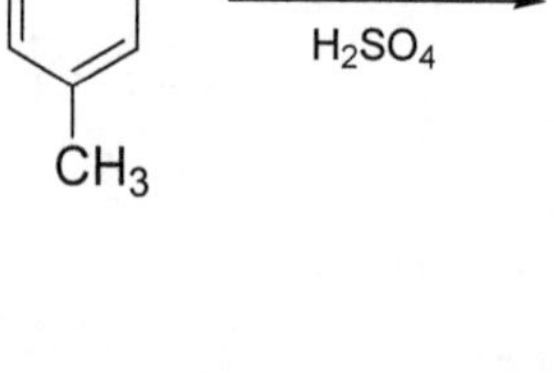

(5) 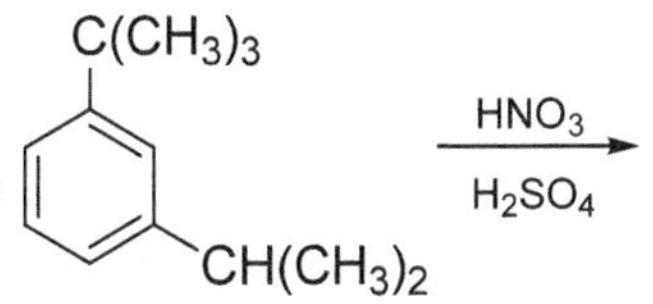
(6) 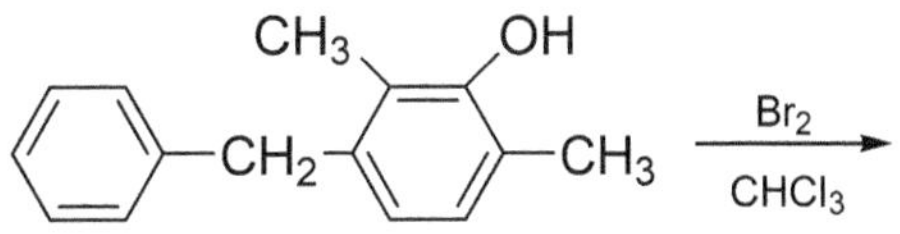

7.6 写出下列反应的产物。

(1) 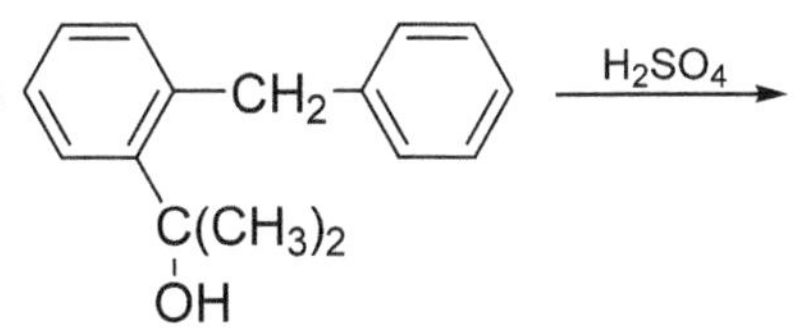
(2) 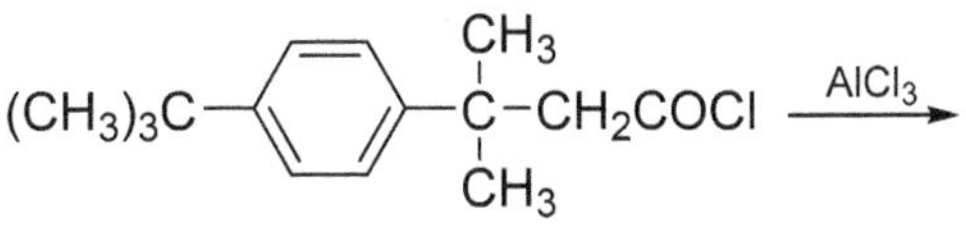

(3) 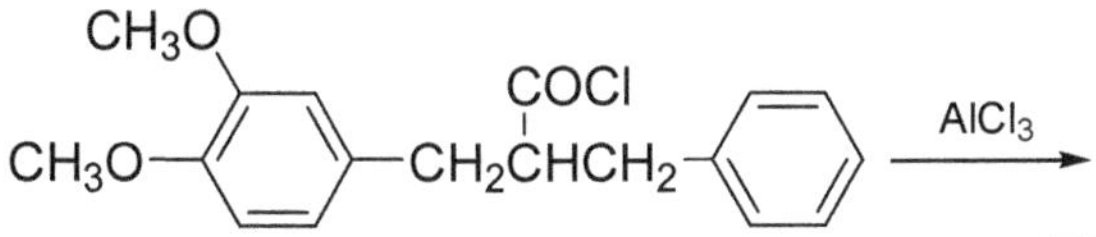

(4) 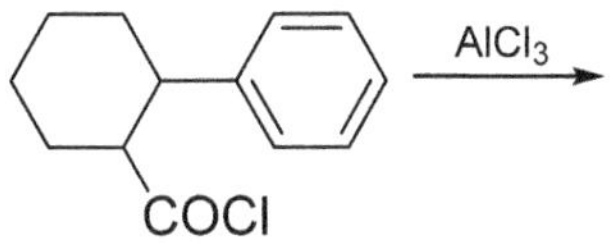
(5) 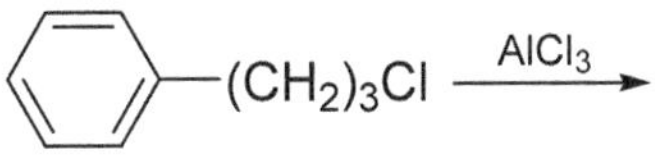

7.7 苯乙烯与稀 H_2SO_4 一起加热，生成下列两种二聚物，试推测可能的反应机理。

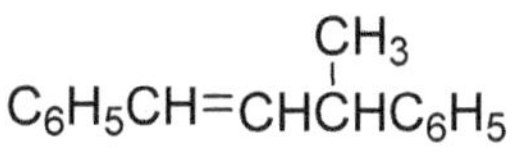
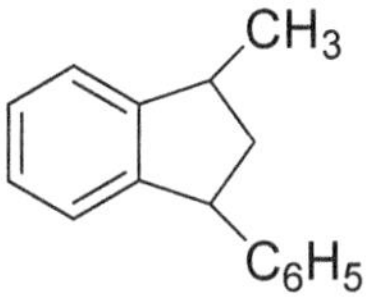

7.8 由苯或甲苯出发，选择适当的烯烃及无机试剂为原料合成下列化合物。

(1) 间溴苯甲酸　(2) 对溴苯甲酸　(3) 2-溴-4-硝基苯甲酸

(4) 2-溴-6-硝基甲苯　(5) 2-苯基丙烯　(6) 对硝基叔丁苯

7.9 写出下列反应可能的历程。

(1) 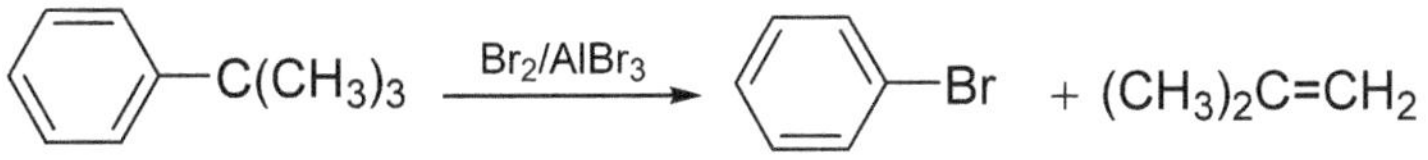

(2) 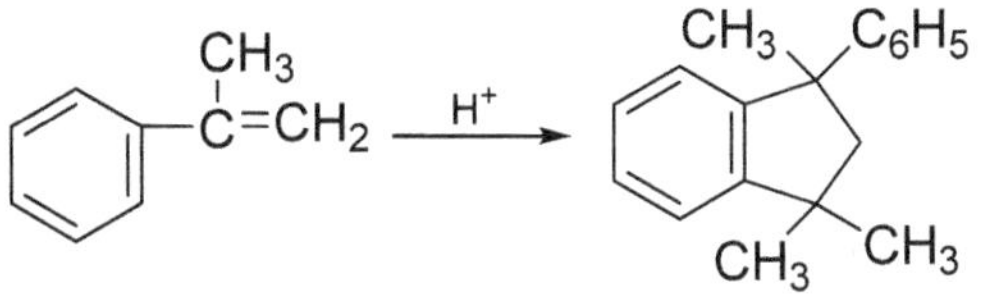

(3) 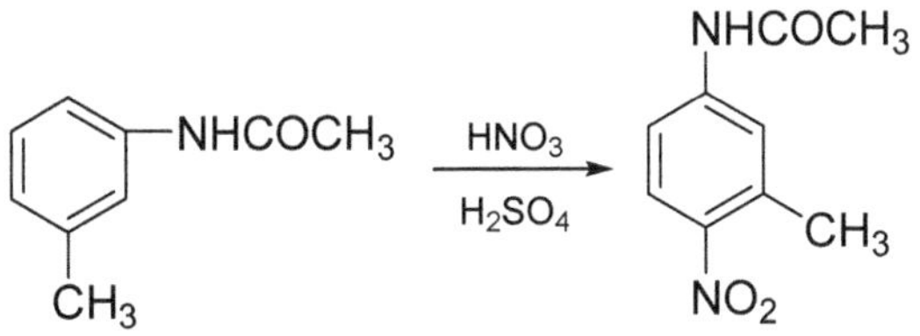

(4) 

7.10 由萘出发合成下列化合物。

(1) 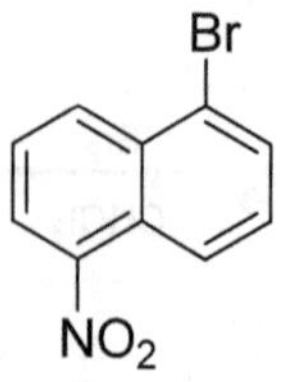　　(2) 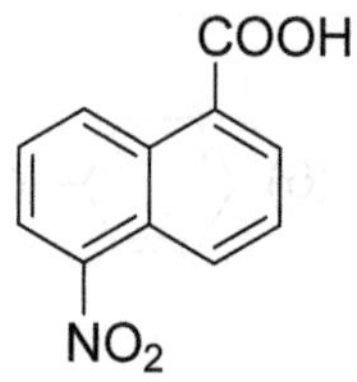

7.11 解释下列实验现象。

(1) 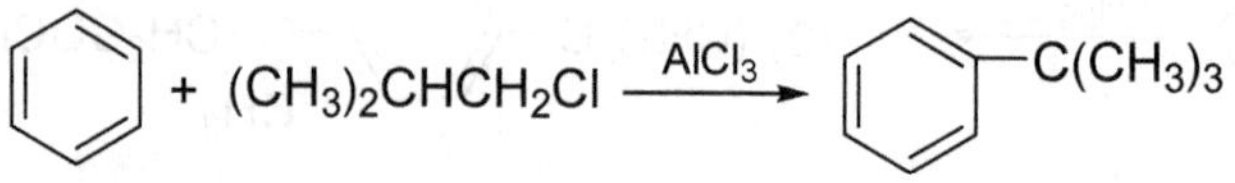

(2) 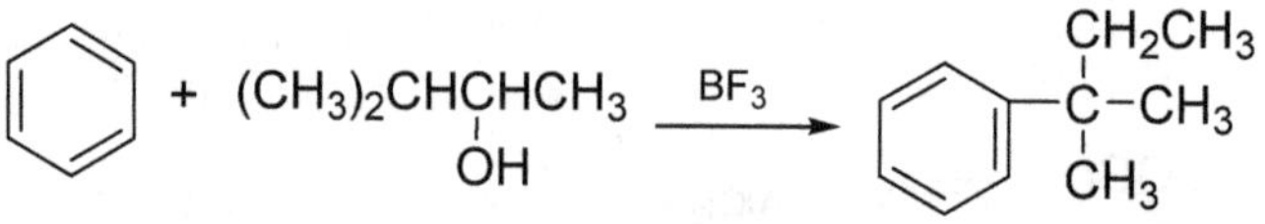

(3) 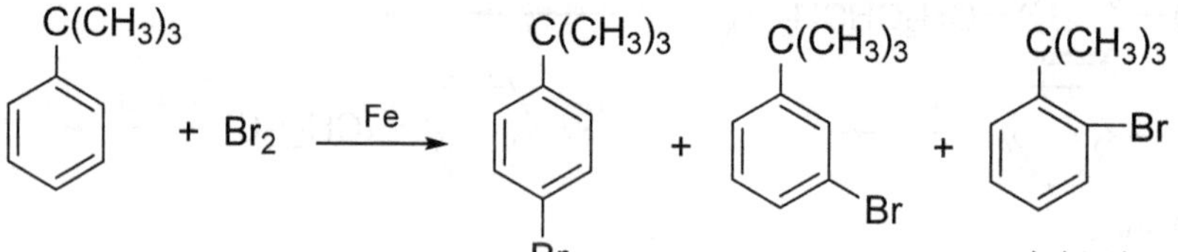

(4) 苯酚、苯胺烷基化时，用 $AlCl_3$ 催化，产率很低；

(5) 萘在 40℃时，磺化主要得到*α*-萘磺酸，而在 160℃时却主要得到*β*-萘磺酸。

7.12 比较下列碳正离子的稳定性。

A. $(C_6H_5)_2\overset{+}{C}H$　B. $(C_6H_5)_3\overset{+}{C}$　C. $C_6H_5\overset{+}{C}HCH_3$　D. $C_6H_5\overset{+}{C}H_2$　E. *p*-$CH_3OC_6H_4\overset{+}{C}H_2$

7.13 由苯出发合成下列化合物。

(1) 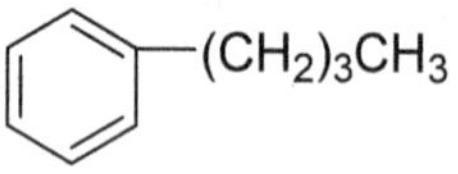　(2) 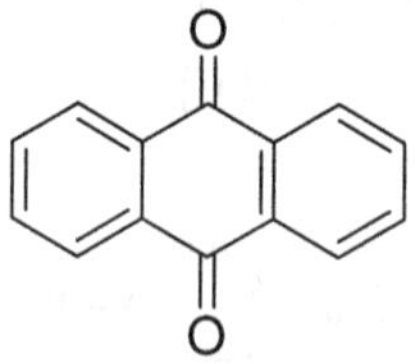　(3) 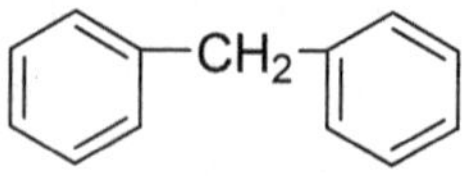

(4) 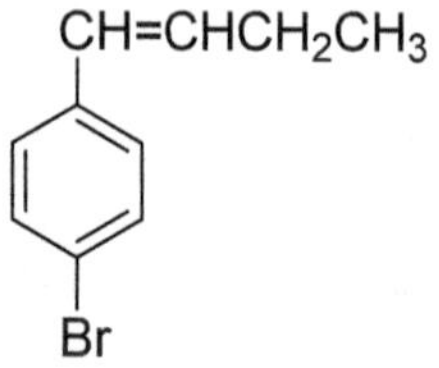　(5) 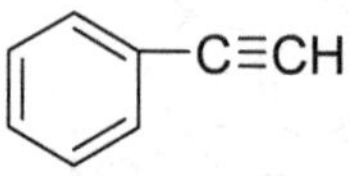　(6) 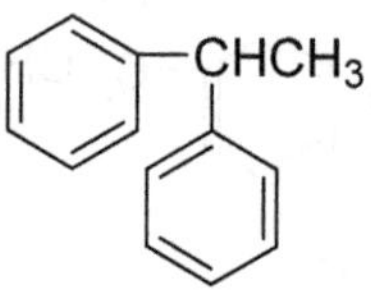

(7) 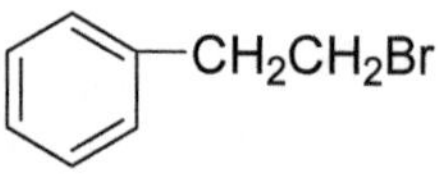　(8) 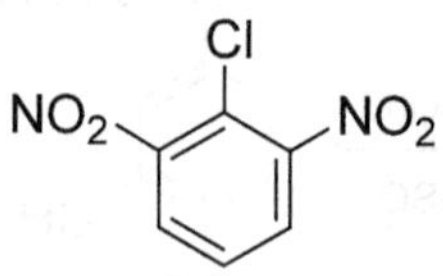

7.14 写出下列反应的主要产物。

(1) 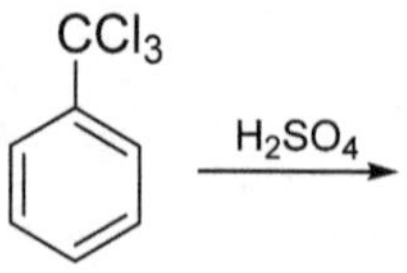　　(2) 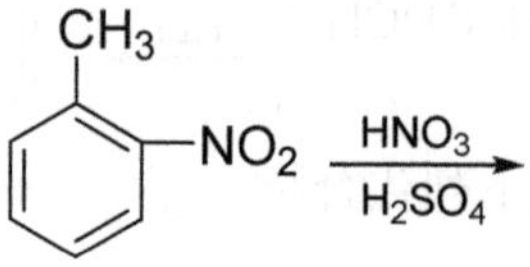

(3) 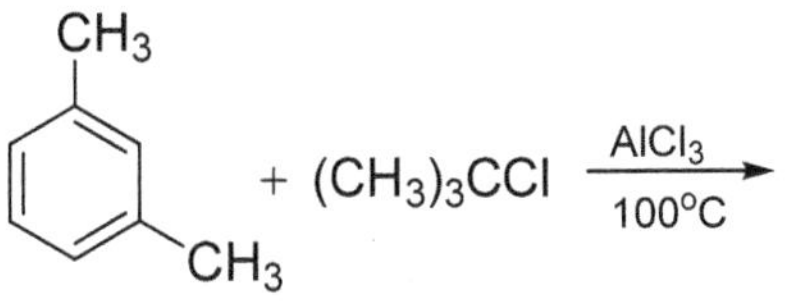　(4) 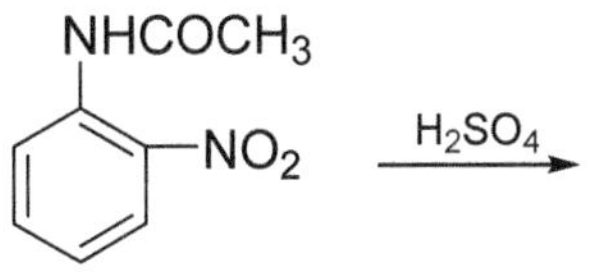

(5) 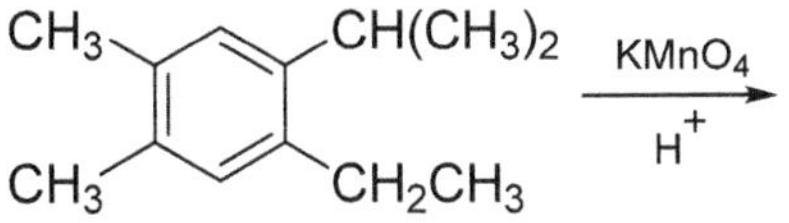　(6) 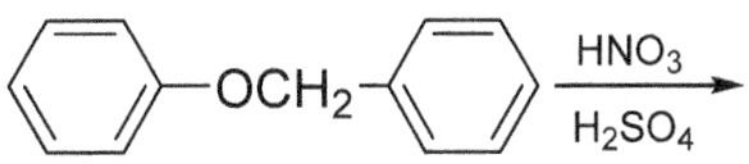

7.15　某芳烃 A，相对分子质量为 120，A 硝化后生成 2 个硝基化合物 B、C，经分离提纯后进行元素分析，得知均含氧 8.4%，将它们分别在碱性 $KMnO_4$ 溶液中加热，结果都溶解并有 MnO_2 生成，将 MnO_2 滤去后，溶液加入 HCl 酸化生成结晶 E 和 D，E 与 D 的熔点相同，两者混合后熔点不变，试写出 A、B、C、D、E 的结构式。

7.16　A、B、C 三种芳烃的分子式都是 C_9H_{12}，A 氧化时得到一元酸，B 得到二元酸，C 得到三元酸；进行硝化时，A 主要有两种一硝化产物，B 只得到两种一硝化产物，而 C 只得到一种一硝化产物，试推测 A、B、C 三种化合物可能的结构。

7.17　某化合物 A，分子式为 C_8H_{10}，在铁催化下与 1 mol 溴反应，只生成一种产物 B，B 在光照下与 1 mol 氯作用，生成两种产物 C 及 D，试推断 A、B、C、D 的结构。

7.18　某不饱和烃 A，分子式为 C_9H_8，它能与氯化亚铜氨溶液反应产生红色沉淀，化合物 A 催化加氢得到 B(C_9H_{12})，将化合物 B 用酸性 $K_2Cr_2O_7$ 氧化得到酸性化合物 C($C_8H_6O_4$)。将化合物 C 加热得到 D($C_8H_4O_3$)。若将化合物 A 与丁二烯作用，得到另一不饱和化合物 E，将化合物 E 催化脱氢得到 2-甲基联苯。试写出 A、B、C、D、E 的结构式。

7.19　指出下列合成过程中的错误。

(1) 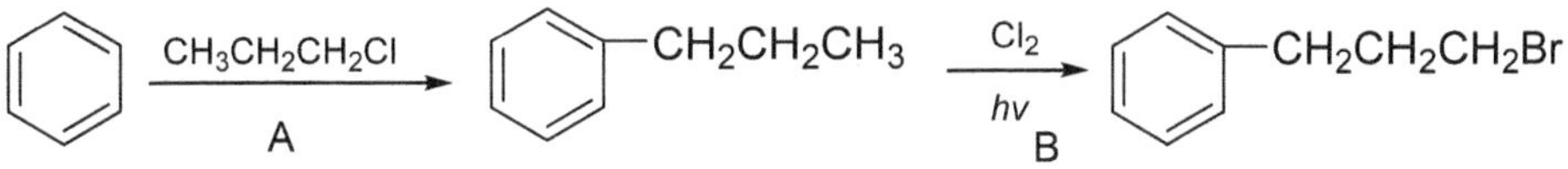

(2) 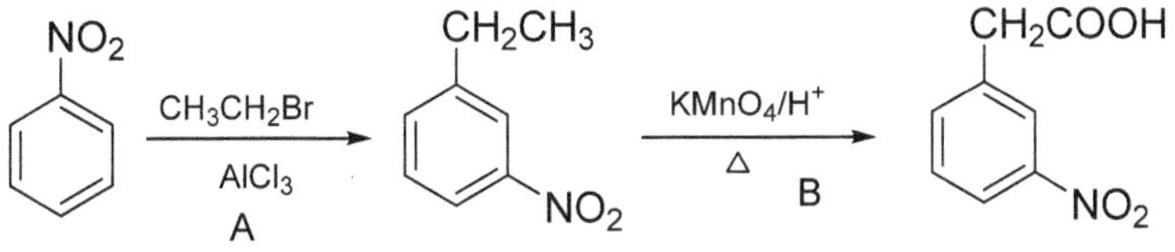

(3) 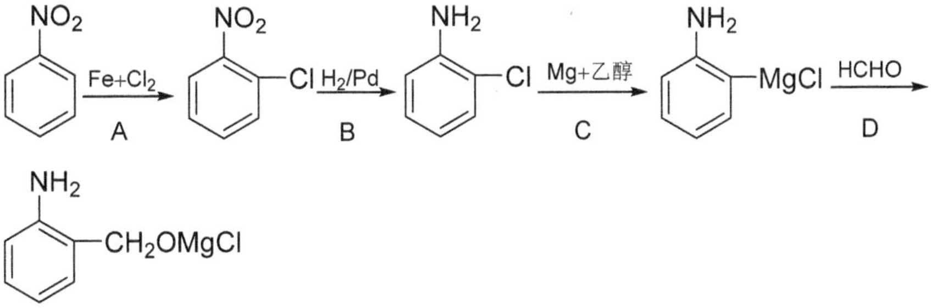

(4) 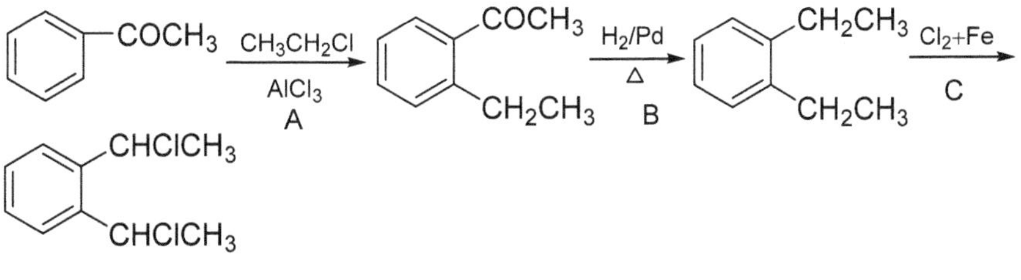

7.20 写出下列反应中 A～O 的结构。

(1) $PhCH_2CH_2CH_3 \xrightarrow[h\nu]{Br_2} A \xrightarrow[\Delta]{KOH/EtOH} B \xrightarrow{冷,稀KMnO_4} C \xrightarrow{热KMnO_4} D$

(2) $PhC{\equiv}CH + CH_3MgX \longrightarrow E \xrightarrow{PhCH_2Cl} F \xrightarrow{Li,\ NH_3} G$

(3) $CH_3C_6H_4C{\equiv}C{-}Ph + H_2 \xrightarrow[BaSO_4]{Pd} H \xrightarrow{HBr} I$

(4) 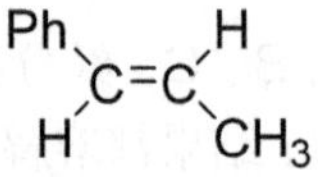 $+ Br_2 \xrightarrow{Fe} J \xrightarrow[H_2O_2]{HBr} K$

7.21 在下列芳香族亲电取代反应中，试将部分速率因素正确填写在发生取代反应的芳环的相应位置。例如，D^+与二苯醚分子进行 H^+交换时，芳环上各位置部分速率因素为

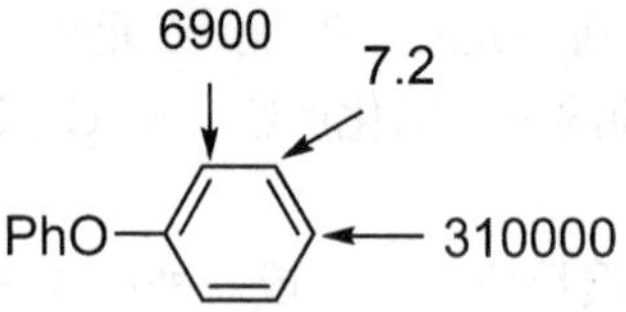

(1) 氯苯硝化 0.14，0.03，0.0009；

(2) 间二甲苯与氯化苄在三氯化铝催化下的烷基化 42，17.64，0.16；

(3) 硝基苯硝化、甲苯硝化　47，3，0.2×10^{-6}，2.8×10^{-6}，62，1.8×10^{-6}。

7.22 试写出萘与下列化合物反应的主要产物的结构及名称。

(1) CrO_3, CH_3COOH　(2) O_2, V_2O_5　(3) Na, C_2H_5OH　(4) Na, $C_5H_{11}OH$　(5) Ni, H_2

(6) HNO_3, H_2SO_4　(7) Br_2　(8) 浓H_2SO_4, 80 °C　(9) 浓H_2SO_4, 160 °C

(10) CH_3COCl, $AlCl_3$, CS_2　(11) CH_3COCl, $AlCl_3$, $C_6H_5NO_2$

(12) , $AlCl_3$, $C_6H_5NO_2$

7.23 通过下面一系列反应，萘被转变为另一种碳氢化合物。

萘 + Na, $C_5H_{11}OH \longrightarrow A\ (C_{10}H_{12})$　　A + 丁二酸酐 $\xrightarrow{AlCl_3}$ B $(C_{14}H_{16}O_3)$

B + Zn(Hg) + HCl $\longrightarrow$ C $(C_{14}H_{18}O_2)$　　C + 无水HF $\xrightarrow{\Delta}$ D $(C_{14}H_{16}O)$

D + Zn(Hg) + HCl $\longrightarrow$ E $(C_{14}H_{18})$

E + Pd $\longrightarrow$ F $(C_{14}H_{10}$ m.p. 100～101℃$)+4H_2$

试写出反应过程及 A～F 的结构。

三、习题解答

7.1 (1) 3-乙基异丙苯　(2) 2,6-二甲基-4-溴苯甲酸　(3) 2-苯基-2-丁烯

(4) 对氨基苯磺酸　(5) 间甲苯酚　(6) 邻羟基苯甲酸

(7) 对甲基苯甲醛　(8) 苄基溴　(9) 对烯丙基苯乙烯

7.2

(1) 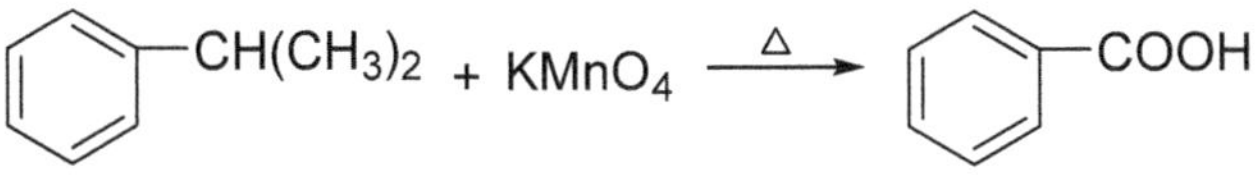

(2) 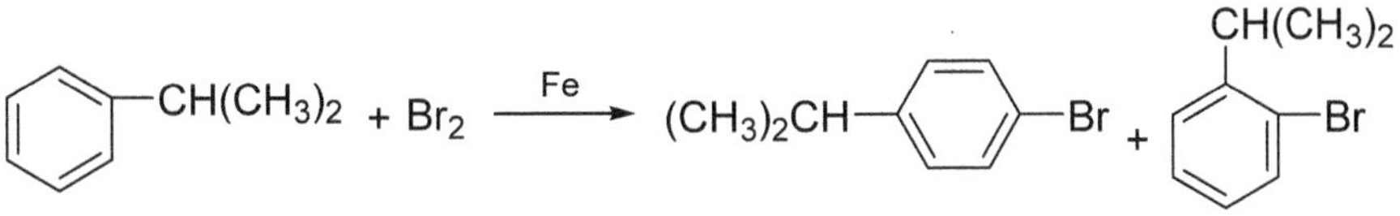

(3) 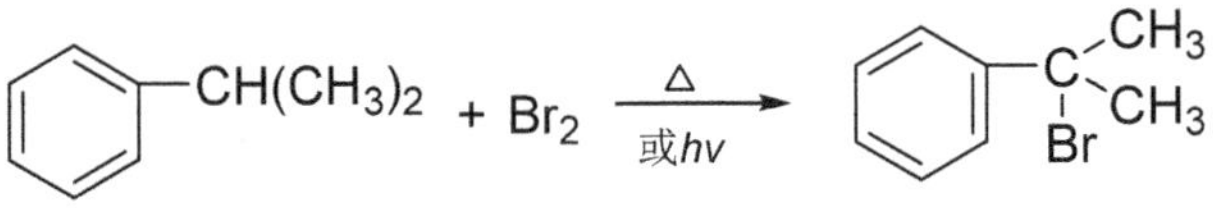

(4) 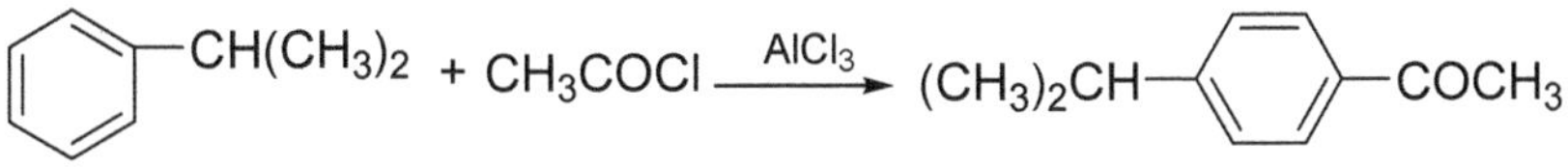

(5) 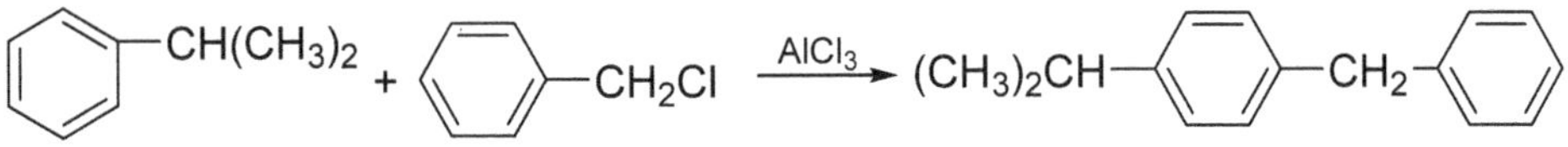

(6) 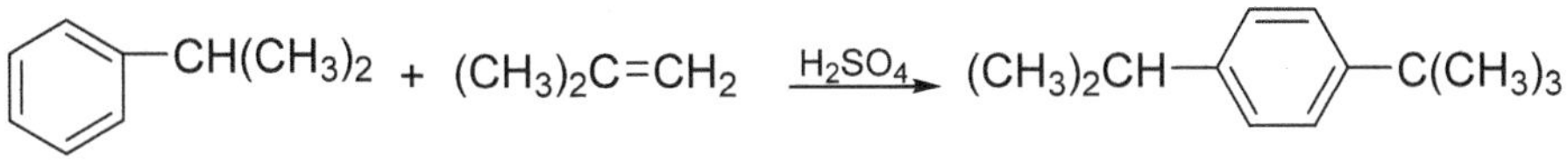

(7) 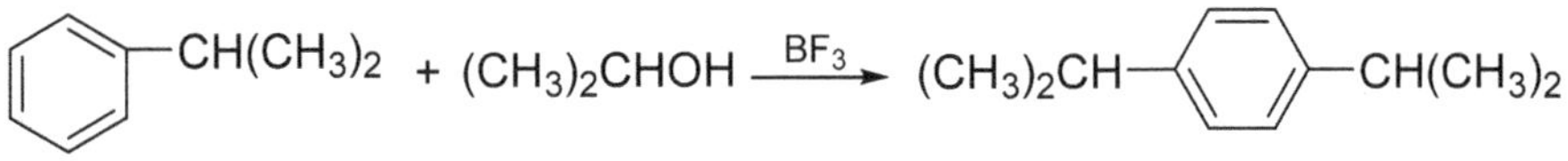

(8) 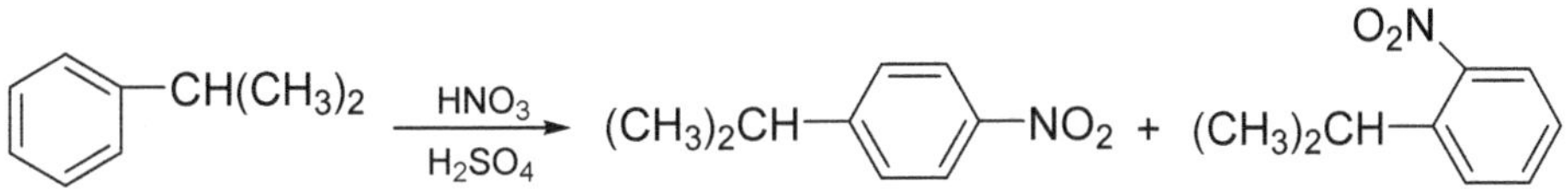

7.3

(1) 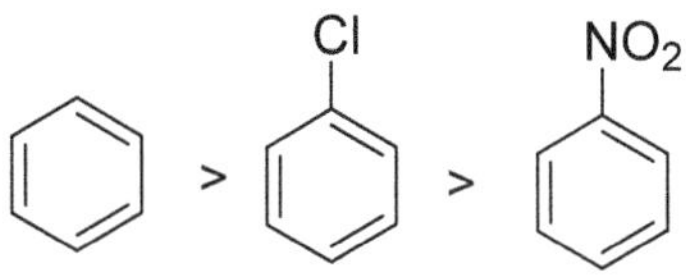

(2) 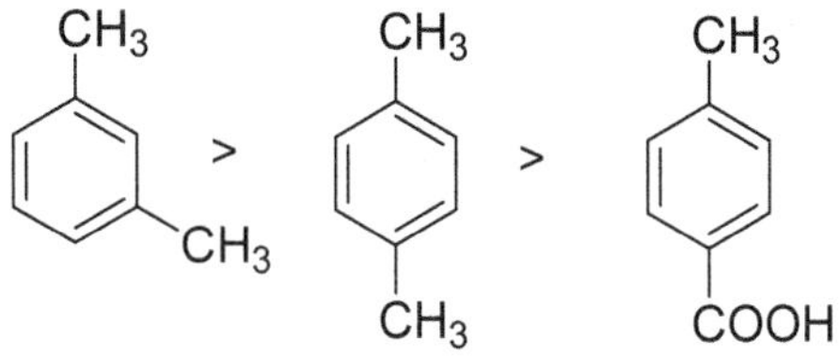

(3) 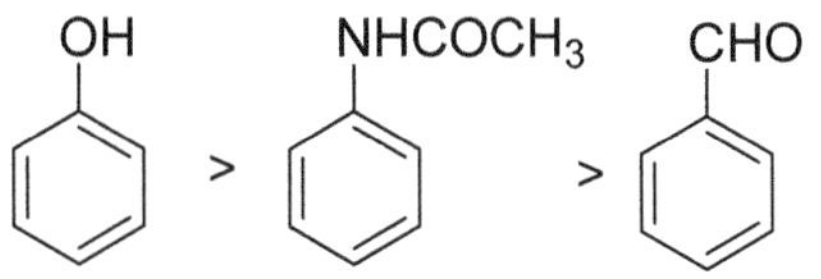

(4) 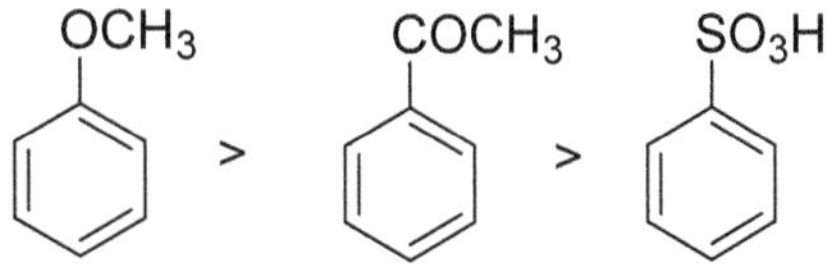

7.4

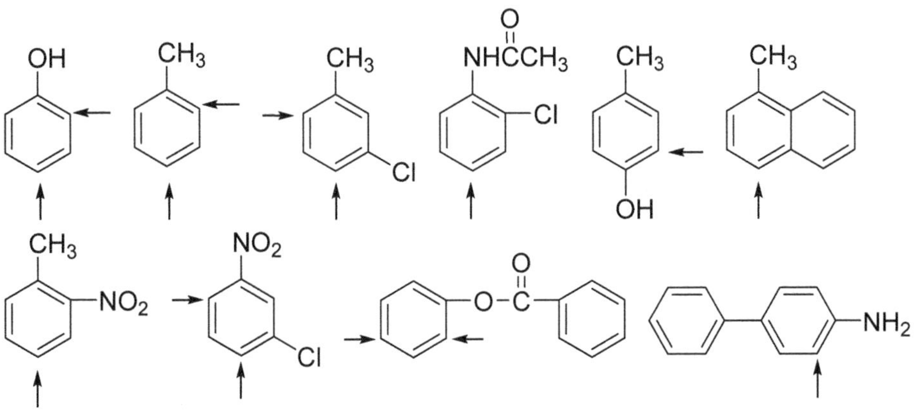

7.5

(1) 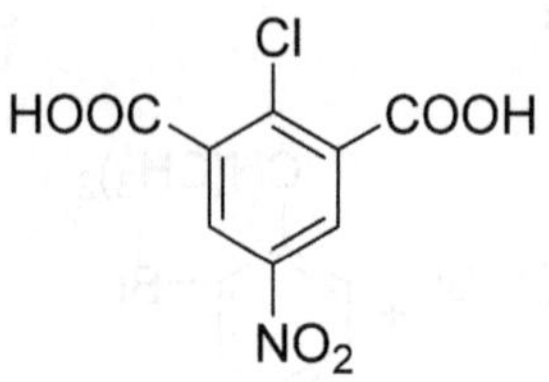

(2) 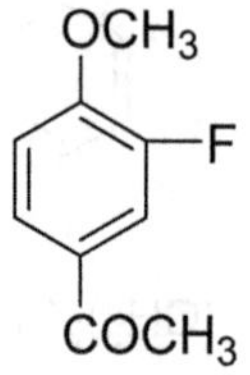

(3) 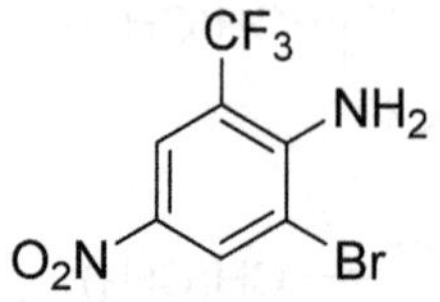

(4) 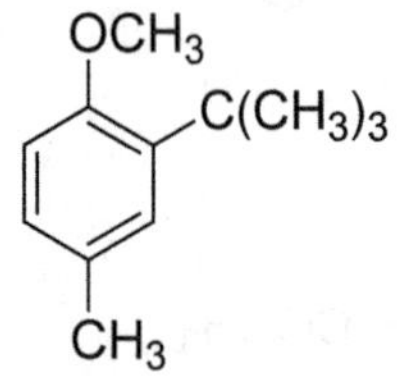

(5) 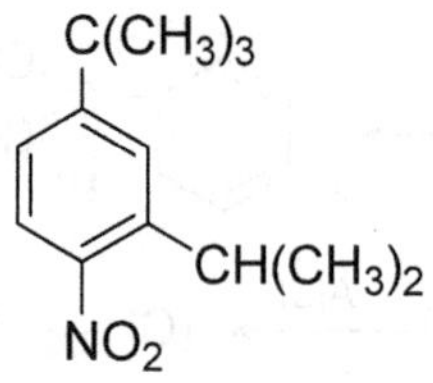

(6) 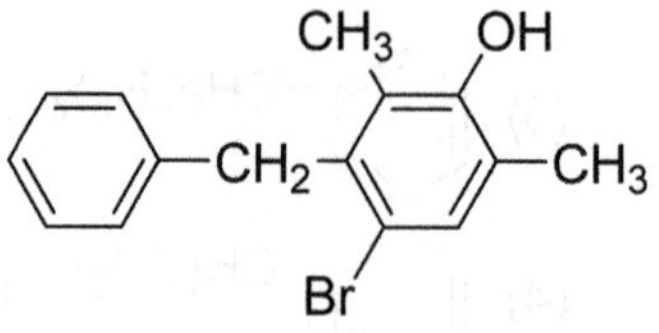

7.6

(1) 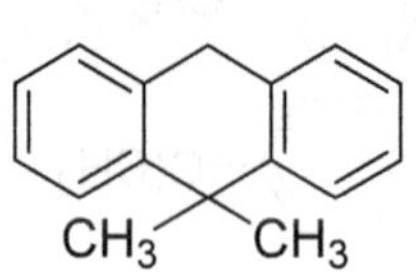

(2) 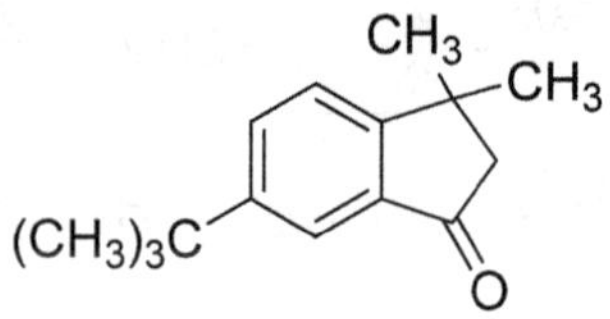

(3) 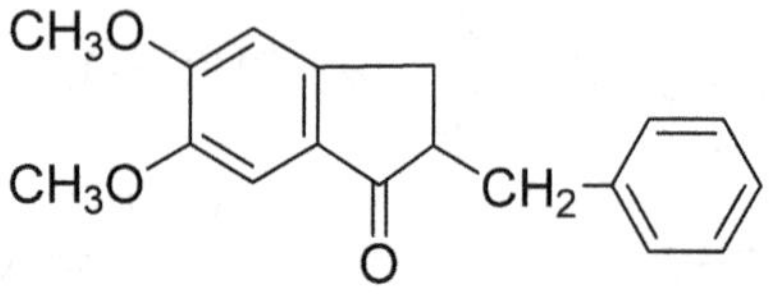

(4) 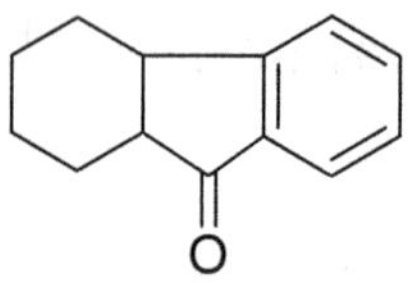

(5) 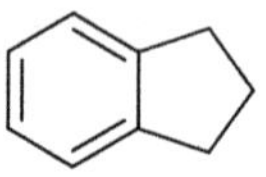

7.7

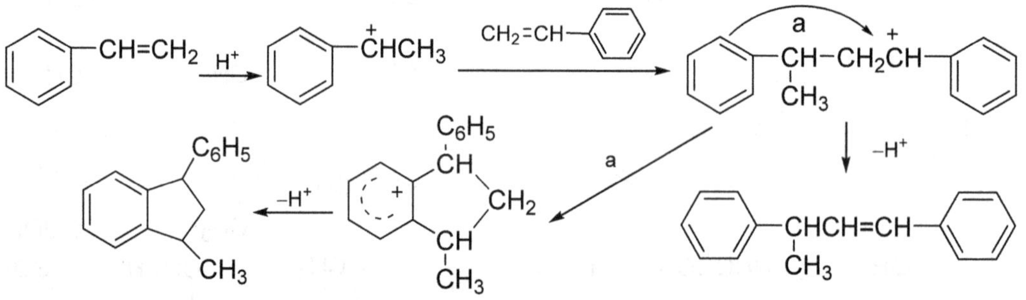

7.8

(1) 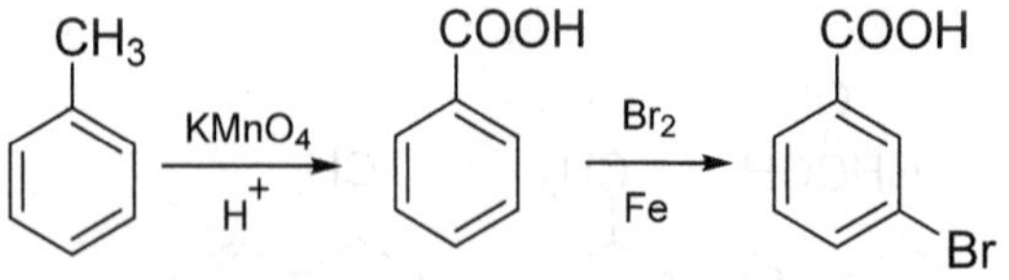

(2) 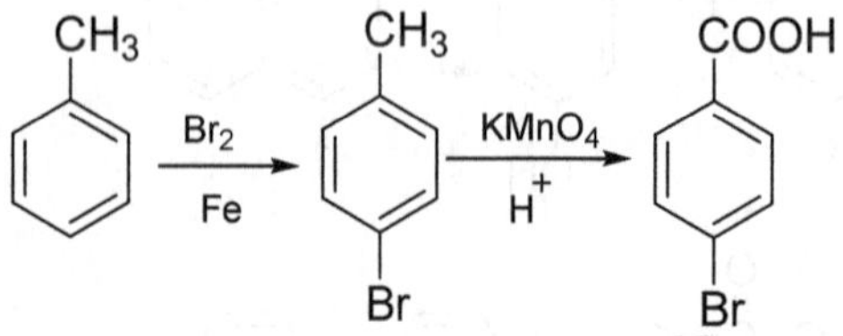

(3) 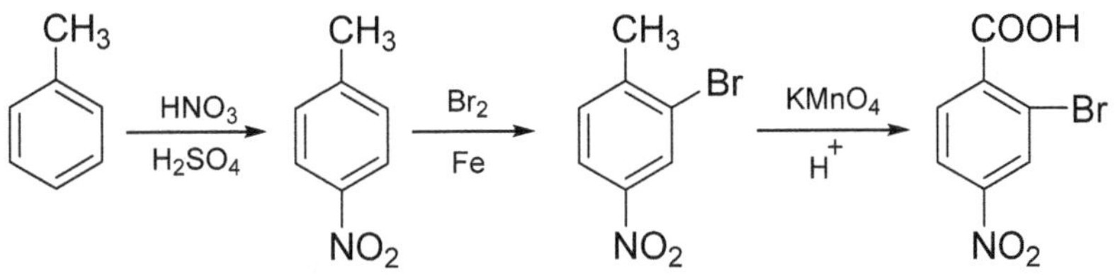

(4) 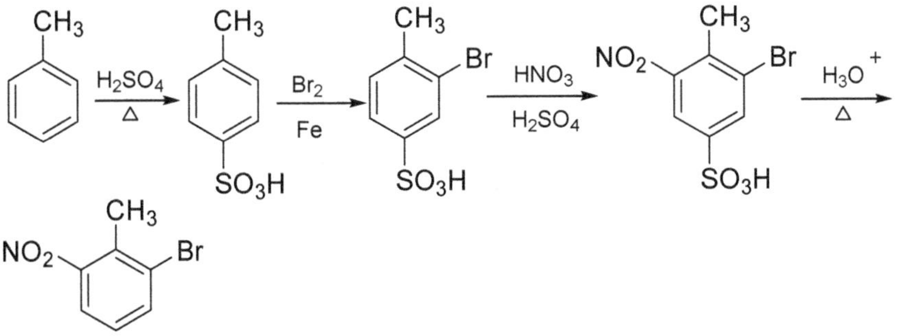

(5) 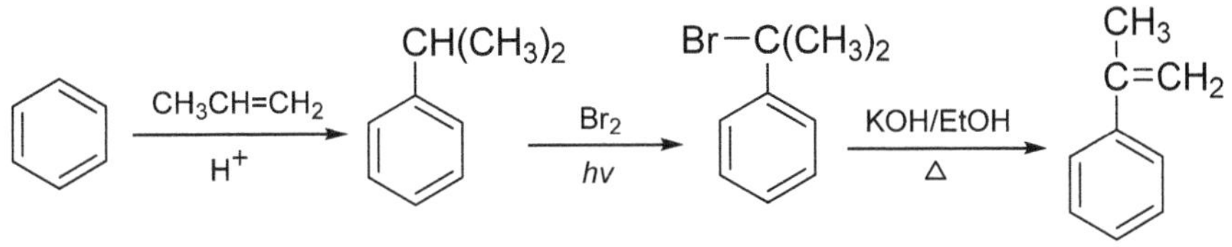

(6) 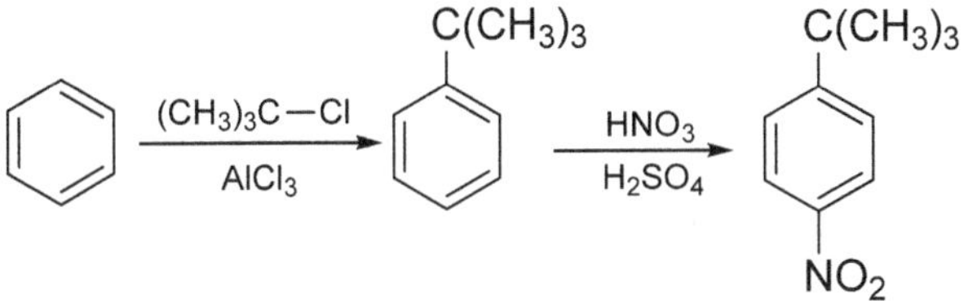

7.9 (1) 这是一个溴取代烷基反应的例子：

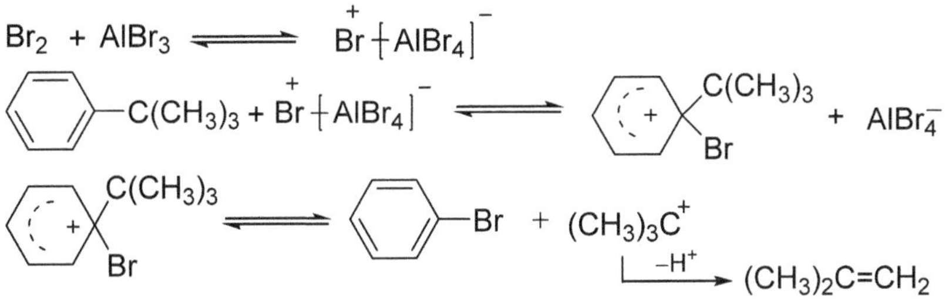

(2) 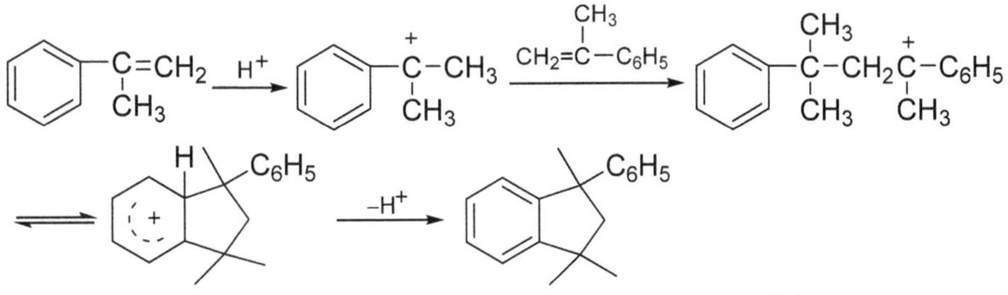

(3) 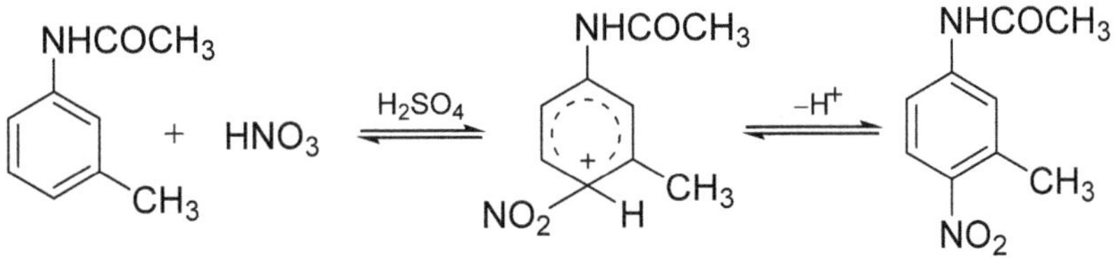

(4) 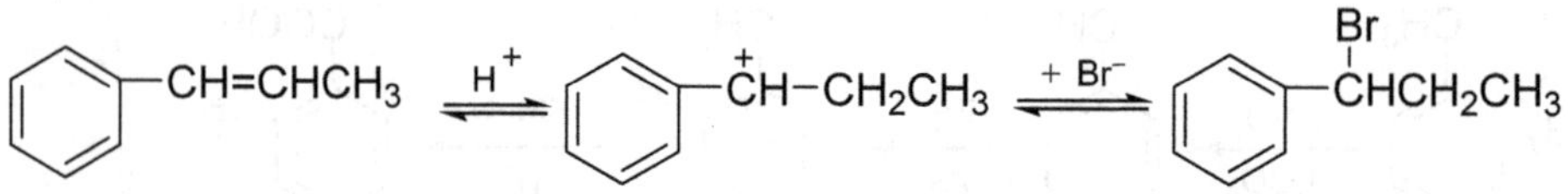

7.10

(1) 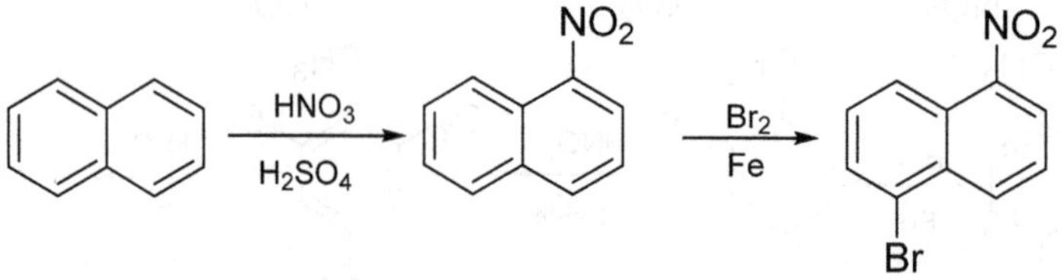

(2) 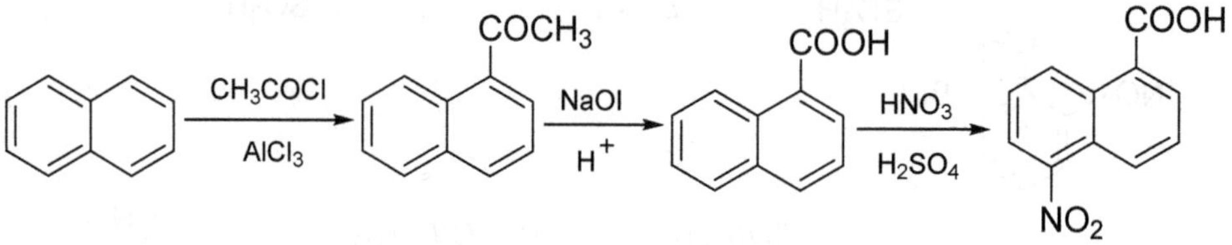

7.11

(1) $(CH_3)_2CHCH_2Cl \xrightarrow{AlCl_3} (CH_3)_2CH\overset{+}{C}H_2 \xrightarrow{重排} (CH_3)_2\overset{+}{C}CH_3$

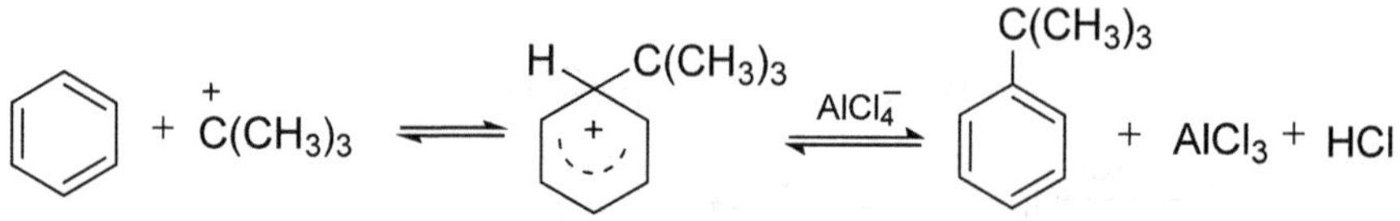

(2) 与(1)同理，也经历了一个碳正离子的重排；

(3) $—C(CH_3)_3$为邻、对位定位基，故间位产物极少。又因$—C(CH_3)_3$体积大，空间位阻使邻位很难引入取代基；

(4) 苯胺及苯酚，因$—NH_2$氮上、—OH 氧上均具有未共用电子对，会与$AlCl_3$形成络合物，使其失去活性，也使环上的亲电取代变得困难，故烷基化产率极低；

(5) 萘环α位的取代产物为速率控制产物，容易形成但稳定性较差，而β位上的取代产物为平衡控制产物，难形成但较为稳定，故在温度较高及时间长的情况下，主要形成β位上的取代产物。

7.12 B > A > C > E >D

7.13

(1) 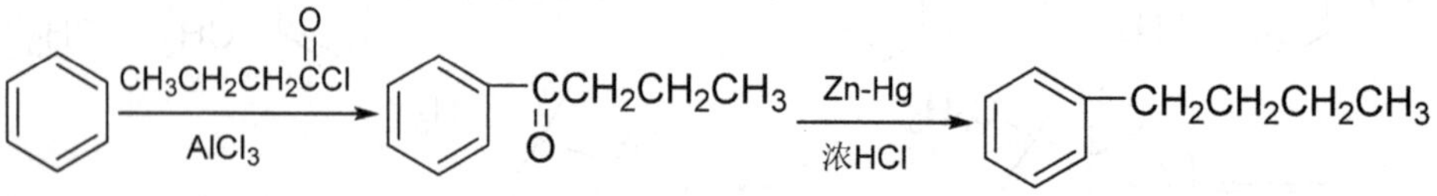

(2) 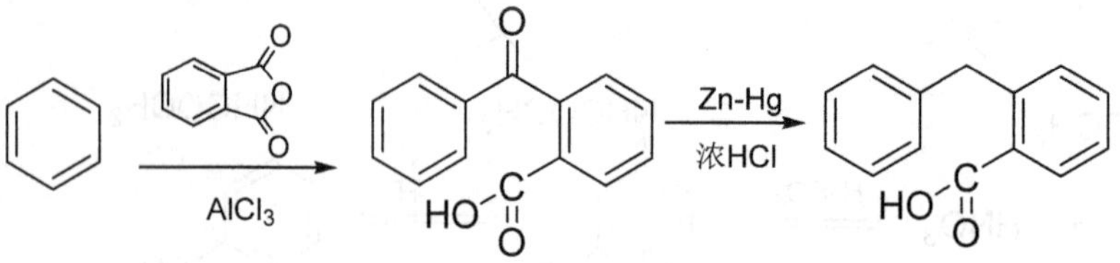

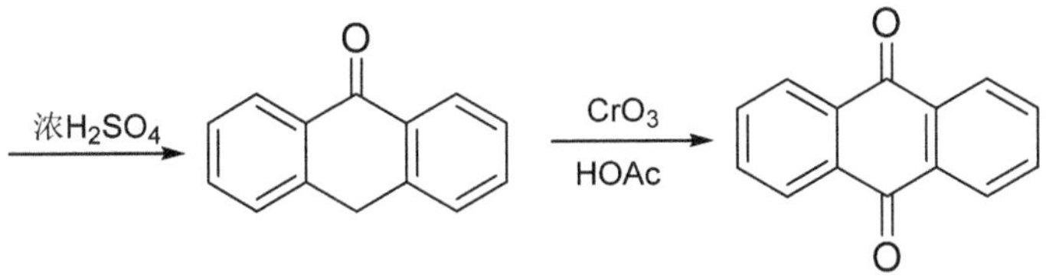

(3) 2 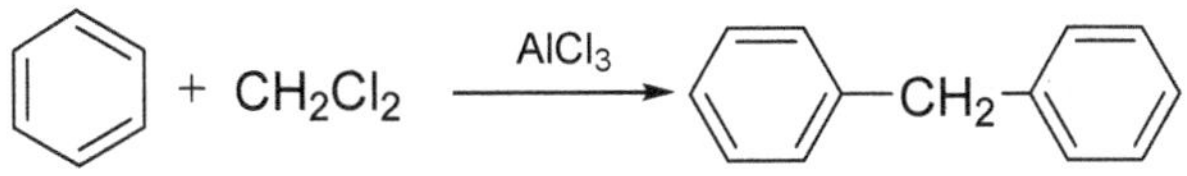

(4) 利用(1)制备的正丁苯：

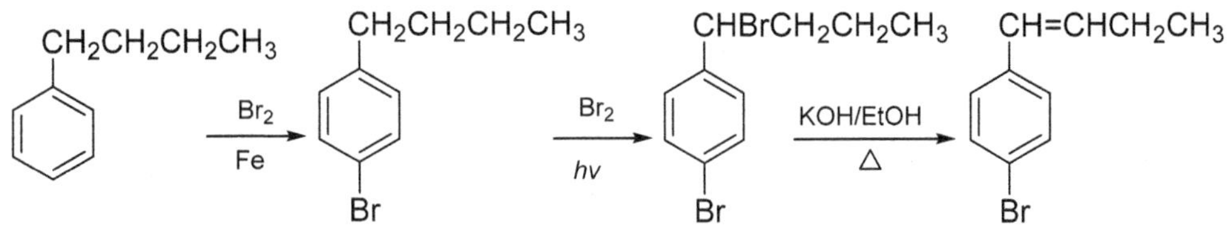

(5) 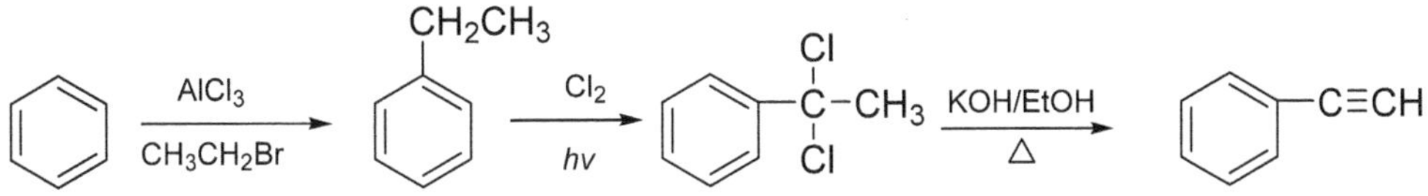

(6) 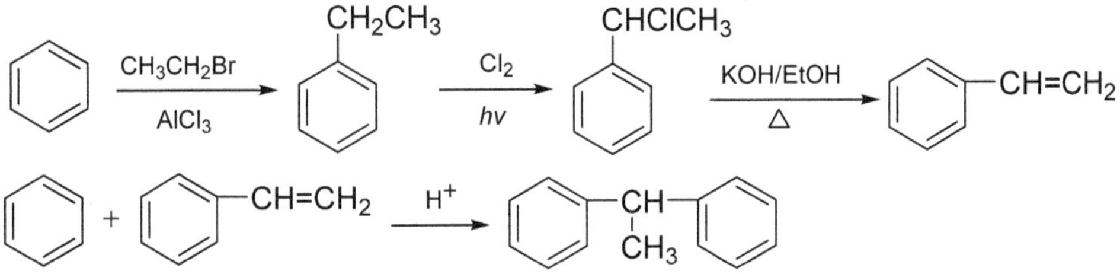

(7) 利用(6)制备的苯乙烯：

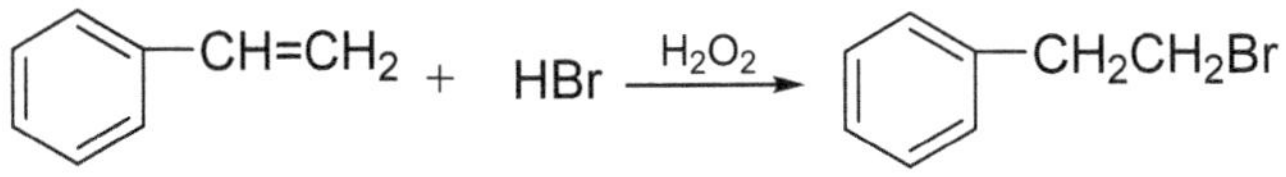

(8) 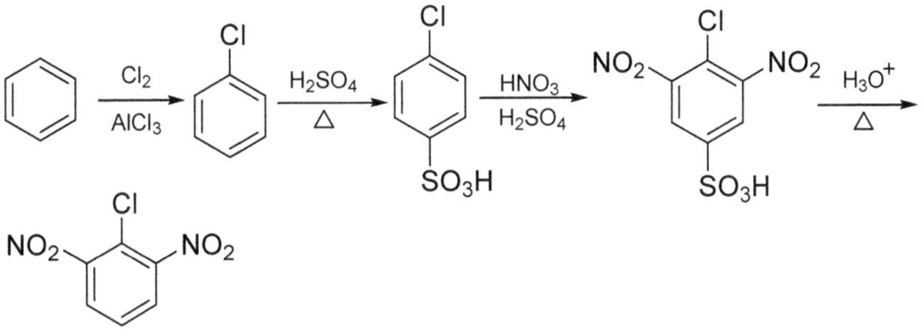

7.14

(1) 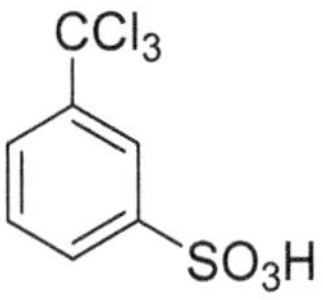

(2) 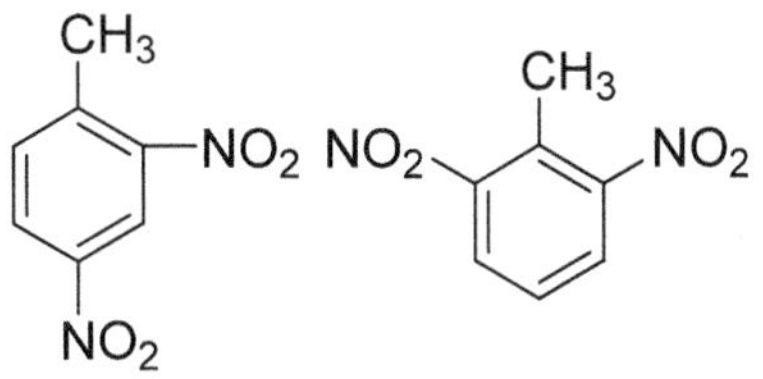

(3) 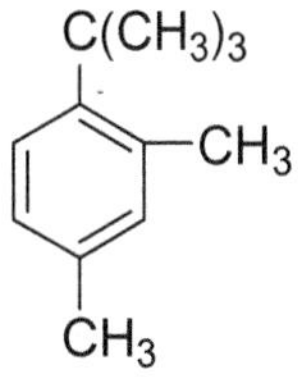

(4) 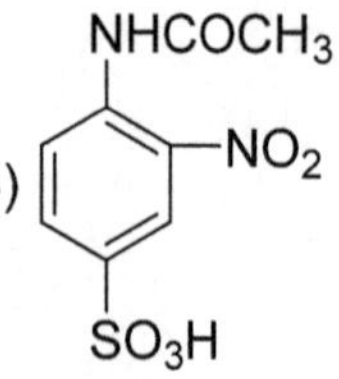　(5) 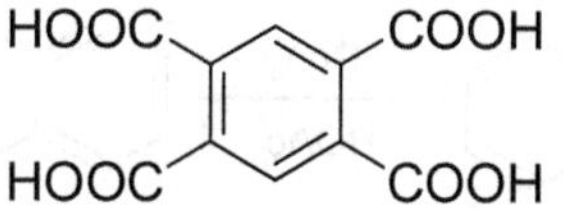

(6) 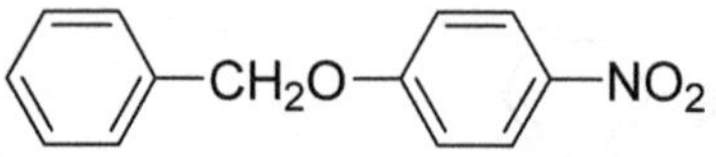　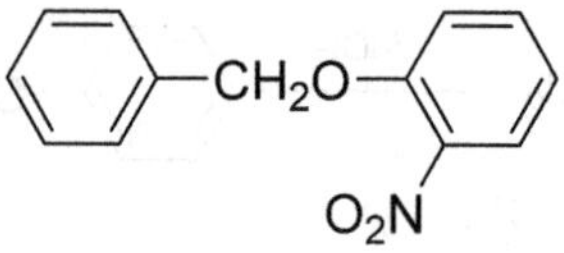

7.15

A. 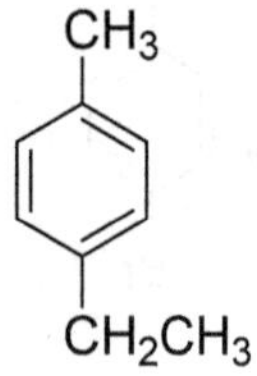　B. 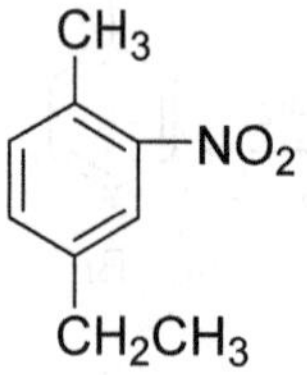　C. 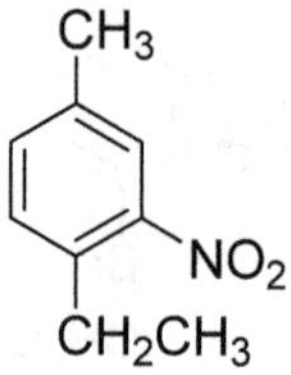　D、E均为 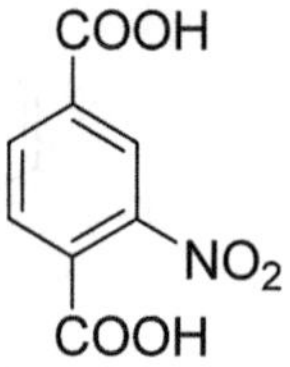

7.16

A. 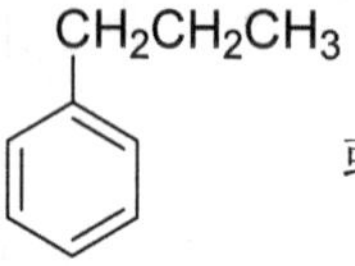 或 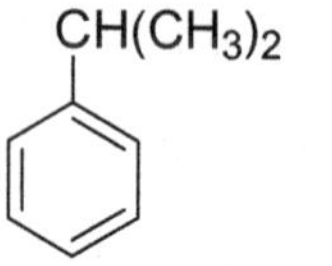　B. 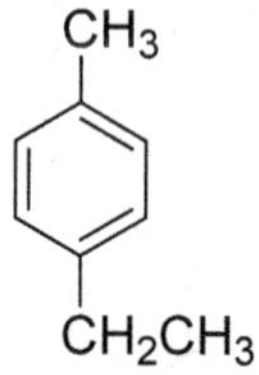　C. 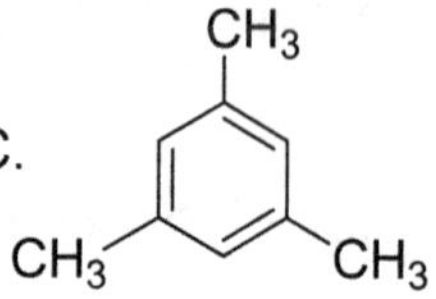

7.17

A. 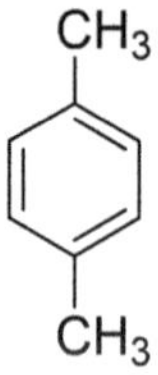　B. 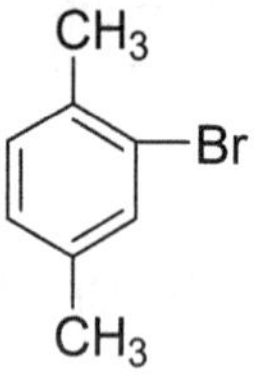　C. 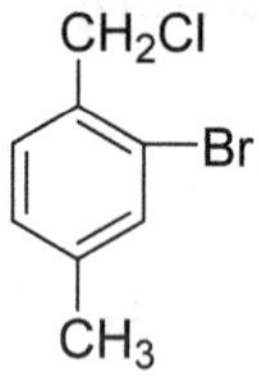　D. 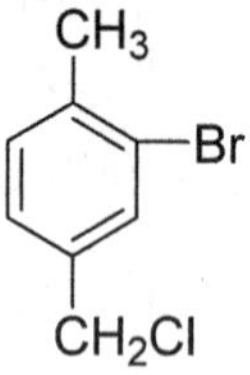

7.18

A. 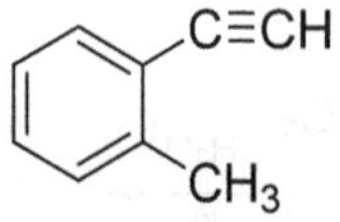　B. 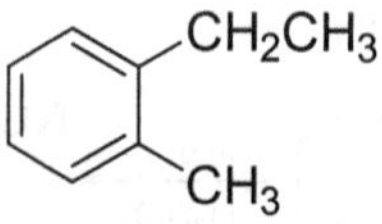　C. 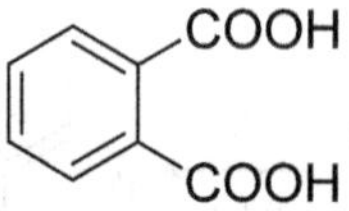

D. 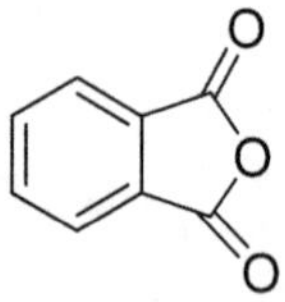　E. 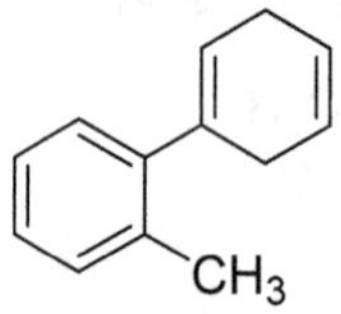

7.19 (1) A. 用直链卤代烃进行傅-克烷基化反应，会发生重排而得不到直链产物；

B. 反应属烷基苯的自由基取代，产物应是侧链α-H 被取代的产物。

(2) A. 硝基苯不能发生傅-克反应；

B. 芳环上的烷基不论长短，均被 $KMnO_4$ 氧化为羧基。

(3) A. —NO_2 是间位定位基，产物应是间位；

B. 用催化氢化可以同时还原苯环及卤烃，最好使用其他还原剂如 $LiAlH_4$；

C. 制 R—MgX 时不能用醇作溶剂，同时反应物分子中不能含有如—OH、—NH_2、

—COOH 类的活性基团；

D. 甲醛 HCHO 除了与 R—MgX 反应外，也会与—NH_2反应。

(4) A. —$COCH_3$的存在使反应不能进行；

B. 羰基被还原，其产物应为—CHOH 而不是亚甲基；

C. 在 Fe 催化下，Cl_2应对苯环发生亲电取代，而不是取代侧链上的氢。

7.20

(1) A. $PhCHBrCH_2CH_3$　　B. $PhCH{=}CHCH_3$

C. $PhCHOHCHOHCH_3$　　D. $PhCOOH+CH_3COOH$

(2) E. $PhC{\equiv}C{-}MgX$　　F. $PhC{\equiv}CCH_2Ph$　　G. 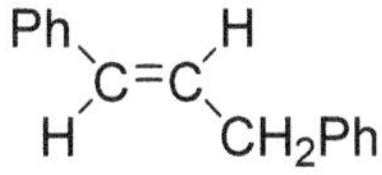

(3) H. 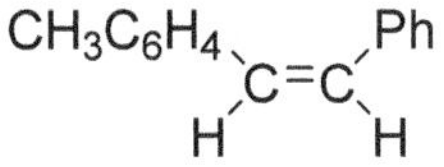

　　I. 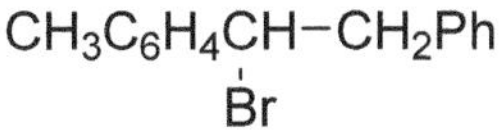

(4) J. 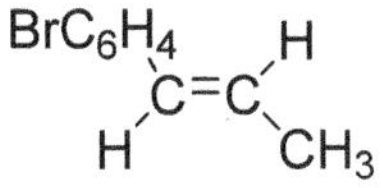

　　K. 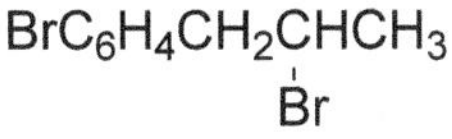

7.21

(1) 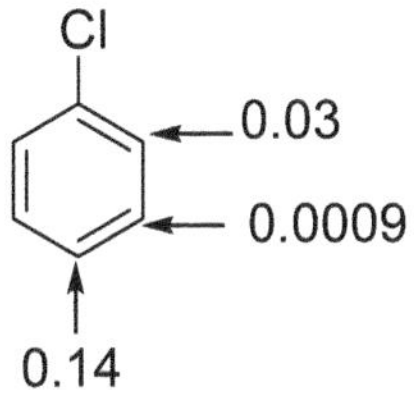

(2) 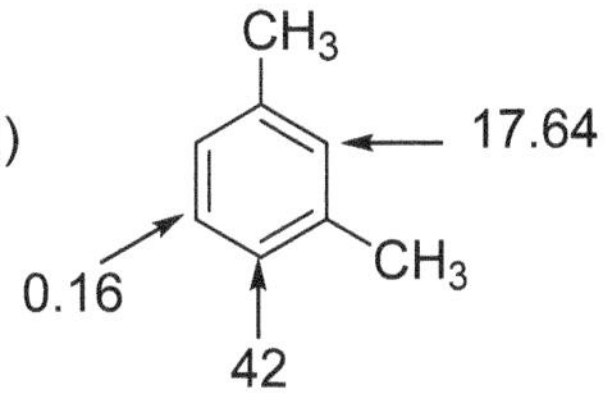

(3) 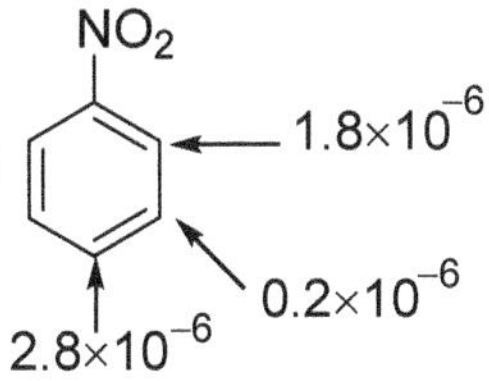

(4) 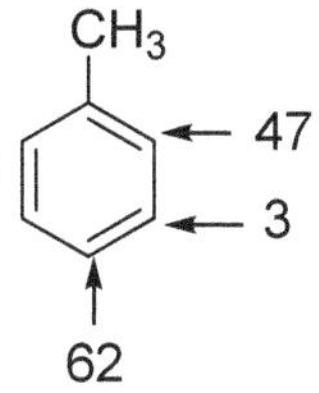

7.22

(1) 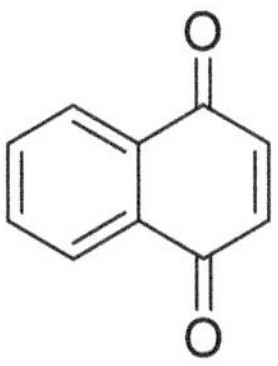

1,4-萘醌

(2) 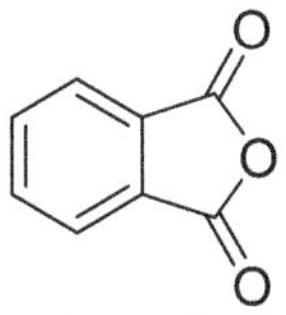

邻苯二甲酸酐

(3) 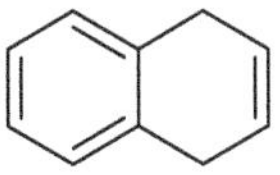 1,4-二氢萘

(4) 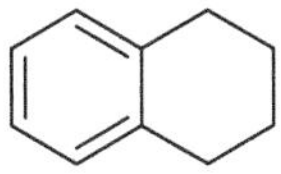 1,2,3,4-四氢萘

(5) 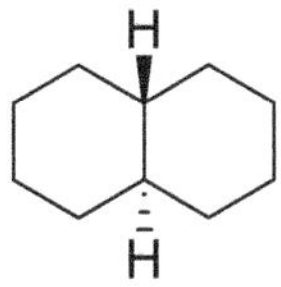

反-十氢萘

(6) 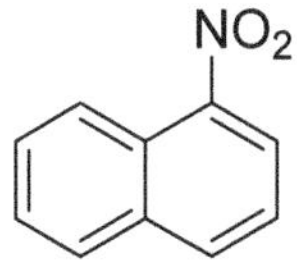

1-硝基萘

(7) 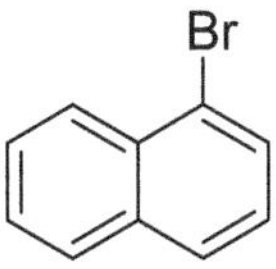

1-溴萘

(8) 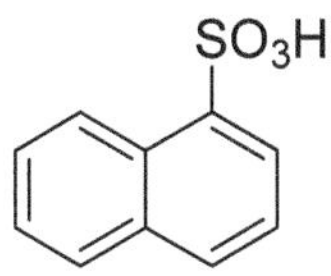

1-萘磺酸

(9) 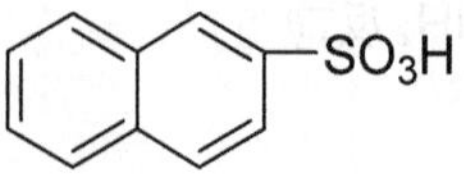

2-萘磺酸

(10) 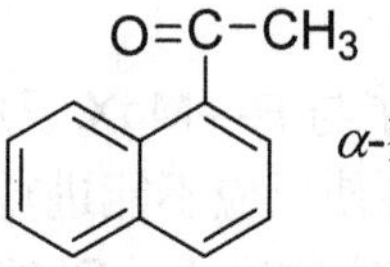

α-萘乙酮

(11) 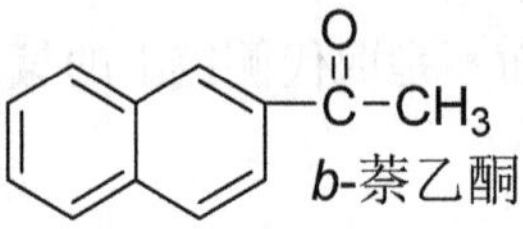

b-萘乙酮

(12) 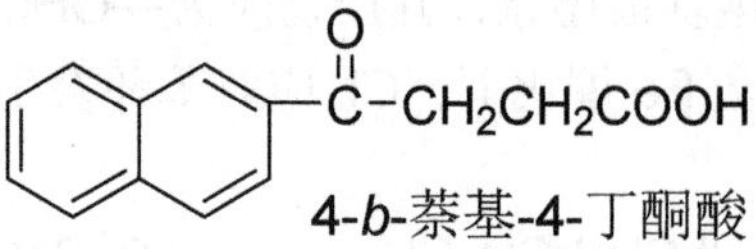

4-*b*-萘基-4-丁酮酸

7.23

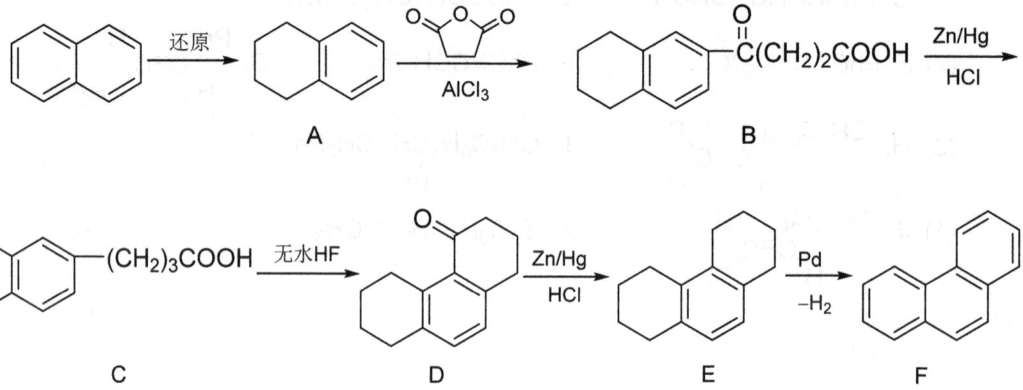

第 8 章　立 体 化 学

一、例题及解析

【例 8-1】　命名下列化合物，并用 *R*/*S* 标明手性碳的构型。

(1) 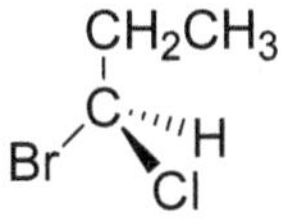　(2) 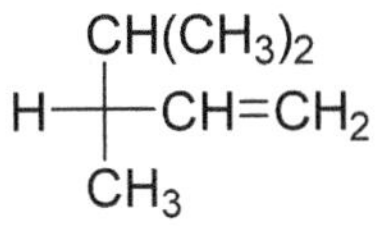　(3) 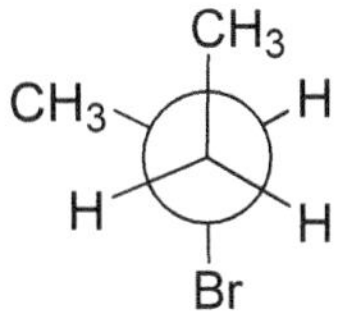

(4) 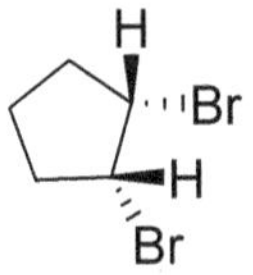　(5) 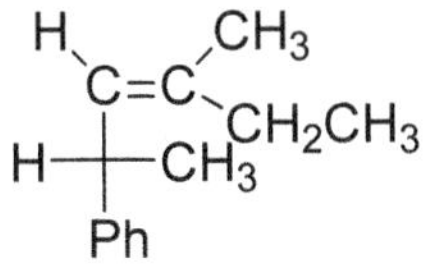

解　(1) (1*S*)-1-氯-1-溴丙烷　(2) (3*R*)-3,4-二甲基-1-戊烯　(3) (2*S*)-2-溴丁烷

(4) (1*S*,2*R*)-1,2-二溴环戊烷　(5) (3*Z*, 2*S*)-4-甲基-2-苯基-3-己烯

【例 8-2】　写出下列化合物的 Fischer 投影式，并用 *R*/*S* 标明手性碳的构型。

(1) 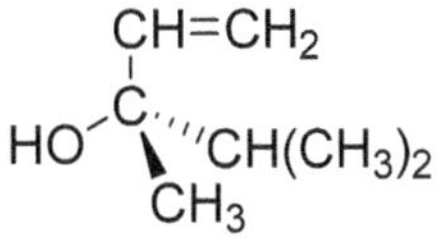　(2) 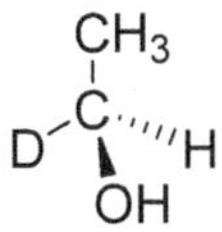　(3) 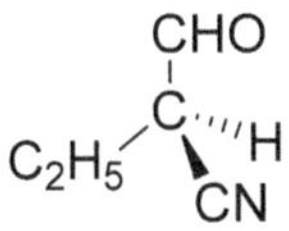　(4) 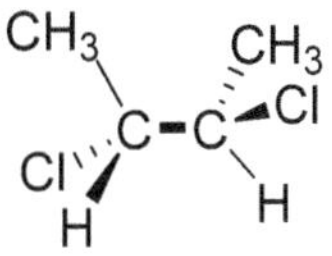

解

(1) 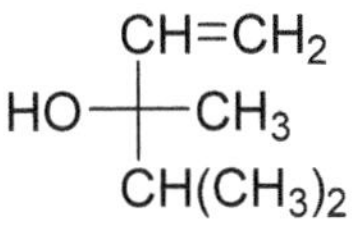
S

(2) 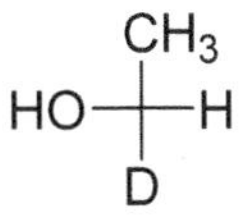
S

(3) 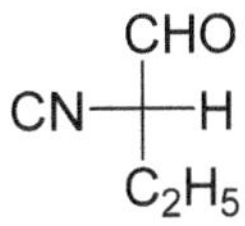
R

(4) 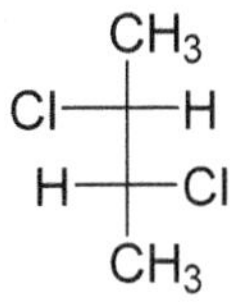
2*R*,3*R*

【例 8-3】　说明下列各对化合物的相互关系：对映体，非对映体，同一化合物或其他。

(1) 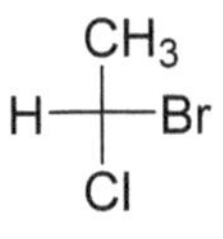 与 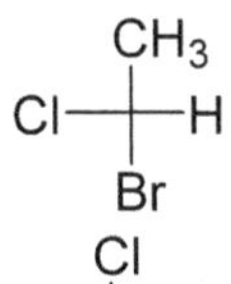　(2) 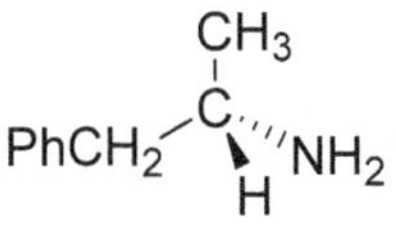 与 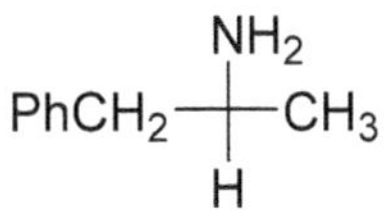

(3) 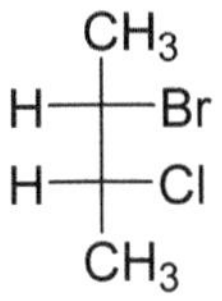 与 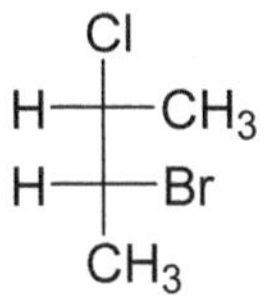　(4) 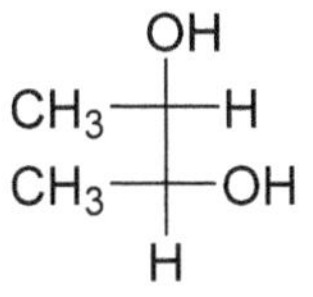 与 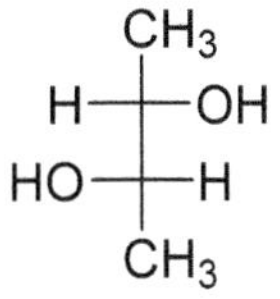

(5) 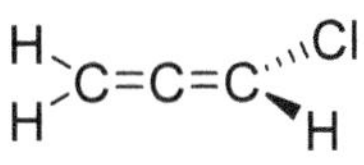 与 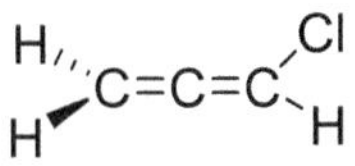　(6) 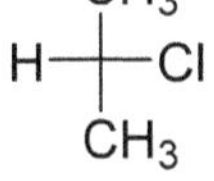 与 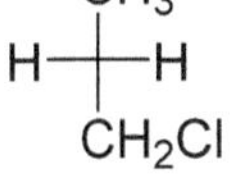

解　(1) 同一化合物　(2) 同一化合物　(3) 非对映体

(4) 同一化合物　(5) 同一化合物　(6) 构造异构体

【例 8-4】　画出下列各化合物的 Fischer 投影式，并用 *R*/*S* 标示，指出它们是旋光性的还是

内消旋的。

(1) 2,3-二氯丁烷 (2) 1-氯-2,3-二溴丁烷 (3) 2,3,4-三溴己烷 (4) 2,3,4-三溴戊烷

解 (1) $CH_3\overset{*}{C}HCl\overset{*}{C}HClCH_3$ 有两个相同的 C*，故有一个内消旋体和一对对映体。

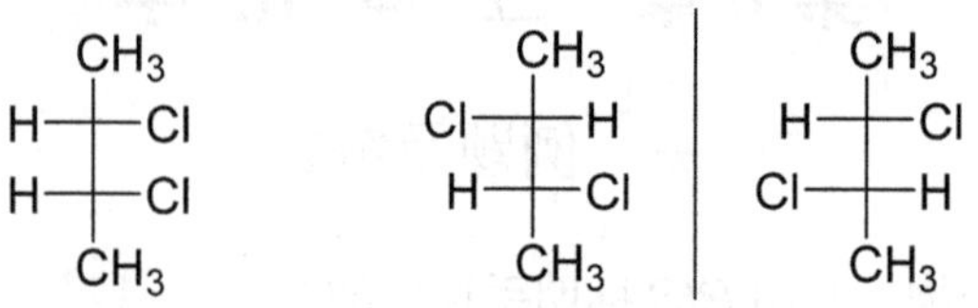

(2*S*,3*R*) (2*R*,3*R*) (2*S*,3*S*)

内消旋体 一对对映体

(2) $ClCH_2\overset{*}{C}HBr\overset{*}{C}HBrCH_3$ 有两个不相同的 C*，故有 $2^2 = 4$ 个旋光性的立体异构体，组成两对对映体。

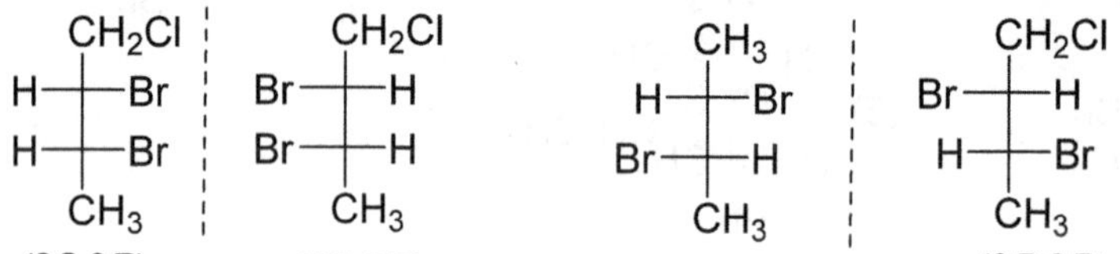

(2*S*,3*R*) (2*R*,3*S*) (2*S*,3*S*) (2*R*,3*R*)

赤式对映体 苏式对映体

(3) $CH_3\overset{*}{C}HBr\overset{*}{C}HBr\overset{*}{C}HBrCH_2CH_3$ 有三个不相同的 C*，故有 $2^3=8$ 个异构体，组成四对对映体。

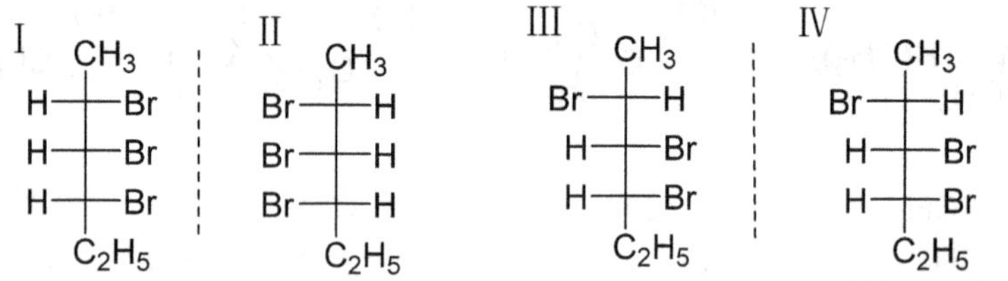

(2*S*,3*S*,4*R*) (2*R*,3*R*,4*S*) (2*R*,3*S*,4*R*) (2*S*,3*R*,4*S*)

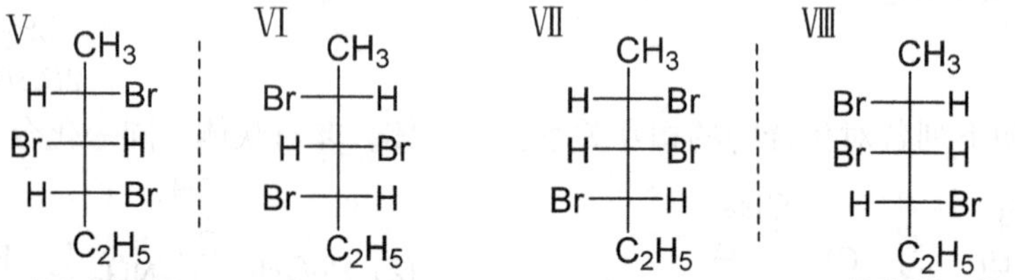

(2*S*,3*R*,4*R*) (2*R*,3*S*,4*S*) (2*S*,3*S*,4*S*) (2*R*,3*R*,4*R*)

(4) $CH_3\overset{*}{C}HBrCHBr\overset{*}{C}HBrCH_3$ 有两个相同的 C* (C2,C4)，当 C2 及 C4 的构型相同时(*R*,*R* 或 *S*,*S*)，C3 就不是手性碳原子，所以只有一对对映体(2*R*,4*S* 及 2*S*,4*S*)，当 C2 及 C4 构型不相同时，由于 C3 处在对称面上，这两种构型都是内消旋体。

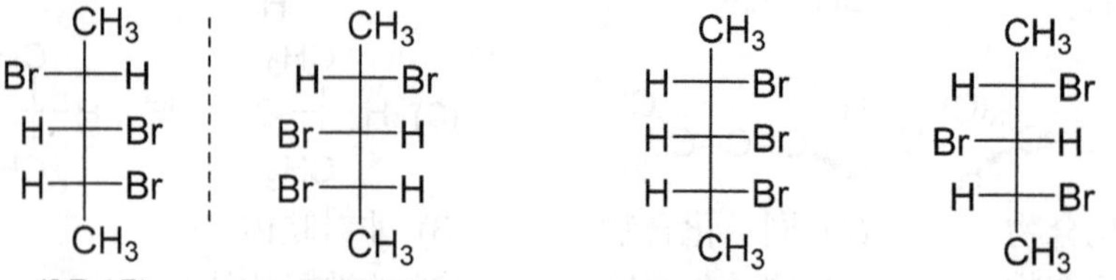

(2*R*,4*R*) (2*S*,4*S*) (2*S*,4*R*) (2*S*,4*R*)

内消旋 1 内消旋 2

【例 8-5】 赤藓糖和苏阿糖是两种简单的碳水化合物，它们的 Fischer 投影式分别为Ⅰ和Ⅱ，试画出它们的透视式和 Newman 投影式。

Ⅰ 赤藓糖

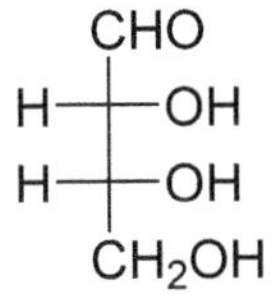

Ⅱ 苏阿糖

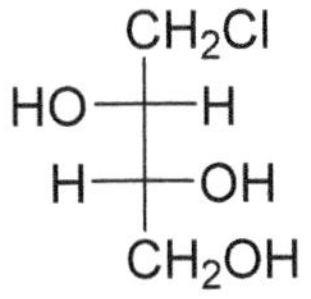

解　　透视式　　Newman 投影式

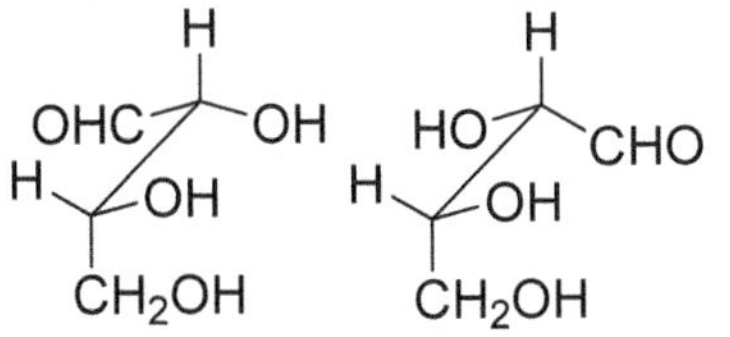

Ⅰ 赤藓糖　Ⅱ 苏阿糖

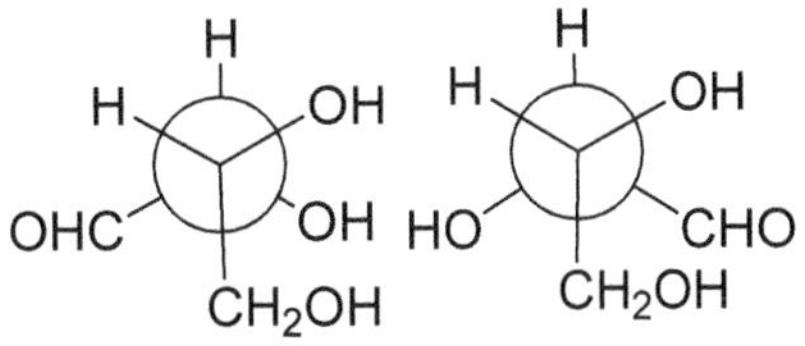

Ⅰ 赤藓糖　Ⅱ 苏阿糖

在立体化学上将具有赤藓糖型(两个手性碳上相同的取代基同处一侧)的构型称为赤式(erythro)；将具有苏阿糖型(两个手性碳上相同的取代基各处一侧)的构型称为苏式(threo)。

【例 8-6】 分别写出下面三个透视式化合物的 Fischer 投影式和 Newman 投影式。

(1)

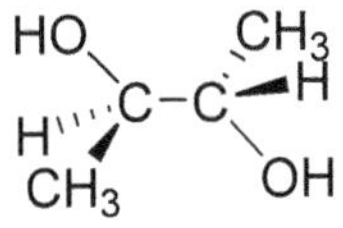

(2)

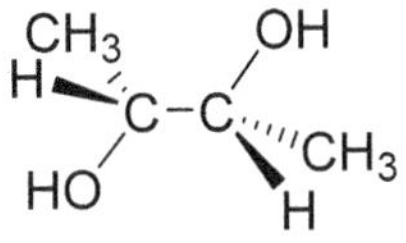

(3)

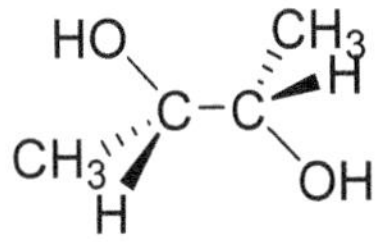

解

(1)

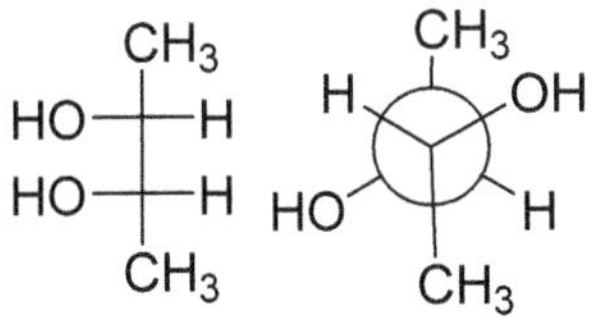

(2)

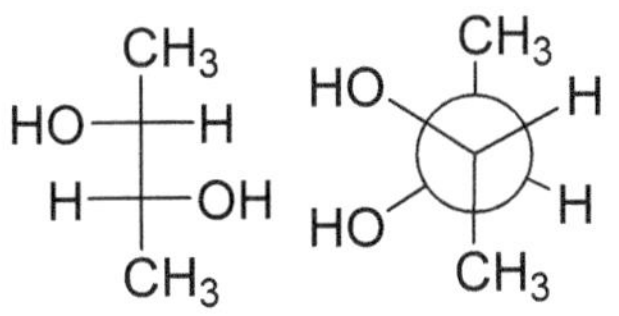

(3)

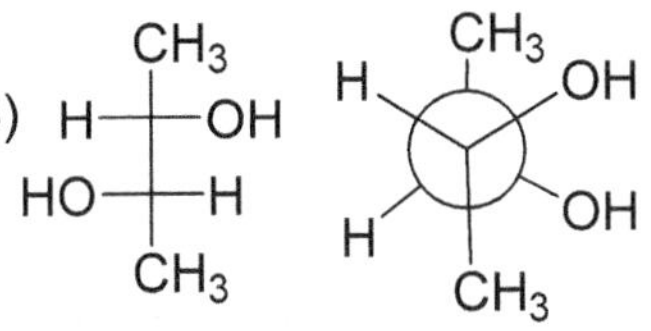

【例 8-7】 写出下列化合物的 Newman 投影式、Fischer 投影式及透视式。

(1) (2*S*,3*S*)-2,3-二苯基丁烷　　(2) (2*R*,3*S*)-2,3-二溴-2,3-二苯基丁烷

(3) (赤式)-2,3-二氨基戊烷　　(4) (2*S*,3*S*)-2,3-二氯丁二酸

解

(1)

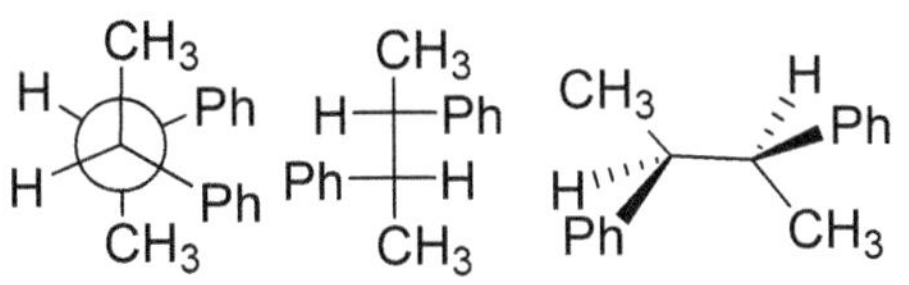

(2)

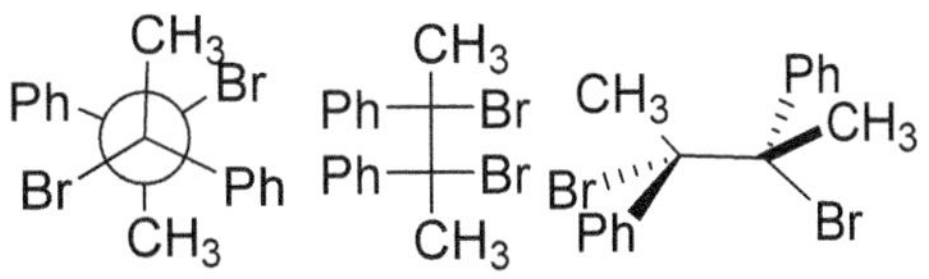

(3)

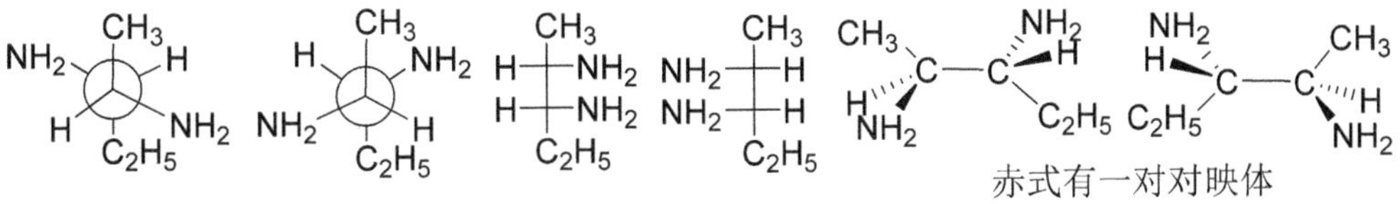

赤式有一对对映体

(4) 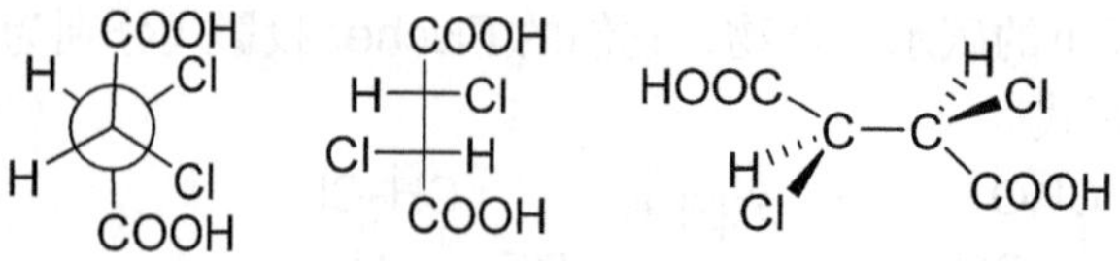

【例 8-8】 判断下列化合物哪些有手性。

(1) 3-氯戊烷　　(2) 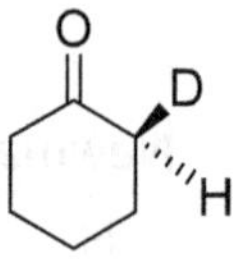　　(3) 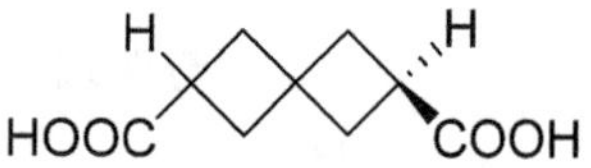

(4) 　　(5) 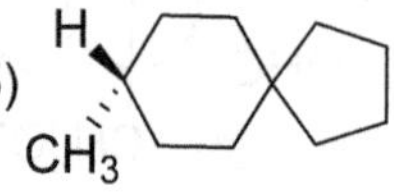　　(6) 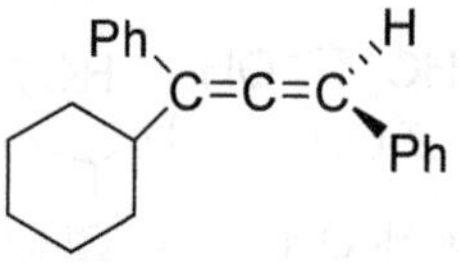

(7) 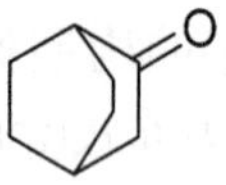　　(8) 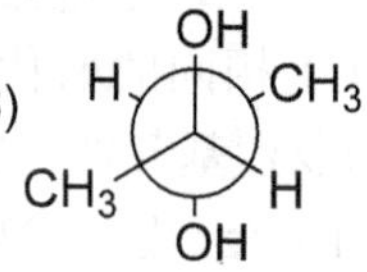　　(9) 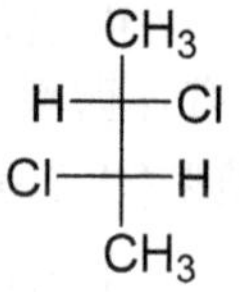

解 (2)、(3)、(4)、(6)、(9)为手性分子。

【例 8-9】 纯的(+)-2-氯丁烷的$[\alpha]_D^{25}$ =+10.6°，试计算比旋光度为+7.2°的(+)-2-氯丁烷和(–)-2-氯丁烷的混合物中每种异构体的量。

解 $\frac{7.2}{10.6} \times 100\% = 68\%$　旋光纯度

即(+)的异构体占 68%，(±)的外消旋体占 32%，因此在混合物中的(+)及(–)分别为

$$(+)68\% + (+)16\% = (+)84\%,\ (-)0 + (-)16\% = (-)16\%$$

故该混合物中的(+)和(–)之比为 84∶16。

【例 8-10】 A 和 B 的分子式均为 C_7H_{14}，都没有旋光性，也不能分离出对映体。A、B 互为顺反异构，催化加氢后，A 和 B 都得到 C，C 不旋光，但经拆分后得一对具旋光性的对映体，试推测 A、B、C 的结构。

解

A. 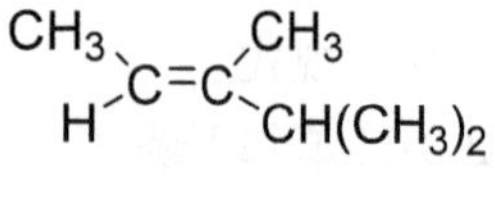　B. 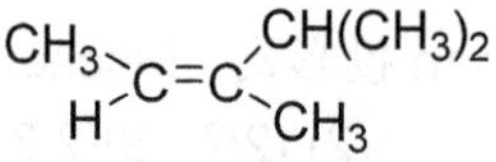　C. 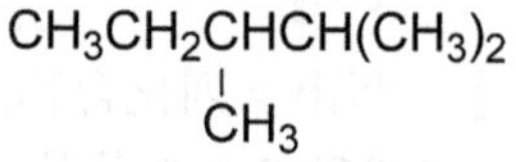

消旋体

【例 8-11】 完成下列反应，并写出 A、B、C 的 Fischer 投影式。

(1) 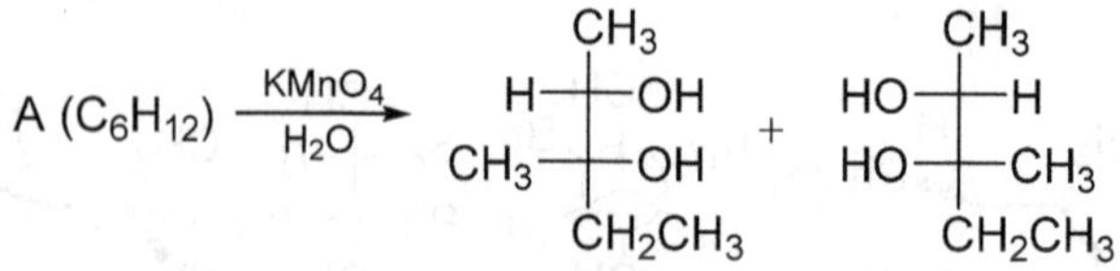

(2) 

解

A. 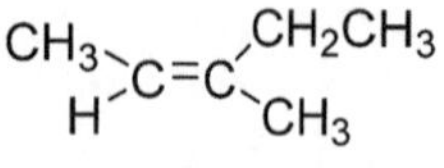　B. 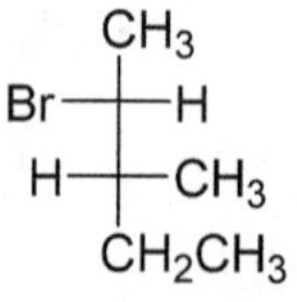　C. 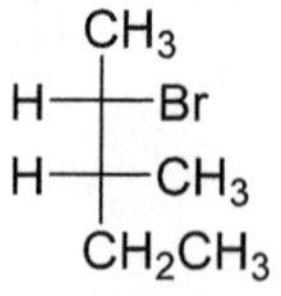

二、习　题

8.1 用*标出下列化合物的手性碳原子，并指出每个结构中有几个立体异构体。

(1) 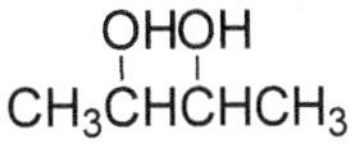　(2) $CH_3CH_2CHOHCHOHCH_3$　(3) 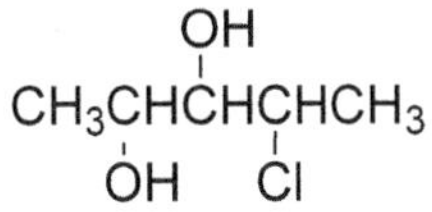

(4) 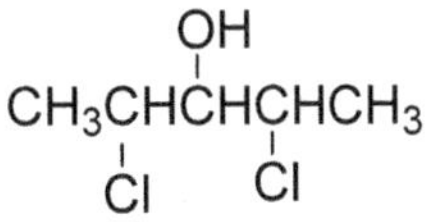　(5) 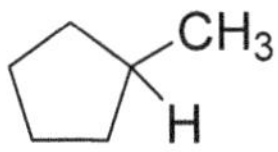　(6) 

8.2 用 *R*/*S* 标明下列化合物中手性中心的构型。

(1) 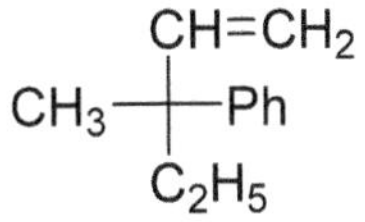　(2) 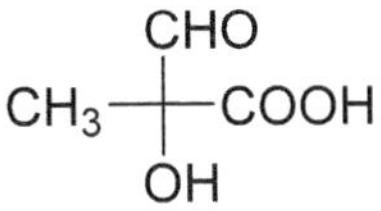　(3) 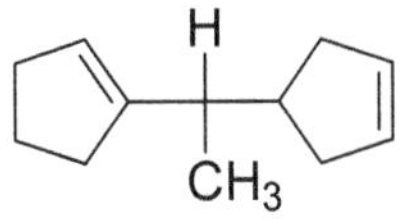

(4) 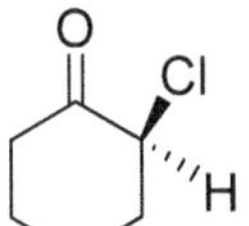　(5) 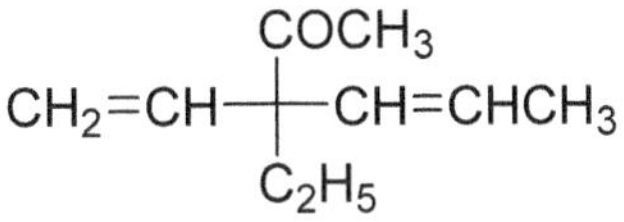　(6) 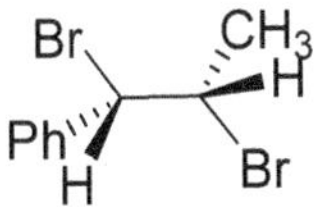

8.3 用 *R*/*S* 命名法命名下列化合物。

(1) 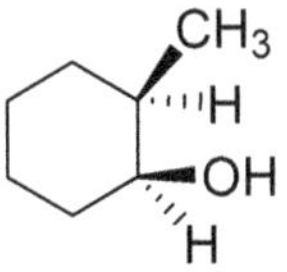　(2) 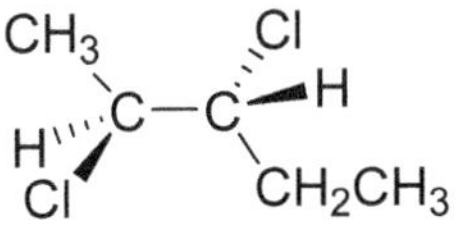　(3) 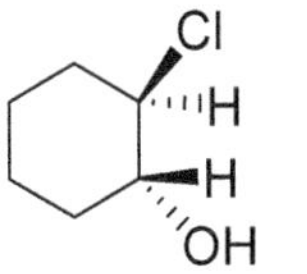

(4) 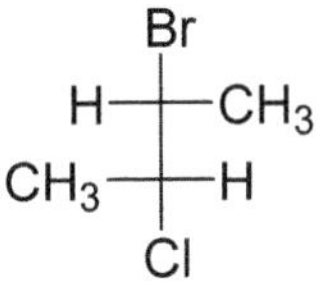　(5) 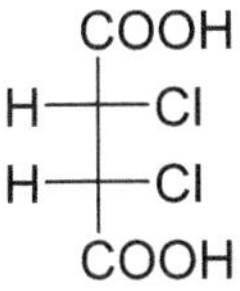　(6) 

8.4 写出下列化合物的 Fischer 投影式。

(1) (3*R*)-3-甲基-1-戊烯　(2) (2*R*,3*R*)-2,3-二氯丁烷　(3) (2*R*,3*S*)-2,3-二溴戊烷

8.5 将下列化合物的楔形式改写为 Fischer 投影式。

(1) 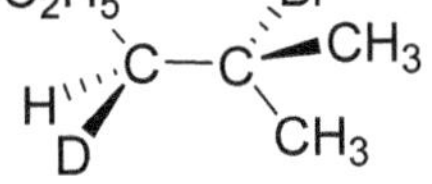　(2) 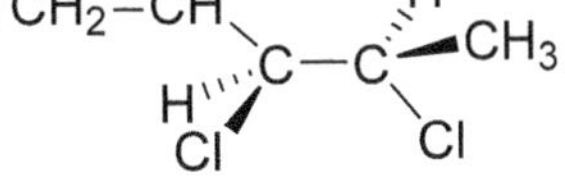

(3) 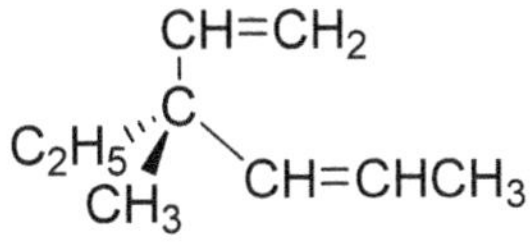　(4) 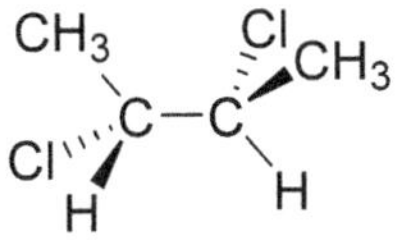

8.6 写出下列化合物的 Fischer 投影式及 Newman 投影式。

(1) (*S*)-2-氯-丁烷　(2) 赤式-PhCHBrCHClPh　(3) 苏式-2,3-二氯-2,3-二溴戊烷

8.7 (1) 当(*R*)-2-氯丁烷的 C3 氯代时将得到哪两种产物？

(2) 这两种非对映异构体是否等量形成？

(3) 试用反应机理说明下列事实：

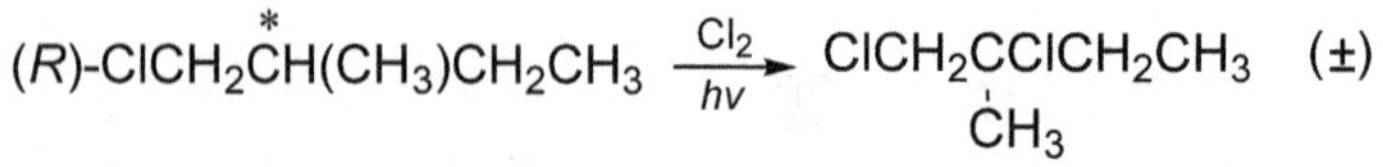

产物为一对外消旋体。

8.8　一种旋光纯化合物 A，其$[\alpha]_D^{25}$= +20°，若 A 和它的对映体 B 的混合物的$[\alpha]_D^{25}$=10°，此混合物中 A 与 B 的量的比值应为多少?

8.9　观察下列各对结构，说明它们的相互关系(同一化合物、对映体、非对映体或其他)。

(1) 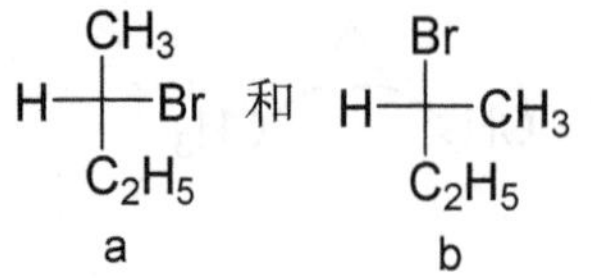

(2) 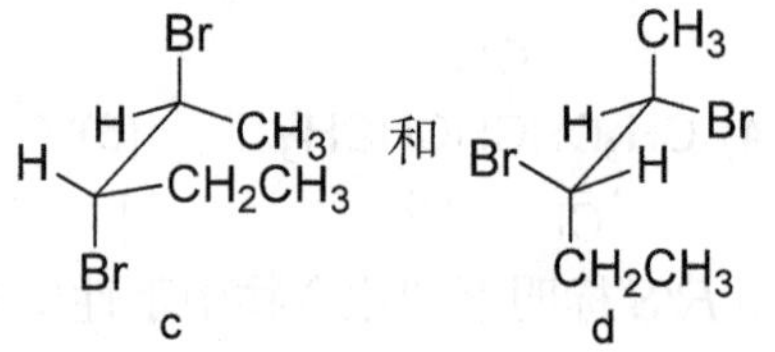

(3) 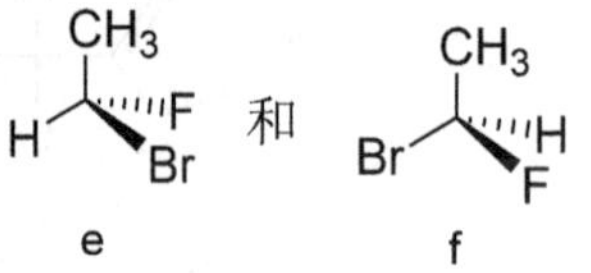

(4) 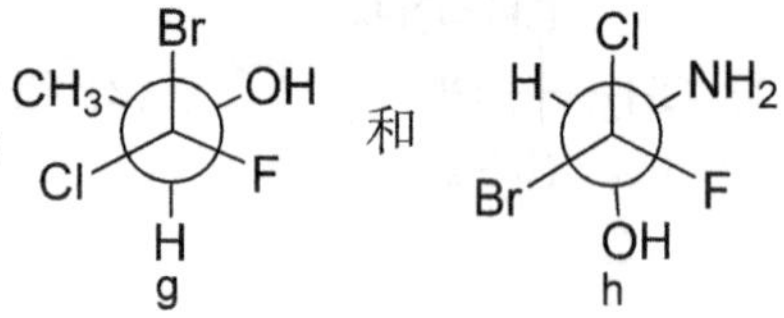

8.10　确定下列化合物是否为手性分子。

(1) 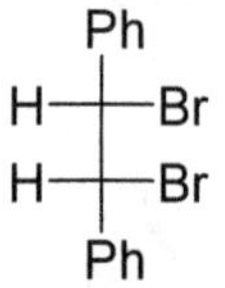

(2) 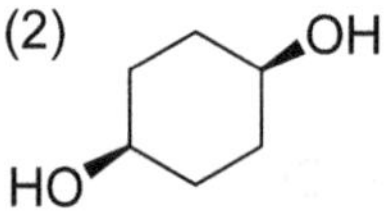

(3) 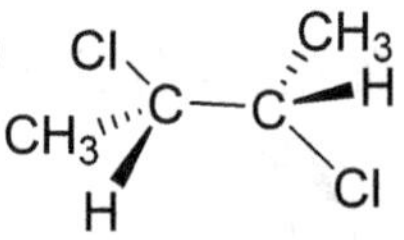

(4) 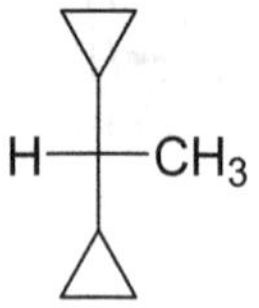

(5) 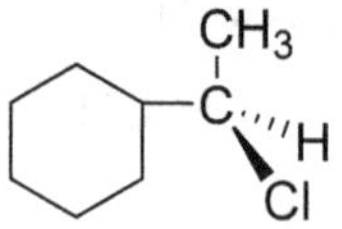

(6) 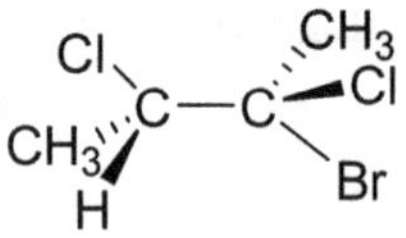

(7) 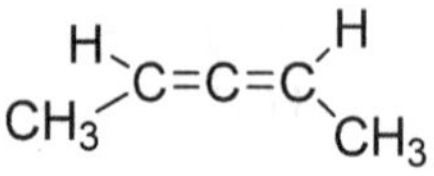

(8) 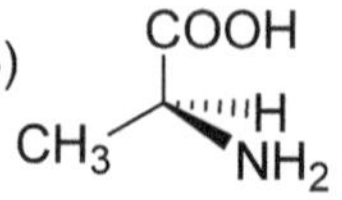

(9) 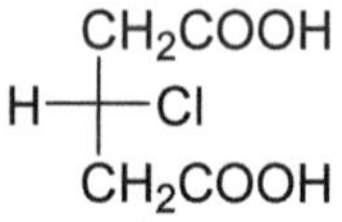

8.11　判断下列叙述是否正确。

(1) 手性分子必定含有手性中心；(2) 分子的手性导致了分子的旋光性；(3) 含手性中心的分子必定有旋光性；(4) 含有对称面或对称中心的分子是非手性分子；(5) 有对称因素的分子不是手性分子；(6) 互为镜像关系而不能重合的分子是手性分子。

8.12　解释下列名词。

(1) 构造、构型、构象；(2) 旋光度、比旋光度、旋光纯度；(3) 手性原子、手性分子；(4) 对映体、外消旋体、内消旋体；(5) 外消旋化、构型转化。

8.13　写出甲基环戊烷一氯代时所有可能的构造异构体，如果有手性，写出其对映体。

8.14　环戊烯与 Br_2 发生加成时，写出其立体异构体。

8.15　HBr 在过氧化物存在下与烯烃加成是反马式加成，试写出下列反应的主要产物的构型。

(1) 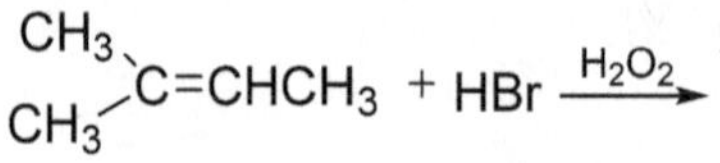

(2) 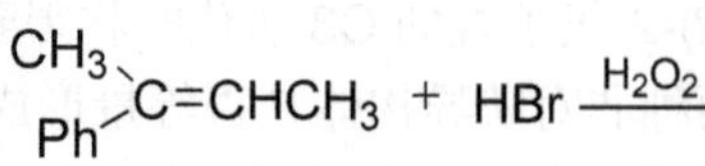

(3) 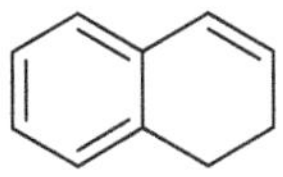 + HBr $\xrightarrow{H_2O_2}$

8.16 判断下列化合物有无手性。

(1) 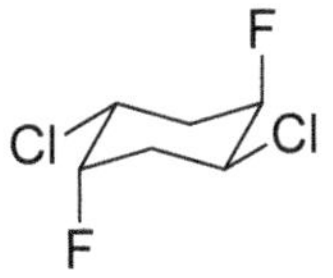

(2) 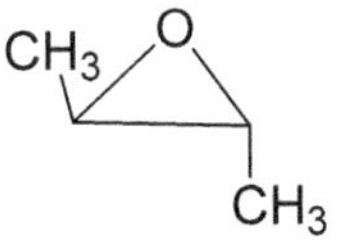

(3) 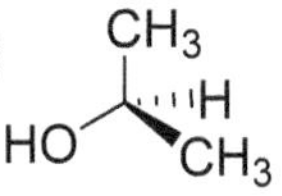

(4) 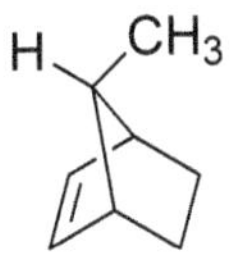

(5) 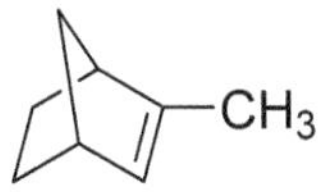

(6) 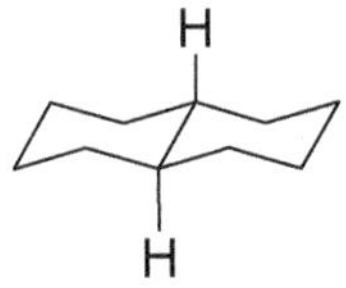

(7) 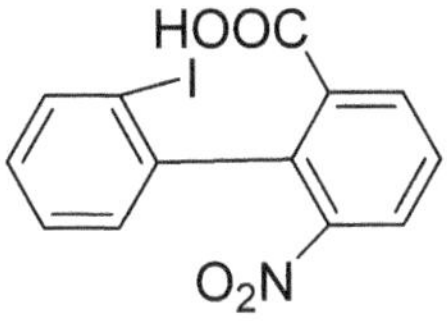

(8) 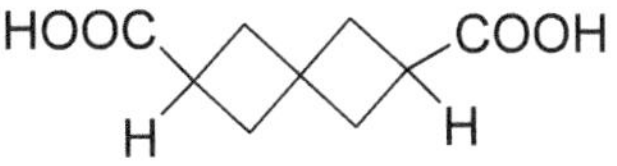

(9) 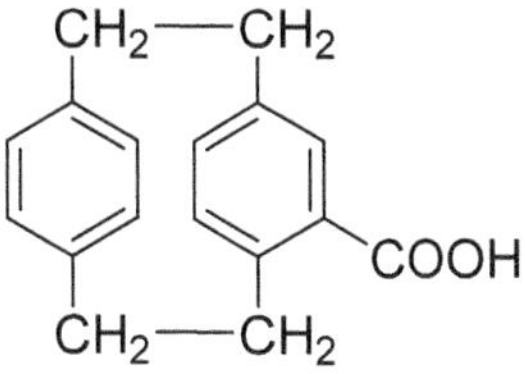

8.17 1,2,3,4,5,6-环己六醇分子中，六个羟基在平面上下，有下面几种排列方式。

A. 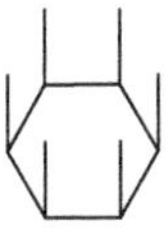 B. 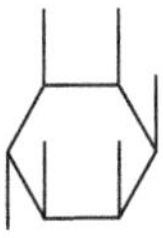 C. 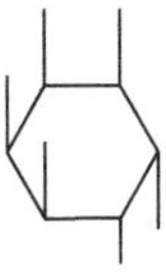 D. 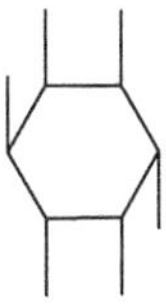 E. 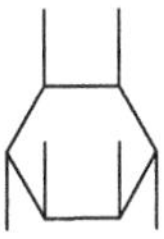 F. 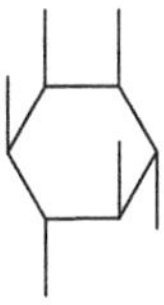 G. 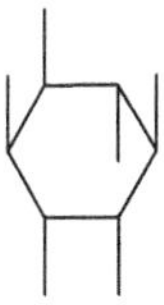 H. 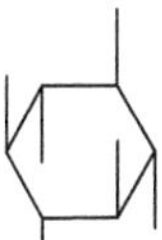

(1) 找出上式中的对称因素，并判断有无手性；

(2) 写出各式最稳定的椅式构象式。

8.18 写出 Br_2 与(*S*)-3-溴-1-丁烯的加成反应所得产物，能收集到几种馏分？是否具有光学活性，并用 *R*、*S* 标明各组分化合物的构型。

8.19 化合物 A，分子式为 C_5H_8，具有光学活性，构型为 *R*。A 在常温下催化加氢后得到 B(C_5H_{10})，B 无光学活性，试推断 A、B 的结构。

8.20 完成下列反应，并标明中间产物及最终产物的立体构型。

(1) CH≡CH $\xrightarrow{2NaNH_2}$ $\xrightarrow{2CH_3I}$ $\xrightarrow[Pd/BaSO_4]{H_2}$ $\xrightarrow{Cl_2}$

(2) CH≡CH $\xrightarrow{2NaNH_2}$ $\xrightarrow{2C_2H_5Br}$ $\xrightarrow{Na/NH_3}$ $\xrightarrow{Br_2}$

8.21 一种旋光的醇 $C_6H_{12}O$（Ⅰ），催化加氢后得到不旋光的醇 $C_6H_{14}O$（Ⅱ），试写出Ⅰ、Ⅱ的结构式。

8.22 写出下列反应产物的立体结构式。

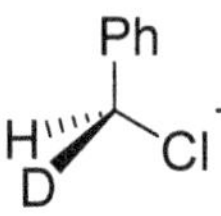 $\xrightarrow{CH_3COONa}$ A $\xrightarrow{NaOH}$ B $\xrightarrow{TsCl}$ C $\xrightarrow{OH^-}$ B′ $\xrightarrow{CH_3COCl}$ A′

8.23 用 $KMnO_4$ 处理顺-2-丁烯产生熔点为 34℃的邻二醇，而反-2-丁烯产生熔点为 19℃的邻二醇，两种邻二醇都无旋光性，当进行拆分处理时，熔点为 19℃的邻二醇拆分为两种有旋光性但旋光度相等、方向相反的馏分。

(1) 熔点为 19℃的邻二醇和 34℃的邻二醇各是什么构型?

(2) 用 $KMnO_4$ 进行羟基化反应的立体化学是怎样的?

(3) 当用过氧酸处理烯烃时，又得到怎样的结果?

三、习 题 解 答

8.1 (1) 3 个　(2) 4 个　(3) 8 个　(4) 4 个　(5) 无　(6) 3 个

8.2 (1) *R*　(2) *R*　(3) *R*　(4) *S*　(5) *R*　(6) 2*S*,3*S*

8.3 (1) (1*S*,2*R*)-2-甲基环己醇　(2) (2*S*,3*R*)-2,3-二氯戊烷　(3) (1*R*,2*R*)-2-氯环己醇　(4) (2*R*,3*R*)-2-氯-3-溴丁烷　(5) (2*S*,3*R*)-2,3-二氯丁二酸　(6) (*S*)-6-甲基螺[3.4]辛烷

8.4

(1) 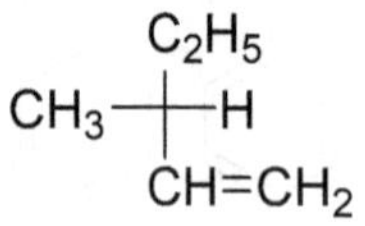　(2) 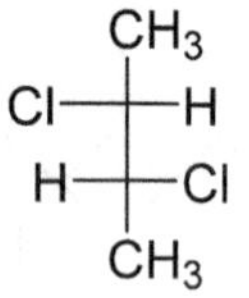　(3) 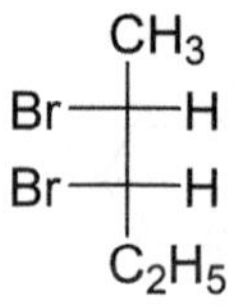

8.5

(1) 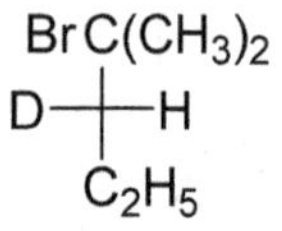　(2) 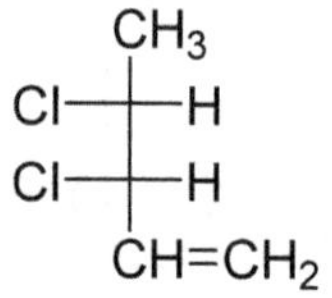　(3) 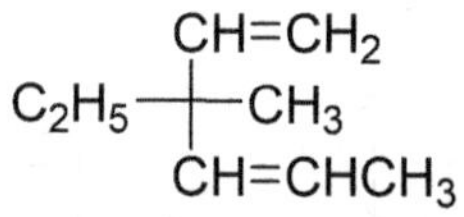　(4) 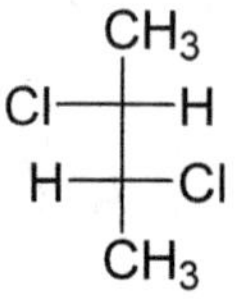

8.6

(1) 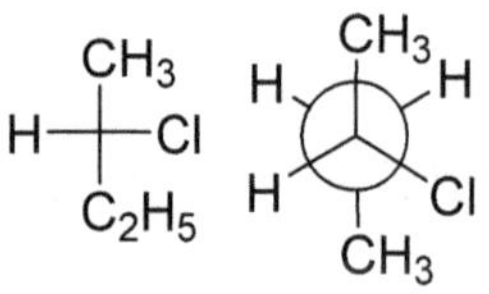　(2) 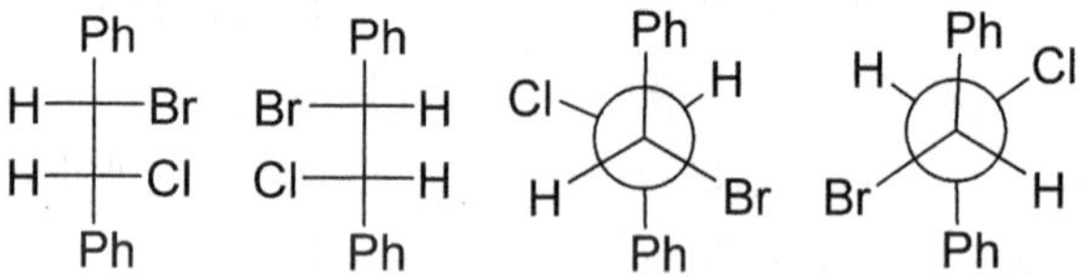

(3) 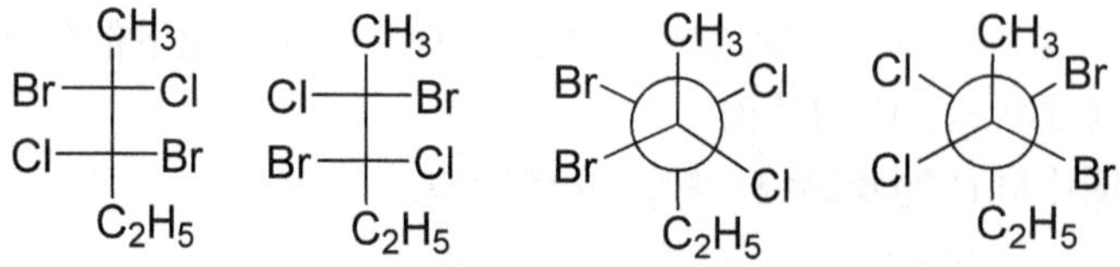

8.7

(1) 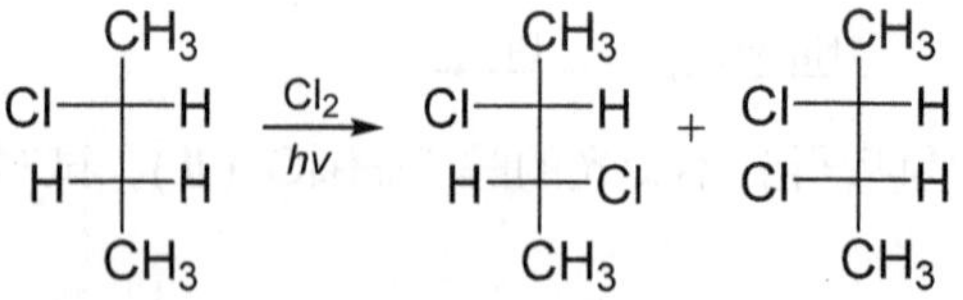

(2) 不是等量形成。因 C3 处所生成的 *R* 及 *S* 构型的分子数目不相等。

(3) 从 C*上除去一个 H•，生成平面型的游离基，Cl_2 自平面上方或下方与其作用的概率相等，故反应生成外消旋体。

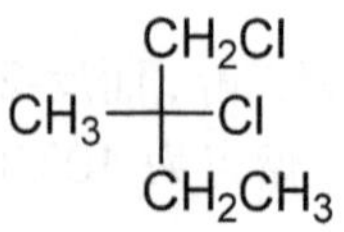　及　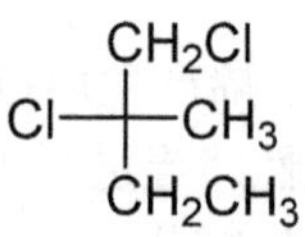

8.8 $\frac{10}{20} \times 100\% = 50\%$，即为旋光纯度

表示(+)的异构体为 50%，另外 50%为外消旋体(±)，混合物中的(+)和(–)为

(+)：50% + 25% = 75% (–)：0 + 25% = 25%

(+)、(–)两种异构体之比为 3：1。

8.9 (1) 对映体 (2) 非对映体 (3) 同一化合物 (4) 非对映体

8.10 (3)、(5)、(6)、(7)、(8)有手性，其余没有。

8.11 (2)、(4)、(6)是正确的。

8.12 (1) 构造：分子中原子互相连接的方式和次序；

构型：分子的构造相同，但其中的原子或基团在空间的排列方式不同。

构象：原子或原子团围绕σ键旋转而产生的分子中各原子或原子团的不同的空间排布。

(2) 旋光度：通过旋光仪测得的旋光性物质的旋光度数，用α表示。

比旋光度：$[\alpha]_D^t$规定为 1 mL 含有 1 g 旋光性物质的溶液，放在 1 dm(10 cm)长的盛液管中测得的旋光度，t 为测定时的温度，一般为 15～30℃，λ 为测定时光的波长，一般采用钠光(波长λ为 589.3 nm，用符号 D 表示)。

物质在其他浓度(c)或管长(l)条件下测得的旋光度(α)，可以通过下面的公式进行换算：

$$[\alpha]_D^t = \frac{\alpha}{l(\text{dm}) \cdot c(\text{g/mL})}$$

旋光纯度：通常将不含其对映体的化合物称为光学纯化合物，其旋光纯度为 100%。但手性分子往往含有一部分对映体，其旋光纯度可用对映体过量 (ee 值，enantiomeric excess) 来表示。

对映体过量：

$$\%ee = \frac{|\text{一个对映体的量} - \text{另一个对映体的量}|}{\text{两个对映体的总量}} \times 100\%$$

对映体过量也可通过比旋光度计算：

$$\%ee = \frac{[\alpha]_{\text{样品}}}{[\alpha]_{\text{纯}}} \times 100\%$$

(3) 手性原子：连接四个不相同的原子或基团的具有四面体结构的原子 (碳原子或其他原子)。

手性分子：实物与镜像不能重合的化合物分子为手性分子。

(4) 对映体：互为镜像关系的立体异构体。

外消旋体：两个对映体等量混合后得到的旋光度为零的混合物。

内消旋体：分子内存在两部分，其构造相同而构型相反，其旋光性内部抵消。

(5) 外消旋化：通过反应或其他方式形成其对映体使旋光消失的过程。

构型转化：指某手性中心经反应或其他方式形成其对映体的过程。

8.13

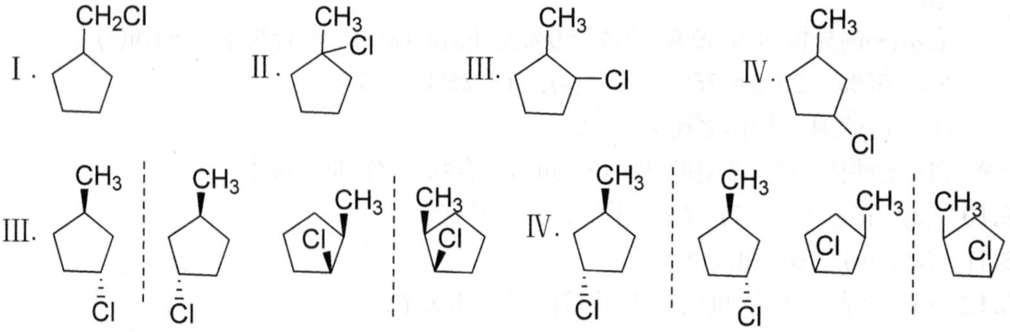

其中Ⅲ、Ⅳ都有两对对映体。

8.14 反式加成得到一对 1,2-二溴环戊烷。

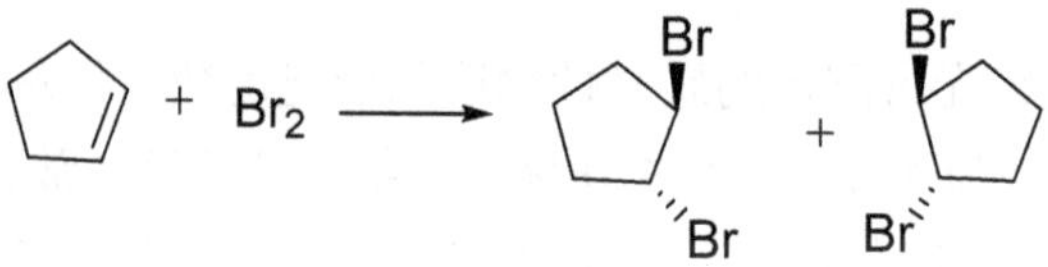

8.15

(1) 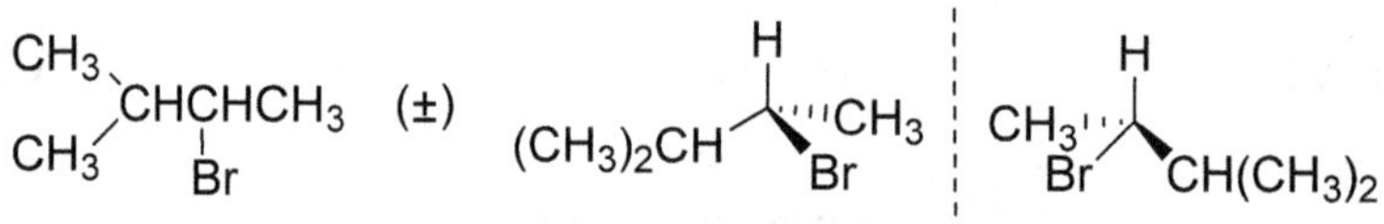

(2) 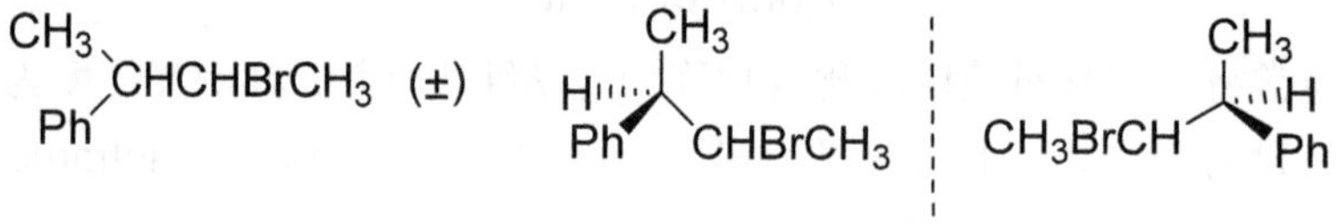

(3) 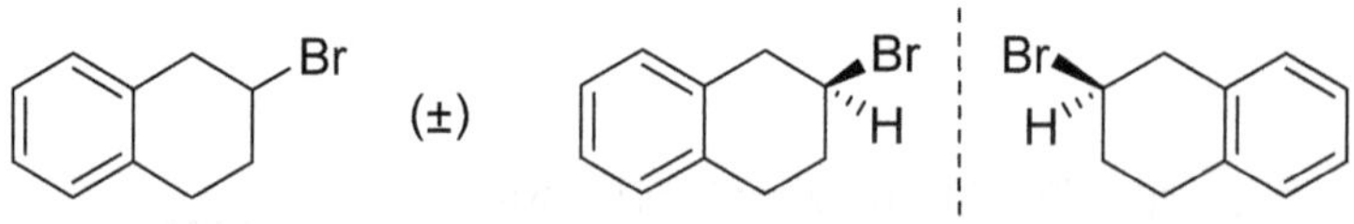

8.16 (1) 有对称中心，分子无手性；(2) 有 C2 轴，分子有手性；(3) 无对称因素，有 C*，有手性；(4) 有对称面，无手性；(5) 无对称因素，有手性；(6) 有对称中心，无手性；(7) 有手性；(8) 有手性；(9) 旋转受阻，有手性。

8.17 (1) A、B、C、D、E、F、H 均有对称面，无手性，只有 G 分子中无对称因素，有手性；
(2) 甲基在 e 键上最多的为稳定构象。

8.18

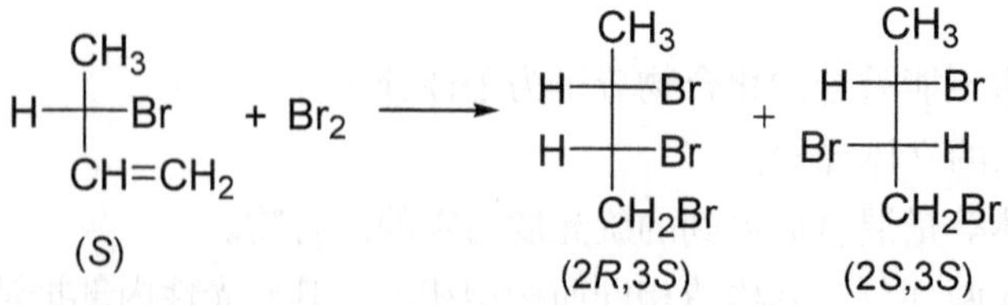

反应生成两个非对映体，分别是 (2*R*,3*S*)-1,2,3-三溴丁烷和(2*S*,3*S*)-1,2,3-三溴丁烷。

8.19

A. 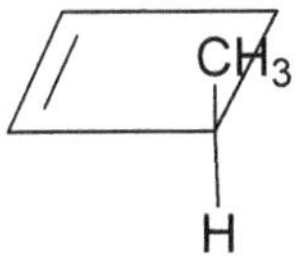 R型

B. 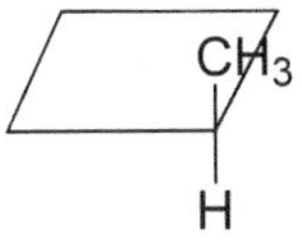 无手性

8.20

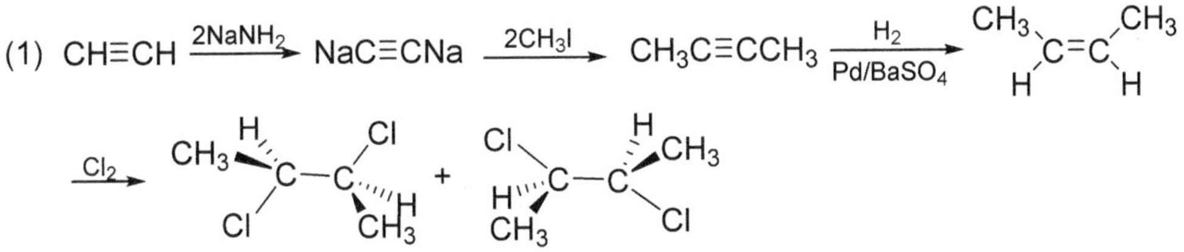

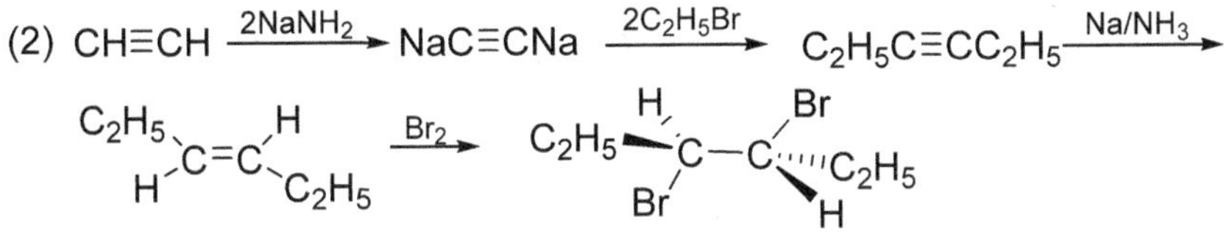

8.21

I. $CH_3CH_2CH(CH_2OH)CH=CH_2$ (±) 或 $CH_3CH_2C(CH_3)(OH)CH=CH_2$ (±)

II. $CH_3CH_2CH(CH_2OH)CH_2CH_3$ 或 $CH_3CH_2C(CH_3)(OH)CH_2CH_3$

8.22

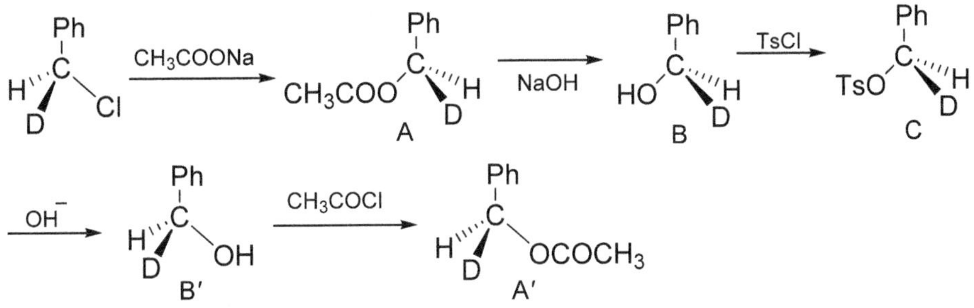

8.23

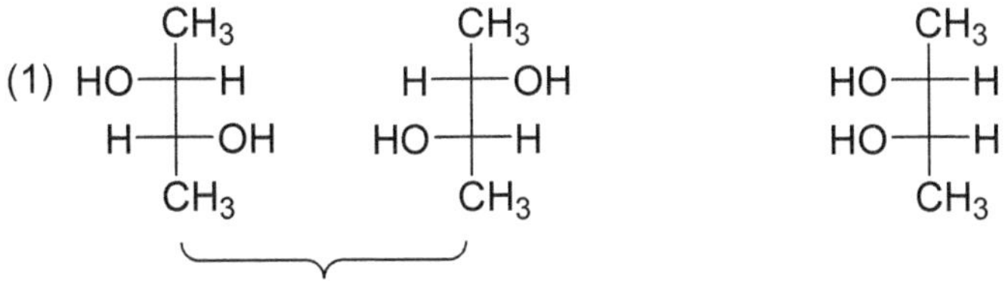

外消旋体, m.p.=19℃ 内消旋体, m.p.=34℃

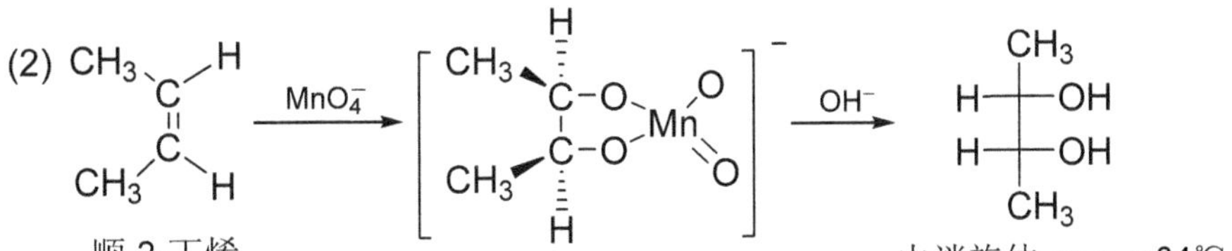

顺-2-丁烯 内消旋体, m.p. = 34℃

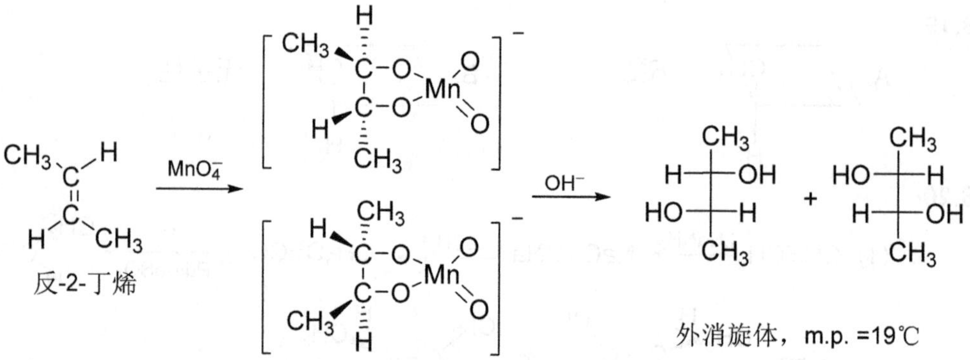

(3) 当用 RCO₃H 处理时，得到相反结果的邻二醇。

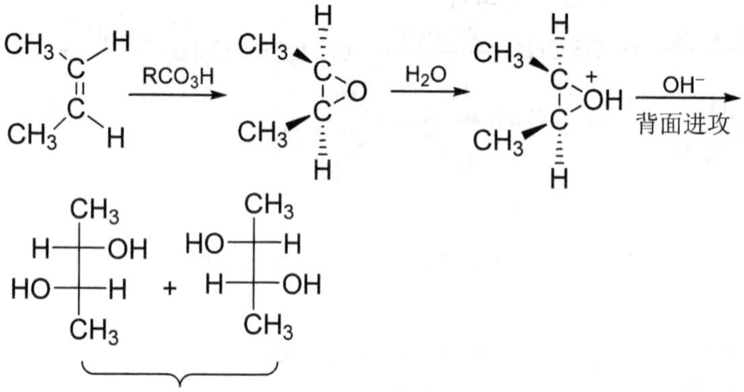

外消旋体, [α]=0, m.p.=19℃

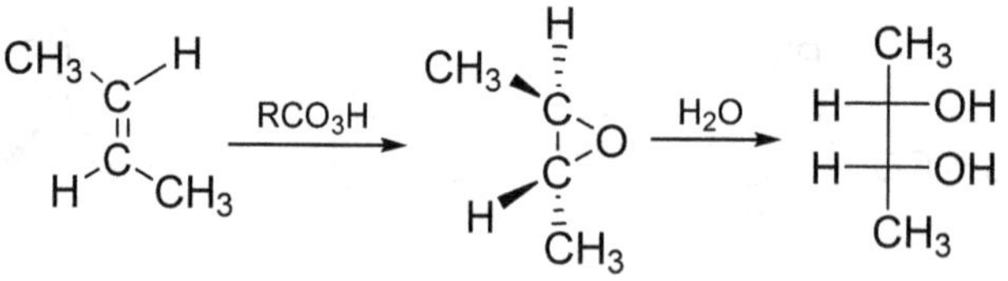

内消旋体, [α]=0, m.p.=34℃

第9章 卤 代 烃

一、例题及解析

【例 9-1】 用系统命名法命名下列化合物。

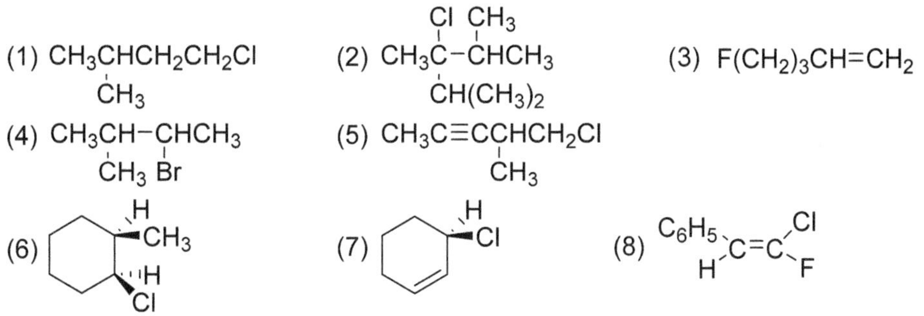

解 卤代烃命名时原则上以相应的烃为母体，将支链和卤素原子看作取代基，编号时由距离取代基最近的一端开始，将取代基按“次序规则”排列，命名时将卤原子放在烷基后面。

(1) 3-甲基-1-氯丁烷　　(2) 2,3,4-三甲基-3-氯丁烷　　(3) 5-氟-1-戊烯

(4) 2-甲基-3-溴丁烷　　(5) 4-甲基-5-氯-2-戊炔　　(6) (1*R*,2*S*)-1-甲基-2-氯环己烷

(7) (*R*)-3-氯环己烯　　(8) (*Z*)-2-氟-2-氯苯乙烯

【例 9-2】 写出正溴丁烷与下列试剂反应的主产物。

(1) NH_3(过量)　(2) C_2H_5ONa/C_2H_5OH　(3) KCN, H_2O/C_2H_5OH　(4) $PhNH_2$(大过量)

(5) CH_3COOAg/C_2H_5OH　(6) $NaSCH_3$　(7) $CH_3C\equiv CNa$　(8) NaOH/H_2O

(9) NaOH/C_2H_5OH　(10)苯，$AlCl_3$　(11) NaI 的丙酮溶液

解

(1) $CH_3(CH_2)_3Br \xrightarrow{2NH_3(\text{过量})} CH_3(CH_2)_3NH_2$

(2) $CH_3(CH_2)_3Br \xrightarrow[C_2H_5OH]{C_2H_5ONa} CH_3(CH_2)_3OC_2H_5$

(3) $CH_3(CH_2)_3Br \xrightarrow[H_2O/C_2H_5OH]{KCN} CH_3(CH_2)_3CN$

(4) $CH_3(CH_2)_3Br \xrightarrow{PhNH_2(\text{大过量})} CH_3(CH_2)_3NHPh$

(5) $CH_3(CH_2)_3Br \xrightarrow[C_2H_5OH]{CH_3COOAg} CH_3(CH_2)_3OCOCH_3$

(6) $CH_3(CH_2)_3Br \xrightarrow{CH_3SNa} CH_3(CH_2)_3SCH_3$

(7) $CH_3(CH_2)_3Br \xrightarrow[\triangle]{CH_3C\equiv CNa} CH_3(CH_2)_3C\equiv CCH_3$

(8) $CH_3(CH_2)_3Br \xrightarrow{NaOH/H_2O} CH_3(CH_2)_2CH_2OH$

(9) $CH_3(CH_2)_3Br \xrightarrow[\triangle]{NaOH/C_2H_5OH} CH_3CH_2CH=CH_2$

(10) 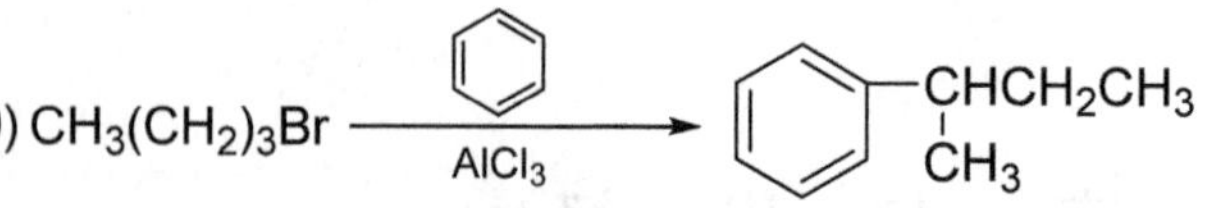

(11) $CH_3(CH_2)_3Br \xrightarrow[(CH_3)_2CO]{NaI} CH_3(CH_2)_3I$

【例 9-3】 完成下列反应。

(1) $CH_3\underset{CH_3}{CH}\overset{Cl}{CH}CH_3 \xrightarrow[\triangle]{KOH/EtOH} A \xrightarrow{Br_2} B \xrightarrow[\triangle]{KOH/EtOH} C$

(2) $CH_3CH_2CH{=}CH_2 \xrightarrow[H_2O_2]{HBr} D \xrightarrow{NaCN} E$

(3) $CH_3CH{=}CH_2 \xrightarrow[500℃]{Cl_2} F \xrightarrow[\triangle]{NaOH/H_2O} G$

(4) 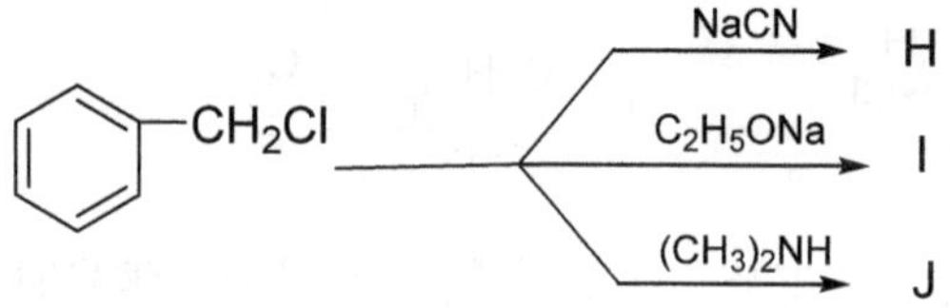

解

(1) A. $CH_3-\underset{CH_3}{C}{=}CHCH_3$　　B. $CH_3-\overset{Br}{\underset{CH_3}{C}}-\overset{Br}{C}HCH_3$　　C. $CH_2{=}\underset{CH_3}{C}-CH{=}CH_2$

(2) D. $CH_3CH_2CH_2CH_2Br$　　E. $CH_3CH_2CH_2CH_2CN$

(3) F. $\underset{Cl}{CH_2}CH{=}CH_2$　　G. $\underset{OH}{CH_2}CH{=}CH_2$

(4) 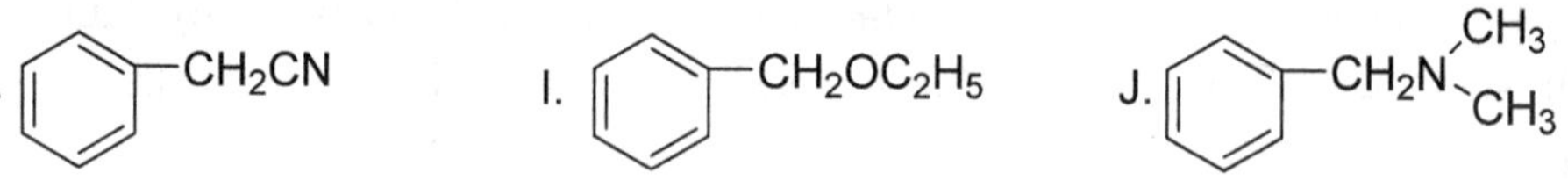

【例 9-4】 按 S_N1 及 S_N2 取代反应的活性顺序排列。

(1) $CH_3CH_2CH_2\underset{Br}{CH}CH_3$　　$CH_3CH_2\overset{CH_3}{\underset{Br}{C}}-CH_3$　　$CH_3CH_2CH_2CH_2\underset{Br}{CH_2}$

(2) $CH_3\underset{CH_3}{CH}CH_2CH_2Br$　　$CH_3CH_2\overset{CH_3}{\underset{Br}{C}}-CH_3$　　$\begin{matrix}CH_3\\CH_3\end{matrix}\rangle CH\underset{Br}{CH}CH_3$

解 在 S_N1 取代反应中，主要受电子效应控制，在早期解离中形成的碳正离子越稳定，反应速率越快，通常的顺序是：

$$3°RX > 2°RX > 1°RX > CH_3X$$

在 S_N2 取代反应中，主要受空间效应控制，通常的顺序是：

$$CH_3X > 1°RX > 2°RX > 3°RX$$

(1) S_N1 取代反应的活性顺序：

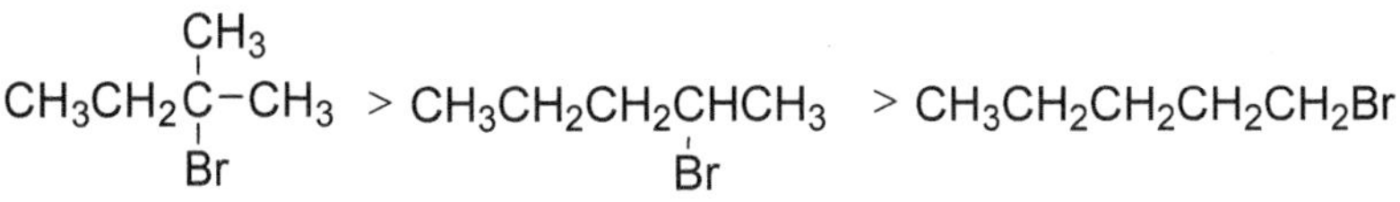

3°RX　　2°RX　　1°RX

S_N2 取代反应的活性顺序与 S_N1 取代反应的活性顺序相反。

(2) S_N1 取代反应的活性顺序：

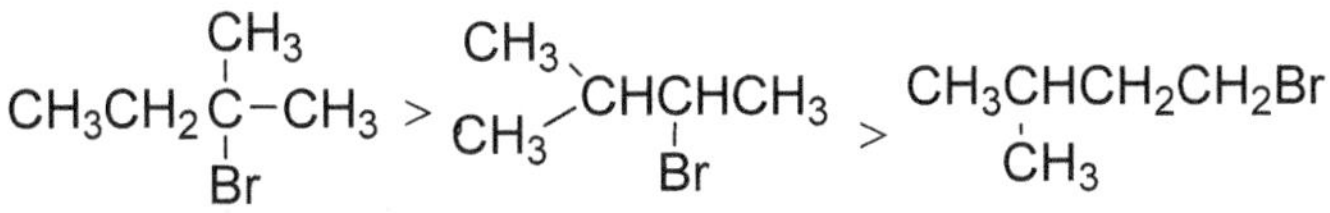

3°RX　　2°RX　　1°RX

S_N2 取代反应的活性顺序与 S_N1 取代反应的活性顺序相反。

【例 9-5】 按用浓的 KOH 醇溶液脱 HX 的难易排列下列各组化合物。

(1) 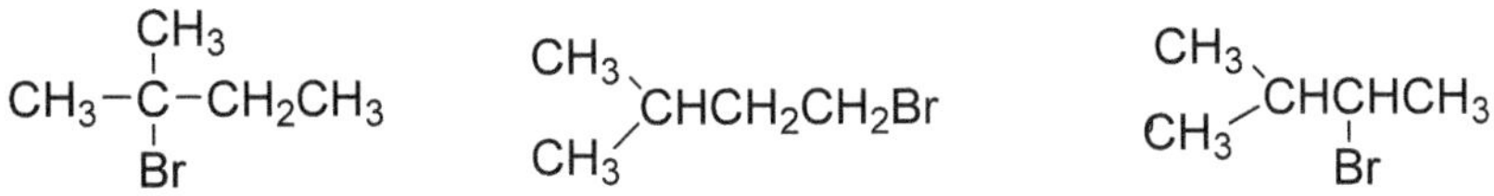

(2) 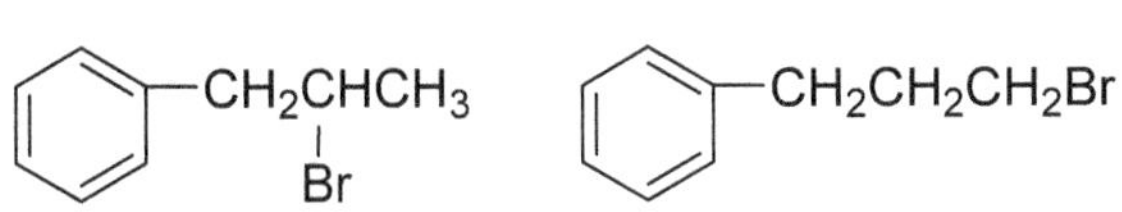

(3) 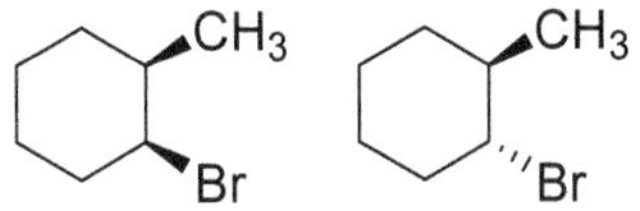

解 卤代烷脱卤化氢时，一般是叔卤代烃 > 仲卤代烃 > 伯卤代烃。消除产物遵守 Saytzeff 规则，生成较稳定的烯烃。

(1) 反应活性顺序：

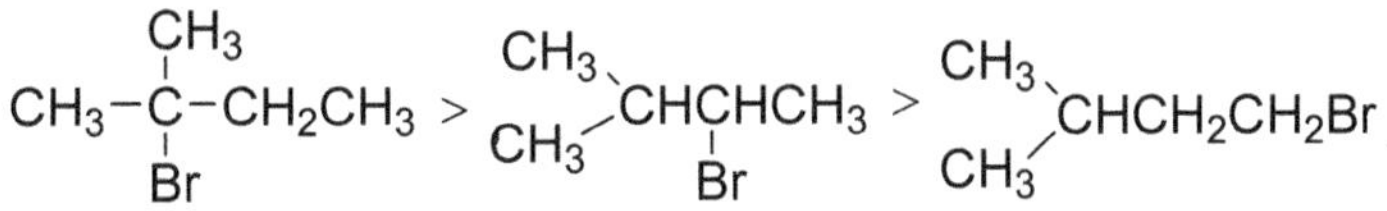

(2) 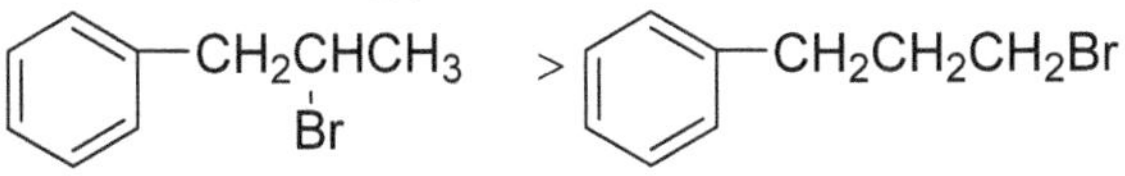 (与苯环共轭的烯烃较稳定)

(3) 顺式异构体中，与溴相邻的两个碳上的氢均可进行反式共平面消除，反应生成两种烯烃，但以遵守 Saytzeff 规则的产物为主。而反式异构体中与溴相邻碳上只有一个氢符合反式共平面条件，故只生成一种产物。

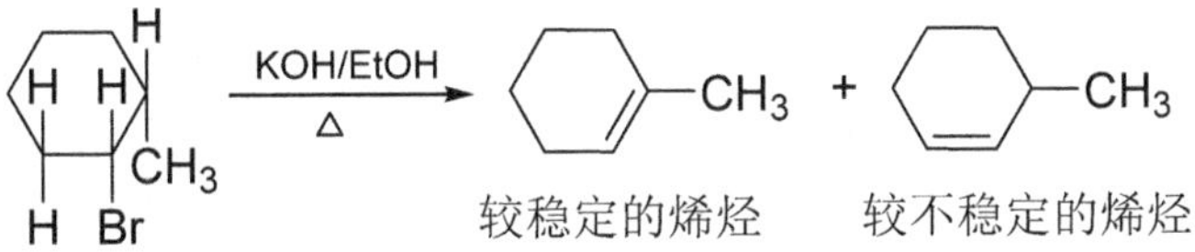

较稳定的烯烃　　较不稳定的烯烃

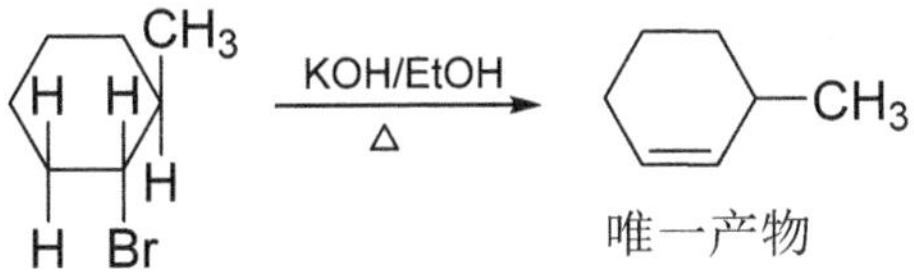

唯一产物

【例 9-6】 以卤代烷与 NaOH 在水和乙醇混合物中的反应为例，就 S_N1 和 S_N2 反应列表比较下列各点。

(1) 立体化学；(2) 动力学级数；(3) 是否发生重排反应；(4) CH_3X, CH_3CH_2X，$(CH_3)_2CHX$, $(CH_3)_3CX$ 的相对速率；(5) RCl、RBr、RI 的相对速率；(6) 升高温度对速率的影响；(7) [RX] 加倍对速率的影响；(8) $[OH^-]$加倍对速率的影响。

解 S_N1、S_N2 亲核取代反应的比较：

反应可变因素	S_N2	S_N1
立体化学	构型转化	不同程度外消旋化
动力学级数	$v=K[RX][OH^-]$	$v=K[RX]$
是否发生重排反应	无重排	有重排
R 不同，X 相同	$CH_3— > 1° > 2° > 3°$	$3° > 2° > 1° > CH_3—$
R 相同，X 不同	RI > RBr > RCl	RI > RBr > RCl
升高温度	反应速率加快	反应速率加快
[RX]加倍	反应速率加倍	反应速率加倍
$[OH^-]$加倍	反应速率加倍	对反应速率无影响

【例 9-7】 说明下列反应是按 S_N1 还是按 S_N2 历程进行。

(1) 具有光学活性的 4-氯-2-己烯水解成消旋化的 4-己烯-3-醇和 3-己烯-2-醇；

(2) 溴乙烷被碘化的相应速率比异丙基溴的反应速率大 100 倍以上；

(3) 在无水乙醇中(55 ℃)，用 C_2H_5ONa 分别与 CH_3CH_2Br、$CH_3CH_2CH_2Br$、$(CH_3)_2CHCH_2Br$、$(CH_3)_3CCH_2Br$ 反应，生成醚的相对速率是 100 : 28 : 3 : 0.00042。

解 (1) 具有光学活性的 4-氯-2-己烯水解，生成消旋化的 4-己烯-3-醇和 3-己烯-2-醇，显然是经历了碳正离子的历程，属 S_N1 取代反应；

(2) S_N2 历程，空间位阻小的反应速率大；

(3) S_N2 历程，空间位阻小，反应速率大；空间位阻大，反应速率小。

【例 9-8】 指出下列反应属于取代反应还是消除反应。

(1) $CH_3CH_2CH_2Cl + I^- \longrightarrow$　　(2) $(CH_3)_3CBr + CN^- \xrightarrow{EtOH}$

(3) $CH_3CH(Br)CH_3 + OH^- \xrightarrow{H_2O}$　　(4) $CH_3CH(Br)CH_3 + OH^- \xrightarrow{EtOH}$

解 亲核取代反应和消除反应是一对竞争反应，当亲核试剂进攻中心碳原子时，就发生取代反应，当试剂进攻β-碳上的氢时，就发生消除反应。一般来说，消除反应的比例随卤代烷的结构以伯、仲、叔卤代烃的次序增加。另外，升高反应温度、增加碱的浓度和强度都有利于消除反应的发生。

(1) I^-是较弱的碱，是良好的亲核试剂，因此反应属于 S_N2 取代；

(2) CN^-是相当强的碱，且又是 3°RX 的反应，故属于 E1 消除；

(3) 反应用 H_2O 作溶剂，故为取代反应，仲卤代烃水解，通常既有 S_N1，又有 S_N2；

(4) 仲卤代烃用乙醇作溶剂，与碱反应，常发生消除反应，主要是 E2 历程；

【例 9-9】 写出下列反应的历程。

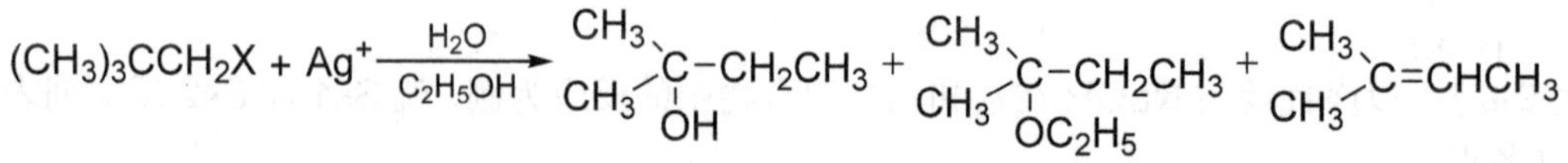

解

$$(CH_3)_3CCH_2X + Ag^+ \longrightarrow (CH_3)_3CCH_2^+ + AgX\downarrow$$

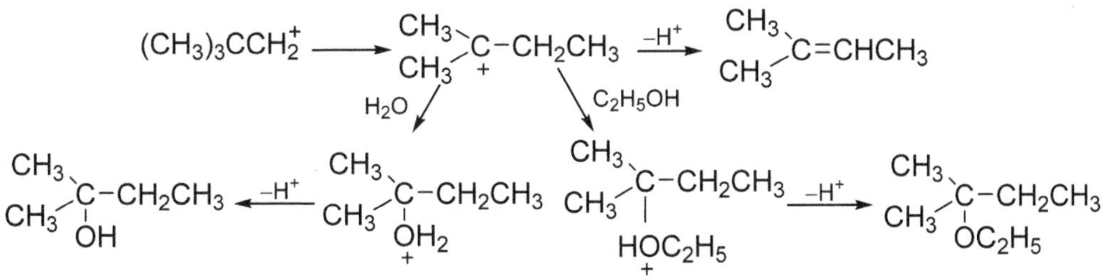

【例 9-10】　由指定原料合成所需化合物。

(1) 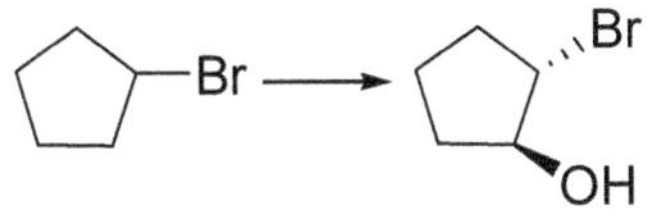　　(2) 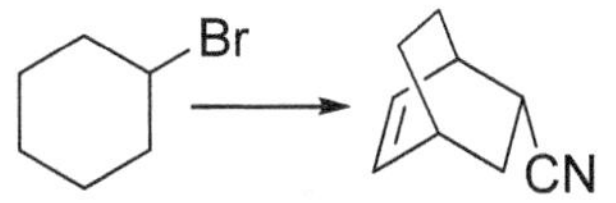

(3) 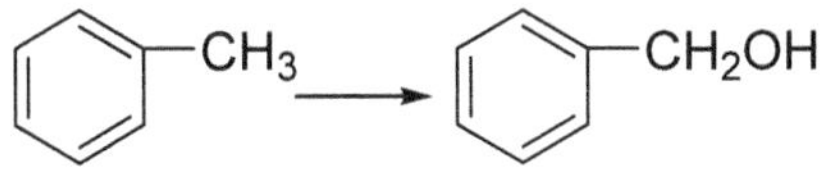　　(4) $CH_3(CH_2)_3OH \longrightarrow CH_3(CH_2)_3D$

(5) $CH_3CH_2CH{=}CH_2 \longrightarrow CH_3CH_2\underset{\displaystyle CH_3}{CH}OCH_2CH_2CH_2CH_3$

解

(1) 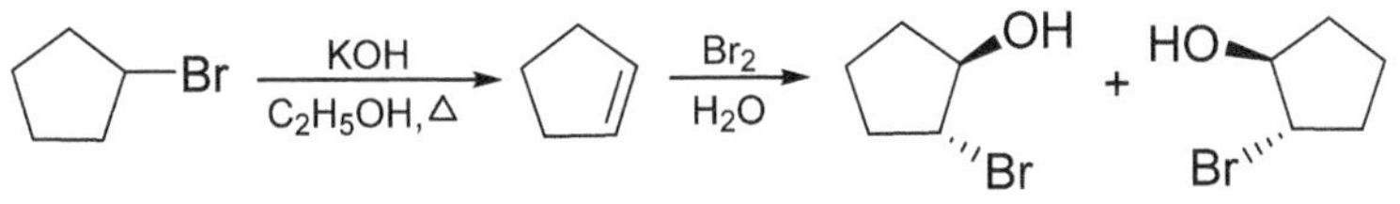

(2) 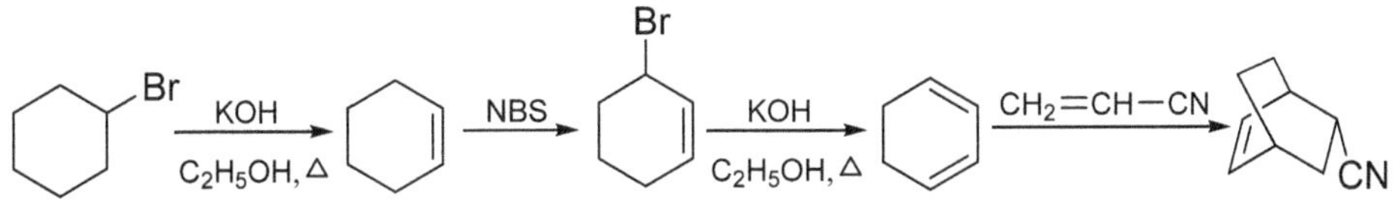

(3) 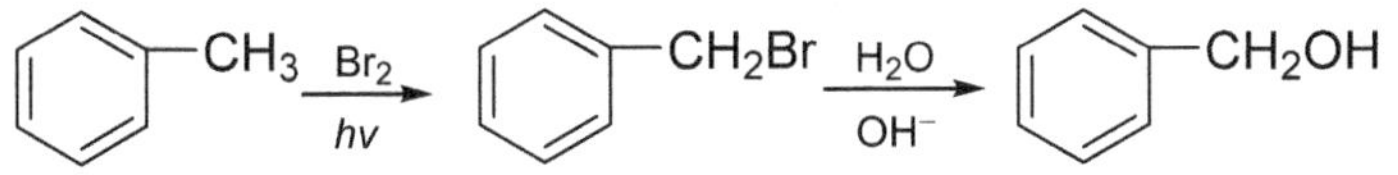

(4) $CH_3CH_2CH_2CH_2OH \xrightarrow[H_2SO_4]{NaBr} CH_3CH_2CH_2CH_2Br \xrightarrow[Et_2O]{Mg} CH_3CH_2CH_2CH_2MgBr$

$\xrightarrow{D_2O} CH_3CH_2CH_2CH_2D$

(5) $CH_3CH_2CH{=}CH_2 \xrightarrow[CH_3CH_2CH_2CH_2OH]{Hg(OAc)} CH_3CH_2\underset{\displaystyle OCH_2CH_2CH_2CH_3}{CH}-CH_2HgOAc$

$\xrightarrow[OH^-]{NaBH_4} CH_3CH_2\underset{\displaystyle CH_3}{CH}OCH_2CH_2CH_2CH_3$

【例 9-11】　化合物 A、B、C 分子式均为 C_4H_9Br，与 NaOH 水溶液作用，由 A 生成醇 $C_4H_{10}O$，由 B 生成烯烃 C_4H_8，由 C 生成醇 $C_4H_{10}O$ 和烯烃 C_4H_8，试推出 A、B、C 的结构。

解

A $(C_4H_9Br) \xrightarrow[H_2O]{NaOH} C_4H_{10}O$ (醇)，说明 A 发生了取代反应，A 可能为伯卤代烃。

B $(C_4H_9Br) \xrightarrow[H_2O]{NaOH} C_4H_8$ (烯)，说明 B 发生了消去反应，B 可能为叔卤代烃。

C $(C_4H_9Br) \xrightarrow[H_2O]{NaOH} C_4H_{10}O$ (醇) + C_4H_8 (烯)，说明 C 既发生了取代反应，又发生了消去反应，C 可能为仲卤代烃。所以，A、B、C 的结构为：

A. $CH_3CH_2CH_2CH_2Br$　　B. $(CH_3)_3CBr$　　C. $CH_3\underset{Br}{\underset{|}{C}}HCH_2CH_3$

【例 9-12】 用化学方法鉴别下列各组化合物。

(1) 1-氯丁烷、1-溴丁烷、1-碘丁烷

(2)

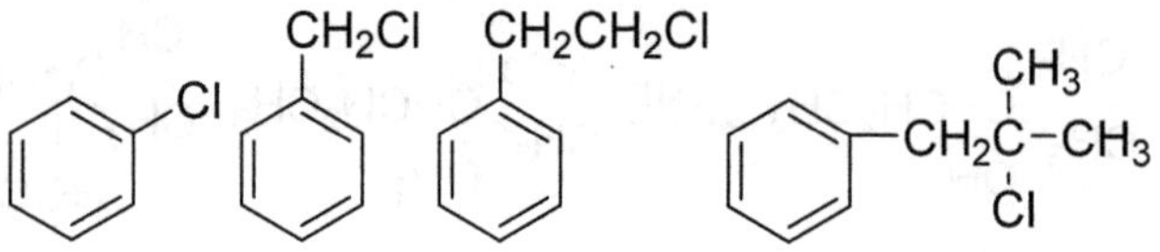

解

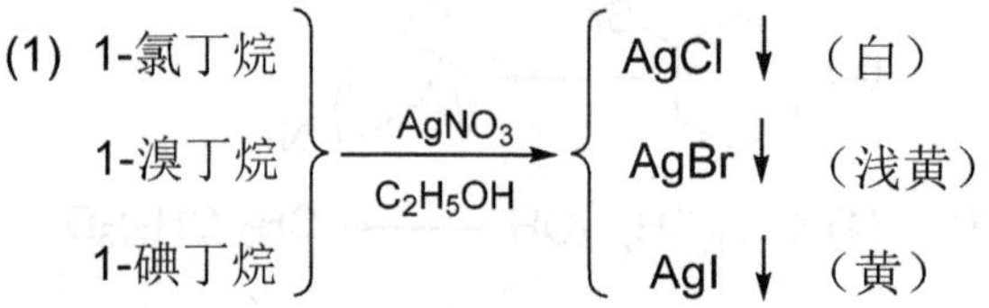

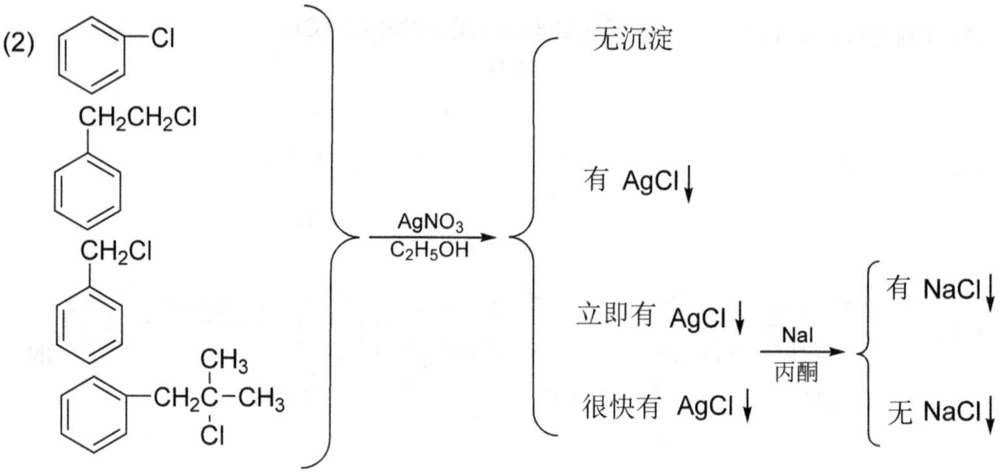

二、习　　题

9.1 写出分子式为 $C_5H_{11}Br$ 的同分异构体，并用系统命名法命名。

9.2 完成下列反应，并指出它们最可能发生的反应类型(S_N1，S_N2，E1 或 E2)：

(1) $C_2H_5I + CH_3ONa \xrightarrow{CH_3OH}$　　(2) $CH_3Cl + KCN \xrightarrow{CH_3OH}$

(3) $CH_3\underset{I}{\underset{|}{C}}HCH_3 + H_2O \xrightarrow{\triangle}$　　(4) $(CH_3)_3CI + NaOH \xrightarrow{H_2O}$

(5) $CH_3I + KSCN \xrightarrow{C_2H_5OH}$　　(6) $CH_2{=}CHCH_2Br + CH_3COONa \xrightarrow{H_2O}$

(7) $(CH_3)_3CBr + KCN \longrightarrow$　　(8) $(CH_3)_3CBr + C_2H_5ONa \longrightarrow$

(9) $(CH_3)_3CONa + CH_3CH_2Cl \longrightarrow$　　(10) $CH_3Br + NaC{\equiv}CH \longrightarrow$

9.3 预测 2-溴丁烷与下列试剂反应的主要产物。

(1) NaOH 水溶液；(2) KOH 的醇溶液；(3) Mg，无水乙醚；(4) NaI 的丙酮溶液；(5) 苯，$AlCl_3$；(6) $CH_3C{\equiv}CNa$；(7) NaCN；(8) $C_2H_5NH_2$(大过量)；(9) C_2H_5ONa；(10) CH_3COONa。

9.4 写出下列反应的主要产物。

(1) 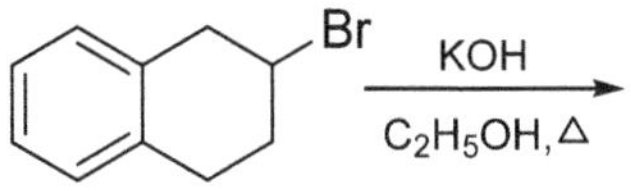

(2) 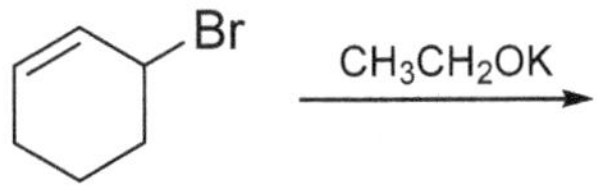

(3) 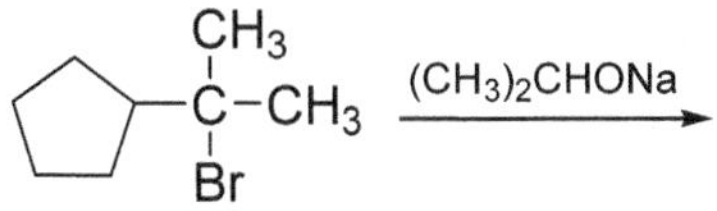

(4) 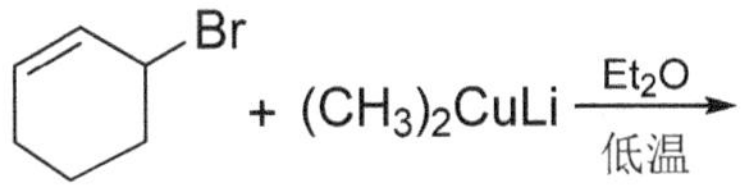

(5) $Br(CH_2)_4Br \xrightarrow[2)\ NaOH,\ \triangle]{1)\ NaSH}$

(6) $(CH_3)_3CCl + NaOH \xrightarrow{\triangle}$

(7) 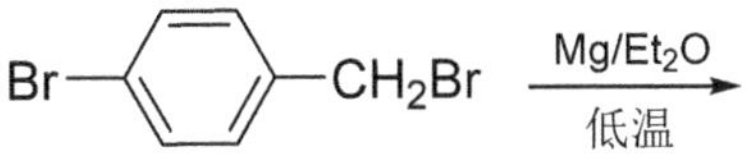

(8) 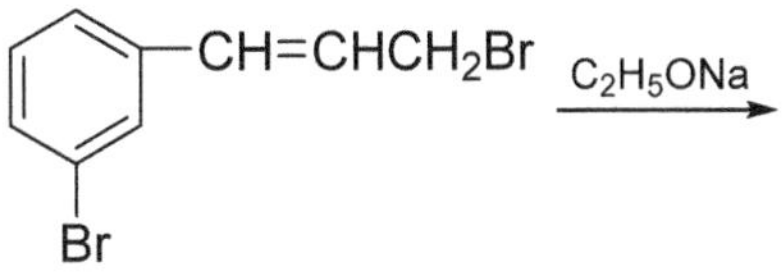

(9) 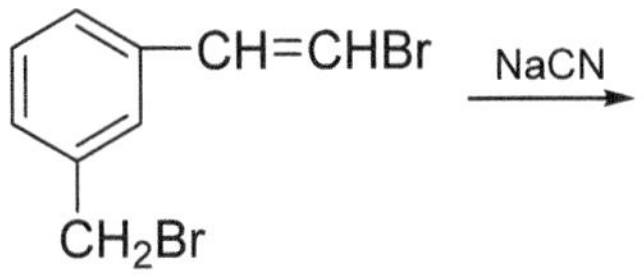

(10) $BrCH_2CH_2Br + NaSCH_2CH_2SNa \longrightarrow$

9.5 按对 S_N1 取代反应的活性顺序排列下列各组化合物。

(1) A. 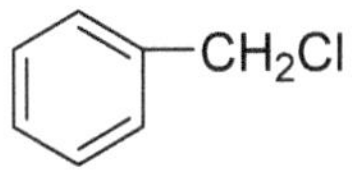 B. 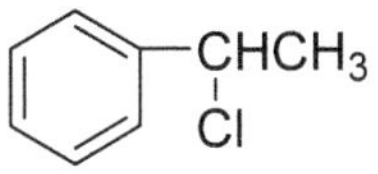 C. 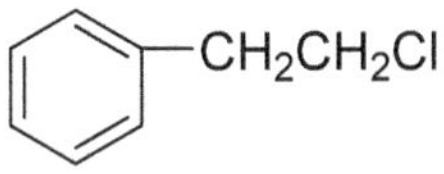

(2) A. 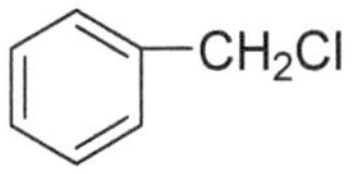 B. 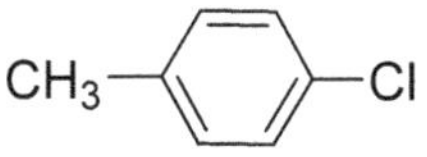 C. 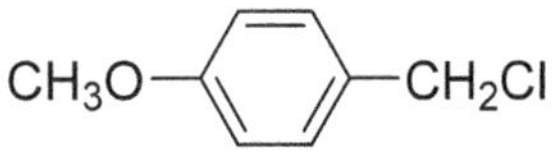

D. 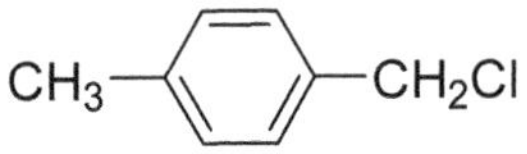 E. 

9.6 按对 S_N2 取代反应的活性顺序排列下列各组化合物。

(1) A. 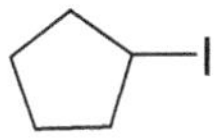 B. 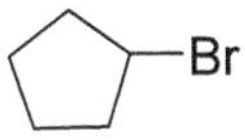 C. 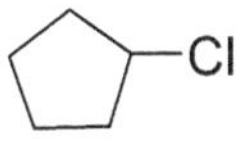

(2) A. $CH_3(CH_2)_3Br$　B. $(CH_3)_2CHCH_2Br$　C. $(CH_3)_3CBr$

9.7 卤代烷与 NaOH 在水和乙醇混合物中进行反应，请指出下列叙述中哪些属于 S_N2 历程，哪些属于 S_N1 历程。

(1) 产物的绝对构型完全转化；(2) 有重排产物；(3) 碱的浓度增加，反应速率加快；(4) 进攻试剂亲核性越强，反应速率越快；(5) 3°RX 的反应速率大于 2°RX；(6)反应历程只有一步。

9.8 下列各对反应中，哪个反应较快，为什么？

(1) $C_2H_5Br \xrightarrow[C_2H_5OH]{NaCN} C_2H_5CN$　　$C_2H_5Br \xrightarrow[DMF]{NaCN} C_2H_5CN$

(2) $(CH_3)_3CBr \xrightarrow[\triangle]{H_2O} (CH_3)_3COH$　　$(CH_3)_2CHBr \xrightarrow[\triangle]{H_2O} (CH_3)_2CHOH$

(3) $(CH_3)_2CHBr \xrightarrow[CH_3OH]{NH_3} (CH_3)_2CH\overset{+}{N}H_3\overset{-}{Br}$　　$CH_3CH_2CH_2Br \xrightarrow[CH_3OH]{NH_3} CH_3CH_2CH_2\overset{+}{N}H_3\overset{-}{Br}$

(4) $CH_3I + NaOH \xrightarrow{H_2O} CH_3OH + NaI$　　$CH_3I + NaSH \xrightarrow{H_2O} CH_3SH + NaI$

(5) $CH_3Br + (CH_3)_3N \longrightarrow (CH_3)_4\overset{+}{N}\overset{-}{Br}$　　$CH_3Br + (CH_3)_3P \longrightarrow (CH_3)_4\overset{+}{P}\overset{-}{Br}$

(6) $CH_3CH_2CH(CH_3)CH_2Br \xrightarrow{CN^-} CH_3CH_2CH(CH_3)CH_2CN$　　$CH_3(CH_2)_3Br \xrightarrow{CN^-} CH_3(CH_2)_3CN$

9.9 试比较下列化合物在浓的 KOH 醇溶液中脱 HX 的速率次序。

(1) $CH_3CH_2CH_2CH_2Br$　　$CH_3CH_2CH(Br)CH_3$　　$CH_3CH_2C(Br)(CH_3)_2$

(2) 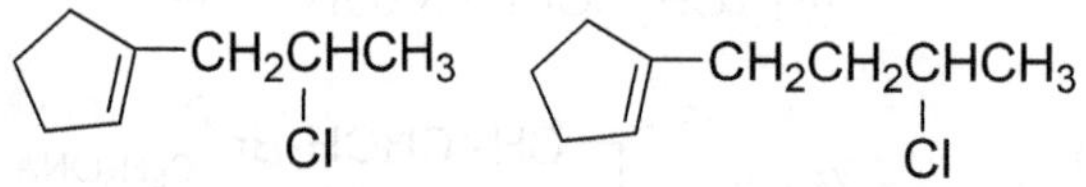

9.10 写出下列化合物消除 HBr 时形成烯烃的构型。

(1) 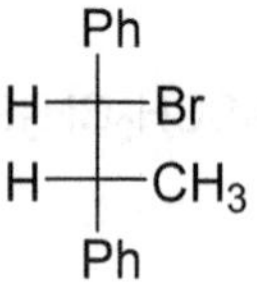　(2) 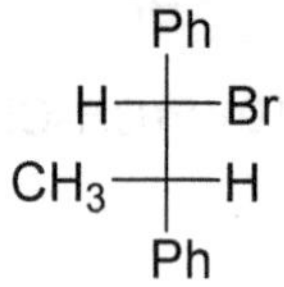　(3) 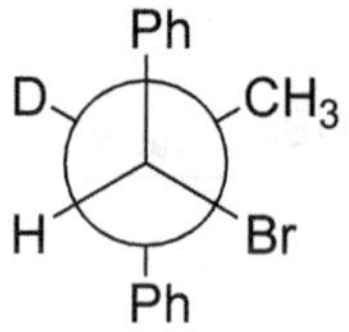

(4) 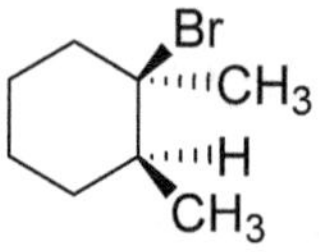　(5) 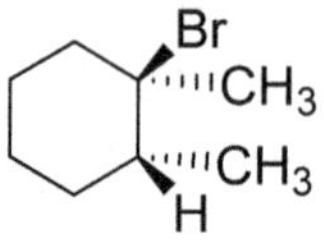　(6) 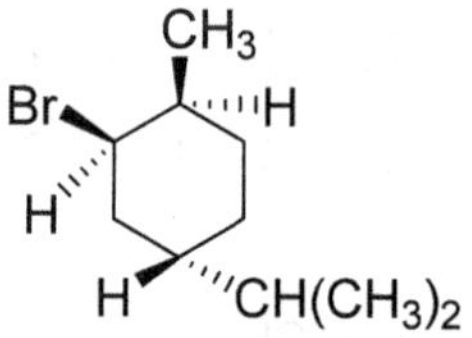

9.11 解释下列实验现象。

(1) 苄基溴和水在甲酸溶液中生成苯甲醇，其速率与 H_2O 无关。在同样条件下，对甲基苄基溴的反应速率为前者的 58 倍；

(2) 不管实验条件如何，新戊基卤在亲核取代反应中非常缓慢；

(3) 下列化合物在 80%含水乙醇中，于 25℃时观察到的水解速率相对值如下：

	$(CH_3)_3CBr$	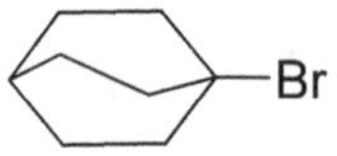	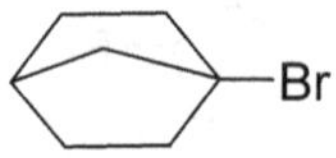
v:	1	~10^{-6}	~10^{-14}

(4) 3-氯-1-丁烯与 $CH_3CH_2O^-$在乙醇中反应的反应速率取决于[RX]和[$C_2H_5O^-$]，产物是 3-乙氧基-1-丁烯；而 3-氯-1-丁烯只与乙醇反应时，不仅产生 3-乙氧基-1-丁烯，还产生 1-乙氧基-2-丁烯。

9.12 写出下列反应产物的结构。

(1) 

(2) 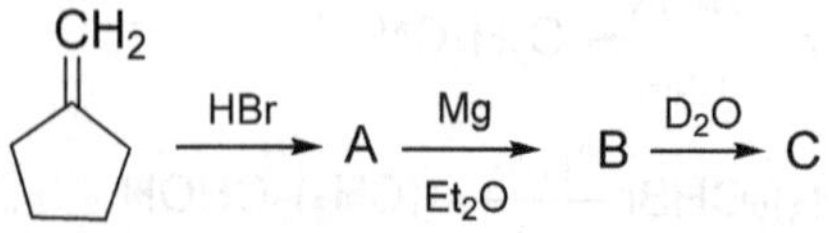

(3) 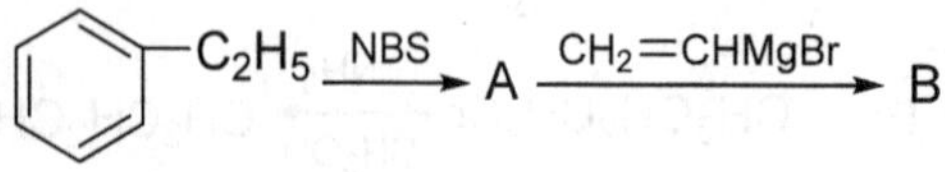

(4) 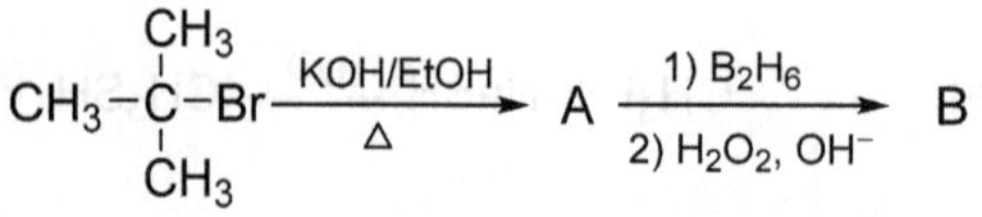

9.13 用化学方法鉴别下列各组化合物。

(1) 1-丁烯，1-丁炔，正丁烷，1-氯丁烷；

(2) 对溴甲苯，溴化苄。

9.14 由合适原料合成下列化合物。

(1) 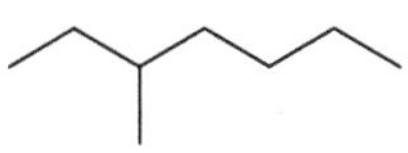 (2) 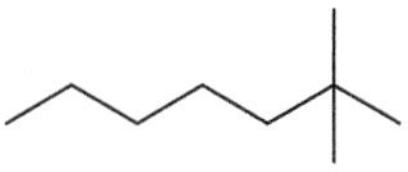

(3) *meso*-PhCHBrCHBrPh (4) 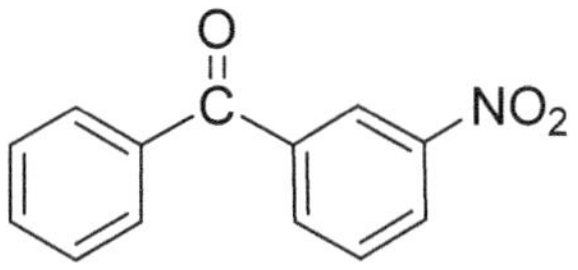

9.15 具有旋光性的化合物 A，能与 Br_2/CCl_4 溶液反应，生成一种具有旋光性的三溴代产物 B；A 在热碱溶液中生成旋光性化合物 C，C 能与 Br_2/CCl_4 溶液反应，C 与丙烯腈反应生成 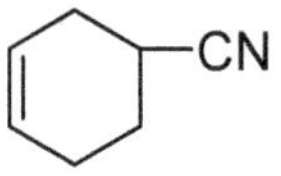，试写出 A、B、C 的结构。

9.16 根据所列化合物的核磁共振数据，推测化合物的结构。

(1) C_4H_9Br ^1H NMR δ(ppm)：1.4 (6H, d), 1.95 (1H, m), 3.33 (2H, d)；

(2) $C_9H_{11}Br$ ^1H NMR δ(ppm)：2.15 (2H, m), 2.75 (2H, t), 3.38 (2H, t), 7.22 (5H, m)。

9.17 在 55℃的 80%乙醇溶液中，2-溴丙烷和 OH^- 按下面的动力学方程式反应：

$$速率\ v = 4.7\times10^{-5}[RX][OH^-] + 0.24\times10^{-5}[RX]$$

式中，速率 v 用 mol/(L · s)表示，当$[OH^-]$的物质的量分别是(1) 0.001 mol/L、(2) 0.01 mol/L、(3) 0.1 mol/L (4) 1.0 mol/L、(5) 5.0 mol/L 时，求 2-溴丙烷按 S_N2 历程反应的百分率。

9.18 推测化合物 A～D 的结构。

$$(R)\text{-}C_7H_{11}Br\ (A) \xrightarrow[\text{过氧化物}]{HBr} C_7H_{12}Br_2\ (B) + C_7H_{12}Br_2\ (C)$$

$$B \xrightarrow{1\ \text{mol叔丁醇钾}} A$$

$$A \xrightarrow{\text{叔丁醇钾}} C_7H_{10}\ (D) \xrightarrow[2)\ Zn/H_2O]{1)\ O_3} 2HCHO +$$ 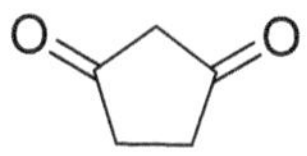

$$C \xrightarrow{1\ \text{mol叔丁醇钾}} \underset{R}{A} + \underset{S}{A}$$

三、习 题 解 答

9.1 略。

9.2

(1) $C_2H_5I + CH_3ONa \xrightarrow{CH_3OH} C_2H_5OCH_3 + NaI\ (S_N2)$

(2) $CH_3Cl + KCN \xrightarrow{CH_3OH} CH_3CN + KCl\ (S_N2)$

(3) $CH_3CH(I)CH_3 + H_2O \xrightarrow{\triangle} CH_3-CH(OH)-CH_3 + HI\ (S_N1, S_N2)$

(4) $(CH_3)_3CCl + NaOH \xrightarrow{H_2O} (CH_3)_2C{=}CH_2 + NaI$ (E1) 3°RX 在碱性溶液中易消除

(5) $CH_3I + KSCN \xrightarrow{C_2H_5OH} CH_3SCN + KI$ (S_N2)

(6) $CH_2{=}CHCH_2Br + CH_3COONa \xrightarrow{H_2O} CH_3COOCH_2CH{=}CH_2 + NaBr$ (S_N1)

(7) 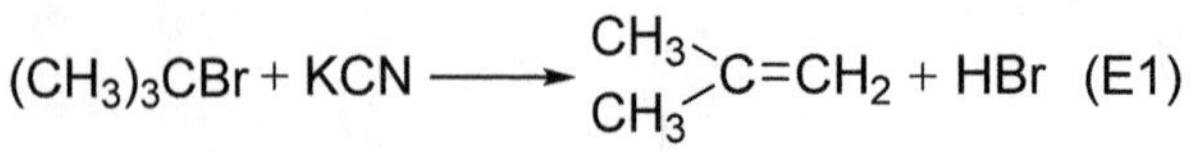

KCN 为弱酸强碱盐，在溶液中呈碱性，3°RX 在此条件下发生消除反应

(8) 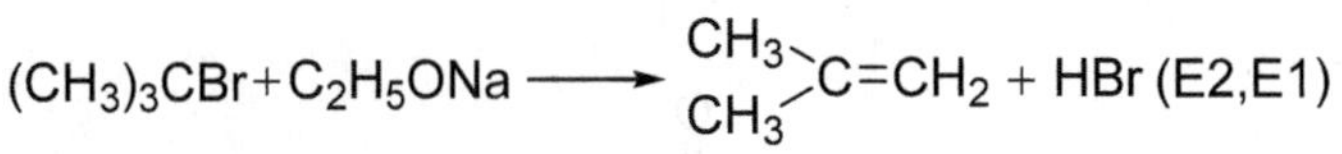

3°RX 在碱性溶液中易消除

(9) $(CH_3)_3CONa + C_2H_5Cl \longrightarrow (CH_3)_3COC_2H_5 + NaCl$ (S_N2)

(10) $CH_3Br + NaC{\equiv}CH \longrightarrow CH_3C{\equiv}CH + NaBr$ (S_N2)

9.3

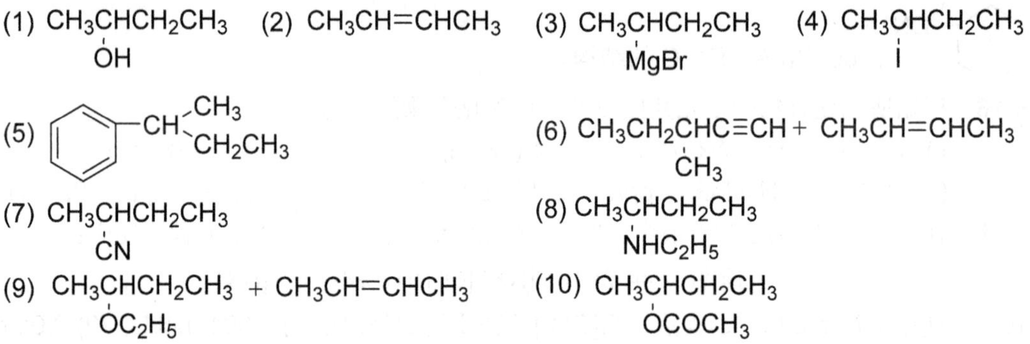

9.4

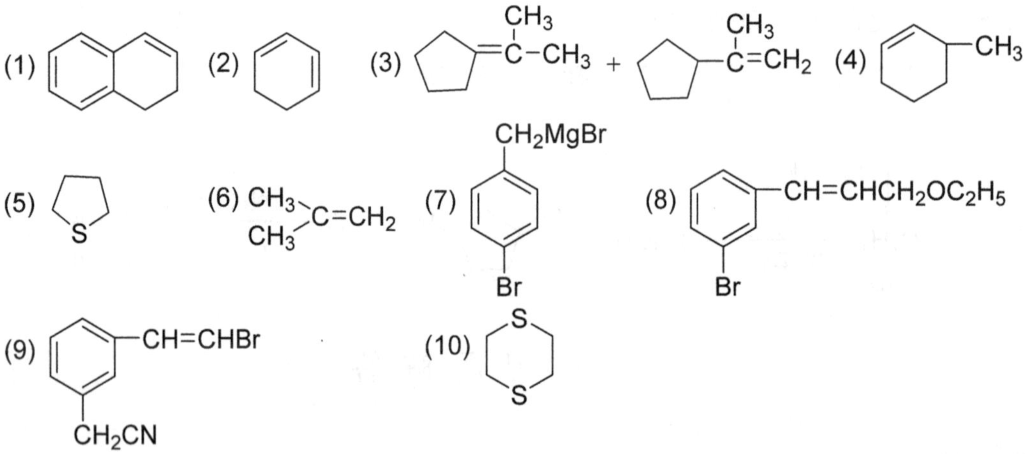

9.5 (1) B > A > C　　(2) C > D > A > E > B

9.6 (1) A > B > C (在质子型溶剂中)　　(2) A > B > C

9.7 (1) S_N2；(2) S_N1；(3) S_N2；(4) S_N2；(5) S_N1；(6) S_N2。

9.8 (1) 在 DMF 中快。因为 DMF 分子中带部分正电荷的一端(即氮原子)被甲基包围，空间位阻使负离子不能接近；而带部分负电荷的一端(即氧原子)暴露在外。因此，DMF 只缔合试剂的正离子，并使其负离子几乎是裸露的，裸露的负离子亲核性比溶剂化的负离子大得多。在极性溶剂乙醇中，负离子与乙醇溶剂化，反应时需供给能量破坏氢键；

(2) 叔丁基溴按 S_N1 历程反应。2-溴丙烷一般以 S_N2 反应为主，水的亲核性较弱，因此反应较慢；

(3) 这两个反应是 S_N2 反应，空间位阻大的卤代烃反应慢，故 $CH_3CH_2CH_2Br$ 反应快；

(4) SH^-的亲核性比 OH^-强，故 NaSH 参与的反应快；

(5) $(CH_3)_3P$ 的亲核性强于$(CH_3)_3N$，故$(CH_3)_3P$ 参与的反应快；

(6) 对 S_N2 反应，空间位阻小的反应快，故正溴丁烷与 CN^-的反应快。

9.9 卤代烃在浓的 KOH 醇溶液中，脱 HX 的反应活性次序一般是：3°RX > 2°RX > 1°RX，生成较稳定的烯烃。

(1) 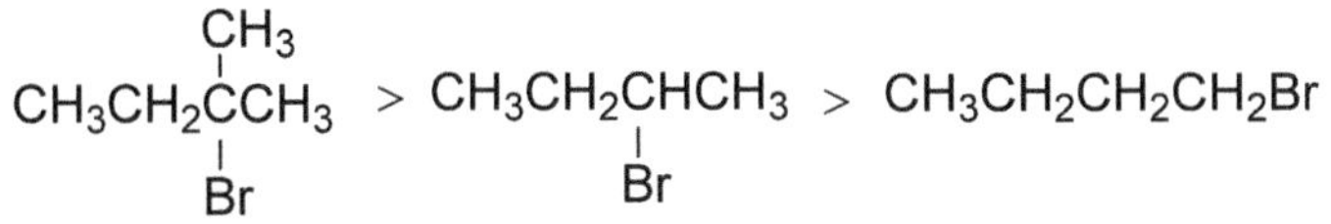

(2) 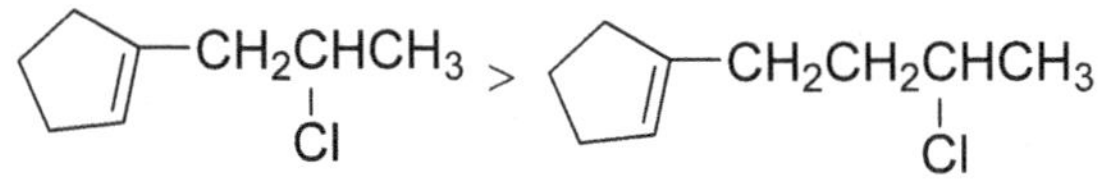

9.10 卤代烃进行 E2 消除时，反式共平面消除较为常见。

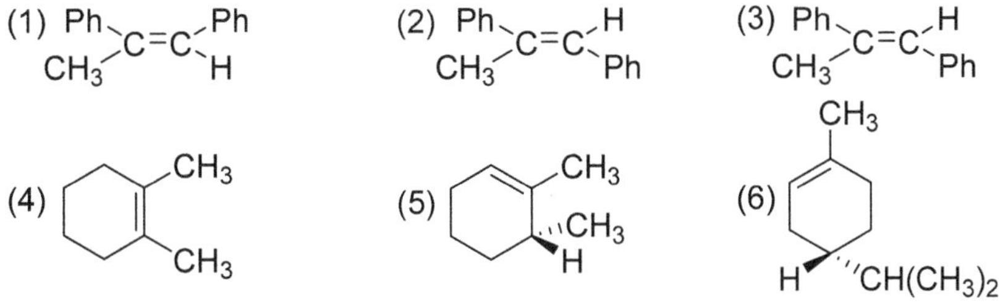

9.11 (1) 苄基溴和水在甲酸溶液中生成苯甲醇的反应为 S_N1 历程，因此反应速率与反应中生成的活性中间体碳正离子的稳定性有关，与 H_2O 无关。在同样条件下，对甲基苄基溴的碳正离子比苄基碳正离子稳定，易于形成，所以反应速率快；

(2) 新戊基卤在亲核取代反应中，由于空间位阻大，亲核试剂不易从卤原子的背面进攻，所以 S_N2 的反应难于进行。又由于新戊基卤属于伯卤代烃，不易生成稳定的碳正离子，故发生 S_N1 的反应也很缓慢；

(3) 在 S_N1 历程的反应中，反应速率受生成碳正离子稳定性的影响，环越僵化，桥头碳正离子生成的可能性越小，反应速率就越小；

(4) 该反应的速率方程式为

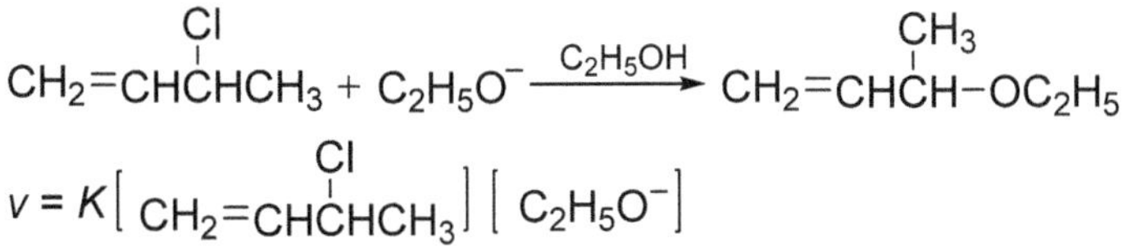

说明反应是按 S_N2 历程进行，按 S_N2 历程进行的反应，无重排反应发生，产物单一。而 3-氯-1-丁烯与乙醇反应时，有两种产物，说明反应是经过了碳正离子的 S_N1 历程。

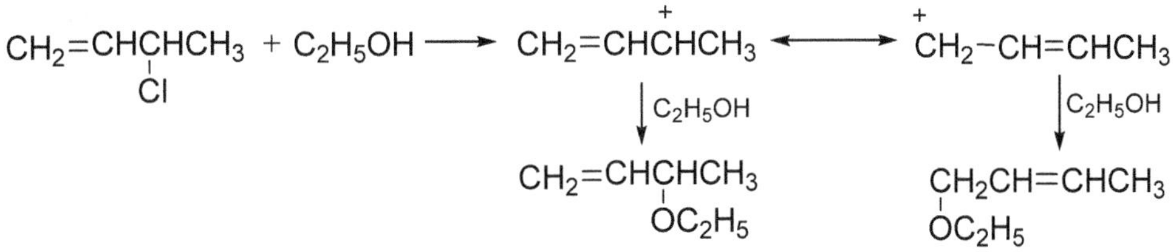

9.12

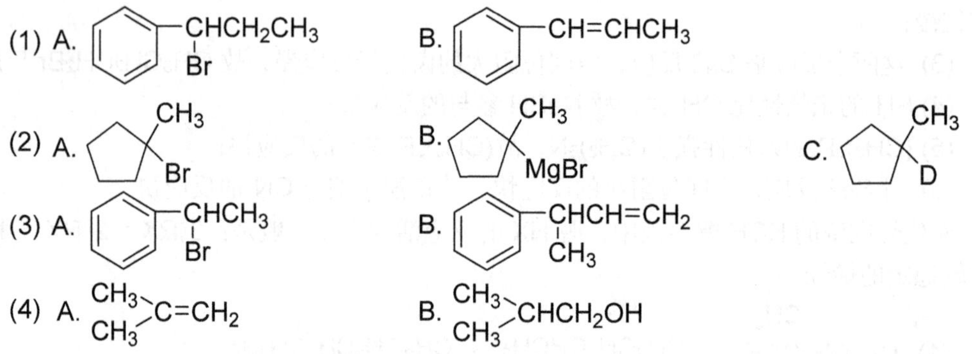

9.13

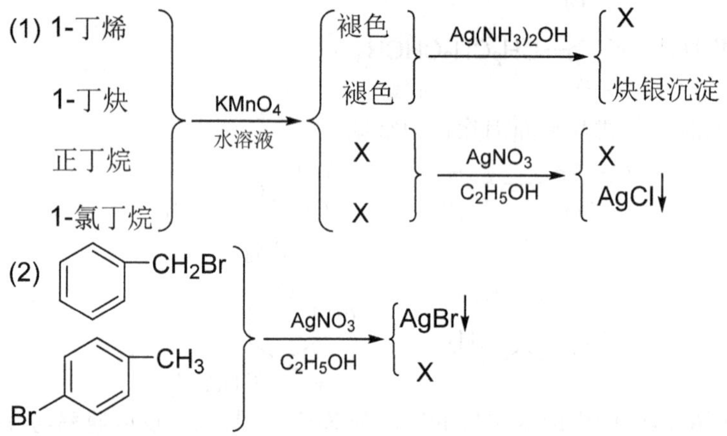

9.14

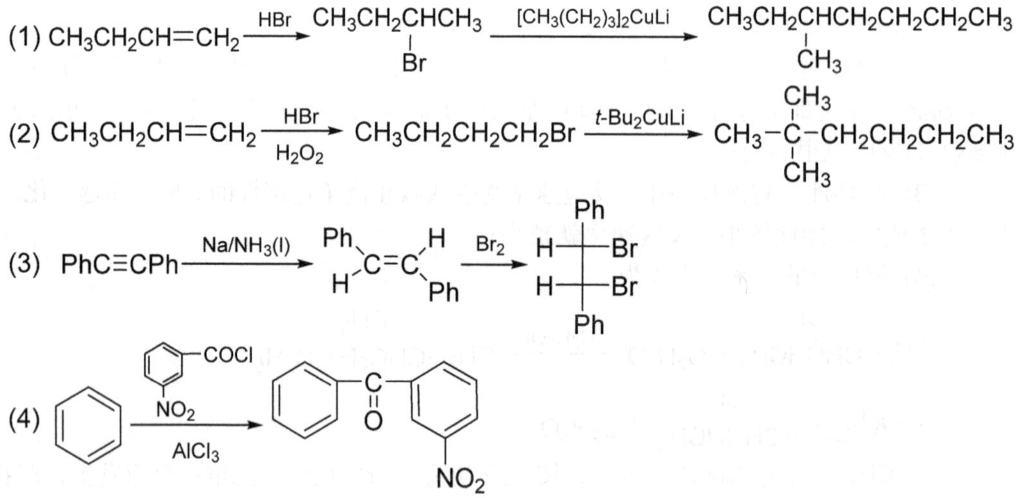

9.15

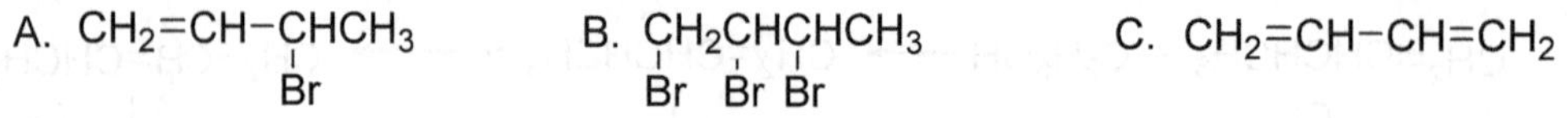

9.16

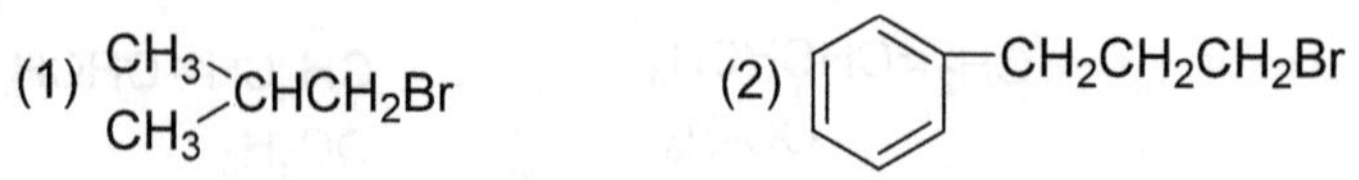

9.17 速率由 S_N1 和 S_N2 两部分组成：

$$v = \underset{S_N2}{4.7\times10^{-5}[RX][OH^-]} + \underset{S_N1}{0.24\times10^{-5}[RX]}$$

由方程可确定 S_N2 的百分率：

$$S_N2(\%) = \frac{S_N2}{S_N2 + S_N1}\times100\% = \frac{4.7\times10^{-5}[RX][OH^-]}{4.7\times10^{-5}[RX][OH^-] + 0.24\times10^{-5}[RX]}\times100\%$$

$$= \frac{4.7[OH^-]}{4.7[OH^-] + 0.24}\times100\%$$

(1) 当$[OH^-] = 0.001$ mol/L 时，$S_N2(\%) = \dfrac{4.7\times0.001}{4.7\times0.001 + 0.24}\times100\% = 1.9\%$

类似地：(2) $[OH^-]=0.01$ mol/L $S_N2(\%)= 16.4\%$；

(3) $[OH^-]=0.1$ mol/L, $S_N2(\%)= 66.2\%$；

(4) $[OH^-]=1.0$ mol/L, $S_N2(\%)= 95.1\%$；

(5) $[OH^-]=5.0$ mol/L, $S_N2(\%)= 99.0\%$。

9.18 略。

第10章　醇　酚　醚

一、例题及解析

【例 10-1】　用系统命名法命名下列化合物。

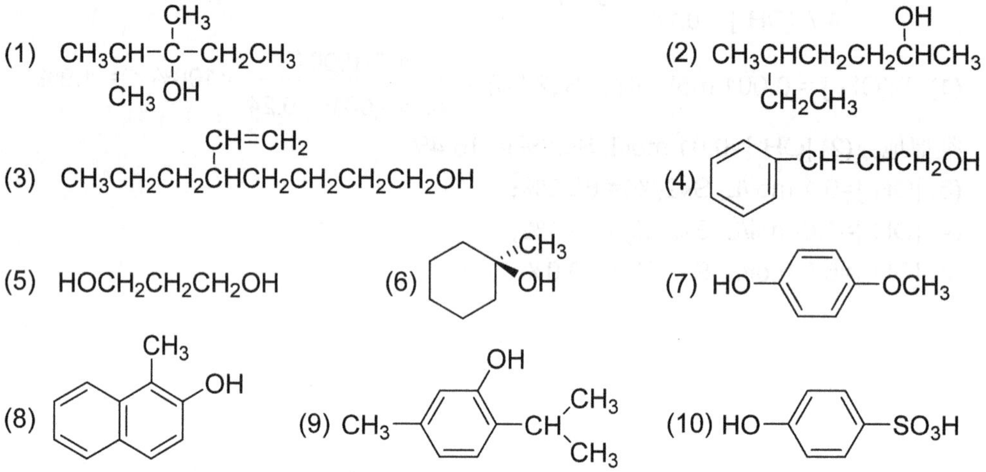

解　醇的系统命名法是将含有羟基的最长碳链作为主链，将支链作为取代基，主链中碳原子的编号从靠羟基最近的一端开始，按照主链中所含碳原子数目而称为某醇。分子中含有重键时，应选含有重键和羟基的链为主链，尽可能使羟基的位次最小。

(1) 2,3-二甲基-3-戊醇　　(2) 5-甲基-2-庚醇　　(3) 5-正丙基-6-庚烯-1-醇

(4) 3-苯基-2-丙烯-1-醇　　(5) 1,3-丙二醇　　(6) 1-甲基环己醇

酚类命名时，一般以酚为母体，当芳环上有 R—、X—、$—NO_2$、$—NH_2$ 等基团时，它们的名称和位次写在母体名称之前。但当取代基的序列优先于酚羟基时，羟基也作为取代基。

(7) 4-甲氧基苯酚　　(8) 1-甲基-2-萘酚　　(9) 5-甲基-2-异丙基苯酚(百里酚)

(10) 4-羟基苯磺酸

【例 10-2】　写出 2-丙醇与下列试剂作用时的产物。

(1) 浓 H_2SO_4(室温，140℃, 170℃)　(2) HBr　(3) $P+I_2$　(4) Na　(5) $K_2Cr_2O_7/H_2SO_4$

解

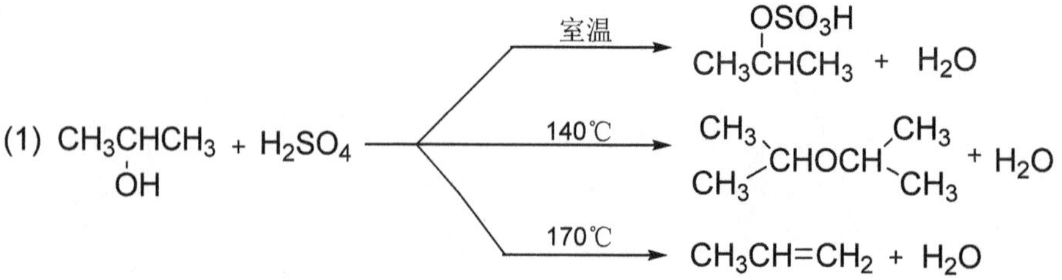

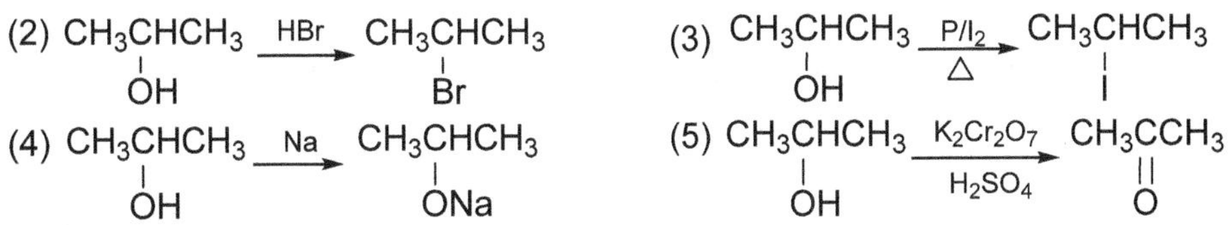

【例 10-3】 用化学方法鉴别下列各组化合物。

(1) 苯酚，环己醇，1-苯基乙醇 (2) 正丁醇，仲丁醇，叔丁醇

(3) $CH_2=CHCH_2OH$ $CH_3CH_2CH_2OH$ $CH_3CH_2CH_2Cl$

解

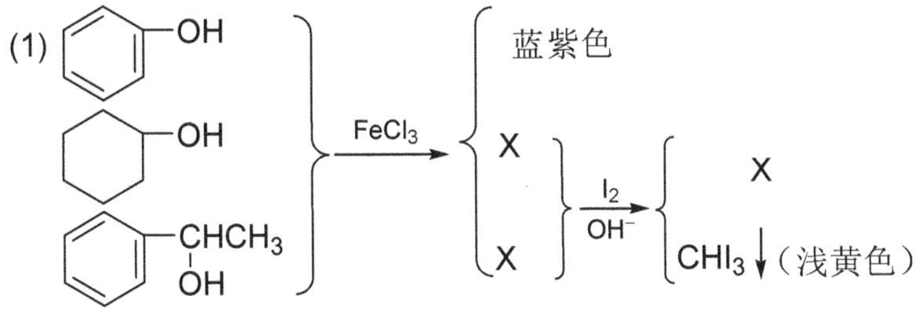

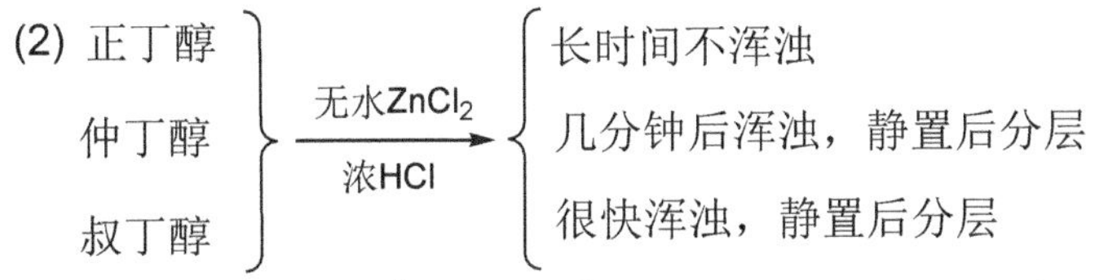

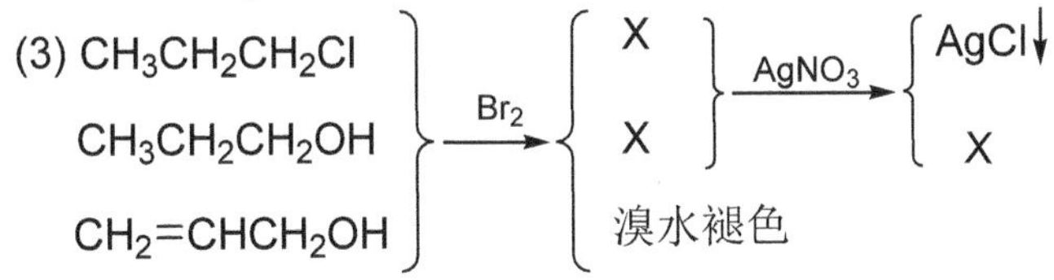

【例 10-4】 完成下列反应。

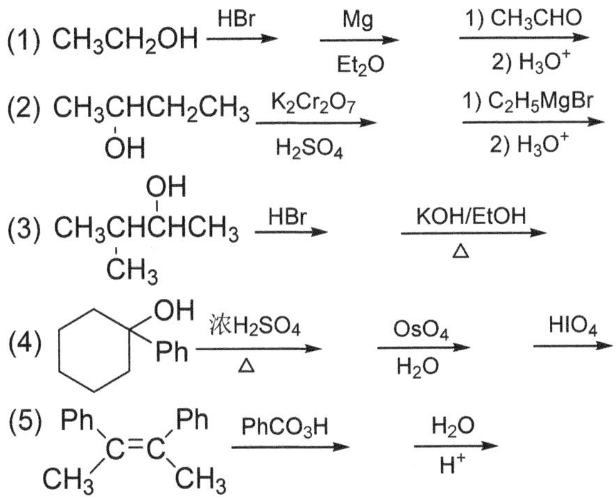

解

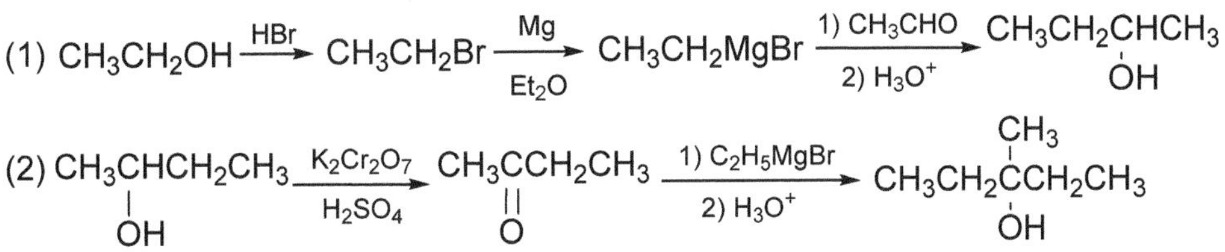

(3) 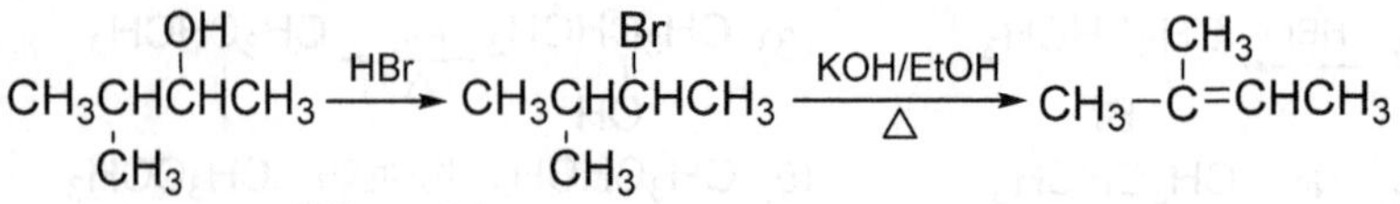

(4) 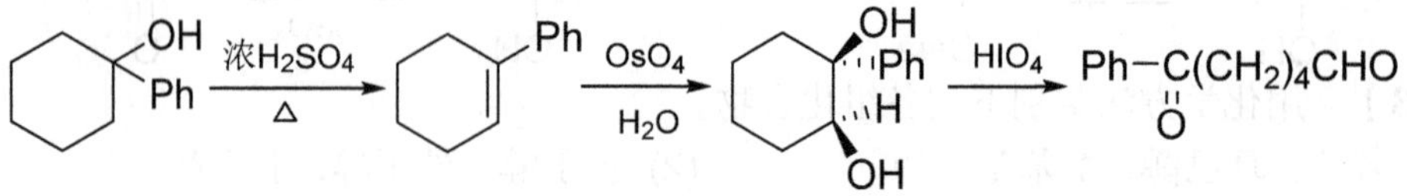

(5) 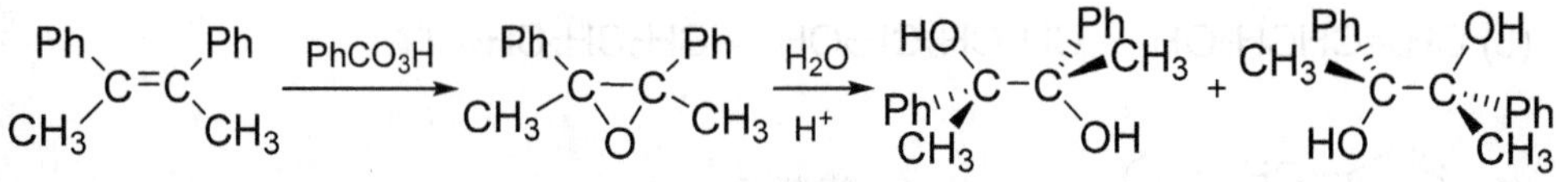

【例 10-5】　写出邻甲苯酚与下列试剂反应时的主产物。

(1) $FeCl_3/C_2H_5OH$；(2) Br_2/H_2O；(3) NaOH；(4) CH_3COCl；(5) $(CH_3CO)_2O$；(6) 稀 HNO_3；(7) 过量 Cl_2；(8) 浓 H_2SO_4；(9) $NaOH/(CH_3)_2SO_4$。

解

(1) 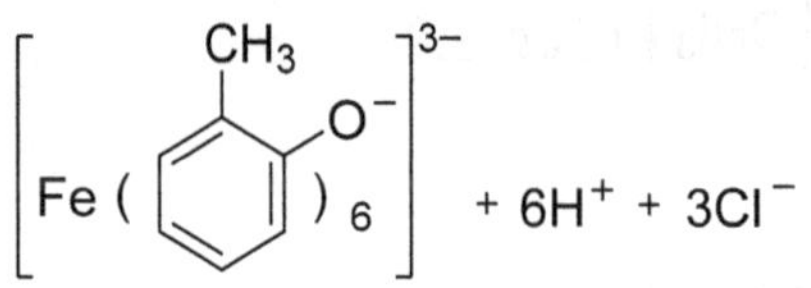

(2) 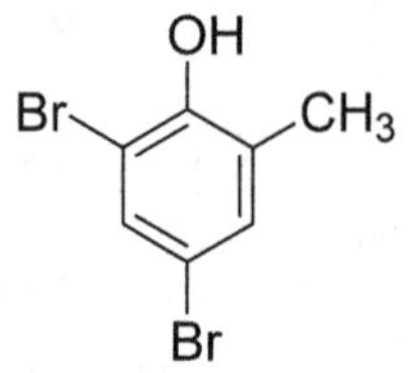

(3) 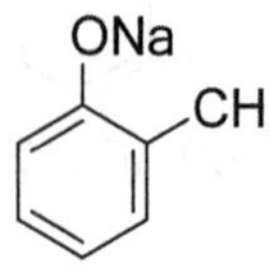

(4) 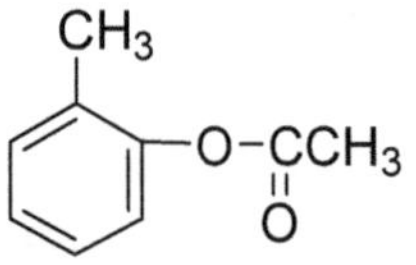

(5) 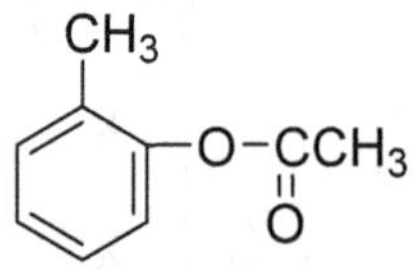

(6) 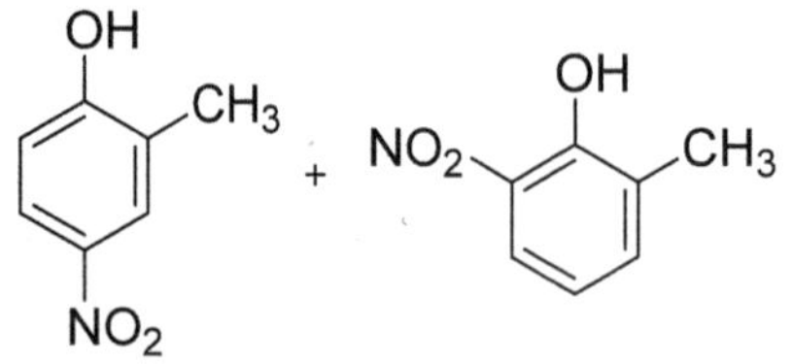

(7) 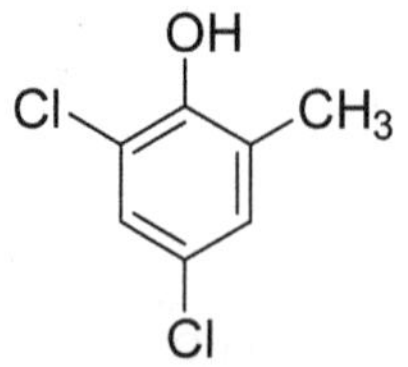

(8) 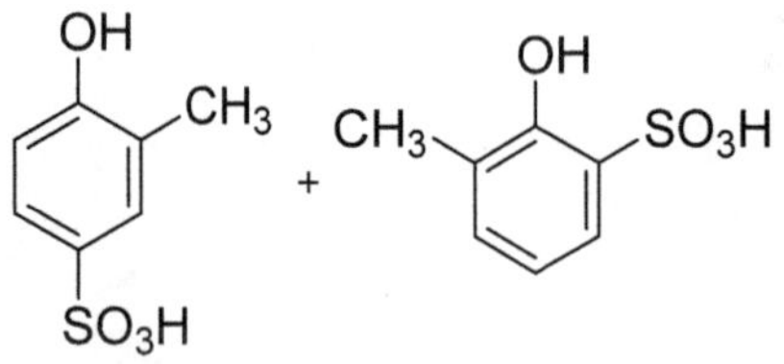

(9) 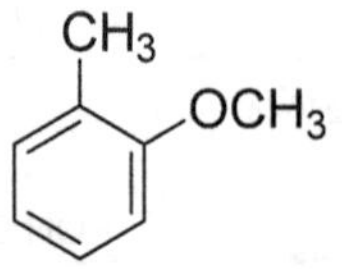

【例 10-6】　完成下列反应。

(1) 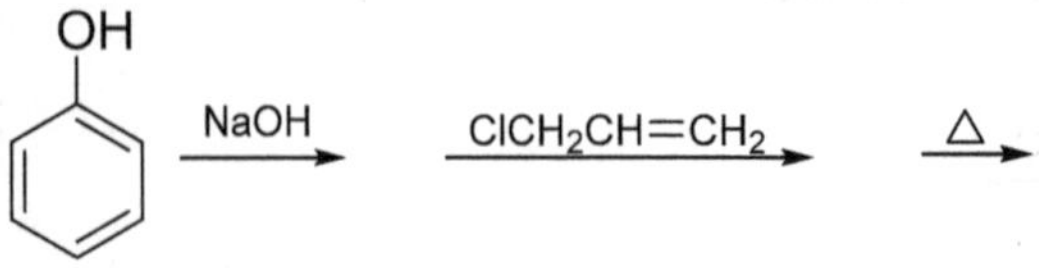

(2) 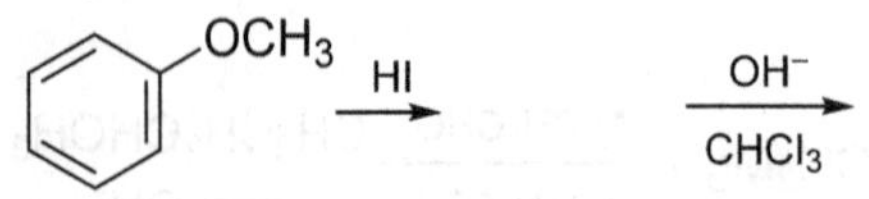

(3) 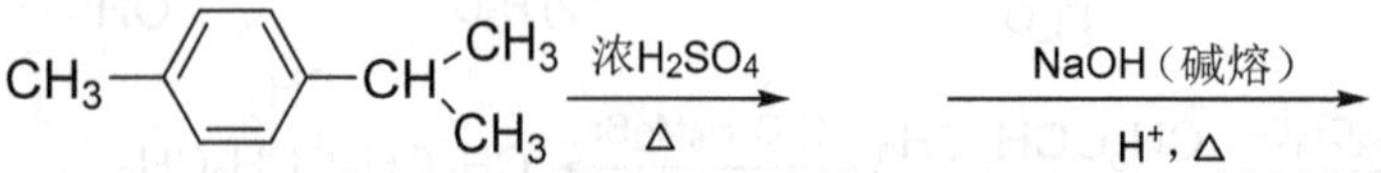

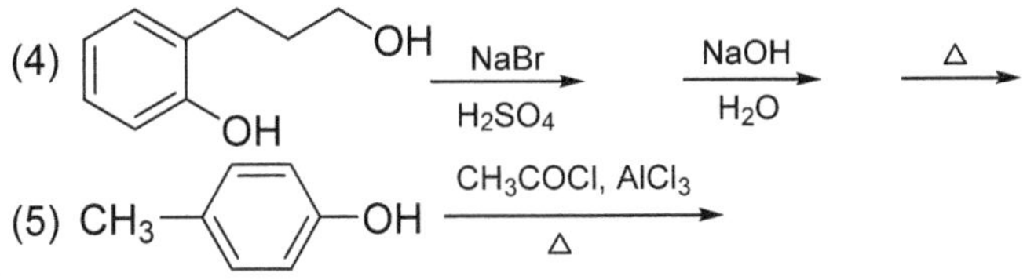

解

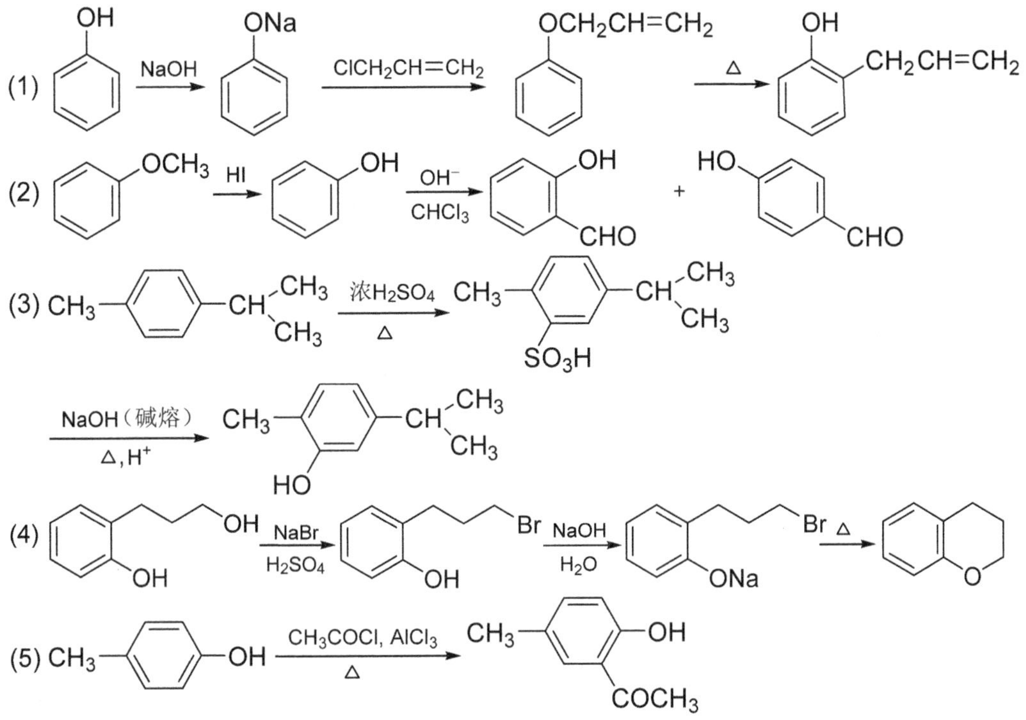

【例 10-7】　写出下列反应历程。

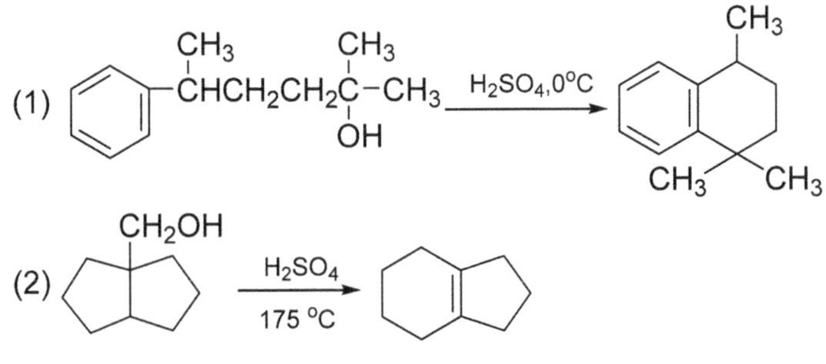

解

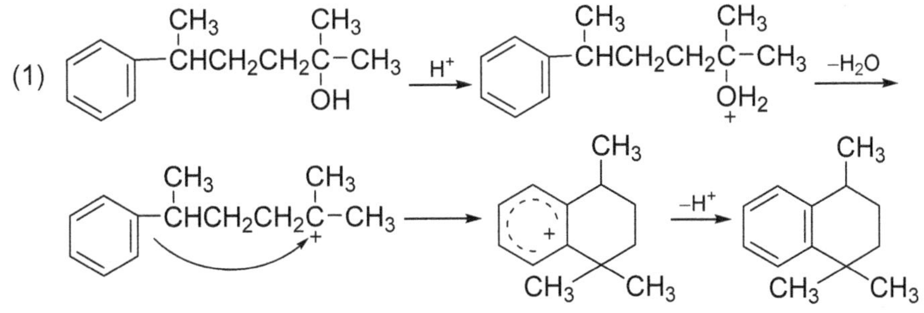

(2) 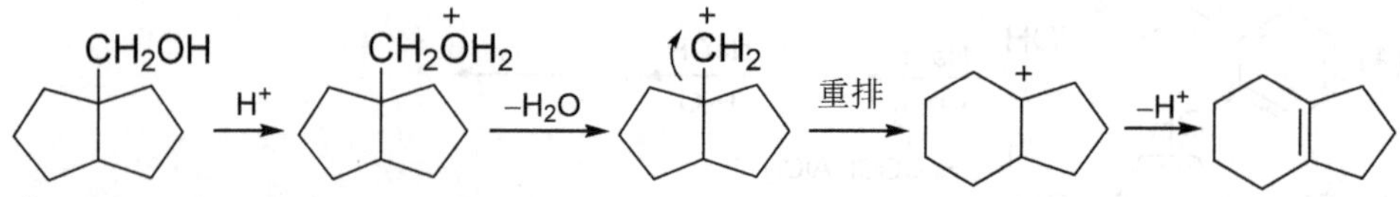

【例 10-8】　由下列原料合成 2-苯乙醇。

(1) 溴苯　(2) 苯乙烯　(3) 苯乙炔

解

(1) 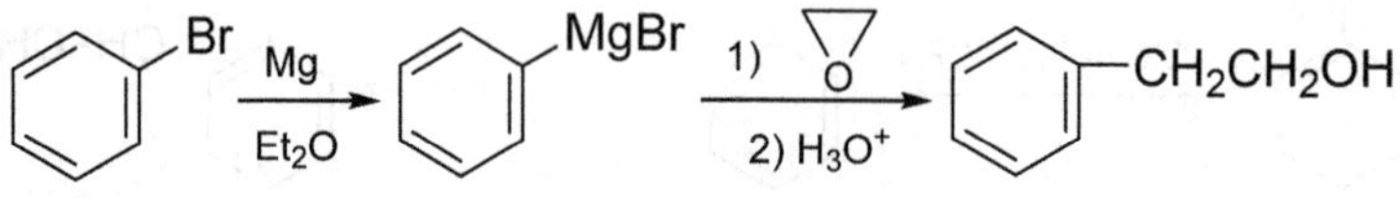

(2) 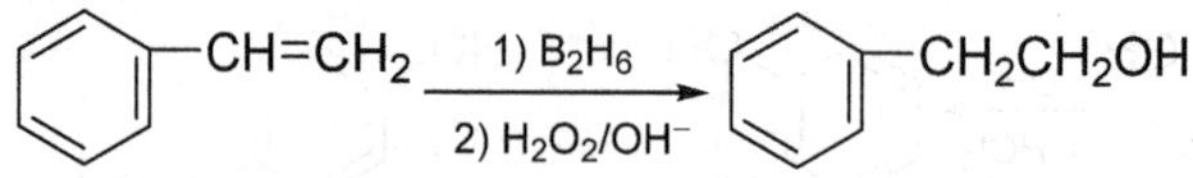

(3) 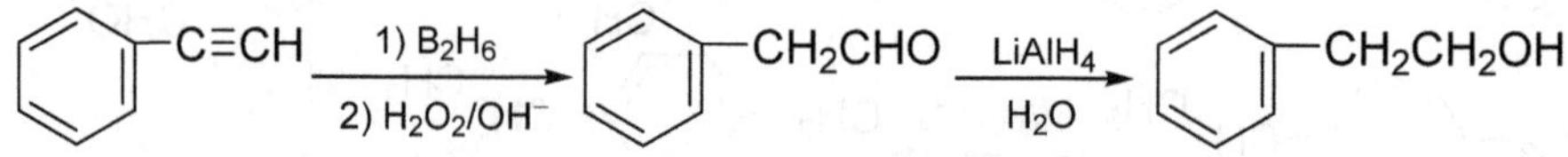

【例 10-9】　由苯酚制备下列化合物。

(1) 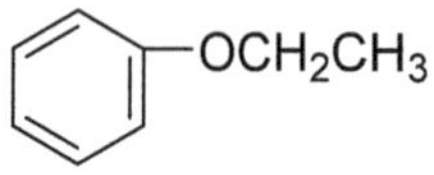　(2) 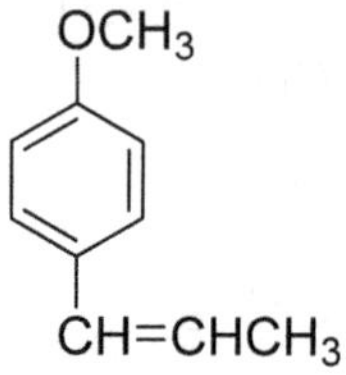　(3) 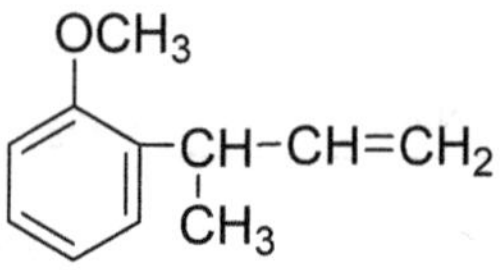

解

(1) 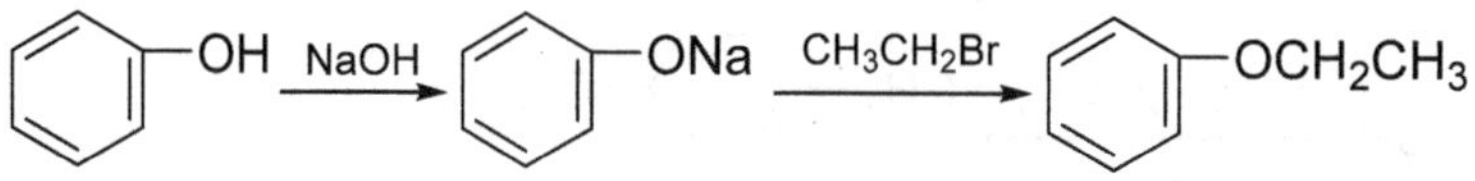

(2) 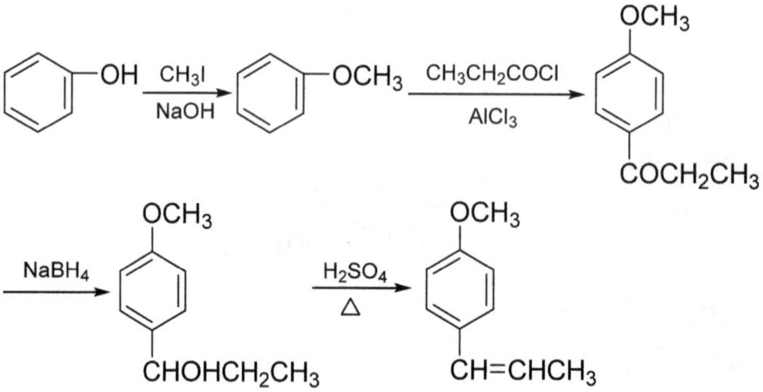

(3) 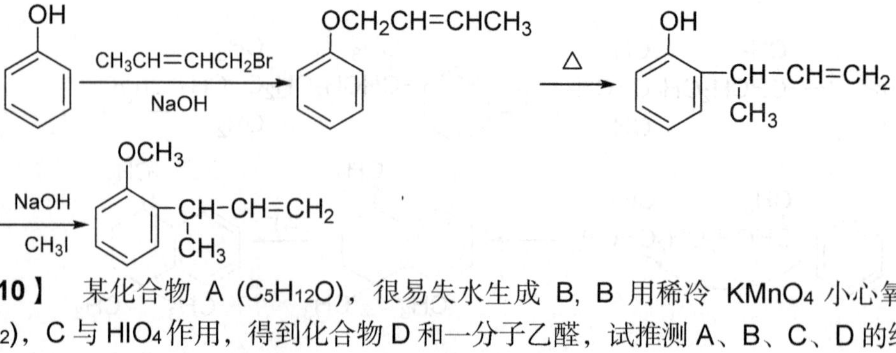

【例 10-10】　某化合物 A ($C_5H_{12}O$)，很易失水生成 B，B 用稀冷 $KMnO_4$ 小心氧化得 C ($C_5H_{12}O_2$)，C 与 HIO_4 作用，得到化合物 D 和一分子乙醛，试推测 A、B、C、D 的结构。

解

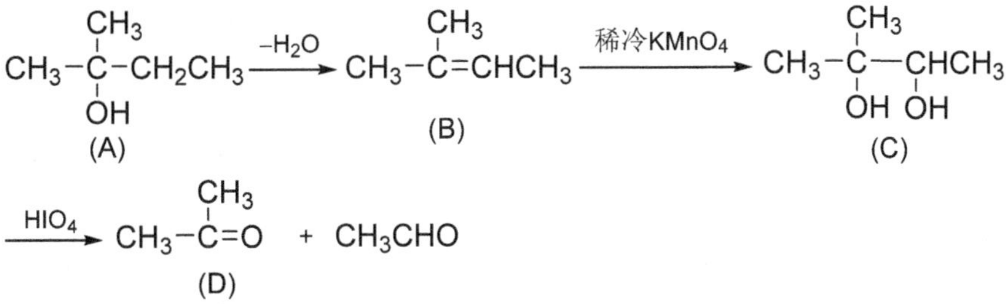

【例 10-11】　化合物 A(C_7H_8O)与 Na 不发生反应，与浓 HI 反应生成两种化合物 B 和 C。B 能溶于 NaOH，并与 $FeCl_3$ 作用呈紫色，C 与 $AgNO_3$ 的水溶液反应生成 AgI 黄色沉淀，试推测 A、B、C 的结构。

解　化合物 A 的不饱和度为 4，推测分子中可能有芳环。根据所给的条件，可推出：

A. 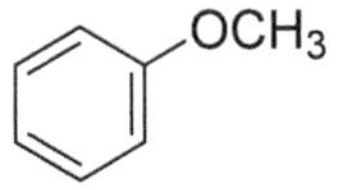　B. 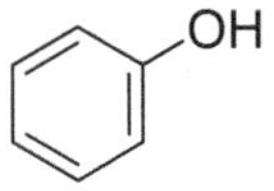　C. CH_3I

【例 10-12】　根据波谱数据推测结构。

(1) A ($C_4H_{10}O$)　^1H NMR δ(ppm)：0.8 (6H, d), 1.7 (1H, m), 3.2 (2H, d), 4.2 (1H, s)，当样品与 D_2O 共摇后此峰消失)；

(2) B($C_9H_{12}O$)　IR(cm^{-1})：3350, 3070, 1600, 1490, 1240, 830; ^1H NMR δ(ppm)：0.9 (3H, t) , 1.5 (2H, m), 2.4 (2H, t), 5.5 (1H, b) , 6.8 (4H, q)。

解　(1) 化合物 A 与 D_2O 共摇后 δ = 4.2 ppm 处的单峰消失，说明分子中有—OH；δ = 0.8 ppm(6H，d)，说明分子中有异丙基结构 a，故其结构见下式 A；

(2) 化合物 B 的不饱和度为 4，提示分子中可能有苯环；IR 中 3350 cm^{-1} 的峰提示有羟基；3070 cm^{-1}, 1600 cm^{-1}, 1490 cm^{-1} 的峰说明有苯环，830 cm^{-1} 的峰提示可能为二取代苯；^1H NMR 中，δ6.8 ppm (4H, q)与对位二取代苯相符，其他的峰说明侧链为 $CH_3CH_2CH_2$—, δ = 5.5 ppm(1H，b)为酚羟基质子，所以 B 的结构见下式 B。

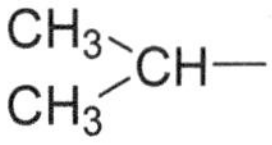
a

A

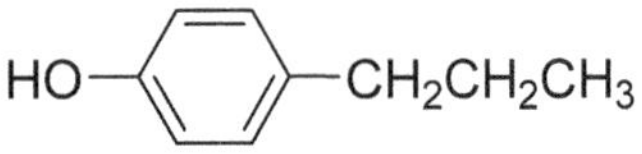
B

二、习　题

10.1　命名下列化合物。

(1) 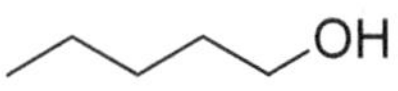

(2) 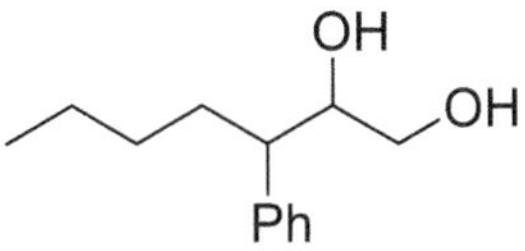

(3) 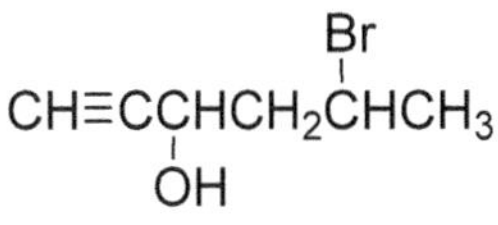

(4) 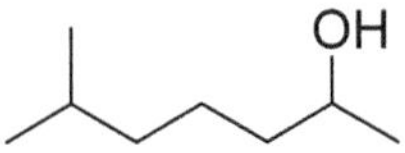

(5) 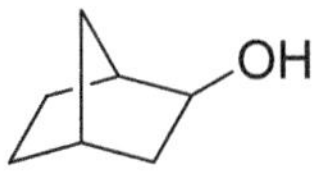

(6) 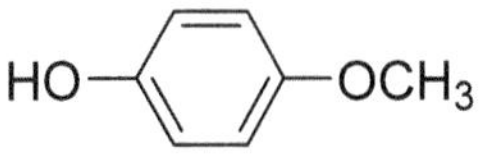

(7) 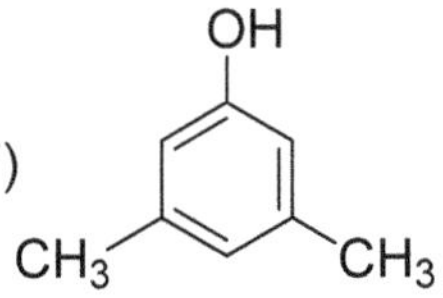

(8) 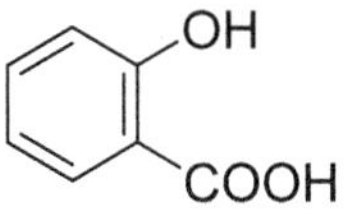

(9) 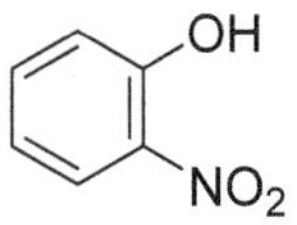

(10) 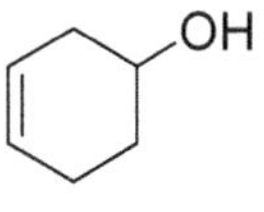

10.2 写出下列化合物的结构式。

(1) 2,3-二甲基-2,3-丁二醇　(2) 2,2-二甲基-3-戊炔-1-醇　(3) (1*R*,2*R*)-2-甲基环戊醇
(4) 2-苯基-2-丙醇　(5) 4-烯丙基-2-甲氧基萘酚　(6) 3-氯-2,4,5-三甲基-1-庚醇
(7) 4-硝基-1-萘酚　(8) 苦味酸

10.3 写出 $C_5H_{12}O$ 的所有异构体，命名并指出伯、仲、叔醇，对有光学活性者标明构型。

10.4 写出环己醇与下列试剂反应(若反应)的主要产物。

(1) 冷的浓 H_2SO_4　(2) 浓 H_2SO_4, △　(3) 稀冷 $KMnO_4$　(4) $K_2Cr_2O_7/H_2SO_4$, △
(5) 浓 HBr 水溶液　(6) $SOCl_2$　(7) Na　(8) CH_3MgBr/无水乙醚
(9) NaOH 水溶液　(10) H_2/Ni

10.5 按题意回答下列问题。

(1) 比较下列化合物在水中的溶解度：

a. $HOCH_2CH_2CH_2OH$　b. $CH_3CH_2OCH_2CH_3$　c. $CH_3CH_2CH_2CH_3$　d. $CH_3CH_2CH_2OH$

(2) 比较沸点高低：

A. a. $\begin{array}{c}CH_2OH\\|\\CH_2OH\end{array}$　b. $\begin{array}{c}CH_2OCH_3\\|\\CH_2OCH_3\end{array}$　c. $\begin{array}{c}CH_2OH\\|\\CH_2OCH_3\end{array}$

B. a. 正己醇　b. 3-己醇　c. 2-甲基-2-戊醇

(3) 比较酸性强弱：

A. a. $ClCH_2CH_2OH$　b. CH_3CH_2OH

B. a. 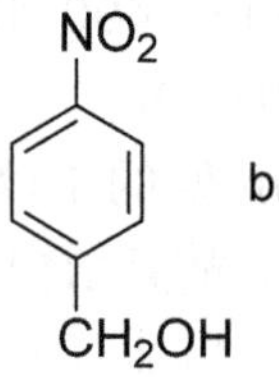　b. 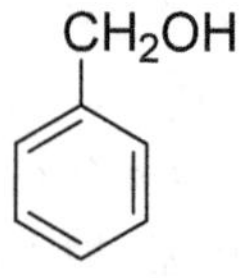

C. a. 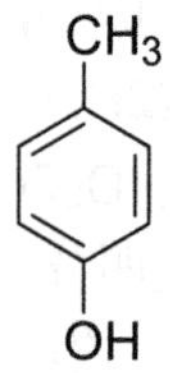　b. 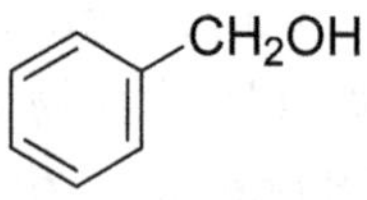

D. a. 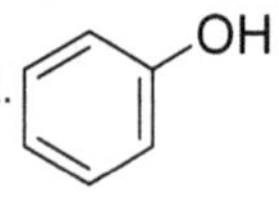　b. 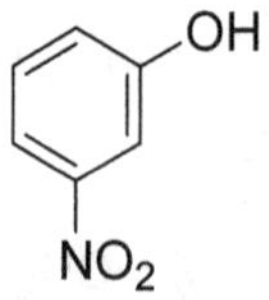　c. 

E. a. 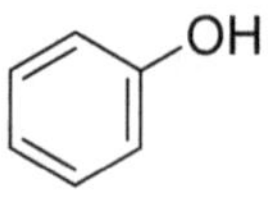　b. 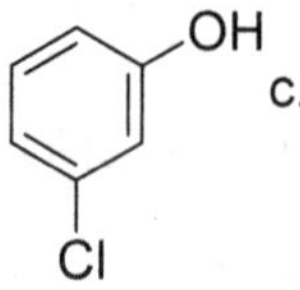　c. 

(4) 比较下列各组醇与 HBr 按 S_N1 反应时的活性：

A. 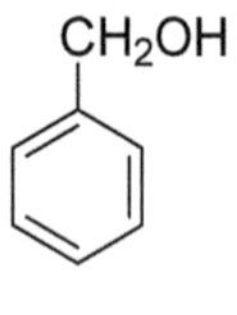　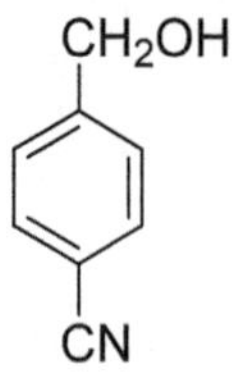　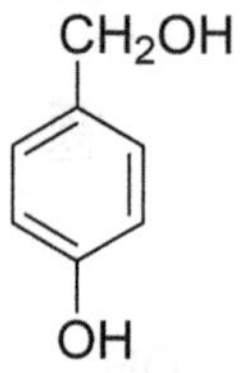

B. 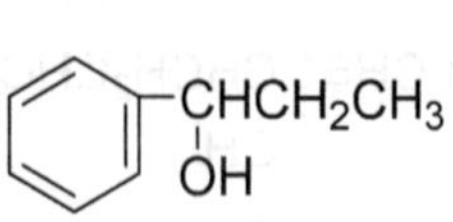　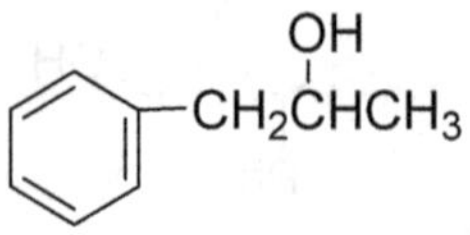　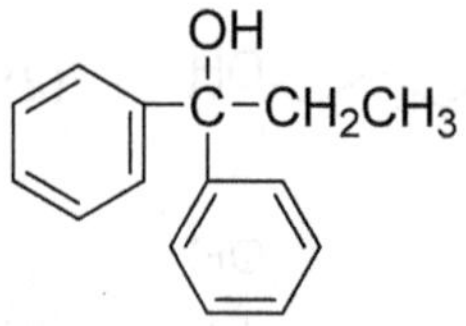

C. $(CH_3)_3COH$　$CH_3\underset{OH}{\underset{|}{C}}HCH_2CH_3$　$CH_3CH_2CH_2CH_2OH$

10.6 写出下列化合物脱水的主要产物。

(1) 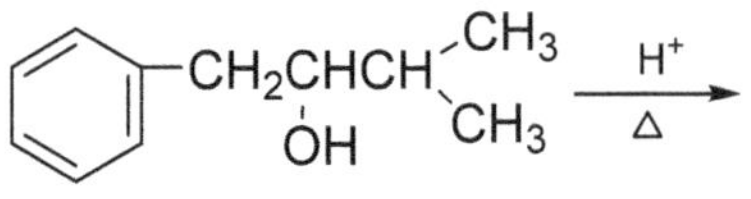

(2) 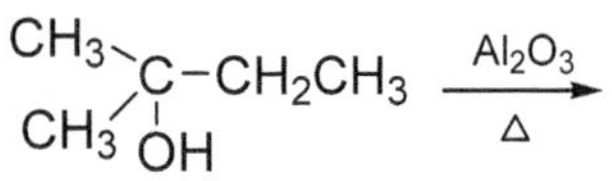

(3) 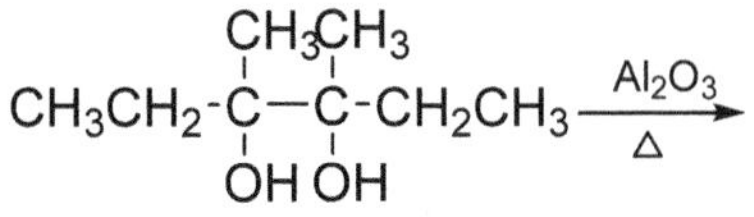

(4) $HOCH_2(CH_2)_3CH_2OH \xrightarrow{H_3PO_4}$

(5) 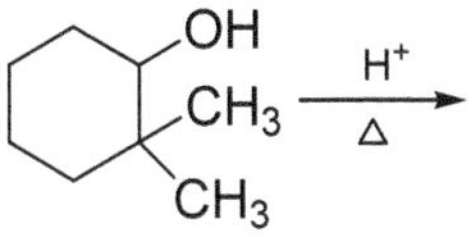

(6) 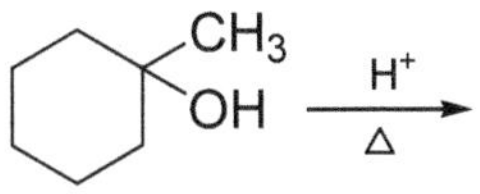

10.7 完成下列反应。

(1) 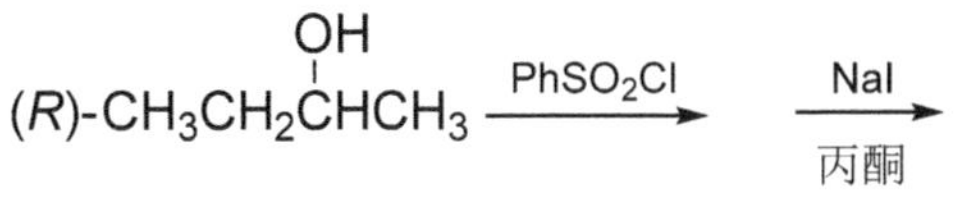

(2) 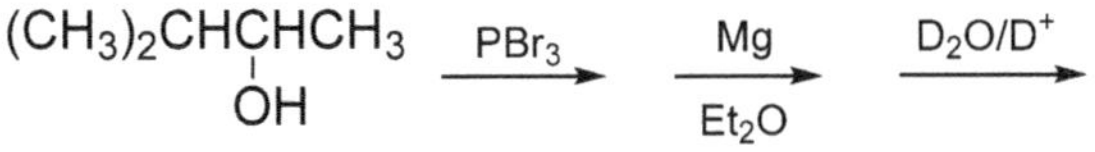

(3) 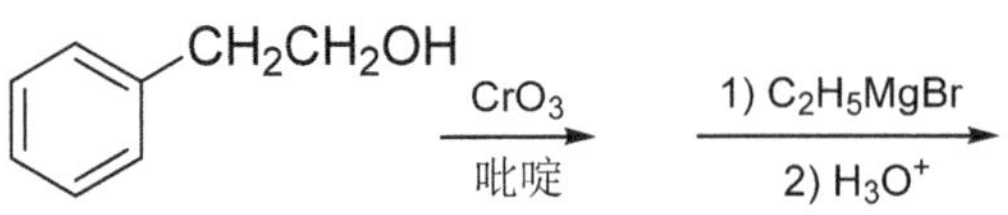

(4) 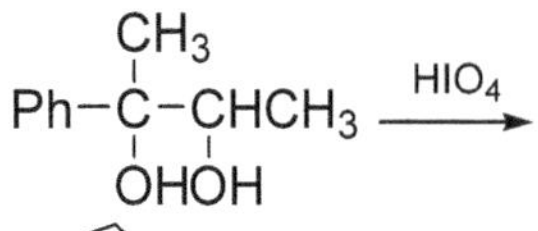

(5) 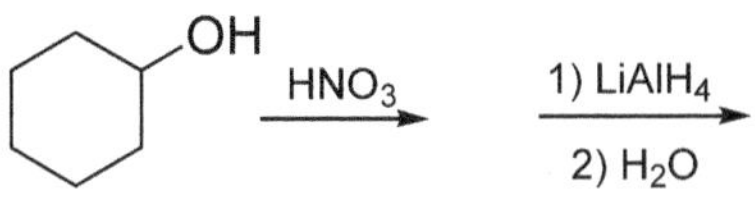

(6) 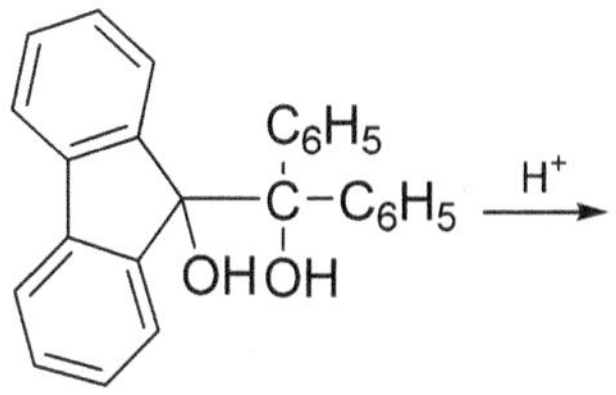

(7) 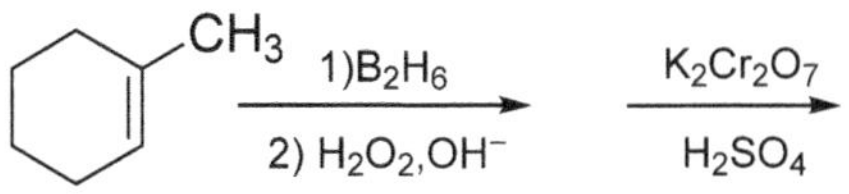

(8) 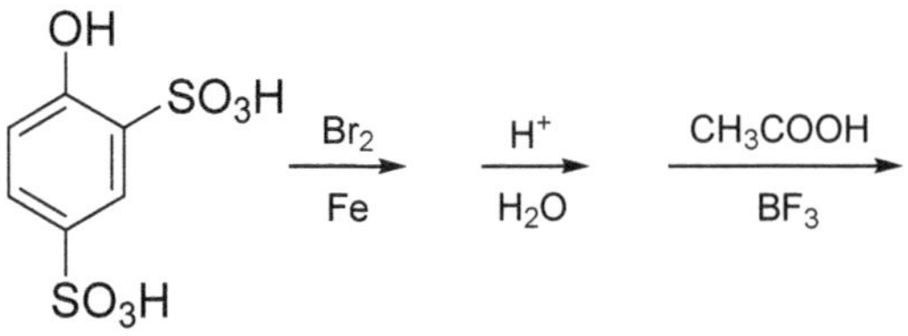

(9) 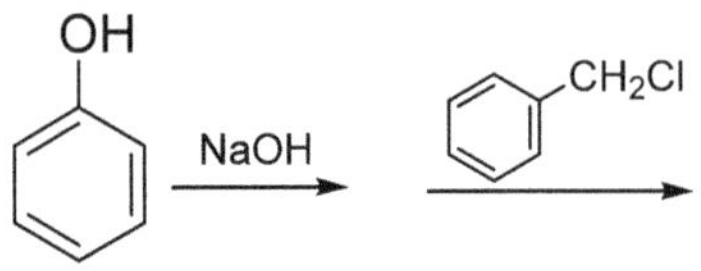

(10) 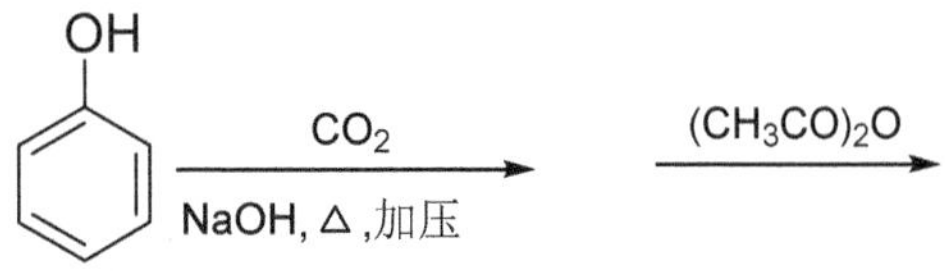

10.8 用简便的化学方法鉴别下列各组化合物。

(1) 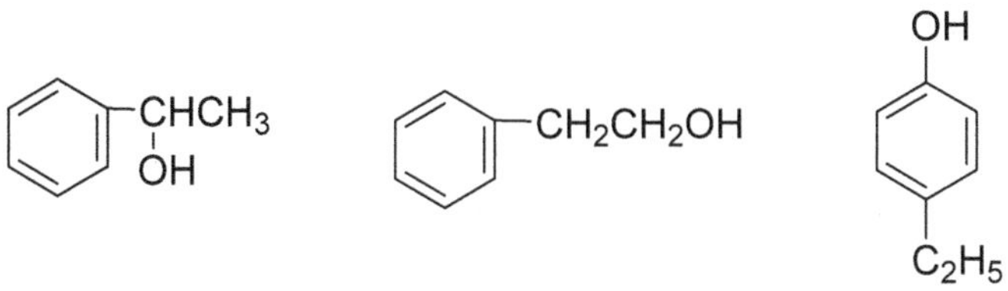

(2) 1,2-丁二醇　　　1,3-丁二醇　　　叔丁醇

10.9 写出下列反应的历程。

(1) 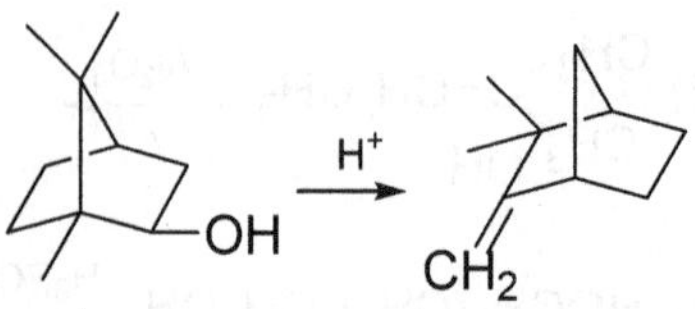　(2) 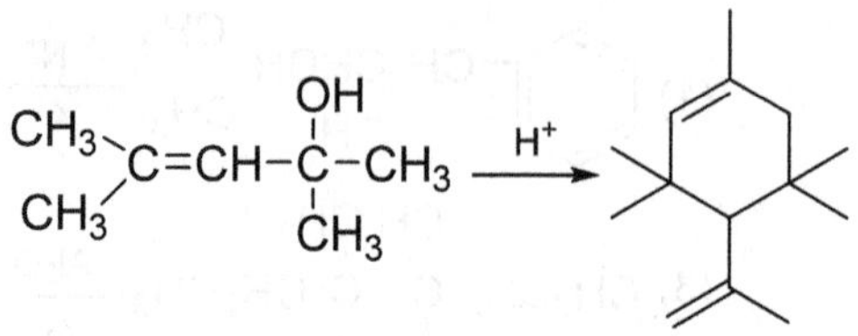

(3) 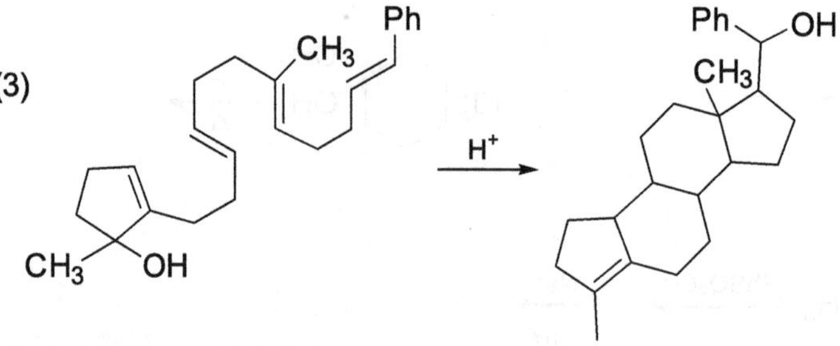

10.10 分离和提纯下列化合物。

(1) 环己醇中含有少量苯酚　　(2) 乙醚中含有少量乙醇和水

(3) 邻硝基苯酚中含有部分对硝基苯酚

10.11 用 Grignard 试剂和适当醛、酮合成下列醇，若有几种组合方案时，写出可能的组合。

(1) 2-戊醇　(2) 1-苯基-1-丙醇　(3) 1-苯基-2-丙醇　(4) 1-甲基环己醇

(5) 3-苯基-1-丙醇　(6) 三苯基甲醇　(7) 环己基甲醇

10.12 由指定原料合成下列化合物。

(1) 由苯及环己醇合成 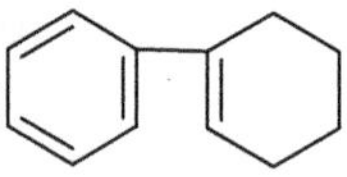；

(2) 由环己烷合成 A 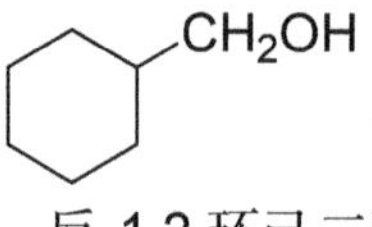、B 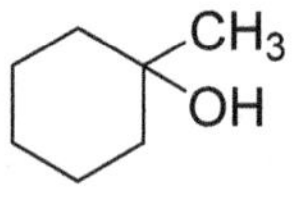、C 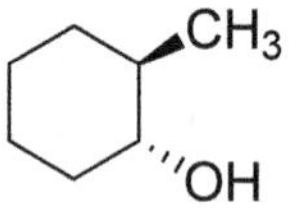；

(3) 由环己烯合成顺、反-1,2 环己二醇；

(4) 由苯及不超过四个碳的烯烃合成：

A. 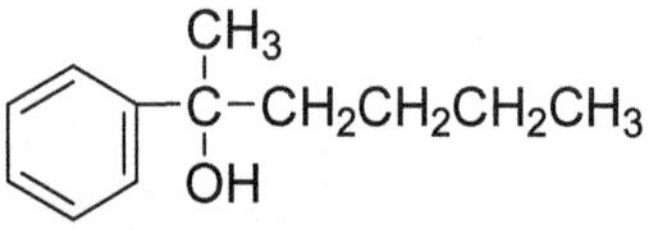　B. 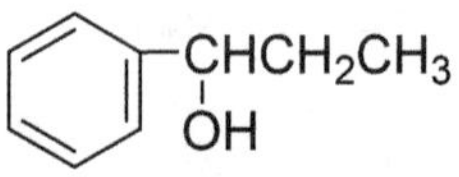

10.13 根据波谱数据推测结构。

(1) $C_{10}H_{14}O$　IR (cm^{-1})：3350, 1600, 1490, 710, 690; ^1H NMR δ(ppm)：1.1 (6H, s), 1.4 (1H, s), 2.7 (2H, s), 7.2 (5H, s)；

(2) $C_{10}H_{14}O$　IR (cm^{-1})：3340, 1600, 1490, 1380, 1230, 860; ^1H NMR δ(ppm)：1.3 (9H, b), 4.9 (1H, b), 7.0 (4H, q)；

(3) $C_9H_{11}BrO$　IR (cm^{-1})：3340, 1600,1500, 1380, 830; ^1H NMR δ(ppm)：0.9 (3H, t), 1.6 (2H, m), 2.7 (1H, s), 4.4 (1H, t), 7.2 (4H, q)；

(4) $C_8H_{18}O_2$ 与 HIO_4 无反应, IR (cm^{-1})：3350, 1390, 1370; ^1H NMR δ(ppm)：1.2(12H, s), 1.5 (4H, s), 1.9 (2H, s)；

(5) IR(cm^{-1})：3600, 1600, 1500, 1160,1010, 760, 690; ^1H NMR δ(ppm)：2.8(1H, s), 7.3 (15H, m); MS *m/z*：260, 183, 78;

(6) IR (cm^{-1})： 3600, 3030, 1600, 1500, 1180, 1020, 826; ^1H NMR δ(ppm)：5.1 (s, 1H,

加 D_2O 后消失), 6.8 (4H, q); MS *m/z*：176 (M+4), 174 (M+2), 172 (M, B), 93 (19.5), 75 (1), 65 (31)；

(7) IR (cm^{-1})：3200, 1500, 1480, 1200, 820; ^1H NMR δ(ppm)：6.6 (4H, m), 7.5 (2H, s, 加 D_2O 后消失); MS *m/z*：110 (M, B)。

10.14　分子式为 $C_9H_{12}O$ 的化合物有下列实验现象。

(1) Na $\longrightarrow$ 慢慢放出气泡；(2) 酸酐 $\longrightarrow$ 有愉快气味；(3) CrO_3/H_2SO_4 $\longrightarrow$ 转变为不透明和蓝绿色；(4) $KMnO_4/H^+$ $\longrightarrow$ 得苯甲酸；(5) I_2+NaOH $\longrightarrow$ 生成黄色固体；(6) Br_2/CCl_4 $\longrightarrow$ 不褪色；(7) 使偏振光旋转，请推测该化合物的结构。

三、习 题 解 答

10.1　略。　　**10.2**　略。　　**10.3**　略。

10.4

(1) 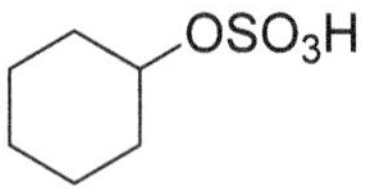

(2) 

(3) 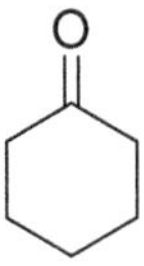

(4) 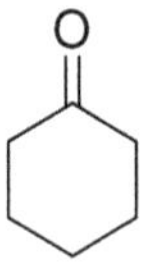

(5) 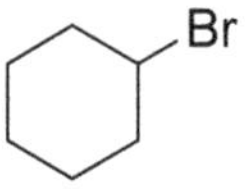

(6) 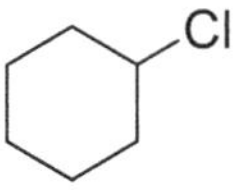

(7) 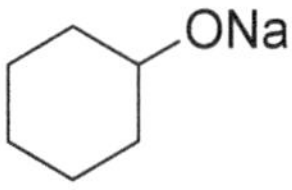

(8) 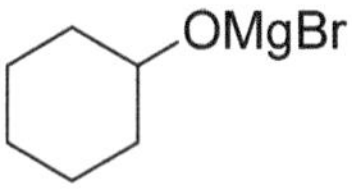

(9)不反应　　(10)不反应

10.5　(1) 根据相似相溶原理，分子中有羟基者能与水形成氢键而溶解。所以，溶解度次序为 a > d > b > c；

(2) 醇分子间存在氢键，因而醇的沸点比较高。对碳数相同的饱和一元醇，直链沸点高，支链多沸点低。因此，A：a > c > b，B：a > b > c；

(3) A：a > b　B：a > b　C：a > b　D：c > b > a　E：b > c > a

(4) 比较醇与 HBr 按 S_N1 反应时的活性，实质上是比较活性中间体碳正离子的稳定性。碳正离子越稳定越易生成，反应活性越高。

A. 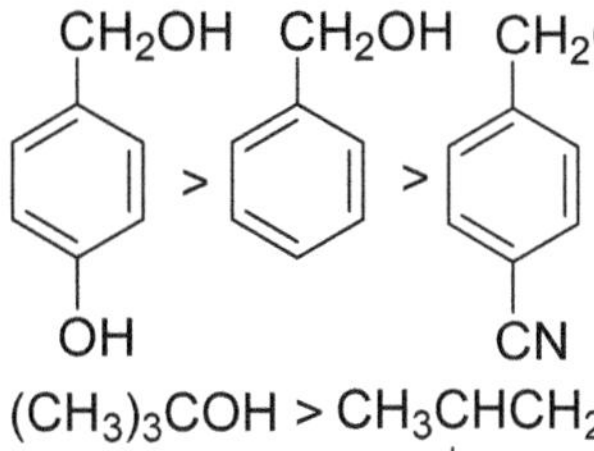

B. $Ph_2C(OH)CH_2CH_3$ > $PhCH(OH)CH_2CH_3$ > $PhCH_2CH(OH)CH_3$

C. $(CH_3)_3COH$ > $CH_3CH(OH)CH_2CH_3$ > $CH_3CH_2CH_2CH_2OH$

10.6

(1) 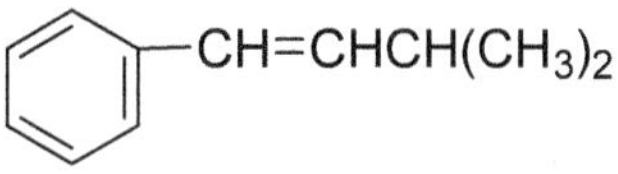

(2) $CH_3-C(CH_3)=CHCH_3$

(3) $CH_3CH=C(CH_3)-C(CH_3)=CHCH_3$

(4) 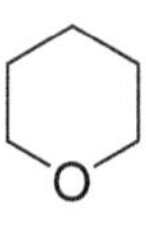

(5) 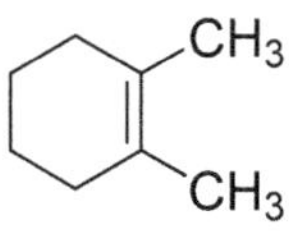

(6) 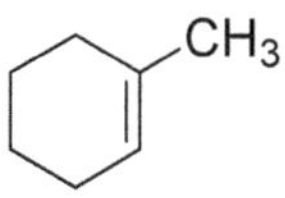

10.7

(1) 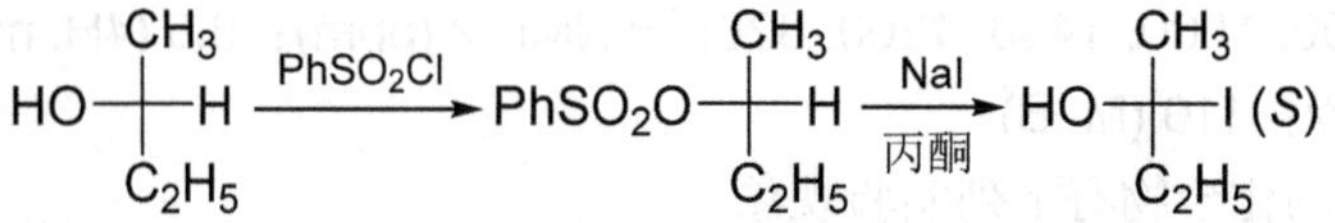

(2) 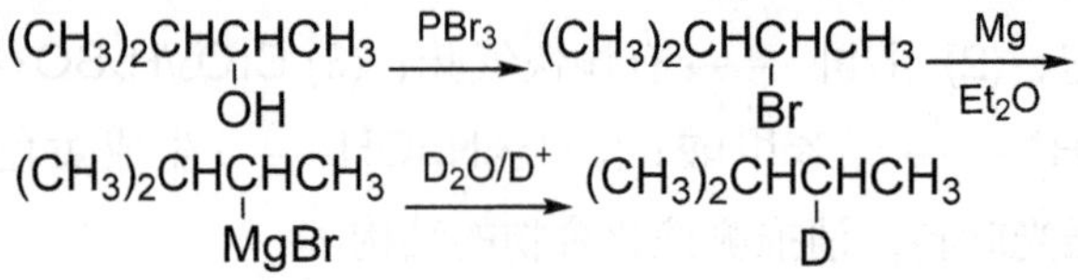

(3) 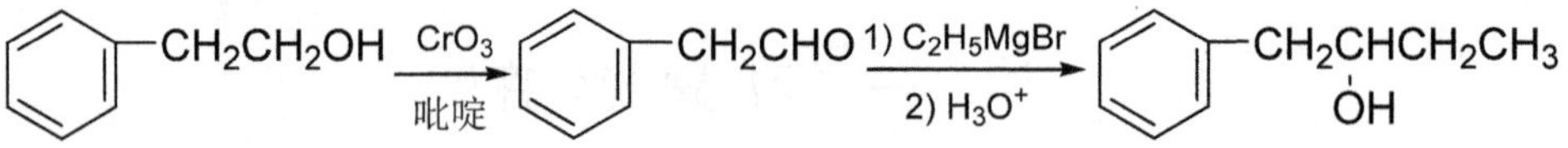

(4) 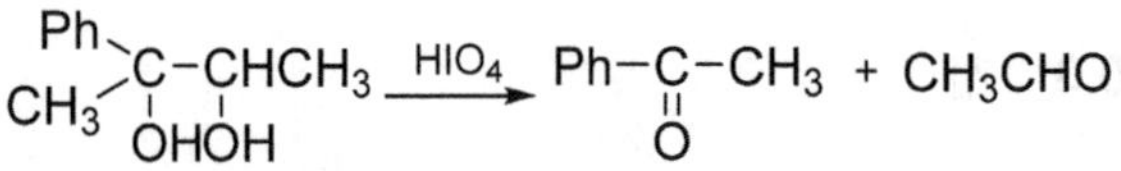

(5) 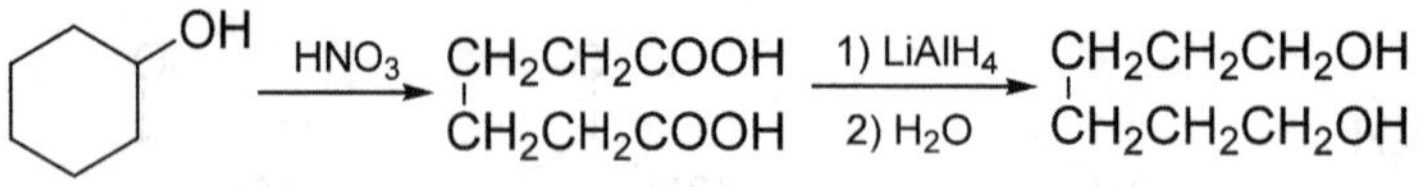

(6) 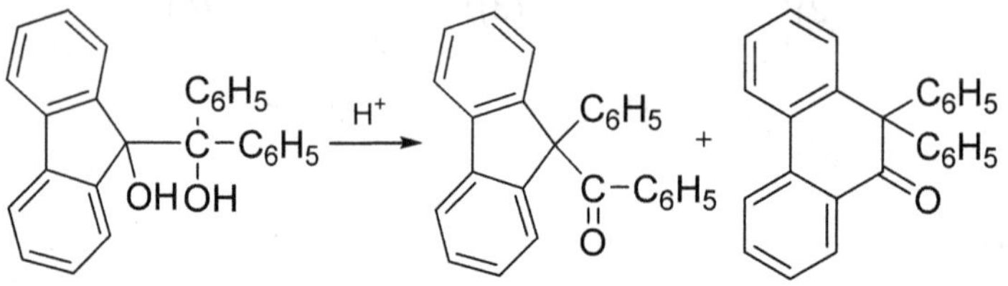

(7) 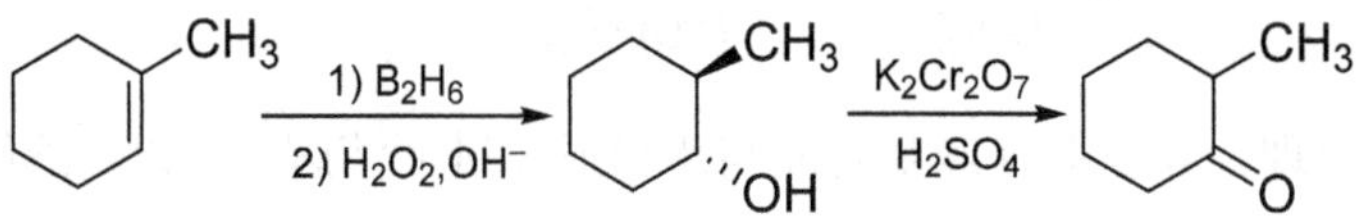

(8) 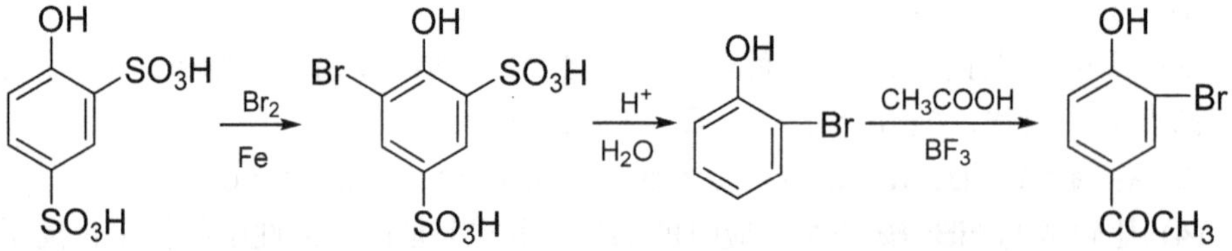

(9) 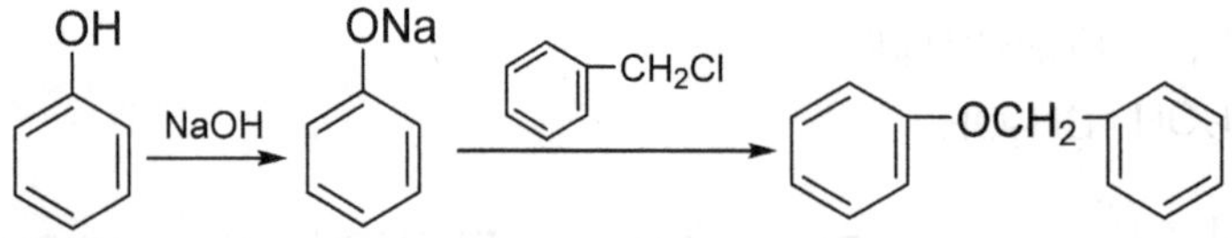

(10) 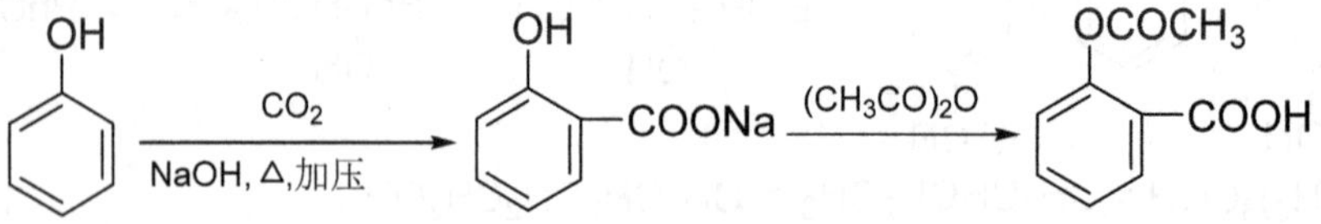

10.8

(1) 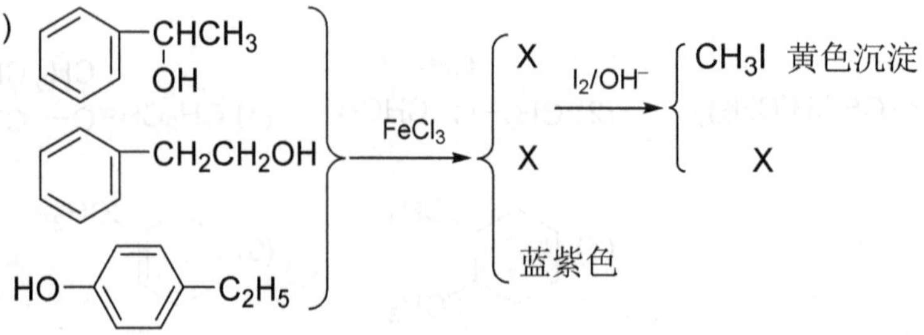

(2) 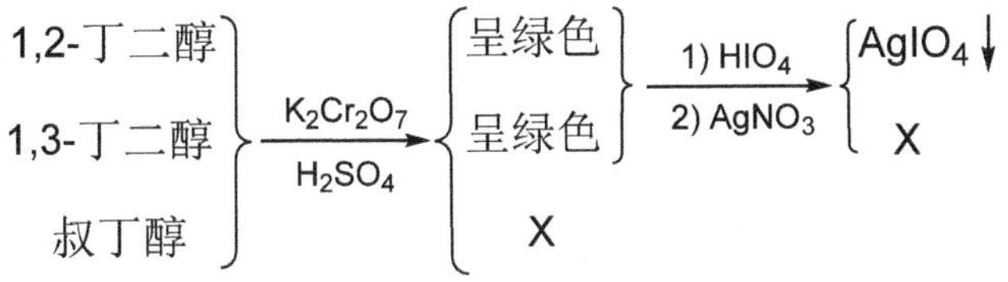

10.9

(1) 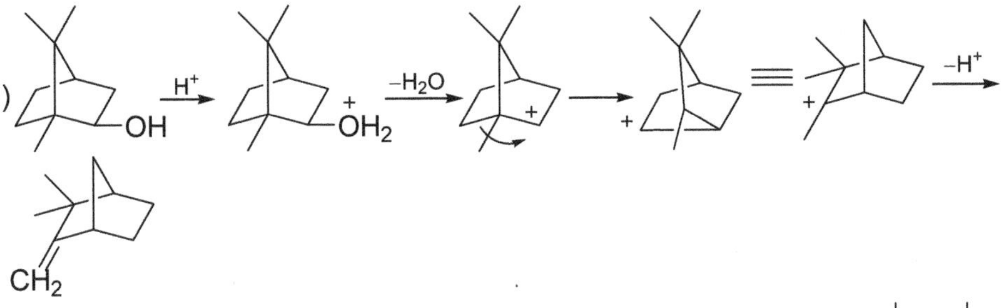

(2) 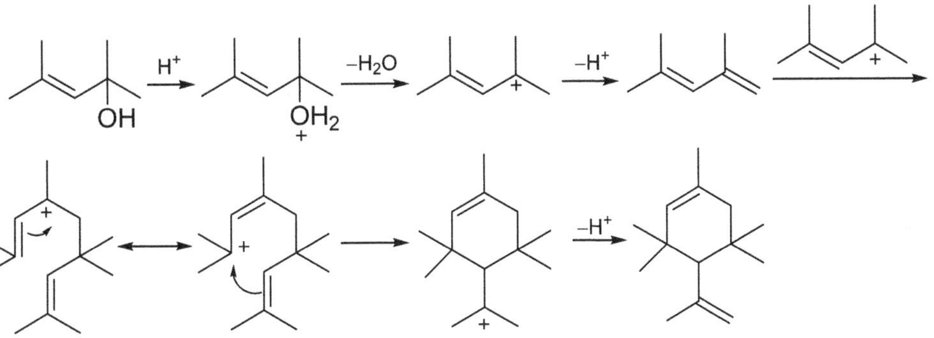

(3) 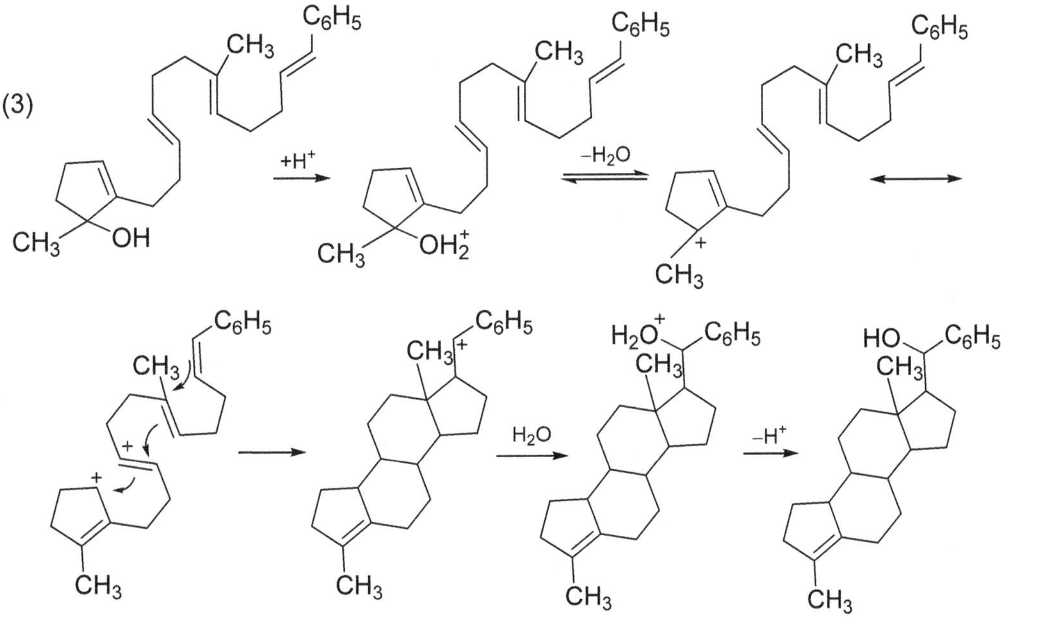

10.10 (1) 加入 NaOH 水溶液洗涤，苯酚成酚钠溶于水层，分出水层。有机层干燥后蒸馏得环己醇；

(2) 加入少量金属钠，水和乙醇与钠反应，分出醚层，蒸馏得乙醚；

(3) 通过水蒸气蒸馏将邻硝基苯酚蒸馏出来，结晶过滤后即得邻硝基苯酚。

10.11

(1) 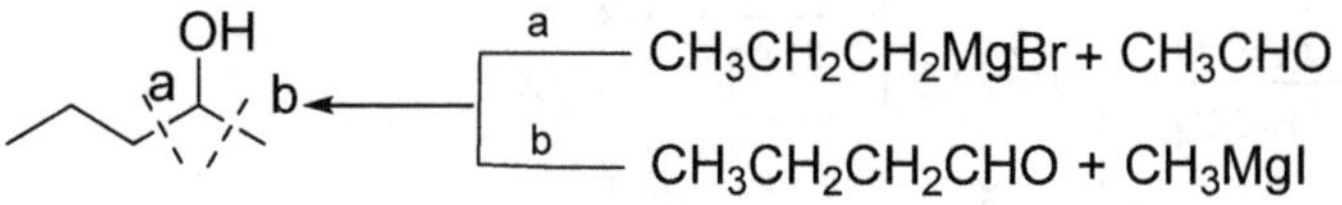

(2) 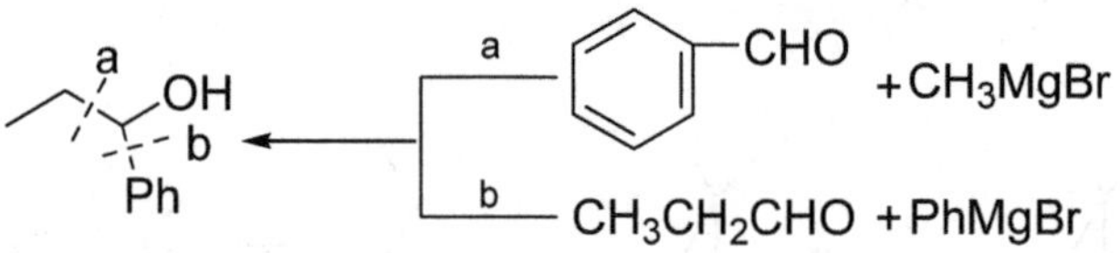

(3) 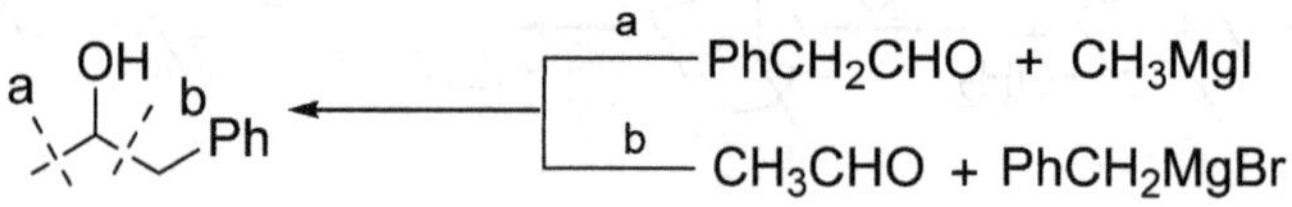

(4) 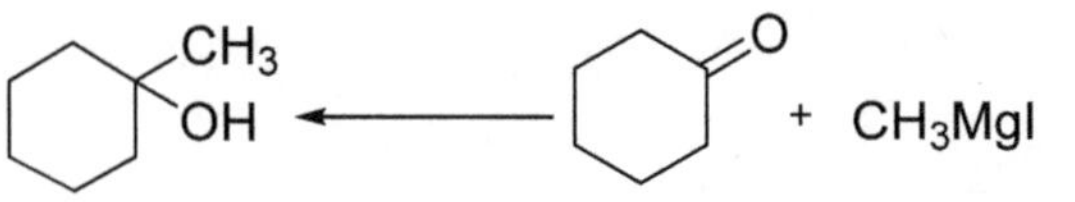

(5) 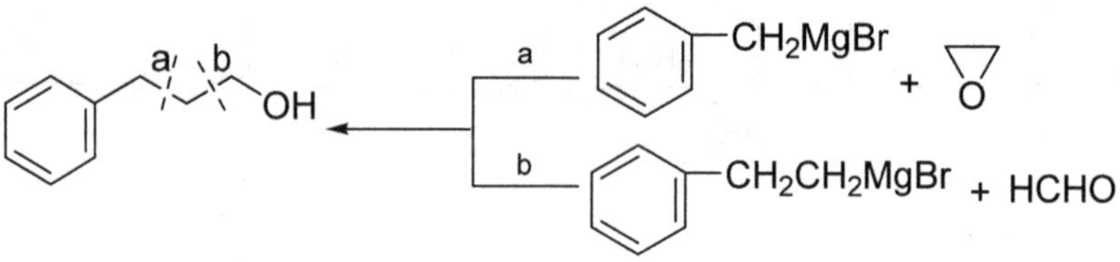

(6) 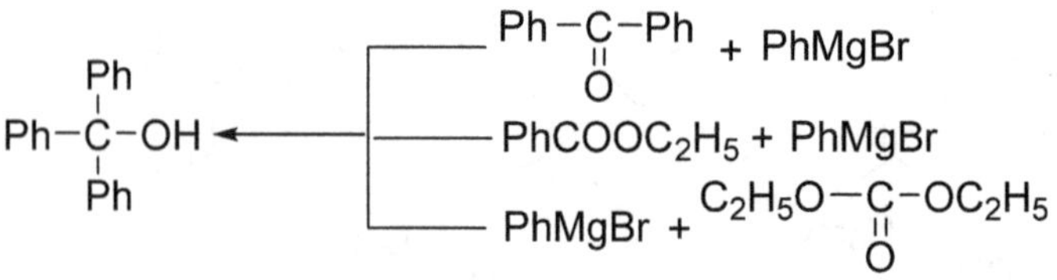

(7) 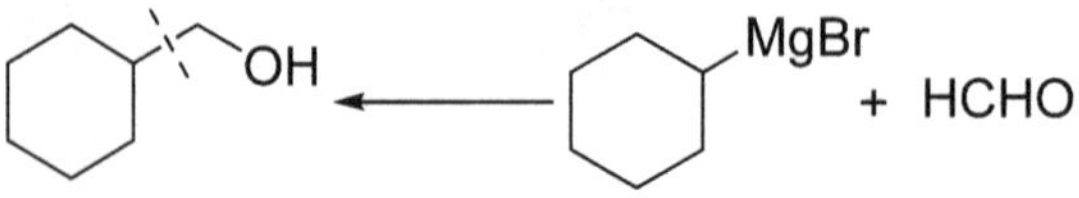

10.12

(1) 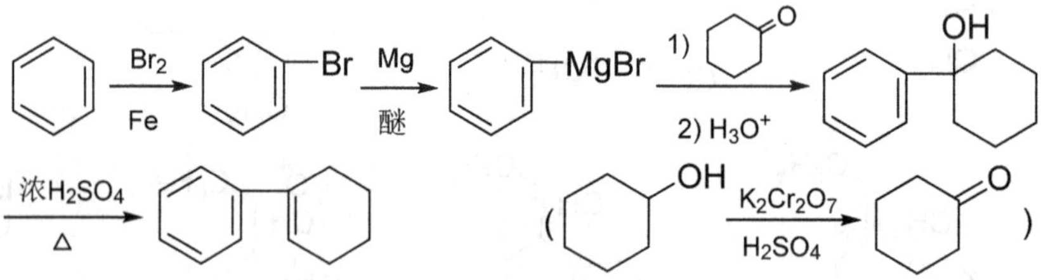

(2) A. 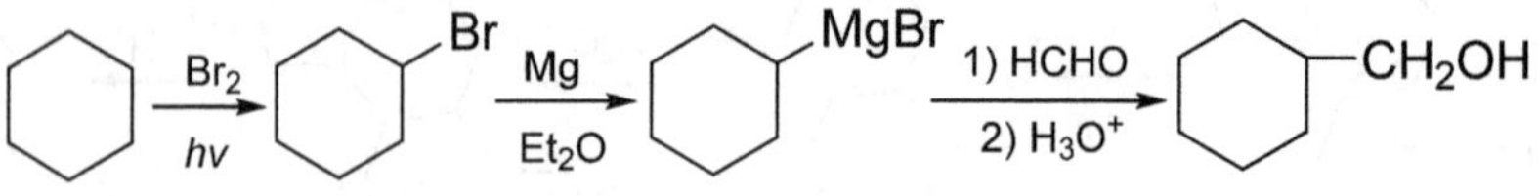

B. 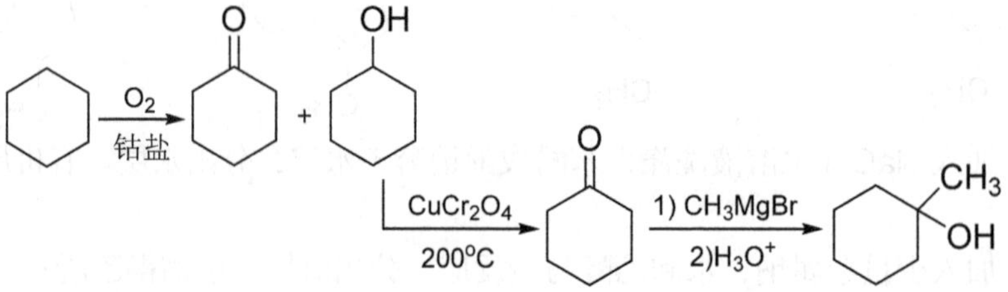

C. 由B得 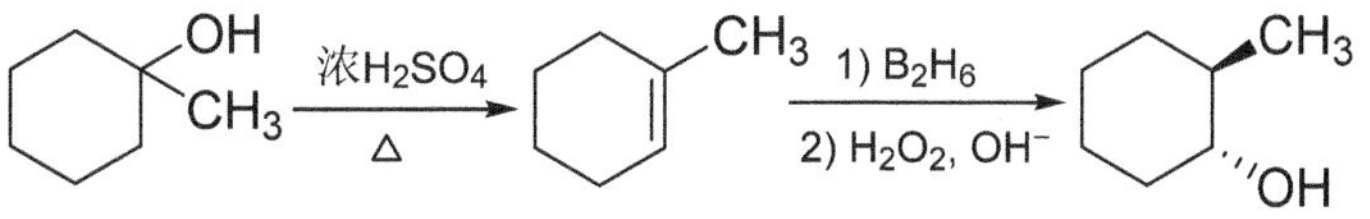

(3) 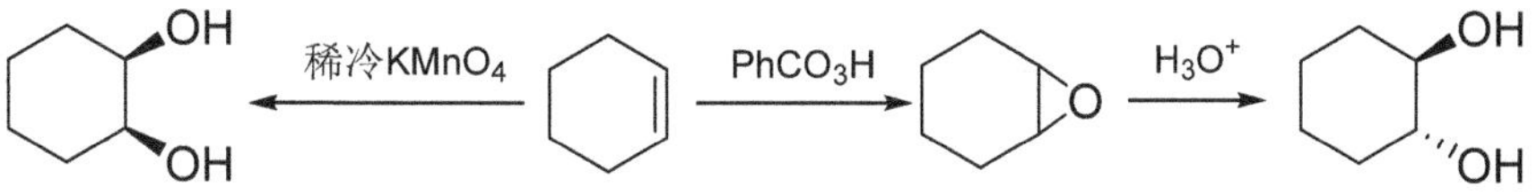

(4) A. 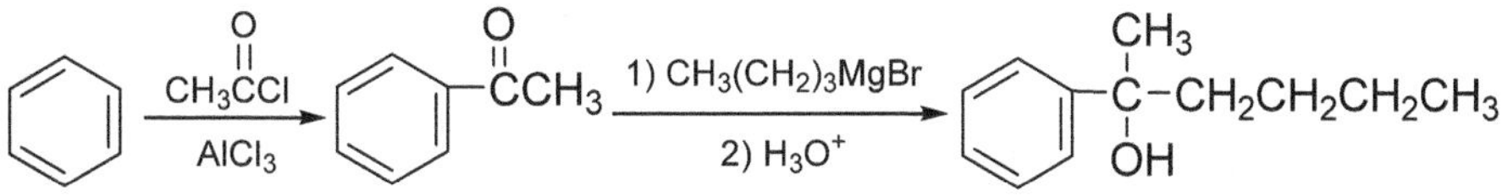

$$CH_3CH_2CH{=}CH_2 \xrightarrow[H_2O_2]{HBr} CH_3CH_2CH_2CH_2Br \xrightarrow[Et_2O]{Mg} CH_3(CH_2)_3MgBr$$

B. 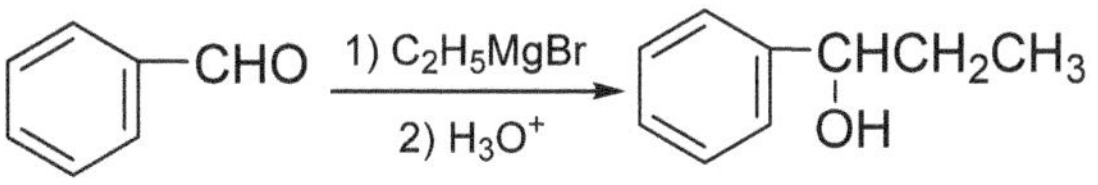

$$CH_2{=}CH_2 \xrightarrow[H_2O_2]{HBr} CH_3CH_2Br \xrightarrow[Et_2O]{Mg} C_2H_5MgBr$$

10.13

(1) 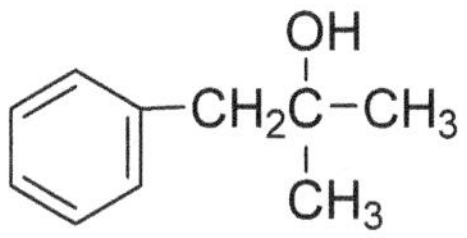　　(2) 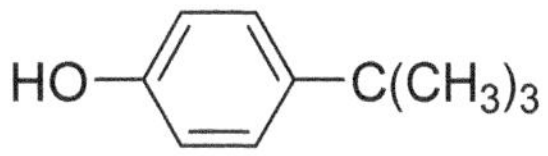

(3) 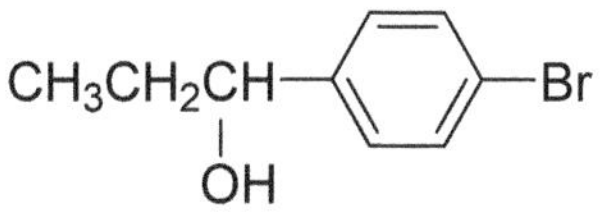　　(4) 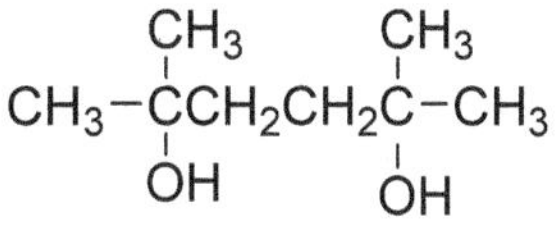

(5) $Ph_3C—OH$　　(6) 　　(7) 

10.14

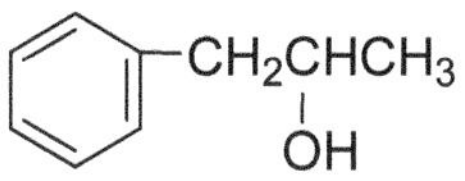

第 11 章　醛　酮　醌

一、例题及解析

【例 11-1】 写出下列化合物的名称。

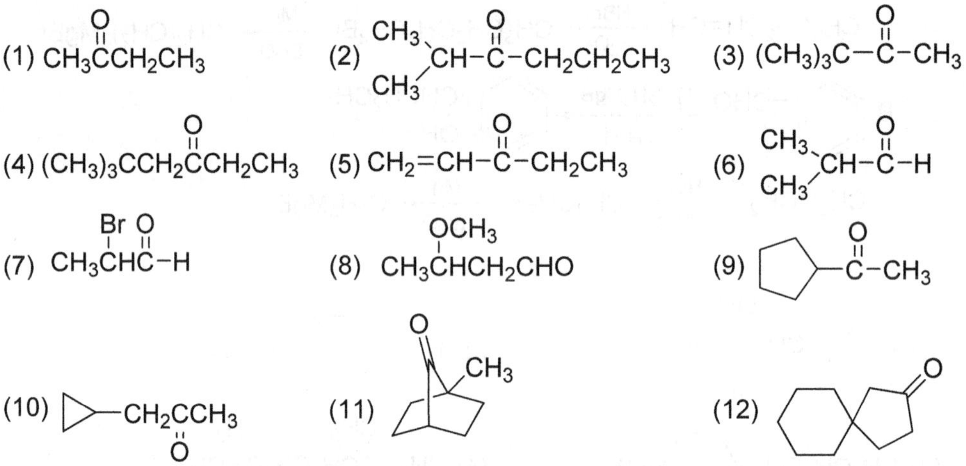

解　(1) 2-丁酮(甲基乙基酮)　(2) 2-甲基-3-己酮(丙基异丙基酮)　(3) 3,3-二甲基-2-丁酮(甲基叔丁基酮)　(4) 5,5-二甲基-3-己酮(乙基新戊基酮)　(5) 1-戊烯-3-酮(乙基乙烯基酮)　(6) 2-甲基丙醛(异丁醛)　(7) 2-溴丙醛(*α*-溴代丙醛)　(8) 3-甲氧基丁醛(*β*-甲氧基丁醛)　(9) 乙酰基环戊烷(甲基环戊基酮)　(10) 1-环丙基-2-丙酮　(11) 1-甲基-7-氧代双环[2.2.1]庚烷　(12) 螺[5.4]-2-癸酮

【例 11-2】 写出下列化合物的结构。

(1) 甲基异丙基酮　(2) (*R*)-2-氯环己酮　(3) (*S*)-3-甲基-2-庚酮　(4) 环己酮肟　(5) 环十二碳酮　(6) 甲醛苯腙　(7) 丙酮缩胺脲　(8) 丙烯醛缩二乙醇

解

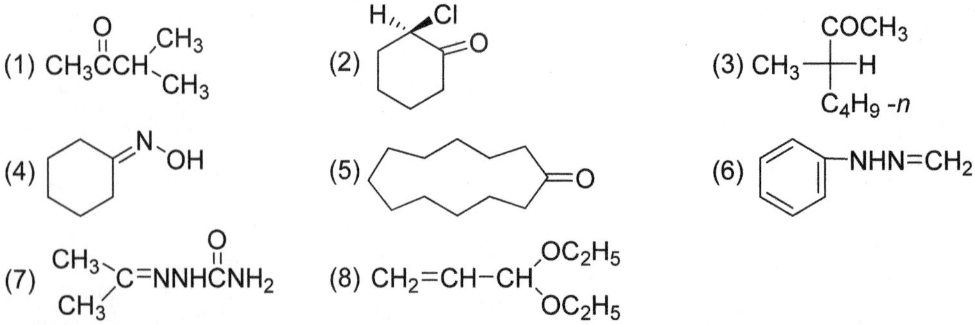

【例 11-3】 写出苯甲醛与下列试剂反应的主产物。

(1) 浓 NaOH　(2) HCHO，浓 NaOH　(3) CN^-, H^+　(4) CH_3MgBr，H_3O^+　(5) Tollen 试剂　(6) $KMnO_4/H^+$　(7) 苯肼　(8) 羟胺　(9) CH_3CHO, OH^-　(10) 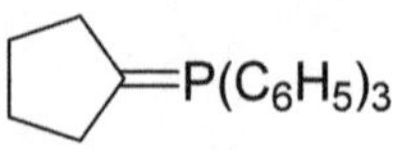

解

(1) 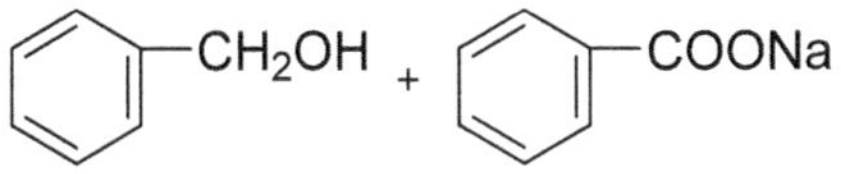

发生Cannizzaro反应

(2) 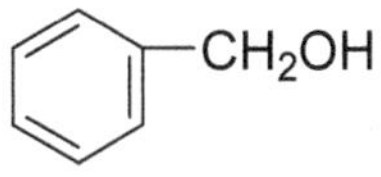

发生交叉Cannizzaro反应

(3) 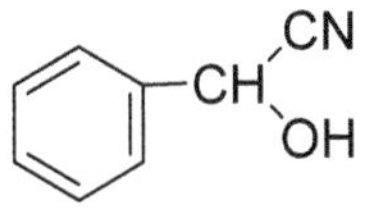

扁桃腈

(4) 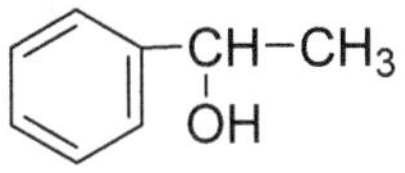

α-苯基乙醇

(5) 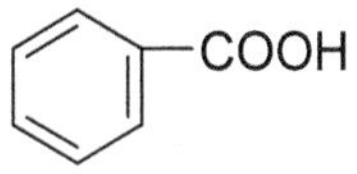

(6) 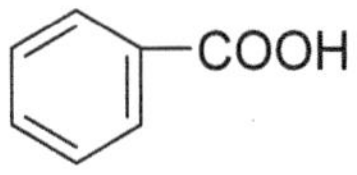

(7) 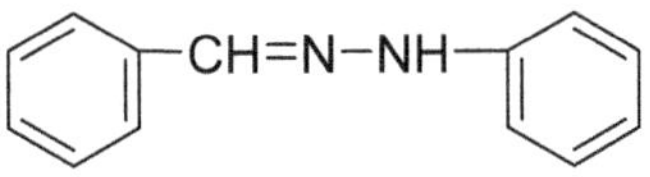

苯甲醛苯腙

(8) 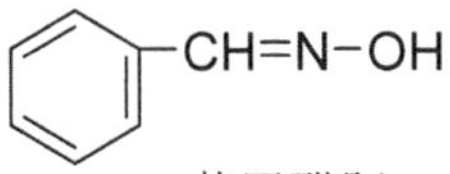

苯甲醛肟

(9) 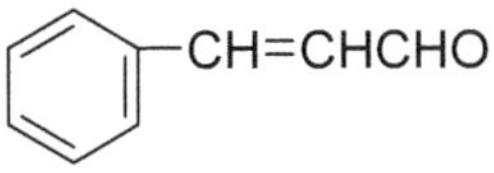

(10) 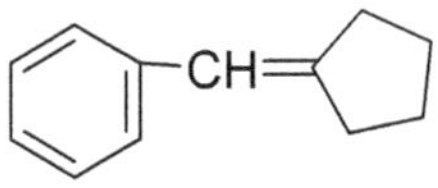

【例 11-4】 写出环己酮与下列试剂反应的主产物。

(1) $LiAlH_4$ (在乙醚中)，然后加水　(2) $NaBH_4$ (在乙醇中)　(3) 浓 HNO_3/V_2O_5
(4) KCN + H_2SO_4 水溶液　(5) 乙二醇，干 HCl　(6) 苯肼　(7) 羟胺
(8) NH_2NH_2/KOH/二缩乙二醇　(9) 氨基脲　(10) 亚硫酸氢钠　(11) Tollen 试剂
(12) NaOD (D_2O, 25℃)　(13) Zn-Hg/HCl　(14) H_2/Ni　(15) PhMgBr，然后加水
(16) PhCHO/NaOH　(17) $Ph_3P=CHCH_2CH_3$　(18) Br_2 (在 HOAc 中)
(19) 丙炔钠，然后水解　(20) $PhCO_3H$

解

(1) 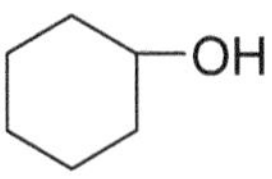

(2) 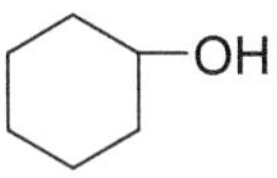

(3) 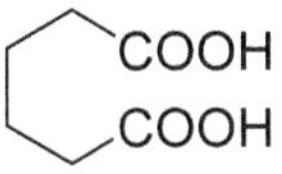

(4) 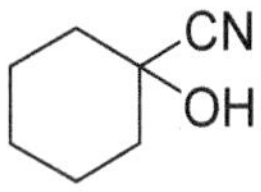

(5) 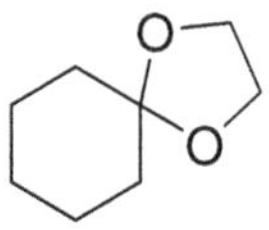

(6) 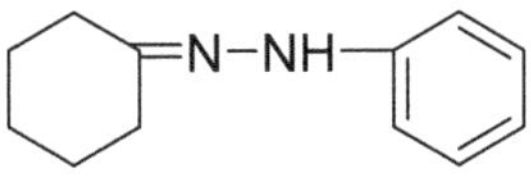

(7) 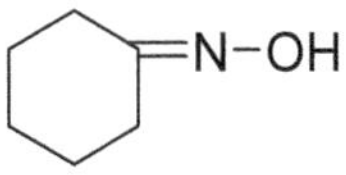

(8) 

(9) 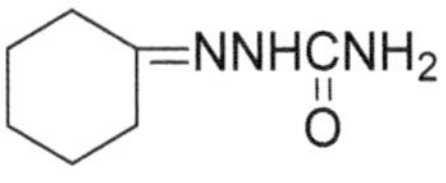

(10) 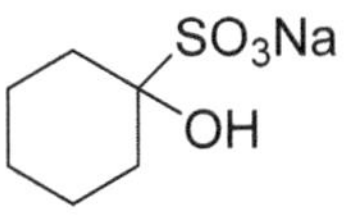

(11) 不反应

(12) 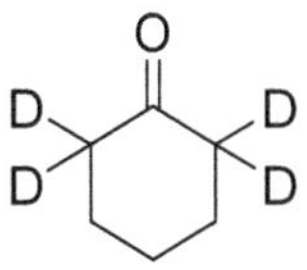

(13) 

(14) 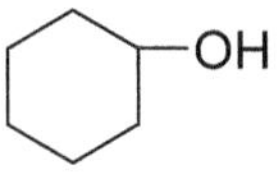

(15) 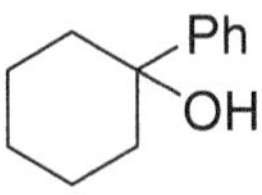

(16) 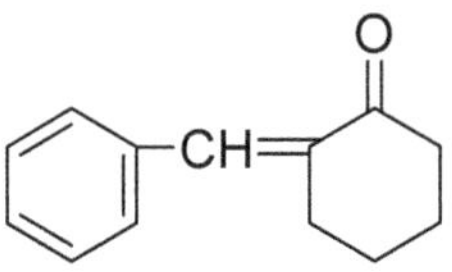

(17) 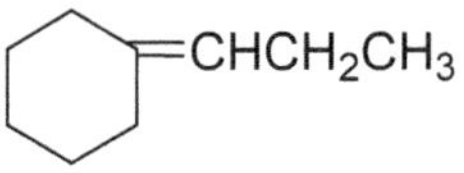

(18) 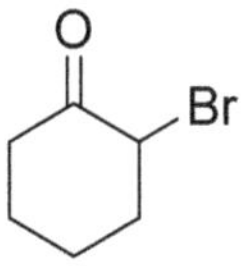

(19) 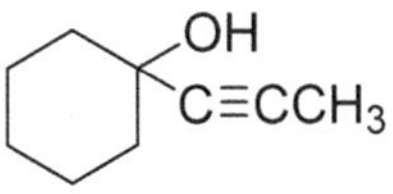

(20) 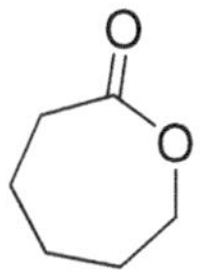

【例 11-5】 解释下列化合物进行亲核加成反应时的活性顺序。

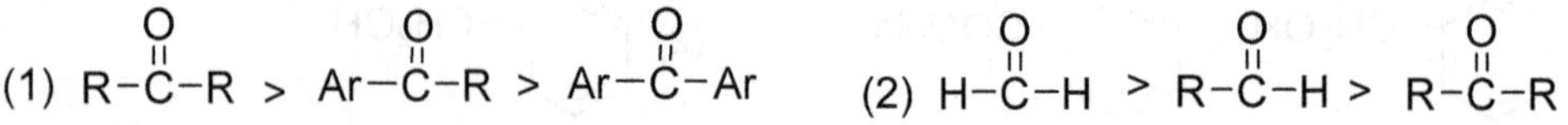

解 醛、酮的典型反应是亲核加成，亲核试剂进攻时形成一个四面体过渡态。影响亲核加成反应的主要因素是羰基碳原子的电正性和过渡态的空间位阻。羰基碳的电正性越大、过渡态的空间位阻越小，反应就越容易进行。

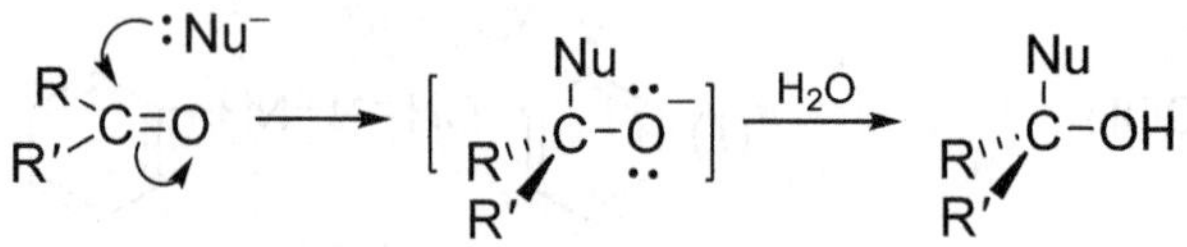

(1) 当芳基和羰基直接相连时，由于 p-π 共轭而表现为+C 共轭效应，不仅降低了羰基碳的电正性同时也增大了空间位阻，不利于过渡态的生成和稳定，因而芳基越多反应活性越低。

(2) 酮与醛相比，羰基碳原子上连有较多的供电子基团，同样降低了羰基碳的电正性并增大了空间位阻，使过渡态不易形成。因此，醛的亲核加成反应活性大于酮。

【例 11-6】 为什么醛、酮和氨衍生物的反应在酸性(pH～3.5)环境中才有最大的速率？pH 太大或太小有什么影响？

解 因为 H^+可使羰基氧质子化，降低羰基碳上的电子云密度，从而降低了亲核加成反应的活化能，使反应速率加快，因而反应需在酸性条件下进行。在碱性介质中(pH 太大)就没有这种作用。但酸性过强时(pH 太小)，氨衍生物氮上的未共用电子对与 H^+生成 $G\text{-}NH_3^+$，使其亲核性降低，不利于反应的进行。

【例 11-7】 完成下列反应。

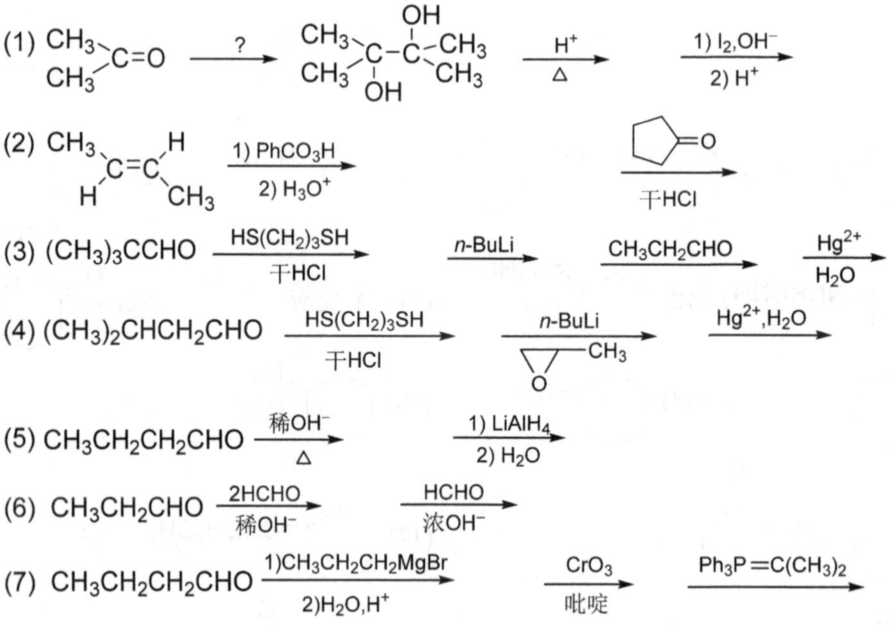

(8) 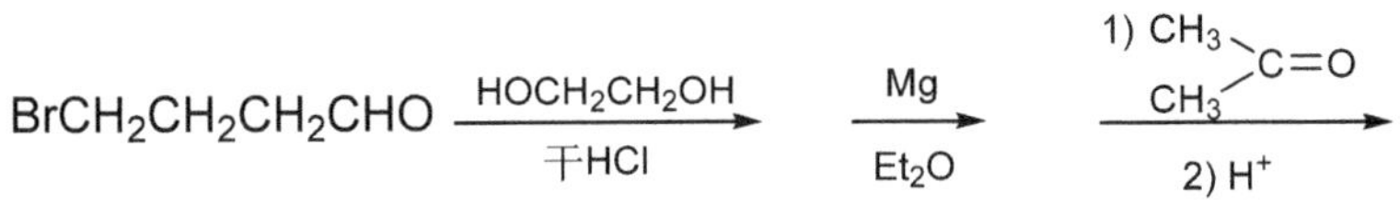

解

(1) 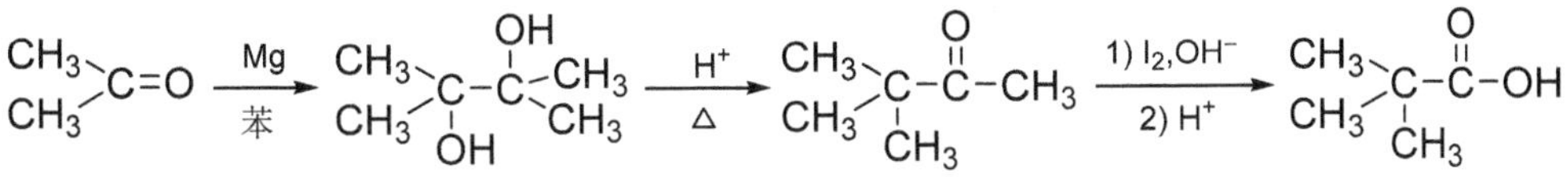

(2) 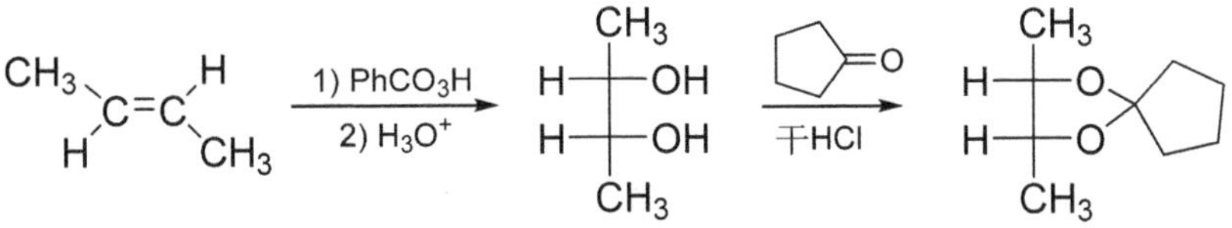

(3) 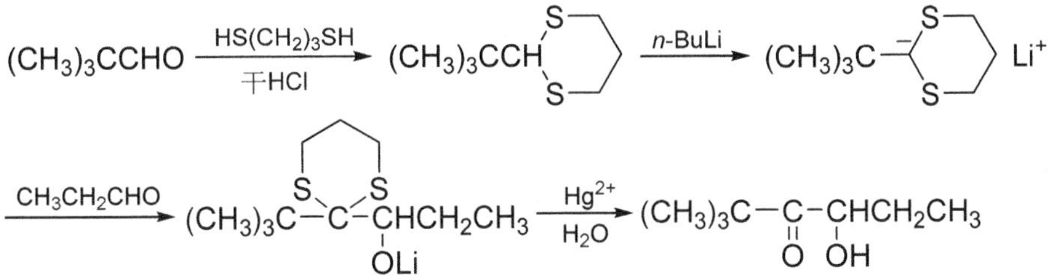

(4) 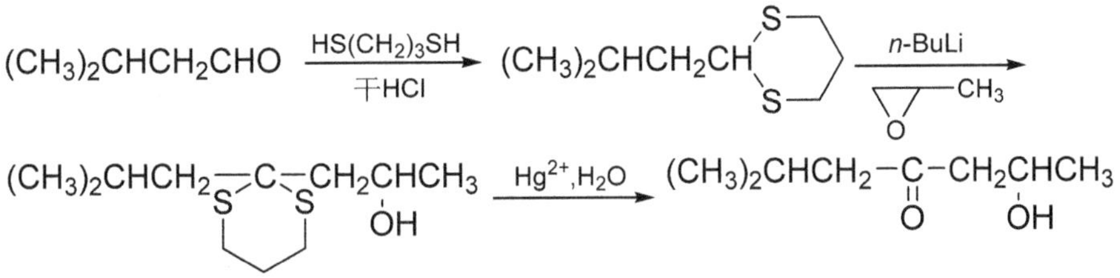

(5) 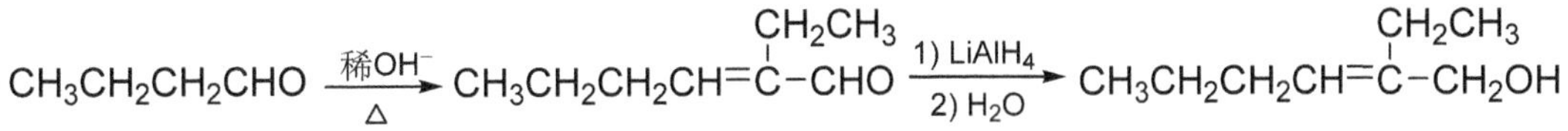

(6) 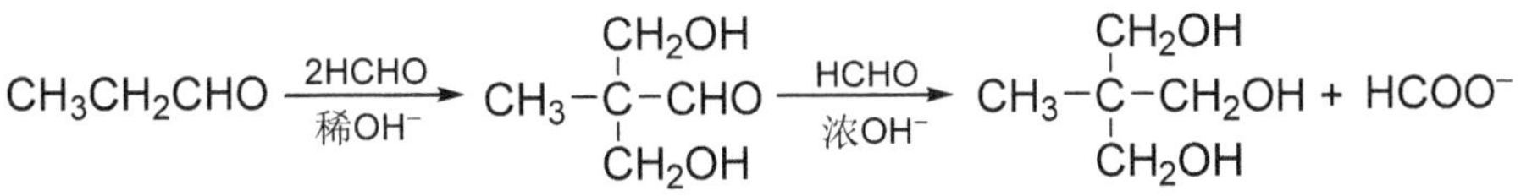

(7) 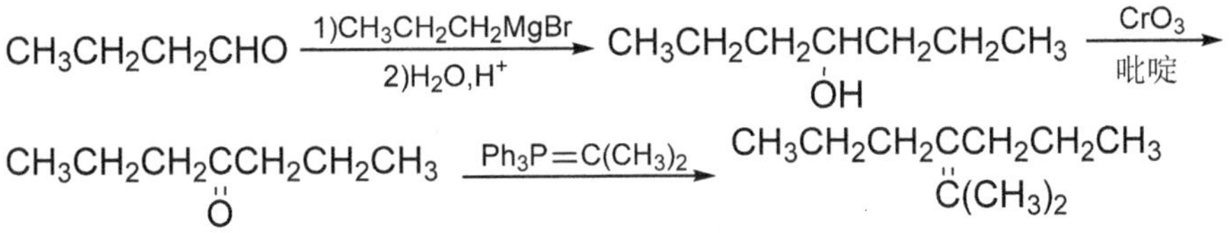

(8) 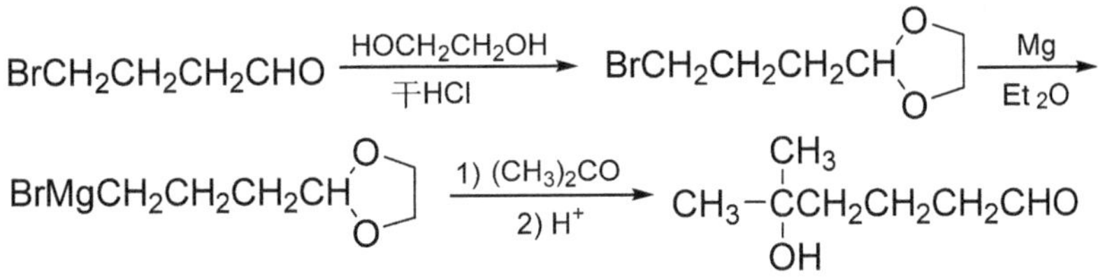

【例 11-8】 写出下列反应可能的机理。

(1) 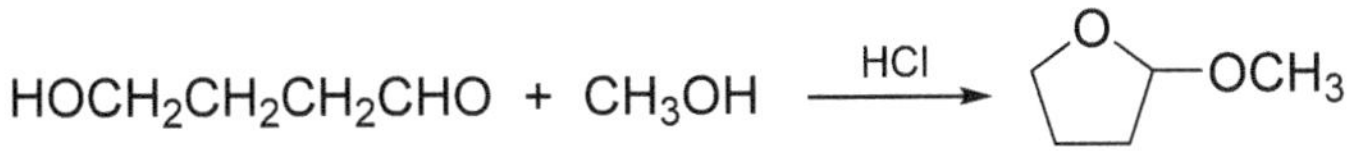

(2) 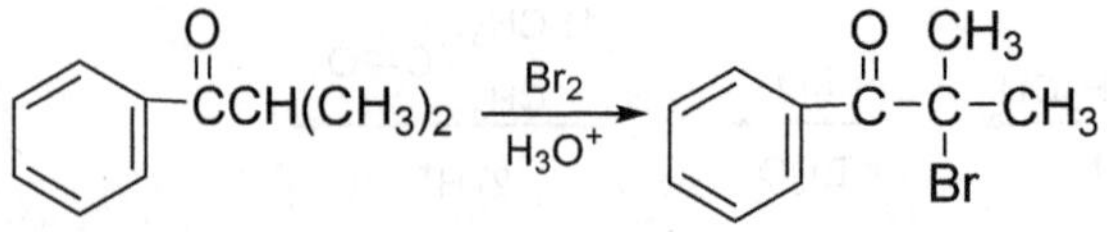

(3) 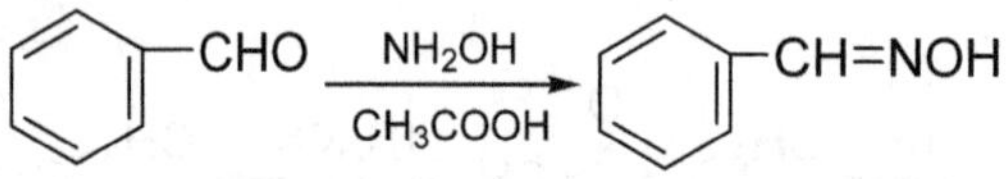

解

(1) 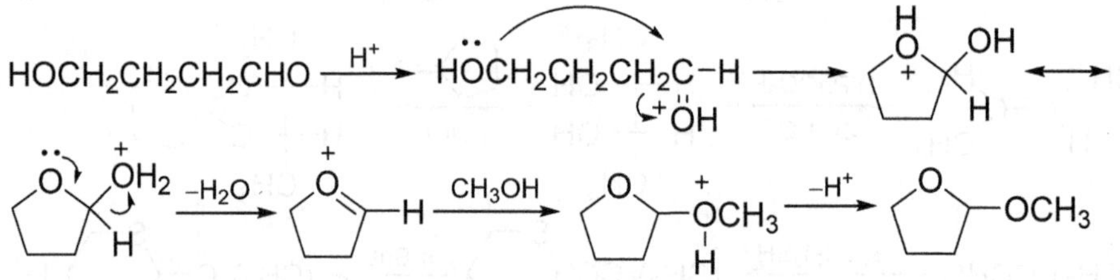

(2) 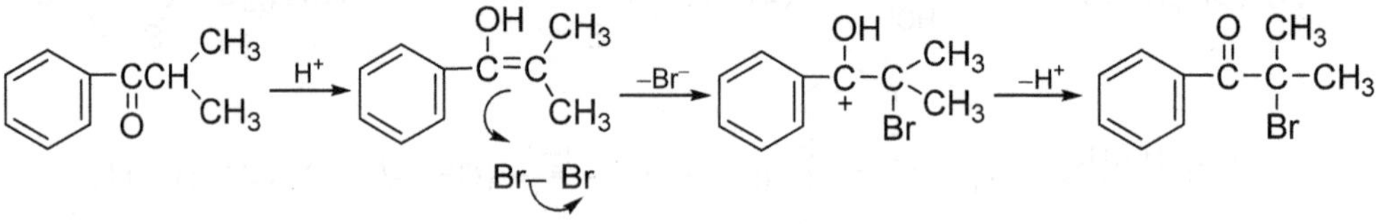

(3) 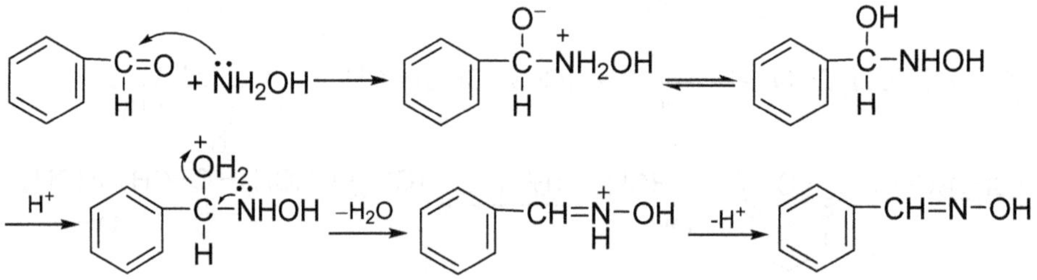

【例 11-9】　推测下列化合物 A～E 的结构。

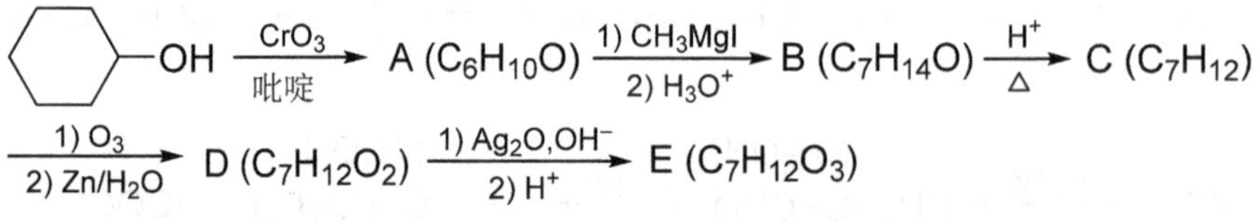

解

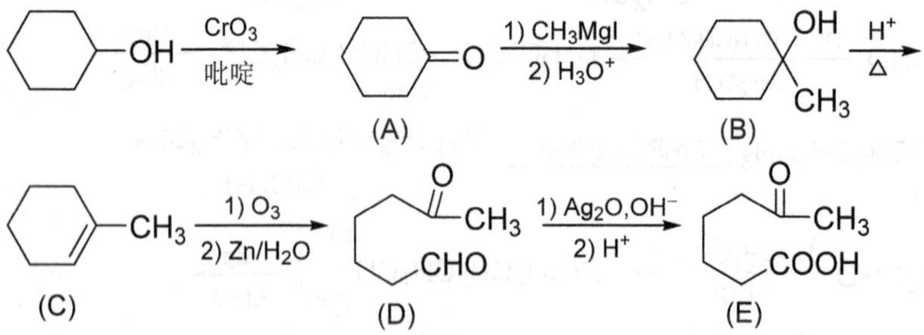

【例 11-10】　由四碳或四碳以内的有机物及必要试剂合成下列化合物。

(1) 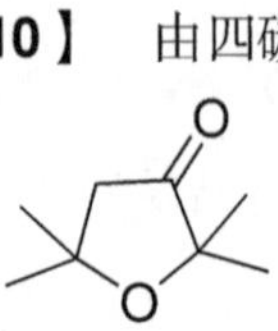

(2) 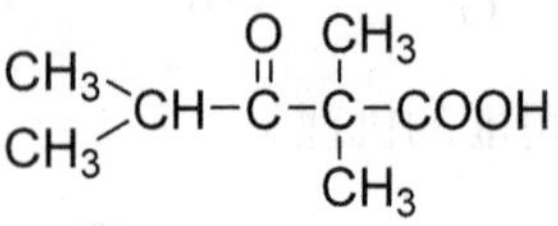

解

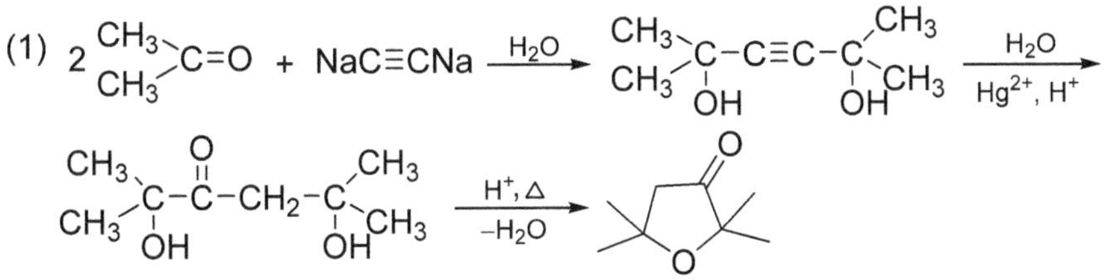

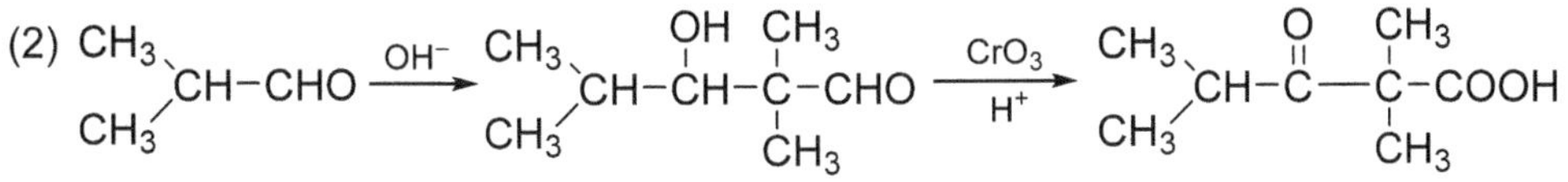

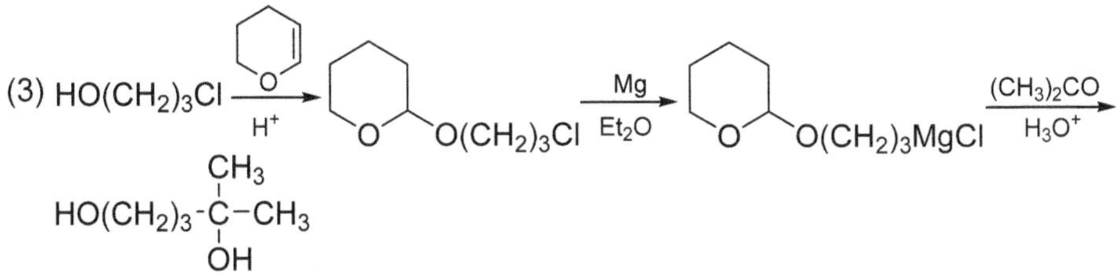

【例 11-11】 怎样分离下列化合物?

(1) 苯甲醛 苯乙酮 (2) 环己酮 苯乙醇

解

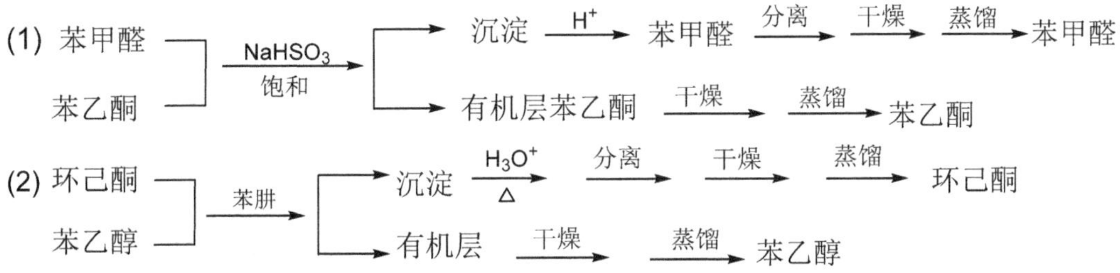

【例 11-12】 写出苯醌与下列试剂的反应。

(1) NH_2OH (2) HCN (3) 1,3-丁二烯 (4) 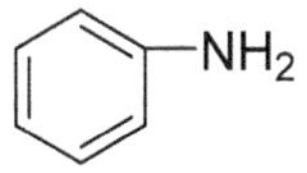

(5) C_2H_5MgBr, H_3O^+ (6) $NH_2NHC(=NH)NH_2$ (7) HCl

解

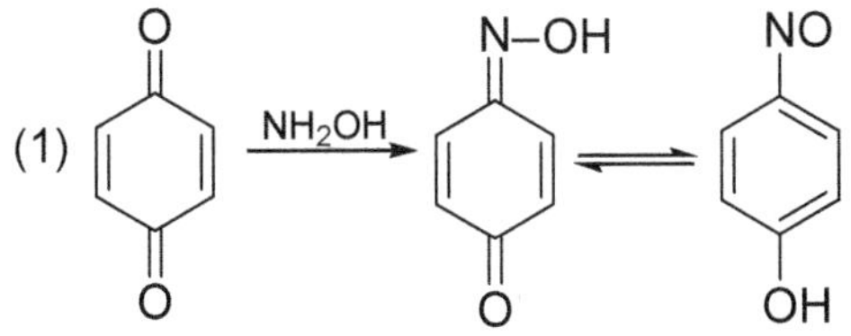

(2) 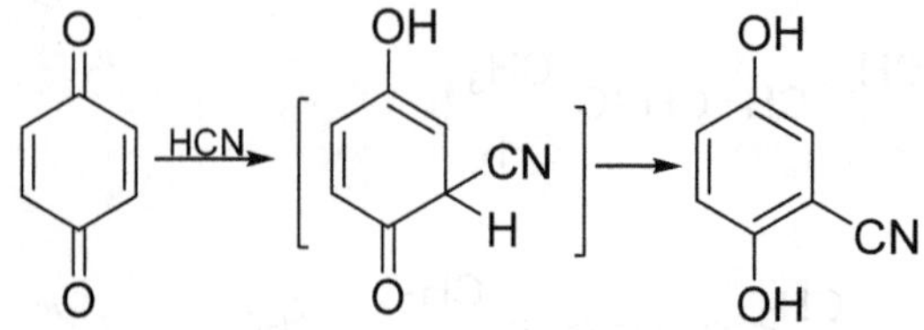

(3) 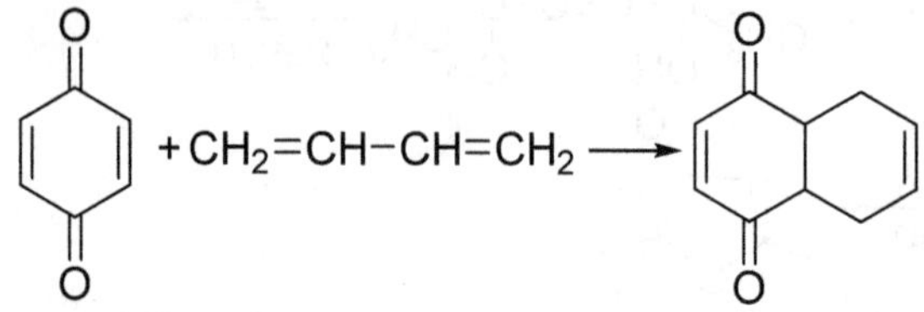

(4) 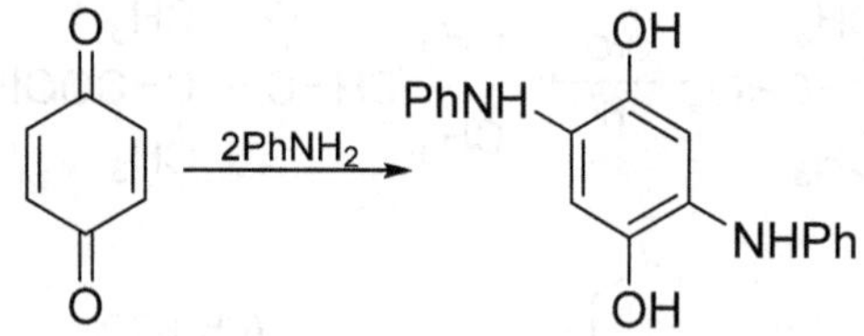

(5) 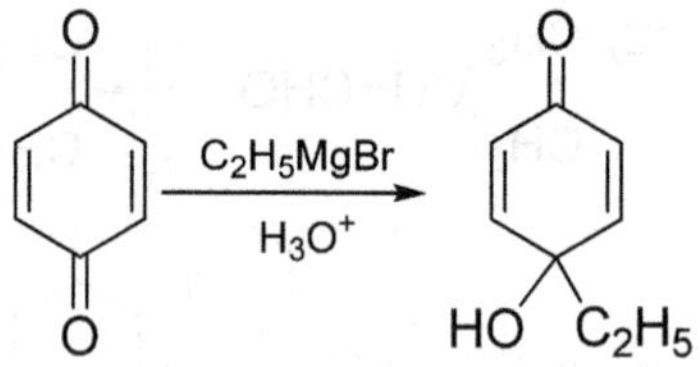

(6) 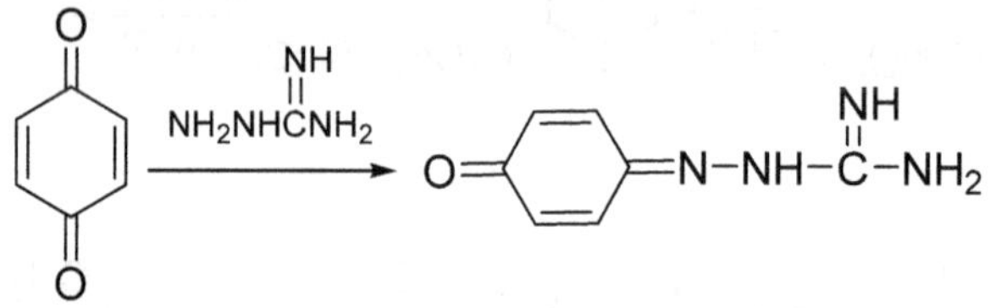

(7) 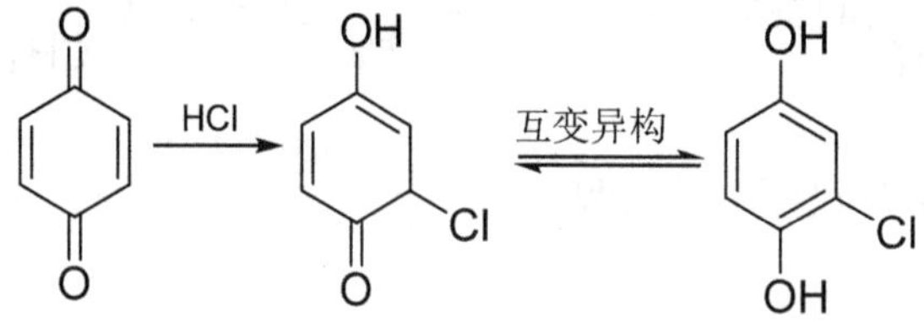

二、习　　题

11.1 写出下列化合物的结构。

(1) 甲基异丙基酮　(2) β-氯丁醛　(3) 2,2-二甲基环戊酮　(4) 水杨醛

(5) 环己酮缩氨脲　(6) 3-甲基邻苯醌　(7) 苯甲醛缩二乙醇

(8) 2-甲基丙醛　(9) 2-丁烯醛苯腙　(10) 三聚甲醛

11.2 写出下列化合物的名称。

(1) $CH_3(CH_2)_7CHO$ (存在于玫瑰油中，合成产品作香料)

(2) $CH_3(CH_2)_4COCH_3$(存在于香精油中，合成产品用作溶剂)

(3) $PhCH_2CH_2COCH_3$ (有素馨花香，是一种合成香料)

11.3 写出 4,4-二甲基环己酮与下列试剂反应的主产物。

(1) Br_2 (在 CH_3COOH 中)　(2) HNO_3/V_2O_5　(3) CH_3MgI/Et_2O，H_3O^+

(4) Zn-Hg/HCl　(5) $Ph_3P{=}CHCH_2CH_3$　(6) PhCHO/NaOH

(7) A. $LiAlH_4$　B. H_2O　(8) $NaBH_4/C_2H_5OH$　(9) 丙炔钠/液氨

(10) $CH_3(CH_2)_3Li$，H_2O　　(11) NH_2NH_2/NaOH 及 $HOCH_2CH_2OCH_2CH_2OH$

(12) NaOD, D_2O　　(13) CH_3CO_3H　　(14) $HOCH_2CH_2OH$/干 HCl

(15) NH_2OH, CH_3COONa/CH_3COOH

11.4 比较下列化合物生成水合物的稳定性。

(1) $CH_3COCH_2CH_2Br$　　CH_3COCH_2Br

(2) $CH_3COCH_2CH_3$　　$CH_3COCOCH_3$　　$CH_3COCOCOCH_3$

(3) 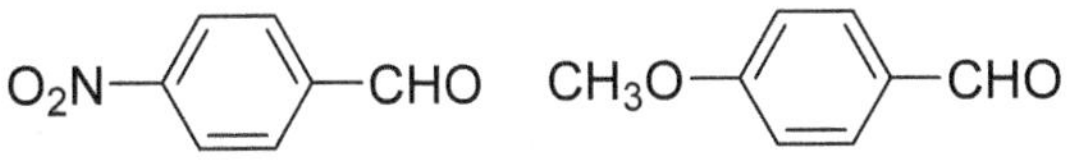

(4) 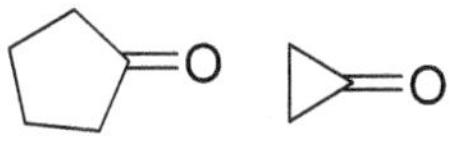

11.5 完成下列平衡式。

(1) 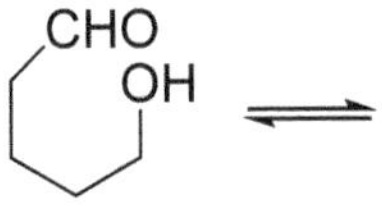 ⇌　　(2) 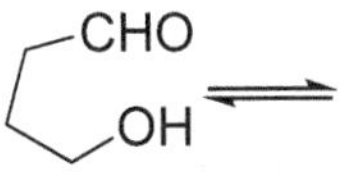 ⇌

(3) CHO–CHOH–CHOH–CHOH–CHOH–CH_2OH ⇌　　(4) 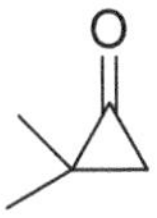 + CH_3OH ⇌

11.6 下列化合物中哪些能在碱性溶液中发生外消旋化?

(1) (*R*)-2-甲基丁醛　　(2) (*S*)-3-甲基-2-庚酮

(3) (*S*)-3-甲基环己酮　　(4) (*R*)-1,2,3-三苯基-1-丙酮

11.7 下列化合物中哪些能发生碘仿反应?

(1) CH_3CH_2CHO　　(2) $CH_3CH(OH)CH_2CH_2CH_3$　　(3) $CH_3CH_2CH_2OH$

(4) $CH_3COCH_2CH_3$　　(5) 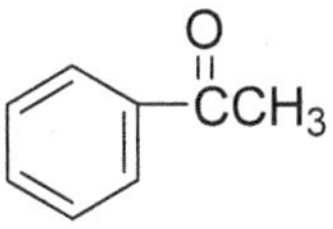　　(6) $CH_3COCH_2CH_2COCH_3$

(7) 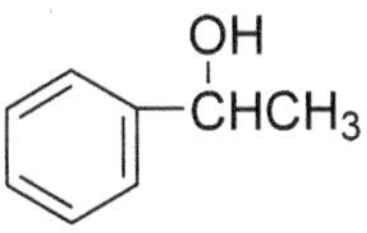　　(8) 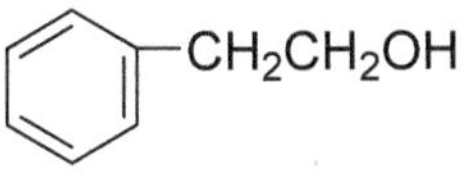　　(9) 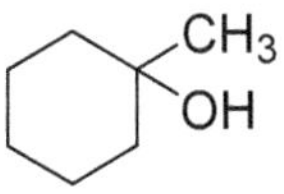

(10) $CH_3-C(CH_3)(OH)-CH_2CH_2CH_3$

11.8 比较下列各对化合物烯醇化程度的高低。

(1) 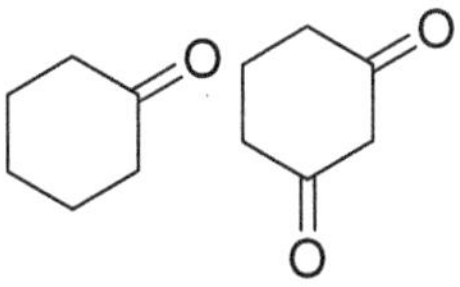　　(2) 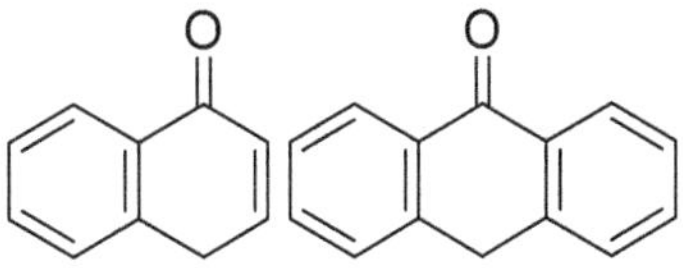

(3) $CH_3\overset{O}{\overset{\|}{C}}CH_2CH_2\overset{O}{\overset{\|}{C}}CH_3$　$CH_3\overset{O}{\overset{\|}{C}}CH_2\overset{O}{\overset{\|}{C}}CH_3$　(4) $CH_3\overset{O}{\overset{\|}{C}}-\overset{O}{\overset{\|}{C}}CH_3$ 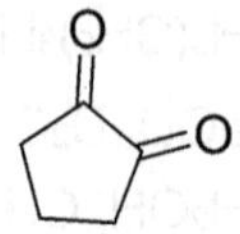

(5) 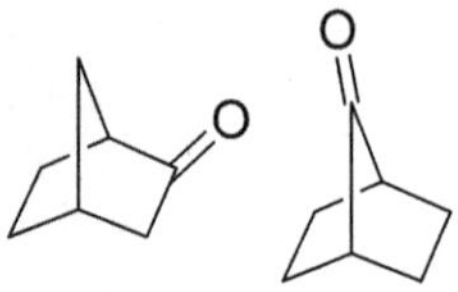　(6) 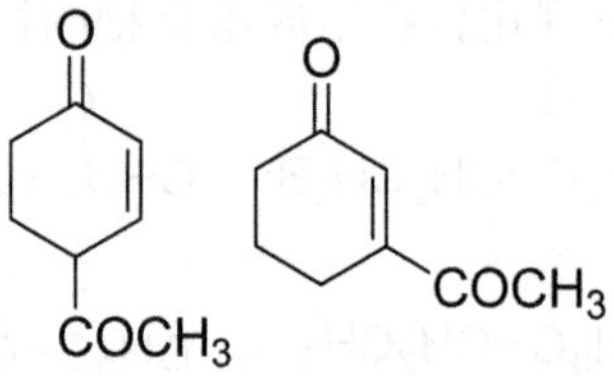

11.9 完成下列反应。

(1) 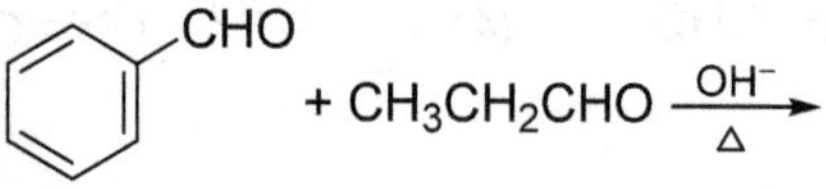

(2) $CH_3CHO + 3HCHO \xrightarrow[\triangle]{OH^-} \xrightarrow[浓OH^-]{HCHO}$

(3) 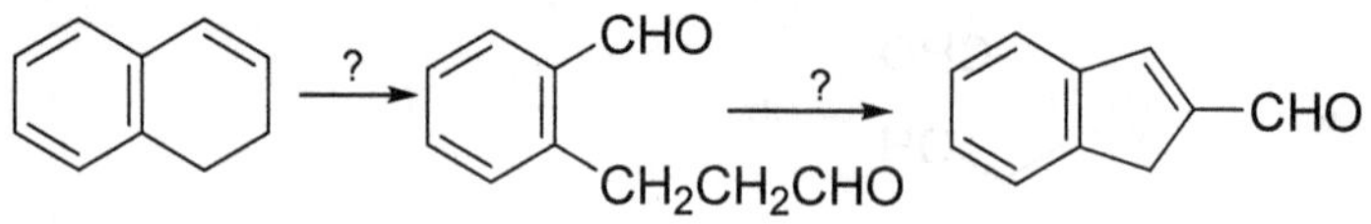

(4) 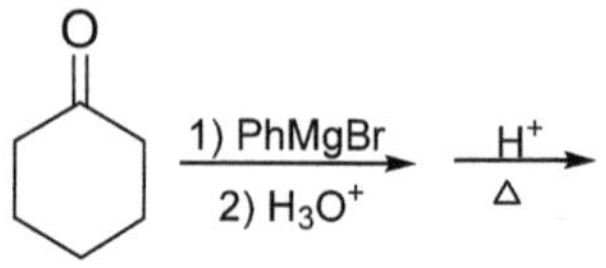

(5) 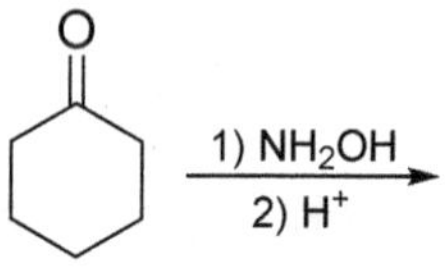

(6) 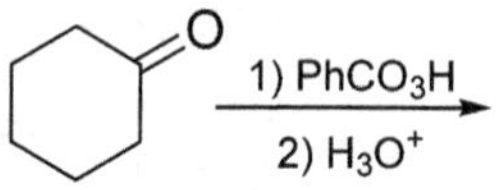

(7) 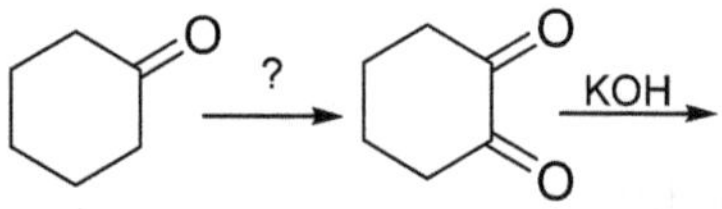

(8) 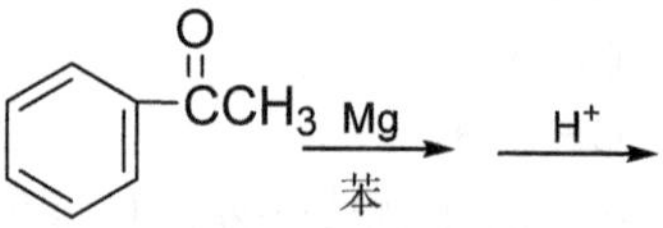

(9) 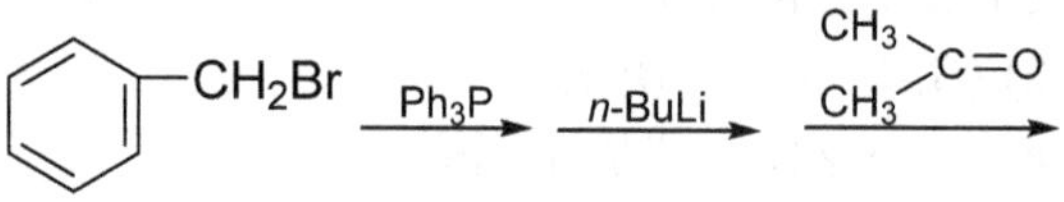

(10) 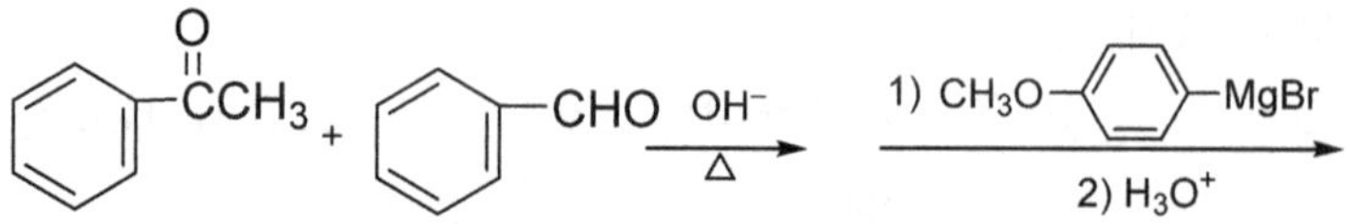

(11) 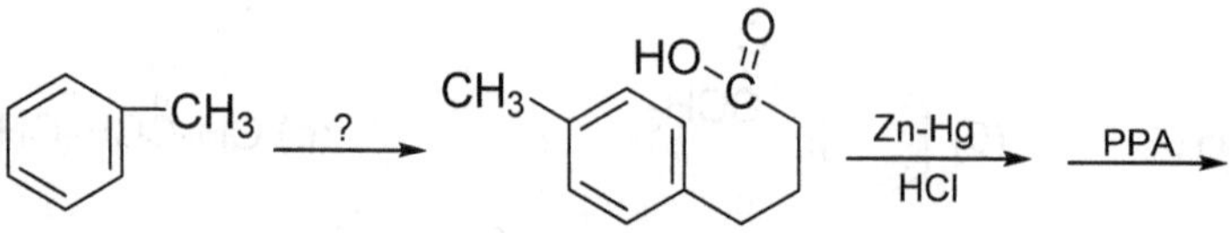

(12) 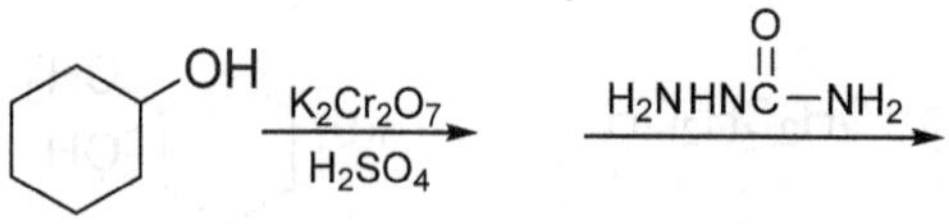

(13) 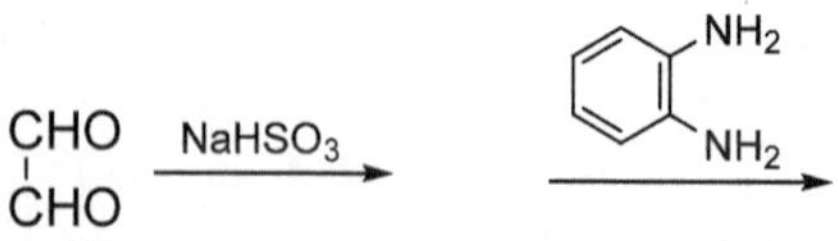

(14) $(CH_3)_2C{=}O \xrightarrow{HCN} \xrightarrow{H_3O^+}$

(15) 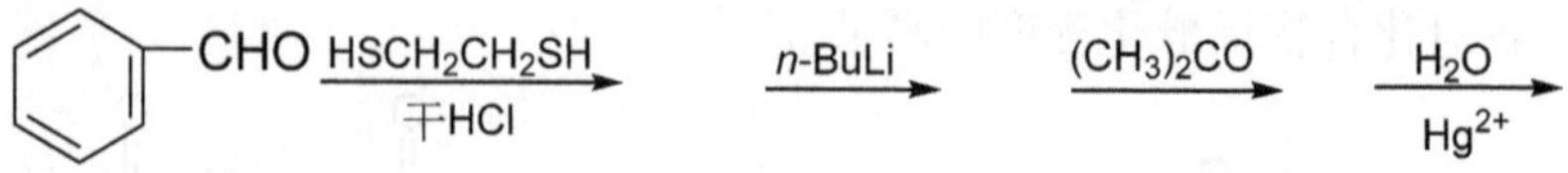

11.10 推测下列反应可能的机理。

(1) 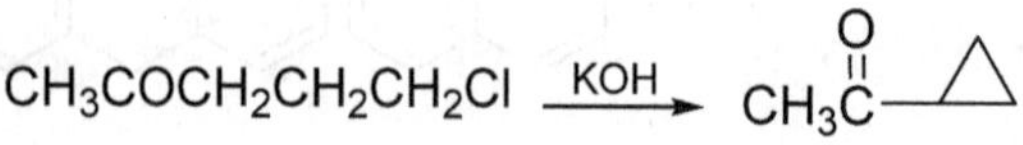

77%~87%

(2) 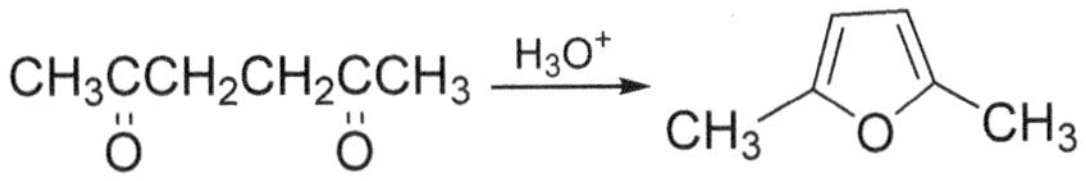

(3) 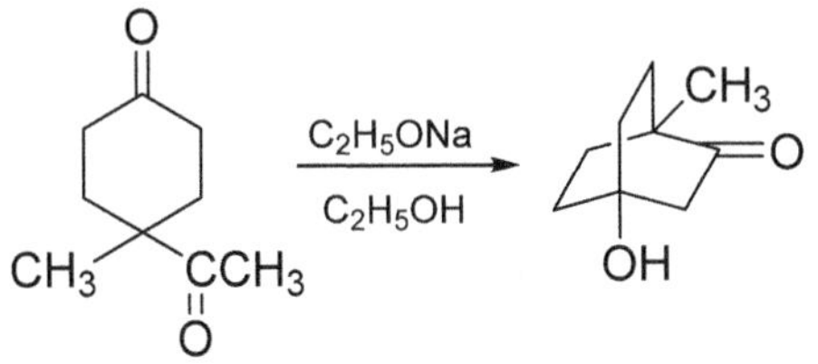

(4) 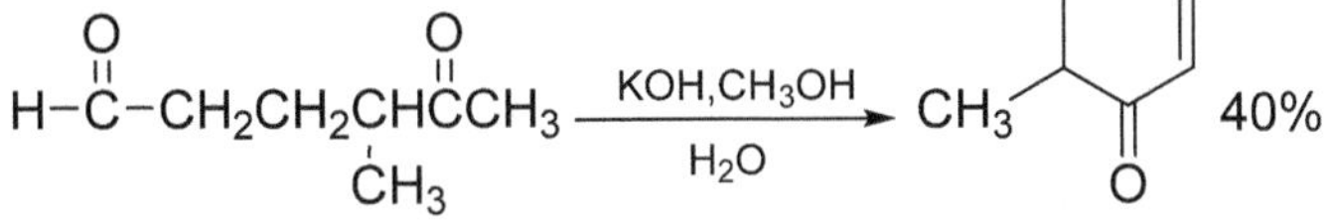

11.11 完成下列转变。

(1) 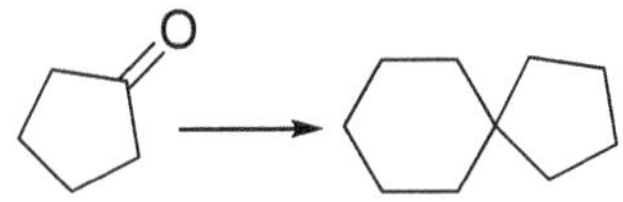

(2) 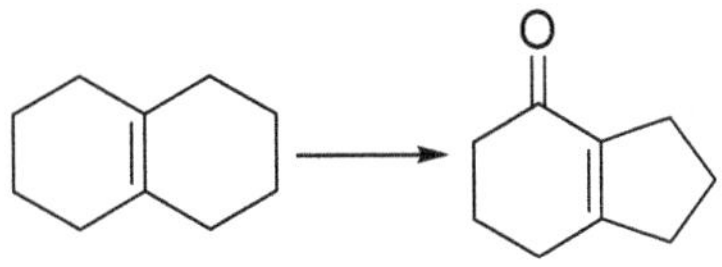

(3) 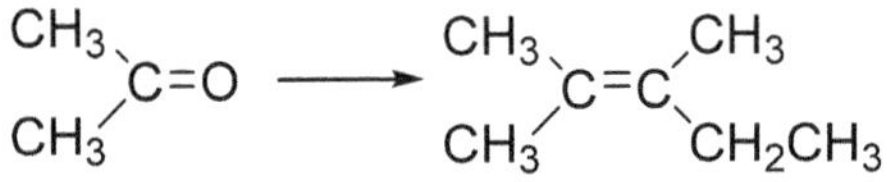

(4) 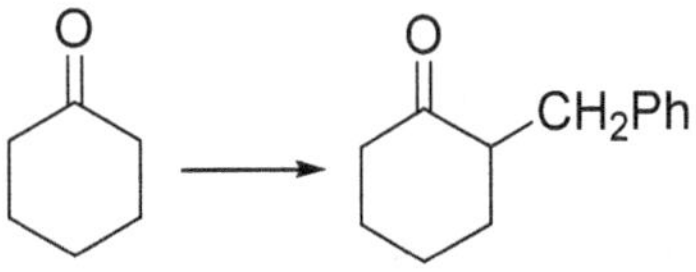

11.12 由指定原料合成下列化合物。

(1) 由环戊烷、苯及不超过两个碳的有机物合成

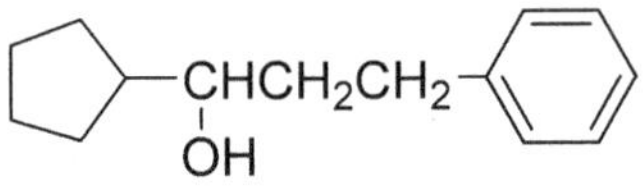

(2) 由不超过三个碳的有机物合成

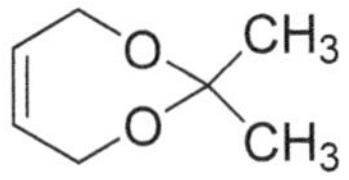

(3) 由环己烷及其他试剂合成

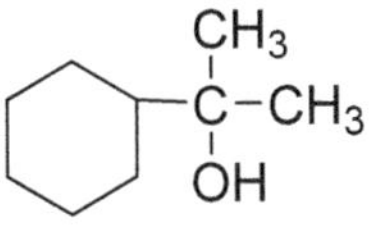

(4) 由不超过四个碳的有机物合成

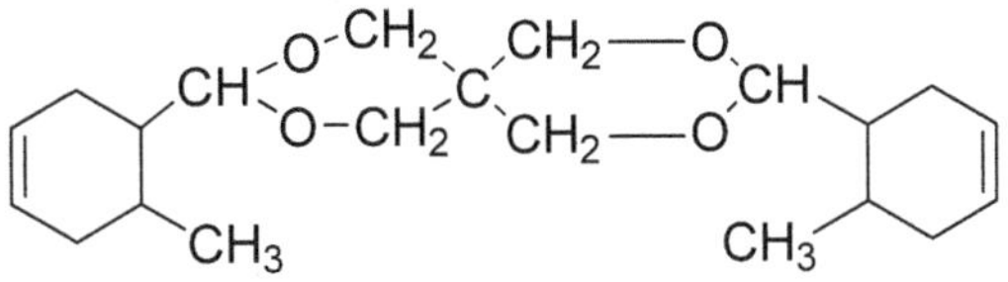

(5) 由苯及其他必要试剂合成

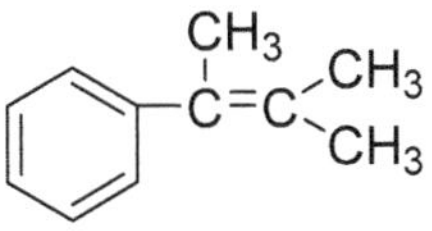

(6) 由苯及其他必要试剂合成

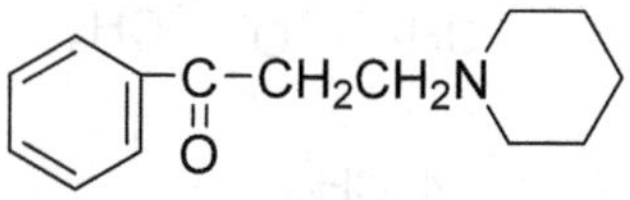

(7) 由乙炔、苯、甲醛及其他必要试剂合成

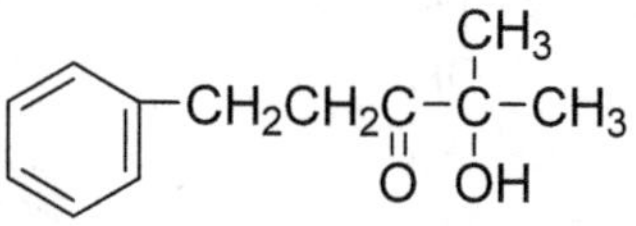

11.13 用化学方法鉴别下列化合物。

(1) 甲醛，乙醛，异丙醇　　(2) 2-戊酮，3-戊酮，环己酮

(3) 苯甲醛，苯乙酮，1-苯基丙醇　　(4)

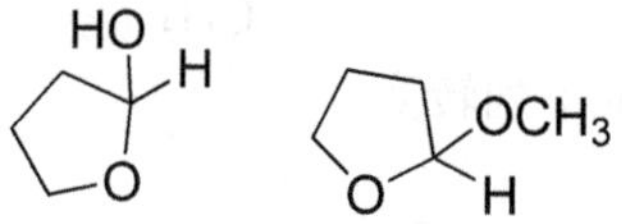

11.14 怎样用 Grignard 试剂合成下列化合物？

(1) 增加一个碳的伯醇　　(2) 增加两个碳的伯醇

(3) 增加若干个碳的仲醇　　(4) 增加若干个碳的叔醇

11.15 含下列官能团的羰基化合物，宜用哪种方法将羰基还原为羟基？

(1) $>C=C<$　　(2) $-C\equiv C-$　　(3) 卤原子　　(4)二烯

11.16 化合物 A($C_5H_{12}O$)有旋光性，当它用碱性 $KMnO_4$ 氧化时得 B ($C_5H_{10}O$)，B 没有旋光性。化合物 B 与正丙基溴化镁作用后水解生成 C，C 能拆分出两个对映体，请推出 A～C 的结构，并写出相关的反应式。

11.17 化合物 A($C_6H_{12}O_3$)，IR 中 1710 cm^{-1} 有吸收峰，用稀 NaOH 碘溶液处理，得黄色沉淀，当 A 用 Tollen 试剂处理，不发生反应；但当 A 用一滴 H_2SO_4 的水溶液处理后，再加 Tollen 试剂时，发生银镜反应。化合物 A 的 ^1H NMR 谱数据为δ(ppm)：2.1 (3H, s), 2.6 (2H, d), 3.2 (6H, s), 4.7 (1H, t)。试推出 A 的结构。

11.18 A 和 B 是异构体，分子式均为 C_9H_8O，在 IR 中，A 在 1715 cm^{-1} 有吸收；B 在 1700 cm^{-1} 有吸收。二者氧化后再酸化都得邻苯二甲酸。

A 的 ^1H NMR δ(ppm)：7.3 (4H, m), 3.4 (4H, s)；B 的 ^1H NMR δ(ppm)：7.5 (4H, m), 3.1 (2H, t), 2.5 (2H, t)。请推出 A、B 的结构。

11.19 请写出化合物 A～D 的结构。

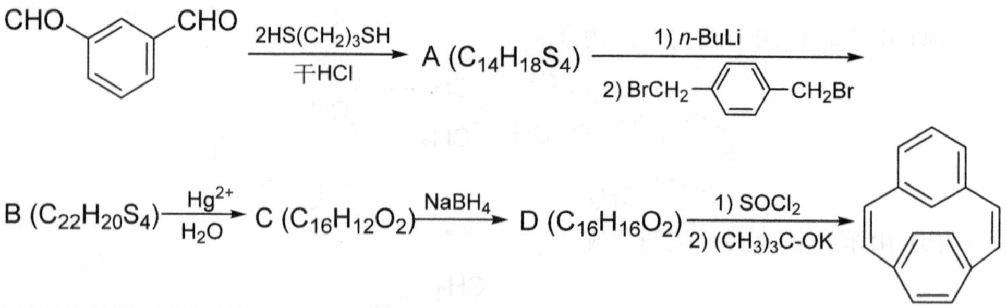

11.20 根据波谱数据推测结构。

(1) C_4H_8O　^1H NMR δ(ppm)：1.0 (3H, t), 1.5 (2H, m), 2.4 (2H, t), 9.9 (1H, s)。用化学方法证明分子内含有羰基。

(2) $C_7H_{14}O$　IR (cm^{-1})：1750, 1380; ^1H NMR δ(ppm)：1.0 (9H, s), 2.1 (3H, s), 2.3 (2H, s)。

(3) $C_6H_{10}O_2$　IR (cm^{-1})：1700, 1380; ^1H NMR δ(ppm)：2.2 (6H, s), 2.7 (4H, s)。

(4) $C_9H_{10}O$　IR (cm^{-1})：1700, 1600, 1500, 1380, 740, 690; ^1H NMR δ(ppm)：2.1 (3H, s), 3.6 (2H, s), 7.2 (5H, m)。

(5) C_9H_9ClO　IR (cm^{-1})：1695, 1600, 1500, 830; ^1H NMR δ(ppm)：1.2 (3H, t), 3.0 (2H, q), 7.7 (4H, m)。

(6) $C_5H_{10}O$　^1H NMR δ(ppm)：9.8 (1H), 1.1 (9H)。

11.21　化合物 A (C_8H_{16})可被热的酸性 $KMnO_4$ 氧化，气相色谱分析表明产物中含有两种化合物 B 和 C。B 和 C 与氨基脲反应都得到沉淀，B 和 C 可通过蒸馏进行分离。B 的分子式为 $C_5H_{10}O$，其 ^1H NMR 数据为δ(ppm)：0.92 (3H, t), 1.6 (2H, m), 2.18 (3H, s), 2.45(2H, t)；化合物 C 是易挥发的液体，其核磁共振谱图上只出现一个单峰。请写出化合物 A、B、C 的结构。

11.22　推测化合物 A ($C_9H_{14}O_2$)的结构。IR(cm^{-1})：2990, 1724, 1460, 1380, 1360, 1250, 910, 810。^1H NMR δ(ppm)：3.05 (1H, s), 2.65 (1H, d, J = 15 Hz), 2.10 (1H, d, J = 15 Hz) , 1.80 (1H, dd, J = 15 Hz, 2 Hz), 1.65 (1H, dd, J = 15 Hz , 2 Hz)，1.39 (3H, s), 0.92 (3H, s), 1.0(3H, s)。

11.23　写出下列反应的主要产物。

(1) 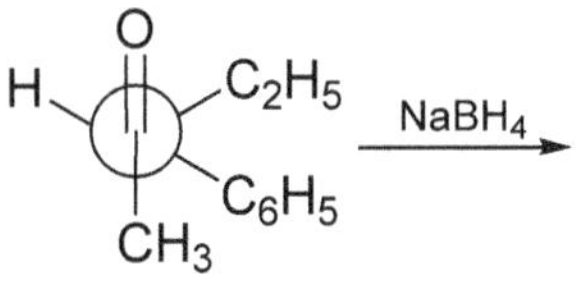

(2) 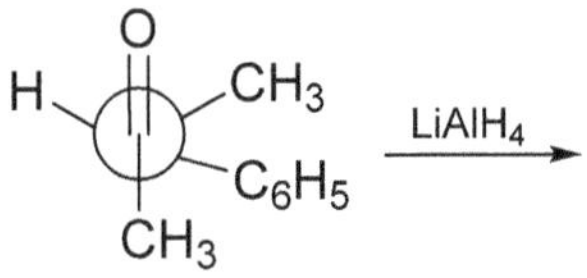

(3) 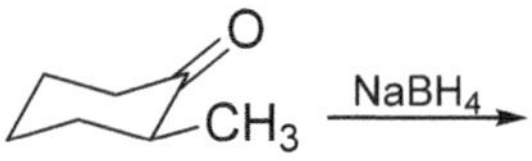

(4) 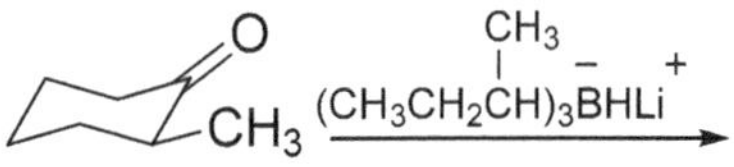

(5) 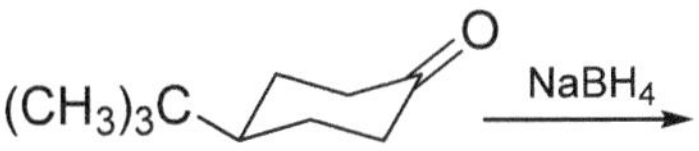

(6) 

(7) 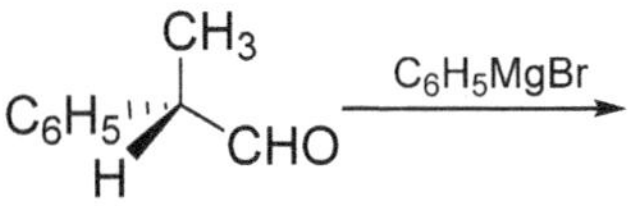

(8) 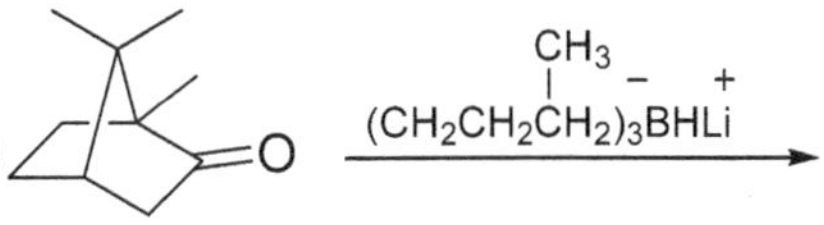

11.24　化合物 A ($C_{10}H_{20}$)与稀冷 $KMnO_4$ 反应生成 B ($C_{10}H_{22}O_2$)，B 与 HIO_4 反应生成 C 和 D，A 经臭氧化-还原后也生成 C 和 D。C 和 D 用 Clemmensen 还原都得 E (C_5H_{12})。C 与 2,4-二硝基苯肼反应得到橘黄色沉淀，与 Tollen 试剂呈正性反应，C 有光学活性。D 与 2,4-二硝基苯肼也呈正性结果，但与 Tollen 试剂作用不产生银镜，也无光学活性，请推出 A～E 的结构。

11.25　完成下列转变。

(1) 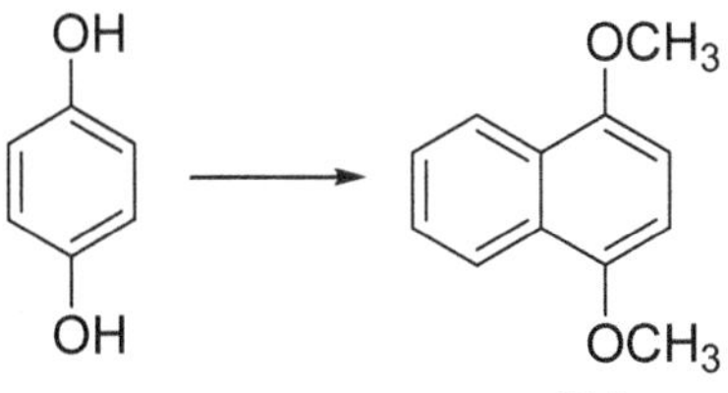

(2) 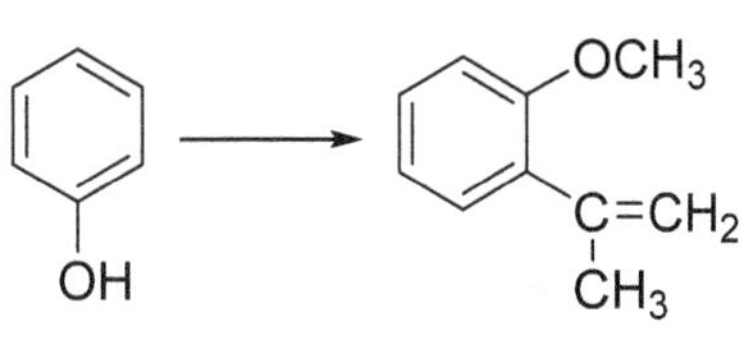

(3) 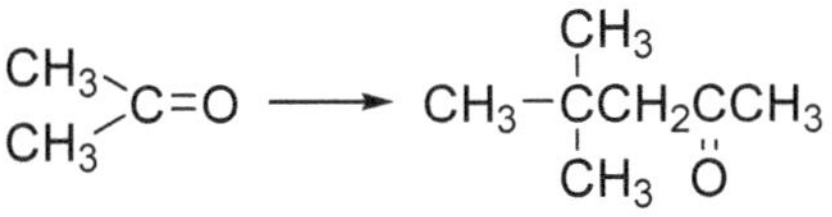

(4) 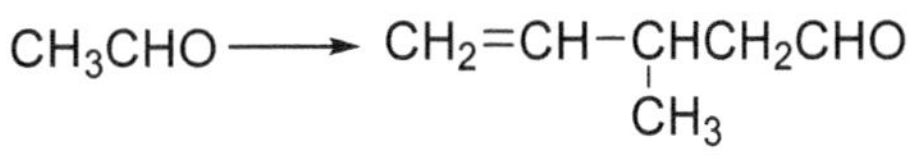

(5) 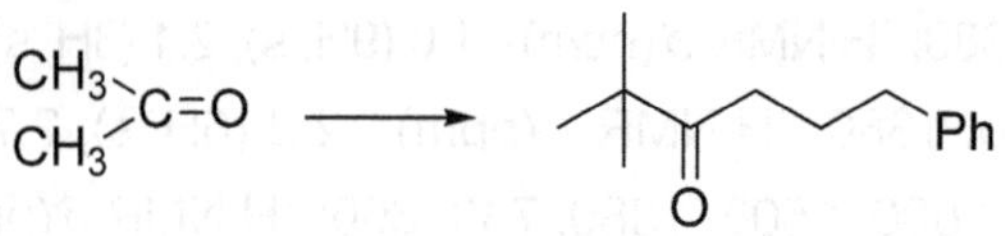

三、习题解答

11.1 略。 **11.2** 略。

11.3

(1) 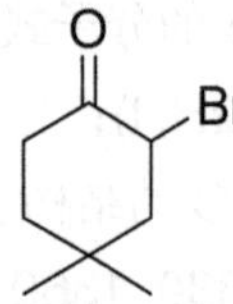 (2) 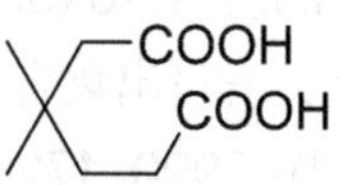 (3) 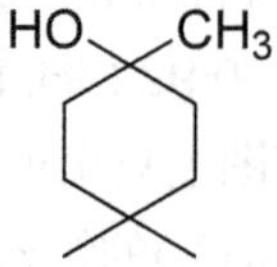 (4) 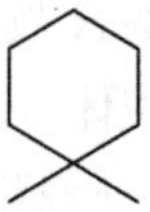

(5) 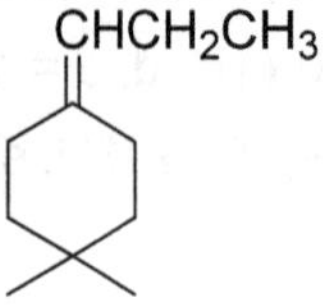 (6) 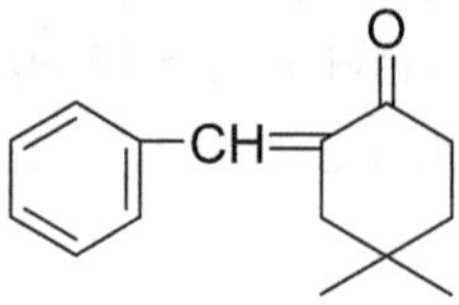 (7) 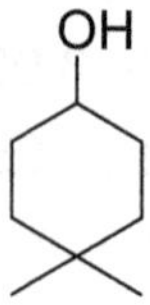 (8) 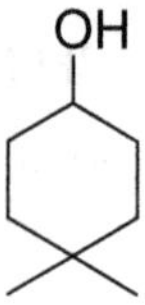

(9) 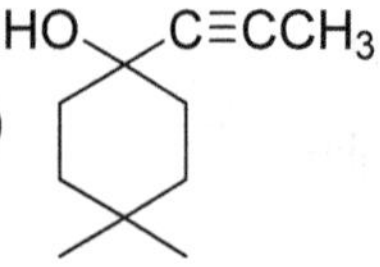 (10) 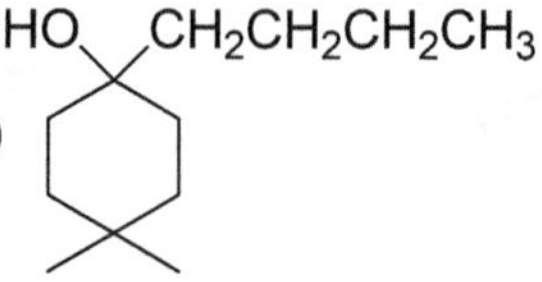 (11) 

(12) 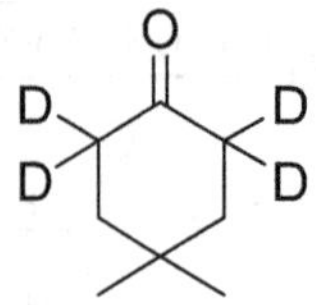 (13) 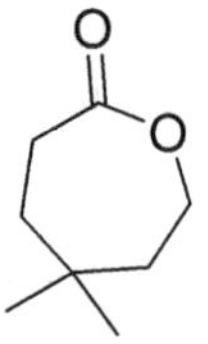 (14) 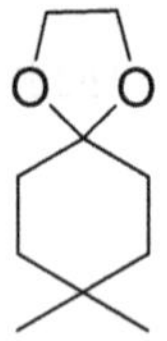 (15) 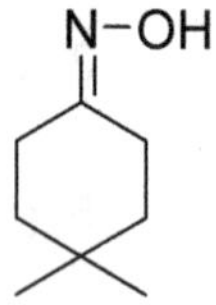

11.4 醛、酮在水溶液中生成水合物的反应是一个平衡反应，平衡位置取决于醛、酮的结构。若羰基两边取代基的体积大，位阻就大，水合物就不稳定。若羰基直接与芳环相连，由于芳环分散了羰基碳原子的正电荷，降低了体系能量，使羰基活性降低；同时，芳环体积也较大，两种因素的共同影响使水合平衡中水合物的含量降低。羰基与强的吸电子基相连时，吸电子基使羰基碳原子的正电荷更加集中，增大了体系能量，增强了羰基活性，趋于形成稳定的水合物。环酮分子中张力越大，越易生成水合物而降低张力。

(1) $CH_3COCH_2Br > CH_3COCH_2CH_2Br$

(2) $CH_3COCOCOCH_3 > CH_3COCOCH_3 > CH_3COCH_2CH_3$

(3) 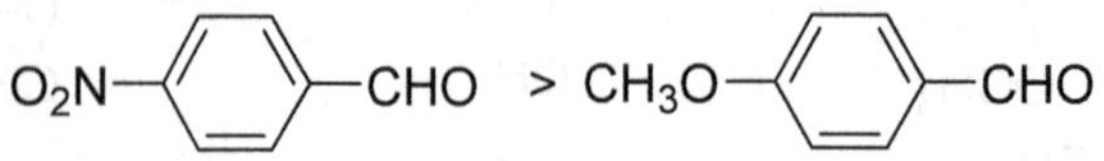 (4) 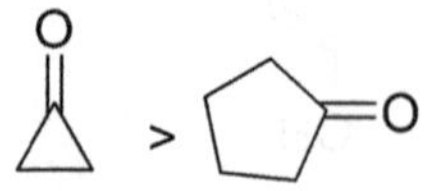

11.5

(1) 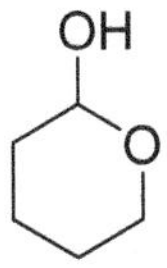
(2) 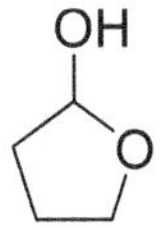
(3) 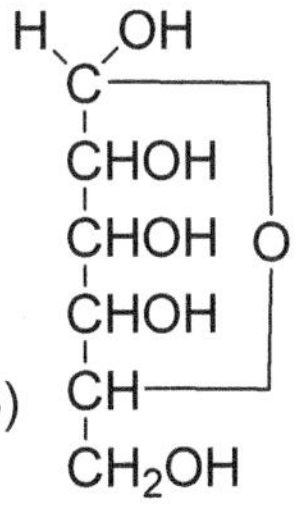
(4) 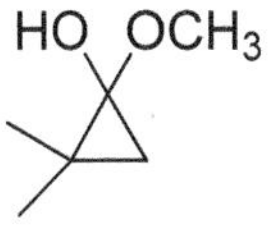

11.6　醛、酮的α-H 有一定的酸性，在碱性溶液中可通过烯醇化，使某些醛、酮外消旋化。

(1) 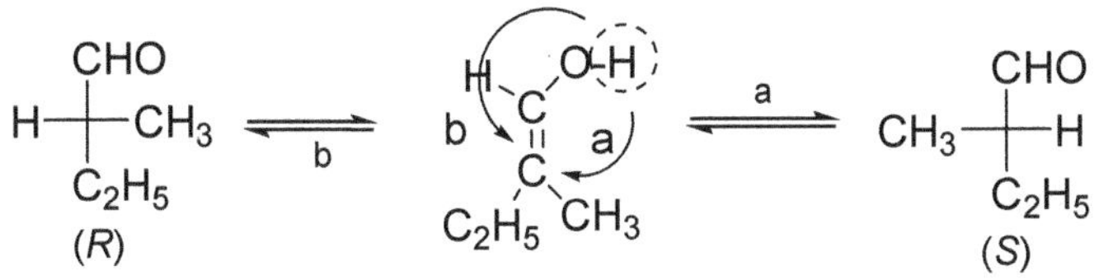

(*R*)-2-甲基丁醛在碱性溶液中可发生外消旋化。

(2) 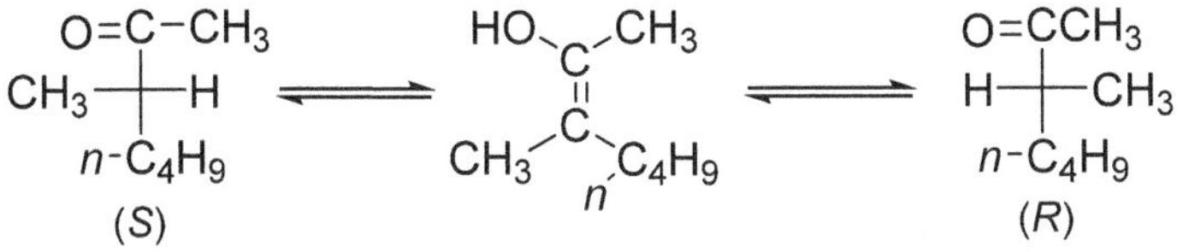

经烯醇化，可发生外消旋化。

(3) 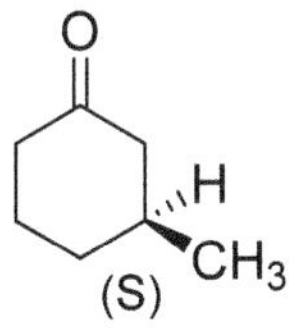

在碱性溶液中，不是由手性碳原子的氢参与烯醇化，故经烯醇化后，不影响手性碳原子的构型，不发生外消旋化。

(4) 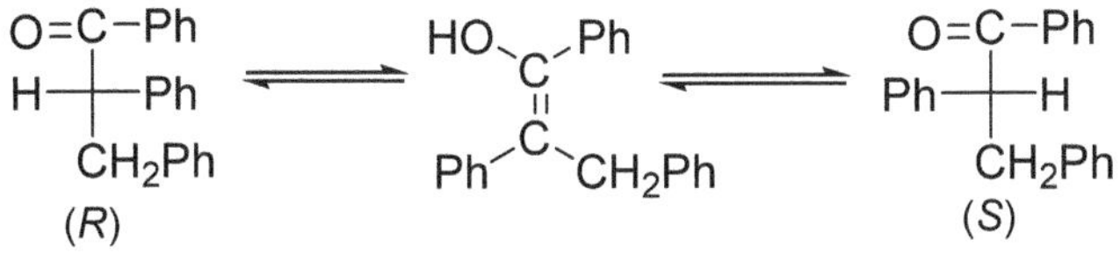

经烯醇化，可发生外消旋化。

11.7　具有 CH_3CO—及 CH_3CHOH—结构者能发生碘仿反应，故能发生碘仿反应的有(2)、(4)、(5)、(6)、(7)。

11.8　前者生成的烯醇式较为稳定。

(1) 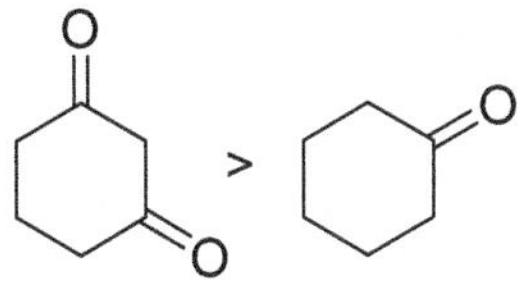
(2) 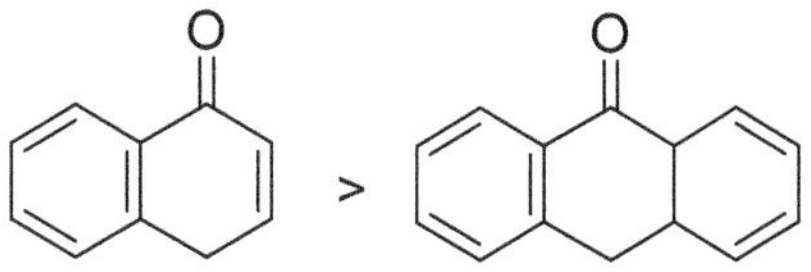

(3) 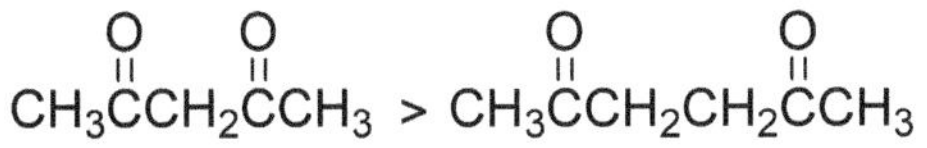
(4) 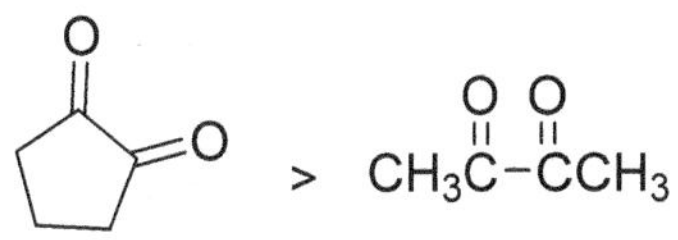

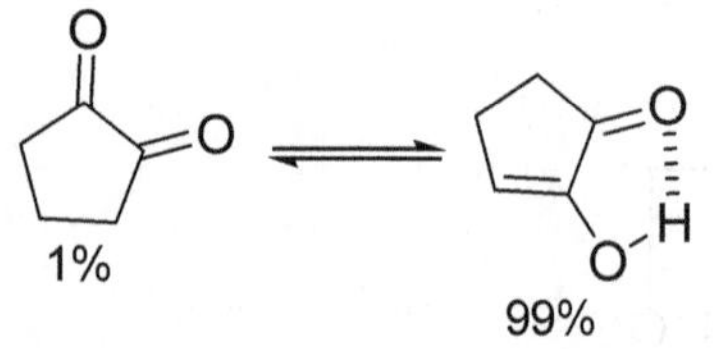

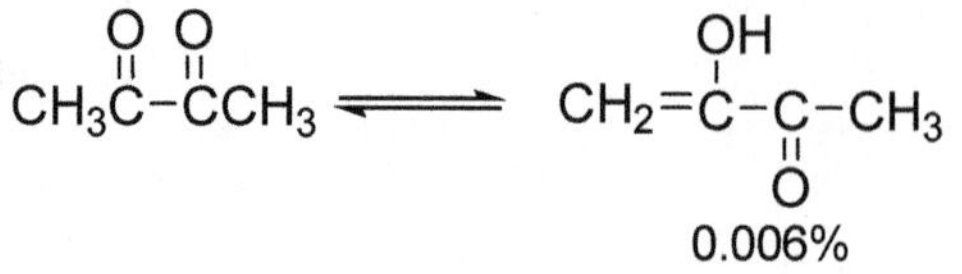

(5) 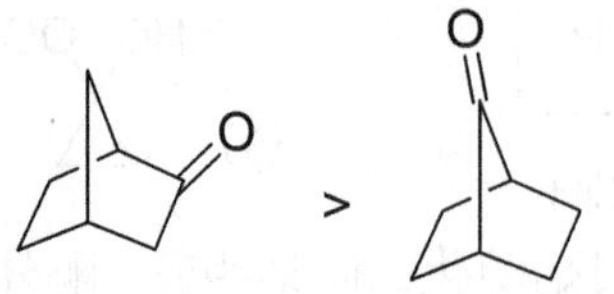

(6) 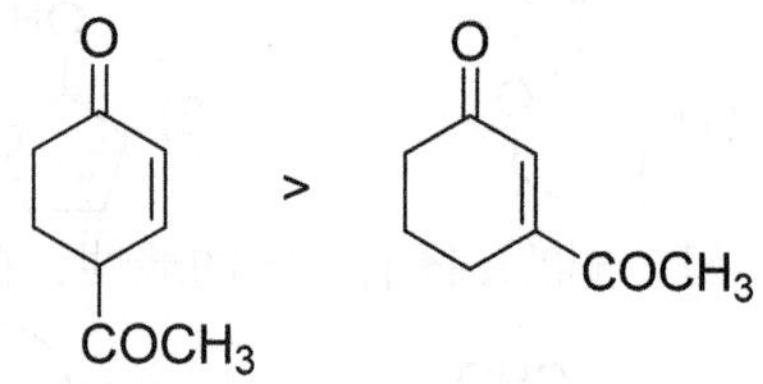

11.9

(1) 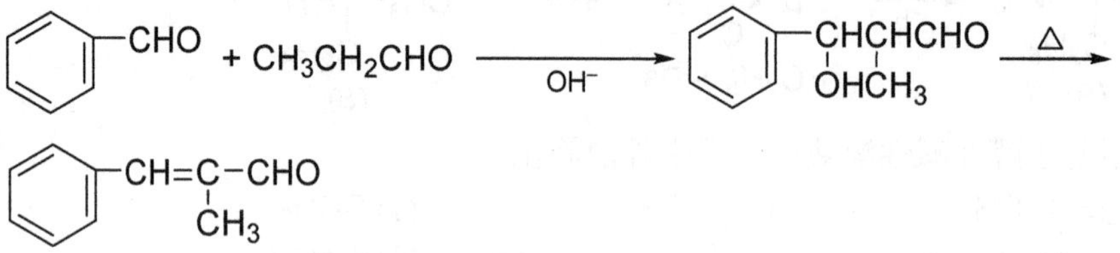

(2) $CH_3CHO + 3HCHO \xrightarrow{OH^-} (HOCH_2)_3CCHO \xrightarrow[浓OH^-]{HCHO} C(CH_2OH)_4$

(3) 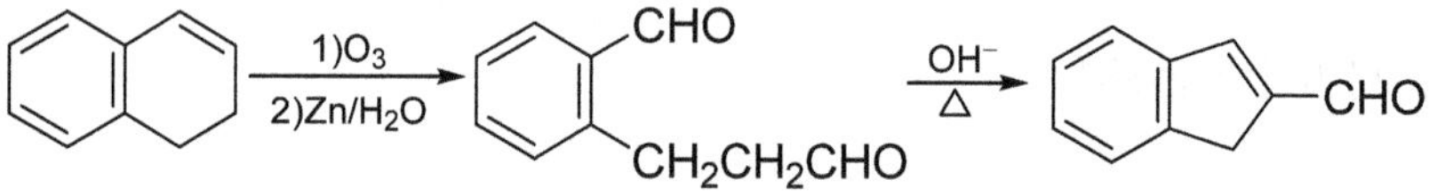

(4) 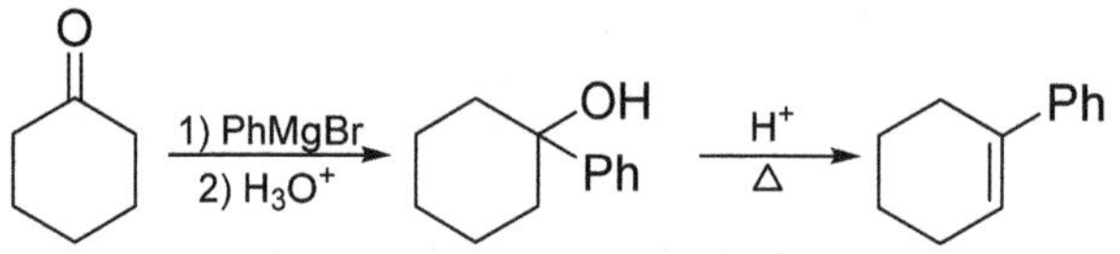

(5) 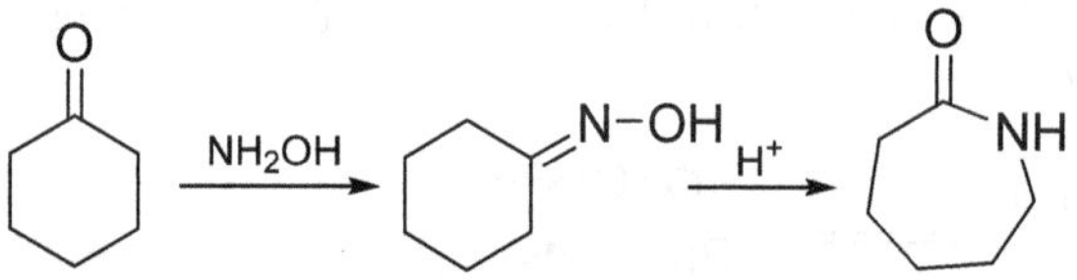

(6) 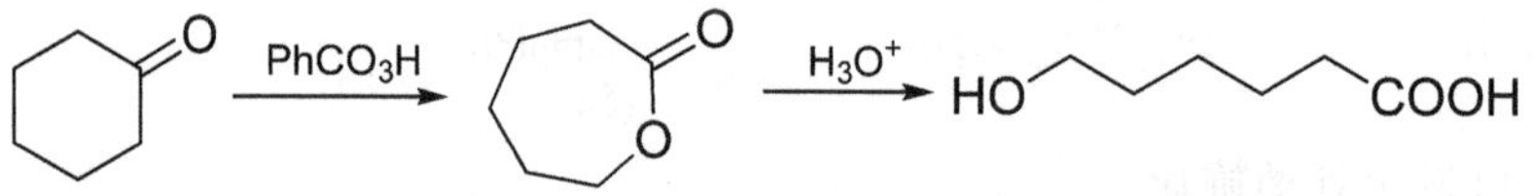

(7) 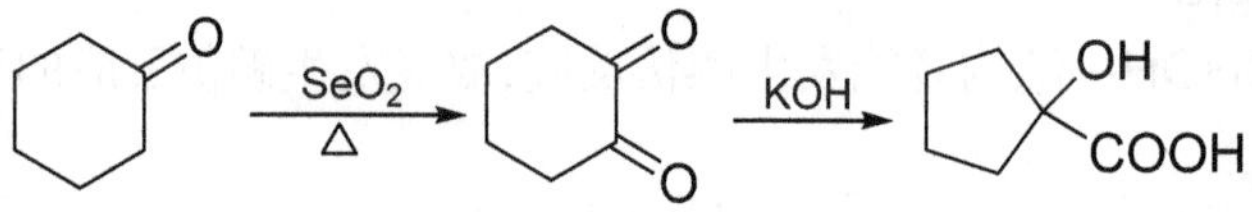

(8) 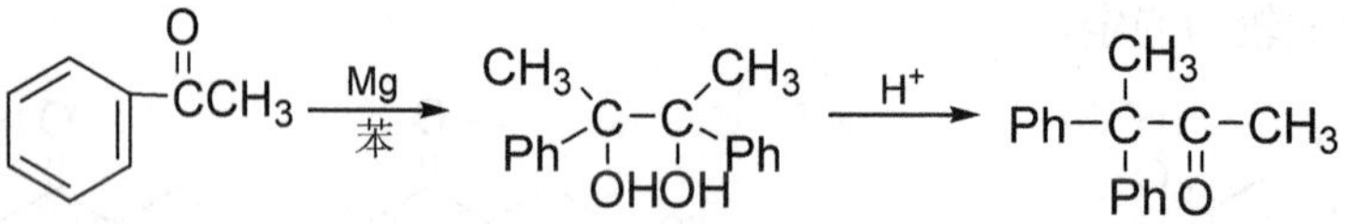

(9) 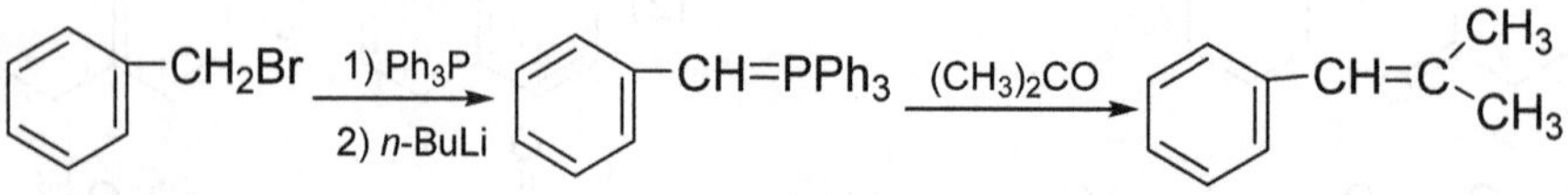

(10) 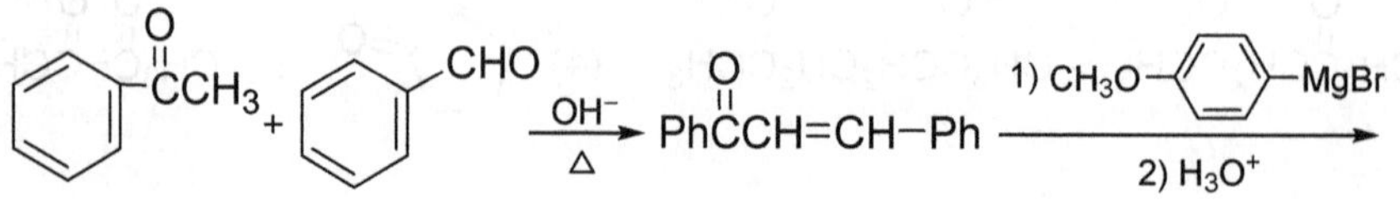

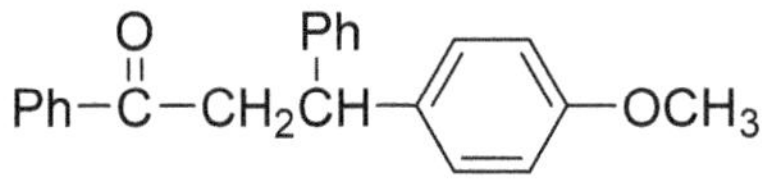

(11) 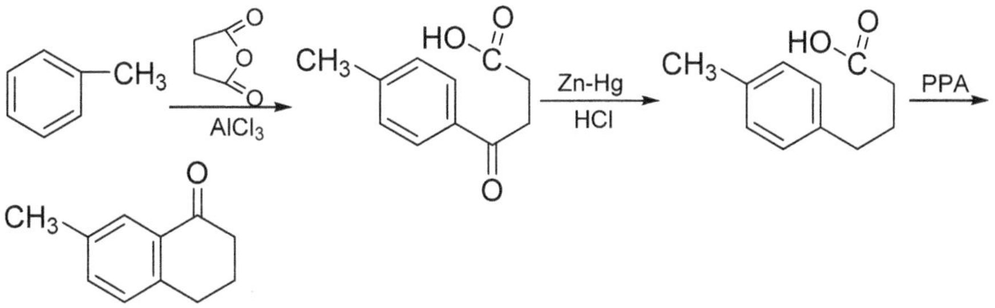

(12) 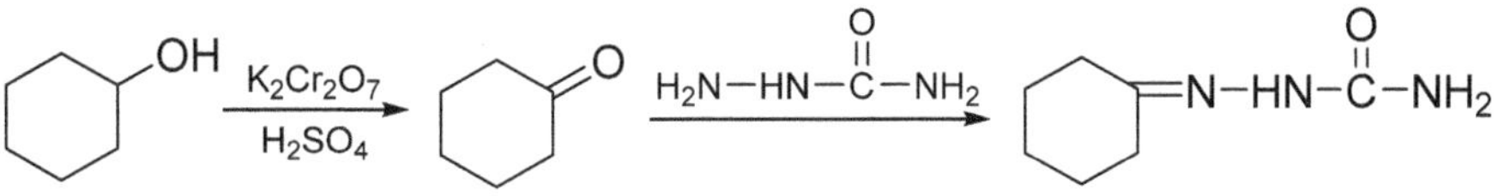

(13) 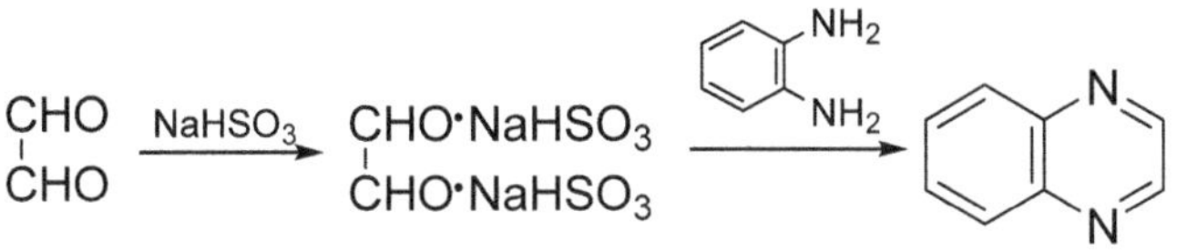

(14) 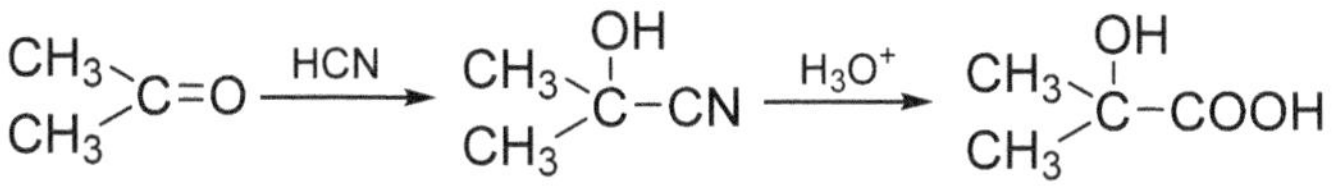

(15) 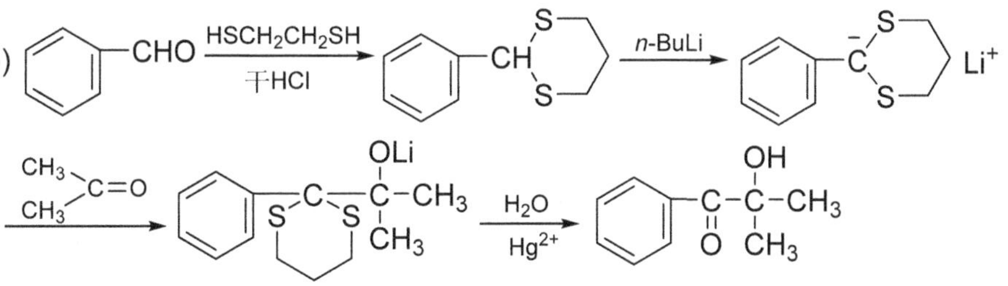

11.10

(1) 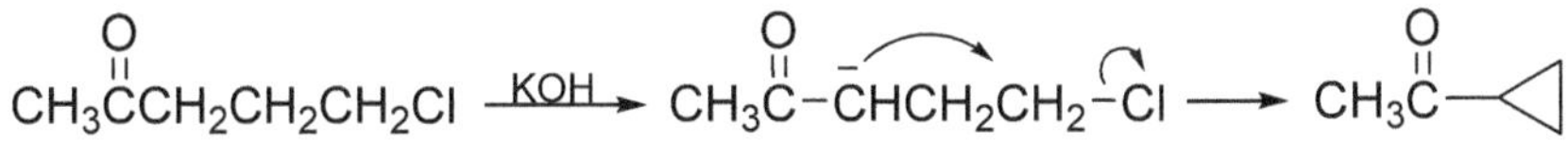

(2) 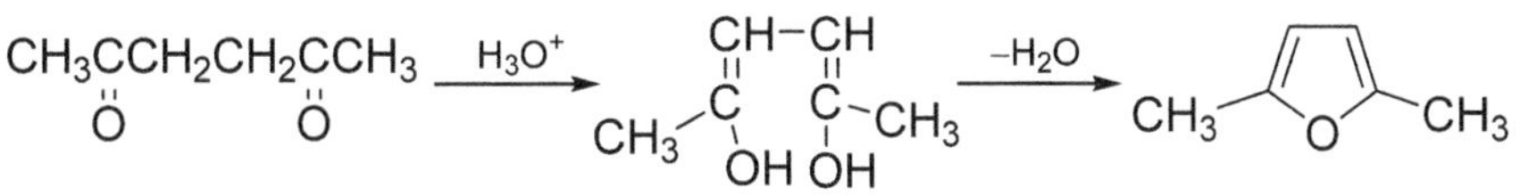

(3) 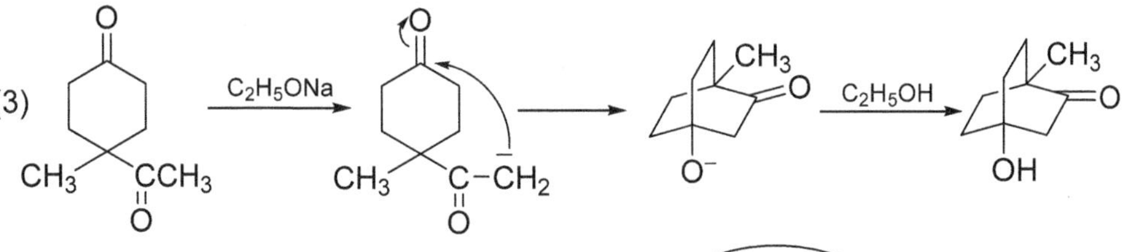

(4) 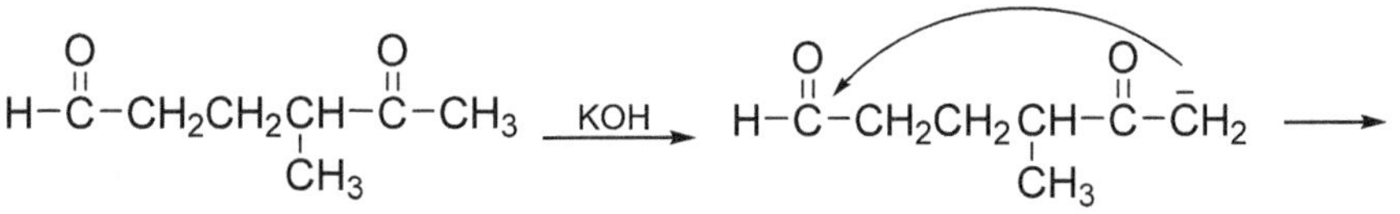

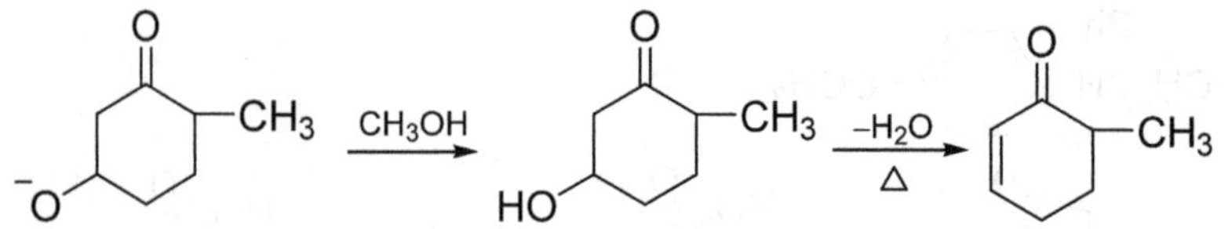

11.11

(1) 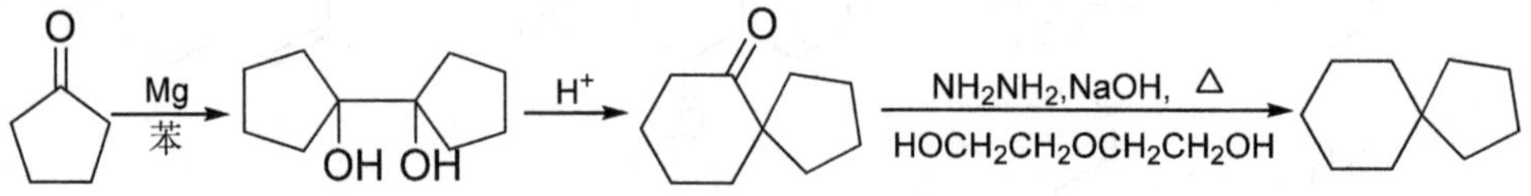

(2) 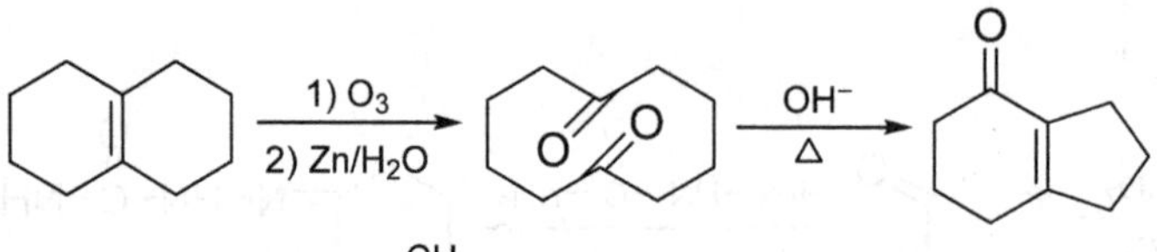

(3) 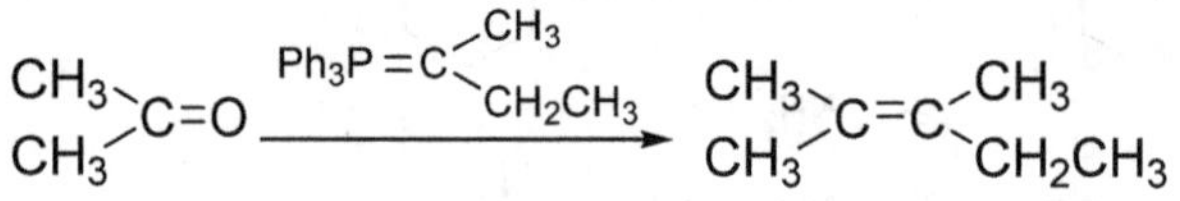

(4) 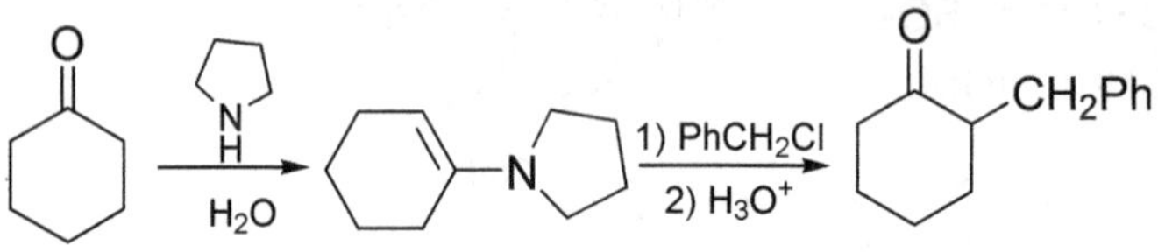

11.12

(1) 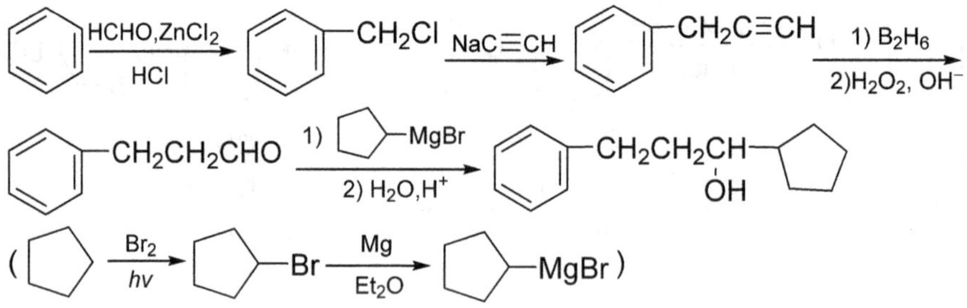

(2) 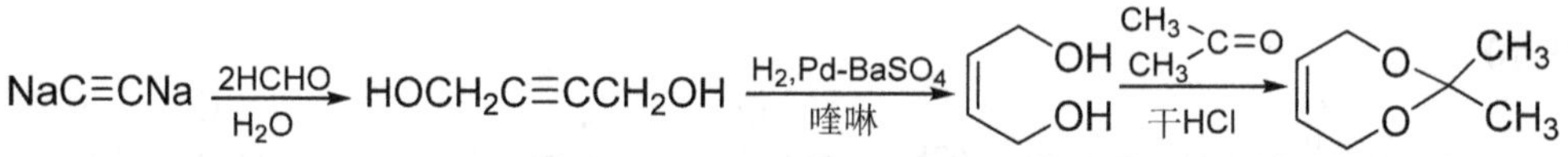

(3) 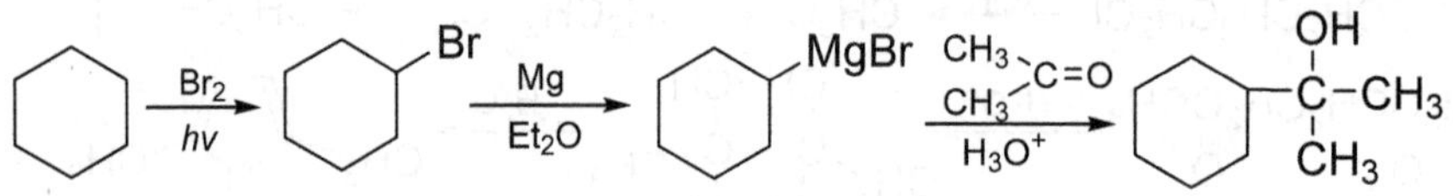

(4) 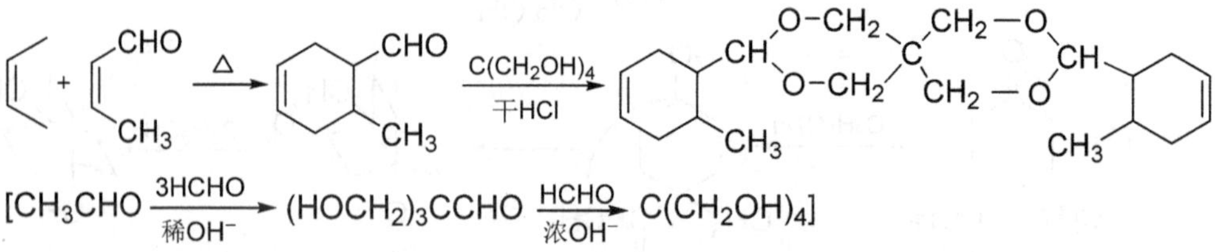

(5) 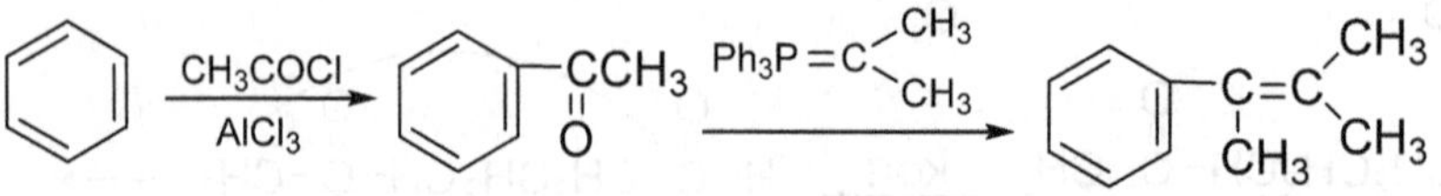

(6) 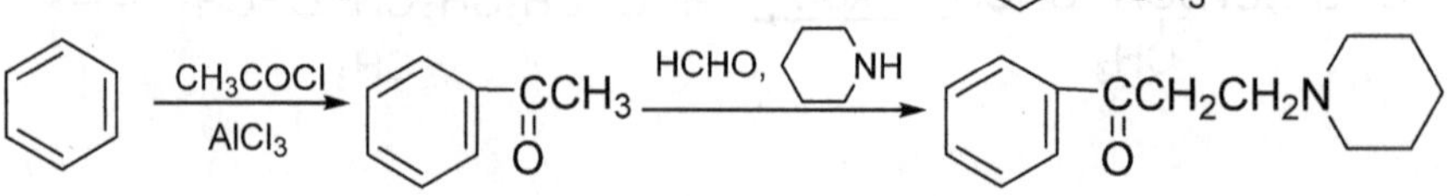

(7) 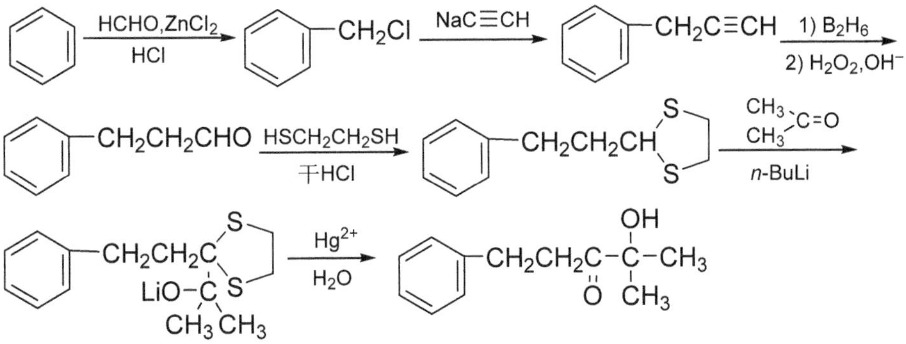

11.13

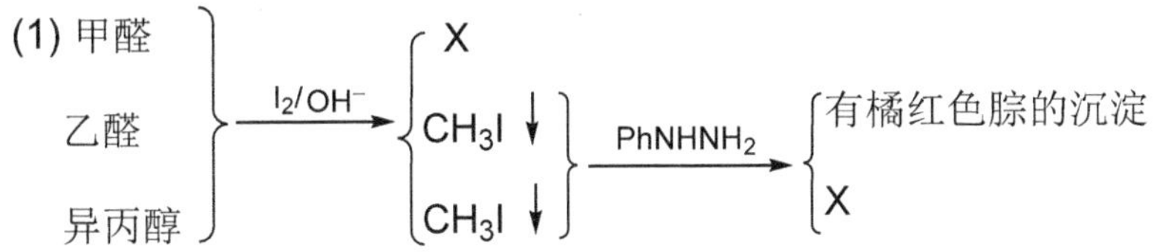

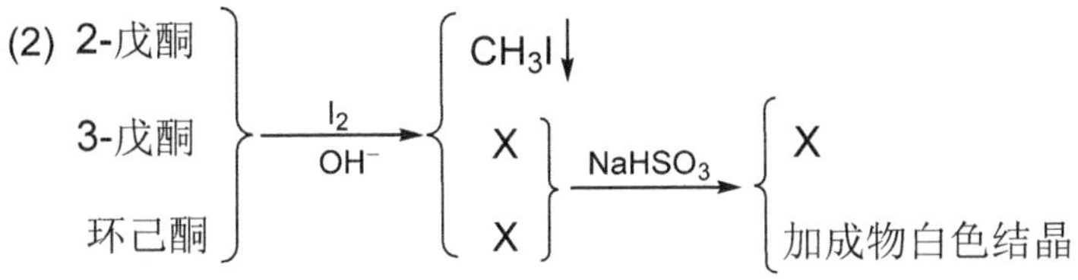

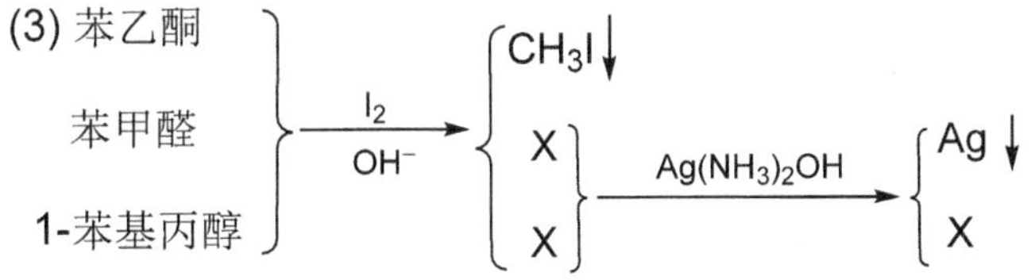

(4) 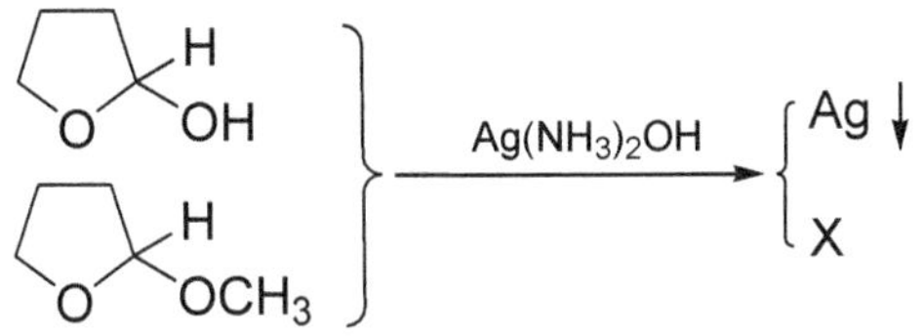

11.14 略。

11.15 略。

11.16

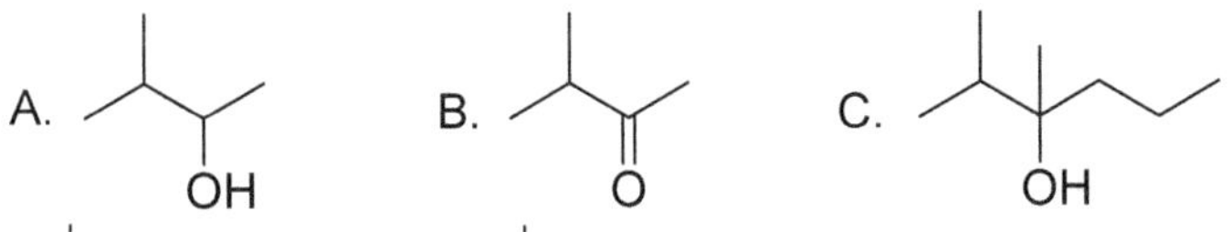

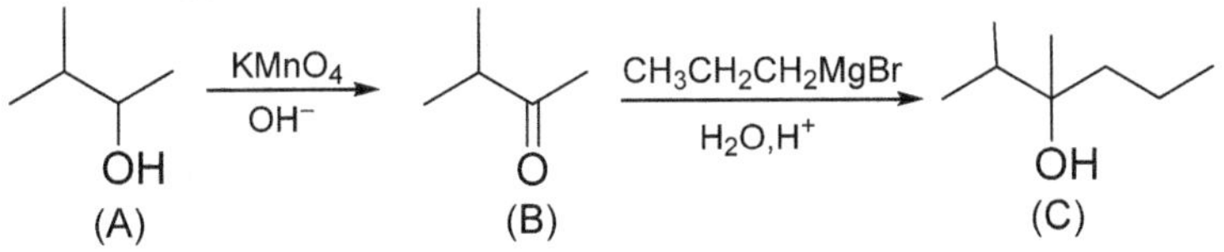

11.17

A. $CH_3\overset{O}{\overset{\|}{C}}CH_2CH(OCH_3)_2$

11.18

A. 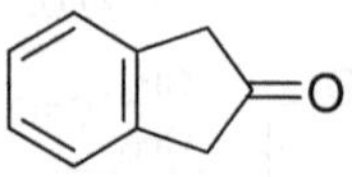　　B. 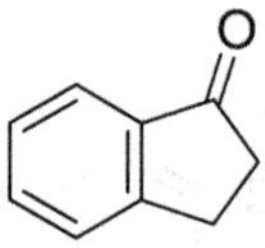

11.19

A. 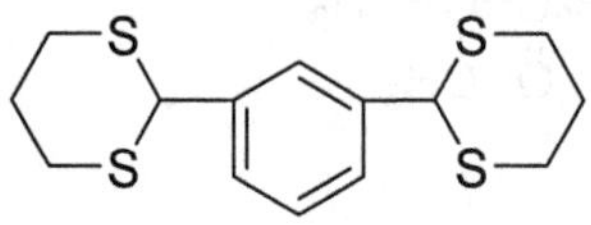　　B. 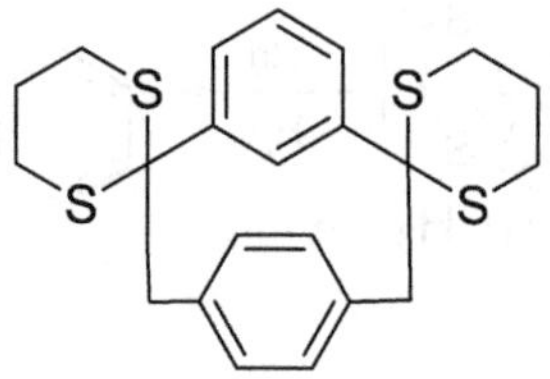

C. 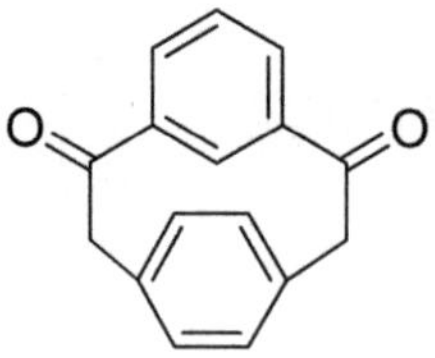　　D. 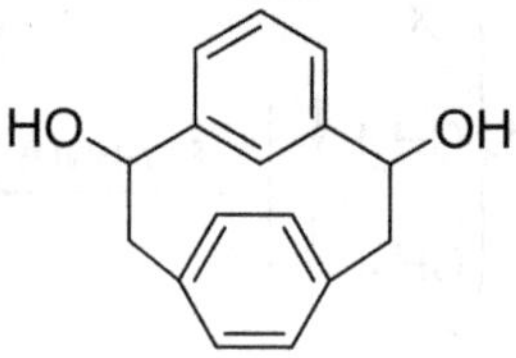

11.20

(1) $CH_3CH_2CH_2CHO$　　(2) 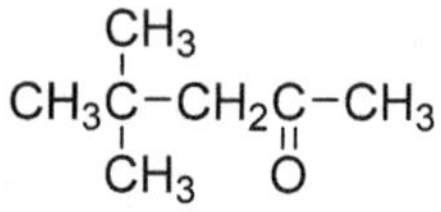　　(3) 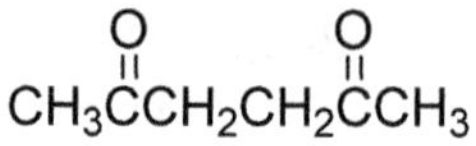

(4) 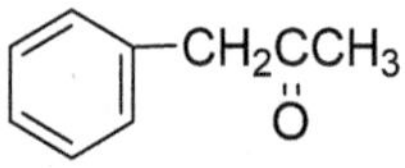　　(5) 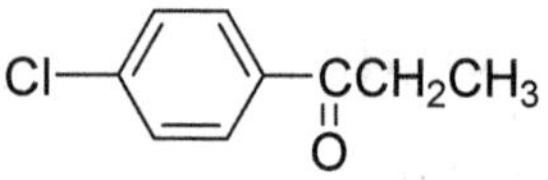　　(6) 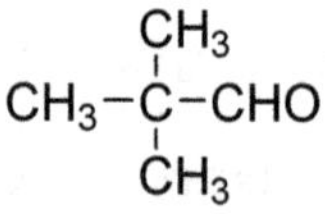

11.21

A. 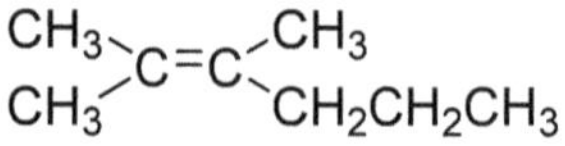　B. 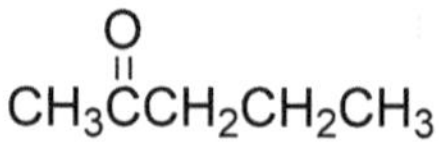　C. 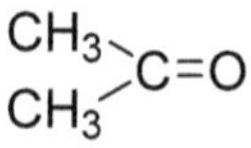

11.22

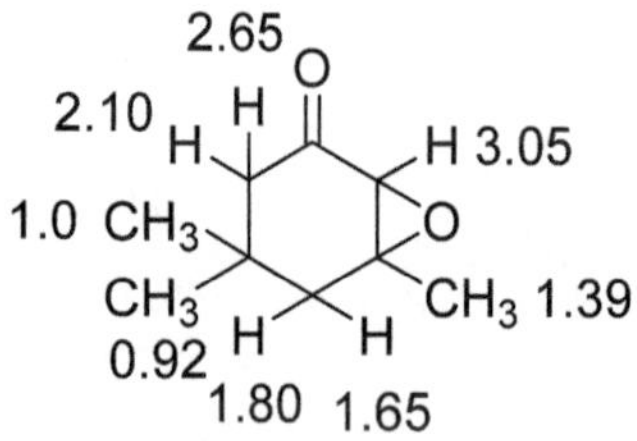

IR(cm^{-1}): CH_3, CH_2, CH约为2990, 1460, 1380, 1360

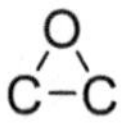 为1250, 910, 810

11.23

(1) 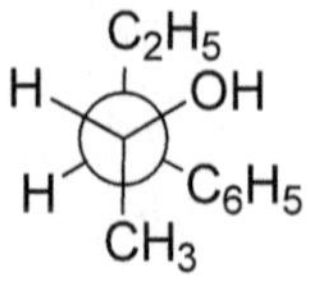　(2) 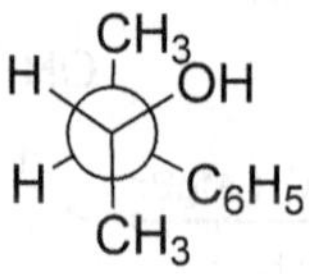　(3) 　(4) 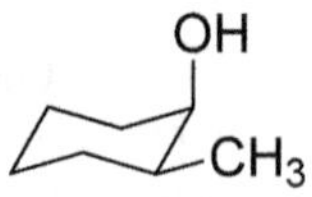

(5) 　　(6) 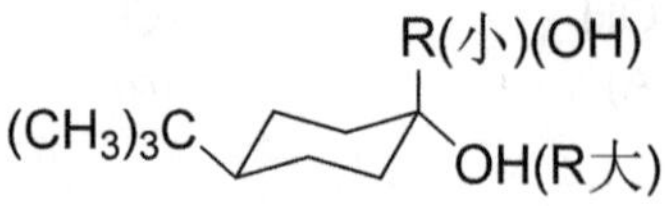

(7) 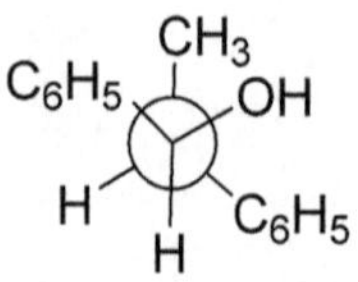　　(8) 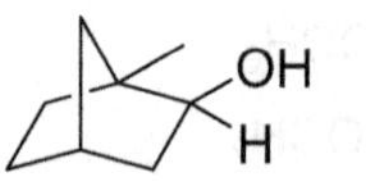

11.24

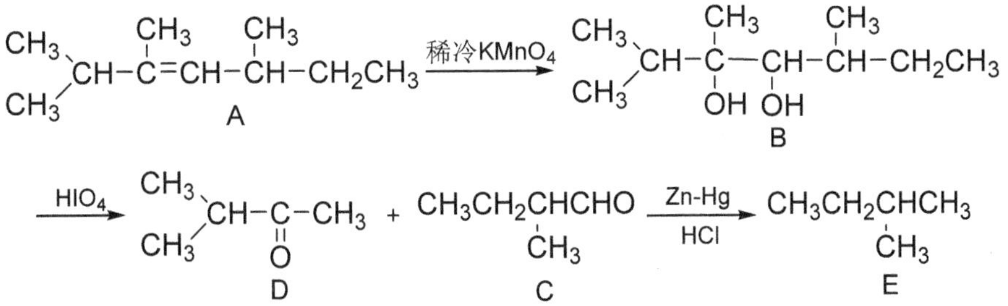

11.25

(1) 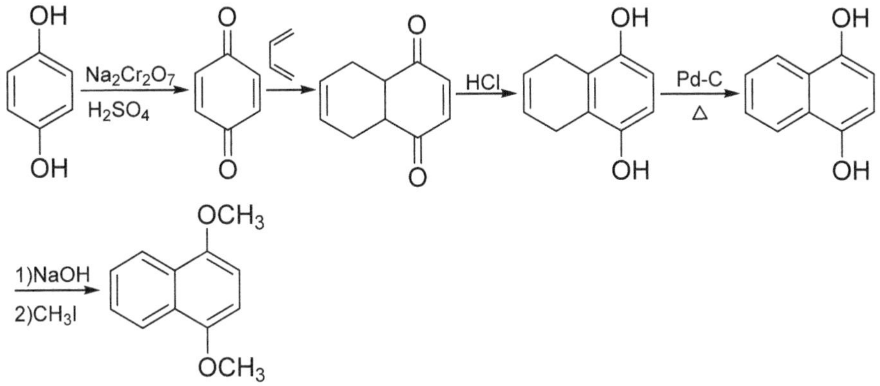

(2) 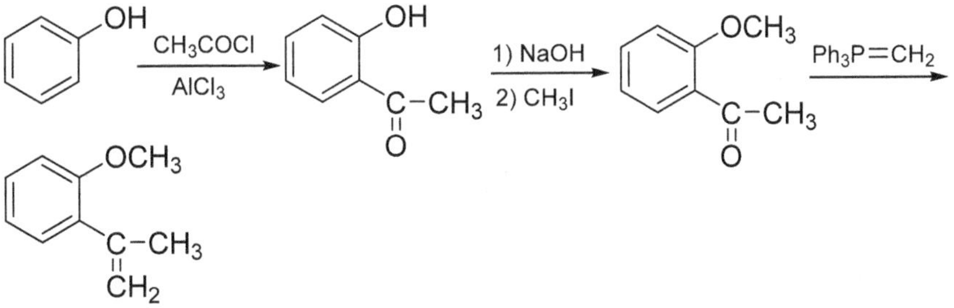

(3) 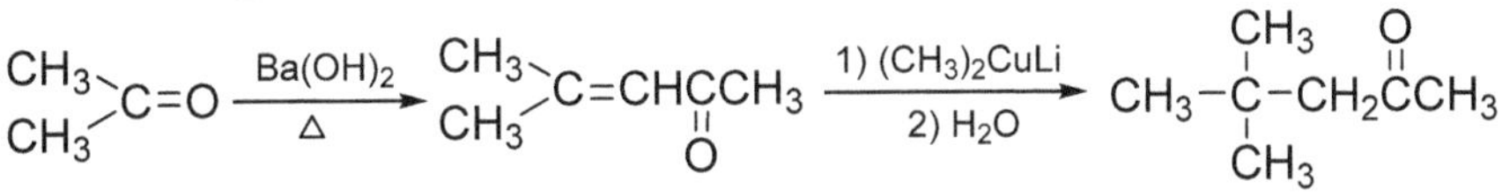

(4) 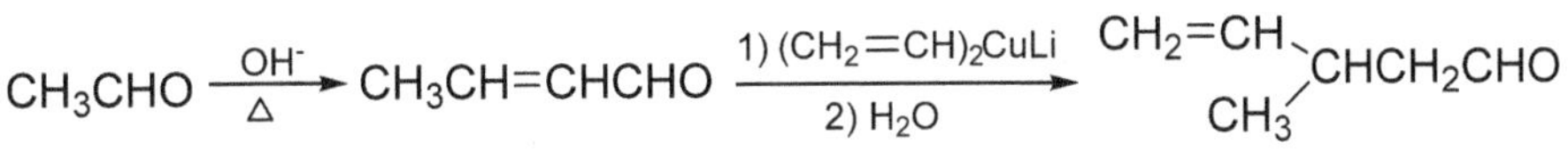

(5) 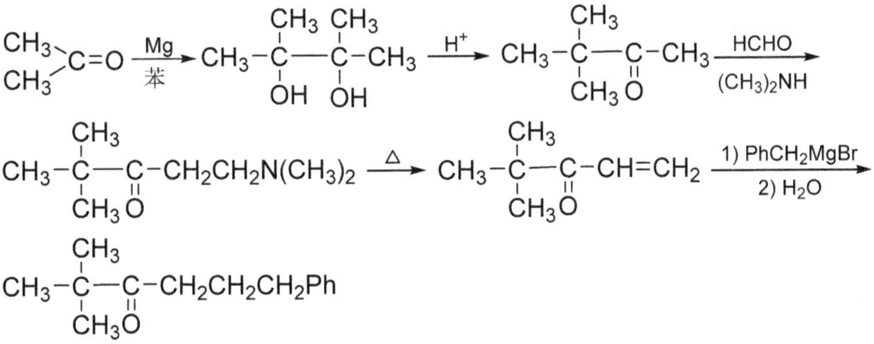

第 12 章　羧酸及其衍生物

一、例题及解析

【例 12-1】 将下列化合物按酸性次序排列。

(1) $CF_3CH_2CH_2COOH$　CF_3CH_2COOH　CF_3COOH

(2)
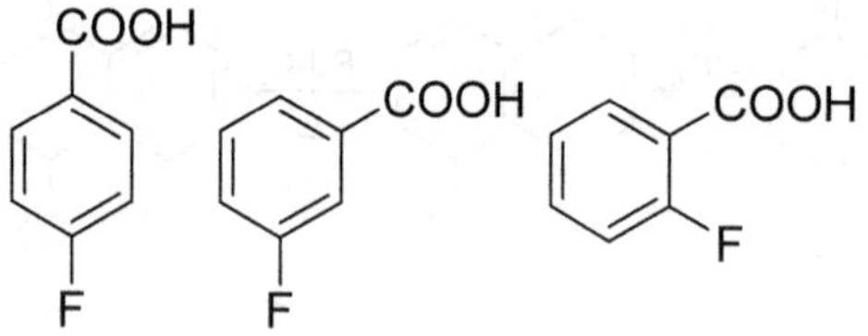

(3)
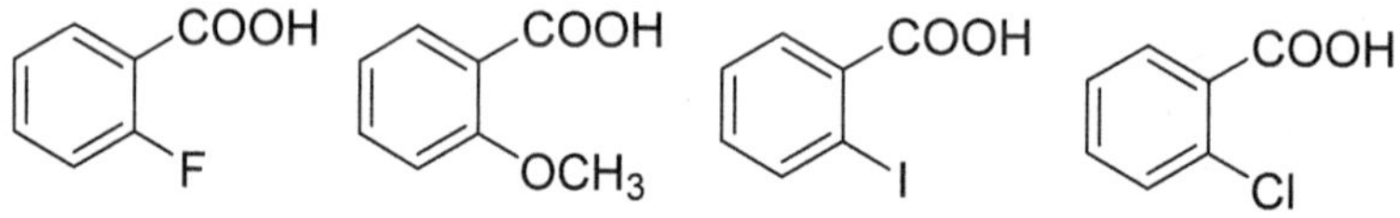

(4) CH_3CH_2COOH　$CH_2{=}CHCOOH$　$CH{\equiv}C{-}COOH$

(5)
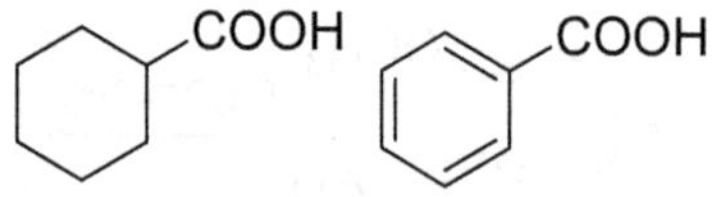

解 (1) CF_3—为吸电子基，当 CF_3—与羧基间的距离增大时，其对羧基的吸电子诱导效应减弱，酸性降低。所以，酸性次序为 $CF_3COOH > CF_3CH_2COOH > CF_3CH_2CH_2COOH$。

(2) 取代苯甲酸的酸性与取代基的诱导效应和共轭效应有关，本题的主要影响因素是诱导效应。因此，酸性次序为

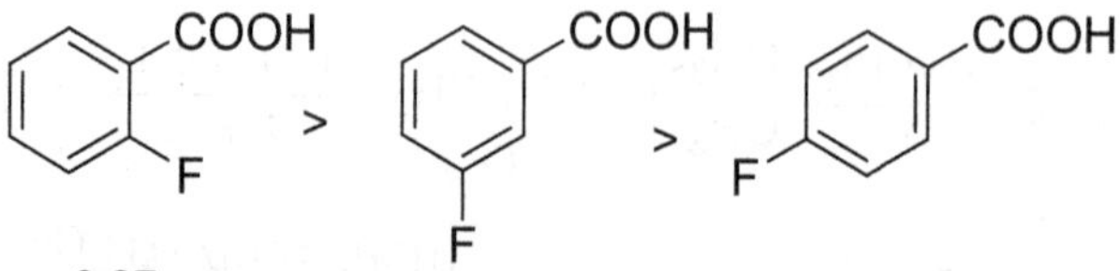

pK_a　3.27　3.86　4.14

(3) 邻位取代苯甲酸酸性的强弱，既要看取代基吸电子的诱导效应，又要看其是否有供电子的共轭效应，据此来比较羧基负离子的稳定性，能稳定羧基负离子的，酸性强，反之则弱。故酸性次序为

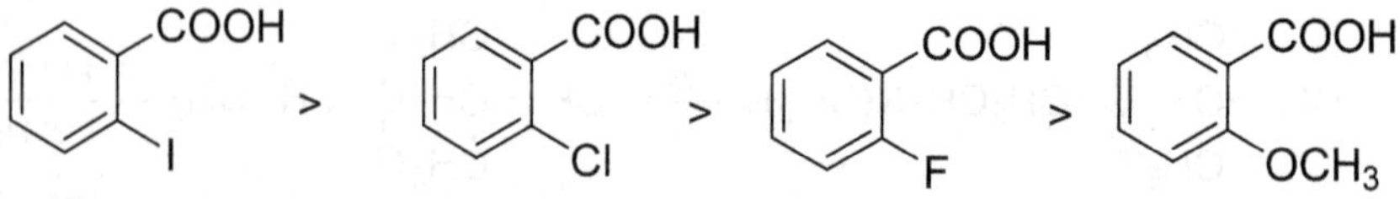

pK_a　2.86　2.92　3.27　4.09

(4) 成键轨道中 s 成分大的碳原子，其吸电子能力强，故酸性次序为

$CH{\equiv}C{-}COOH > CH_2{=}CHCOOH > CH_3CH_2COOH$

(5)
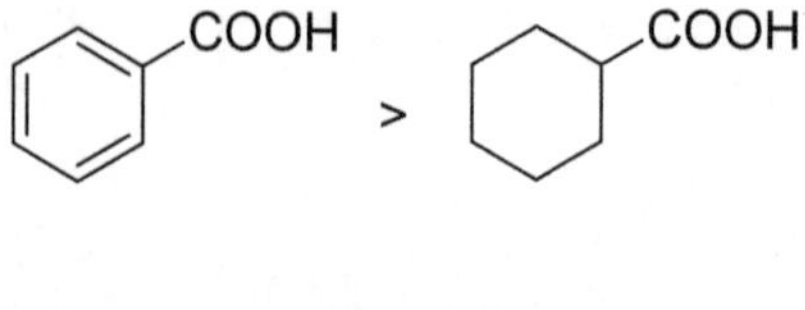

【例 12-2】 如何将 3-甲基丁酸转变成下列产物?

(1) 3-甲基丁酸乙酯　(2) 3-甲基丁酰胺　(3) 3-甲基丁酰氯
(4) 3-甲基丁腈　(5) 3-甲基-1-丁醇　(6) 2-溴-3-甲基丁酸

解

(1) $\begin{matrix}CH_3\\CH_3\end{matrix}\!\!>CHCH_2COOH \xrightarrow[H^+]{C_2H_5OH} \begin{matrix}CH_3\\CH_3\end{matrix}\!\!>CHCH_2COOC_2H_5 + H_2O$

(2) $\begin{matrix}CH_3\\CH_3\end{matrix}\!\!>CHCH_2COOH \xrightarrow[185^{\circ}C]{NH_3} \begin{matrix}CH_3\\CH_3\end{matrix}\!\!>CHCH_2CONH_2 + H_2O$

(3) $\begin{matrix}CH_3\\CH_3\end{matrix}\!\!>CHCH_2COOH \xrightarrow[\triangle]{SOCl_2} \begin{matrix}CH_3\\CH_3\end{matrix}\!\!>CHCH_2\overset{O}{\overset{\|}{C}}Cl + SO_2 + HCl$

(4) 由(2)得　$\begin{matrix}CH_3\\CH_3\end{matrix}\!\!>CHCH_2CONH_2 \xrightarrow[200^{\circ}C]{P_4O_{10}} \begin{matrix}CH_3\\CH_3\end{matrix}\!\!>CHCH_2CN + H_2O$

(5) $\begin{matrix}CH_3\\CH_3\end{matrix}\!\!>CHCH_2COOH \xrightarrow[2)\ H_2O]{1)\ LiAlH_4} \begin{matrix}CH_3\\CH_3\end{matrix}\!\!>CHCH_2CH_2OH$

(6) $\begin{matrix}CH_3\\CH_3\end{matrix}\!\!>CHCH_2COOH \xrightarrow[P]{Br_2} \begin{matrix}CH_3\\CH_3\end{matrix}\!\!>CH\underset{Br}{\underset{|}{C}H}COOH$

【例 12-3】 写出下列反应的主产物。

(1) 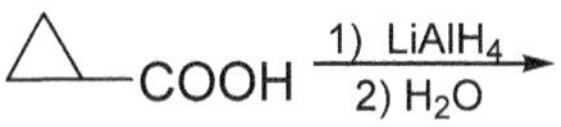

(2) 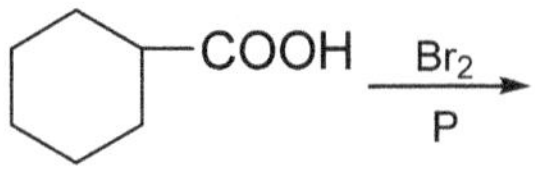

(3) $\begin{matrix}CH_2COOH\\|\\CH_2COOC_2H_5\end{matrix} \xrightarrow[C_2H_5OH,\ 电解]{C_2H_5ONa}$

(4) $C_2H_5O-\overset{O}{\overset{\|}{C}}(CH_2)_4\overset{O}{\overset{\|}{C}}-OAg \xrightarrow[\triangle]{Br_2}$

(5) $\begin{matrix}CH_3\\CH_3\end{matrix}\!\!>C<\!\!\begin{matrix}COOH\\COOH\end{matrix} \xrightarrow{\triangle}$

(6) 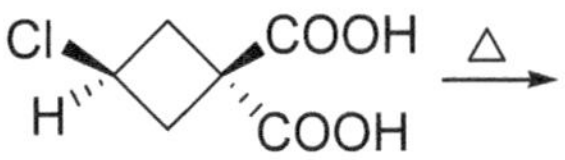

(7) 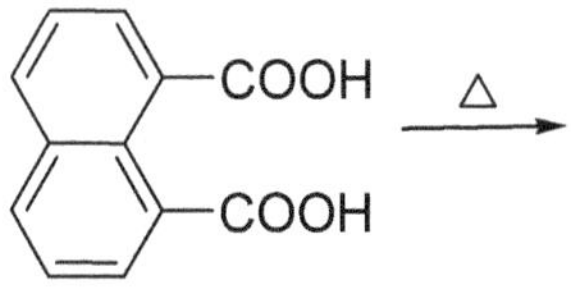

(8) 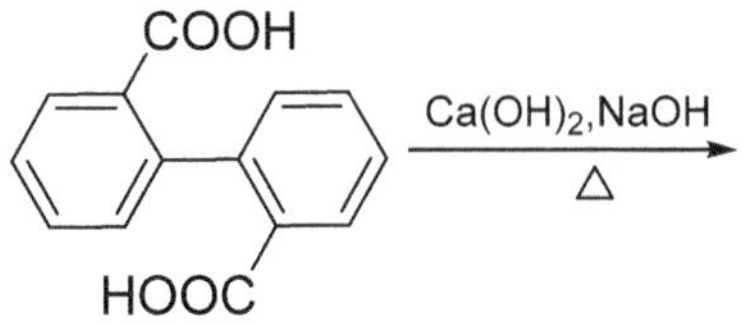

解

(1) 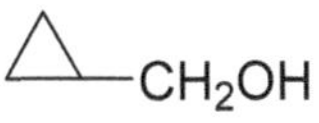

(2) 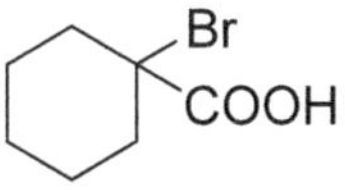

(3) $\begin{matrix}CH_2CH_2COOC_2H_5\\|\\CH_2CH_2COOC_2H_5\end{matrix}$

(4) $C_2H_5O-\overset{O}{\overset{\|}{C}}(CH_2)_4Br$

(5) $\begin{matrix}CH_3\\CH_3\end{matrix}\!\!>CHCOOH$

(6) 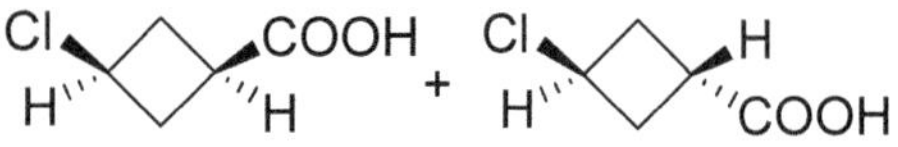

(7) 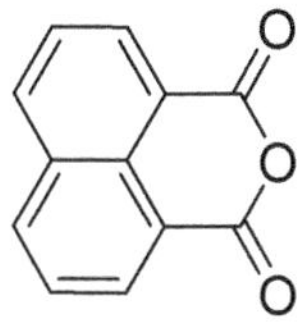

(8) 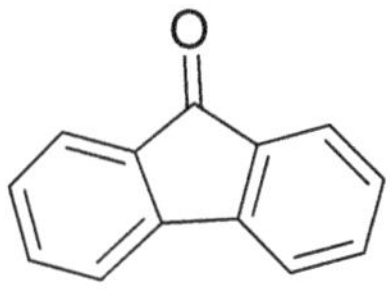

【例 12-4】 完成下列转变。

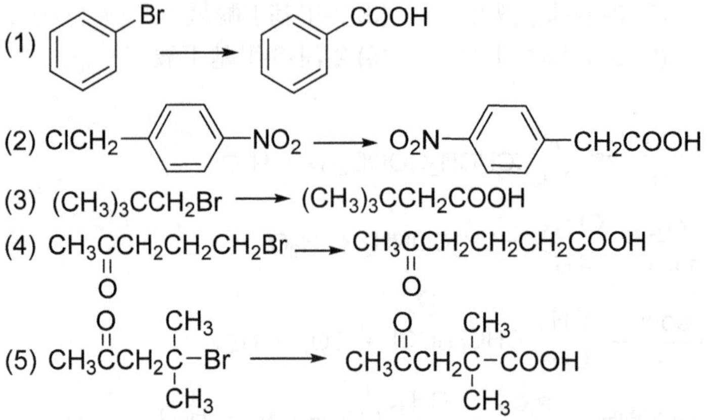

解 将卤代烃转变为增加一个碳的羧酸，最常用的两种方法是：

$$RX + CN^- \xrightarrow{S_N2} RCN \xrightarrow[\Delta]{H_3O^+} RCOOH \qquad RX \xrightarrow[Et_2O]{Mg} RMgX \xrightarrow[H_3O^+]{CO_2} RCOOH$$

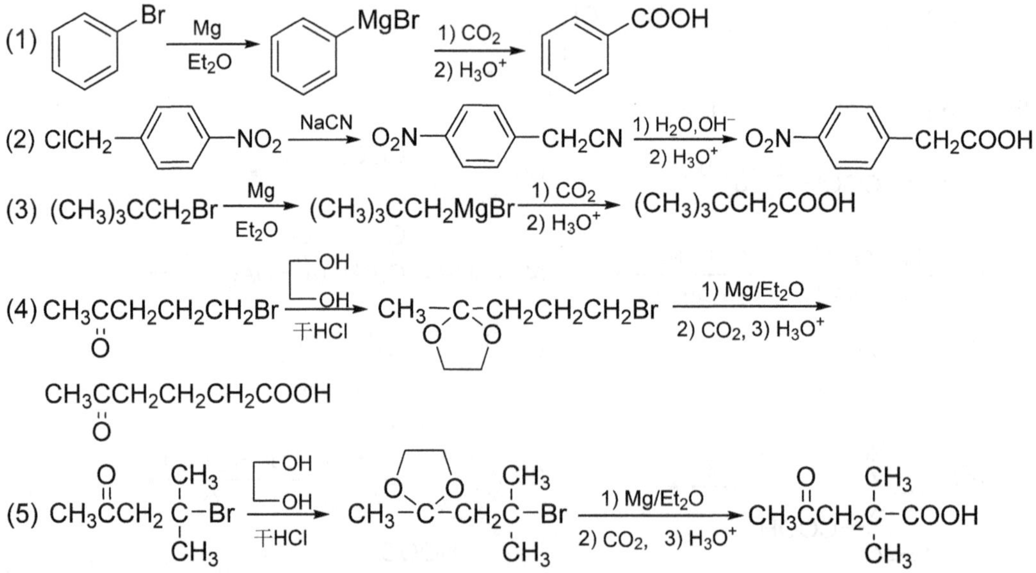

【例 12-5】 顺-1,2-环丙烷二甲酸的 K_{a1} 比反式异构体大，而反-1,2-环丙烷二甲酸的 K_{a2} 比顺式异构体大，为什么？

解 1,2-环丙烷二甲酸的解离可以写成

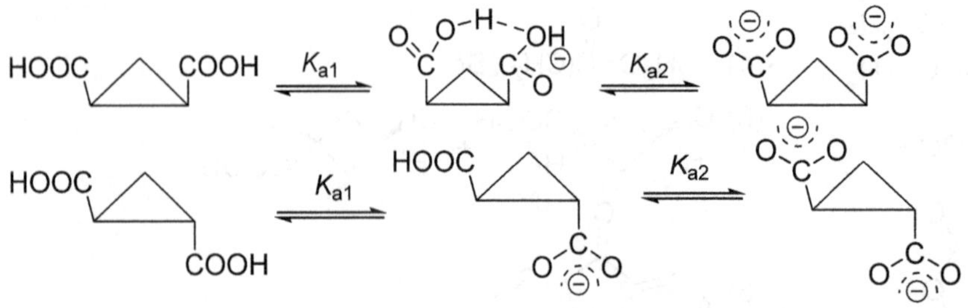

由上式可以看出，第一步解离时，顺式的羧基负离子与羧基处于同侧，相互间形成氢键，降低了内能，其稳定性大于不能形成氢键的反式，故顺式的 K_{a1} > 反式的 K_{a1}。

但当解离出第二个 H^+后，顺式的两个羧基负离子处于环的同侧，其静电排斥和空间排斥使其稳定性小于两个羧基负离子处于反位的反式，所以反式的 K_{a2} > 顺式的 K_{a2}。

【例 12-6】 对下列化合物酯化时的反应活性次序进行排列。

(1) 苯甲酸酯化：正丙醇，乙醇，甲醇，仲丁醇；

(2) 苯甲醇酯化：苯甲酸，邻甲苯甲酸，2,6-二甲苯甲酸；

(3) 乙醇酯化：乙酸，丙酸，2-甲基丙酸，2,2-二甲基丙酸。

解 在酯化反应中(或在它的逆反应——水解中)空间因素起控制作用，酸或醇位阻越大，反应越慢，对醇来说，一般的活性次序是 CH_3OH > 1°ROH > 2°ROH。

(1) 甲醇 > 乙醇 > 正丙醇 > 仲丁醇

(2) 苯甲酸 > 邻甲苯甲酸 > 2,6-二甲苯甲酸

(3) 乙酸 > 丙酸 > 2-甲基丙酸 > 2,2-二甲基丙酸

【例 12-7】 写出化合物 A～I 的结构。

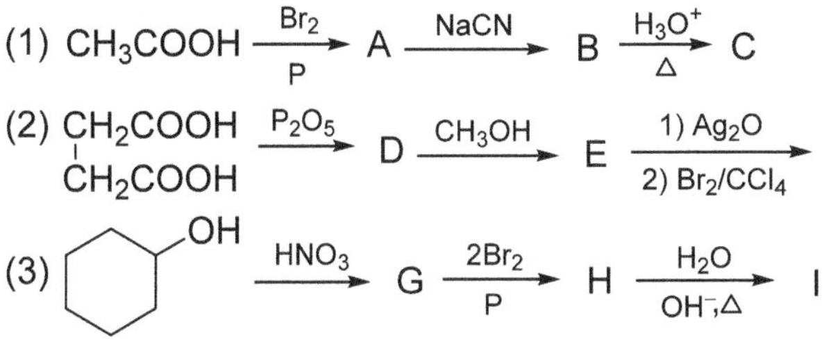

解

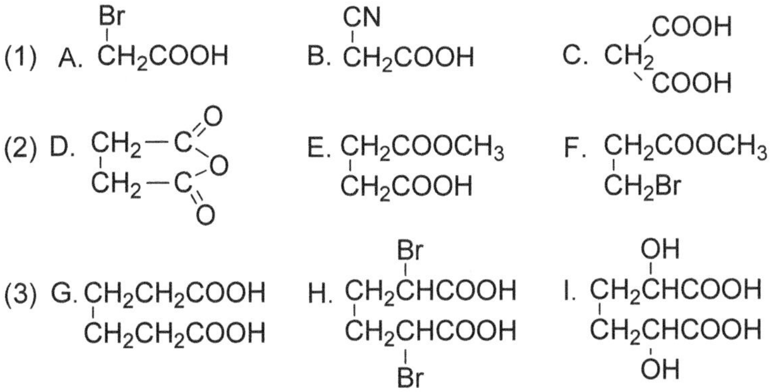

【例 12-8】 怎样分离正己醇、正己酸和对甲苯酚的混合物?

解

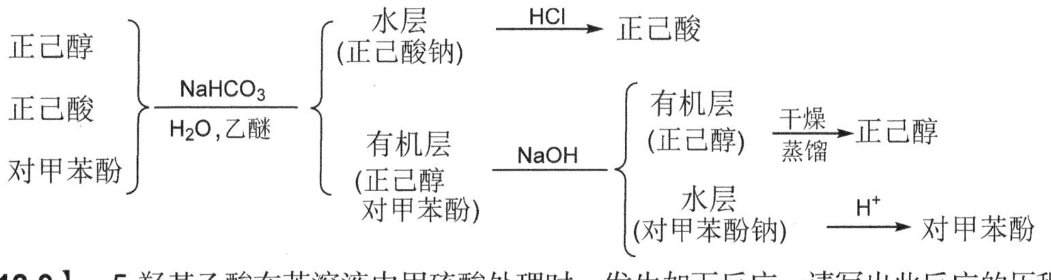

【例 12-9】 5-羟基乙酸在苯溶液中用硫酸处理时，发生如下反应，请写出此反应的历程。

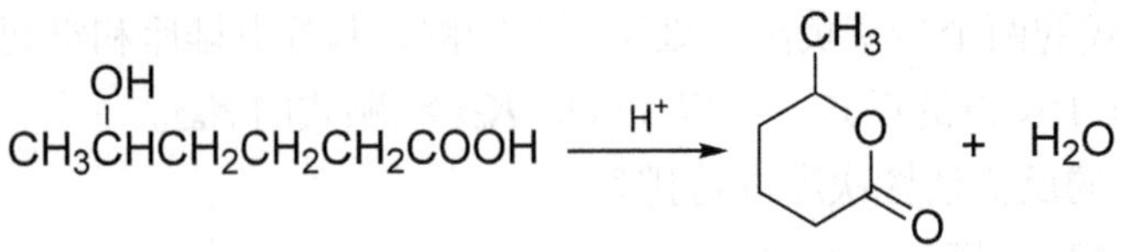

解

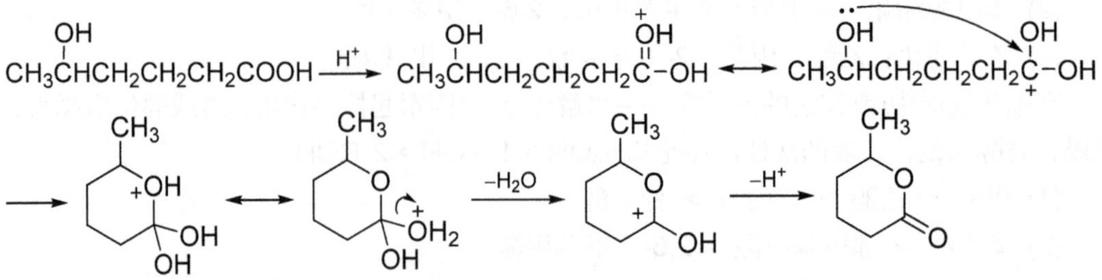

【例 12-10】　由指定原料合成下列化合物。

(1) 由环己酮及必要试剂合成 2-甲基环己基甲酸；

(2) 由苯甲醚及必要试剂合成 5-乙基-2-甲氧基苯甲酸；

(3) 由丙酸及必要试剂合成正丁酸；

(4) 由正丁酸及必要试剂合成丙酸；

(5) 由环戊二烯及马来酸酐合成

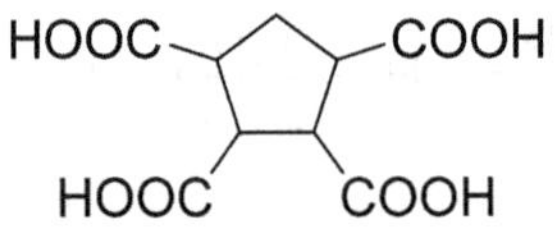

解

(1) 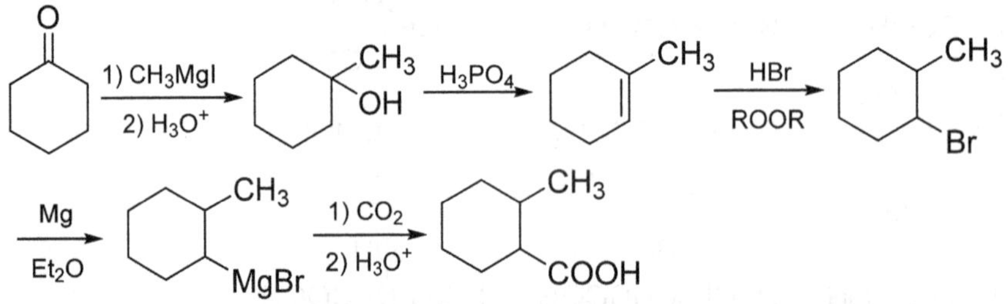

(2) 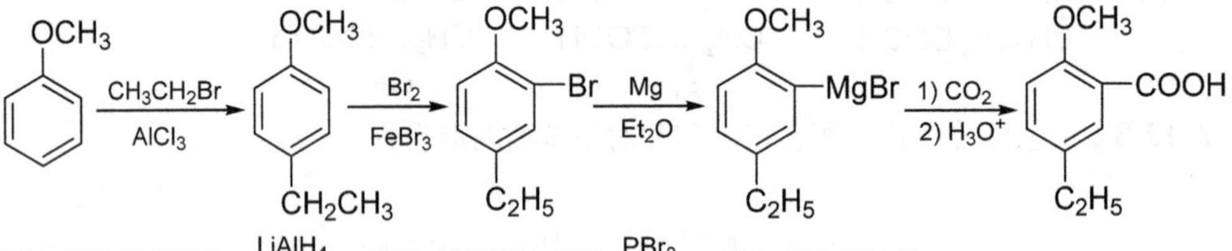

(3) $CH_3CH_2COOH \xrightarrow[H_3O^+]{LiAlH_4} CH_3CH_2CH_2OH \xrightarrow{PBr_3} CH_3CH_2CH_2Br$

$\xrightarrow{NaCN} CH_3CH_2CH_2CN \xrightarrow[H_2O,\Delta]{H^+或OH^-} CH_3CH_2CH_2COOH$

(4) $CH_3CH_2CH_2COOH \xrightarrow[Br_2]{Ag_2O} CH_3CH_2CH_2Br \xrightarrow[OH^-]{H_2O} CH_3CH_2CH_2OH \xrightarrow[\Delta]{KMnO_4/H^+}$

CH_3CH_2COOH

(5) 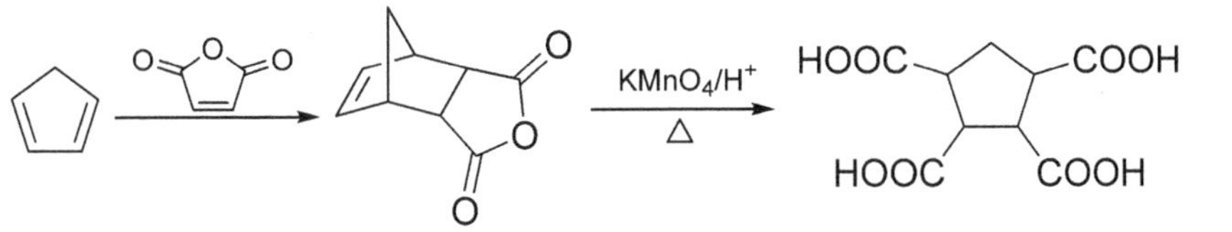

【例 12-11】　根据波谱数据推测结构。

(1) $C_3H_5ClO_2$　^1H NMR δ(ppm)：1.73 (3H, d), 4.47 (1H, q), 11.7 (1H, s)；

(2) $C_3H_5ClO_2$　^1H NMR δ(ppm)：3.81 (3H, s), 4.08 (2H, s)；

(3) $C_4H_7BrO_2$　^1H NMR δ(ppm)：1.30 (3H, t), 3.77 (2H, s), 4.23 (2H, q)；

(4) $C_4H_7BrO_2$　^1H NMR δ(ppm)：1.08 (3H, t), 2.07 (2H, m), 4.23 (1H,t), 10.97 (1H, s)；

(5) $C_4H_8O_3$　^1H NMR δ(ppm)：1.27 (3H, t), 3.66 (2H, q), 4.13 (2H, s), 10.95 (1H, s)。

解　(1) 分子不饱和度为 1，根据 δ11.7 ppm(1H, s)，说明分子中可能有一个—COOH，那么剩余部分的分子式为 C_2H_4Cl，所以结构可能为 $CH_3CHClCOOH$ 或 $ClCH_2CH_2COOH$，其中只有 $CH_3CHClCOOH$ 才能给出δ1.73 ppm(3H, d)、4.47 ppm (1H, q)的信号，故该化合物的结构为 $CH_3CHClCOOH$。

(2) 分子不饱和度为 1，结构为 $ClCH_2COOCH_3$。

(3) 分子不饱和度为 1，δ1.30 ppm (3H, t)、4.23 ppm(2H, q) 说明分子中可能有 CH_3CH_2O—的结构，化合物结构为 $BrCH_2COOCH_2CH_3$。

(4) 分子不饱和度为 1，且 δ10.97 ppm (1H,s)说明分子中可能有—COOH，故化合物结构为 $CH_3CH_2CHBrCOOH$。

(5) 分子不饱和度为 1，且 δ 10.95 ppm (1H, s)说明分子中有—COOH，δ 1.27 ppm (3H,t)、3.66 ppm (2H, q)说明分子中有 CH_3CH_2O—，故结构为 $CH_3CH_2OCH_2COOH$。

【例 12-12】托品酸 $C_9H_{10}O_3$(来源于生物碱阿托品，存在于有毒的植物颠茄中)，对 CrO_3/H_2SO_4 给出正反应，并能被热的 $KMnO_4$ 氧化成苯甲酸，托品酸经一系列反应可能变成氢化阿托酸：

$$\underset{(托品酸)}{C_9H_{10}O_3} \xrightarrow{HBr} C_9H_9O_2Br \xrightarrow[\Delta]{OH^-} \underset{(阿托酸)}{C_9H_8O_2} \xrightarrow[Ni]{H_2} \underset{(氢化阿托酸)}{C_9H_{10}O_2}$$

(1) 根据上述实验结果，试推测氢化阿托酸及托品酸可能的结构；

(2) 当α-氯代乙苯在乙醚中用镁处理，再将此反应混合物倾入干冰中，然后将混合物酸化得到一种酸，它的酰胺与氢化阿托酸的酰胺具有相同的熔点，测定混合熔点时，熔点不下降，请推测托品酸、阿托酸的结构。

解　(1) 托品酸被氧化为苯甲酸，说明苯环上只有一个取代基；被三氧化铬氧化呈正性反应，说明分子中可能有 1°或 2°醇的羟基。

$\underset{(托品酸)}{C_9H_{10}O_3} \xrightarrow{[O]}$ 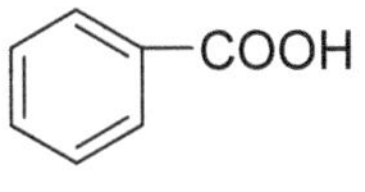　　托品酸 $\xrightarrow{CrO_3/H_2SO_4}$ 正性反应

$$\underset{(托品酸)}{C_9H_{10}O_3} \xrightarrow{HBr} \underset{(羟基被溴取代)}{C_9H_9O_2Br} \xrightarrow[\Delta]{OH^-} \underset{(脱 HBr生成烯)}{C_9H_8O_2\,(阿托酸)} \xrightarrow[Ni]{H_2} \underset{(双键被氢化)}{C_9H_{10}O_2\,(氢化阿托酸)}$$

由上述实验结果推出托品酸的结构可能有以下三种：

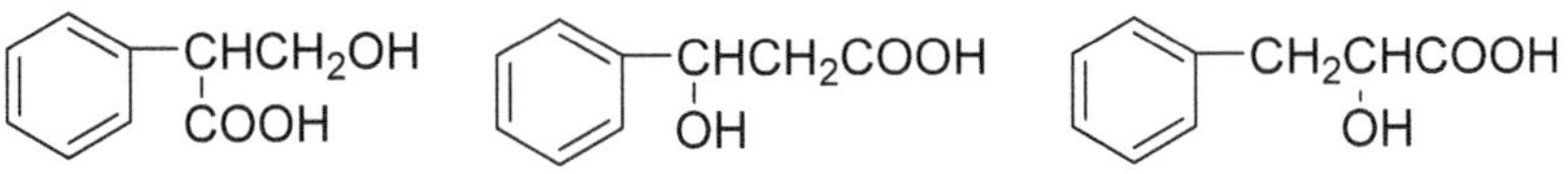

氢化阿托酸的结构可能有以下两种：

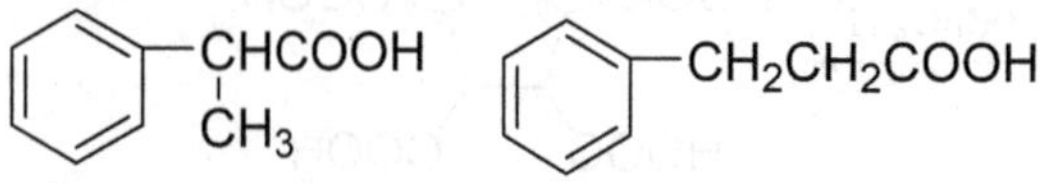

(2) 根据合成可知：

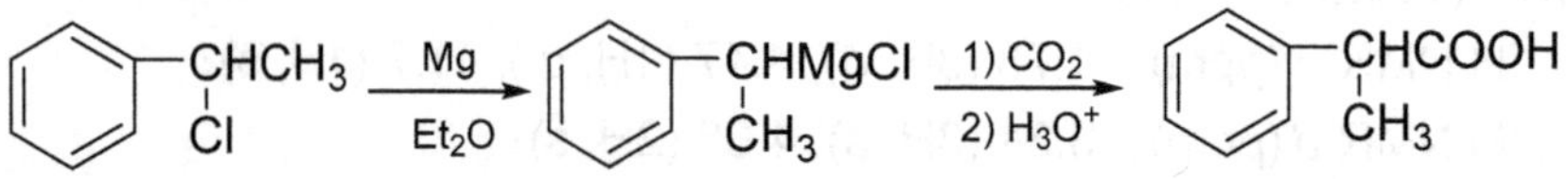

所以托品酸和阿托酸的结构分别为：

【例 12-13】 写出下列反应的产物。

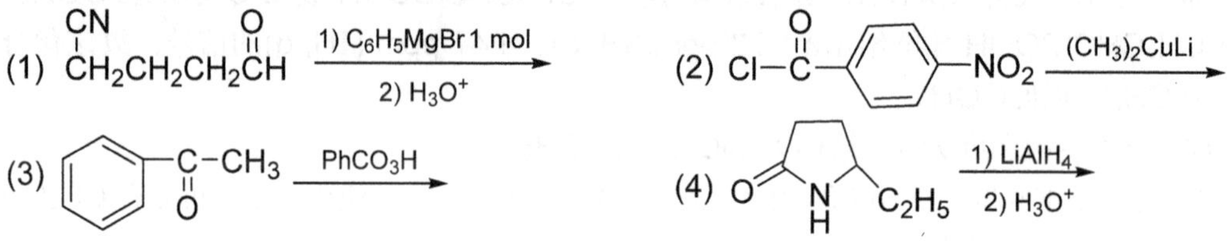

解

【例 12-14】 完成下列反应。

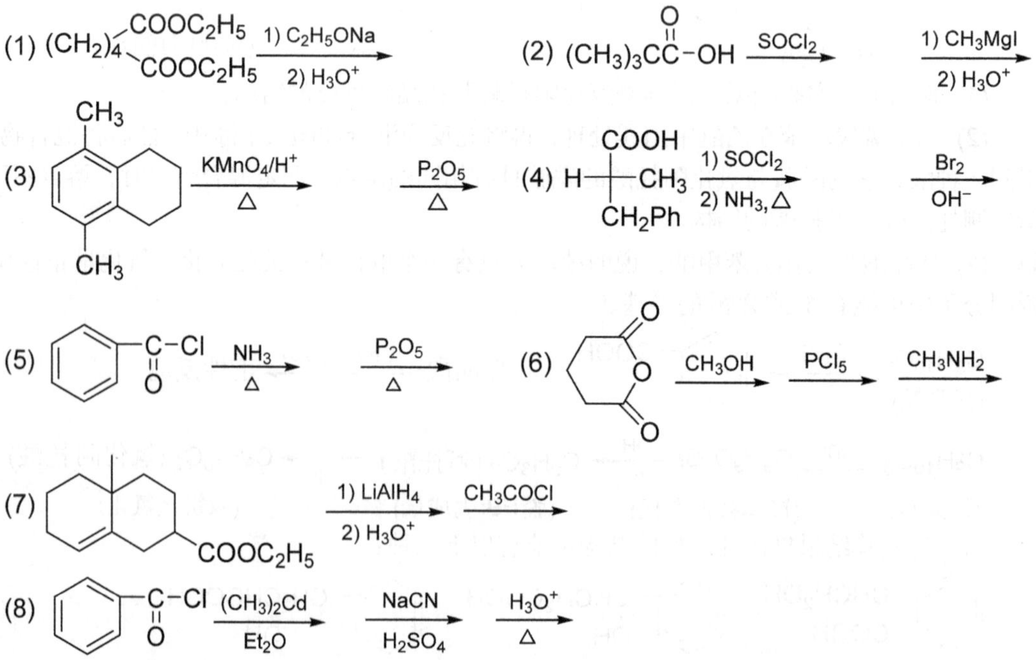

解

(1) 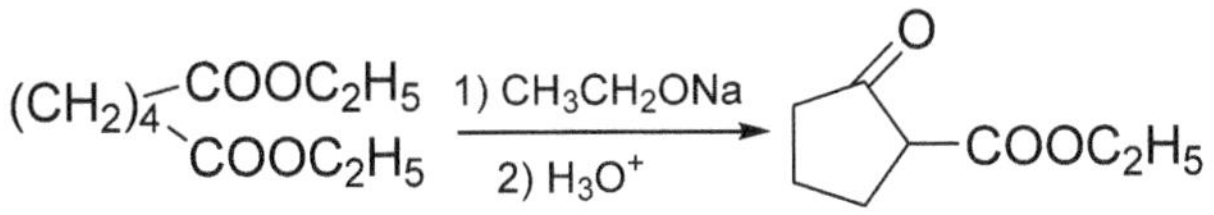

(2) 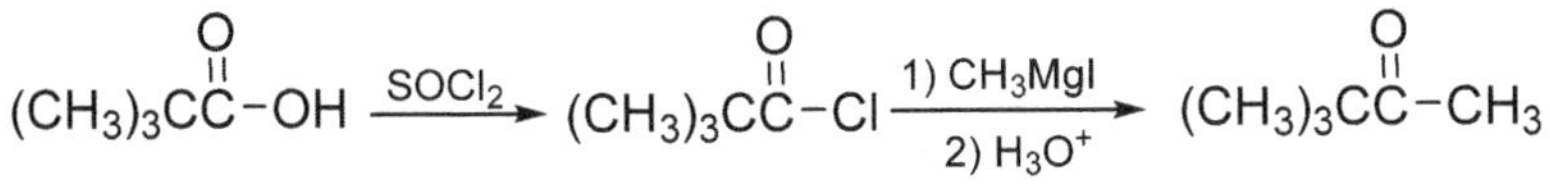

(3) 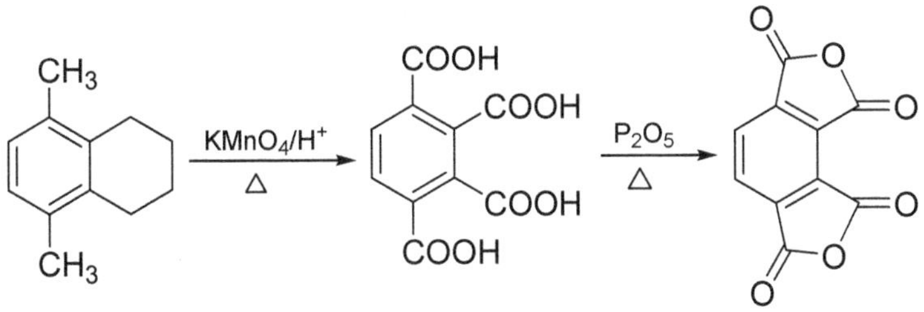

(4) 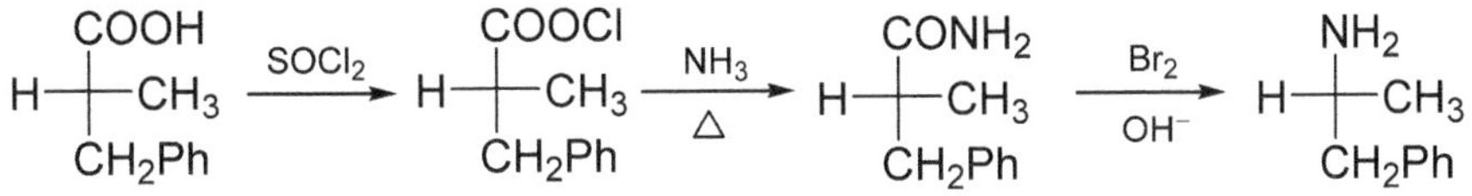

(5) 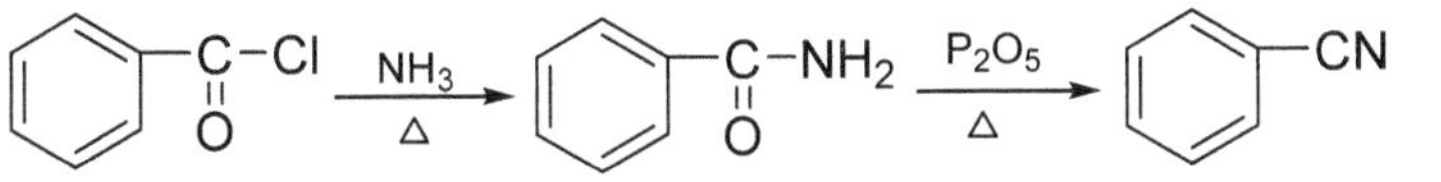

(6) 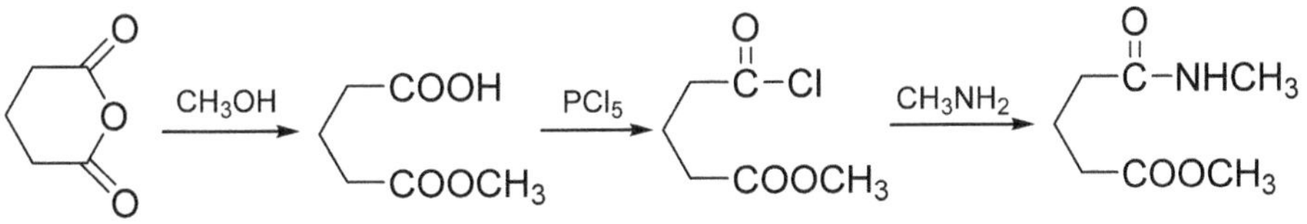

(7) 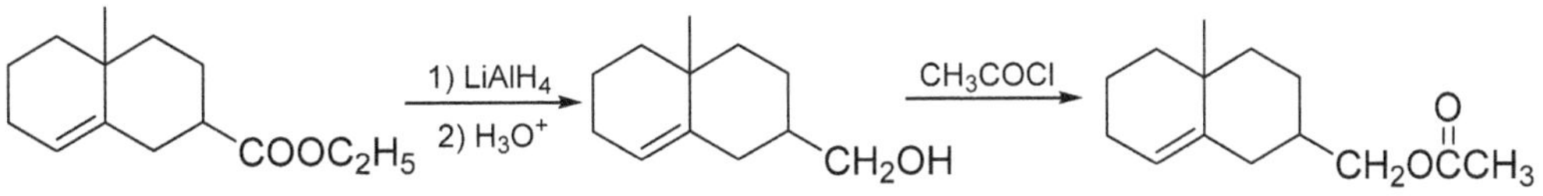

(8) 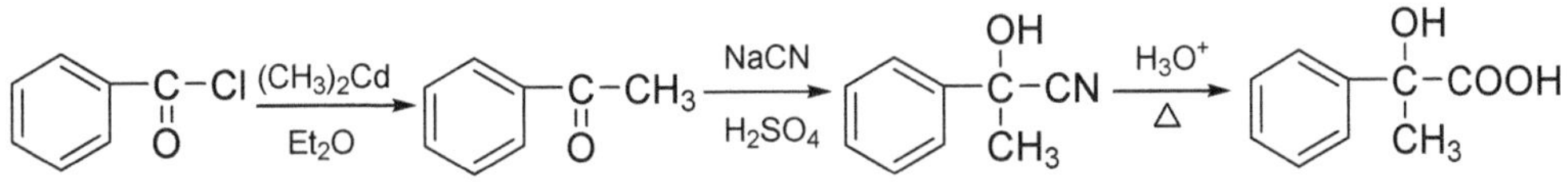

【例 12-15】 写出下列反应可能的历程。

(1) $$C_6H_5COOC(CH_3)_3 \xrightarrow{H^+} C_6H_5COOH + (CH_3)_2C{=}CH_2$$

(2) 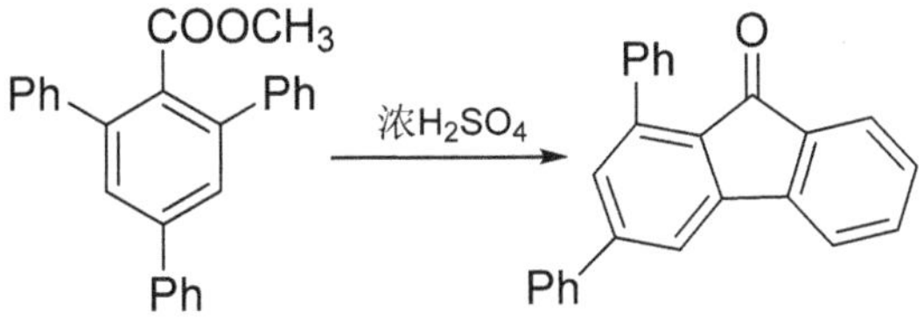

(3) 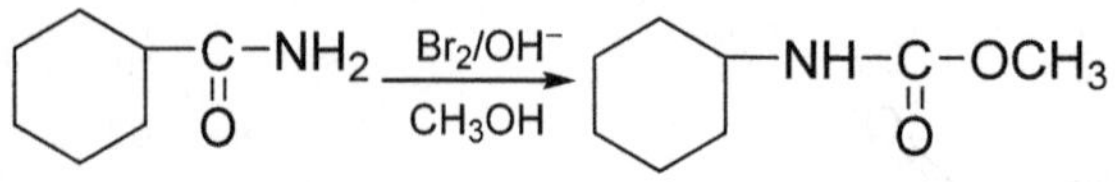

(4) $(CH_3)_3C-OH + CH_3CN \xrightarrow[H_2O]{H_2SO_4} (CH_3)_3CNH\overset{O}{\overset{\|}{C}}CH_3$

解

(1) $C_6H_5\overset{O}{\overset{\|}{C}}-OC(CH_3)_3 \xrightarrow{H^+} C_6H_5\overset{\overset{+}{O}H}{\overset{\|}{C}}-OC(CH_3)_3 \rightleftharpoons C_6H_5\overset{O}{\overset{\|}{C}}-OH + (CH_3)_3C^+ \xrightarrow{-H^+} (CH_3)_2C=CH_2$

(2) 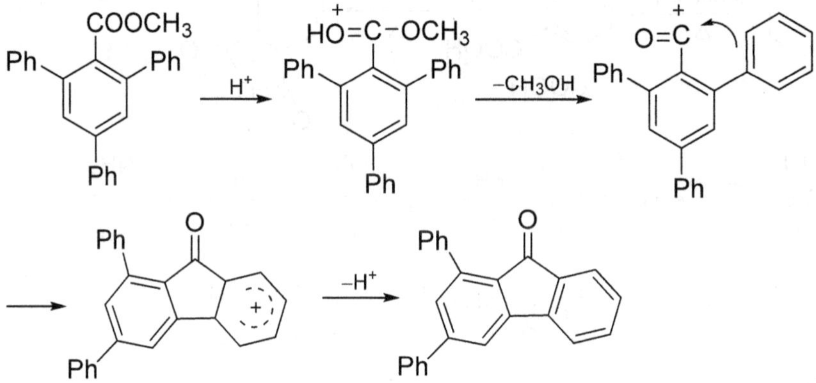

(3) 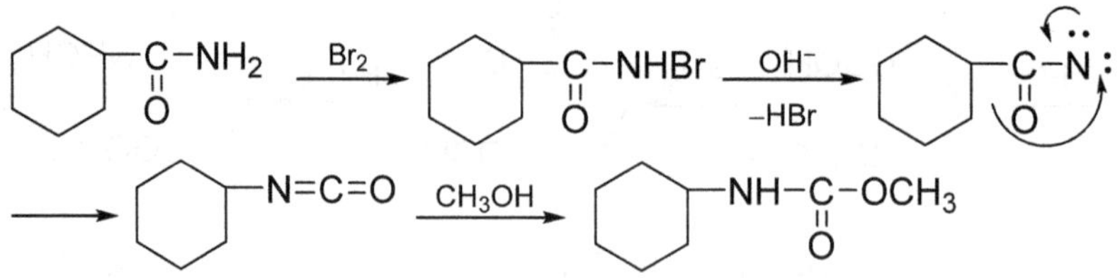

(4) $(CH_3)_3C-OH \xrightarrow{H^+} (CH_3)_3C-\overset{+}{O}H_2 \xrightarrow{-H_2O} (CH_3)_3\overset{+}{C} \xrightarrow{CH_3CN} (CH_3)_3C-\overset{+}{N}\equiv C-CH_3$

$\xrightarrow{H_2O} (CH_3)_3C-N=\underset{\overset{+}{O}H_2}{C}-CH_3 \xrightarrow{-H^+} (CH_3)_3C-N=\underset{:OH}{C}-CH_3 \longrightarrow (CH_3)_3CNH\underset{O}{\underset{\|}{C}}CH_3$

二、习　　题

12.1　比较下列各组化合物的酸性次序。

(1) 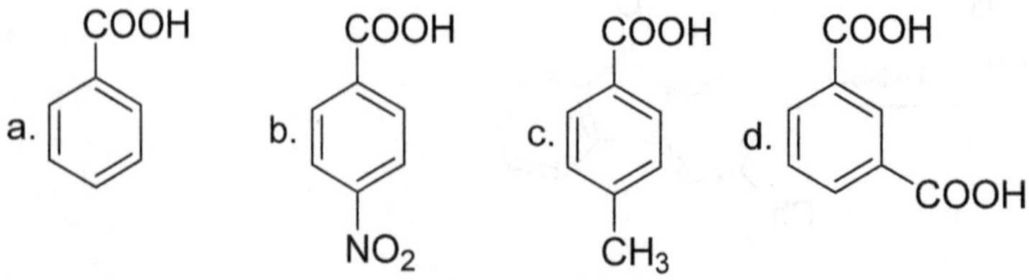

(2)　a. CH_3COOH　　b. $CH_2(COOH)_2$　　c. $\underset{COOH}{\overset{COOH}{|}}$

(3) 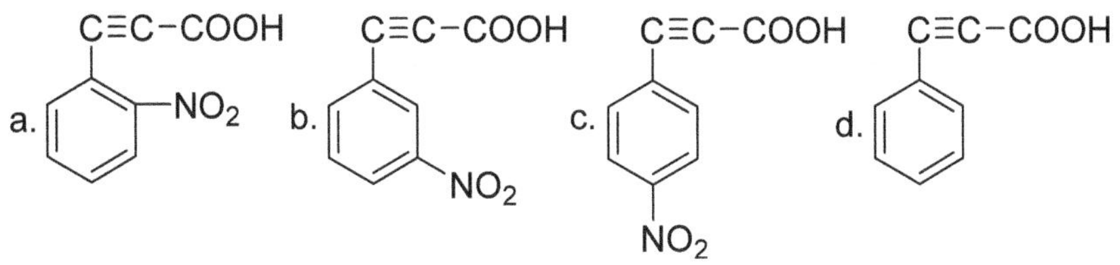

(4) 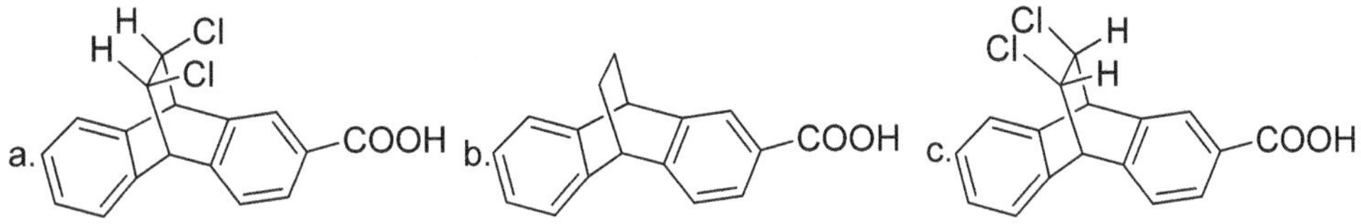

(5) 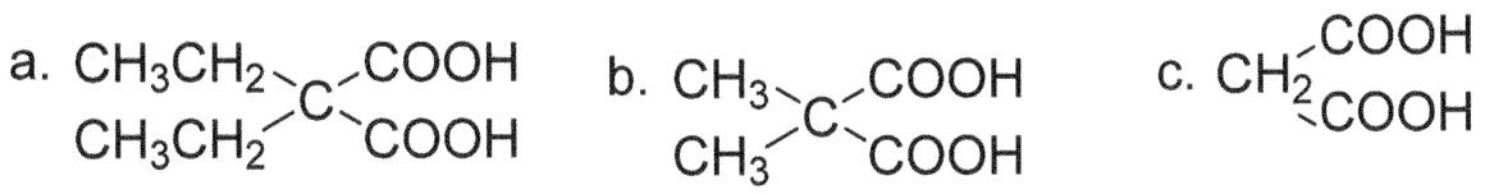

12.2 请解释下述事实。

(1) 多支链的羧酸如 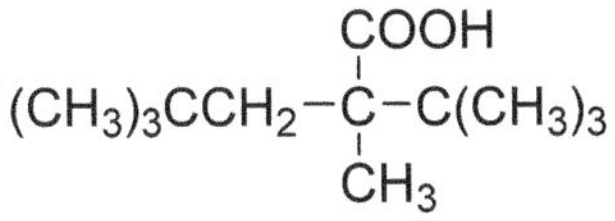 比无支链的酸性弱；

(2) 虽然对羟基苯甲酸的酸性弱于苯甲酸，但邻羟基苯甲酸(K_a=105×10^{-5})的酸性是苯甲酸的 15 倍；

(3) 顺-丁烯二酸的 K_1 大于反-丁烯二酸，而 K_2 却小于反-丁烯二酸；

(4) 说明下列化合物酸性次序的原因。

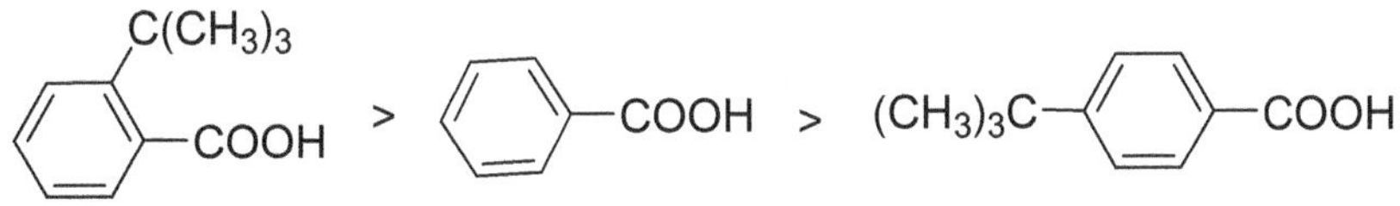

12.3 命名或写出结构式。

(1) 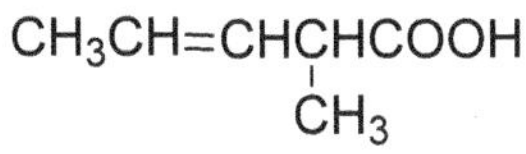 (2) 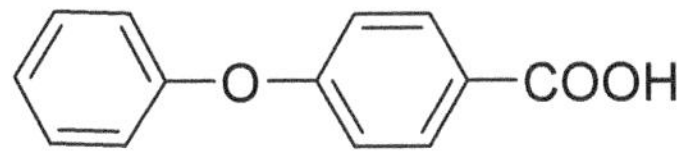 (3) 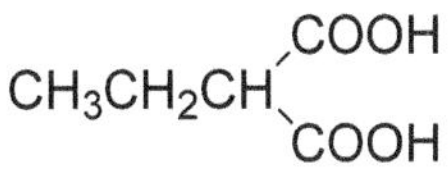

(4) 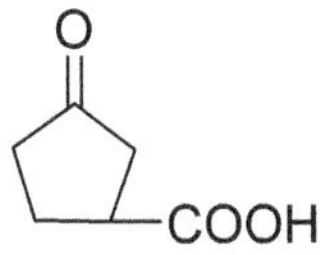 (5) 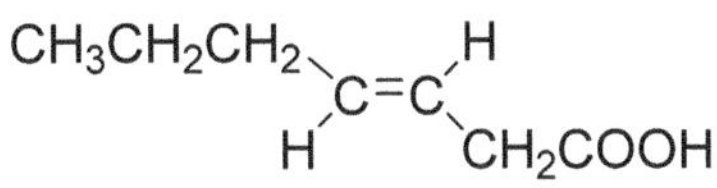

(6) 肉桂酸　(7) β-萘乙酸　(8) 软脂酸　(9) 硬脂酸　(10) 水杨酸

12.4 写出苯甲酸与下列试剂反应的主要产物。

(1) $CH_3CH_2CH_2OH/H^+$, △　(2) $SOCl_2$　(3) a.$LiAlH_4$, b.H_3O^+　(4) NH_3, △

(5) Na_2CO_3　(6) $Pb(OAc)_4/LiCl$　(7) HNO_3/H_2SO_4　(8) $Br_2/FeBr_3$

(9) CH_2N_2/Et_2O　(10) $(CH_3)_2CHLi/C_6H_6$, H_2O

12.5 完成下列反应。

(1) 

(2) 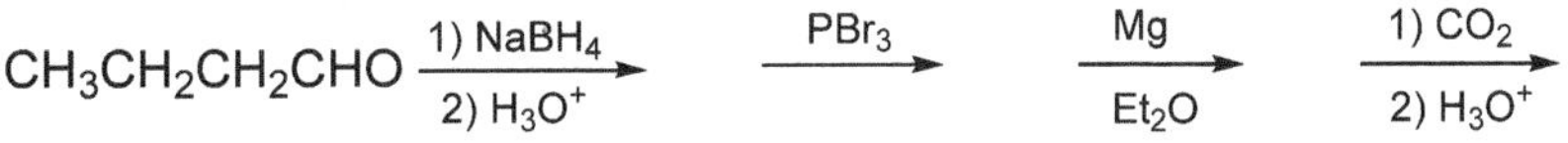

(3) 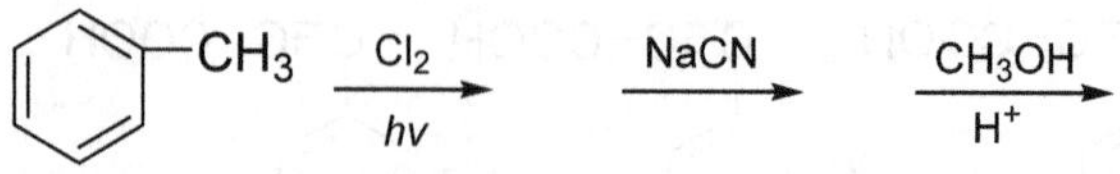

(4) 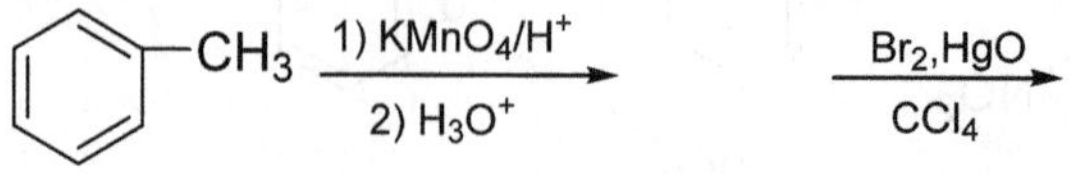

(5) $CH_3COOH \xrightarrow[P]{Cl_2} \xrightarrow{NaHCO_3} \xrightarrow{NaCN}$

(6) $(CH_3)_3COH \xrightarrow{HCl} \xrightarrow[Et_2O]{Mg} \xrightarrow[2)\ H_3O^+]{1)\ CO_2}$

(7) $CH_3C{\equiv}CH \xrightarrow{CH_3MgBr} \xrightarrow[2)\ H_3O^+]{1)\ CO_2}$　　(8) 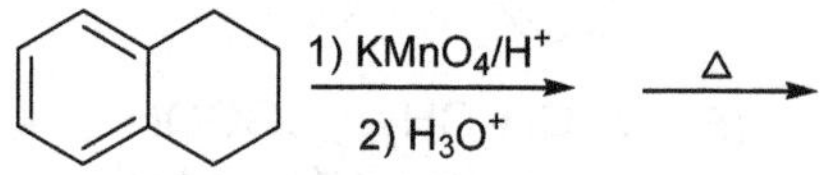

(9) $CH_3CH_2COCH(CH_3)COOH \xrightarrow[2)\ H_3O^+]{1)\ NaBH_4}$　　(10) $CH_3CH_2COCH(CH_3)COOH \xrightarrow[干HCl]{HOCH_2CH_2OH} \xrightarrow[2)\ H_3O^+]{1)\ LiAlH_4}$

(11) $CH_2{=}CHCH_3 \xrightarrow[\triangle]{Cl_2} \xrightarrow{NaCN} \xrightarrow[H^+]{H_2O}$

12.6 写出下列化合物 A～K 的立体结构式。

(1) 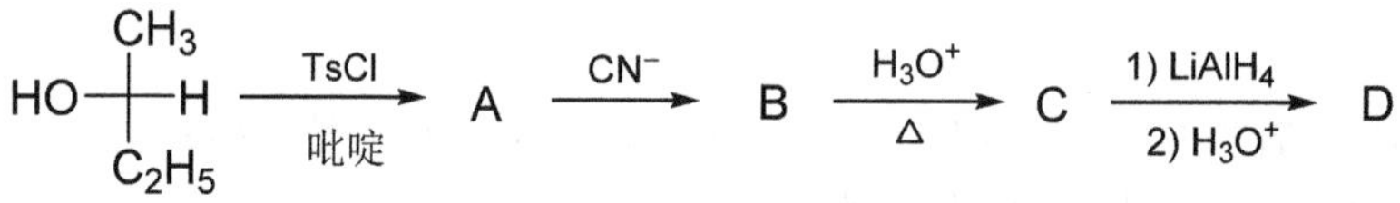

(2) 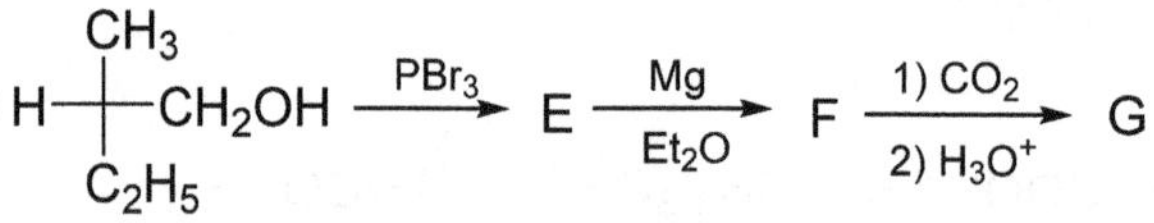

(3) 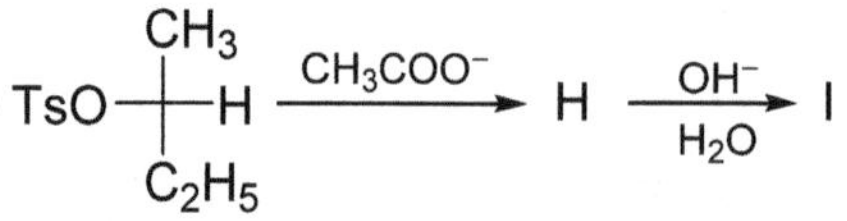

(4) 

12.7 用合适的方法完成下列转变。

(1) $CH_3CHO \longrightarrow$ 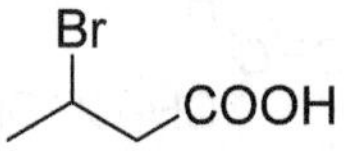　　(2) $(CH_3)_4C \longrightarrow$ 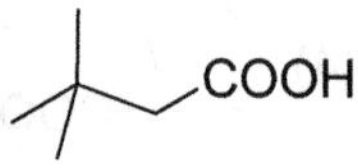

(3) 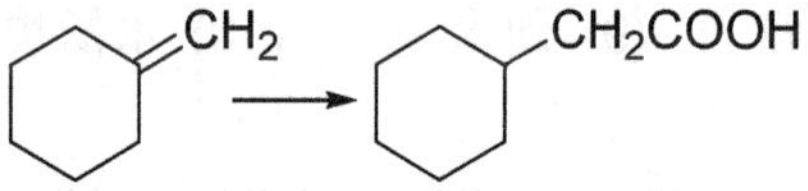

(4) 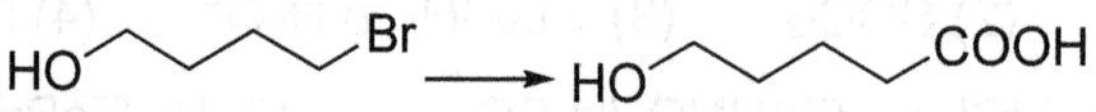

(5) $(CH_3)_2C{=}O \longrightarrow CH_2{=}C(CH_3){-}COOCH_3$　　(6) $(CH_3)_2C{=}O \longrightarrow (CH_3)_2C{=}CHCOOH$

(7) 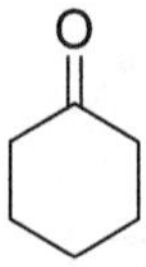 ⟶ 6-苯基己酸　　(8) 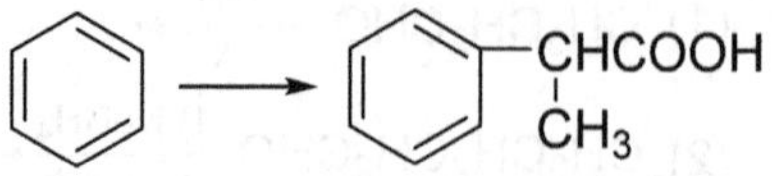

12.8 写出下列反应的历程。

(1) $CH_3CH_2COOH + Cl_2 \xrightarrow{P} CH_3CHClCOOH + HCl$

(2) $CH_2{=}CHCH_2CH_2COOH \xrightarrow{HOBr}$ 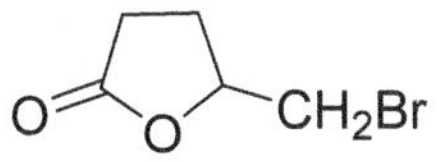

(3) $CH_3CH_2COOAg + Br_2 \longrightarrow CH_3CH_2Br + CO_2 + AgBr$

(4) $R-\overset{O}{\overset{\|}{C}}-OH + R^{18}OH \underset{}{\overset{H^+}{\rightleftharpoons}} R-\overset{O}{\overset{\|}{C}}{}^{18}OR + H_2O$

(伯醇和大多数仲醇)

(5) $R-\overset{O}{\overset{\|}{C}}-OH + R^{18}OH \overset{H^+}{\rightleftharpoons} R-\overset{O}{\overset{\|}{C}}-OR + H_2{}^{18}O$

(叔醇)

12.9 设计下面酯化反应的操作步骤。

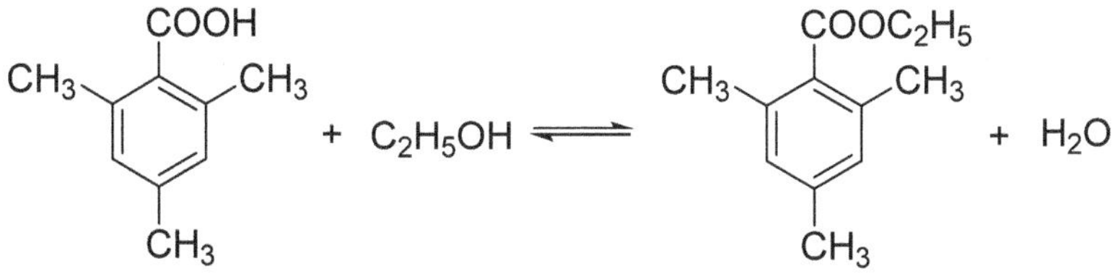

12.10 苯甲酸在少量硫酸存在下与甲醇反应，最后的反应混合物中含有苯甲酸、甲醇、水、苯甲酸甲酯和硫酸，请设计一个分离纯化苯甲酸甲酯的步骤。

12.11 推测下列化合物的结构。

(1) $C_2H_2Cl_2O_2$, IR (cm^{-1})：2500～2700, 1705; ^1H NMR δ (ppm)：6.0 (1H, s), 11.7 (1H,s)。

(2) $C_{11}H_{14}O_2$, IR (cm^{-1})：1720; ^1H NMR δ (ppm)：1.0 (6H, d), 2.1 (1H, m), 4.1(2H, s), 7.8 (5H, m)。

(3) 有一中性化合物 $C_7H_{13}O_2Br$，与羟胺和苯肼均不反应，其 IR 谱中在 3000 cm^{-1} 以上区域没有吸收峰，在 2850～2950 cm^{-1} 区域有吸收峰，在 1740 cm^{-1} 处有强吸收峰，其 ^1H NMR δ (ppm)：1.0 (3H, t), 1.3 (6H, d), 2.1 (2H, m), 4.2 (1H, t), 4.6 (1H, m)。

12.12 如何用化学方法分离下列混合物?

(1) 正己酸和正己酸乙酯　　(2) 正丁醚和正丁酸

(3) 异丁酸和 1-己醇　　(4) 三苯基甲醇和苯甲酸钠

12.13 提纯下列化合物。

(1) 乙醇中含有少量乙醛和乙酸　　(2) 苯甲醛中含有少量苯甲酸

(3) 乙酸乙酯中含有少量乙醇、乙酸和水

12.14 完成下列反应。

(1) 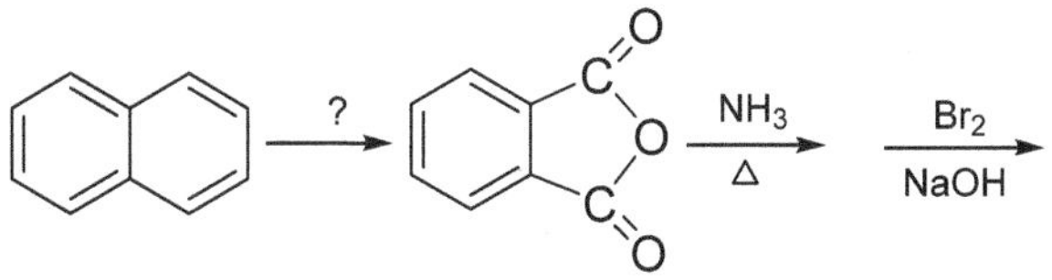

(2) 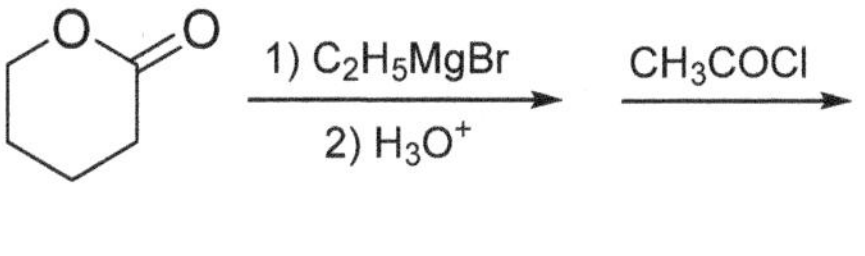

(3) 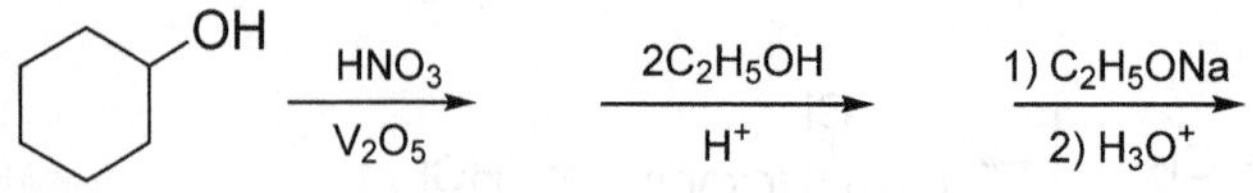

(4) 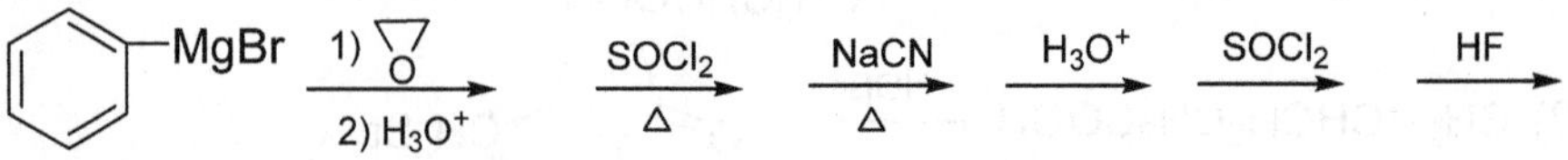

(5) 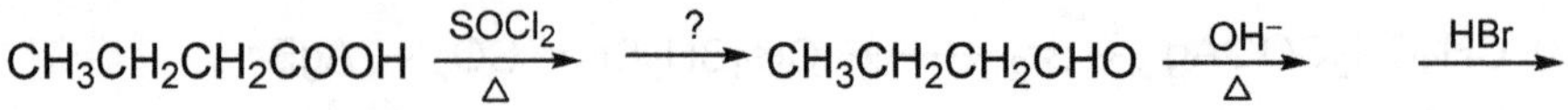

(6) 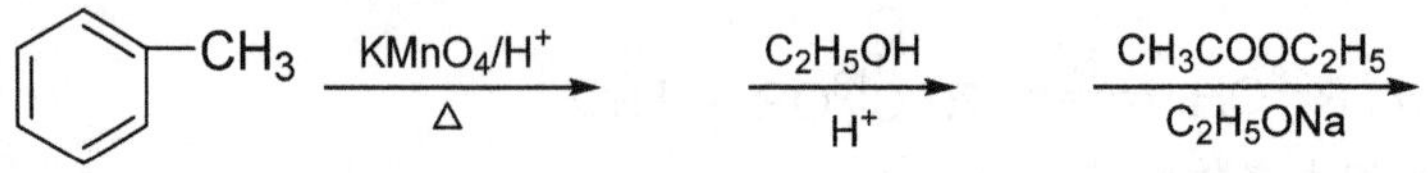

(7) 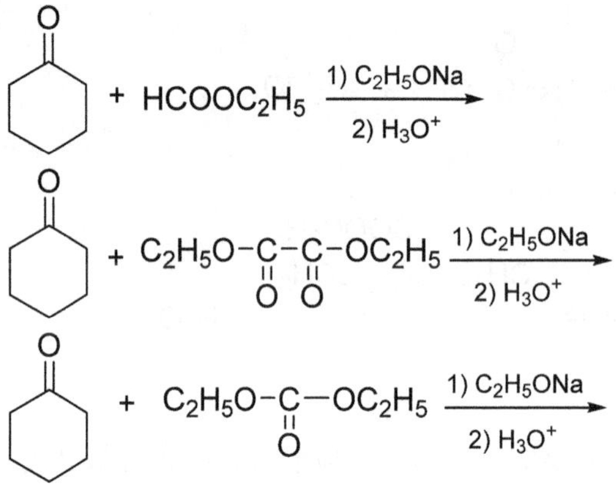

(8) 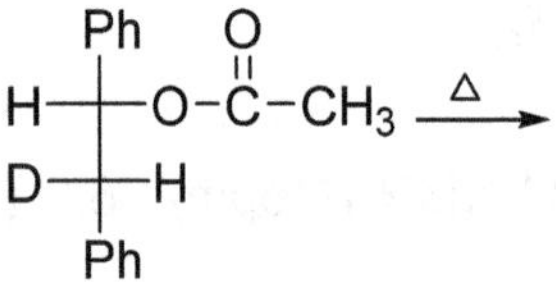

(9) 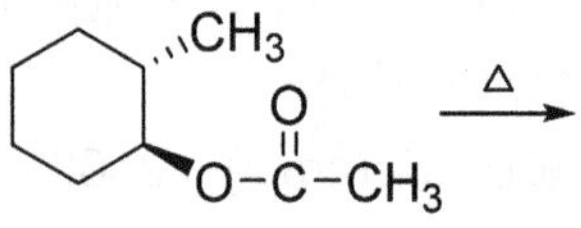

(10) 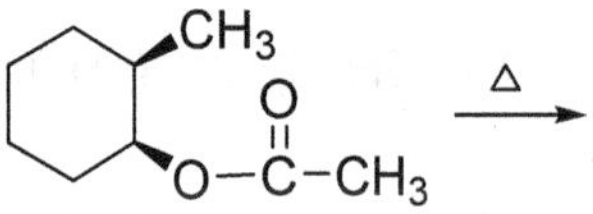

(11) 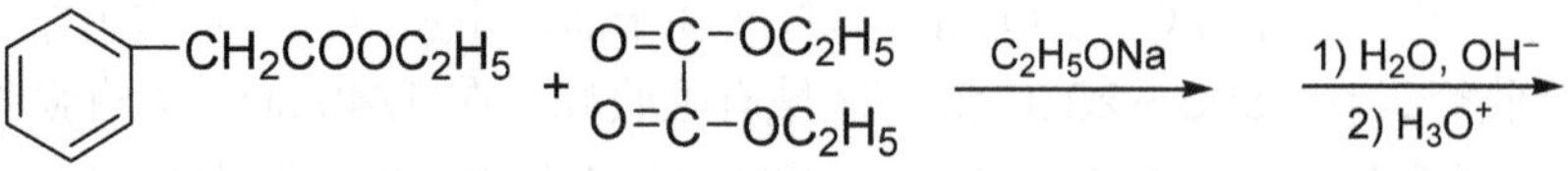

(12) 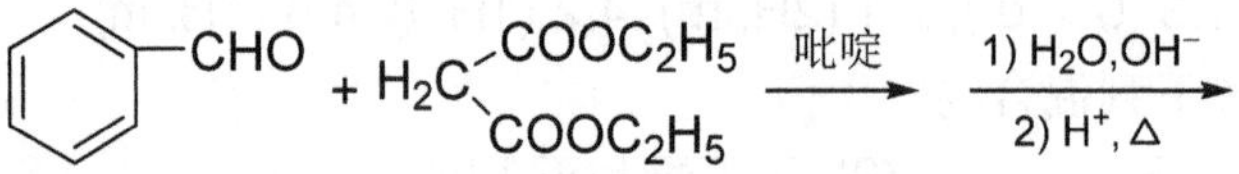

(13) 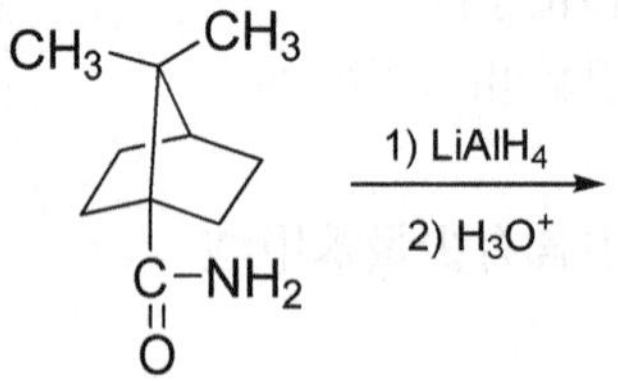

(14) 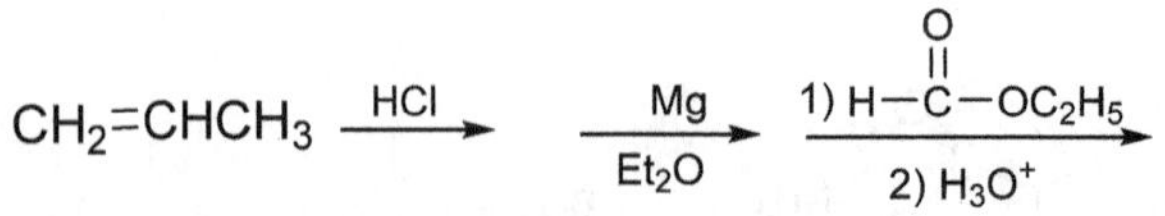

12.15 用化学方法鉴别下列各组化合物。

(1) 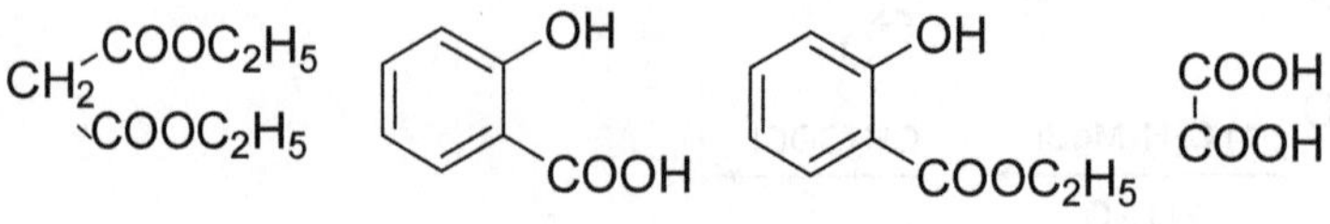

(2) CH_3COCl　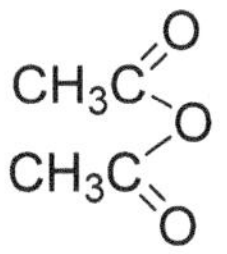　$CH_3\overset{O}{\overset{\|}{C}}-NH_2$

(3) $CH_3\overset{O}{\overset{\|}{C}}-CH_2COOC_2H_5$　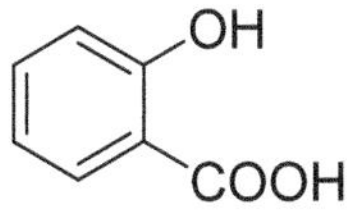　$CH_3\overset{OH}{\overset{|}{C}}HCOOH$

12.16 完成下列转变。

(1) $(CH_3)_2CHCH_2COOH \longrightarrow (CH_3)_2CHCH_2CH_2NHC_6H_5$

(2) $CH_3CH_2CH_2\underset{\underset{O}{\|}}{C}-OH \longrightarrow CH_3CH_2CH_2\overset{CH_3}{\overset{|}{\underset{\underset{OH}{|}}{C}}}-CH_2CH_2CH_3$

(3) $C_6H_5COOH \longrightarrow (C_6H_5)_3C-NH\underset{\underset{O}{\|}}{C}CH_3$

(4) 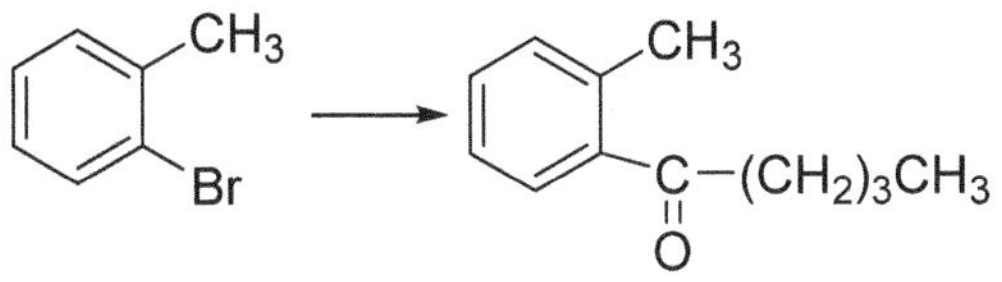

(5) 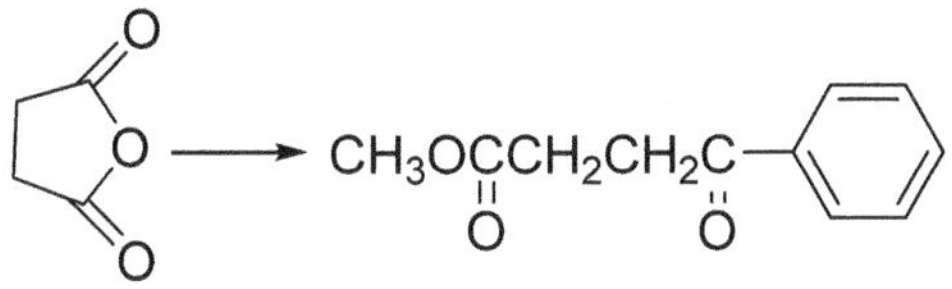

12.17 解释下列反应的历程。

(1) $2\ CH_3\overset{O}{\overset{\|}{C}}OC_2H_5 \xrightarrow{C_2H_5ONa} CH_3\overset{O}{\overset{\|}{C}}CH_2\overset{O}{\overset{\|}{C}}OC_2H_5$

(2) 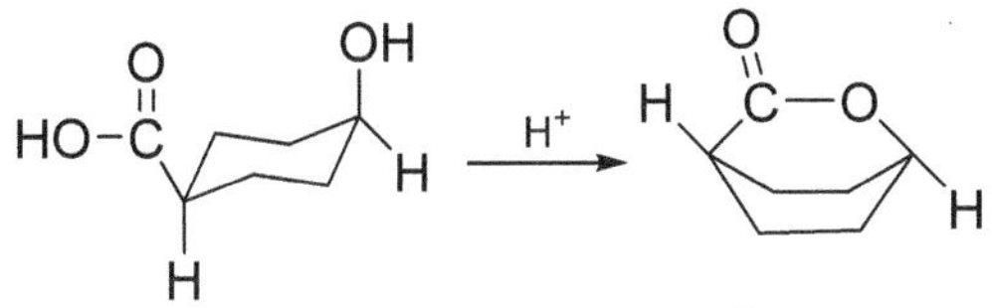

(3) 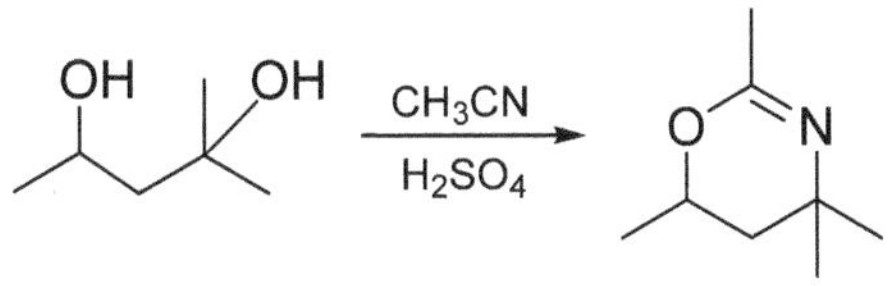

(4) 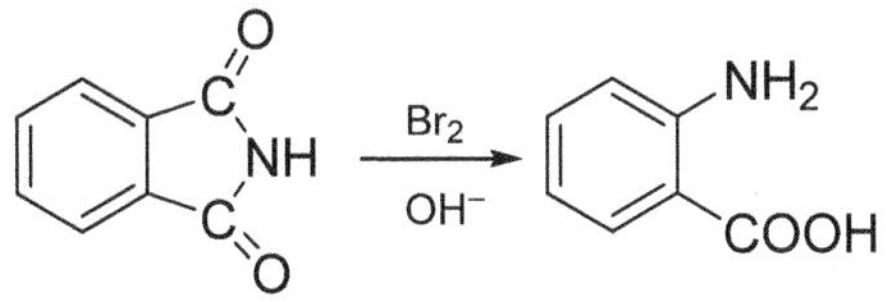

(5) 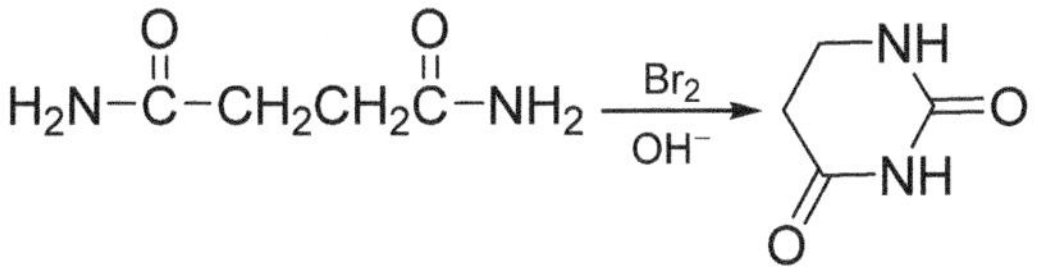

(6) 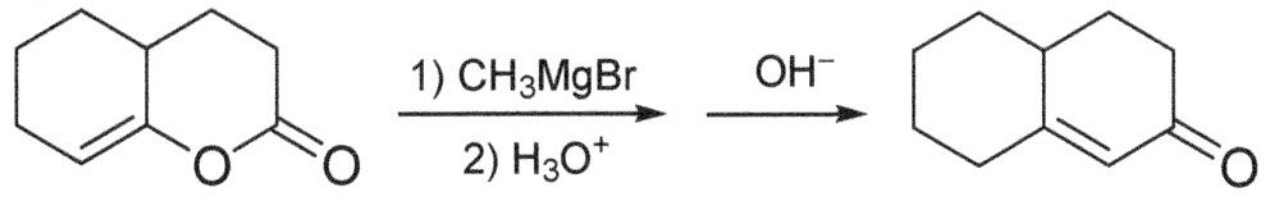

12.18 由指定原料完成下列转化。

(1) 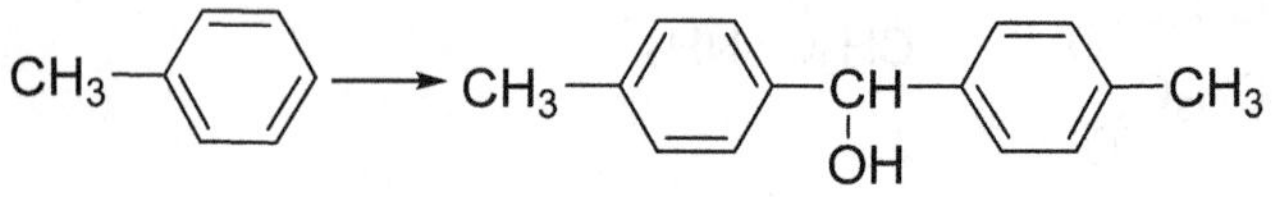

(2) 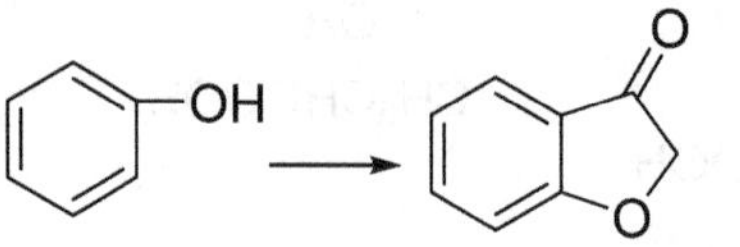

(3) 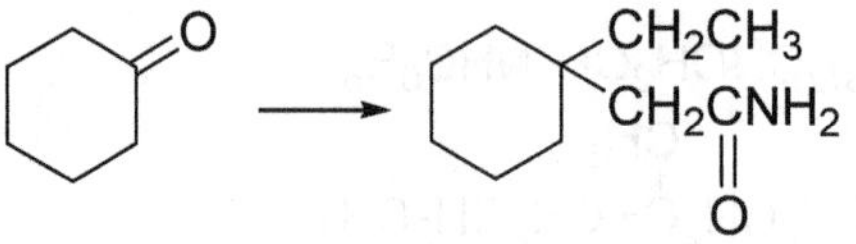

(4) 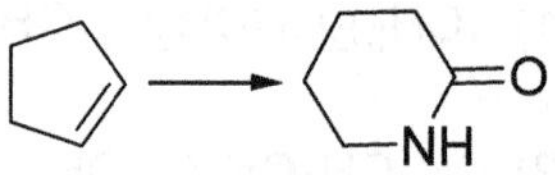

三、习 题 解 答

12.1 (1) b > d > a > c　(2) c > b > a　(3) a > c > b > d　(4) c > a > b　(5) a > b > c

12.2 (1) 在多支链羧酸中，由于羧基负离子受到支链的屏蔽作用，不能充分地与溶剂形成溶剂化分子，因此其酸性比无支链的羧酸酸性弱。

(2) 邻羟基苯甲酸解离后，在分子内形成氢键，从而稳定了羧基负离子，故酸性较强。

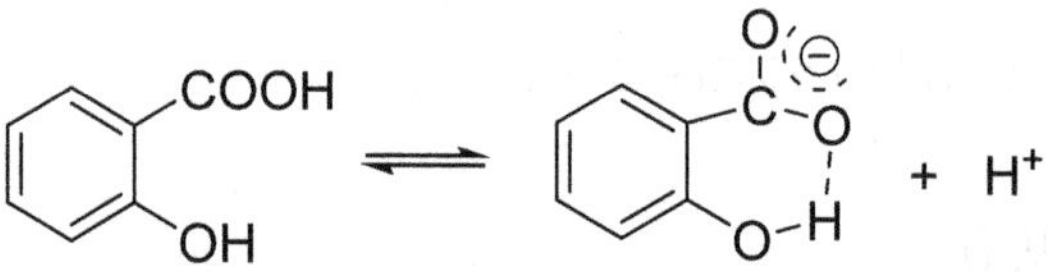

对羟基苯甲酸由于羟基的给电子共轭效应，降低了羧基负离子的稳定性，故酸性比苯甲酸弱。

(3) 顺-丁烯二酸中的两个羧基处于双键同侧，空间距离较近，相互影响较大，故其 K_1 大于反-丁烯二酸的 K_1，而当解离出第一个质子后，顺-丁烯二酸分子内形成氢键，第二个质子电离时，受到负电荷场效应的影响而使电离困难，因而顺-丁烯二酸的 K_2 小于反-丁烯二酸的 K_2。

(4) 对位羧酸的酸性比苯甲酸弱，是由于叔丁基处于对位，该酸更易发生使酸变弱的共振：

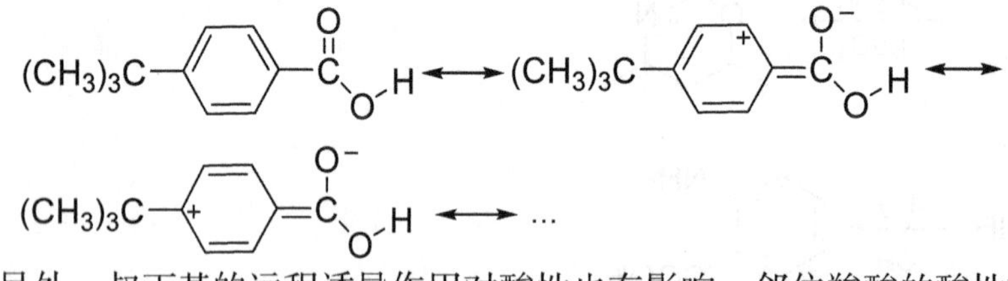

另外，叔丁基的远程诱导作用对酸性也有影响，邻位羧酸的酸性较强，一个原因是叔丁基的空间位阻较大，破坏了分子的共平面性，使羧基负离子对质子电离的抑制作用受到影响。另一个原因可能是质子电离后，回归到羧基负离子上时受到叔丁基的阻碍而变得困难。

12.3 略。

12.4

(1) 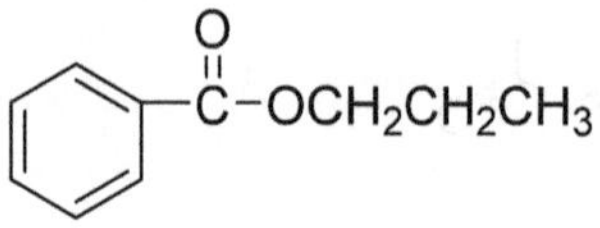

(2) 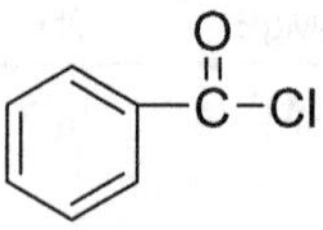

(3) 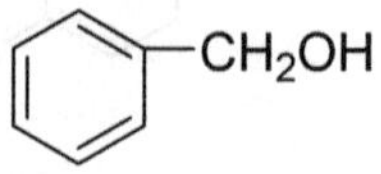

(4) 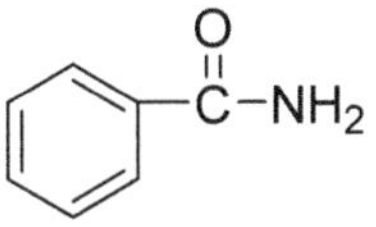　(5) 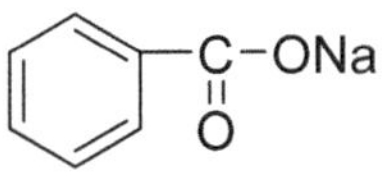　(6) 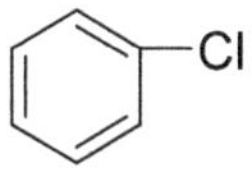

(7) 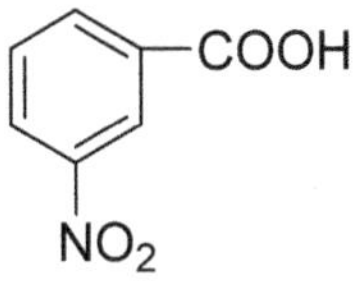　(8) 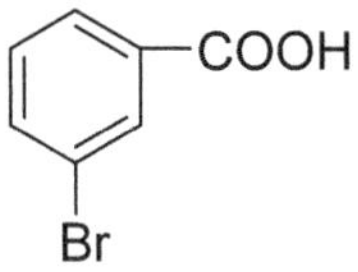　(9) 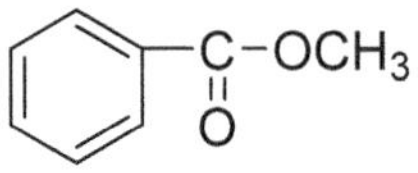　(10) 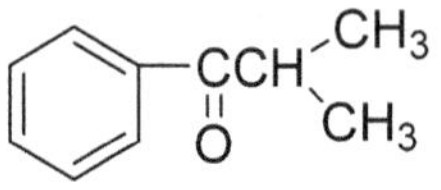

12.5

(1) $2CH_3CH_2CHO \xrightarrow[\Delta]{OH^-} CH_3CH_2CH=\overset{CH_3}{\overset{|}{C}}-CHO \xrightarrow{Ag(NH_3)_2OH} CH_3CH_2CH=\overset{CH_3}{\overset{|}{C}}-COOH$

(2) $CH_3CH_2CH_2CHO \xrightarrow[2)\ H_3O^+]{1)\ NaBH_4} CH_3CH_2CH_2CH_2OH \xrightarrow{PBr_3} CH_3CH_2CH_2CH_2Br$

$\xrightarrow[Et_2O]{Mg} CH_3CH_2CH_2CH_2MgBr \xrightarrow[2)\ H_3O^+]{1)\ CO_2} CH_3CH_2CH_2CH_2COOH$

(3) 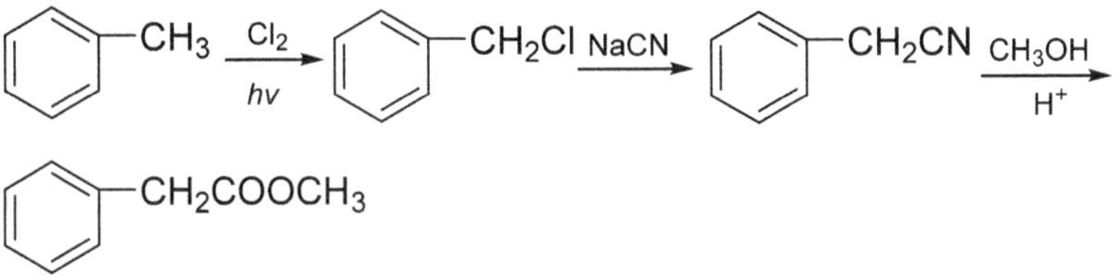

(4) 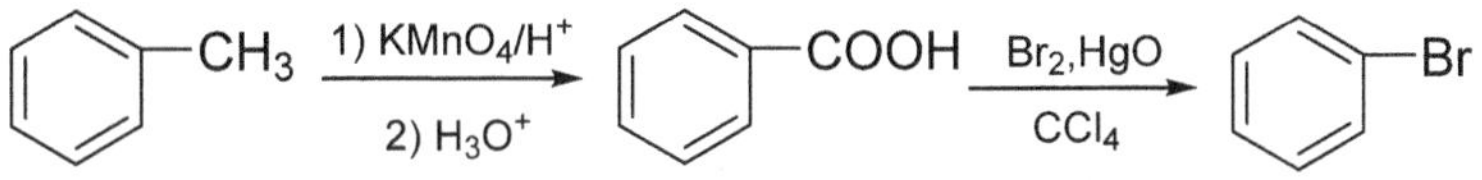

(5) $CH_3COOH \xrightarrow[P]{Cl_2} \underset{Cl}{\underset{|}{CH_2}}COOH \xrightarrow{NaHCO_3} \underset{Cl}{\underset{|}{CH_2}}COONa \xrightarrow{NaCN} NC-CH_2COONa$

(6) $(CH_3)_3COH \xrightarrow{HCl} (CH_3)_3CCl \xrightarrow[Et_2O]{Mg} (CH_3)_3CMgCl \xrightarrow[2)\ H_3O^+]{1)\ CO_2} (CH_3)_3CCOOH$

(7) $CH_3C\equiv CH \xrightarrow{CH_3MgBr} CH_3C\equiv C-MgBr \xrightarrow[2)\ H_3O^+]{1)\ CO_2} CH_3C\equiv C-COOH$

(8) 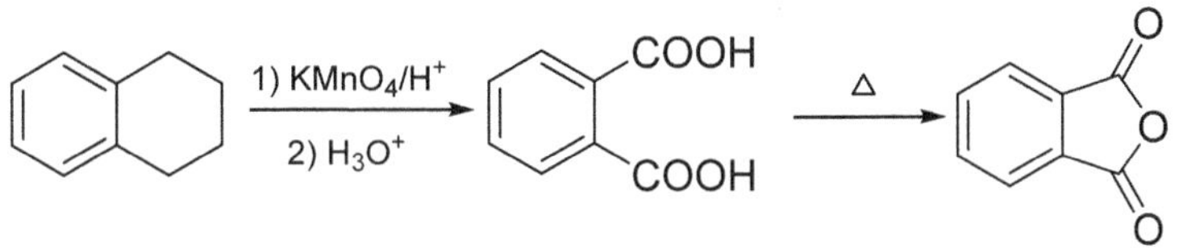

(9) $CH_3CH_2\overset{O}{\overset{\|}{C}}\underset{CH_3}{\underset{|}{C}}HCOOH \xrightarrow[2)\ H_3O^+]{1)\ NaBH_4} CH_3CH_2\overset{OH}{\overset{|}{C}}H\underset{CH_3}{\underset{|}{C}}HCOOH$

(10) 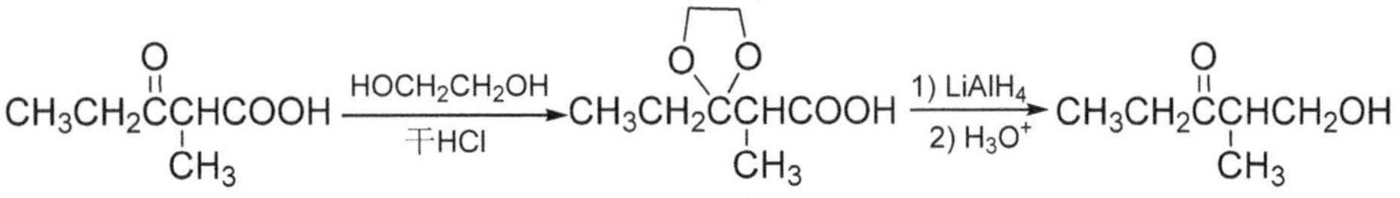

(11) $CH_2=CHCH_3 \xrightarrow[\Delta]{Cl_2} CH_2=CHCH_2Cl \xrightarrow{NaCN} CH_2=CHCH_2CN \xrightarrow[H^+]{H_2O} CH_2=CHCH_2COOH$

12.6

(1) 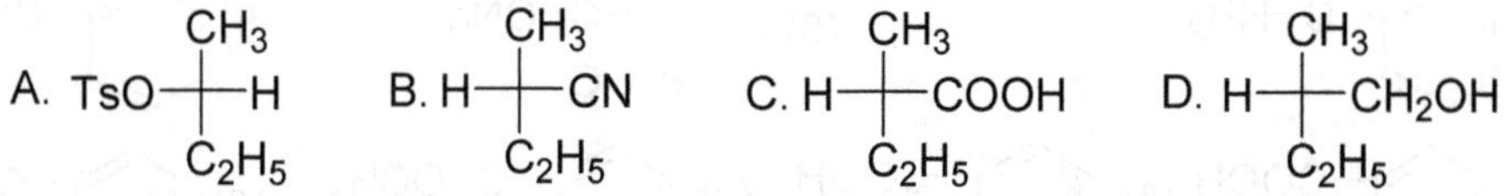

(2) 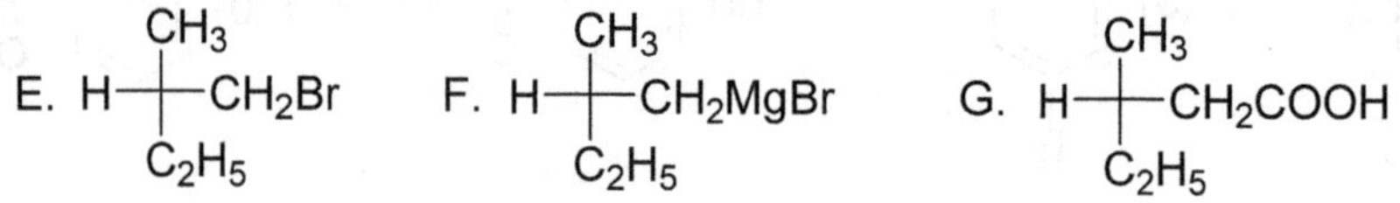

(3) 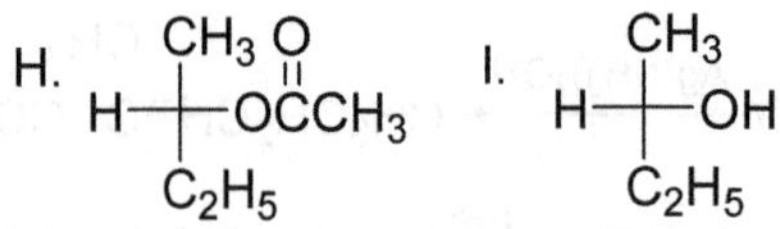

(4) 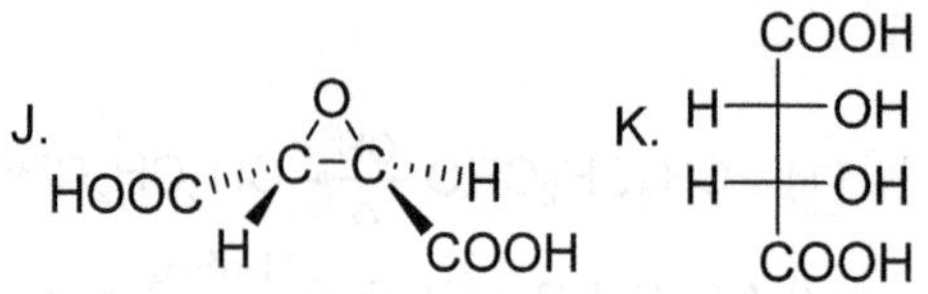

12.7

(1) 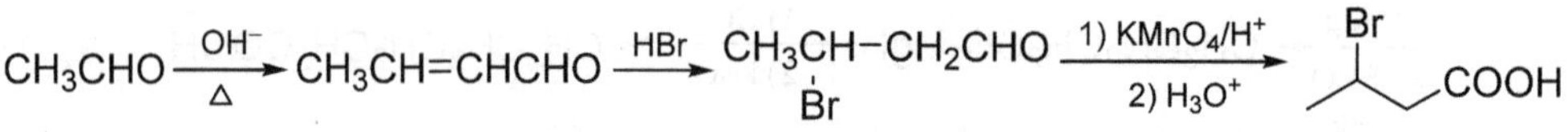

(2) 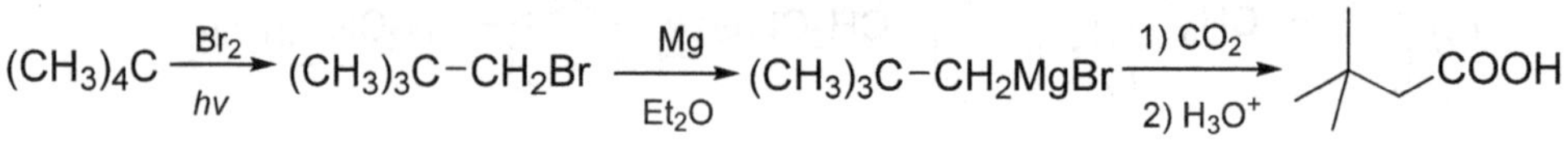

(3) 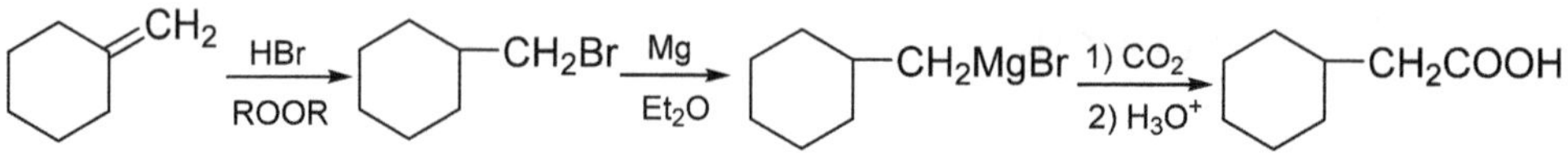

(4) 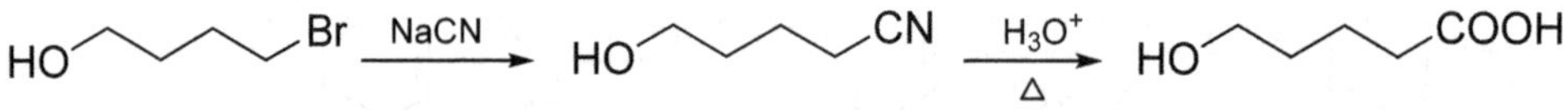

(5) 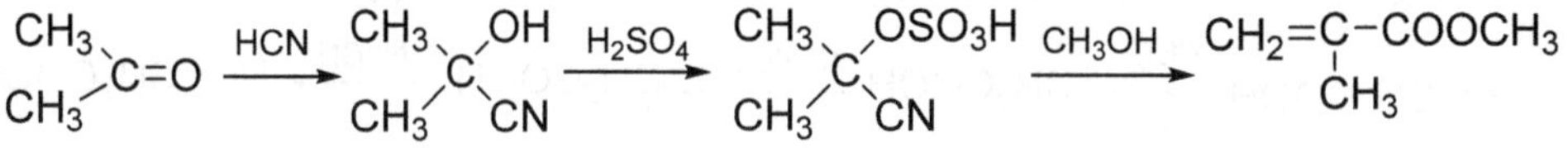

(6) 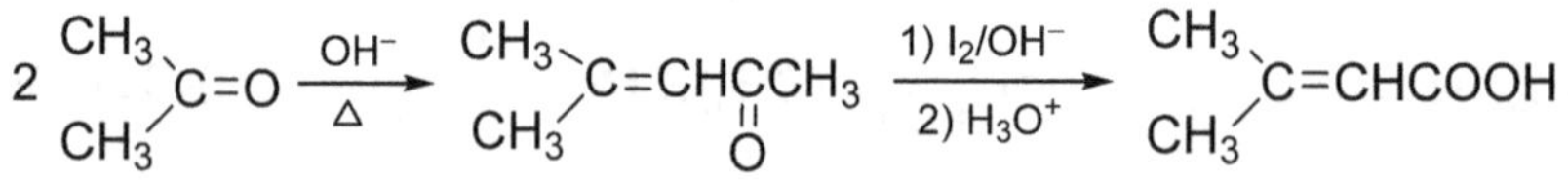

(7) 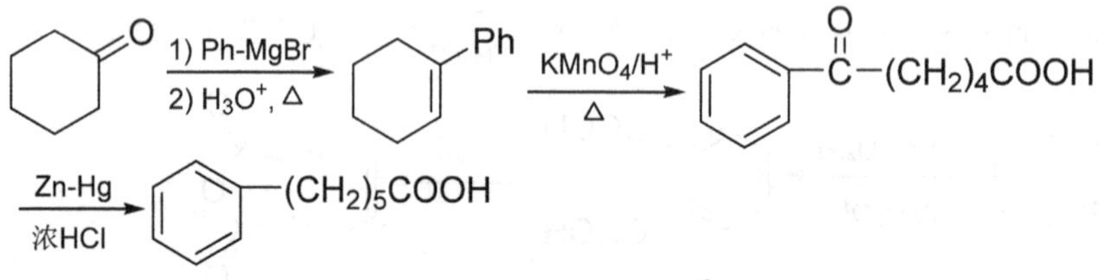

(8) 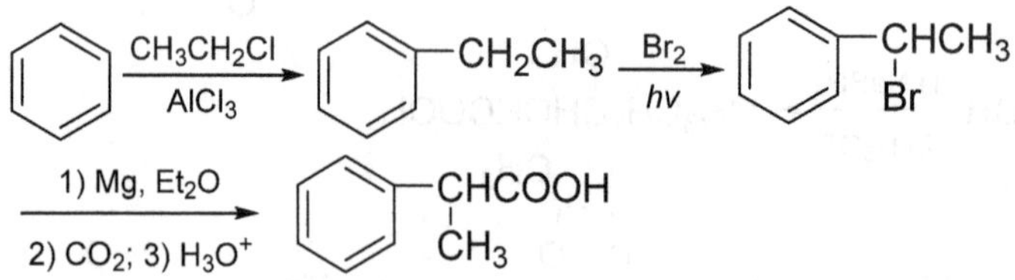

12.8

(1) 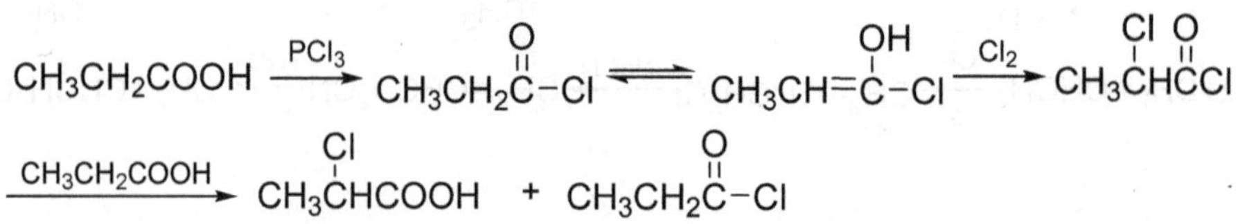

(2) 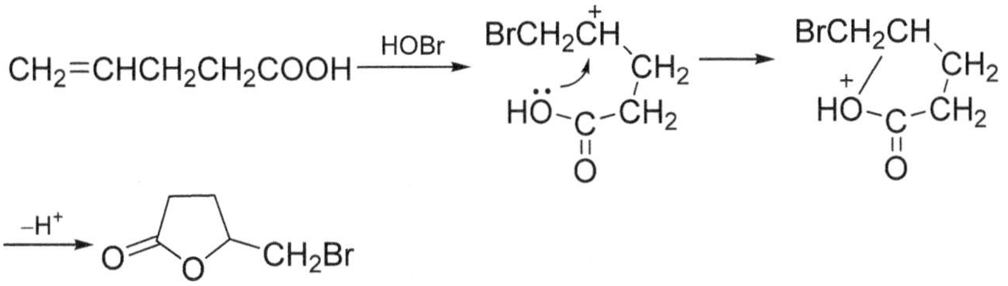

(3) $CH_3CH_2COOAg + Br_2 \longrightarrow CH_3CH_2\overset{O}{\overset{\|}{C}}-O-Br + AgBr$

$CH_3CH_2\overset{O}{\overset{\|}{C}}-O-Br \longrightarrow CH_3CH_2\overset{O}{\overset{\|}{C}}-O\cdot + Br\cdot$

$CH_3CH_2\overset{O}{\overset{\|}{C}}-O\cdot \longrightarrow CH_3\dot{C}H_2 + CO_2$

$CH_3\dot{C}H_2 + Br\cdot \longrightarrow CH_3CH_2Br$

(4) 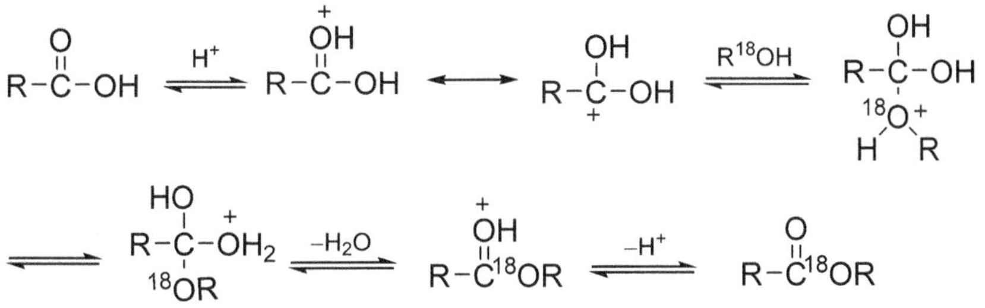

(5) 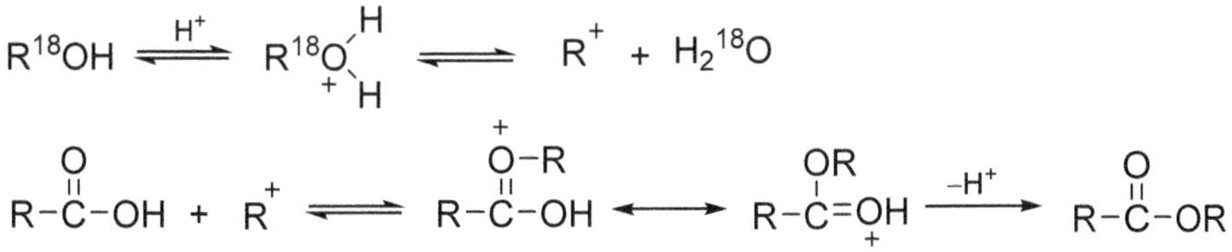

12.9　2,4,6-三甲基苯甲酸用一般的方法酯化时，因为有空间阻碍，醇分子难以接近，不能酯化，若先将其溶于冷的浓 H_2SO_4 中，形成酰基正离子，然后倒入乙醇中，即可得高产率的酯。

12.10　用苯振摇混合物，萃取其中的酯和苯甲酸，再用 Na_2CO_3 水溶液处理苯萃取液，使苯甲酸成为水溶性的钠盐而被除去，然后蒸馏除去水和苯，最后在 200℃收集干燥的酯。

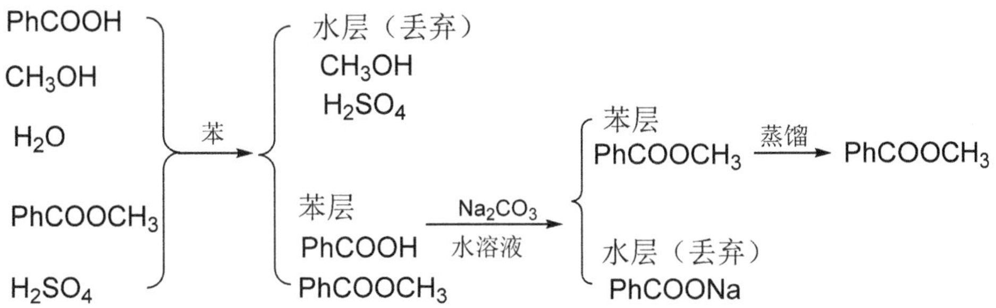

12.11

(1) $Cl_2CH-COOH$　(2) 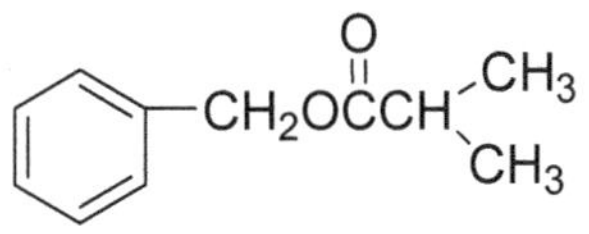　(3) 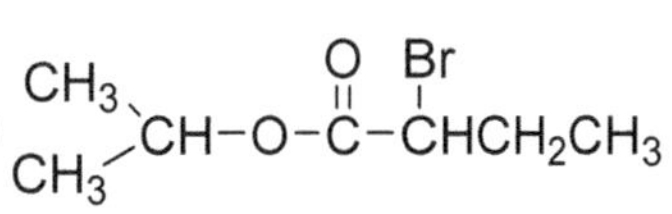

12.12

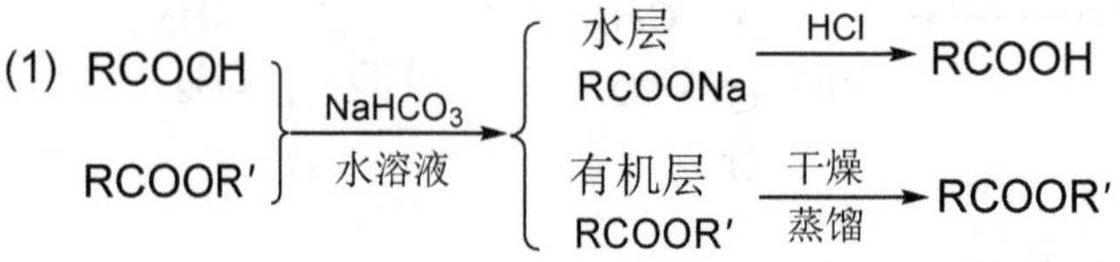

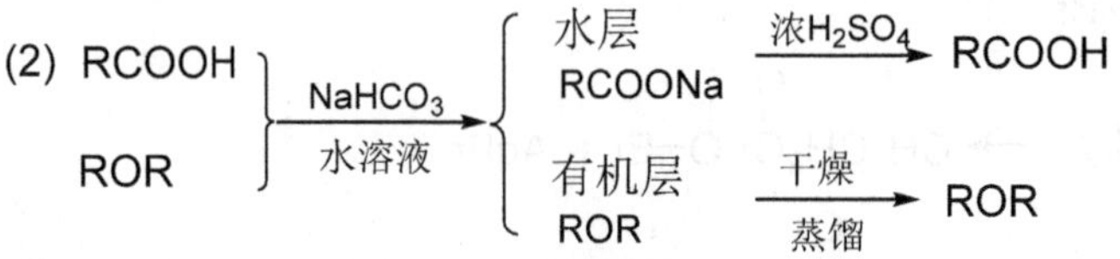

(3) 和(4)操作一样，醇在有机层。

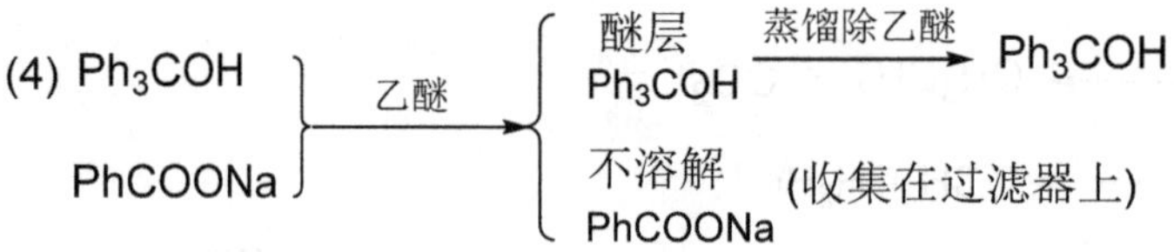

12.13 (1) 加 5% NaOH 回流后，蒸馏分别得乙醛(b.p. 20.2℃)、乙醇(b.p.78℃)；

(2) 加 $NaHCO_3$ 除苯甲酸后，蒸馏收集苯甲醛；

(3) 加 $NaHCO_3$ 除乙酸，水洗后加 $CaCl_2$ 干燥，除去乙醇、水，再蒸馏收集乙酸乙酯。

12.14

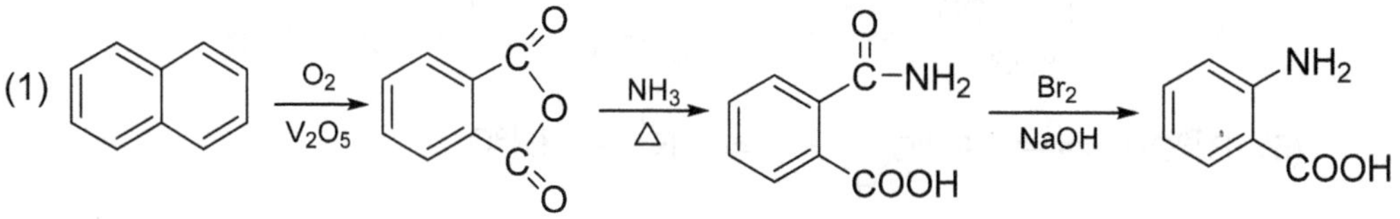

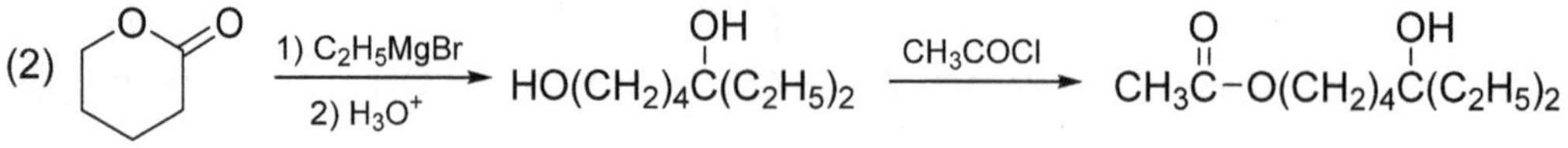

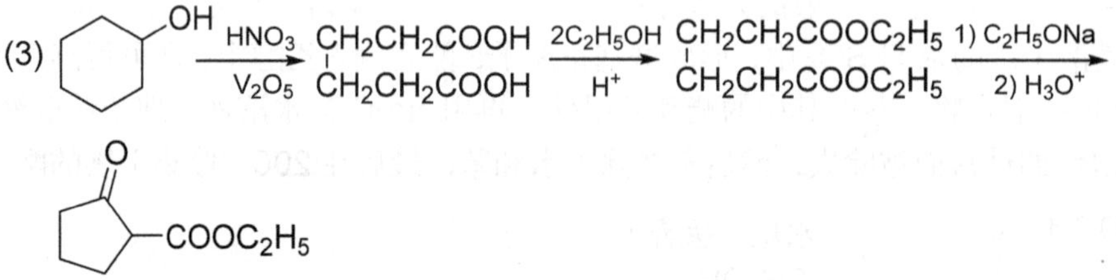

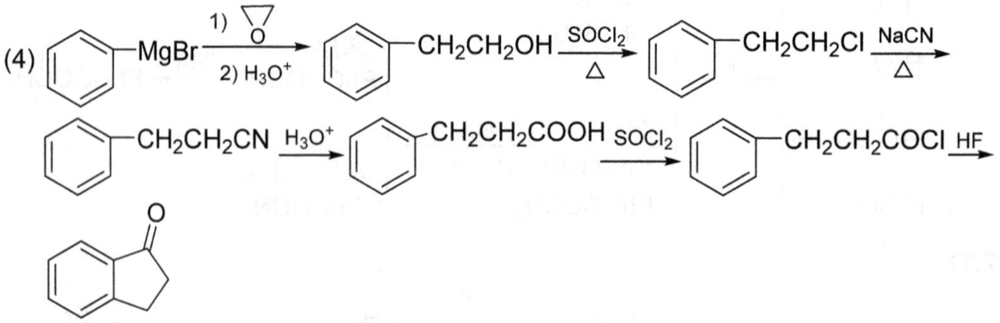

(5) 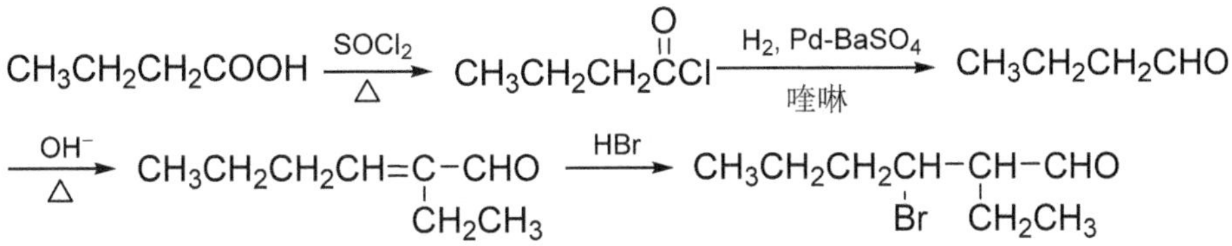

(6) 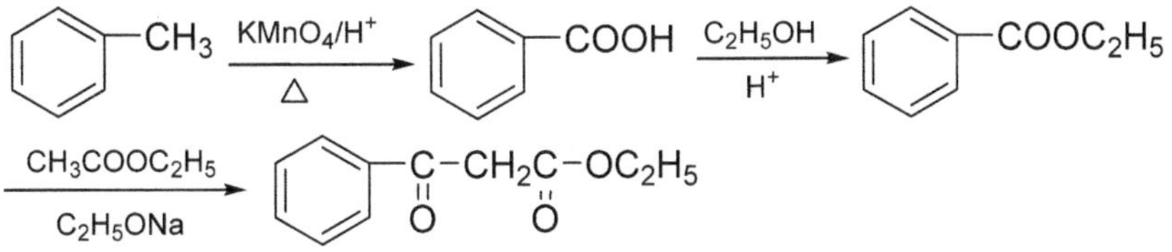

(7) 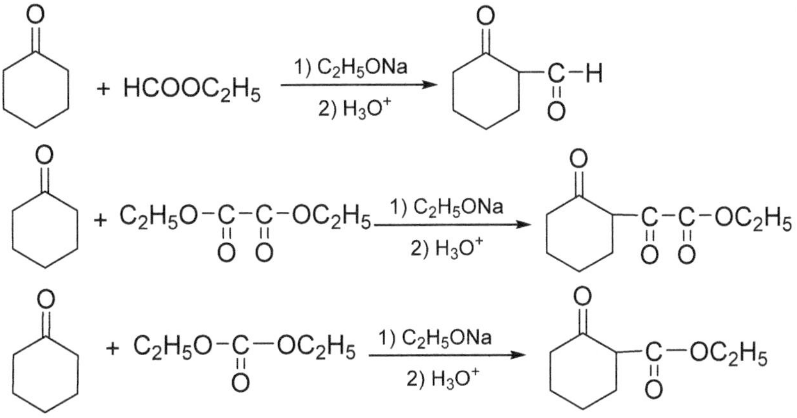

(8) 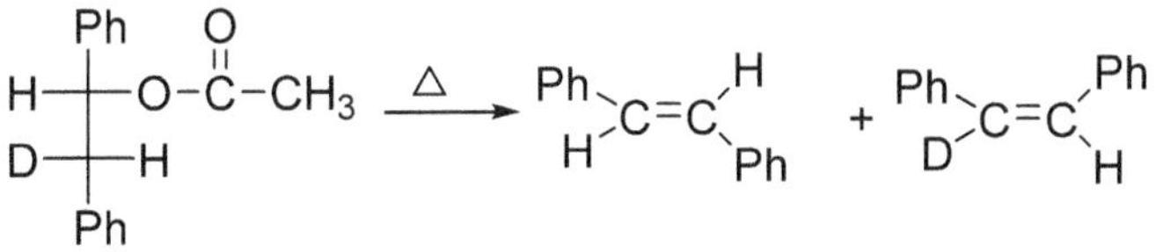

(9) 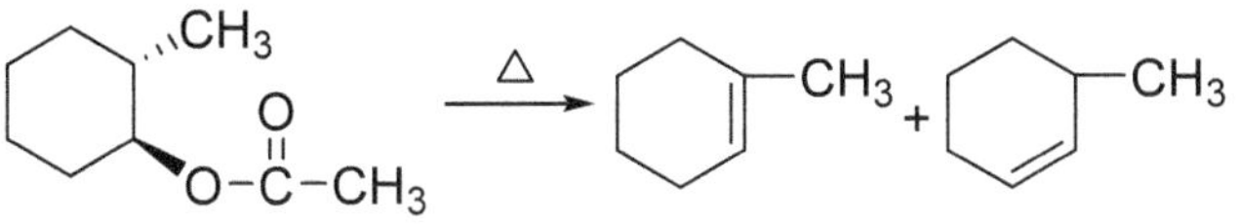

(10) 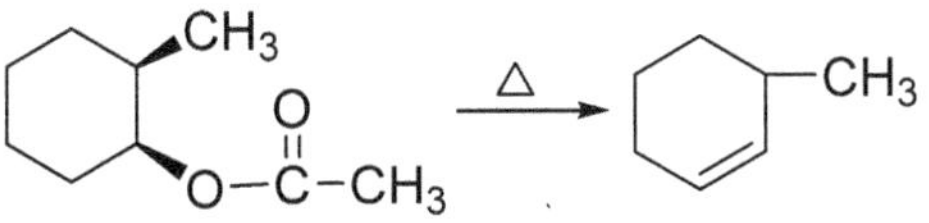

(11) 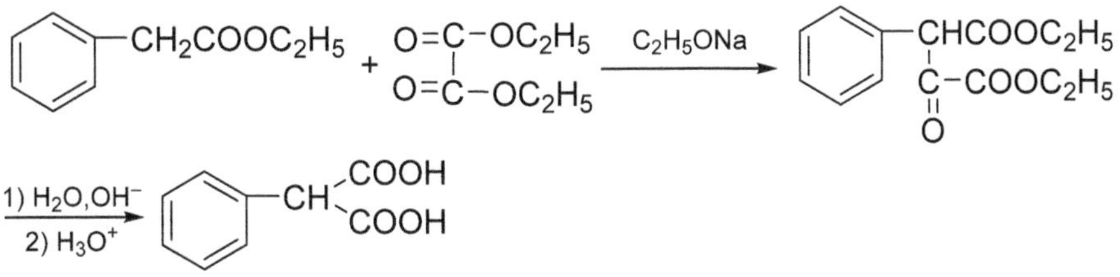

(12) 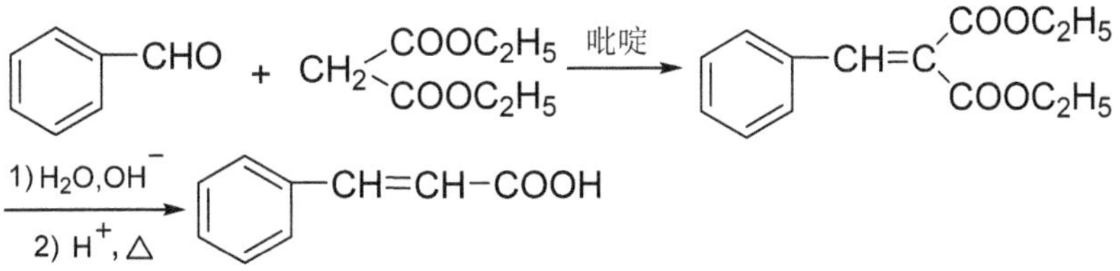

(13) 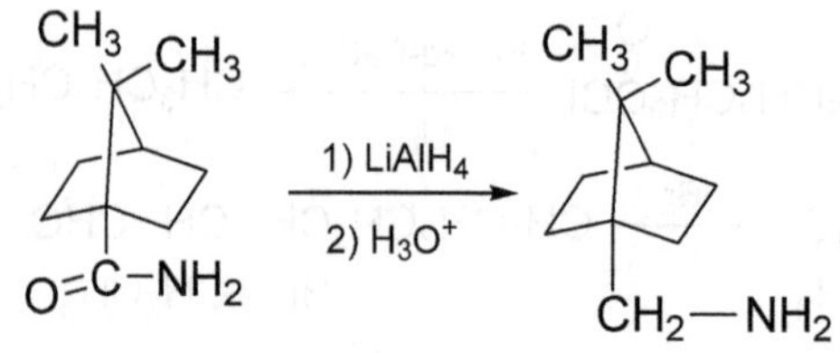

(14) $CH_2=CHCH_3 \xrightarrow{HCl} CH_3\underset{}{CH}(Cl)CH_3 \xrightarrow[Et_2O]{Mg} CH_3CH(MgCl)CH_3 \xrightarrow[2)\ H_3O^+]{1)\ H-\overset{O}{\overset{\|}{C}}-OC_2H_5}$

$(CH_3)_2CH-\underset{OH}{CH}-CH(CH_3)_2$

12.15 略。

12.16

(1) $(CH_3)_2CHCH_2COOH \xrightarrow{SOCl_2} (CH_3)_2CHCH_2\overset{O}{\overset{\|}{C}}-Cl \xrightarrow{C_6H_5NH_2}$

$(CH_3)_2CHCH_2\overset{O}{\overset{\|}{C}}-NHC_6H_5 \xrightarrow[2)\ H_3O^+]{1)\ LiAlH_4} (CH_3)_2CHCH_2CH_2NHC_6H_5$

(2) $CH_3CH_2CH_2\underset{O}{\underset{\|}{C}}-OH \xrightarrow[HgO]{Br_2} CH_3CH_2CH_2Br \xrightarrow[Et_2O]{Mg} CH_3CH_2CH_2MgBr$

$\xrightarrow[2)\ H_3O^+]{1)\ CH_3COOC_2H_5} CH_3CH_2CH_2\overset{CH_3}{\underset{OH}{C}}-CH_2CH_2CH_3$

(3) 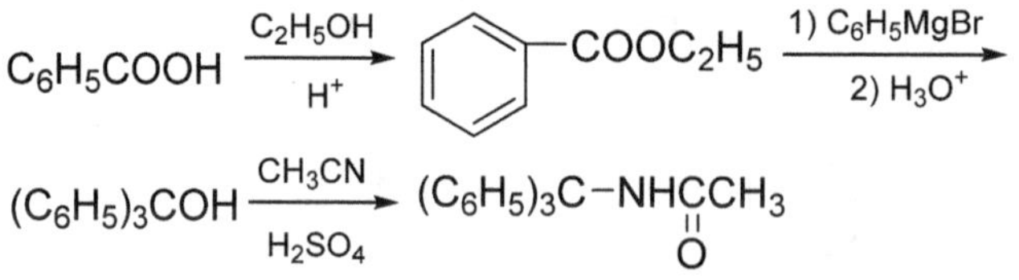

(4) 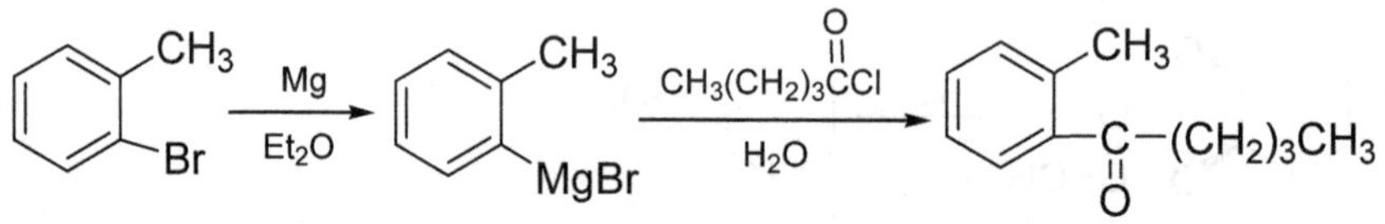

(5) 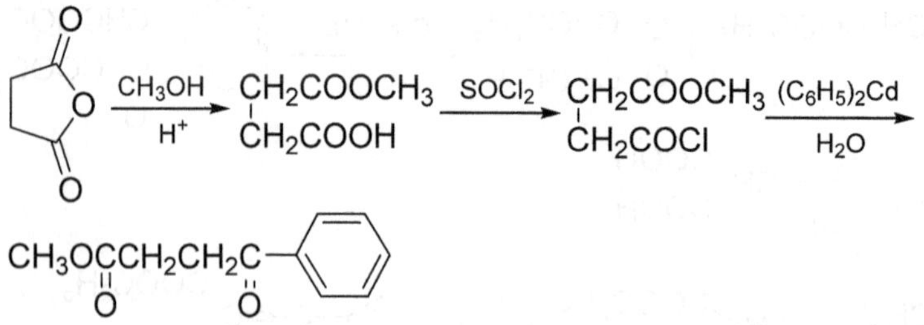

12.17

(1) $CH_3\overset{O}{\overset{\|}{C}}-OC_2H_5 \xrightarrow{C_2H_5ONa} \overset{-}{C}H_2\overset{O}{\overset{\|}{C}}-OC_2H_5 \xrightarrow{CH_3\overset{O}{\overset{\|}{C}}-OC_2H_5}$

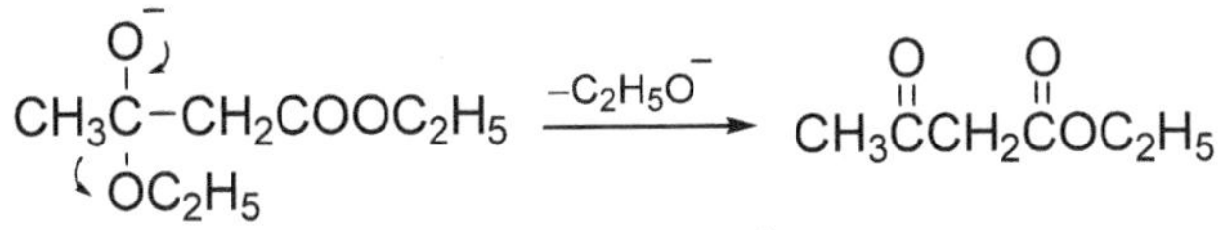

(2) 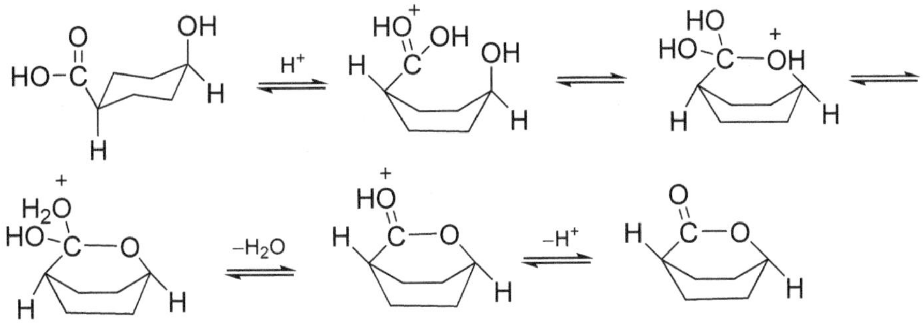

(3) 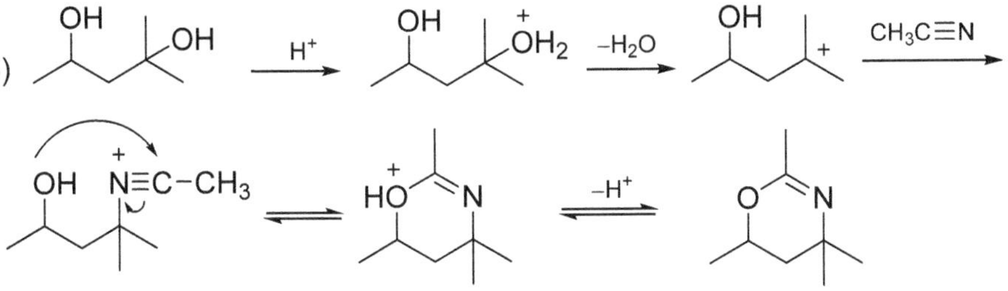

(4) 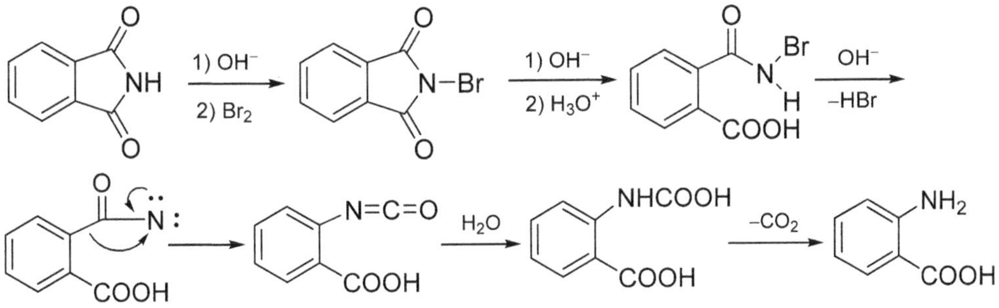

(5) 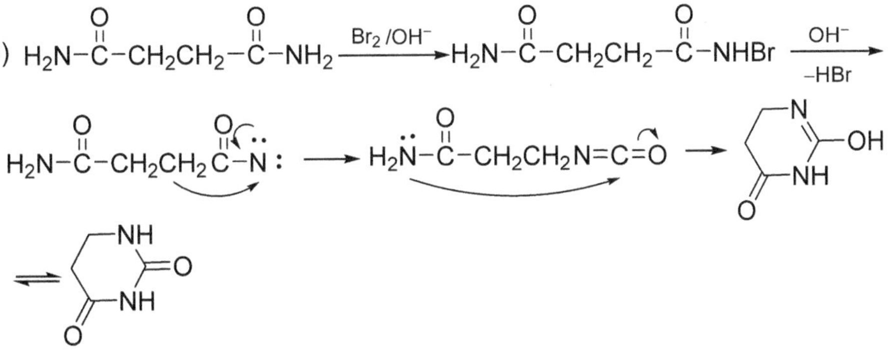

(6) 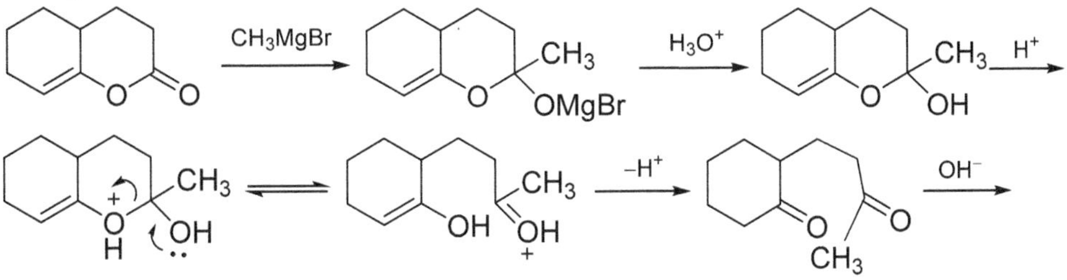

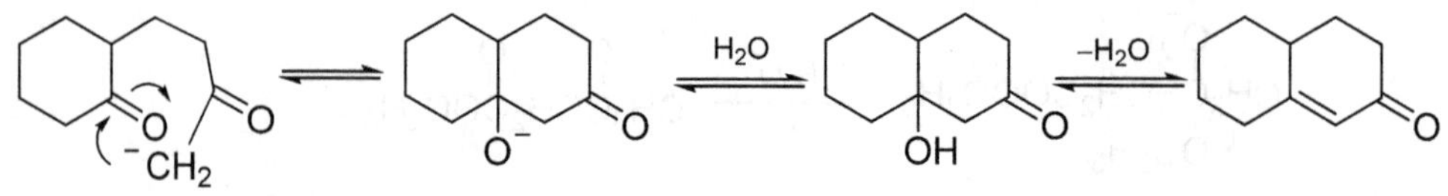

12.18

(1)

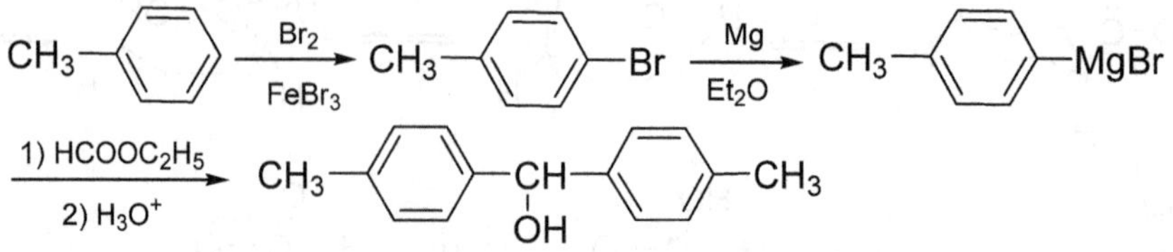

(2)

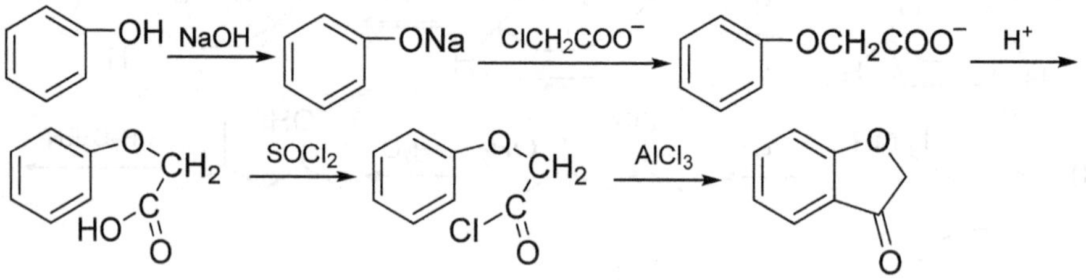

(3)

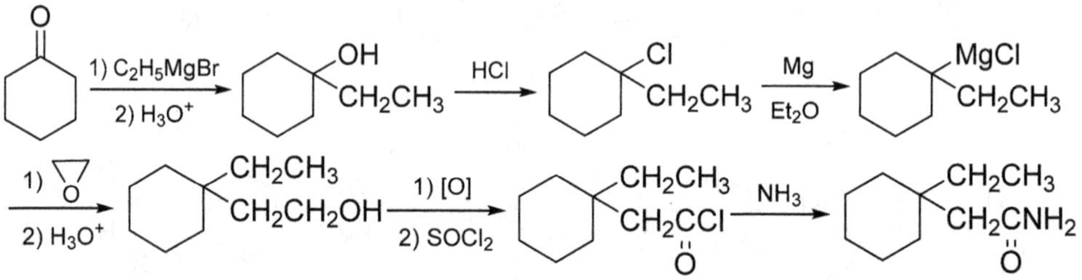

(4)

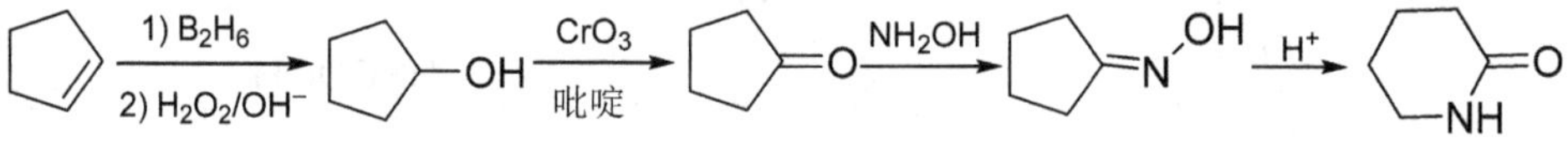

第 13 章　取 代 羧 酸

一、例题及解析

【例 13-1】　完成下列反应。

(1) $\underset{\displaystyle Cl}{CH_2}COOH + H_2O \xrightarrow[\Delta]{\text{稀 NaOH}}$　　(2) $\underset{\displaystyle Cl}{CH_2}CH_2COOH + NaOH \xrightarrow{\Delta}$

(3) $\underset{\displaystyle Cl}{CH_2}CH_2CH_2COOH \xrightarrow[H_2O]{Na_2CO_3}$　　(4) $\underset{\displaystyle Cl}{CH_2}(CH_2)_3COOH \xrightarrow[H_2O]{Na_2CO_3}$

(5) $C_6H_5\underset{\displaystyle \|\atop O}{C}CH_3 + \underset{\displaystyle Cl}{CH_2}COOC_2H_5 \xrightarrow[\text{或 } NaNH_2]{C_2H_5ONa} \xrightarrow[HCl]{H_2O}$

(6)
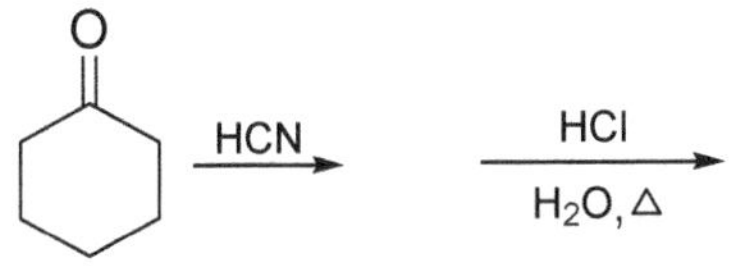
(7)
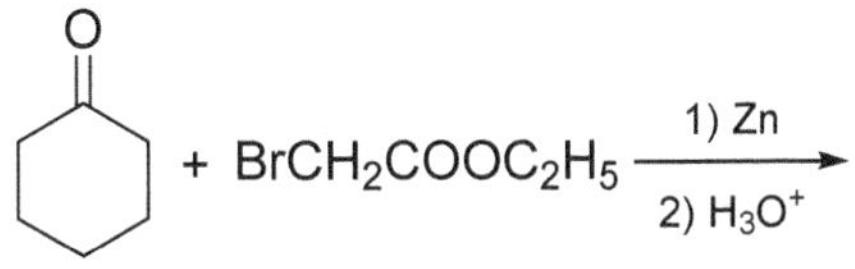

(8) $C_6H_5\overset{\displaystyle O\atop \|}{C}-\overset{\displaystyle O\atop \|}{C}C_6H_5 \xrightarrow[100\ ^\circ C]{KOH, H_2O, C_2H_5OH} \xrightarrow{H_3O^+}$

(9)
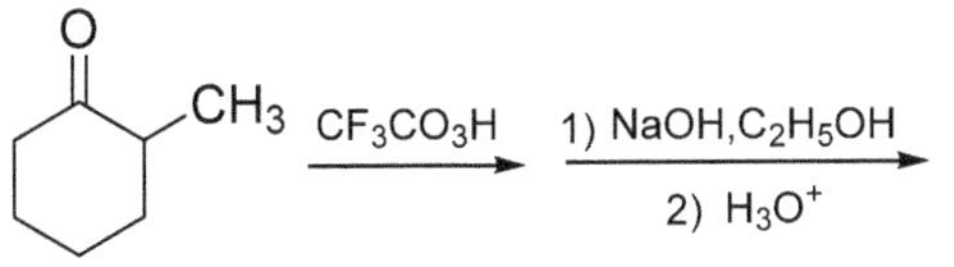

(10)
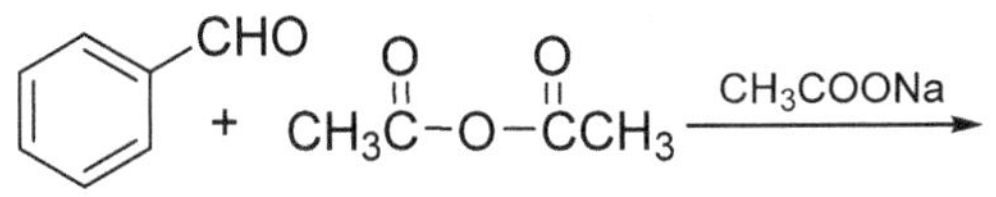

(11)
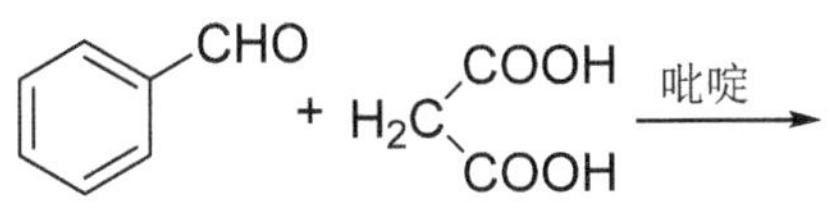

(12) $CH_3\overset{\displaystyle O\atop \|}{C}CH_2CH_2\overset{\displaystyle O\atop \|}{C}-OH$ $\xrightarrow[Ni]{H_2}$；$\xrightarrow[H^+]{NaCN}$

解

(1)
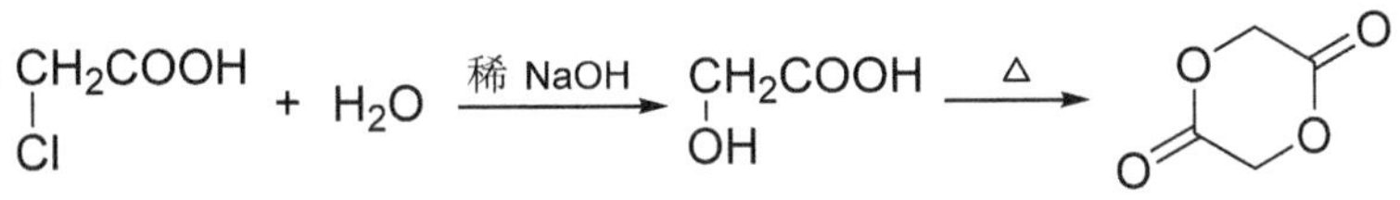

(2) $\underset{\displaystyle Cl}{CH_2}CH_2COOH + NaOH \xrightarrow{\Delta} CH_2{=}CH-COOH$

(3)
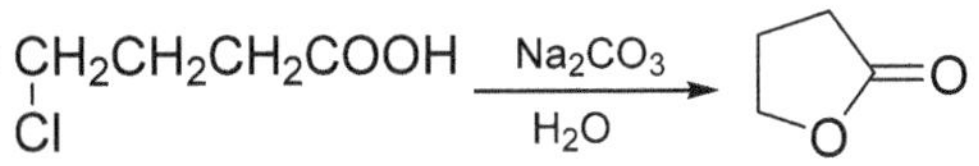

(4)
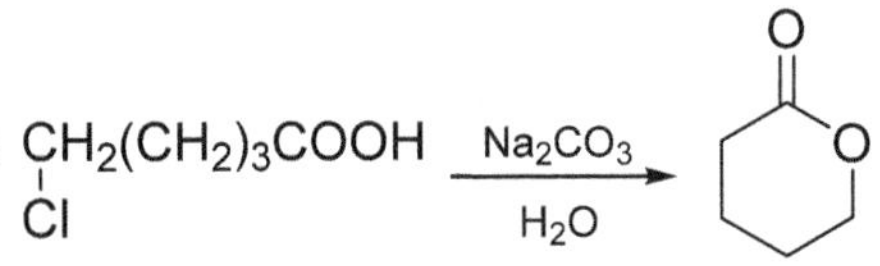

(5) 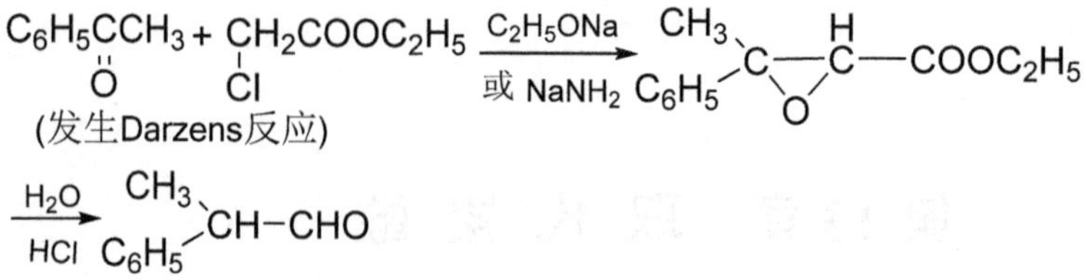

(发生Darzens反应)

(6) 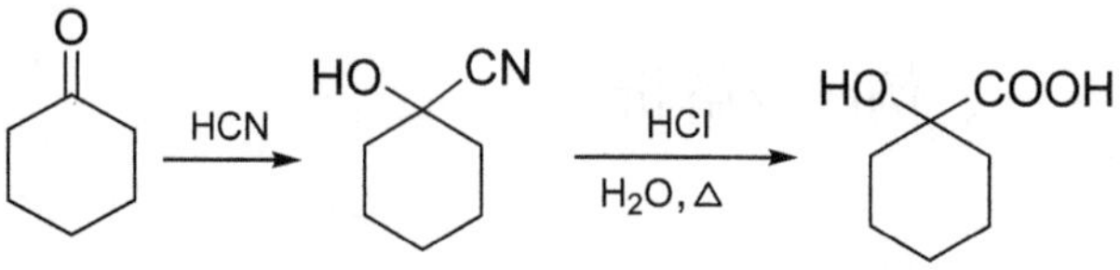

(7) 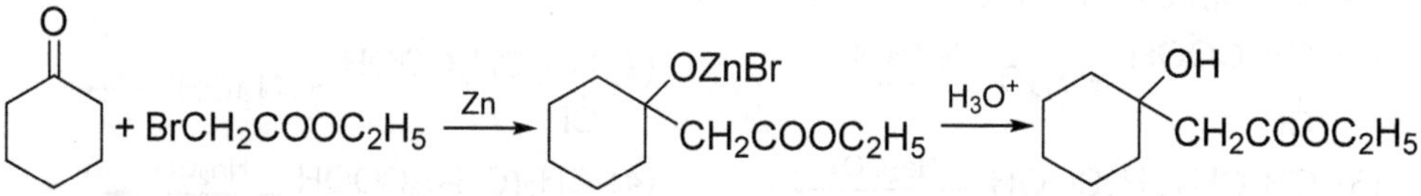

(发生Reformatsky反应)

(8) 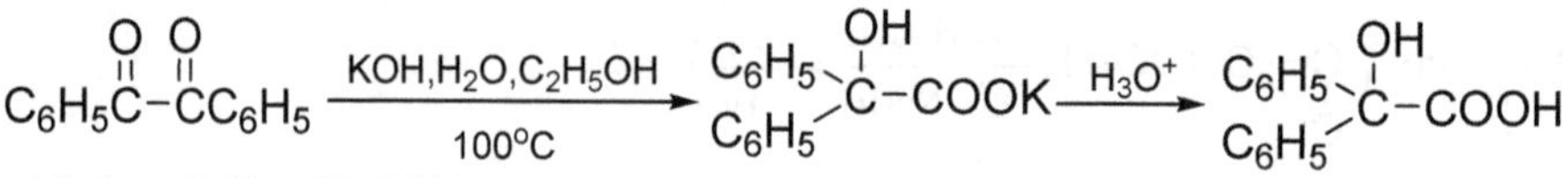

(发生二苯羟乙酸重排)

(9) 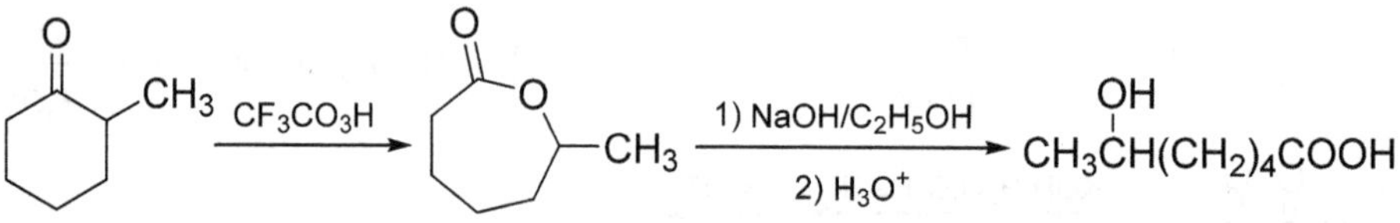

(10) 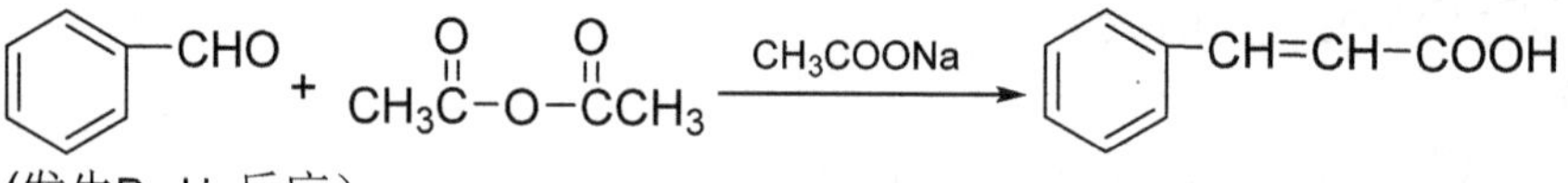

(发生Perkin反应)

(11) 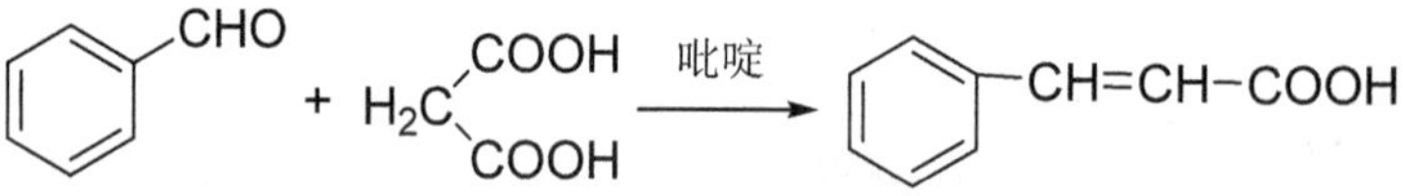

(发生Knoevenagel反应)

(12) 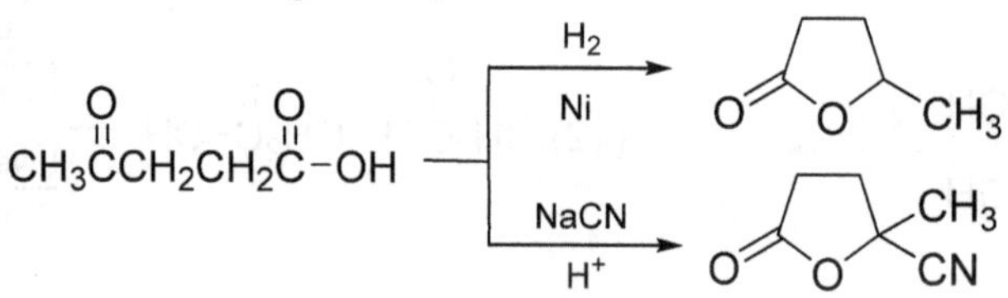

【例 13-2】 下列化合物哪些能与 $FeCl_3$ 发生颜色反应？为什么？

(1) 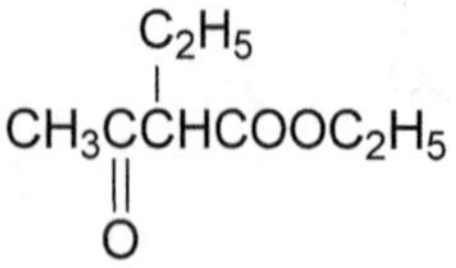

(2) 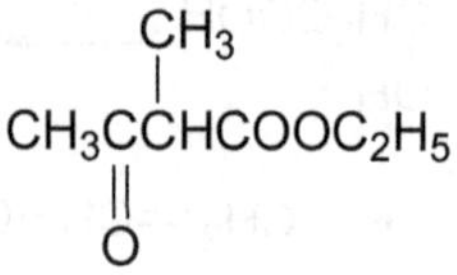

(3) 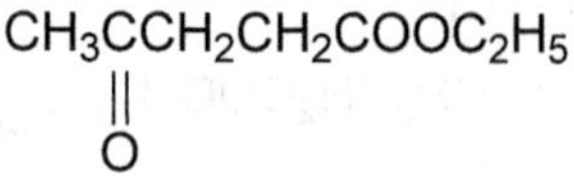

(4) 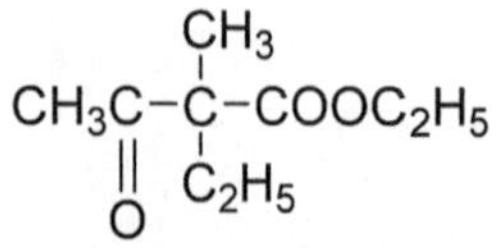

解 (1)、(2)与 $FeCl_3$ 有颜色反应。因为其羰基与羧基之间的α-C 上有活泼氢原子，能互变异构为较稳定的烯醇式。(3)、(4)与 $FeCl_3$ 无颜色反应，(3)的烯醇式含量太低，(4)无活泼亚甲基氢。

【例 13-3】　用丙二酸二乙酯或乙酰乙酸乙酯及其他必要试剂合成下列化合物。

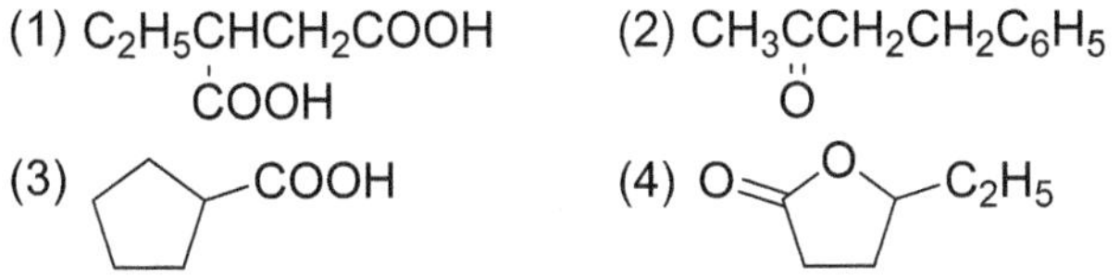

解

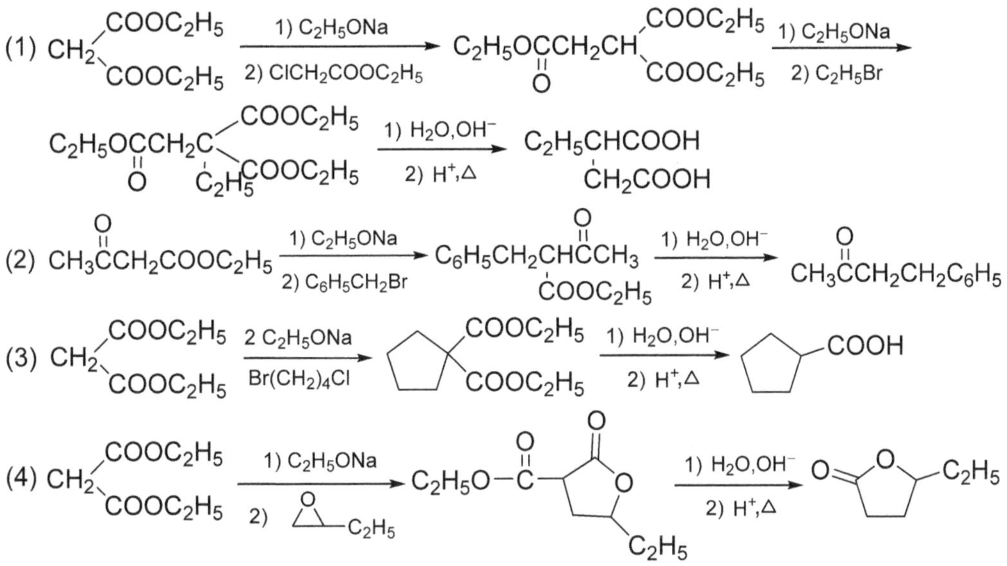

【例 13-4】　写出下列反应的历程。

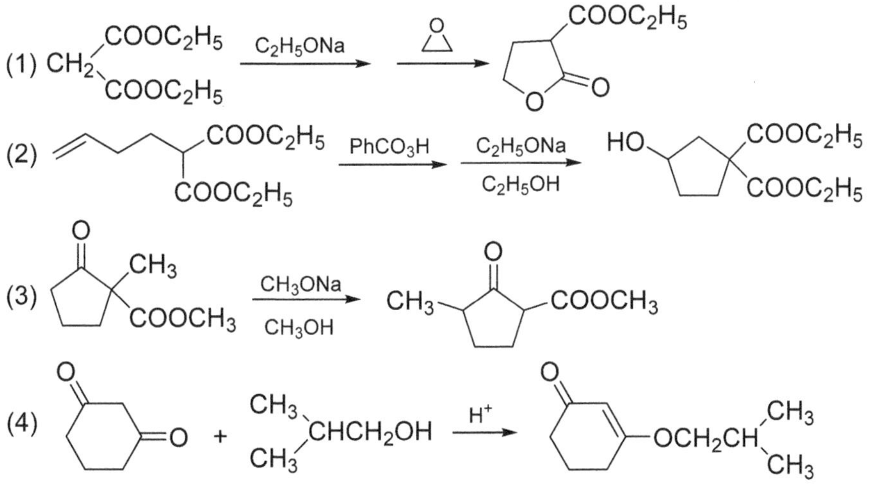

解

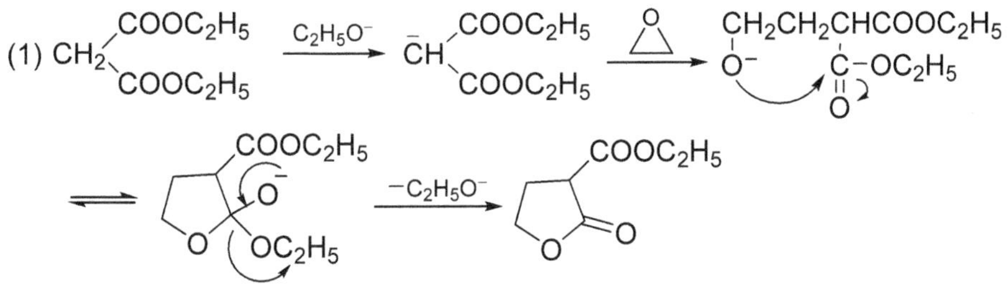

(2)

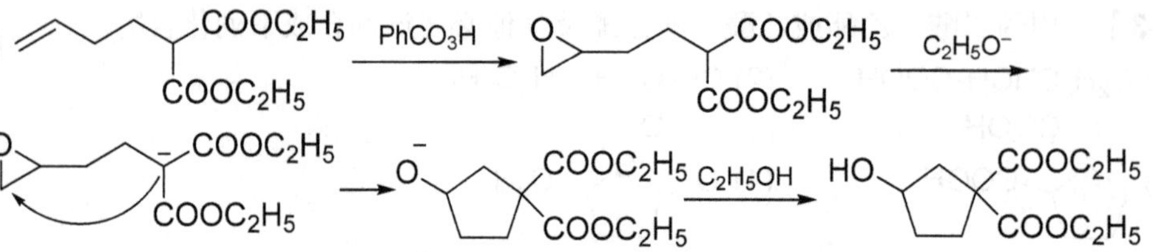

(3)

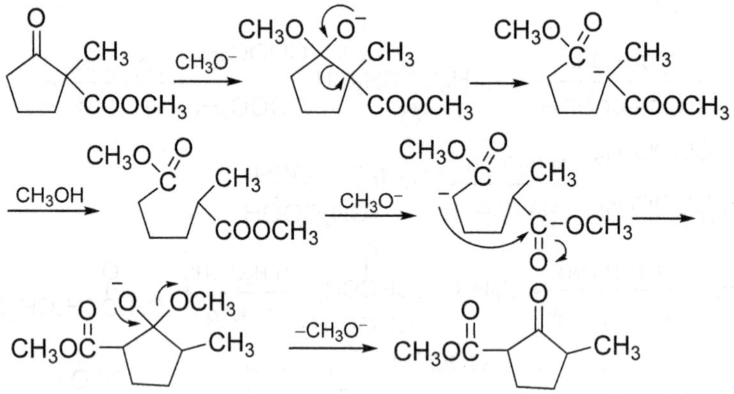

(4)

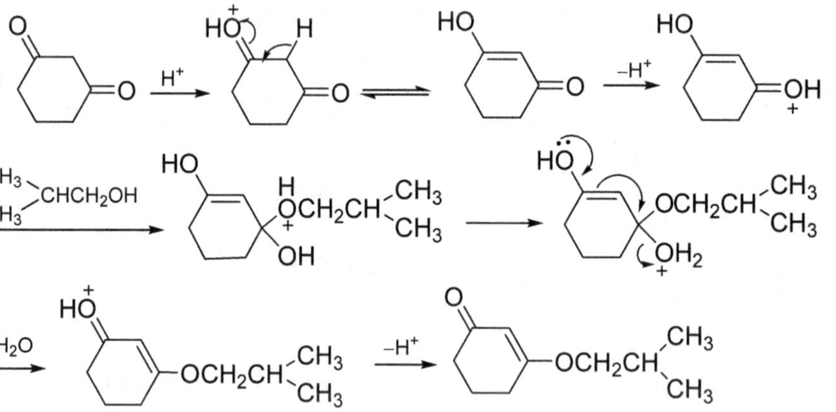

【例 13-5】 Meyers 用噁唑啉法为制备烷基代乙酸开辟了一条极好的路径，方法如下：

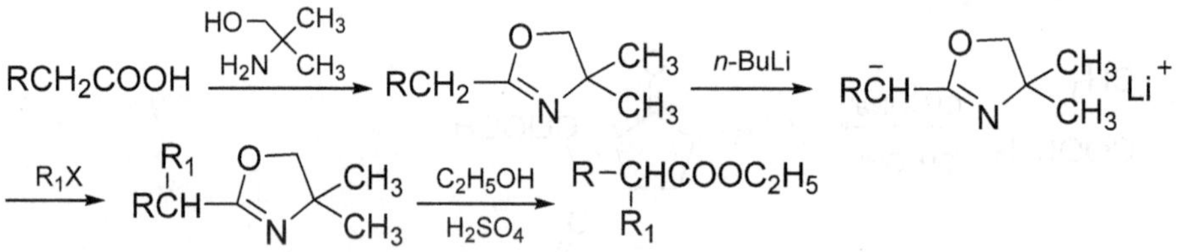

请利用上述方法合成下列化合物。

(1) 由乙酸合成正丁酸　　(2) 由乙酸合成异丁酸

(3) 由丙酸合成异丁酸　　(4) 由乙酸合成 3-苯基丙酸

解

(1)

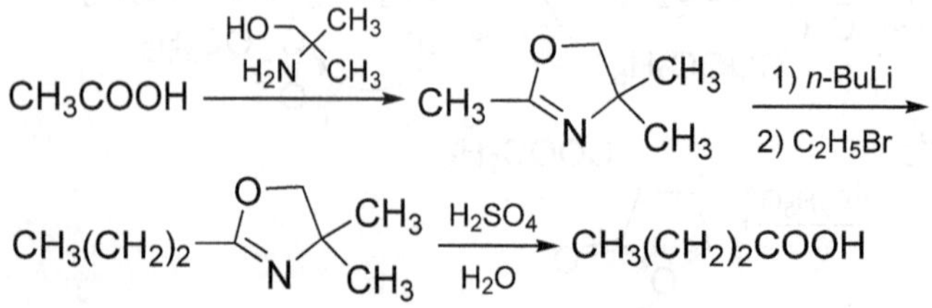

(2) 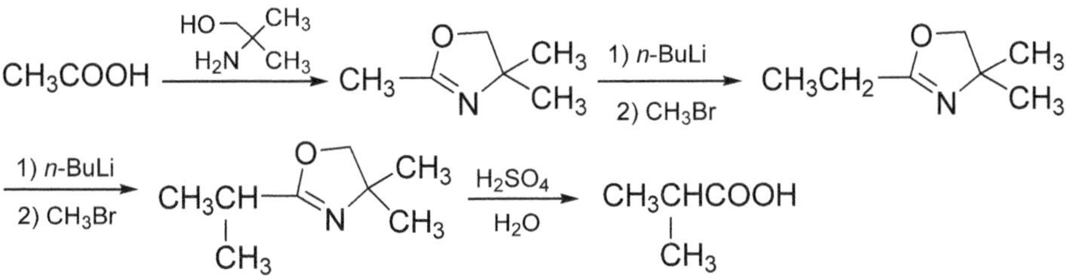

(3) 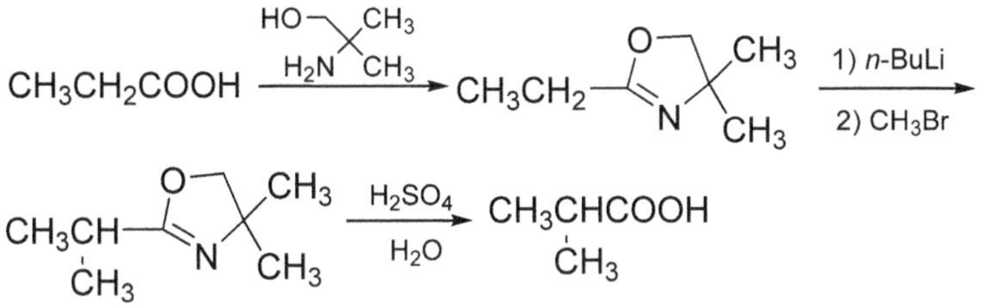

(4) 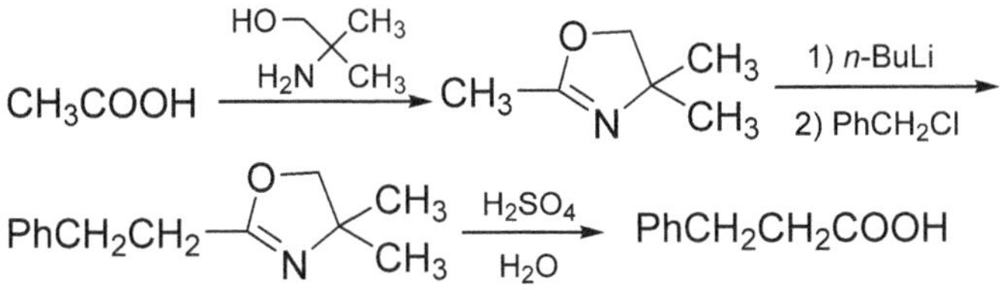

【例 13-6】 写出化合物 A、B 的结构。

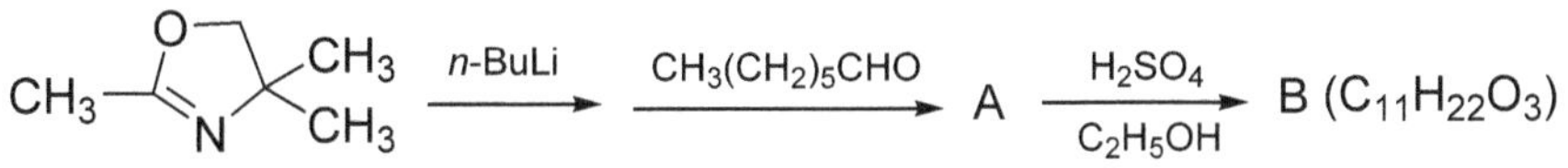

解

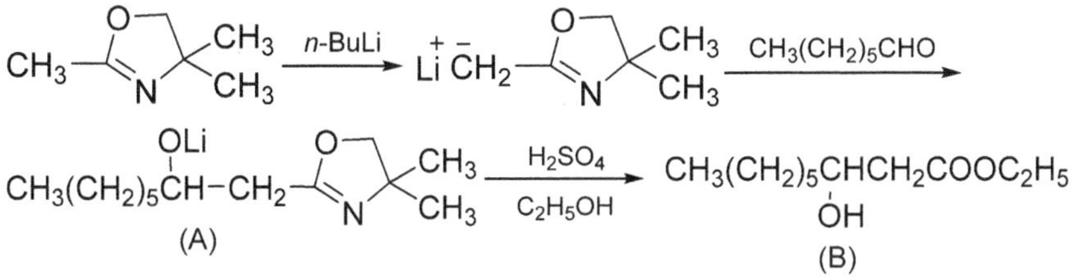

【例 13-7】 推测下列反应中主要产物的结构。

(1) 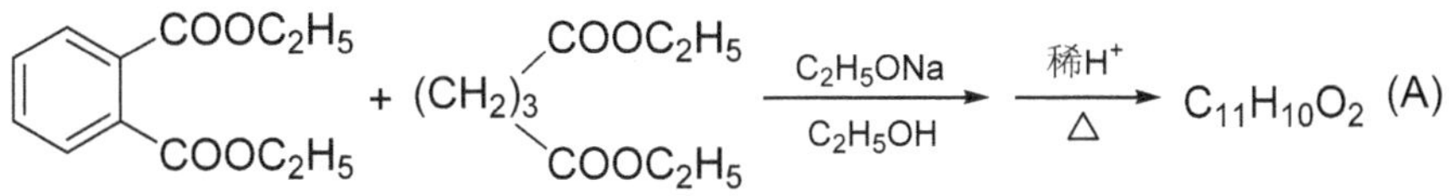

(2) 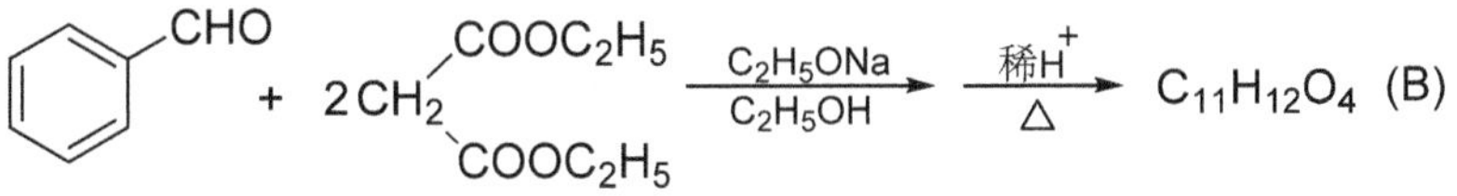

解

(1) 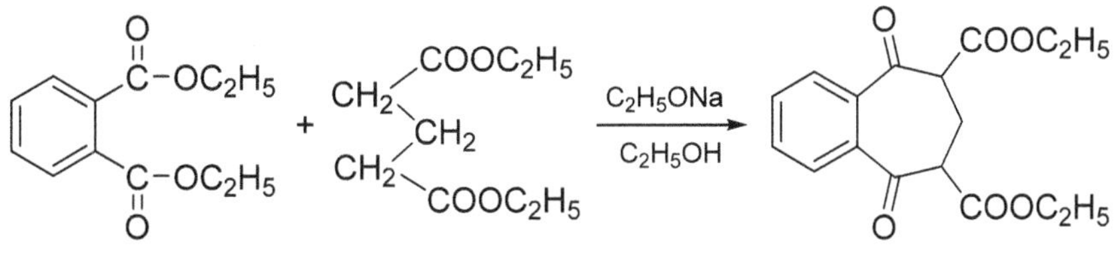

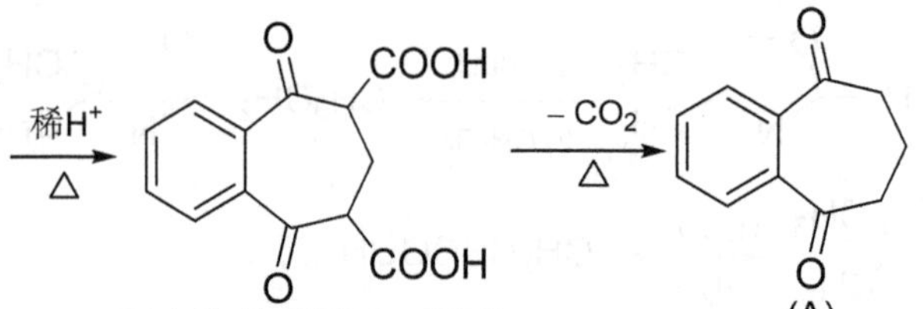

(两个羧基都属于β-酮酸)　　(A)

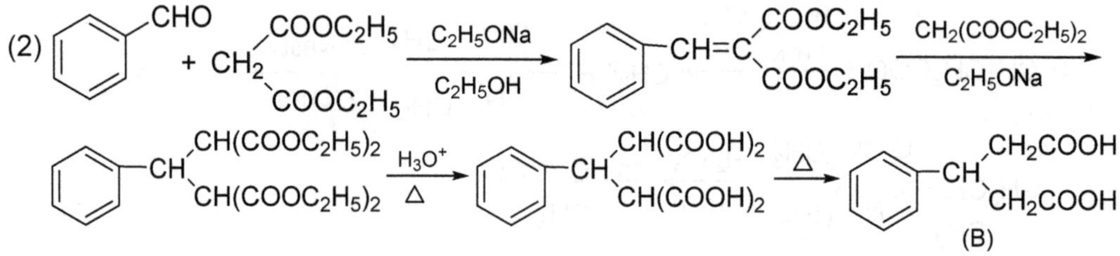

二、习　　题

13.1　写出下列反应的主要产物。

(1) $CH_3\overset{O}{\overset{\|}{C}}\underset{CH_3}{\underset{|}{C}}HCOOC_2H_5 \xrightarrow[2)\ H^+,\triangle]{1)\ 稀\ OH^-}$

(2) $CH_3\overset{O}{\overset{\|}{C}}\underset{CH_2COOC_2H_5}{\underset{|}{C}}HCOOC_2H_5 \xrightarrow[2)\ H^+,\triangle]{1)\ 浓\ OH^-}$

(3) $CH_3CH_2\underset{OH}{\underset{|}{C}}HCOOH \xrightarrow{\triangle}$

(4) $CH_3CH_2\underset{Cl}{\underset{|}{C}}HCOOH \xrightarrow[\triangle]{NaOH,H_2O}$

(5) $CH_3\underset{OH}{\underset{|}{C}}HCH_2COOH \xrightarrow{\triangle}$

(6) $CH_3\underset{OH}{\underset{|}{C}}HCOOH \xrightarrow[\triangle]{稀\ H_2SO_4}$

(7) 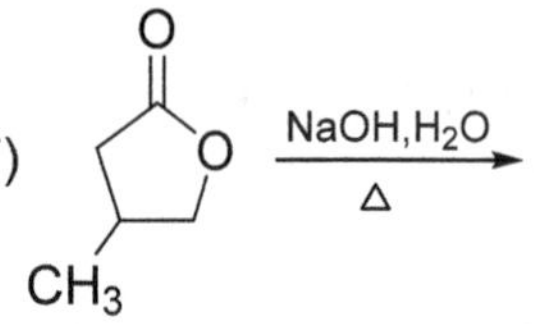

(8) $CH_3CH_2\overset{O}{\overset{\|}{C}}COOH \xrightarrow[\triangle]{稀\ H_2SO_4}$

(9) $CH_3\overset{O}{\overset{\|}{C}}-\underset{CH_3}{\overset{CH_3}{\overset{|}{\underset{|}{C}}}}-COOH \xrightarrow{\triangle}$

13.2　写出下列化合物和乙醇钠反应的产物。

(1) $C_2H_5O\overset{O}{\overset{\|}{C}}(CH_2)_5\overset{O}{\overset{\|}{C}}OC_2H_5$

(2) $C_2H_5O\overset{O}{\overset{\|}{C}}CH_2CH_2\underset{CH_3}{\underset{|}{C}}HCH_2CH_2\overset{O}{\overset{\|}{C}}OC_2H_5$

(3) $C_2H_5O\overset{O}{\overset{\|}{C}}\underset{CH_3}{\underset{|}{C}}HCH_2CH_2CH_2\overset{O}{\overset{\|}{C}}OC_2H_5$

(4) $C_2H_5O\overset{O}{\overset{\|}{C}}\underset{CH_3}{\underset{|}{C}}HCH_2CH_2\underset{CH_3}{\underset{|}{C}}H\overset{O}{\overset{\|}{C}}OC_2H_5$

13.3　完成下列反应。

(1) $C_2H_5O-\overset{O}{\overset{\|}{C}}-CH=CH-\overset{O}{\overset{\|}{C}}-OC_2H_5 \xrightarrow[C_2H_5ONa]{CH_2(COOC_2H_5)_2}$

(2) 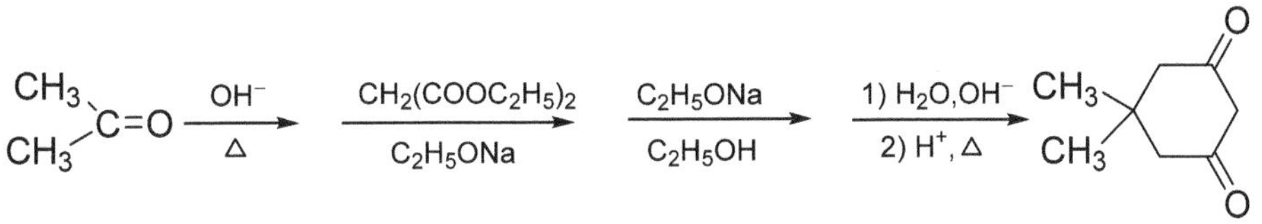

(3) $CH_2(COOC_2H_5)_2 + CH_2{=}CH{-}CN \xrightarrow{(C_2H_5)_3N}$

(4) $CH_3\overset{O}{\overset{\|}{C}}CH_2COOC_2H_5 \xrightarrow[Br(CH_2)_4Br]{C_2H_5ONa} \qquad \xrightarrow[2)\ H^+,\triangle]{1)\ 稀\ OH^-}$

(5) $(CH_3)_2CHCHO \xrightarrow[K_2CO_3]{HCHO} \qquad \xrightarrow{HCN} \qquad \xrightarrow[\triangle]{H_3O^+}$

13.4 推测下列反应的历程。

(1) $CH_3\overset{O}{\overset{\|}{C}}CH_2\overset{O}{\overset{\|}{C}}OC_2H_5 + C_6H_5\overset{O}{\overset{\|}{C}}OC_2H_5 \xrightarrow[C_2H_5OH]{C_2H_5ONa} C_6H_5\overset{O}{\overset{\|}{C}}CH_2\overset{O}{\overset{\|}{C}}OC_2H_5 + CH_3\overset{O}{\overset{\|}{C}}OC_2H_5$

(2) 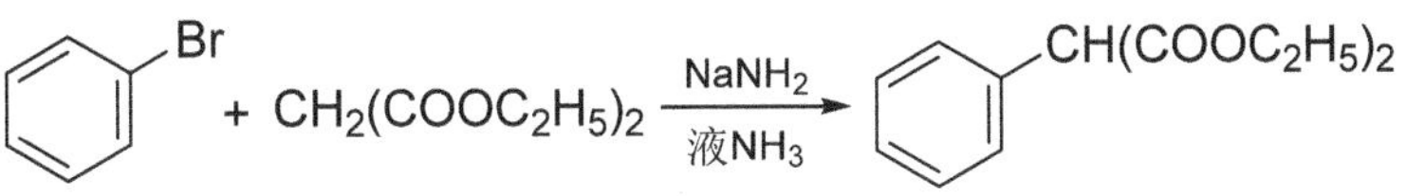

(3) 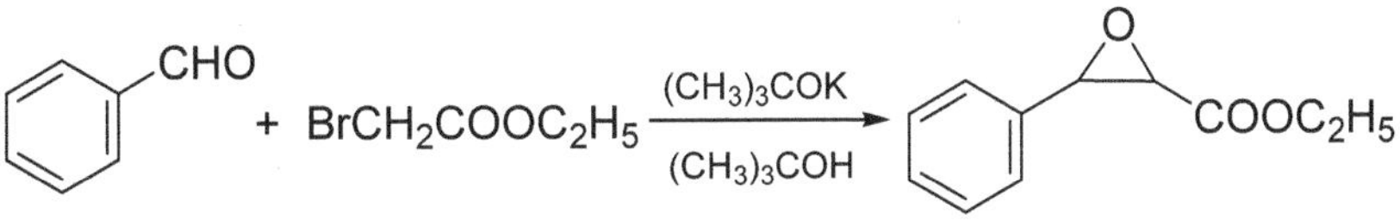

(4) 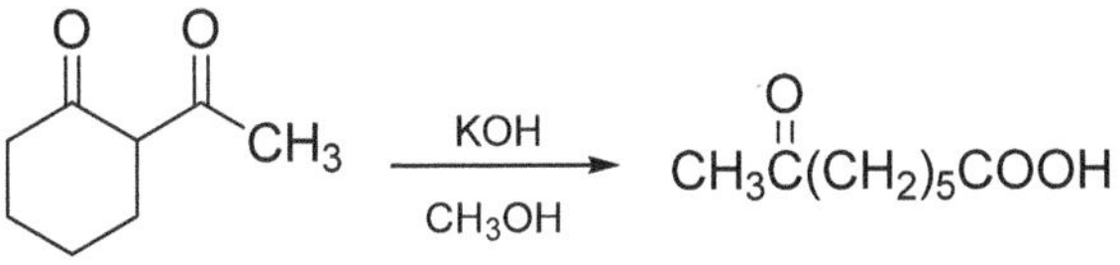

13.5 合成下列化合物。

(1) 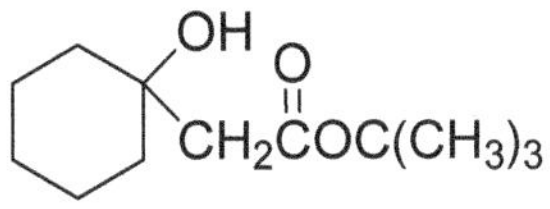

(2) 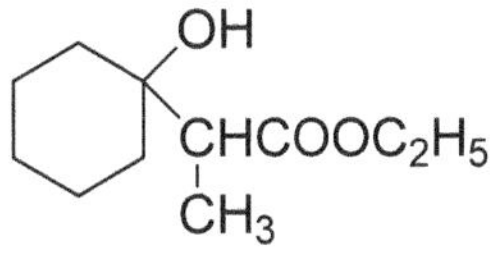

(3) 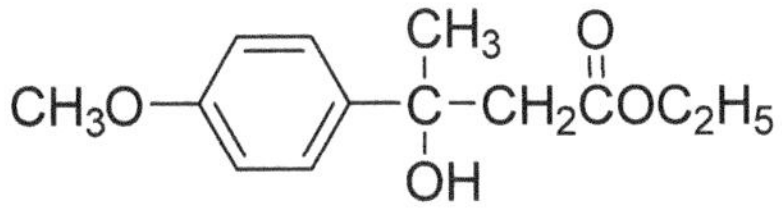

(4) 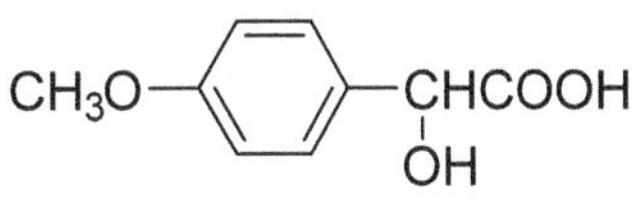

(5) $C_6H_5\overset{O}{\overset{\|}{C}}CH_2\overset{O}{\overset{\|}{C}}OC_2H_5$

(6) $C_2H_5O\overset{O}{\overset{\|}{C}}\underset{O}{\underset{\|}{C}}CH_2\overset{O}{\overset{\|}{C}}OC_2H_5$

(7) $Ph\overset{O}{\overset{\|}{C}}(CH_2)_5COOH$

(8) $CH_3(CH_2)_5\overset{O}{\overset{\|}{C}}CH_2CH_2Ph$

13.6 用乙酰乙酸乙酯法或丙二酸二乙酯法合成下列化合物。

(1) $PhCH_2CH_2COOH$

(2) $(CH_3)_2CHCH_2\underset{CH_3}{\underset{|}{C}}HCOOH$

(3) $Ph\overset{O}{\overset{\|}{C}}CH_2\overset{O}{\overset{\|}{C}}OH$

(4) $CH_3\overset{O}{\overset{\|}{C}}CH(CH_2CH_2CH_3)_2$

(5) $CH_2(CH_2CH_2COOH)_2$

(6) 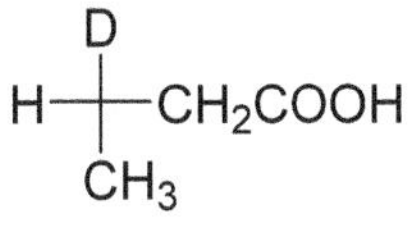

(7) 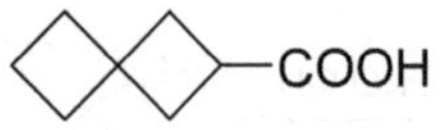　(8) 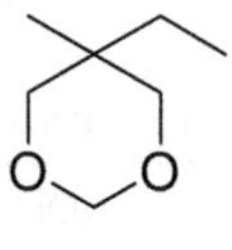　(9) 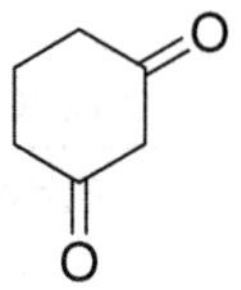　(10) 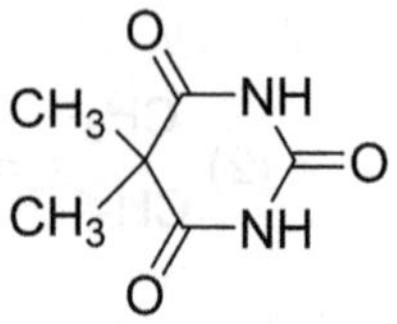

(11) 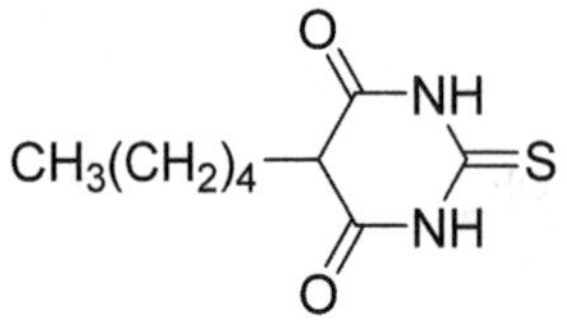　(12) 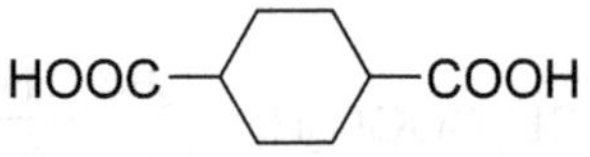

13.7 完成下列转化。

(1) 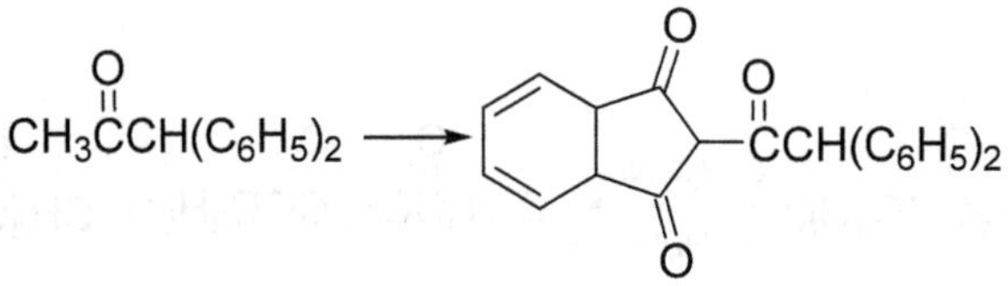

(2) 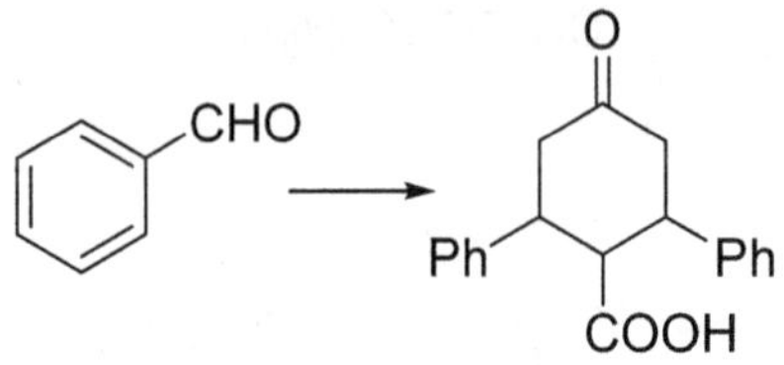

(3) $PhCH_2COOC_2H_5 \longrightarrow PhCH(CH_3)COOH$

(4) 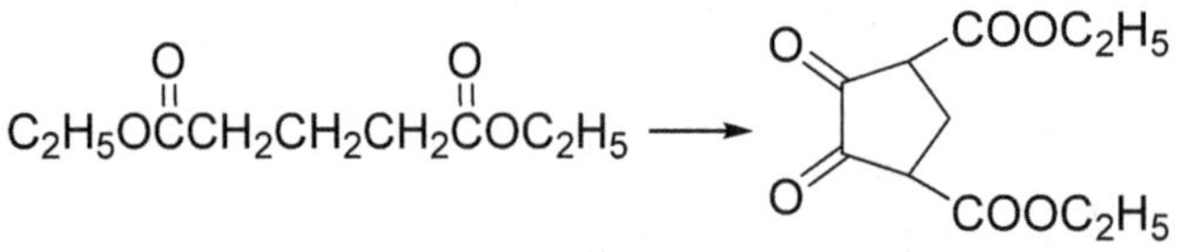

(5) 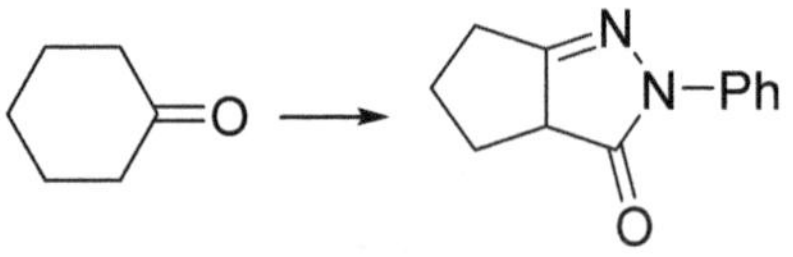　(6) 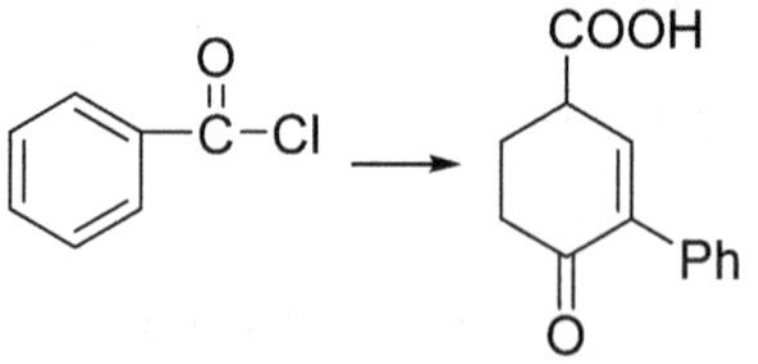

13.8 完成下列反应并写出化合物 A～E 的结构。

$$CH_2{=}CHCH_2Br \xrightarrow[Et_2O]{Mg} A\ (C_6H_{10}) \xrightarrow{HBr} B\ (C_6H_{12}Br_2)$$

$$\xrightarrow[C_2H_5ONa]{0.5\ mol\ CH_2(COOC_2H_5)_2} C\ (C_{13}H_{23}O_4Br) \xrightarrow{C_2H_5ONa} D\ (C_{13}H_{22}O_4) \xrightarrow[2)\ H^+,\ \Delta]{1)\ H_2O,OH^-} E$$

13.9 完成下列反应并写出化合物 F～H 的结构。

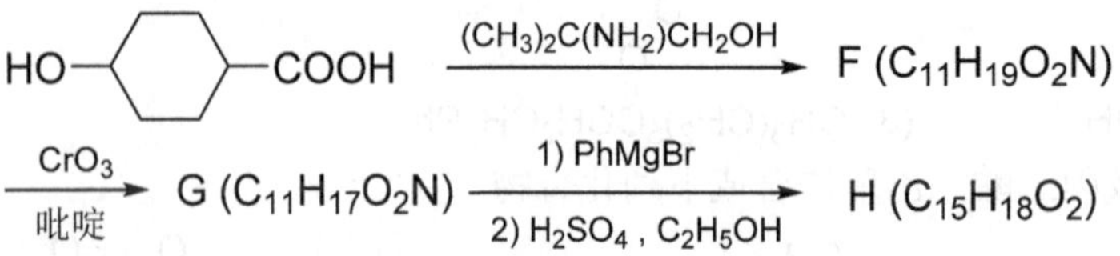

13.10 某酯类化合物 A 经下列转化得到化合物 C，完成反应并写出 A～D 的结构。

$$A\ (C_5H_{10}O_2) \xrightarrow[C_2H_5OH]{C_2H_5ONa} B\ (C_8H_{14}O_3) \xrightarrow[H_2O]{Br_2} \text{溴水褪色}$$

$$B\ (C_8H_{14}O_3) \xrightarrow[2)\ C_2H_5I]{1)\ C_2H_5ONa} C\ (C_{10}H_{18}O_3)$$

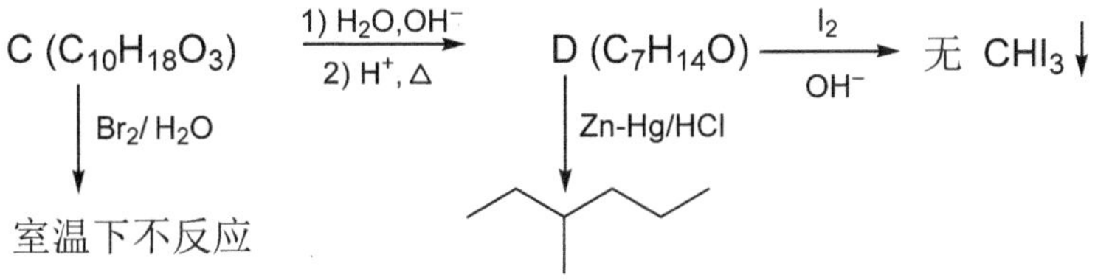

13.11 由蜂王颚腺分泌的活性成分“蜂王信息素”是一种一元羧酸，分子式为 $C_{10}H_{16}O_3$，可用下列路线合成：

$$\text{环庚酮} \xrightarrow[\text{2) } H^+]{\text{1) } CH_3MgI} A\ (C_8H_{16}O) \xrightarrow[\triangle]{H_3O^+} B\ (C_8H_{14}) \xrightarrow[\text{2) Zn}, H_2O]{\text{1) } O_3} C\ (C_8H_{14}O_2)$$

$$\xrightarrow[\text{吡啶}, \triangle]{CH_2(COOH)_2} \text{蜂王信息素}\ (C_{10}H_{16}O_3)$$

将“蜂王信息素”催化氢化得到化合物 D，D 用氢氧化钠和碘处理，再酸化得到二元酸 E。

$$\text{蜂王信息素} \xrightarrow[Pd]{H_2} D\ (C_{10}H_{18}O_3) \xrightarrow[\text{2) } H^+]{\text{1) } I_2\text{ , } OH^-} E\ (C_9H_{16}O_4)$$

试推测“蜂王信息素”和化合物 A～E 的结构。

三、习 题 解 答

13.1

(1) $CH_3\overset{\overset{O}{\|}}{C}CH_2CH_3$
酮式分解

(2) $HOOCCH_2CH_2COOH$
酸式分解

(3)

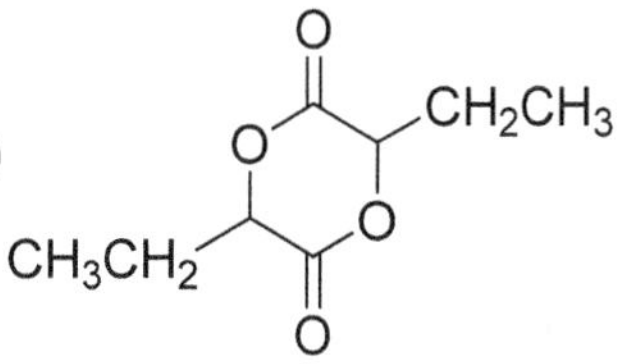

(4)

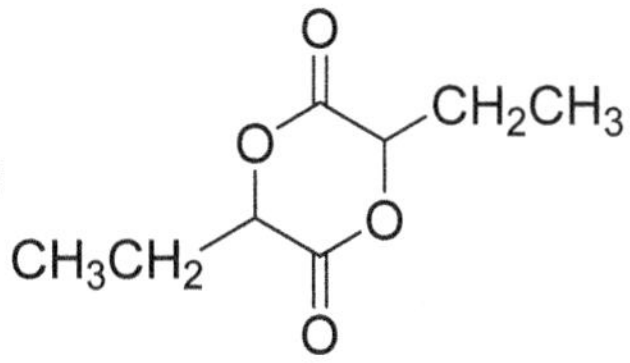

(5) $CH_3CH{=}CHCOOH$

(6) $CH_3CHO + HCOOH$

(7) $CH_3\underset{CH_2OH}{\underset{|}{C}}HCH_2COO^-$

(8) $CH_3CH_2CHO + CO_2$

(9) $CH_3\overset{\overset{O}{\|}}{C}CH\begin{matrix}CH_3\\CH_3\end{matrix}$

13.2

(1)

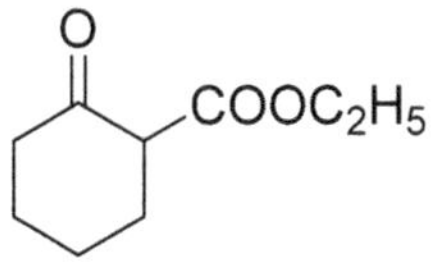

(2)

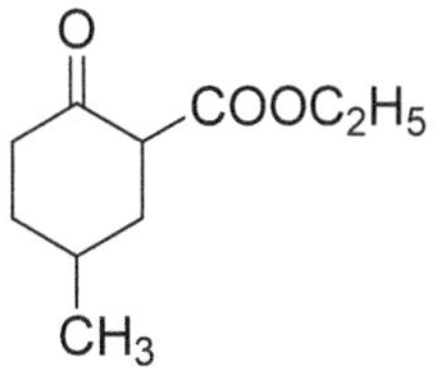

(3)

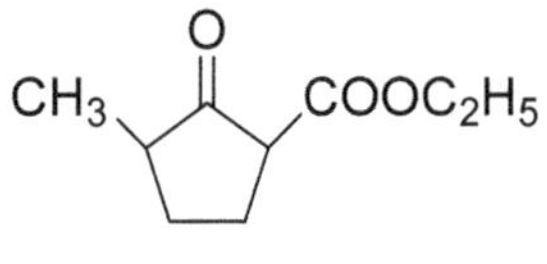

(4)

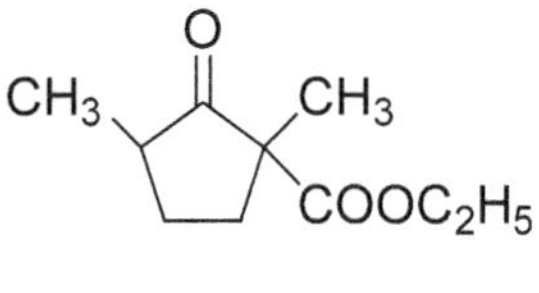

13.3

(1) 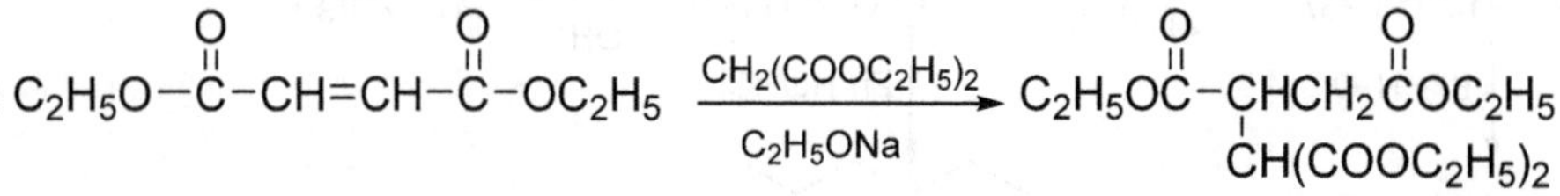

(2) 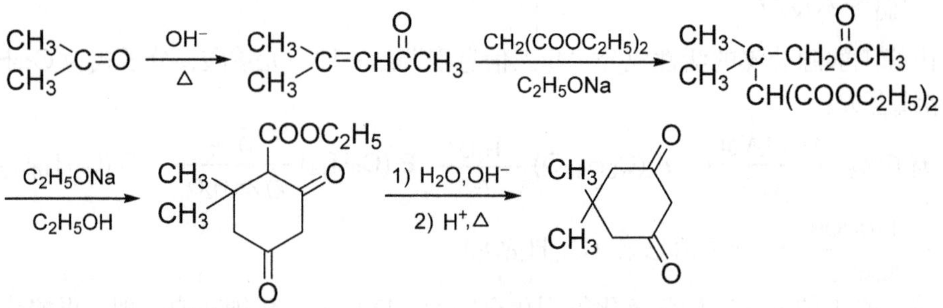

(3) 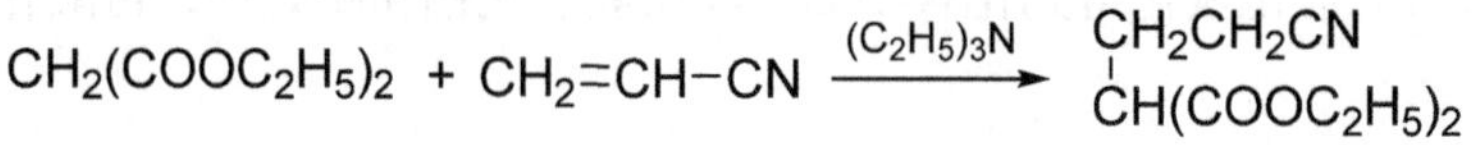

(4) 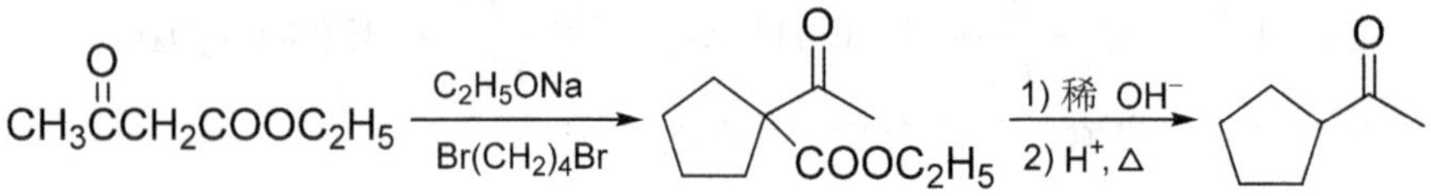

(5) 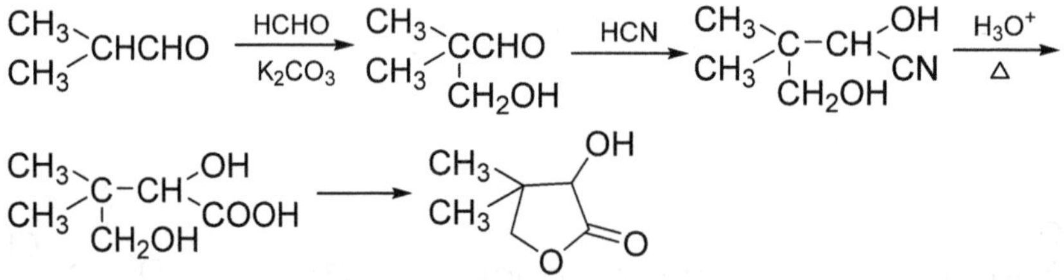

13.4

(1) 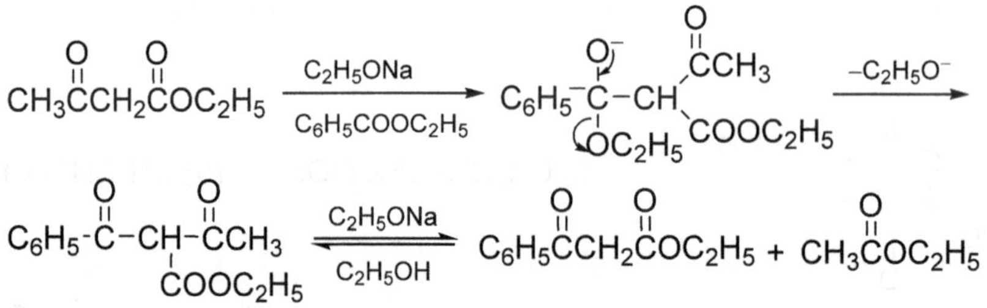

(2) 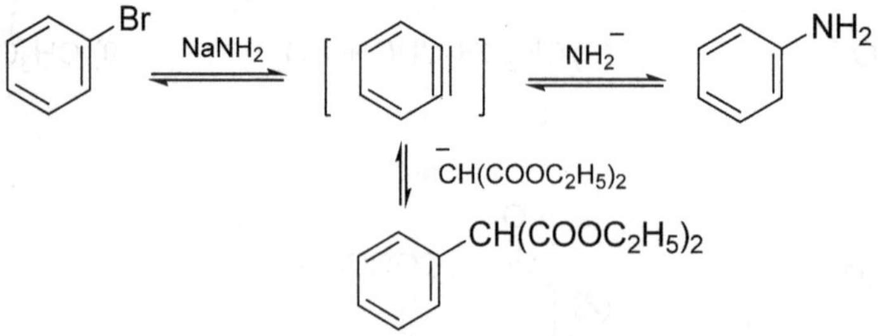

(3) 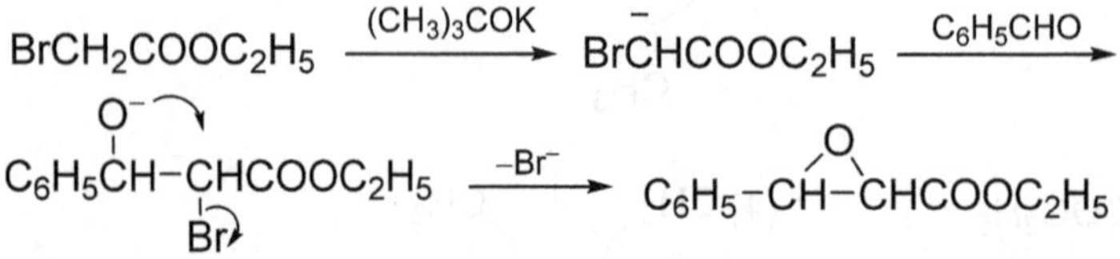

(4) 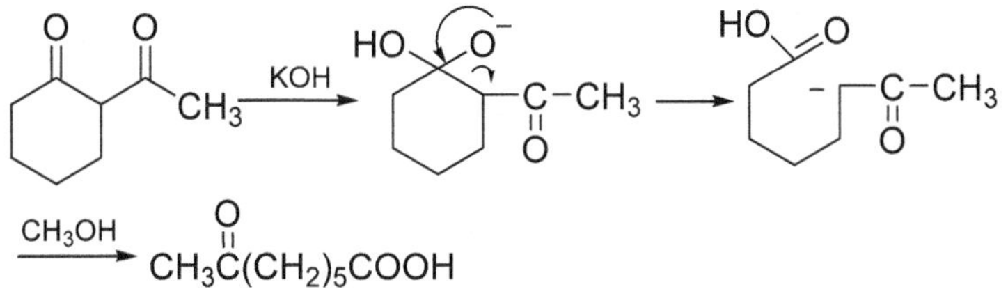

13.5

(1) 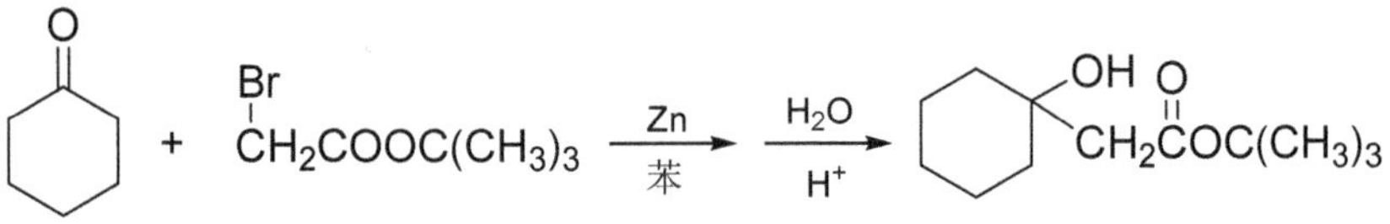

(2) 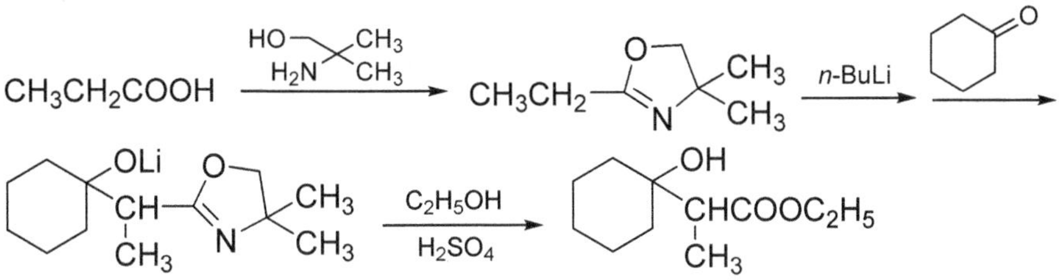

(3) 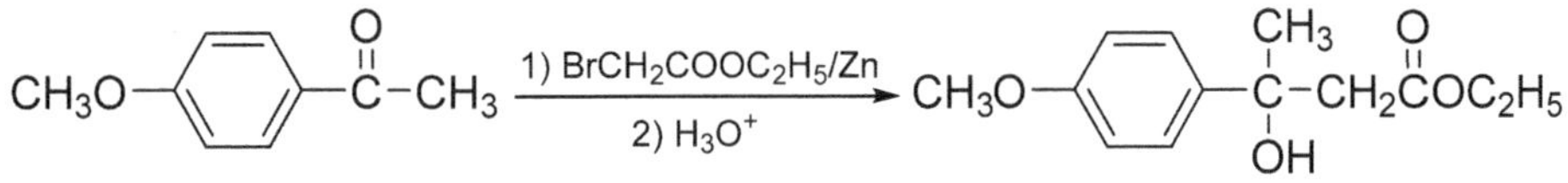

(4) 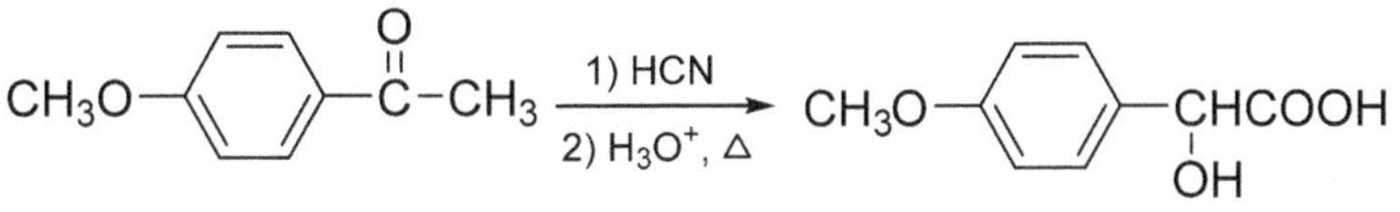

(5) 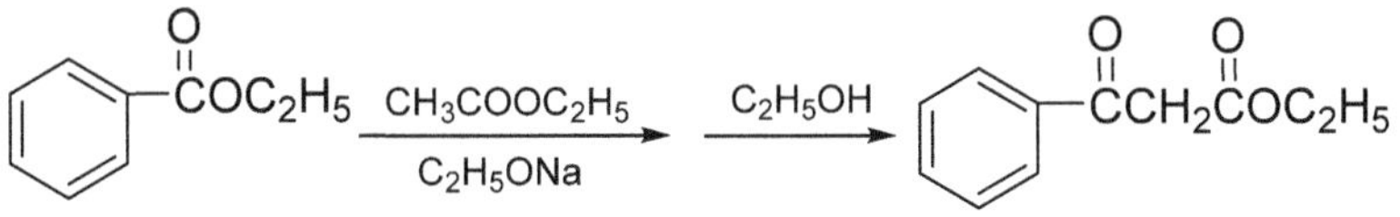

(6) 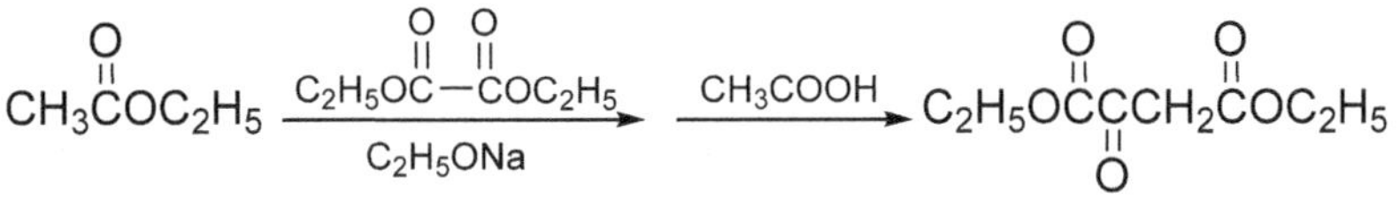

(7) 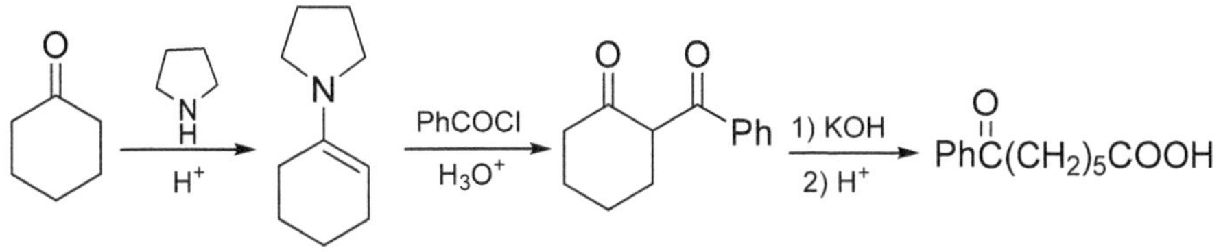

(8) 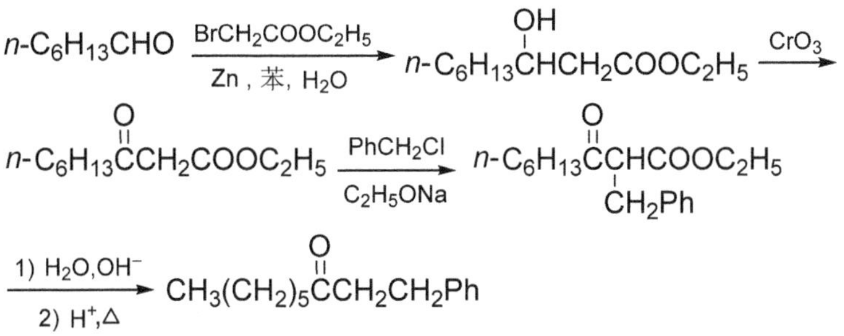

13.6

(1) 

(2) 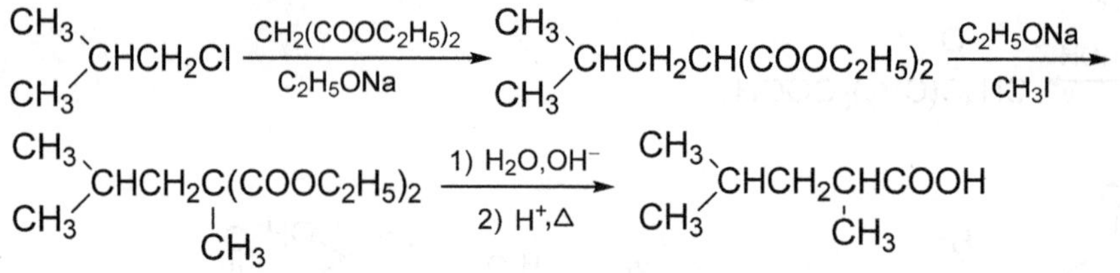

(3) 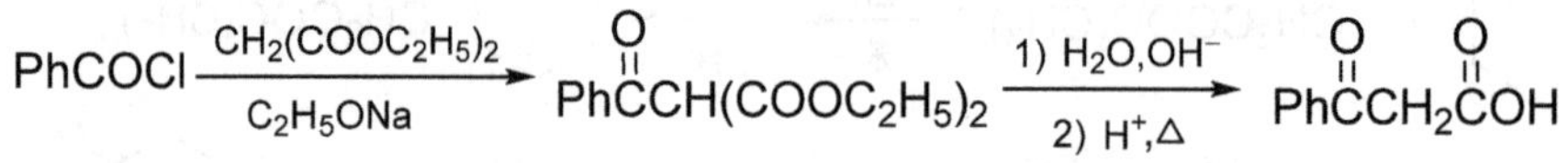

(4) 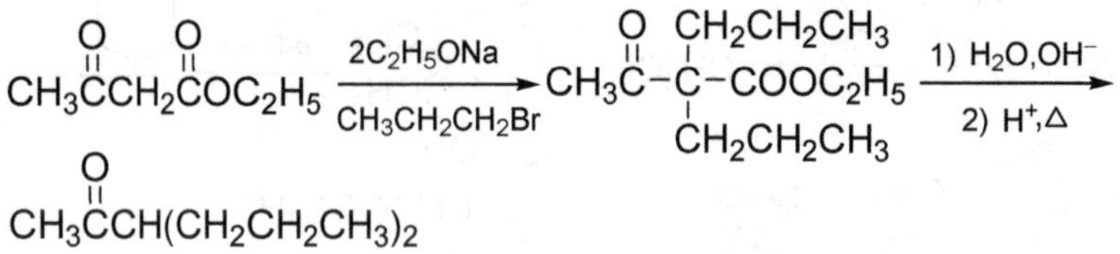

(5) 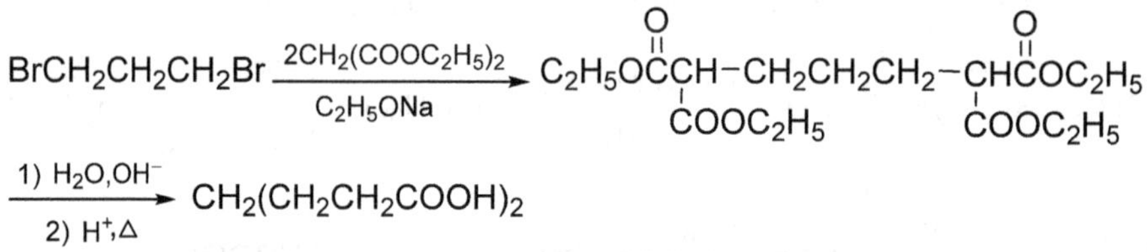

(6) 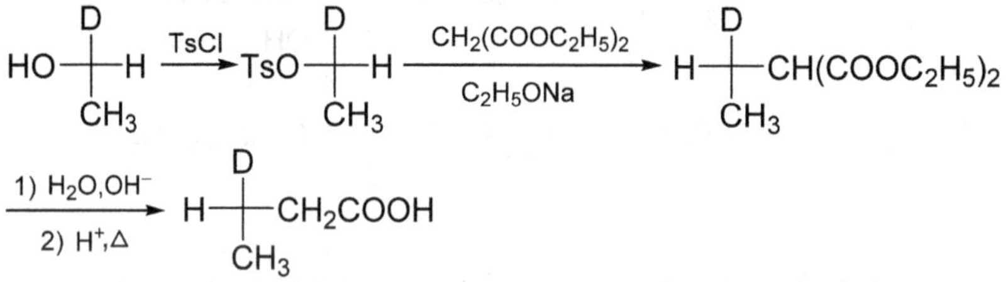

(7) 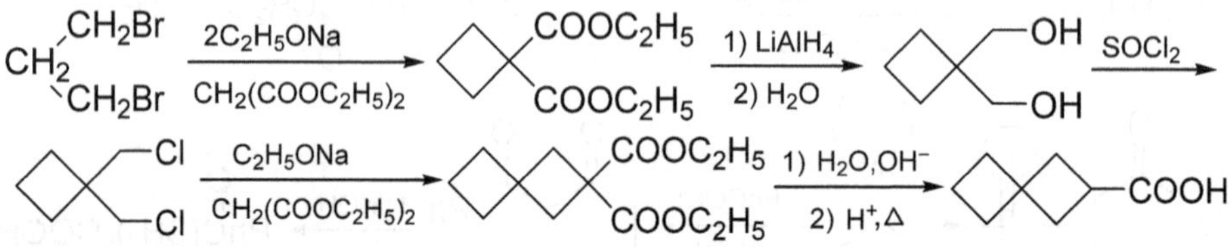

(8) 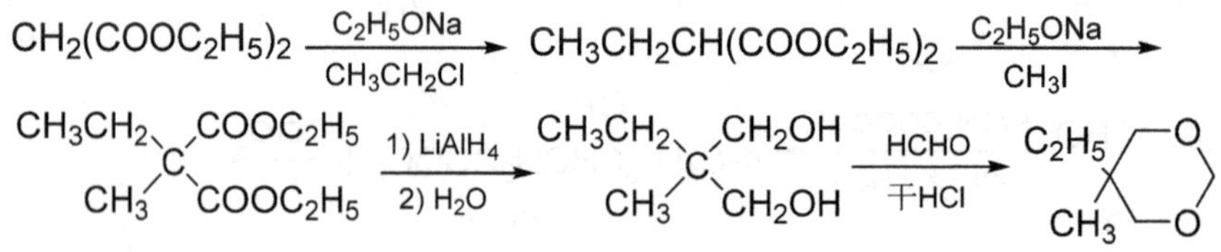

(9) 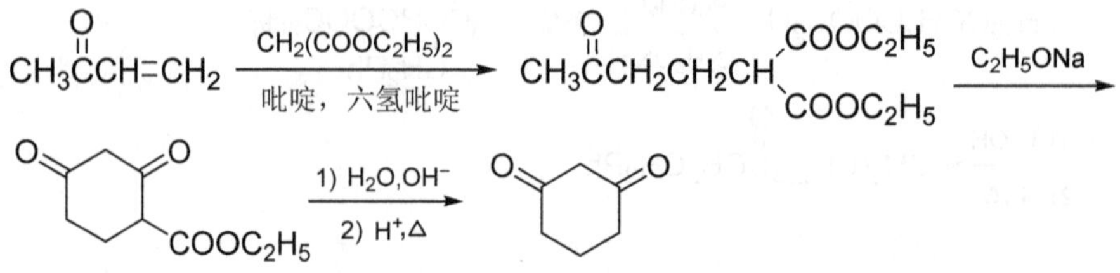

(10) 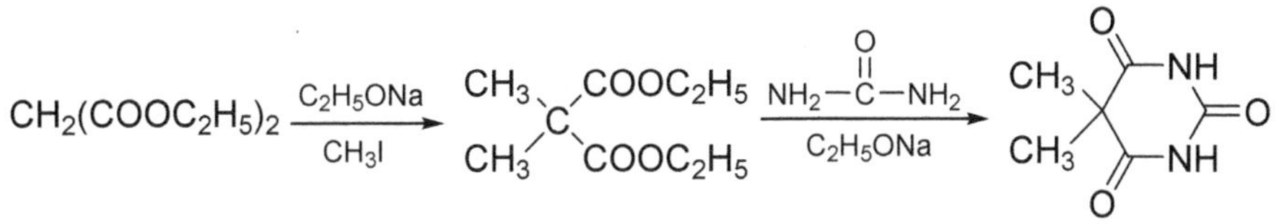

(11) 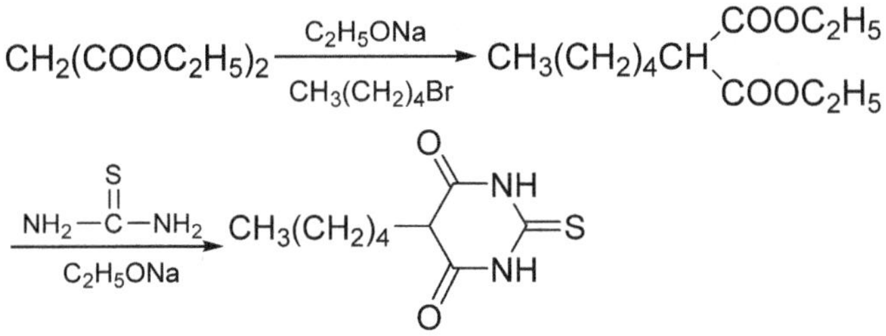

(12) 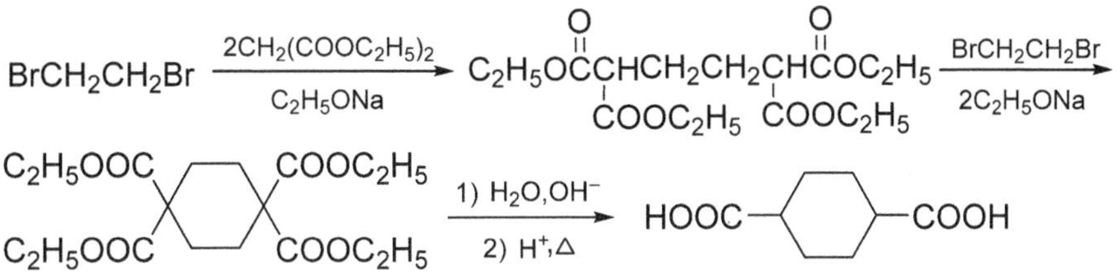

13.7

(1) 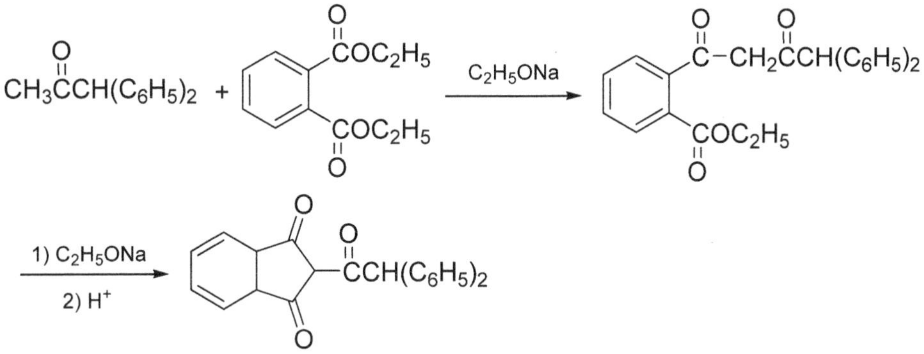

(2) 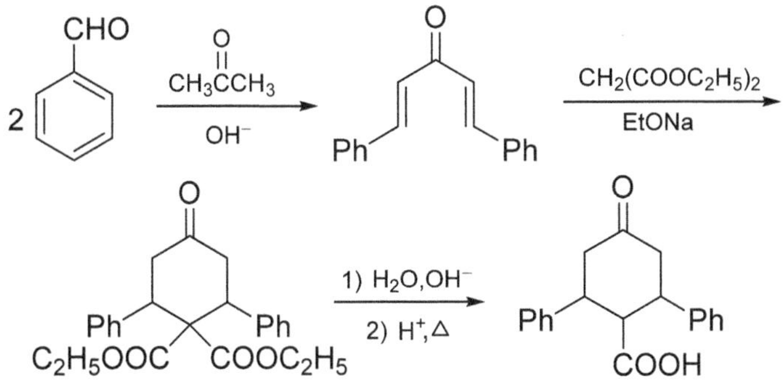

(3) 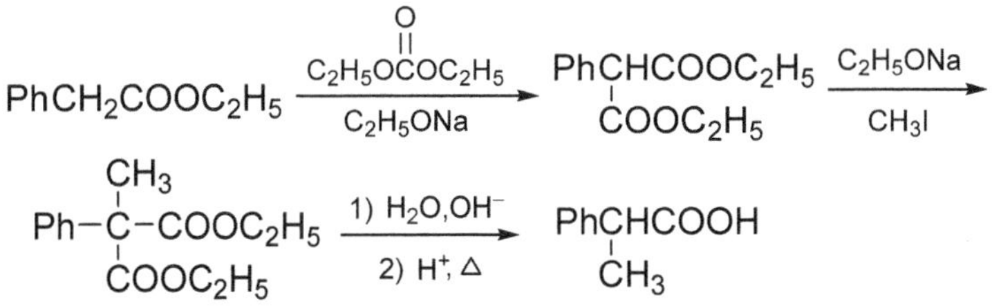

(4) 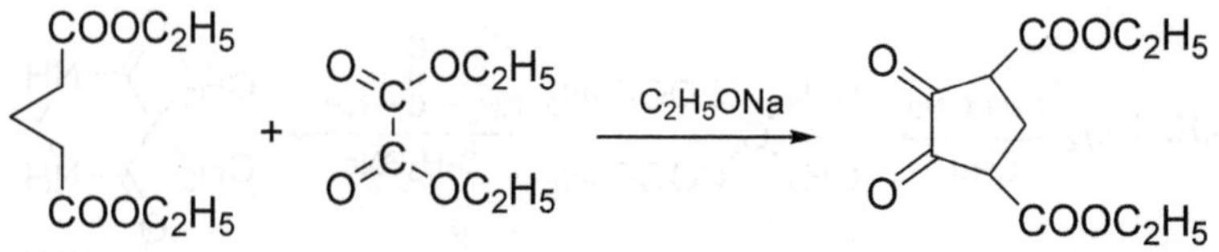

(5) 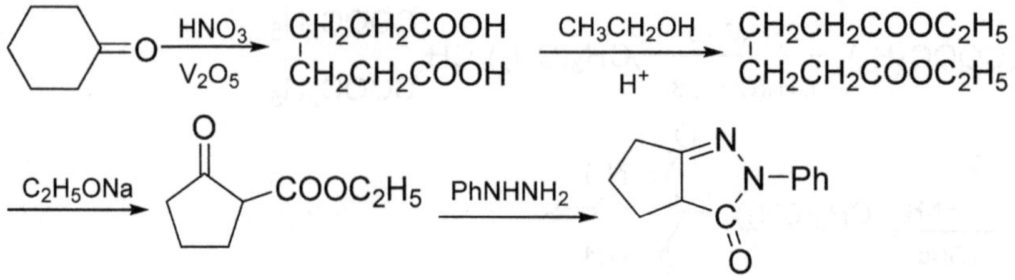

(6) 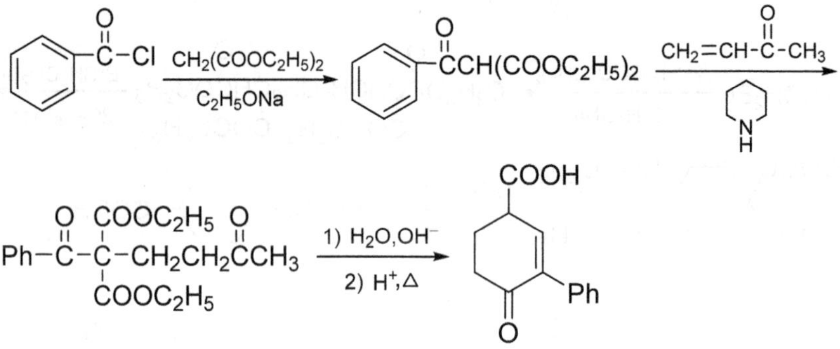

13.8

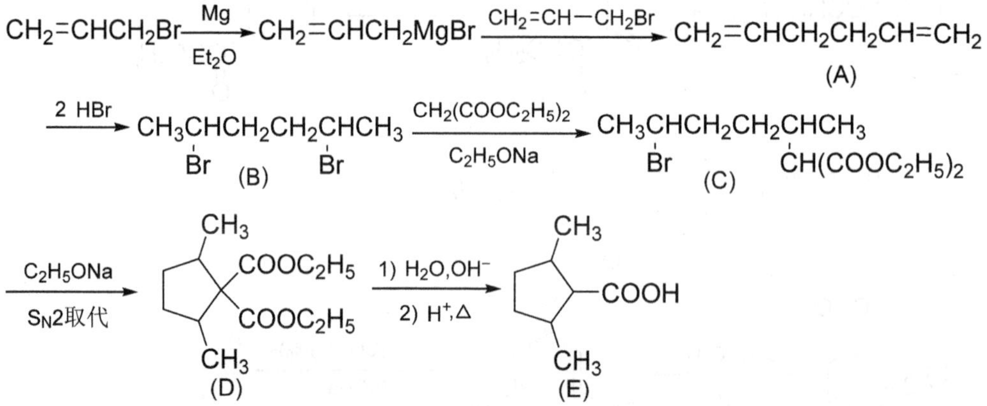

13.9

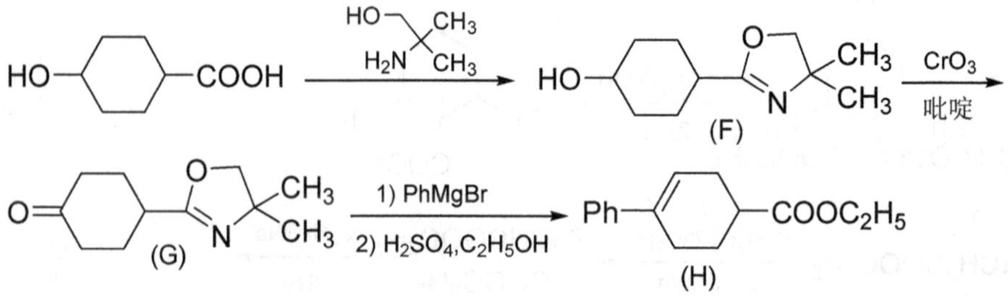

13.10

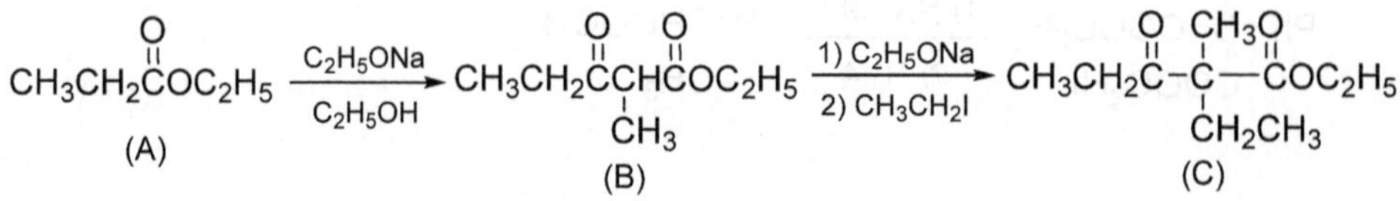

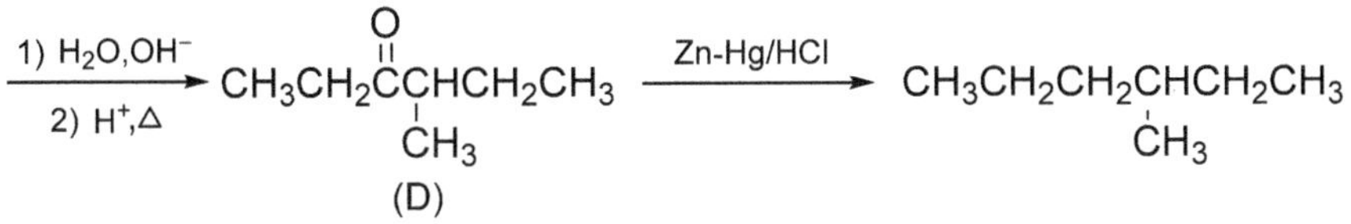
1) H2O,OH−
2) H+,Δ
CH3CH2CCHCH2CH3
CH3
(D)
Zn-Hg/HCl
CH3CH2CH2CHCH2CH3
CH3

13.11

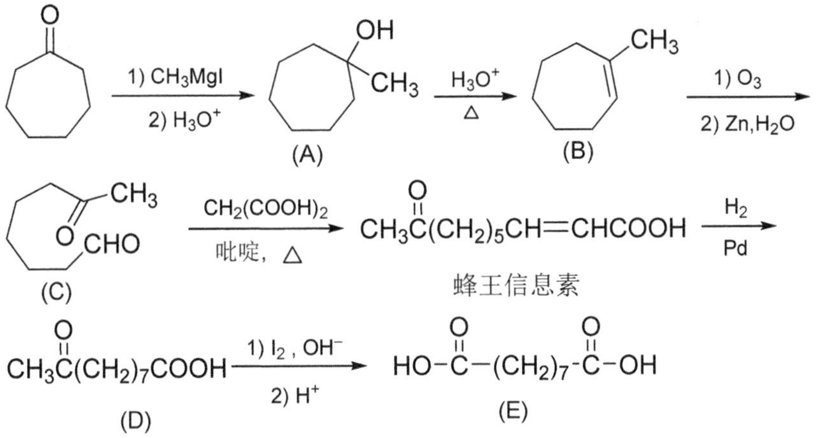
1) CH3MgI
2) H3O+
OH
CH3
(A)
H3O+
Δ
CH3
(B)
1) O3
2) Zn,H2O
CH3
CHO
(C)
CH2(COOH)2
吡啶，Δ
CH3C(CH2)5CH=CHCOOH
蜂王信息素
H2
Pd
CH3C(CH2)7COOH
(D)
1) I2 , OH−
2) H+
HO-C−(CH2)7-C-OH
(E)

第 14 章　胺和其他含氮化合物

一、例题及解析

【例 14-1】　命名或写出结构式。

(1)　二苯胺　　(2)　2- 甲基丁胺　　(3)　二甲基乙基胺　　(4)　偶氮苯

(5) $NH_2(CH_2)_6NH_2$　　(6) 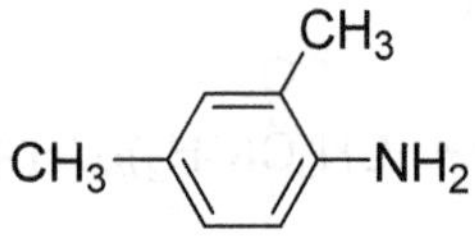

(7) 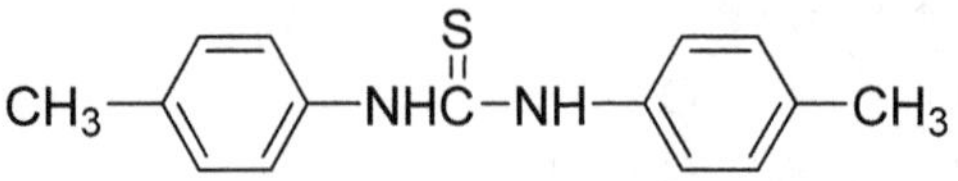　　(8) 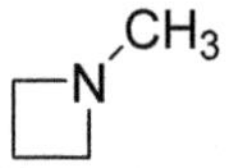

解

(1) 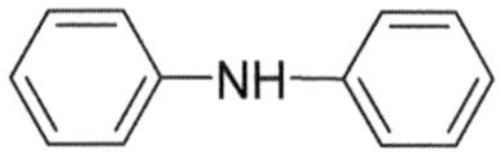　　(2) $CH_3CH_2CH(CH_3)CH_2NH_2$　　(3) $(CH_3)_2NC_2H_5$

(4) 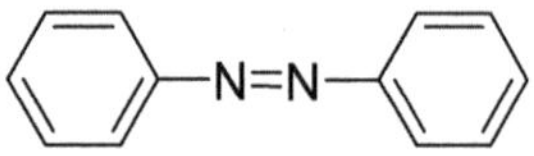　　(5) 己二胺　　(6)　2,4- 二甲基苯胺

(7)　*N*, *N'* - 二对甲苯基硫脲　　(8)　*N*- 甲基氮杂环丁烷

【例 14-2】　比较下列化合物的碱性强弱。

(1) $C_6H_5NH_2$　　(2) $(C_6H_5)_2NH$　　(3) CH_3NH_2　　(4) $(CH_3)_2NH$　　(5) NH_3

解　(4) > (3) > (5) > (1) > (2)

NH_3 中氮原子上有未共用电子对，可以接受质子而显碱性，烷基为供电子基，故 RNH_2 的碱性较 NH_3 强；而苯环则会与—NH_2 氮上的 p 电子形成 p-π 共轭，降低其接受质子的能力，故而芳胺的碱性较 NH_3 弱。N 上所连的苯基越多，未共用电子对离域程度越大，碱性越弱。

【例 14-3】　写出下列反应的产物。

(1)　$C_2H_5Br + NH_3$(过量) $\longrightarrow$　　(2)　$CH_2{=}CHCN + H_2 \xrightarrow{Pt}$

(3)　$CH_3CH_2CH_2C(=O)-NH_2 + Br_2/KOH \longrightarrow$　　(4)　$(CH_3)_2NH + HNO_2 \longrightarrow$

解

(1) $C_2H_5\overset{+}{N}H_3Br^-$　(2)　$CH_3CH_2CH_2NH_2$　(3)　$CH_3CH_2CH_2NH_2$　(4)　$(CH_3)_2N-NO$

【例 14-4】　预测下列反应产物，并写出可能的反应机理。

(1) 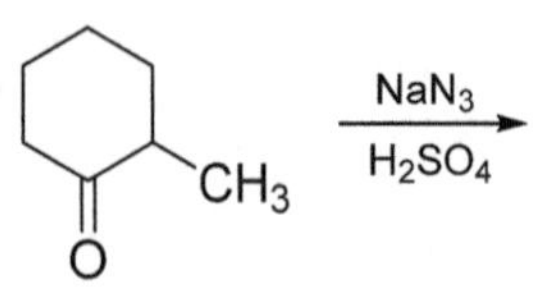　　(2) $C_6H_5CH_2CH(CH_3)CONHOH \xrightarrow[H_2O]{C_6H_5COCl}$

(3)　$C_6H_5OC(=O)-Cl + H_2N-CH(CH_2C_6H_5)COOC_2H_5 \longrightarrow$　　(4) 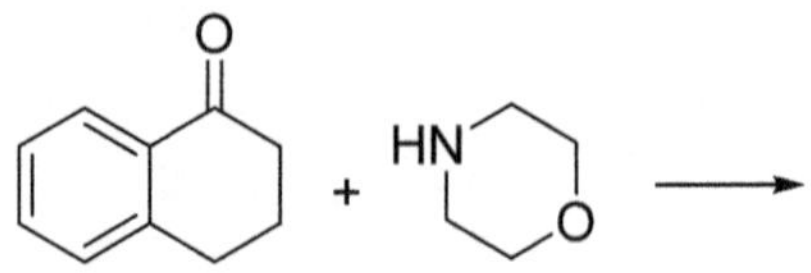

解

(1) 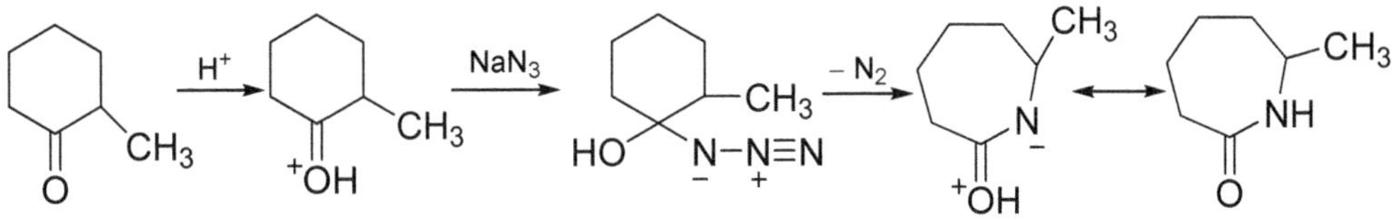

(2) 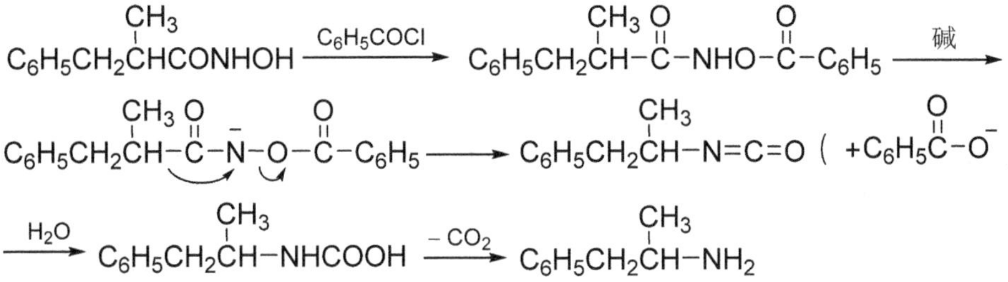

(3) 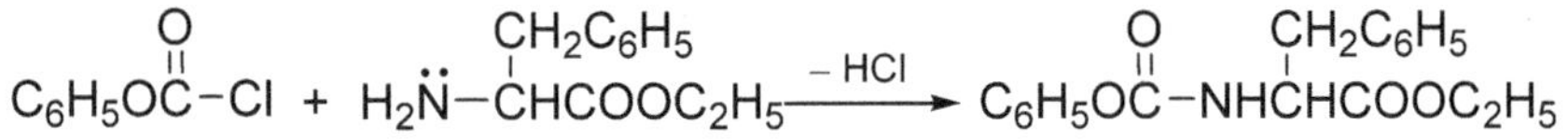

(4) 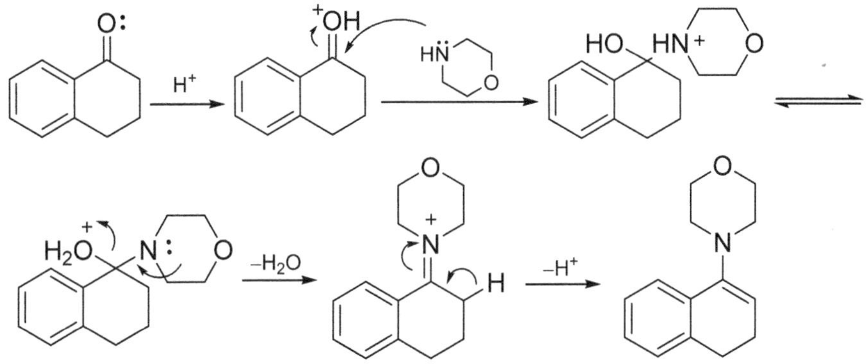

【例 14-5】 完成下列转变。

(1) 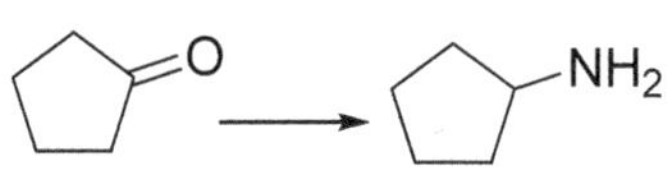

(2) 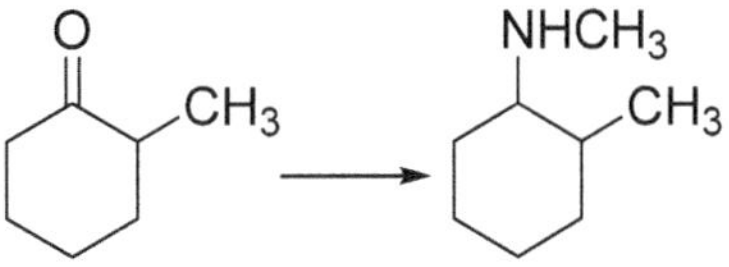

(3) 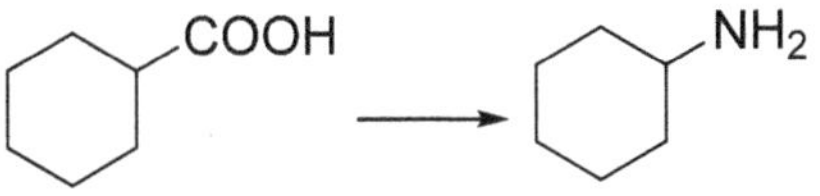

(4) 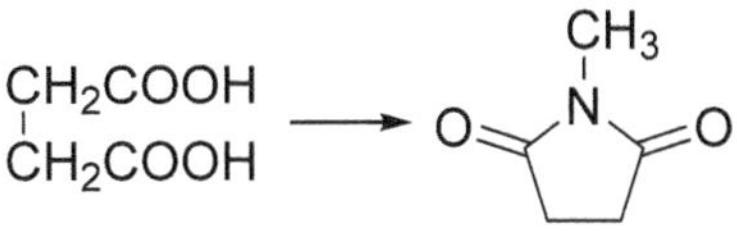

(5) 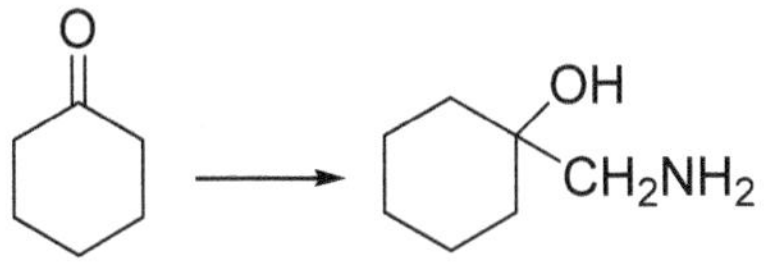

(6) 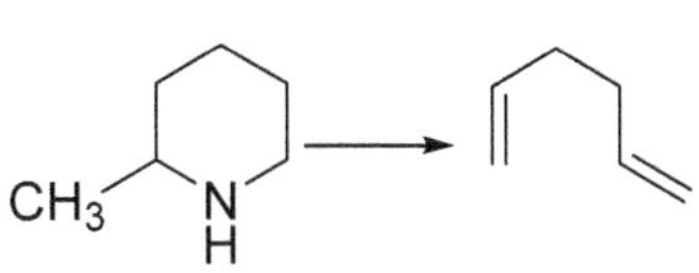

解

(1) 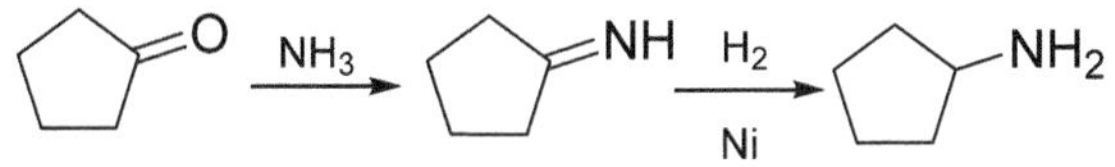

(2) 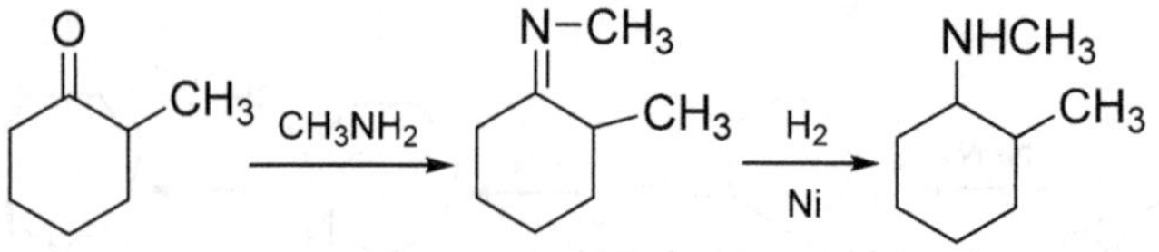

(3) 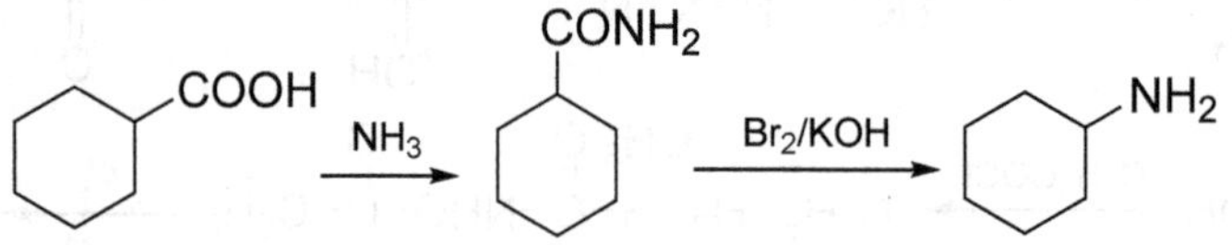

(4) 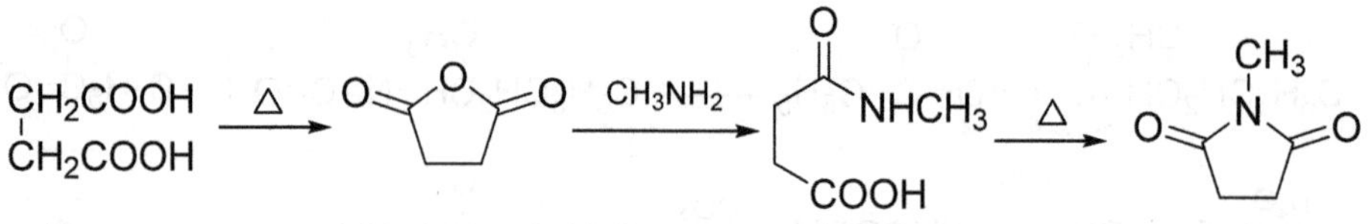

(5) 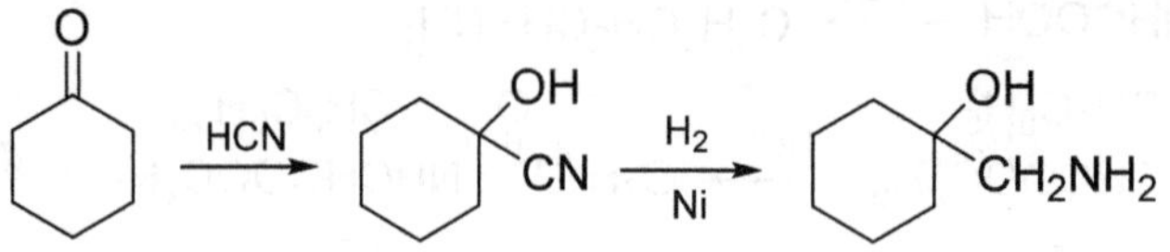

(6) 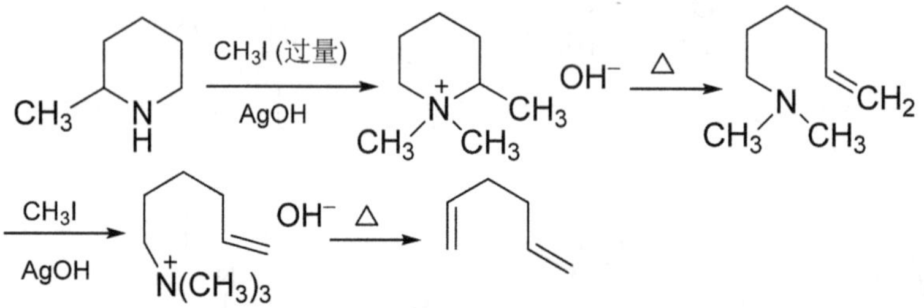

【例 14-6】　由指定原料合成下列化合物。

(1) 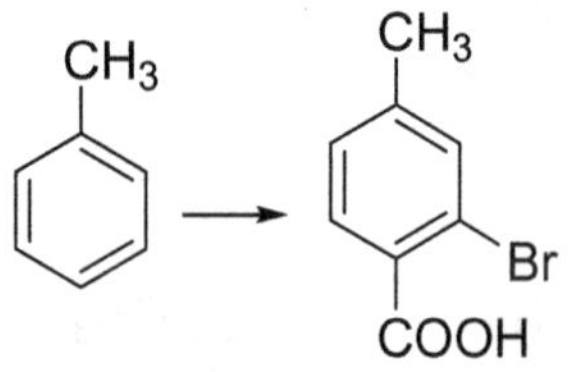

(2) 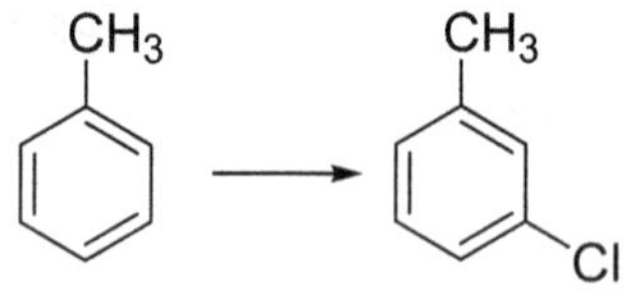

(3) 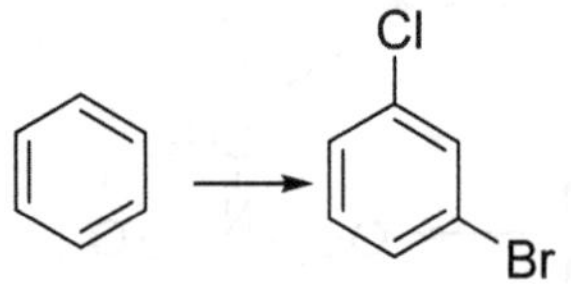

(4) 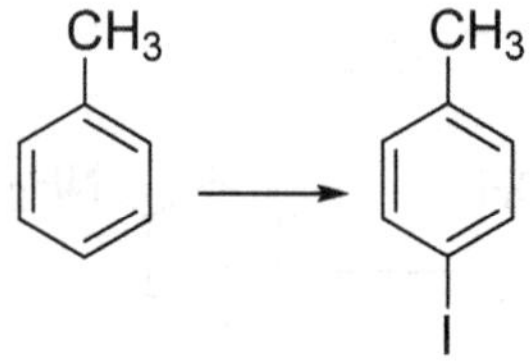

解

(1) 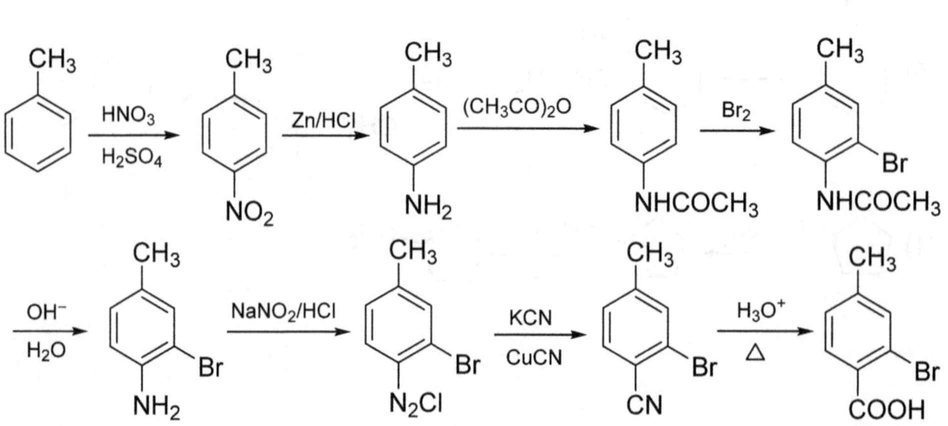

(2) 利用上题的中间产物

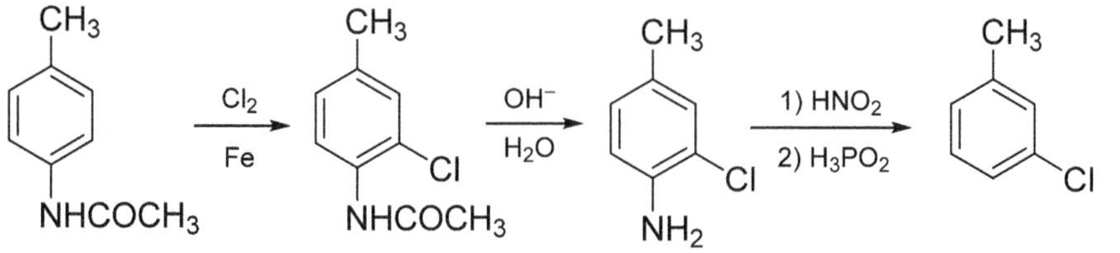

(3)

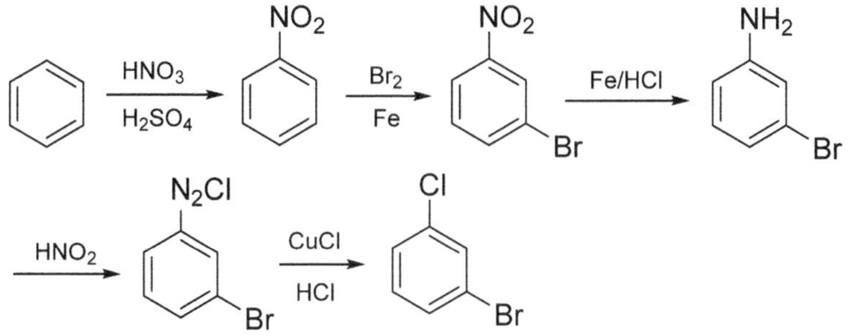

(4)

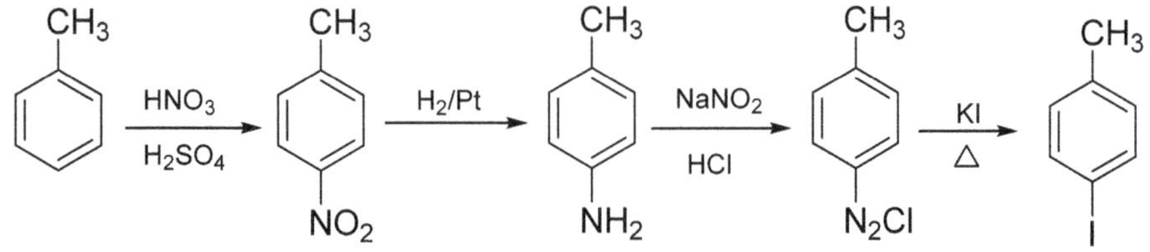

【例 14-7】 写出下式中 A～F 的结构。

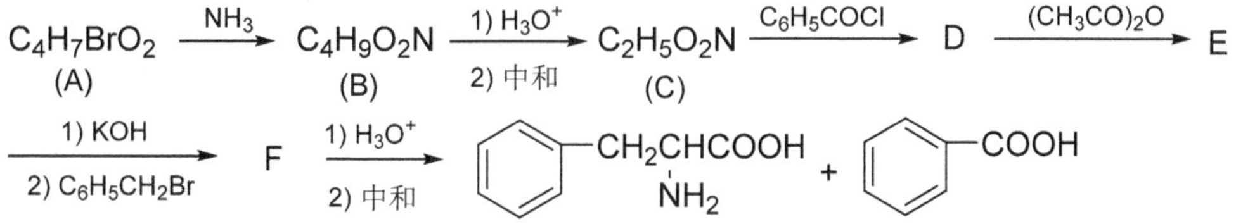

A 的 ^{1}H NMR 谱为δ(ppm)：1.0 (3H, t), 3.5 (2H, q) , 3.1(2H, s)。

解 从 A 的 ^{1}H NMR 数据看出：δ 1.0 ppm (3H, t)及 3.5 ppm(2H, q)是 CH_3CH_2O—结构，而 3.1ppm(2H, s)则是结构片段 a，因此 A～F 的结构为

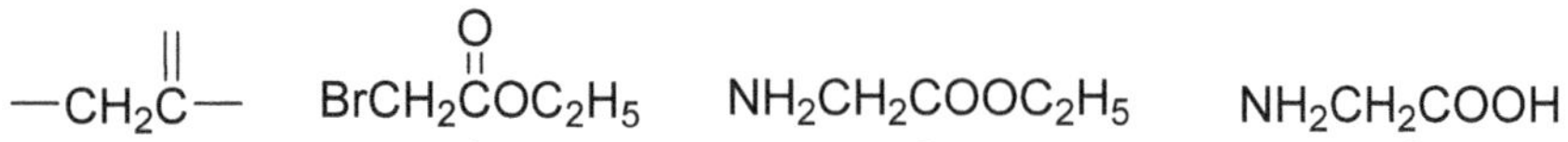

a　A　B　C

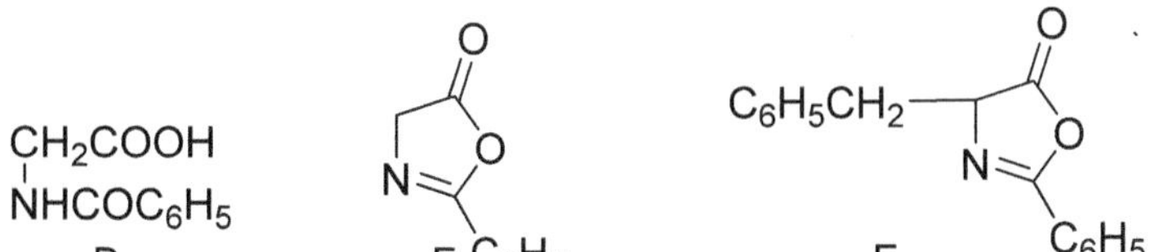

D　E　F

【例 14-8】 根据所给条件，写出 A～E 的结构。

$$A\ (C_7H_{15}N) \xrightarrow{CH_3I\ (过量)} B\ (C_8H_{18}IN) \xrightarrow[\triangle]{AgOH} C\ (C_8H_{17}N) \xrightarrow[2)\ AgOH,\triangle]{1)\ CH_3I} D \xrightarrow[Ni]{2H_2} E\ (C_6H_{14})$$

E 的 ^{1}H NMR 有两组峰：一组七重峰，一组双重峰。

解 先从最能提供信息的地方入手考虑，从题意得知，化合物 E (C_6H_{14})为一饱和烷烃，分子中只有两类质子，并处在邻位，一种有 6 个氢，另一种只有一个氢，其结构基元$(CH_3)_2CH$—恰好是 C_6H_{14} 的一半，故 E 的结构见下式；D 比 E 少 4 个 H，说明 D 有两个 C═C 键，其可

能的结构见下式；D 又是由 C 经过季铵碱热分解得到，故 C 可能的结构见下式；同理，可推得 B 的结构；B 是由 A 经彻底甲基化形成的，因此 A 的结构见下式；还有另一种解，A 的结构为 A′，因小环不稳定，可以排除。

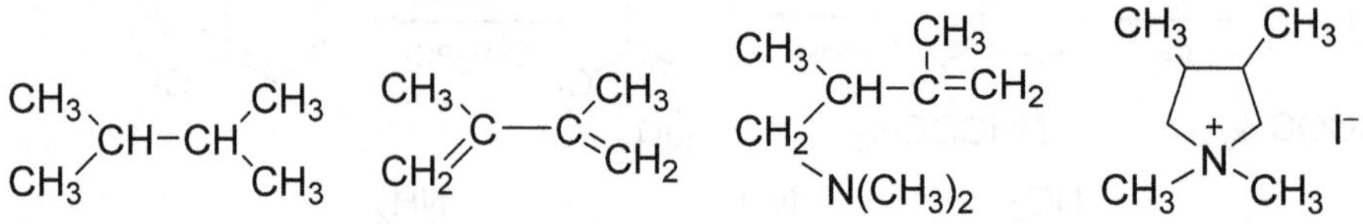

E　　D　　C　　B

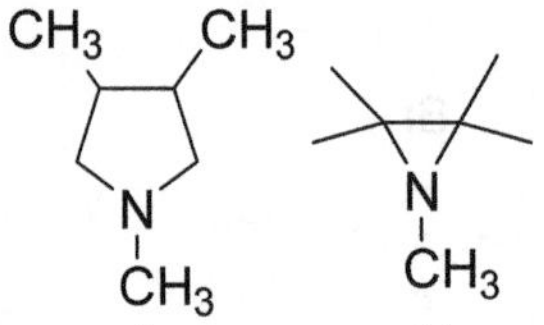

A　　A′

二、习　　题

14.1 比较下列各组化合物碱性的强弱。

(1) A. $CH_3\overset{-}{N}H\overset{+}{N}a$　B. $CH_3CH_2NH_2$　C. CH_3CONH_2　D. $(Me_2CH)_3N$

(2) A. 苯胺　B. 对硝基苯胺　C. 间硝基苯胺　D. 对甲氧基苯胺

(3) A. $PhNH_2$　B. Ph_2NH　C. Ph_3N　D. CH_3NH_2　E. NH_3

14.2 某碱性化合物 A，经下列反应生成三种醛，根据反应推测 A~E 的结构式。

$$A\ (C_8H_{17}N)\xrightarrow[2)\ AgOH]{1)\ 2CH_3I}(\ B\ )\xrightarrow{\triangle}(\ C\ )\xrightarrow[2)\ AgOH]{1)\ CH_3I}(\ D\ )\xrightarrow{\triangle}(\ E\ )\xrightarrow[2)\ Zn/H_2O]{1)\ O_3}$$

$$HCHO\ +\ CH_2(CHO)_2\ +\ CH_3CH_2CH_2CHO$$

14.3 完成下列反应。

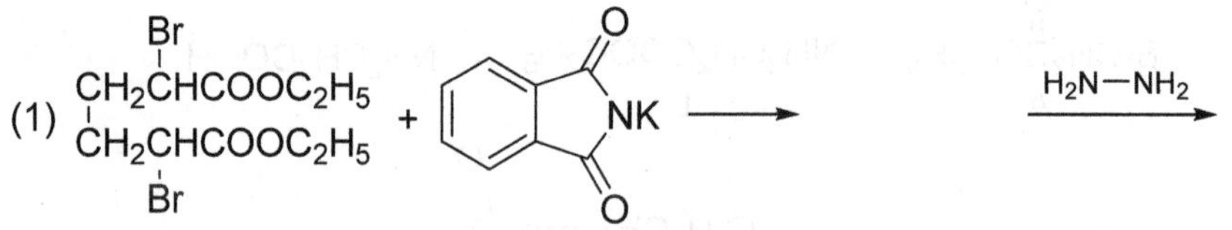

(2) $PhCH_2Cl + CH_3\overset{O}{\overset{\|}{C}}CH_2COOC_2H_5 \xrightarrow{C_2H_5ONa}\qquad\xrightarrow[2)\ H_3O^+,\ \triangle]{1)\ NaOH}\qquad\xrightarrow[2)\ H_2,Ni]{1)\ NH_3}$

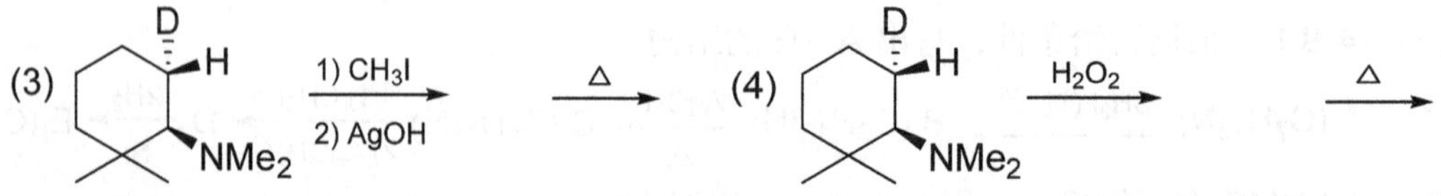

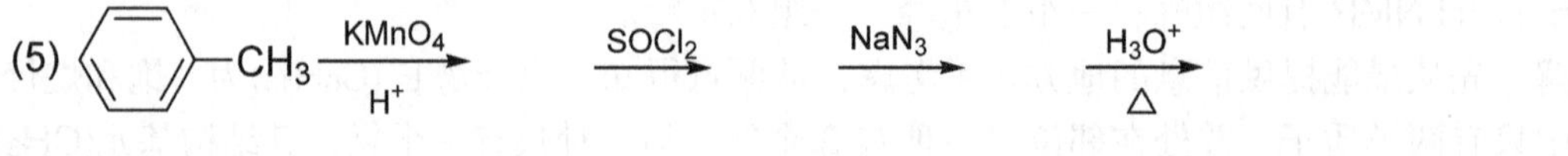

(6) 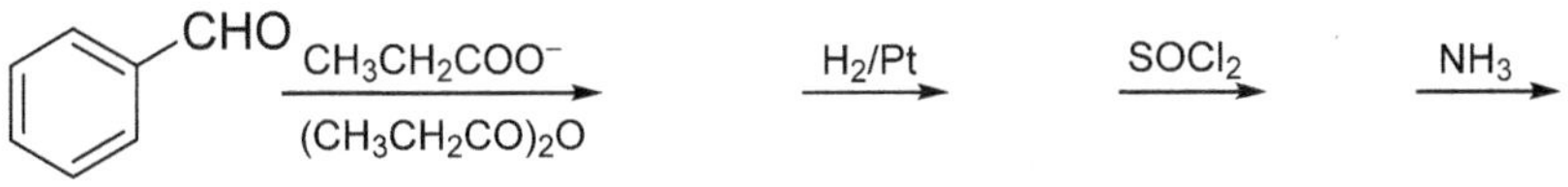

(7) 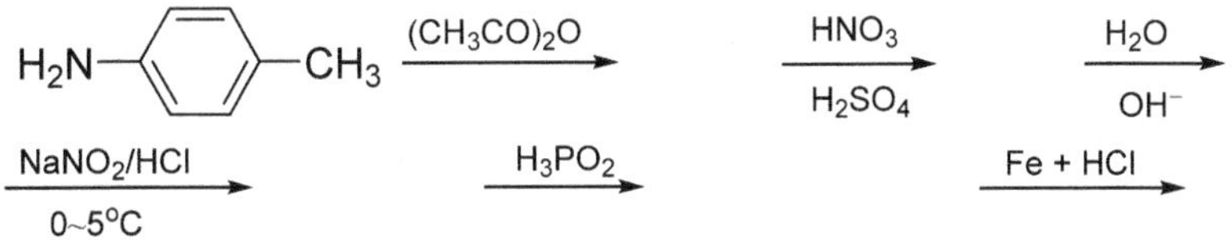

(8) 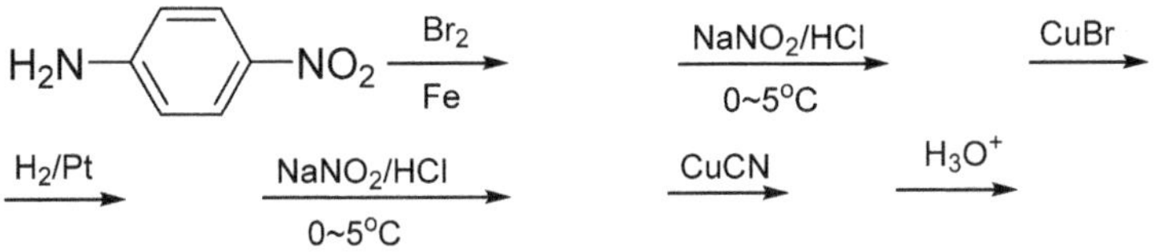

(9) 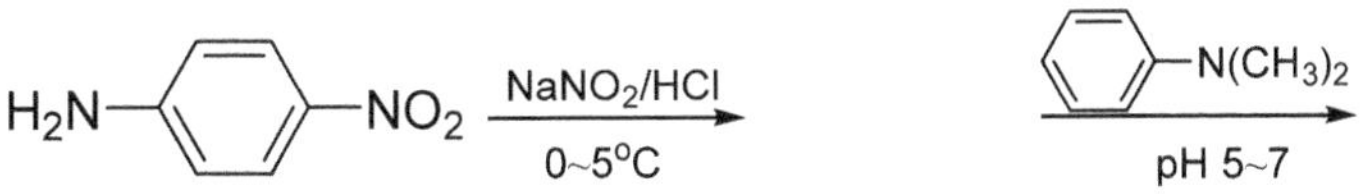

(10) 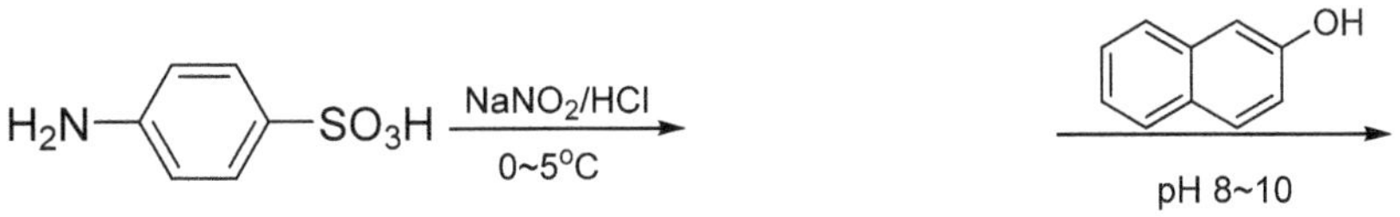

(11) 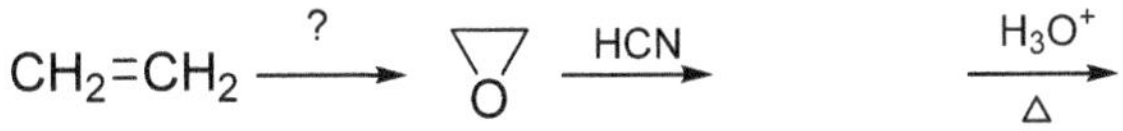

(12) 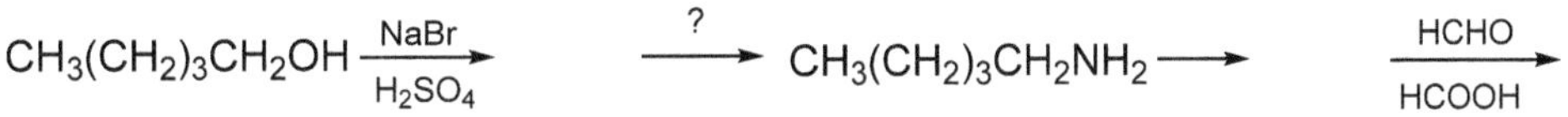

(13) 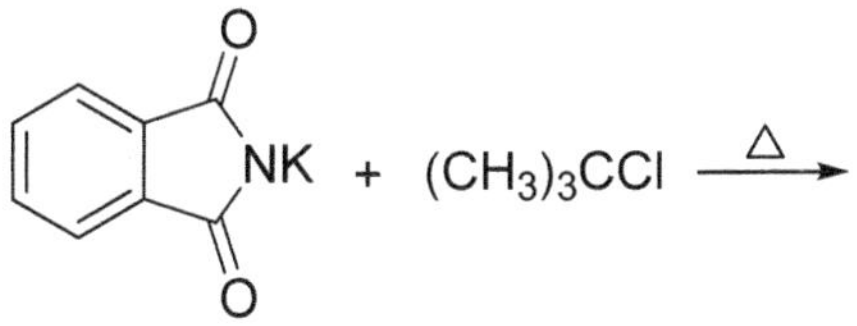

(14) 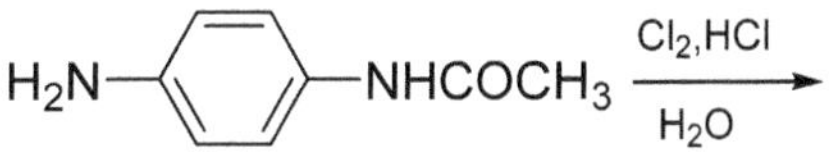

(15) 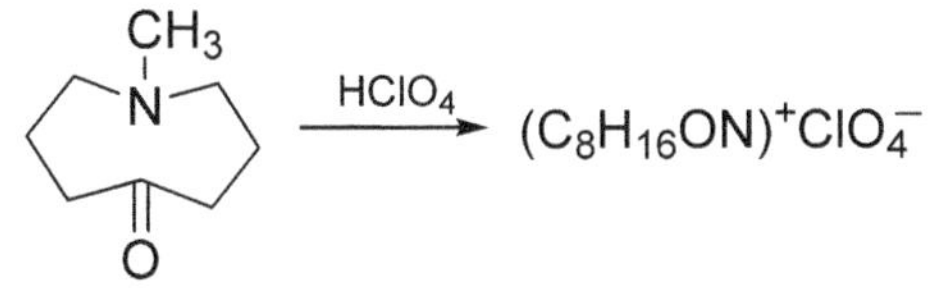

(16) 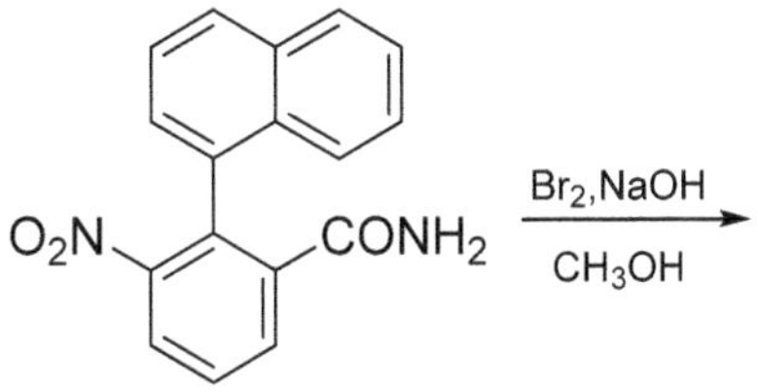

14.4　由指定原料出发合成下列化合物。

(1) 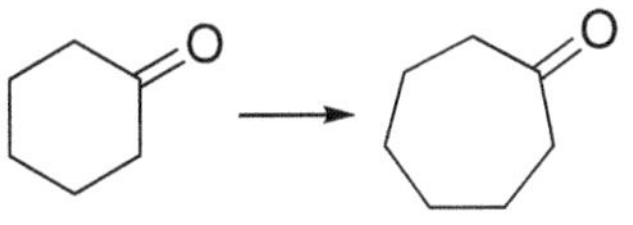

(2) 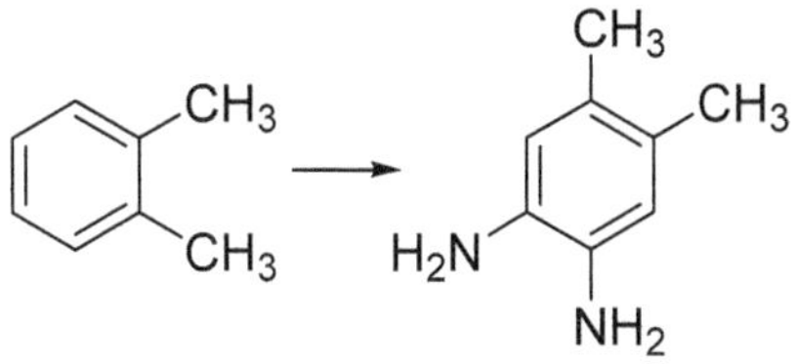

(3) 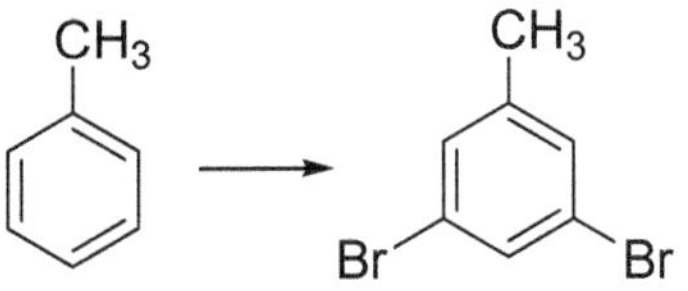

(4) 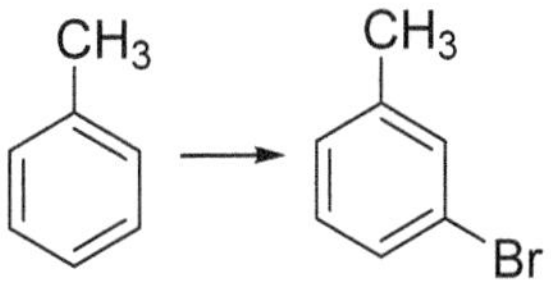

(5) 由苯制2,4-二硝基苯肼

(6) 由不超过4个碳的有机物出发制取 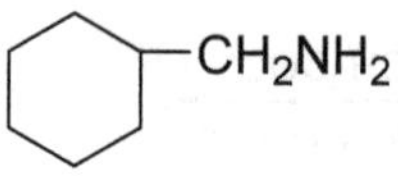

(7) 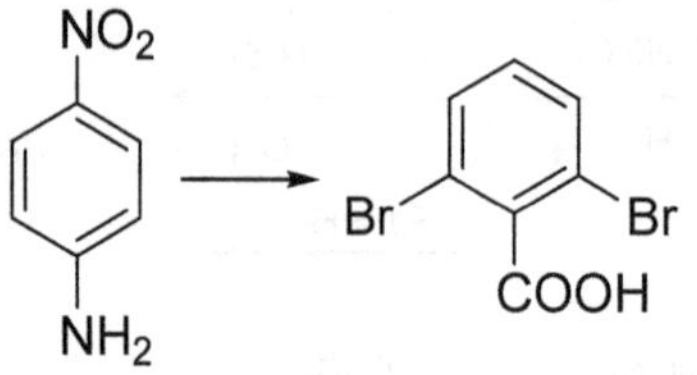　(8) 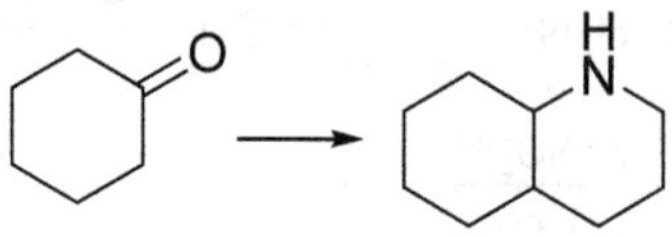

(9) 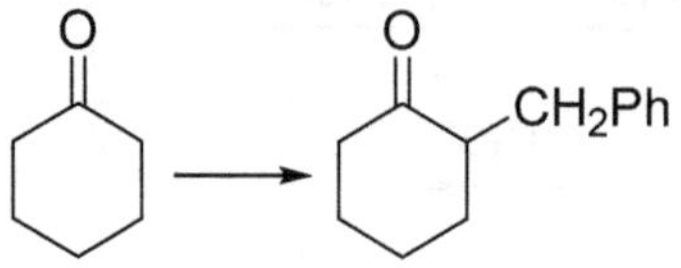

(10) $CH_2{=}CH(CH_2)_8COOH \longrightarrow CH_2{=}CH(CH_2)_8CH_2$- 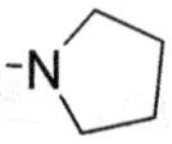

(11) 由 $C_6H_5CH_2NHCH_3$ 及 $BrCH_2CH_2CH_2CN$ 合成 $PhCH_2N(CH_3)CH_2CH_2CH_2CH_2NH_2$

(12) $(CH_3)_3C-CH_2Br \longrightarrow (CH_3)_3CCH_2CH_2NH_2$

(13) 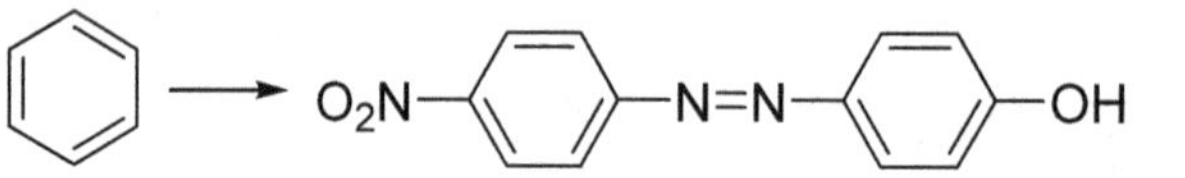

(14) 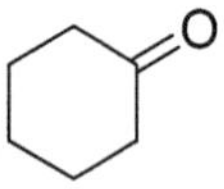 $\longrightarrow CH_3\overset{O}{\overset{\|}{C}}(CH_2)_5COOH$

(15) 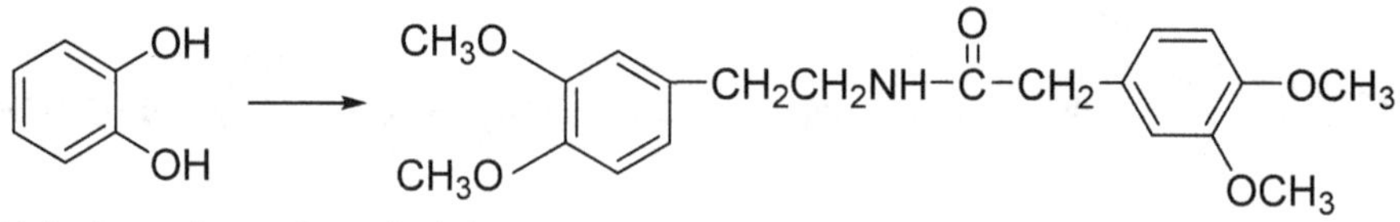

14.5 用化学方法鉴别以下各组化合物。

(1) 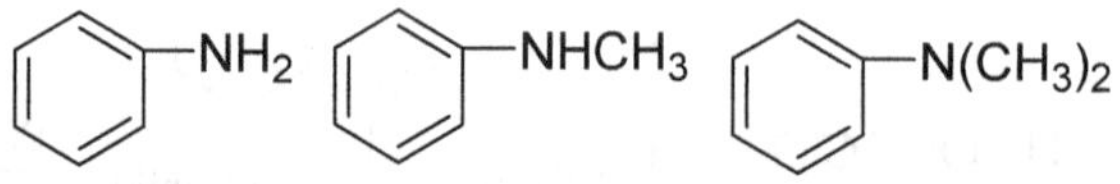　(2) 乙醇、乙醛、乙酸、乙胺

14.6 分离下列化合物。

苯甲酸　　对甲苯酚　　苯胺　　苯

14.7 推测结构。

(1) 某化合物 A ($C_{15}H_{17}N$)，用苯磺酰氯和稀碱处理，不发生变化，酸化此混合物得一透亮溶液。A 的 ^1H NMR δ(ppm)：7.1 (5H, m), 6.9 (5H, m), 4.3 (2H, s), 3.2 (2H, q), 1.1 (3H, t)。

(2) 化合物A(C_7H_7Br) $\xrightarrow{CN^-}$ **B** (C_8H_7N) $\xrightarrow{LiAlH_4}$ **C** ($C_8H_{11}N$)

A 的 ^1H NMR δ(ppm)：7.3 (5H, m), 4.25 (2H, s); IR (cm^{-1})：690, 770; B 的 ^1H NMR δ(ppm)：7.3 (5H, m), 3.7 (2H, s); C 的 ^1H NMR δ(ppm)：7.3 (5H, m), 2.95 (2H, t), 2.85 (2H, t), 1.0 (2H, s)。试推测 A、B、C 的结构。

(3) A ($C_9H_{17}O_5N$) —— $\xrightarrow{稀\ OH^-}$ B ($C_9H_{16}O_5NNa$)；$\xrightarrow{C_2H_5OH}$ C ($C_{11}H_{21}O_5N$)

A 经下列反应合成：

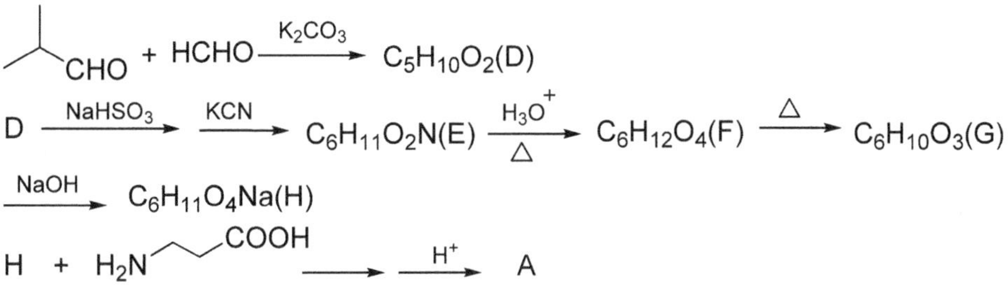

试推测 A～H 的结构。

(4) $C_{13}H_9O_3N_2Br(A) \xrightarrow[\triangle]{HBr} C_6H_7Br_2(B) + C_7H_5O_4N(C)$

$B \xrightarrow{10\%\ NaOH} C_6H_6NBr(D) \xrightarrow{Br_2} C_6H_3NBr_4(E) \xrightarrow[2)\ H_3PO_2]{1)\ NaNO_2,\ HCl}$ 1,2,3,5-四溴苯

$C \xrightarrow[H_2]{Raney\ Ni} C_7H_7O_2N(F) \xrightarrow[2)\ \triangle]{1)\ NaNO_2,\ H_2SO_4}$ 水杨酸

请推出 A～F 的结构。

(5) 推测下列化合物的结构。

A. $C_8H_{11}N$　^1H NMR δ(ppm)：1.3 (d, 3H), 1.4 (s, 2H), 4.0 (q, 1H), 7.2 (s, 5H)

B. $C_8H_{11}N$　^1H NMR δ(ppm)：1.0 (s, 2H), 2.5～3.0 (m, 4H), 7.3 (s, 5H)

C. $C_{12}H_{14}N$　IR (cm^{-1})：3500, 1600, 1500, 730, 690; ^1H NMR δ(ppm)：5.5 (b, 1H), 7.0 (m, 10H)

D. $C_8H_{11}N$　IR (cm^{-1})：3400, 1500, 740, 690; ^1H NMR δ(ppm)：1.4 (s, 1H), 2.5 (s, 3H), 3.8 (s, 2H), 7.3 (s, 5H)

14.8　试推测下列组分在水溶液反应时得到哪些产物？写出有关反应历程。

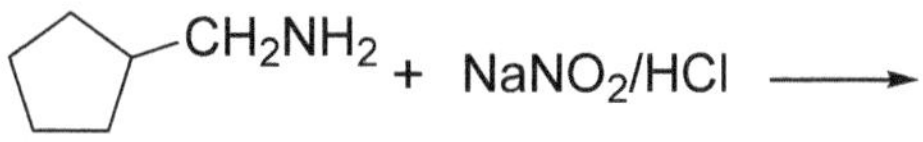

14.9　用反应式表示下列转变。

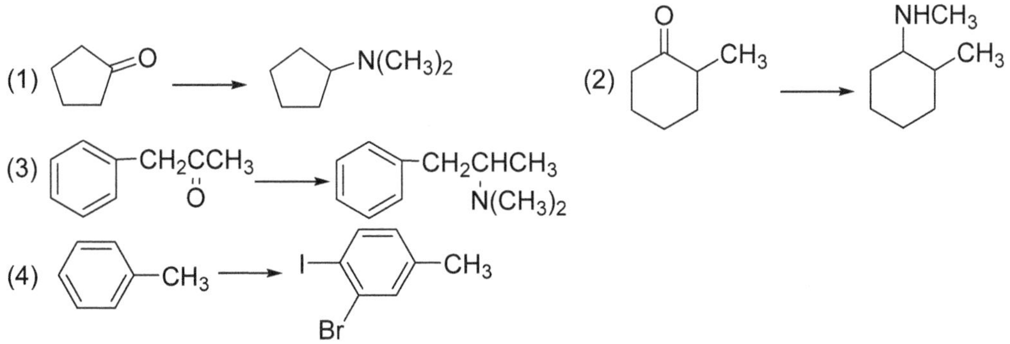

14.10　试解释下列反应，说明 TsCl 在其中的作用。

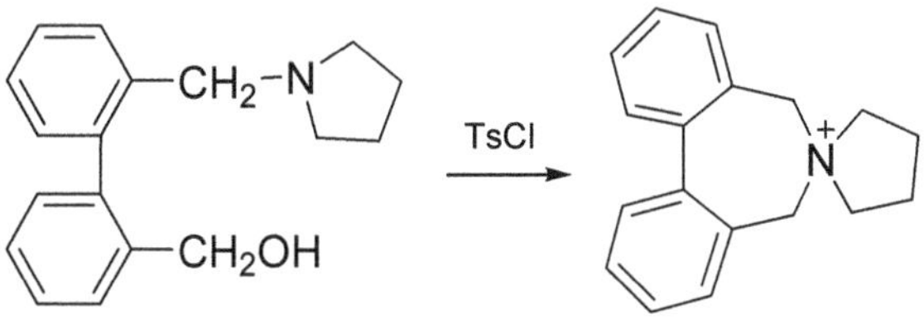

14.11　总结消去反应。

(1) 离子型消去。

物料	条件	产物	规律(消去方向)
RX			
ROH			
$R_4N^+OH^-$			

(2) 热消去。

物料	条件	产物	规律(消去方向)
RCOOR			
$R_3N{\rightarrow}O^-$			

14.12　完成下列反应。

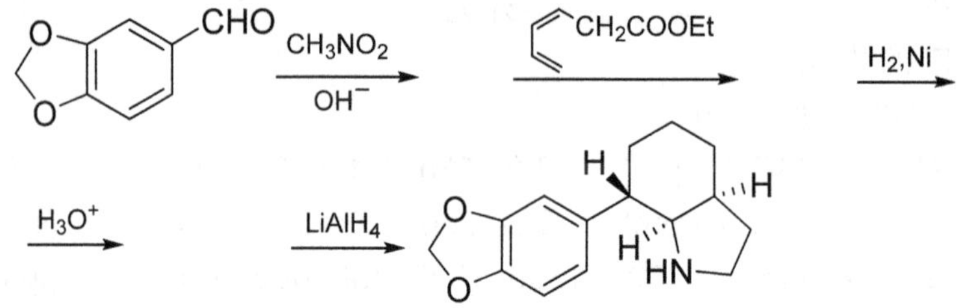

14.13　推测下列化合物可能的结构。

(1) 分子式 $C_7H_7NO_2$ 的化合物 A、B、C、D，它们都含有苯环，A 能溶解在酸和碱中，B 能溶于酸而不溶于碱，C 能溶于碱而不溶于酸，D 不溶于酸也不溶于碱；

(2) 分子式 $C_{14}H_{15}NO$ 的化合物 A 不溶于水、稀盐酸及稀 NaOH，A 与 NaOH 一起回流时慢慢溶解，同时有油状物浮在液面上，用水蒸气蒸馏法将油状物分出，得到化合物 B，B 能溶于稀盐酸，与 TsCl 作用生成不溶于碱的沉淀，将去掉 B 以后的碱性溶液酸化，有化合物 C 分出，C 能溶于 $NaHCO_3$，其熔点为 182℃。推测 A、B、C 的结构。

14.14　如何实现下列转变?

(1) 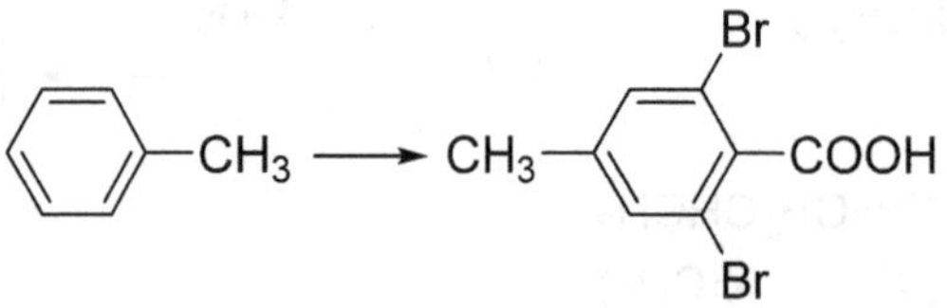

(2) 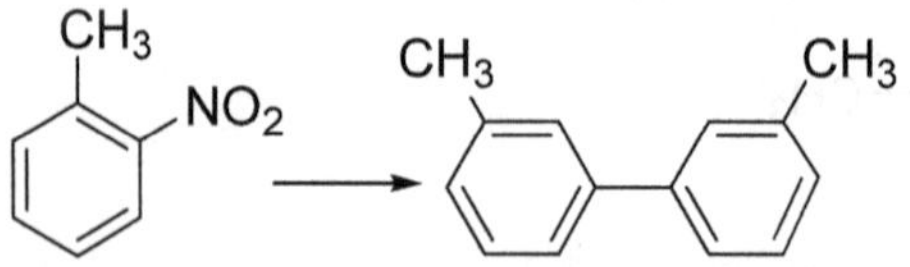

(3) 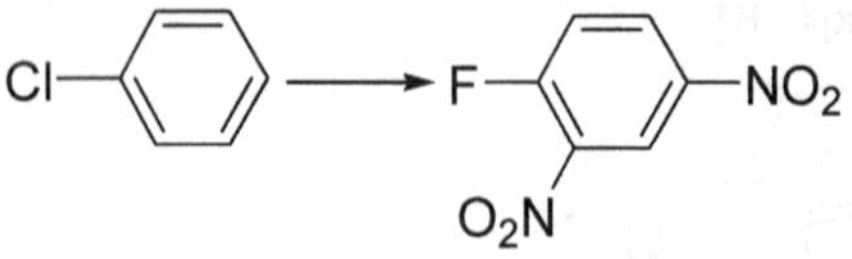

(4) 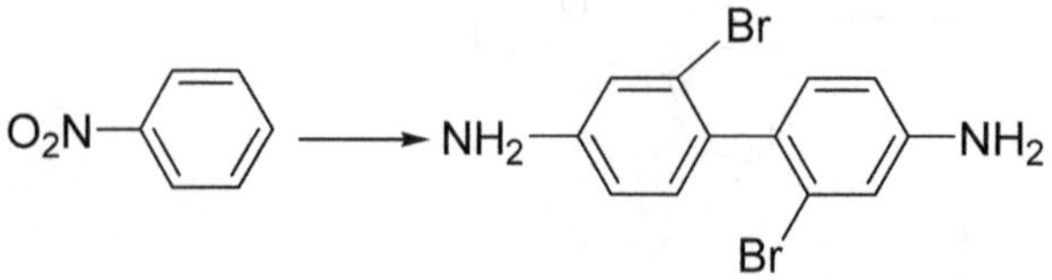

(5) 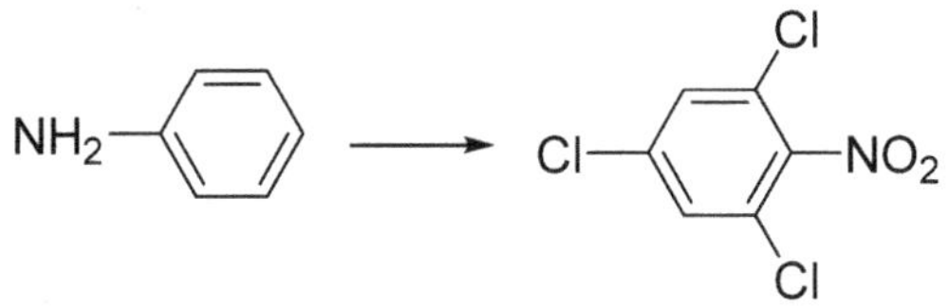

14.15 由适当的原料合成下列化合物。

(1) 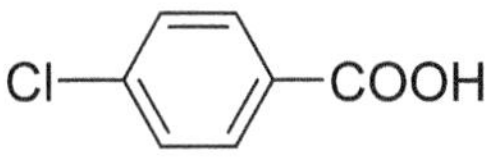

(2) 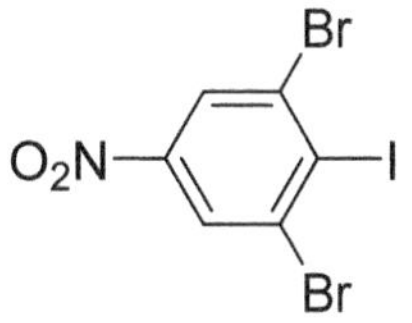

(3) 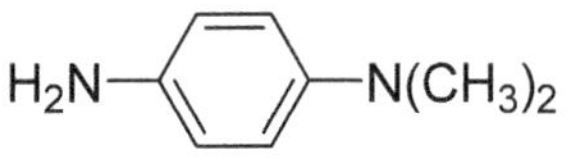

(4) 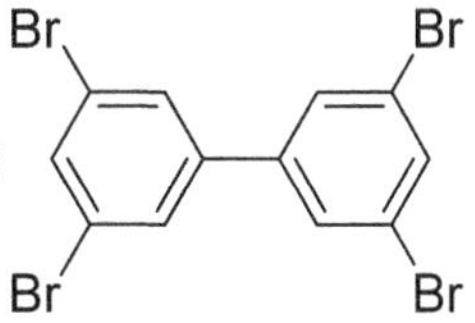

14.16 由下列反应推出 A、B、C、D 的结构，并完成反应。

$$\underset{(A)}{C_6H_{15}N} \xrightarrow[2)\ AgOH]{1)\ CH_3I} \underset{(B)}{C_8H_{21}NO} \xrightarrow{250^{\circ}C} \underset{(C)}{C_5H_{10}} \xrightarrow[2)\ Zn/H_2O]{1)\ O_3} CH_3CHO + CH_3CH_2CHO$$

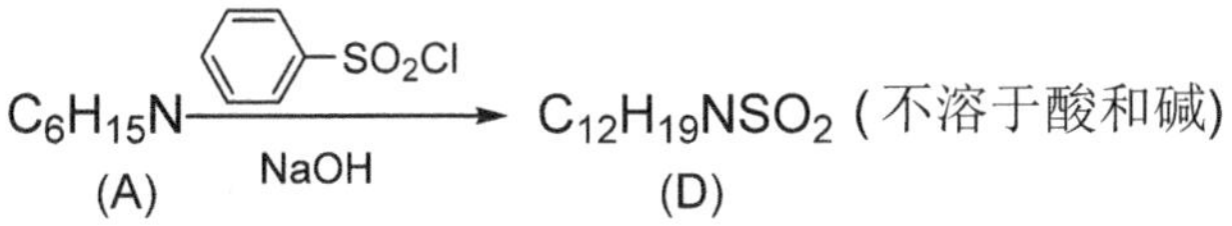

14.17 有一化合物分子式为 $C_6H_{13}N$ (A)，不与 TsCl 反应，不能催化加氢。A 与碘乙烷反应后产物用 AgOH 处理得到 $C_8H_{19}ON$ (B)，B 经加热后即分解为 A 及乙烯，试推出 A 的结构。

14.18 试写出下列反应的历程，并预测最终产物。

(1) 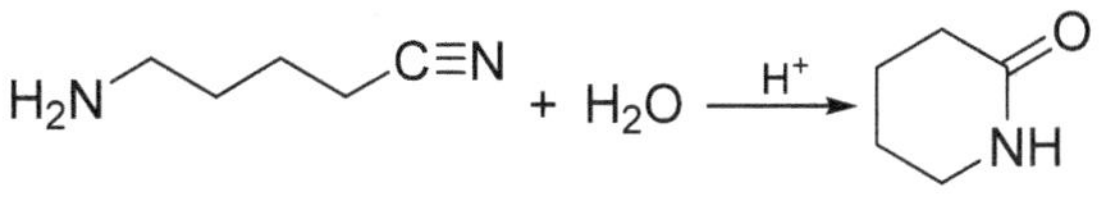

(2) 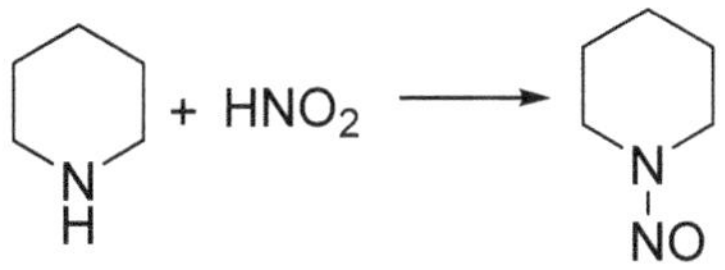

(3) 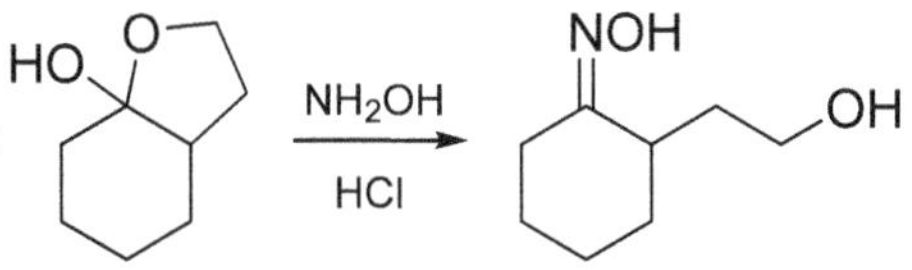

(4) 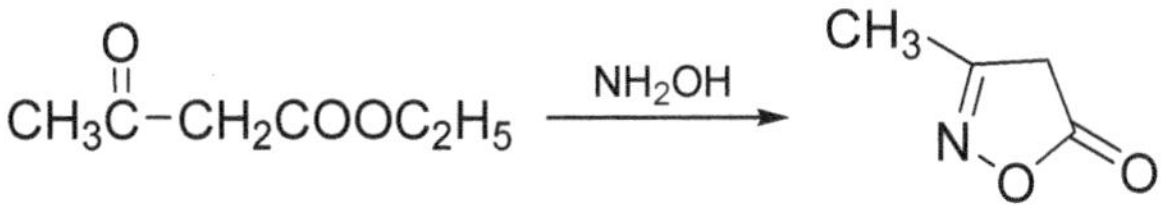

14.19 化合物 A ($C_6H_{10}O_2$)，用水和乙酸铜处理形成蓝色的铜络合物，溶于非质子性溶剂中，A 用碘及 NaOH 水溶液处理析出碘仿；A 碱性水解得到丙酮、丁酮、丙酸、乙酸；A 可以形成二肟，若将其与氢化铝锂还原得到两对外消旋的二胺混合物($C_6H_{16}N_2$)，试逐一说明该反应的步骤和推测 A 的结构。

14.20 碱性化合物 A($C_5H_{11}N$)，被臭氧化-还原后分解出甲醛，A 经催化氢化生成化合物 B ($C_5H_{13}N$)，B 也可以由乙酰胺加溴和氢氧化钠溶液处理得到。用过量的碘甲烷处理 A 转变成盐 C($C_8H_{18}NI$)，C 用湿的 Ag_2O 处理，随后热解生成 D(C_5H_8)，D 与丁炔二酸二甲酯反应生成

$E(C_{11}H_{14}O_4)$，E 经钯脱氢得到 3-甲基苯二酸二甲酯，试推出化合物 A～E 的结构。

14.21　设计合理的合成路线，完成下列转变。

(1) 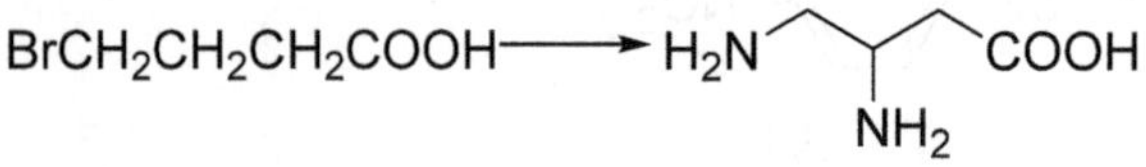

(2) 由苯出发合成

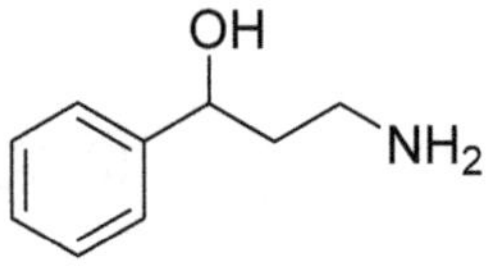

(3) 由苯及其他试剂合成

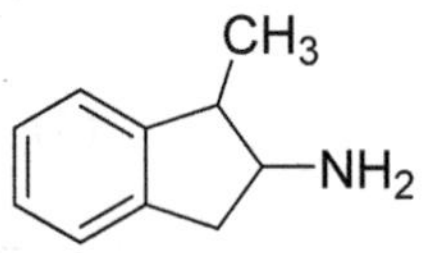

三、习 题 解 答

14.1　由强到弱的顺序如下：

(1) A > B > D > C　　(2) D > A > C > B　　(3) D > E > A > B > C

14.2　通过臭氧化-还原产物可推测其前体结构 E 为一个二烯，而该二烯是 A 经历了两次彻底甲基化生成季铵碱，再进行 Hofmann 消除而得到的，且 A 在彻底甲基化时与 2 分子的 CH_3I 反应，说明 A 是一个二级胺。从分子式可计算出 A 的不饱和度为 1，从而可推测其结构及反应中间体如下：

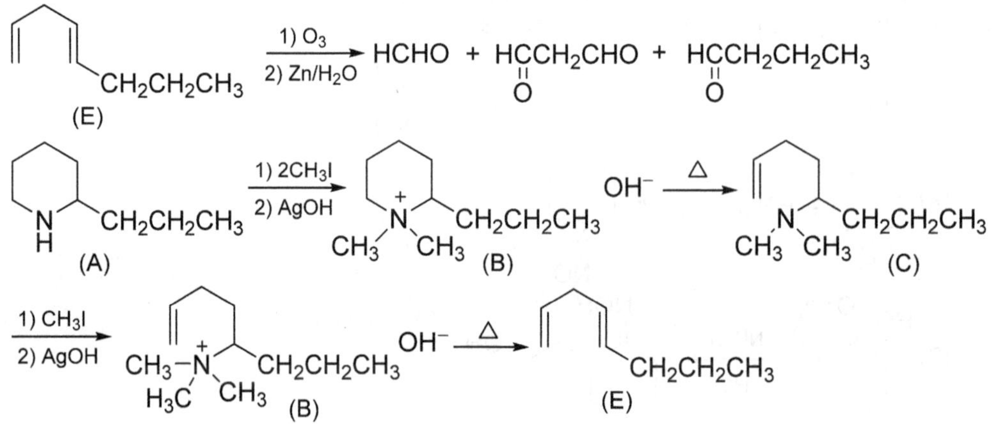

14.3

(1) 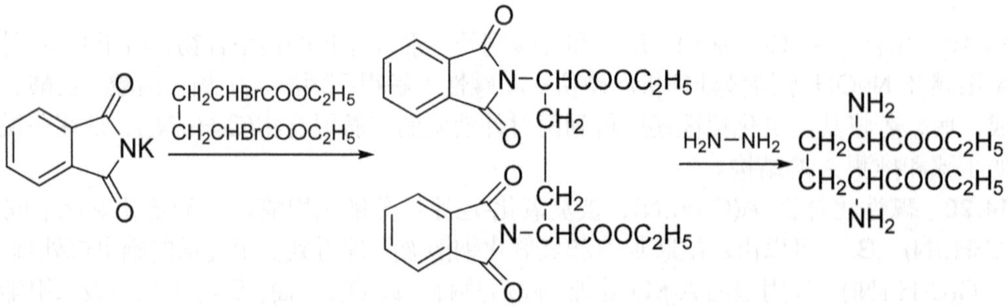

(2) 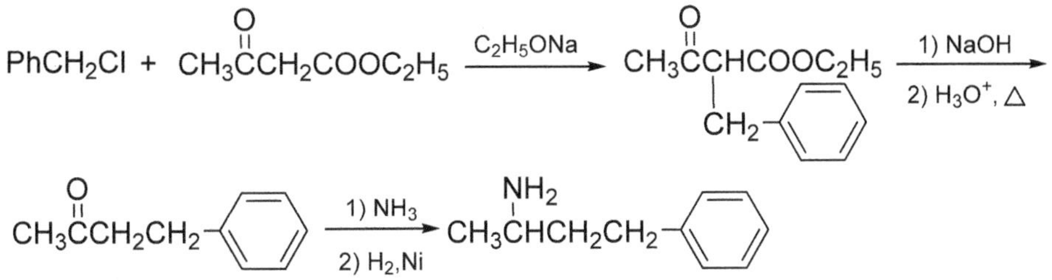
PhCH2Cl + CH3CCH2COOC2H5
C2H5ONa
CH3CCHCOOC2H5
CH2
1) NaOH
2) H3O+, △
CH3CCH2CH2
1) NH3
2) H2,Ni
NH2
CH3CHCH2CH2

(3) 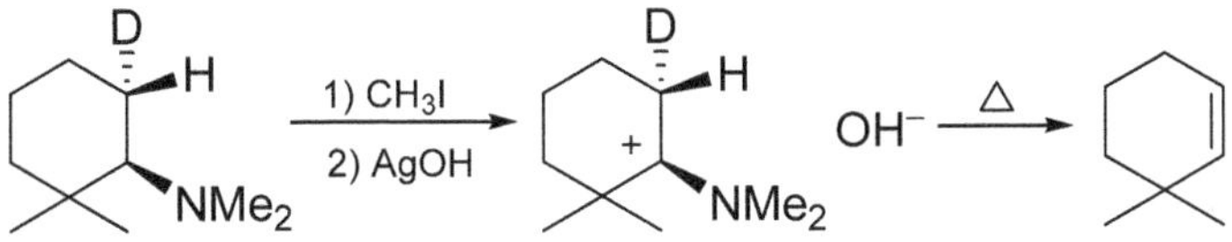
D
H
NMe2
1) CH3I
2) AgOH
OH−
△

(4) 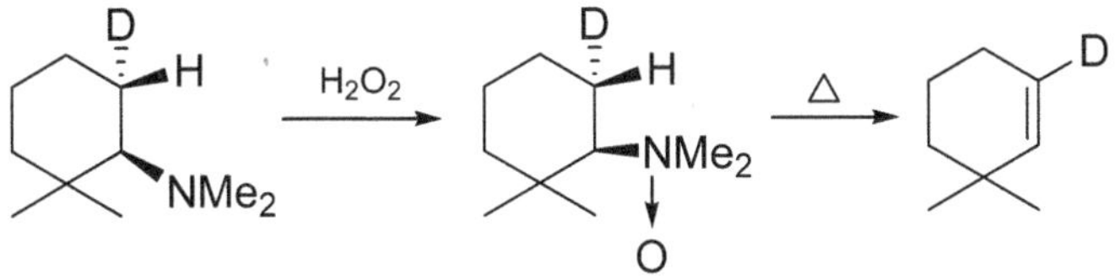
D
H
NMe2
H2O2
O
△

(5) 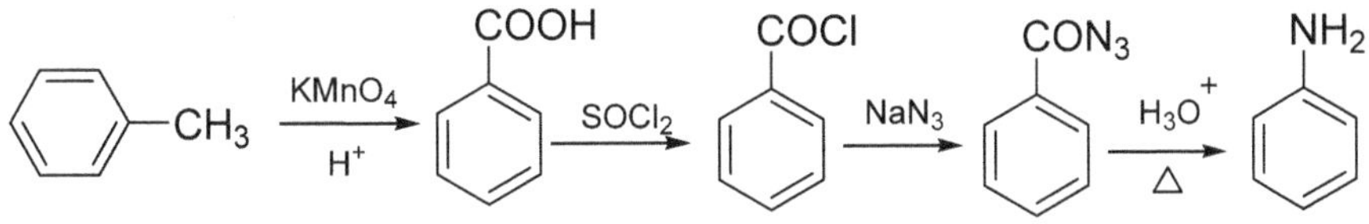
CH3
KMnO4
H+
COOH
SOCl2
COCl
NaN3
CON3
H3O+
△
NH2

(6) 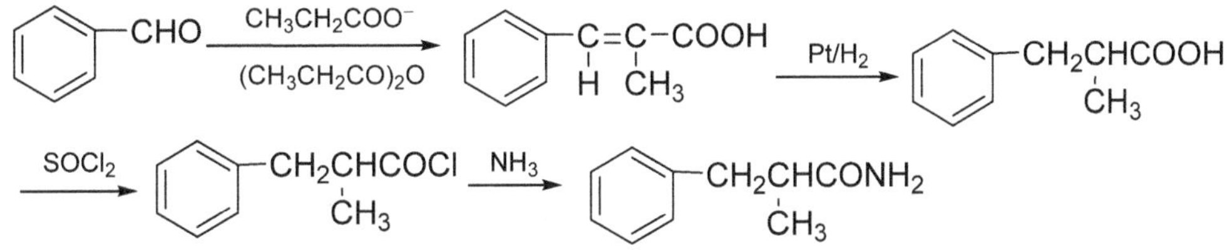
CHO
CH3CH2COO−
(CH3CH2CO)2O
C=C−COOH
H CH3
Pt/H2
CH2CHCOOH
CH3
SOCl2
CH2CHCOCl
NH3
CH2CHCONH2

(7) 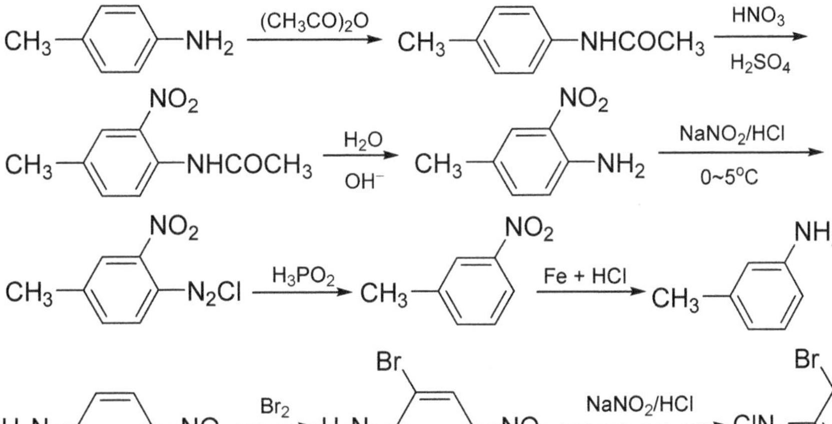
CH3
NH2
(CH3CO)2O
NHCOCH3
HNO3
H2SO4
NO2
H2O
OH−
NaNO2/HCl
0~5°C
N2Cl
H3PO2
Fe + HCl

(8) 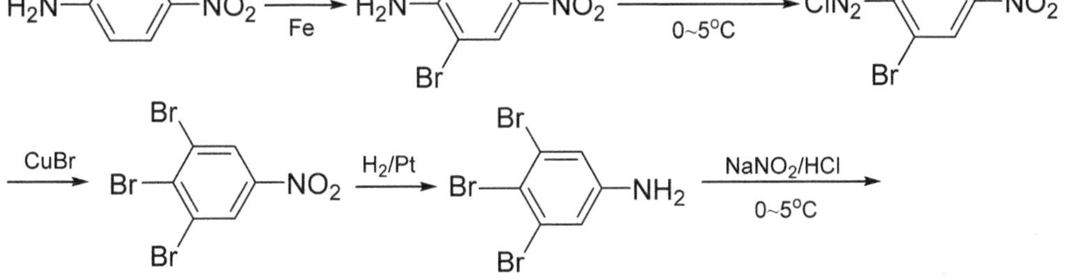
H2N
NO2
Br2
Fe
Br
NaNO2/HCl
0~5°C
ClN2
CuBr
H2/Pt
NH2

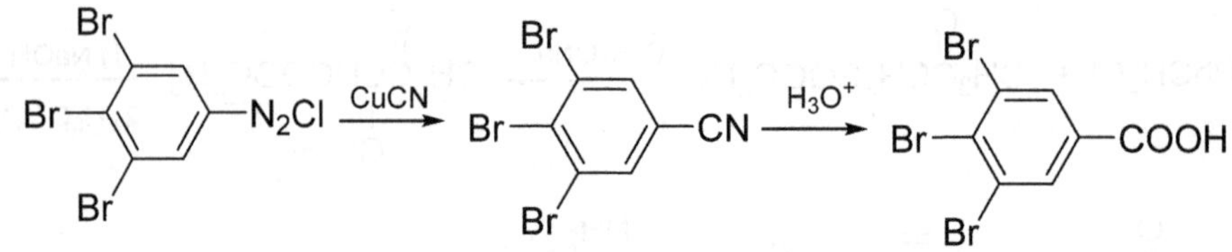

(9) 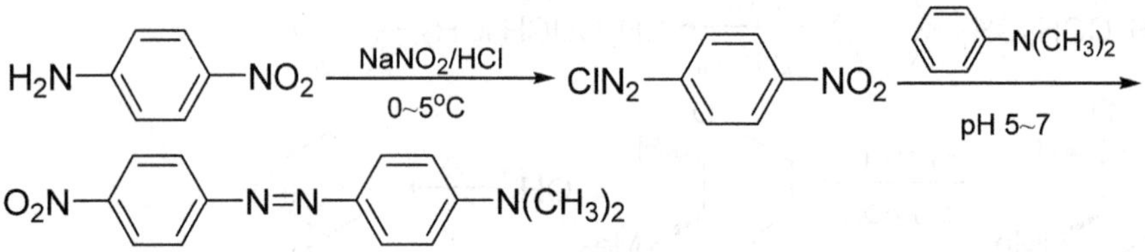

(10) 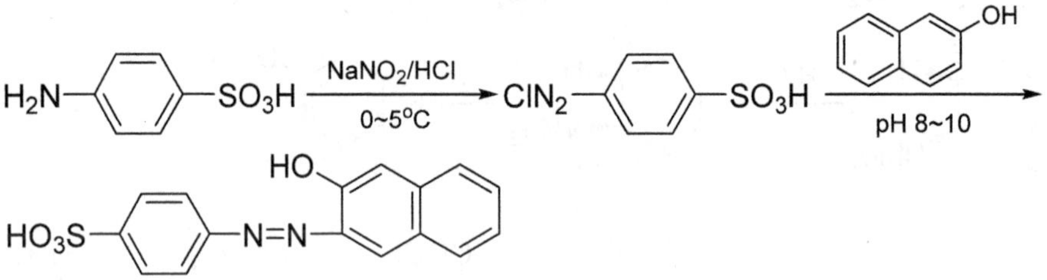

(11) 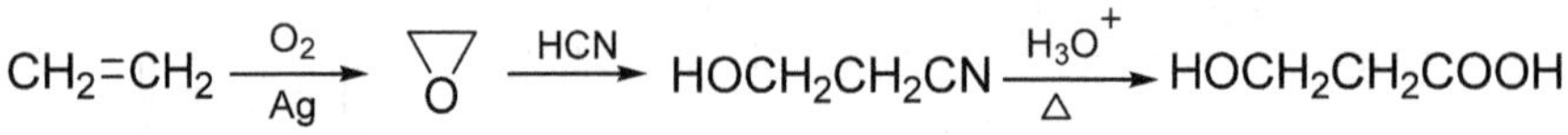

(12) $CH_3(CH_2)_3CH_2OH \xrightarrow[H_2SO_4]{NaBr} CH_3(CH_2)_3CH_2Br \xrightarrow{NH_3} CH_3(CH_2)_3CH_2NH_2$

$\xrightarrow[HCOOH]{HCHO} CH_3(CH_2)_3CH_2N(CH_3)_2$

(13) 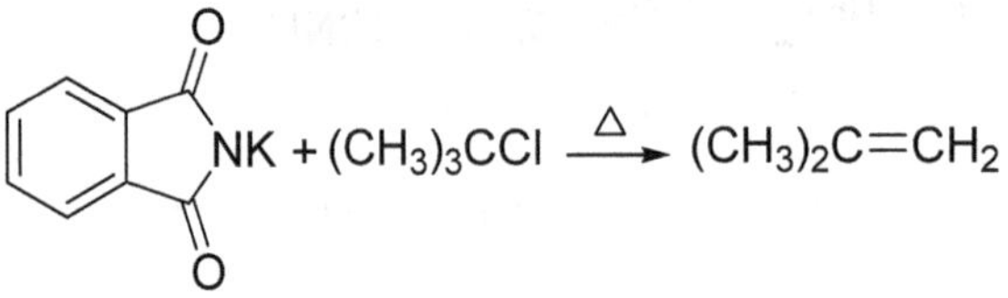

(14) 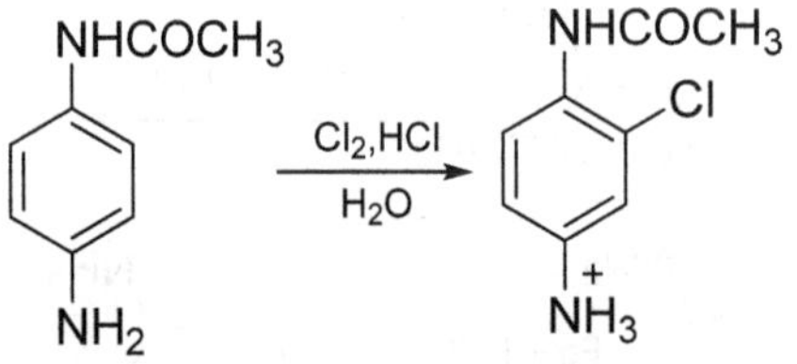

(15) 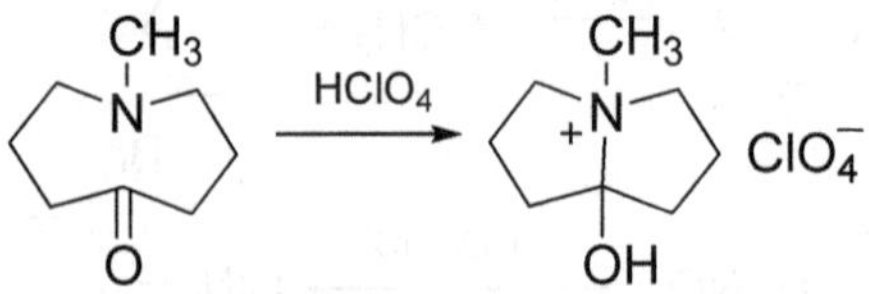

(16) 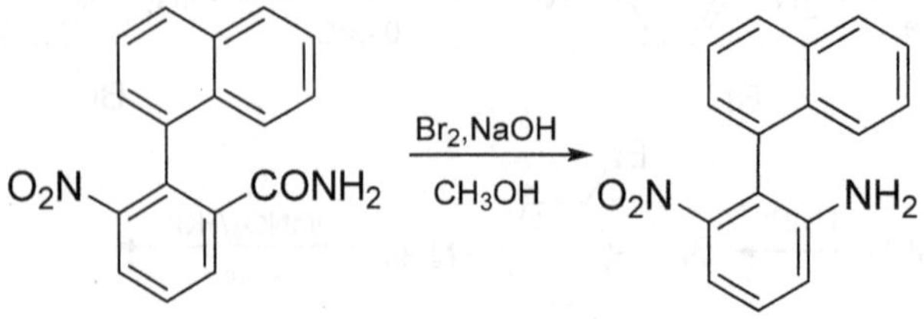

14.4

(1) 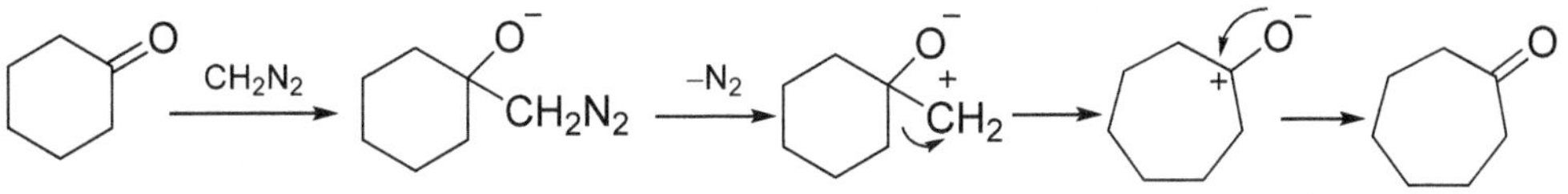

(2) 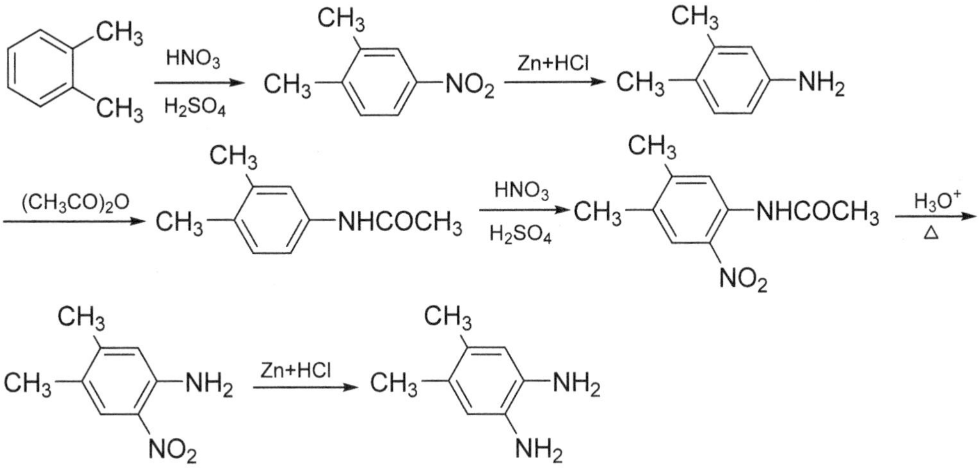

(3) 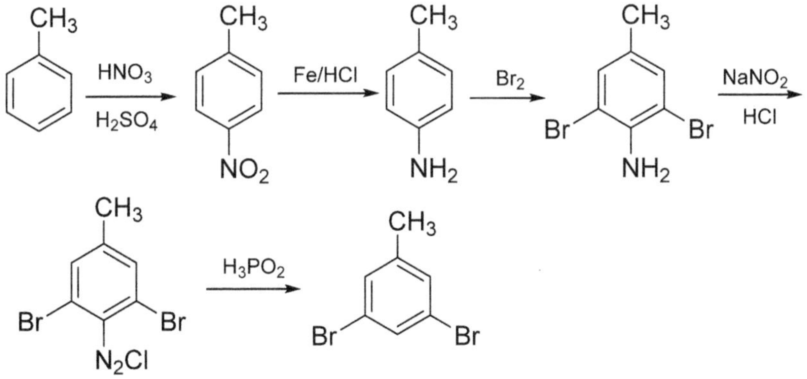

(4) 由题(3)制得的对甲苯胺出发：

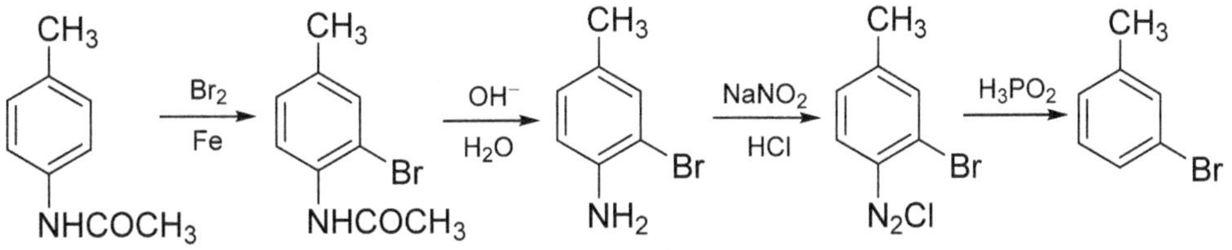

(5) 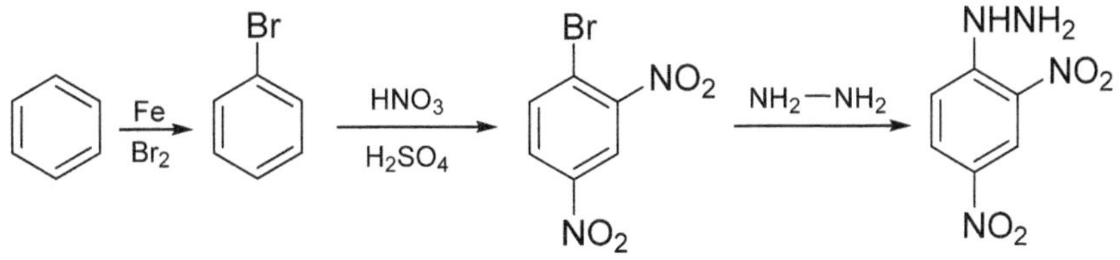

(6) 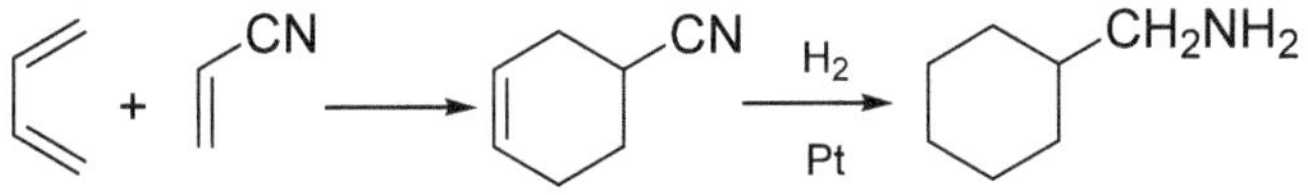

(7) 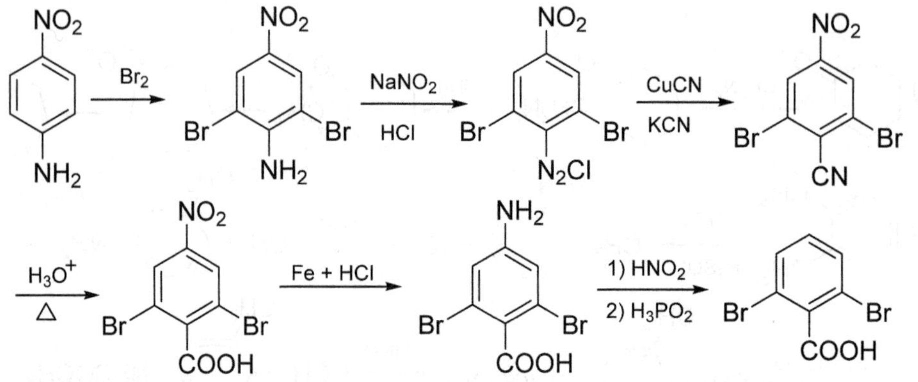

(8) 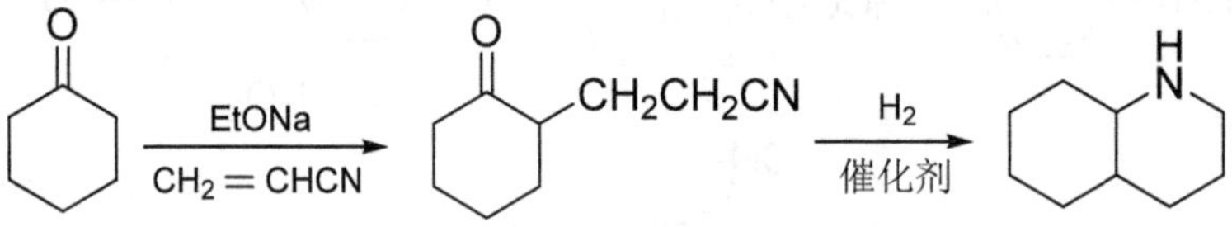

(9) 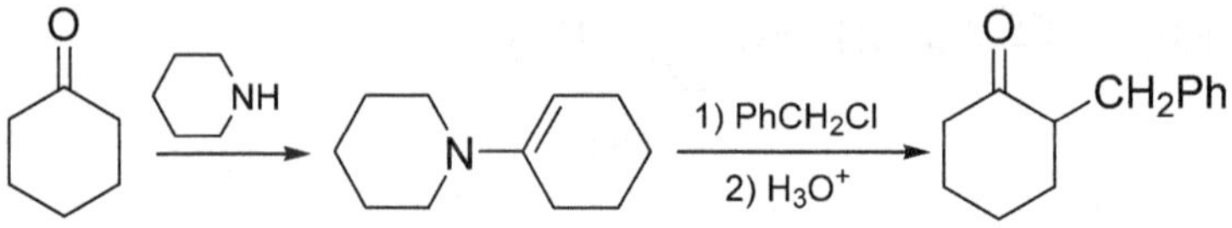

(10) 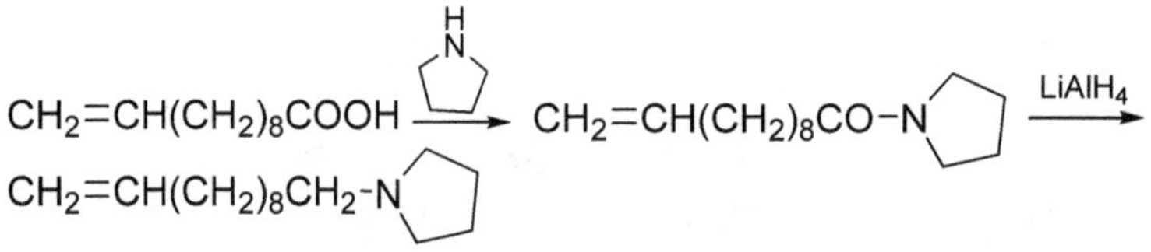

(11) $C_6H_5CH_2NHCH_3 \xrightarrow[HCl]{BrCH_2CH_2CH_2CN} PhCH_2\overset{CH_3}{N}(CH_2)_3CN \xrightarrow{LiAlH_4} PhCH_2\overset{CH_3}{N}(CH_2)_4NH_2$

(12) $(CH_3)_3C-CH_2Br \xrightarrow[Et_2O]{Mg} (CH_3)_3CCH_2MgBr \xrightarrow[2)H_3O^+]{1)CO_2} (CH_3)_3CCH_2COOH$

$\xrightarrow[\triangle]{NH_3} (CH_3)_3CCH_2CONH_2 \xrightarrow{LiAlH_4} (CH_3)_3CCH_2CH_2NH_2$

(13) 先由苯制备对硝基苯胺：

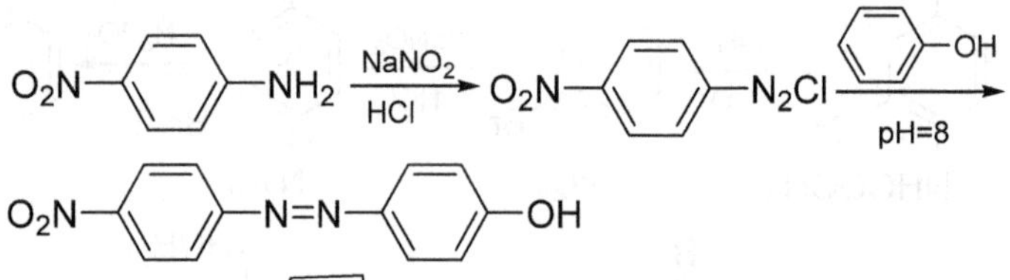

(14) 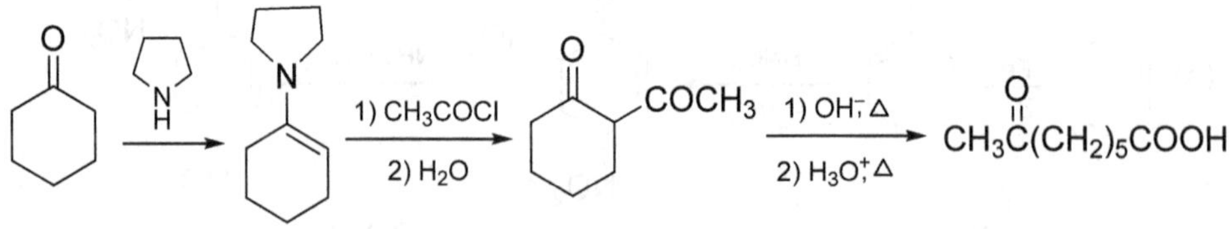

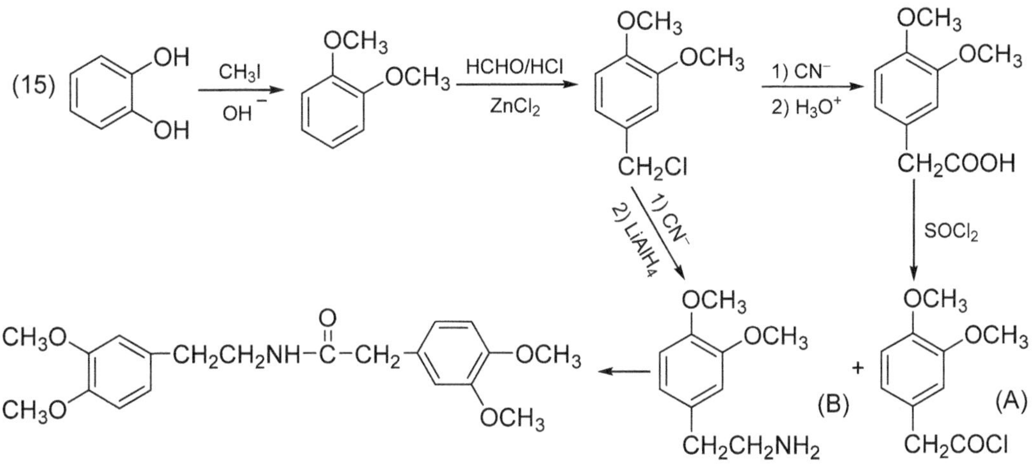

14.5

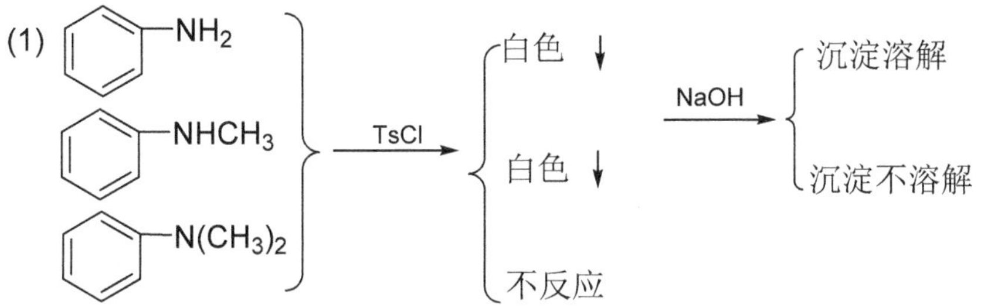

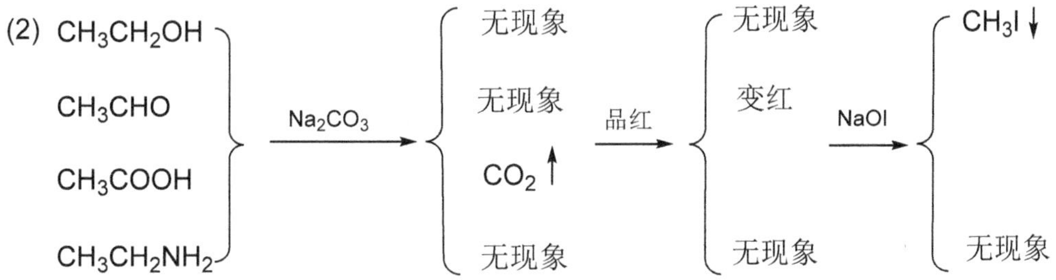

14.6

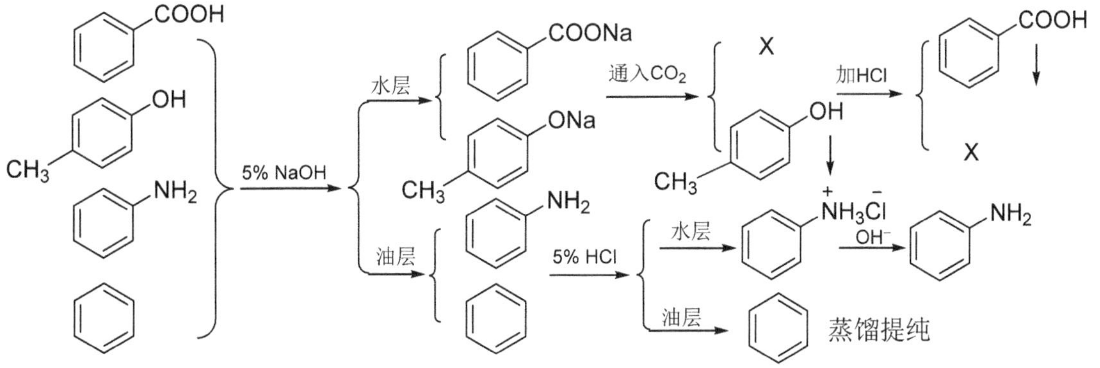

14.7　(1) A 与 TsCl 不反应，说明它是叔胺。^{1}H NMR：δ 7.1 ppm 附近的两组峰(各 5H)为两个 C_6H_5—，δ 1.1 ppm (3H, t)及 δ 3.2 ppm (2H, q)说明有 CH_3CH_2N—，δ 4.3 ppm (2H, s) 可能是 $PhCH_2NH$—；连接以上的结构单元可得 A 的结构。

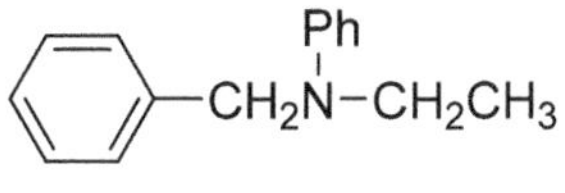

(2)
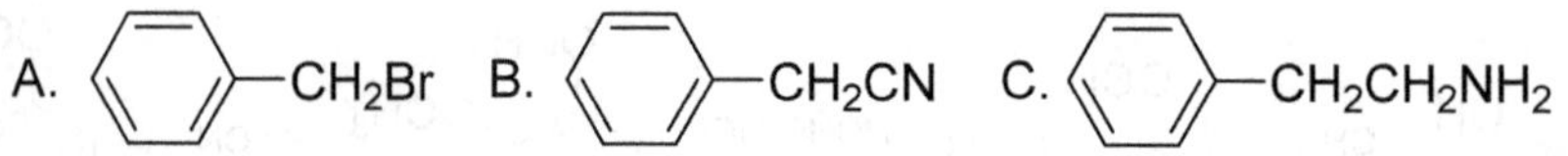

(3) 按题设 A 的合成，应得到下列中间产物：

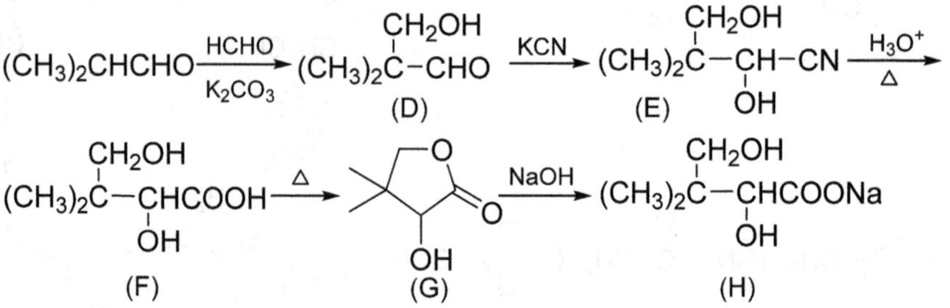

A 的结构应为：

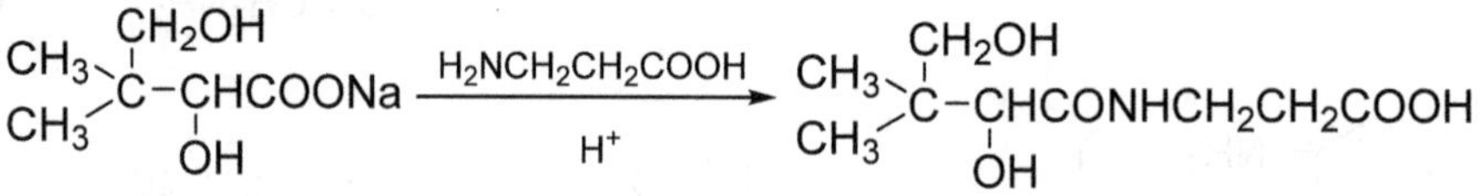

(4)

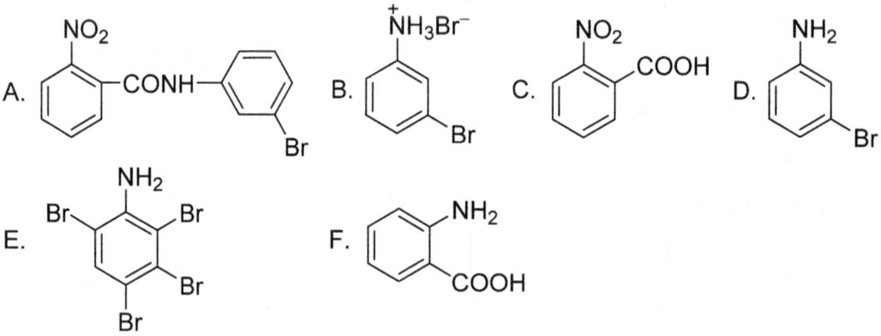

(5)

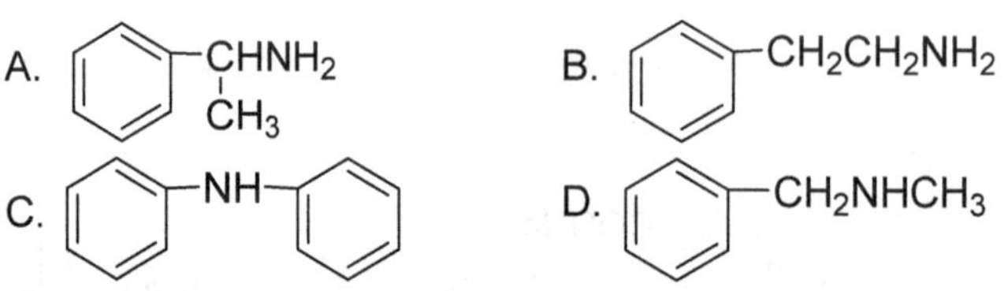

14.8

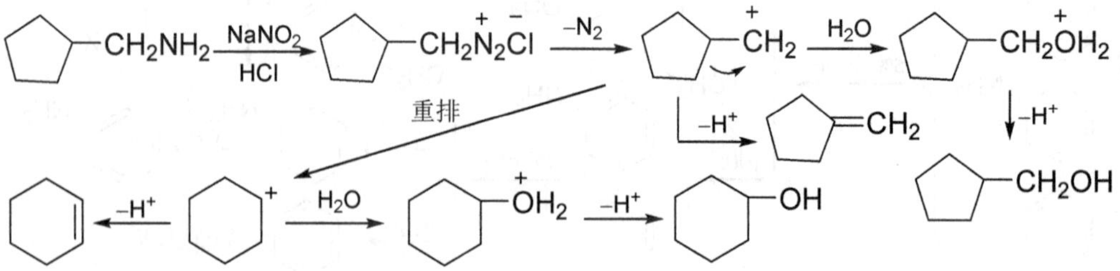

14.9

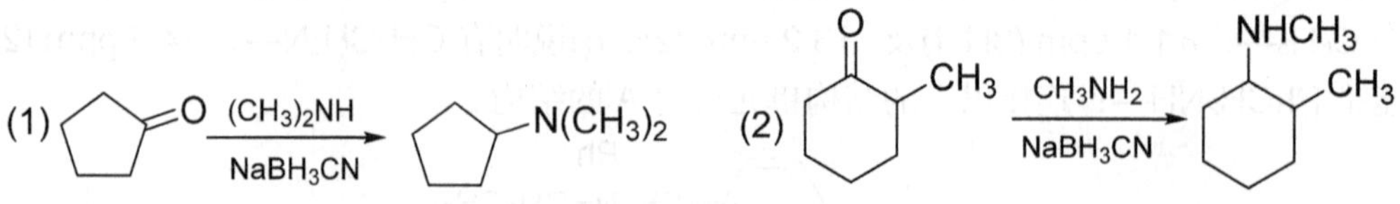

(3) 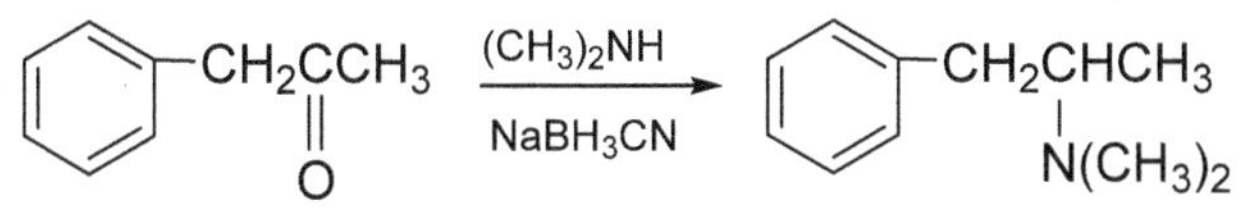

(4) 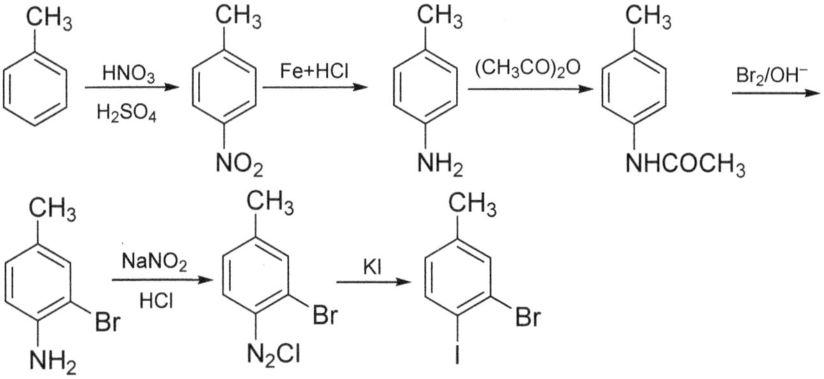

14.10　通过与 TsCl 作用后，—OH 转变为一个离去能力较强的离去基团—OTs，同时，由于—OTs 较强的吸电子诱导效应导致α-碳的正电性增强，使得氨基氮更易与其发生亲核取代反应而生成环化产物。

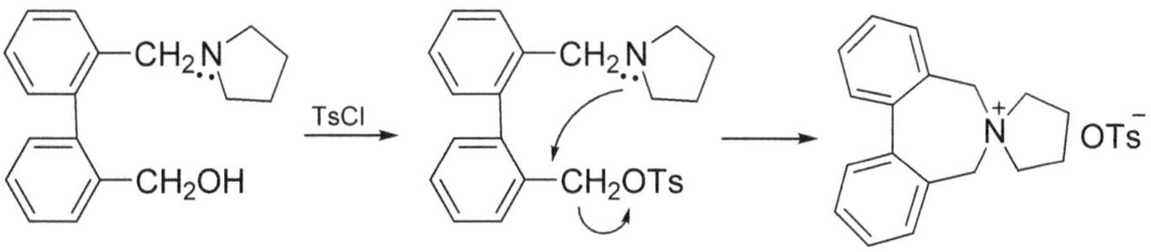

14.11　略。

14.12

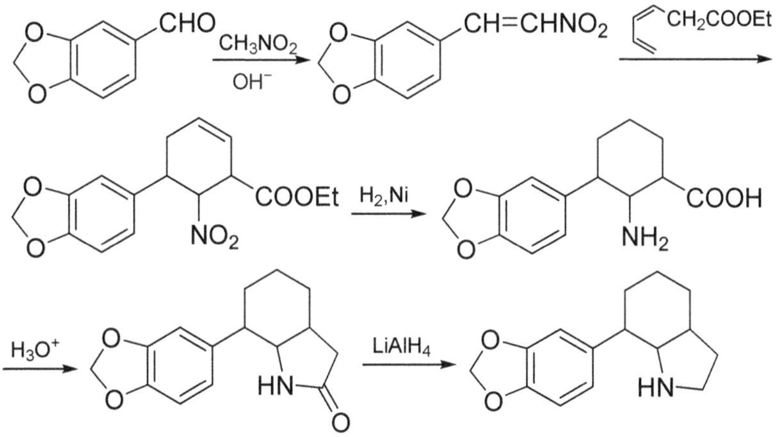

14.13

(1) A. 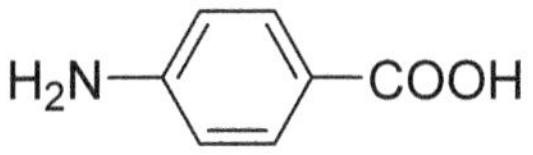　B. 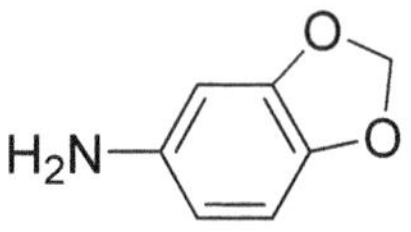

C. 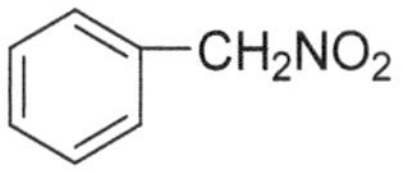　D. 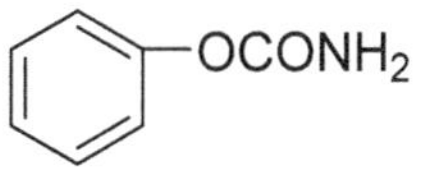

(2) A. 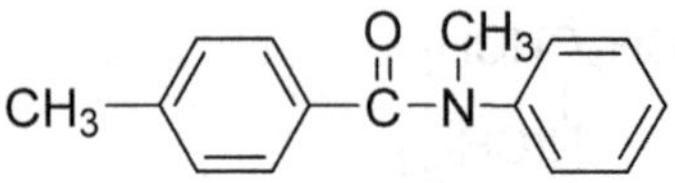 B. 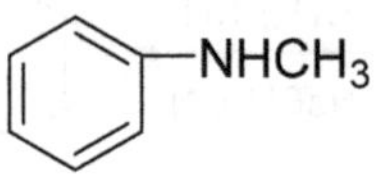 C. 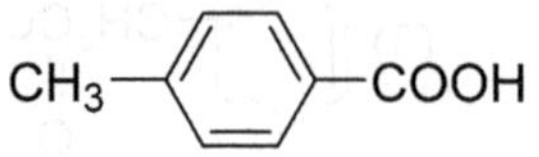

14.14

(1) 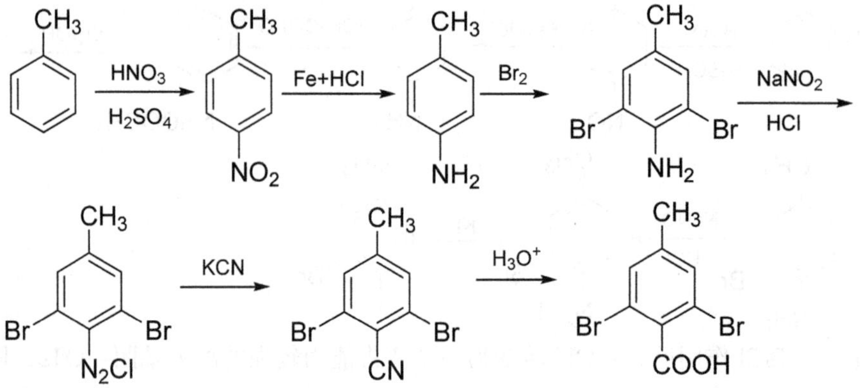

(2) 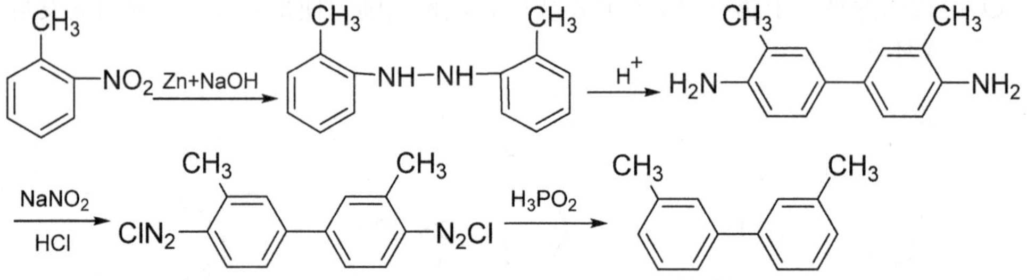

(3) 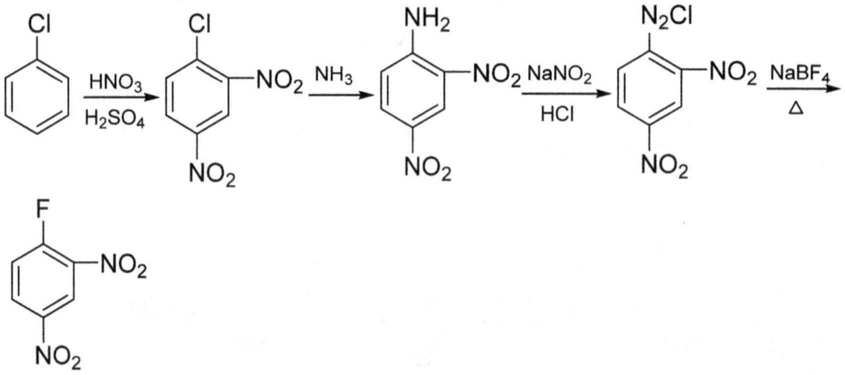

(4) 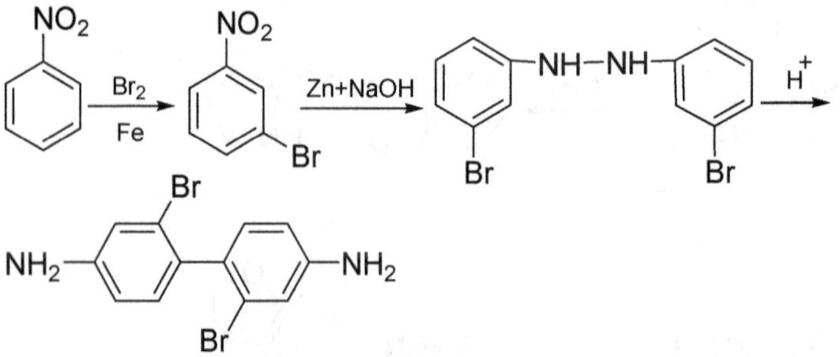

(5) 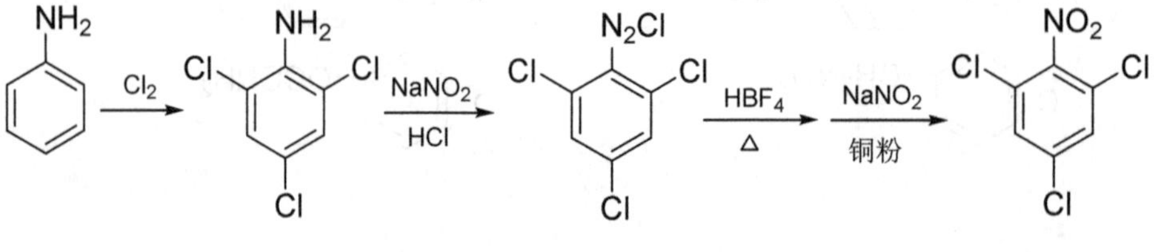

14.15

(1)

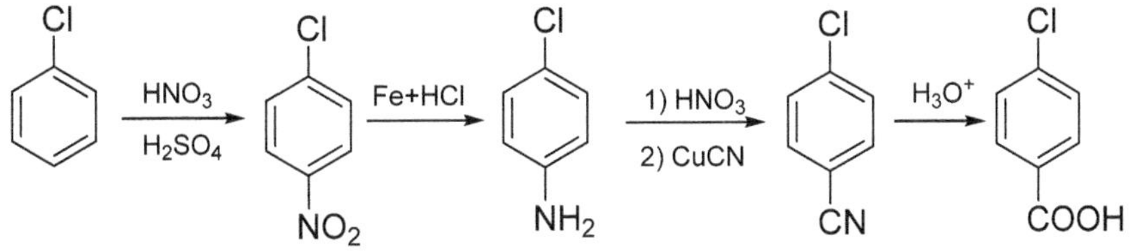

(2)

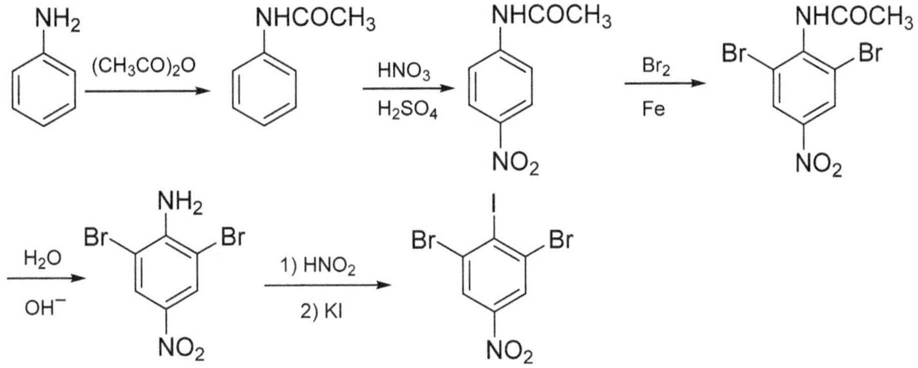

(3)

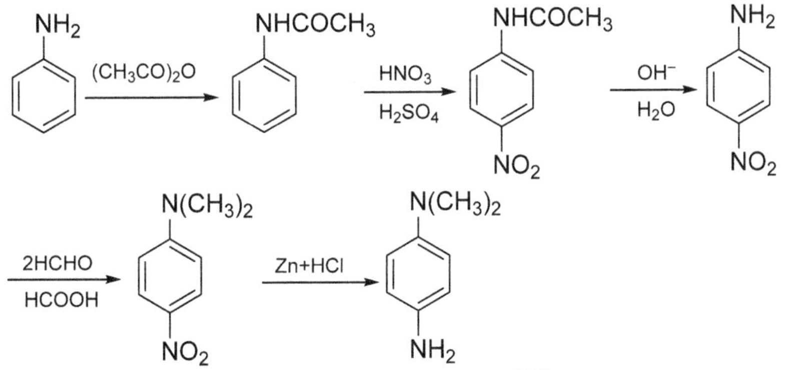

(4)

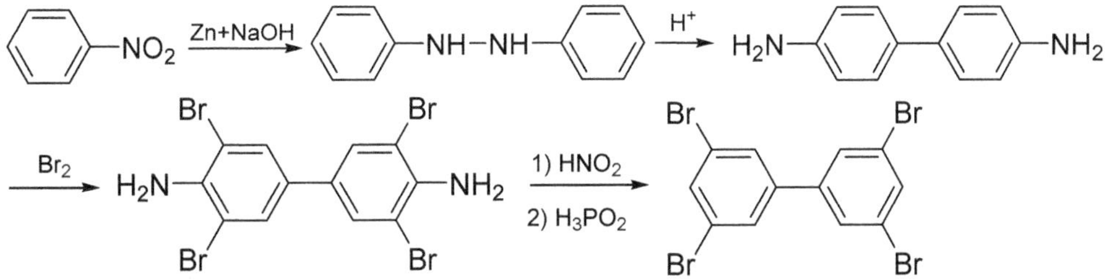

14.16

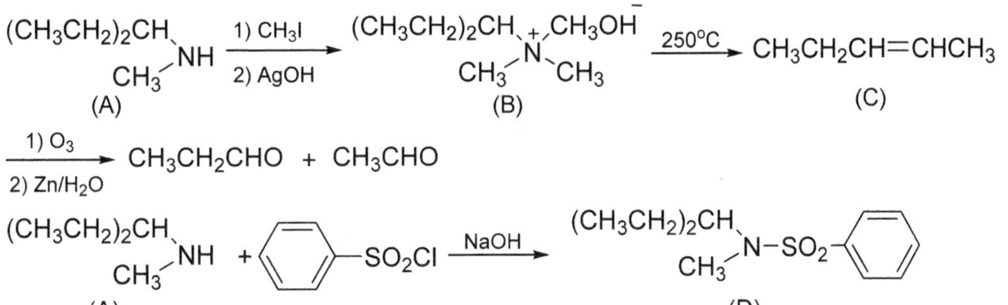

14.17 A 不与 TsCl 反应，说明 A 为叔胺；A 不被催化氢化，说明分子中无不饱和键。B 为 A

经乙基化后形成的季胺碱，B 经热分解后产物是 A 及乙烯，说明 A 分子中没有—N—CH_2CH_3 结构，而很可能是—N—CH_3，用 $C_6H_{13}N$ 减去 CH_3 得 $C_5H_{10}N$，它没有不饱和键，但不饱和度为 1，那么其结构可能为环状叔胺，即：

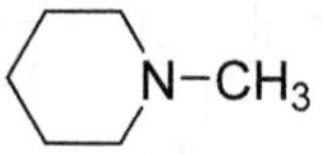

14.18

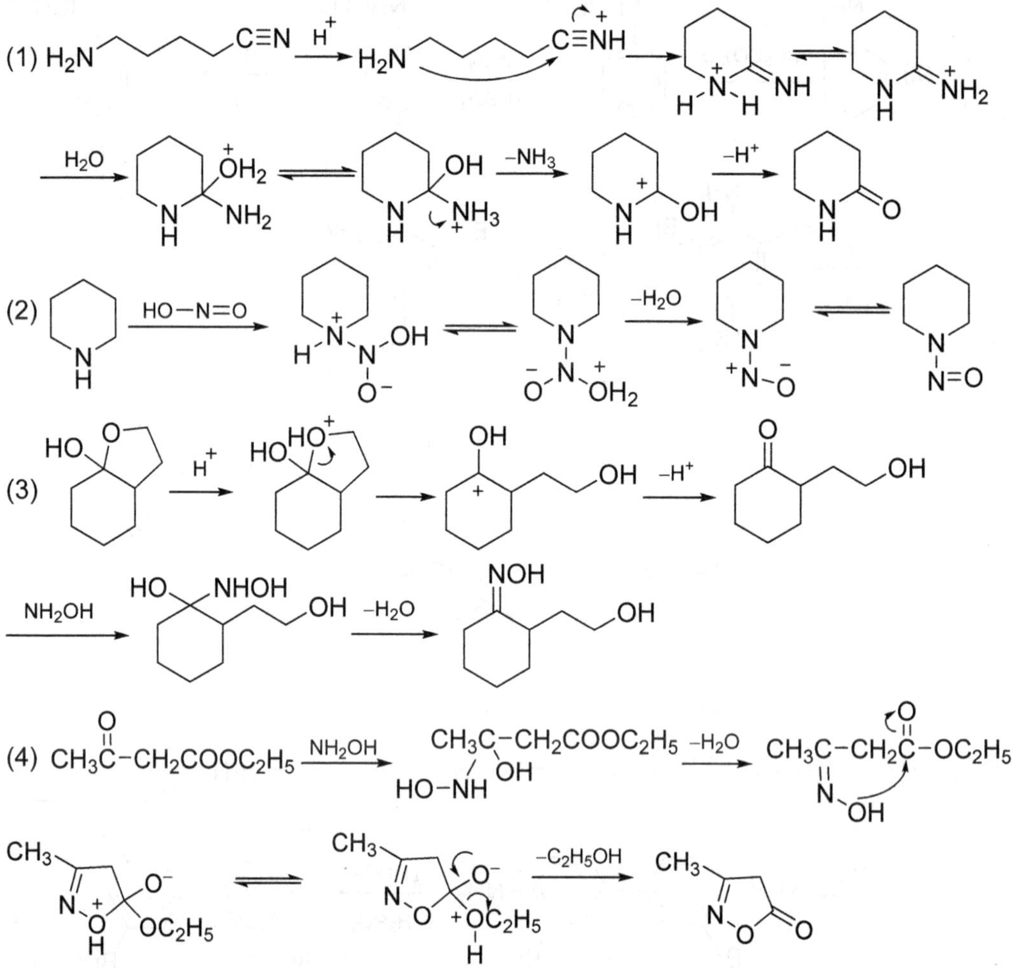

14.19　A 能与 $Cu(OAc)_2$ 形成络合物，说明 A 可能是多元醇(烯醇)；A 能发生碘仿反应，说明具有甲基酮结构；可形成二肟说明是二羰基化合物，还原二肟得到两对外消旋体，说明两个羰基所在的位置不对称；根据碱性水解后的产物看，A 可能的结构为(见反应式)：

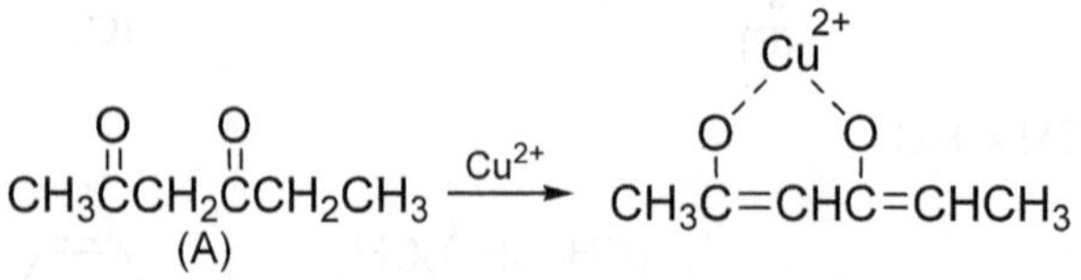

$$CH_3COCH_2COCH_2CH_3 \xrightarrow{\text{浓}OH^-} CH_3COCH_3 + CH_3COCH_2CH_3 + CH_3CH_2COOH + CH_3COOH$$

$$CH_3COCH_2COCH_2CH_3 \xrightarrow{NaOI} CH_3CH_2COCH_2COOH + CHI_3\downarrow$$

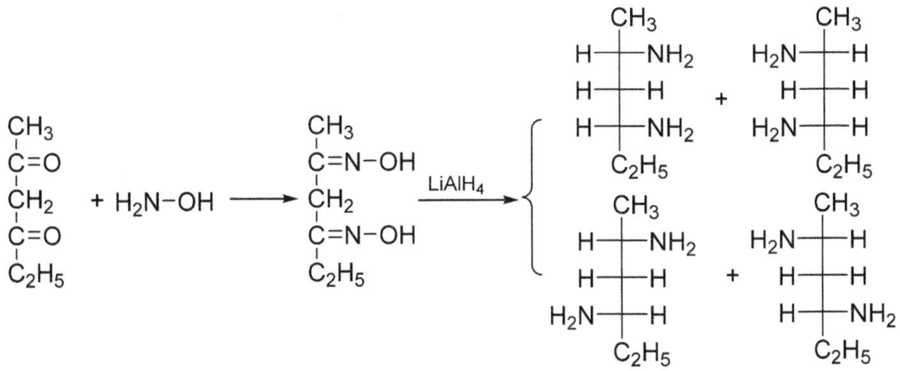

14.20

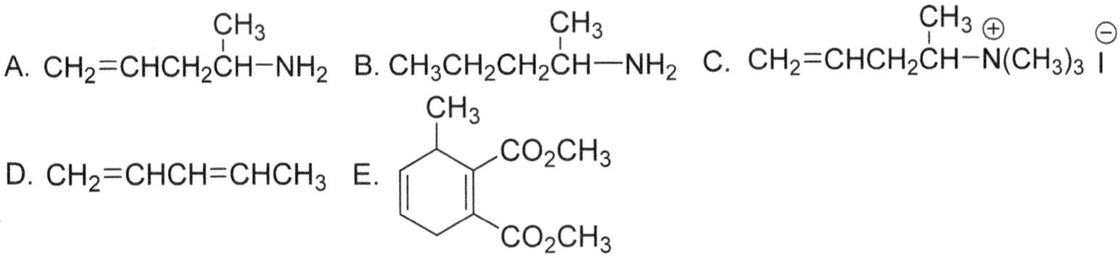

用逆推法完成A～E的结构推测，由E经脱氢后的产物得知E为3-甲基-1,2-二羧基甲酯-1,4-环己二烯，由E推知D为1,3-戊二烯，D经C的Hofmann降解得到，从而推出C的结构，以这样的思路上溯，可得A、B的结构。

14.21

(1) 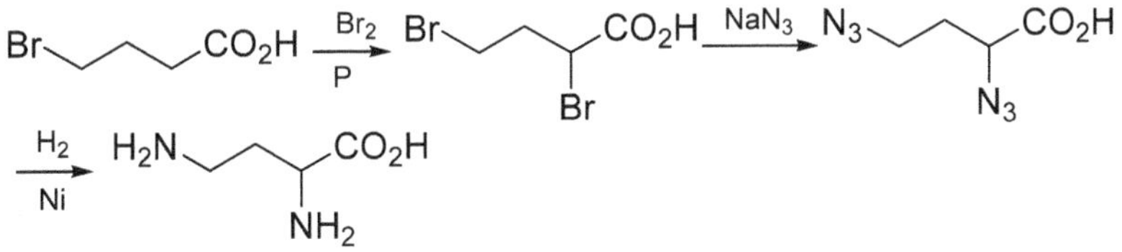

(2) 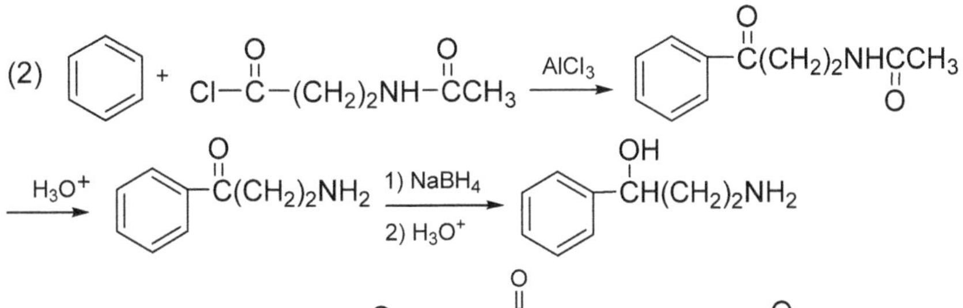

(3) 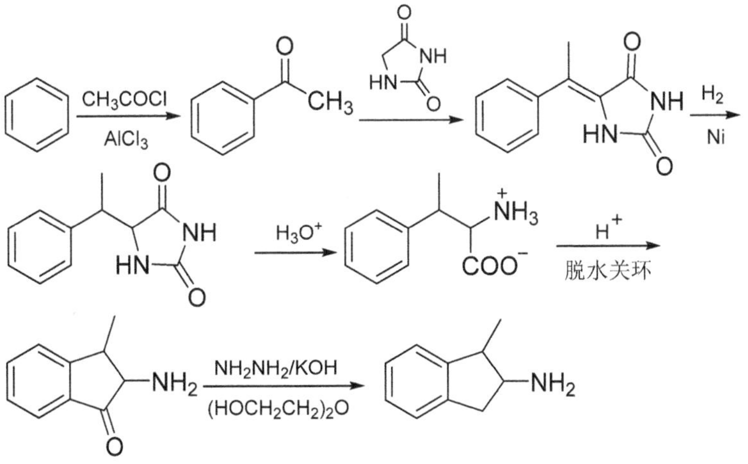

第 15 章　含硫、磷和硅有机化合物

一、例题及解析

【例 15-1】 指出下列物质属于哪一类化合物，并写出它们的名称。

(1) 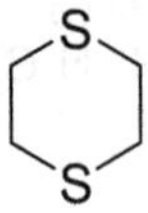

(2) 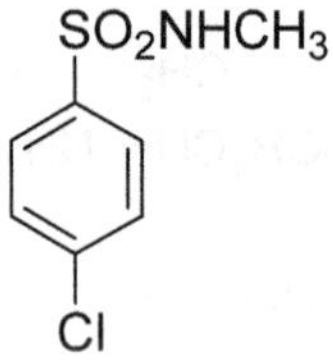

(3) 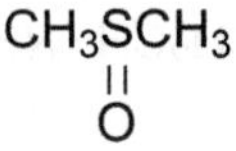

(4) 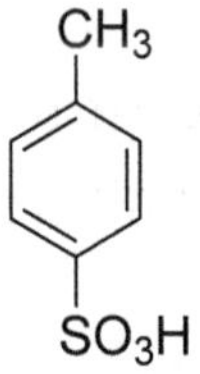

(5) 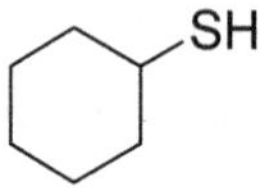

(6) 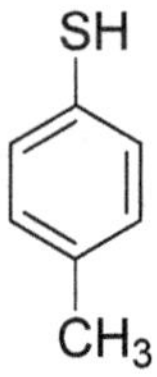

(7) 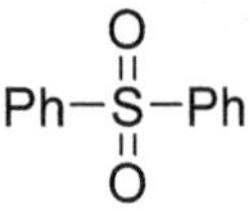

(8) $C_2H_5S—SC_2H_5$

(9) 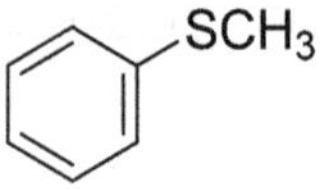

(10) 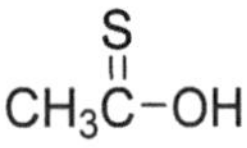

(11) 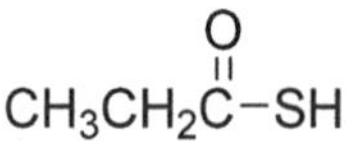

(12) 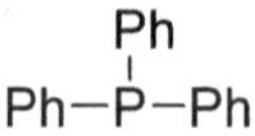

(13) 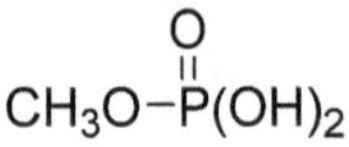

(14) 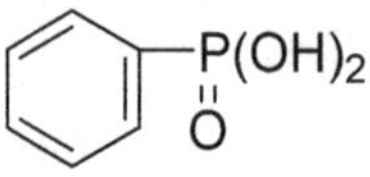

(15) 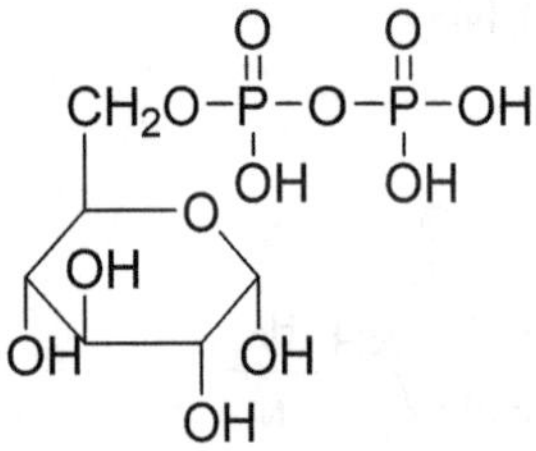

(16) 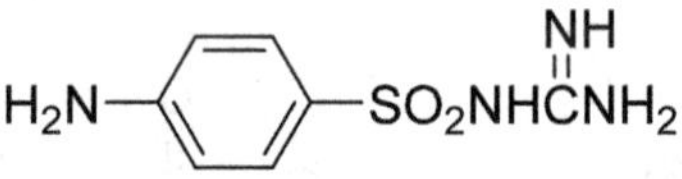

解 (1) 硫醚，1,4-二硫六环　(2) 磺胺，*N*-甲基对氯苯磺酰胺　(3) 亚砜，二甲亚砜

(4) 磺酸，对甲苯磺酸　(5) 硫醇，环己硫醇　(6) 硫酚，对甲基苯硫酚

(7) 砜，二苯砜　(8) 二硫化物，二乙基二硫　(9) 硫醚，苯甲硫醚

(10) 硫羰酸，乙硫羰酸　(11) 硫羟酸，丙硫羟酸　(12) 叔膦，三苯基膦

(13) 磷酸单酯，磷酸甲酯　(14) 膦酸，苯基膦酸　(15) 二磷酸单酯，二磷酸葡萄糖酯

(16) 磺胺，对氨基苯磺酰胍

【例 15-2】 将下列化合物按酸性增强的次序排列。

A. 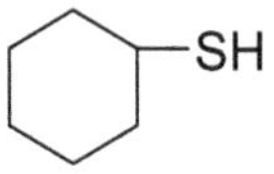　B. 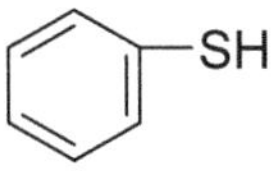　C. 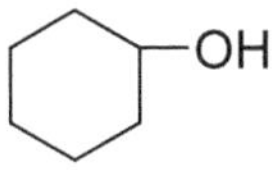　D. 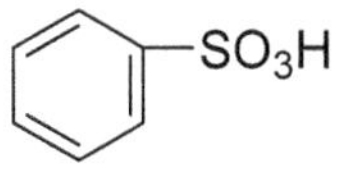

解 硫醇和硫酚的酸性比相应的醇和酚强，所以酸性次序为 D > B > A > C。

【例 15-3】 写出下列反应的主要产物。

(1) 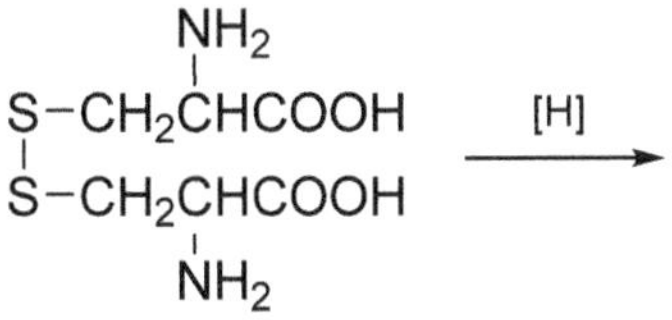

(2) 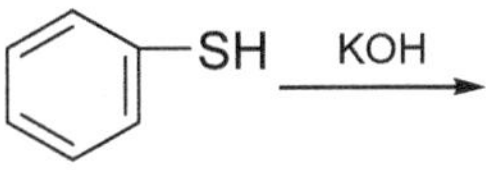

(3) 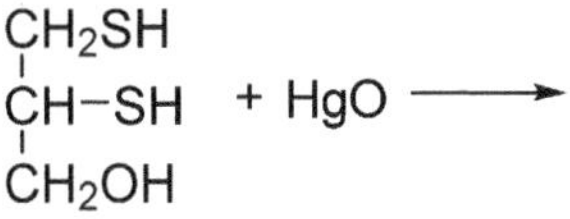

(4) $CH_3CH_2CH_2CH_2SH \xrightarrow{HNO_3}$

(5) 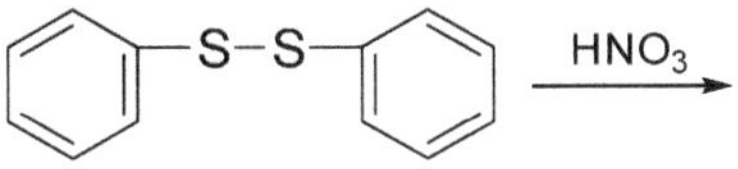

(6) 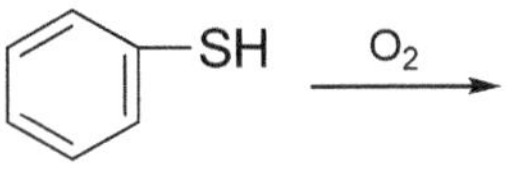

(7) 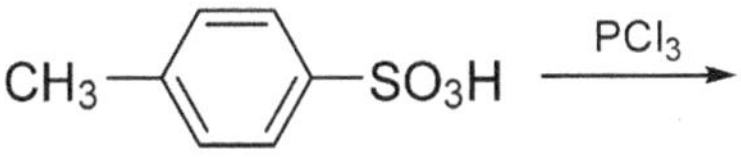

(8) 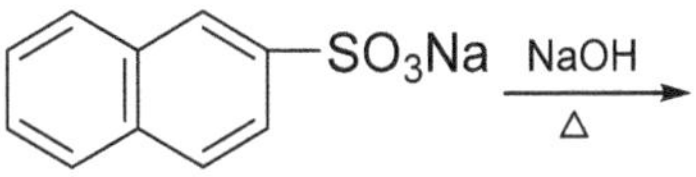

(9) $CH_3CH_2CH_2SH \xrightarrow{NaOH}$

(10) 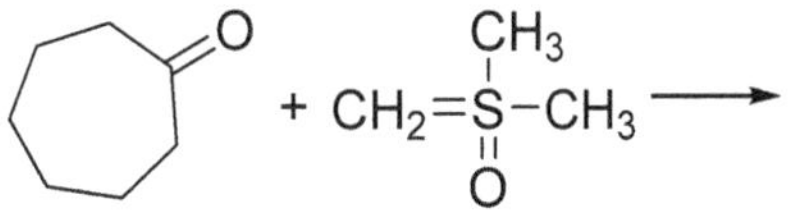

解

(1) 2 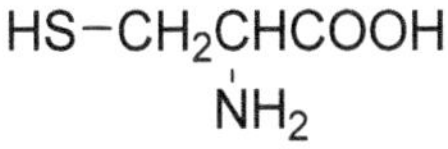

(2) 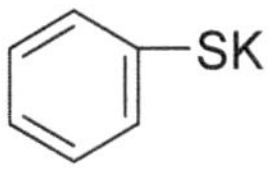

(3) 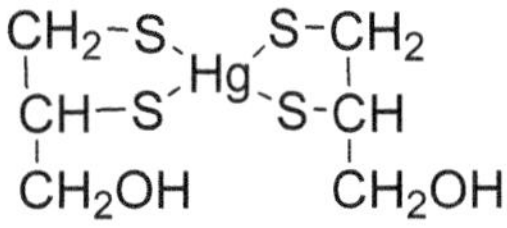

(4) $CH_3CH_2CH_2CH_2SO_3H$

(5) 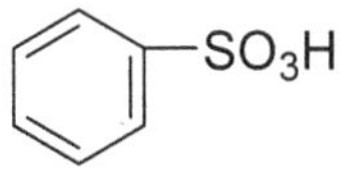

(6) 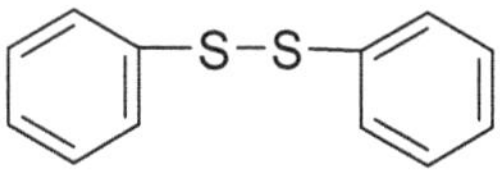

(7) 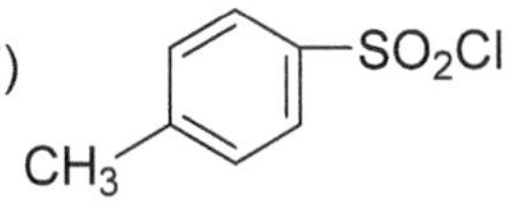

(8) 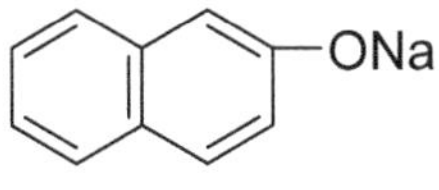

(9) $CH_3CH_2CH_2SNa$

(10) 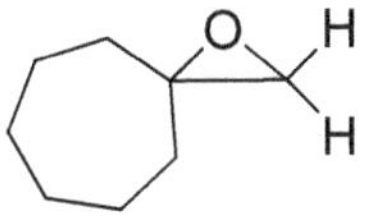

【例 15-4】 用化学方法鉴别下列各组化合物。

(1) 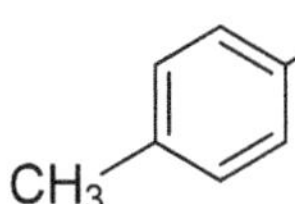
(a)
与 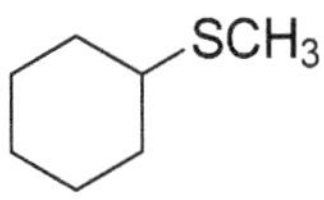
(b)

(2) 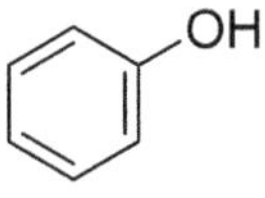
(a)
与 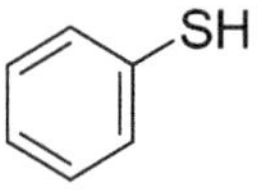
(b)

解 (1) 加入 $NaHCO_3$ 水溶液，放出 CO_2 者为 a，否则为 b；

(2) 加入 $NaHCO_3$ 水溶液，放出 CO_2 者为 b，否则为 a。

【例 15-5】 完成下列转化。

(1) 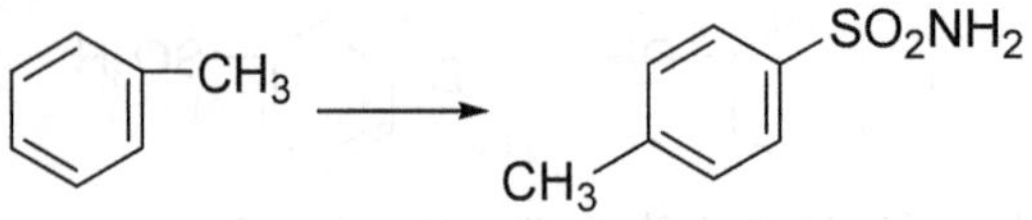

(2) 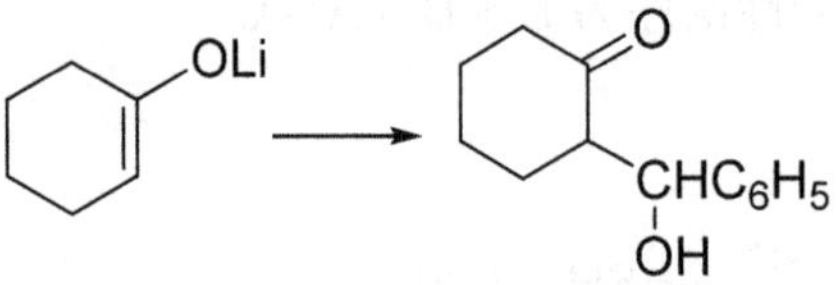

(3) 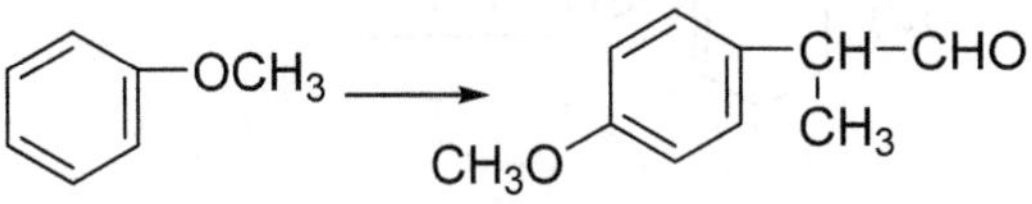

(4) 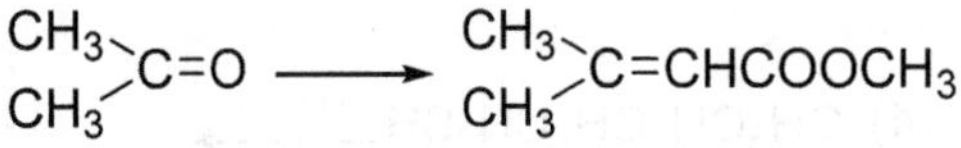

解

(1) 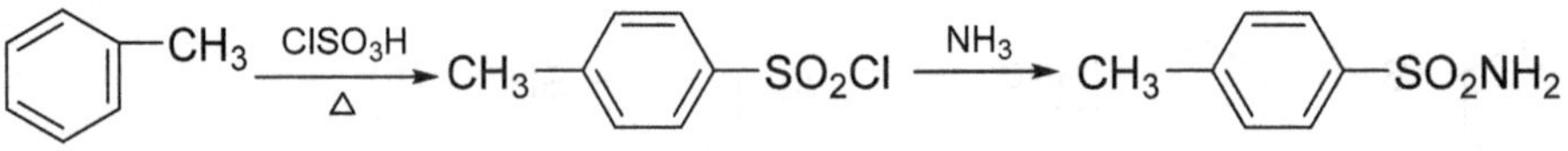

(2) 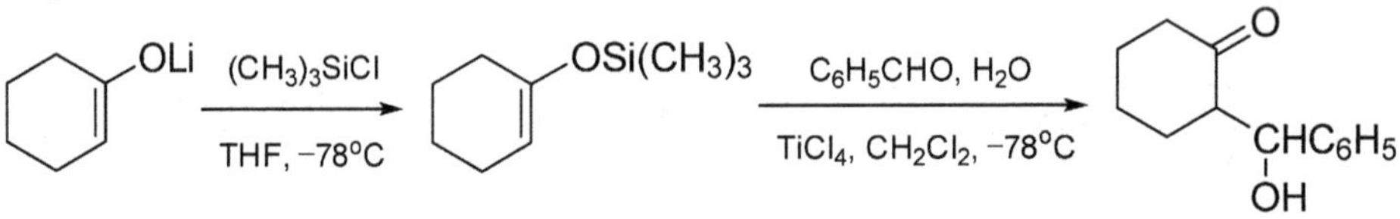

(3) 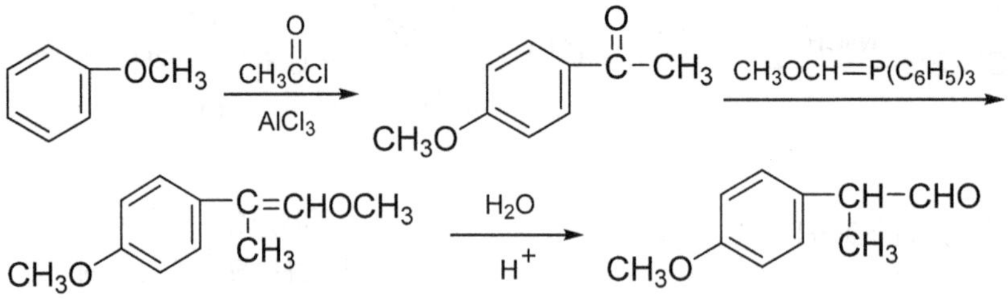

(4) 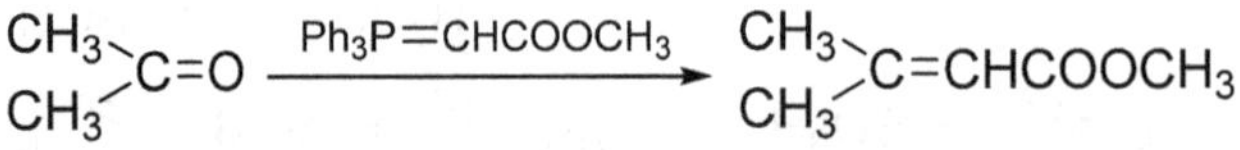

二、习　　题

15.1 完成下列反应。

(1) $CH_3SCH_3 \xrightarrow{H_2O_2} \quad \xrightarrow{RCO_3H}$

(2) $CH_3SH \xrightarrow{NaSH} \quad \xrightarrow{CH_3I} \quad \xrightarrow[H_2O]{NaIO_4}$

(3) 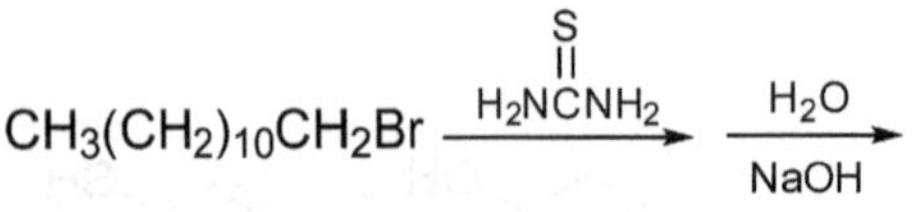

(4) 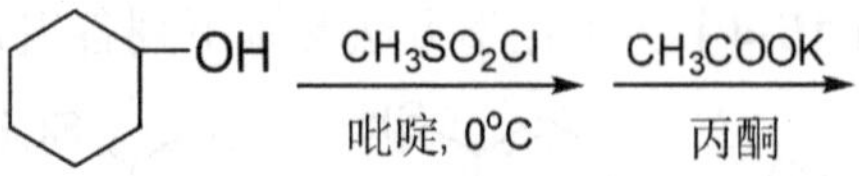

(5) 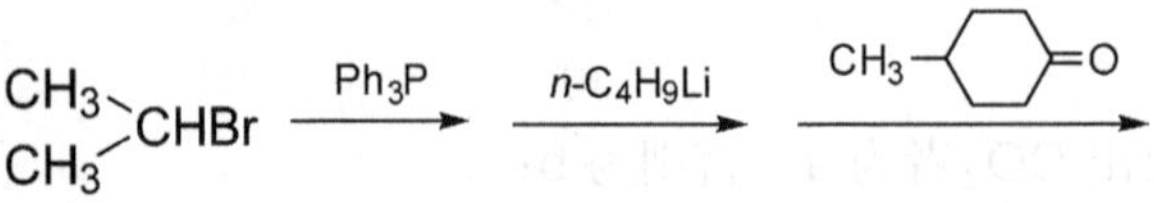

(6) 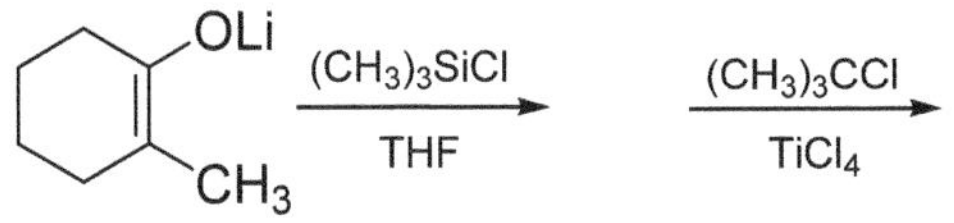

(7) 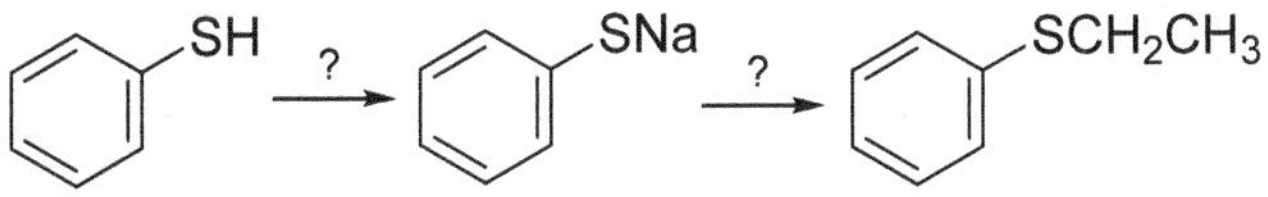

(8) 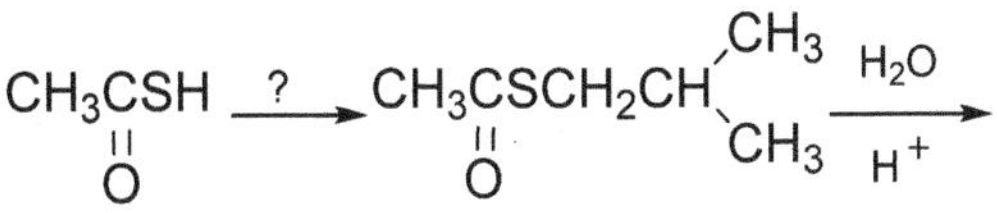

(9) 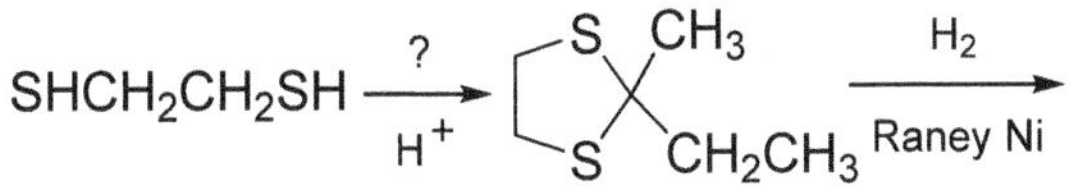

(10) 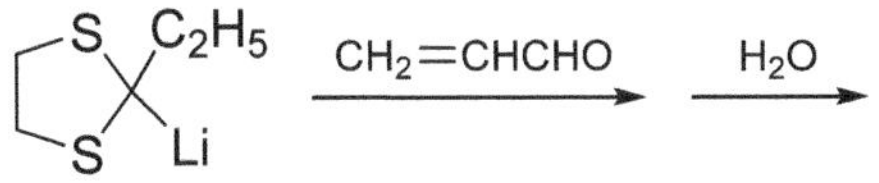

15.2 写出下列反应的主要产物。

(1) $C_6H_5SH \xrightarrow{HgCl_2}$

(2) $CH_3CH_2SH \xrightarrow[OH^-]{I_2}$

(3) $CH_3CH_2SH + CH\equiv CSCH_3 \longrightarrow$

(4) 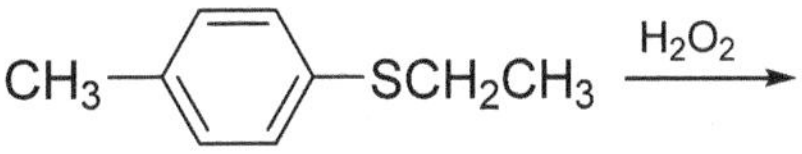

(5) 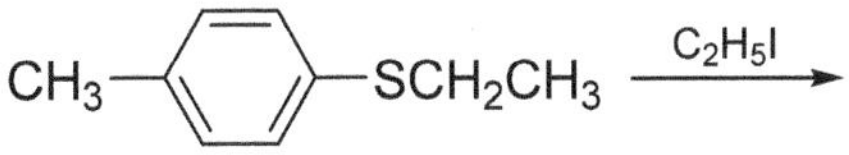

(6) 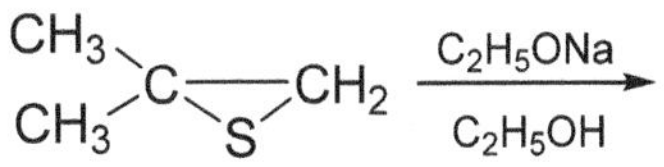

(7) 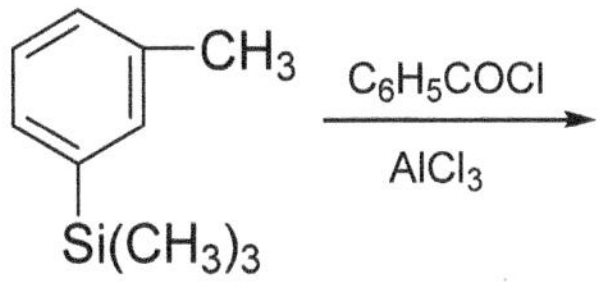

(8) $C_2H_5SSC_2H_5 \xrightarrow[2)\ H_3O^+]{1)\ Li,\ NH_3}$

15.3 用化学方法鉴别下列各组物质。

(1) 

(2) 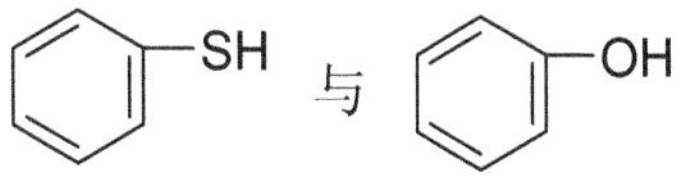

15.4 完成下列转化。

(1) 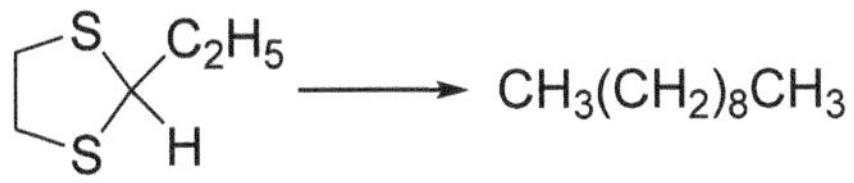

(2) 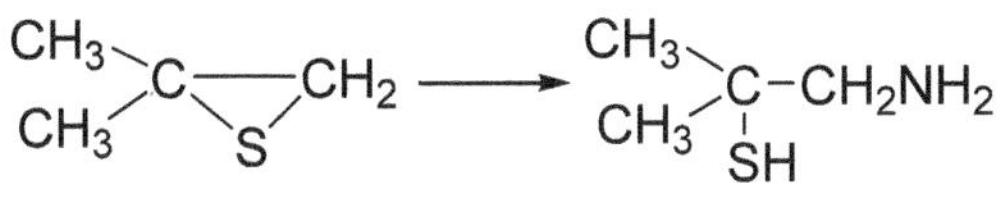

(3) 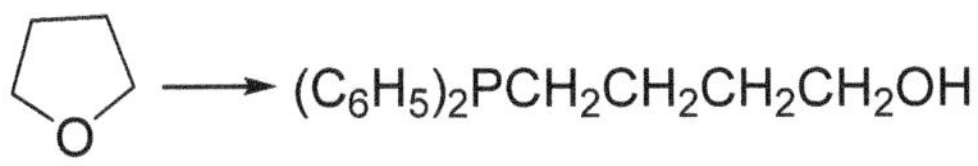

(4) 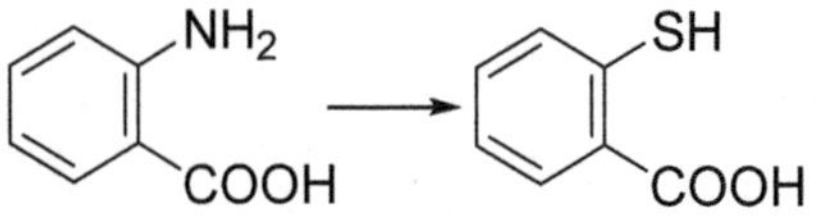

(5) 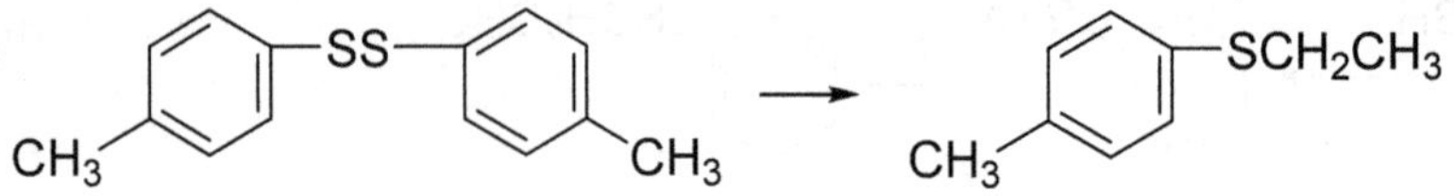

(6) 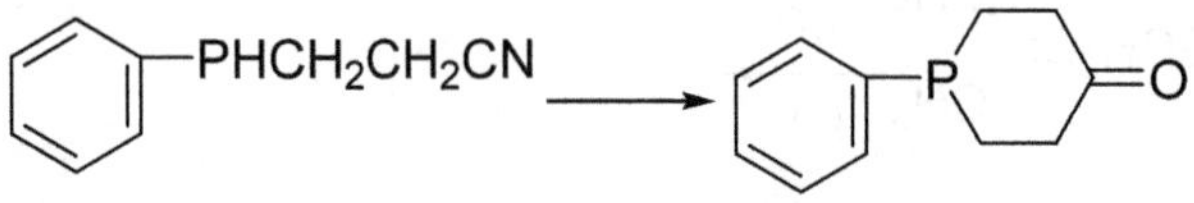

15.5 试由乙醇、苄基氯和无机试剂合成下列化合物。

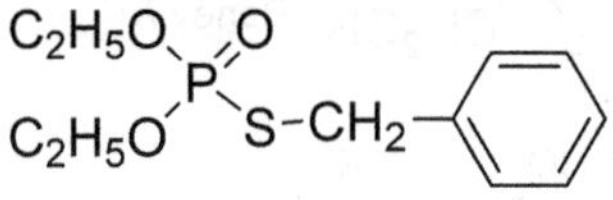

15.6 试由甲苯为原料合成糖精钠。

15.7 完成下列反应。

(1) $C_6H_5—Cl + Si(粉) \xrightarrow[400^{\circ}C]{Cu}$

(2) $CH_3Cl + Si(粉) \xrightarrow[300^{\circ}C]{Cu}$

(3) $(CH_3)_3SiCl + H_2O \longrightarrow$

(4) 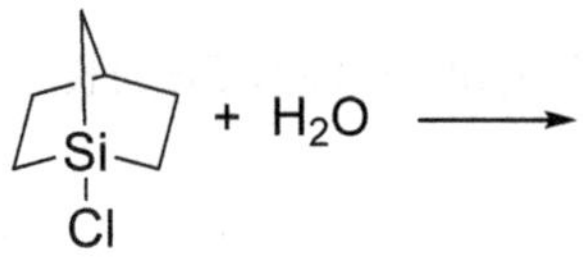

三、习题解答

15.1

(1) $CH_3SCH_3 \xrightarrow{H_2O_2} CH_3\overset{O}{\overset{\|}{S}}CH_3 \xrightarrow{RCO_3H} CH_3\underset{O}{\underset{\|}{\overset{O}{\overset{\|}{S}}}}CH_3$

(2) $CH_3SH \xrightarrow{NaSH} CH_3SNa \xrightarrow{CH_3I} CH_3SCH_3 \xrightarrow[H_2O]{NaIO_4} CH_3\overset{O}{\overset{\|}{S}}CH_3$

(3) $CH_3(CH_2)_{10}CH_2Br \xrightarrow{H_2N\overset{S}{\overset{\|}{C}}NH_2} CH_3(CH_2)_{10}CH_2S-\overset{\overset{+}{N}H_2Br^-}{\overset{\|}{C}}-NH_2 \xrightarrow[NaOH]{H_2O}$

$CH_3(CH_2)_{10}CH_2SH + NH_2-\overset{O}{\overset{\|}{C}}-NH_2$

(4) 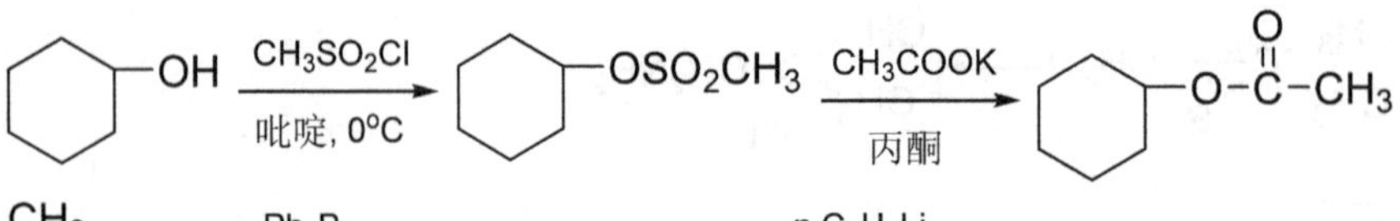

(5) $\begin{matrix}CH_3\\CH_3\end{matrix}\!\!>CHBr \xrightarrow{Ph_3P} Ph_3\overset{+}{P}CH(CH_3)_2Br^- \xrightarrow{n\text{-}C_4H_9Li} Ph_3P{=}C(CH_3)_2$

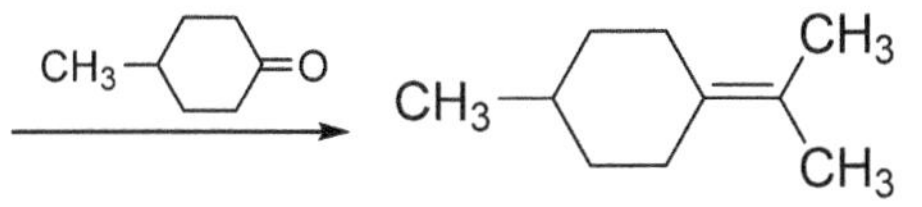

(6) 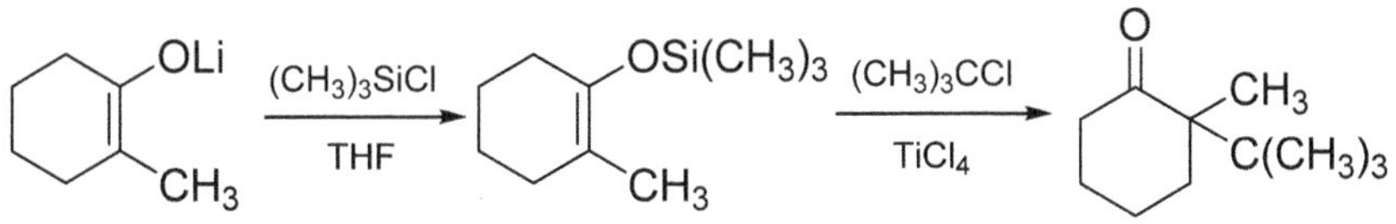

(7) 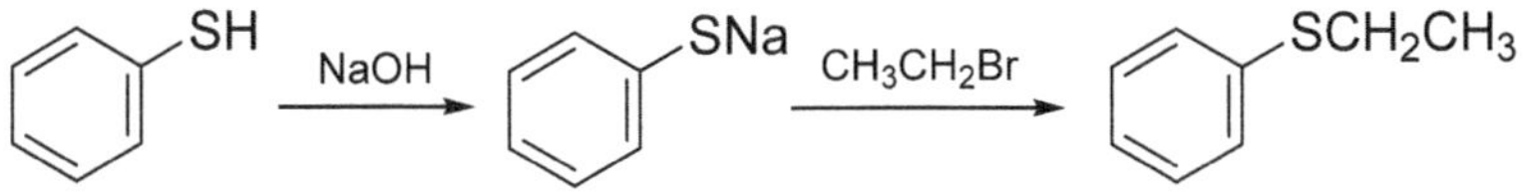

(8) 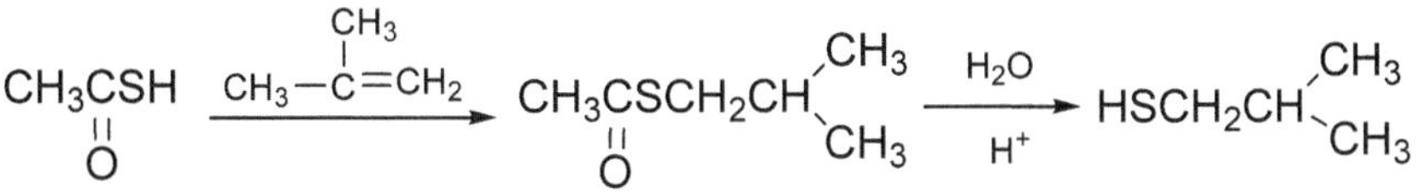

(9) 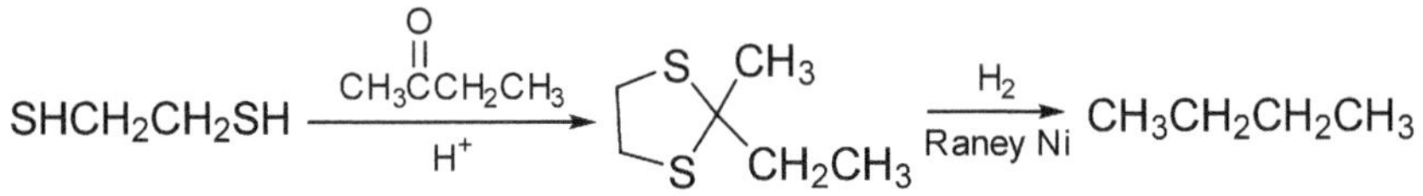

(10) 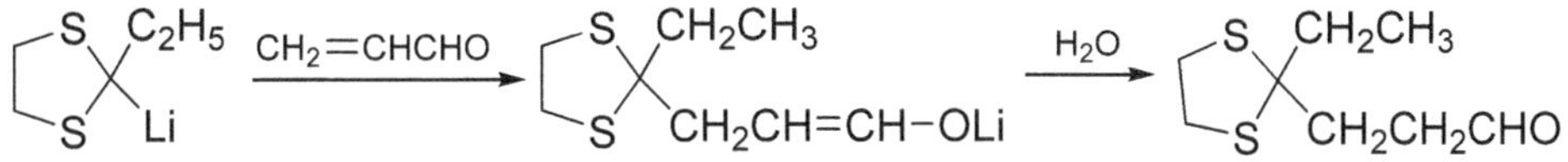

15.2

(1) $(C_6H_5S)_2Hg$

(2) $CH_3CH_2SSCH_2CH_3$

(3) $CH_3CH_2SCH{=}CHSCH_3$

(4) 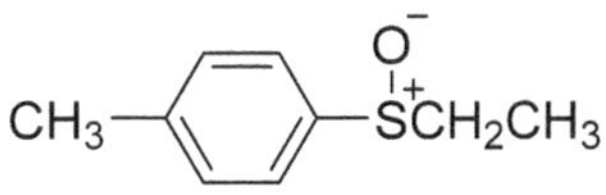

(5) 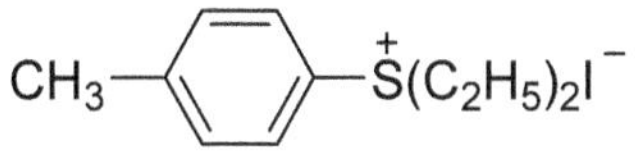

(6) 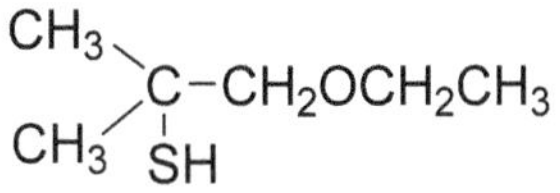

(7) 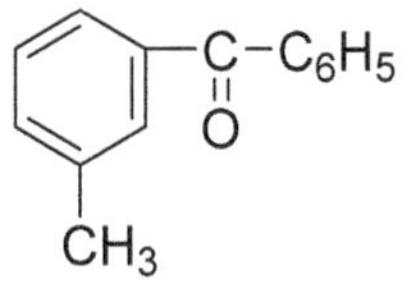

(8) 2 C_2H_5SH

15.3 略。

15.4

(1) 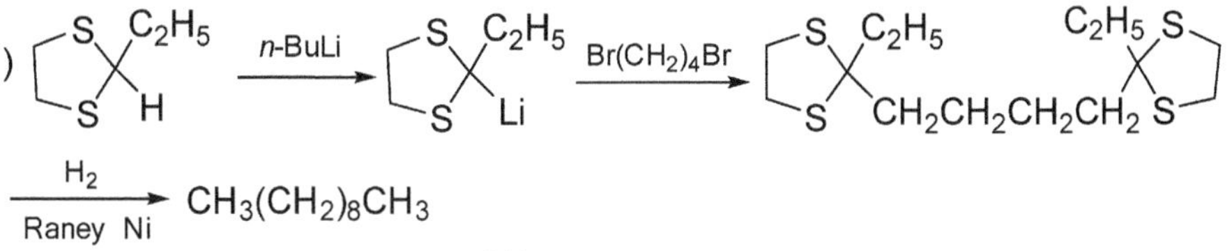

(2) 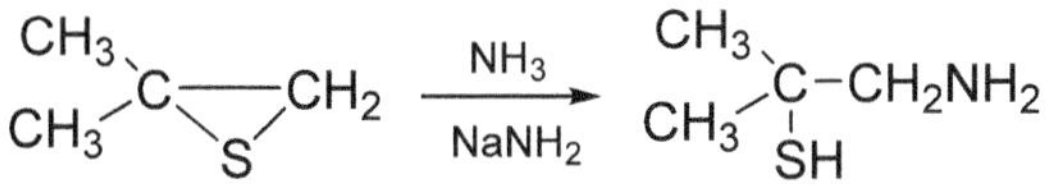

(3) 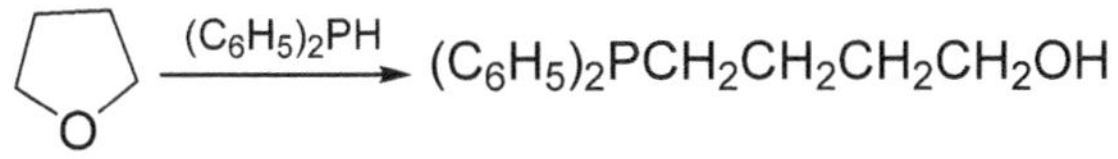

(4) 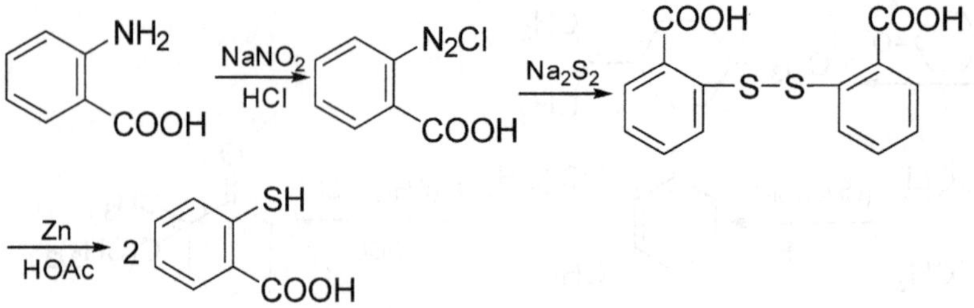

(5) 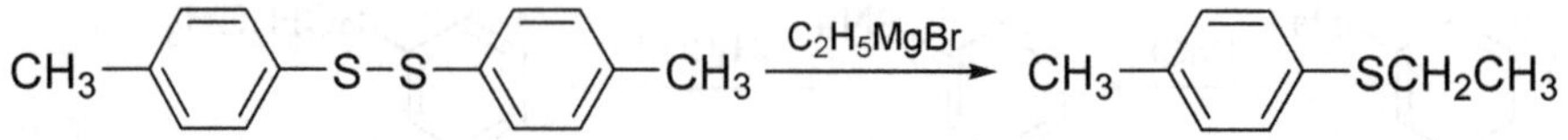

(6) 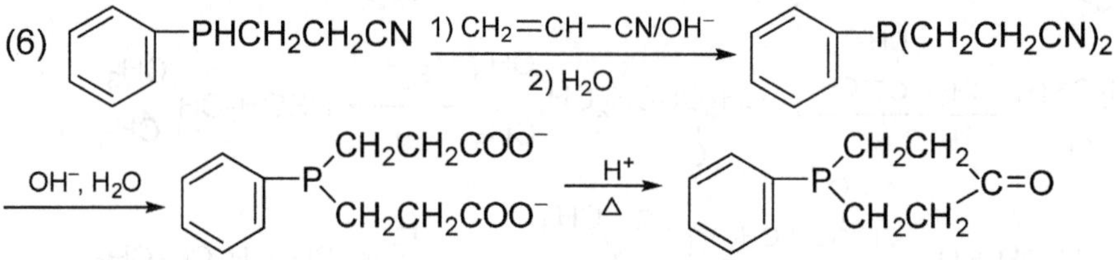

15.5

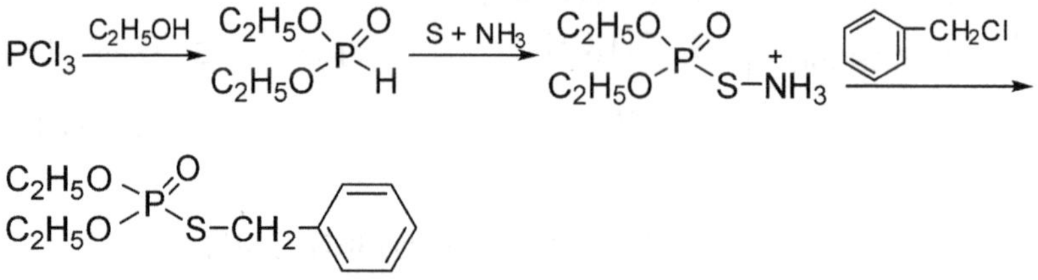

15.6

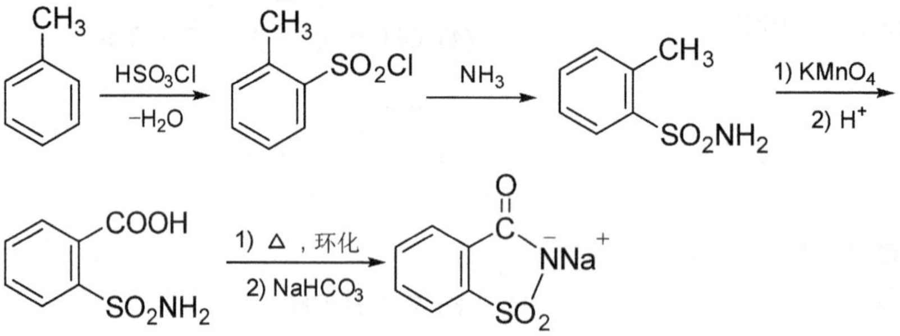

15.7

(1) $C_6H_5-Cl + Si(粉) \xrightarrow[400^oC]{Cu} C_6H_5SiCl_3 + (C_6H_5)_2SiCl_2$

(2) $CH_3Cl + Si(粉) \xrightarrow[300^oC]{Cu} (CH_3)_2SiCl_2 + CH_3SiCl_3 + (CH_3)_3SiCl$ 等

(3) $(CH_3)_3SiCl + H_2O \longrightarrow (CH_3)_3SiOH + HCl$

(4) 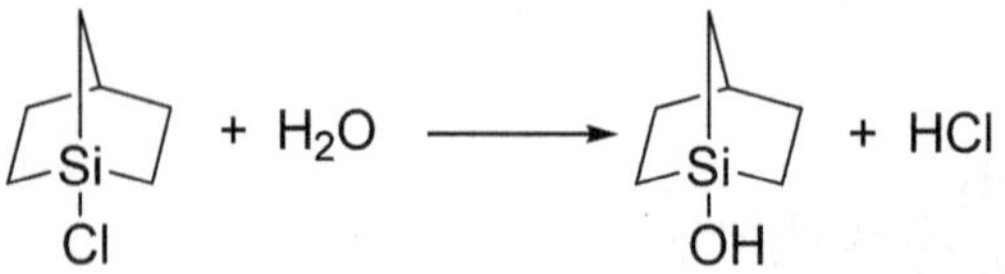

第 16 章　杂环化合物、生物碱

一、例题及解析

【例 16-1】　判断下列化合物有无芳香性。

(1) 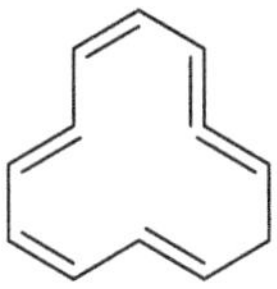
(2) 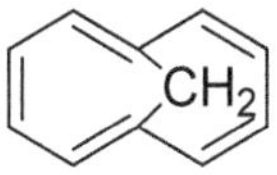
(3) 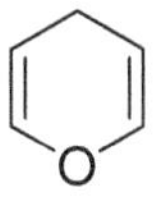

(4) 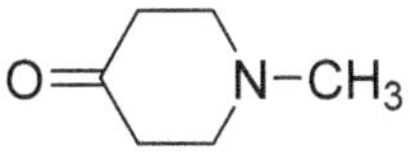
(5) 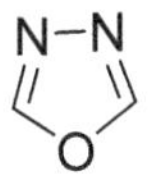
(6) 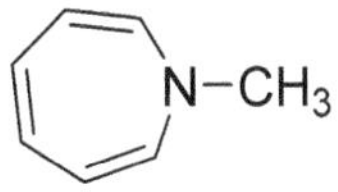

(7) 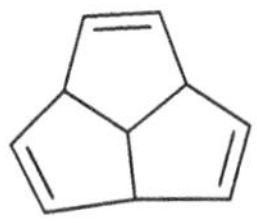
(8) 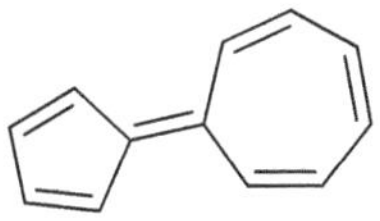
(9) 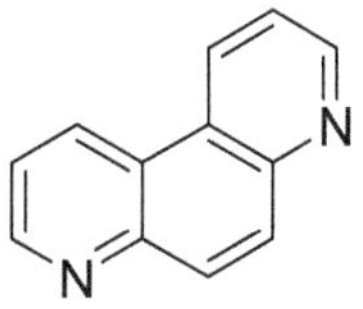

解　(2)、(5)、(8)、(9)有芳香性。

【例 16-2】　命名下列化合物或写出结构式。

(1) 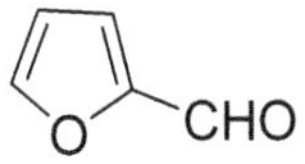
(2) 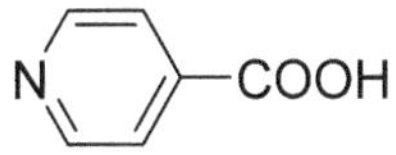
(3) 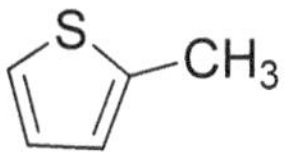

(4) 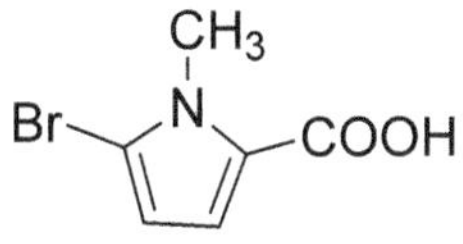
(5) 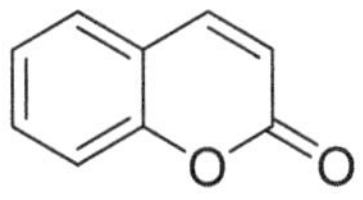
(6) 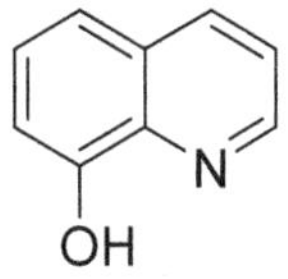

(7) 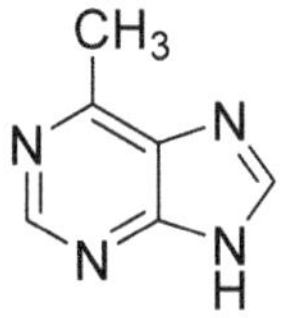
(8) 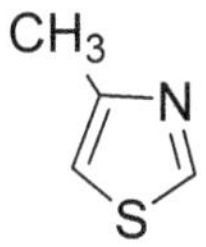

(9) 2-苯甲酰噻吩　　(10) 2,4-二氨基-5-对氯苯基-6-乙基嘧啶

解　(1) 呋喃甲醛　(2) γ-吡啶甲酸　(3) 2-甲基噻吩　(4) 1-甲基-5-溴-2-吡咯甲酸

(5) 苯并-α-吡喃酮(香豆素)　(6) 8-羟基喹啉　(7) 6-甲基嘌呤　(8) 4-甲基噻唑

(9) 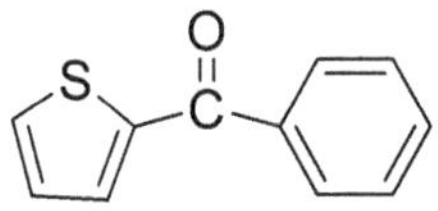
(10) 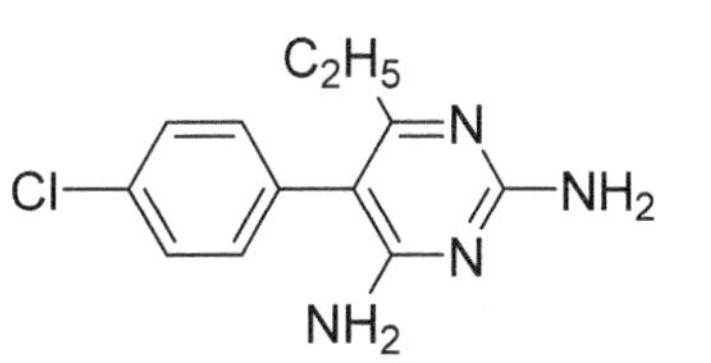

【例 16-3】 完成下列反应。

(1) 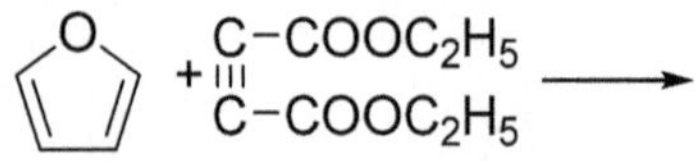

(2) 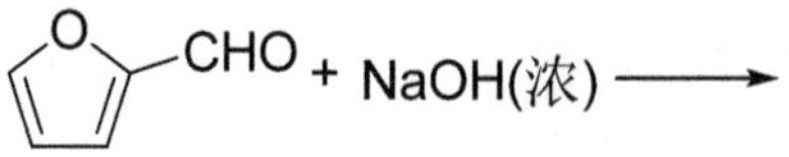

(3) 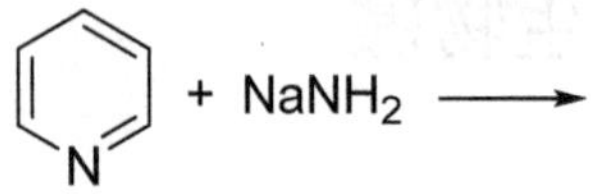

(4) 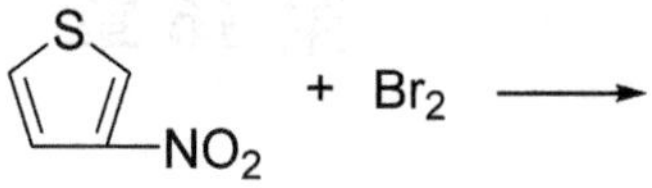

(5) 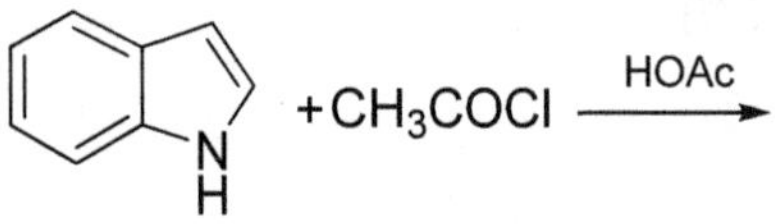

(6) 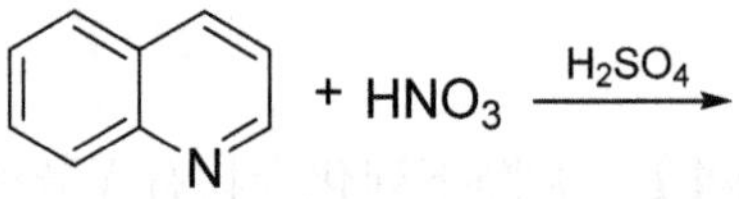

(7) 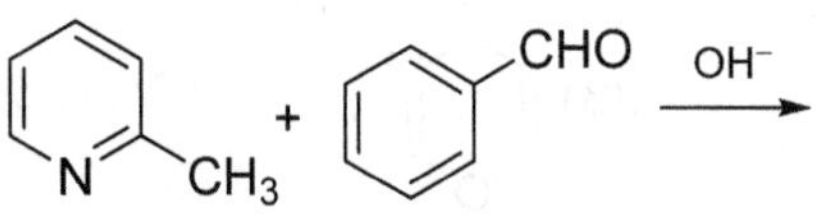

(8) 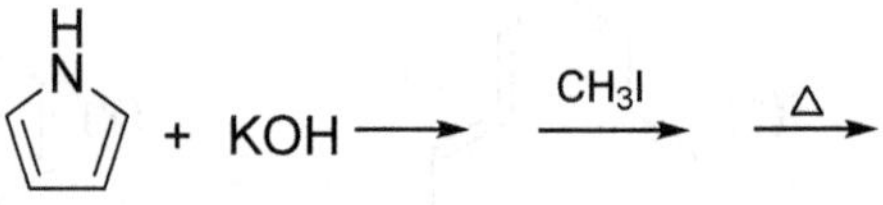

(9) 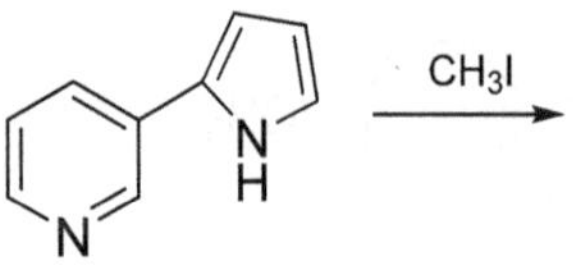

(10) 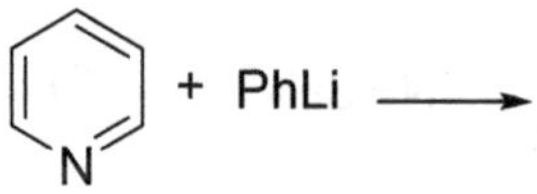

解

(1) 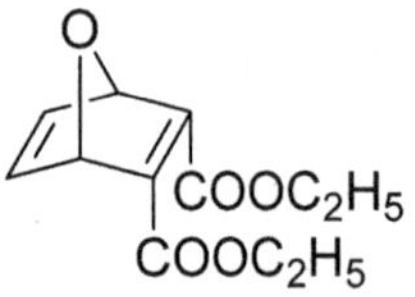

(2) 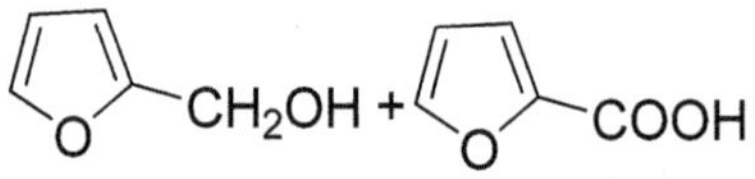

(3) 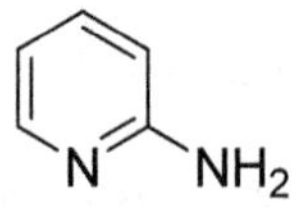

(4) 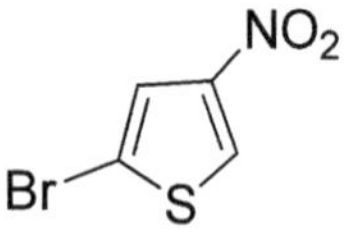

(5) 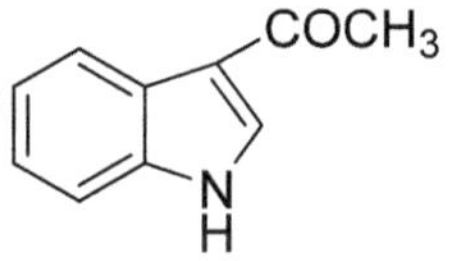

(6) 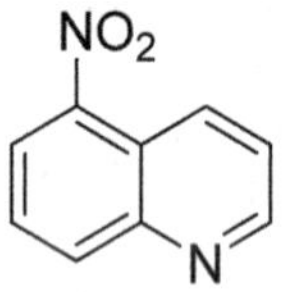

(7) 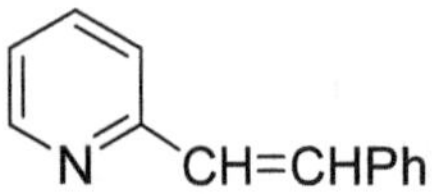

(8) 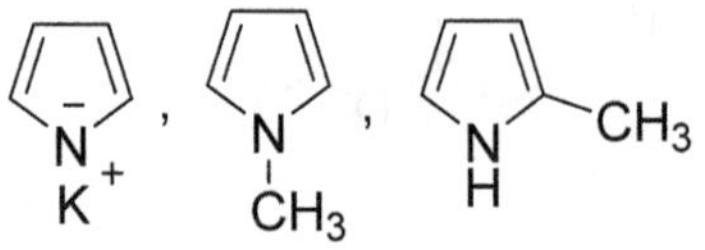

(9) 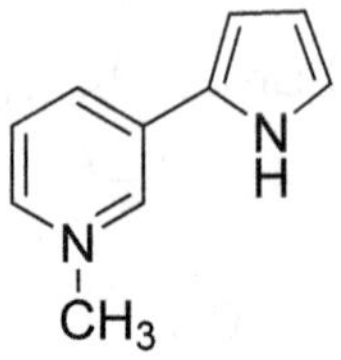

(10) 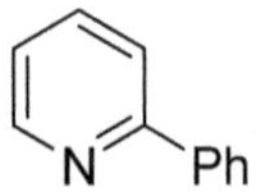

【例 16-4】 预测四氢吡咯用下列试剂处理时的产物。

(1) HCl 水溶液 (2) NaOH 水溶液 (3) 乙酸酐 (4) 苯磺酰氯+NaOH 水溶液

(5) 碘甲烷，然后再加 NaOH 水溶液处理 (6) 用过量 CH_3I，后用 Ag_2O 处理后再加强热

解

(1) 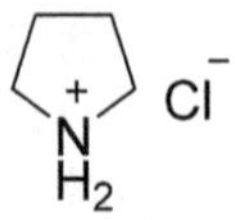

(2) 不反应

(3) 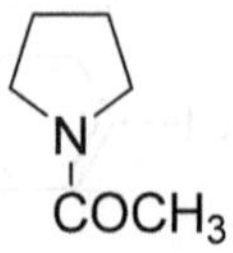

(4) 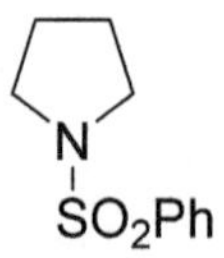

(5) 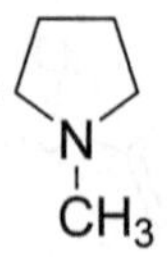

(6) 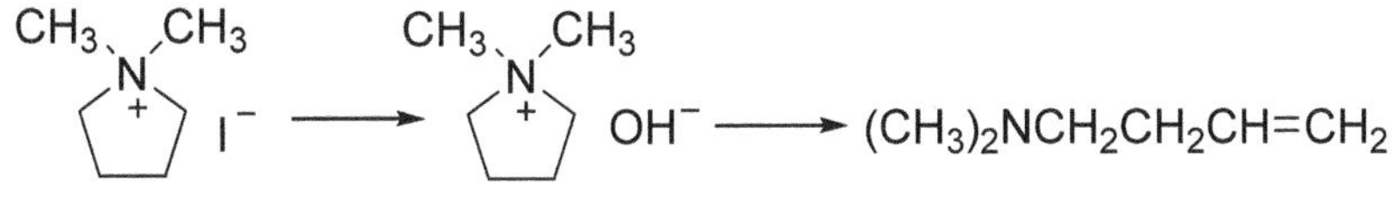

【例 16-5】　古柯碱($C_8H_{15}ON$)不溶于 NaOH 水溶液但能溶于 HCl 水溶液，不与 TsCl 反应，与苯肼反应生成腙，可发生碘仿反应，古柯碱经 CrO_3 剧烈氧化后得到古柯酸，此酸可以由下面步骤合成，试推测古柯碱的结构。

$$BrCH_2CH_2CH_2Br + CH_2(COOC_2H_5)^-Na^+ \longrightarrow A\ (C_{10}H_{17}O_4Br)$$

$$A + Br_2 \longrightarrow B\ (C_{10}H_{16}OBr_2) \qquad B + CH_3NH_2 \longrightarrow C\ (C_{11}H_{19}O_4N)$$

$$C + Ba(OH)_2 \xrightarrow{\triangle} D \xrightarrow{HCl} E \xrightarrow{\triangle} \text{古柯碱} + CO_2$$

解　古柯碱具有碱性，为叔胺，它含有结构片段 a，剧烈氧化比碘仿反应多除去一个碳，推测分子中含有结构片段 b，连在一个不易被氧化的环 R(结构片段 c)上。

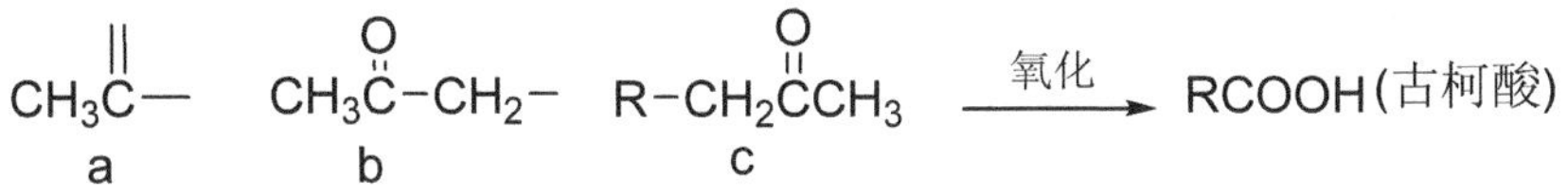

从古柯酸的合成得知它的结构：

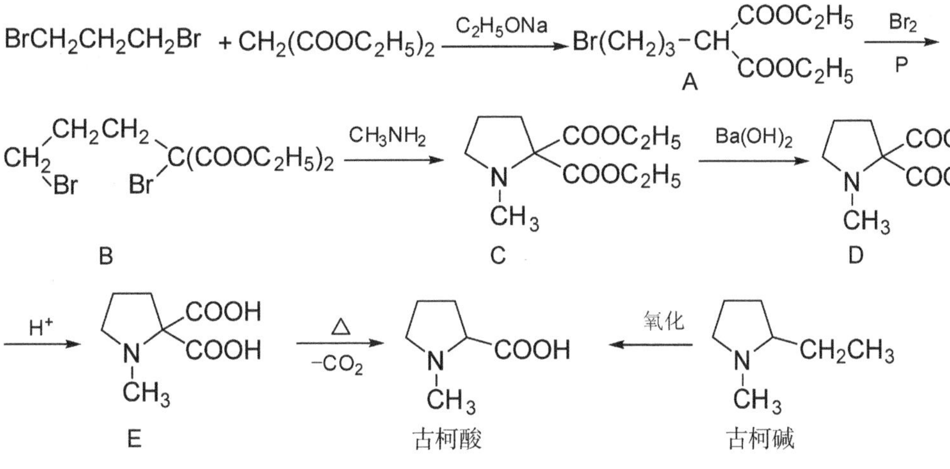

【例 16-6】　写出下列化合物的一硝化产物的结构式，并解释其形成的原因。

(1) 3-硝基吡咯　(2) 2-乙酰基噻吩　(3) 3-甲氧基噻吩　(4) 5-甲基呋喃-2-羧酸

解

(1) 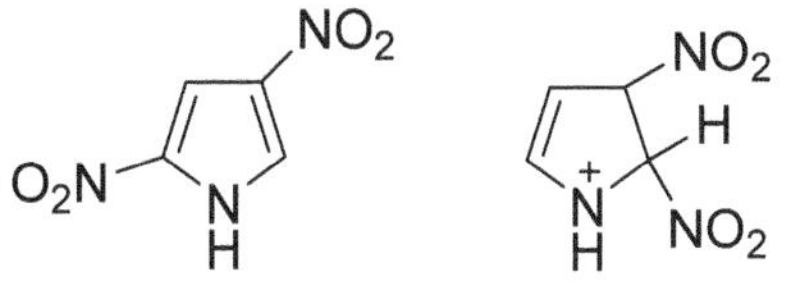

I

硝化发生在α'位，而不在α位，—NO_2的吸电子作用使中间体 I 不稳定，难形成；

(2) 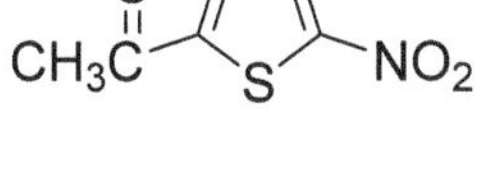 硝化发生在α位；

(3) 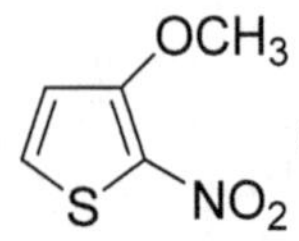 硝化发生在—OCH_3 的邻位，即噻吩的α位；

(4) 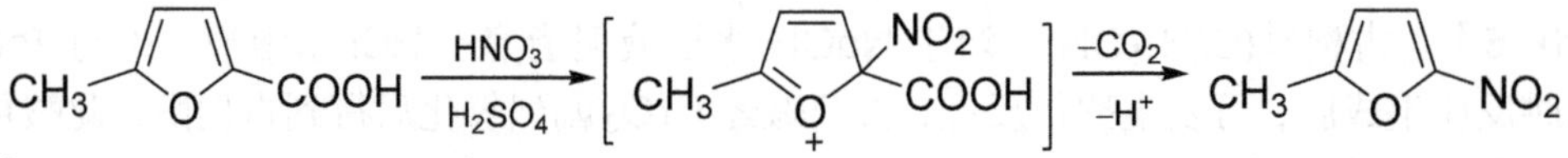

NO_2^+进攻 C2，再消除 CO_2 和 H^+。

【例 16-7】 (1) 为什么吡咯没有碱性，而吡啶有碱性？预测它的碱性比六氢吡啶强还是弱，为什么？

(2) 预测吡啶与下列化合物反应的产物。

(a) $B(CH_3)_3$　(b) H_2SO_4　(c) C_2H_5I　(d) t-C_4H_9Br

(e) PhCOOH　(f) CrO_3　(g) Br_2(300℃)　(h) SO_3，室温

解 (1) 吡咯环 N 上的未共用电子对(sp^2 电子)与环上的共轭双键形成了Π_5^6的芳香体系，不能接受质子，所以没有碱性；吡啶环 N 上的未共用电子对则未参加Π_6^6共轭体系的形成，因而可以接受质子而具有碱性。在六氢吡啶中，N 上的未共用电子是 sp^3 电子，它比吡啶中的 sp^2 电子更易提供共用电子(因为 p 轨道成分多)，所以其碱性要比吡啶强。

(2) 吡啶有典型的叔胺性质，故生成的产物是：

(a) $C_5H_5\overset{+}{N}\overset{-}{B}(CH_3)_3$　(b) $(C_5H_5\overset{+}{N})HS\overset{-}{O_4}$　(c) $C_5H_5\overset{+}{N}C_2H_5\overset{-}{I}$

(d) $C_5H_5\overset{+}{N}H\overset{-}{Br}$ + $(CH_3)_2C{=}CH_2$　(e) $C_5H_5\overset{+}{N}\rightarrow\overset{-}{O}$ (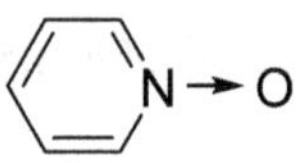)　(f) $C_5H_5\overset{+}{N}Cr\overset{-}{O_3}$

(g) 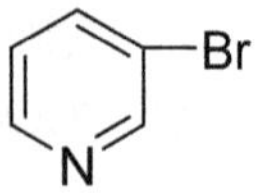　(h) 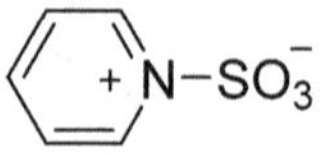

【例 16-8】 在下面字母处填上有关试剂或化合物。

(1) 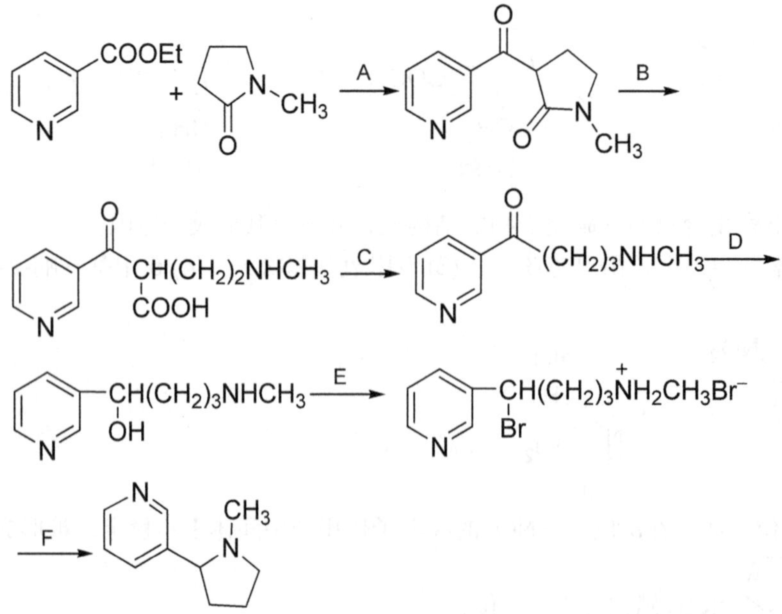

(2) 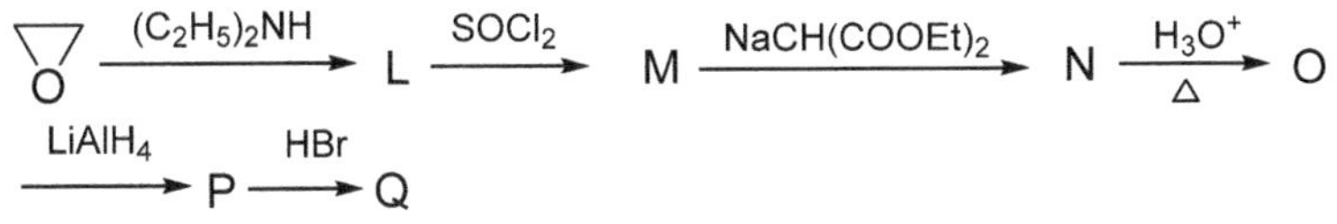

(3) 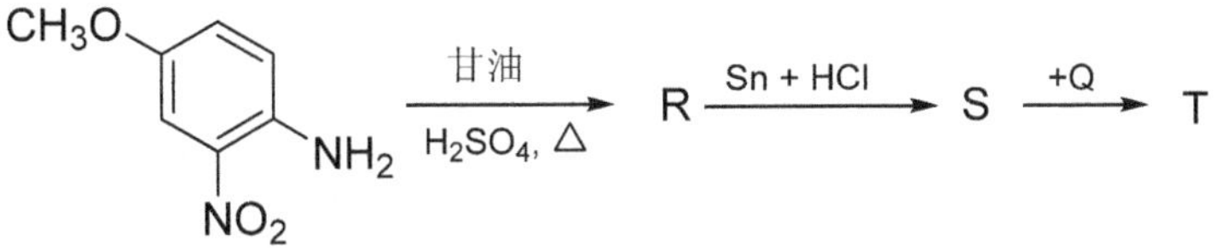

解　(1) A 为酯酮缩合反应，此处应填入 C_2H_5ONa；B 为酰胺的水解，填入 1) OH^-/H_2O 2) H^+；C 为β-酮酸脱—CO_2，应填入△，表示加热；D 为羰基还原，填入 $NaBH_4$；E 为—OH 转化为—Br，填 PBr_3；F 为—NH_2 进行的分子内亲核取代，填 OH^-。

(2) L. $HOCH_2CH_2NEt_2$　　M. $ClCH_2CH_2NEt_2$

N. $Et_2NCH_2CH_2CH(COOEt)_2$　　O. $Et_2NCH_2CH_2CH_2COOH$

P. $Et_2NCH_2CH_2CH_2CH_2OH$　　Q. $Et_2NCH_2CH_2CH_2CH_2Br$

(3) R. 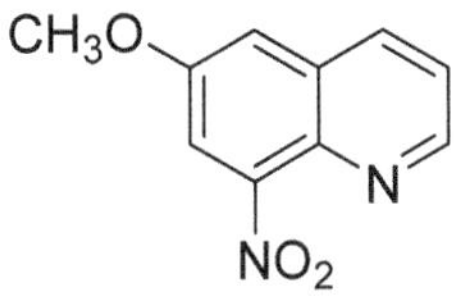　S. 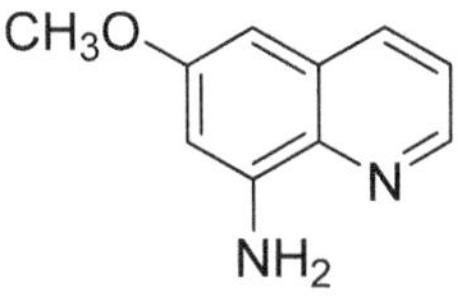　T. 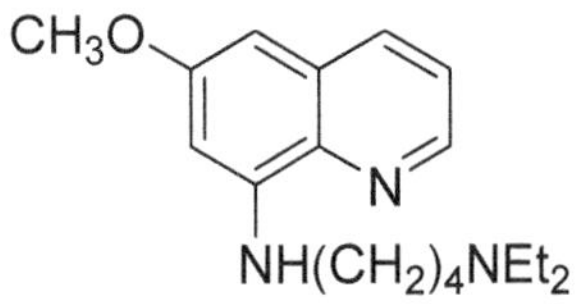

【例 16-9】　由指定原料出发合成下列物质。

(1) 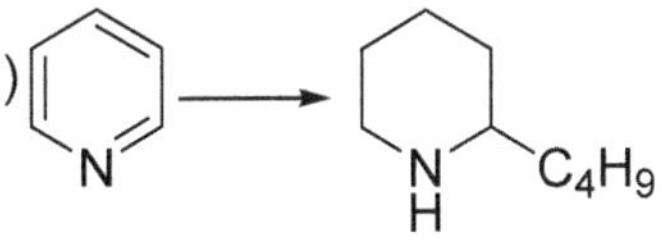　(2) 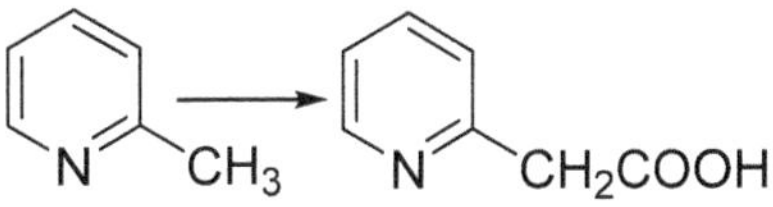

(3) 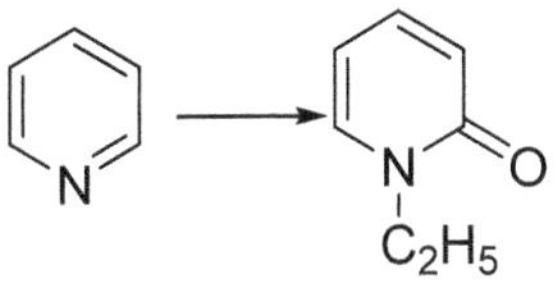　(4) 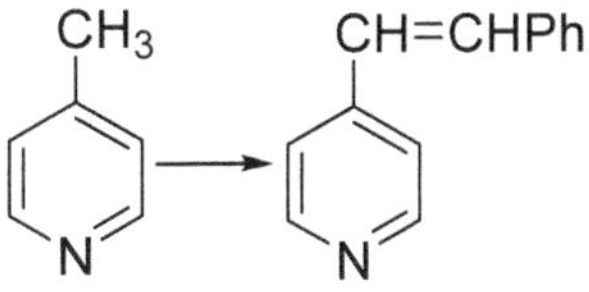

(5) 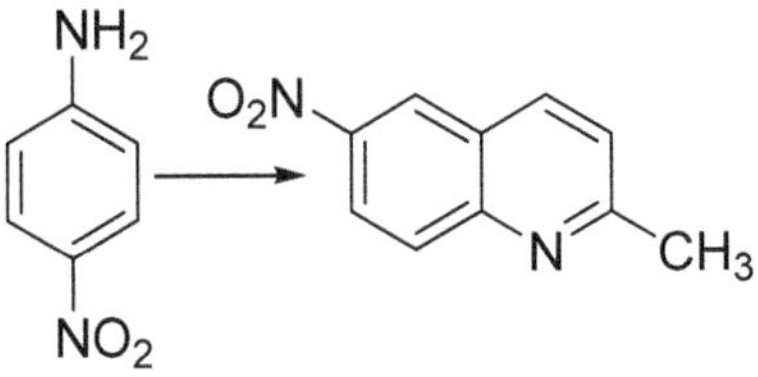　(6) 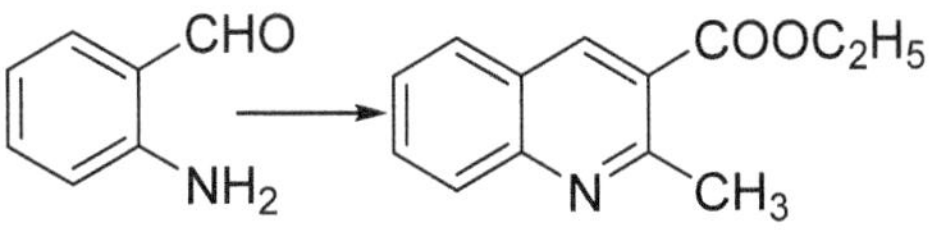

解

(1) 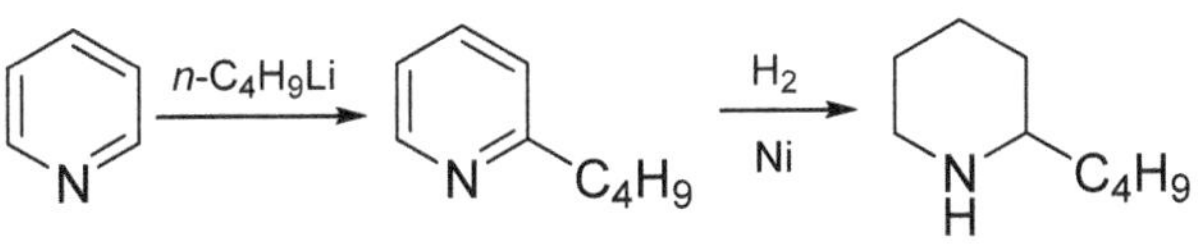

(2) 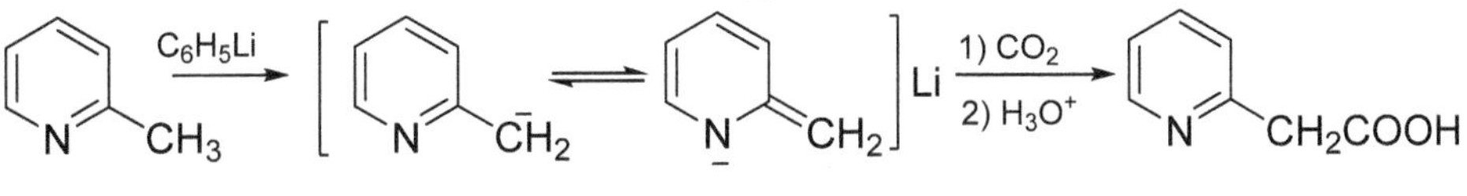

(3) 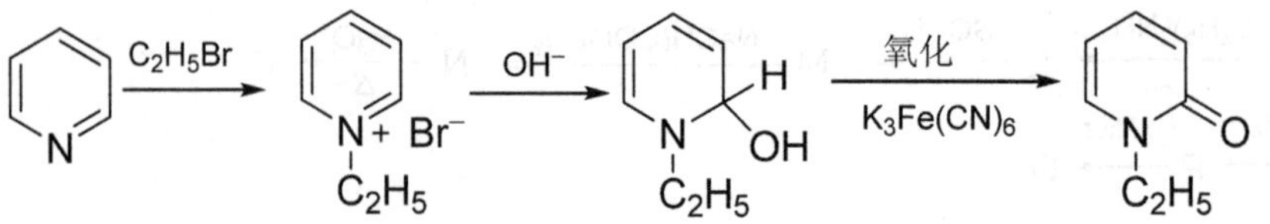

(4) 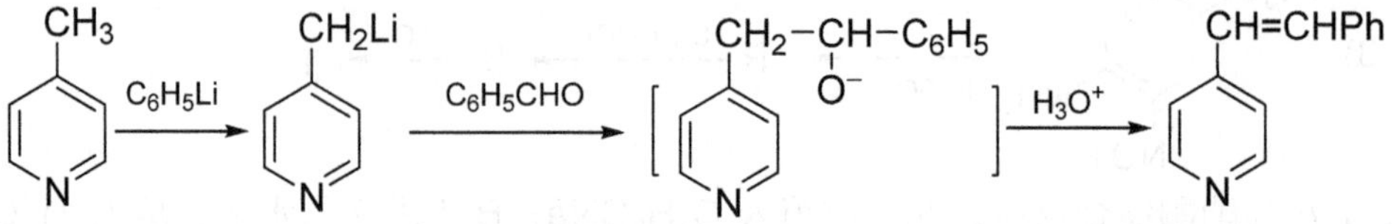

(5) 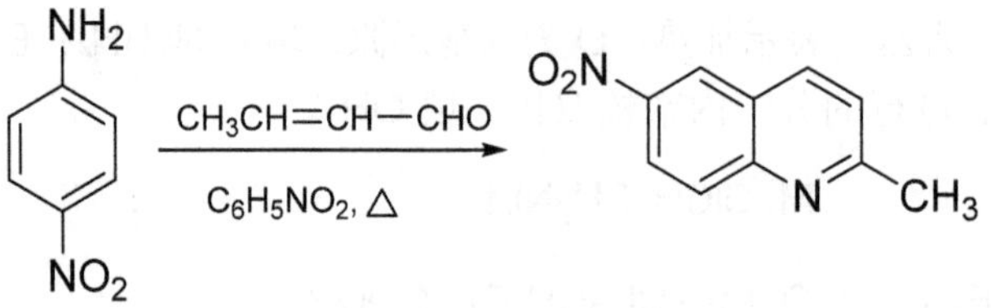

(6) 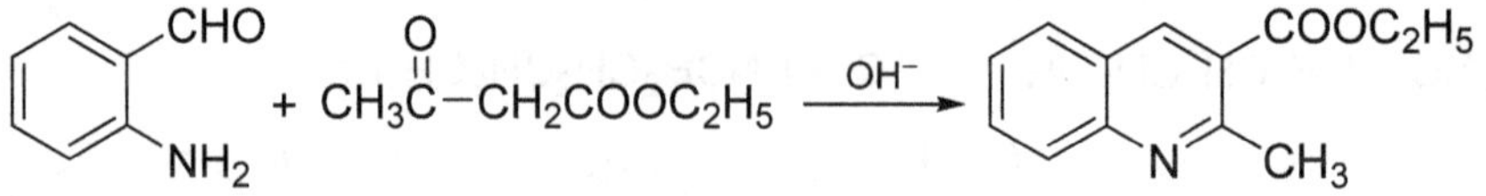

【例 16-10】 写出尿嘧啶与脱氧核糖形成的核苷酸。

解 有下列两种形式：

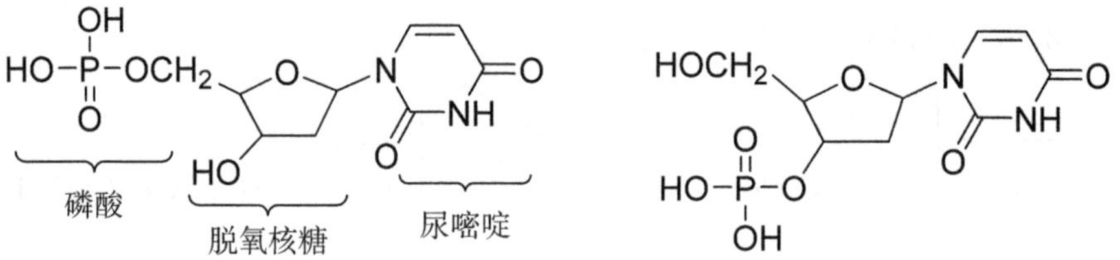

二、习　　题

16.1 判断下列化合物有无芳香性。

(1) 　(2) 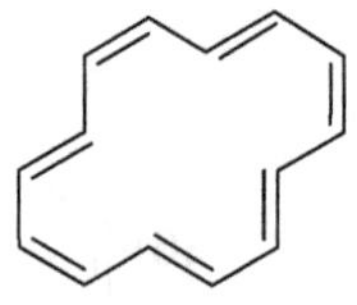　(3) 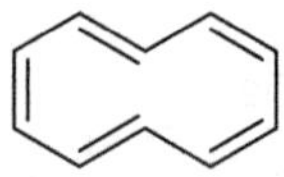

(4) 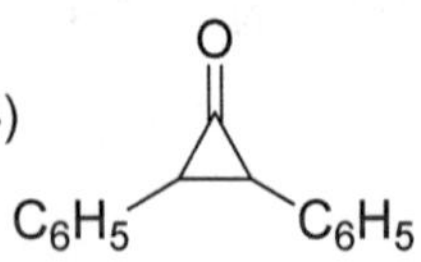　(5) 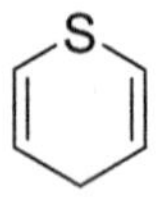　(6) 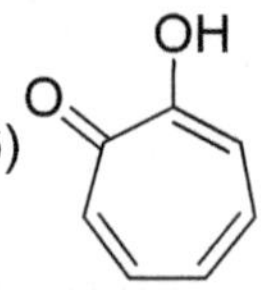

16.2 1,3,5,7-环辛四烯 C_8H_8，它使冷的 $KMnO_4$ 水溶液迅速褪色，并与 Br_2/CCl_4 反应生成 $C_8H_8Br_8$。

(1) 其构象可能是什么形状？

(2) 它与金属钾反应得到非常稳定的化合物$[C_8H_8]^{2-}K_2^+$，NMR 谱指出该化合物所有氢都是等价的，那么该化合物的结构是怎样的？有无芳香性？

16.3 用箭头表示下列化合物发生反应的位置。

(1) 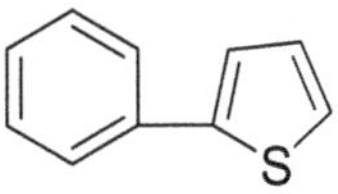 的溴代

(2) 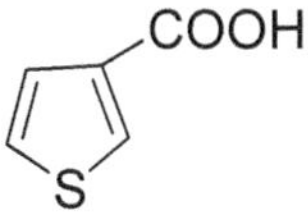 的溴代

(3) 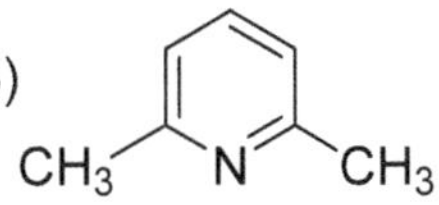 的氨基化

(4) 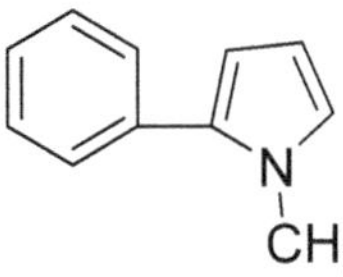 的碘代

(5) 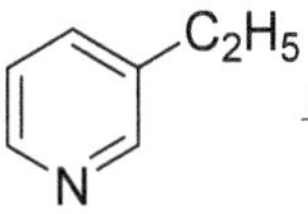 与苯基锂作用

(6) 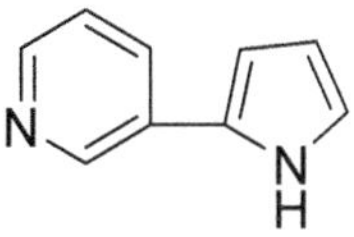 与碘甲烷作用

16.4 预测下列反应的主要产物。

(1) 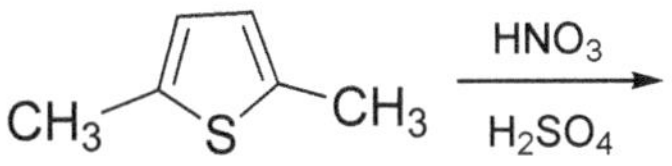

(2) 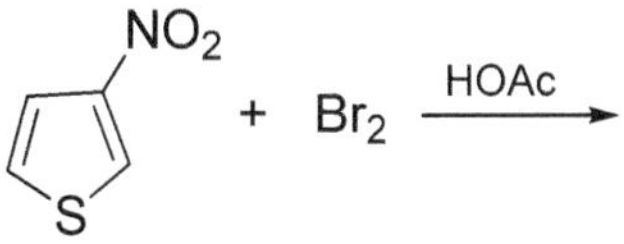

(3) 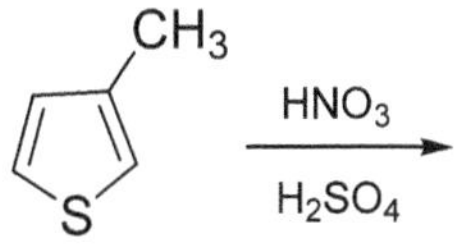

(4) 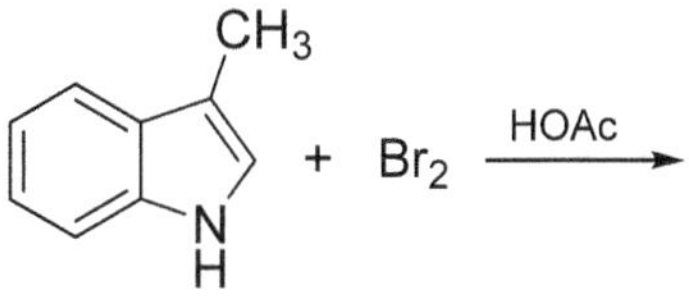

(5) 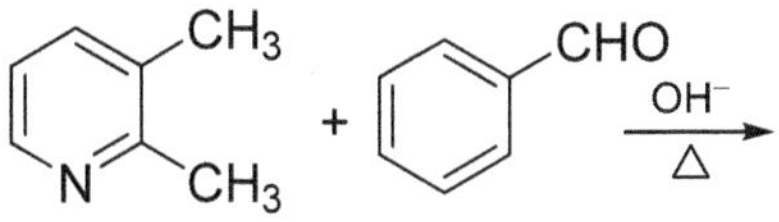

(6) 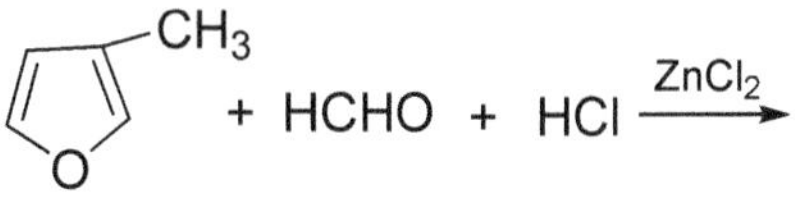

(7) 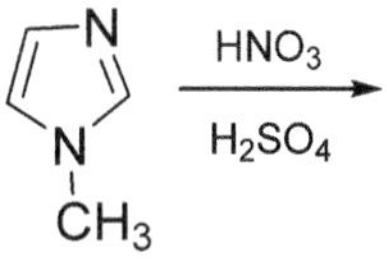

(8) 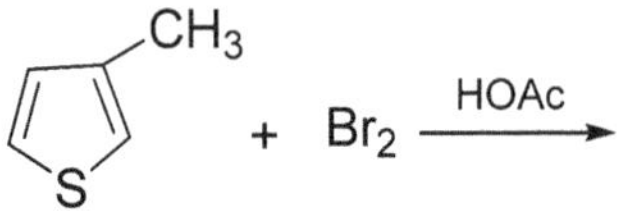

(9) 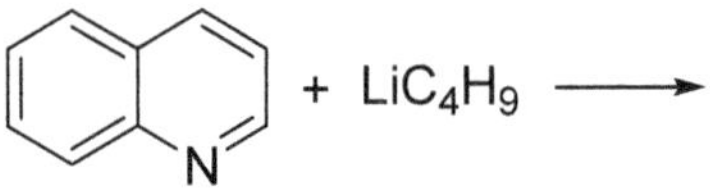

(10) 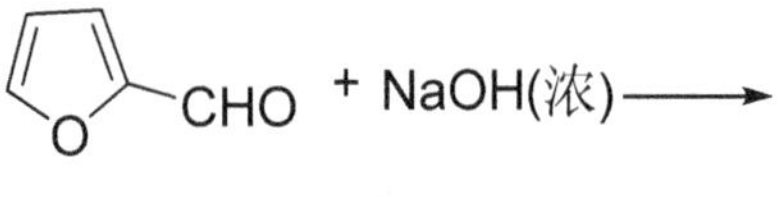

(11) 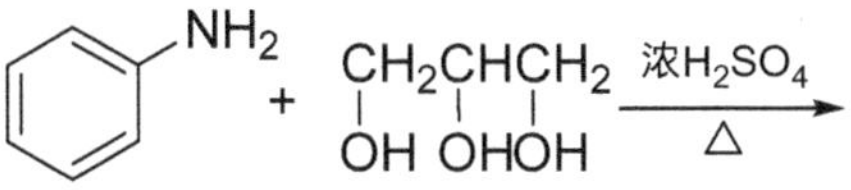

(12) 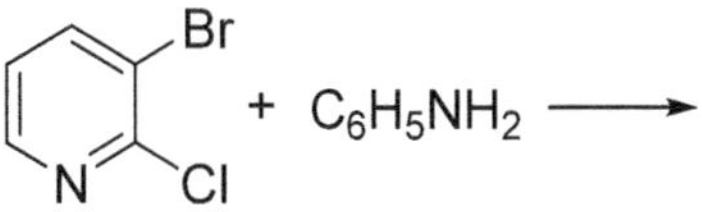

(13) 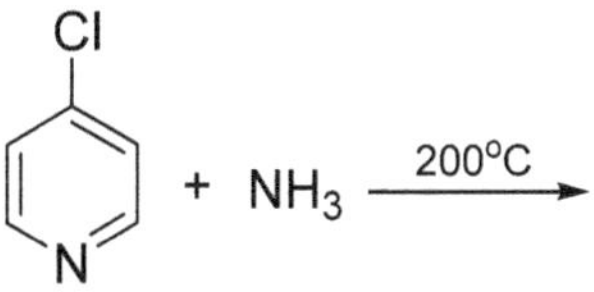

(14) 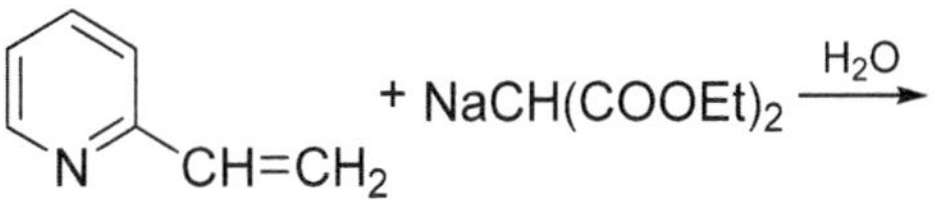

(15) 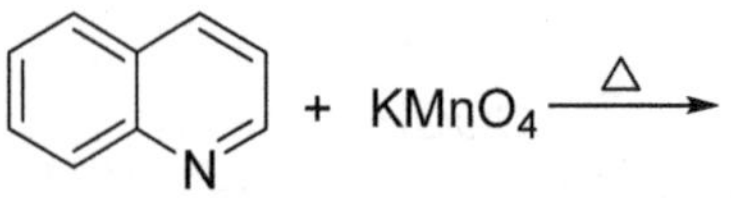　(16) 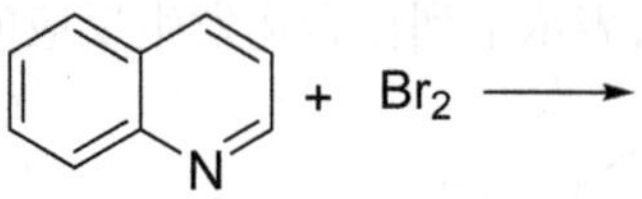

16.5 完成下列转变。

(1) 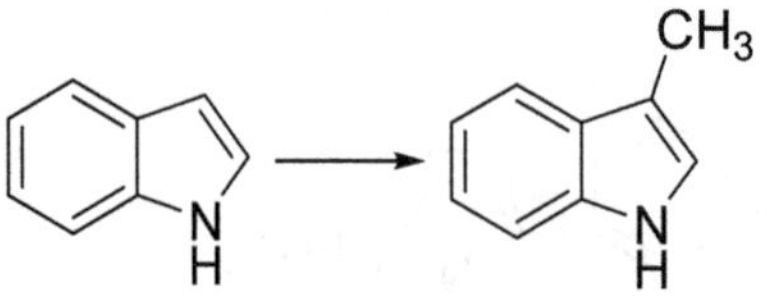　(2) 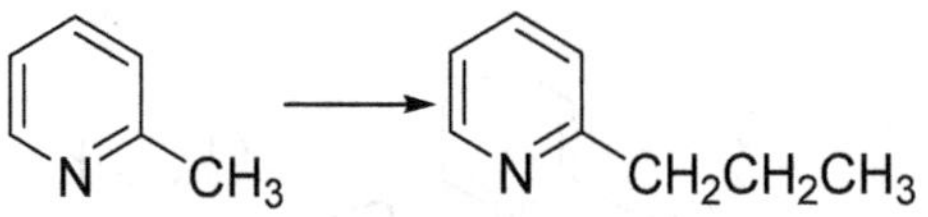

(3) 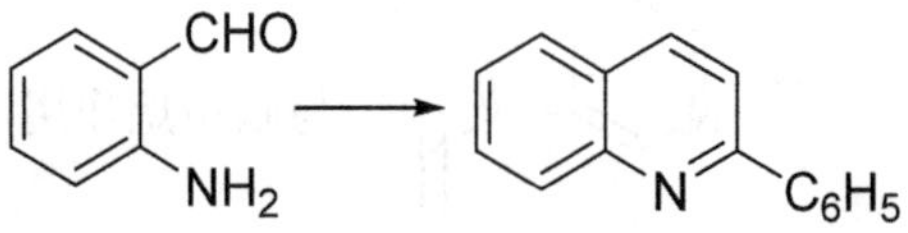　(4) 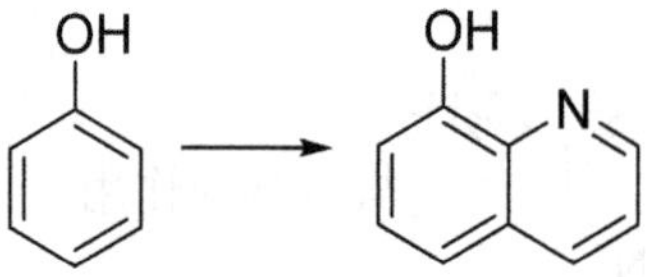

(5) 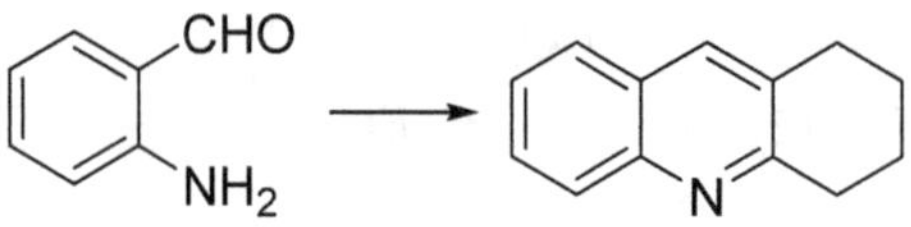　(6) 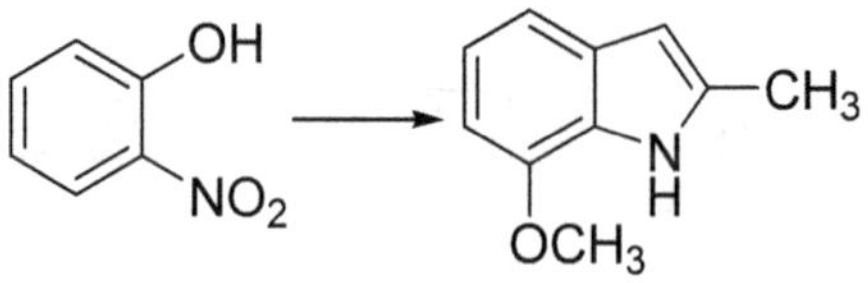

16.6 将下列化合物按碱性强弱排列。

甲胺、苯胺、吡咯、吡啶、喹啉、乙腈、氨

16.7 试用中间体碳正离子的稳定性说明为什么吡啶的亲核取代在 α 位和 γ 位，而亲电取代却在 β 位上进行。

16.8 在化合物 A 中，哪一个 N 原子碱性较大？当 A 与下列试剂反应时，各得到什么产物？

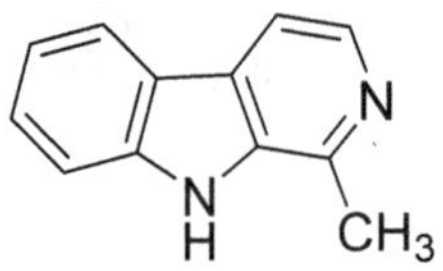
(A)

(1) HNO_3/H_2SO_4　(2) H_2O_2/H_2O　(3) 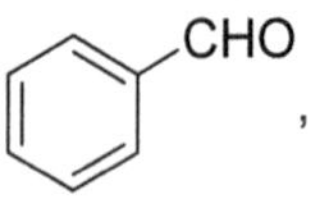, OH^-

16.9 利用所给原料合成指定化合物。

(1) 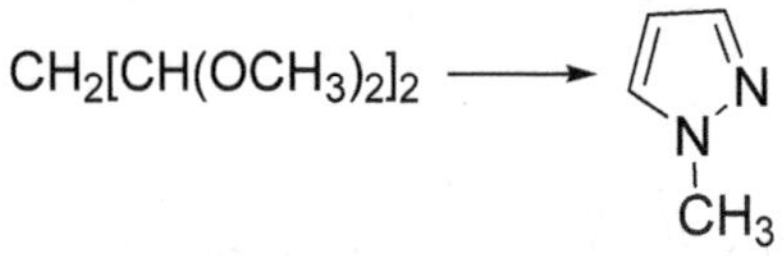

(2) 

(3) 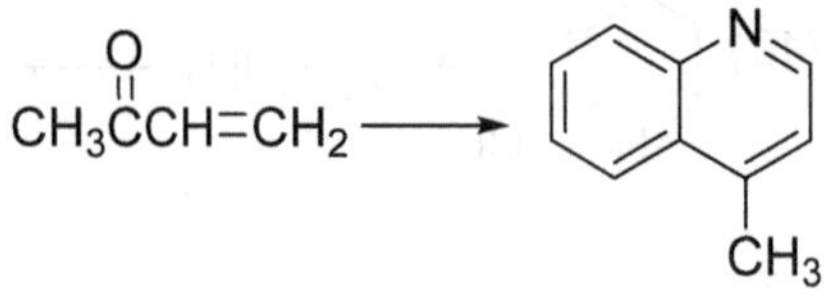

(4) 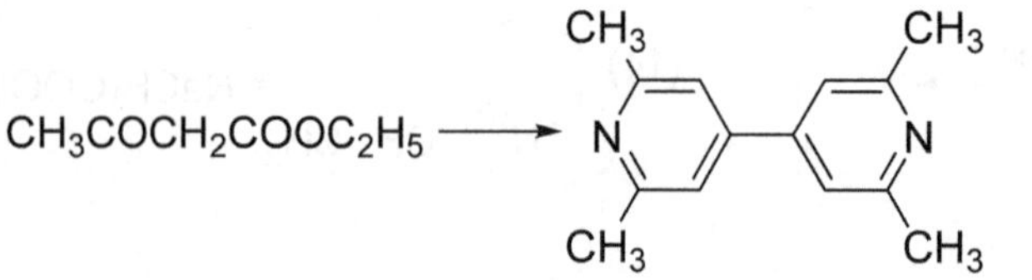

16.10　写出以 $CH_3COCH_2COOC_2H_5$ 与苯肼为原料合成下列化合物的各步反应。

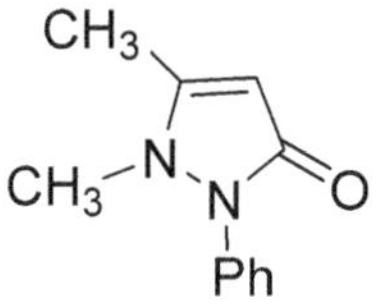

16.11　某化合物 A($C_5H_4O_2$)，与氧化剂作用生成 B($C_5H_4O_3$)，加热 B 时生成 C(C_4H_4O)并放出气体，A 能与 $NaHSO_3$ 作用，C 无酸性，也不发生醛酮的反应，但与顺丁烯二酸酐反应生成白色固体，试推断 A、B、C 的结构。

16.12　某中性杂环化合物分子式为 $C_8H_{10}O_3$，它的 ^1H NMR 数据为δ(ppm)：2.92(1H, d，J = 5 Hz), 7.62(3H, s), 3.87 (1H, d, J = 5 Hz), 8.80(3H, t, J = 7 Hz), 3.22(2H, q, J = 7 Hz)，试推测该化合物的结构。

16.13　吡啶甲酸的三个异构体的沸点分别为 A 137℃、B 234～237℃、C 137℃，喹啉氧化时得到二元酸 D($C_7H_5O_4N$)，D 加热时生成 B，异喹啉氧化时生成二元酸 E($C_7H_5O_4N$)，E 加热时生成 B 和 C，试推测 A、B、C 的结构。

16.14　吲哚与 $SOCl_2$ 作用得到化合物 A($C_8H_5NCl_2$)，实验证明，PCl_5 与 2,3-二羟基吲哚也能生成 A。试写出有关反应式和 A 的结构式。根据这些事实，关于吲哚的苯环及吡咯环的反应性能可以得到什么结论?

16.15　某生物碱Ⅰ($C_{20}H_{21}O_4N$)的结构已由下列反应确定。

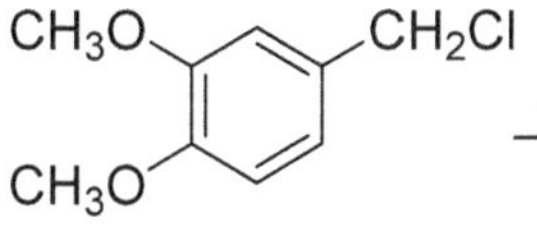

$\xrightarrow{KCN}$ A ($C_{10}H_{11}O_2N$) $\xrightarrow[Ni]{H_2}$ B ($C_{10}H_{15}O_2N$)

A + 酸的水溶液 $\xrightarrow{\triangle}$ C $\xrightarrow{PCl_3}$ D ($C_{10}H_{11}O_3Cl$)

B + D $\longrightarrow$ E ($C_{20}H_{25}O_5N$)　　E + P_2O_5 $\xrightarrow{\triangle}$ F ($C_{20}H_{23}O_4N$)

F + Pd $\xrightarrow{200℃}$ 生物碱Ⅰ

试推测 A～F 的结构。

16.16　图示中二吡咯甲烷是卟啉环结构的重要组成部分，它可以由吡咯和醛在酸性介质中反应制得。试写出这个转变的所有中间体及各步反应。

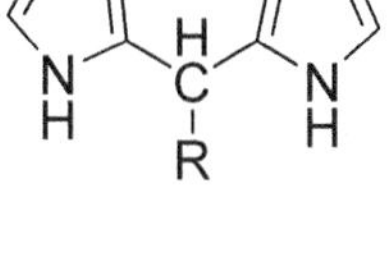

16.17　合成下列化合物。

(1) 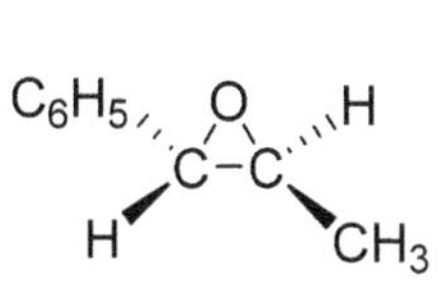　(2) 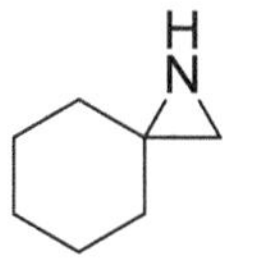　(3) 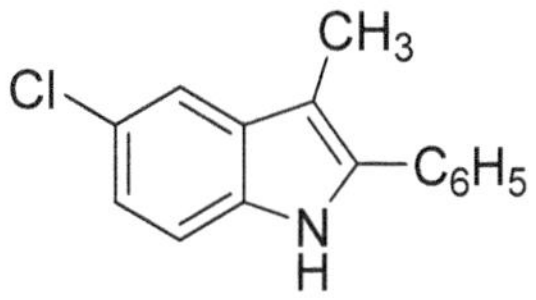

(4) 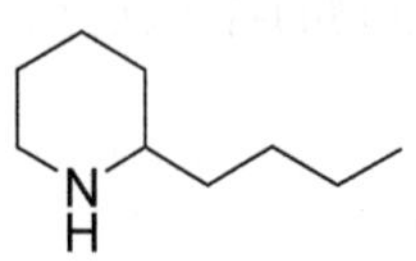 (5) 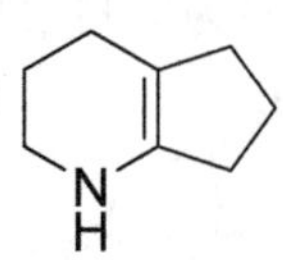 (6) 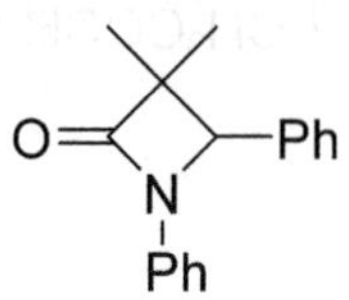

16.18 完成下列转化。

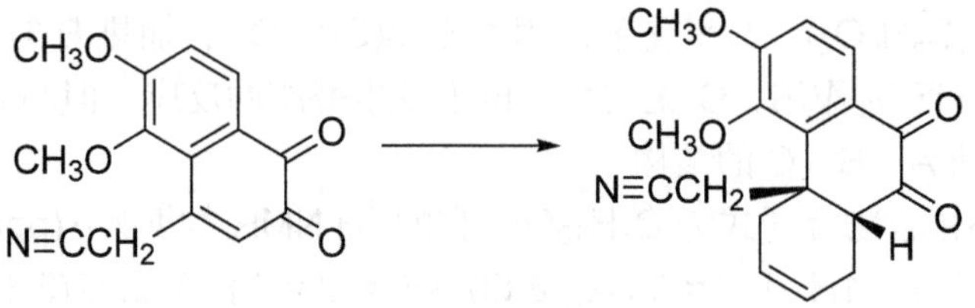

三、习 题 解 答

16.1 (2)、(4)、(6)三种化合物具有芳香性。

16.2 (1) 分子不在同一平面，而是呈一盆状，该结构式为

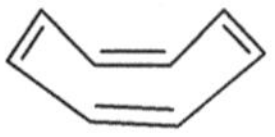

(2) 当环辛四烯与金属钾反应后，形成环辛四烯双负离子，具有芳香性。

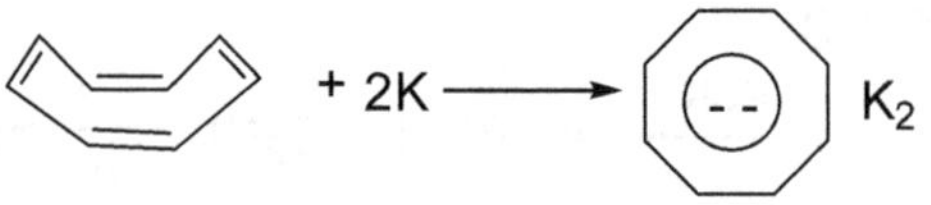

16.3

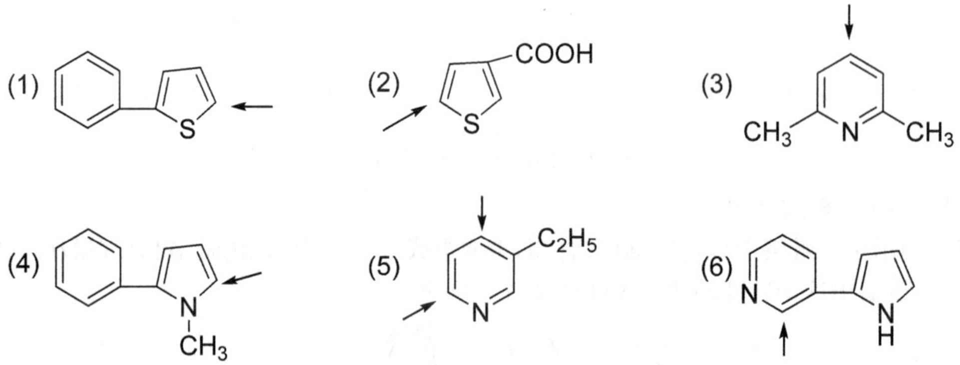

16.4

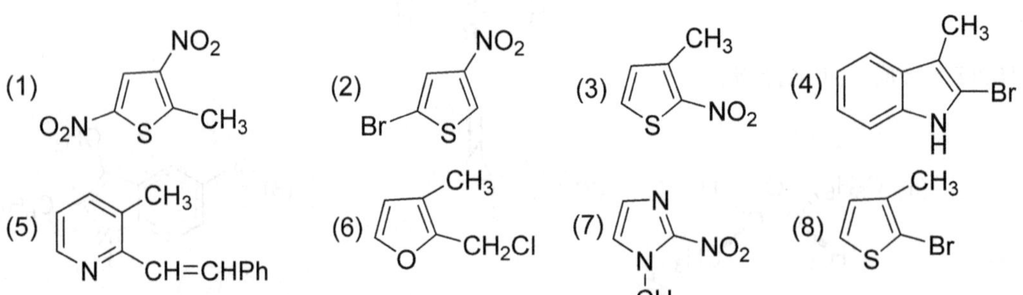

(9) 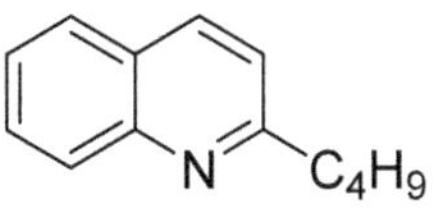

(10) 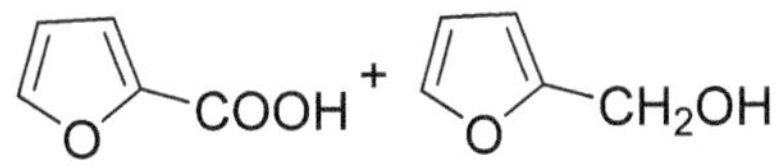

(11) 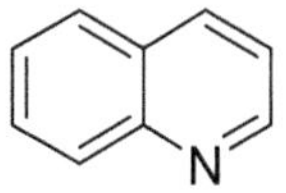

(12) 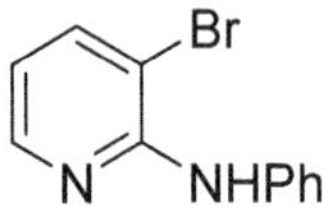

(13) 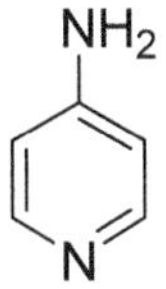

(14) 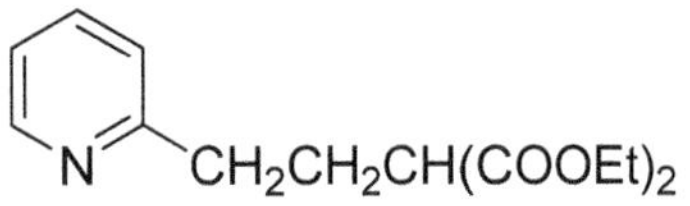

(15) 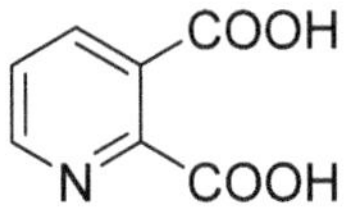

(16) 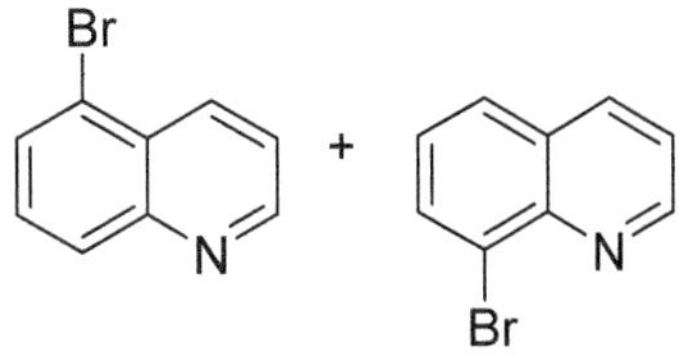

16.5

(1) 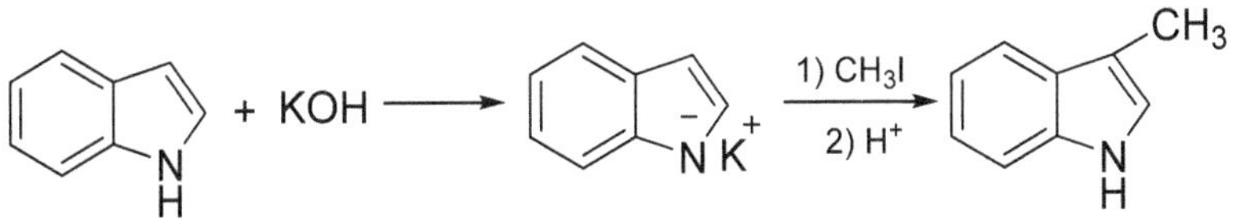

(2) 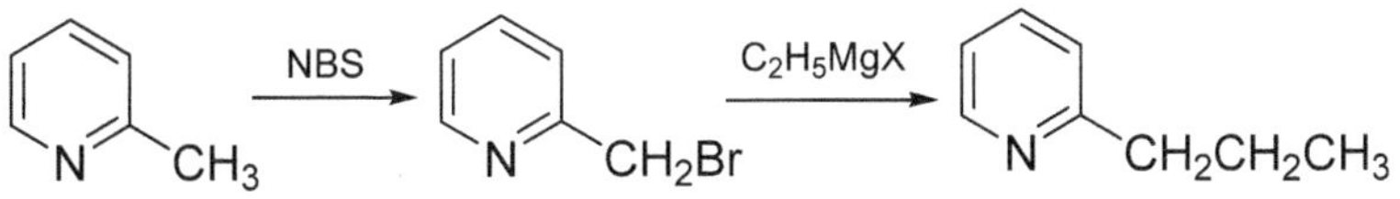

(3) 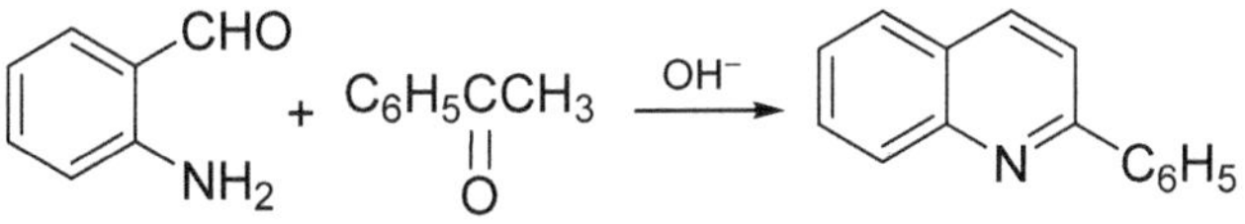

(4) 由 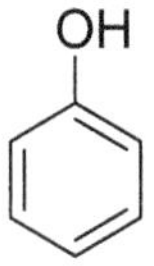 先制得 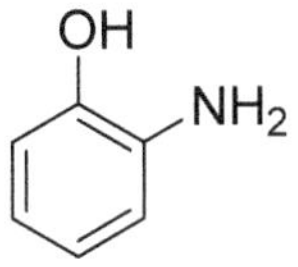， 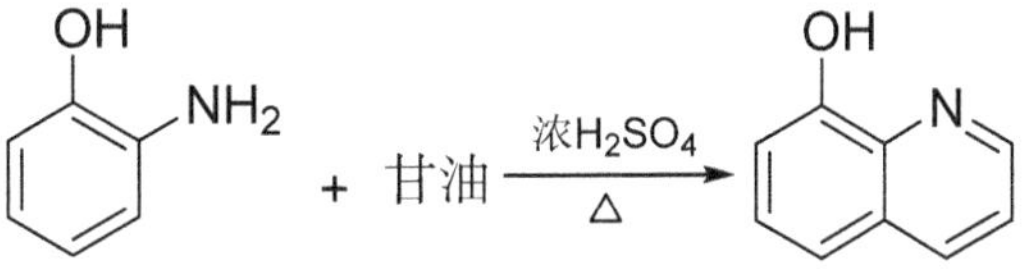

(5) 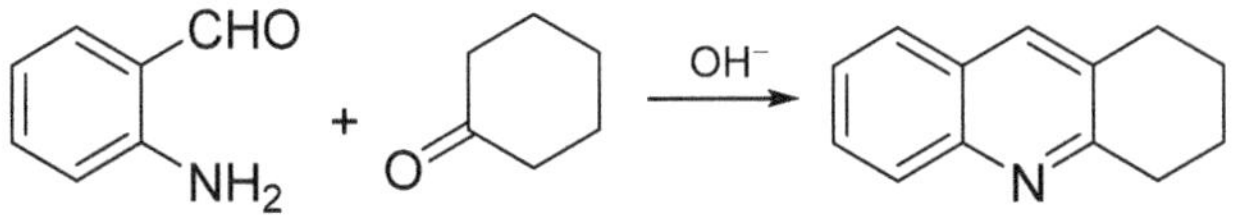

(6) 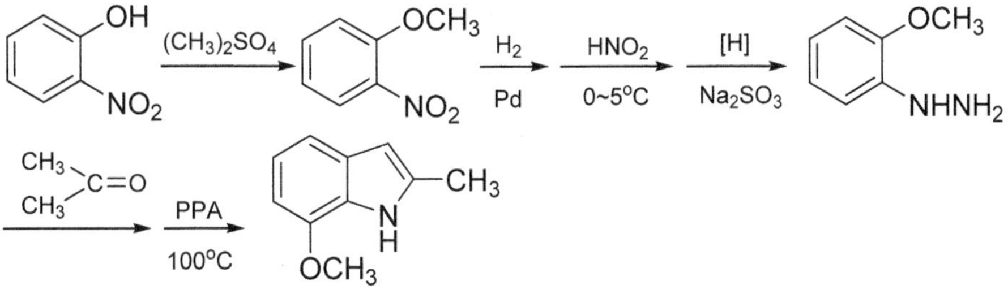

16.6 由强到弱的碱性次序如下：

CH_3NH_2 > NH_3 > 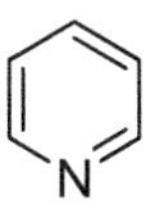 > 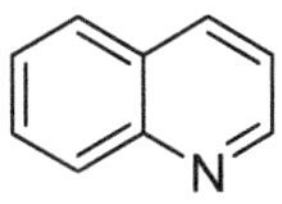 > 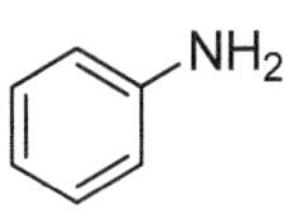 > $CH_3C\equiv N$ > 

16.7 当亲电试剂 E^+进攻 α 位或 γ 位时，形成的中间体正离子分别为共振结构 a→c 及 g→i，其中 c 和 h 是不稳定的氮正离子共振结构；而当进攻 β 位时，所形成的三个共振结构 d→f 均为比氮正离子稳定的碳正离子结构。因此，β 取代是主要产物。但由于 N 的吸电子诱导效应，所有这些结构都比苯环得到的相应结构稳定性差，因此吡啶的亲电取代比苯要困难。

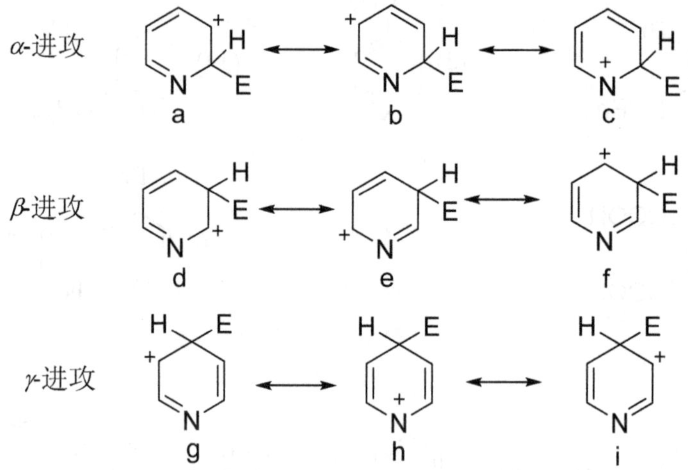

亲核取代却相反，形成的中间体为负离子，所形成的共振杂化体中，α 及 γ 位进攻形成较稳定的 N^-共振杂化体，比 β 位进攻时所形成的负电荷在碳上的共振结构稳定，故 α 位、γ 位取代优先。

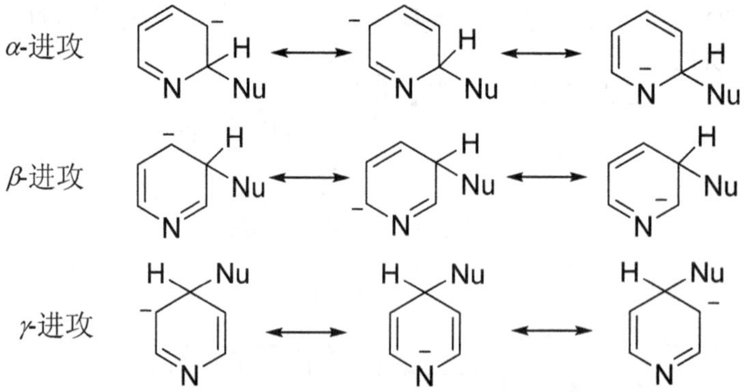

16.8 吡啶环上的 N 原子有较强的碱性，而吡咯环上的 N 原子不显碱性。

(1) 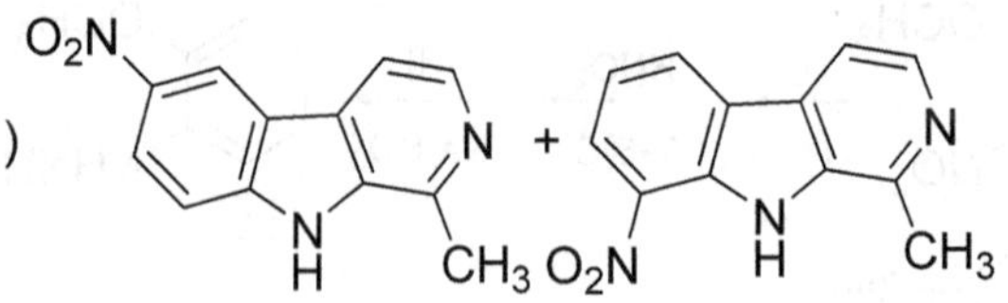

(2) 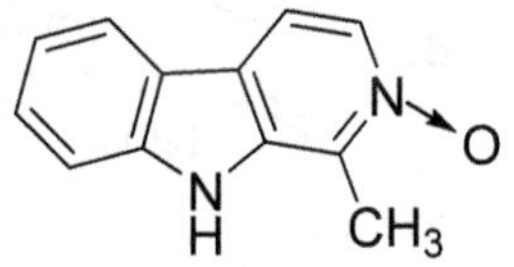

(3) 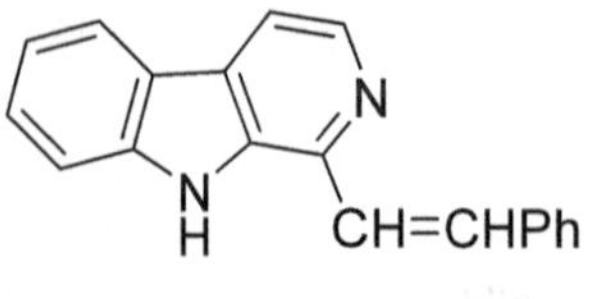

16.9

(1) 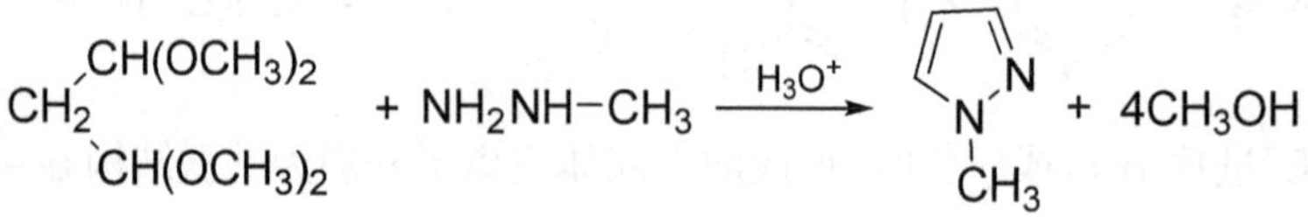

(2) 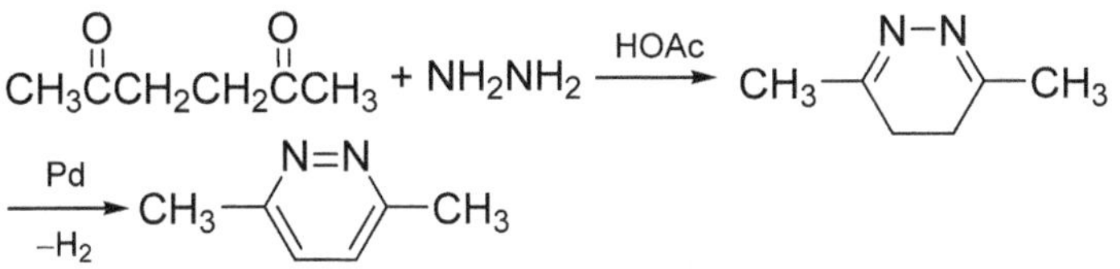

(3) 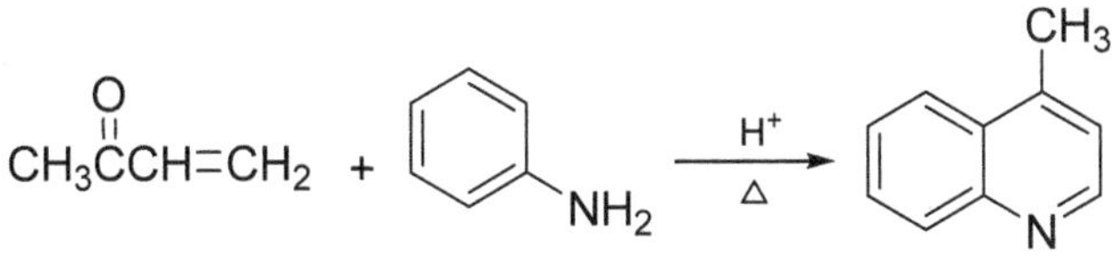

(4) 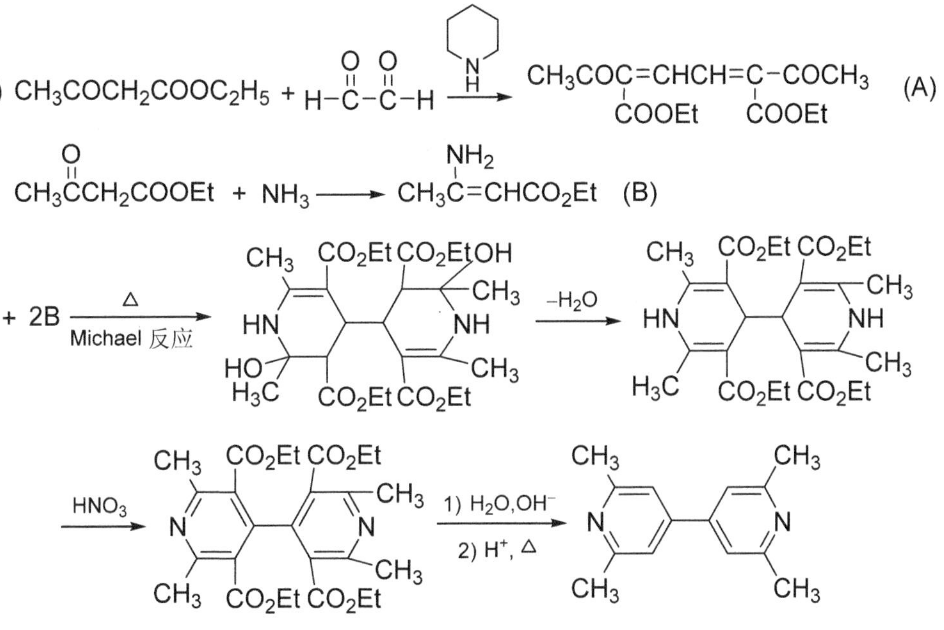

16.10

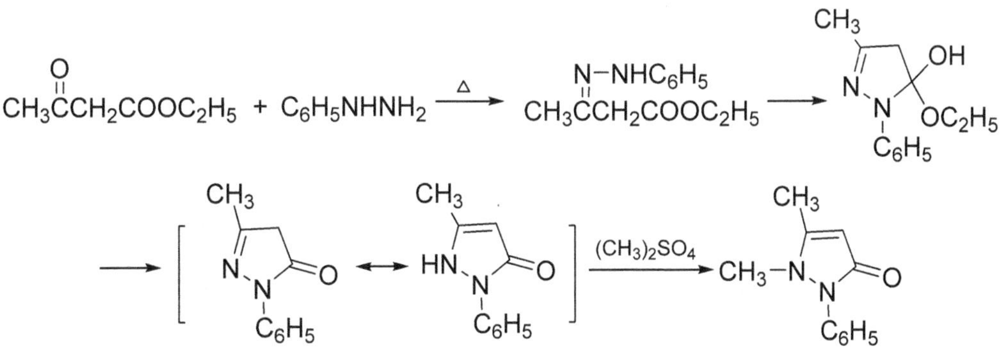

16.11

A. 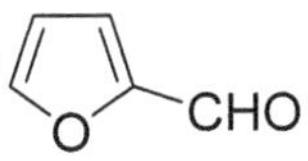　B. 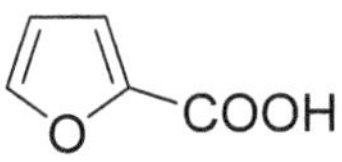　C. 

16.12

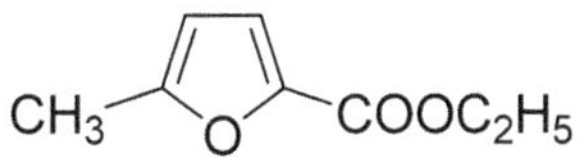

16.13

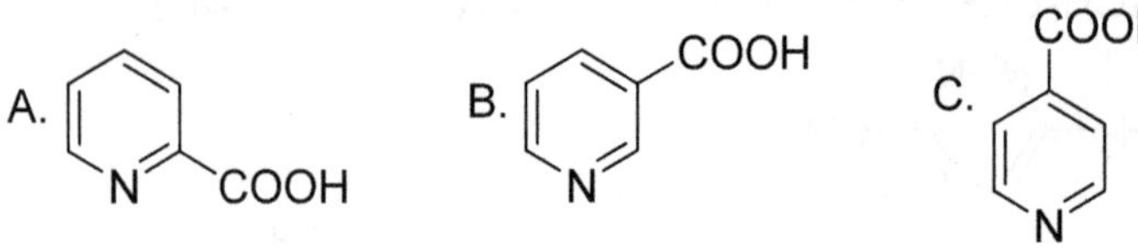

16.14

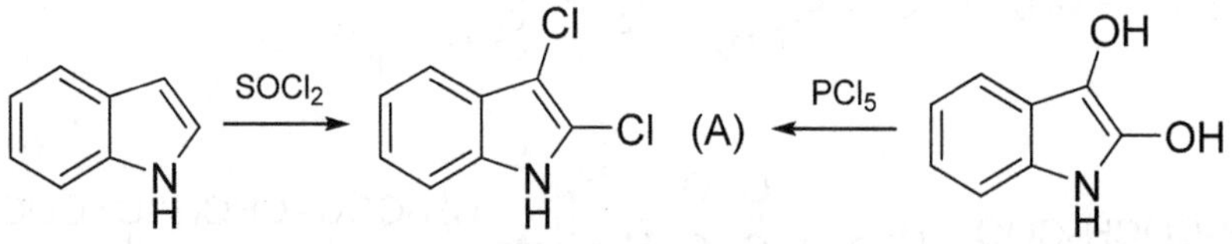

由 2,3-二羟基吲哚与 PCl_5 反应得到同样的二氯化物证明，吲哚在氯化时两个氯原子都进入了分子中的吡咯环，说明吡咯环活性比苯大。

16.15

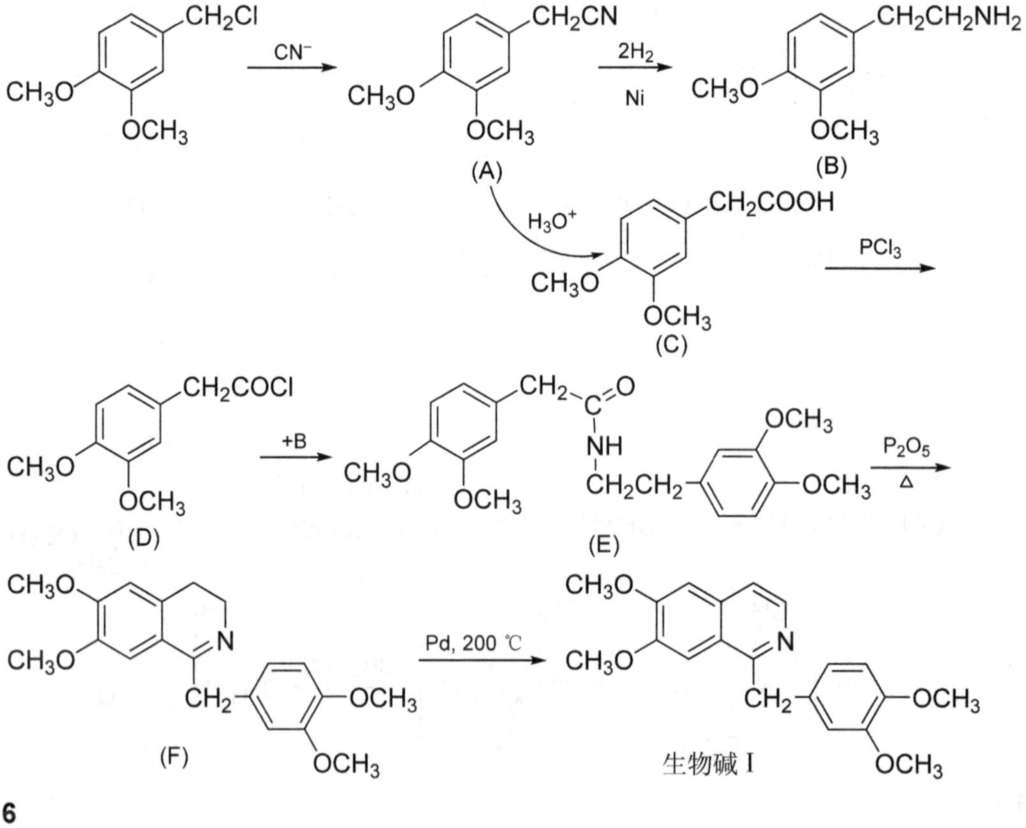

16.16

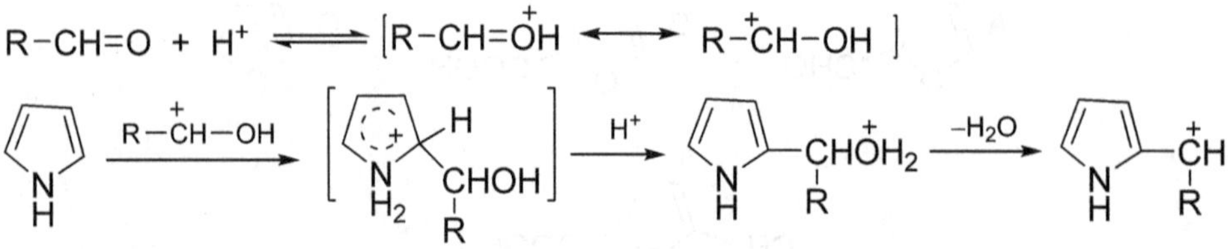

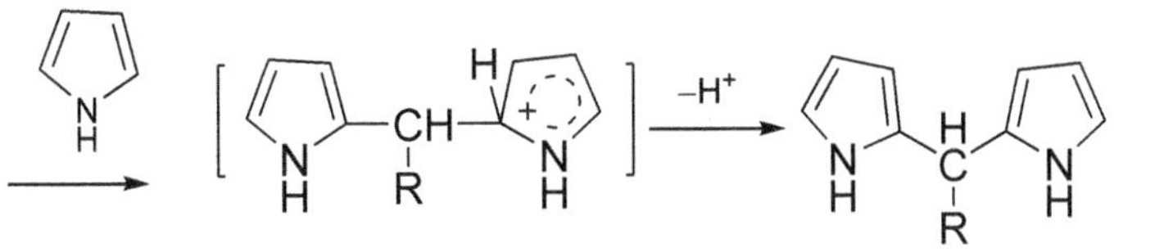

16.17

(1) 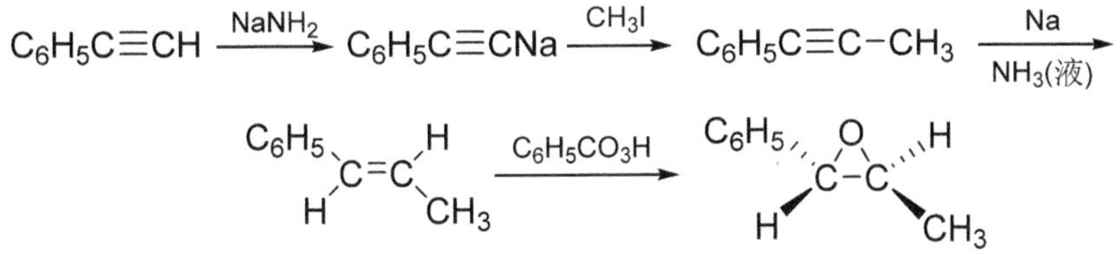

(2) 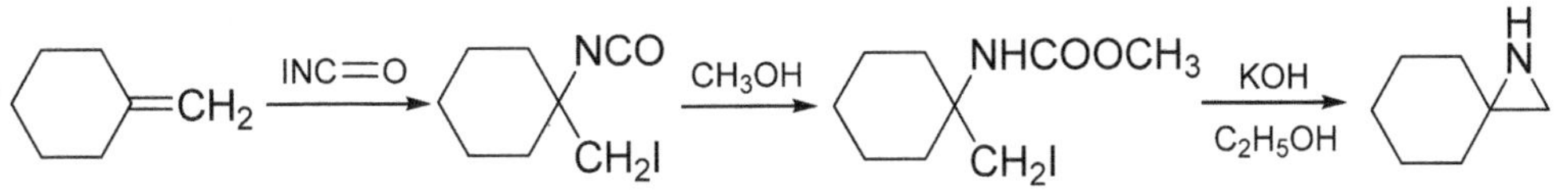

(3) 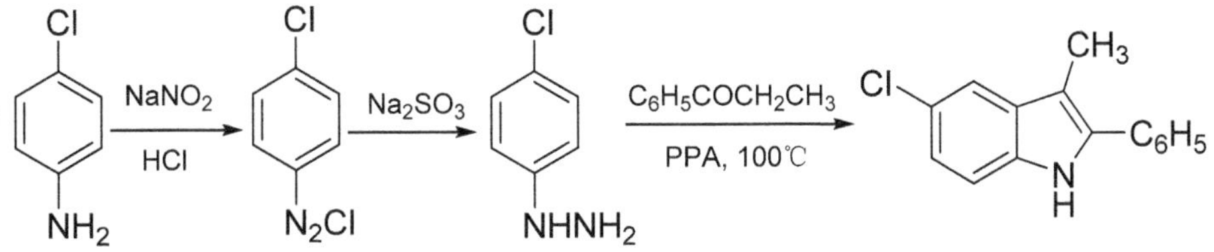

(4) 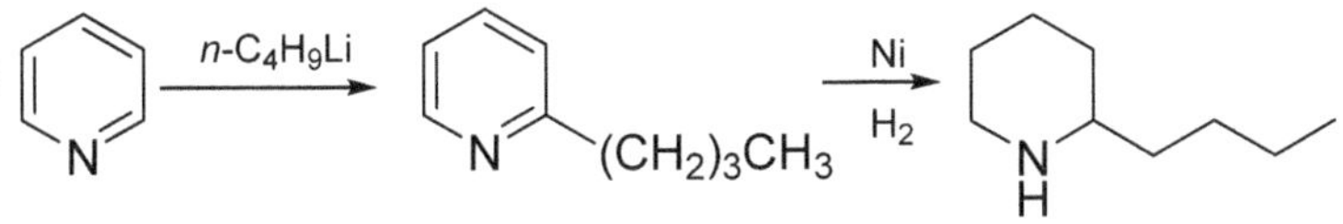

(5) 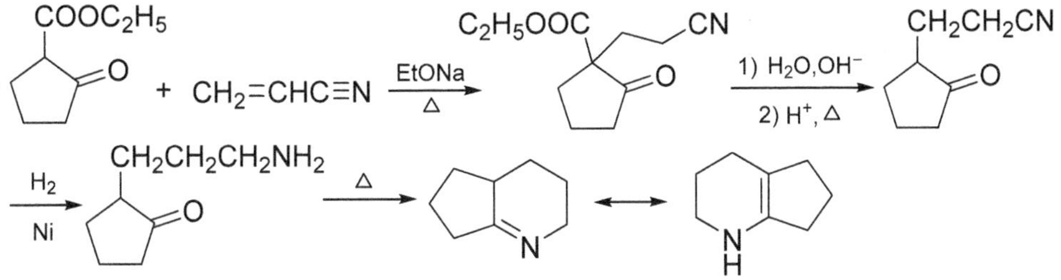

(6) 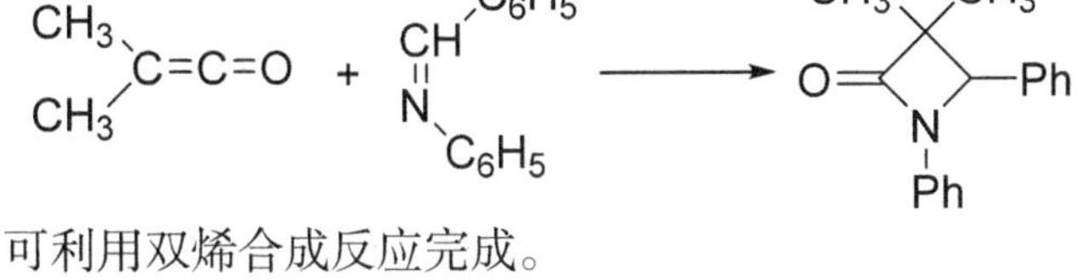

16.18 可利用双烯合成反应完成。

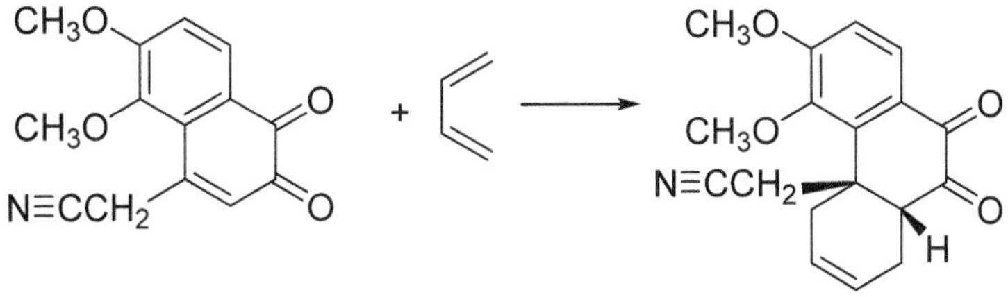

第 17 章　周 环 反 应

一、例题及解析

【例 17-1】　已知化合物(2*Z*,4*Z*,6*E*)-2,4,6-辛三烯：

(1) 画出基态时的 HOMO、LUMO；

(2) 说明其对 *m*(对称面)的对称情况；

(3) 说明加热和光照下反应产物的立体结构。

解　(1) 基态时

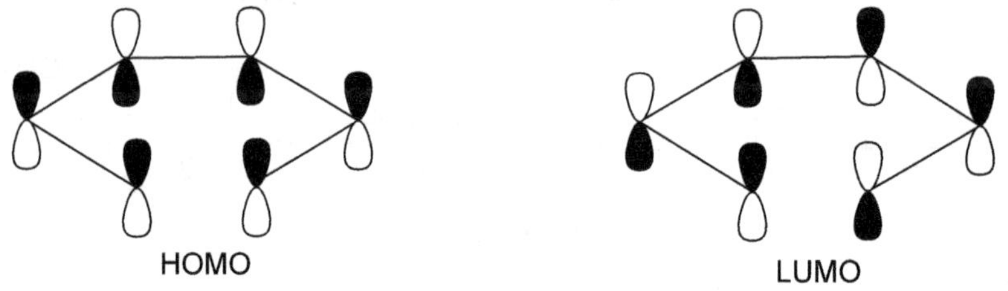

(2) HOMO 对 *m* 对称，LUMO 对 *m* 反对称。

(3) 光照时，电子激发到 LUMO，基态时的 LUMO 变成 HOMO，对称性与基态时的 HOMO 相反，光照时，只有顺旋才能得到相位相同的两瓣重叠而有效成键，所以得顺式产物，如下图 a 所示。加热时，用基态时的 HOMO 成键，由下图 b 可以看出，只有对旋、相位相同的两瓣轨道才能成键，因而得到反式产物。这种考虑问题的方法可以推广到更多的 4*n*+2 体系。

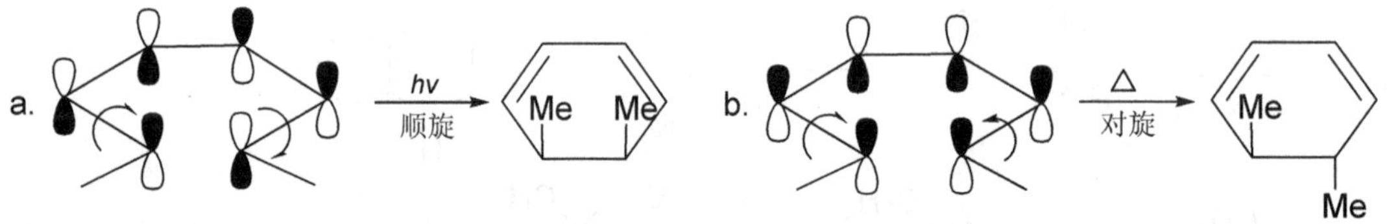

【例 17-2】　下面所示的各个转变都包括了一个协同反应，试说明在各个例子中究竟发生了什么协同反应。

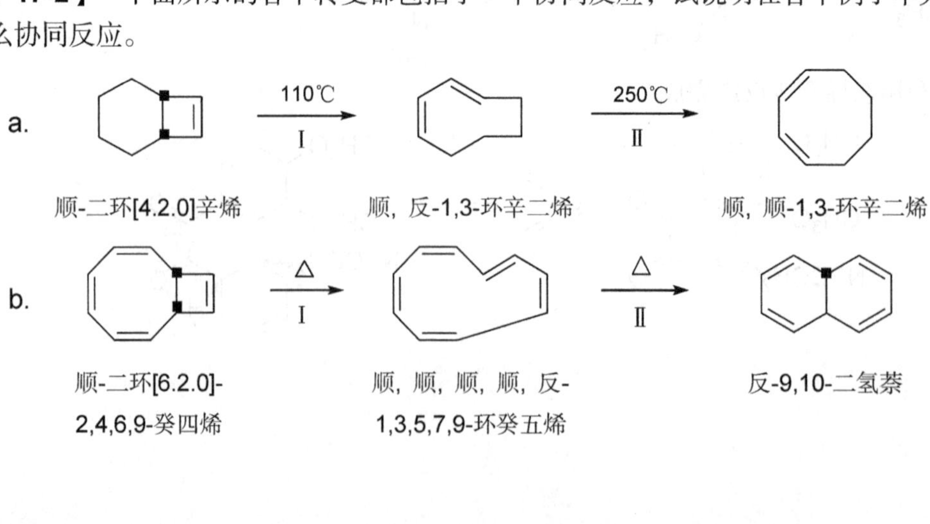

c.

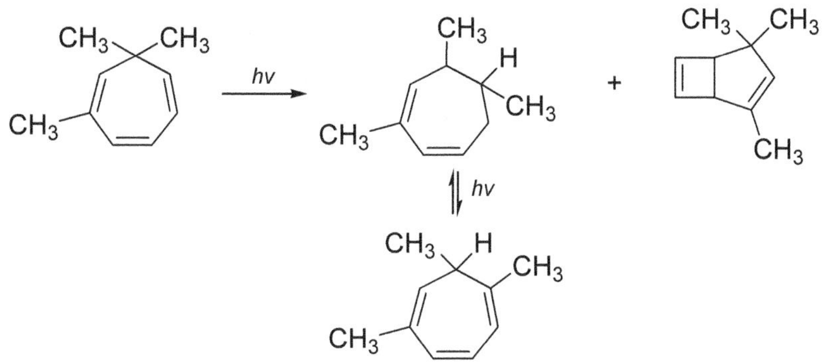

解 a. Ⅰ. 环丁烯环打开，多烯中含有两个双键或 4 个π电子。4*n*，热反应：顺旋开环。

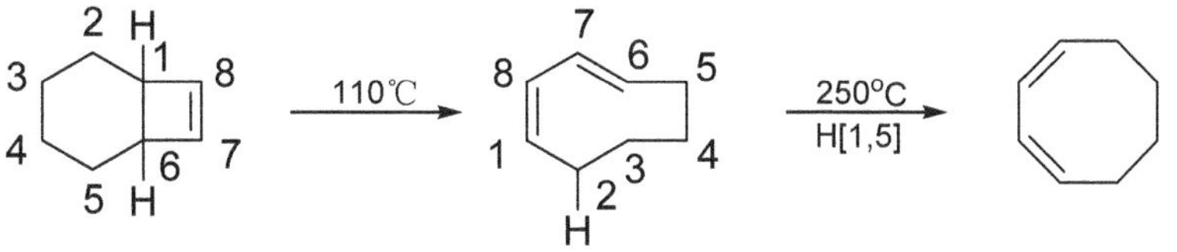

Ⅱ. [1,5]H 迁移，热反应：同面。

b. Ⅰ. 环丁烯环打开，涉及多烯中的两个双键或 4 个π电子。4*n*，热反应：顺旋开环。

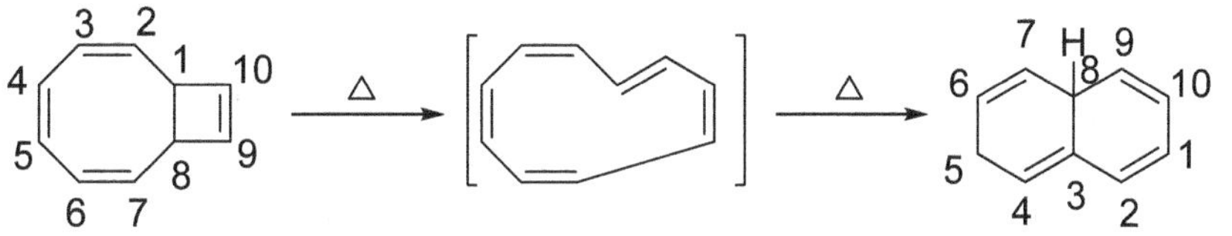

Ⅱ. 涉及多烯中的三个双键，即式中 C2 与 C3、C6 与 C7、C9 与 C10 间的双键及其 6 个π电子。4*n*+2，热反应：对旋闭环。

c. 对于某些分子来说，有环丁烯环的闭合，涉及多烯中的两个双键及 4 个π电子。4*n*，光反应：对旋闭环。

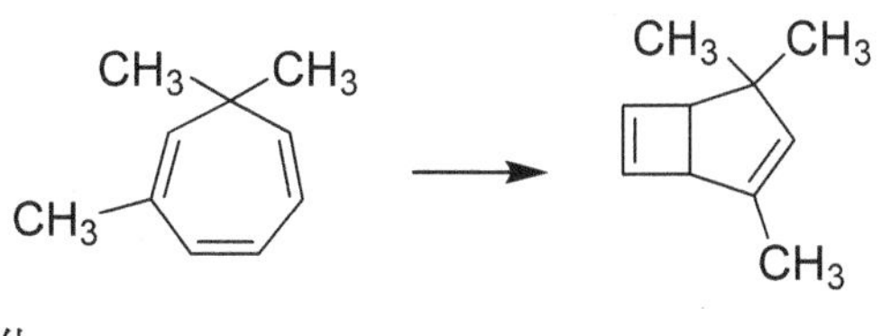

其他分子发生如下变化：

Ⅰ. [1,7]-CH_3 迁移，光反应：同面；

Ⅱ. [1,7]-H 迁移，光反应：同面。

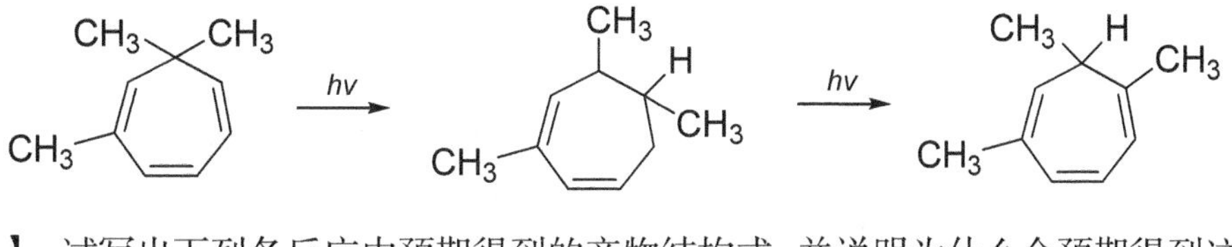

【**例 17-3**】 试写出下列各反应中预期得到的产物结构式，并说明为什么会预期得到这些产物。

(1) 反，反-2,4-己二烯+乙烯　　(2) 反-1,3-戊二烯+顺丁烯二酸酐

(3) 反，反-1,4-二苯基-1,3-丁二烯+顺丁烯二酸酐

(4) 顺-2-丁烯 $\xrightarrow{h\nu}$ A + B　　(5) 反-2-丁烯 $\xrightarrow{h\nu}$ A + C

解　(1) 这是一个[4+2]热反应环加成，即 Diels-Alder 反应，对称允许的反应是同面，同面在几何形态上是容易的，二烯必须是 *S*-顺式构型才能得到产物：

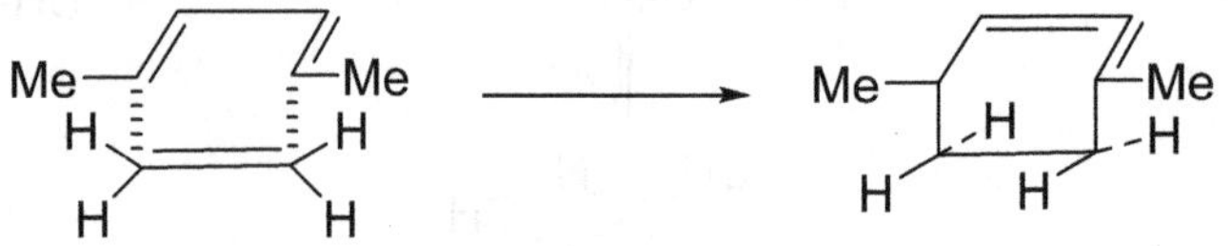

于是，预期生成顺-3,6-二甲基环己烯。

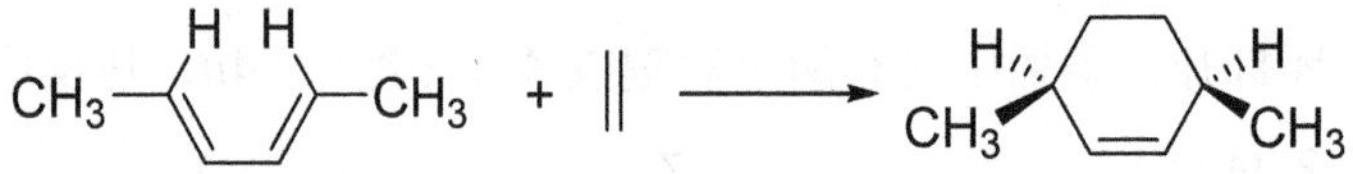

(2) 这是一个[4+2]热反应的环加成反应，同面，当二烯呈 *S*-顺式构型时，放上亲二烯体；对于亲二烯体来说，反应为顺式加成：在产物中，两个角 H 相互是顺式的。该反应也是内型的，酸酐桥倾向于靠近正在发展出来的双键(见下图)：

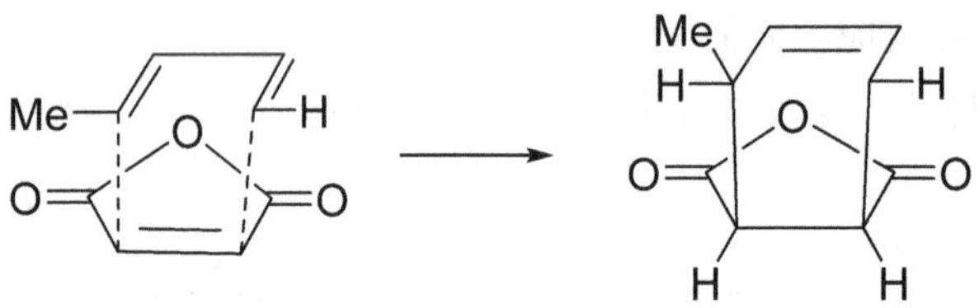

在产物中，甲基与酸酐桥呈顺式。

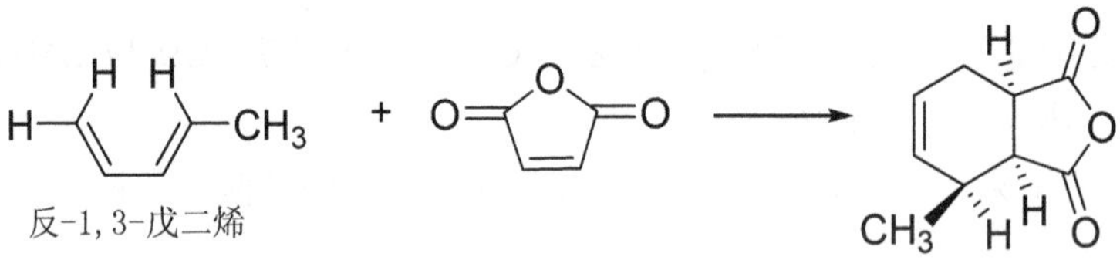

反-1,3-戊二烯

(3) 同(2)，为[4+2]热反应，同面环加成反应，*S*-顺式，顺式和内型。

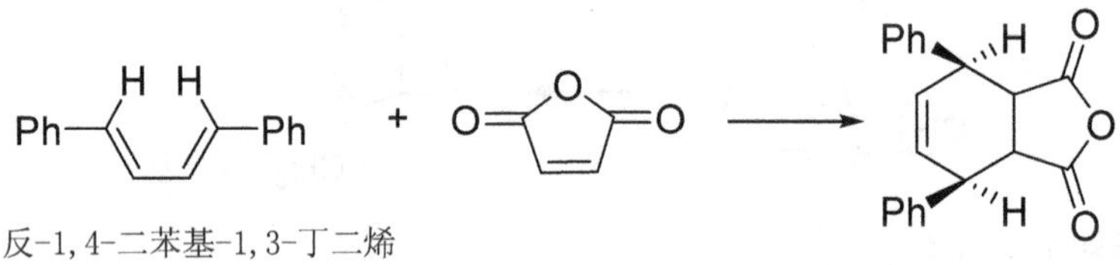

反,反-1,4-二苯基-1,3-丁二烯

在产物中，两个 Ph 互为顺式(顺式加成)，而且对酸酐桥也是顺式(内型反应)。

(4) [2+2]光反应：同面。这相当于对各个烯烃的顺式加成，因此每个烯烃单元的两个甲基相互保留顺式，但两个烯烃单元连在一起可以有两种方法，因而生成两种产物：一组甲基对另一组甲基可以是顺式或反式。

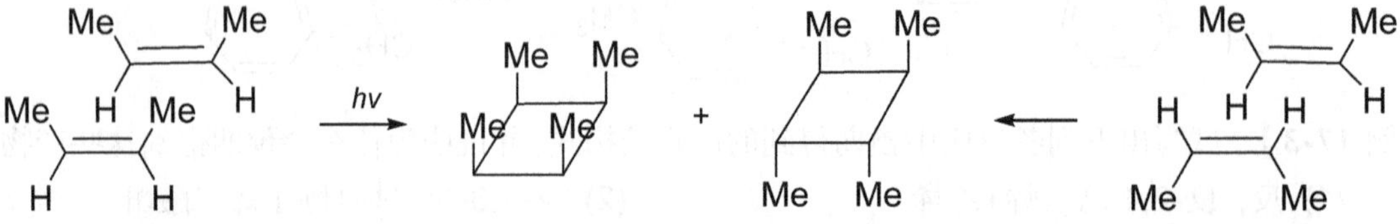

顺-2-丁烯(2 分子)　　B　　A　　顺-2-丁烯(2 分子)

(5) 像(4)一样，各个烯烃单元中的两个甲基相互保留反式，有两种结合方式和两种产物。

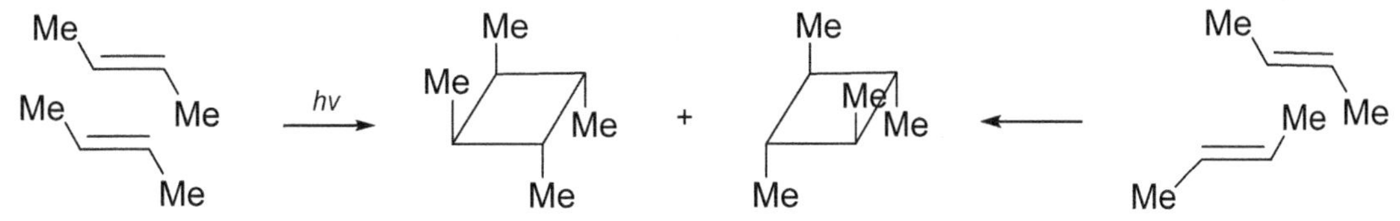

反-2-丁烯(2 分子) 反-2-丁烯(2 分子)

【例 17-4】 完成下列反应。

(1) 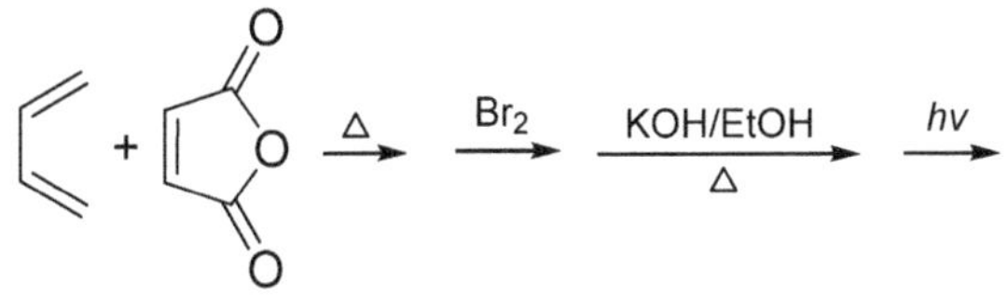

(2) 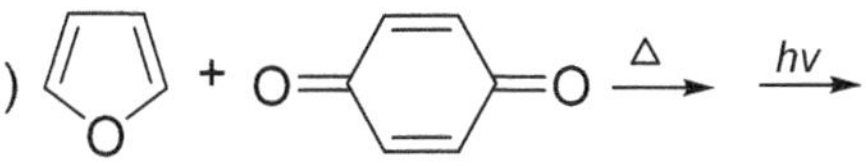 (3) 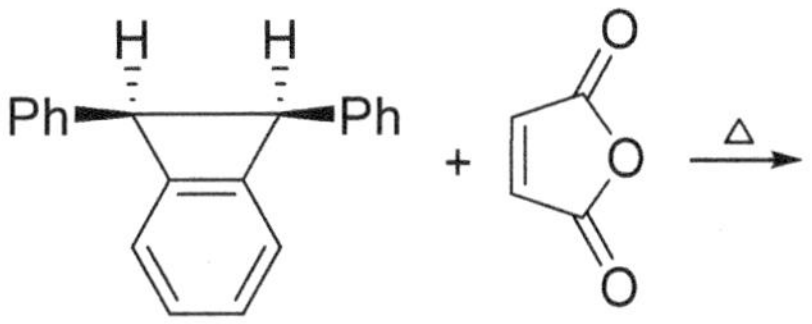

(4) 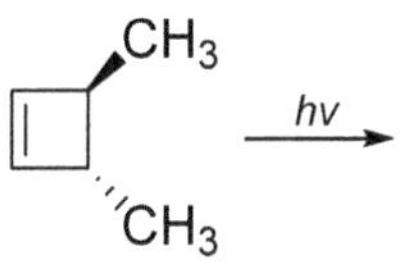 (5) 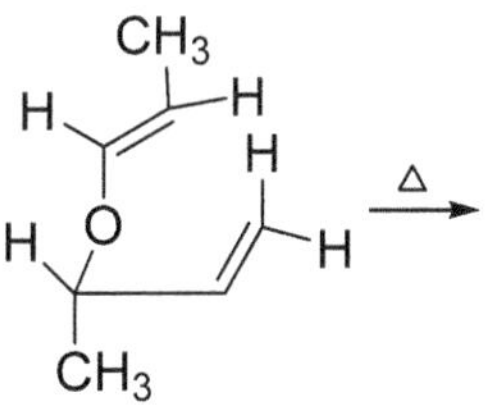

(6) 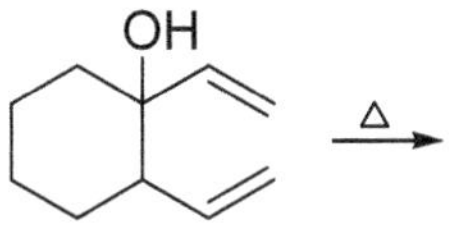 (7) 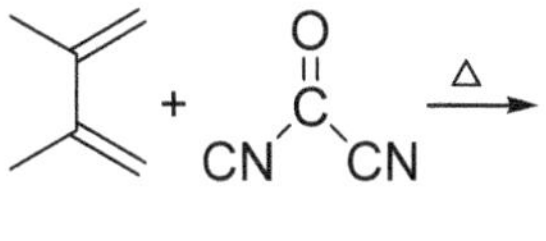

(8) 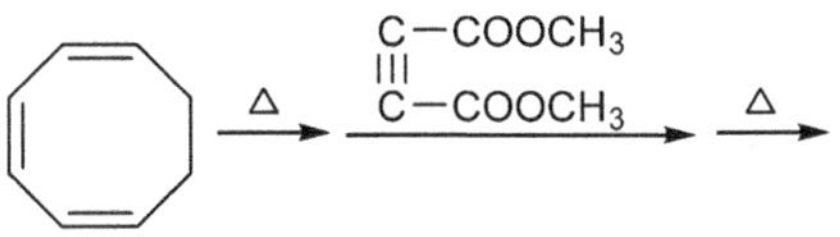 (9) 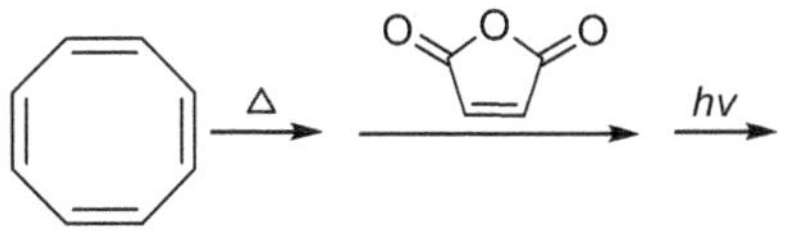

(10) 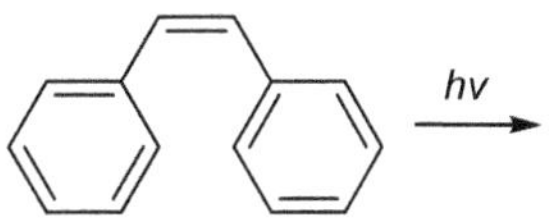

解

(1) 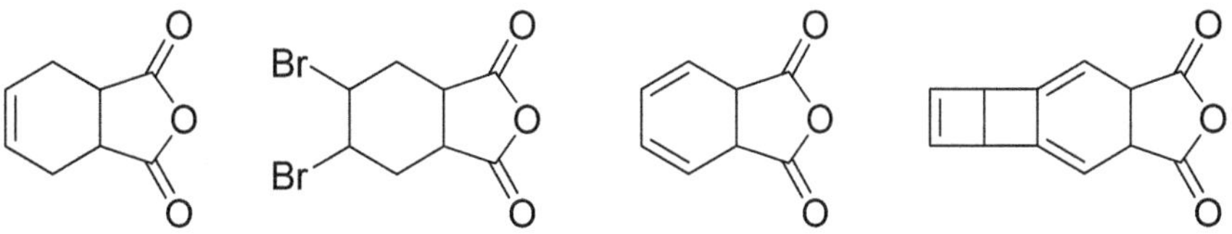

(2) 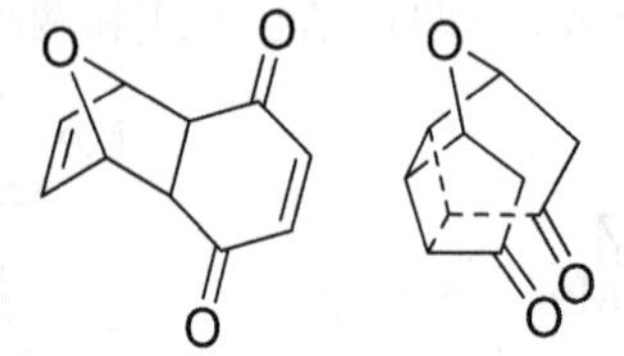

(3) 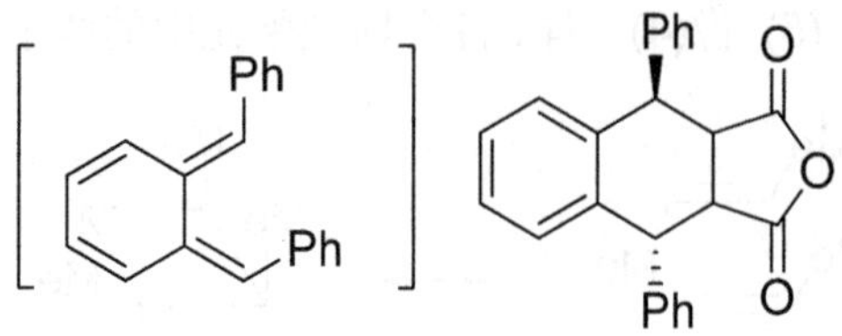

(4) 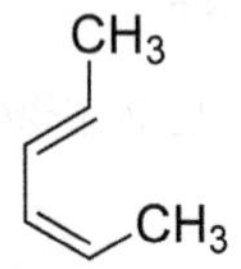

(5) 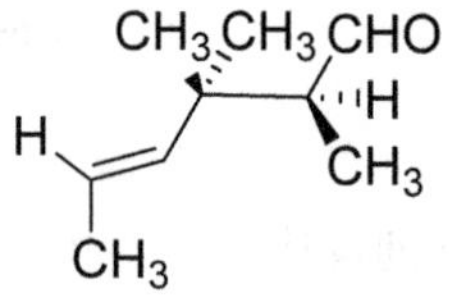

(6) 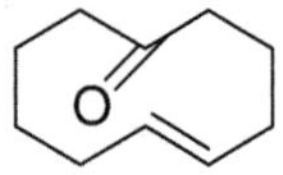 σ[3,3]迁移

(7) 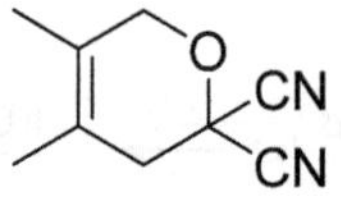

(8) 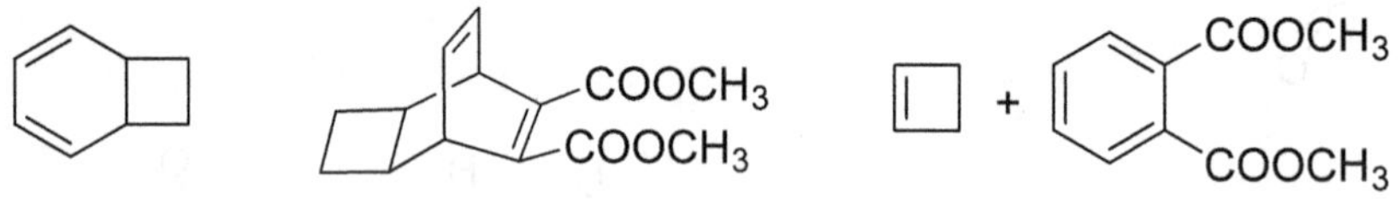

(9) 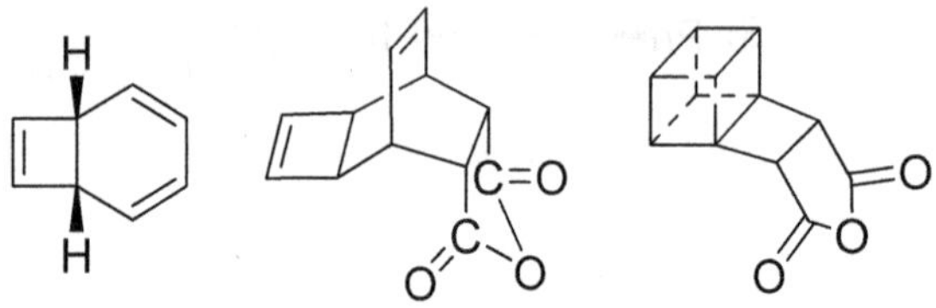

(10) 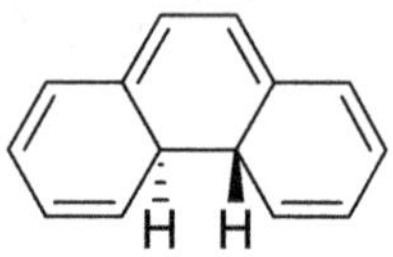

【例 17-5】 用适当的原料合成下列化合物。

(1) 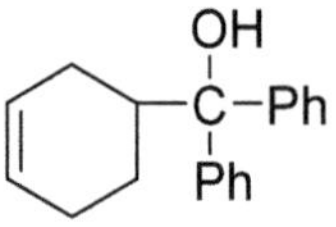

(2) HO−C(=O)CH$_2$CH(COOH)CH$_2$CH$_2$COOH

(3) 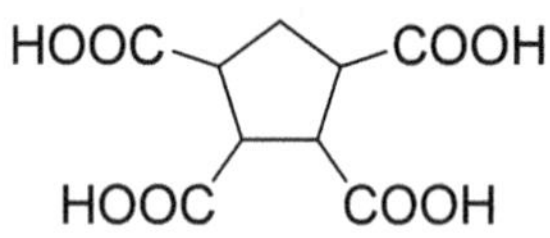

解

(1) 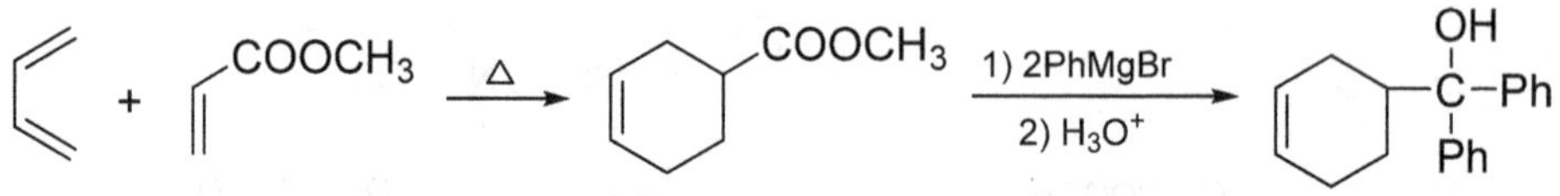

(2) 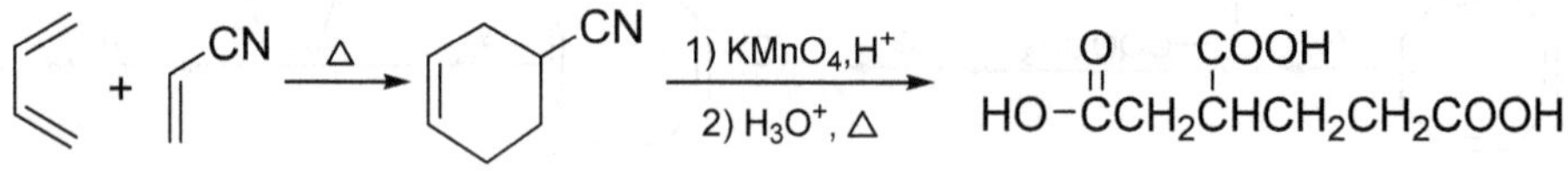

(3) 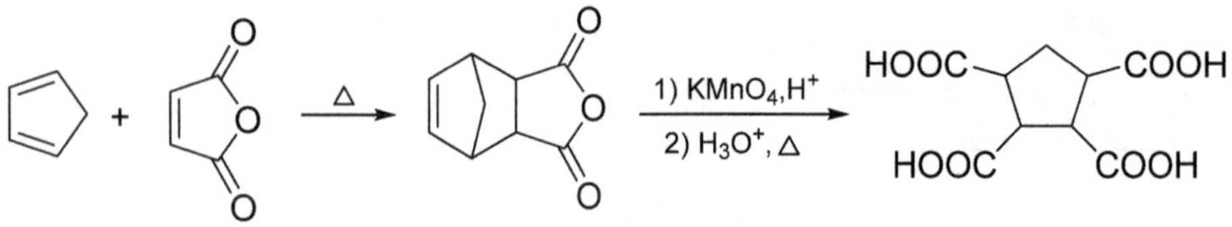

【例 17-6】 写出下面反应的过程，并说明是什么类型的协同反应。

(1) 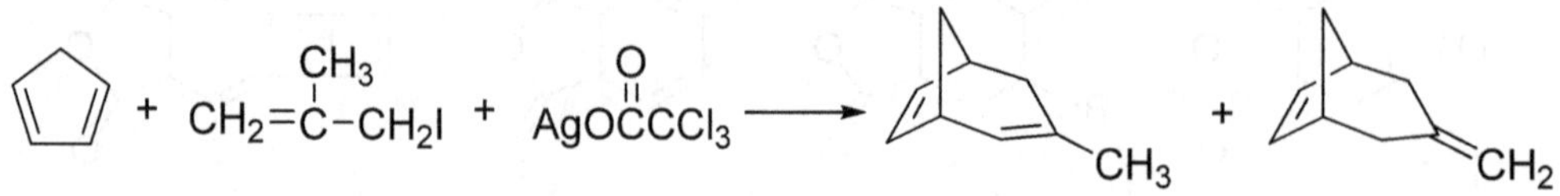

(2) 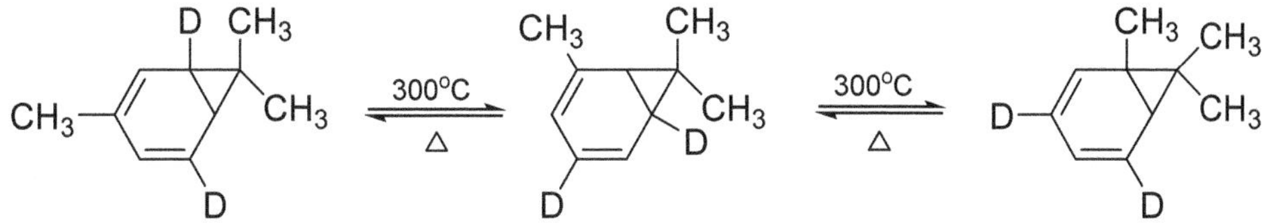

(3) 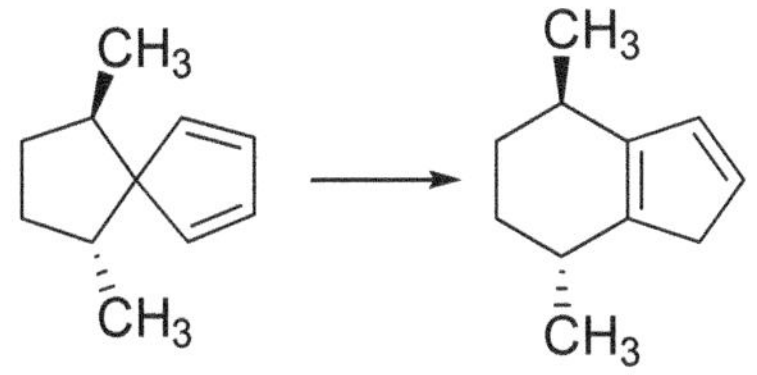

(4) 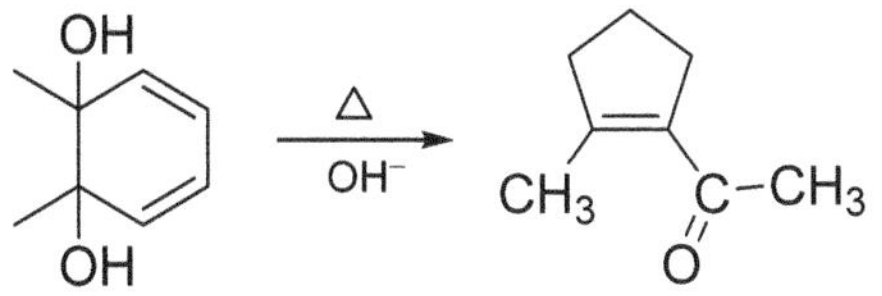

解 (1) 烯丙基正离子(2 个 π 电子)进行[4+2]环加成反应(热反应，同面)，得到中间体正离子 A，然后从两个位置上失去质子得到相应的两种产物。

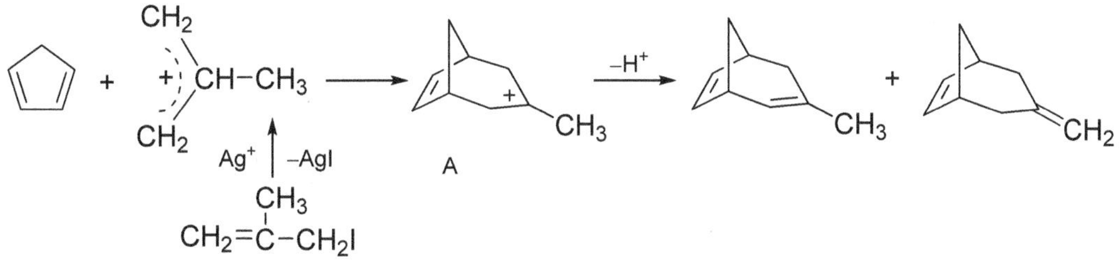

(2) 桥绕着环进行两次 C[1,5]迁移(推测在迁移的碳上构型保持不变)。

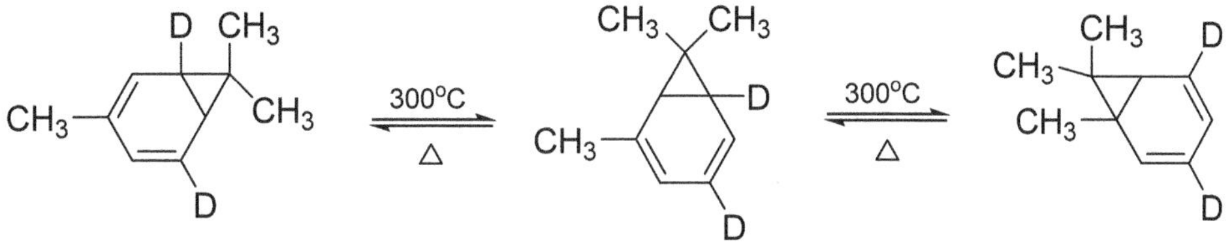

(3) 经历一次 C[1,5]迁移后又经历一次 H[1,5]迁移，得到产物。

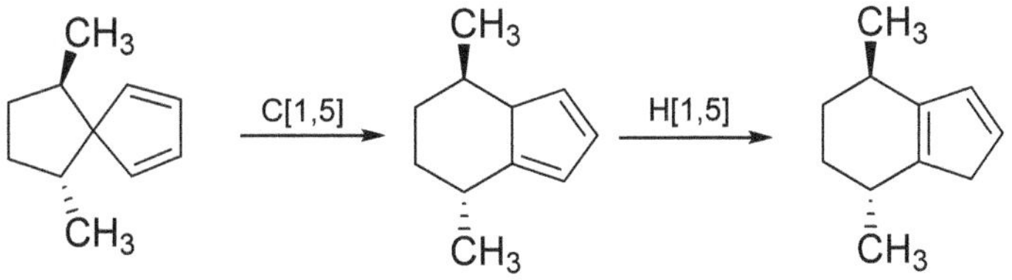

(4) 先经历一次σ[3,3]迁移，得到一分子内二酮，然后在碱性环境中进行缩合，得到产物。

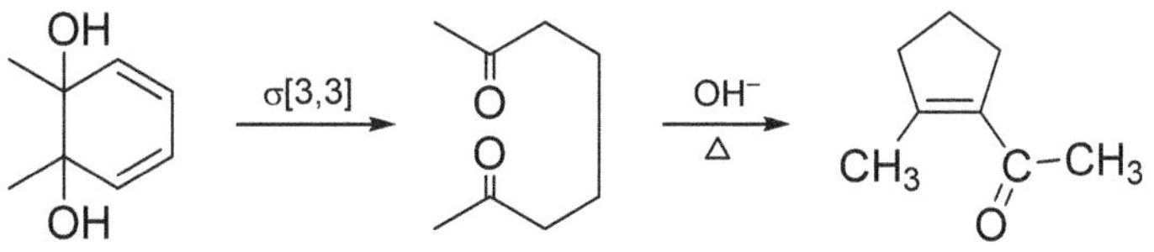

二、习　题

17.1　已知化合物反，反-1,3-丁二烯：

(1) 画出基态时的 HOMO、LUMO；

(2) 说明两个轨道对 *m*(对称面)的对称性；

(3) 写出在加热及光照时反应产物的立体构型。

17.2　画出在加热条件下丁二烯与乙烯反应的过渡态，确定该过渡态是 Hückel 还是 Möbius 过渡态，说明反应能否进行。

17.3　用前线轨道理论说明 H[1,3]迁移不可能发生，而烷基[1,3]迁移可能发生。

17.4　说明下列反应在什么条件下进行，热还是光，属于什么类型的协同反应。

(1) 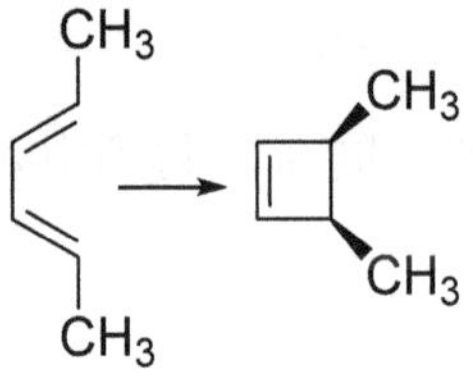

(2) 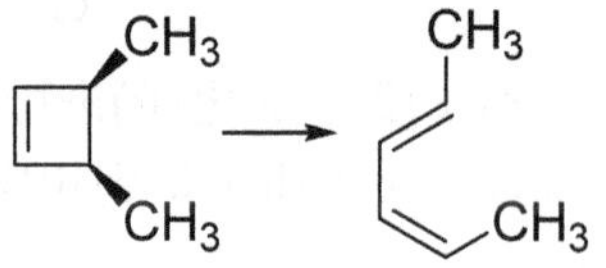

(3) 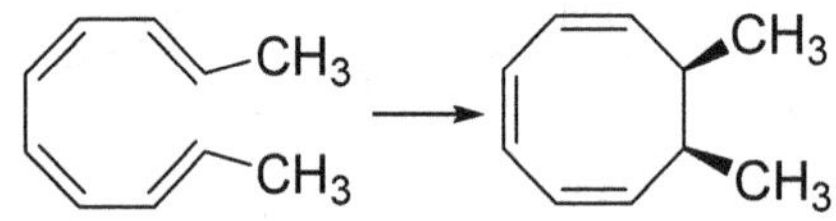

(4) 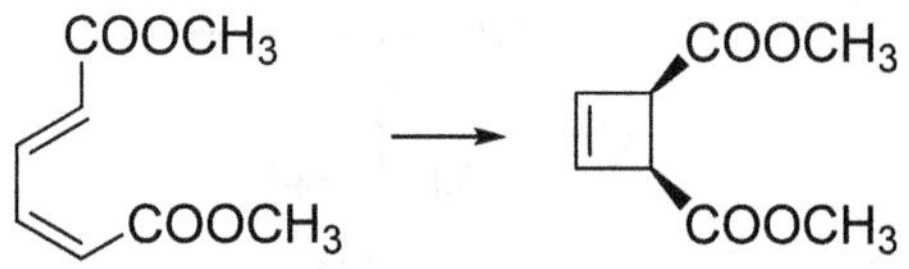

(5) 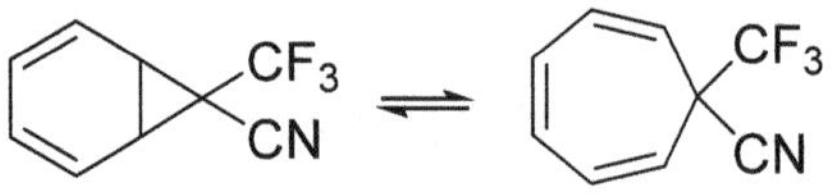

(6) 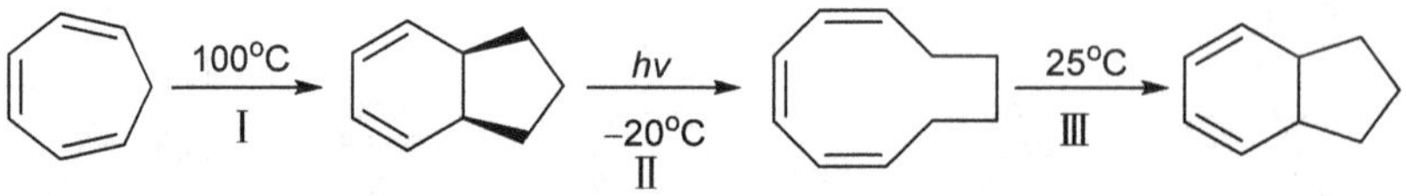

17.5　完成下列反应，标明产物的立体结构。

(1) 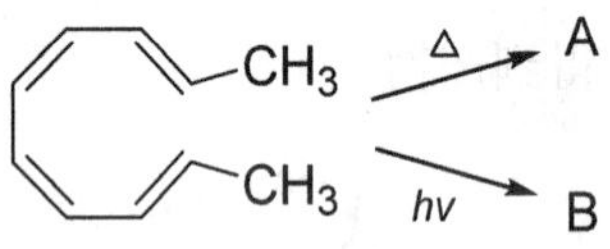

(2) 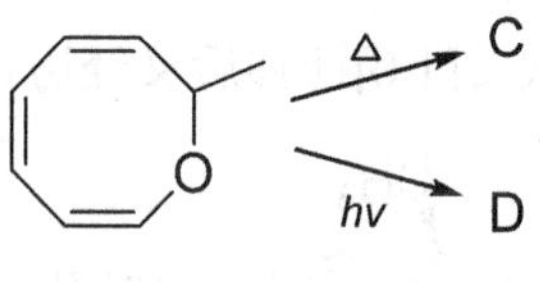

(3) 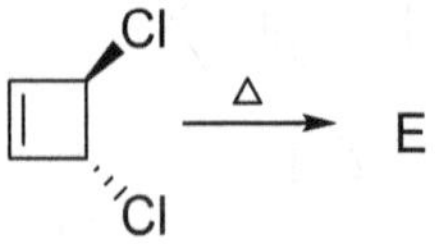

(4) 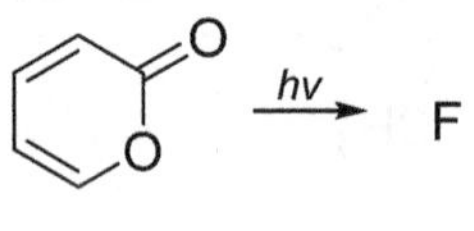

(5) 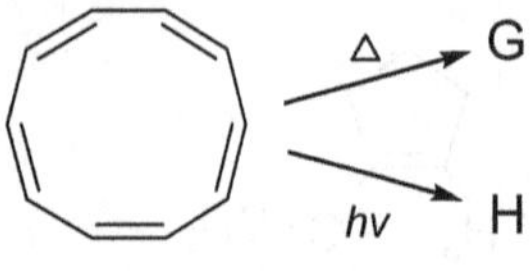

(6) 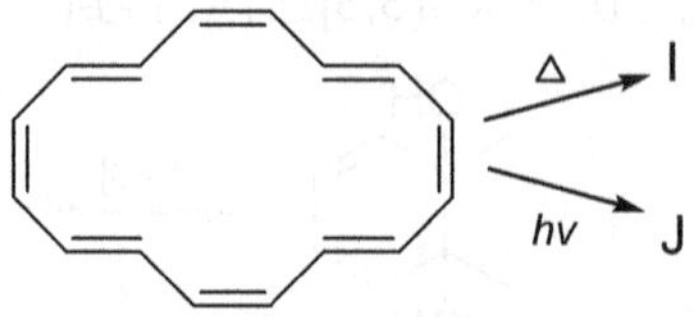

17.6　如何实现下列转变？

(1) 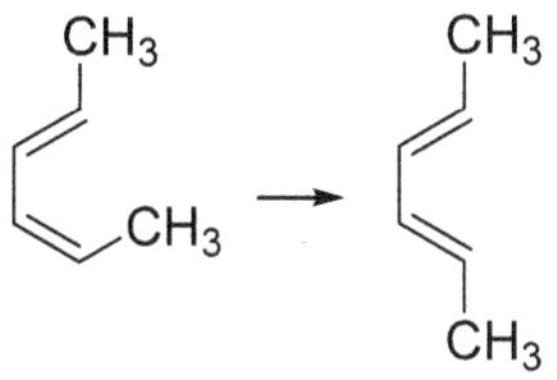

(2) 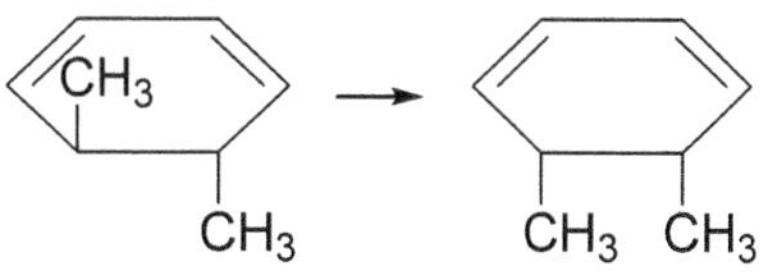

17.7 试解释使下列转变得以发生的不同条件。

(1) 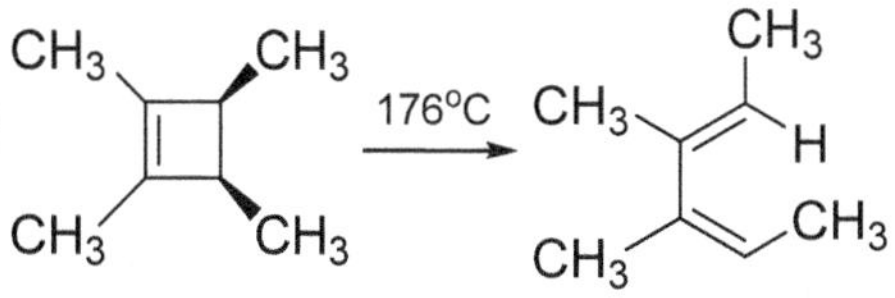

(2) 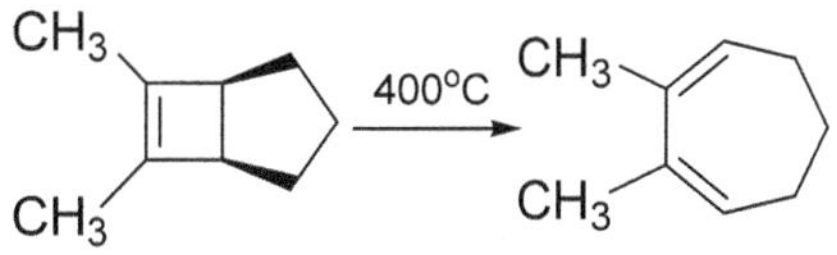

17.8 试为下列反应提出一个能解释产物的中间体，并指明立体化学。

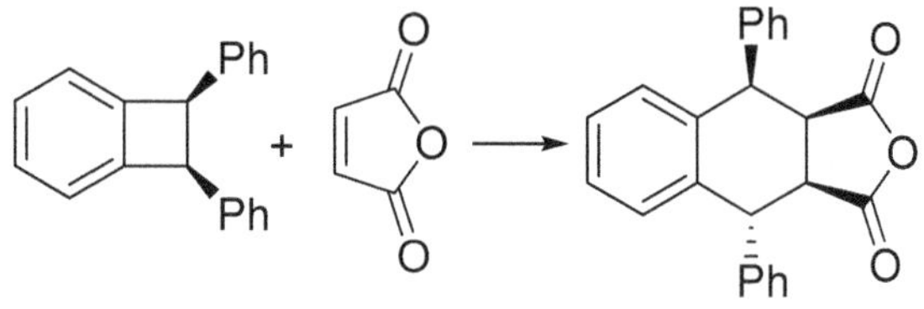

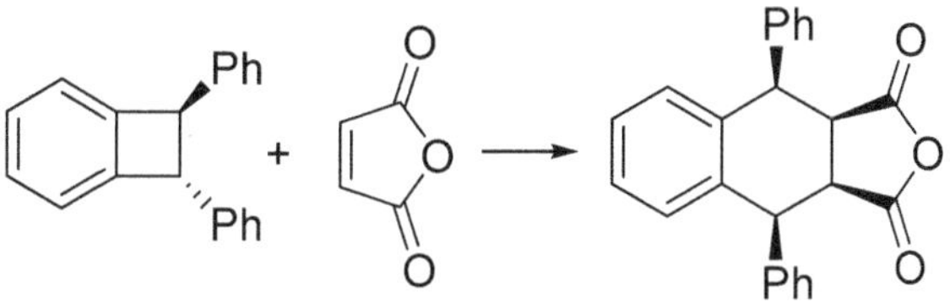

17.9 写出下列反应的产物。

(1) 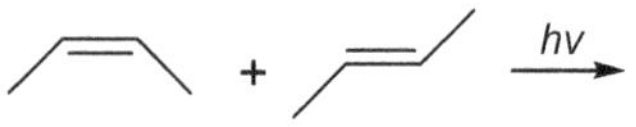

(2) 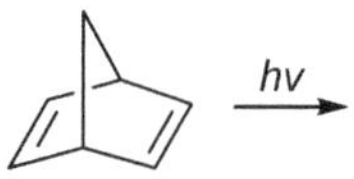

(3) 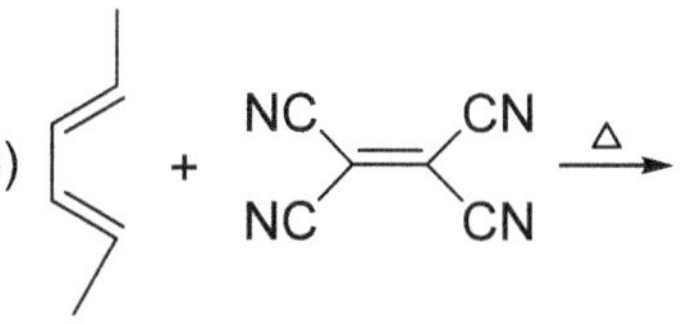

(4) 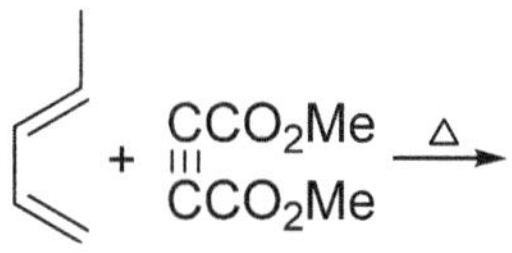

(5) 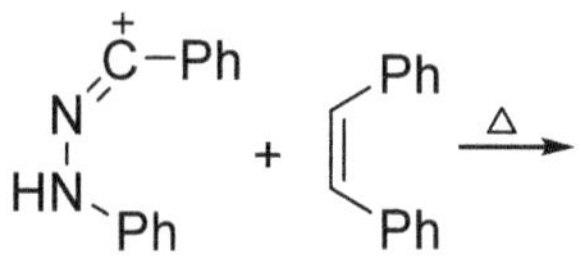

(6) 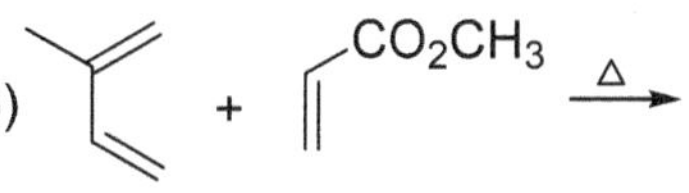

(7) 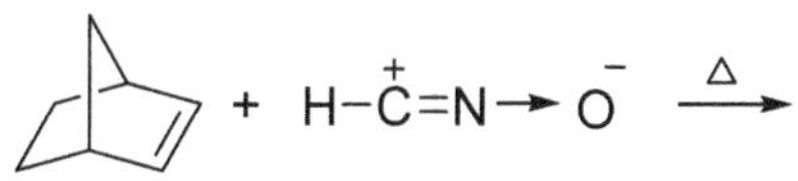

(8) 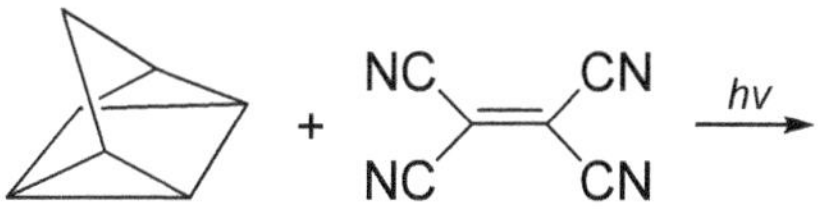

17.10 如何实现下列转化?

(1) 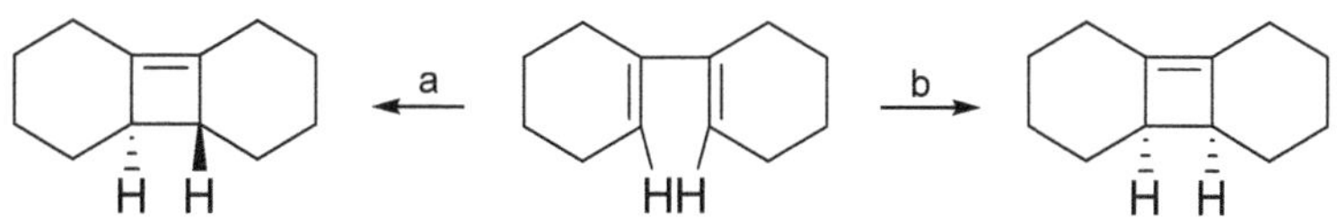

(2) 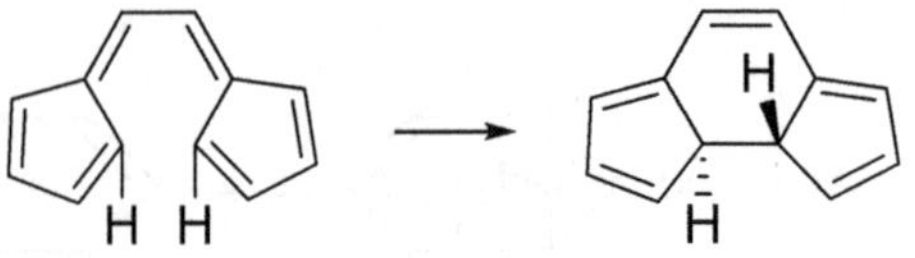

(3) 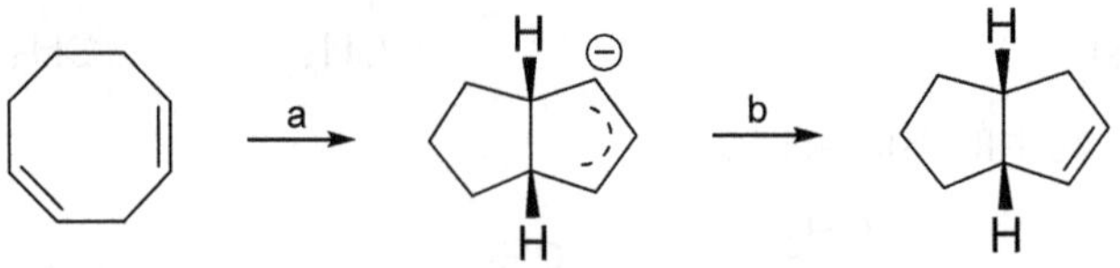

(4) 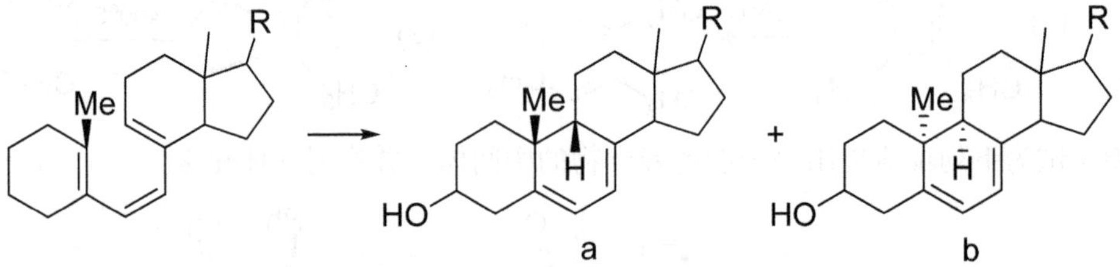

17.11 写出化合物 D～K 的结构，并指出每步反应为何种反应，以何种方式进行。

(1) 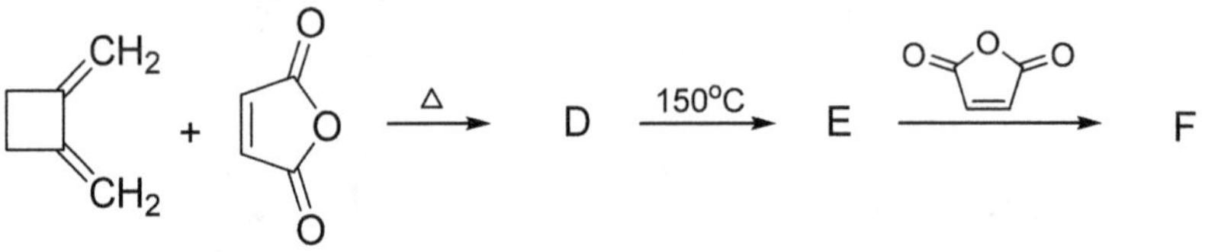

(2) 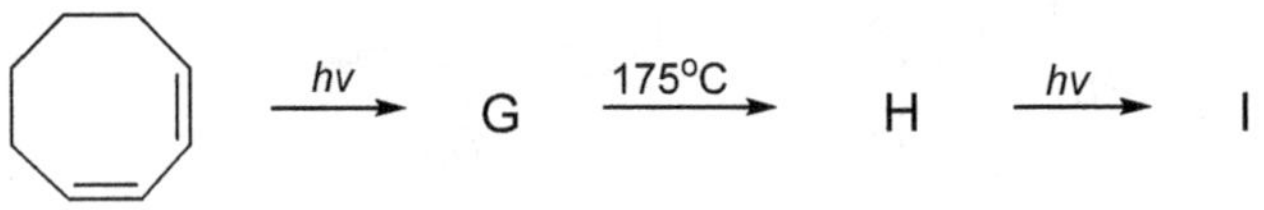

(3) 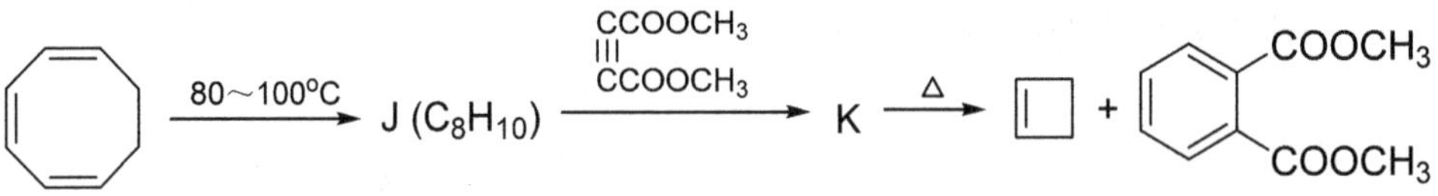

17.12 说明下列反应为何种迁移方式。

(1) 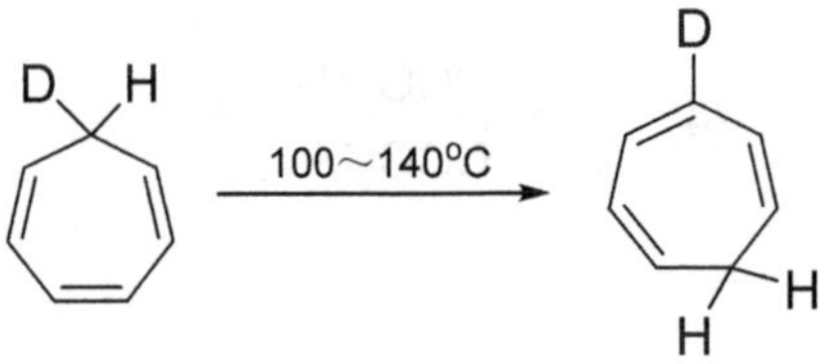

(2) 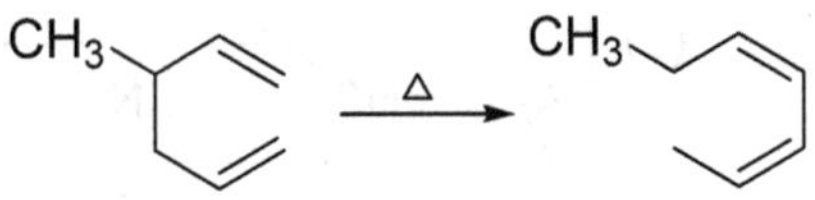

(3) 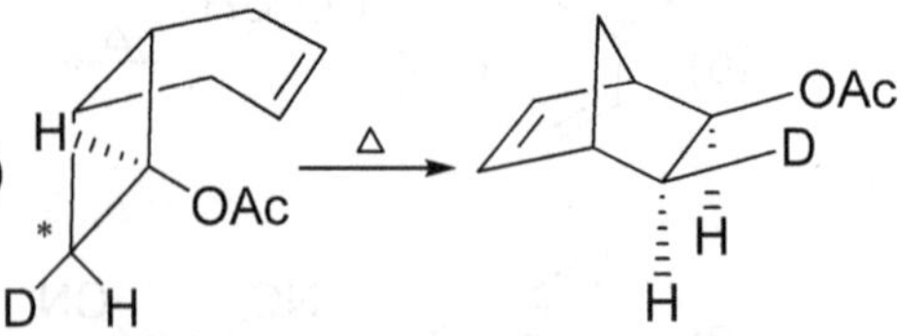

(4) 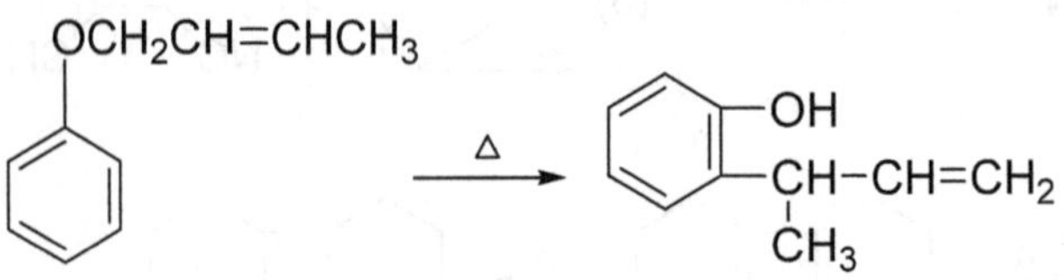

17.13 写出下列 σ 迁移反应的产物。

(1) 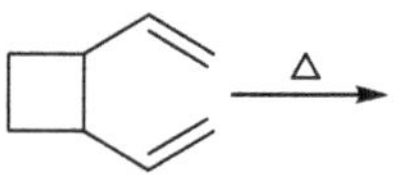

(2) 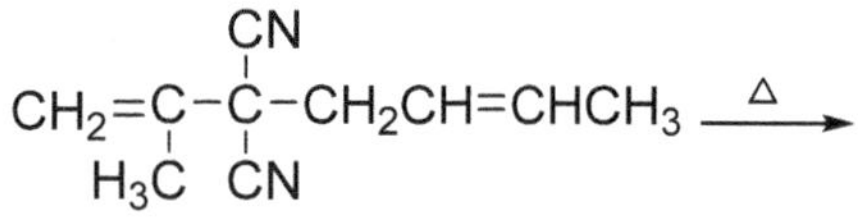

(3) 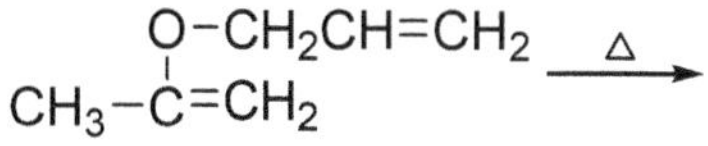

17.14 解释下列重排反应。

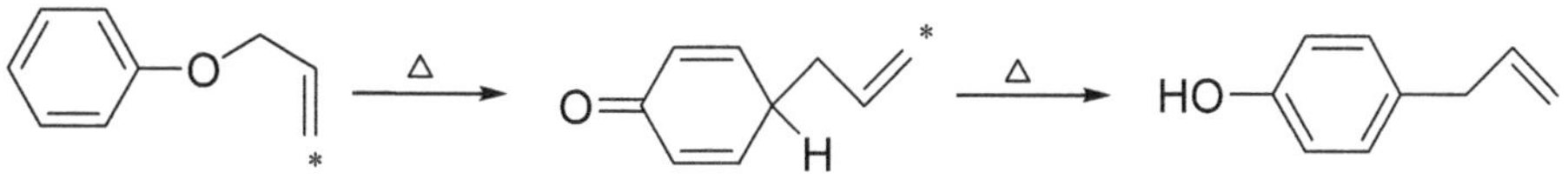

17.15 解释下列反应的机理。

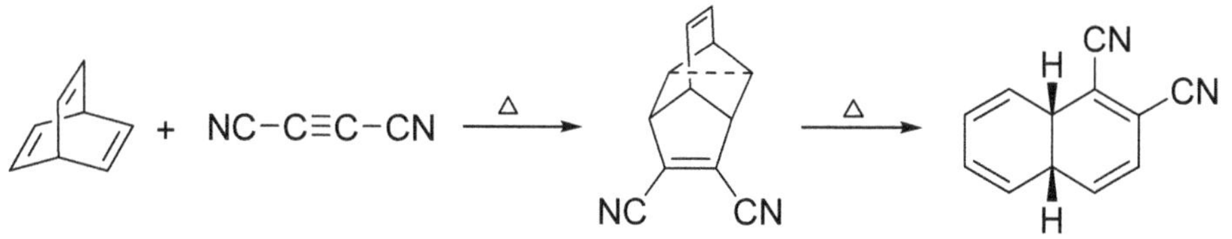

17.16 写出生成下述产物的分步历程。

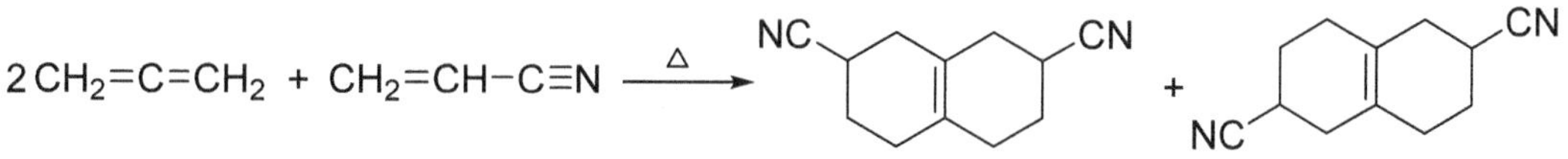

17.17 2,3-二甲基-1,3-丁二烯和乙炔二羧酸加热后，得到产物 A($C_{16}H_{20}O_3$)，A 含有两个双键。A 在丙酮中经光照后得到一个 A 的异构体 B，B 不含双键，试求 A、B 的结构。

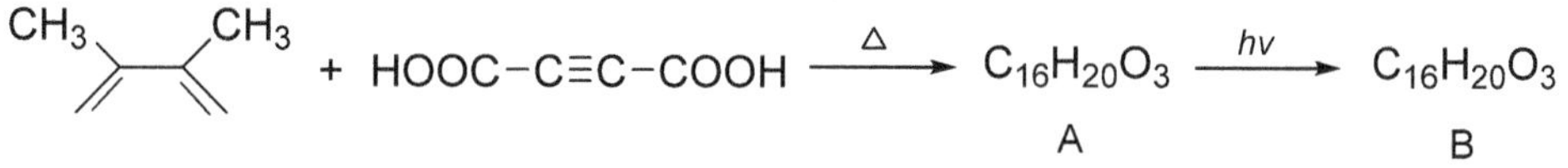

17.18 写出下列合成中中间体 A 和 B 的结构。

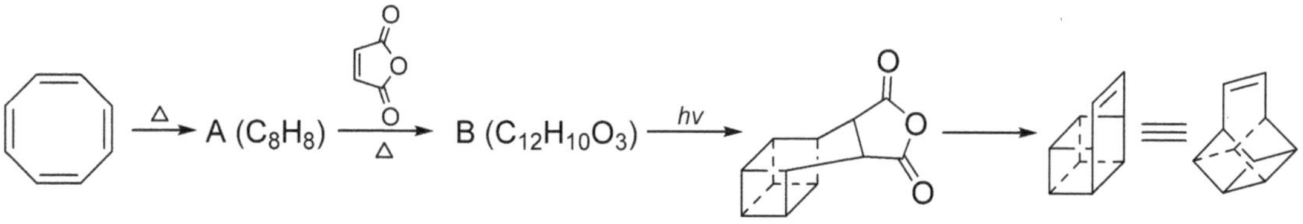

17.19 由指定原料合成下列物质。

(1) 用1,3-丁二烯和马来酸酐合成 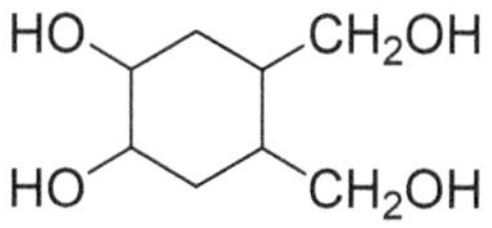

；

(2) 用环戊二烯合成 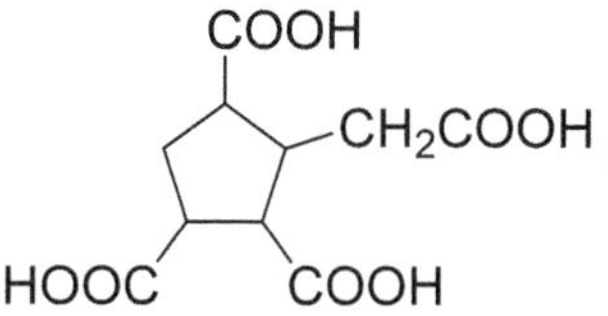

；

(3) 用1, 3-丁二烯及三个碳以内的有机物合成 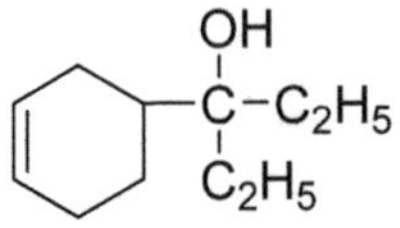。

17.20　1,3-二氧甲基-1,3-丁二烯和 3-丁烯-2-酮发生双烯合成反应，得到产物 A，如果加入 H^+，在温和条件下 A 迅速转化为 B($C_8H_{10}O_2$)，用 CH_3ONa/CH_3OH 与 B 反应，则 B 异构化为 C，UV 谱显示 B 的λ_{max}为 225 nm，C 的λ_{max}为 232 nm，试写出 A、B、C 的结构及 A ⟶ B 的历程。

三、习 题 解 答

17.1　(1) 基态时

(2) LUMO 对 *m* 对称，HOMO 对 *m* 反对称；

(3) 加热时，分子以基态 HOMO 成键，此时 HOMO 对 *m* 对称，因而由下图 a 可以看出，只有顺旋分子轨道才能有效成键，得到反式产物。光照下，电子被激发到 LUMO 上，基态下的 LUMO 变成了 HOMO，只有对旋才能有效成键。这种思考方法可以推广到 4*n* 体系。

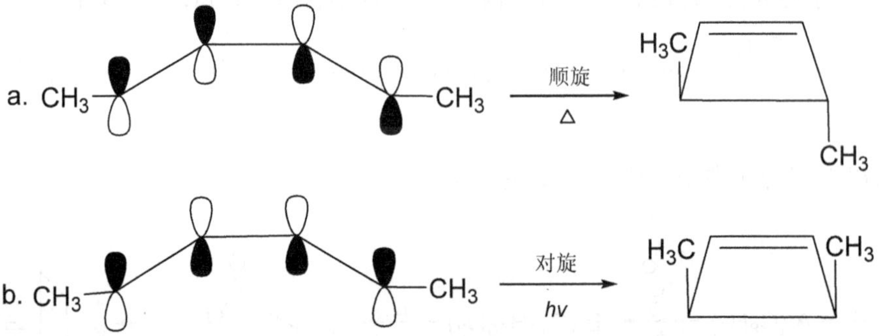

17.2　如图所示，涉及的电子数为 6，环状过渡态无相位符号改变，属于 Hückel 芳香性过渡态，在加热条件下反应就可以进行。如改变乙烯或丁二烯的任一 p 轨道符号，则相位符号成偶次改变，仍属 Hückel 过渡态。

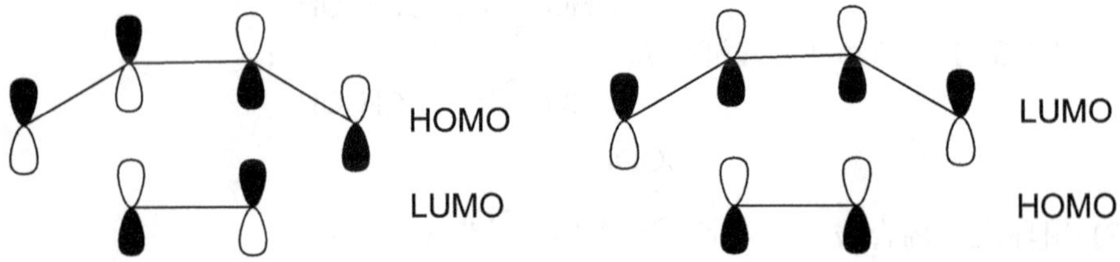

17.3　根据前线轨道理论，设σ键断裂后生成两个自由基，HOMO 的对称性及可能的迁移方式如下图所示：

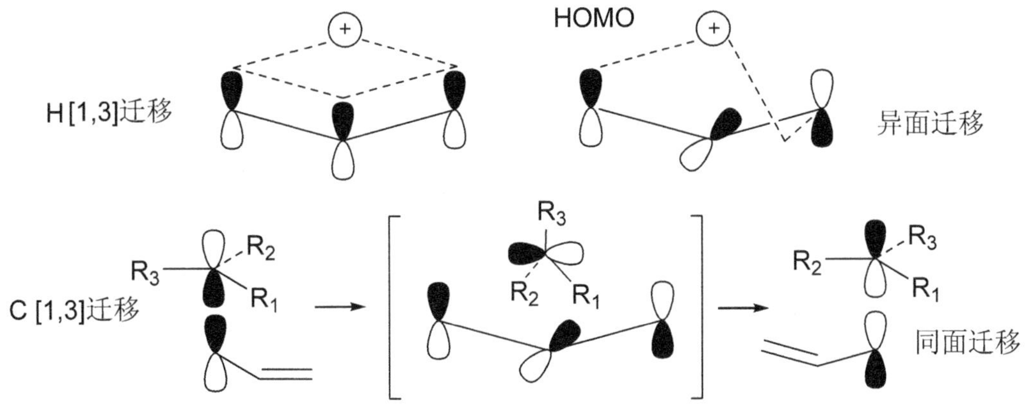

当σ键断裂后，生成含电子数为3的自由基，HOMO相位符号不对称，在H[1,3]迁移中，如异面迁移，要形成扭曲的环状过渡态，能量太高，反应不可能发生。如同面迁移，则氢原子的s轨道同时与相位相反的两个p轨道成键，这也是不可能的。在烷基[1,3]迁移中，位移的烷基自由基p轨道的两瓣同时与相位不同的两个p轨道成键，位移后迁移的烷基构型发生转化，烷基[1,3]迁移可以发生。

17.4 (1) 光照，对称闭环，4*n*体系的电环化反应；

(2) 加热，顺旋开环，4*n*体系的电环化反应；

(3) 光照，对旋闭环；

(4) 加热，顺旋闭环；

(5) 加热，对旋开环，(4*n*+2)体系电环化反应的逆过程；

(6) Ⅰ. 加热，对旋闭环；Ⅱ. 光照，顺旋开环；Ⅲ. 加热，对旋闭环。整个反应为(4*n*+2)体系的电环化过程。

17.5

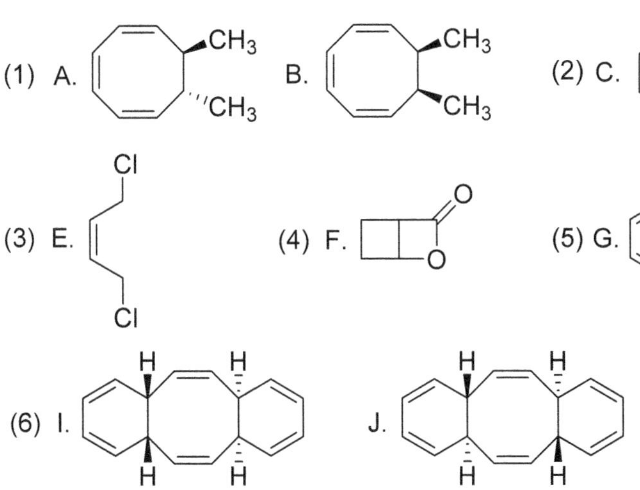

17.6 (1) 先加热顺旋闭环，得到中间产物a，再光照对旋开环得产物；

(2) 先光照顺旋开环，得到中间产物b，再加热对旋闭环得产物。

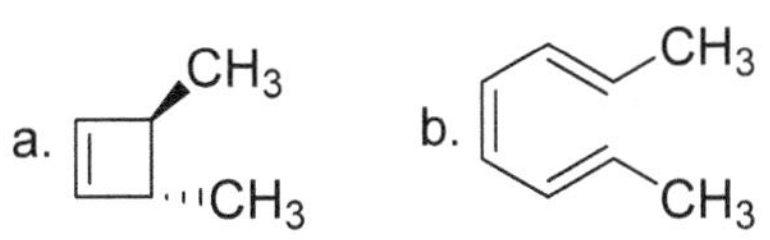

17.7　两个反应均为电环化反应，其开环产物都是含有 4 个 π 电子的共轭二烯，开环条件均为加热顺旋开环。在加热至 176℃时，反应(1)可以实际发生并得到顺旋开环产物；而反应(2)通过顺旋方式将得到七元环的反式烯烃，七元环太小，难于容纳反式双键，因而反应(2)实际按对旋方式得到顺式双键，可能通过一个高能量(更高温度)的非协同(分步)机理进行。

17.8　通过加热、顺旋开环得到一个非芳香性的中间体，然后与马来酸酐进行[4+2]的双烯合成。

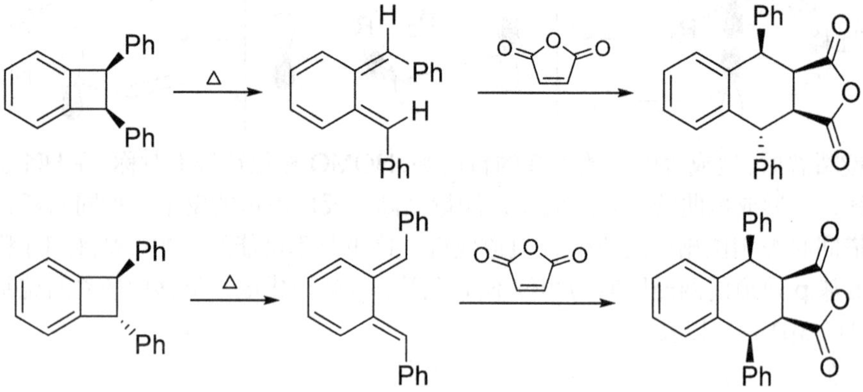

17.9

(1) 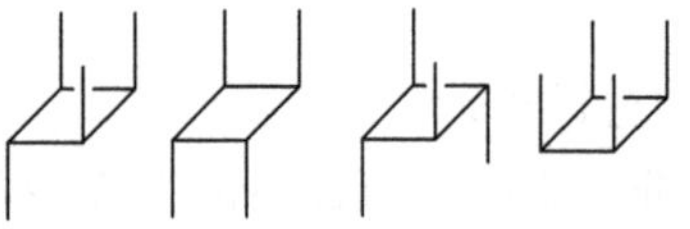　(2) 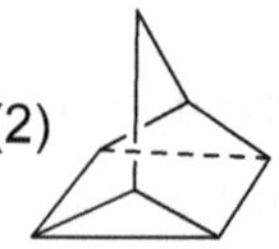　(3) 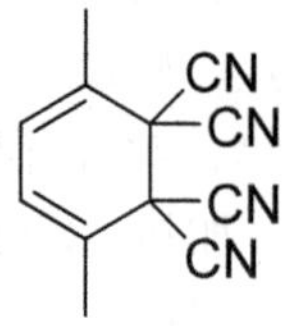

(4) 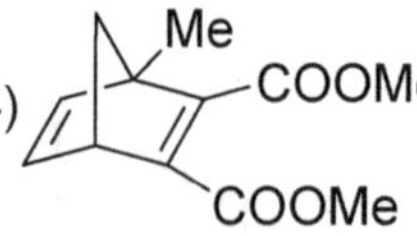　(5) 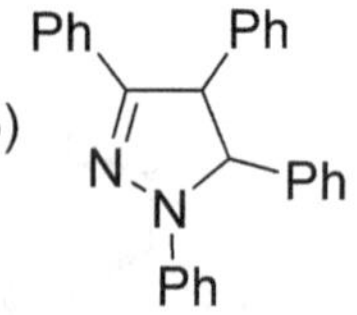　(6) 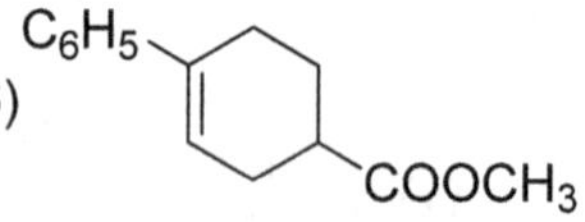

(7) 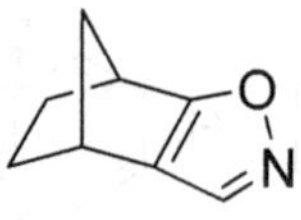　(8) 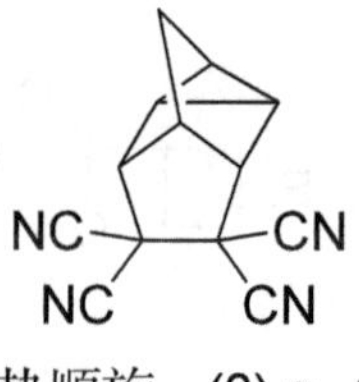

17.10　(1) a. 加热顺旋，b. 光照对旋；(2) 加热顺旋；(3) a. 加热对旋，b. 加 H_2O；(4) a. 光照顺旋，b. 加热对旋。

17.11

(1) D. 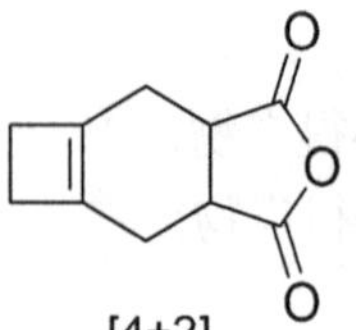

[4+2]

E. 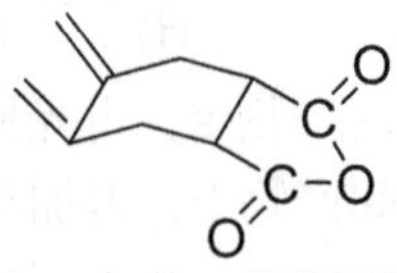

4*n*，加热，顺旋开环

F. 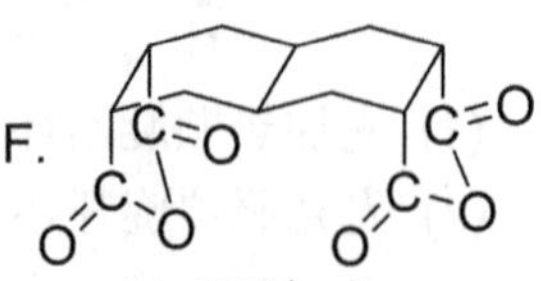

[4+2]环加成

(2) G. 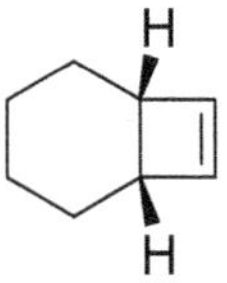

光照，对旋闭环

H. 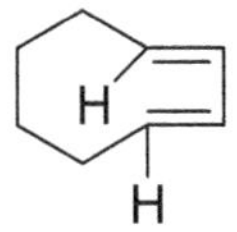

加热，顺旋闭环

I. 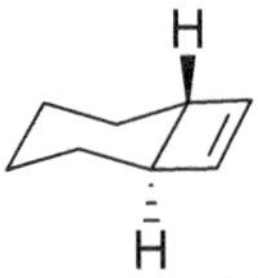

光照，对旋闭环

(3) J. 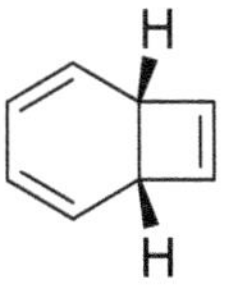

加热，对旋闭环

K. 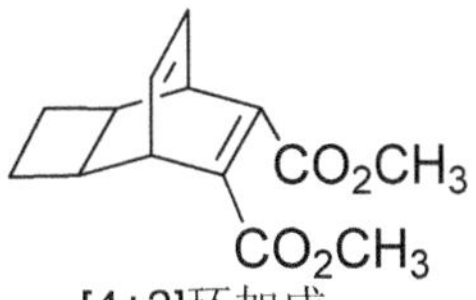

[4+2]环加成

17.12 (1) H[1,5]迁移；(2) σ[3,3]迁移；(3) C[1,3]迁移，烷基构型翻转；(4) σ[3,3]迁移。

17.13

(1) 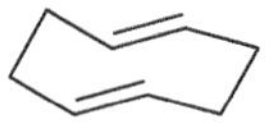 σ[3,3]

(2) 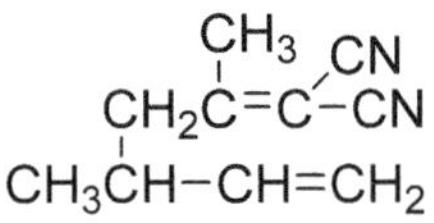

(3) 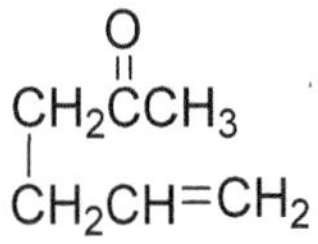

17.14 反应经历了两次σ[3,3]迁移、一次 H[1,5]迁移。

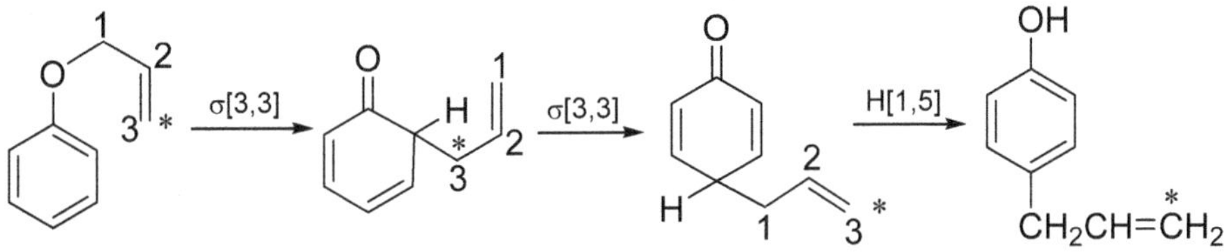

17.15

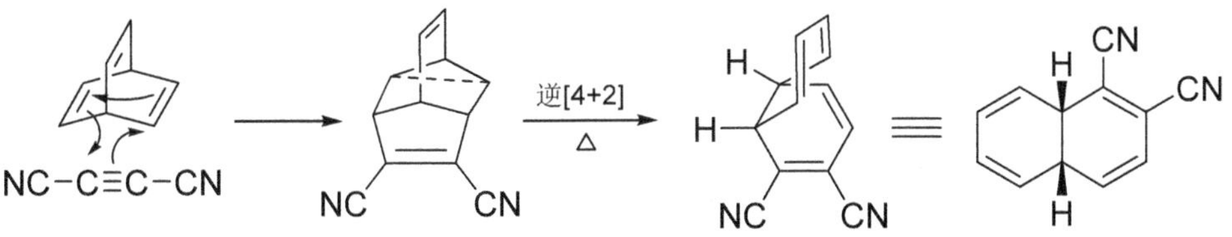

17.16

第一步 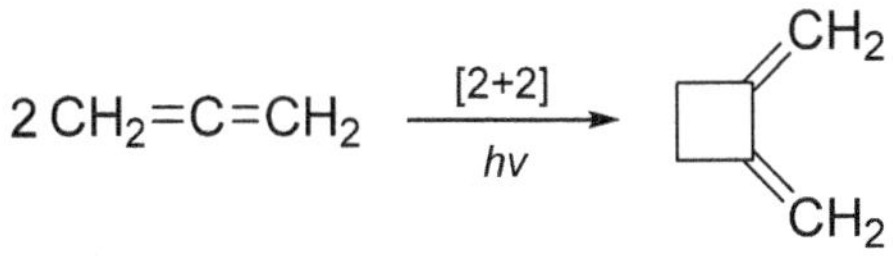

第二步 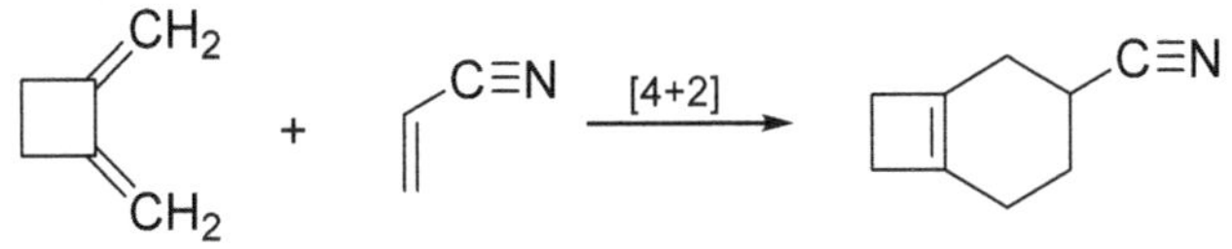

第三步 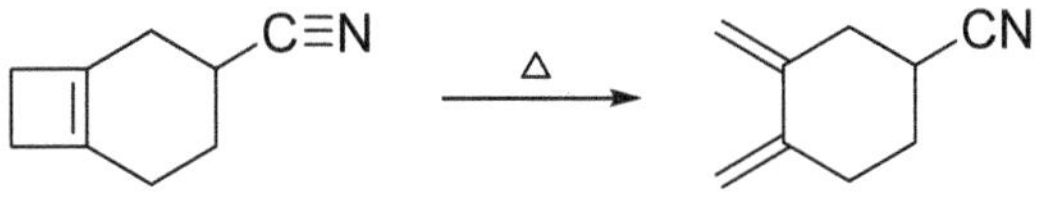

第四步 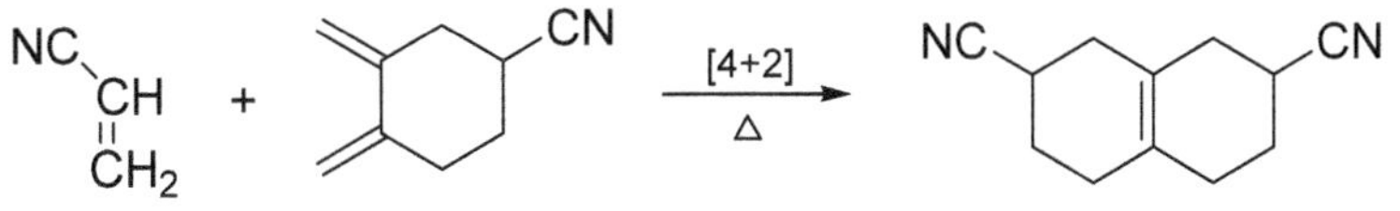

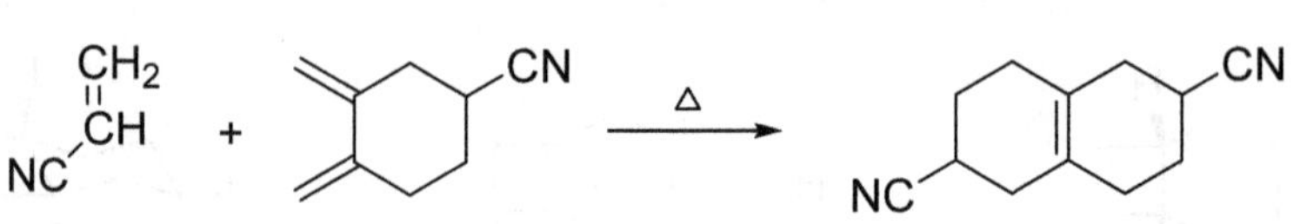

17.17

A. 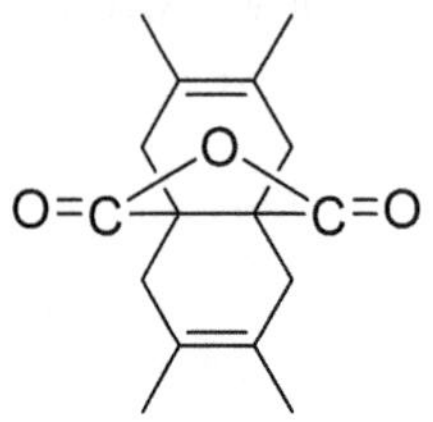

B. 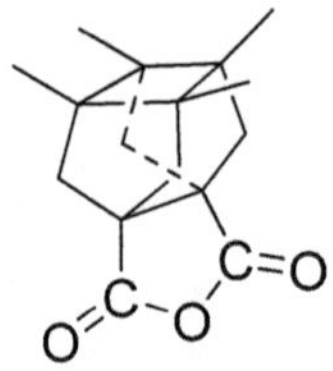

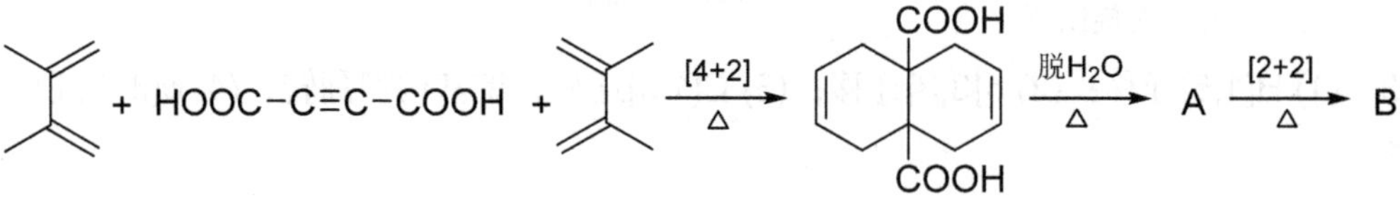

17.18

A. 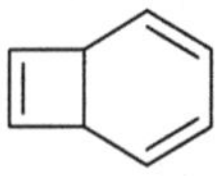

B. 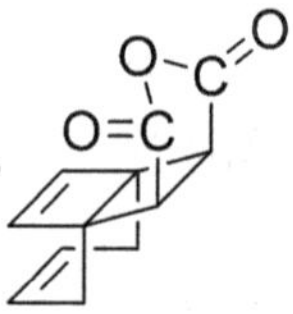

17.19

(1) 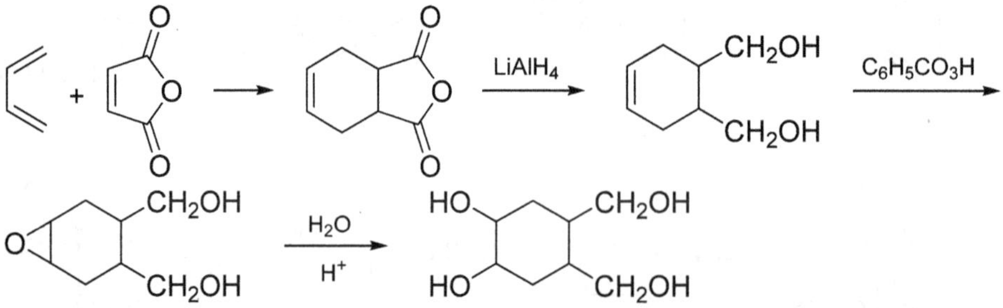

(2) 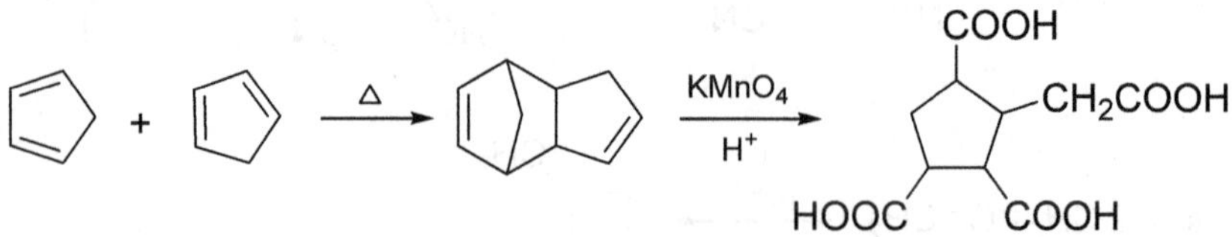

(3) 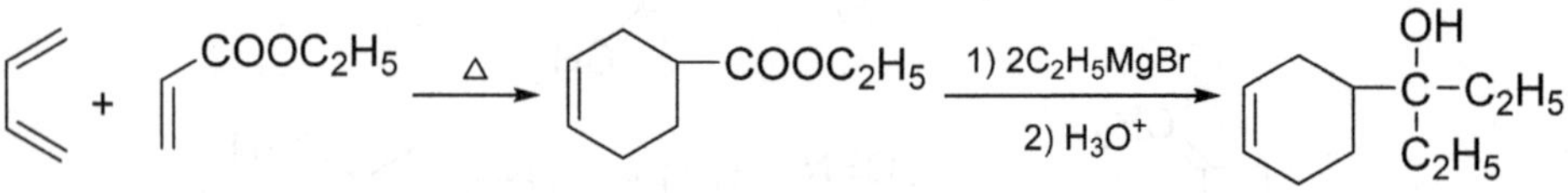

$$(CH_2=CHCOOH + C_2H_5OH \xrightarrow{H^+} CH_2=CHCOOC_2H_5)$$

17.20

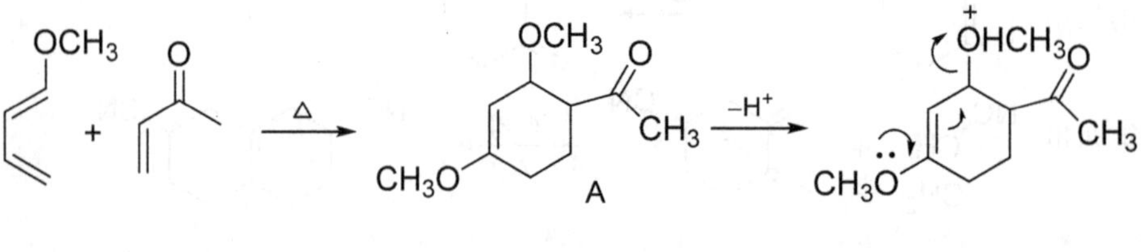

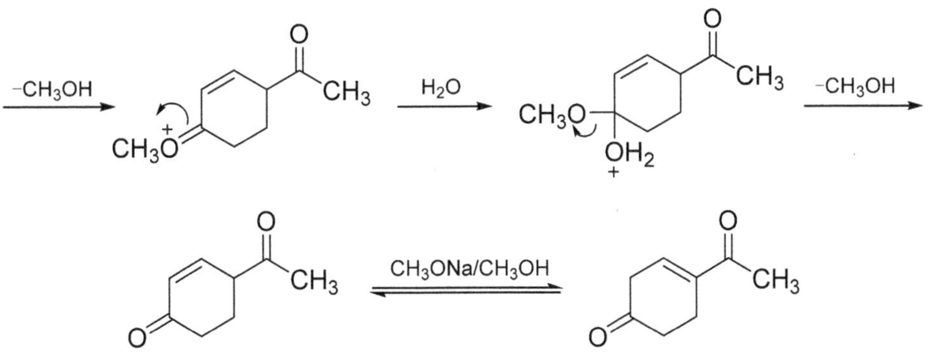
−CH3OH
CH3O
+
CH3
H2O
CH3O
OH2
+
−CH3OH
CH3
CH3ONa/CH3OH
CH3

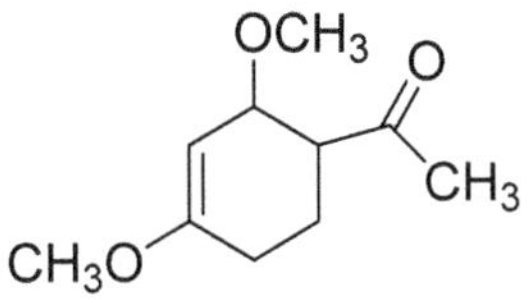
OCH3
CH3
CH3O

A

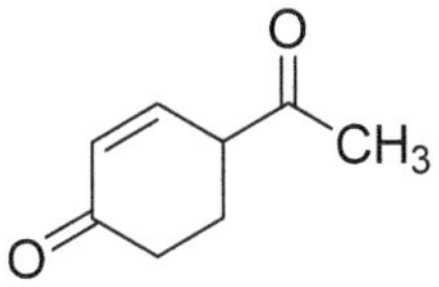
CH3

B

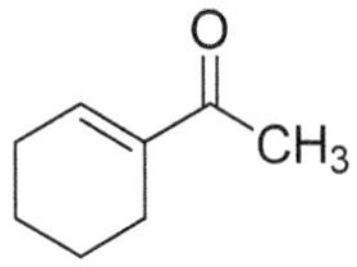
CH3

C

第 18 章 有机合成

一、例题及解析

【例 18-1】 试用逆合成分析法合成下列化合物。

(1) 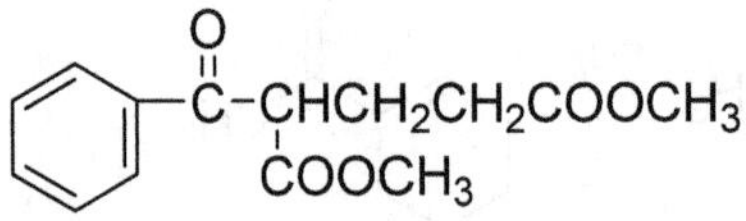

(2) 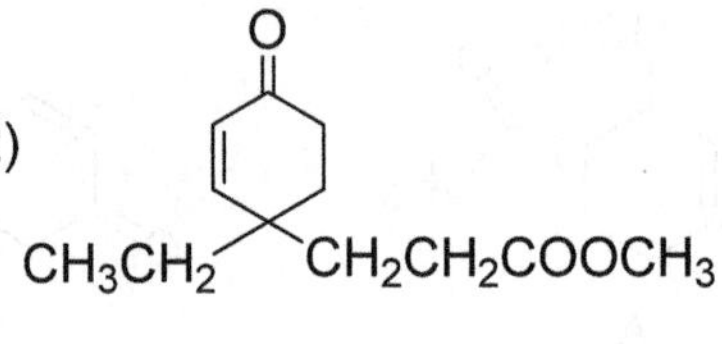

(3) 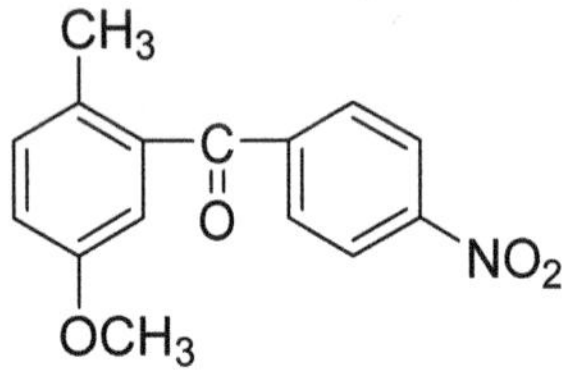

(4) 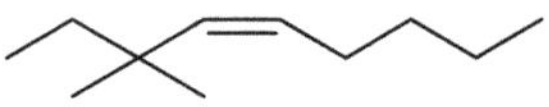

(5) 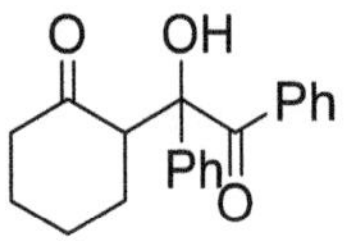

(6) 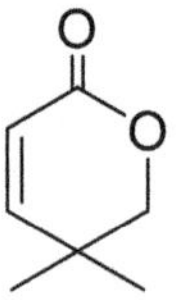

(7) 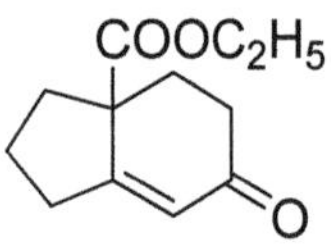

(8) 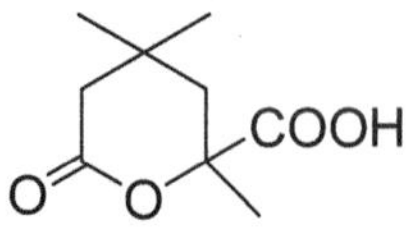

(9) 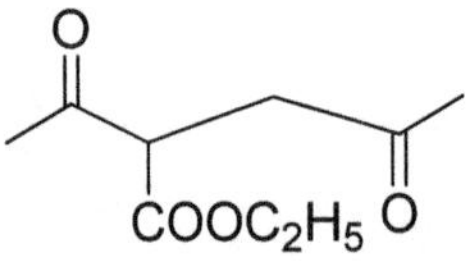

(10) 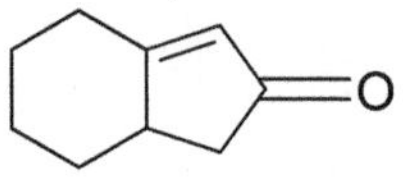

(11) 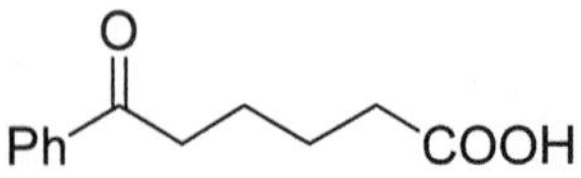

解

(1) 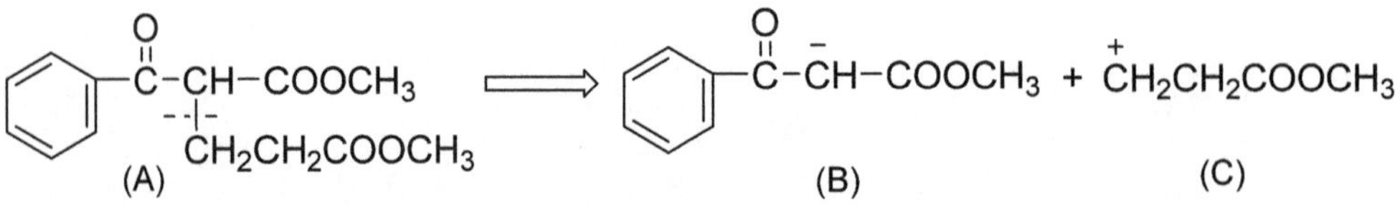

B、C 是 A 切断得到的碎片，它们可以由原料 D 和 E 合成，把上述过程倒过来，就可由 D、E 通过 Michael 加成反应合成 A：

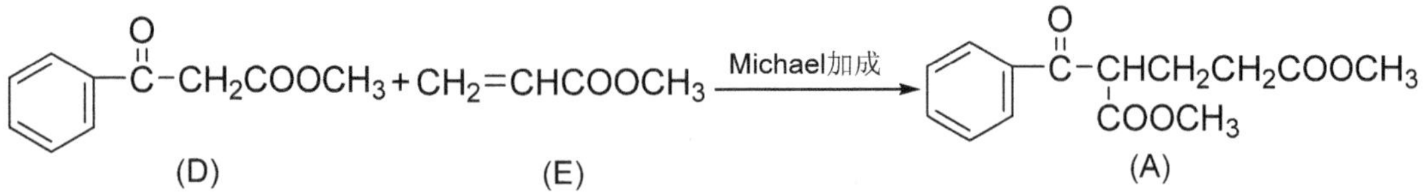

(2) 该化合物是一个α,β-不饱和酮，它很可能是通过分子内的羟醛缩合反应得到。

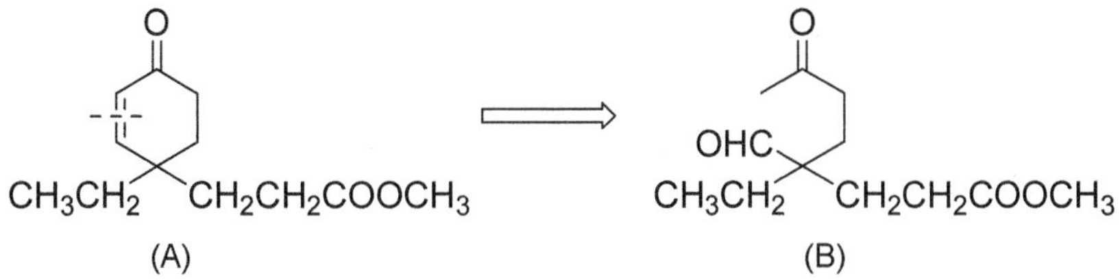

B 是 1,5-二羰基化合物，它可能来自 Michael 加成：

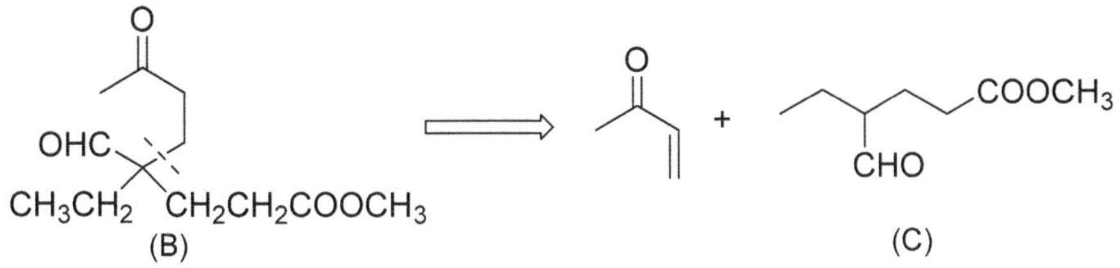

C 是 1,5-二羰基化合物，故可同样切断：

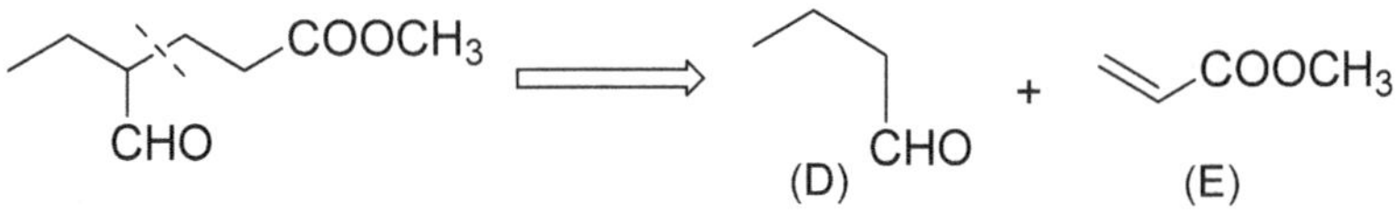

在合成中为了使 D 有足够的活性，需加以活化。对醛酮来说，通过烯胺使其α位活化是一种很有用的手段。故合成路线设计如下：

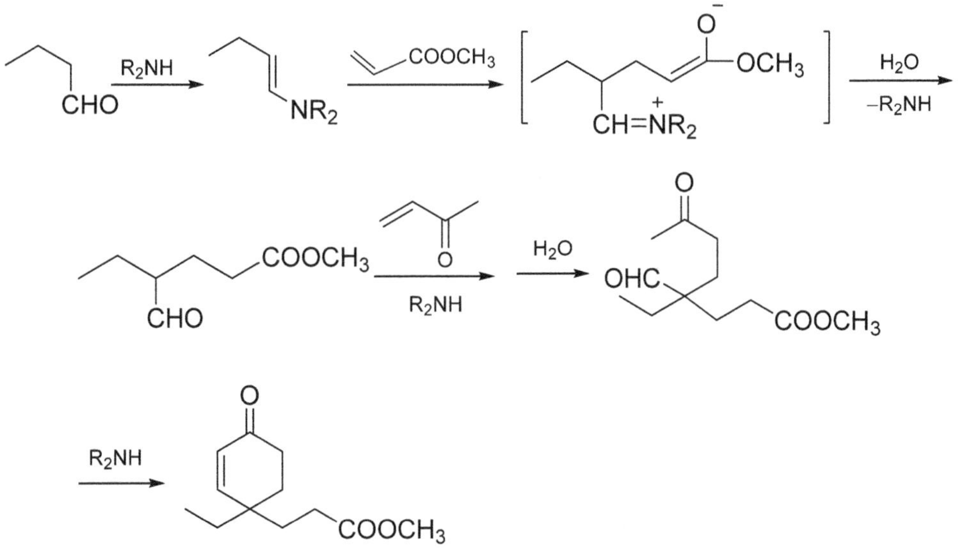

(3)

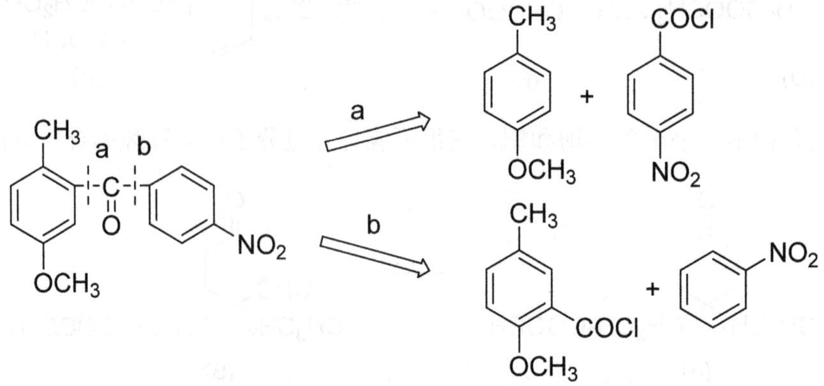

由于硝基苯不能进行 Friedel-Crafts 反应，显然路线 b 无法进行，合成按路线 a 进行；

(4) 逆合成可以有以下两条合成途径：

(a) 

(b) 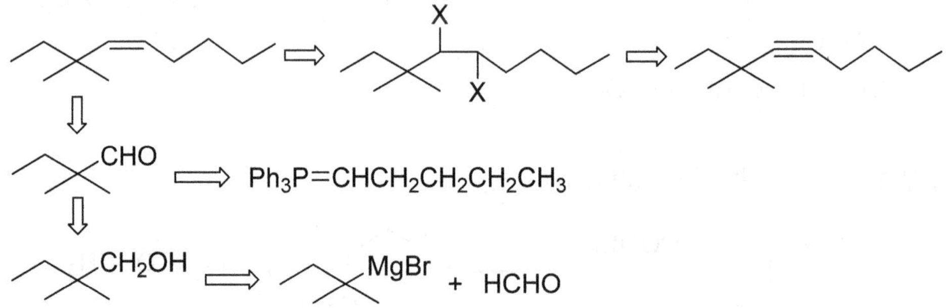

(a)途径由于连在炔键的一个烃基是 3°烷基，乙炔在强碱性条件下与叔卤代烃偶联主要得到消去产物，因而要用(b)途径引入炔键。合成如下：

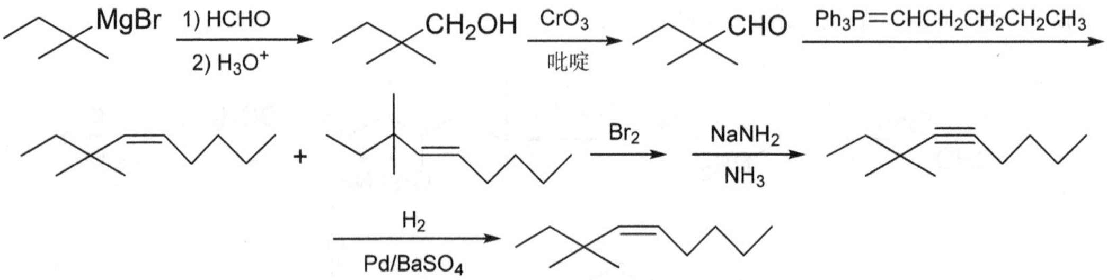

(5) 此化合物属于β-羟基化合物，可通过羟醛缩合反应合成：

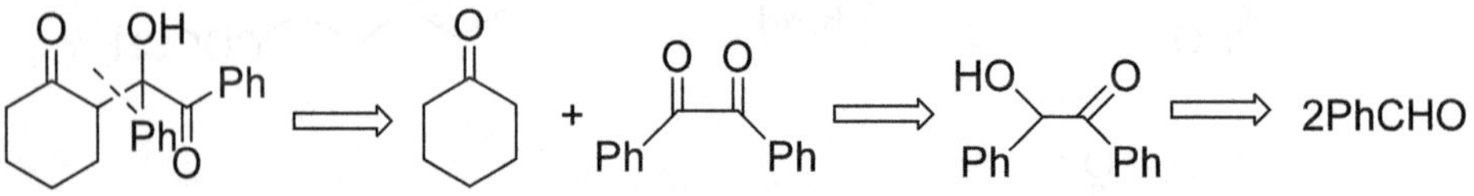

合成如下：

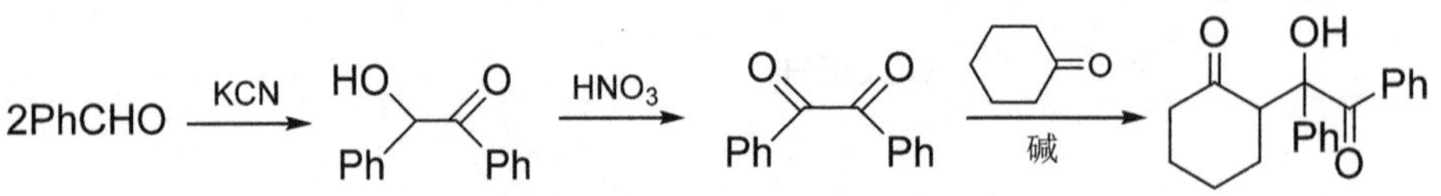

(6) 此化合物为α,β-不饱和酸内酯，一般γ-,δ-羟基酸受热容易形成内酯。

逆合成分析：

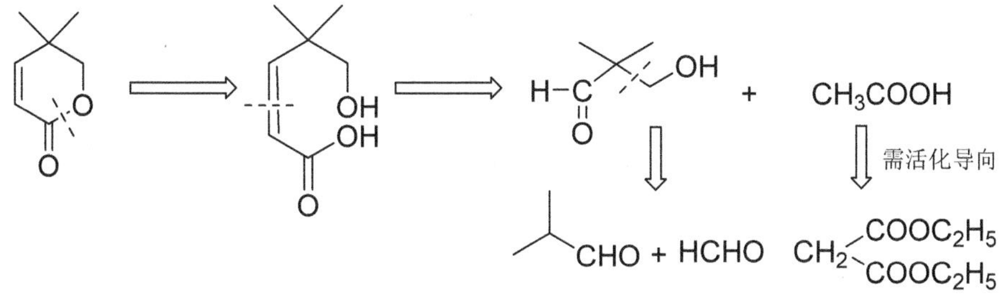

合成如下：

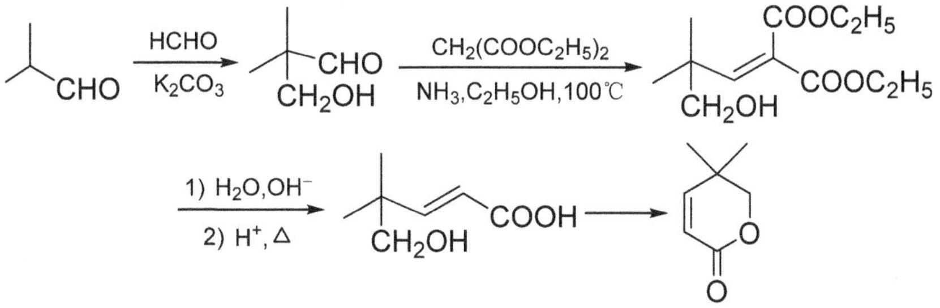

(7)

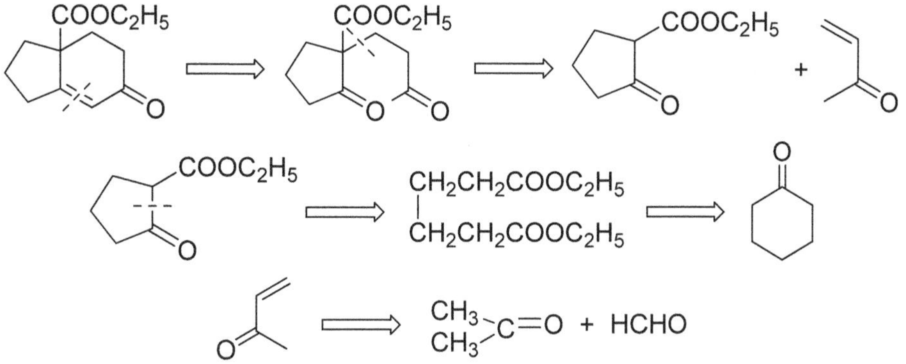

合成如下：

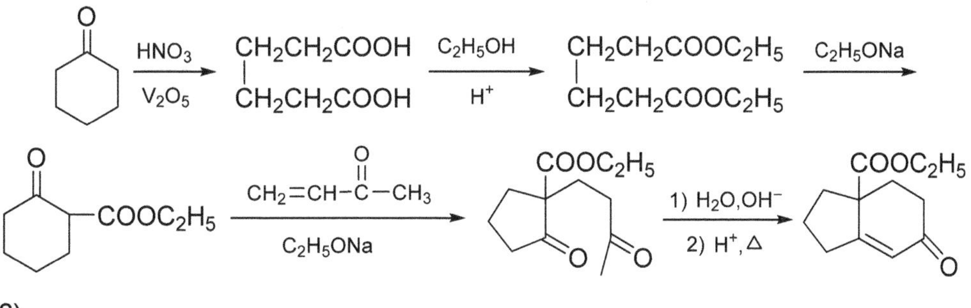

(8)

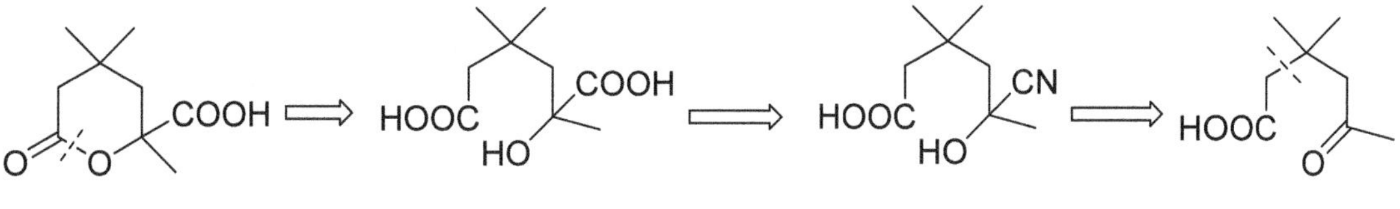

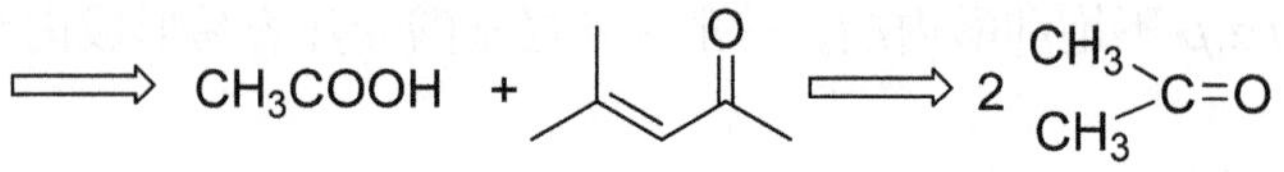

合成如下：

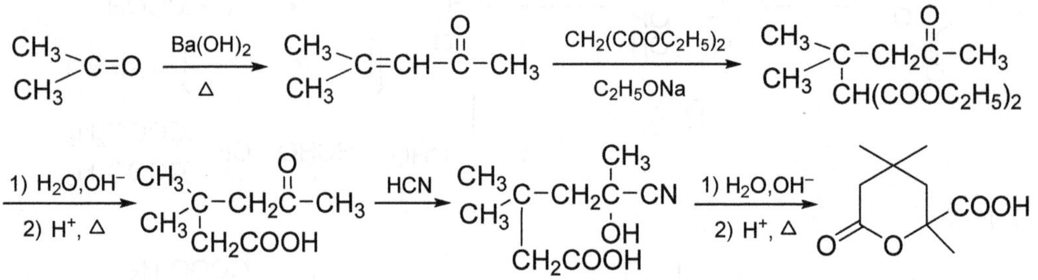

(9)

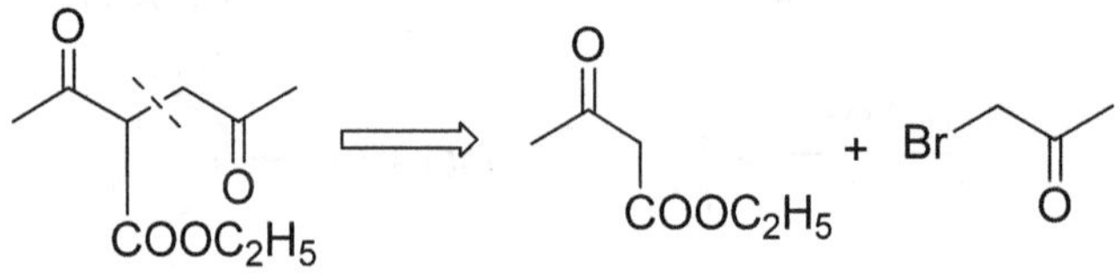

合成如下：

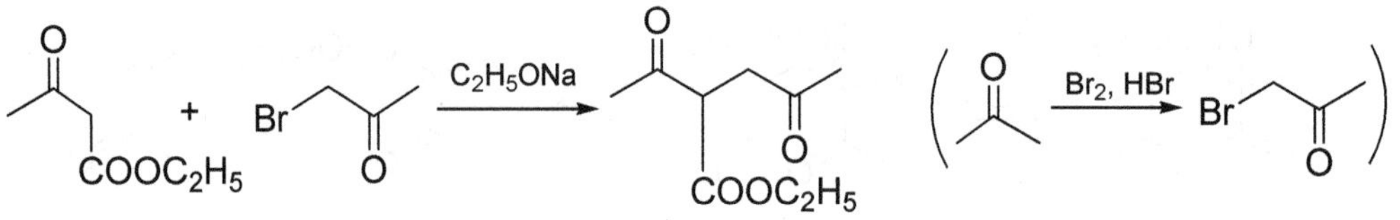

(10)

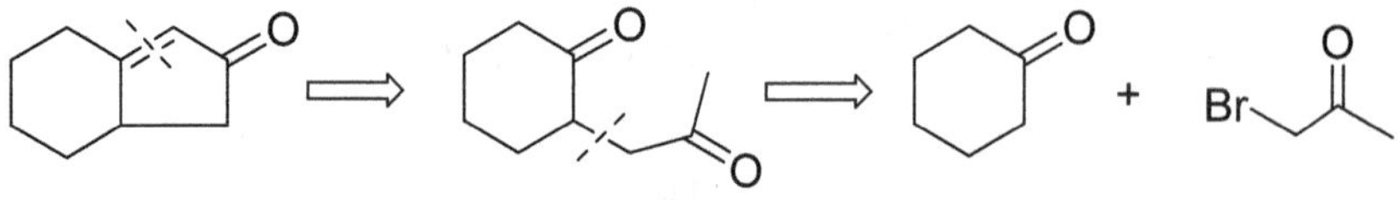

合成如下：

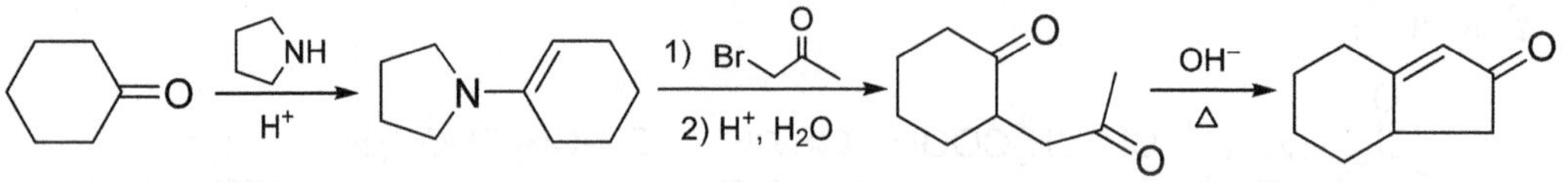

(11)

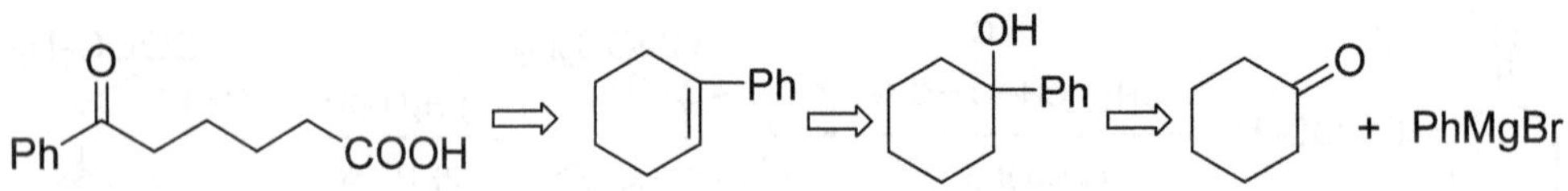

合成如下：

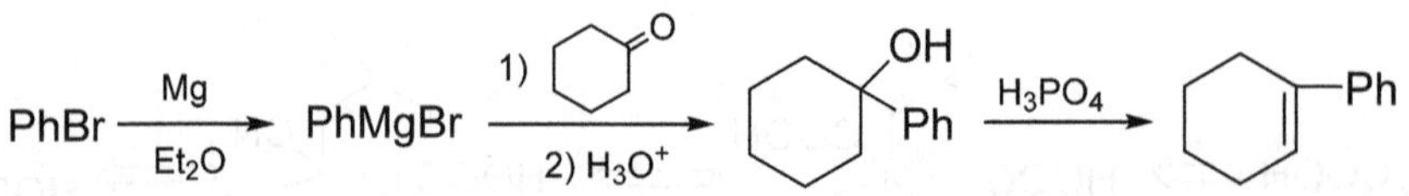

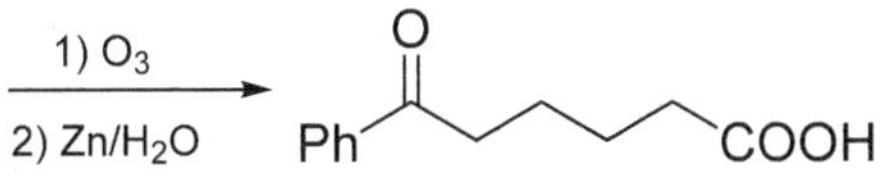

【例 18-2】　利用适当原料合成下列化合物。

(1) 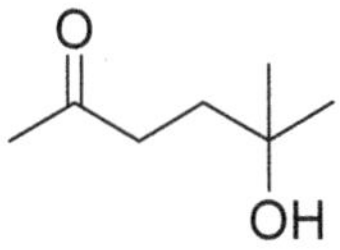

(2) 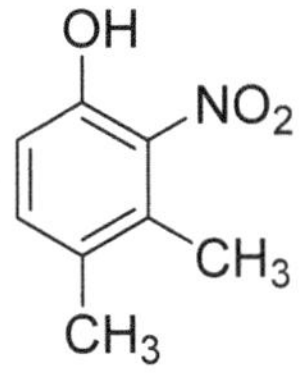

(3) $HOCH_2C\equiv CCOOH$

(4) 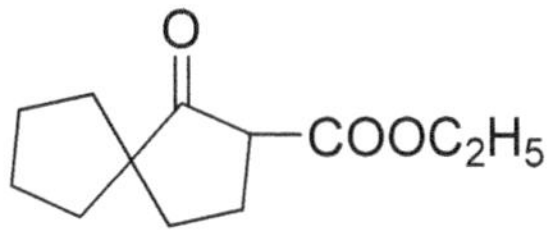

解

(1) 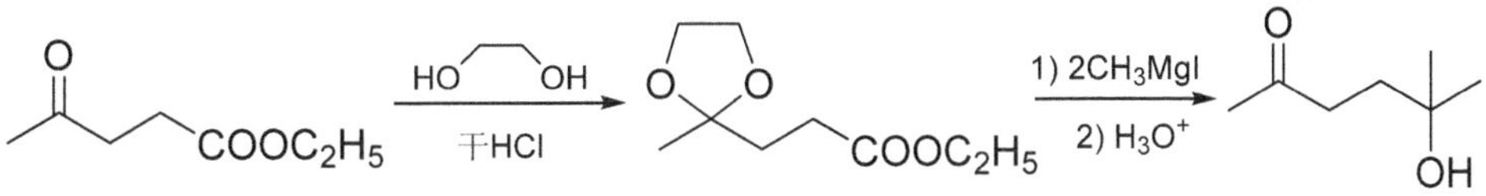

(2) 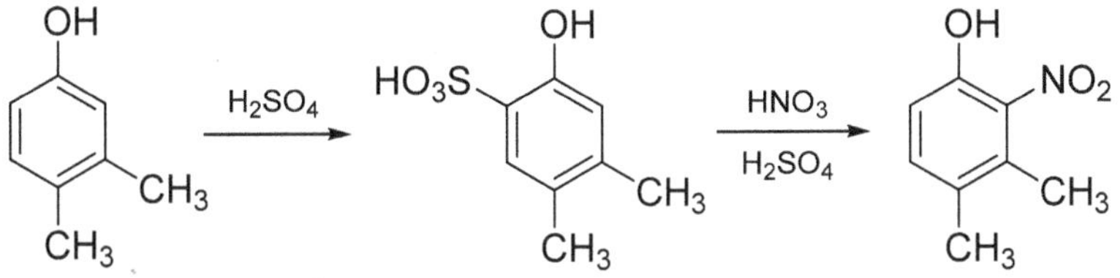

(3) 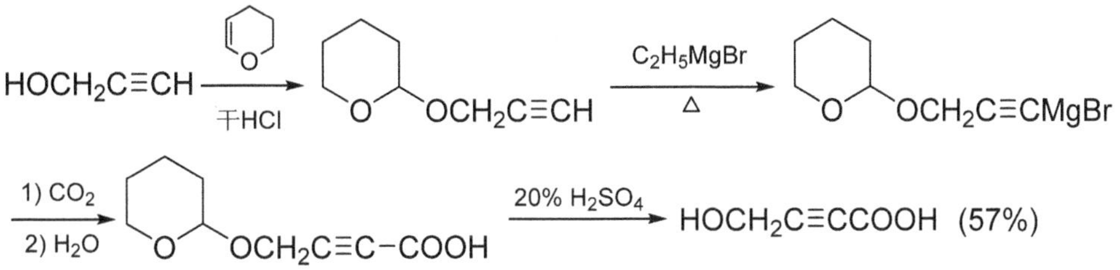

(4) 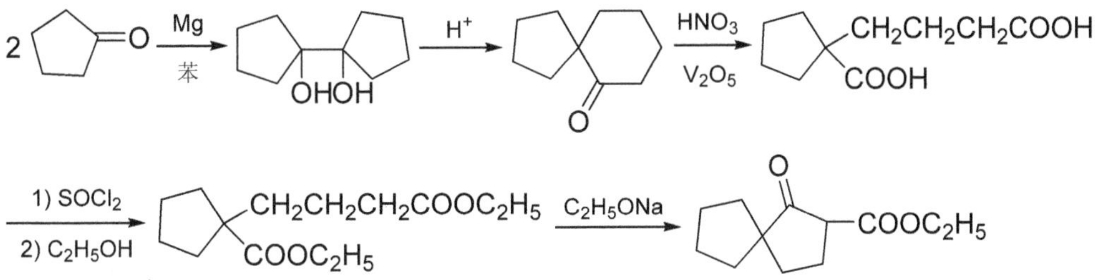

二、习　　题

18.1　写出通过其他官能团经过一步反应合成下列官能团的反应方程式。

(1) 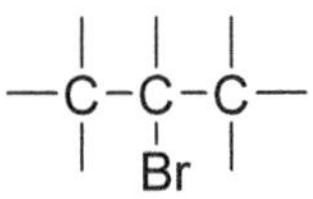

(2) 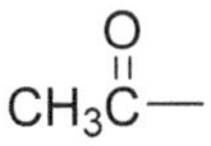

(3) $—CH_2OH$

(4) —COOH　　(5) —CN　　(6) 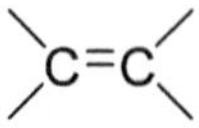

(7) —CHO　　(8) 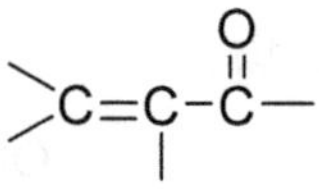　　(9) 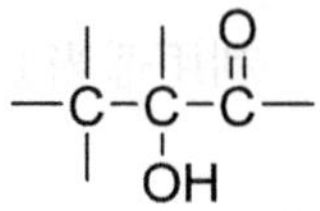

18.2 用简单原料合成下列化合物。

(1) 　　(2) 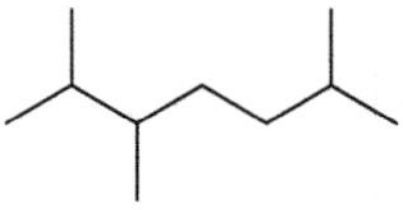

(3) 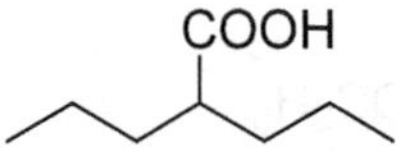　　(4) 

(5) 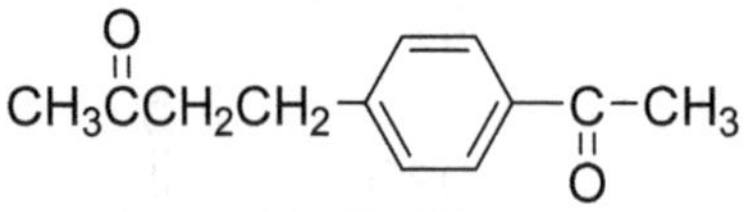　　(6) 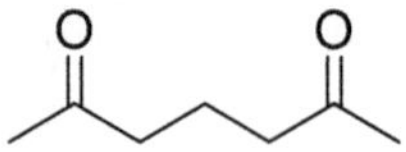

(7) 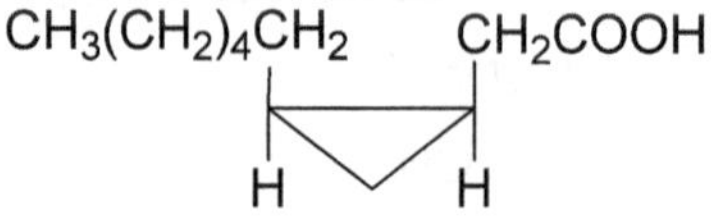　　(8) 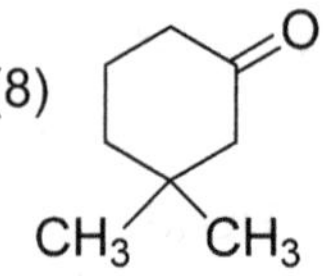

(9) 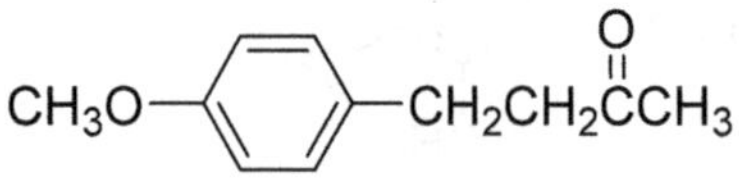　　(10) 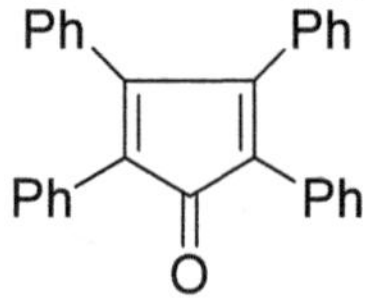

(11) 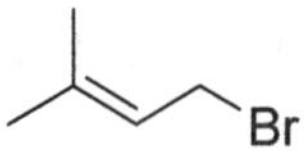　　(12) 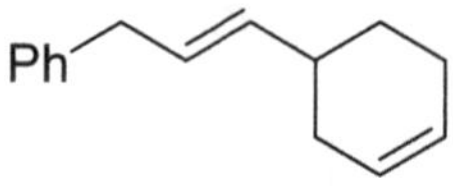

(13) 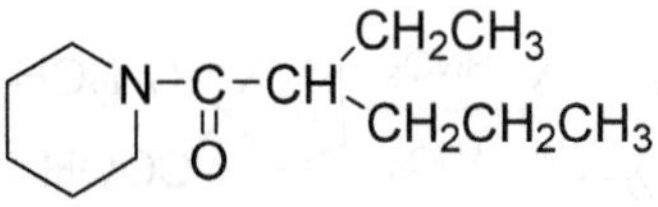　　(14) 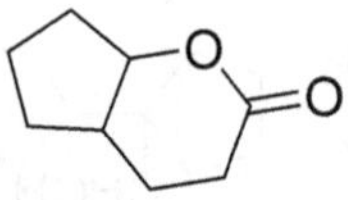

18.3 以乙酰乙酸乙酯及丙二酸二乙酯为原料合成下列化合物。

(1) 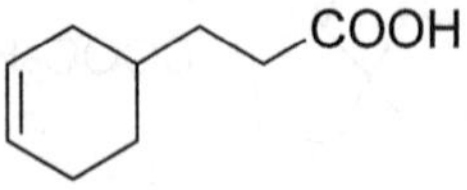　　(2) 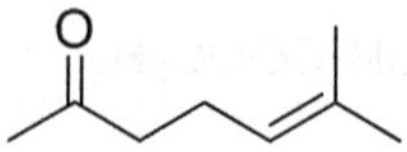　　(3) 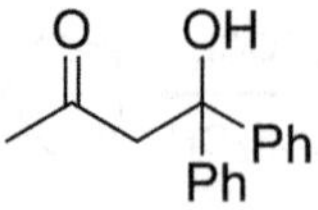

(4) 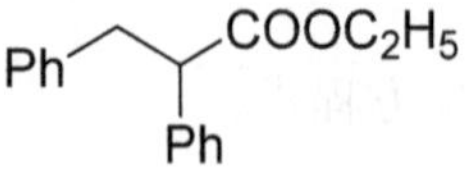　　(5) 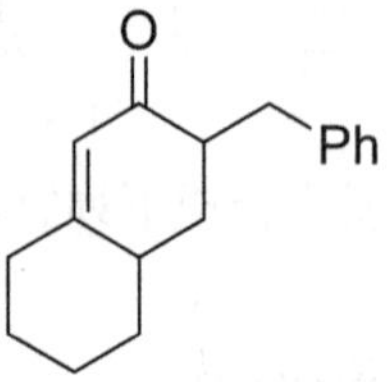

18.4 由苯及甲苯出发合成下列化合物。

(1) 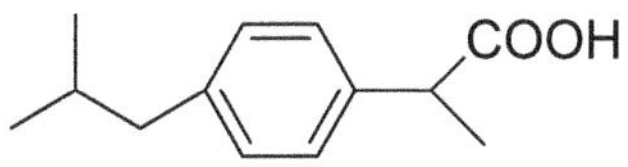

(2) 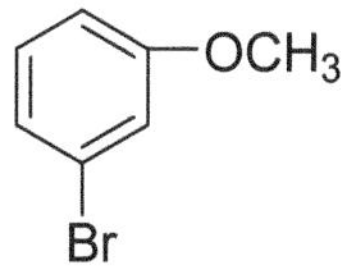

(3) 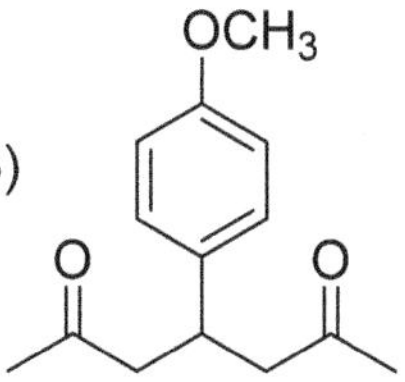

(4) 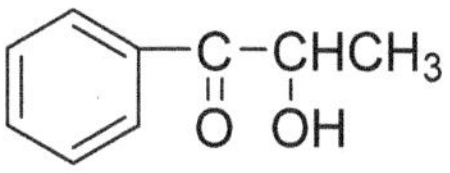

18.5 分析合成原料。

例如：

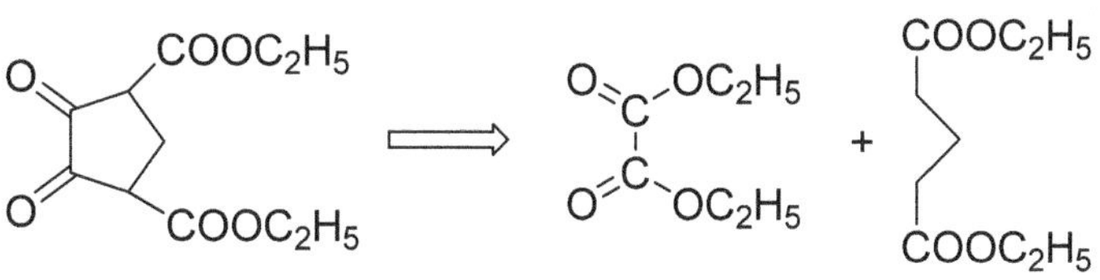

(1) 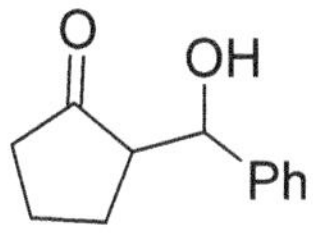

(2) 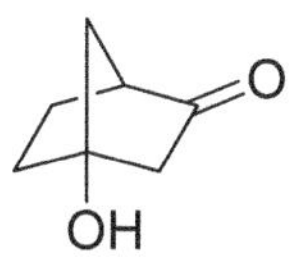

(3) 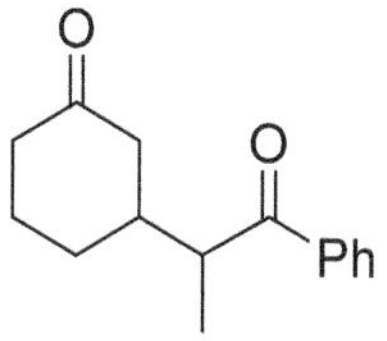

(4) 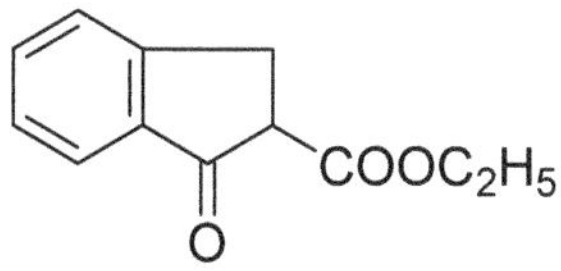

(5) 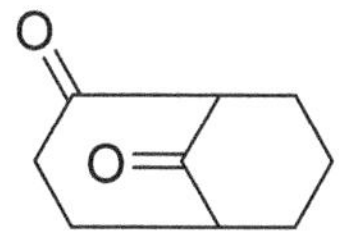

(6) 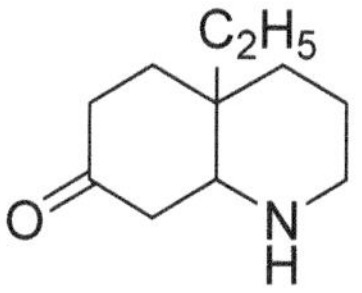

18.6 用适当原料合成下列化合物。

(1) 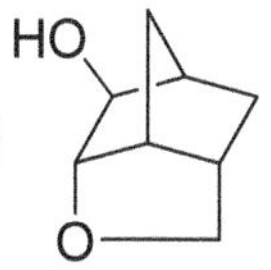

(2) 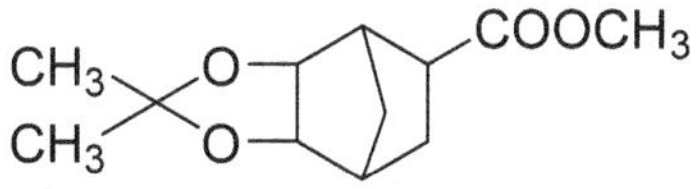

(3) 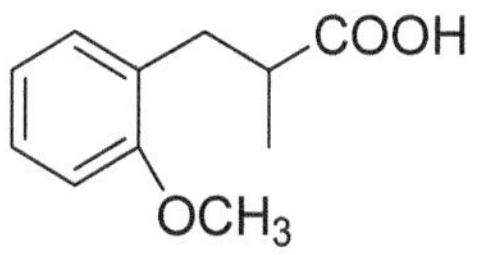

(4) 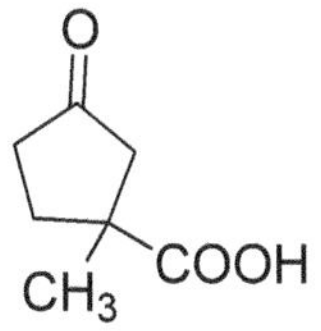

(5) 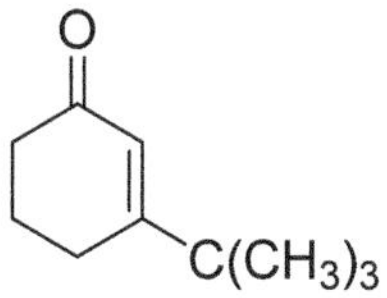

(6) 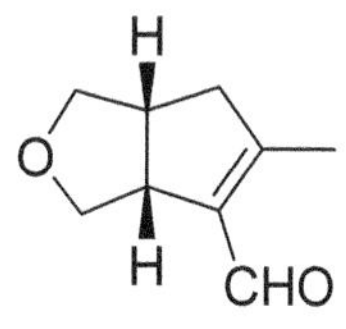

(7) 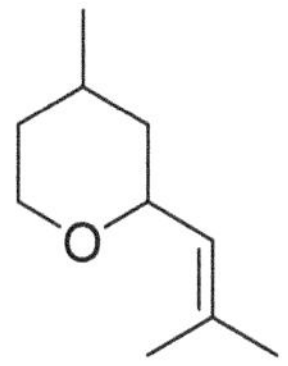

(8) 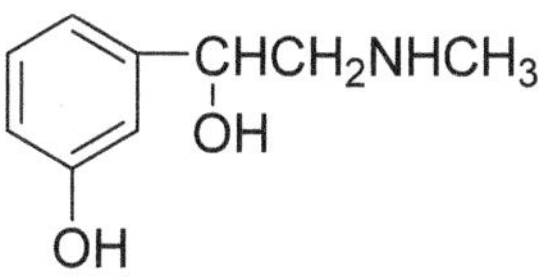

(9) 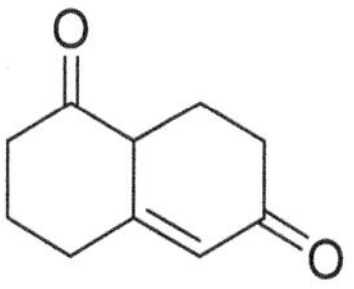

(10) 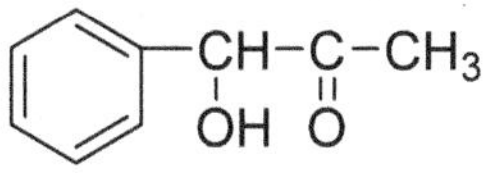

18.7 完成下列转化。

(1) 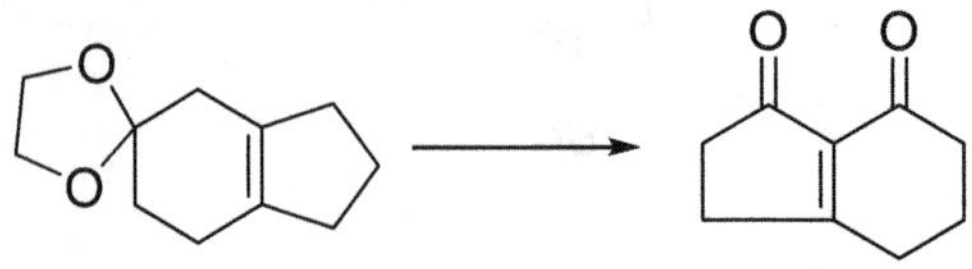

(2) 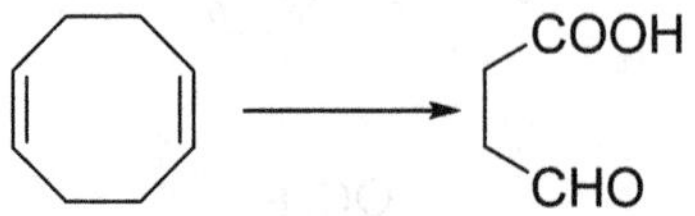

(3) 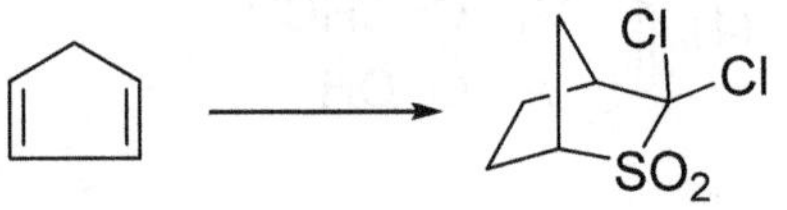

(4) 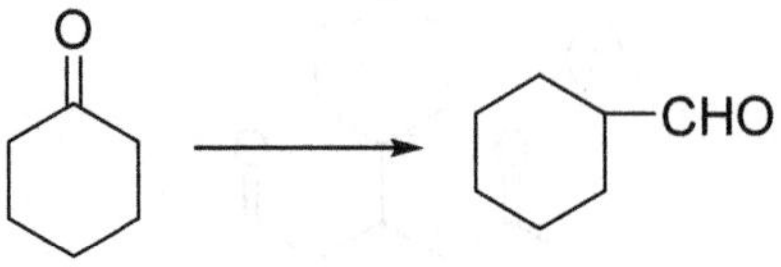

(5) 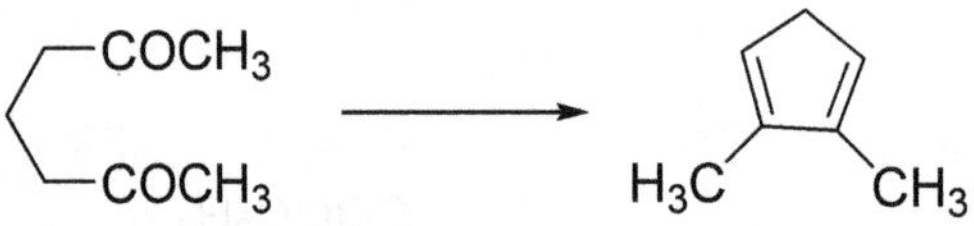

(6) 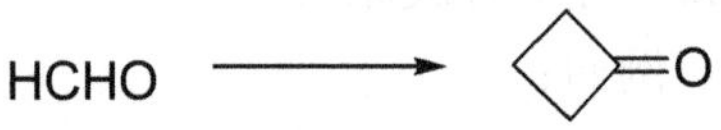

(7) 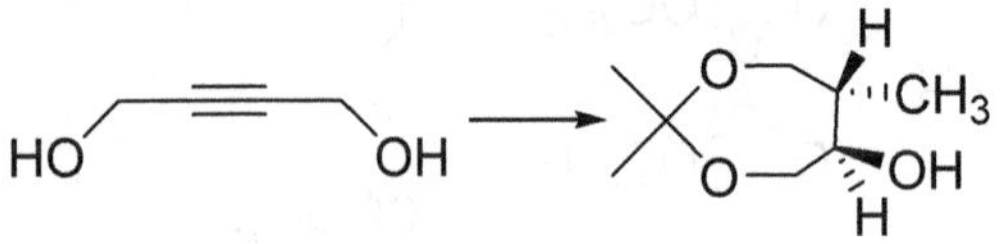

(8) 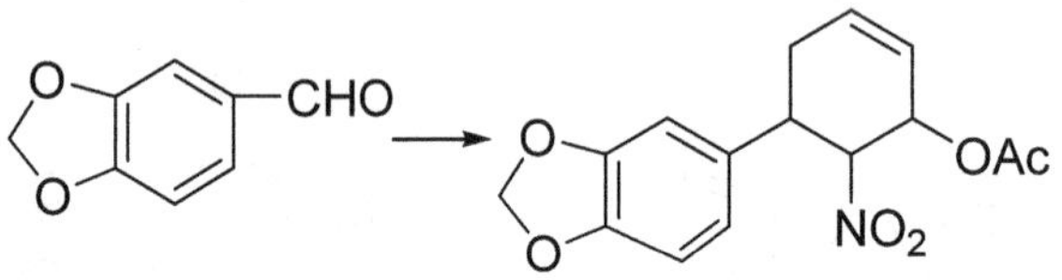

(9) 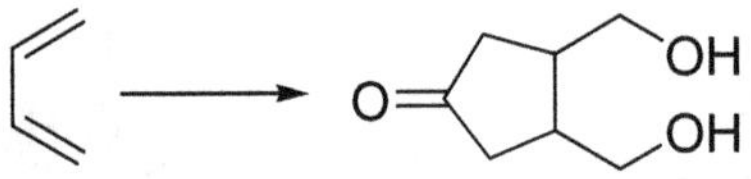

(10) 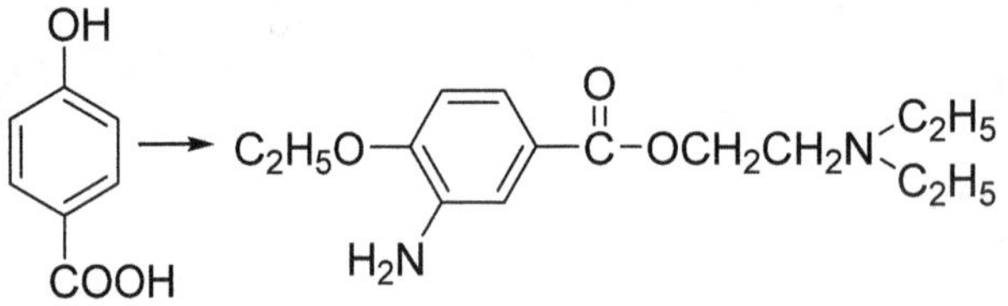

18.8 试通过逆合成分析完成下列化合物的合成。

(1) 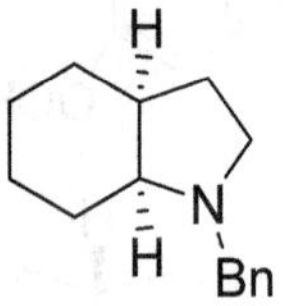

(2) 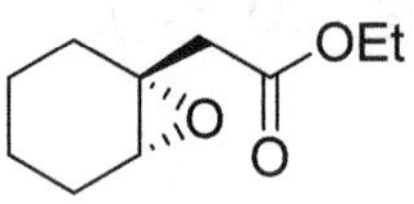

三、习 题 解 答

18.1 略。

18.2

(1) $HC\equiv CH \xrightarrow{Na} NaC\equiv CH \xrightarrow{NaNH_2} NaC\equiv CNa \xrightarrow{2CH_3(CH_2)_3Br}$

$CH_3(CH_2)_3C\equiv C(CH_2)_3CH_3 \xrightarrow[Pd/BaSO_4]{H_2}$ 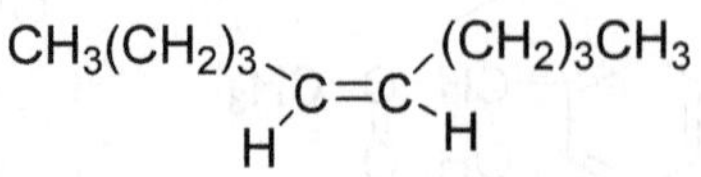

(2)
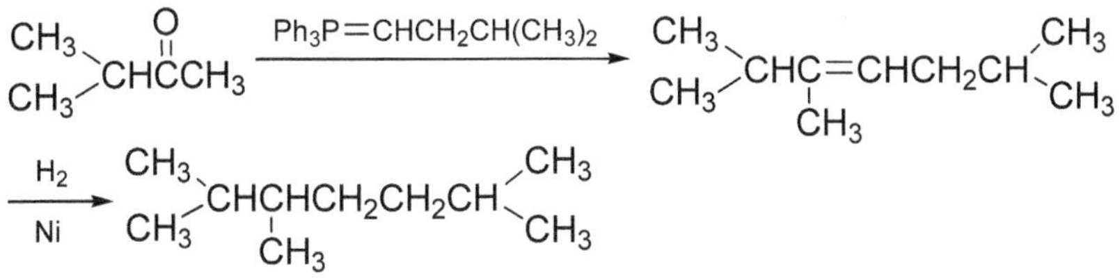
CH3 CH3 CHCCH3 O
Ph3P=CHCH2CH(CH3)2
CH3 CH3 CHC=CHCH2CH CH3 CH3 CH3
H2 Ni
CH3 CH3 CHCHCH2CH2CH CH3 CH3 CH3

(3)
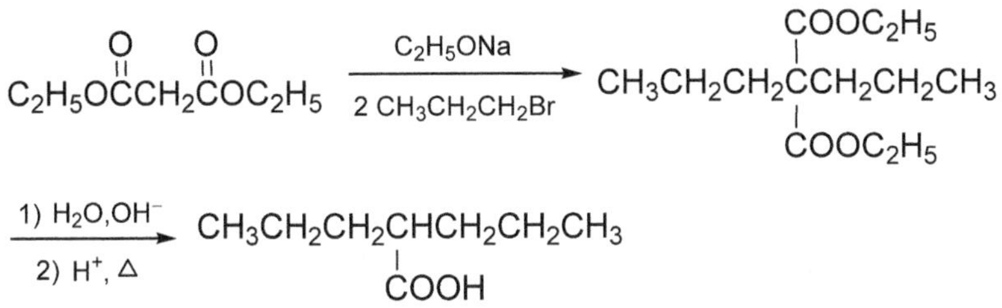
C2H5OCCH2COC2H5
C2H5ONa
2 CH3CH2CH2Br
CH3CH2CH2CCH2CH2CH3 COOC2H5 COOC2H5
1) H2O,OH−
2) H+, △
CH3CH2CH2CHCH2CH2CH3 COOH

(4)
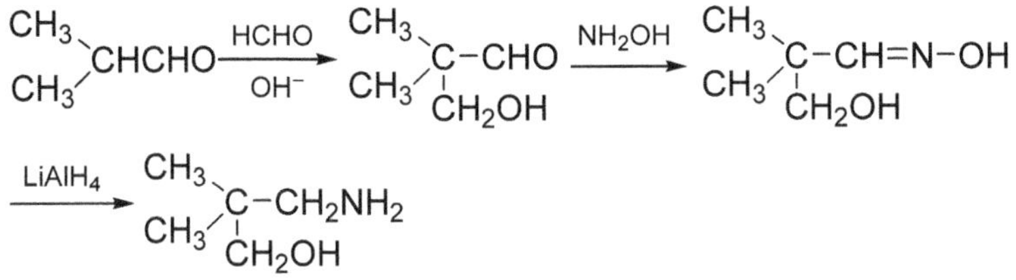
CH3 CH3 CHCHO
HCHO OH−
CH3 CH3 C−CHO CH2OH
NH2OH
CH3 CH3 C−CH=N−OH CH2OH
LiAlH4
CH3 CH3 C−CH2NH2 CH2OH

(5)
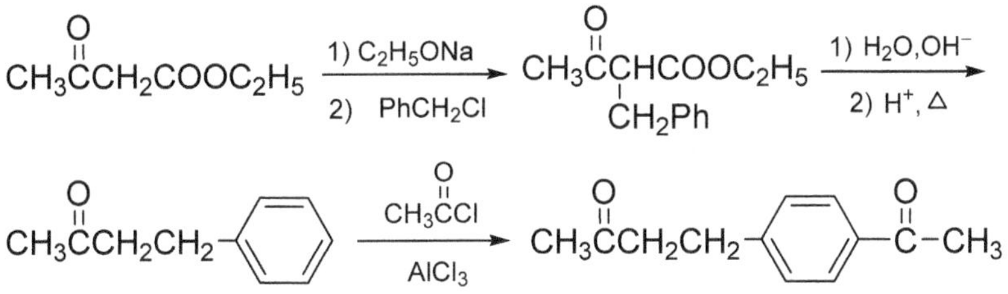
CH3CCH2COOC2H5
1) C2H5ONa
2) PhCH2Cl
CH3CCHCOOC2H5 CH2Ph
1) H2O,OH−
2) H+, △
CH3CCH2CH2−
CH3CCl
AlCl3
CH3CCH2CH2− −C−CH3

(6)
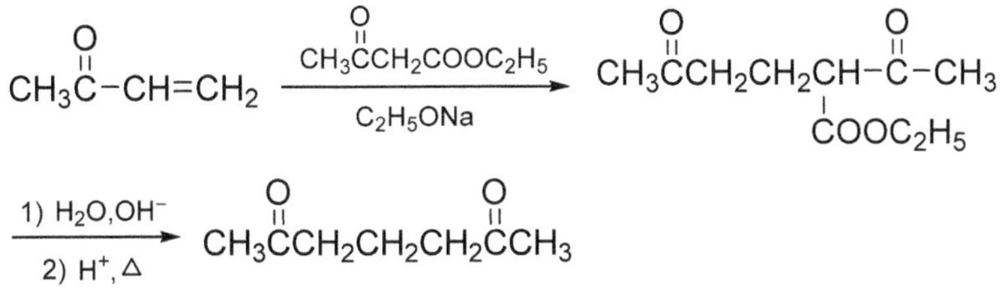
CH3C−CH=CH2
CH3CCH2COOC2H5
C2H5ONa
CH3CCH2CH2CH−C−CH3 COOC2H5
1) H2O,OH−
2) H+, △
CH3CCH2CH2CH2CCH3

(7)
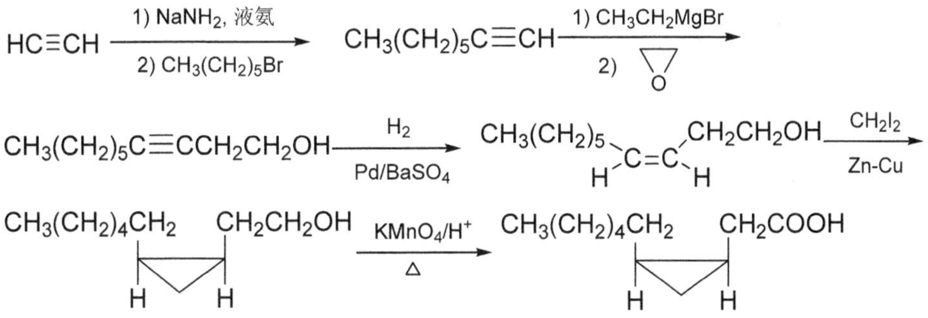
HC≡CH
1) NaNH2, 液氨
2) CH3(CH2)5Br
CH3(CH2)5C≡CH
1) CH3CH2MgBr
2)
O
CH3(CH2)5C≡CCH2CH2OH
H2
Pd/BaSO4
CH3(CH2)5 H C=C CH2CH2OH H
CH2I2
Zn-Cu
CH3(CH2)4CH2 CH2CH2OH H H
KMnO4/H+
△
CH3(CH2)4CH2 CH2COOH H H

(8)
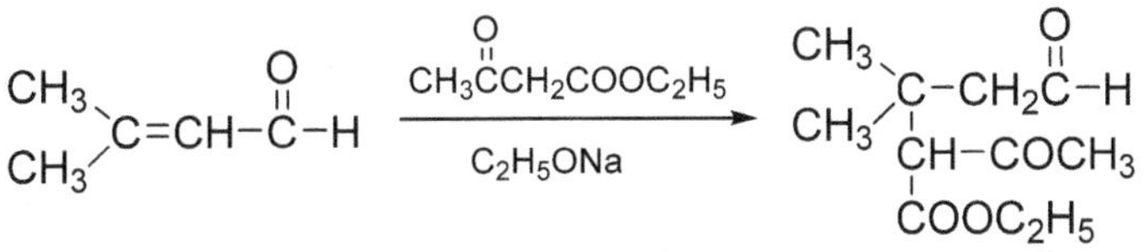
CH3 CH3 C=CH−C−H
CH3CCH2COOC2H5
C2H5ONa
CH3 CH3 C−CH2C−H CH−COCH3 COOC2H5

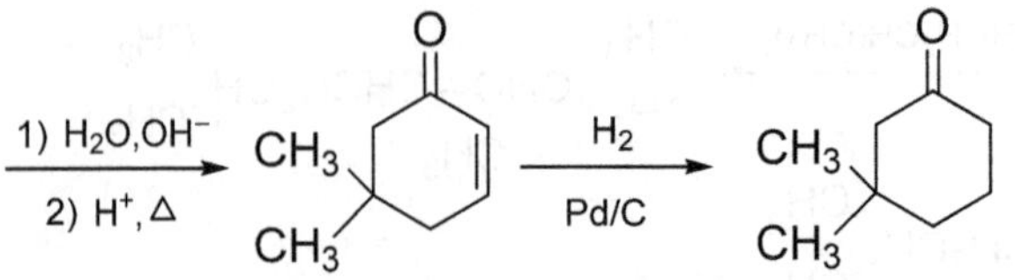

(9) 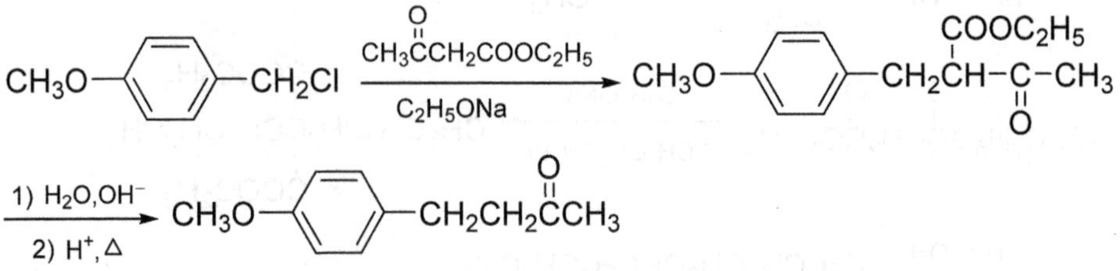

(10) 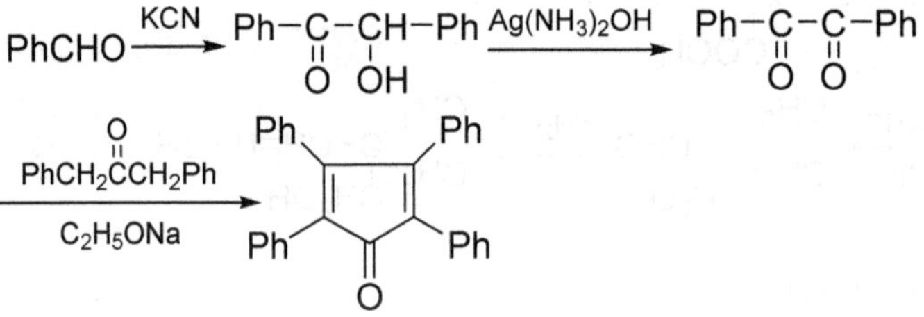

(11) 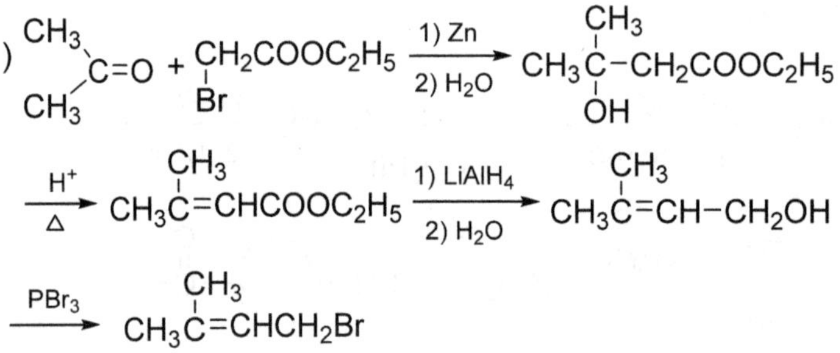

(12) 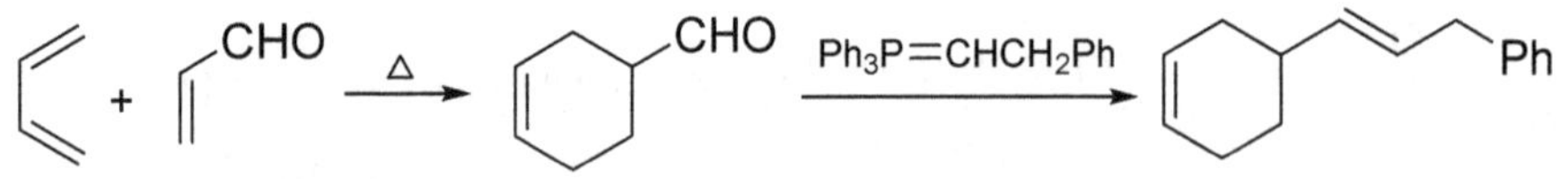

(13) 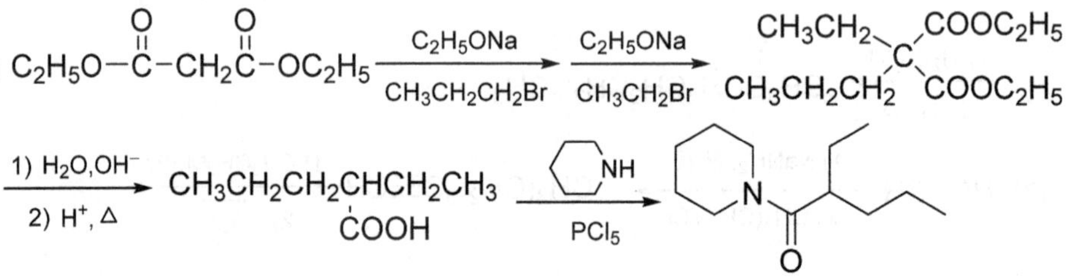

(14) 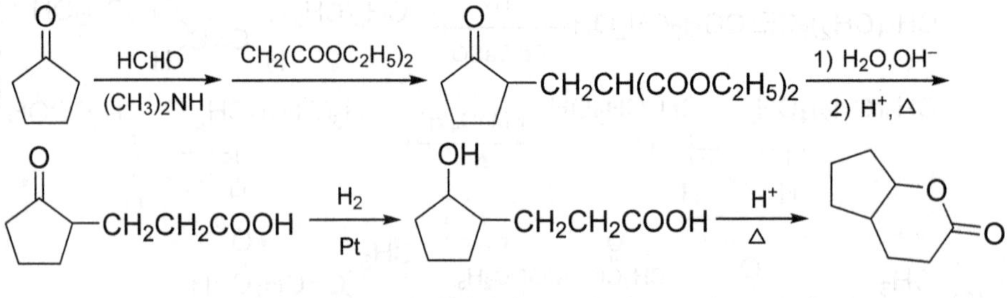

18.3

(1) 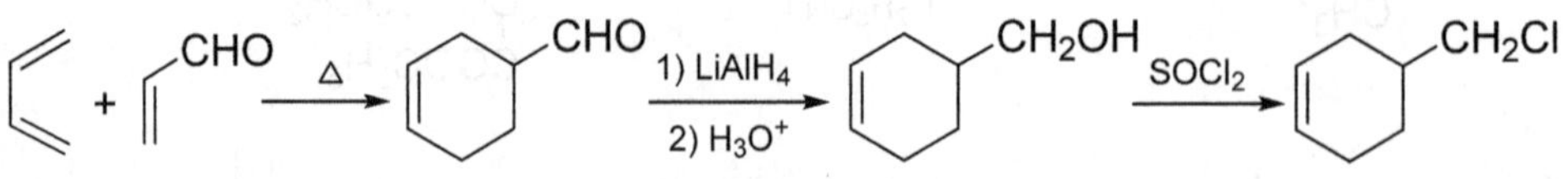

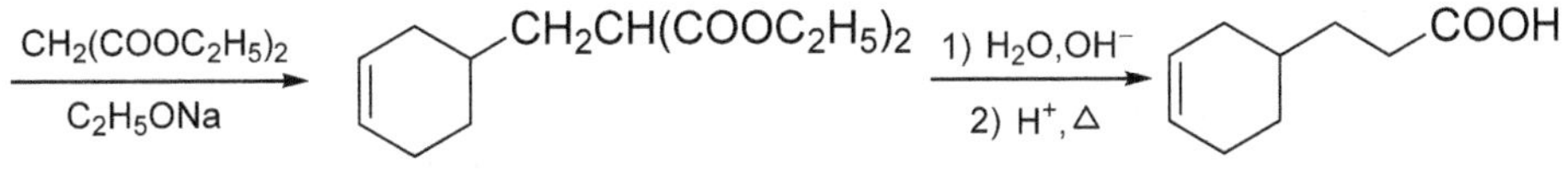

CH2(COOC2H5)2
C2H5ONa
CH2CH(COOC2H5)2
1) H2O,OH−
2) H+, △
COOH

(2)
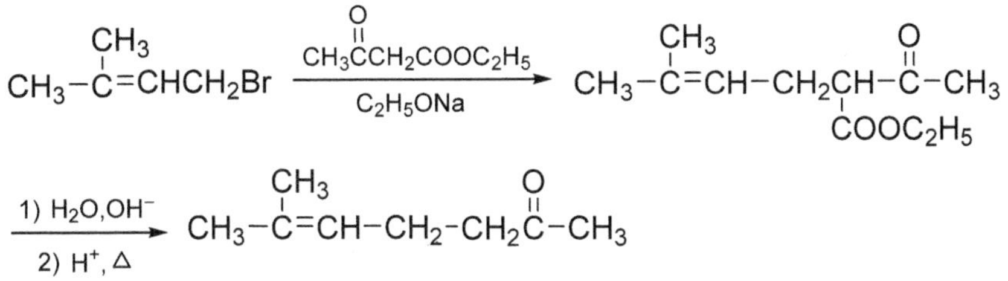

CH3
CH3−C=CHCH2Br
CH3CCH2COOC2H5
C2H5ONa
CH3−C=CH−CH2CH−C−CH3
COOC2H5
1) H2O,OH−
2) H+, △
CH3−C=CH−CH2−CH2C−CH3

(3)
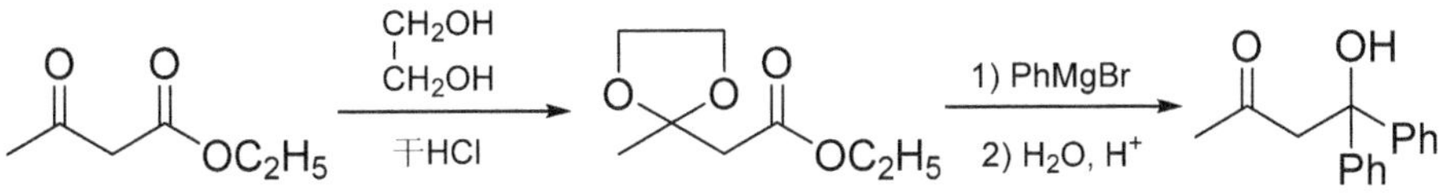

OC2H5
CH2OH
CH2OH
干HCl
1) PhMgBr
2) H2O, H+
OH
Ph

(4)
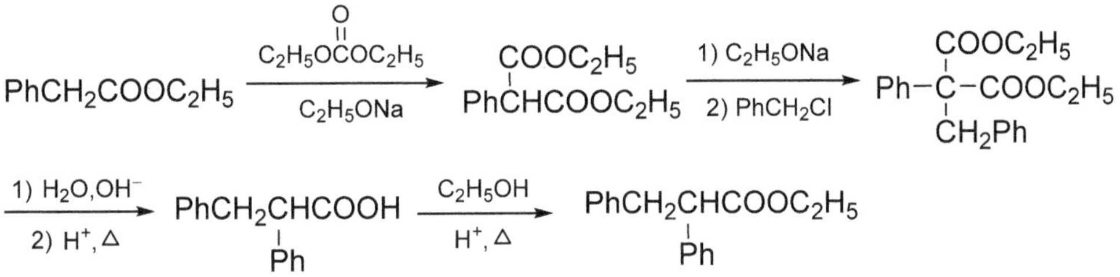

PhCH2COOC2H5
C2H5OCOC2H5
C2H5ONa
COOC2H5
PhCHCOOC2H5
1) C2H5ONa
2) PhCH2Cl
Ph−C−COOC2H5
CH2Ph
1) H2O,OH−
2) H+, △
PhCH2CHCOOH
Ph
C2H5OH
H+, △
PhCH2CHCOOC2H5

(5)
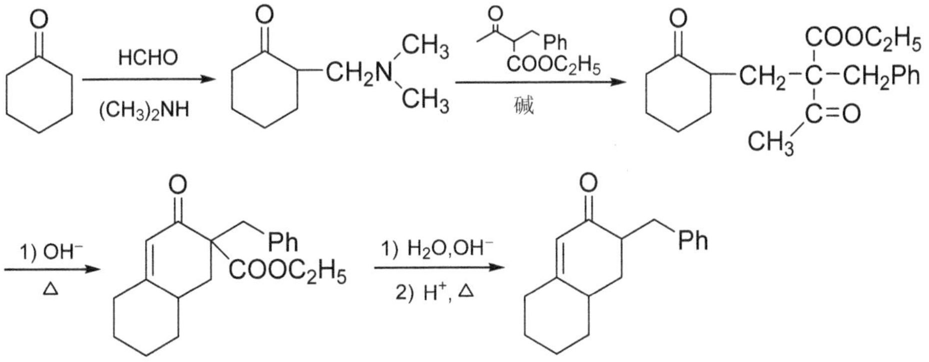

HCHO
(CH3)2NH
CH2N
CH3
Ph
COOC2H5
碱
CH2−C−CH2Ph
C=O
1) OH−
△
1) H2O,OH−
2) H+, △

18.4

(1)
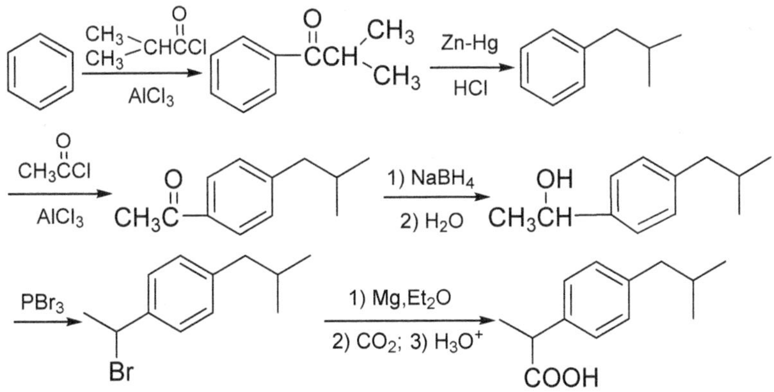

CH3
CHCCl
AlCl3
CCH
Zn-Hg
HCl
CH3CCl
CH3C
1) NaBH4
2) H2O
OH
CH3CH
PBr3
Br
1) Mg,Et2O
2) CO2; 3) H3O+
COOH

(2)
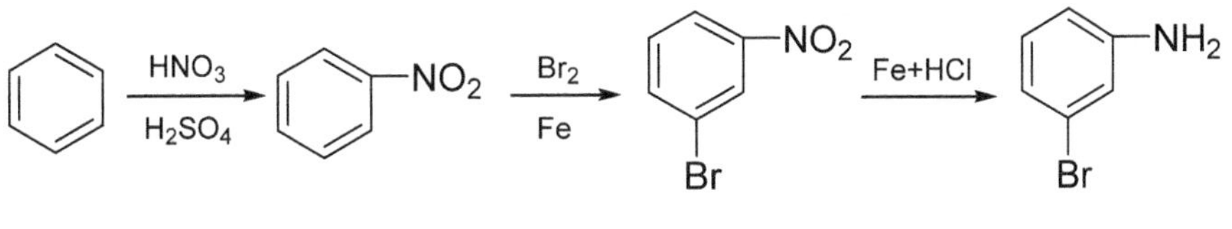

HNO3
H2SO4
NO2
Br2
Fe
Br
Fe+HCl
NH2

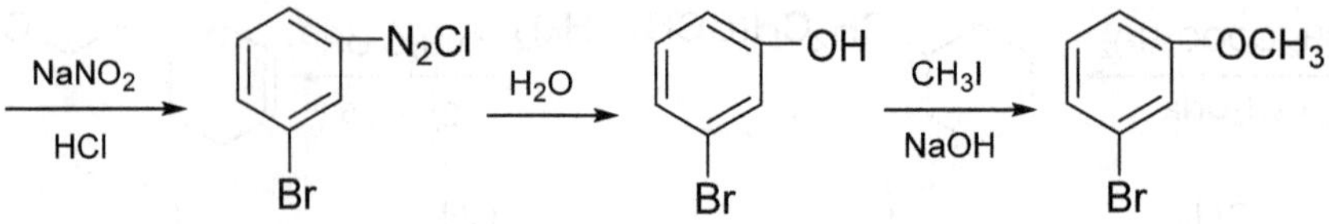

(3) 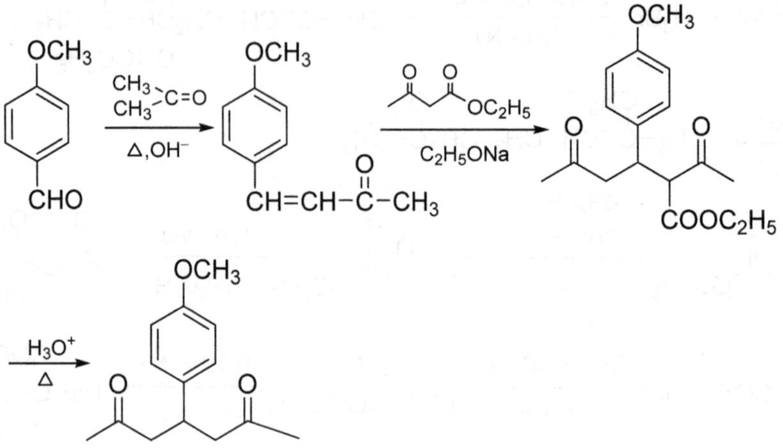

(4) 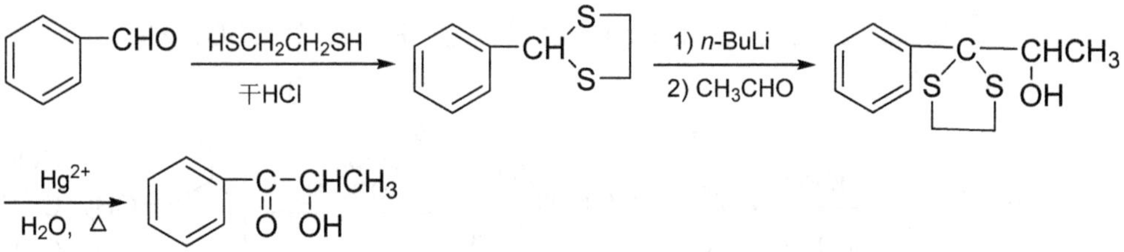

18.5

(1) 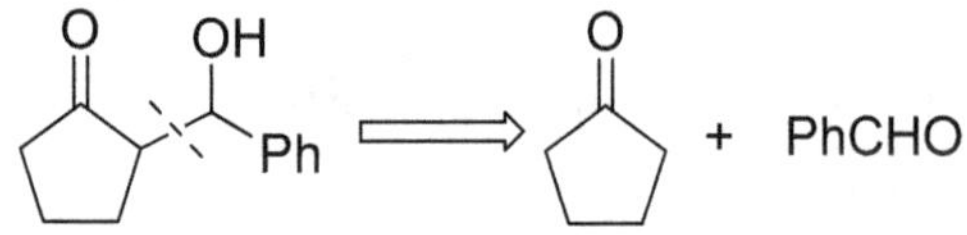

(2) 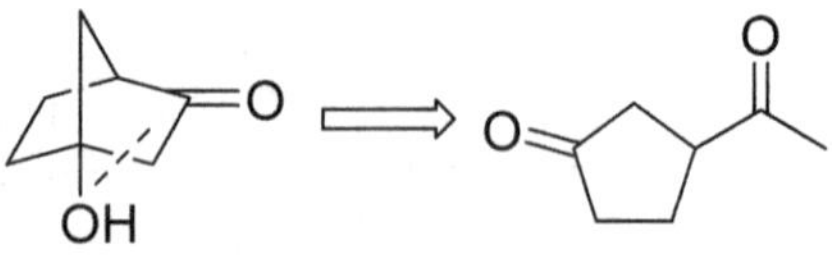

(3) 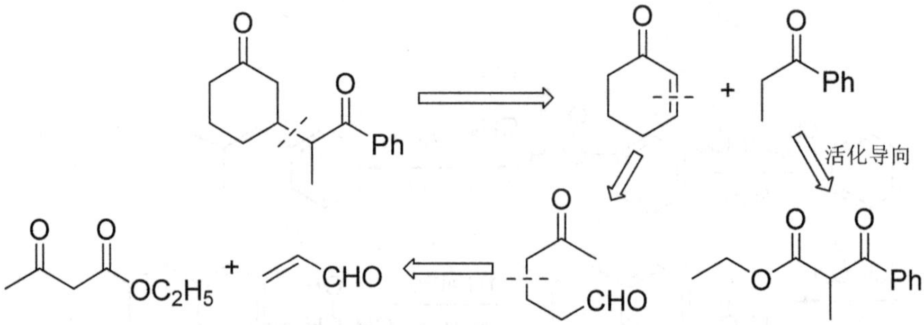

(4) 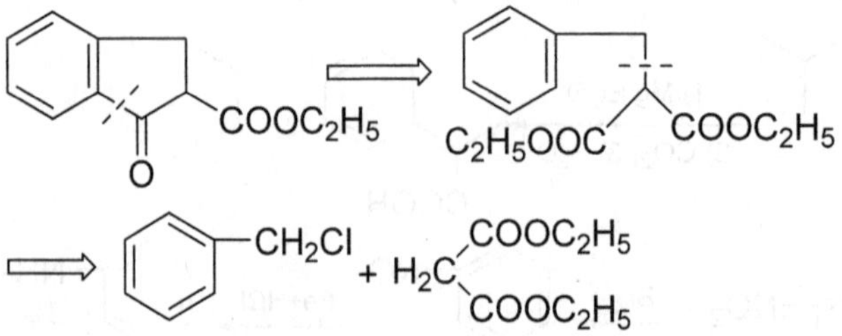

(5)

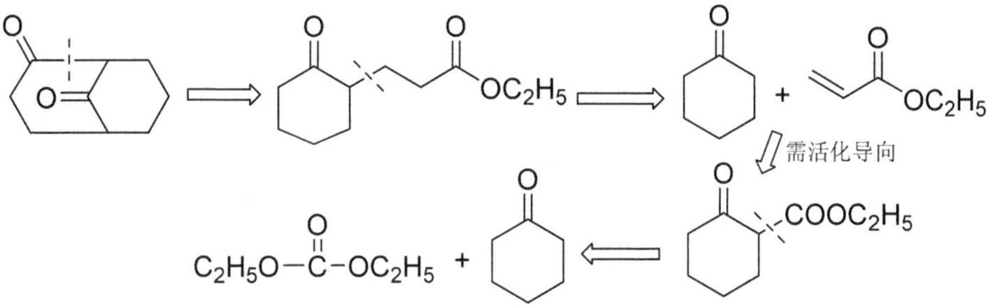
OC₂H₅
需活化导向
COOC₂H₅
C₂H₅O—C—OC₂H₅

(6)

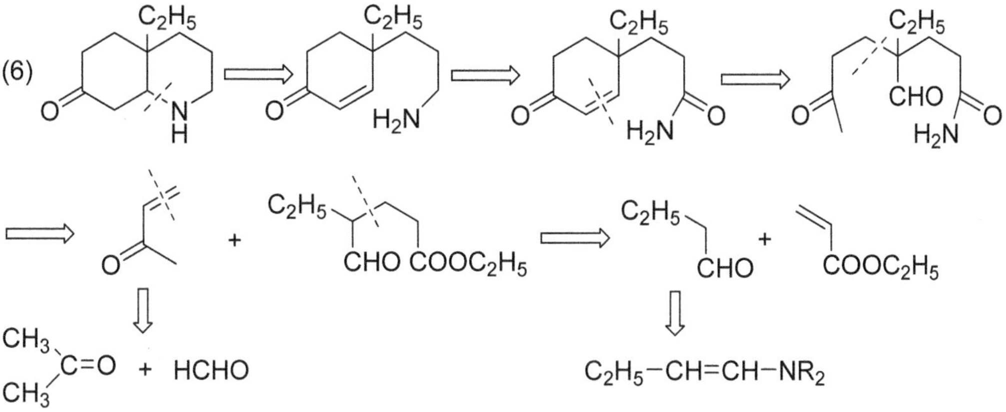
C₂H₅
H₂N
CHO
CHO COOC₂H₅
COOC₂H₅
HCHO
C₂H₅—CH=CH—NR₂

18.6

(1)

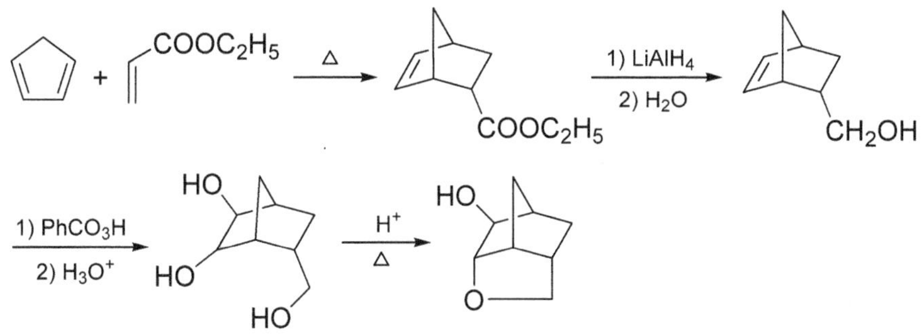
COOC₂H₅
△
1) LiAlH₄
2) H₂O
CH₂OH
1) PhCO₃H
2) H₃O⁺
H⁺
△

(2)

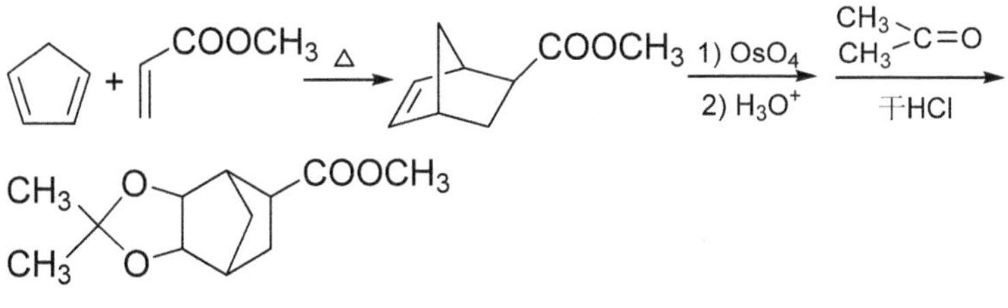
COOCH₃
△
1) OsO₄
2) H₃O⁺
干HCl

(3)

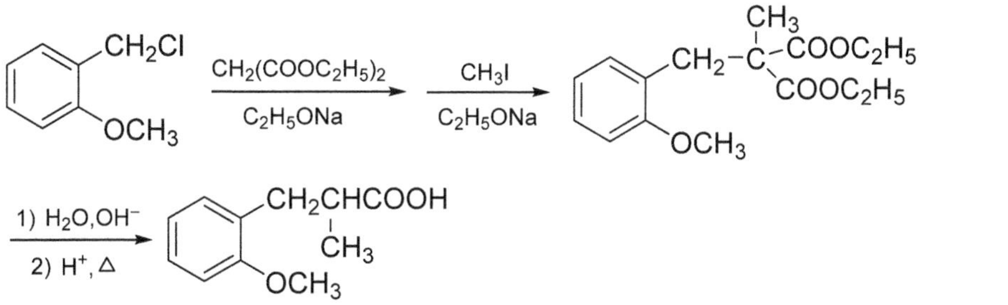
CH₂Cl
OCH₃
CH₂(COOC₂H₅)₂
C₂H₅ONa
CH₃I
C₂H₅ONa
COOC₂H₅
1) H₂O,OH⁻
2) H⁺, △
CH₂CHCOOH
CH₃

(4)
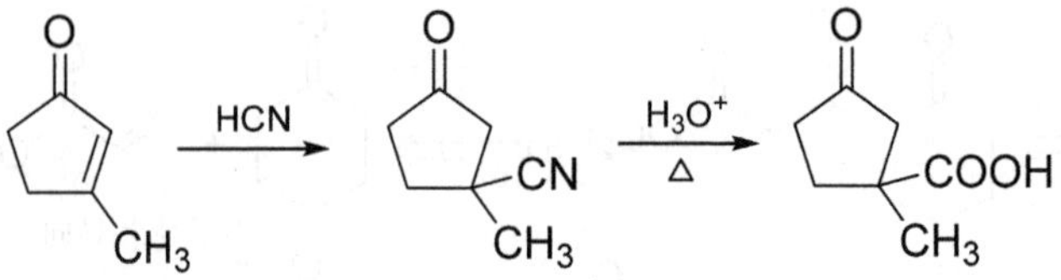
HCN
CN
CH3
H3O+
△
COOH
CH3

(5)
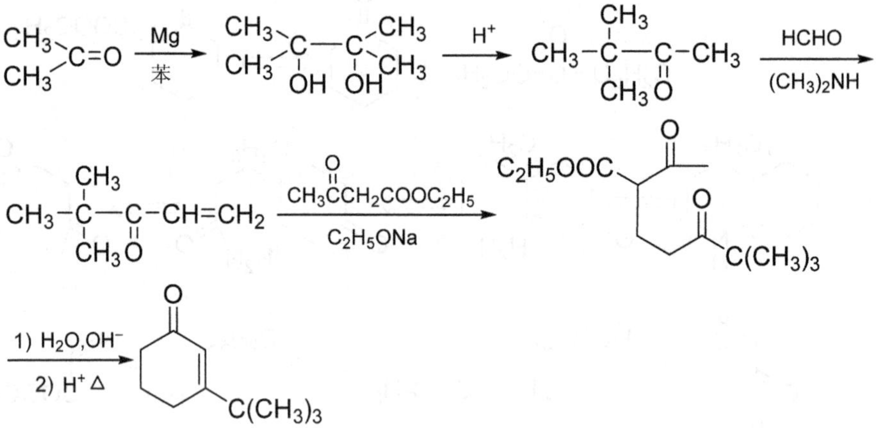
CH3
C=O
Mg
苯
OH OH
H+
HCHO
(CH3)2NH
CH3—C—C—CH=CH2
CH3CCH2COOC2H5
C2H5ONa
C2H5OOC
C(CH3)3
1) H2O,OH−
2) H+ △
C(CH3)3

(6)
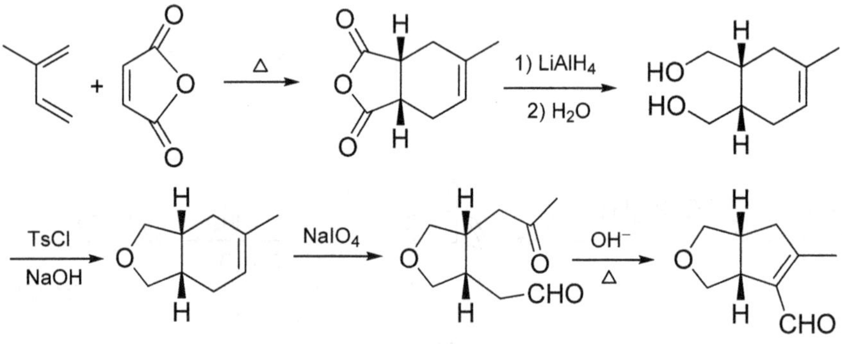
△
1) LiAlH4
2) H2O
HO
HO
TsCl
NaOH
NaIO4
OH−
△
CHO
CHO

(7)
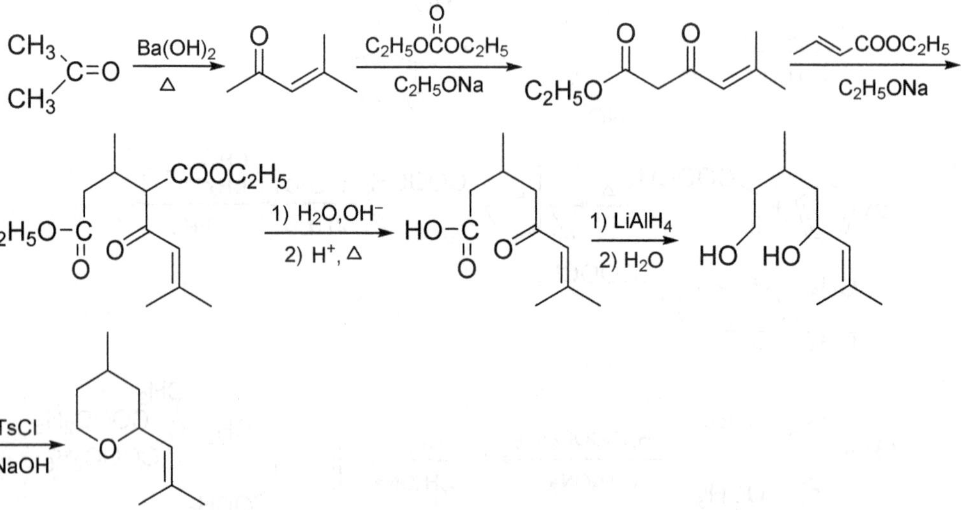
CH3
C=O
Ba(OH)2
△
C2H5OCOC2H5
C2H5ONa
C2H5O
COOC2H5
C2H5ONa
COOC2H5
C2H5O—C
1) H2O,OH−
2) H+, △
HO—C
1) LiAlH4
2) H2O
HO HO
TsCl
NaOH

(8)
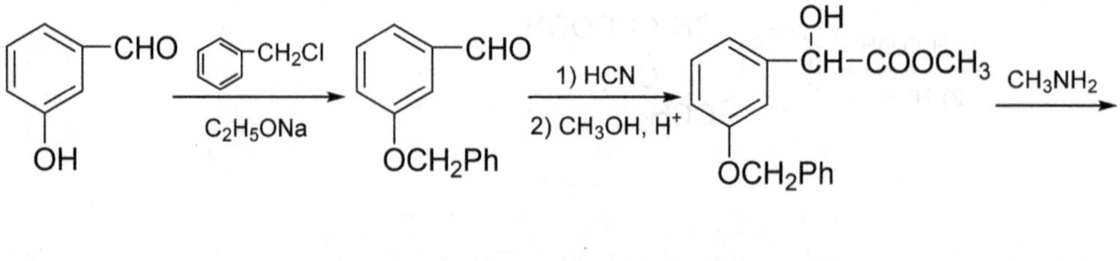
CHO
OH
CH2Cl
C2H5ONa
CHO
OCH2Ph
1) HCN
2) CH3OH, H+
OH
CH—COOCH3
OCH2Ph
CH3NH2

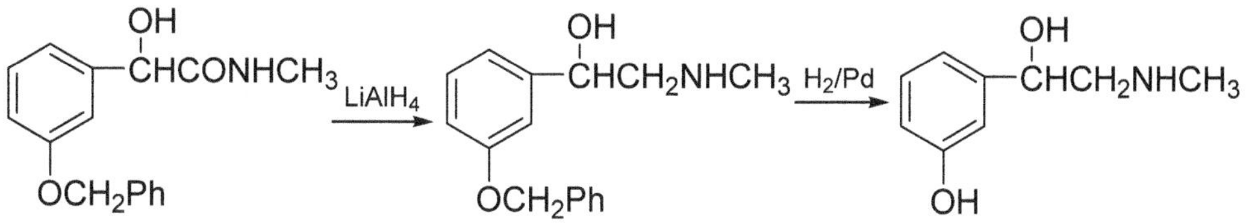

(9)

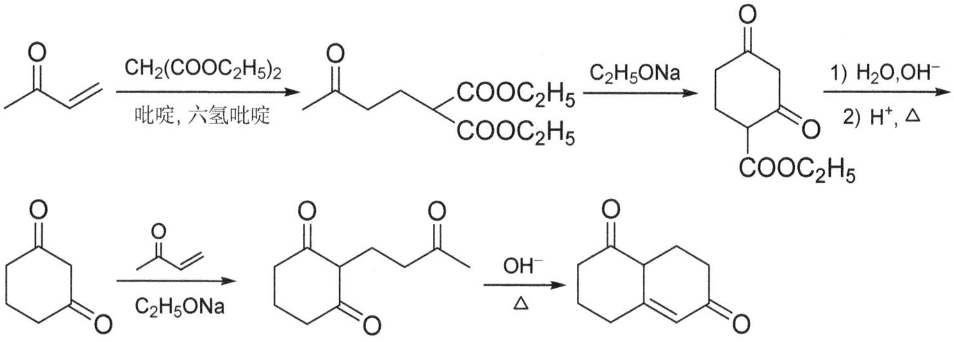

(10)

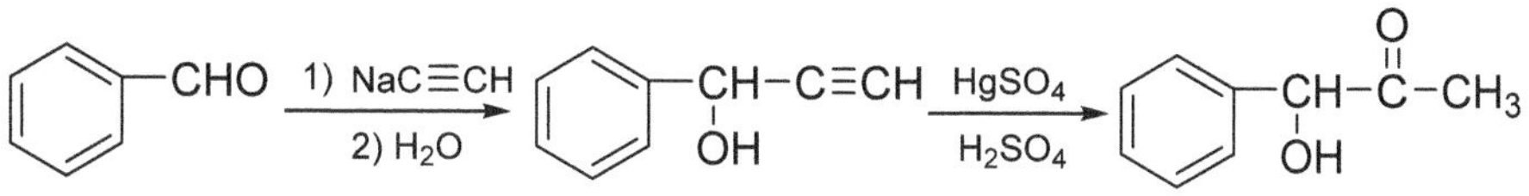

18.7

(1)

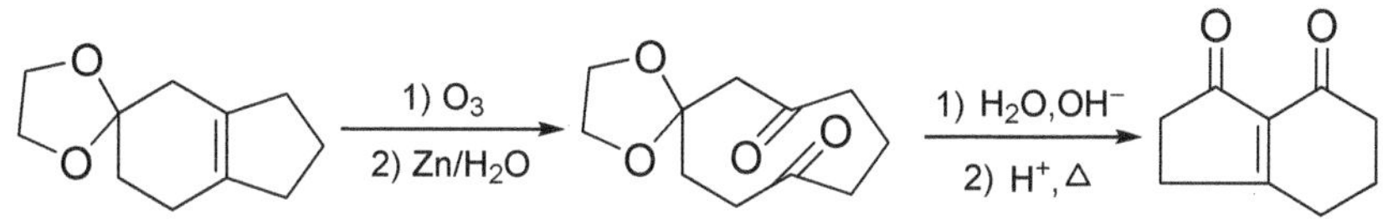

(2)

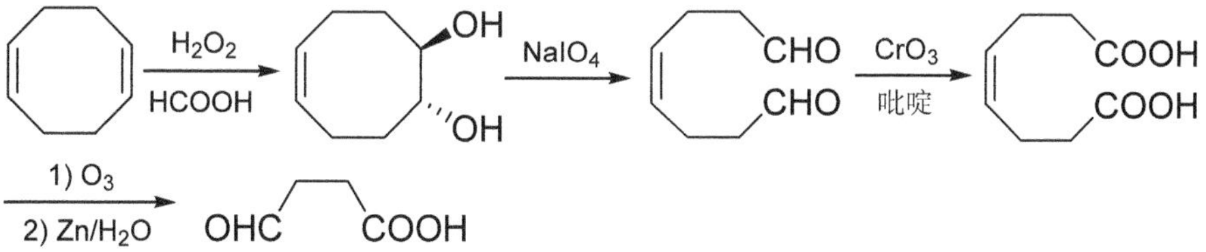

(3)

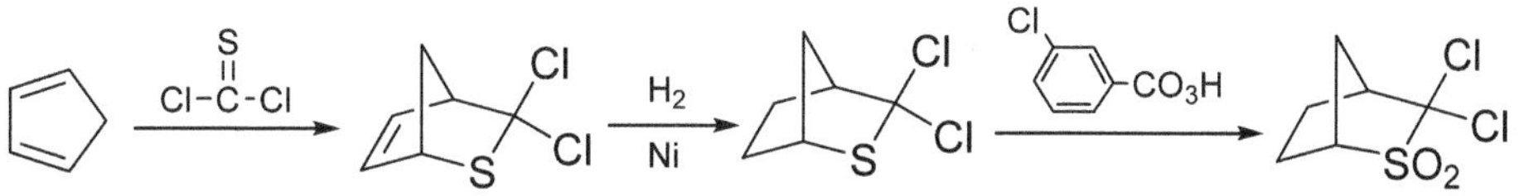

(4)

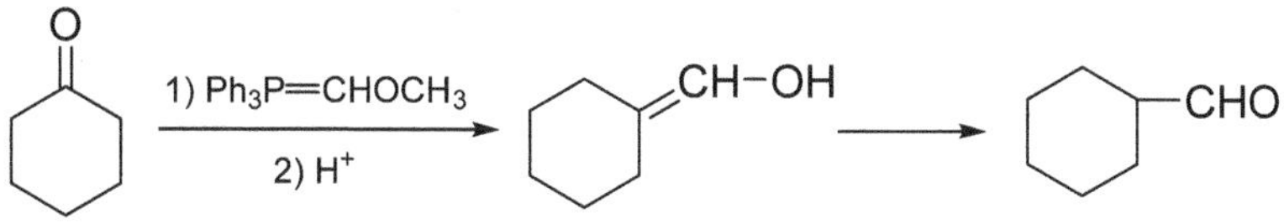

(5)

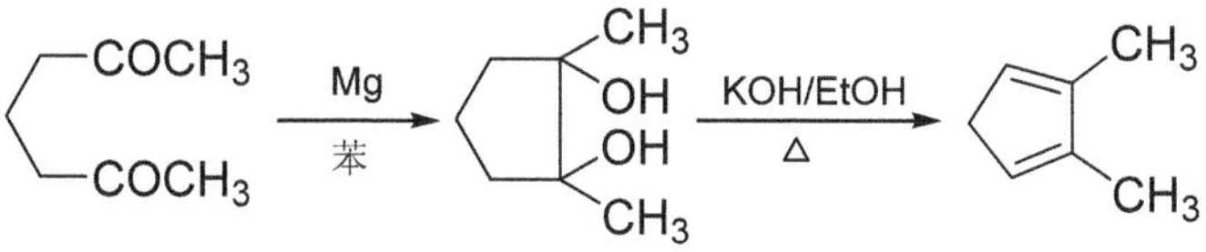

(6)

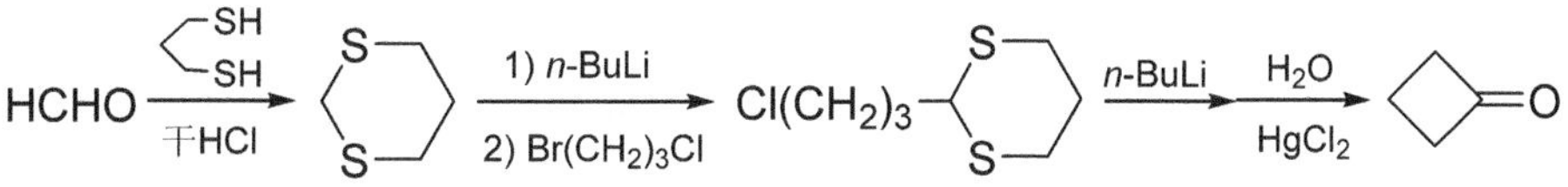

(7)

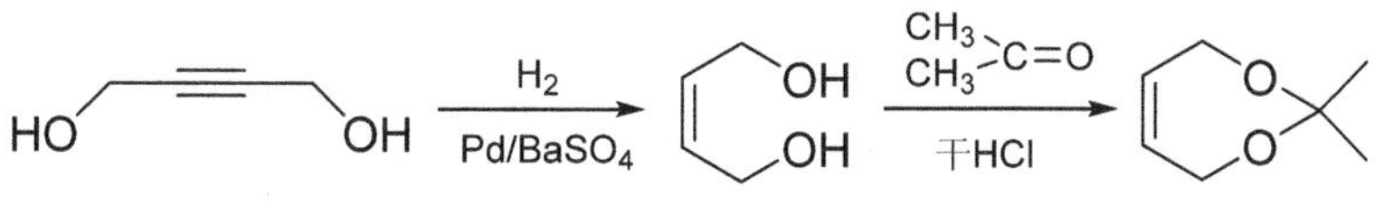

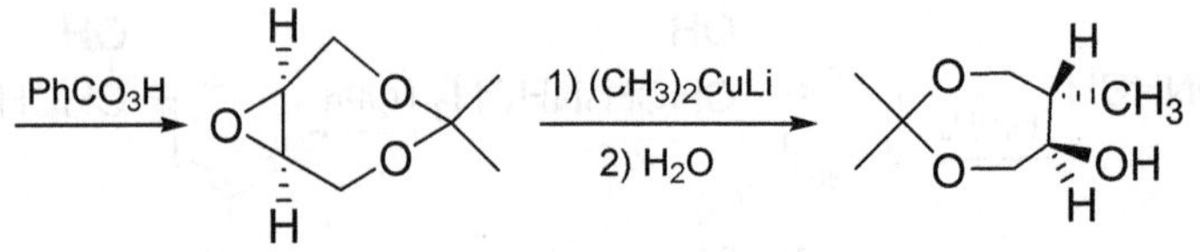

(8)
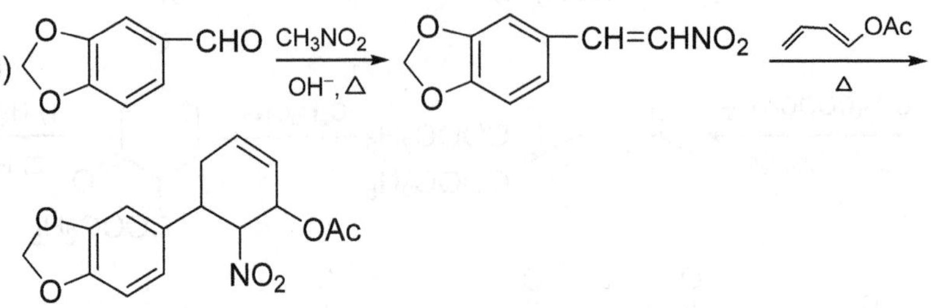

(9)
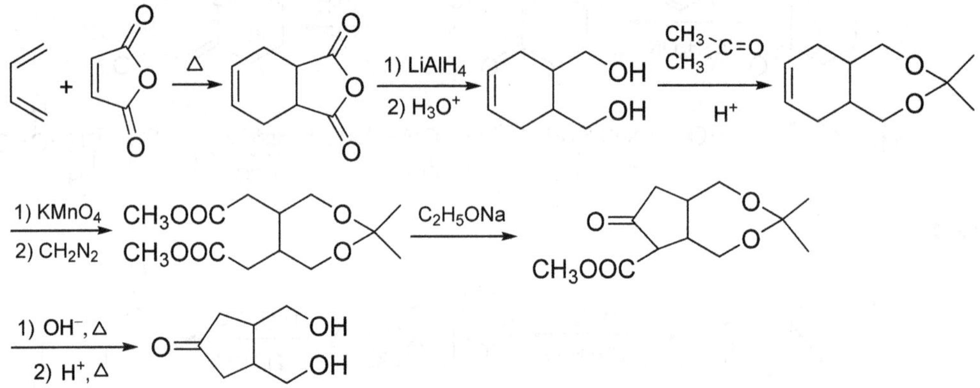

(10)
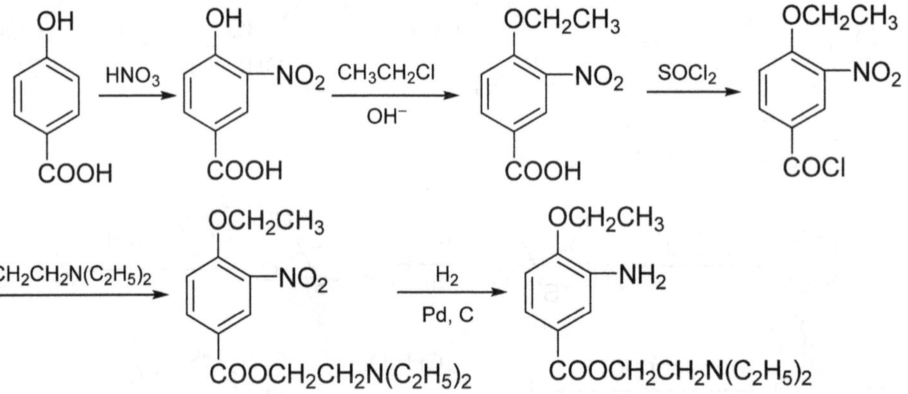

18.8

(1) 逆合成分析：

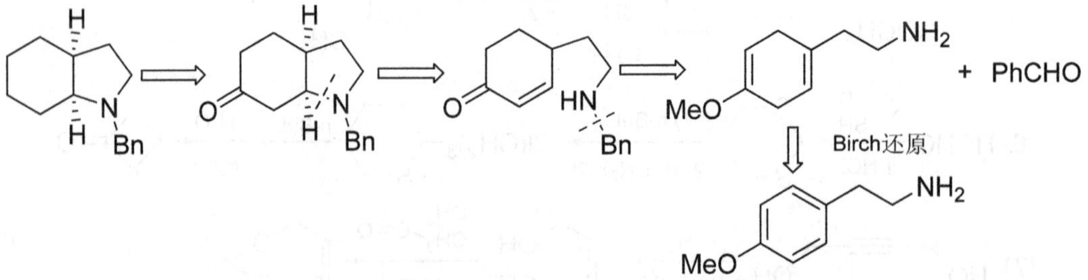

合成如下：

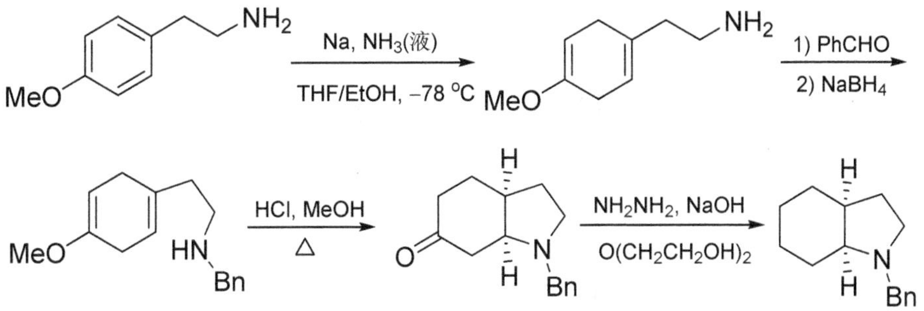

(2) 逆合成分析：

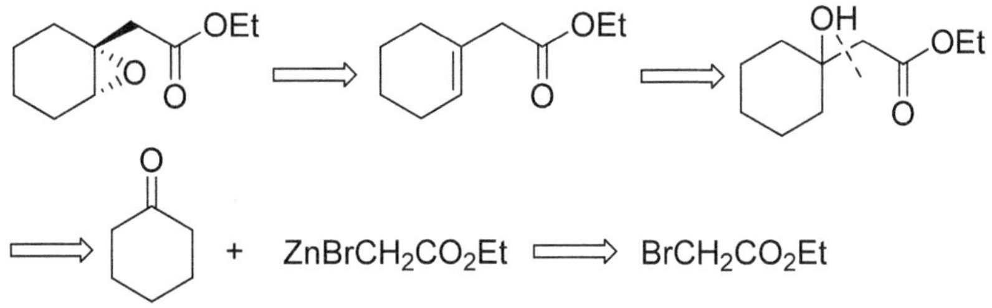

合成如下：

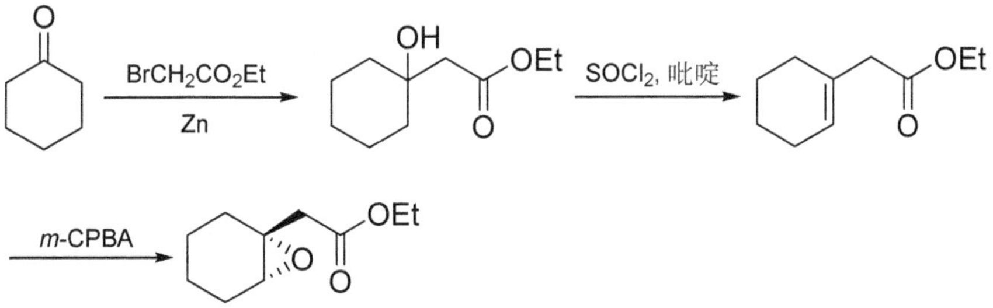

第 19 章　碳水化合物

一、例题及解析

【例 19-1】 写出下列糖或糖苷的构型式。

(1) α-呋喃果糖(哈沃斯投影式)　　(2) β-D-甲基吡喃甘露糖苷(稳定构象式)

(3) 链状 D-(+)-葡萄糖的对映体　　(4) 链状 D-(+)-葡萄糖的 C2 差向异构体

解

(1) 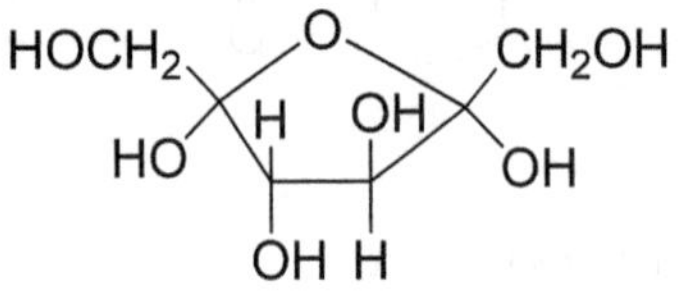

(2) 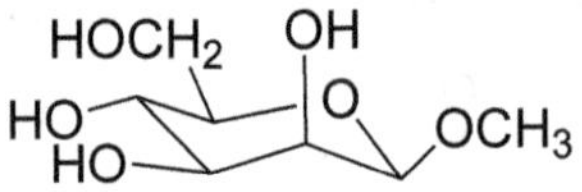

(3) 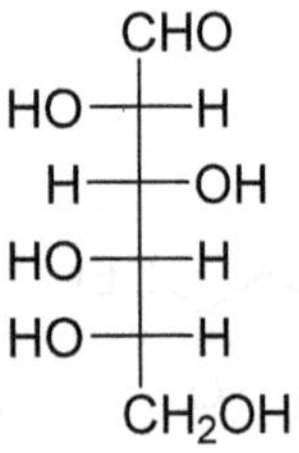

(4) 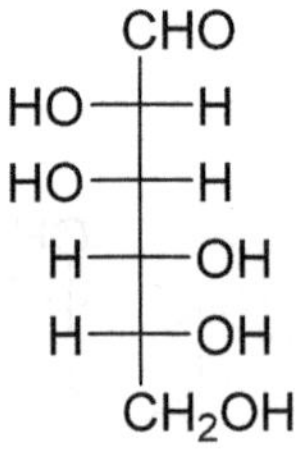

【例 19-2】 D-半乳糖用碱处理得到什么产物？这些产物能用成脎反应分离吗？

解 D-半乳糖在碱性条件下发生差向异构：

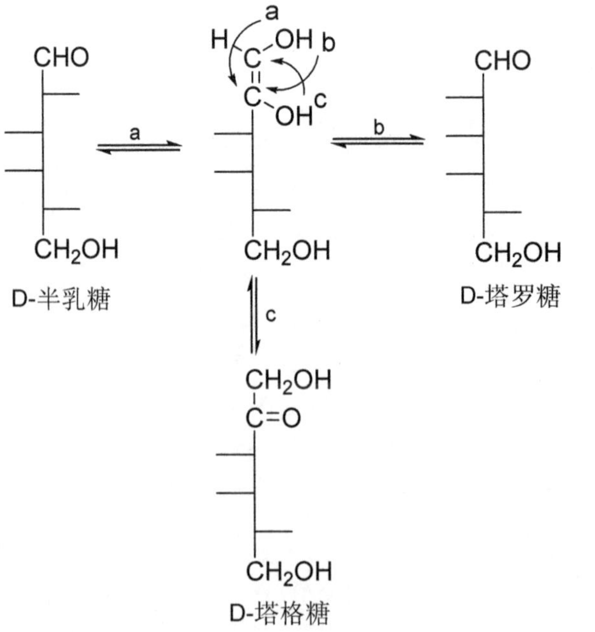

最后得到 D-半乳糖、D-塔罗糖、D-塔格糖的混合物，三者形成相同的糖脎，所以不能用成脎反应来分离。

【例 19-3】 完成下列反应。

(1) α-D-呋喃阿拉伯糖 $\xrightarrow[HCl]{CH_3OH}$ $\xrightarrow{HIO_4}$

(2) α-D-吡喃甘露糖 $\xrightarrow[HCl]{CH_3OH}$ $\xrightarrow{\text{酸酐}}$

解

(1)

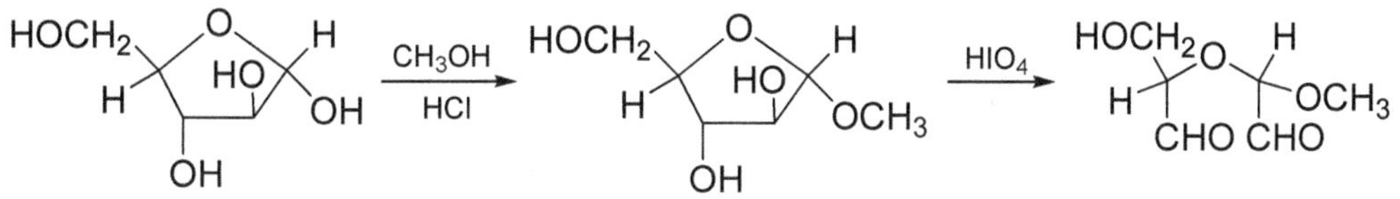

(2)

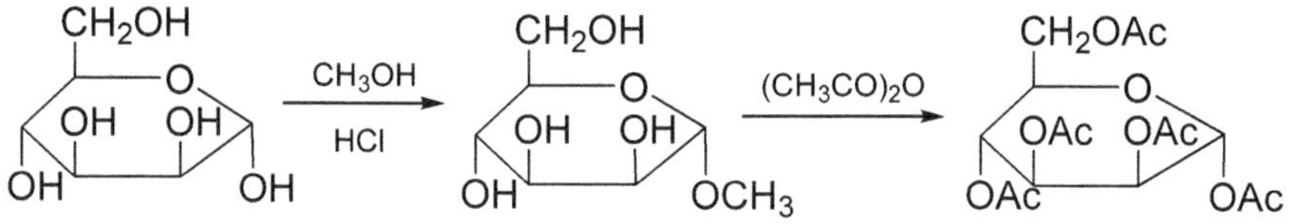

【例 19-4】 指出下列化合物中哪个能还原费林试剂，哪个不能，为什么？

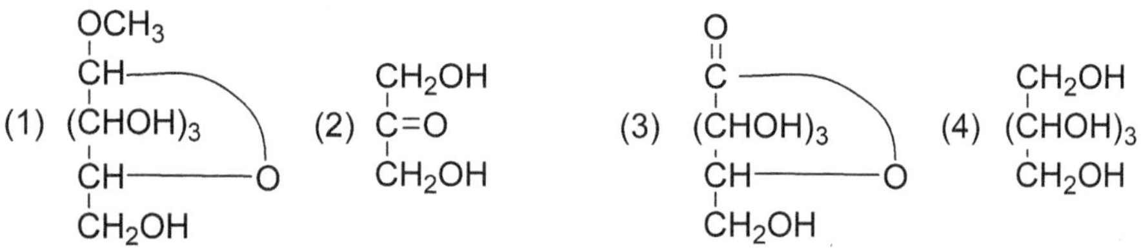

解 (2) 能还原费林试剂，因为其为α-羟基酮，属于三碳糖；(1)、(3)、(4)不能还原费林试剂，因为(1)是糖苷，(3)是糖酸内酯，(4)是多元醇。

【例 19-5】 某 D 型己醛糖 A 经氧化后得到有旋光性的二酸 B，将 A 递降为戊醛糖后再氧化得到无旋光性的二酸 C。与 A 生成相同糖脎的另一己醛糖 D 氧化后得到无旋光性的二酸 E。试推测 A～E 的构型(递降为从醛基一端去掉一个碳原子变成低一级的醛糖)。

解 D 型己醛糖 A 递降后的戊醛糖氧化得到无旋光性的二酸 C，C 可能的结构为 C1 或 C2，所以 A 可能的结构为

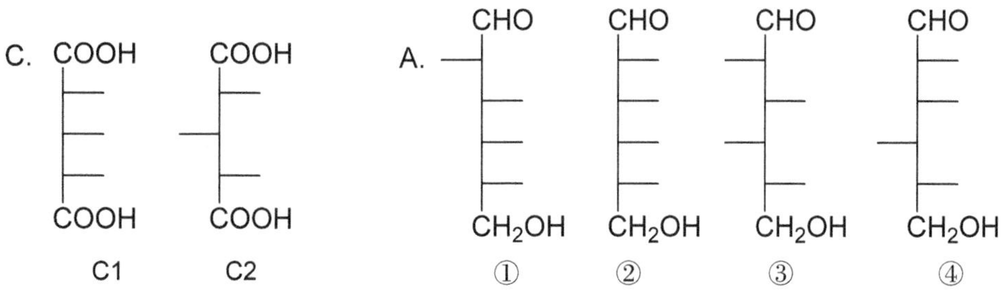

A 氧化后得到有旋光性的二酸 B，所以 A 不可能是②。

与 A 生成相同糖脎的另一己醛糖 D(C2 的差向异构体)氧化后得到无旋光性的二酸 E，所以 D 必为②，A 是①，因此

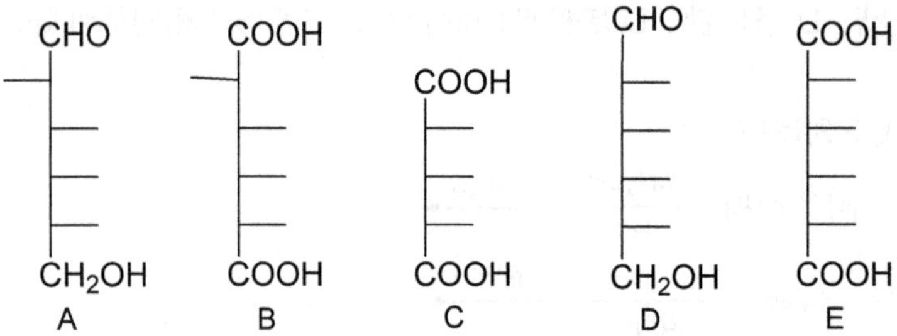

【例 19-6】 一个二糖 A($C_{11}H_{20}O_6$)可用α-葡萄糖苷酶水解，生成一个 D-葡萄糖和一个 D-戊糖；该二糖不被费林试剂氧化。A 在氢氧化钠存在下，用硫酸二甲酯甲基化生成化合物 B，B 水解得四-*O*-甲基-D-葡萄糖和一个戊糖的三-*O*-甲基醚 C，用溴水氧化 C 生成 2, 3, 4-三-*O*-甲基-D-核糖酸。请写出 A、B、C 的哈沃斯投影式。(注：α-葡萄糖苷酶只能水解α-葡萄糖苷键)

解 A 可被α-葡萄糖苷酶水解，说明二糖 A 是以α-糖苷键成苷的。二糖 A 不被费林试剂氧化，说明 A 为非还原糖。A 水解产物表明该二糖是葡萄糖的半缩醛羟基与核糖的半缩醛羟基成苷，而且核糖以吡喃环的形式存在。所以，二糖 A、B 及 C 的构型为

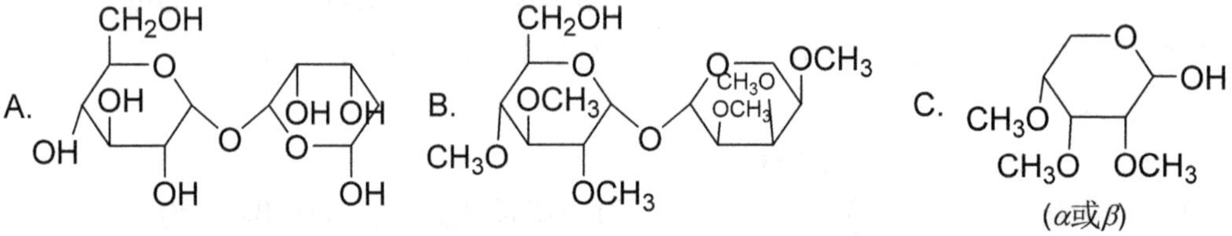

【例 19-7】 脎与 PhCHO 反应生成 1, 2-二羰基化合物，用该反应将葡萄糖变成果糖。

解

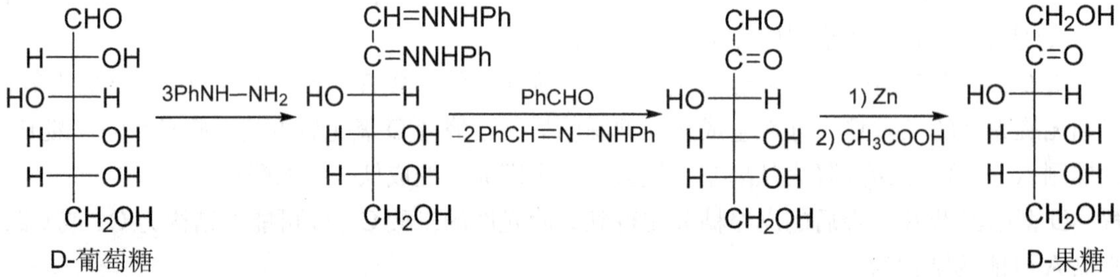

【例 19-8】 由指定原料合成下列化合物。

(1) 由半乳糖合成 6-脱氧半乳糖；

(2) 由 D-葡萄糖合成 D-阿洛糖；

(3) 由 D-葡萄糖合成 D-阿拉伯糖。

解

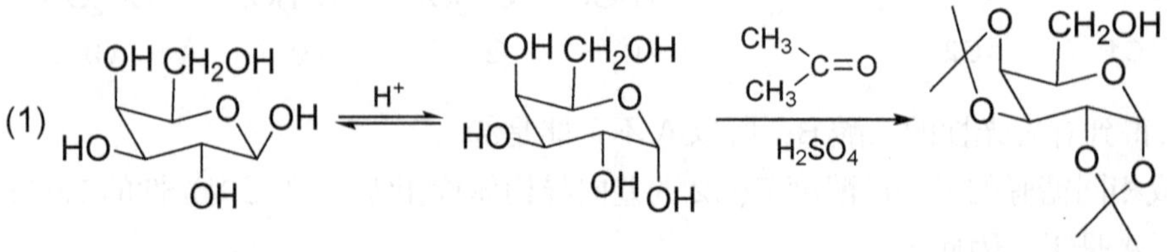

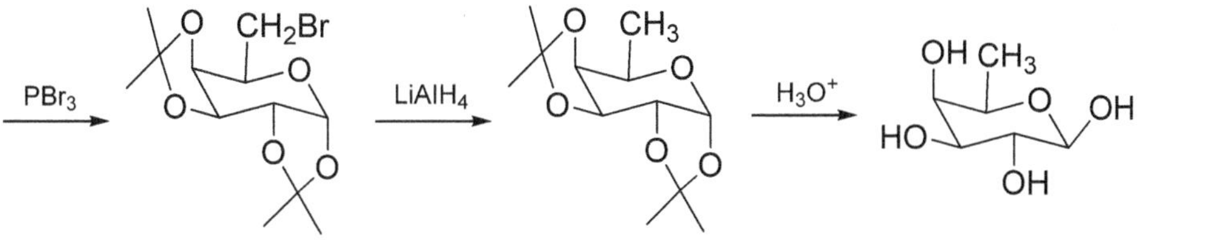

(2)

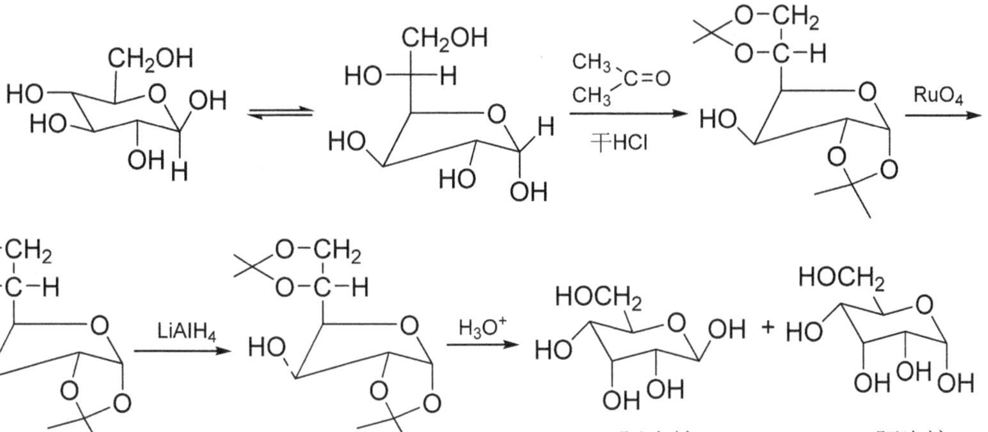

β-D-阿洛糖　　α-D-阿洛糖

(3)

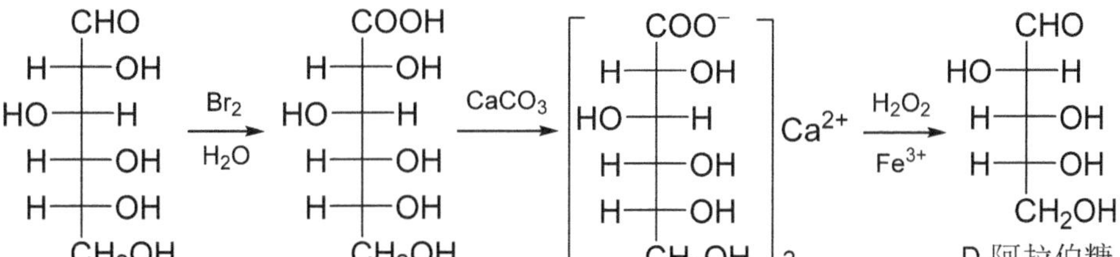

D-阿拉伯糖

二、习　　题

19.1 写出下列单糖及二聚糖的哈沃斯投影式。

(1) α-D-吡喃半乳糖　(2) β-D-甲基葡萄糖苷　(3) (+)-麦芽糖

(4) (+)-纤维二糖　(5) (+)-乳糖　(6) (+)-蔗糖

19.2 写出 D-(+)-半乳糖与下列试剂反应的主要产物。

(1) NH_2OH　(2) 苯肼(过量)　(3) 溴水　(4) 硝酸　(5) 高碘酸

(6) CH_3OH，干燥 HCl　(7) a. CH_3OH/HCl　b. $(CH_3)_2SO_4$, NaOH

(8) 题(7)的产物用稀 HCl 水解　(9) $NaBH_4$

(10) CN^-, H^+/H_2O　(11) H_2/Ni

19.3 指出下列化合物哪些是还原糖，哪些是非还原糖。

(1) D-甘露糖　(2) D-阿拉伯糖

(3) 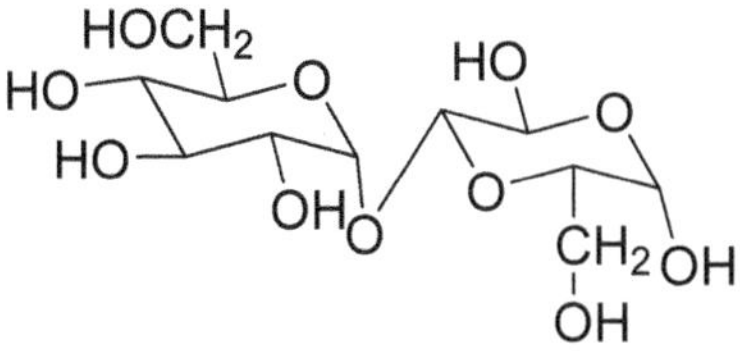

(4) 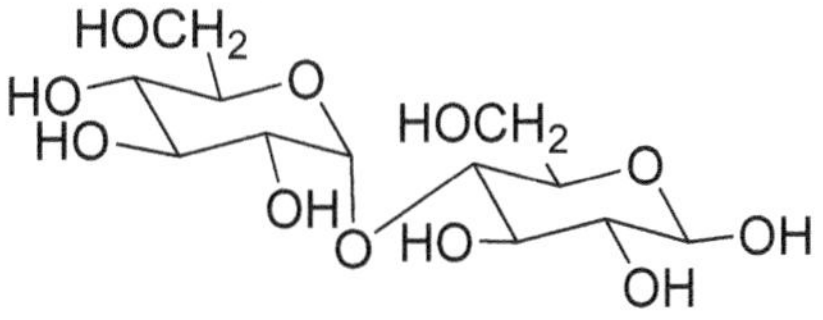

(5) 蔗糖　　(6) β-D-甲基葡萄糖苷

19.4 如何用硝酸氧化的方法区分 D-赤藓糖和 D-阿苏糖？

19.5 写出下列反应的主要产物。

(1) 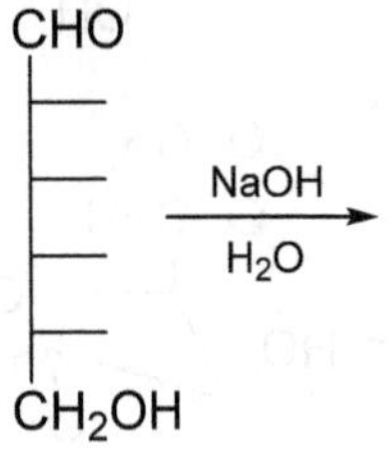

(2) 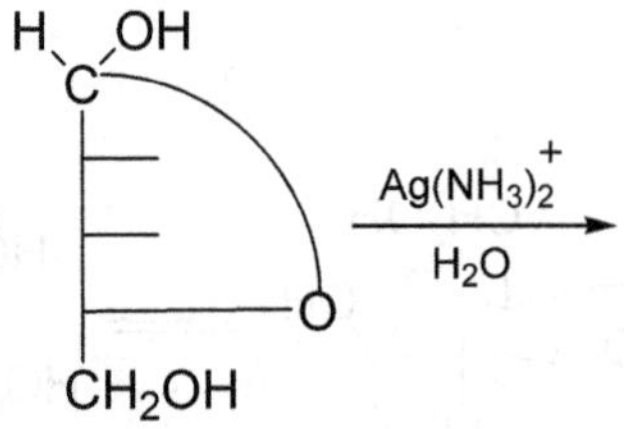

(3) 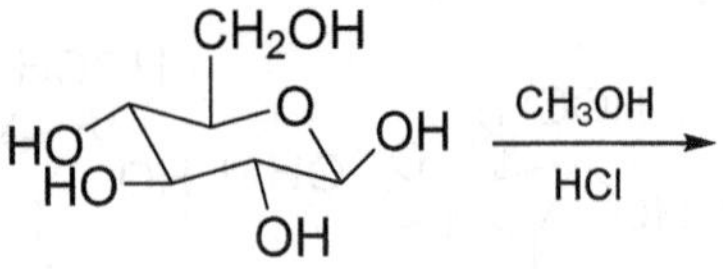

(4) 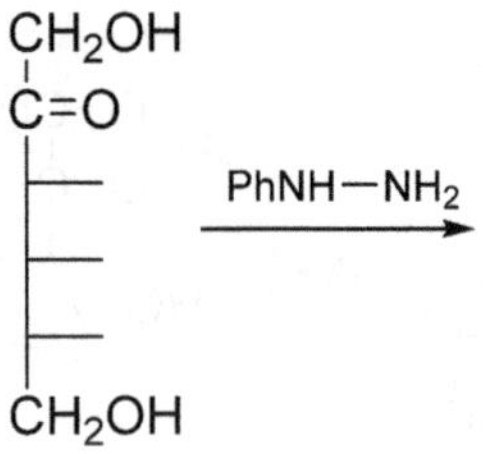

(5) 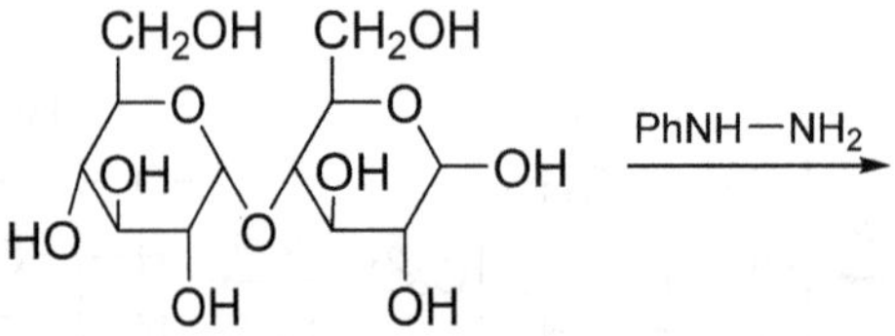

19.6 下列双糖中哪一部分单糖是成苷的？指出苷键的类型(α或β)。

(1) 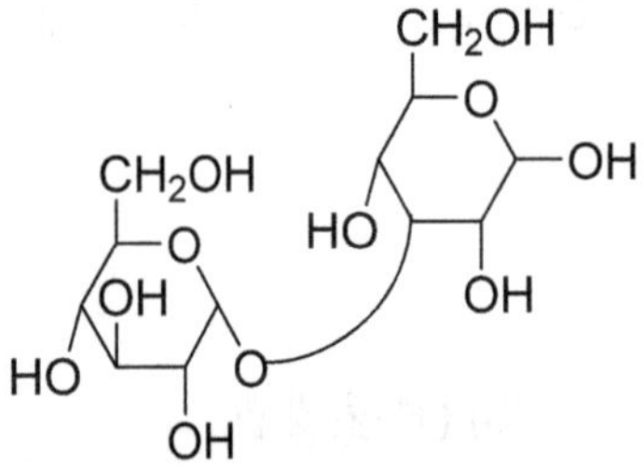

(2) 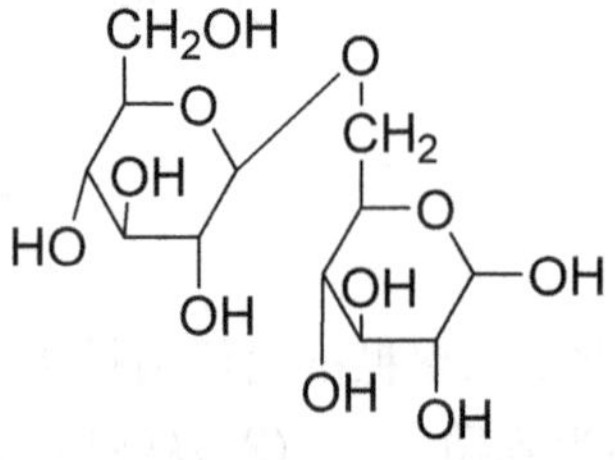

19.7 试说明为什么葡萄糖、甘露糖、果糖与苯肼作用得到相同的脎。

19.8 用简单的化学方法鉴别下列各组化合物。

(1) D-葡萄糖和 D-果糖　　(2) 葡萄糖和蔗糖　　(3) 麦芽糖和蔗糖

(4) 葡萄糖和淀粉　　(5) 甲基葡萄糖苷和葡萄糖

19.9 某己醛糖 A($C_6H_{12}O_6$)有旋光性，能还原费林试剂，并可进行下列反应，试推测 A、B 的结构。

(1) $A \xrightarrow{HCN} \xrightarrow{\text{水解}} \xrightarrow[\Delta]{HI,\ P}$ 庚酸

(2) $A \xrightarrow[H_2O]{Na\text{-}Hg} C_6H_{14}O_6$ (无旋光性)

(3) $A \xrightarrow{\text{Wohl降级}}$ 醛糖 $\xrightarrow[H_2O]{Na\text{-}Hg} C_5H_{12}O_5$ (无旋光性)

(4) A $\xrightarrow[\text{HCl}]{CH_3OH}$ $\xrightarrow{HIO_4}$ B + HCOOH

(5) B $\xrightarrow{\text{氧化}}$ $\xrightarrow{\text{水解}}$ D-甘油酸

19.10 D-核糖属戊醛糖，它是核糖核酸的一种组分，它的脎与 D-阿拉伯糖的相同(D-阿拉伯糖可以由 D-甘露糖经 Ruff 降级产生)，并可以还原成无旋光性的糖醇，试写出 D-核糖的结构式。

19.11 龙胆二糖($C_{12}H_{22}O_{11}$)是还原性二糖，有变旋现象，可被苦杏仁酶水解为两分子的 D-吡喃葡萄糖，若将此二糖甲基化后再水解，得到等量的 2,3,4,6-四-*O*-甲基-D-吡喃葡萄糖和 2,3,4-三-*O*-甲基-D-吡喃葡萄糖。试写出此二糖的结构式。

19.12 海藻糖($C_{12}H_{22}O_{11}$)是非还原糖，用α-葡萄糖苷酶或酸催化水解，只得到葡萄糖，若甲基化后再水解，则只得到 2,3,4,6-四-*O*-甲基-D-葡萄糖。试推测其结构式。

19.13 在甜菜糖蜜中有一种称作棉籽糖的三糖，它是非还原性糖，其部分水解后，除了得到蜜二糖外，还生成蔗糖。蜜二糖是一种还原性二糖，是(+)-乳糖的异构体，它能被麦芽糖酶水解，但不能被苦杏仁酶水解。蜜二糖经溴水氧化后彻底甲基化，再酸催化水解得 2,3,4,5-四-*O*-甲基-D-半乳糖。试写出棉籽糖的结构式。

19.14 柳树皮中有一种糖苷为水杨苷，当用苦杏仁酶水解时得 D-葡萄糖和邻羟基苯甲醇。水杨苷用硫酸二甲酯和氢氧化钠处理得到五甲基水杨苷，其经酸催化水解得 2,3,4,6-四-*O*-甲基-D-葡萄糖和 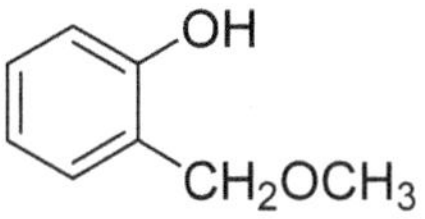，请写出水杨苷的结构式。

19.15 当用龙脑(莰醇-2)喂狗时，这种有毒物质以化合物 A($C_6H_9O_6$—OR)的形式排泄出来，这里的 R 代表莰醇基。化合物 A 不能还原 Benedict 溶液；与 $NaHCO_3$ 水溶液反应时，有一种气体放出，当用酸的水溶液处理化合物 A 时，得到莰醇-2 和 D-葡萄糖醛酸，后者被溴水氧化得 D-葡萄糖二酸。试写出化合物 A 的结构。

19.16 写出下列各个多糖可能的结构。

(1) 藻朊酸得自海藻，在冰淇淋和其他食物中用作增稠剂，水解时只生成 D-甘露糖醛酸，经甲基化后再水解，则生成 2,3-二-*O*-甲基-D-甘露糖醛酸，藻朊酸中的糖苷键是β型的。

(2) 果胶酸是果胶的主要成分，果胶是水果和浆果中能生成果冻的成分，将果胶甲基化后再水解，只生成 2, 3-二-*O*-甲基半乳糖醛酸，果胶酸中的糖苷键是α 型的。

19.17 茜根酸($C_{25}H_{26}O_{13}$)是一种非还原性糖苷，从茜草根中获得。它完全水解时生成茜素($C_{14}H_8O_4$)、D-葡萄糖和木糖；它分步水解时生成茜素和樱草糖($C_{11}H_{20}O_{10}$)，用溴水氧化樱草糖后水解，生成 D-葡萄糖酸和 D-木糖；樱草糖经甲基化后水解，生成 2,3,4-三-*O*-甲基-D-木糖和 2,3,4-三-*O*-甲基-D-葡萄糖，已知茜素的结构为

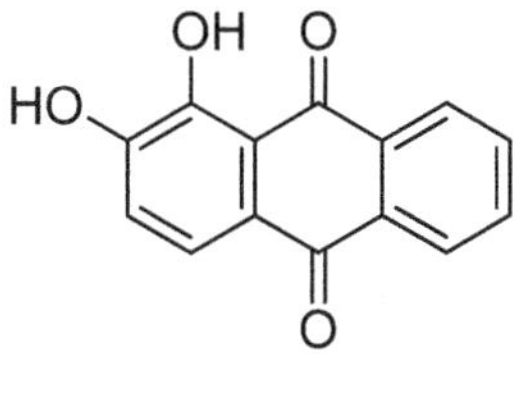

试推测茜根酸的结构。

19.18 芸香苷是中药槐花米中的有效止血成分，能保持及恢复毛细血管的正常弹性，因此临

床上常作为治疗高血压的辅助药及毛细血管性止血药。芸香苷经部分水解，生成槲皮素和芸香糖；芸香糖经溴水氧化后水解，生成 D-葡萄糖酸和 L-鼠李糖。芸香糖中的糖苷键是 α 型。若将芸香苷甲基化后完全水解，生成 5,7,3′,4′-四-甲氧基黄酮醇、2,3,4-三-*O*-甲基-D-葡萄糖和 2,3,4-三-*O*-甲基鼠李糖。芸香糖和槲皮素的糖苷键是 α 型。试写出芸香苷的结构式。已知槲皮素的结构为

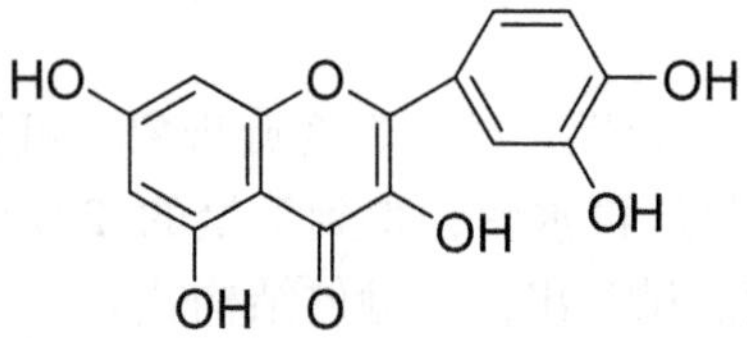

三、习 题 解 答

19.1 略。

19.2 略。

19.3 (1)、(2)、(4)为还原性糖；(3)、(5)为非还原性糖；(6)为糖苷，无还原性。

19.4 D-赤藓糖和 D-阿苏糖用 HNO_3 氧化后分别发生如下反应

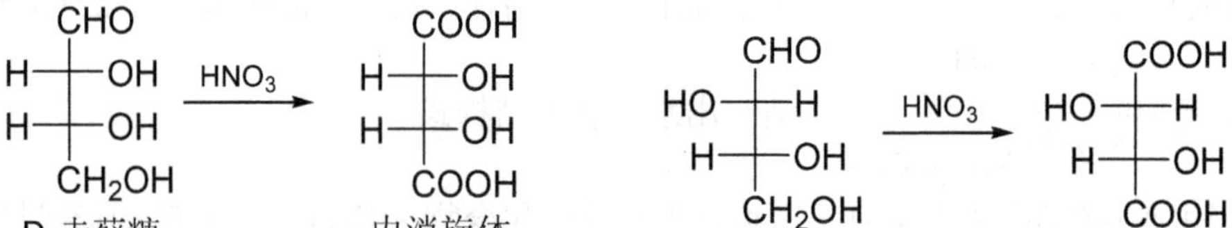

D-赤藓糖　　内消旋体 无旋光性　　D-阿苏糖　　有旋光性

可根据生成物有无旋光性区分两种糖。

19.5

(1)

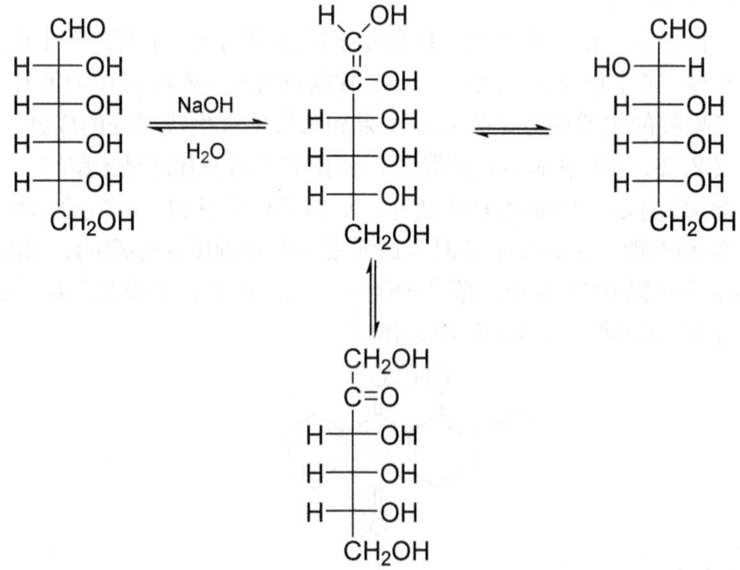

(2) 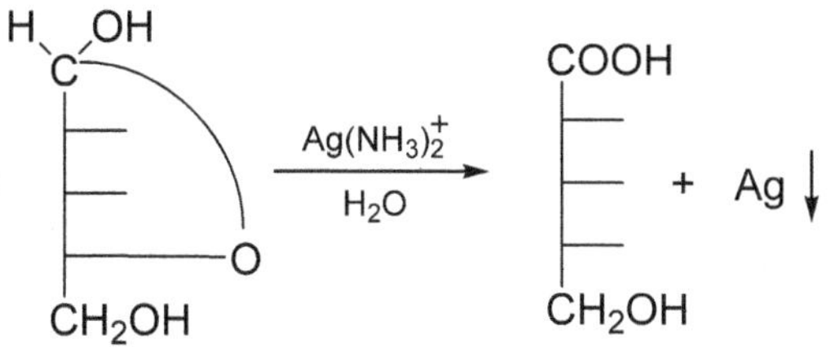

(3) 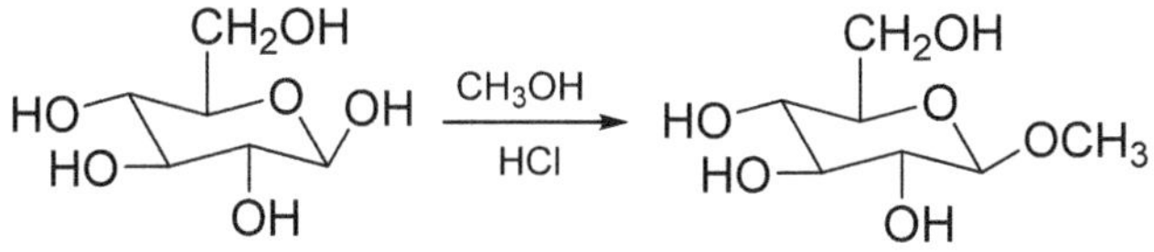

(4) 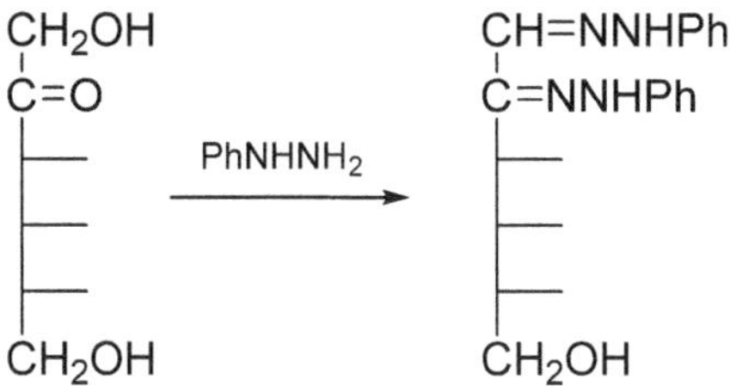

(5) 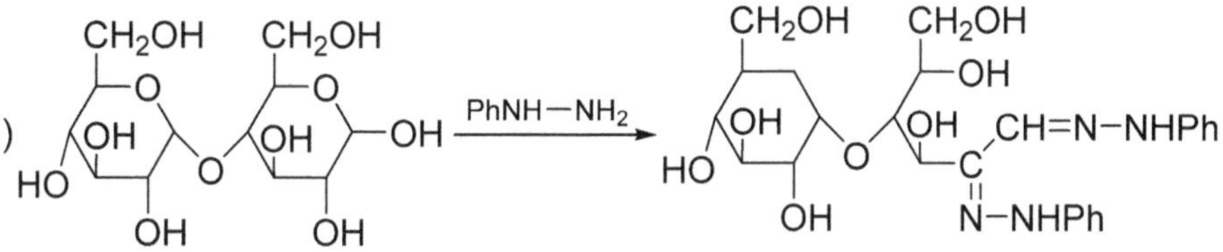

19.6

(1) 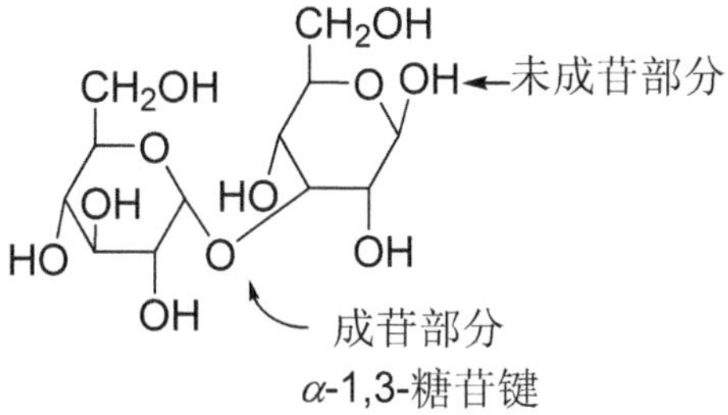

(2) 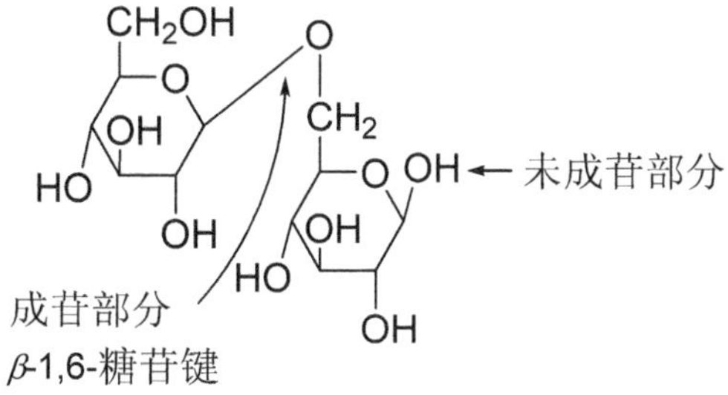

19.7 D-葡萄糖、D-甘露糖和 D-果糖与过量苯肼反应，生成相同的糖脎，是因为这三种糖在虚线以下部分的构型是完全相同的。

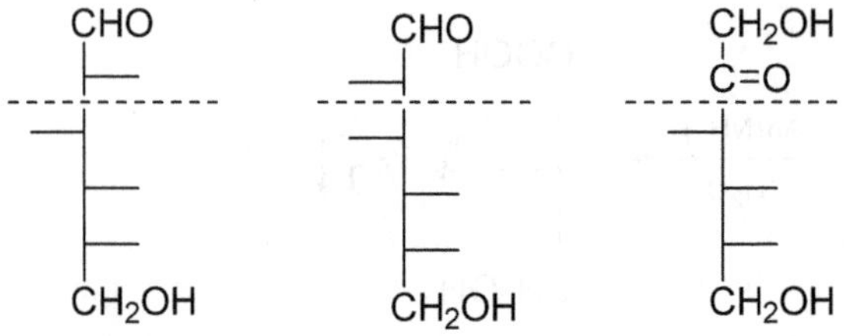

D-葡萄糖　　D-甘露糖　　D-果糖

19.8

(1) D-葡萄糖、D-果糖 $\xrightarrow{\text{溴水}}$ 溴水褪色、X

(2) 葡萄糖、蔗糖 $\xrightarrow[OH^-]{Ag(NH_3)_2^+}$ 银镜反应、X

(3) 蔗糖、麦芽糖 $\xrightarrow{\text{过量苯肼}}$ X、生成黄色糖脎结晶

(4) 葡萄糖、淀粉 $\xrightarrow{I_2}$ X、变成蓝色

(5) 甲基葡萄糖苷、葡萄糖 $\xrightarrow{\text{溴水}}$ X、溴水褪色

19.9 己醛糖 A 与费林试剂呈正性反应，说明此糖有还原性。(1)说明 A 为己醛糖，分子无支链；由(4)、(5)可知 A 为 D-型；由(2)可推测 A 的结构有以下两种：

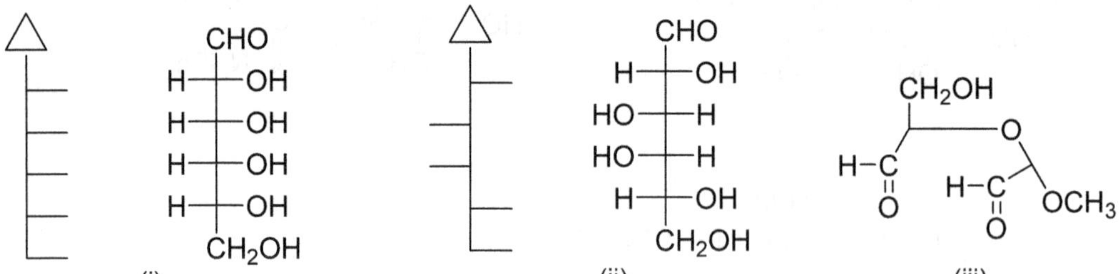

(i)　　(ii)　　(iii)

由(3)可推测 A 的结构只可能是(i)，因此 A 的结构是(i)；B 的结构为(iii)。

19.10

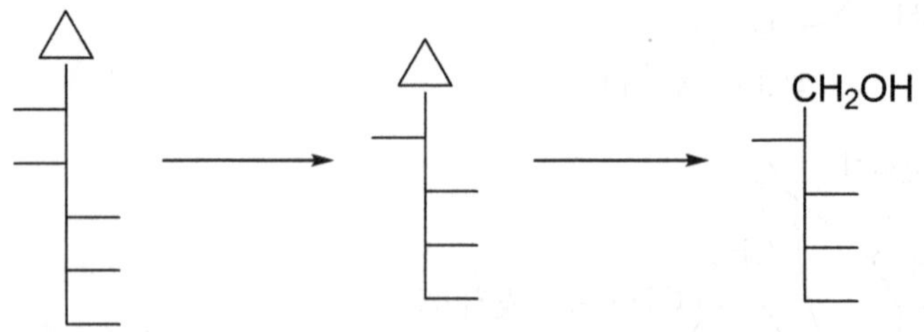

D-甘露糖　　D-阿拉伯糖　　有旋光性

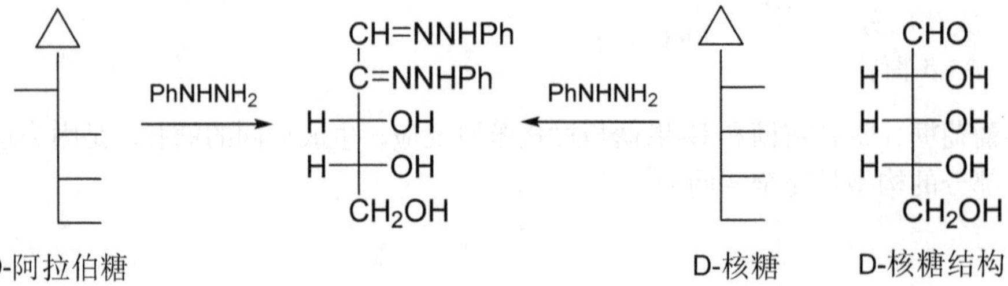

D-阿拉伯糖　　D-核糖　　D-核糖结构

19.11

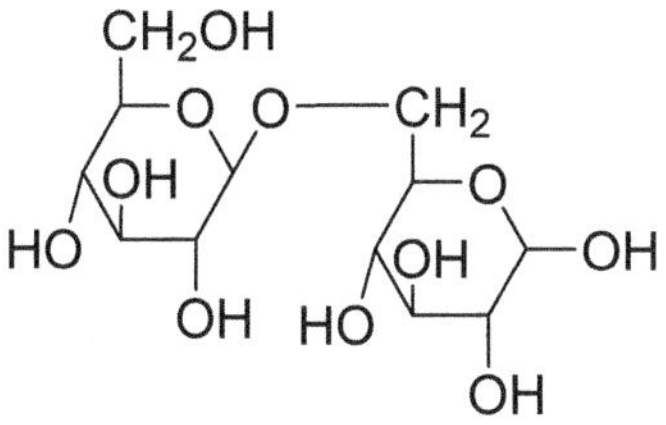

19.12

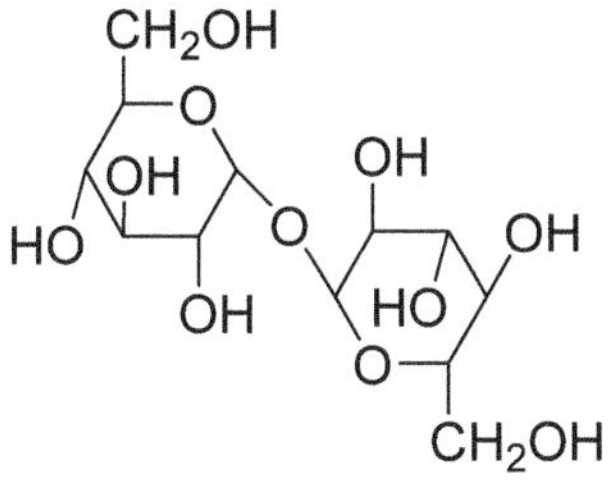

19.13

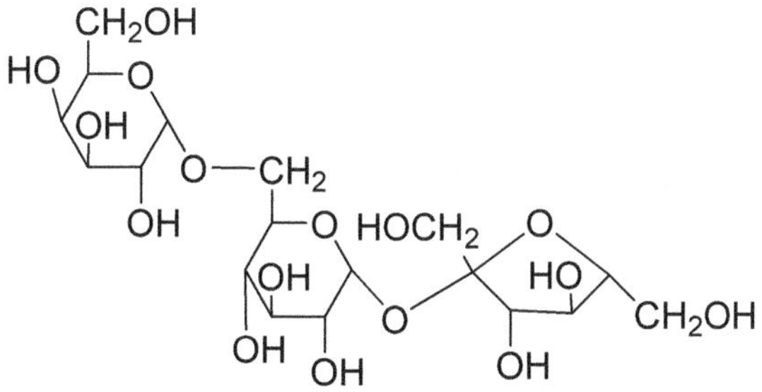

19.14

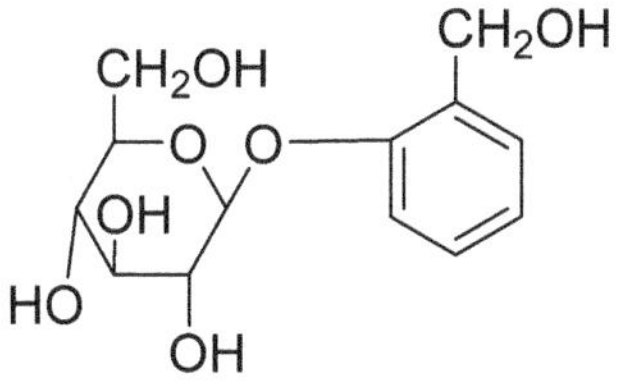

19.15

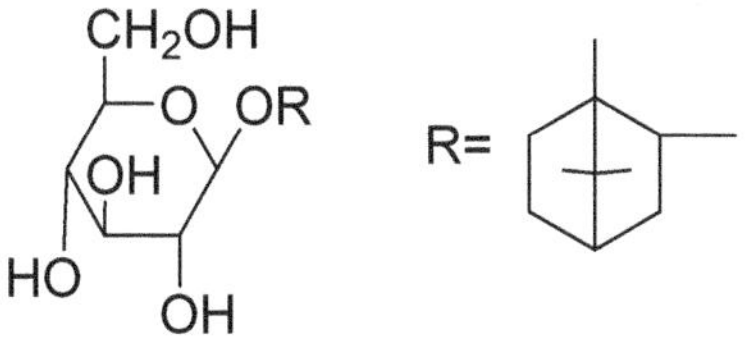

19.16　(1) 藻朊酸是聚(β-甘露糖醛酸)，各单元以 C1 及 C4 相接，糖苷键为 β 型。

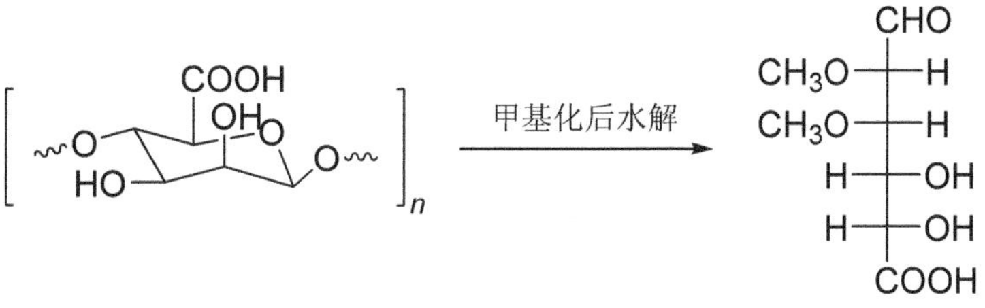

(2) 果胶酸是聚(α-D-半乳糖醛酸)，各单元以 C1 及 C4 相连，糖苷键为 α 型。

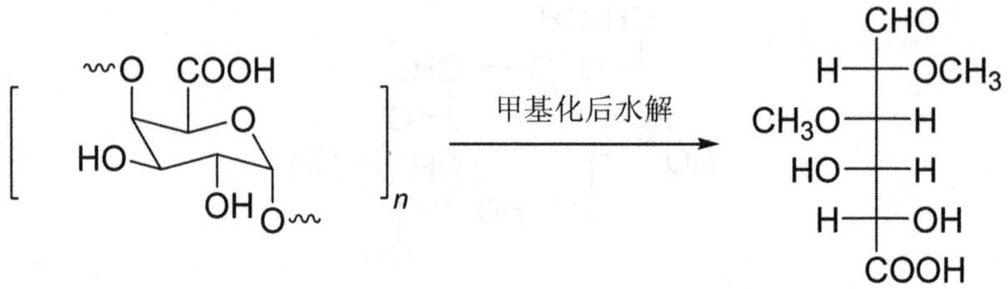

19.17 根据题意，茜根酸的结构为

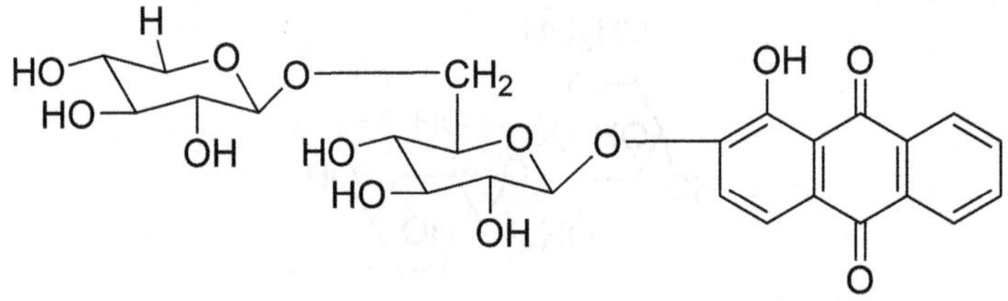

19.18 根据题意，芸香糖和芸香苷的结构分别为

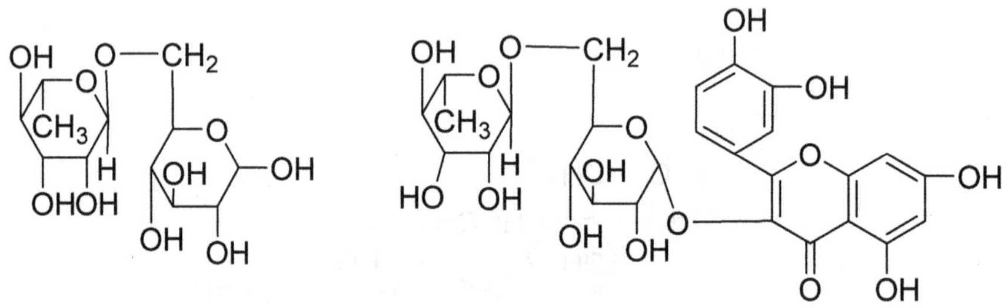

第 20 章　氨基酸、多肽、蛋白质和核酸

一、例题及解析

【例 20-1】 说明怎样从 pK_1 和 pK_2 计算氨基酸的等电点。

解 氨基酸 $\mathrm{RCH(NH_2)COOH}$ 的 pK_1 和 pK_2 分别为

$$K_1=\frac{[\mathrm{RCH(\overset{+}{N}H_3)COO^-}][\mathrm{H^+}]}{[\mathrm{R-CH(\overset{+}{N}H_3)COOH}]}\qquad K_2=\frac{[\mathrm{RCH(NH_2)COO^-}][\mathrm{H^+}]}{[\mathrm{R-CH(\overset{+}{N}H_3)COO^-}]}\qquad K_1K_2=\frac{[\mathrm{RCH(NH_2)COO^-}][\mathrm{H^+}]^2}{[\mathrm{R-CH(\overset{+}{N}H_3)-COOH}]}$$

在等电点时 $[\mathrm{RCH(NH_2)COO^-}]=[\mathrm{R-CH(\overset{+}{N}H_3)-COOH}]$，所以 $K_1K_2=[\mathrm{H^+}]^2$，$[\mathrm{H^+}]=(K_1K_2)^{1/2}$，所以 $-\lg[\mathrm{H}]^+=-1/2\lg K_1-1/2\lg K_2$，即 $\mathrm{pH}=1/2\,(pK_1+pK_2)$。

【例 20-2】 下列氨基酸的等电点大于还是小于 7？把它们分别溶于水，使其达到等电点，应当加酸还是加碱？

(1) 甘氨酸　　(2) 赖氨酸　　(3) 谷氨酸

解 (1) 甘氨酸的 pI=6.1，略微偏酸，溶于水使其达到等电点，应加酸，使甘氨酸的酸式电离和碱式电离程度相当；

(2) 赖氨酸 $[\mathrm{CH_2(NH_2)(CH_2)_3CH(NH_2)COOH}]$ 的 pI=9.74>7，偏碱，应加碱抑制氨基与质子结合而给出 $\mathrm{OH^-}$；

(3) 谷氨酸 $(\mathrm{HOOCCH_2CH_2CH(NH_2)COOH})$ 的 pI=3.22<7，偏酸，应加酸抑制羧基与羟基结合而给出 $\mathrm{H^+}$。

【例 20-3】 化合物 $\mathrm{A(C_8H_{15}O_4N_3)}$ 与亚硝酸反应，放出 1 mol 氮气，生成 $\mathrm{B(C_8H_{14}O_5N_2)}$，B 经水解得羟基乙酸和丙氨酸；1 mol A 与甲醛作用后的产物滴定时消耗 1 mol NaOH，请推测 A、B 的结构，并写出相关反应式。

解 氨基酸的水溶液不能用碱直接滴定，加入甲醛后，氨基与甲醛结合，就可通过滴定测定分子中羧基的含量。1 mol A 与甲醛作用后的产物消耗 1 mol NaOH，说明 A 分子中有一个游离的羧基。

A 与 $\mathrm{HNO_2}$ 反应，放出 1 mol 氮气，说明 A 分子中有一个游离的氨基。

B 水解得羟基乙酸和丙氨酸，说明 A 由甘氨酸和丙氨酸组成，由分子式可知，A 应有两分子丙氨酸，所以 A、B 的结构为

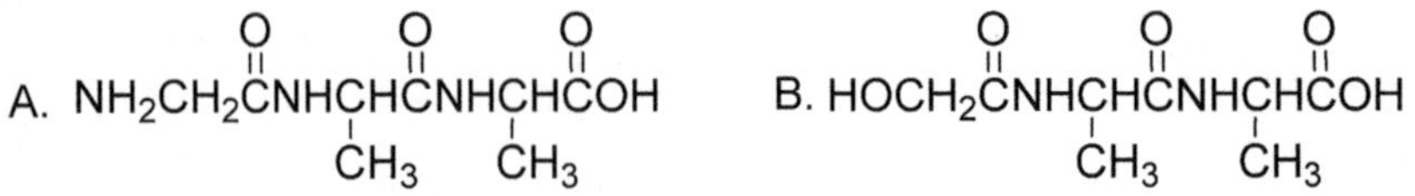

相关反应如下：

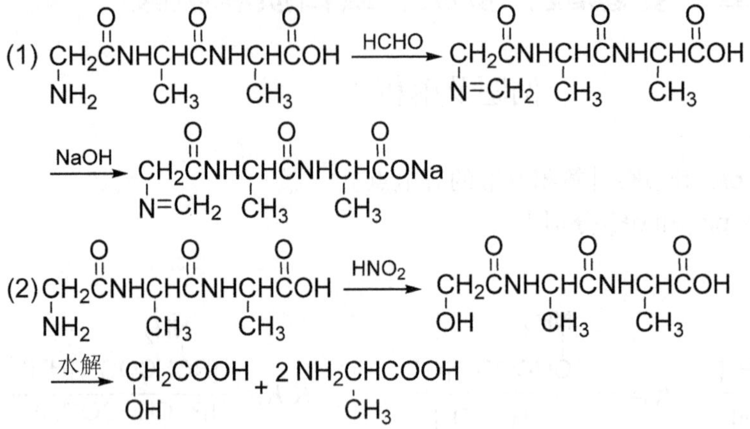

【例 20-4】　某五肽用 2,4-二硝基氟苯处理后经彻底水解，得 2,4-二硝基苯基苯丙氨酸、酪氨酸、亮氨酸、甘氨酸和丝氨酸。若将该五肽控制水解，可分出四个二肽：A、B、C、D；把二肽逐个水解，A 得酪氨酸及苯丙氨酸，B 得亮氨酸及甘氨酸，C 得酪氨酸及甘氨酸，D 得亮氨酸及丝氨酸。写出此五肽的结构。

解　依据题意可知此五肽的 N 端为苯丙氨酸。

A. 苯丙-酪　　B. 甘-亮　　C. 酪-甘　　D. 亮-丝

此五肽的结构为苯丙-酪-甘-亮-丝(Phe-Tyr-Gly-Leu-Ser)。

【例 20-5】　写出下列合成的反应式。

(1) 用 Strecker 合成法由丙烯醛合成蛋氨酸；

(2) 用邻苯二甲酰亚胺-丙二酸酯法合成谷氨酸；

(3) 用 2-丁烯酸合成苏氨酸。

解

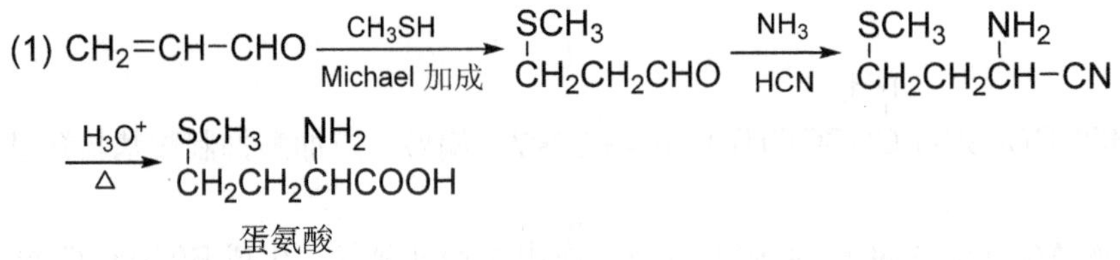

蛋氨酸

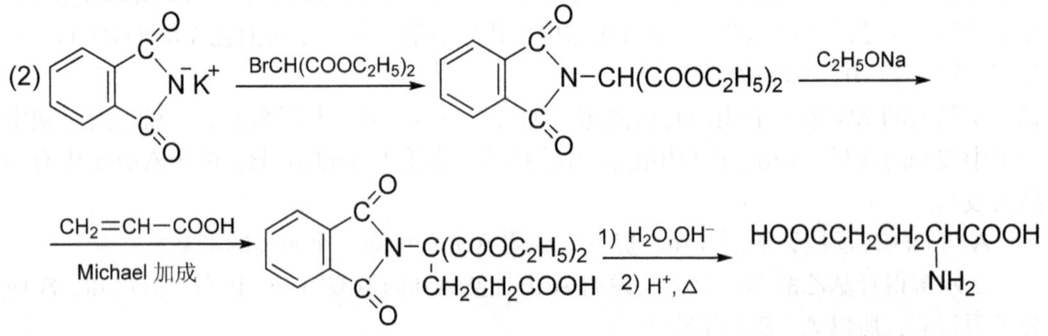

谷氨酸

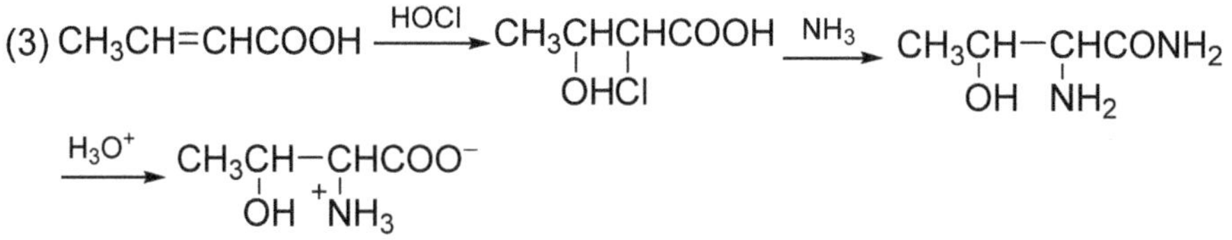

苏氨酸

【例 20-6】 写出下列反应中各步反应的类型和产物的名称。

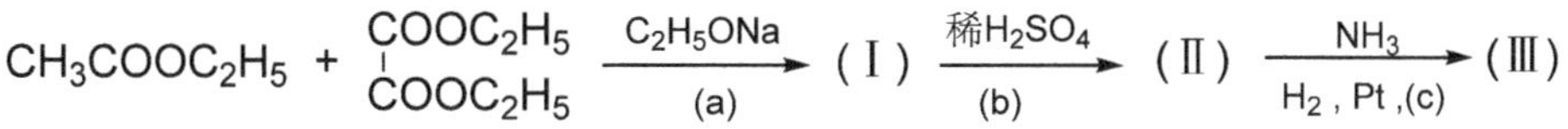

解　(a) 交叉 Claisen 酯缩合；(b) 酯水解；(c) 还原氨化。

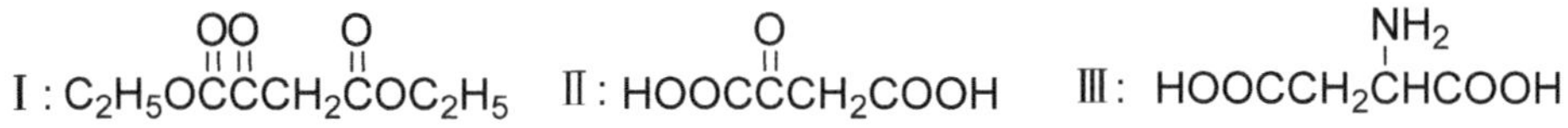

【例 20-7】 写出下列反应中各步产物的构型式。

$$(-)\text{-丝氨酸} \xrightarrow[CH_3OH]{HCl} (\text{I})\ C_4H_{10}ClNO_4 \xrightarrow{PCl_5} (\text{II})\ C_4H_9Cl_2NO_2$$

$$\xrightarrow[2)\ OH^-]{1)\ H_3O^+,\ \triangle} (\text{III})\ C_3H_6ClNO \xrightarrow[H_2O]{Na\text{-}Hg} L\text{-}(+)\text{-丙氨酸}$$

解

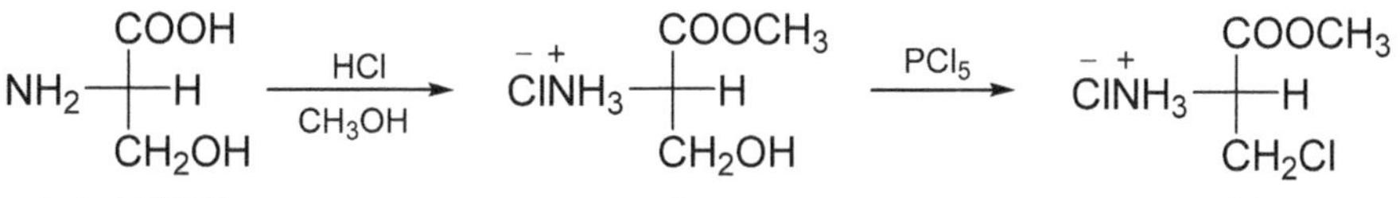

(−)-丝氨酸　(Ⅰ)　(Ⅱ)

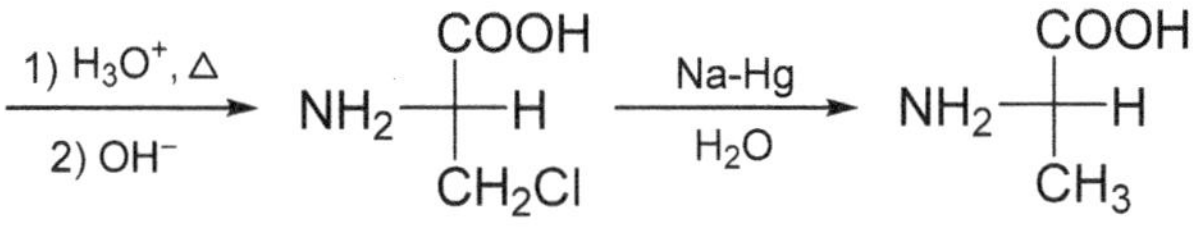

(Ⅲ)　L-(+)-丙氨酸

【例 20-8】 按下列要求合成二肽。

(1) 用"α-氯代酰氯"的方法合成丙氨酰甘氨酸；

(2) 用氯甲酸苄酯保护氨基的方法合成甘氨酰缬氨酸。

解

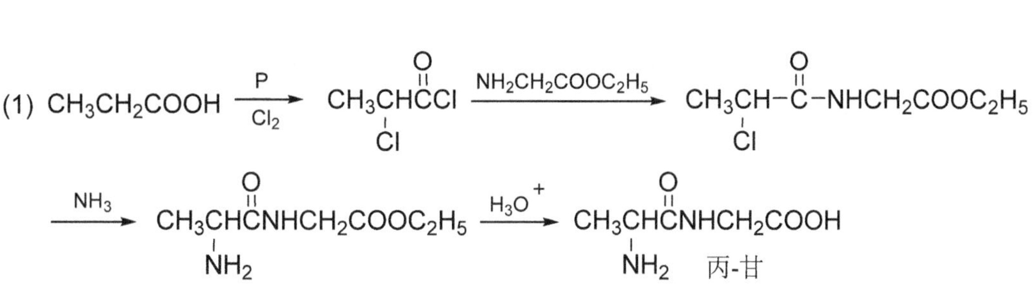

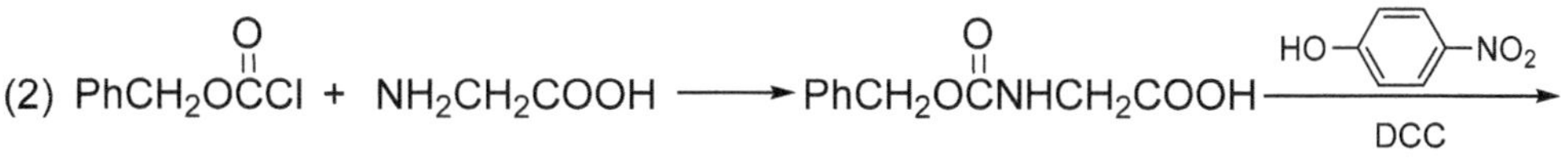

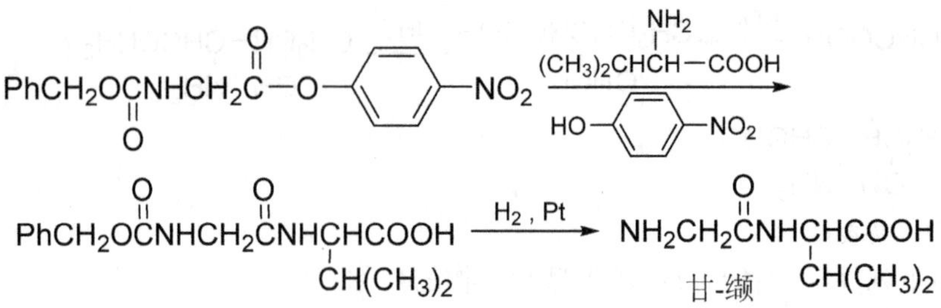

【例 20-9】　当α-氨基酸进行 *N*-乙酰化反应时，常易生成环状产物。例如，

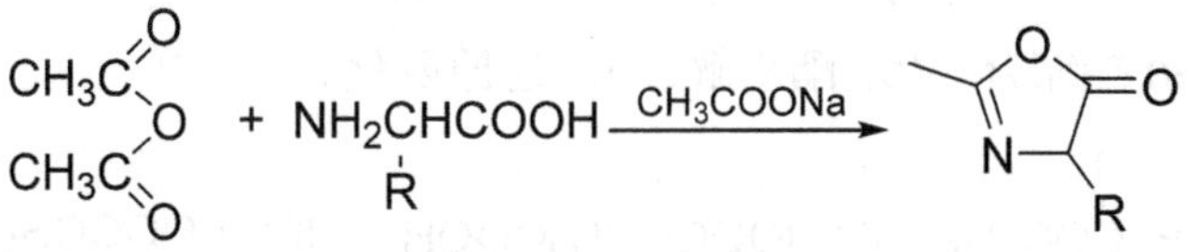

请写出可能的反应机理。

解

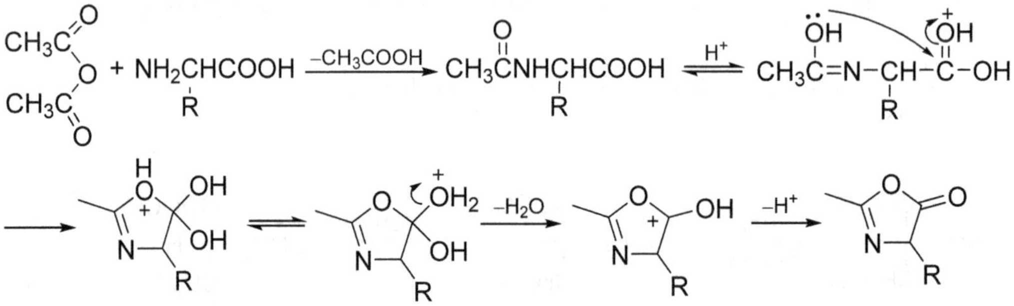

【例 20-10】　氨基酸的红外光谱中有对应于—COO^-的谱带：1400 cm^{-1} 和 1600 cm^{-1}，为什么在强酸性溶液中有 1720 cm^{-1} 的强峰出现？

解　1400 cm^{-1} 和 1600 cm^{-1} 的峰是—COO^-中 C—O 的对称和反对称伸缩振动所产生的。在强酸性溶液中 COO^-转变为—COOH，—COOH 产生了 1720 cm^{-1} 的羰基强吸收峰。

【例 20-11】　解释下列物质怎样使蛋白质变性。

(1) Pb^{2+}和 Ag^+　　(2) C_2H_5OH　　(3) 尿素　　(4) 加热

解　(1) 重金属离子与蛋白质结合生成不溶性的盐，使其沉淀，引起蛋白质的变性；

(2) C_2H_5OH 提供具有竞争性的干扰氢键，破坏蛋白质的水化膜，使蛋白质沉淀，引起蛋白质的变性；

(3) 尿素是一种好的氢键受体，干扰了蛋白质中的氢键，使蛋白质变性；

(4) 加热使蛋白质产生更无规则的构象，维系蛋白质空间结构的氢键等次级键受到破坏，从而使蛋白质变性。

二、习　题

20.1　解释下列名词，并举例说明。

(1) 氨基酸　　(2) 等电点　　(3) 偶极离子

(4) 多肽　　(5) 肽键　　(6) 核酸

20.2 写出下列氨基酸分别在 pH=2、7、12 的水溶液中主要离子的结构式。

(1) 异亮氨酸　　(2) 天冬氨酸　　(3) 赖氨酸　　(4) 谷氨酸

20.3 写出下列反应的主要产物。

(1) $CH_3\underset{NH_2}{CH}COOC_2H_5 + H_2O \xrightarrow{HCl}$　　(2) $CH_3\underset{NH_2}{CH}COOC_2H_5 + (CH_3CO)_2O \longrightarrow$

(3) $CH_3\underset{NH_2}{CH}CONH\underset{CH_2CH(CH_3)_2}{CH}CONHCH_2COOH + H_2O \xrightarrow{H^+}$

(4) $CH_3\underset{NH_2}{CH}CONH_2 + HNO_2$(过量) $\longrightarrow$

(5) $CH_3\underset{NH_2}{CH}COOH + CH_3CH_2\underset{\|\atop O}{C}Cl \longrightarrow$

(6) $(CH_3)_2CHCH_2\underset{NH_2}{CH}COOH + CH_3OH$(过量) $\xrightarrow{HCl}$

(7) $(CH_3)_2CHCH_2\underset{NH_2}{CH}COOH + CH_3CH_2CH_2I \longrightarrow$

(8) $CH_3\underset{NH_2}{CH}COOH \xrightarrow{\triangle}$　　(9) 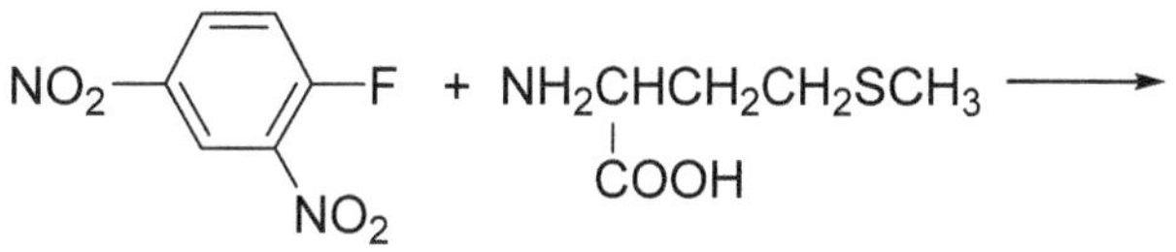

(10) $NH_2CH_2CH_2CH_2CH_2CH_2COOH \xrightarrow{\triangle}$　　(11) $CH_3\underset{NH_2}{CH}CH_2COOH \xrightarrow{\triangle}$

(12) 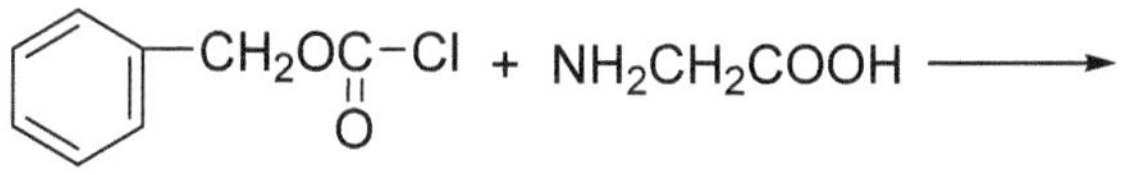

20.4 写出丙氨酸与下列试剂反应的主产物。

(1) NaOH(水溶液)　　(2) HCl(水溶液)　　(3) 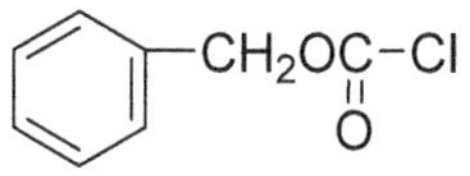

(4) $(CH_3CO)_2O$　　(5) $NaNO_2$+HCl　　(6) CH_2=C=O(2 mol)

(7) CH_3N=C=S　　(8) $(CH_3)_2SO_4$

20.5 如何用化学方法区分下列各组物质。

(1) 天冬氨酸与苹果酸　　(2) 丝氨酸与苏氨酸

(3) 甘氨酸乙酯与缬氨酸　　(4) 苯丙-丙和乙酰基苯丙-丙

20.6 从所给原料出发，用指定的方法合成目标氨基酸。

(1) $(CH_3)_2CHCH_2CH_2COOH \xrightarrow{\text{卤代酸直接氨解}}$ 亮氨酸

(2) $(CH_3)_2CHBr \xrightarrow{\text{丙二酸酯法}}$ 缬氨酸　　(3) $ClCH_2COOC_2H_5 \xrightarrow{\text{Gabril法}}$ 甘氨酸

(4) $C_2H_5OCH_2CHO \xrightarrow{\text{Strecker法}}$ 丝氨酸

(5) 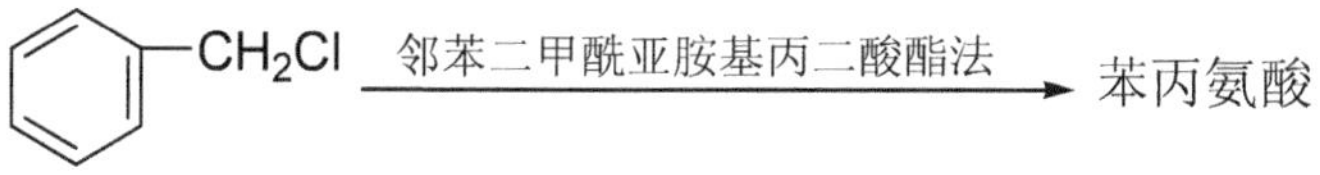

20.7 试写出脯氨酸合成中所有中间体的结构。

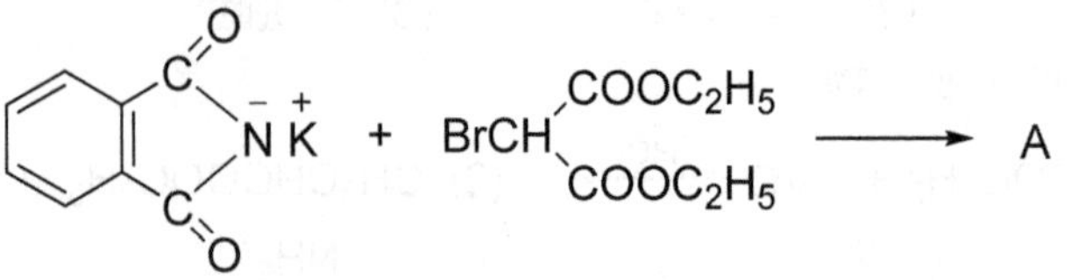

$$A + Br(CH_2)_3Br \xrightarrow{C_2H_5ONa} B\ (C_{18}H_{20}O_6NBr) \xrightarrow{CH_3COOK} C\ (C_{20}H_{23}O_8N)$$

$$\xrightarrow[2)\ H^+,\ \Delta]{1)\ H_2O, OH^-} D\ (C_5H_{11}O_3N) \xrightarrow{HCl} E\ (C_5H_{10}O_2NCl) \longrightarrow \text{脯氨酸}$$

20.8 试写出赖氨酸合成中所有中间体的结构。

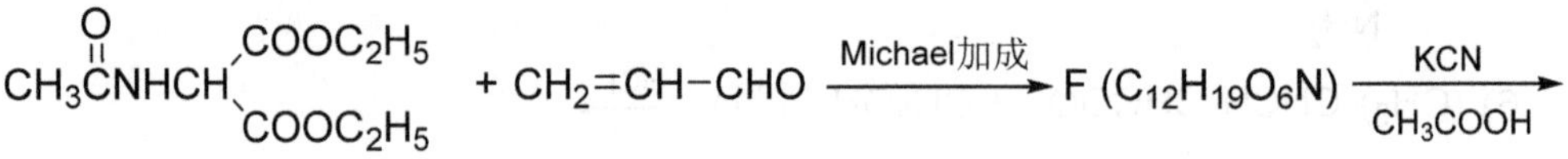

$$G\ (C_{13}H_{20}O_6N_2) \xrightarrow[\Delta]{H^+} H\ (C_{13}H_{18}O_5N_2) \xrightarrow[\text{催化剂}]{H_2} I\ (C_{13}H_{24}O_5N_2) \xrightarrow{\text{乙酐}}$$

$$J\ (C_{15}H_{26}O_6N_2) \xrightarrow[2)\ H^+,\ \Delta]{1)\ H_2O, OH^-} (\pm)\text{-赖氨酸}$$

20.9 写出下列多肽的结构式。

(1) 甘-甘-丙-苯丙-亮　　(2) 赖-丙-丙

20.10 写出下列多肽的名称。

(1) 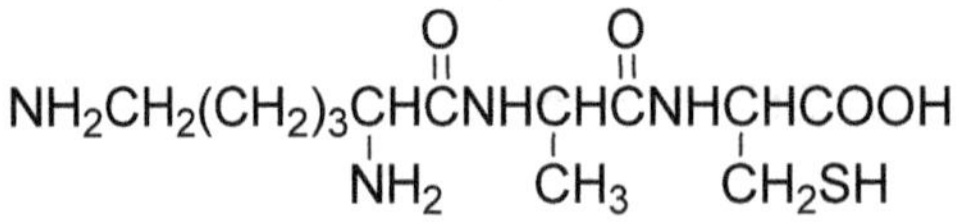

(2) 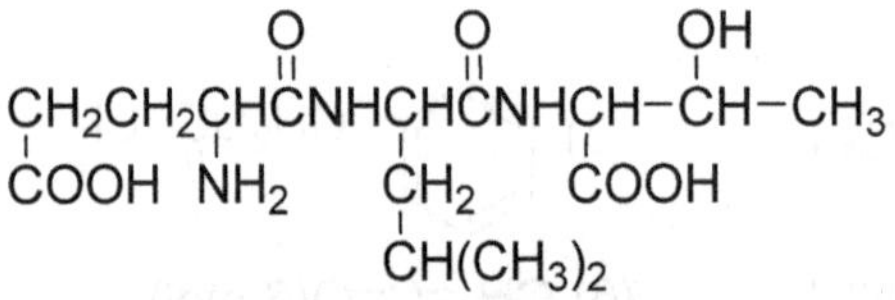

20.11 推测下列各多肽中氨基酸的次序。

(1) 某三肽经部分水解可得到两种二肽，分别是：甘-亮，天冬-甘；

(2) 某多肽完全水解后氨基酸的比例为亮：精：半胱：谷：异亮：缬：酪：苯丙=2：1：1：1：1：2：1，其部分水解生成三肽：亮-缬-缬，亮-精-半胱，酪-异亮-苯丙，苯丙-谷-亮，精-半胱-亮；

(3) 一个有抗菌性质的多肽短杆菌肽 S，它的完整结构已由下述步骤确定：

a. 水解分析得实验式：亮、鸟、苯丙、缬。相对分子质量约为 1300，短杆菌肽 S 的分子式是什么？

b. 对 C 端基分析是阴性的，用 DNFB 对 N 端基分析，只生成 $DNP{-}NH(CH_2)_3\underset{|}{C}H(NH_3^+){-}COO^-$，该肽必须有怎样的结构特征？

c. 短杆菌肽 S 部分水解生成下列二肽和三肽：亮-苯丙，苯丙-脯，鸟-亮，苯丙-脯-

缬，缬-鸟，脯-缬-鸟，缬-鸟-亮。

短杆菌肽 S 的结构是什么？

20.12 用简化的结构式或举例说明下列名词。

(1) α-螺旋　(2) β-折叠片　(3) 蛋白质变性　(4) 核苷酸　(5) 蛋白质的三级结构

20.13 核酸、脱氧核酸有五个碱基，其结构如下，请写出这几个杂环体系的碱基名称。

A. 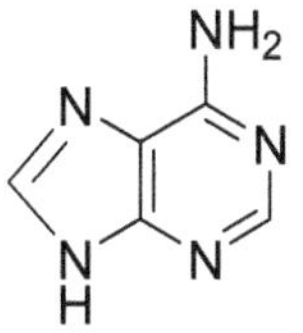

B. 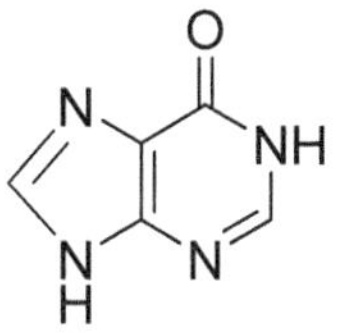

C. 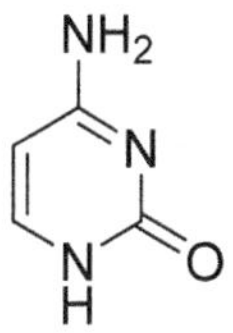

D. 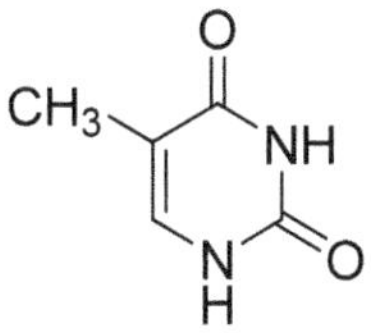

E. 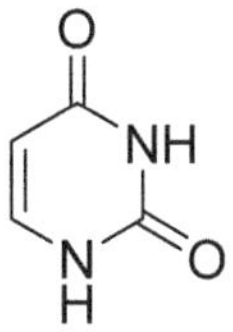

20.14 酶分几种？酶的特点是什么？

20.15 写出下列反应的历程。

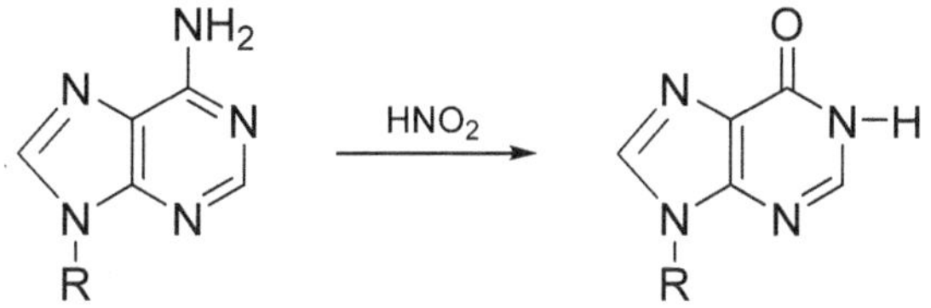

20.16 写出下列物质的结构式。

(1) 腺嘌呤核苷-5-磷酸　(2) 尿嘧啶核苷　(3) 三磷酸腺苷

三、习 题 解 答

20.1 略。

20.2

氨基酸	pH=2	pH=7	pH=12
(1)	$CH_3CH_2CH(CH_3)CH(\overset{+}{N}H_3)COOH$	$CH_3CH_2CH(CH_3)CH(NH_2)COO^-$	$CH_3CH_2CH(CH_3)-CH(NH_2)COO^-$
(2)	$HO-C(=O)-CH_2CH(\overset{+}{N}H_3)COOH$	$^-OOCCH_2CH(\overset{+}{N}H_3)COO^-$	$^-OOCCH_2CH(NH_2)COO^-$
(3)	$\overset{+}{N}H_3-(CH_2)_4CH(\overset{+}{N}H_3)COOH$	$\overset{+}{N}H_3-(CH_2)_4CH(\overset{+}{N}H_3)COO^-$	$NH_2-(CH_2)_4CH(NH_2)COO^-$
(4)	$HOOCCH_2CH_2CH(\overset{+}{N}H_3)COOH$	$^-OOCCH_2CH_2CH(\overset{+}{N}H_3)COO^-$	$^-OOCCH_2CH_2CH(NH_2)COO^-$

20.3

(1) $CH_3CH(\overset{+}{N}H_3)COOH + C_2H_5OH$

(2) $CH_3C(=O)NHCH(CH_3)COOC_2H_5 + CH_3COOH$

(3) $CH_3CH(\overset{+}{N}H_3)COOH + (CH_3)_2CHCH_2CH(\overset{+}{N}H_3)COOH + \overset{+}{N}H_3CH_2COOH$

(4) $CH_3CH(OH)COOH$

(5) $CH_3CH_2C(=O)NHCH(CH_3)COOH$

(6) $(CH_3)_2CHCH_2CH(\overset{+}{N}H_3)COOCH_3$

(7) $(CH_3)_2CHCH_2CH(COOH)NHCH_2CH_2CH_3$

(8) 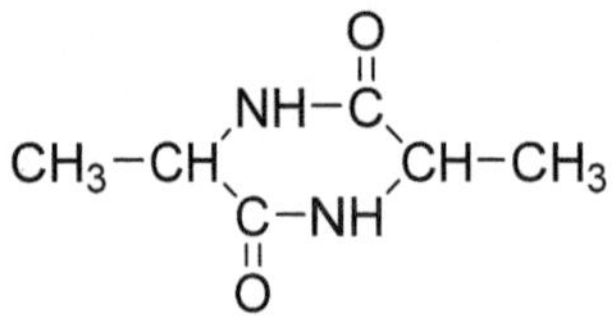

(9) 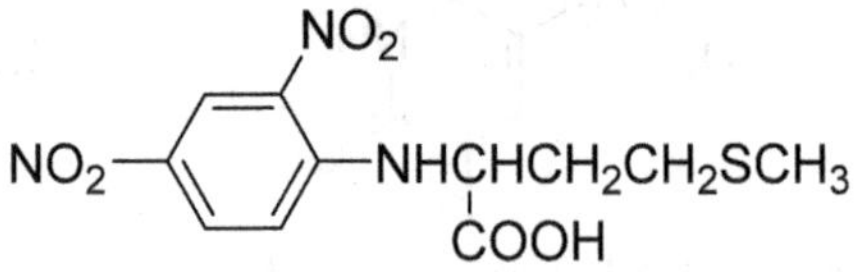

(10) 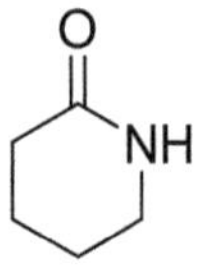

(11) $CH_3CH{=}CHCOOH$

(12) 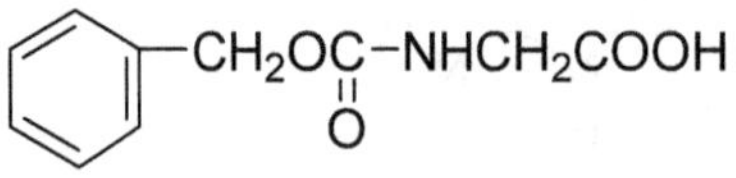

20.4

(1) $CH_3CH(NH_2)COONa$

(2) $CH_3CH(\overset{+}{N}H_3Cl^-)COOH$

(3) 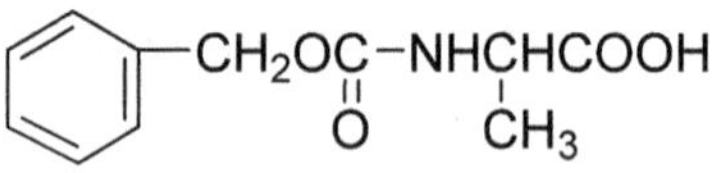

(4) $CH_3CH(NHCOCH_3)COOH$

(5) $CH_3CH(OH)COOH$

(6) $CH_3C(=O)-NHCH(CH_3)C(=O)OC(=O)CH_3$

(7) 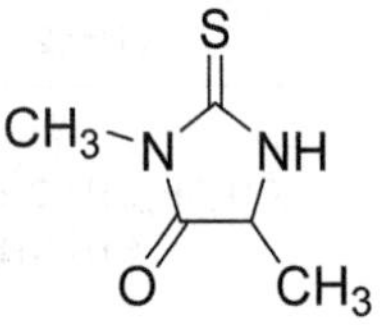

(8) $CH_3CH(N(CH_3)_2)COOH$

20.5

(1) 天冬氨酸 / 苹果酸 $\xrightarrow{\text{水合茚三酮}}$ 呈蓝紫色 / X

(2) 苏氨酸 / 丝氨酸 $\xrightarrow[OH^-]{I_2}$ 碘仿↓ / X

(3) 缬氨酸 / 甘氨酸乙酯 $\xrightarrow{\text{水合茚三酮}}$ 呈蓝紫色 / X

(4) 苯丙-丙 / 乙酰基苯丙-丙 $\xrightarrow{\text{水合茚三酮}}$ 呈蓝紫色 / X

20.6

(1) $$(CH_3)_2CHCH_2CH_2COOH \xrightarrow[P]{Cl_2} (CH_3)_2CHCH_2\overset{Cl}{\overset{|}{C}}HCOOH$$

$$\xrightarrow{NH_3} (CH_3)_2CHCH_2\overset{NH_2}{\overset{|}{C}}HCOOH$$

亮氨酸

(2) $$CH_2(COOC_2H_5)_2 \xrightarrow{HNO_2} HON{=}C(COOC_2H_5)_2 \xrightarrow[\text{乙酐}]{H_2/Pt} CH_3\overset{O}{\overset{\|}{C}}NHCH(COOC_2H_5)_2$$

$$\xrightarrow[C_2H_5ONa]{(CH_3)_2CHBr} (CH_3)_2CH\overset{NHCOCH_3}{\overset{|}{C}}(COOC_2H_5)_2 \xrightarrow[2)\ H^+,\ \Delta]{1)\ H_2O,OH^-} (CH_3)_2CH\overset{NH_2}{\overset{|}{C}}HCOOH$$

缬氨酸

(3) 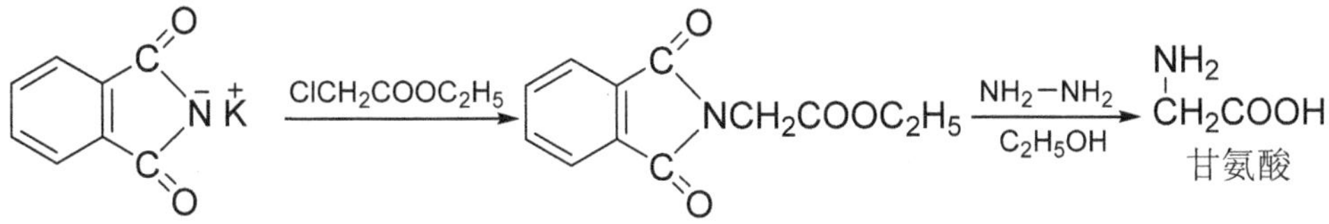

(4) $$C_2H_5OCH_2CHO \xrightarrow[NH_4^+]{CN^-} C_2H_5OCH_2CH\begin{matrix}CN\\NH_2\end{matrix} \xrightarrow[H^+]{H_2O} C_2H_5OCH_2\overset{NH_2}{\overset{|}{C}}HCOOH$$

$$\xrightarrow{HBr} HOCH_2\overset{NH_2}{\overset{|}{C}}HCOOH$$

丝氨酸

(5) 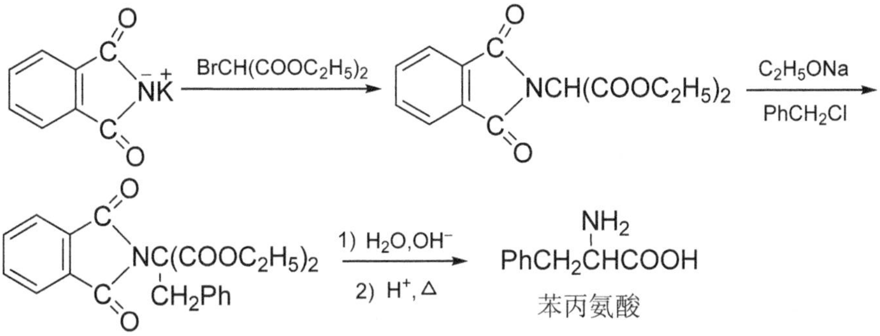

20.7

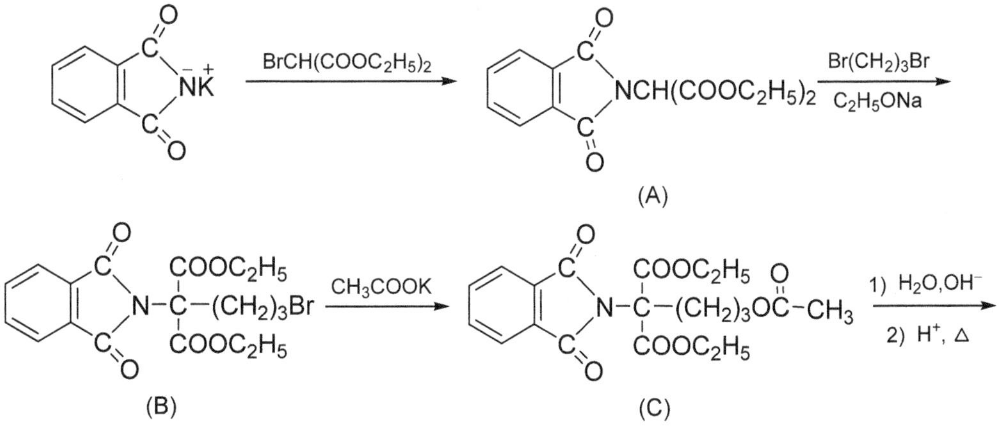

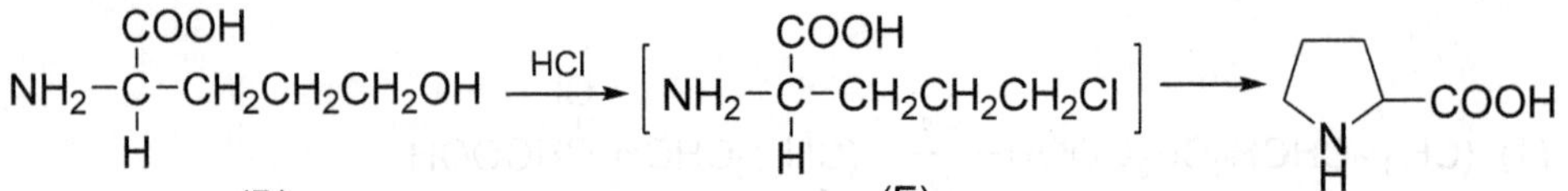

(D)　　(E)　　脯氨酸

20.8

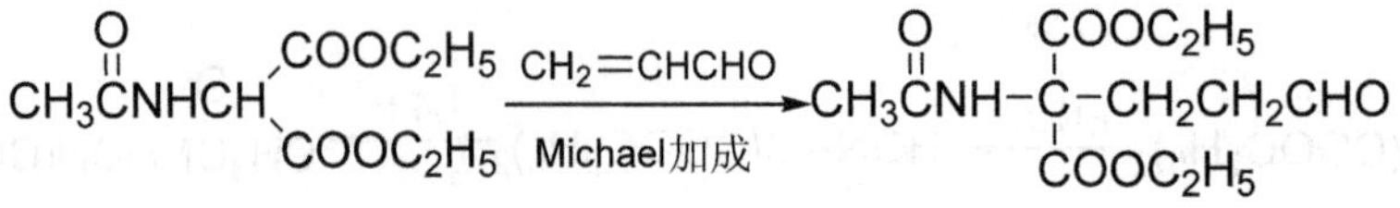

(F)

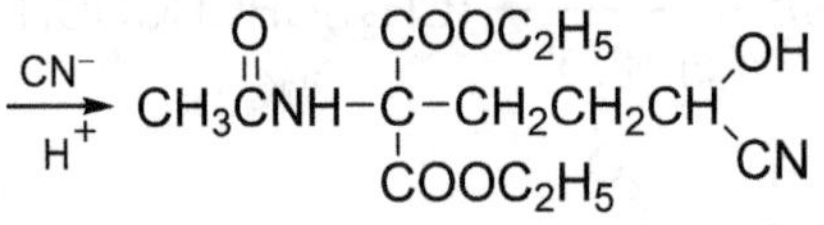

(G)

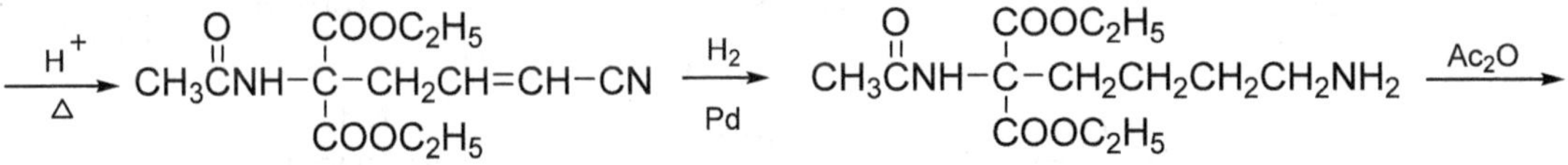

(H)　　(I)

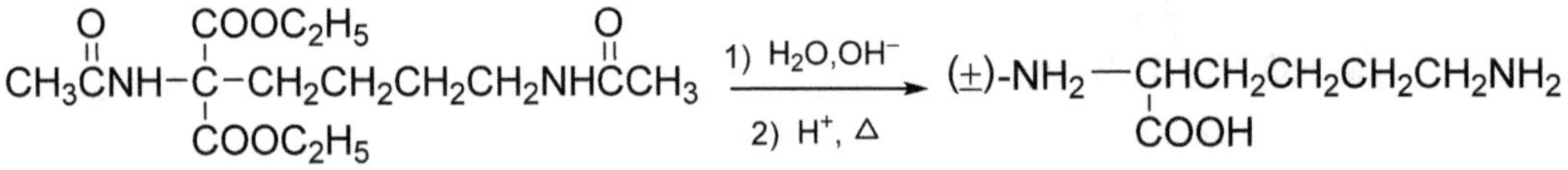

(J)　　(±)-赖氨酸

20.9 略。

20.10 略。

20.11 (1) 天冬-甘-亮(Asp-Gly-Leu)

(2) 酪-异亮-苯丙-谷-亮-精-半胱-亮-缬-缬(Tyr-Ile-Phe-Glu-Leu-Arg-Cys-Leu-Val-Val)

(3) a.

$(CH_3)_2CHCH_2CH(NH_2)COOH$

亮氨酸

$C_6H_5CH_2CH(NH_2)COOH$

苯丙氨酸

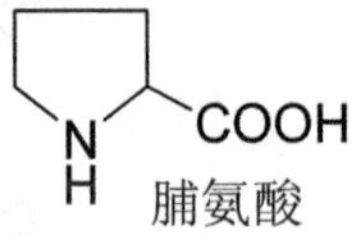

脯氨酸

$(CH_3)_2CHCH(NH_2)COOH$

缬氨酸

$NH_2CH_2CH_2CH_2CH(NH_2)COOH$

鸟氨酸

上述五种氨基酸的相对分子质量之和为 660，而短杆菌肽 S 的相对分子质量约为 1300，所以分子式为(亮-苯丙-脯-缬-鸟)$_2$。

b. C 端分析为阴性，说明无游离的羧基，N 端分析只得到 DNP$-$NH$(CH_2)_3CH(\overset{+}{N}H_3)COO^-$，表明只有鸟氨酸的 5 位氨基未形成肽键，因此可推测此肽必定是环状的。

c. 连接顺序为亮-苯丙-脯-缬-鸟-亮，故环结构为

20.12　略。

20.13　A. 腺嘌呤　　B. 鸟嘌呤　　C. 胞嘧啶　　D. 胸腺嘧啶　　E. 尿嘧啶

20.14　略。

20.15

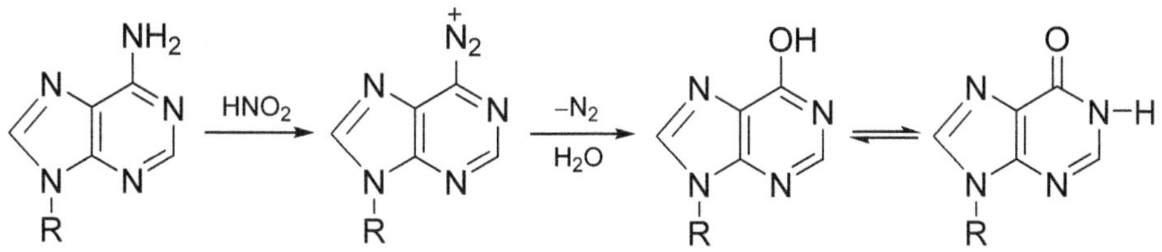

20.16

(1) 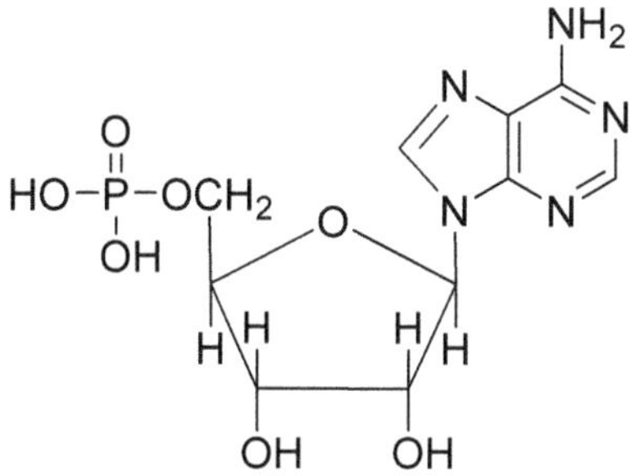

(2) 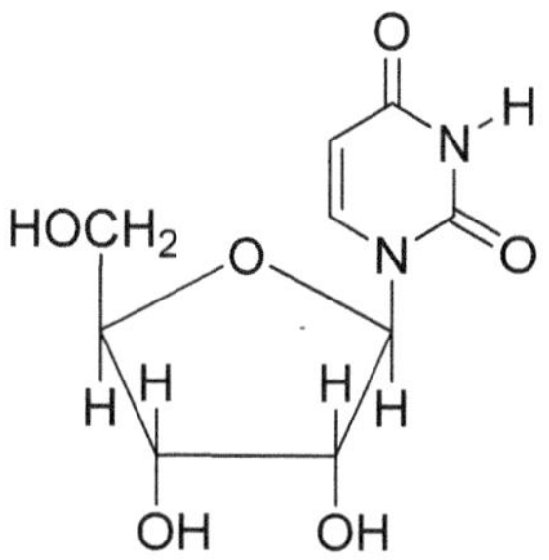

(3) 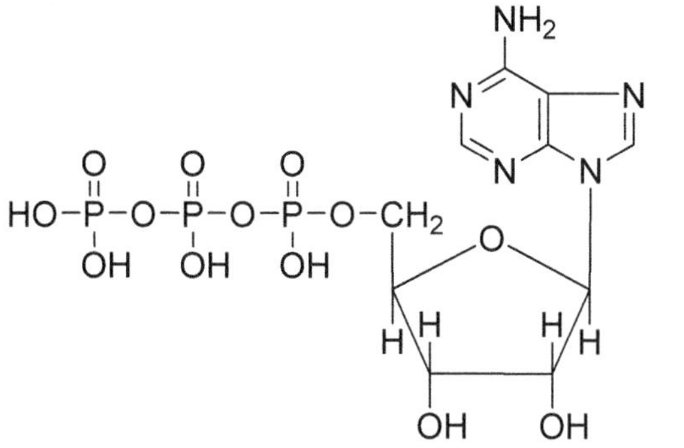

第 21 章　萜类和甾族化合物

一、例题及解析

【例 21-1】　画出下列萜类化合物的异戊二烯单位并指出其属于何类萜。

(1) 柠檬醛　(2) α-蒎烯　(3) 松香酸　(4) 角鲨烯　(5) 愈创木奥　(6) 齐墩果酸

解

(1) 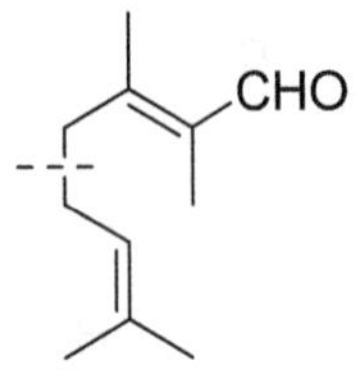

(开链单萜)

(2) 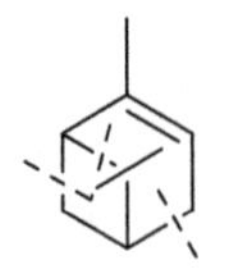

(双环单萜)

(3) 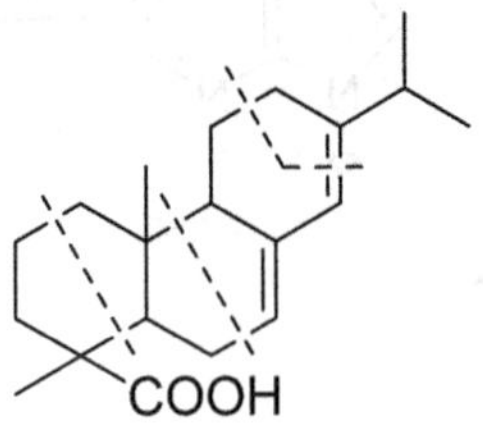

(三环二萜)

(4) 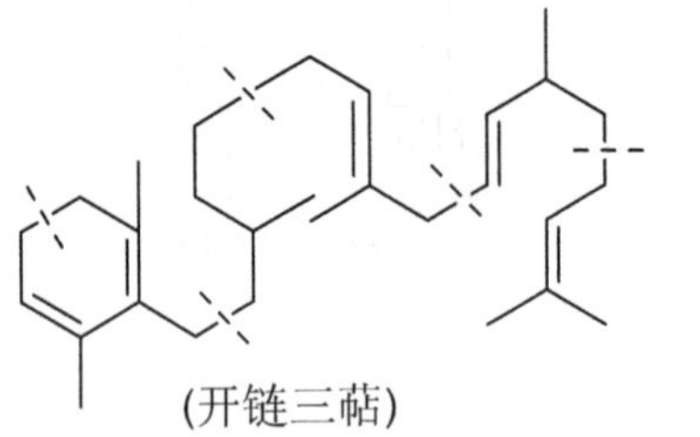

(开链三萜)

(5) 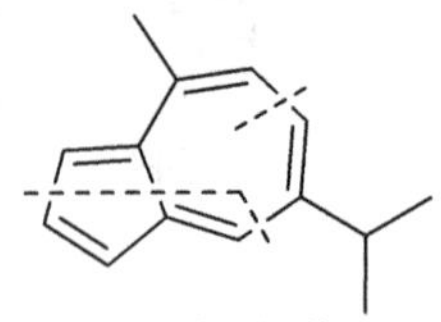

(双环倍半萜)

(6) 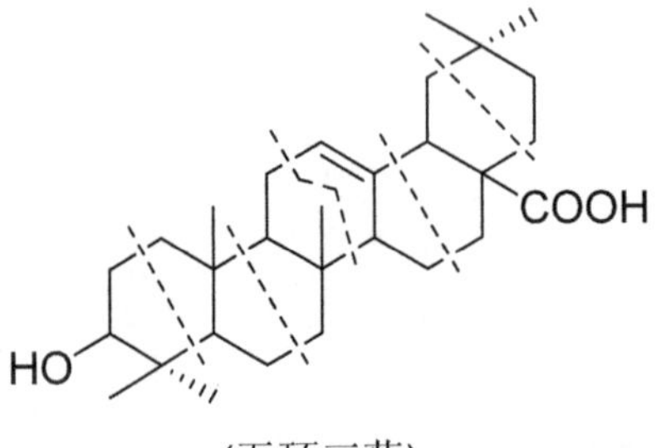

(五环三萜)

【例 21-2】　从月桂油中可分离出一个萜烯($C_{10}H_{16}$)，它吸收 3 mol 氢生成 $C_{10}H_{22}$，经臭氧氧化后，在 Zn 存在下水解产生 $(CH_3)_2C{=}O$、$2HCHO$、$OHCCH_2CH_2\overset{\overset{\large O}{\|}}{C}{-}CHO$。

(1) 与这些事实相符的有哪些结构?

(2) 根据异戊二烯规律，这个萜烯最可能的结构是什么?

解　(1) 与实验事实相符的结构有以下三种:

A. $(CH_3)_2C{=}CHCH_2CH_2C({=}CH_2){-}CH{=}CH_2$

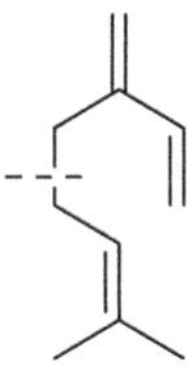

B. $(CH_3)_2C{=}CH{-}C({=}CH_2)CH_2CH_2CH{=}CH_2$

C. $CH_2{=}CH{-}C({=}C(CH_3)_2){-}CH_2CH_2CH{=}CH_2$

(2) 根据异戊二烯规律，此萜烯最可能的结构是 A(月桂烯)。

【例 21-3】　胆甾醇经硼氢化-氧化反应后得到产率为 78%的胆甾烷-3*β*,6*α*-二醇，反应中只生成少量的另外一种立体异构体，用构象式表示这两种化合物。其立体专一性与什么因素有关？

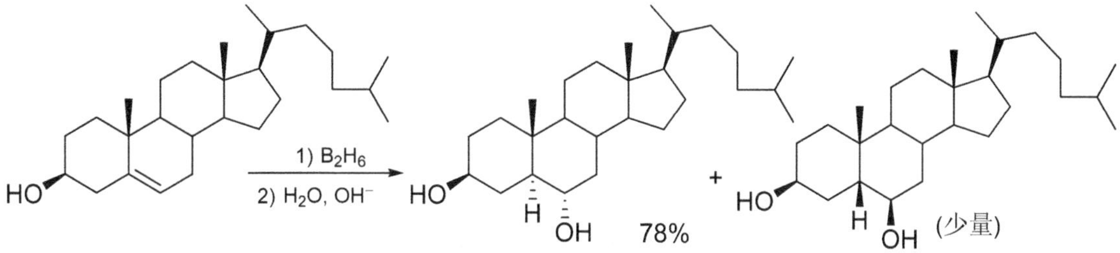

解

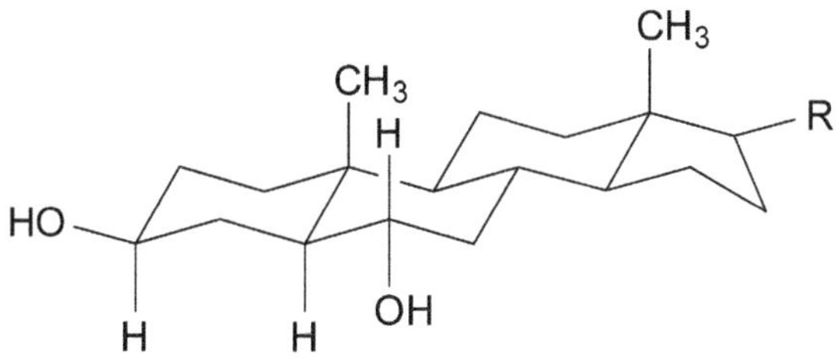

胆甾烷-3*β*,6*α*-二醇

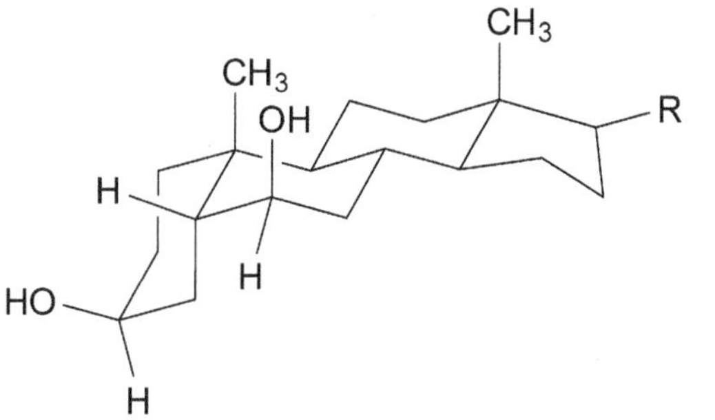

胆甾烷-3*β*,6*β*-二醇

由于 C10 处的角甲基处于 *β* 方向，试剂从其反面进攻时位阻小，因而胆甾烷-3*β*,6*α*-二醇占优势。

【例 21-4】　完成下列反应。

(1)

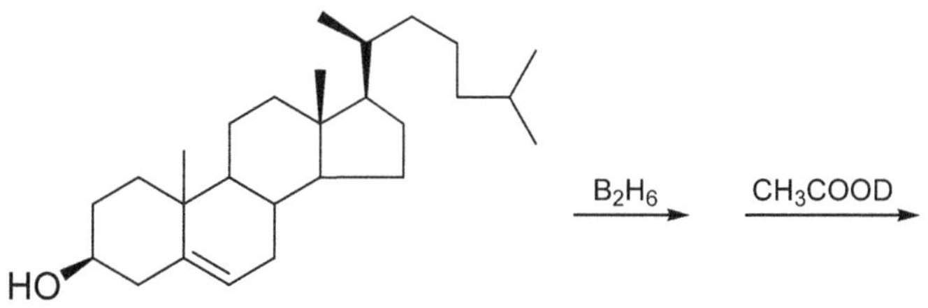

(2) 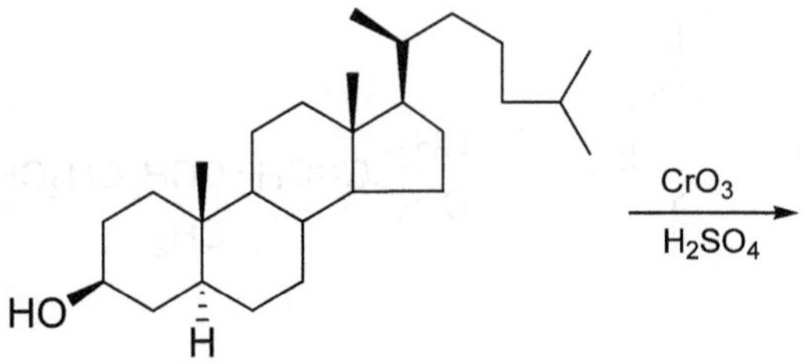

(3) 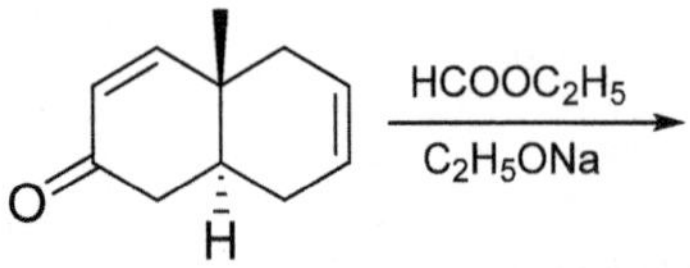

(4) 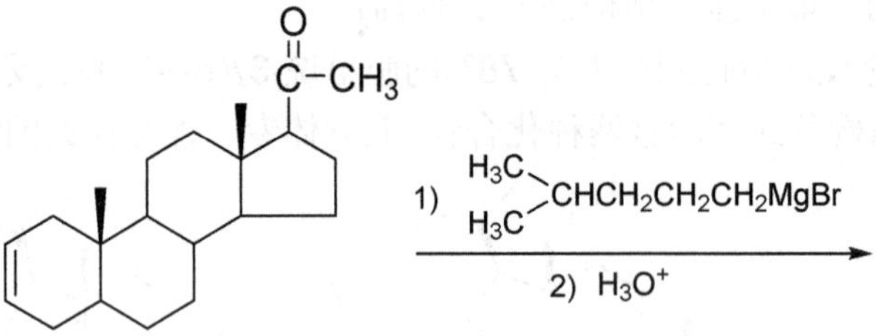

解

(1) 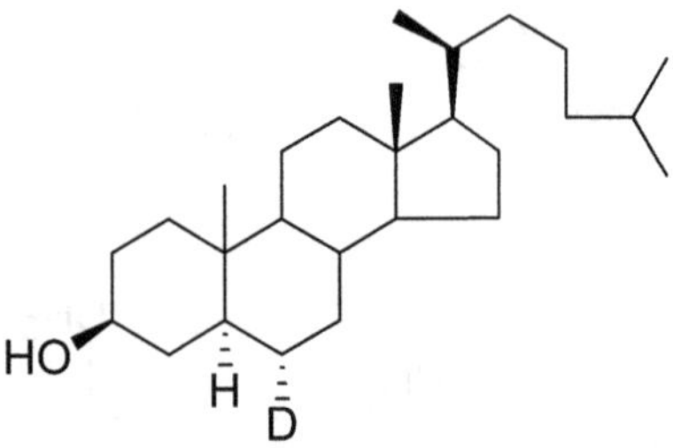

(2) 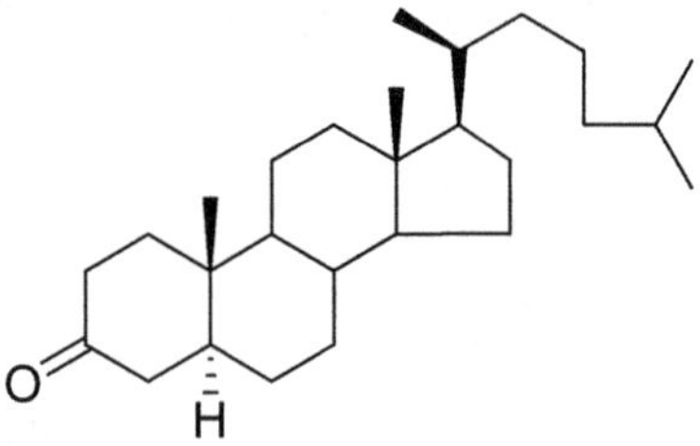

(3) 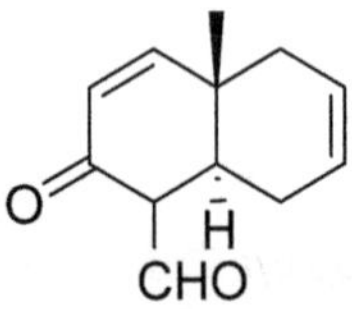

(4) 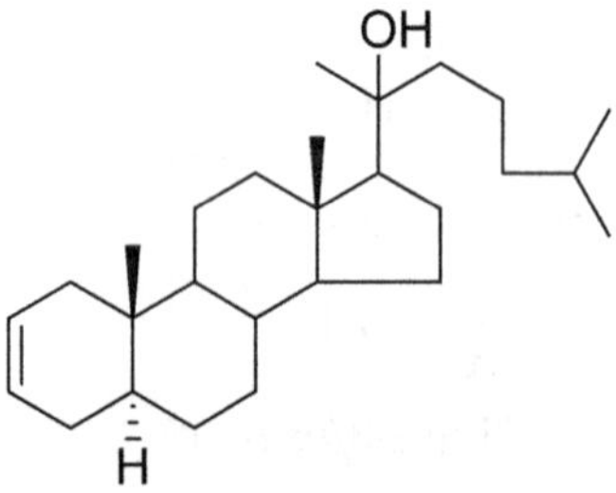

【例 21-5】 写出下列反应历程。

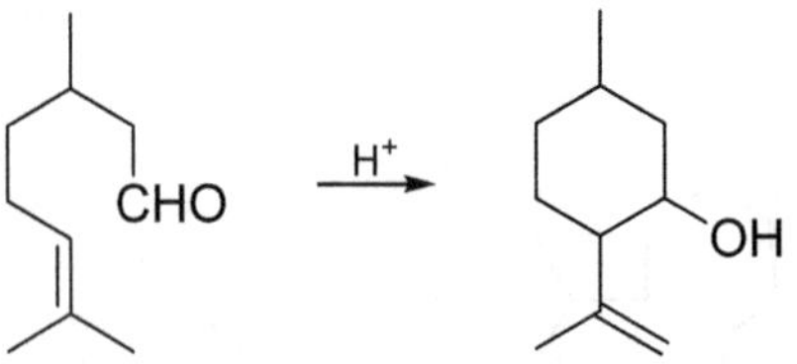

解

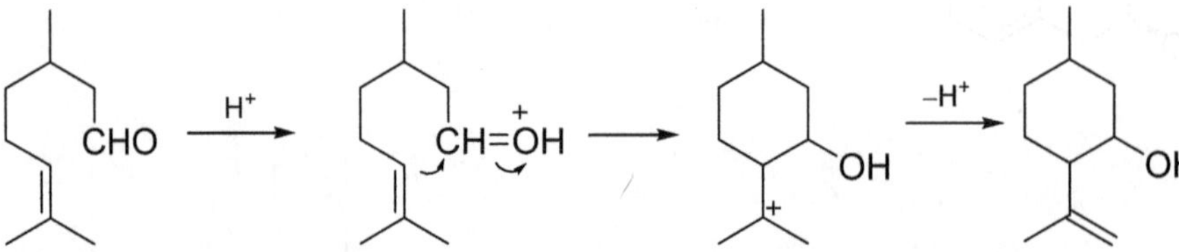

【例 21-6】 胡萝卜素类分子有什么特点？

解　以α-胡萝卜素为例：

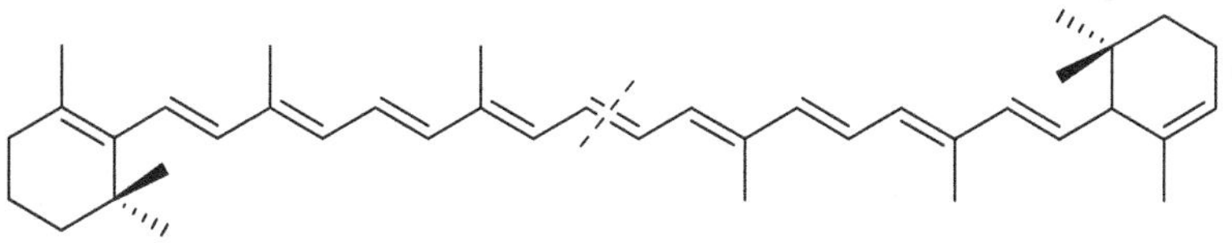

有两个二萜尾连，11 个双键都是反式的，碳链的两端有时形成环己烯结构，有时是开环的。

二、习　　题

21.1　写出甾体化合物的基本骨架，并标出碳原子的编号顺序。列举几个重要的甾体化合物。

21.2　写出下列化合物的构造式，并画出其中的异戊二烯单位。

(1) 薄荷醇　(2) 苧烯　(3) 樟脑　(4) 植醇

(5) 龙脑　(6) 山道年　(7) 法尼醇　(8) 维生素 A

21.3　画出下列化合物的异戊二烯单位，并指出它们各属于哪一类萜。

(1) 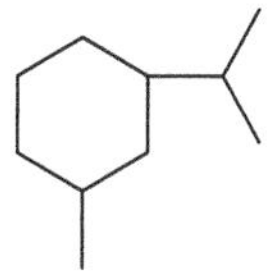

(2) 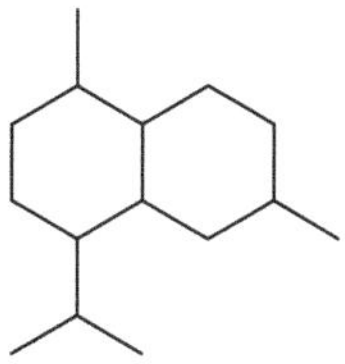

(3) 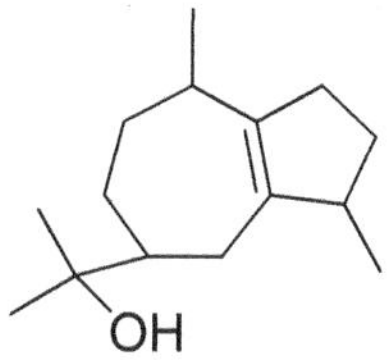

(4) 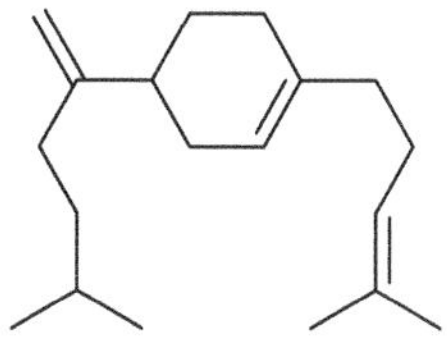

(5) 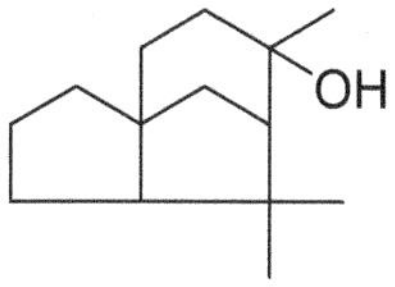

(6) 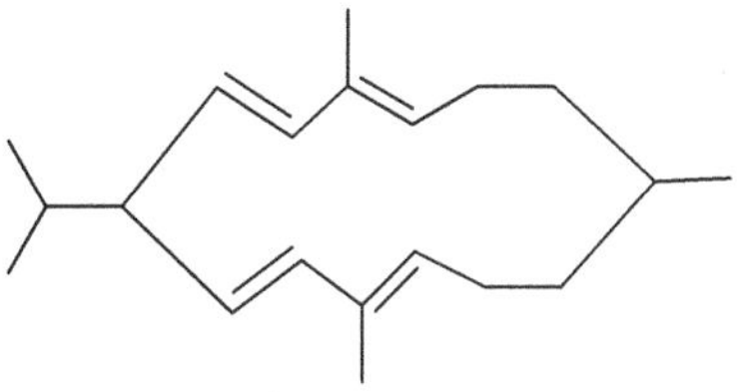

(7) 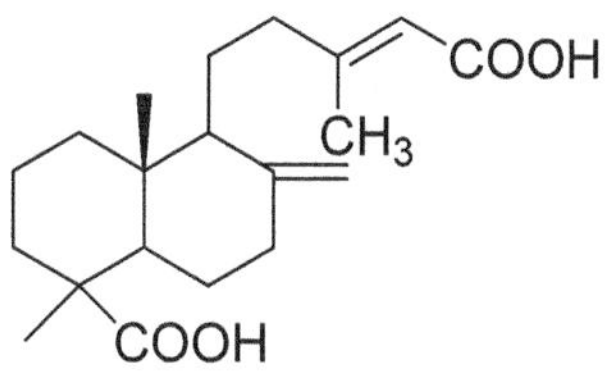

21.4　维生素 A 与胡萝卜素有什么关系？它们各属于哪一类萜？

21.5　有一单萜 A($C_{10}H_{18}$)，经催化氢化得 B($C_{10}H_{22}$)，用高锰酸钾氧化 A 得 CH_3COOH、$(CH_3)_2CO$ 及 $CH_3COCH_2CH_2COOH$，请推测 A、B 的结构。

21.6　芹子烯的分子式为 $C_{15}H_{24}$，氧化得 1,5-二甲基-8-异丙基二环[4.4.0]癸烷，臭氧化-还原得两分子甲醛和 $C_{13}H_{20}O_2$，$C_{13}H_{20}O_2$ 与碘和氢氧化钠溶液反应时，生成碘仿和羧酸 $C_{12}H_{18}O_3$，推测芹子烯的结构。

21.7　溴对胆甾醇进行反式加成，生成的两种非对映异构体是什么？用构象式表示并命名。

21.8　写出下列反应的产物。

(1) 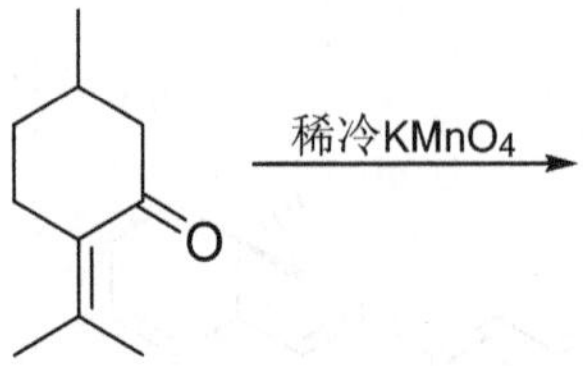　(2) 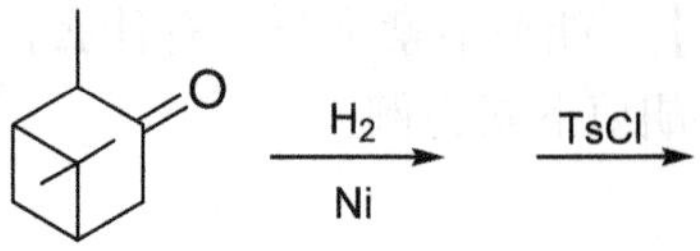

(3) 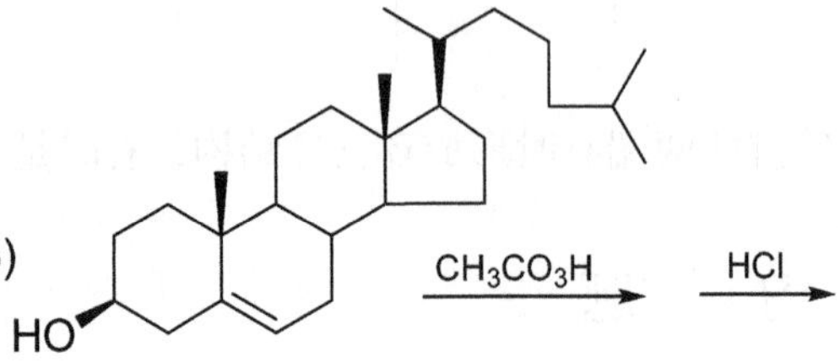

(4) 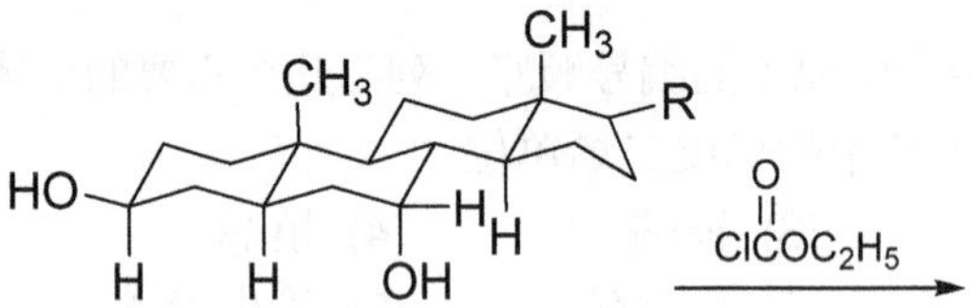

21.9 写出下列反应的中间产物和最终产物。

(1) 樟脑 $\xrightarrow{NH_2OH}$ A $\xrightarrow{Na+C_2H_5OH}$ B $\xrightarrow[\text{过量}]{CH_3I}$ C $\xrightarrow[H_2O]{Ag_2O}$ D $\xrightarrow{\triangle}$ E $\xrightarrow{[O]}$ F (单环二羧酸)

(2) 莒酮 $\xrightarrow{NH_2OH}$ A $\xrightarrow{Na+C_2H_5OH}$ B $\xrightarrow{HNO_2}$ C

(3) 柠檬醛 $\xrightarrow[C_2H_5ONa]{\text{丙酮}}$ 假紫罗兰酮 $\xrightarrow{BF_3\text{或}CH_3COOH}$

假紫罗兰酮 $\xrightarrow{H_2SO_4}$

21.10 试用简单的化学方法区分下列各组化合物。

(1) 角鲨烯、法尼醇、柠檬醛和樟脑

(2) 胆甾醇、胆甾酸、雌二醇、睾丸甾酮和孕甾酮

21.11 石榴皮亭是存在于石榴树皮中的一种生物碱，经 Hofmann 消除反应可以除去氮，并生成环辛二烯的混合物，它们经过催化氢化反应都生成环辛烷。该混合物的紫外光谱表明不存在共轭二烯烃-1,3-环辛二烯。请写出石榴皮亭的结构。

21.12 芳樟醇是从多种植物中分离出的精油，可用作香料，可通过下列路线合成：

$$CH_2{=}CH{-}\underset{\displaystyle CH_3}{\underset{|}{C}}{=}CH_2 \xrightarrow{HBr} A(C_5H_9Br) \xrightarrow[C_2H_5ONa]{CH_3COCH_2COOC_2H_5} B(C_{11}H_{18}O_3)$$

$$\xrightarrow[2)\ H^+,\ \triangle]{1)\ H_2O,OH^-} C\ (C_8H_{14}O) \xrightarrow[2)\ H_3O^+]{1)\ LiC{\equiv}CH} D\ (C_{10}H_{16}O) \xrightarrow[Pd\text{-}BaSO_4]{H_2} \text{芳樟醇}$$

请写出 A～D 及芳樟醇的结构。

21.13 由胡椒醛合成黄连素，按下列路线进行，请写出各步中间体的结构式。

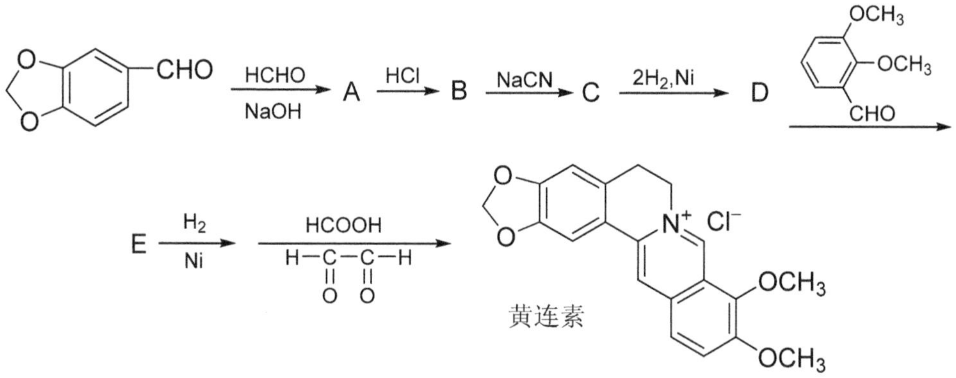

三、习 题 解 答

21.1 略。

21.2

(1) 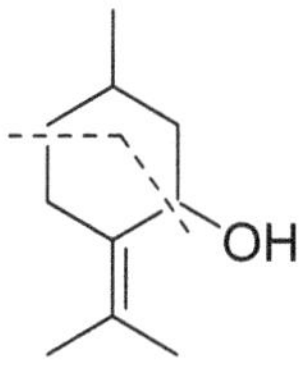

(2) 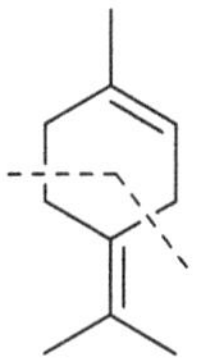

(3) 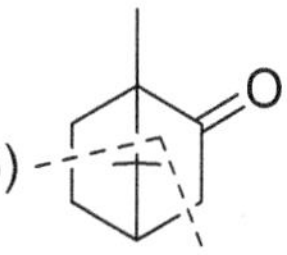

(4) 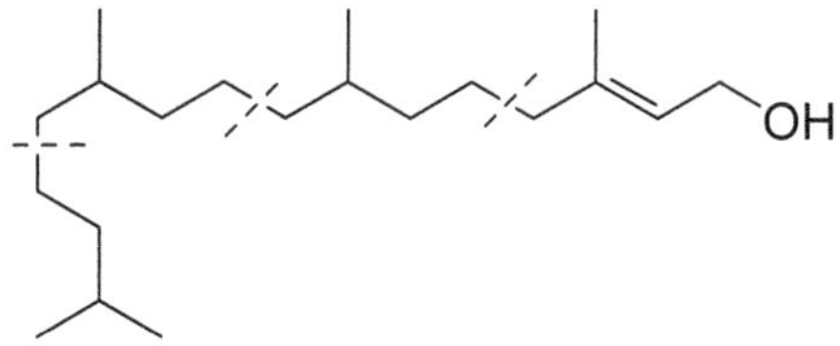

(5) 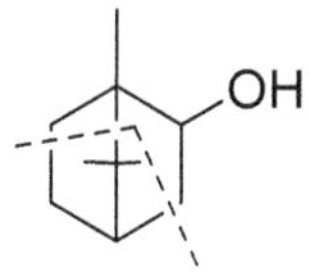

(6) 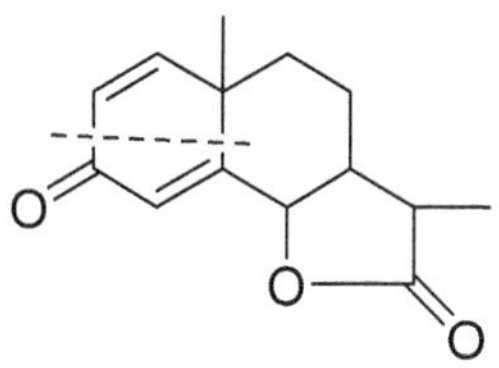

(7) 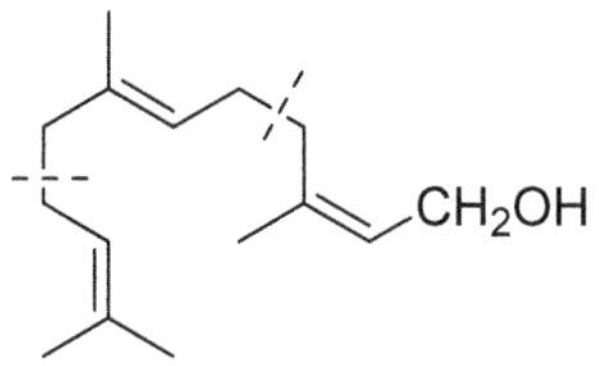

(8) 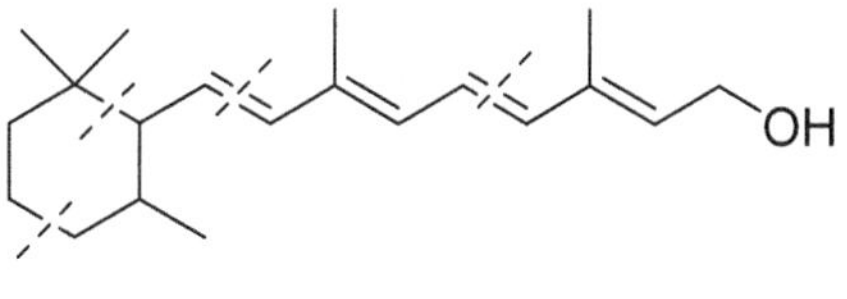

21.3 略。

21.4 维生素 A 为二萜，胡萝卜素为四萜。胡萝卜素相当于两个维生素 A 的分子骨架尾-尾相连。

21.5

A. 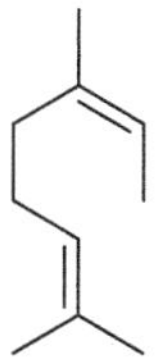

B. 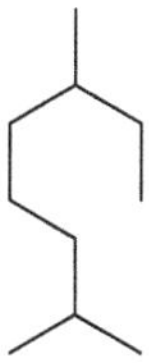

21.6

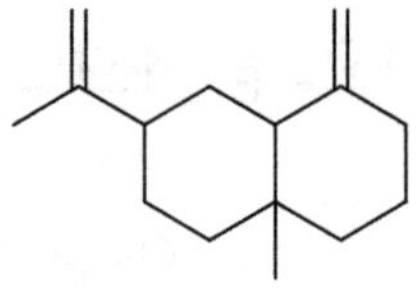

21.7

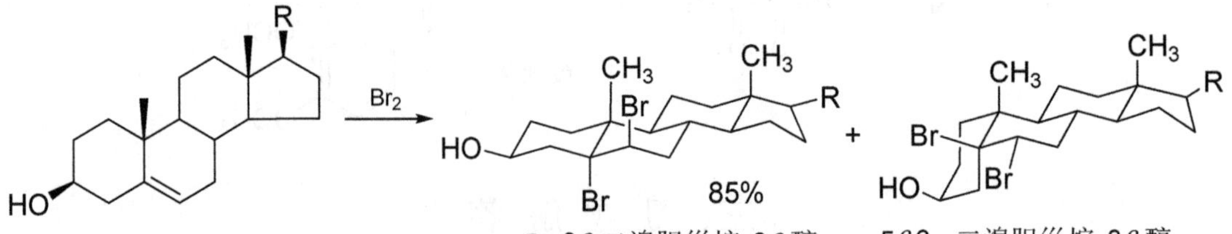

$5\alpha,6\beta$-二溴胆甾烷-3β-醇　　$5\beta,6\alpha$-二溴胆甾烷-3β-醇

21.8

(1)

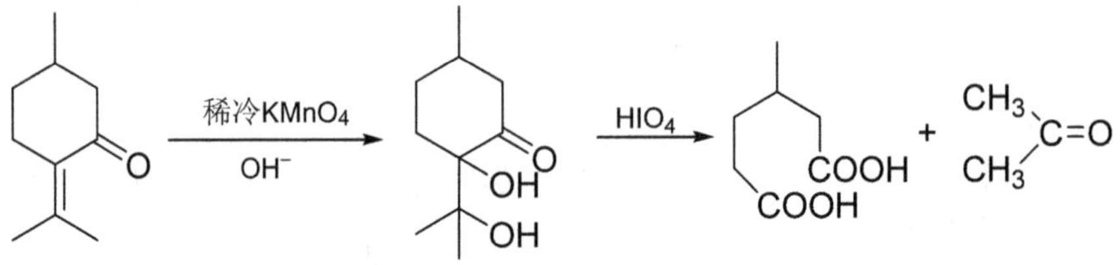

(2)

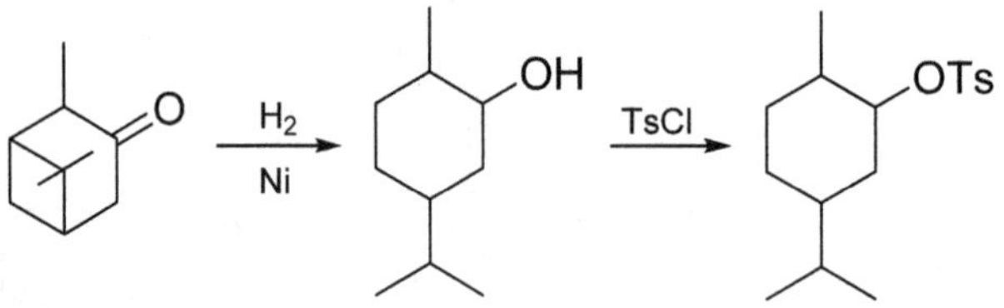

(3)

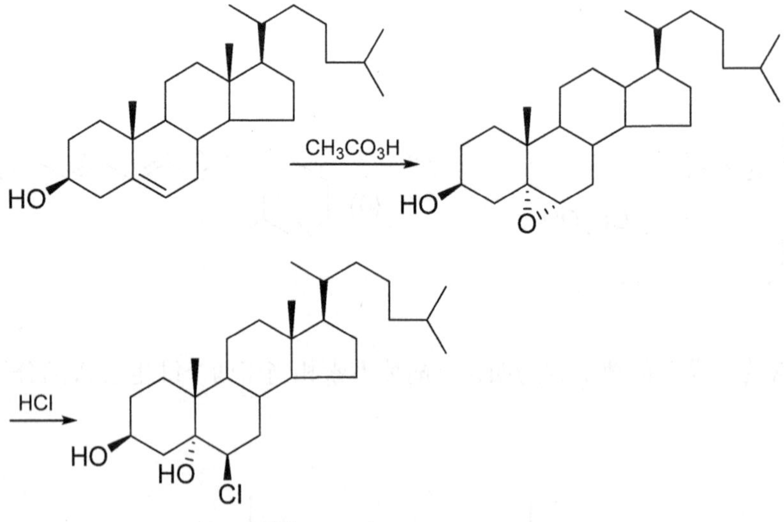

(4)

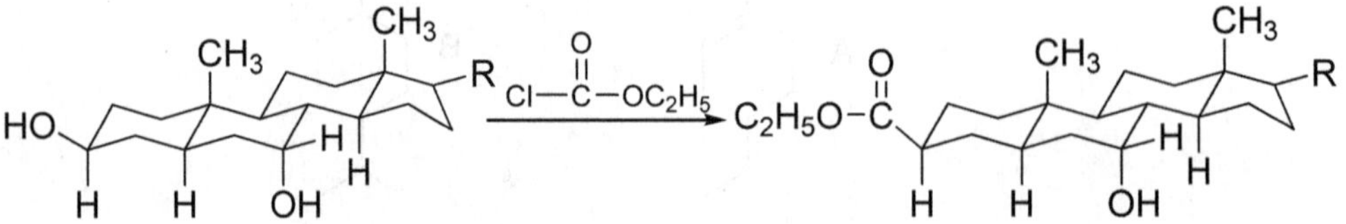

7 位上处于直立键的羟基由于周围直立键的阻碍作用，使酯化反应难以发生。

21.9

(1)

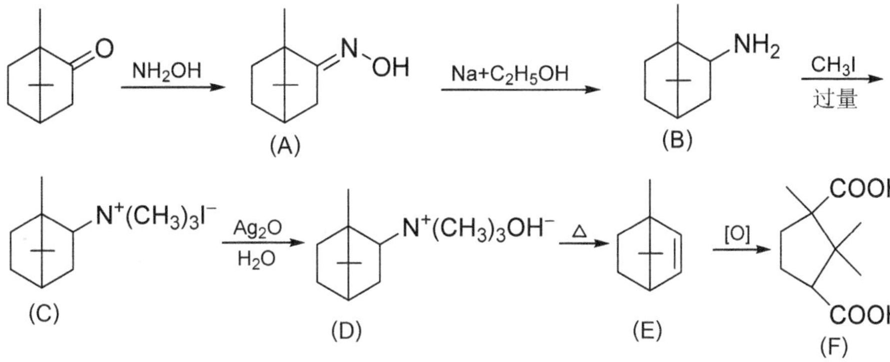

(2)

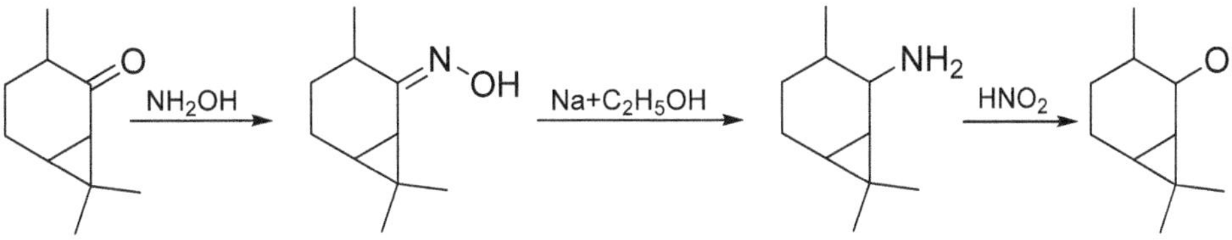

(3)

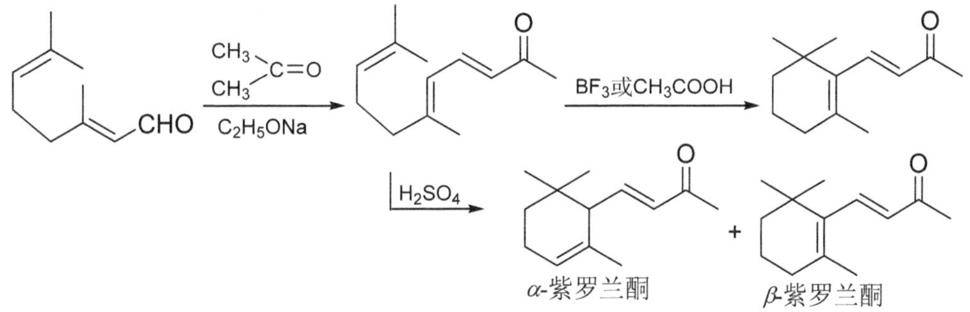

21.10　略。

20.11

20.12

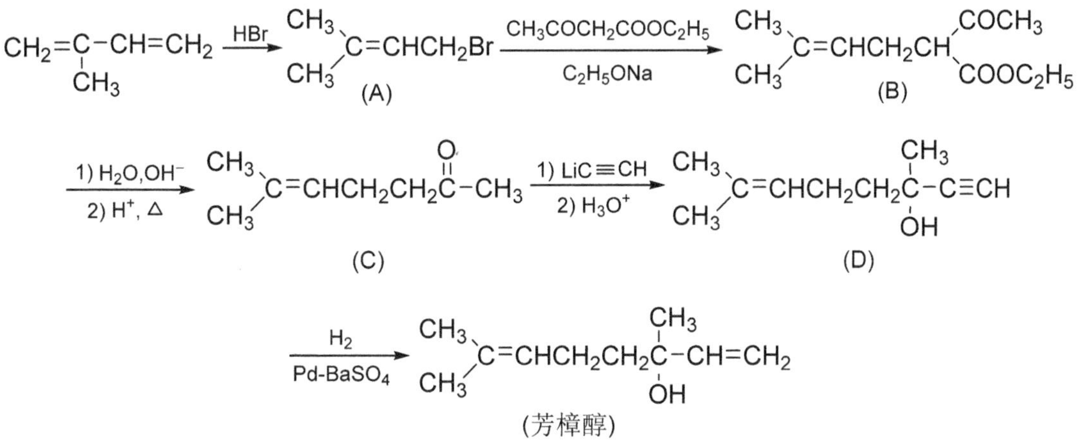

20.13

A. 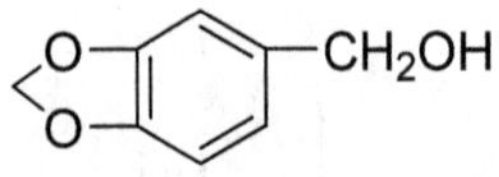

B. 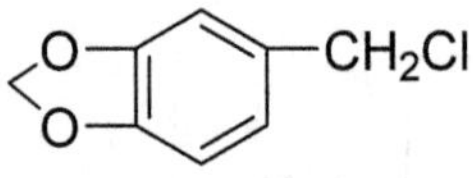

C. 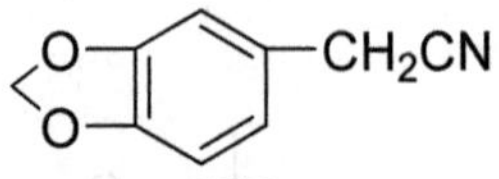

D. 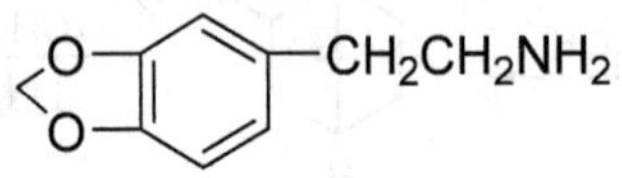

E. 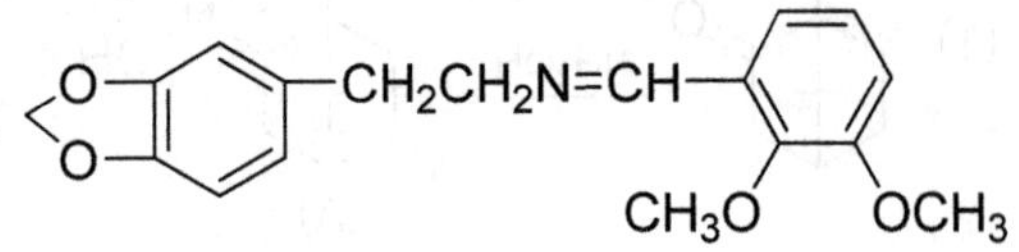

模 拟 试 题

模拟试题一

一、选择题

1. 下列自由基的稳定性顺序是(　　)。

① $(CH_3)_2\dot{C}CH_2CH_3$　② $(CH_3)_2CHCH_2\dot{C}H_2$　③ $(CH_3)_2CH\dot{C}HCH_3$　④ $CH_3\dot{C}HCH=CHCH_3$

A. ②>①>③>④　　B. ④>①>③>②　　C. ②>①>④>③

2. 下列化合物的沸点高低顺序是(　　)。

① 正庚烷　② 2-甲基己烷　③ 2,3-二甲基戊烷　④ 2,2,3-三甲基戊烷

A. ①>②>③>④　　B. ②>③>④>①　　C. ④>①>②>③　　D. ③>②>①>④

3. 下列化合物中，酸性强弱顺序是(　　)。

① $CH_3\underset{Cl}{CH}CH_2COOH$　② $CH_3CH_2\underset{Cl}{CH}COOH$　③ $CH_3CH_2\overset{Cl}{\underset{Cl}{C}}COOH$　④ $ClCH_2CH_2CH_2COOH$

A. ③>②>①>④　　B. ②>①>③>④　　C. ①>④>②>③

4. 下列化合物或离子中有芳香性的是(　　)。

A. 　B. 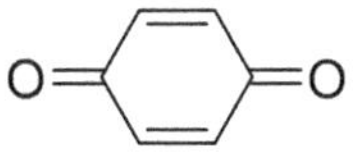　C. 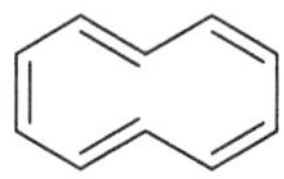　D. 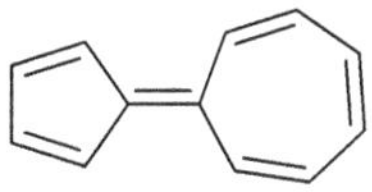

5. 反-3-甲基环己醇的稳定构象式是(　　)。

A. 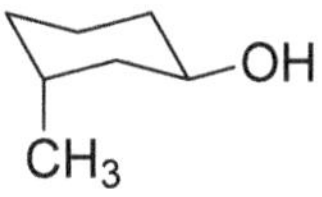

B. 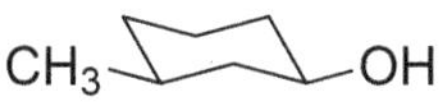

C. 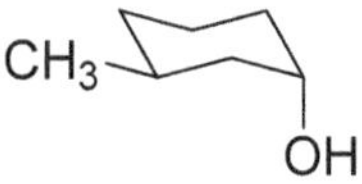

D. 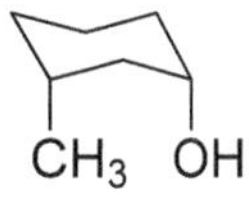

6. 下列分子中没有手性的是(　　)。

A. 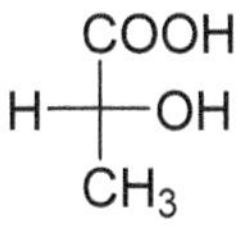

B. 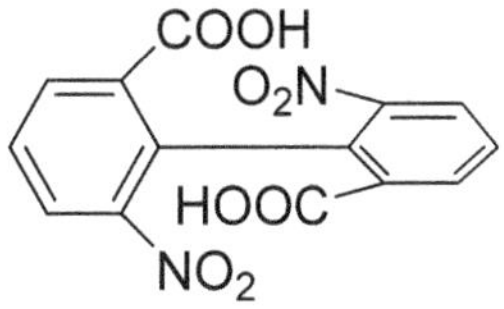

C. 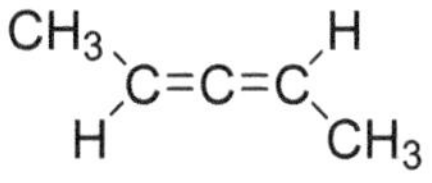

D. 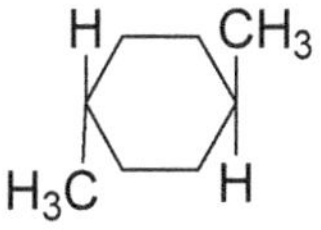

7. 下列化合物在 ^1H NMR 中只有单峰的是(　　)。

A. 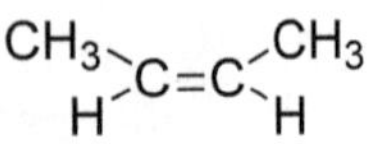　B. 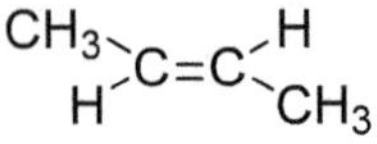　C. 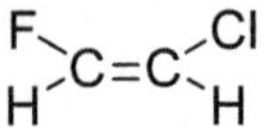　D. 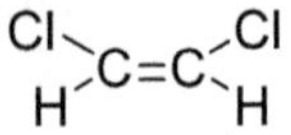

8. 下列化合物中手性碳原子的构型是(　　)。

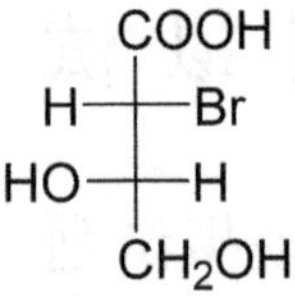

A. (2*S*,3*R*)　B. (2*R*,3*S*)　C. (2*S*,3*S*)　D. (2*R*,3*R*)

9. 下列化合物水解的活性顺序是(　　)。

① 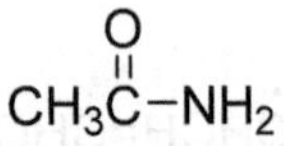　② 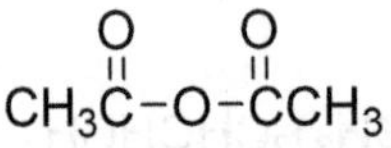　③ 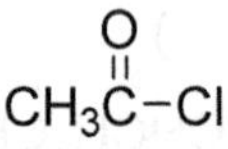　④ 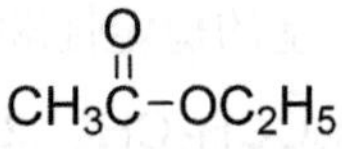

A. ①>③>②>④　B. ③>②>④>①　C. ②>①>③>④　D. ①>④>②>③

10. 下列化合物硝化反应的活性顺序是(　　)。

① 　② 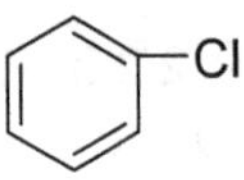　③ 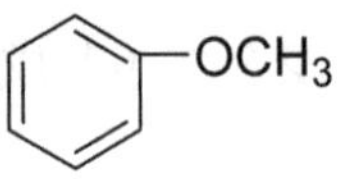

A. ①>②>③　B. ①>③>②　C. ③>①>②　D. ③>②>①

二、简答题

1. 命名或写出结构式。

(*S*)-2-溴丁烷 (Fischer 投影式)　正丁烷半交叉式构象 (Newman 投影式)　顺-1-氯-3-溴环己烷 (稳定构象式)

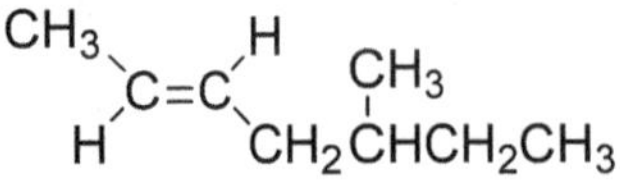　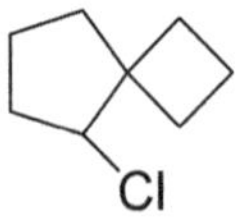　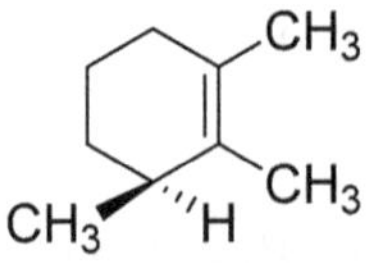　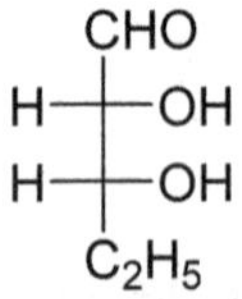

2. 鉴别下列化合物。

(1) 1-丁烯　1-丁炔　1-丁醛　1,3-丁二烯

(2) A. 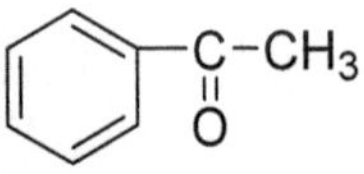　B. 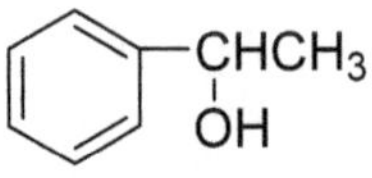　C. 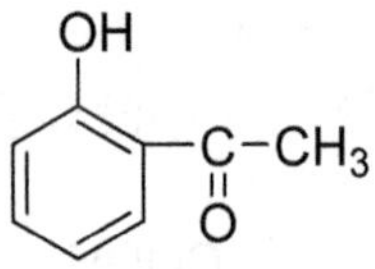

三、完成下列反应

1. $CH\equiv CH \xrightarrow[2)\ CH_3Br]{1)\ NaNH_2}$ 　　　$\xrightarrow{Na/NH_3(液)}$

2. 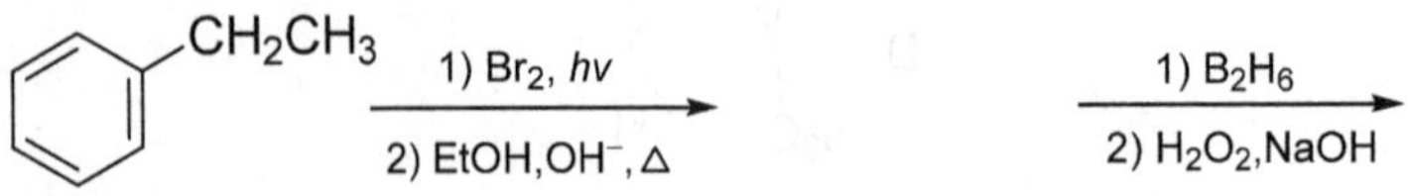

3. 

4. 

5. 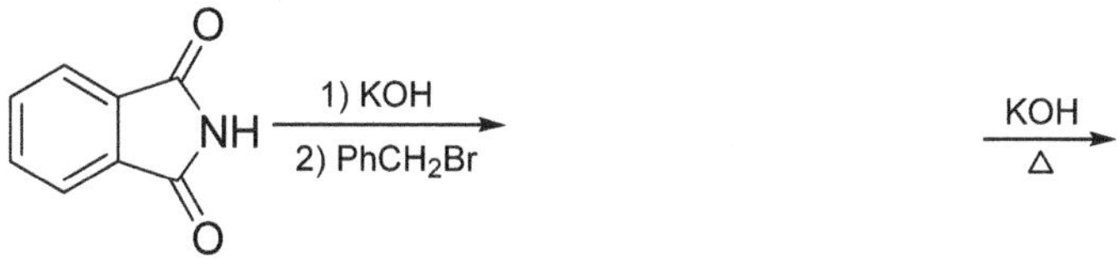

6. 

7. 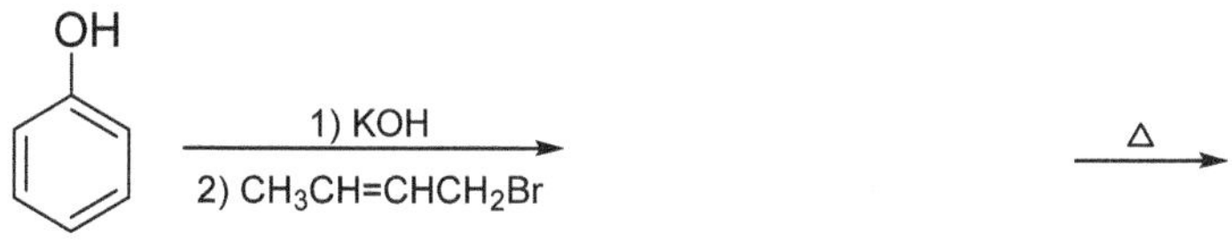

8. 

9. 

10. 

四、写出下列反应历程

1. 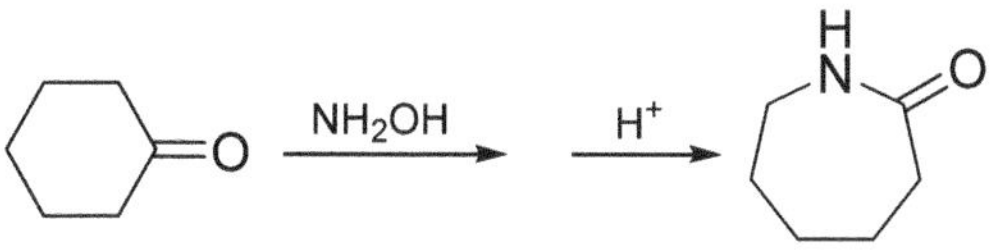

2. 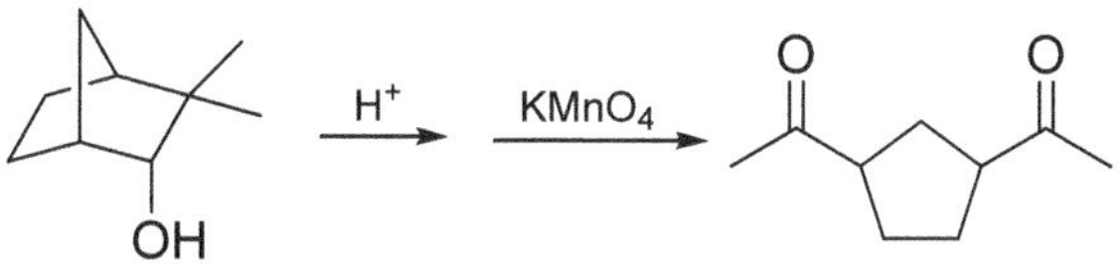

3. 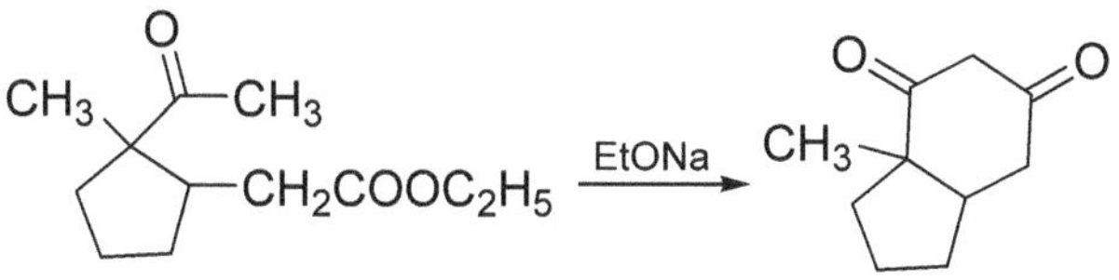

五、推测结构

1. 化合物 A 和 B 分子式均为 C_9H_8O，其 IR 在 1715 cm^{-1} 附近都呈现一强的吸收峰；它们用酸性高锰酸钾氧化后都生成邻苯二甲酸；A 的 ^1H NMR δ(ppm)：7.3(4H, m)，3.4(4H, s)；B 的 ^1H NMR δ(ppm)：7.5(4H, m)，3.1(2H, t)，2.5(2H, t)。推测 A 和 B 的结构。

2. 化合物 A 分子式为 C_7H_{12}，它经臭氧化-还原后转化为环己酮，A 经酸处理可得醇 B，B 脱水后生成的 C 可使溴水褪色并生成 D，D 与 KOH 的乙醇溶液共热生成 E，E 氧化得丁二酸和丙酮酸，C 氧化得 6-羰基庚酸。推测 A～E 的结构。

六、由指定原料及必要试剂合成

1. 由甲苯及必要试剂合成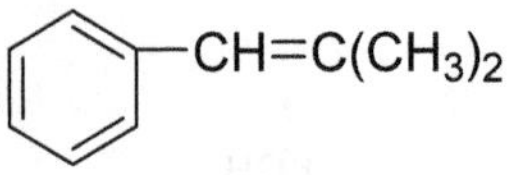。

2. 以丁二烯及乙酰乙酸乙酯为原料合成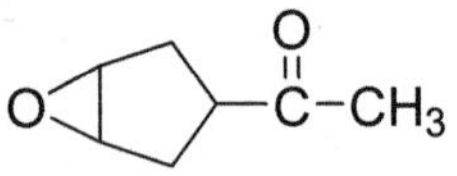。

3. 以不超过四个碳的有机物为原料合成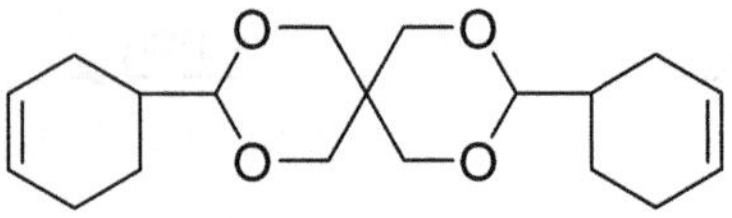。

4. 由甲苯及必要试剂合成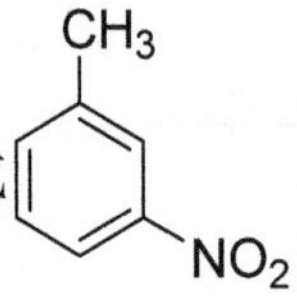。

5. 以三个碳以内的有机物为原料合成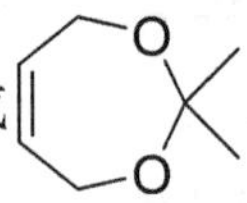。

模拟试题二

一、选择题

1. 下列自由基最稳定的是(　　)。

A. $CH_3CH_2\text{-}\dot{C}(CH_3)\text{-}CH_2CH_3$　　B. $CH_3CH(CH_3)\dot{C}H_2$

C. $CH_2{=}CH\text{-}\dot{C}H_2$　　D. $CH_3CH(CH_3)\dot{C}HCH_2CH_3$

2. 下列化合物中酸性最强的是(　　)，最弱的是(　　)。

A. 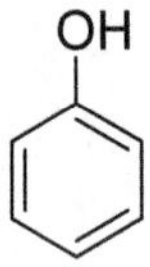　B. 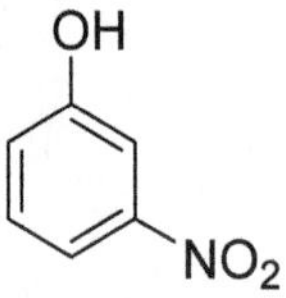　C. 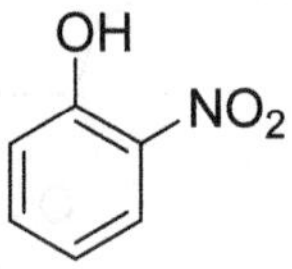　D. 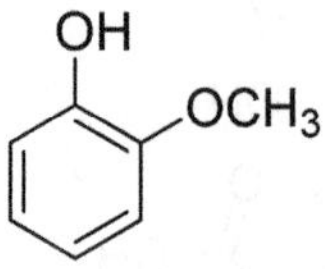

3. 下列投影式中，手性碳原子构型为(2*S*,3*S*)的是(　　)。

A. 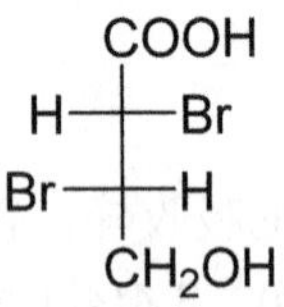　B. 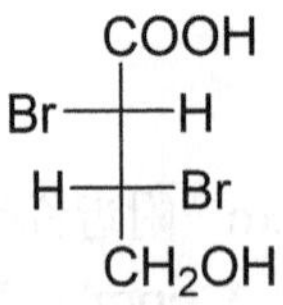　C. 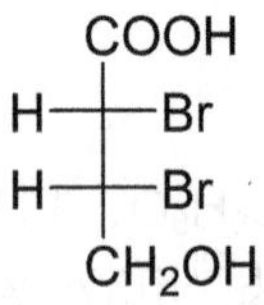　D. 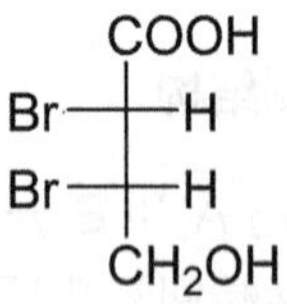

4. 下列化合物中有芳香性的是(　　)。

A. 　B. 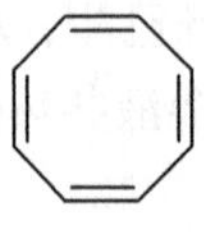　C. 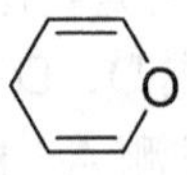　D. 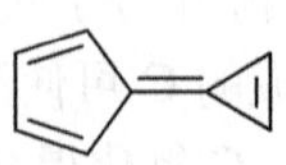

5. 下列化合物中，具有 sp-sp^2 组成的σ键的是(　　)。

A. $CH_3C\equiv CH$　　B. $CH_3CH=CHCH_3$　　C. $CH_3CH_2CH_3$　　D. $CH_2=CH-C\equiv CH$

6. 下列化合物中有旋光活性的是(　　)。

A. 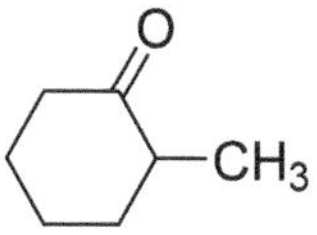

B. 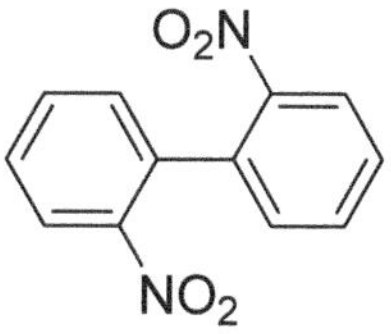

C. 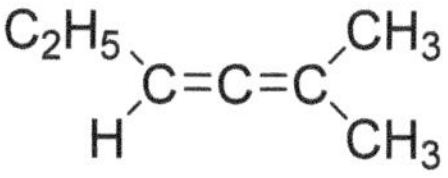

D. 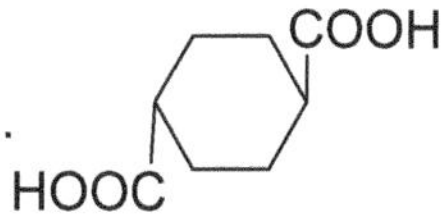

7. 苯乙烯用冷的稀 $KMnO_4$ 氧化得到(　　)。

A. 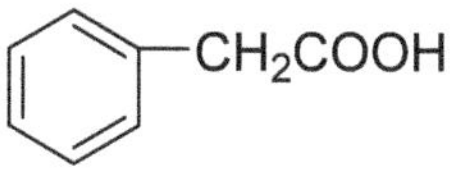

B. 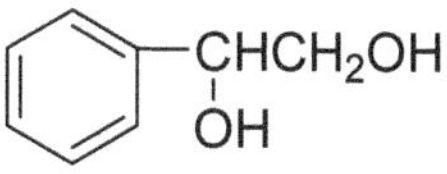

C. 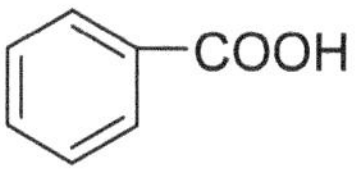

D. 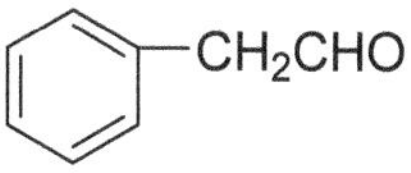

8. 下列化合物能形成分子内氢键的是(　　)。

A. 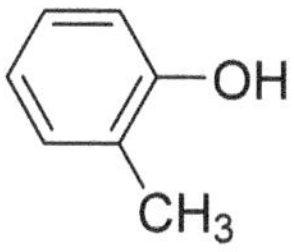

B. 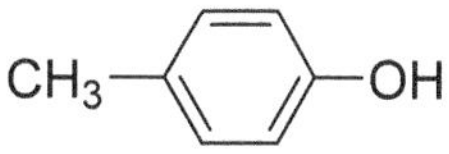

C. 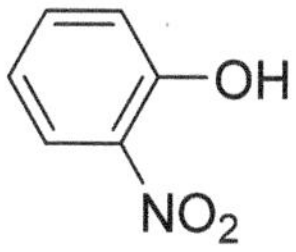

D. 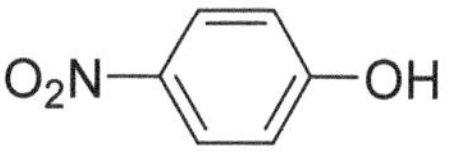

9. 下列化合物不能被稀酸水解的是(　　)。

A. 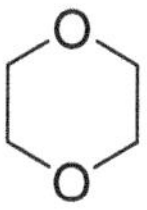

B. 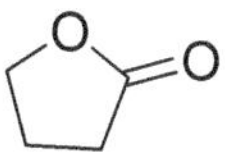

C. 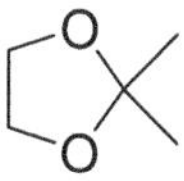

D. 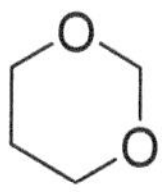

10. 下列化合物不能发生 Cannizzaro 反应的是(　　)。

A. 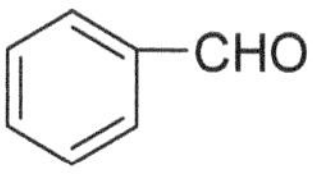

B. $(CH_3)_3C-CHO$

C. 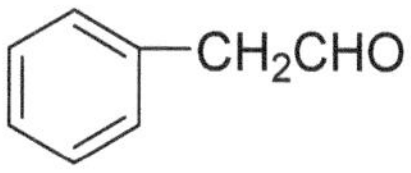

D. 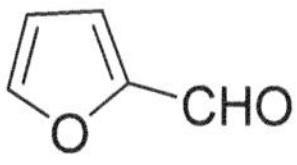

二、简答题

1. 命名或写出结构式。

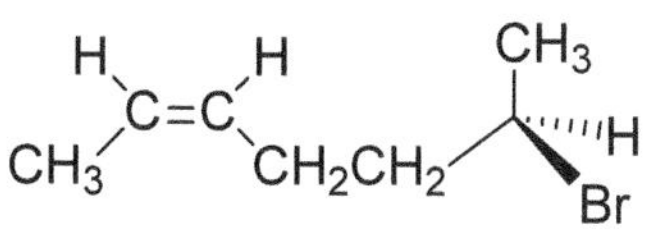

5-甲基螺[3.4]辛烷

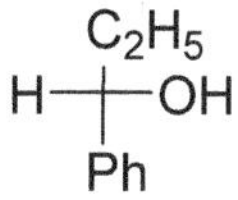

丙烷的稳定构象
(Newman 投影式)

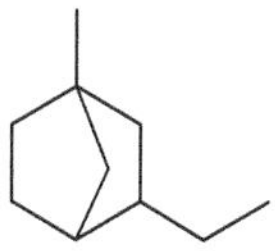

(2*S*,3*S*)-2,3-二羟基丁酸
(Fischer 投影式)

2. 鉴别下列化合物。

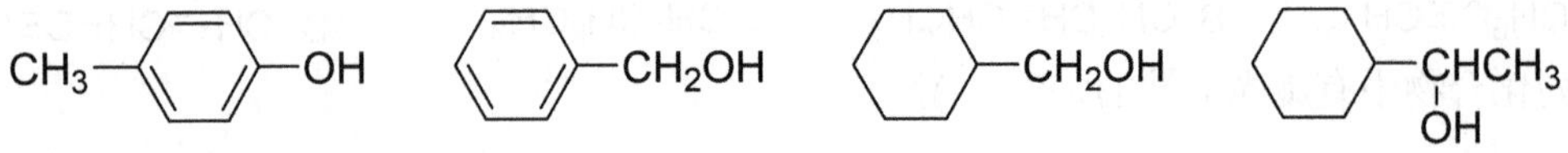

三、完成下列反应

1. 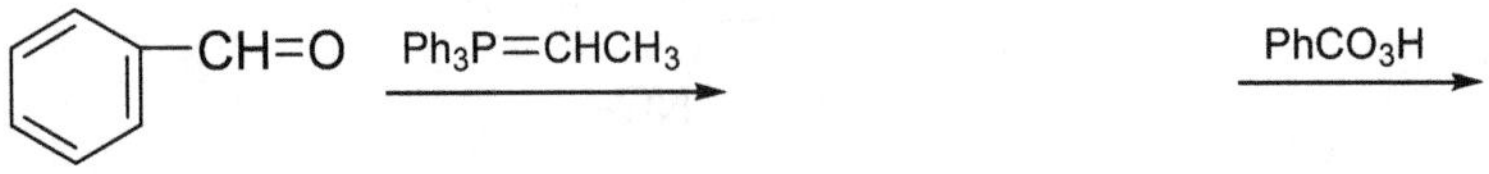

2. 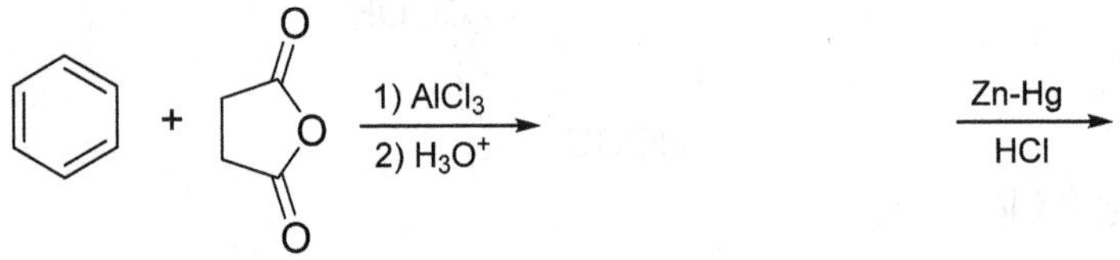

3. 

4. $CH_3CH=\overset{CH_3}{\overset{|}{C}}-Br \xrightarrow{NaC\equiv CPh}$ 　　　　$\xrightarrow[\text{喹啉}]{H_2,\ Pd/BaSO_4}$

5. $\underset{\underset{CH_3}{|}}{CH_3CH}-CH=CH_2 \xrightarrow[2)\ H_2O_2,OH^-]{1)\ B_2H_6}$ 　　　　$\xrightarrow[2)\ CH_3CH_2Br]{1)\ Na}$

6. 

7. 

8. $CH_3C\equiv CH \xrightarrow[Na/NH_3(l)]{CH_3Br}$ 　　　　$\xrightarrow[H_2SO_4]{HgSO_4}$

9. 

10. 

四、写出下列反应历程

1. 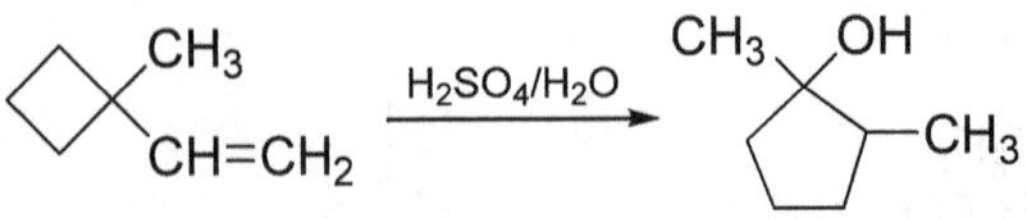

2. 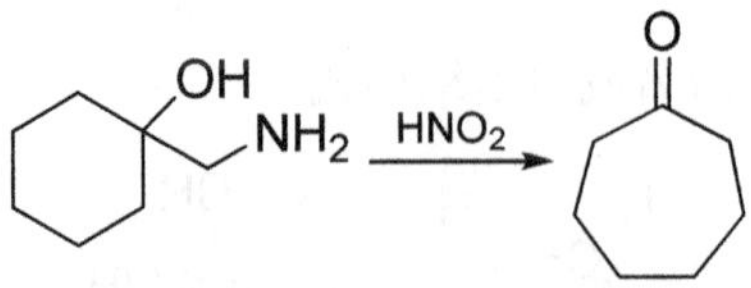

3. 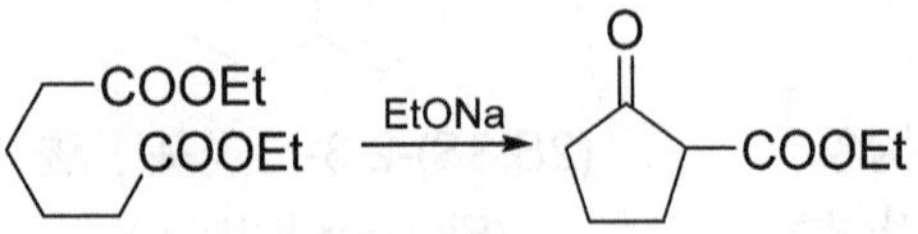

五、推测结构

1. 化合物 A、B 的分子式均为 C_9H_{12}，A 氧化得到一元羧酸，B 氧化得到三元羧酸。其 NMR 谱数据为 A δ(ppm)：1.25(双峰)，2.95(七重峰)，7.25(单峰)，各组峰的峰面积之比为 6∶1∶5；B δ(ppm)：2.25(单峰)，6.78(单峰)，峰面积之比为 3∶1。试推测 A、B 的结构。
2. 分子式为 C_6H_{10} 的化合物 C，催化氢化可吸收 2 mol 氢生成正己烷；当吸收 1 mol 氢后生成的产物之一为 D，经测定 D 的偶极矩为 0；D 可与 Br_2/CCl_4 溶液反应生成内消旋的二溴代产物。试推测 C、D 的结构。
3. 化合物 E 分子式为 $C_{10}H_{14}O$，溶于 NaOH 水溶液但不溶于 $NaHCO_3$ 水溶液，用溴水与 E 反应得到二溴代衍生物 $C_{10}H_{12}Br_2O$，IR 在 3250 cm^{-1} 处有一宽峰，在 830 cm^{-1} 处也有一吸收峰，E 的 ^1H NMR δ(ppm)：1.3(9H, s)，4.9(1H, s)，7.1(4H, m)。试推测 E 的结构。

六、由指定原料及必要试剂合成

1. 以两个碳的有机物为原料合成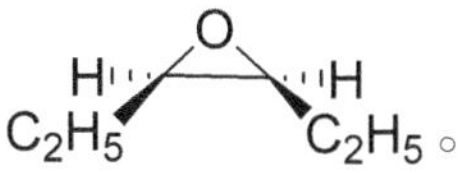。
2. 以丙二酸二乙酯和甲苯为原料合成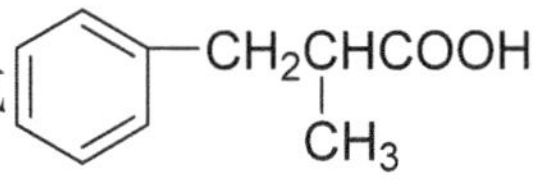。
3. 以苯和其他试剂为原料合成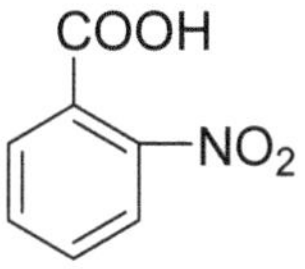。
4. 以四个碳以内的有机物为原料合成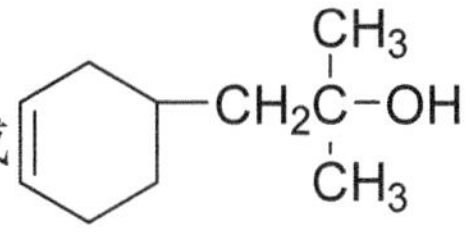。
5. 完成下列转化。

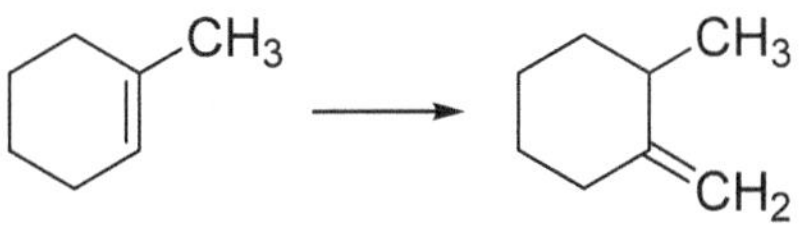

模拟试题三

一、选择题

1. 下列碳正离子中最不稳定的是(　　)。

A. $CH_3\overset{+}{C}HCH_3$　　B. $CH_2{=}CH\overset{+}{C}H_2$　　C. $CH_3CH_2\overset{+}{C}H_2$　　D. $Cl_3C\overset{+}{C}HCH_3$

2. 下列化合物中酸性最强的是(　　)，最弱的是(　　)。

A. $CH_2{=}CH—COOH$　　B. $CH{\equiv}C—COOH$

C. CH_3CH_2COOH　　D. $NO_2—CH_2COOH$

3. 下列化合物间的相互关系是(　　)。

a. 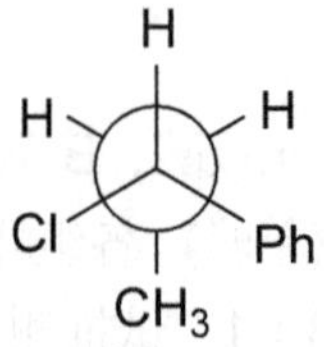　　b. 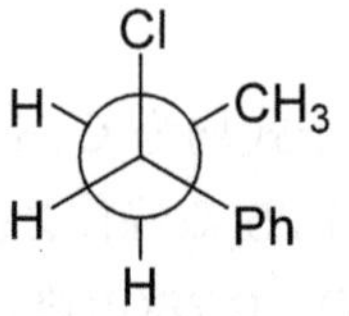

A. 相同构型　　B. 对映体　　C. 非对映体　　D. 外消旋体

4. 下列化合物中没有芳香性的是(　　)。

A. 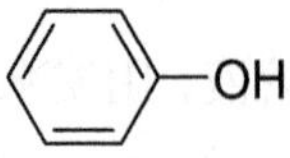　B. 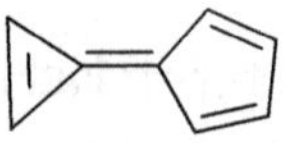　C. 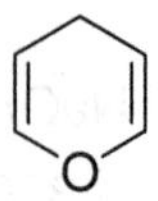　D. 

5. 下列化合物中，手性碳原子的构型是(　　)。

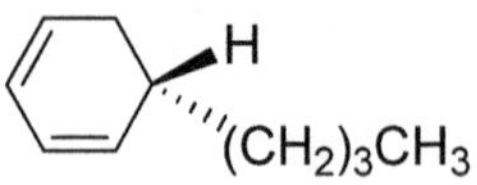　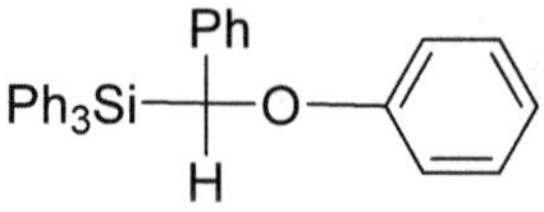　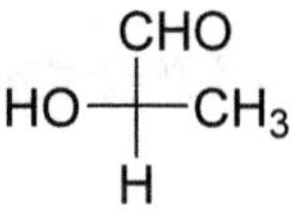

A. *R*,*S*,*S*　　B. *S*,*R*,*R*　　C. *S*,*R*,*R*　　D. *S*,*S*,*R*

6. 下列化合物中有旋光活性的是(　　)。

A. 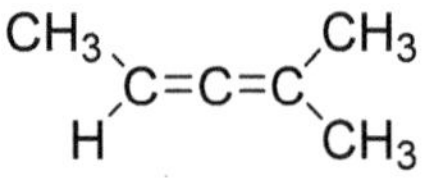

B. 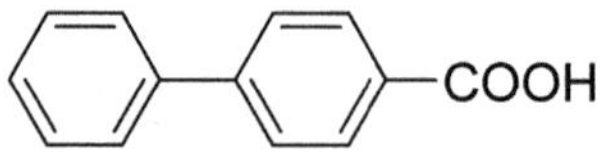

C. 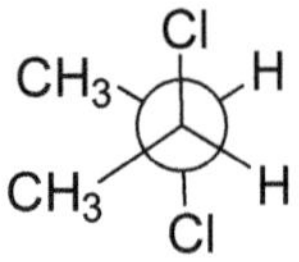

D. 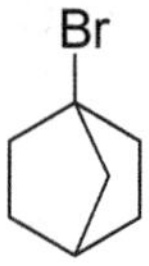

7. 下列化合物中有还原性的是(　　)。

A. 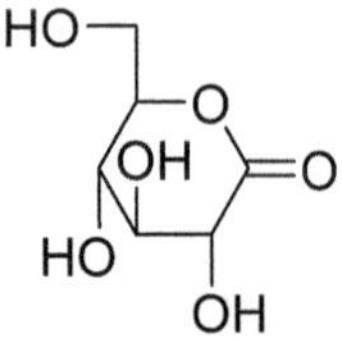

B. 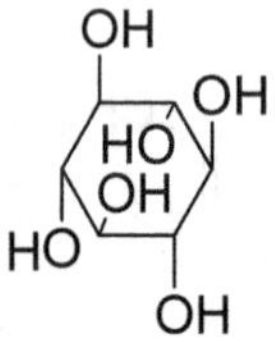

C. 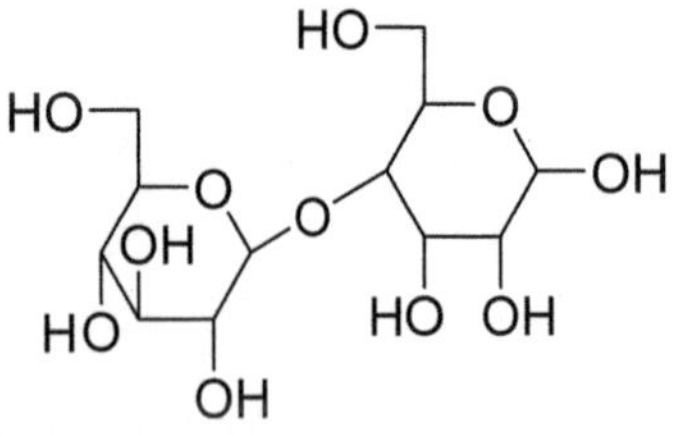

D. 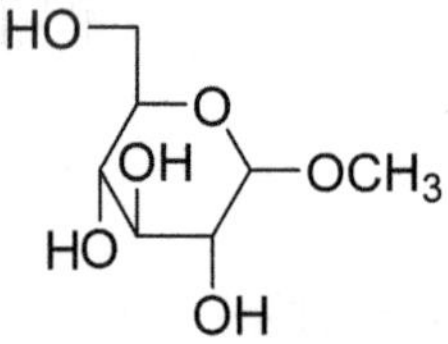

8. 下列物质中，进行 S_N1 反应速率最快的是(　　)。

A. $CH_3CH_2CH_2CH_2Br$　　B. $(CH_3)_3C—Br$

C. 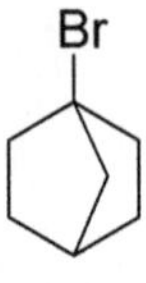　　D. $CH_3CH_2CH(Br)CH_3$

9. 下列化合物中画线部分酸性最强的是(　　)。

A. 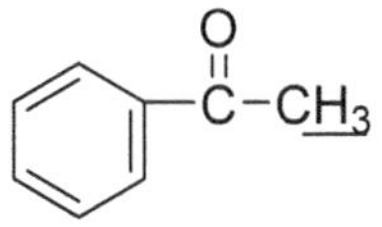　　B. $CH_3-\overset{\overset{\Large O}{\|}}{C}-\underline{CH_3}$

C. $CH_3-\overset{\overset{\Large O}{\|}}{C}-\underline{CH_2}-CN$　　D. 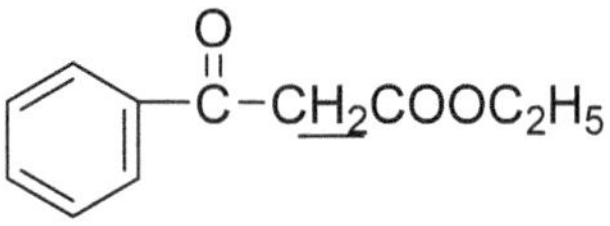

10. 下列溴代烃中，与 $AgNO_3/C_2H_5OH$ 溶液反应最快的是(　　)。

A. 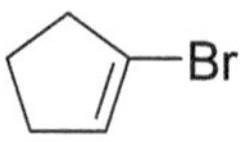　　B. 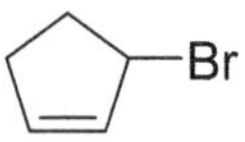　　C. 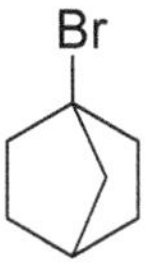　　D. $CH_3CH_2\overset{CH_3}{\overset{|}{C}}HBr$

二、简答题

1. 命名或写出结构式。

$CH_3\overset{CH_3}{\overset{|}{C}}=CH-C\equiv CH$　　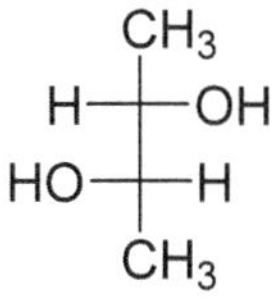　　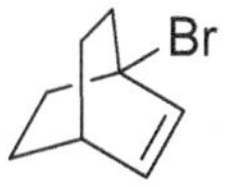

(2*S*,3*S*)-2,3-二羟基丁酸 (Fischer 投影式)　　1,7-二甲基二环[3.2.2]壬烷　　反-1-氯-3-溴环己烷 (构象式)

2. 鉴别下列两组化合物。

(1) D-葡萄糖　D-果糖　　(2) $CH_3\overset{NH_2}{\overset{|}{C}}HCOOH$　$H_2NCH_2CH_2COOH$

三、完成下列反应

1. $CH_3C\equiv CCH_3 \xrightarrow{Hg^{2+},H_2O}$　　$\xrightarrow[2)\ H_3O^+]{1)\ PhCH=PPh_3}$

2. 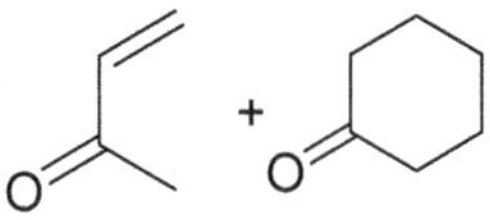 $\xrightarrow{EtONa}$　　$\xrightarrow[\Delta]{5\%\ NaOH}$

3. 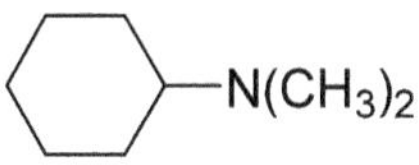 $\xrightarrow[2)\ AgOH]{1)\ CH_3I}$　　$\xrightarrow{\Delta}$

4. 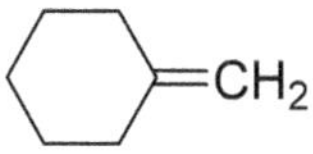 $\xrightarrow[2)\ H_2O_2/OH^-]{1)\ B_2H_6}$　　$\xrightarrow[2)\ Mg;\ 3)\ CO_2]{1)\ PBr_3}$

5. $CH_3\underset{CH_3}{\underset{|}{C}}H-C\equiv CH \xrightarrow[2)\ CH_3CH_2Br]{1)\ NaNH_2}$　　$\xrightarrow{Na/NH_3(液)}$

6. 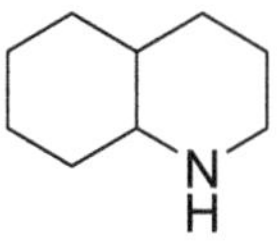 $\xrightarrow{CH_3I}$　　$\xrightarrow[\Delta]{AgOH}$

7. 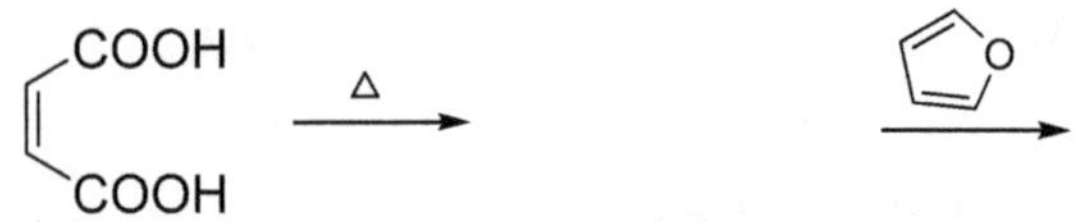

8. 

9. 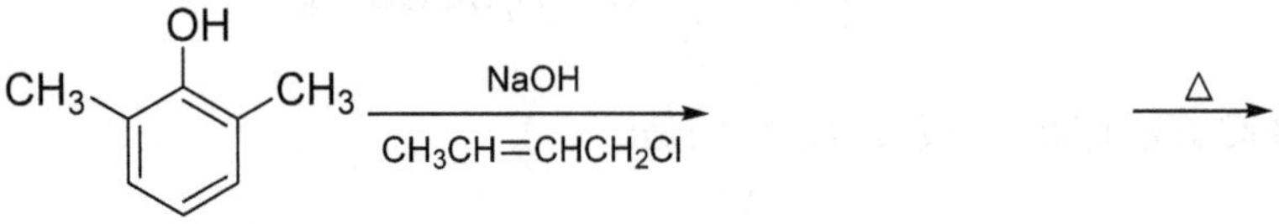

10. 

四、写出下列反应历程

1. 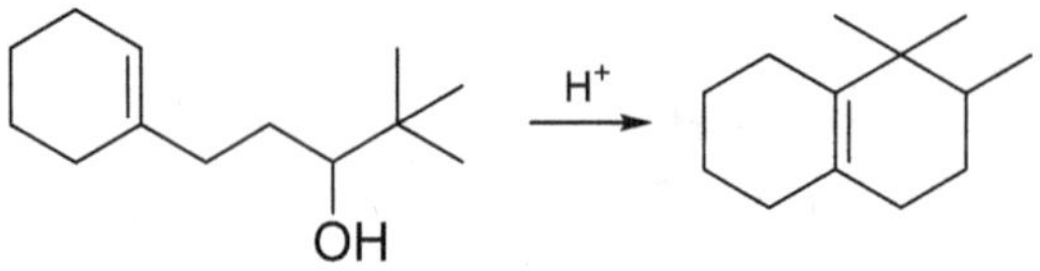

2. 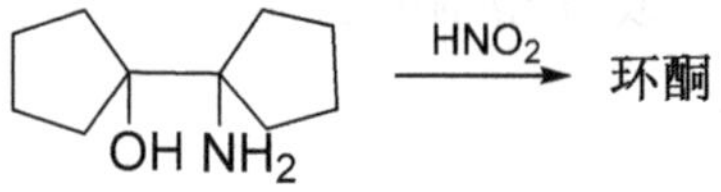

3. 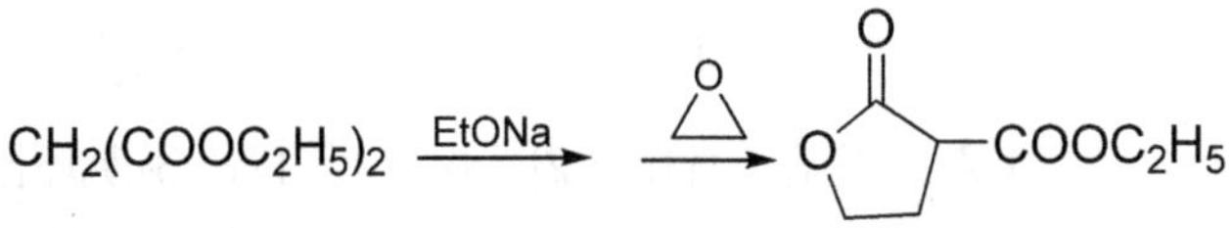

五、推测结构

1. 根据所给的光谱数据写出结构。

A. C_9H_9ClO，IR(cm^{-1})：3010，1695，1600，1500，830；^1H NMR δ(ppm)：1.2(3H, t)，3.0(2H, q)，7.7(4H, 2×d)。

B. $C_4H_7BrO_2$，^1H NMR δ(ppm)：1.97(t, 3H)，2.07(m, 2H)，4.32(t, 1H)，10.97(s, 1H)。

2. 化合物 C($C_7H_{15}N$)与 CH_3I 反应得到水溶性的 D($C_8H_{18}IN$)，D 与 AgOH 反应加热得 E($C_8H_{17}N$)，E 与 CH_3I 反应后再与 AgOH 反应加热得 F，F 能吸收两分子氢而得 G(C_6H_{14})，G 的 ^1H NMR 谱显示只有一组七重峰及一个双峰，强度比为 1∶6，试推测 C～G 的结构。

六、由指定原料及必要试剂合成

1. 以环戊烷为原料合成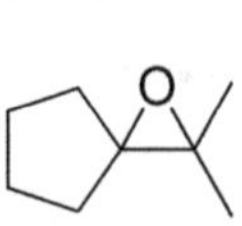。

2. 以丙二酸二乙酯和乙苯为原料合成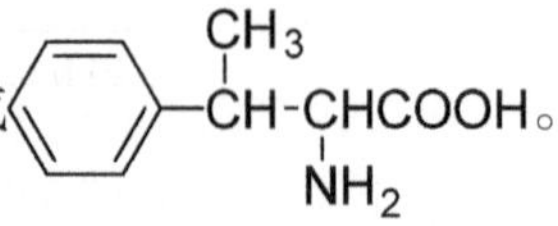。

3. 以苯及丁二酸酐或丁内酯为原料合成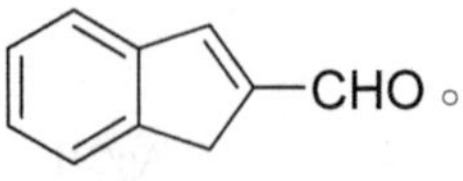。

4. 以四个碳以内的有机物为原料合成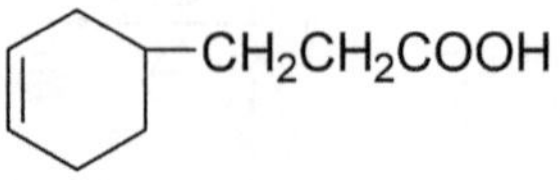。

5. 以环己酮为原料合成 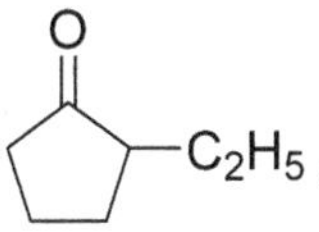 。

模拟试题四

一、选择题

1. 下列自由基中最稳定的是(　　)。

A. 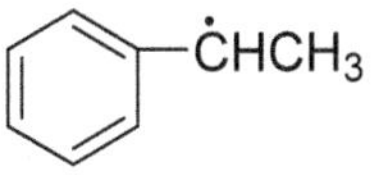

B. 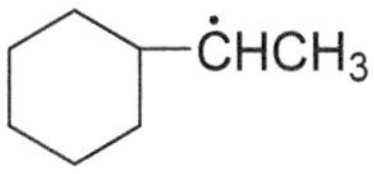

C. 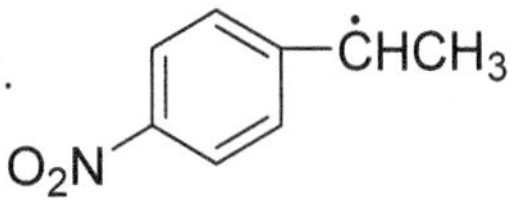

D. 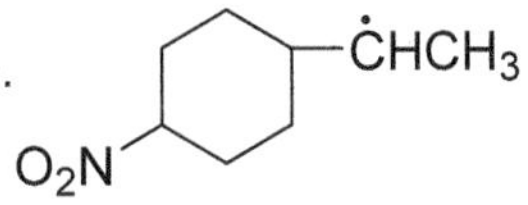

2. S_N2 反应的特征是：①生成碳正离子中间体；②立体化学发生构型翻转；③反应速率受反应物浓度影响，与亲核试剂浓度无关；④在亲核试剂的亲核性强时容易发生。其中正确的是(　　)。

A. ①②　　B. ③④　　C. ①③　　D. ②④

3. 下列化合物有 sp-sp^3 杂化轨道交叠形成的键的是(　　)。

A. $CH_3C{\equiv}CH$　　B. $H{-}C{\equiv}C{-}H$　　C. $CH_3CH{=}CH_2$　　D. $CH_3CH_2CH_2CH_3$

4. 下列化合物进行亲核取代反应最容易的是(　　)。

A. 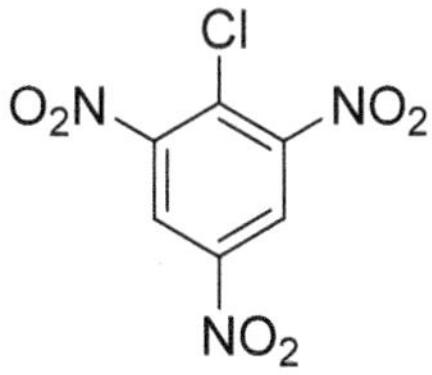

B. 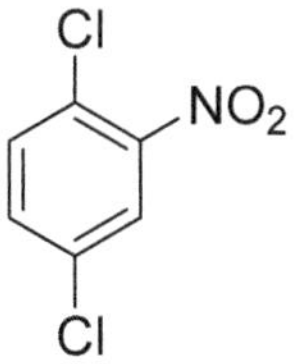

C. 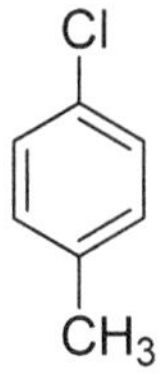

D. 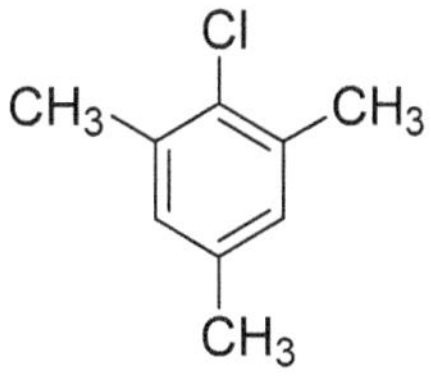

5. 下列化合物有旋光活性的是(　　)。

A. 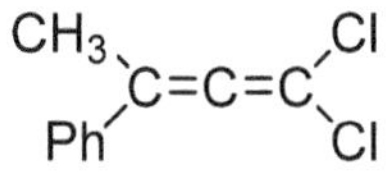

B. 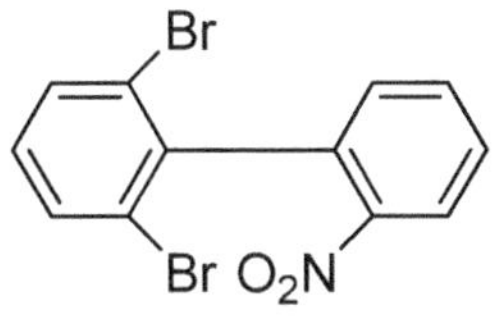

C. 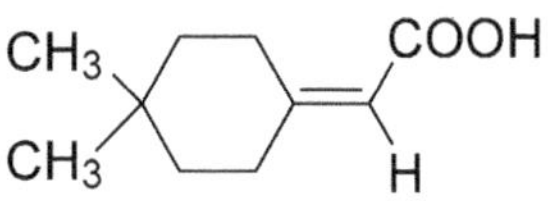

D. 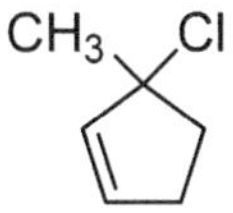

6. 下列化合物中，IR ν(C=O)波数最低的是(　　)。

A. 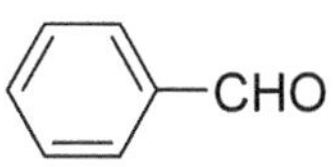

B. 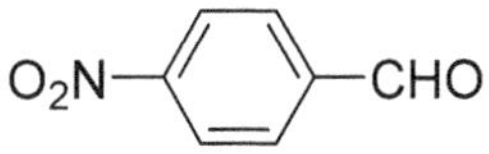

C. 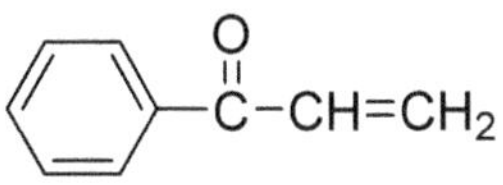

D. 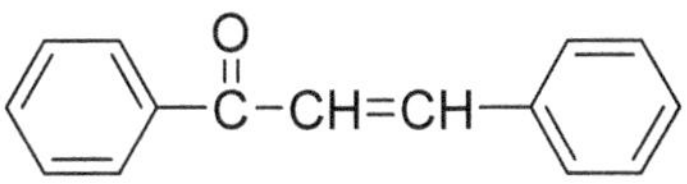

7. 下列化合物沸点最低的是(　　)。

A. $\begin{array}{l}CH_2-OCH_2CH_2OH\\ |\\ CH_2-OCH_2CH_2OH\end{array}$　　B. $\begin{array}{l}CH_2OCH_2CH_2OH\\ |\\ CH_2-OH\end{array}$

C. $\begin{array}{l}CH_2OCH_3\\ |\\ CH_2OCH_3\end{array}$　　D. $\begin{array}{l}CH_2OH\\ |\\ CH_2OH\end{array}$

8. 下列化合物中，碱性最强的是(　　)，最弱的是(　　)。

A. 甲基胺　　B. 氨　　C. 苯胺　　D. 苯甲酰胺

9. 环戊二烯的二聚体结构是(　　)。

A. 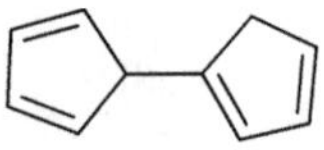　B. 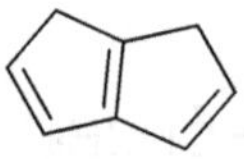　C. 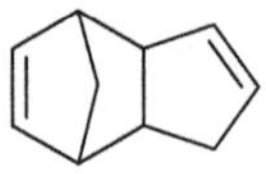　D. 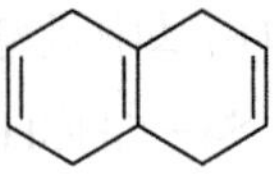

10. 下列氨基酸中，等电点时 pH 数值最大的是(　　)。

A. $CH_3-\underset{}{\overset{NH_2}{\overset{|}{C}}}H-COOH$　　B. $HO-\overset{O}{\overset{\|}{C}}-CH_2CH_2\overset{NH_2}{\overset{|}{C}}HCOOH$

C. $H_2NCH_2CH_2CH_2\overset{NH_2}{\overset{|}{C}}HCOOH$

二、简答题

1. 命名或写出结构式。

　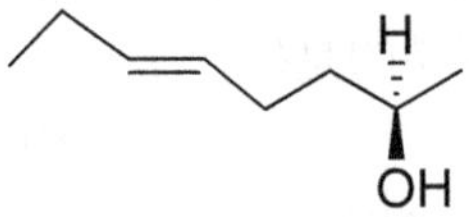　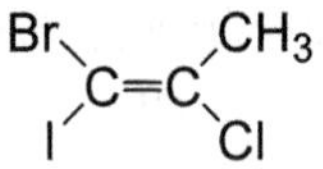

2-溴螺[3.4]辛烷　　1,2-二溴乙烷的稳定构象 (Newman 投影式)　　(2*S*,3*R*)-2,3-二羟基丁醛 (Fischer 投影式)

2. 鉴别下列两组化合物。

(1) 正溴丁烷　　正丁醛　　正丁醇

(2) 2,5-二甲苯酚　　对甲基苯胺　　间甲苯甲酸

三、完成下列反应

1. 

2. 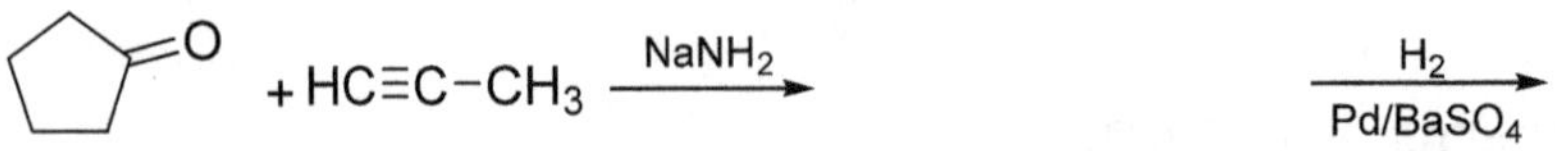

3. $CH_3\overset{O}{\overset{\|}{C}}-CH_2\overset{O}{\overset{\|}{C}}-OC_2H_5 \xrightarrow[BrCH_2CH_2CH_2Br]{EtONa} \qquad\qquad \xrightarrow[\triangle]{H_3O^+}$

4. 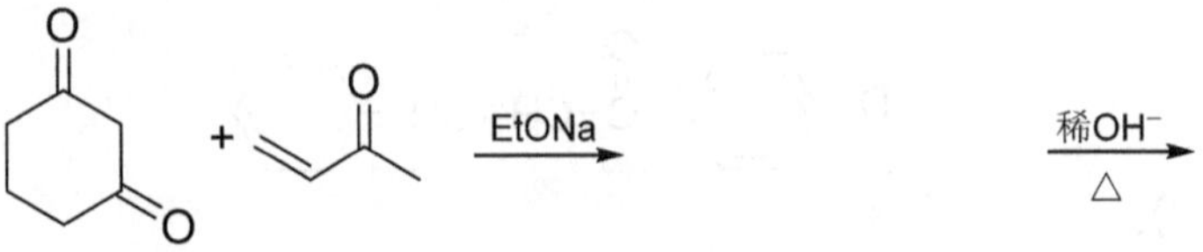

5. 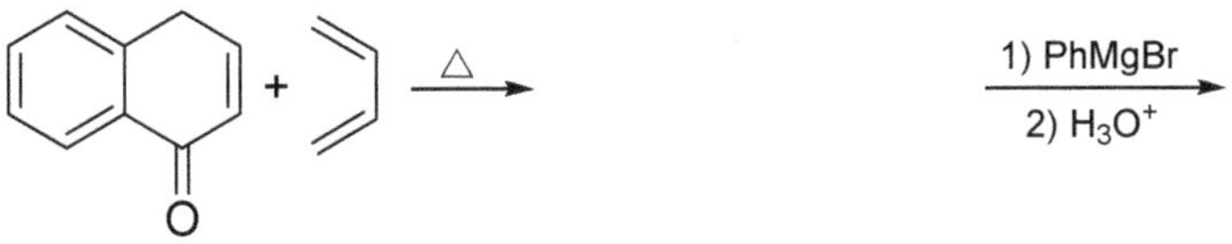

6. 

7. 

8. 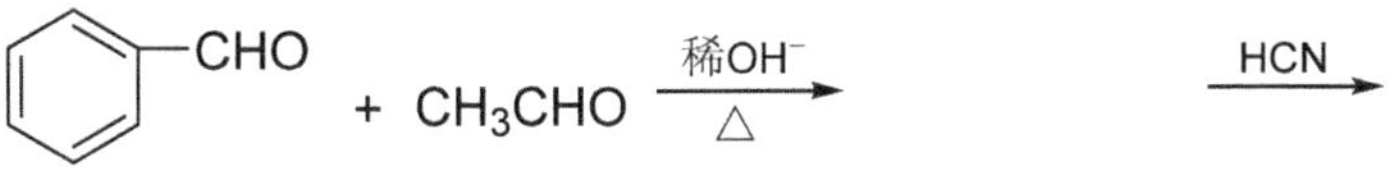

9. 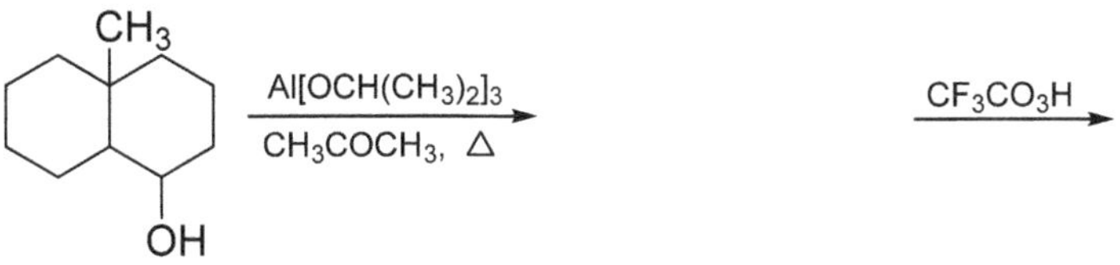

10. 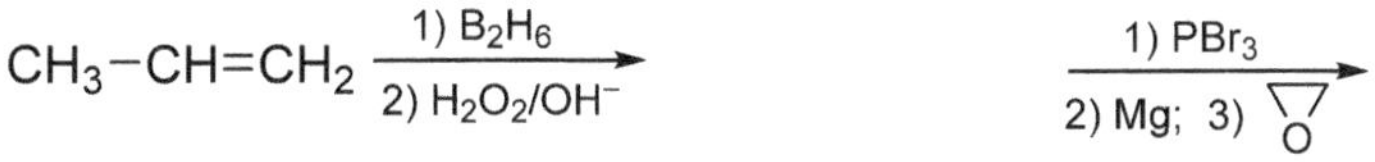

四、写出下列反应历程

1. 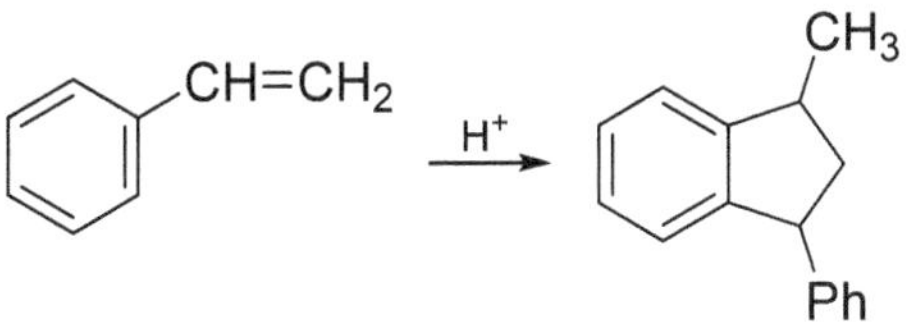

2. 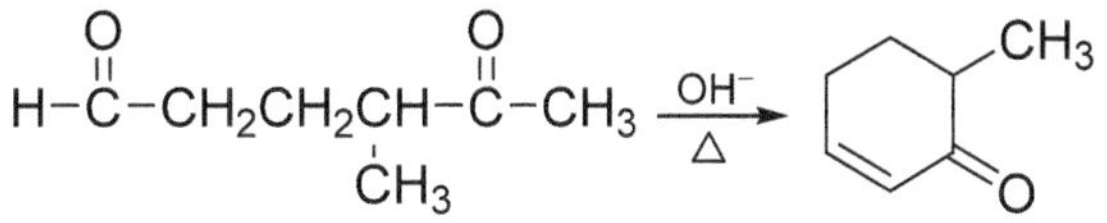

3. 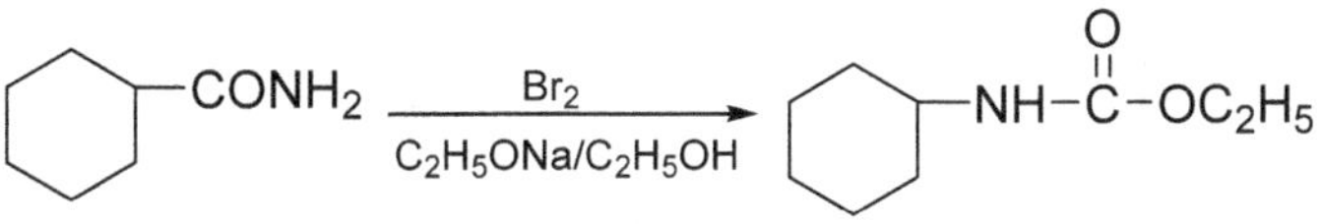

五、推测结构

1. 化合物 A($C_5H_{10}O$)和 B(C_5H_8O)都能被还原为五个碳的烷烃，都能与羟胺或苯肼反应。B 能与 Tollen 试剂反应，并能与碘的氢氧化钠溶液发生碘仿反应，但 A 不能进行这两个反应。请写出 A、B 的结构。

2. 根据所给的光谱数据写出结构。

C. $C_9H_{10}O$，IR：1705 cm^{-1}；^{1}H NMR δ(ppm)：2.0(3H, s)，3.5(2H, s)，7.1(5H, m)。

D. $C_4H_8O_3$，^{1}H NMR δ(ppm)：1.27(t, 3H)，3.66(q, 2H)，4.13(s, 2H)，10.95(s, 1H)。

3. 化合物 E($C_{10}H_{12}O_3$)不溶于水、$NaHCO_3$ 及稀 HCl 中，但溶于 NaOH 溶液，E 与 NaOH 溶液共热后蒸馏，蒸馏液可发生碘仿反应，残余物经酸化得白色沉淀 F($C_7H_6O_3$)，F 能溶于 $NaHCO_3$ 溶液，并放出 CO_2 气体，E、F 均能与 $FeCl_3$ 溶液呈现紫色，F 分子内有氢键，试推测 E、F 的结构。

六、由指定原料及必要试剂合成

1. 以丙酮和 1-溴丁烷为原料合成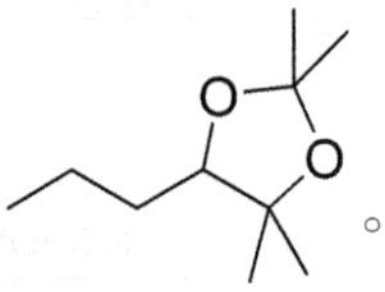。

2. 以丙二酸二乙酯为原料合成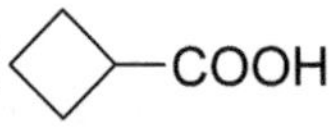。

3. 以四个碳以内的有机物为原料合成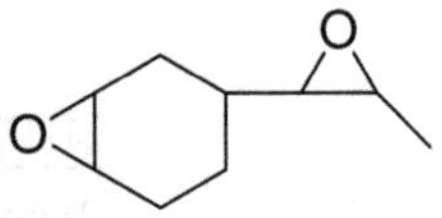。

4. 以邻硝基甲苯为原料合成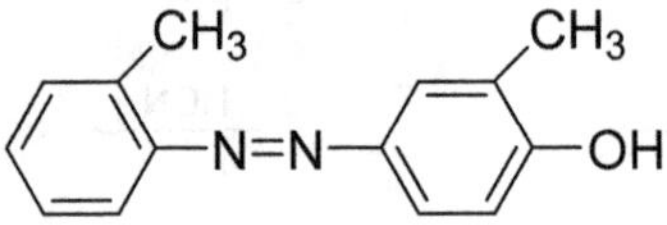。

5. 完成下列转化。

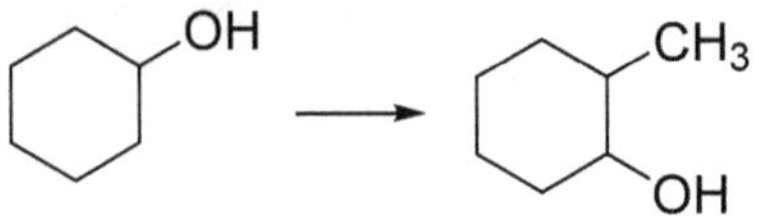

模拟试题五

一、选择题

1. 下列化合物的酸性顺序是(　　)。

① 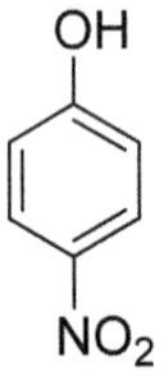　② 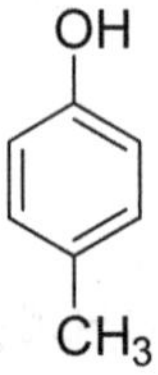　③ 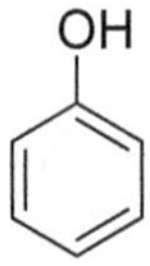　④ 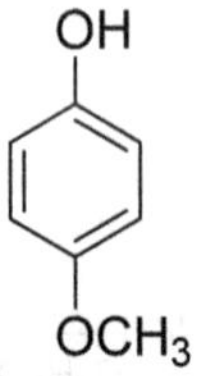

A. ①>③>②>④　B. ④>②>③>①　C. ①>③>④>②　D. ③>①>②>④

2. 下列化合物中碱性最强的是(　　)。

A. 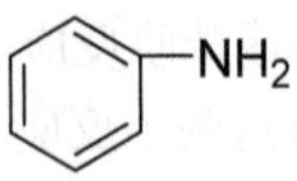　B. NH_3　C. 　D. 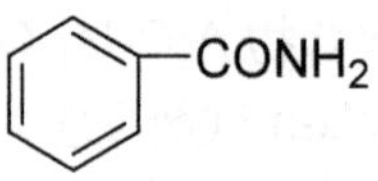

3. 下列分子中没有手性的是(　　)。

A. 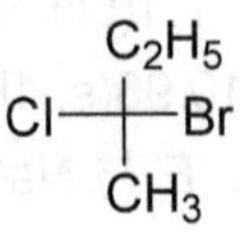　B. 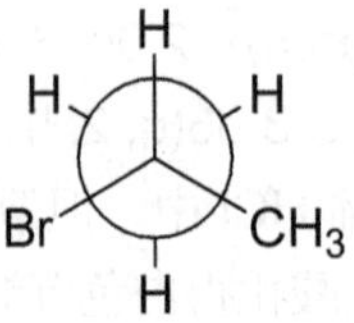　C. 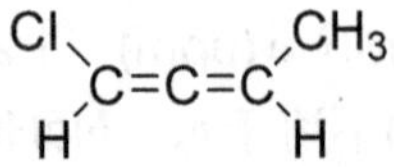　D. 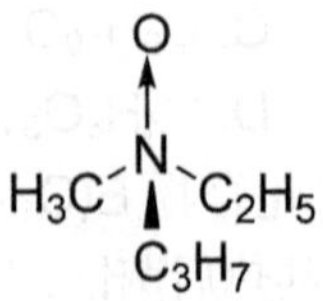

4. 下列化合物中没有芳香性的是(　　)。

A. 　　B. 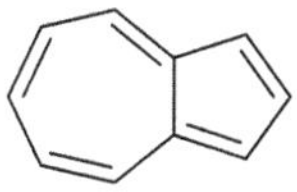　　C. 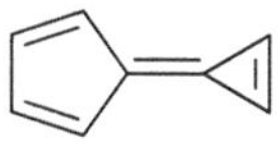　　D. 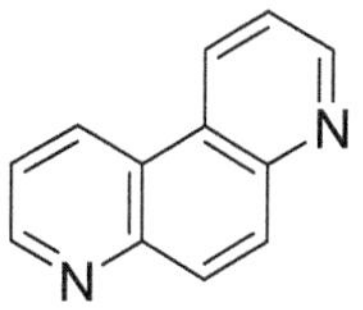

5. 在亲电加成反应中，最活泼的烯烃是(　　)。

A. 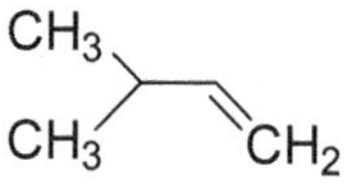　　B. 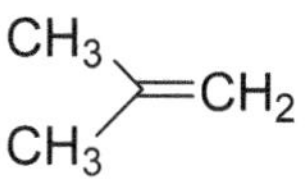　　C. 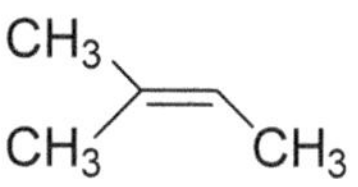　　D. 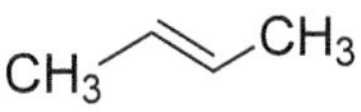

6. 下列化合物烯醇式含量的大小顺序是(　　)。

① 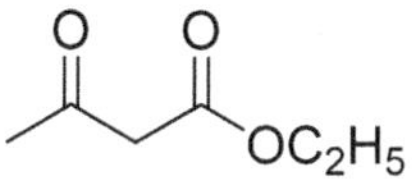　② 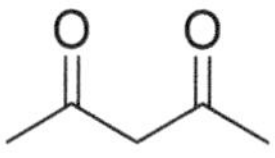　③ 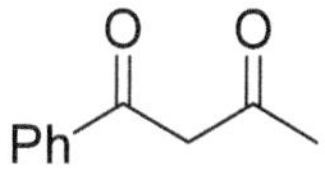

A. ①>③>②　　B. ③>②>①　　C. ②>①>③

7. 下列反应通常称为(　　)。

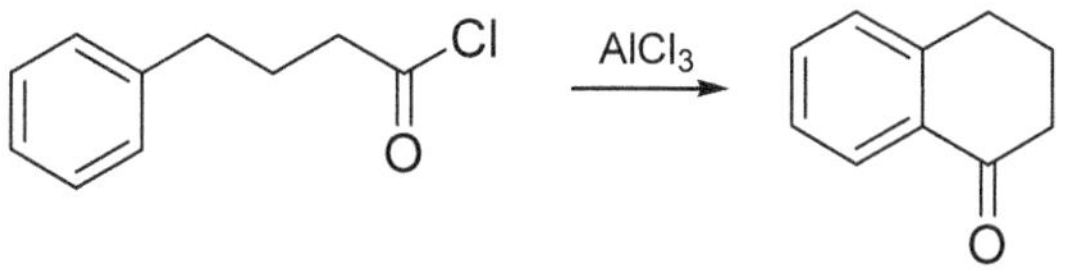

A. Wurts 反应　　B. Clemmensen 反应

C. Diels-Alder 反应　　D. Frieldel-Crafts 反应

8. 下列反应最容易进行的条件是(　　)。

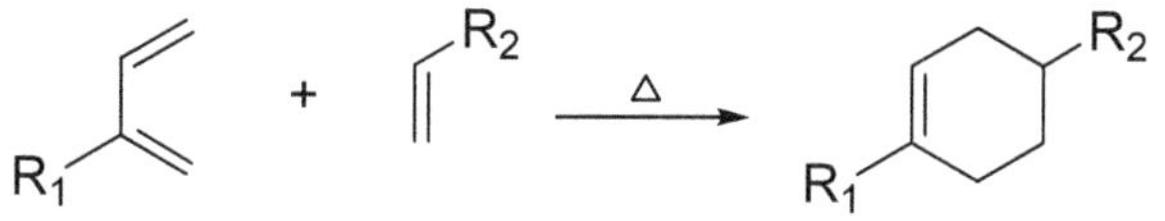

A. R_1 为供电子基，R_2 为吸电子基　　B. R_1 为吸电子基，R_2 为供电子基

C. R_1 和 R_2 均为供电子基　　D. R_1 和 R_2 均为吸电子基

9. 下列离子中，碱性最强的是(　　)。

A. RNH^-　　B. RO^-　　C. OH^-　　D. $C_2H_5^-$

10. 下列化合物中，能发生碘仿反应的是(　　)。

A. 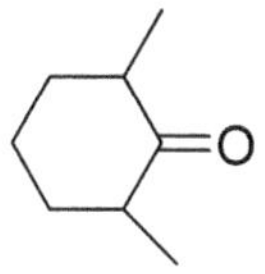　　B. 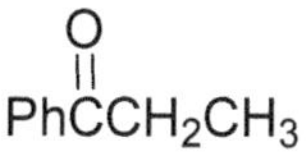

C. 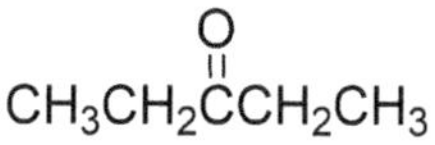　　D. 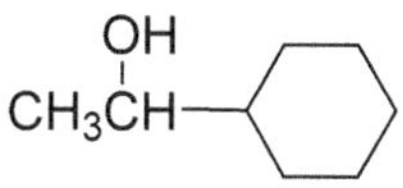

二、简答题

1. 命名或写出结构式。

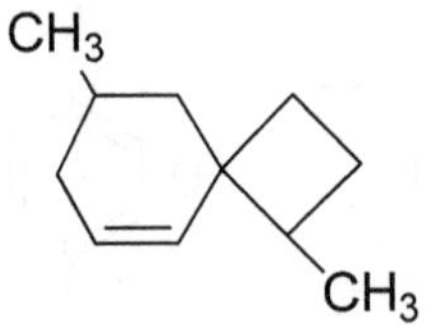

二环[4.2.0^1,6]-7-辛烯

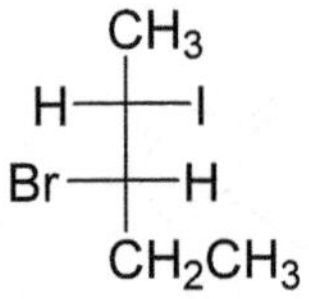

顺-1-甲基-4-乙基环己烷的优势构象式

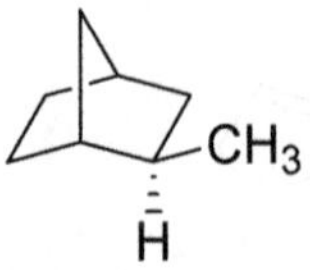

(2*S*)-2-羟基丁酸 (Fischer 投影式)

2. 鉴别下列化合物。

(1) 　$CH_3CH_2CH{=}CH_2$　$CH_3CH_2C{\equiv}CH$

(2) 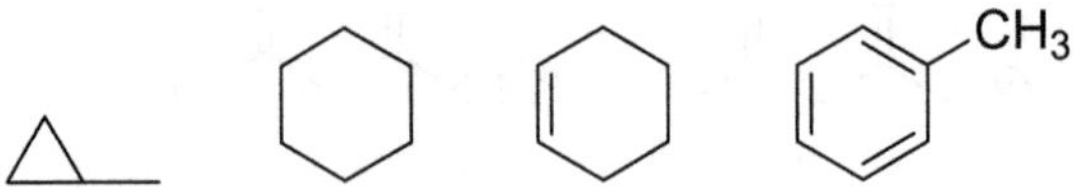

三、完成下列反应

1. 

2. 

3. 

4. $HCHO + CH_3CHO \xrightarrow[\Delta]{稀OH^-}$ 　　　　$\xrightarrow{HCN}$

5. 

6. 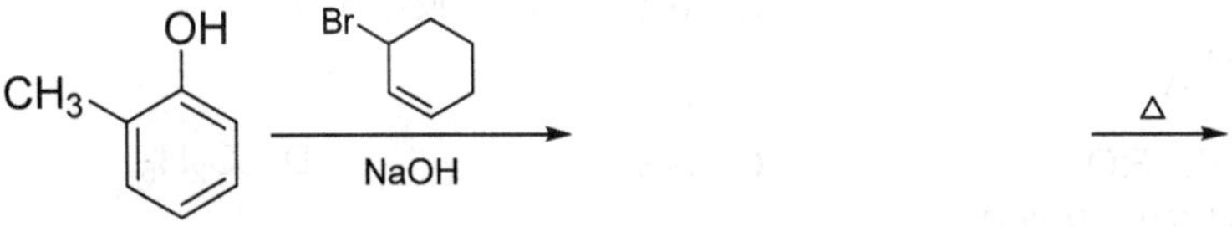

7. 

8. 

9. 

10. 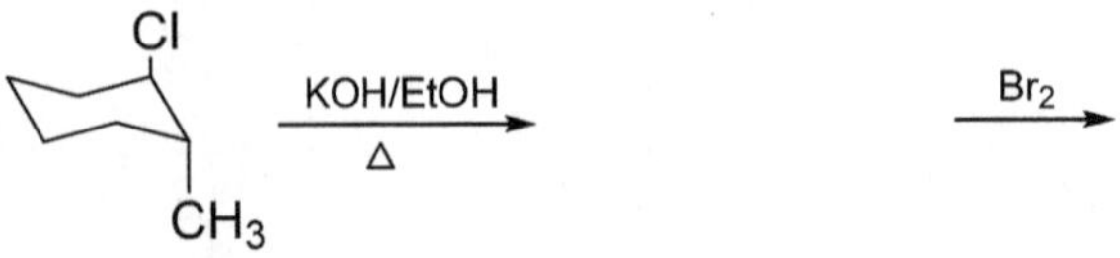

四、写出下列反应历程

1. 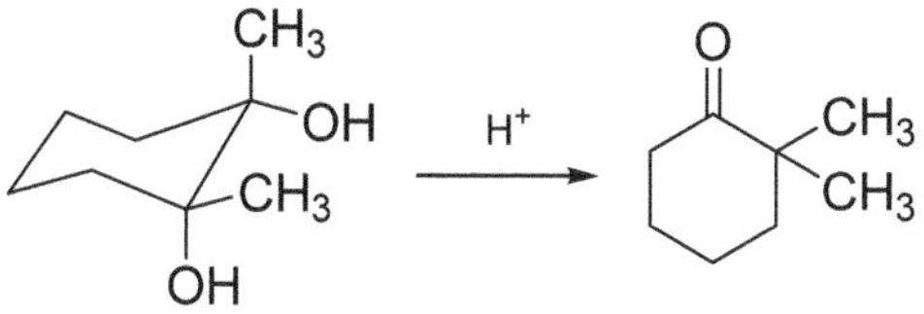

2. 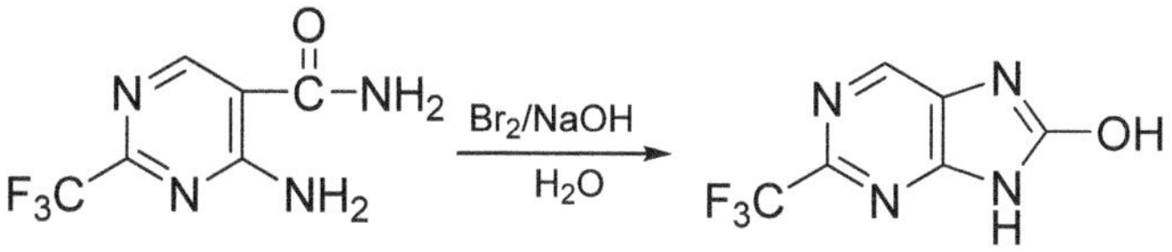

3. 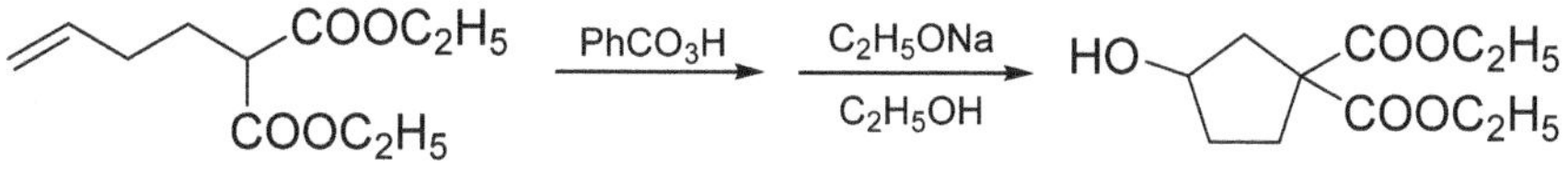

五、推测结构

1. 化合物 A($C_5H_{12}O$)有旋光性，A 被酸性 $KMnO_4$ 氧化后生成 B($C_5H_{10}O$)，B 没有旋光性，能发生碘仿反应，B 与 CH_3CH_2MgBr 反应后水解生成 C，C 具有旋光性。请写出 A、B、C 的结构。
2. 某中性化合物 A($C_7H_{12}O$)，能使溴水褪色，也可与苯肼反应。A 经酸性高锰酸钾氧化生成一分子丙酮和一分子 B，B 有酸性，与氢化铝锂反应生成 1,3-丁二醇。试推测 A、B 的结构。
3. 化合物 A($C_{10}H_{12}O_2$)，IR：1740 cm^{-1}；^1H NMR δ(ppm)：1.2(3H, t)，3.5(2H, s)，4.1(2H, q)，7.3(5H, m)。化合物 B($C_4H_7ClO_2$)，IR：1745 cm^{-1}；^1H NMR δ(ppm)：1.3(3H, t)，4.0(2H, s)，4.2(2H, q)。试推测 A、B 的结构。

六、由指定原料及必要试剂合成

1. 由乙醇和必要的无机试剂合成丁酮。
2. 以丁二烯及丙二酸二乙酯为原料合成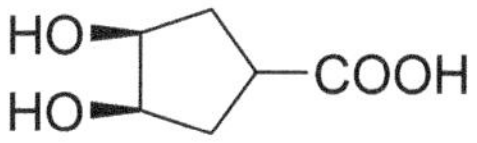。
3. 以甲苯为原料合成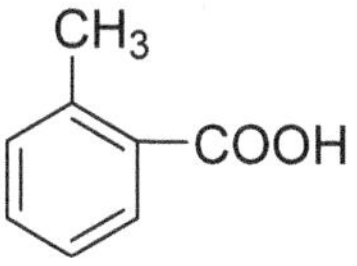。
4. 以不超过四个碳原子的有机物为原料合成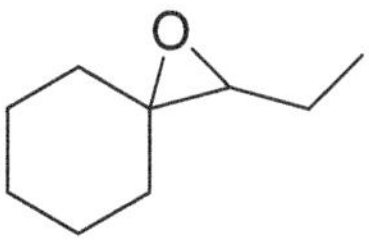。
5. 完成下列转化。

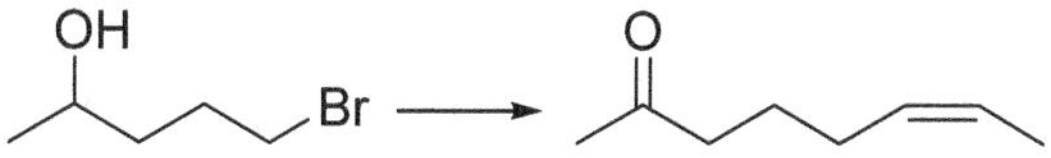

模拟试题六

一、选择题

1. 下列自由基稳定性最高的是(　　)。

A. 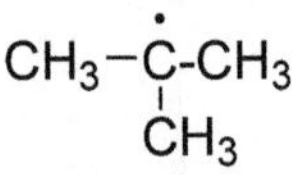　B. 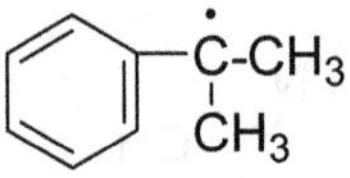　C. 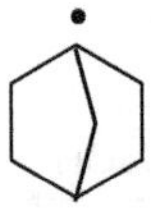　D. 

2. 下列化合物中酸性最弱的是(　　)。

A. 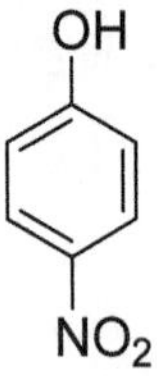　B. 　C. 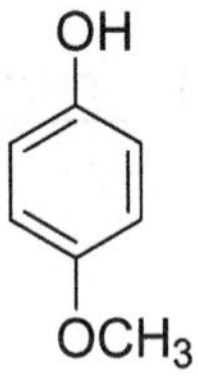　D. 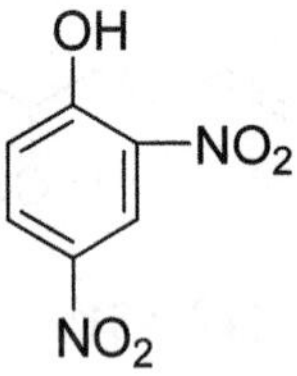

3. 下列分子中有光学活性的是(　　)。

A. 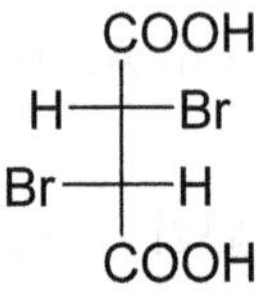　B. 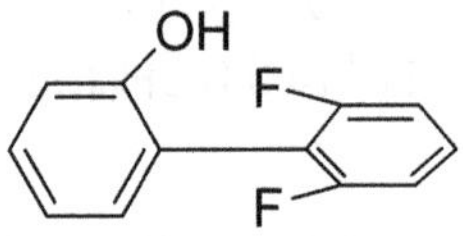

C. 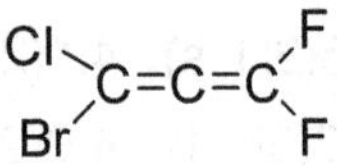　D. 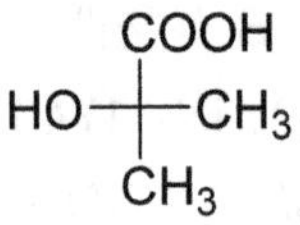

4. 下列化合物中能拆分为对映异构体的是(　　)。

A. 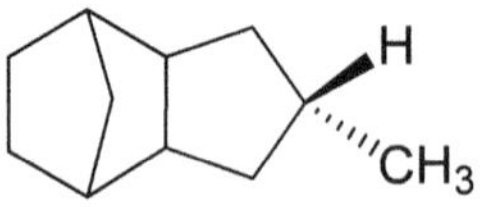　B. 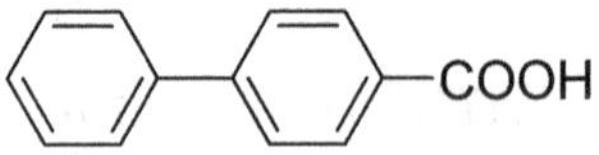

C. 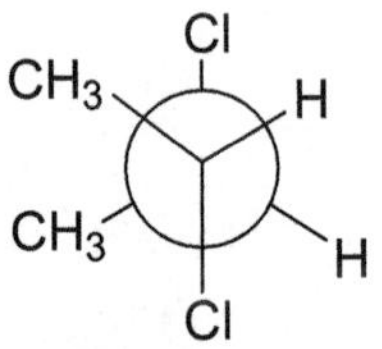　D. 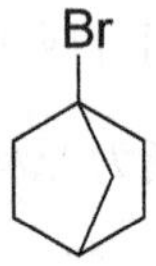

5. 下列卤代烃与 $AgNO_3$ 反应活性最大的是(　　)。

A. $CH_3CH{=}CHCH_2Br$　B. $CH_3CH{=}CHCH_2CH_2Br$

C. 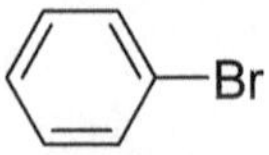　D. 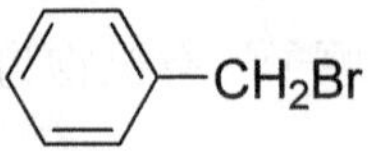

6. (+)-麻黄碱的构型 I 的投影式可表示为(　　)。

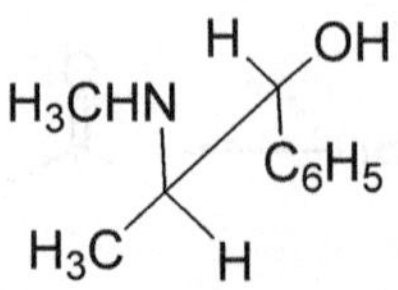

I

A. 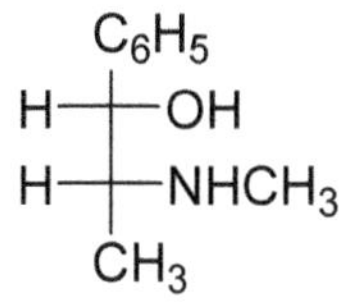

B. 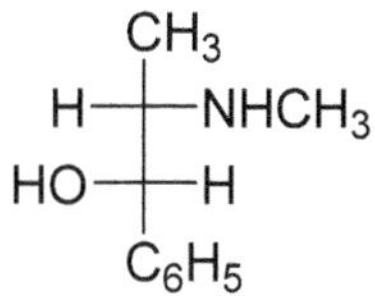

C. 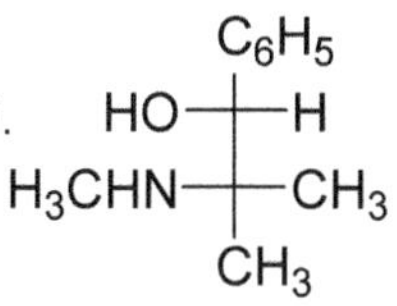

D. 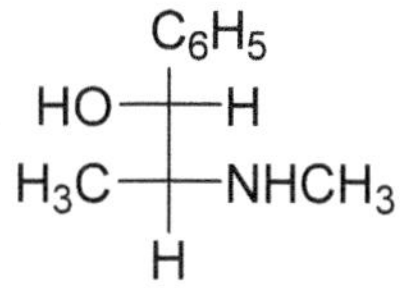

7. 下列化合物中手性碳原子的构型为 *R*-构型的是(　　)。

A. 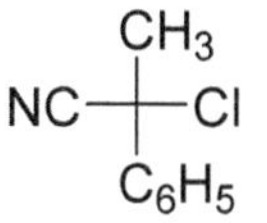
B. 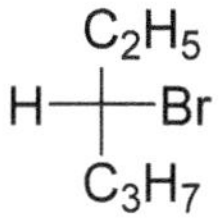
C. 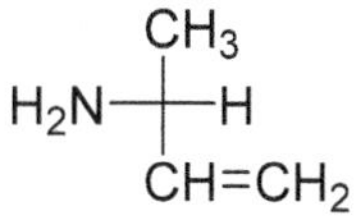

8. 下列化合物最容易与 1,3-丁二烯进行 Diels-Alder 反应的是(　　)。

A. 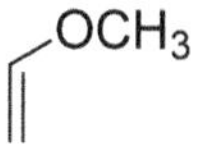
B. 
C. 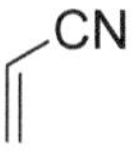
D. 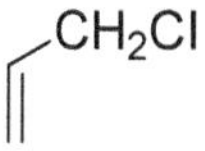

9. 在有机合成中羰基需保护时，常用的试剂是(　　)。

A. 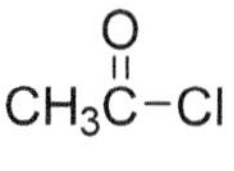
B. 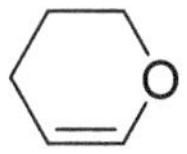
C. 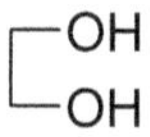 /干HCl
D. NH_2NH_2

10. 下列化合物中，不与三氯化铁显色的是(　　)。

A. 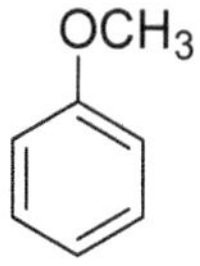

B. 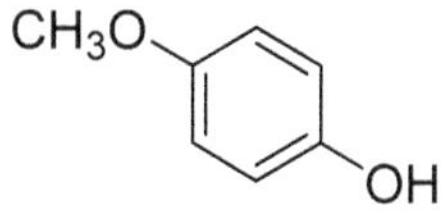

C. 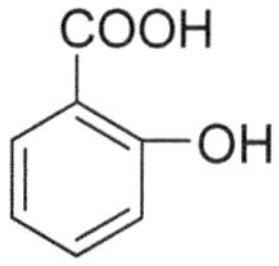

D. 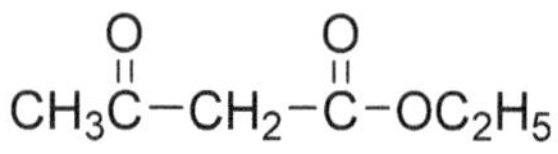

二、简答题

1. 命名或写出结构式。

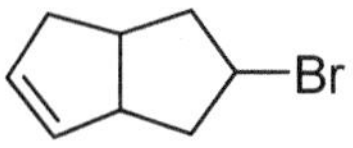

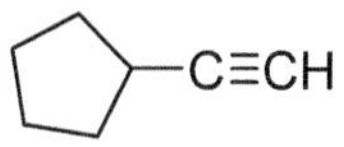

2-甲基螺[3.4]辛烷

顺-3-甲基-环己醇的优势构象式

2. 写出下列反应机理。

(1) 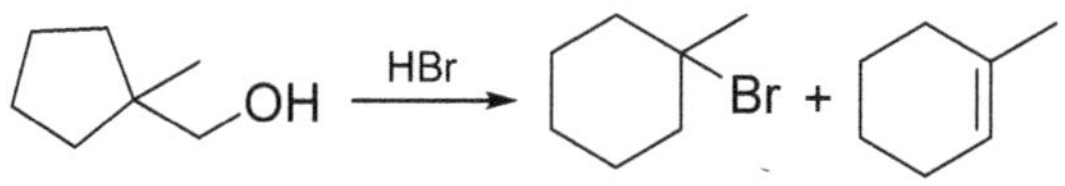

(2) 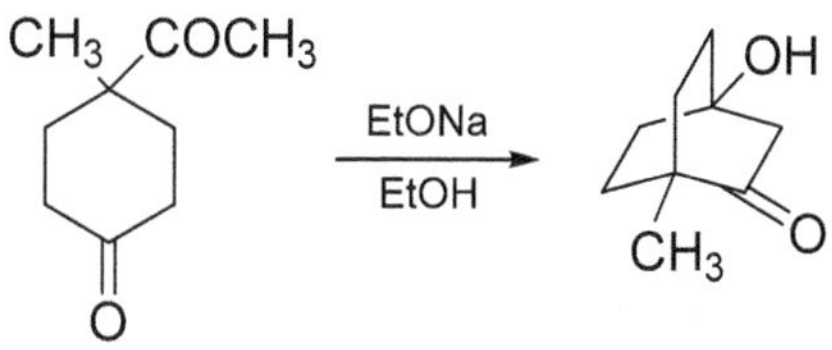

(3) 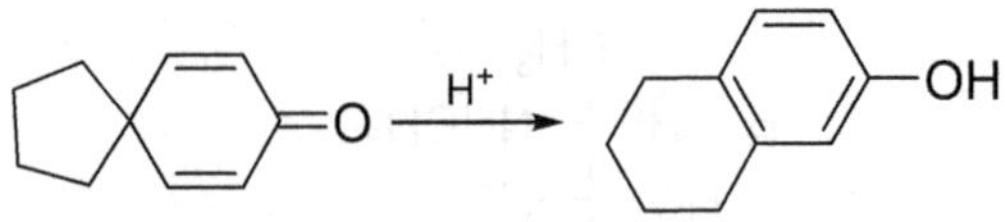

三、完成下列反应

1. 

2. 

3. 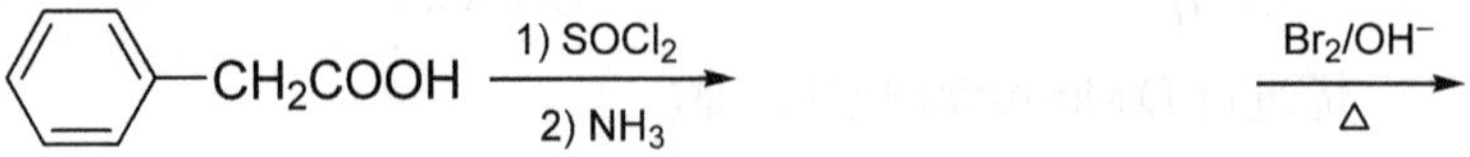

4. 

5. 

6. 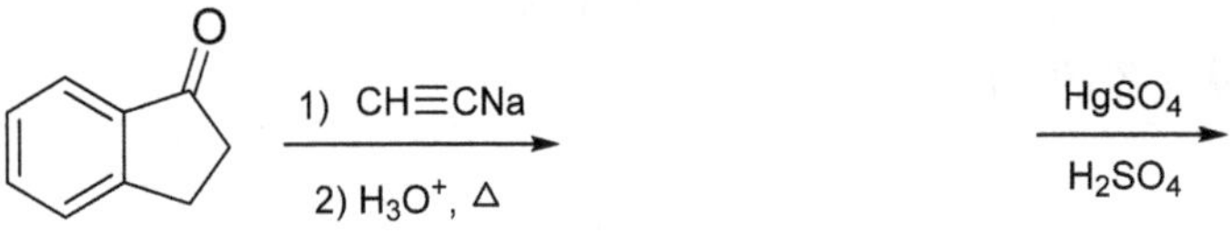

7. 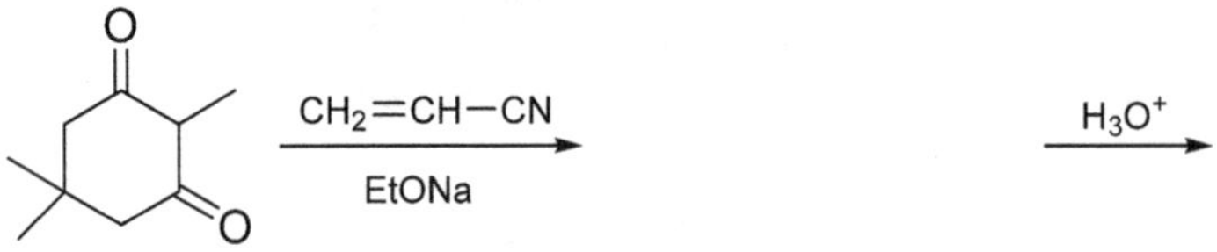

8. 

9. 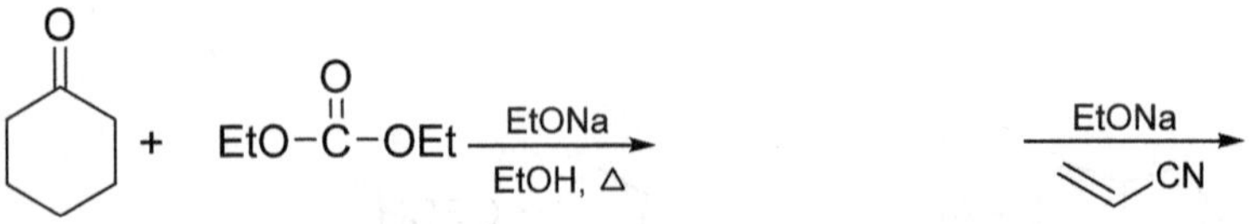

10. 

四、推测结构

1. 某中性化合物 A($C_9H_{10}O$)，^1H NMR δ(ppm)：1.2(3H, t)，3.0(2H, q)，7.3(5H, m)。已知 A 不发生银镜反应，不发生碘仿反应，也不能使溴水褪色，但能与 2,4-二硝基苯肼反应生成 2,4-二硝基苯腙。A 用硼氢化钠还原得到 B($C_9H_{12}O$)。试推测 A、B 的结构。

2. 化合物 A($C_9H_{13}N$)，IR(cm^{-1})：3000～2850，1500，1120，700～750；^1H NMR δ(ppm)：

0.9(1H, t)，1.1(3H, t)，2.6(2H, q)，3.7(2H, s)，7.2(5H, m)。化合物 B($C_4H_8O_2$)，IR(cm^{-1})：3000～2850，2725，725，1220～1160，1100；^{1}H NMR δ(ppm)：1.29(6H, d)，5.13(1H, m)，8.0(1H, s)。试推测 A、B 的结构。

五、由指定原料及必要试剂合成

1. 以乙醇为原料合成 $CH_3\overset{OH}{\overset{|}{C}}HCH_2COOC_2H_5$。

2. 以丙二酸二乙酯及其他不超过四个碳的有机物为原料合成 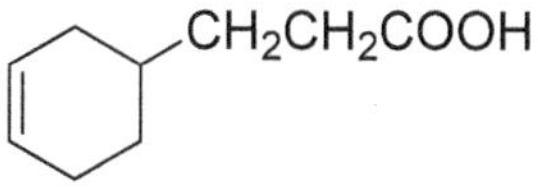。

3. 以甲苯为原料合成 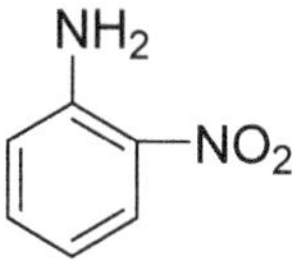。

4. 以苯为原料合成 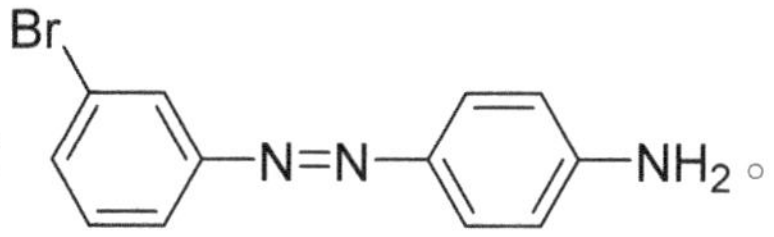。

5. 以四个碳以下的有机物为原料合成 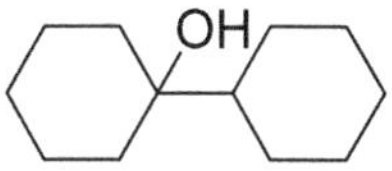。

模拟试题七

一、选择题

1. 下列化合物能发生碘仿反应但不能与亚硫酸氢钠加成的是(　　)。

A. $CH_3\underset{OH}{\underset{|}{C}}HCH_2CH_3$　B. $CH_3\underset{O}{\underset{||}{C}}CH_2CH_3$　C. $CH_3CH_2CH_2CHO$　D. $C_6H_5CH_2\underset{O}{\underset{||}{C}}C_2H_5$

2. 下列化合物中碱性最强的是(　　)。

A. 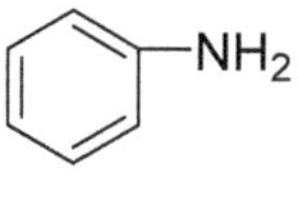

B. 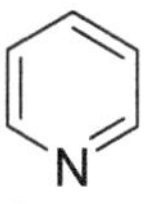

C. 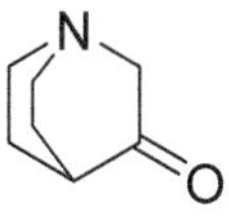

D. CH_3CONH_2

3. 下列碳负离子最稳定的是(　　)。

A. 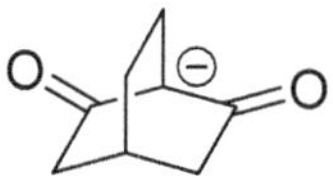
B. 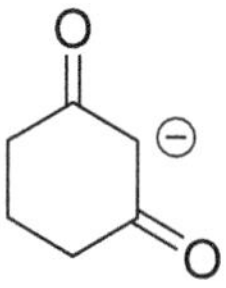
C. 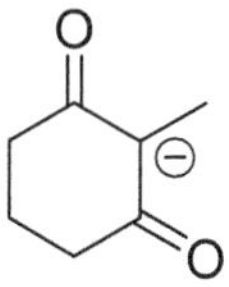
D. 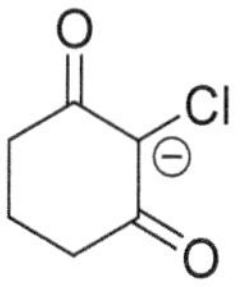

4. 下列反应历程属于(　　)。

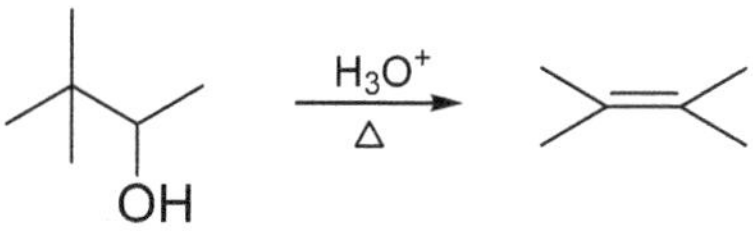

A. E2 消除　B. 亲核取代　C. E1 消除　D. 亲电取代

5. 下列化合物中(*R*)-2-碘己烷的对映体是(　　)。

A. 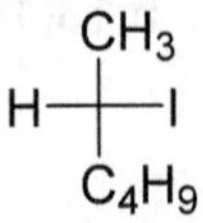　B. 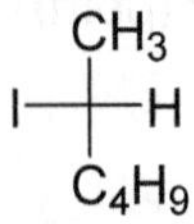　C. 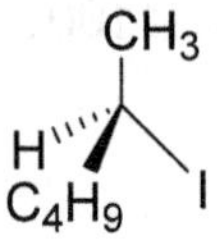　D. 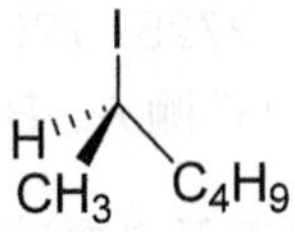

6. 下列化合物属于内消旋而没有旋光性的是(　　)。

A. 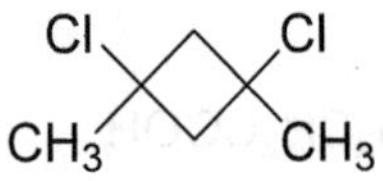　B. 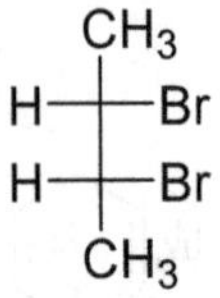　C. 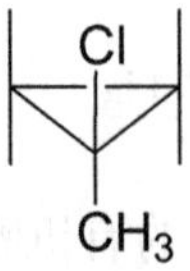　D. 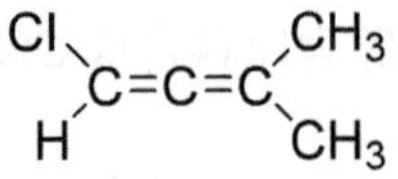

7. 下列化合物手性碳原子构型为(1*R*,2*S*)的是(　　)。

A. 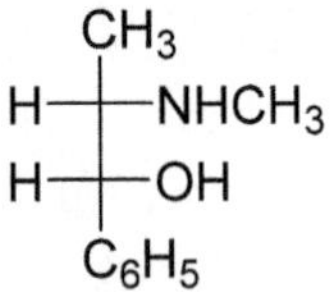　B. 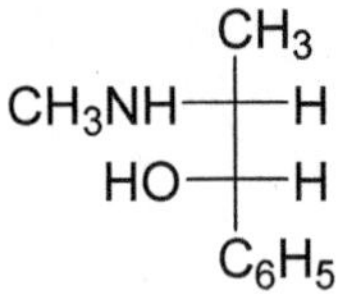　C. 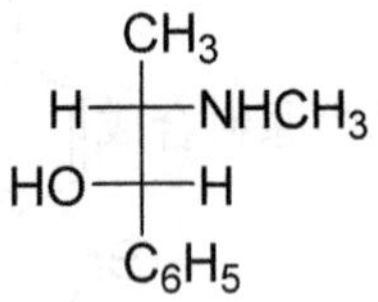

8. 下列化合物中不与三氯化铁显色的是(　　)。

A. 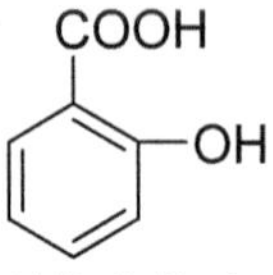　B. 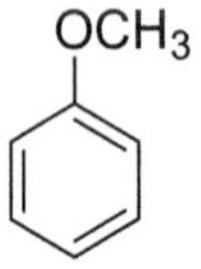　C. 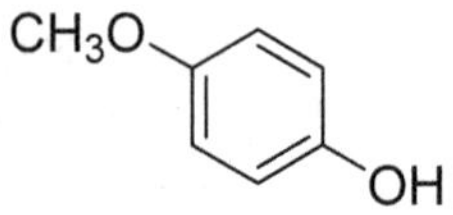　D. 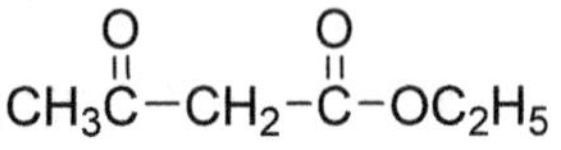

9. 下列化合物中有芳香性的是(　　)。

A. 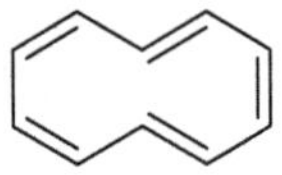　B. 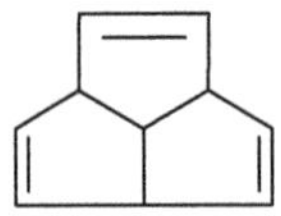　C. 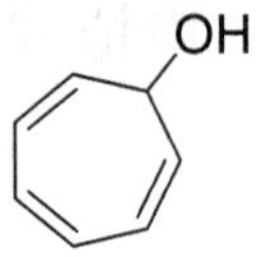　D. 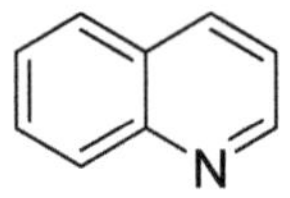

10. 不与苯肼反应的糖是(　　)。

A. 葡萄糖　B. 麦芽糖　C. 蔗糖　D. 果糖

二、写出下列反应机理

1. 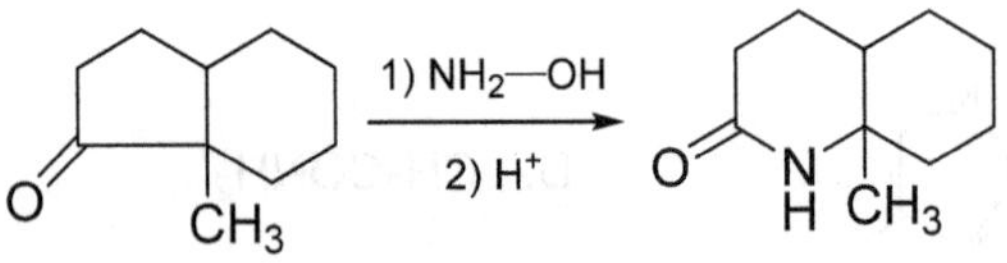

2. 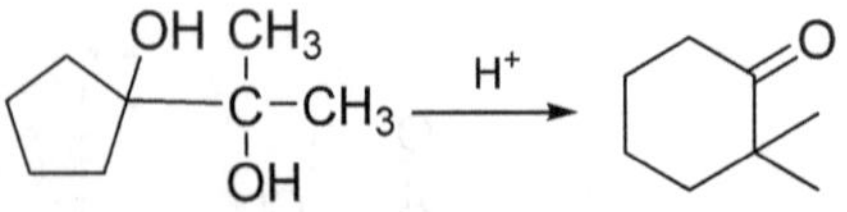

3. 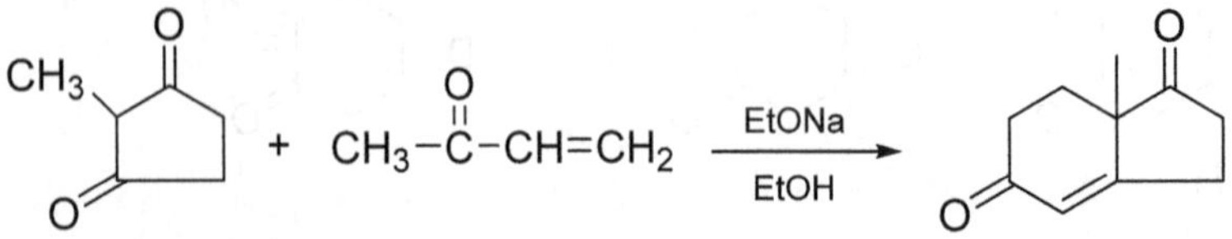

三、完成下列反应

1. 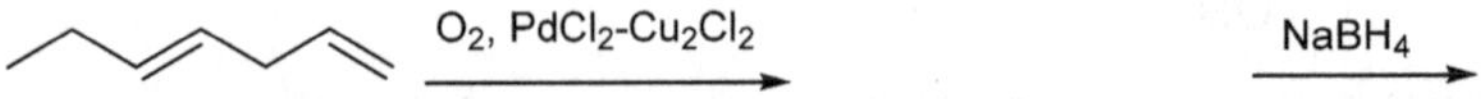

2. 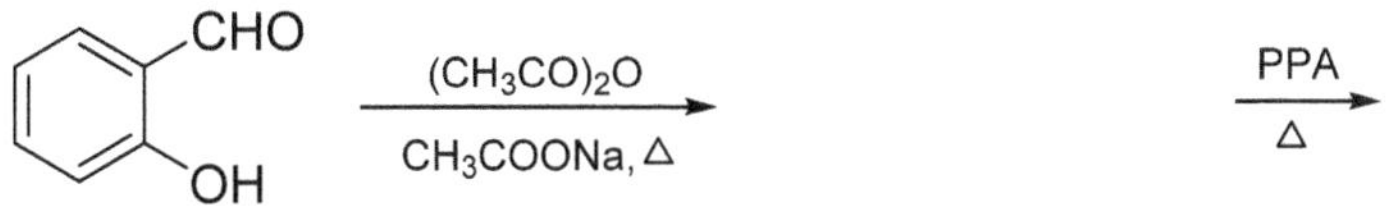

3. 

4. 

5. $CH_3-\overset{O}{\overset{\|}{C}}-CH_3 \xrightarrow[(CH_3)_2NH]{HCHO} \qquad \xrightarrow[2)\ Ag_2O, OH^-,\ \Delta]{1)\ CH_3I}$

6. 

7. 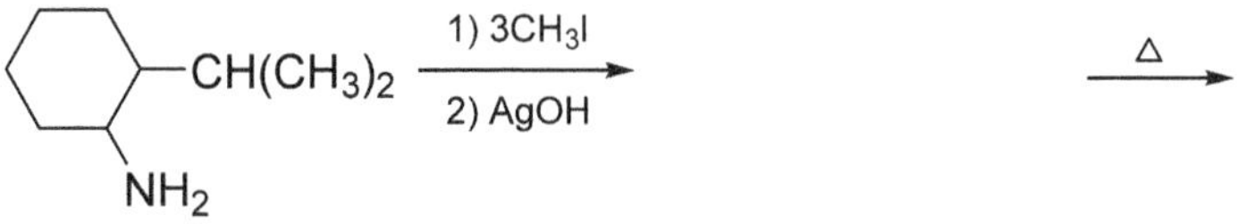

8. $2\ (CH_3)_2C=O \xrightarrow[\text{蒸馏}]{5\%\ NaOH} \qquad \xrightarrow[\Delta]{I_2, OH^-}$

9. 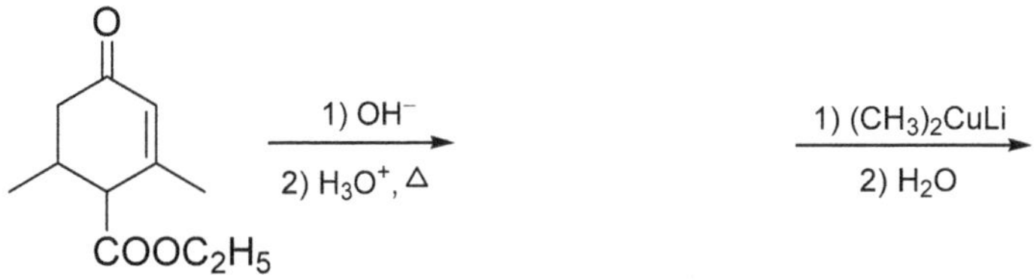

10. 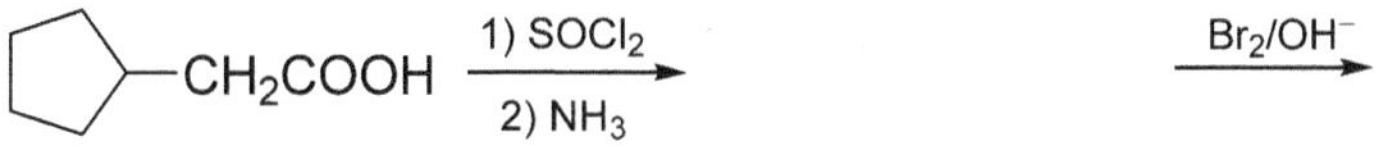

四、推测结构

1. 某化合物 A($C_{10}H_{14}O$)能溶于 NaOH 水溶液，但不溶于 Na_2CO_3 水溶液，与溴水反应生成二溴代物 B($C_{10}H_{12}Br_2O$)。A 的光谱数据为 IR(cm^{-1})：3600～3250(宽)，1602，1498，1383，1378，830；^1H NMR δ(ppm)：1.3(9H, s)，4.9(1H, s)，7.9(4H, s)。试推测 A, B 的结构。

2. 化合物 A($C_9H_{13}N$)，IR(cm^{-1})：3000～2850，1500，1120，700～750；^1H NMR δ(ppm)：0.9(1H, br)，1.1(3H, t)，2.6(2H, q)，3.7(2H, s)，7.2(5H, m)。化合物 B($C_4H_8O_2$)，IR(cm^{-1})：3000～2850，2725，725，1220～1160，1100；^1H NMR δ(ppm)：1.29(6H, d)，5.13(1H, m)，8.0(1H, s)。试推测 A, B 的结构。

五、由指定原料及必要试剂合成

1. 以丙烯和乙酰乙酸乙酯为原料合成 $CH_3CO\underset{\underset{CH(CH_3)_2}{|}}{C}HCH_2CH_2CH_3$。

2. 以环己醇为原料合成 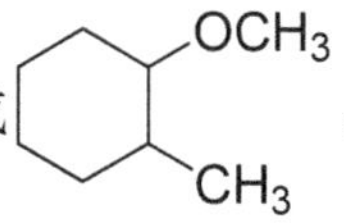。

3. 以甲苯为原料合成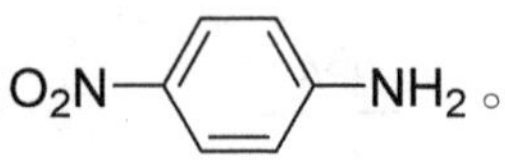。

4. 以不超过四个碳的有机物为原料合成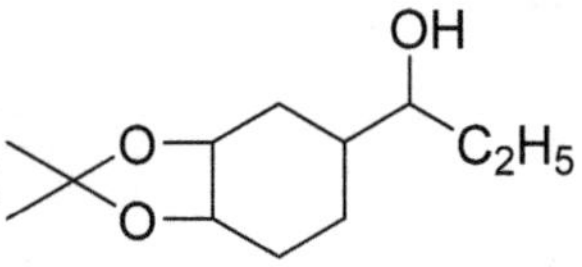。

5. 以不超过三个碳的醛为原料合成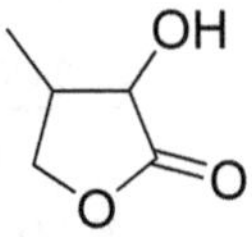。

模拟试题八

一、选择题

1. 下列化合物以 S_N2 反应，活性最高的是(　　)。

A. 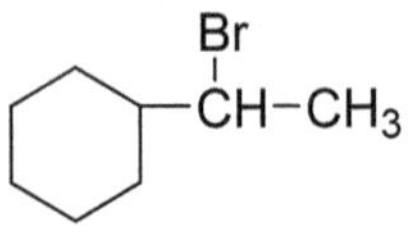

B. 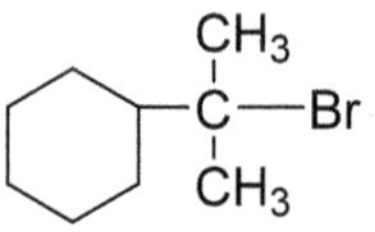

C. 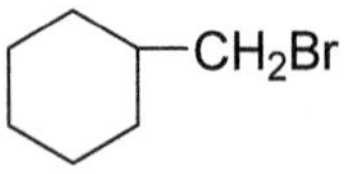

D. 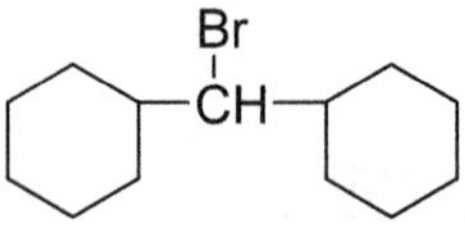

2. 下列化合物中 3 个氮原子的碱性大小顺序是(　　)。

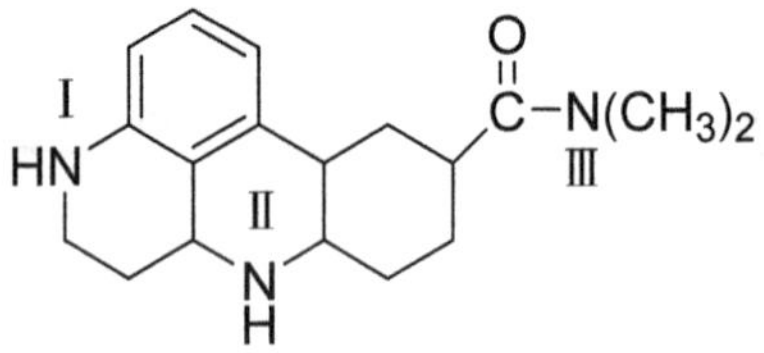

A. Ⅰ>Ⅱ>Ⅲ　　B. Ⅰ>Ⅲ>Ⅱ　　C. Ⅲ>Ⅰ>Ⅱ　　D. Ⅱ>Ⅰ>Ⅲ

3. 下列反应是(　　)。

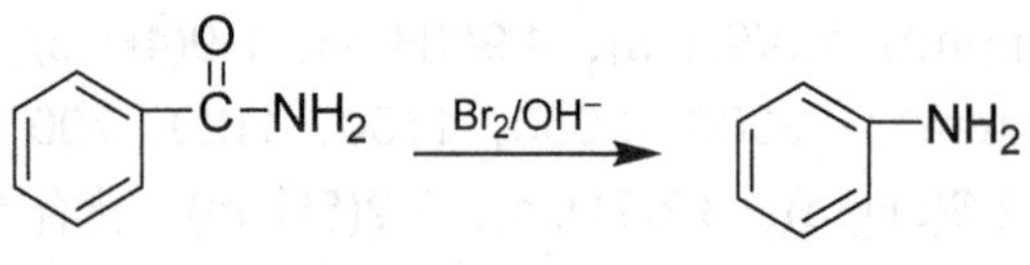

A. Hofmann 重排　　B. Beckmann 重排

C. Hill-Worlhad-Zillisky 反应　　D. Hunsdick 反应

4. 某三肽经部分水解可得两种二肽：甘-亮，天冬-甘，此三肽是(　　)。

A. 甘-亮-天冬　　B. 天冬-甘-亮　　C. 甘-亮-甘　　D. 天冬-甘-天冬

5. 下列反应的机理是(　　)。

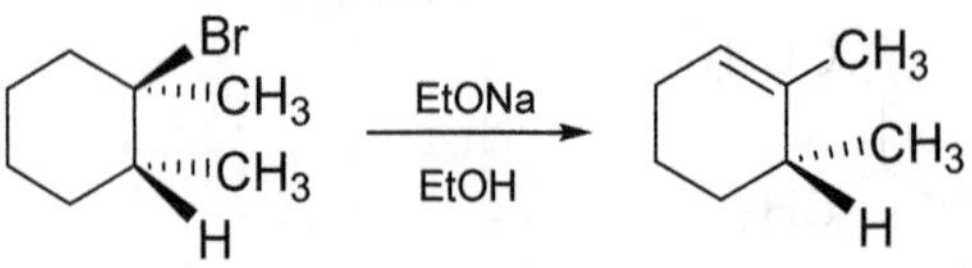

A. S_N1　　B. S_N2　　C. E1　　D. E2

6. 下列化合物中不具有芳香性的是(　　)。

A. 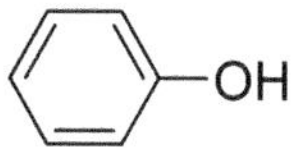　B. 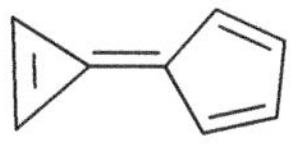　C. 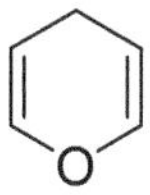　D. 

7. 下列化合物中，分子内存在 p-π共轭作用的是(　　)。

A. 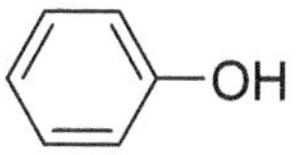　B. 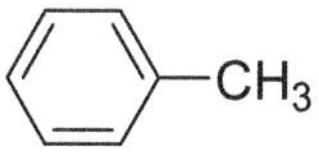　C. 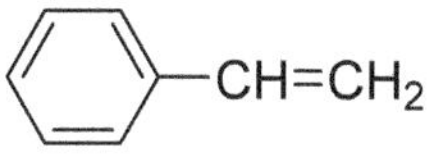　D. 

8. 下列自由基中最稳定的是(　　)。

A. 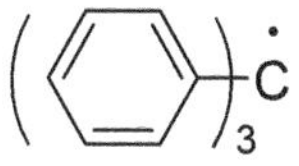　B. 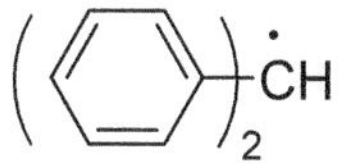　C. 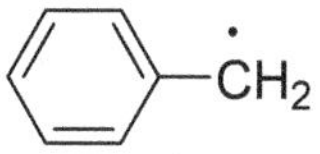　D. 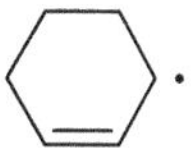

9. 化合物 1 最稳定的构象式为(　　)。

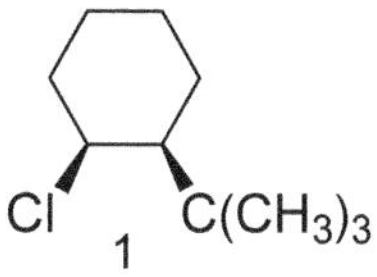

1

A. 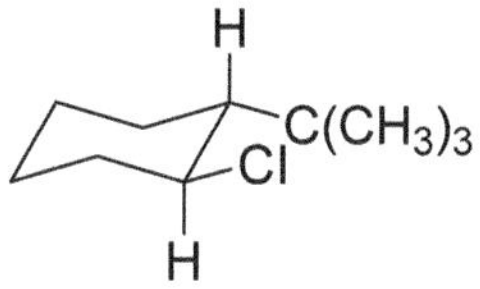　B. 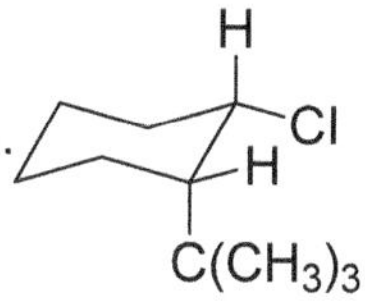

C. 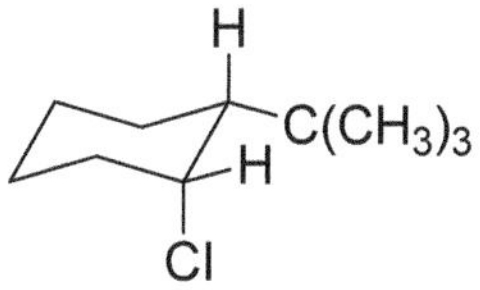　D. 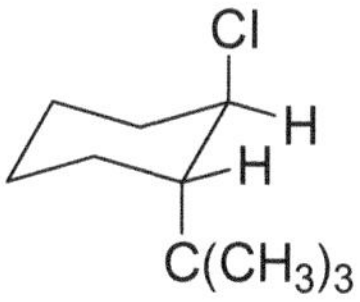

10. 下列化合物中属于双环单萜的是(　　)。

A. 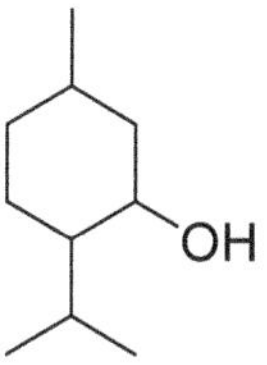　B. 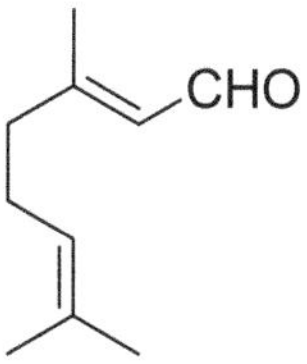　C. 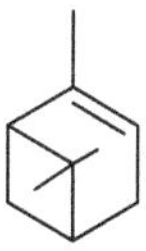　D. 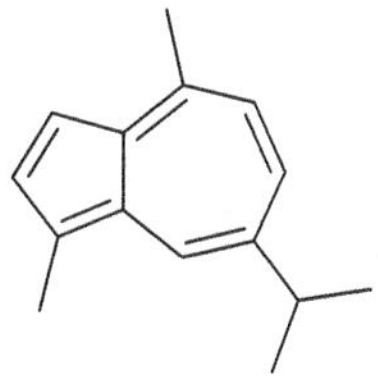

二、简答题

1. 命名下列化合物。

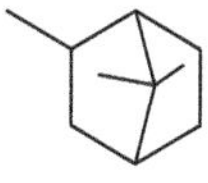　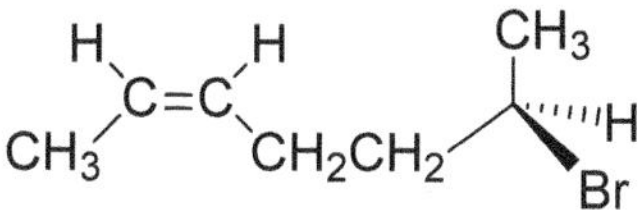　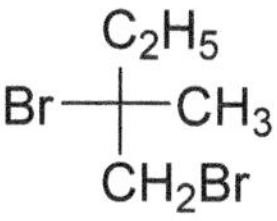　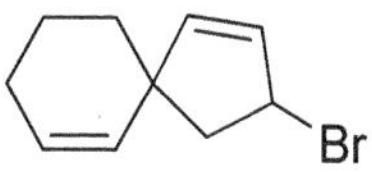

2. 鉴别下列两组化合物。

(1) 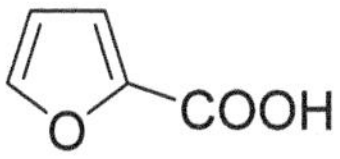　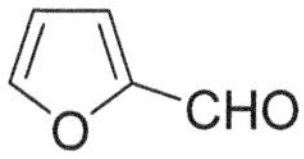　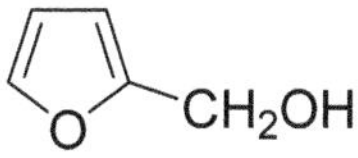

(2) 对甲基苯酚　对甲苯甲醇　对甲苯甲醛　对甲苯乙酮

3. 写出下列反应机理。

(1) 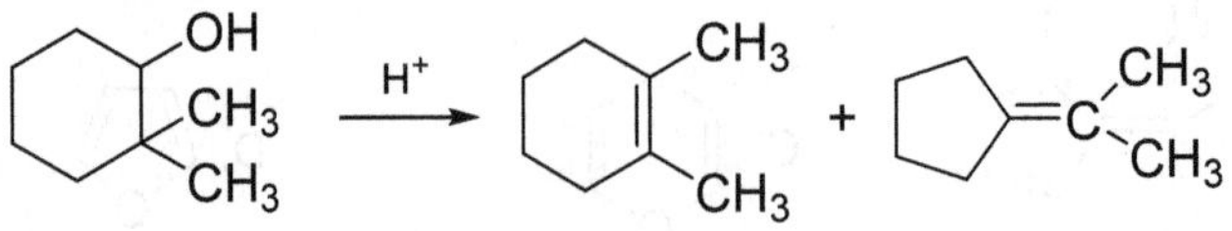

(2) 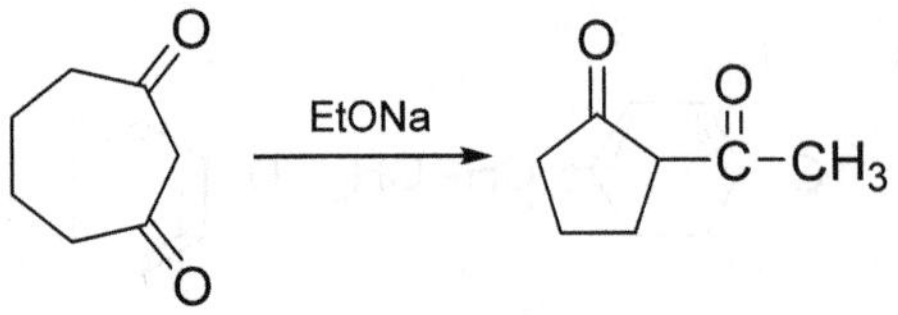

(3) 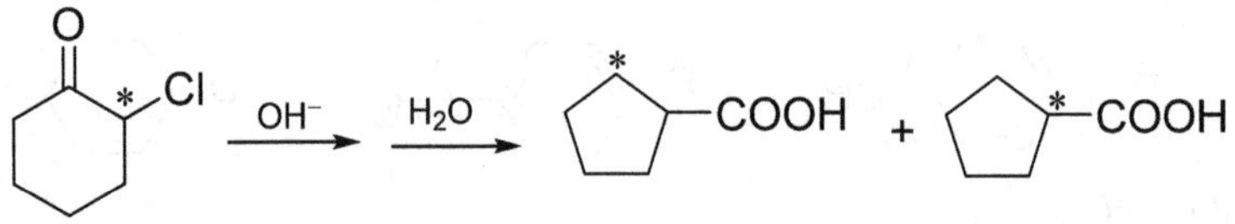

三、完成下列反应

1. $CH_3CHO \xrightarrow[OH^-]{3HCHO}$ 　　　　　　$\xrightarrow[OH^-]{HCHO}$

2. $Ph-\overset{\overset{O}{\|}}{C}-CH_3 \xrightarrow[2)\ H_3O^+]{1)\ Mg,\ 苯}$ 　　　　　　$\xrightarrow[2)\ H_3O^+]{1)\ NaIO}$

3. 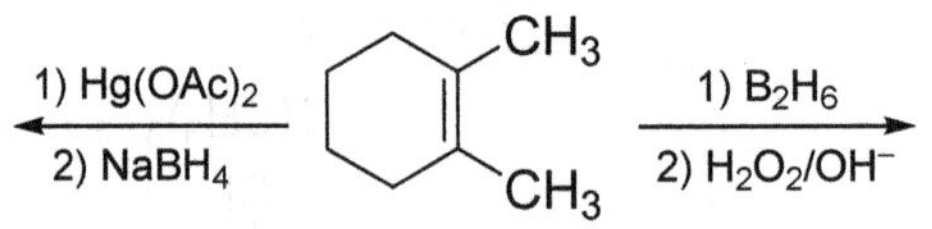

4. 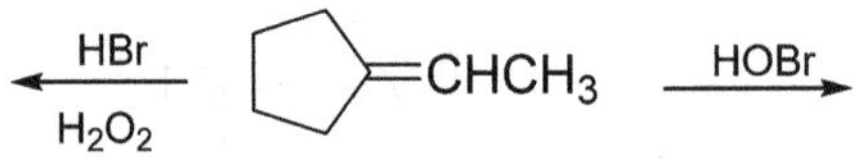

5. 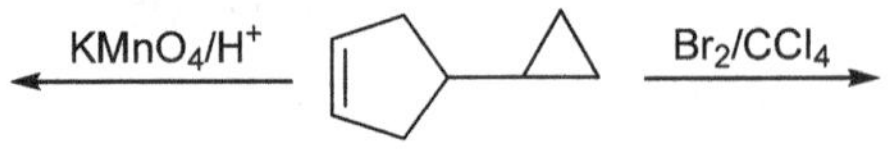

6. 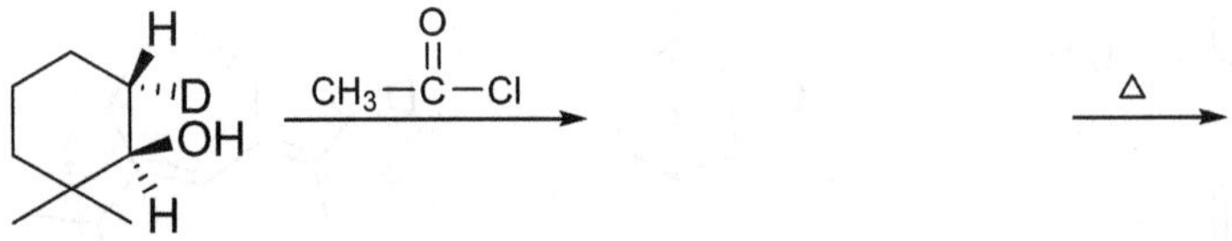

7. 

8. 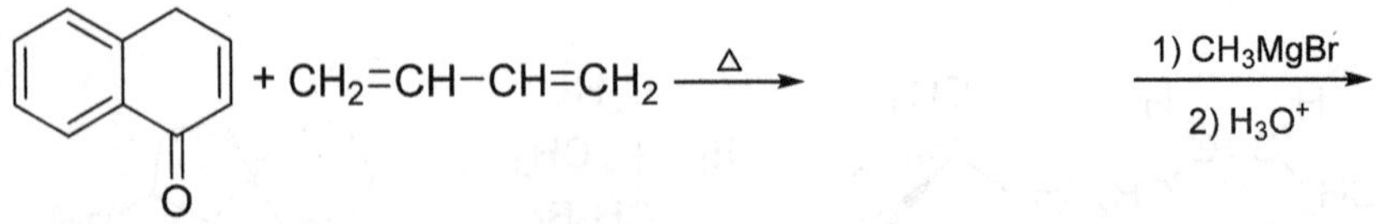

9. $CH_2{=}CHCH(CH_3)_2 \xrightarrow[2)\ KOH/EtOH,\ \triangle]{1)\ Cl_2\ /\ h\nu}$ 　　　　　　$\xrightarrow{CH_2{=}CHCHO}$

10. 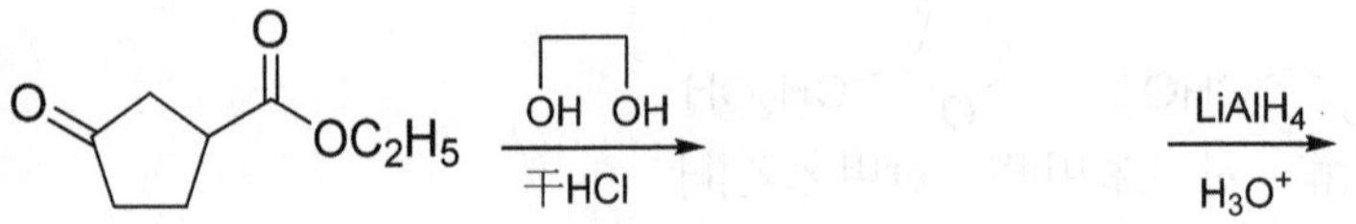

四、推测结构

1. 化合物 A($C_7H_{14}O_3$)，IR 在 1710 cm^{-1} 有强吸收峰，^1H NMR δ(ppm)：1.5(2H, q)，2.1(3H, s)，2.6(2H, t)，3.2(6H, s)，4.7(1H, t)；化合物 A 与稀 NaOH 的碘溶液反应，有黄色沉淀，但与 Tollen 试剂不反应。当用一滴浓 H_2SO_4 的水溶液处理后得化合物 B，B 与 Tollen 试剂反应时，有银镜反应。请推测化合物 A、B 的结构。
2. 化合物 A(C_7H_{12})能使溴水褪色，用 O_3 氧化还原后得到 B(C_5H_8O)和 C(C_2H_4O)，化合物 B 的 ^1H NMR 谱图中有两组三重峰。试推测 A、B、C 的结构。

五、由指定原料及必要试剂合成

1. 以五个碳以内的有机物为原料合成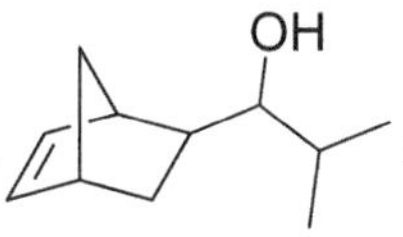。

2. 由邻二甲苯出发合成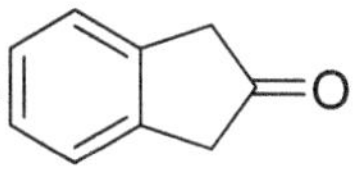。

3. 以乙炔和丙酮为原料合成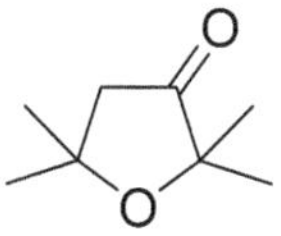。

4. 完成下列转化。

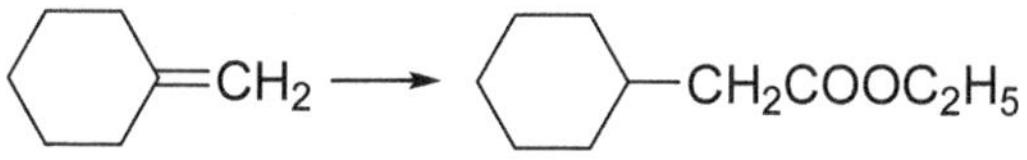

5. 由乙酰乙酸乙酯、丙酮及必要试剂合成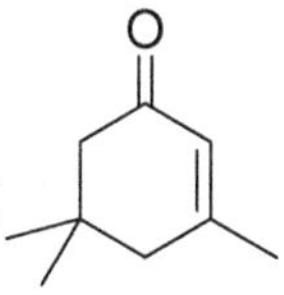。

模拟试题参考答案

模拟试题一

一、选择题

1. B　2. C　3. A　4. D　5. A　6. B、D　7. D　8. B　9. B　10. C

二、简答题

1. 命名或写出结构式。

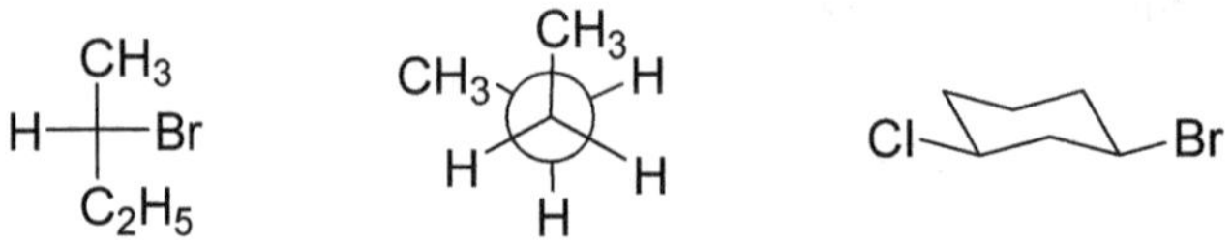

(2*E*)-5-甲基-2-庚烯　　5-氯螺[3.4]辛烷　　(3*S*)-1,3,4-三甲基环戊烯

(2*R*,3*R*)-2,3-二羟基戊醛

2. 鉴别下列化合物。

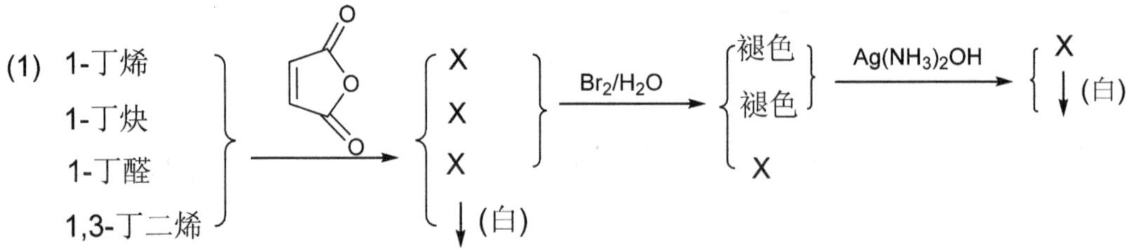

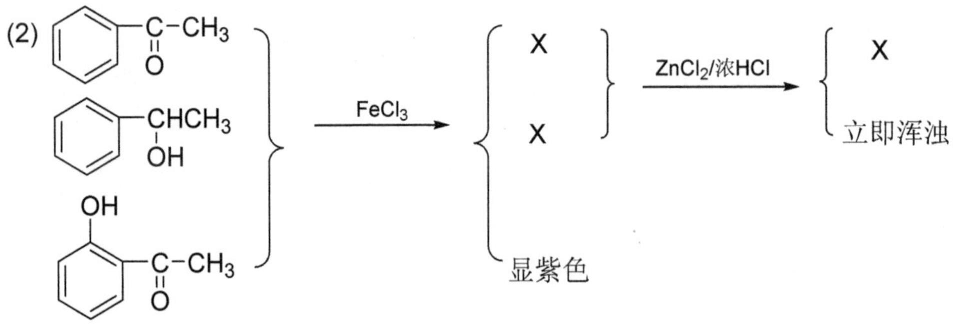

三、完成下列反应

1. 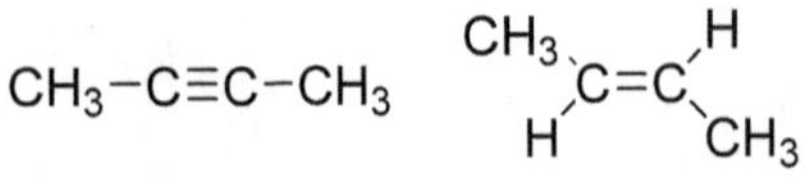

2. 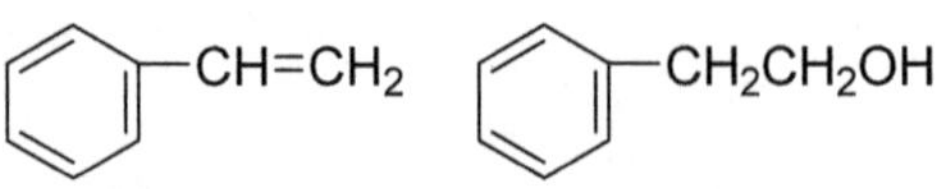

3. 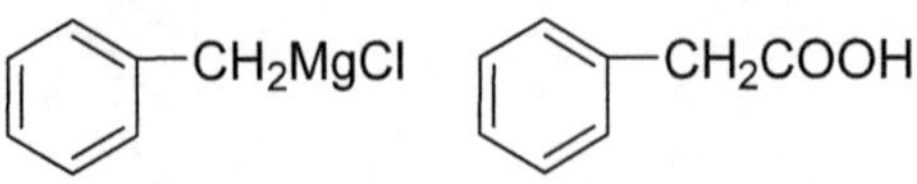

4. 

5. 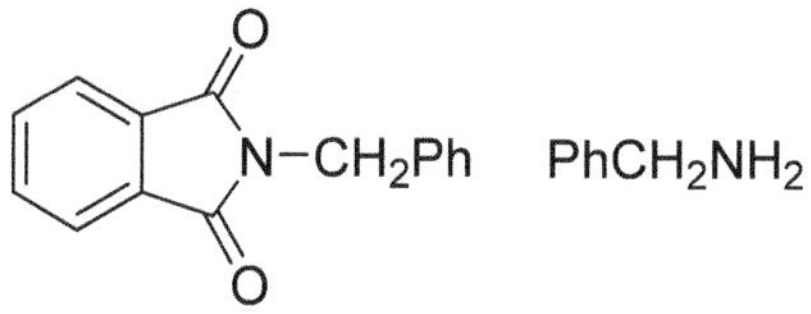

6. 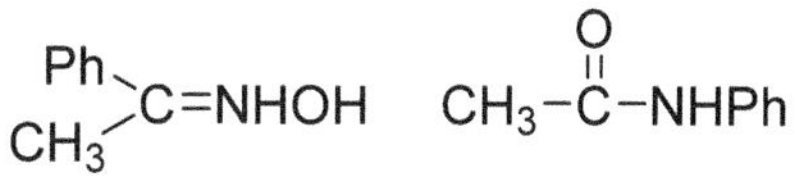

7. 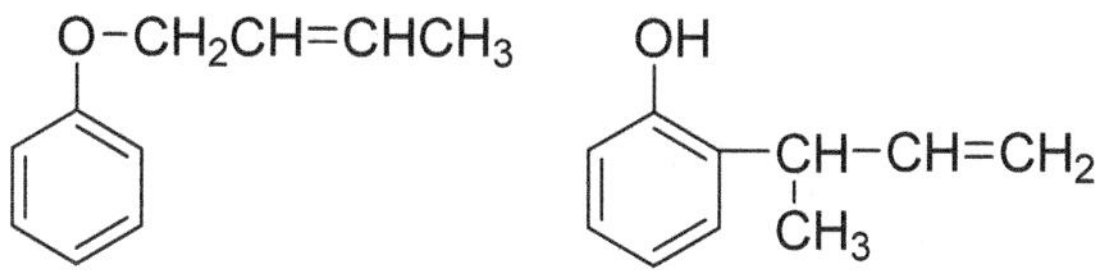

8. 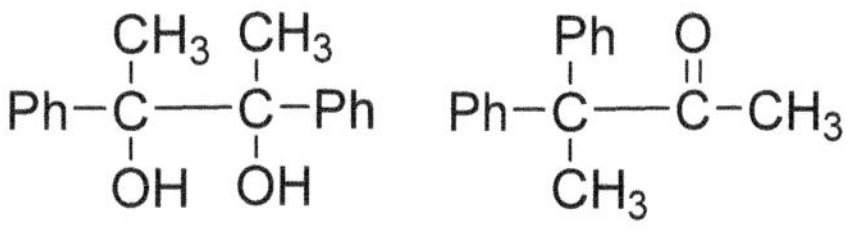

9. 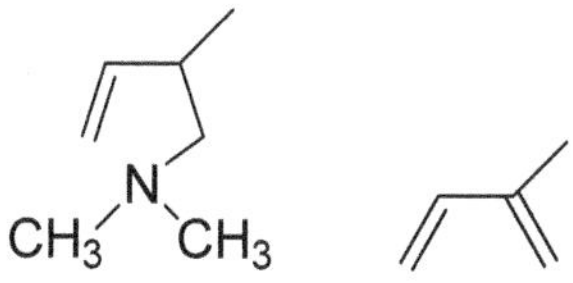

10. 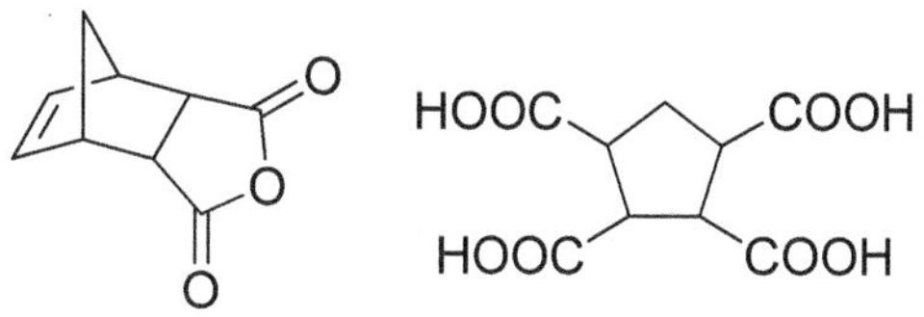

四、写出下列反应历程

1. 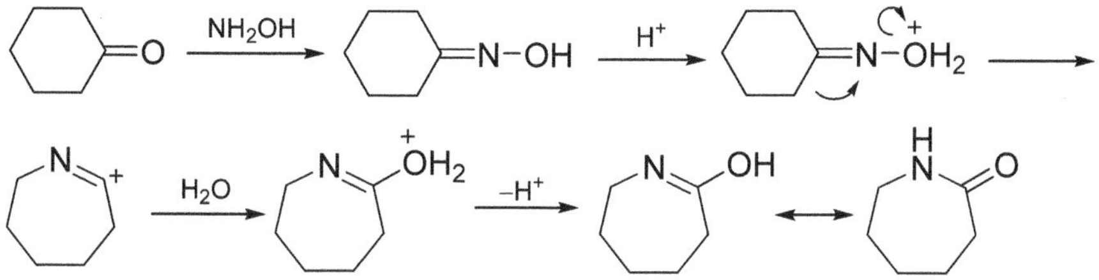

2. 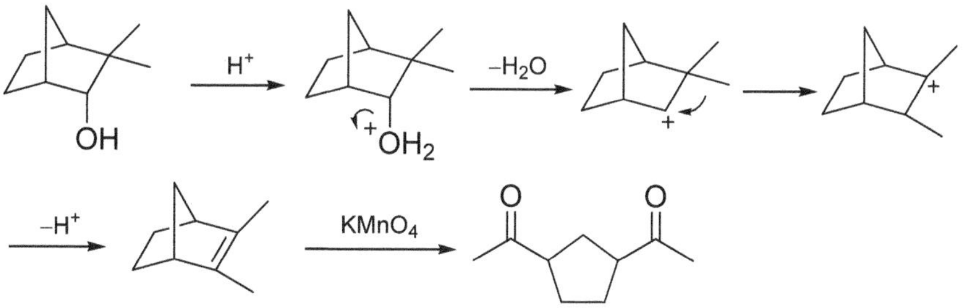

3. 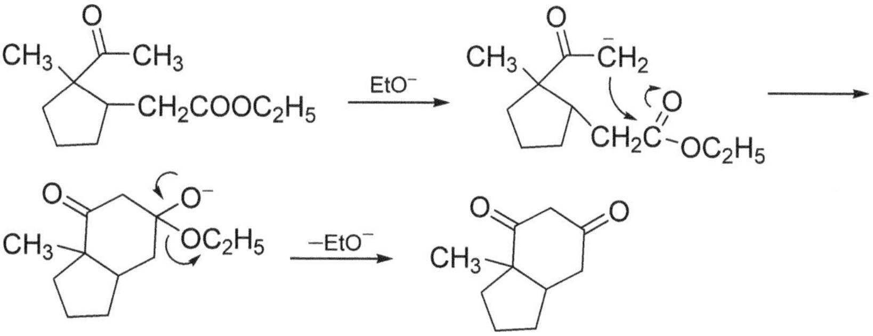

五、推测结构

1. A. 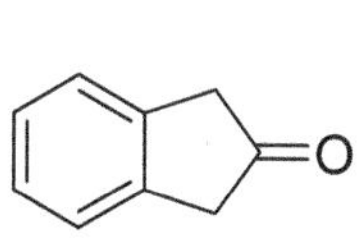 B. 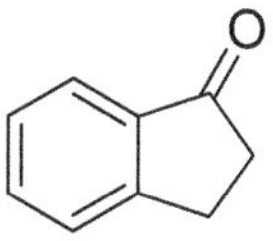

2. A. 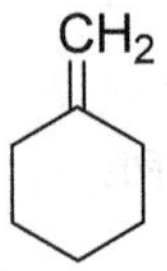 B. 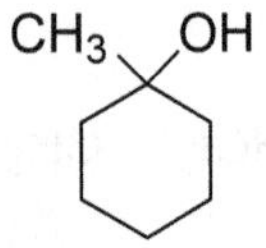 C. 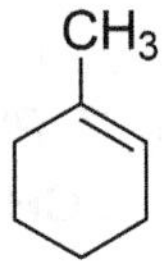 D. 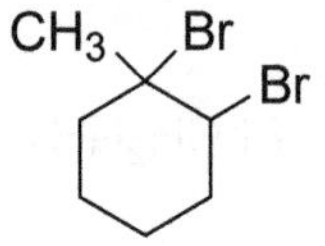 E. 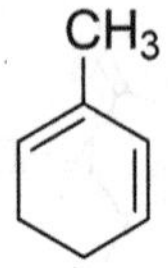

六、由指定原料及必要试剂合成

1. 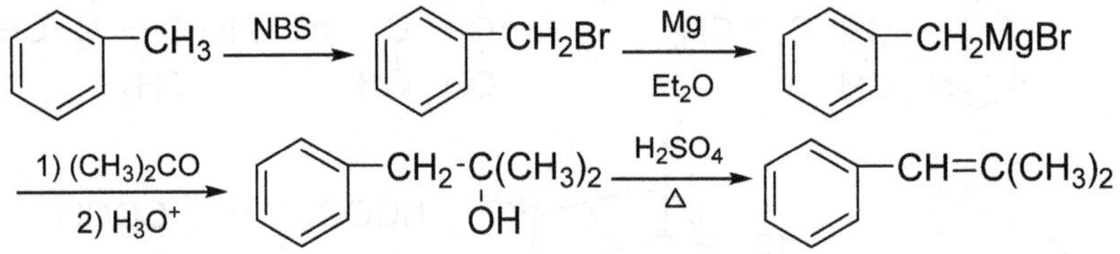

2. 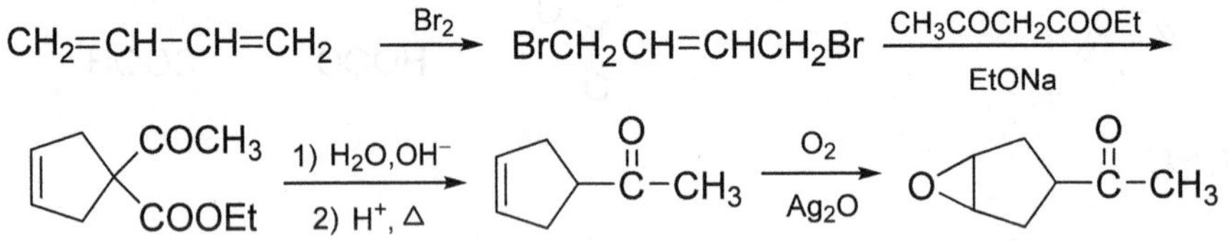

3. 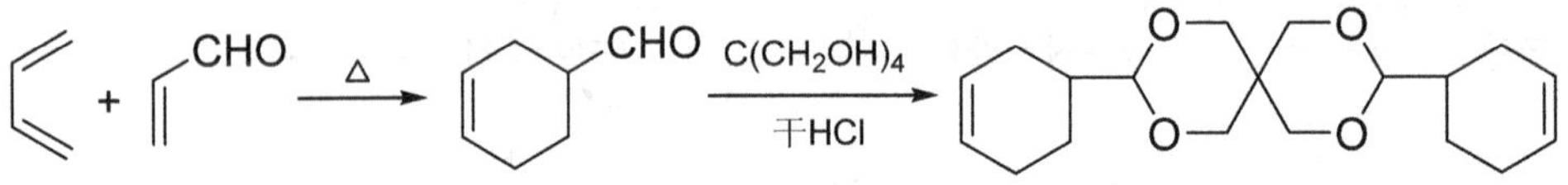

4. 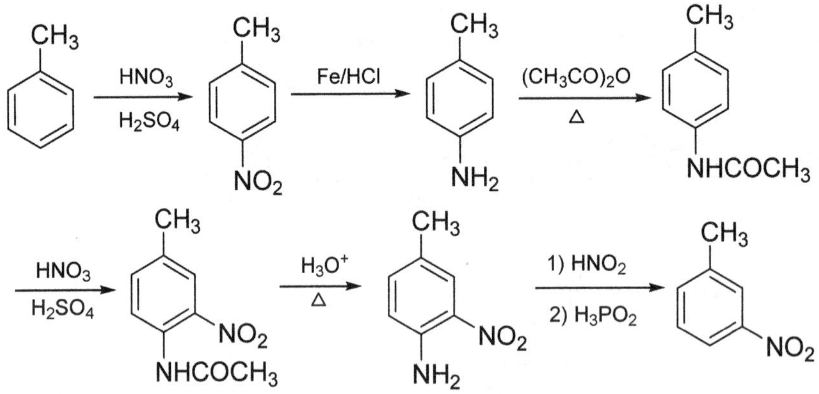

5. 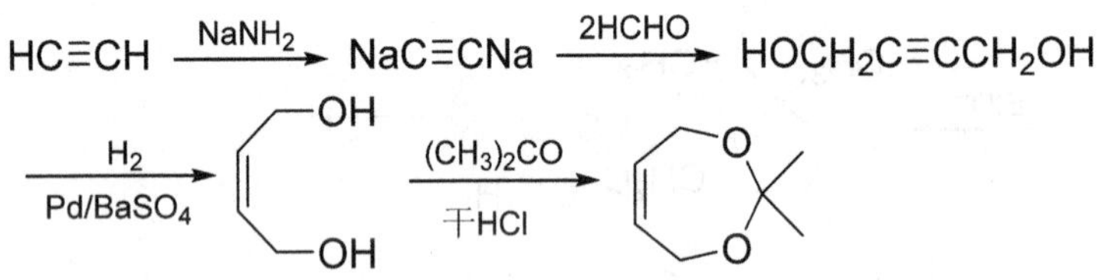

模拟试题二

一、选择题

1. C　2. C、D　3. A　4. D　5. D　6. A　7. B　8. C　9. A　10. C

二、简答题

1. 命名或写出结构式。

(2*Z*,6*R*)-6-溴-2-庚烯　　(*S*)-1-苯基-1-丙醇　　1-甲基-3-乙基二环[2.2.1]庚烷

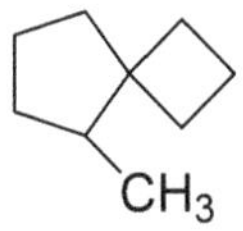

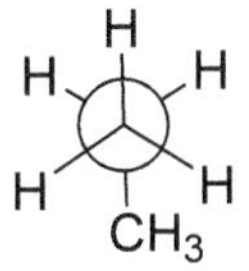

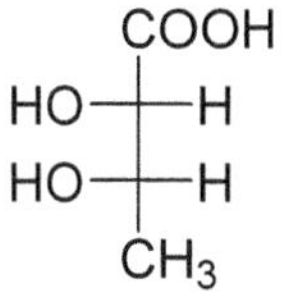

2. 鉴别下列化合物。

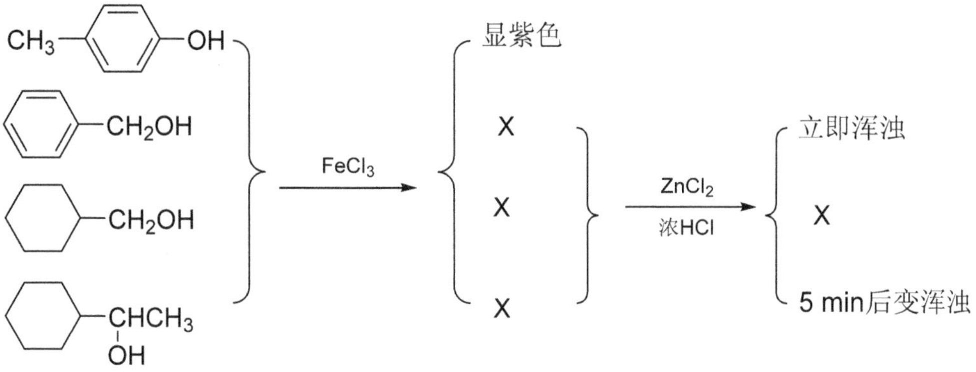

三、完成下列反应

1. 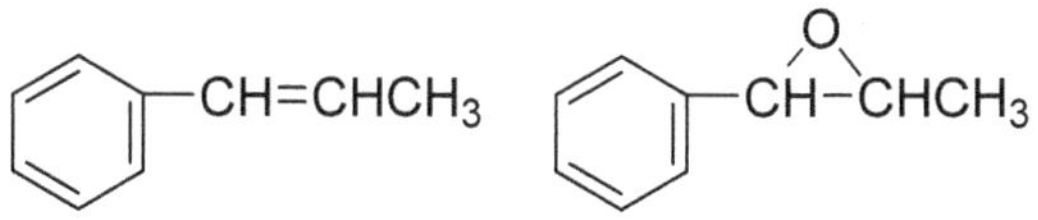

2. 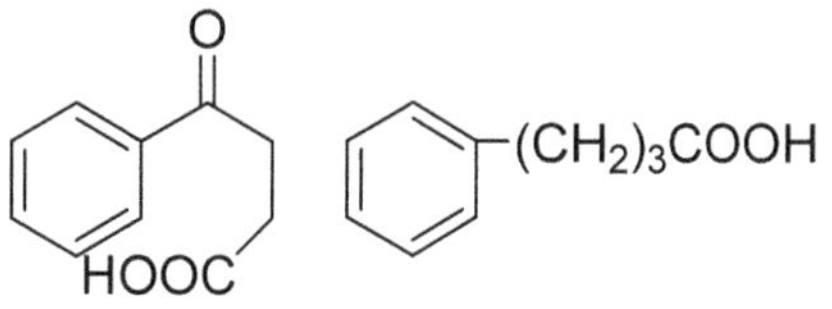

3. 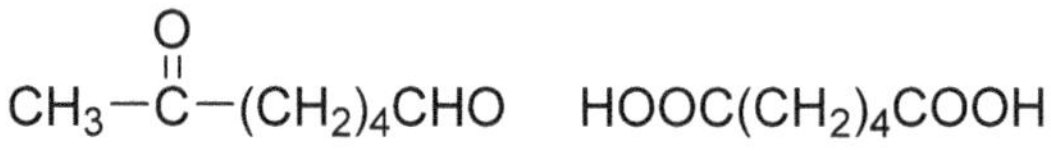

4. 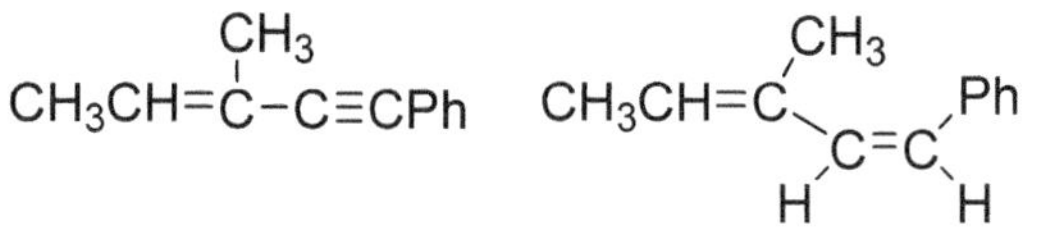

5. 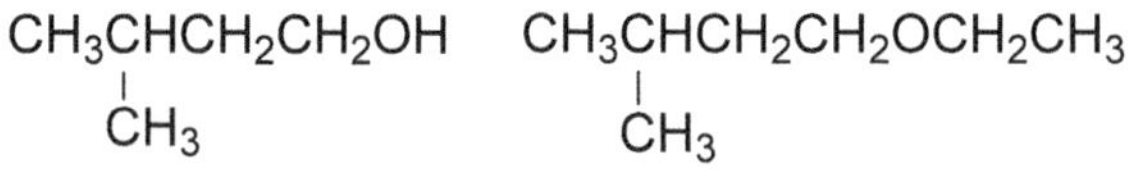

6. 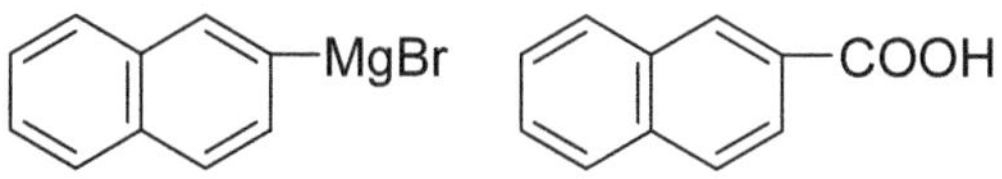

7. 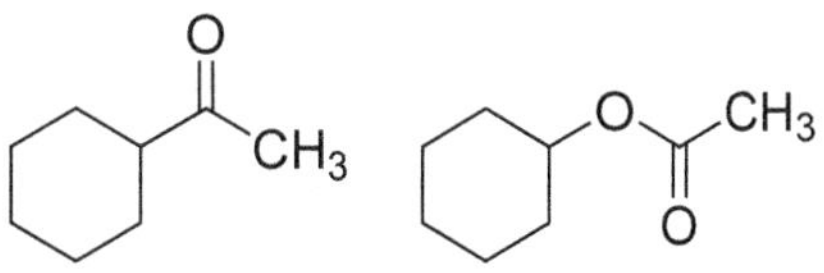

8. 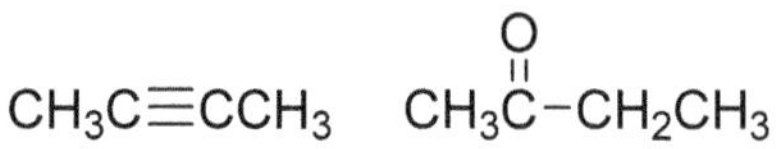

9. 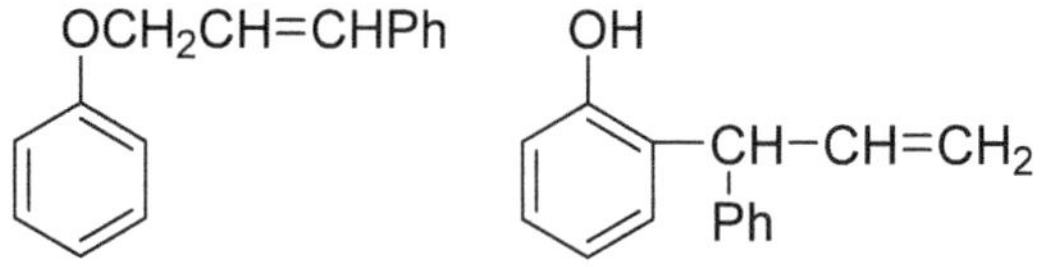

10. 

四、写出下列反应历程

1. 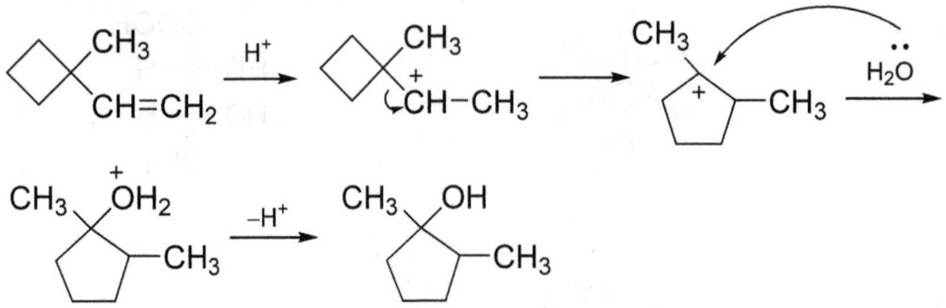

2. 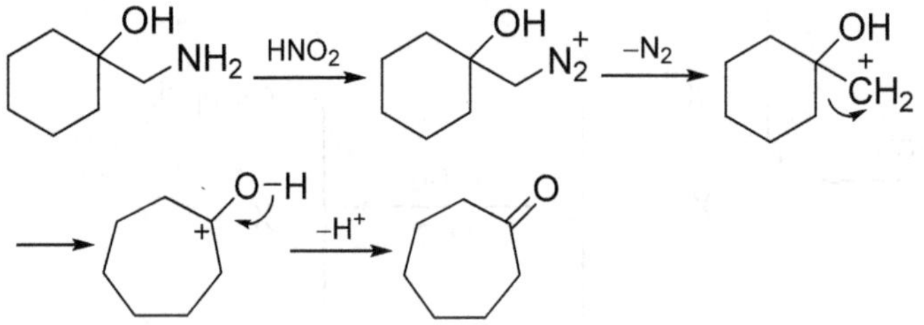

3. 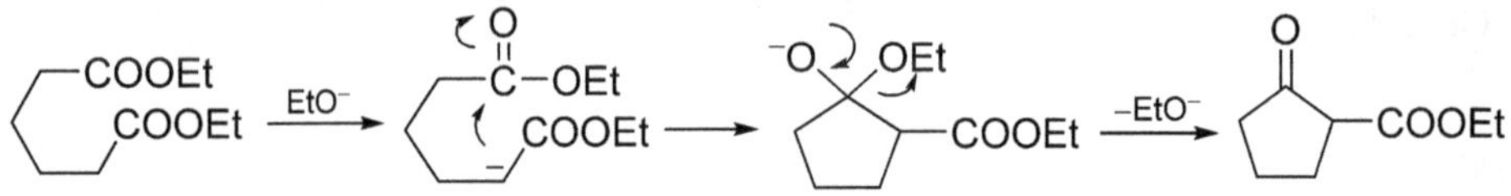

五、推测结构

1. A. 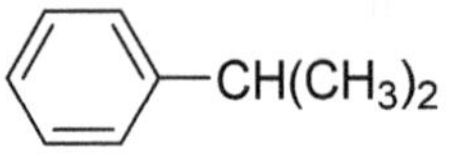　　B. 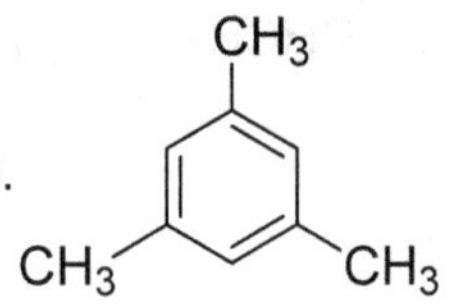

2. C. $CH_3CH_2C\equiv CCH_2CH_3$　　D. 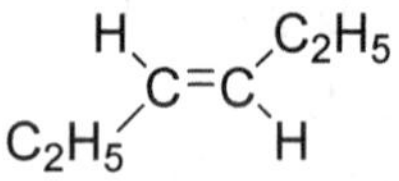

3. E. 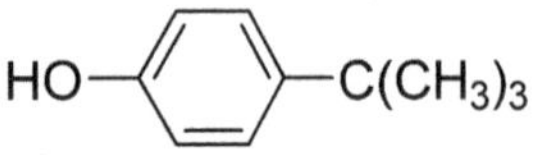

六、由指定原料及必要试剂合成

1. 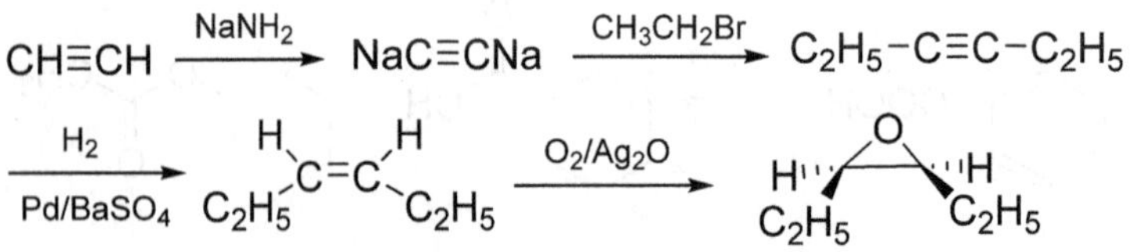

2. 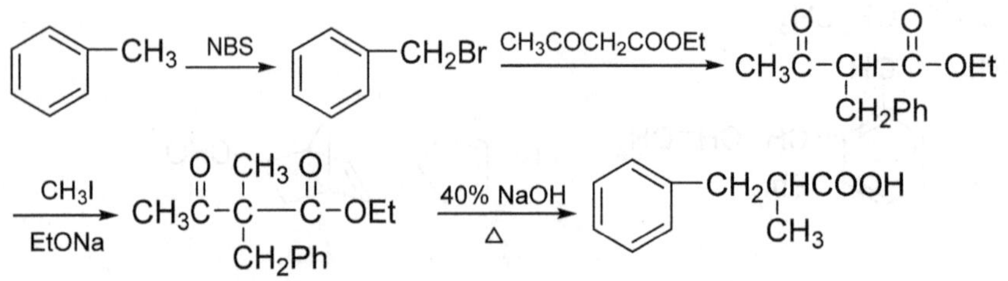

3. 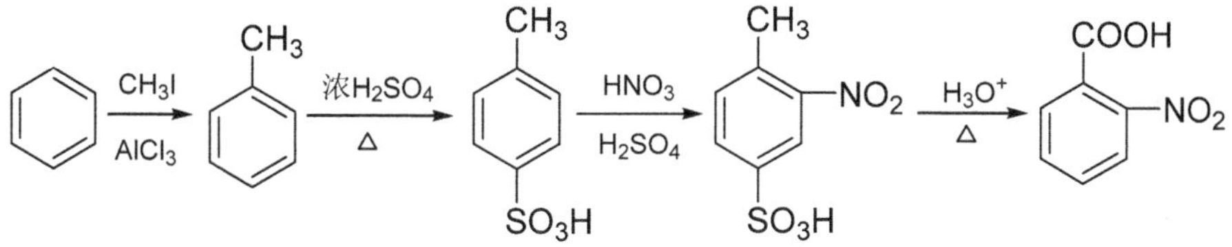

4. 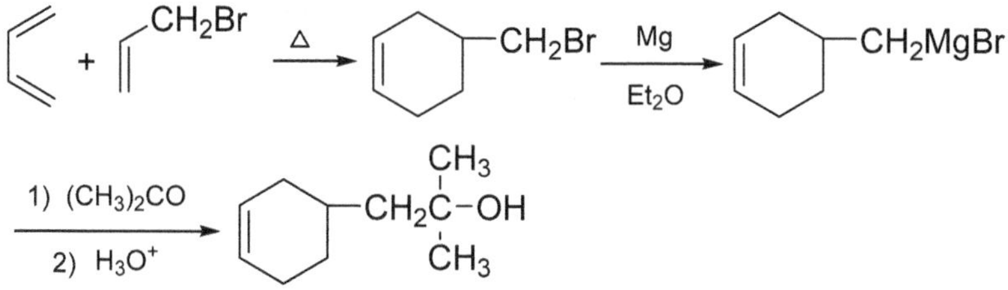

5. 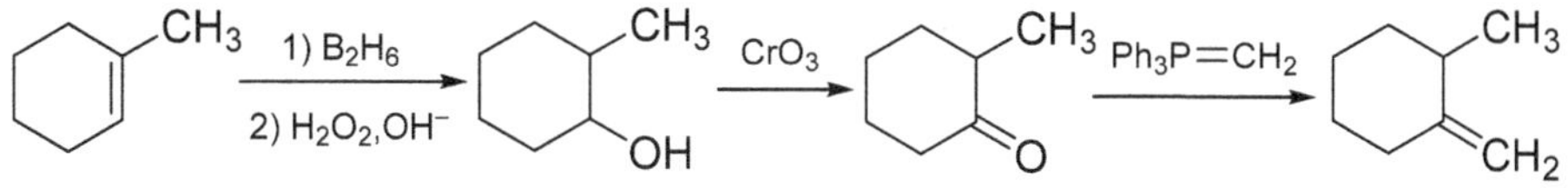

模拟试题三

一、选择题

1. D　2. D、C　3. B　4. C　5. D　6. C　7. C　8. B　9. C　10. B

二、简答题

1. 命名或写出结构式。

4-甲基-3-戊烯-1-炔　　(2*R*)-3-甲基-1,2-二溴丁烷　　1-溴二环[2.2.2]-2-辛烯

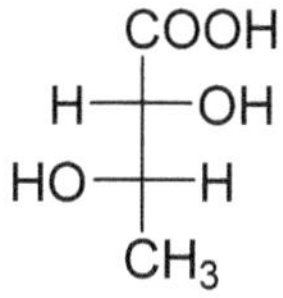

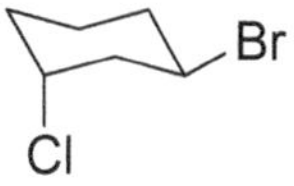

2. 鉴别下列两组化合物。

(1) D-葡萄糖、D-果糖 $\xrightarrow{Br_2/H_2O}$ {褪色; X}

(2) $CH_3CH(NH_2)COOH$、$H_2NCH_2CH_2COOH$ $\xrightarrow{\text{水合茚三酮}}$ {显紫红色; X}

三、完成下列反应

1. $CH_3CH_2\overset{O}{\overset{\|}{C}}-CH_3$　　$CH_3CH_2\overset{CH_3}{\overset{|}{C}}=CHPh$

2. 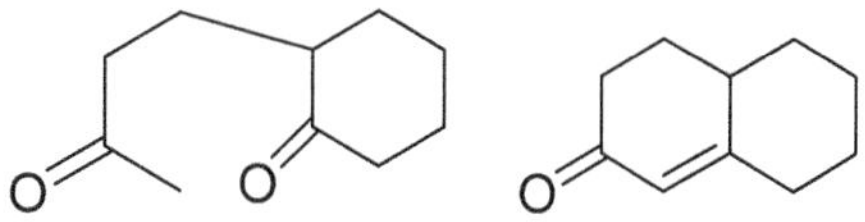

3. 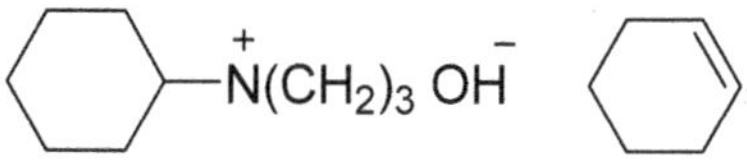

4. 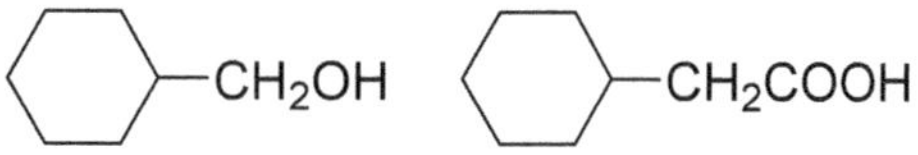

5. 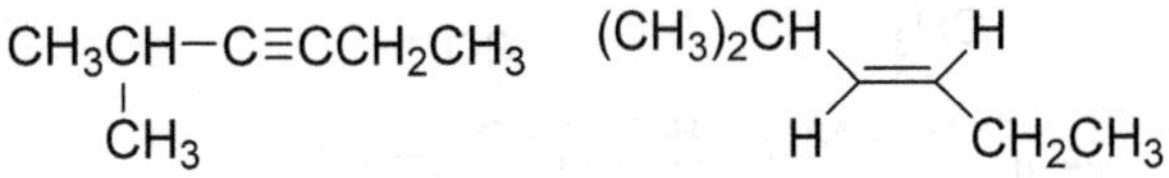

6. 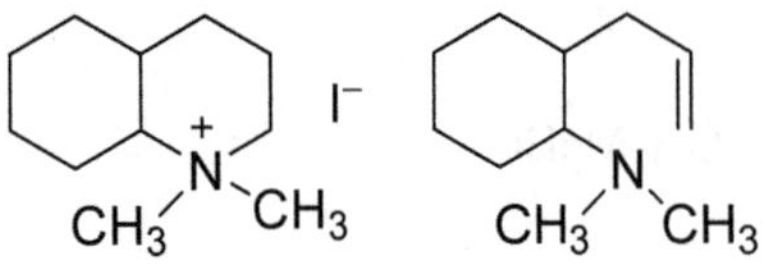

7. 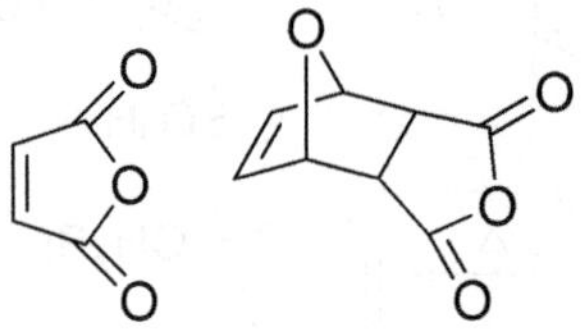

8. 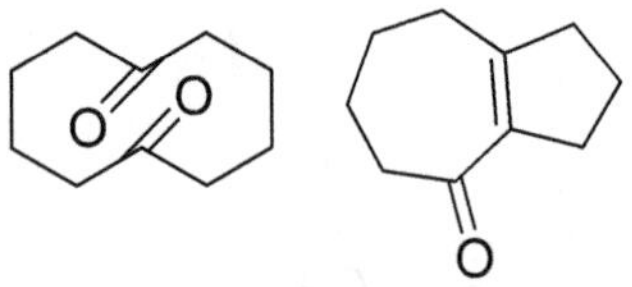

9. 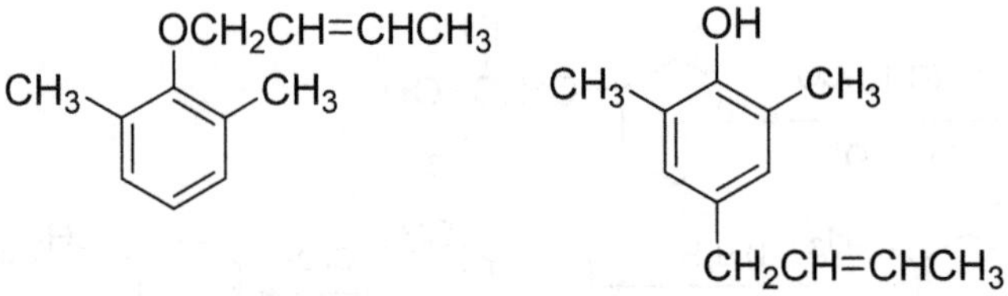

10. 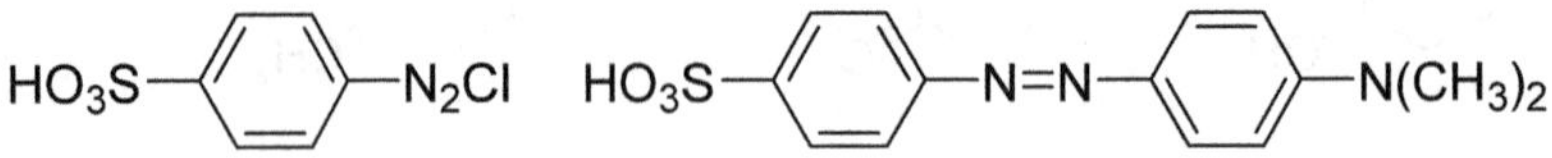

四、写出下列反应历程

1. 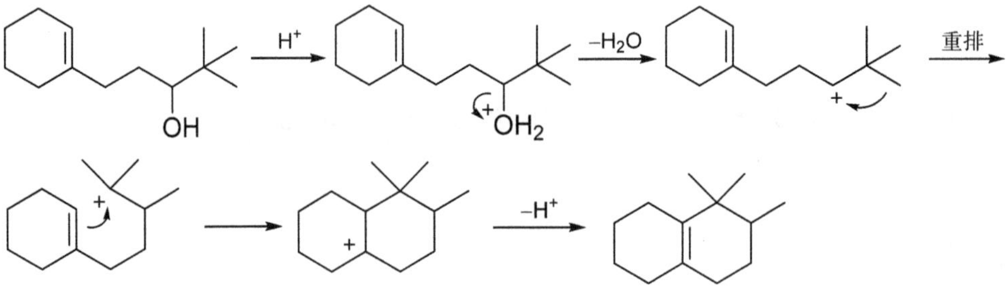

2. 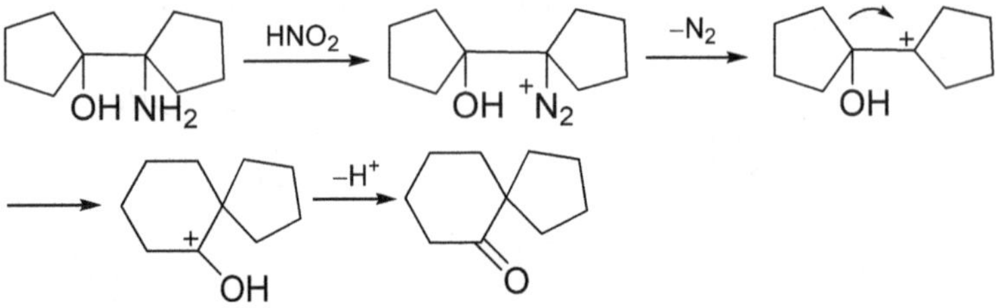

3. 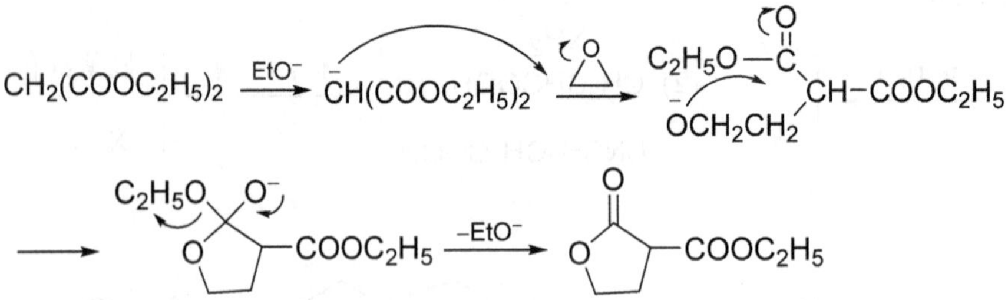

五、推测结构

1. A. 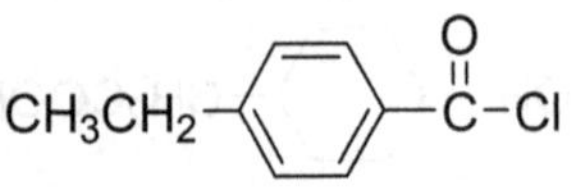

B. 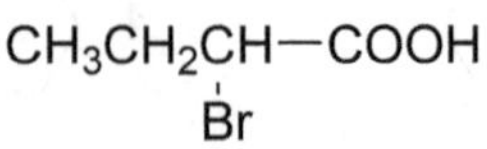

2. C. 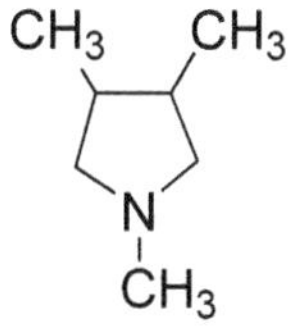

D. 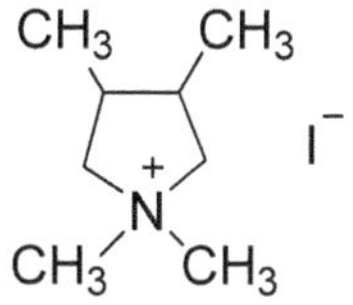

E. 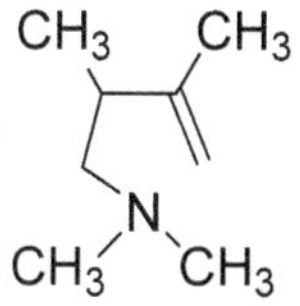

F. 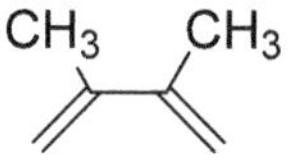

G. 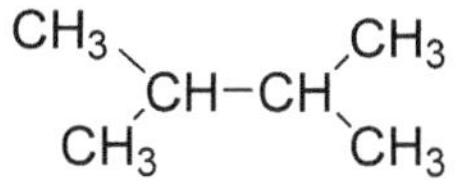

六、由指定原料及必要试剂合成

1. 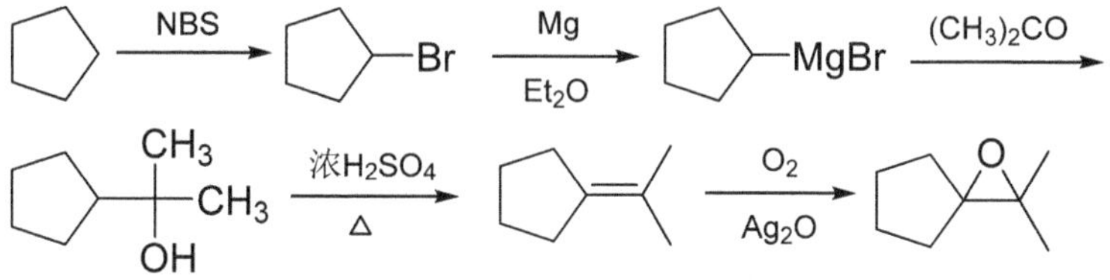

2. 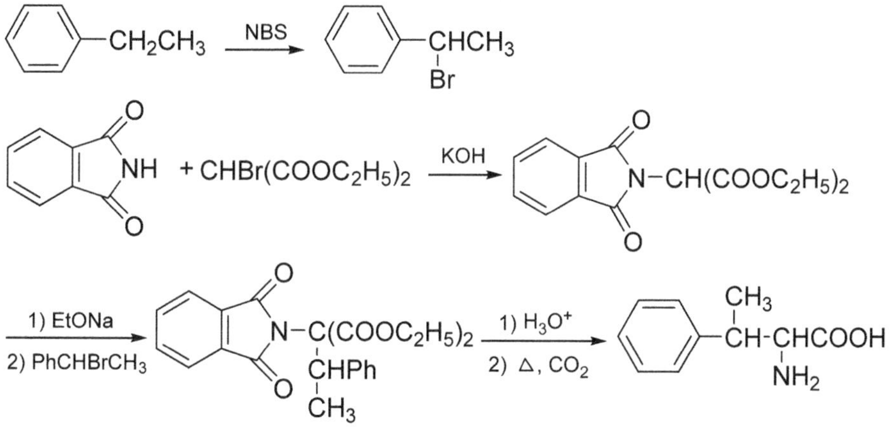

3. 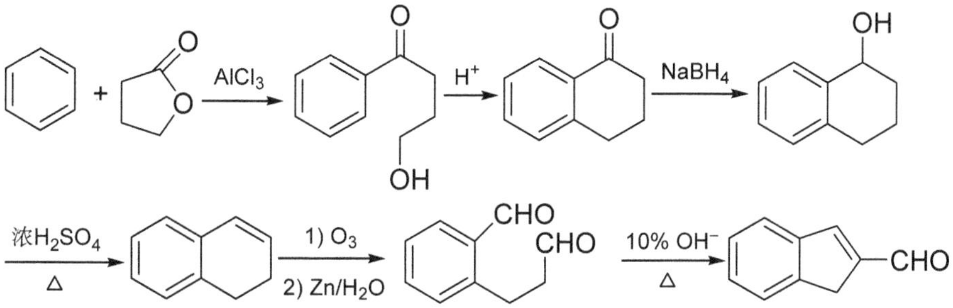

4. 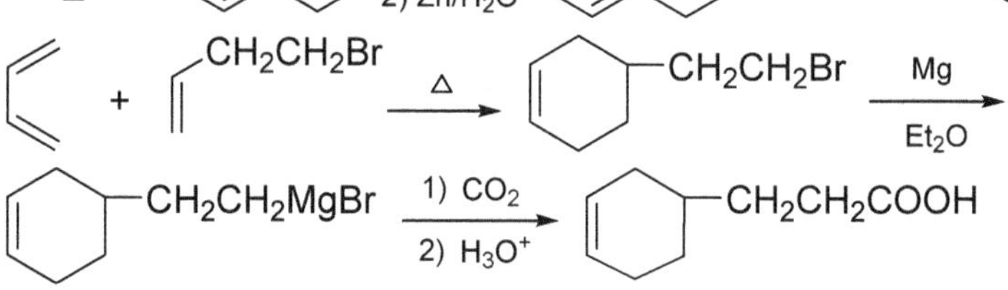

5. 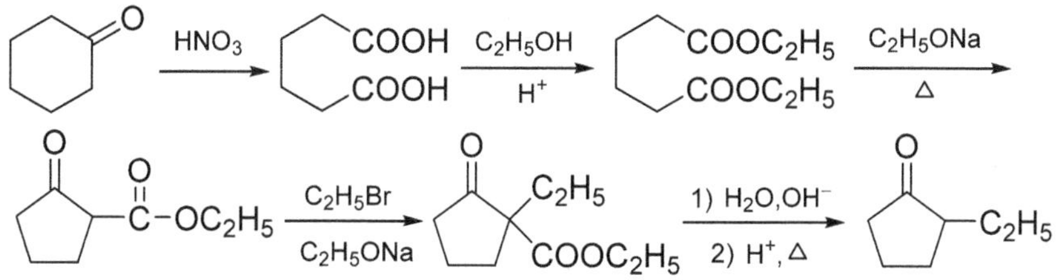

模拟试题四

一、选择题

1. C　2. D　3. A　4. A　5. D　6. D　7. C　8. A、D　9. C　10. C

二、简答题

1. 命名或写出结构式。

2,7,7-三甲基二环[2.2.1]庚烷　　(2*R*,5*E*)-5-烯-2-辛醇　　(*Z*)-2-氯-1-溴-1-碘-1-丙烯

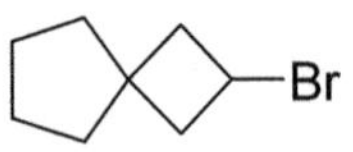

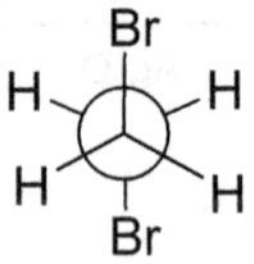

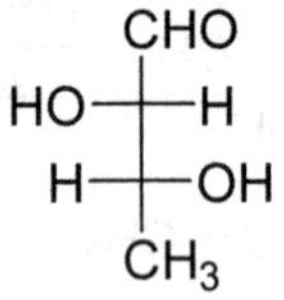

2. 鉴别下列两组化合物。

(1) 正溴丁烷、正丁醛、正丁醇 $\xrightarrow[\Delta]{AgNO_3}$ AgBr↓(淡黄)；X、X $\xrightarrow{Ag(NH_3)_2OH}$ Ag↓(白)；X

(2) 2,5-二甲苯酚、对甲基苯胺、间甲苯甲酸 $\xrightarrow{FeCl_3}$ 显紫色；X、X $\xrightarrow{TsCl}$ ↓(白)；X

三、完成下列反应

1. 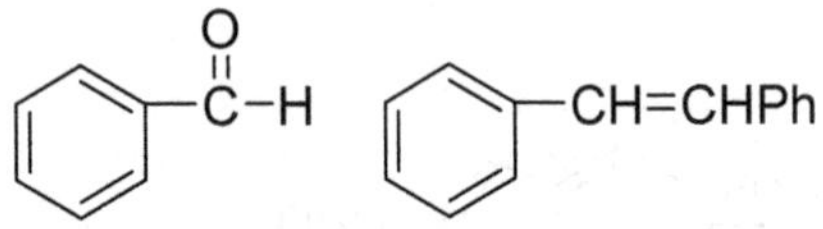

2. 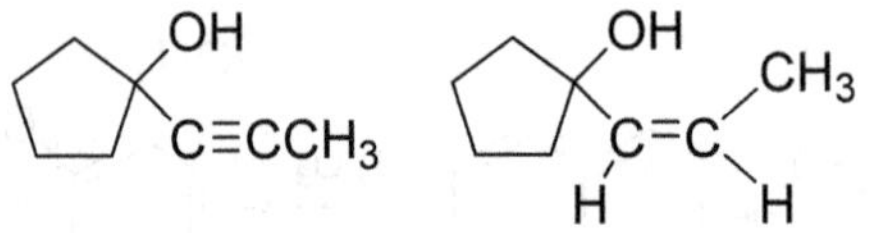

3. 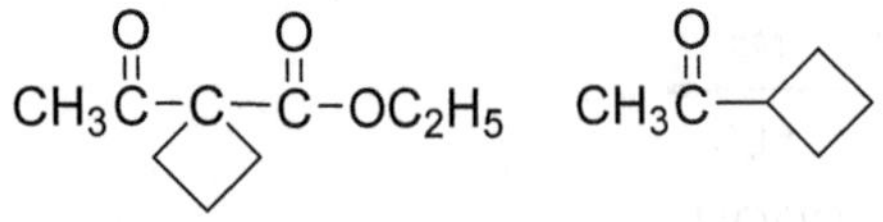

4. 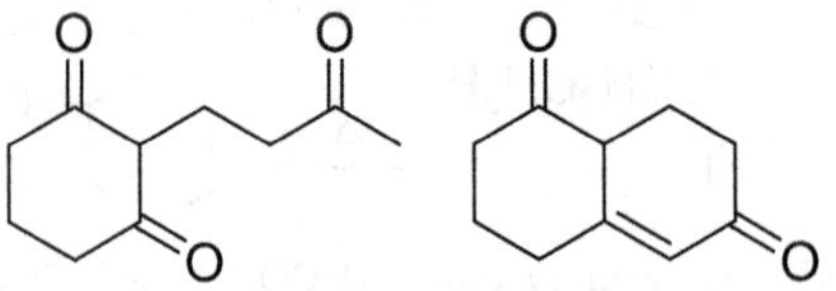

5. 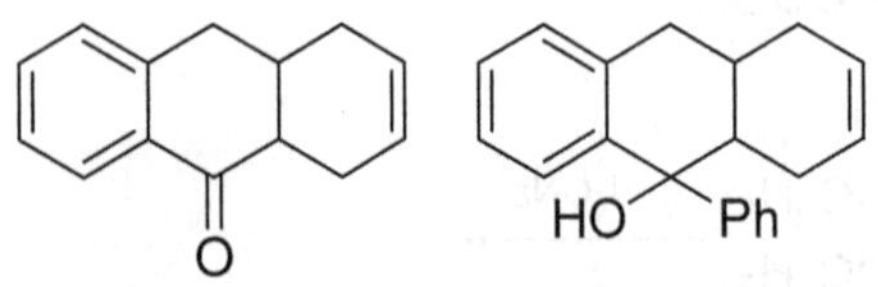

6. $C_2H_5\text{-}\overset{O}{\overset{\|}{C}}-(CH_2)_4\text{-}\overset{O}{\overset{\|}{C}}-CH_3$　　$C_2H_5\text{-}\overset{O}{\overset{\|}{C}}-(CH_2)_4\text{-}\overset{O}{\overset{\|}{C}}-OH$

7. 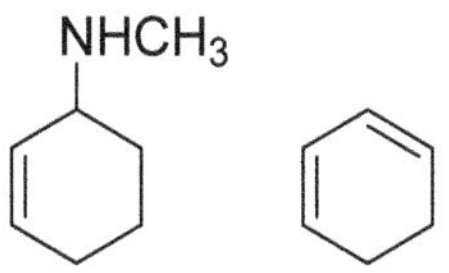

8. 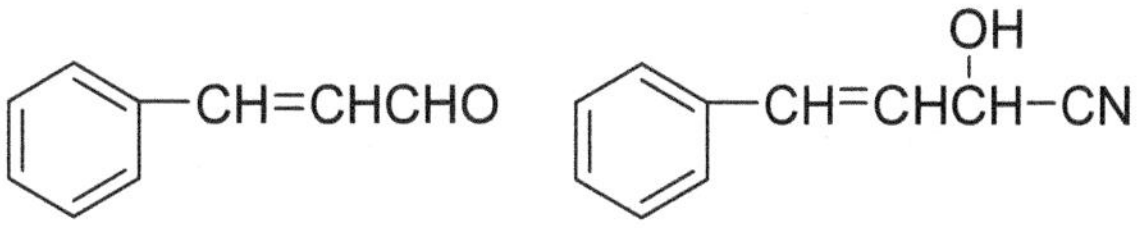

9. 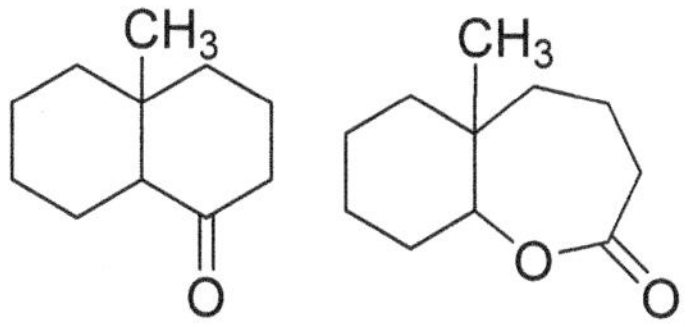

10. $CH_3CH_2CH_2OH$ $CH_3(CH_2)_4OH$

四、写出下列反应历程

1. 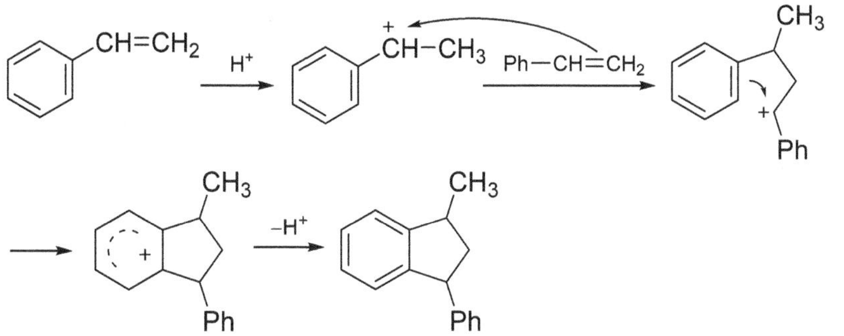

2. 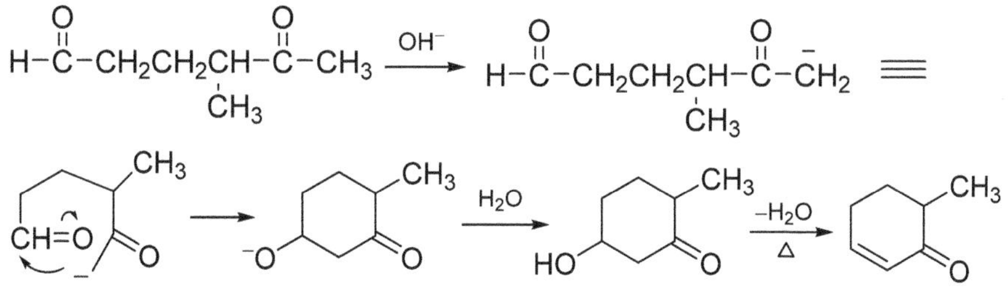

3. 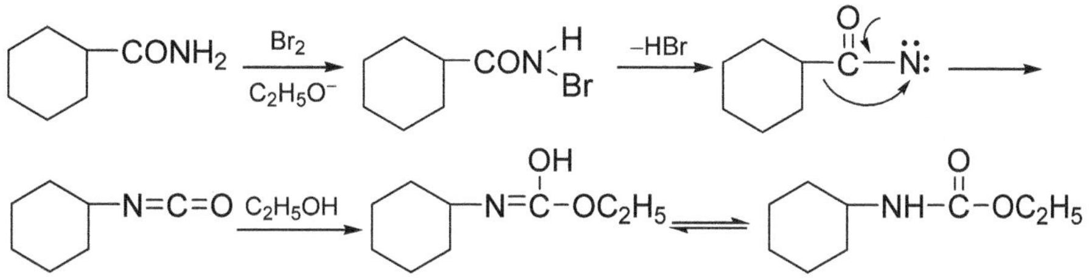

五、推测结构

1. A. $CH_3CH_2COCH_2CH_3$ B. $CH_3COCH_2CH_2CHO$

2. C. 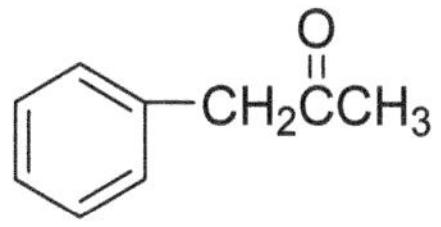 D. $CH_3CH_2OCH_2COOH$

3. E. 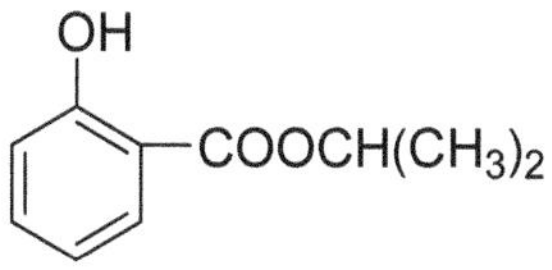 F. 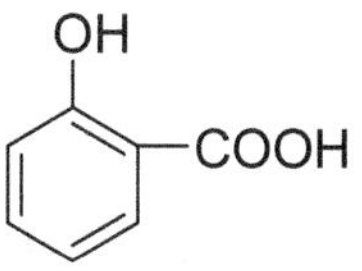

六、由指定原料及必要试剂合成

1. 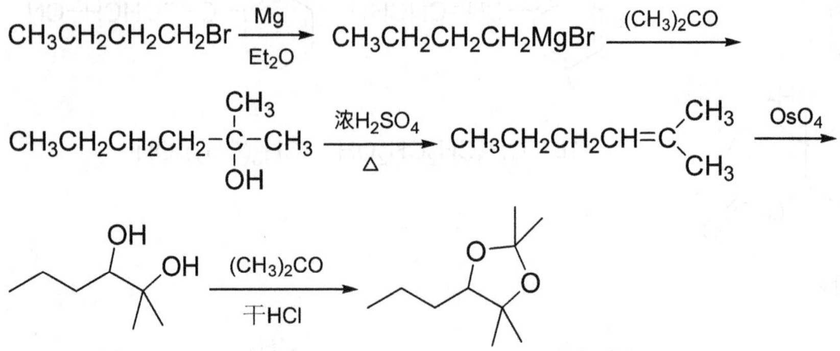

2. 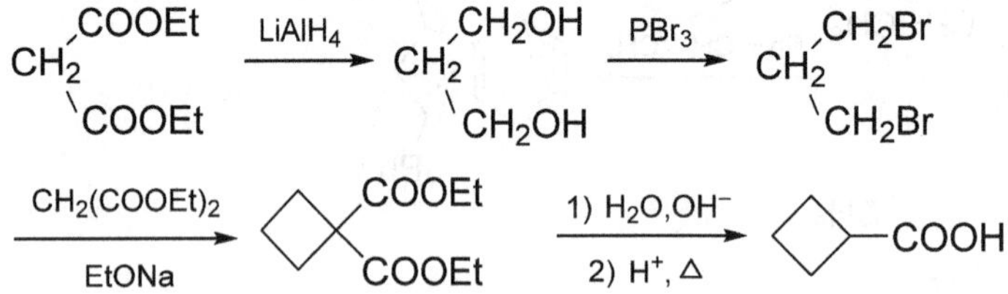

3. 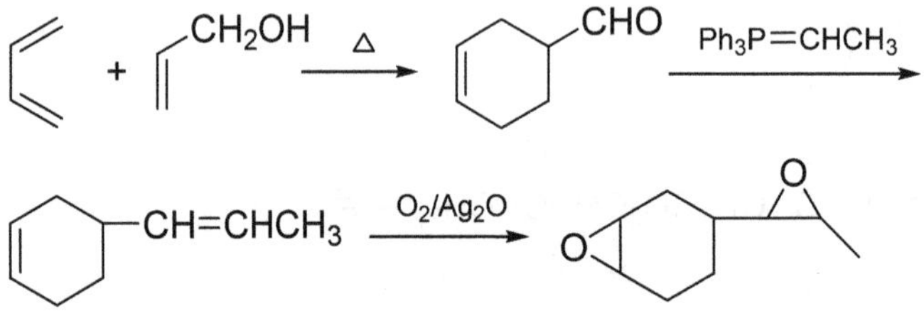

4. 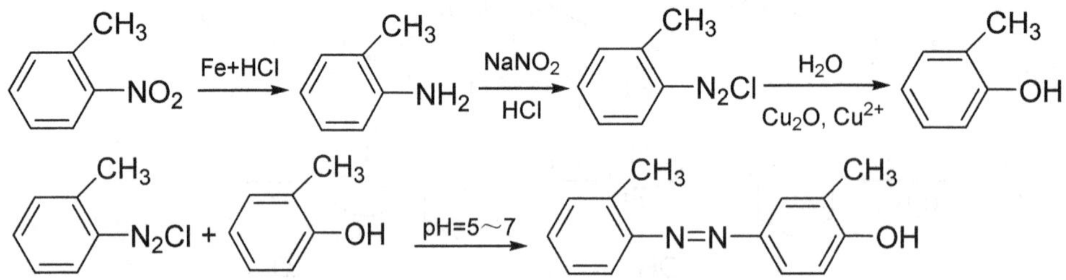

5. 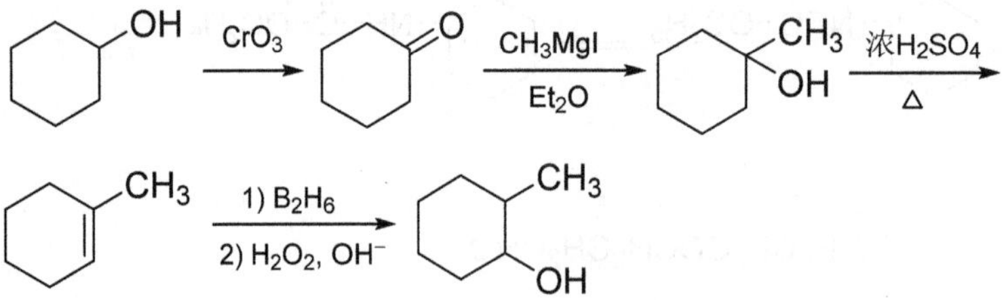

模拟试题五

一、选择题

1. A　2. C　3. B　4. A　5. C　6. B　7. C　8. A　9. A　10. D

二、简答题

1. 命名或写出结构式。

1,8-二甲基螺[3.5]-5-壬烯　　(2*S*,3*S*)-3-溴-2-碘戊烷　　(2*R*)-2-甲基二环[2.2.1]庚烷

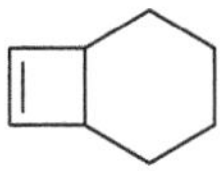

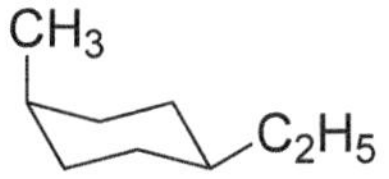

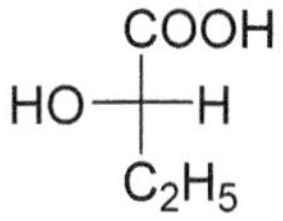

2. 鉴别下列化合物。

(1)
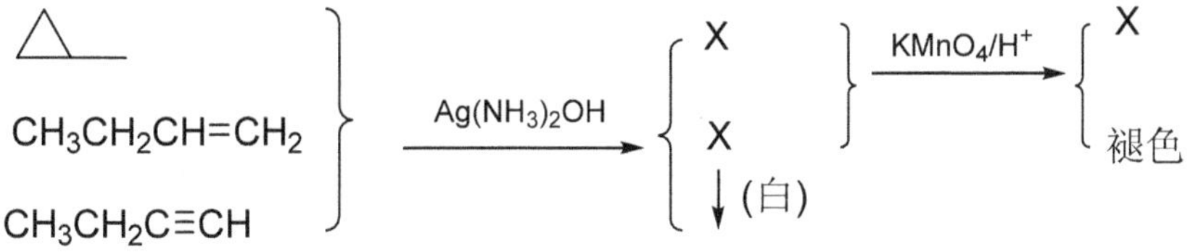

(2)
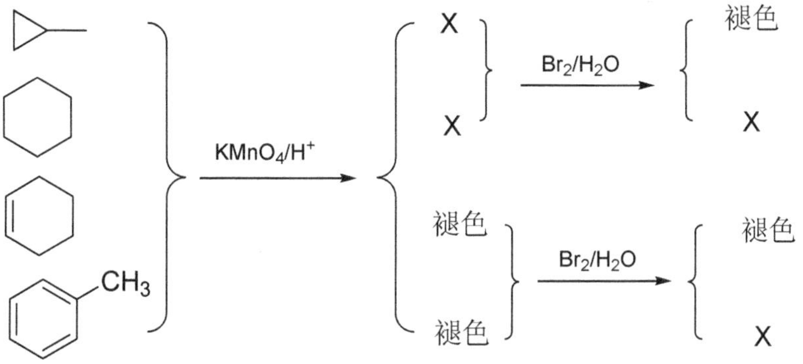

三、完成下列反应

1.
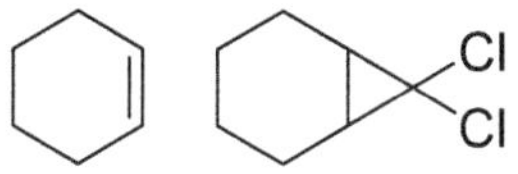

2.
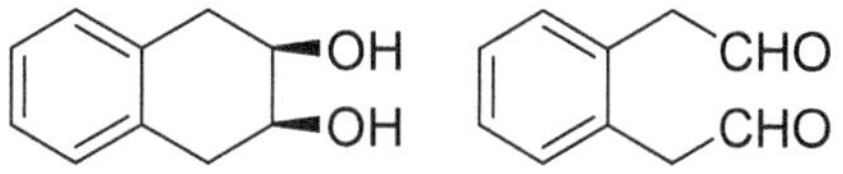

3.
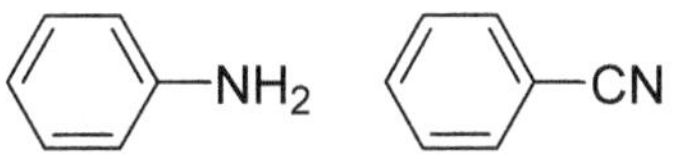

4.
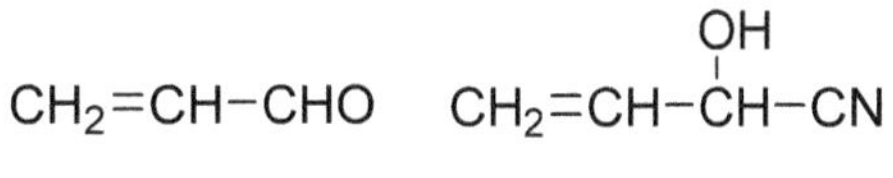

5.
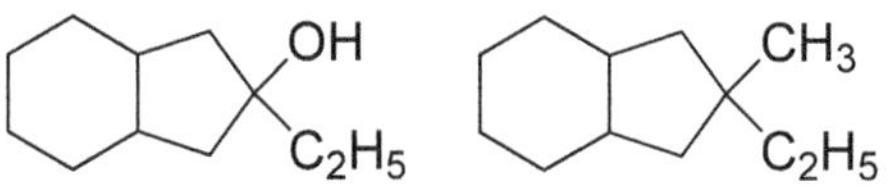

6.
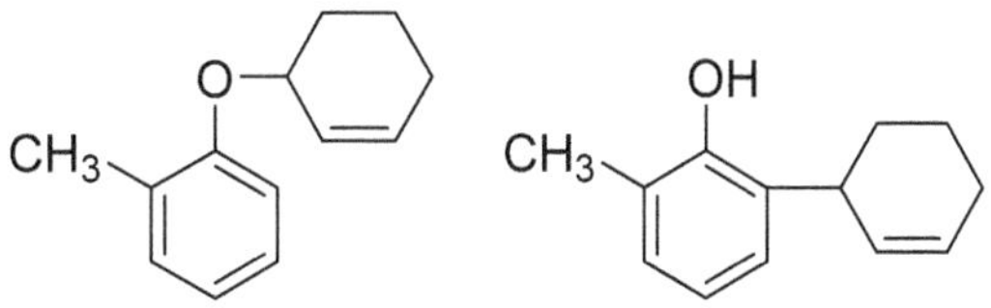

7.
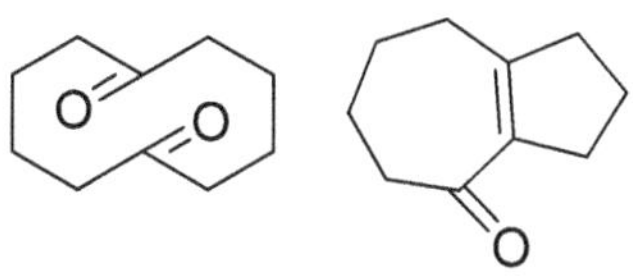

8.
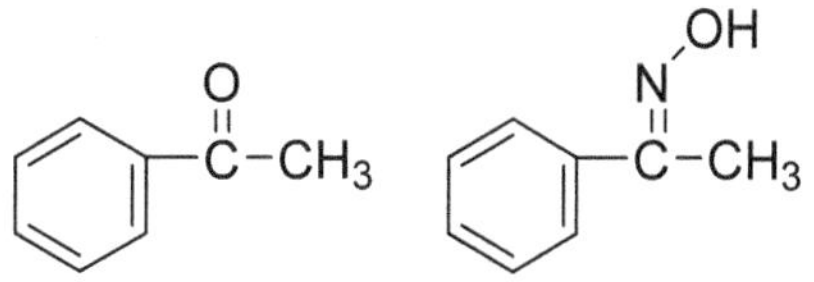

9.
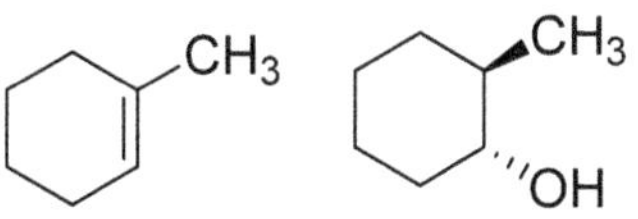

10.
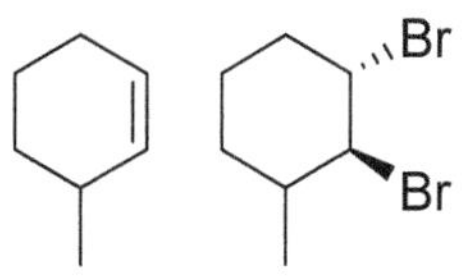

四、写出下列反应历程

1.

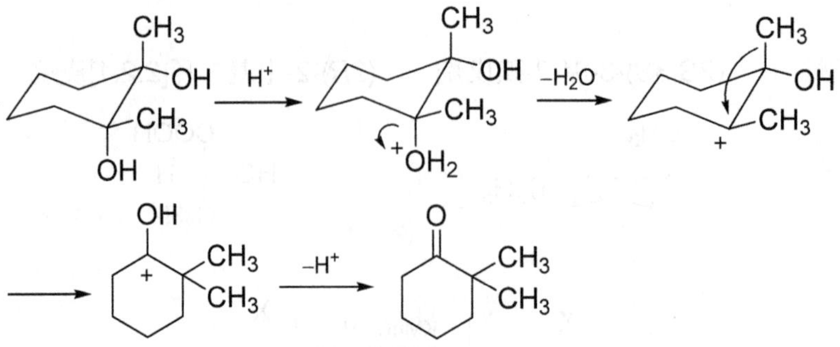

2.

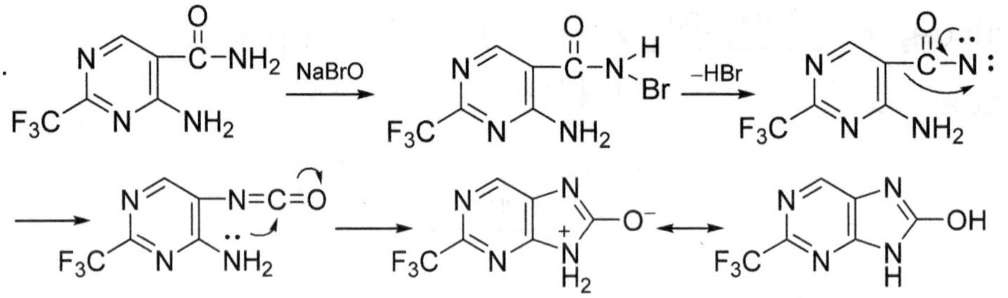

3.

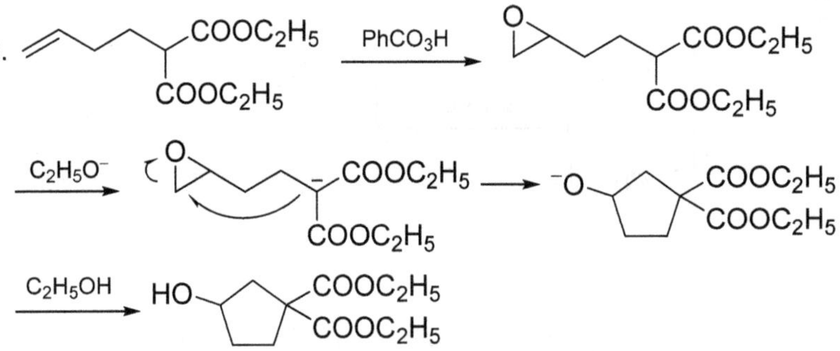

五、推测结构

1. A. $CH_3CH_2CH_2CH(OH)CH_3$　　B. $CH_3CH_2CH_2C(=O)CH_3$　　C. $CH_3CH_2CH_2C(OH)(CH_3)CH_2CH_3$

2. A. $CH_3-C(CH_3)=CHCH_3-C(=O)-CH_3$　　B. $CH_3-C(=O)-CH_2COOH$

3. A.

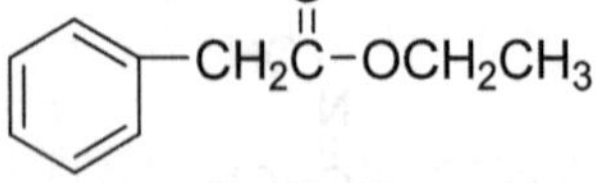

B. $ClCH_2-C(=O)-OCH_2CH_3$

六、由指定原料及必要试剂合成

1. $CH_3CH_2OH \xrightarrow[\triangle]{\text{浓}H_2SO_4} CH_2{=}CH_2 \xrightarrow{Br_2} BrCH_2CH_2Br \xrightarrow[\triangle]{NaNH_2} CH{\equiv}CH$

$\xrightarrow{NaNH_2} CH{\equiv}CNa \xrightarrow{CH_3CH_2Br} CH_3CH_2C{\equiv}CH \xrightarrow[H_2SO_4]{HgSO_4} CH_3CH_2C(=O)-CH_3$

2. $CH_2=CH-CH=CH_2 \xrightarrow{Br_2} BrCH_2CH=CHCH_2Br$

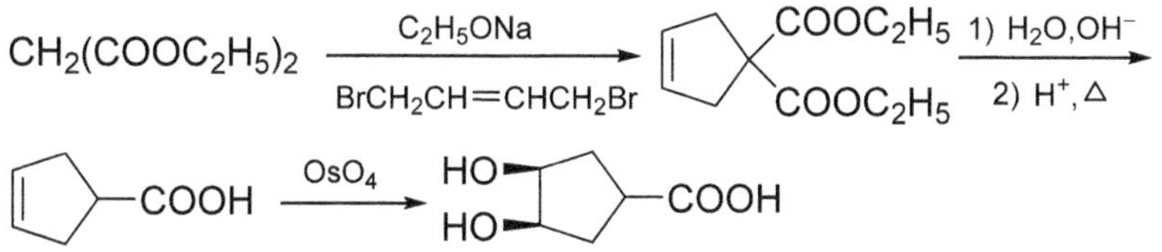

3.

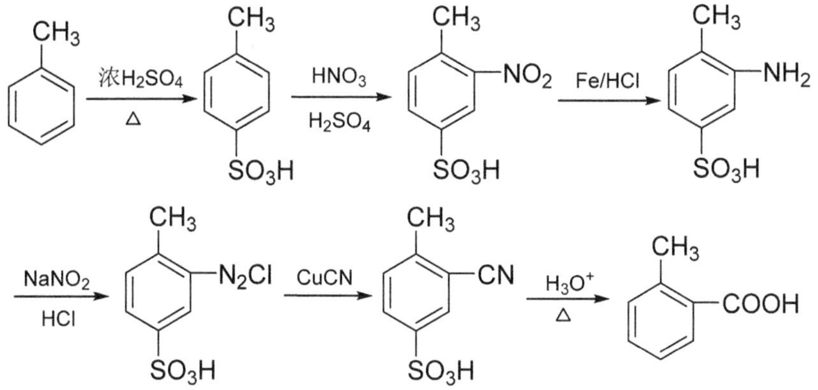

4.

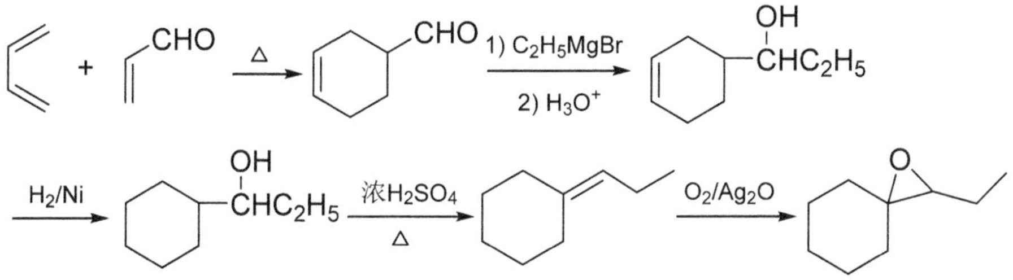

5.

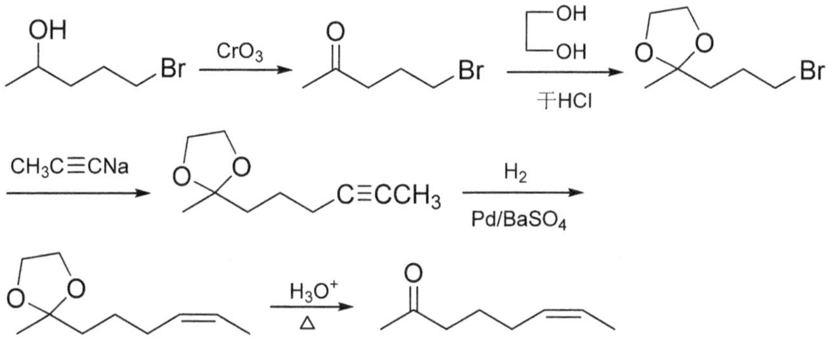

模拟试题六

一、选择题

1. B 2. C 3. A 4. C 5. A 6. B 7. C 8. C 9. C 10. A

二、简答题

1. 命名或写出结构式。

7-溴双环[2.2.0]-2-辛烯　　环戊基乙炔

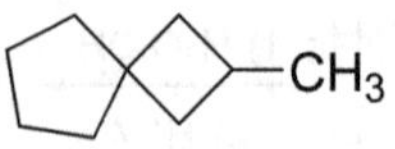

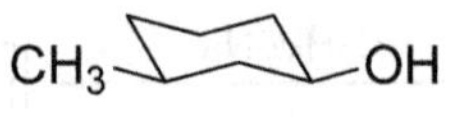

2. 写出下列反应机理。

(1) 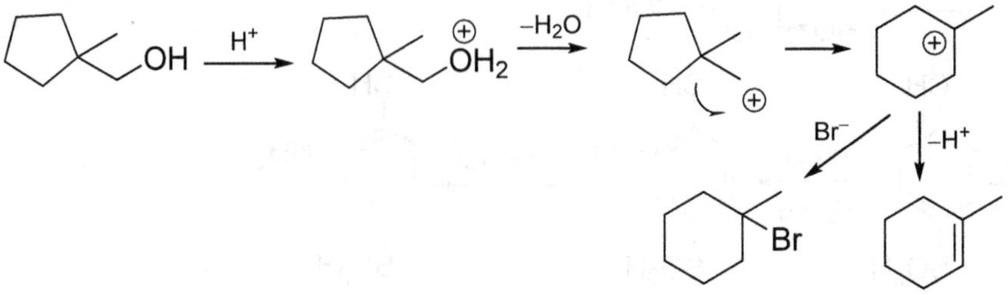

(2) 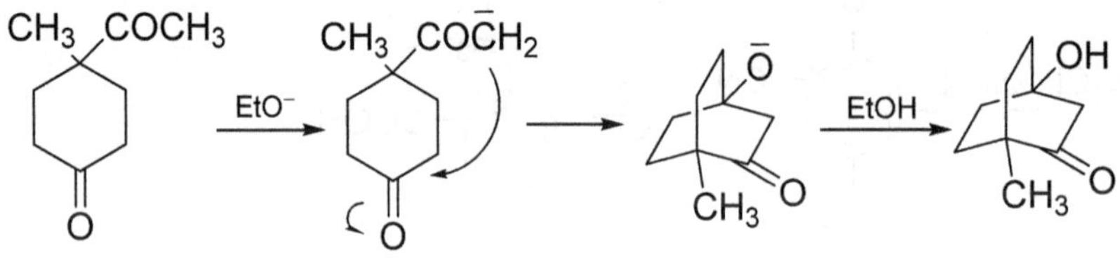

(3) 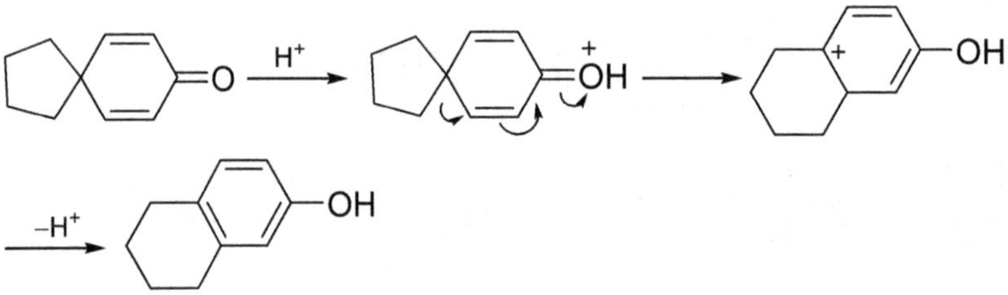

三、完成下列反应

1. 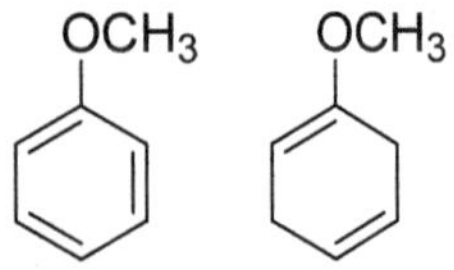

2. 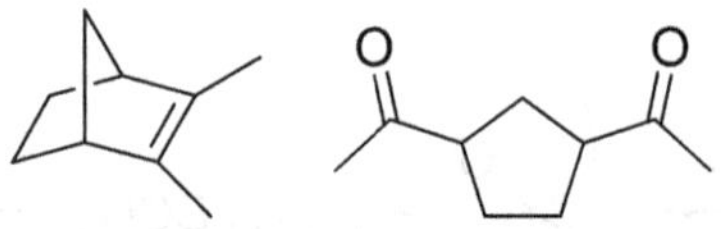

3. 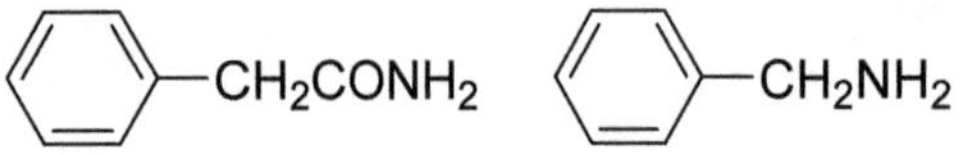

4. 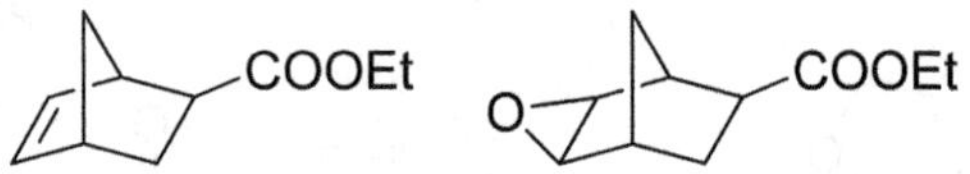

5. 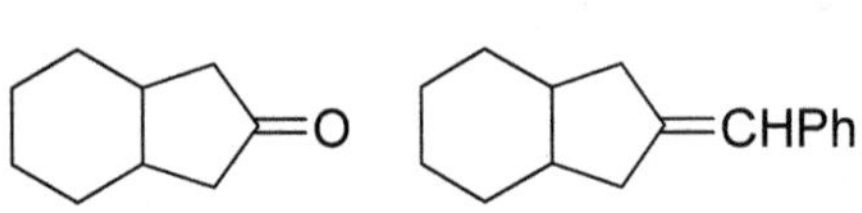

6. 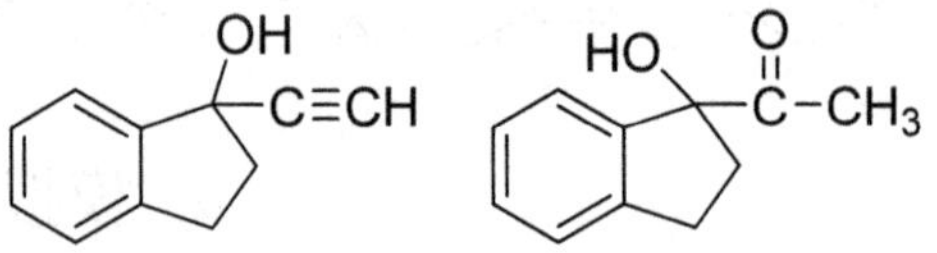

7. 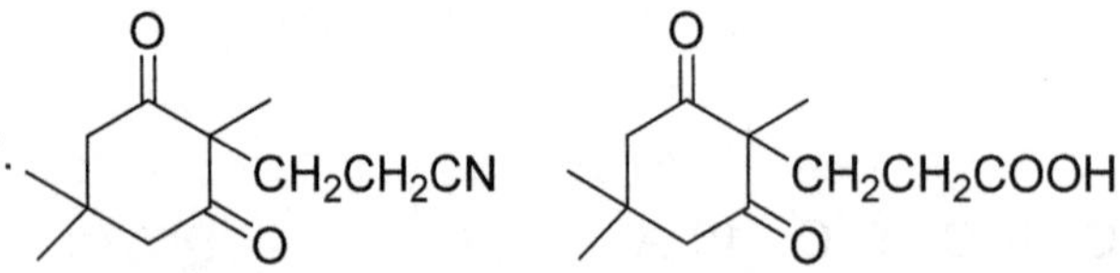

8. 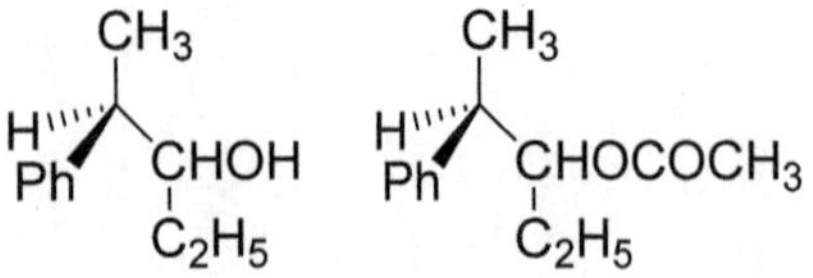

9. 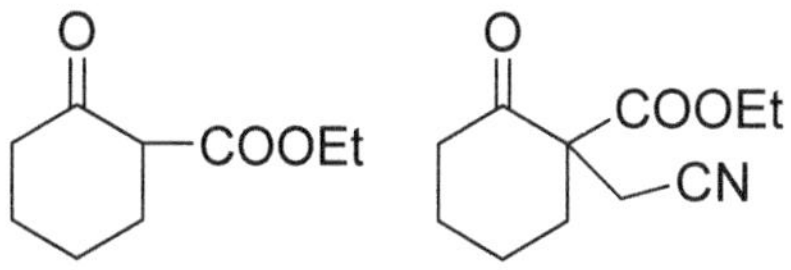

10. 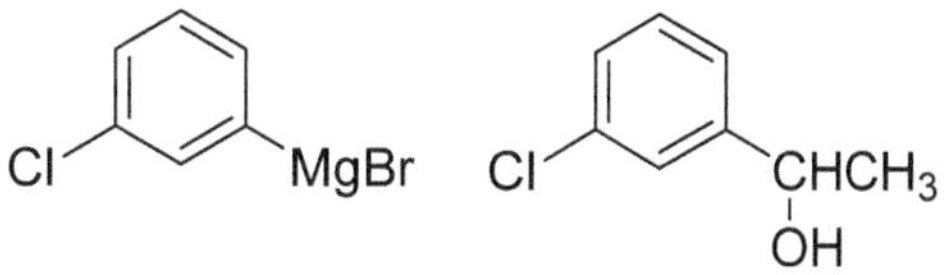

四、推测结构

1. A. 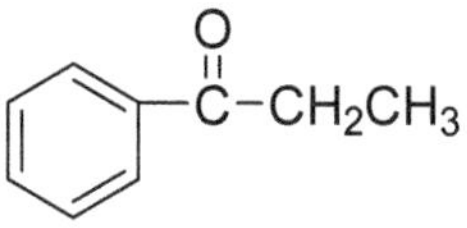 B. 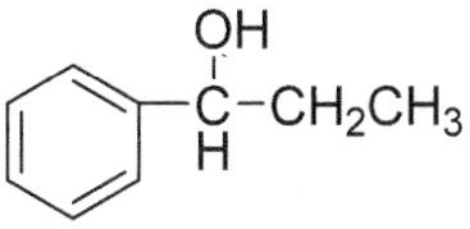

2. A. 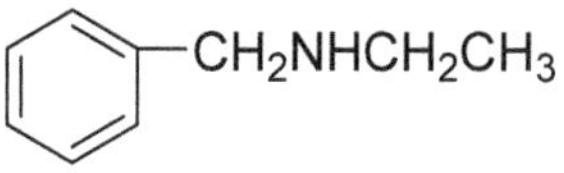 B. $H-\overset{O}{\overset{\|}{C}}-OCH(CH_3)_2$

五、由指定原料及必要试剂合成

1. $CH_3CH_2OH \xrightarrow{[O]} CH_3COOH \xrightarrow[H^+]{CH_3CH_2OH} CH_3COOC_2H_5$

$\xrightarrow[2)\ H_3O^+]{1)\ EtONa} CH_3\overset{O}{\overset{\|}{C}}CH_2COOC_2H_5 \xrightarrow{NaBH_4} CH_3\overset{OH}{\overset{|}{C}}HCH_2COOC_2H_5$

2. 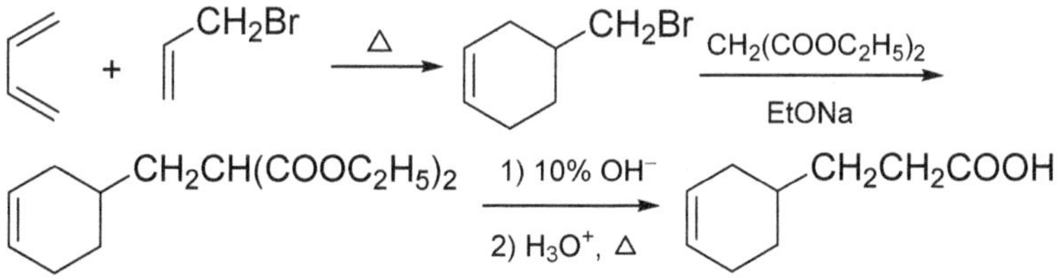

3. 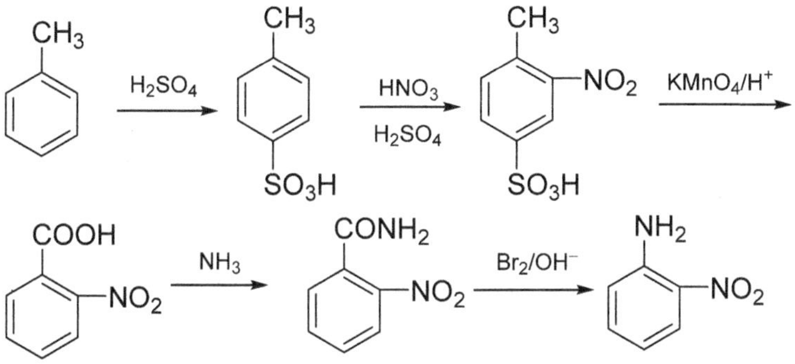

4. 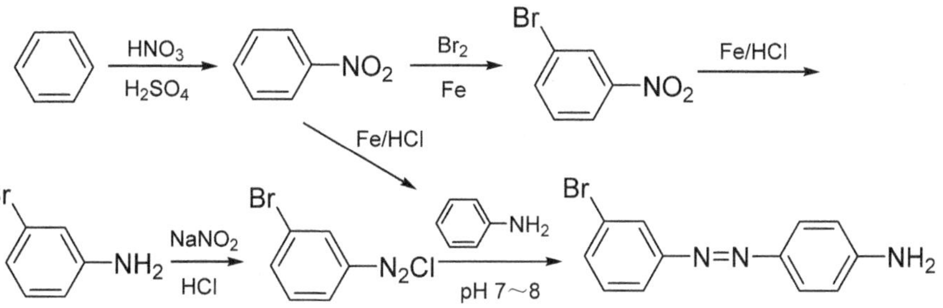

5. 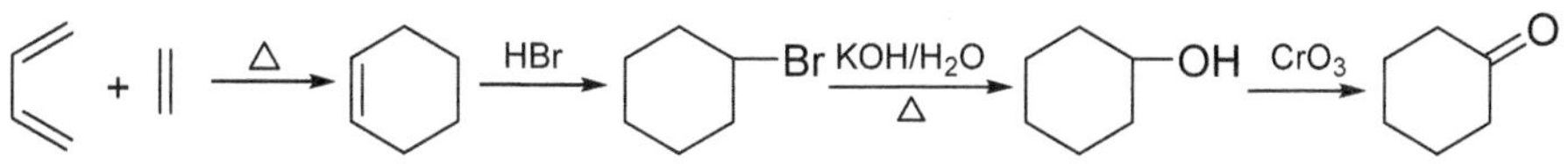

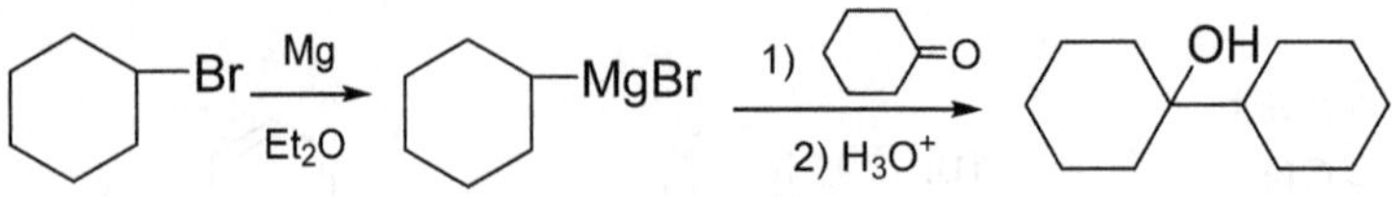

模拟试题七

一、选择题

1. A　2. C　3. D　4. C　5. A　6. B　7. A　8. B　9. D　10.C

二、写出下列反应机理

1.

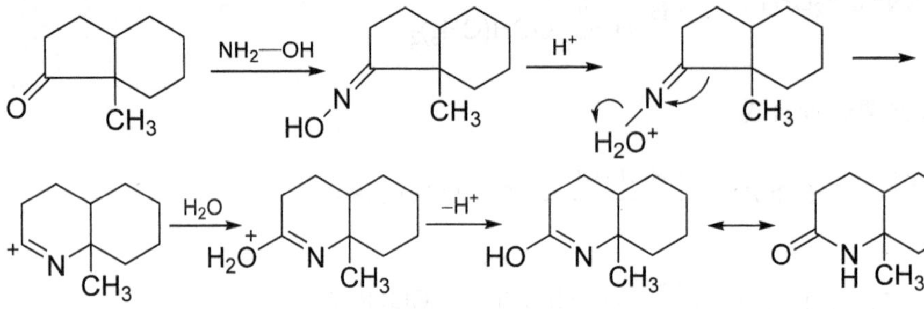

2.

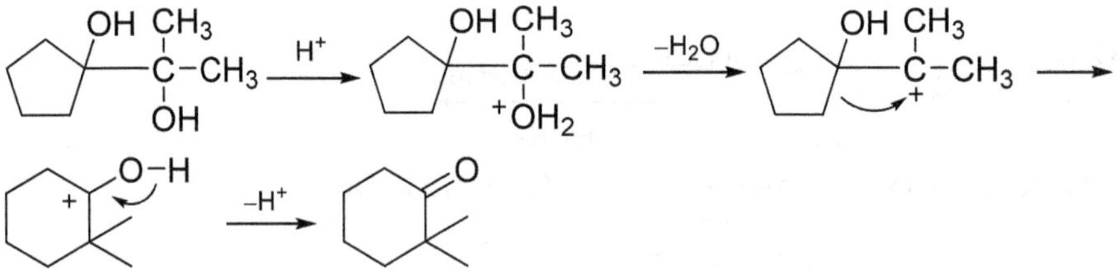

3.

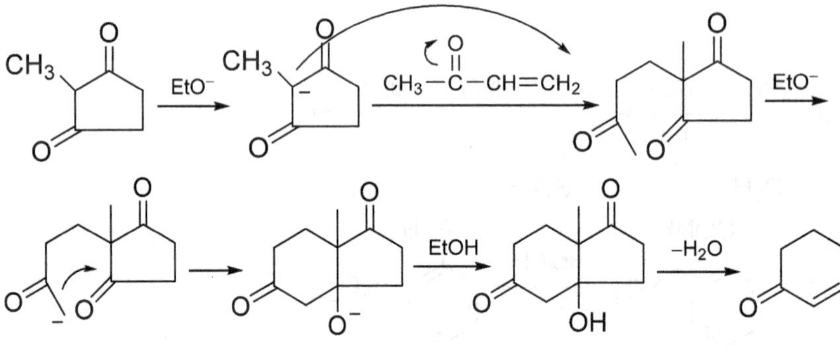

三、完成下列反应

1.

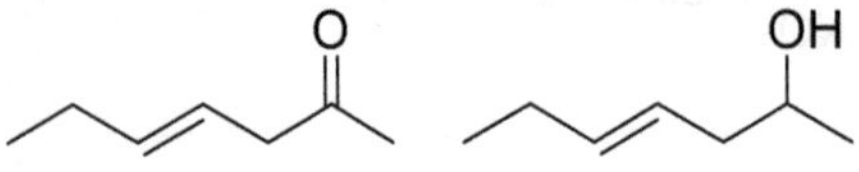

2.

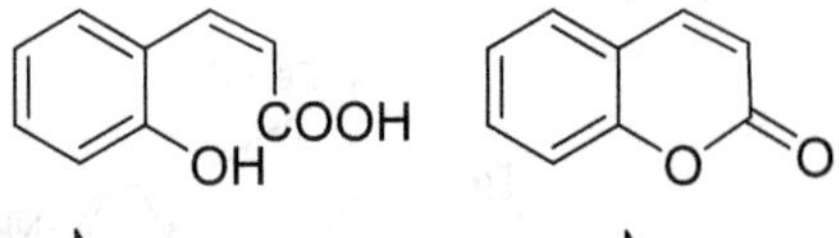

3.

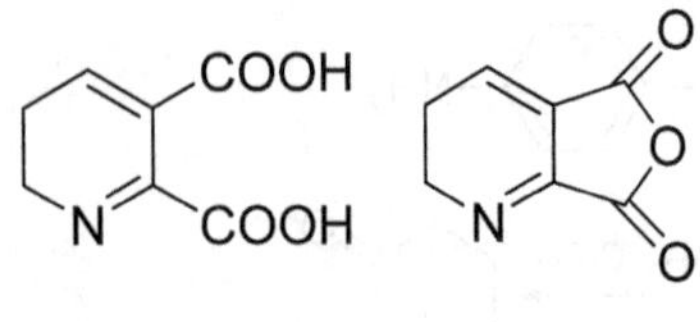

4.

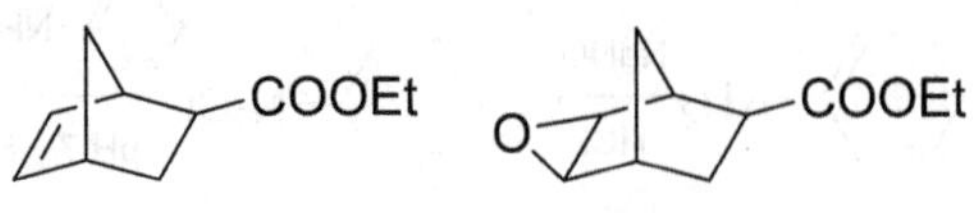

5. $CH_3-\overset{O}{\overset{\|}{C}}-CH_2CH_2N(CH_3)_2$　$CH_3-\overset{O}{\overset{\|}{C}}-CH{=}CH_2$

6. 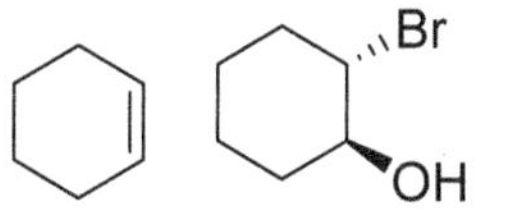

7. 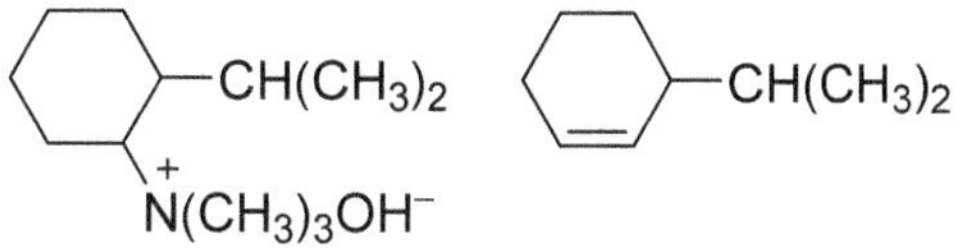

8. $CH_3-\overset{CH_3}{\overset{|}{C}}{=}CH-\overset{O}{\overset{\|}{C}}-CH_3$　$CH_3-\overset{CH_3}{\overset{|}{C}}{=}CH-COOH$

9. 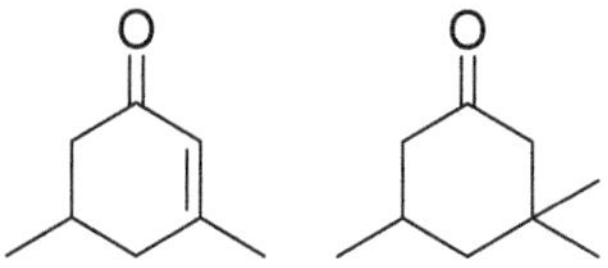

10. 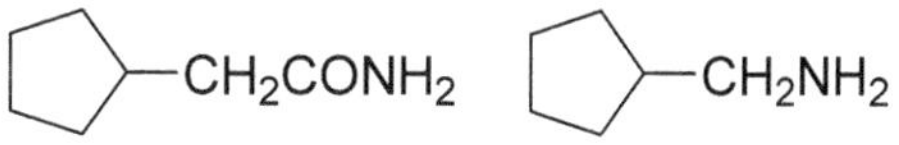

四、推测结构

1. A. 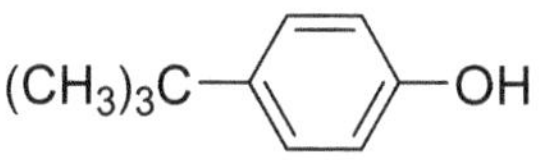

B. 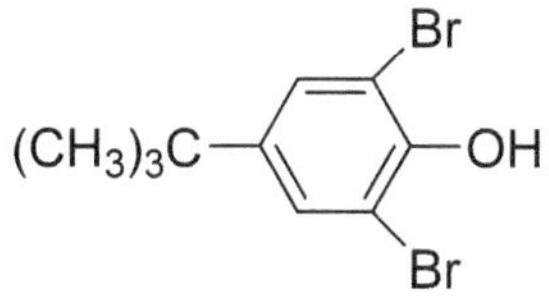

2. A. 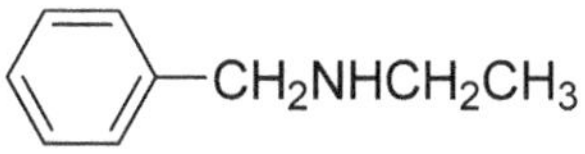

B. $(CH_3)_2CHCHO$

五、由指定原料及必要试剂合成

1. $CH_3CH_2CH_2Br \xleftarrow[H_2O_2]{HBr} CH_3CH{=}CH_2 \xrightarrow{HBr} CH_3CHBrCH_3$

$$CH_3\overset{O}{\overset{\|}{C}}-CH_2\overset{O}{\overset{\|}{C}}-OC_2H_5 \xrightarrow[2)\ CH_3CHBrCH_3]{1)\ EtONa} CH_3\overset{O}{\overset{\|}{C}}-\underset{CH(CH_3)_2}{\underset{|}{CH}}-\overset{O}{\overset{\|}{C}}-OC_2H_5 \xrightarrow[2)\ CH_3CH_2CH_2Br]{1)\ EtONa}$$

$$CH_3\overset{O}{\overset{\|}{C}}-\underset{CH(CH_3)_2}{\underset{|}{\overset{CH_2CH_2CH_3}{\overset{|}{C}}}}-COOC_2H_5 \xrightarrow[\triangle]{10\%\ NaOH} CH_3CO\underset{CH(CH_3)_2}{\underset{|}{C}}HCH_2CH_2CH_3$$

2. 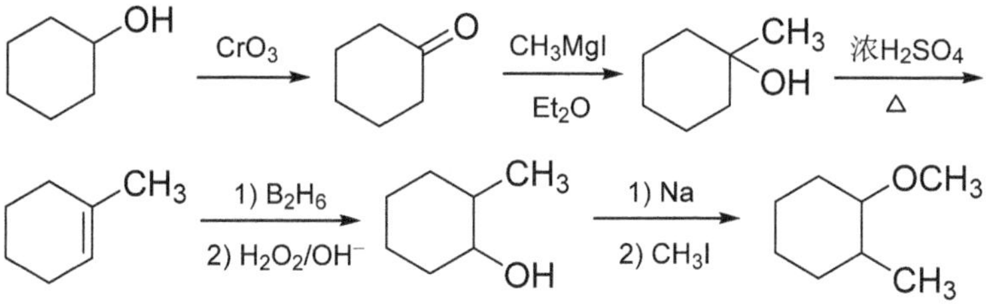

3. 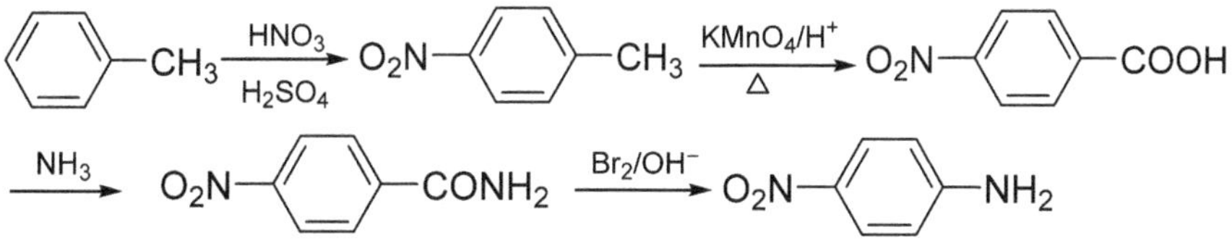

4. 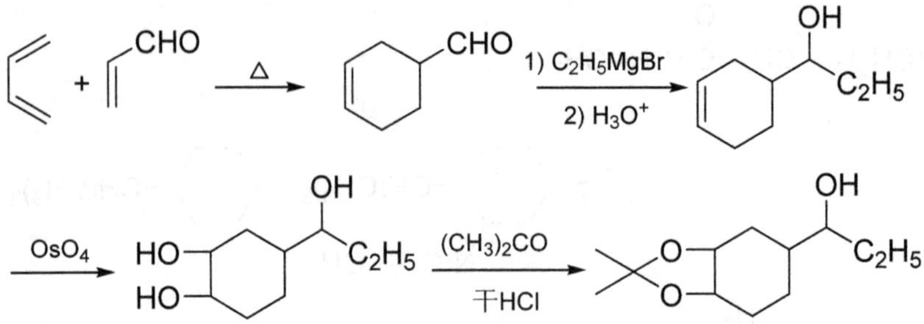

5. 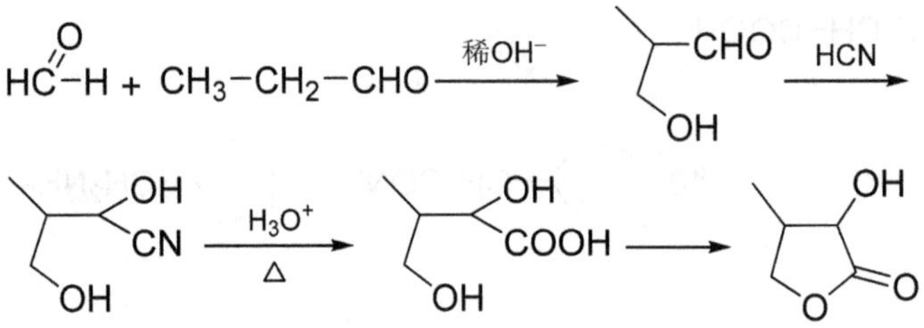

模拟试题八

一、选择题

1. C　2. D　3. A　4. B　5. D　6. C　7. A　8. A　9. C　10. C

二、简答题

1. 命名下列化合物。

2,7,7-三甲基二环[2.2.1]庚烷　　(2*Z*,6*R*)-6-溴-2-庚烯

(2*R*)-2-甲基-2,3-二溴丁烷　　3-溴螺[4.5]-2,7-癸二烯

2. 鉴别下列两组化合物。

(1)

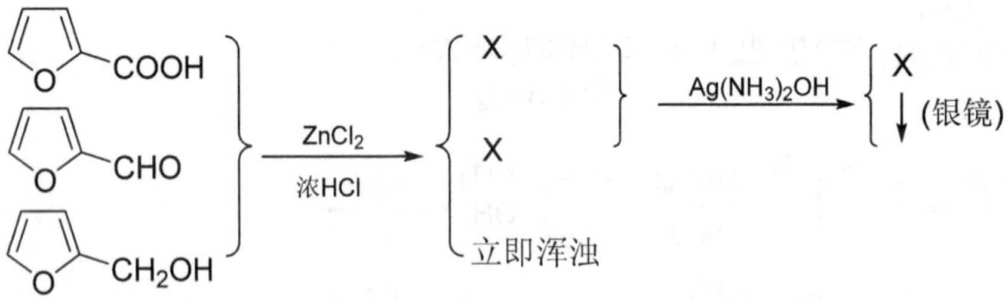

(2) 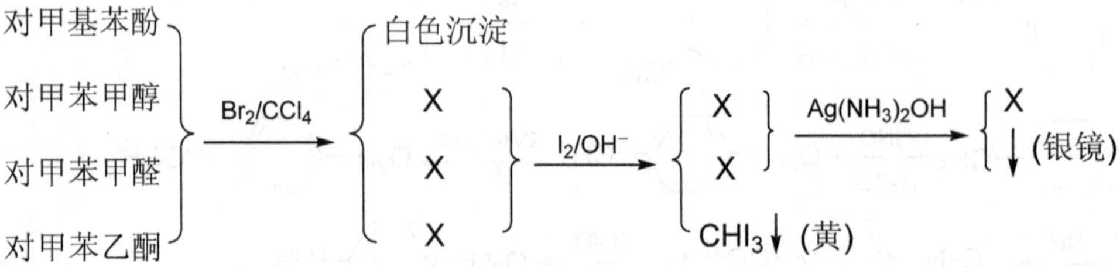

3. 写出下列反应机理。

(1) 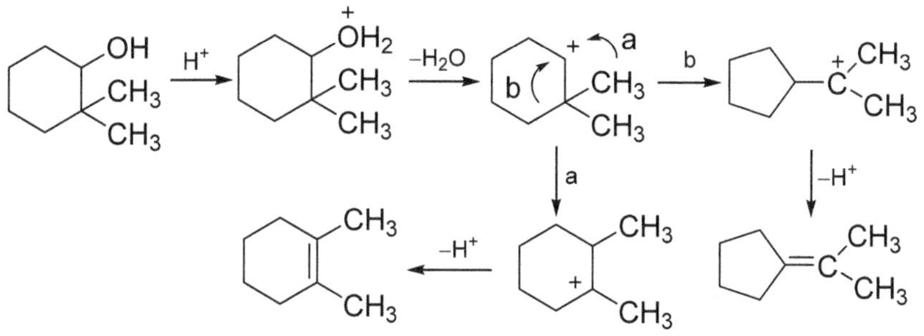

(2) 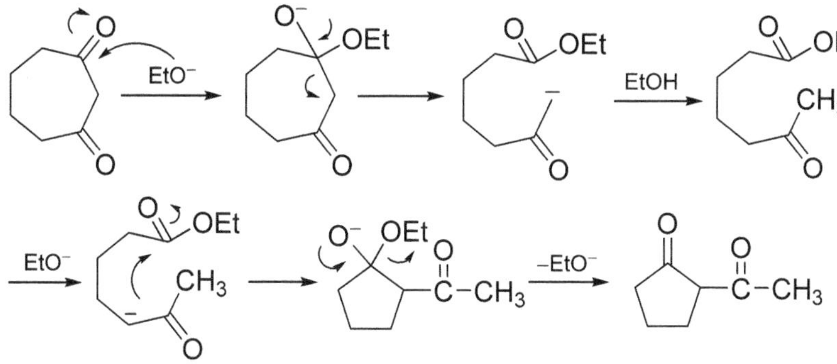

(3) 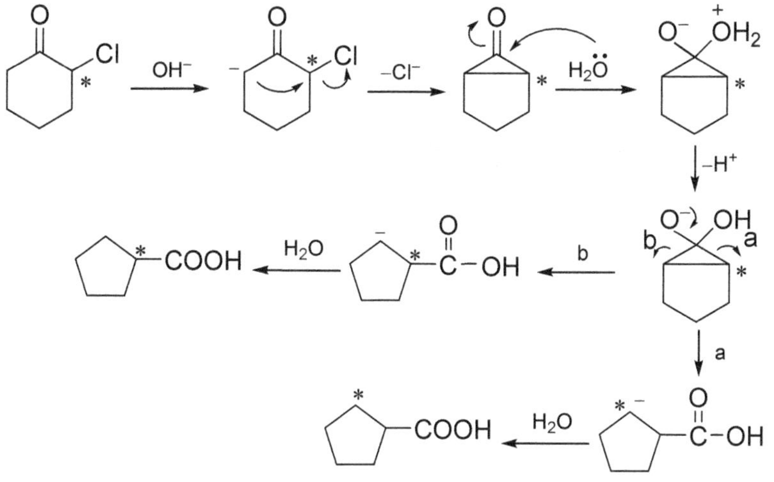

三、完成下列反应

1. 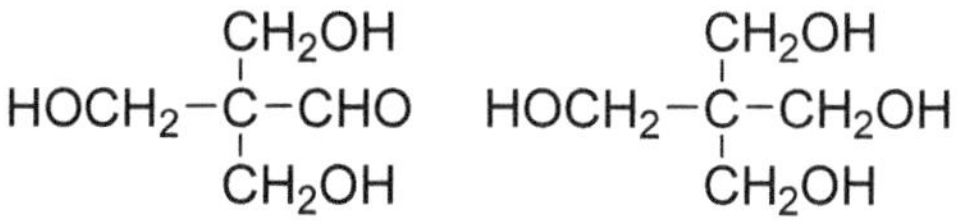

2. 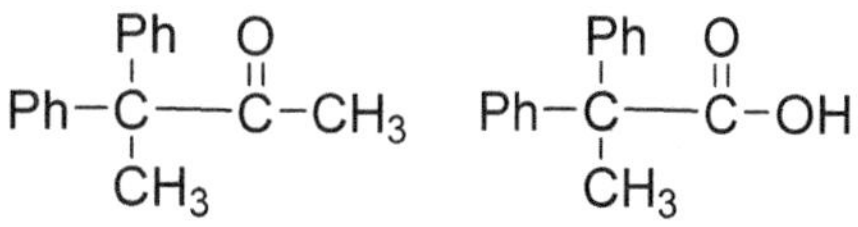

3. 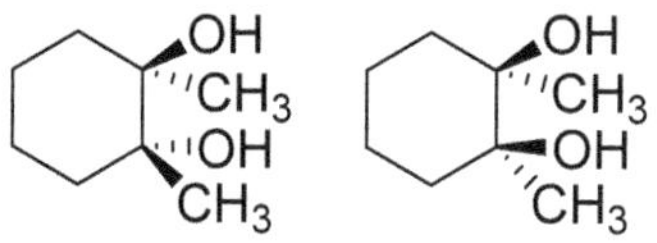

4. 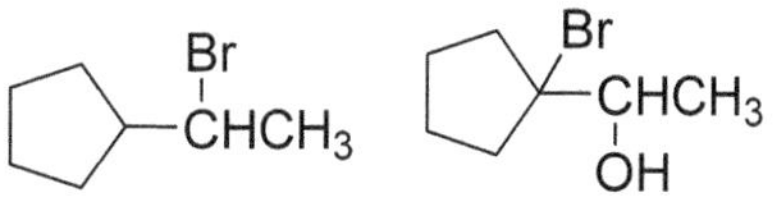

5. 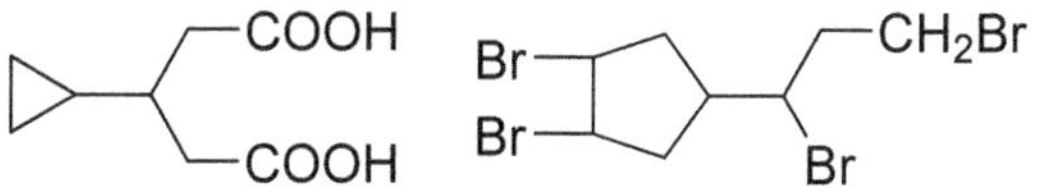

6. 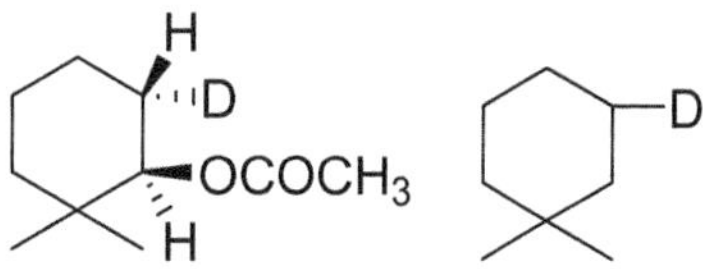

7. 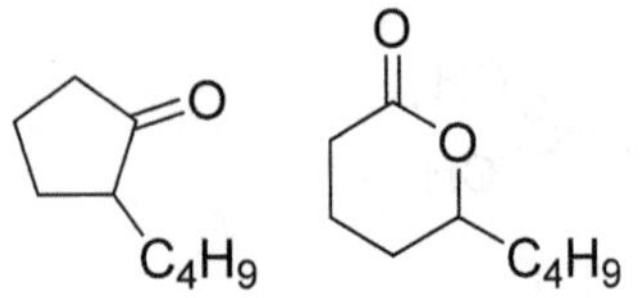

8. 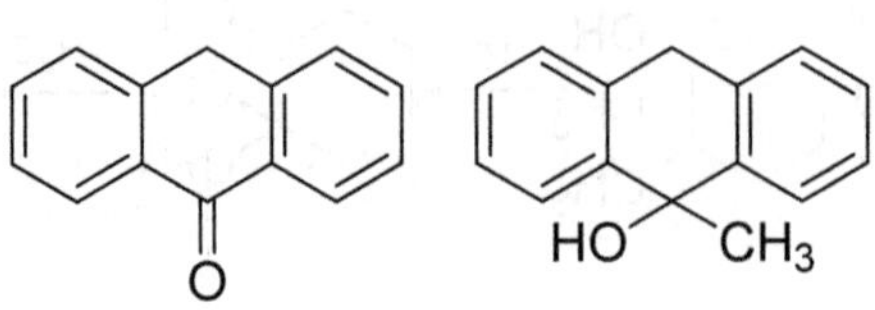

9. $CH_2=CH-\overset{CH_3}{\overset{|}{C}}=CH_2$ 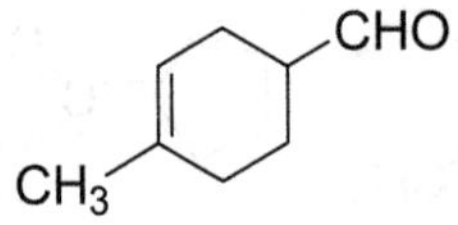

10. 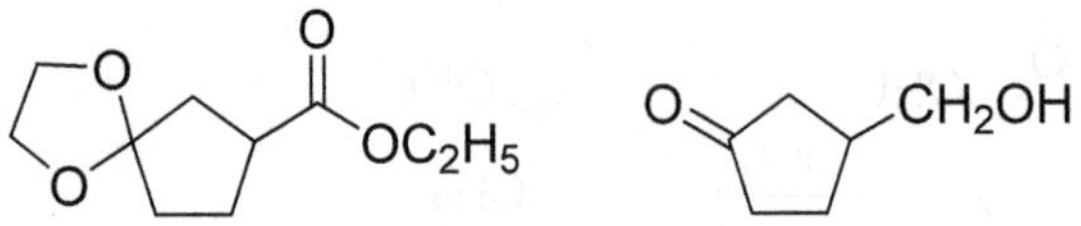

四、推测结构

1. A. $CH_3\overset{O}{\overset{\|}{C}}-CH_2CH_2CH(OCH_3)_2$　　B. $CH_3\overset{O}{\overset{\|}{C}}-CH_2CH_2CHO$

2. A. 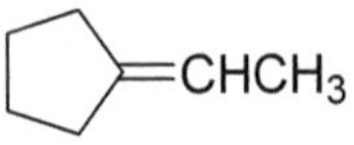　　B. 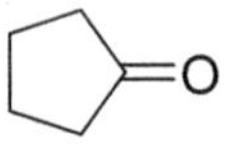　　C. CH_3CHO

五、由指定原料及必要试剂合成

1. 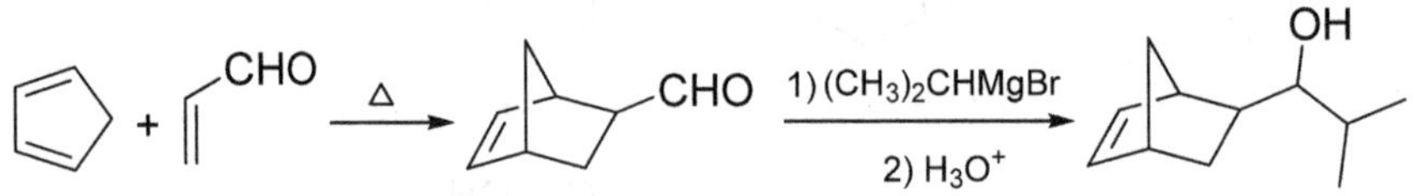

2. 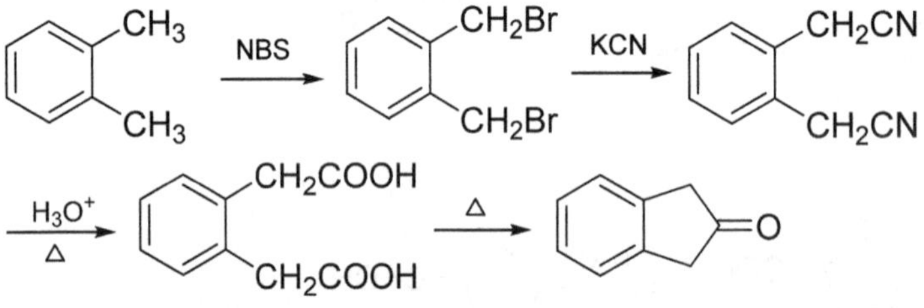

3. 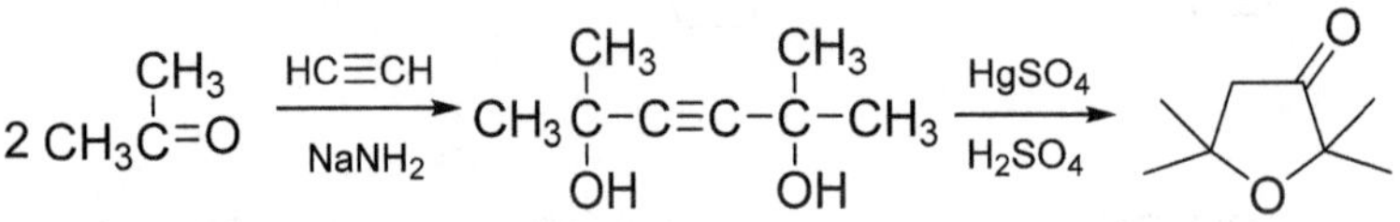

4. 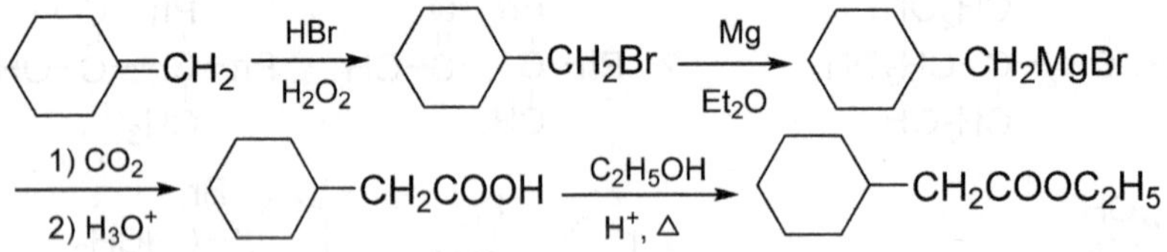

5. 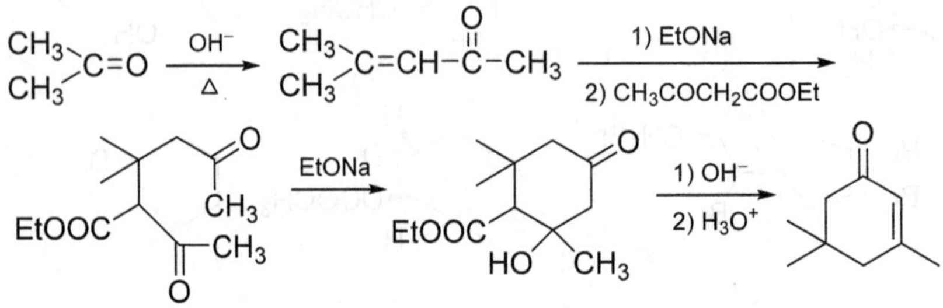

参 考 资 料

冯金城, 郭生. 2005. 有机化学学习及解题指导. 北京: 科学出版社.

吴范宏. 2010. 有机化学学习与考研指津. 上海: 华东理工大学出版社.

伍越寰. 2003. 有机化学习题与解答. 合肥: 中国科学技术大学出版社.

伍越寰, 李伟昶, 沈晓明. 2002. 有机化学. 合肥: 中国科学技术大学出版社.

尹冬冬, 汪焱钢. 2007. 有机化学题解精粹. 北京: 科学出版社.